江苏科技年鉴

JIANGSU SCIENCE &
TECHNOLOGY YEARBOOK 2019

江苏省科学技术厅 主编

科学技术文献出版社
·北京·

图书在版编目（CIP）数据

江苏科技年鉴. 2019 / 江苏省科学技术厅主编. —北京: 科学技术文献出版社, 2020.7
ISBN 978-7-5189-6878-7

Ⅰ.①江… Ⅱ.①江… Ⅲ.①科学研究事业—江苏—2019—年鉴 Ⅳ.① G322.753-54

中国版本图书馆 CIP 数据核字（2020）第 111141 号

江苏科技年鉴 2019

| 策划编辑：周国臻 | 责任编辑：王 培 | 责任校对：王瑞瑞 | 责任出版：张志平 |

出 版 者	科学技术文献出版社
地　　址	北京市复兴路15号　邮编　100038
编 务 部	（010）58882938，58882087（传真）
发 行 部	（010）58882868，58882870（传真）
邮 购 部	（010）58882873
官 方 网 址	www.stdp.com.cn
发 行 者	科学技术文献出版社发行　全国各地新华书店经销
印 刷 者	北京地大彩印有限公司
版　　次	2020 年 7 月第 1 版　2020 年 7 月第 1 次印刷
开　　本	889×1194　1/16
字　　数	1197千
印　　张	46.75　彩插16面
书　　号	ISBN 978-7-5189-6878-7
定　　价	380.00元

编 辑 部	江苏省科学技术情报研究所《江苏科技年鉴》编辑部
地　　址	南京市龙蟠路171号　邮 编　210042
电　　话	（025）85430796　（025）85410361

版权所有　违法必究

购买本社图书，凡字迹不清、缺页、倒页、脱页者，本社发行部负责调换

编 纂 说 明

一、《江苏科技年鉴》是江苏省科学技术厅组织编纂的地方科学技术综合性年鉴，是汇集江苏省科技管理、科学研究、科学普及、科技开发等工作具有权威性、指导性、资料性的参考工具书。其编辑宗旨是全面系统地记载江苏省科学技术事业发展的历史进程，为社会各界了解江苏的科学技术活动提供丰富翔实的资料信息。其中，2013年卷获得第三届江苏省省级年鉴及专业年鉴综合奖特等奖，第五届年鉴编纂出版质量评比综合奖二等奖，并获框架设计二等奖、条目编写二等奖、装帧设计一等奖，全国地方志优秀成果（年鉴类）专业年鉴一等奖；2016年卷获得第四届全国地方志优秀成果（年鉴类）专业年鉴二等奖；2017年卷获得第五届全国地方志优秀成果（年鉴类）专业年鉴二等奖，第六届年鉴编纂出版质量评比综合奖二等奖，并获框架设计，条目编写，装帧设计，检索、编校质量和出版时效4项单项二等奖。

二、《江苏科技年鉴》自1989年开始出版，每年出版一卷，逐年排列卷次，2019年为第31卷。本卷年鉴设特载、科技管理、科技计划、科技奖励、科技人才、科技政策与深化改革、知识产权（专利）、科学普及与科技团体、行业科技、地区科技、国家高新区、科技统计资料、重要科技文件、大事记14个篇目，内容主要反映2018年度江苏科技活动的基本情况、最新科技成就、重大事件及发展趋势。《江苏科技年鉴》文稿由有关部门、单位提供，专人撰写，并经领导审定。

三、《江苏科技年鉴》2019年卷按篇目、栏目、条目三个层次分类编纂。年鉴内容的记述均使用规范的语言表达，计量单位的名称、符号、书写规则及数字的用法等均执行国家制定的有关标准。为便于读者使用，年鉴卷首设目录，卷尾附索引。索引采用主题分析索引方法，按主题词首字汉语拼音字母顺序排列，另设有表格索引。

四、《江苏科技年鉴》的征稿和编纂工作得到全省有关部门和单位的热情支持，在此深表谢意。希望继续得到社会各界的关心和帮助，欢迎读者提出宝贵意见。

《江苏科技年鉴》编辑部

2019年12月

《江苏科技年鉴2019》编辑部

总　　　编　王　秦
副 总 　编　蒋　洪
主　　　编　李　敏
副 主 　编　徐　浩　李克贵
执 行 主 编　靳朋勃　田宏林　严文强
编辑部主任　何　琳

《江苏科技年鉴2019》编审人员

主　审　王　秦
副主审　段　雄　夏　冰　蒋　洪　景　茂
分　审　刘　波　赵建国　李子阳　万发苗　倪菡忆　杨天和
　　　　郦雅芳　张少华　张海进　杨小平　赵扬威　朱近忠
　　　　洪礼来　孙海东　梁　伟　刘　斌　张东驰　李吉平
　　　　徐善明　孙志标　徐宁建　陈　星　蔡　萍　丁志强
　　　　王　峰

2018年8月28日,全省科学技术奖励大会暨科技创新工作会议在南京举行,隆重表彰获奖人员和单位,激励全省广大科技工作者更加积极地投身科技创新实践,为推动高质量发展走在前列提供有力支撑。

(视觉江苏网)

2018年2月1日,全省科技局长会议在南京召开,会议传达了全国科技工作会议精神。江苏省科技厅厅长、党组书记王秦做工作报告。

(江苏省科技厅)

2018年11月8日,由科技部和江苏省政府共同主办的中国·江苏第六届国际产学研合作论坛暨跨国技术转移大会在南京开幕,本届大会以"开放创新、合作共赢"为主题。　　　　　　　　　　　　　　　（视觉江苏网）

2018年11月8日,为响应"一带一路"倡议,促进江苏与相关国家科技创新合作,科技部和江苏省政府举办了"一带一路"创新合作与技术转移专题交流会。会上启动了江苏"一带一路"创新合作与技术转移线上服务平台。　　　　　　　　　　　　　　　　　　　　　　　　　　（江苏省科技厅）

2018年10月16日,苏南国家自主创新示范区创新载体评估结果发布会在南京召开。会上,江苏省苏南自创区建设工作领导小组办公室、江苏省苏南自创区建设促进服务中心发布了《苏南国家自主创新示范区瞪羚企业发展报告2018》《江苏省高新区独角兽企业和瞪羚企业发展报告2018》,并为部分创新载体代表授牌。

(江苏省科技厅)

2018年9月7日,第六届"创业江苏"科技创业大赛暨第七届中国创新创业大赛江苏赛区总决赛在南京落幕,来自江苏省内及海外赛区的52个创业团队和企业分获大赛一、二、三等奖。

(江苏省科技厅)

2018年度国家最高科学技术奖得主

钱七虎 中国工程院院士、中国人民解放军陆军工程大学教授、博士生导师。我国著名的防护工程学家，现代防护工程理论的奠基人、防护工程学科的创立者、防护工程科技创新的引领者，为我国防护工程各个时期的建设发展做出了杰出贡献。

主要成就 致力于解决战场有生力量的防护技术难题，提出了非饱和土的三自由度模型，建立了核爆炸荷载与土中浅埋工程结构相互作用计算理论和设计方法，研制出核爆炸模拟试验装置，开展了防护工程结构大规模有限元数值计算，研发了可大批量运送、快速安装的轻型折叠式野战工事，并运用系统工程理论建立了国防人防工程毁伤评估方法，有效保证了工程的总体防护效能，获1978年全国科学大会重大科技成果奖。

针对新型钻地弹的快速发展，钱七虎院士展开了侵彻爆炸效应工程防护理论与技术研究，提出了侵彻近区介质的固体弹塑性-内摩擦-流体统一物理模型，建立了防护工程抗高速、超高速钻地弹打击计算方法，研发了新型防护材料和高抗力复合结构，成功应用于多个重要军事工程，获1998年国家科技进步奖二等奖。

针对核武器发展新动向，提出防护工程深地下发展方向，在国内倡导并开展了深部非线性岩石力学及防护工程抗核武器钻地毁伤效应的研究，形成了分区破裂化、岩爆、大变形三者统一的深部岩石非线性力学理论，填补了深地下工程抗核武器钻地爆炸效应的防护计算理论的空白，解决了深地下工程建设灾变防控关键技术难题，获2011年国家科技进步奖一等奖。

（江苏省科技厅）

（江苏省科技厅）

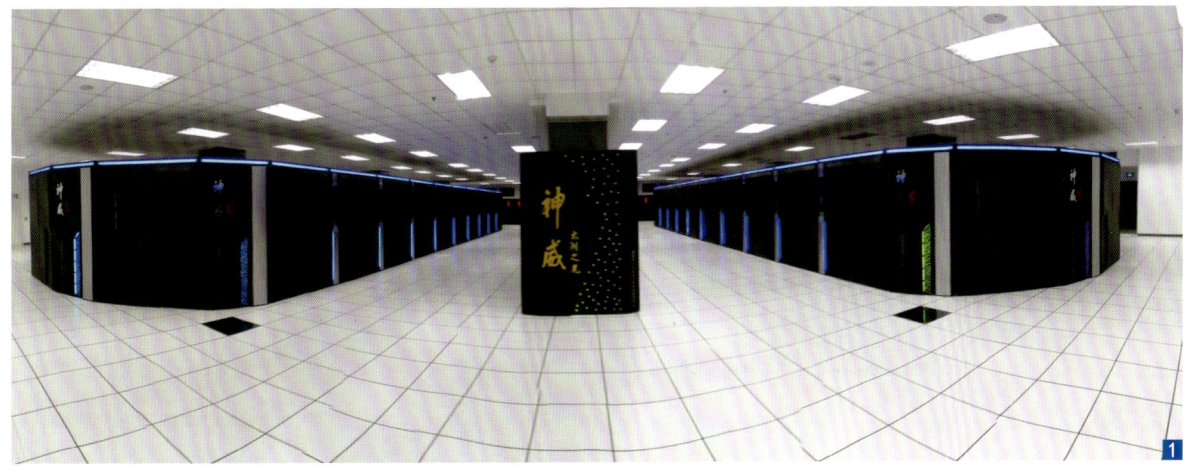

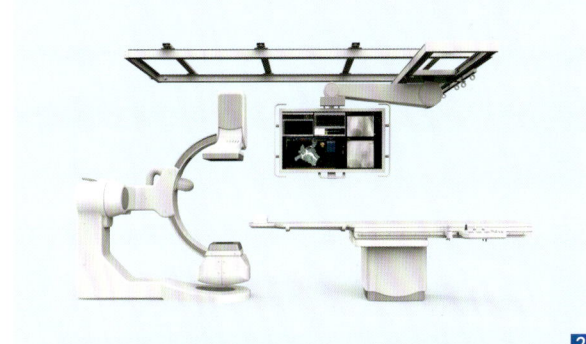

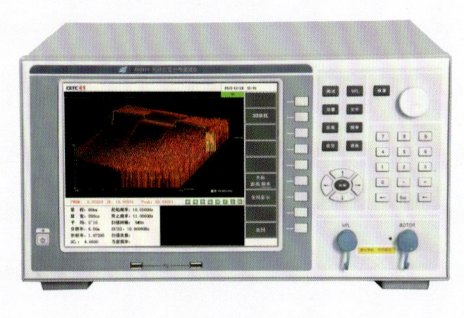

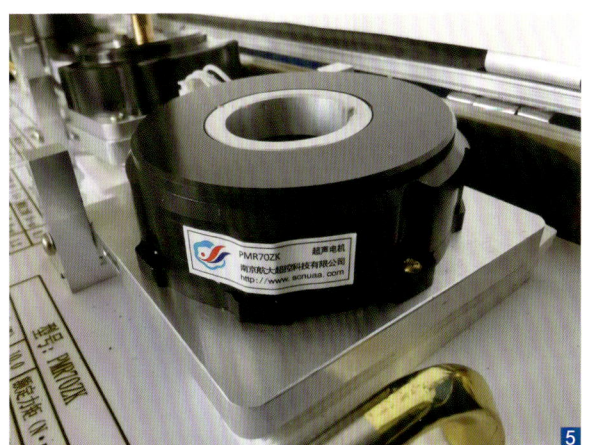

1. 国家超级计算无锡中心是经科技部批准，由江苏省、无锡市和清华大学合作共建的国家级公共技术服务平台。国家超级计算无锡中心拥有连续4次排名世界第一的超级计算机——"神威·太湖之光"，它由国家并行计算机工程技术研究中心研制，清华大学负责运营　（江苏省科技厅）
2. 江苏鱼跃医疗设备股份有限公司研发的具有自主知识产权的高端医学影像产品——新一代CGO-2100血管造影介入治疗系统　（江苏省科技厅）
3. 江苏中天科技精密材料有限公司研究人员在进行光纤研发实验　（江苏省科技厅）
4. 南京大学研制了我国第一台商用地质工程长距离分布式光纤解调设备　（江苏省科技厅）
5. 南京航空航天大学南京航大超控科技有限公司自主研发的一种新型微特电机　（江苏省科技厅）

巴基斯坦希玛核电站
（我国首座出口商用核电站）

方家山核电站（秦山二期）
（我国装机容量最大）

青岛LNG储罐工程
（首次应用国产超低温锚固产品）

1. 东南大学研制的人机交互遥操作机器人在核反应堆和核电站工程中得到应用　　　　　　　（江苏省科技厅）
2. 东南大学研制了国际最高安全标准的核电站安全壳和超低温储罐预应力产品，直接应用于日本、捷克、加拿大等20多个国家的100多项重大工程
　　　　　　　　　　　　　　　　（江苏省科技厅）
3. 国网江苏省电力有限公司首创了高电位跨越精密电压测量技术，研制出1kV~1000kV工频高电压全系列基础标准装置　　　　　　　　　（江苏省科技厅）

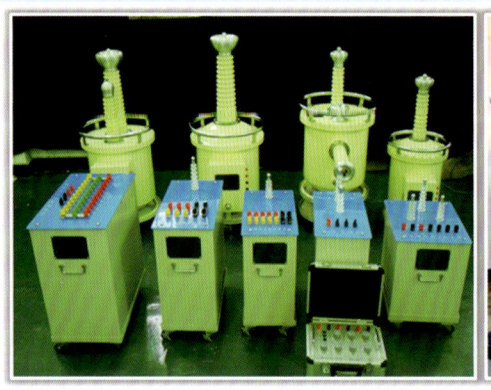  

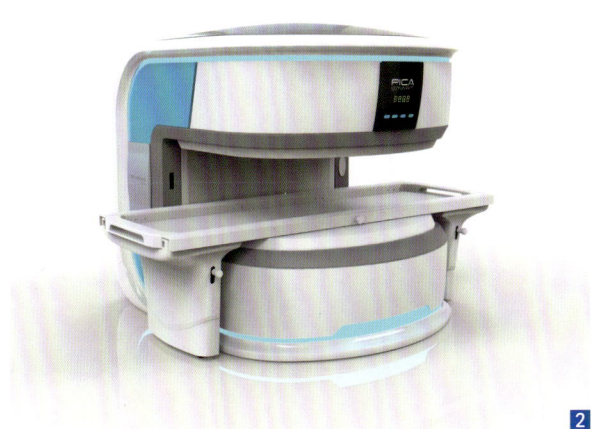

1 江苏金刚文化科技集团股份有限公司研制的超感官飞翔车　　　（江苏省科技厅）
2 江苏美时医疗技术有限公司自主研发的采用全球首创高温超导线圈的全身磁共振成像系统（PICA SMART）　　（江苏省科技厅）
3 江苏天鑫医疗科技有限责任公司研发的天马鑫射频肿瘤治疗仪是我国首台具有自主知识产权的射频肿瘤治疗仪，为现代中医肿瘤治疗开拓新的发展空间　（江苏省科技厅）
4 中复神鹰碳纤维有限责任公司自主构建的国内首条千吨级干喷湿纺高强中模碳纤维碳化生产线　　　　　　　（江苏省科技厅）

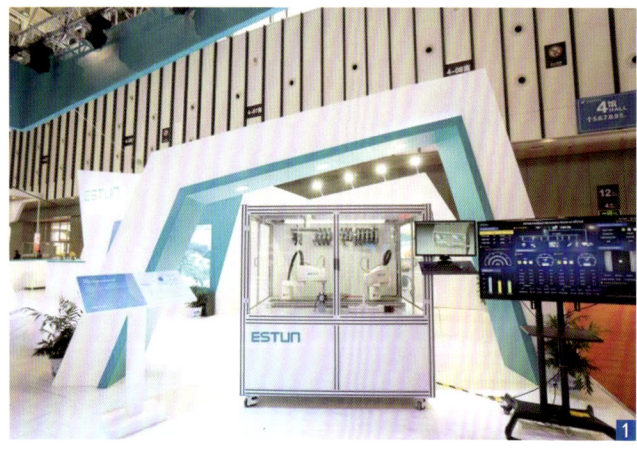

1 南京埃斯顿自动化股份有限公司研发的自动化智能控制单元 （江苏省科技厅）
2 南京农业大学研制的农田土壤剖面水分传感器 （江苏省科技厅）
3 水利部交通运输部国家能源局南京水利科学研究院创建了国内外试验坝高最高的实体溃坝试验场 （江苏省科技厅）

南京农业大学国家信息农业工程技术中心
农业农村部农作物系统分析与决策重点实验室

农田土壤剖面水分传感器

利用高频电容原理实时探测不同深度（0～1m）土壤剖面水分状况，测量方式方便，无须现场校正，可支持无线和有线传输接口，可现场连接数据采集器，在线显示土壤剖面体积含水率，也可以在无人值守条件下自组织无线传感网，远程传输至物联网云平台，为农田精确灌溉提供信息源支撑。

>>>江苏现代农业（稻麦）产业技术体系智能生产创新团队

本项目试验坝：最大坝高 9.7 m
坝体材料 C 值范围 6.5～39.5 kPa

1. 天合光能股份有限公司连续4年为日本大阪产业大学研制的太阳能赛车——"OSU-Model-S"，提供IBC高效太阳能电池和组件　　（江苏省科技厅）
2. 南京熊猫电子装备有限公司研发的0.6m机器人肖像画体验站
　　　　　　　　　　（江苏省科技厅）
3. 南京中科煜宸激光技术有限公司开发的3D打印机　　（江苏省科技厅）
4. 农业农村部南京农业机械化研究所研发的高效安全植保无人飞机
　　　　　　　　　　（江苏省科技厅）

目 录

特 载　Special Publications

在全省科学技术奖励大会暨科技创新工作会议上的讲话
　　　　　　中共江苏省委书记，
　　　　　　江苏省人大常委会主任、
　　　　　　党组书记　娄勤俭
………………………… 1

在2018世界智能制造大会上的讲话
　　　　　　中共江苏省委副书记、
　　　　　　江苏省省长、
　　　　　　江苏省人民政府党组书记　吴政隆
………………………… 7

在全省科技工作会议上的讲话
　　　　　　江苏省科学技术厅厅长、
　　　　　　党组书记　王秦
………………………… 10

2018年江苏省科技工作综述 …………… 20

科技管理

Management of Science & Technology

创新型省份建设

扎实开展国家创新型省份建设试点 ………… 23
苏南国家自主创新示范区建设 ………… 23
国家创新型试点城市建设 ………… 23
创新型试点县（市）建设 ………… 23

高新技术与产业

前沿领域技术创新 ………… 24
高新技术产业 ………… 24
生物技术和新医药产业 ………… 24
产业技术创新组织建设 ………… 24

科技企业

概况 ………… 25
高新技术企业 ………… 25
创新型领军企业 ………… 25
科技型拟上市企业 ………… 25
科技型中小企业 ………… 25

科技园区

高新技术产业开发区 ………… 25
科技产业园 ………… 28
特色产业基地 ………… 28

农业与农村科技

概况 ………… 29
农业优良品种创新 ………… 29
农业产业技术创新 ………… 29
农业创新载体建设 ………… 29
苏北特色产业提质增效 ………… 30
科技扶贫 ………… 30
农村科技服务体系建设 ………… 30

社会发展科技

切实加强基础研究工作 ………… 30
扎实推进社会发展领域科技创新 ………… 31
主动融入国家创新体系 ………… 31

科技机构

科研机构

概况 ………… 32
部属科研机构 ………… 32
省属科研机构 ………… 33
新型研发机构 ………… 35
中科院属科研机构 ………… 36

重点实验室

概况 ………… 49
分布情况 ………… 49
能力建设 ………… 51
运行成效 ………… 51
管理与评价 ………… 55

企业研发机构

概况 ………… 57
企业重点实验室（企业研究院） ………… 58
工程技术研究中心 ………… 63
企业工程研究中心（工程实验室） ………… 66
企业技术中心 ………… 66

重大科技创新平台

概况 ………… 66
未来网络试验设施 ………… 66
国家超级计算无锡中心 ………… 67
高效低碳燃气轮机试验装置 ………… 68

纳米真空互联实验站……………… 68

科技机构名录

江苏省科学技术厅…………………… 69
江苏省知识产权局…………………… 70
江苏省科学技术协会………………… 70
中国科学院南京分院………………… 70
江苏省各市、县（市、区、园区）
　科技局（委）……………………… 71
江苏省科学研究与技术开发机构名录
　（部属科研机构）………………… 75
江苏省科学研究与技术开发机构名录
　（省属科研机构）………………… 77
江苏省重点实验室名录……………… 80
江苏省企业重点实验室（企业研究院）
　名录………………………………… 85
江苏省工程技术研究中心名录（国家级）… 87
江苏省企业技术中心名录（国家级）… 88

科技条件与平台

公共服务平台

概况…………………………………… 92
科技资源共享平台…………………… 92
技术创新服务平台…………………… 97
江苏省技术产权交易市场…………… 109

科技条件

实验动物管理………………………… 112
科学仪器研发………………………… 113

科技服务

科技服务业

概况…………………………………… 115
研发设计……………………………… 116

创业孵化……………………………… 116
技术转移……………………………… 116
科技金融……………………………… 117
知识产权……………………………… 117
科技咨询……………………………… 117
检验检测认证………………………… 117
科技服务业骨干机构………………… 118

科技服务业特色基地（示范区）

概况…………………………………… 119
分布情况……………………………… 119
能力建设措施………………………… 121

科技创业与科技金融

概况…………………………………… 122
大众创业、万众创新………………… 122
科技创业园与孵化器………………… 122
科技创业大赛………………………… 122
创业投资……………………………… 123
科技信贷……………………………… 123
科技保险……………………………… 123
科技金融组织………………………… 123
科技金融服务体系…………………… 123

科技合作与交流

国际科技合作

概况…………………………………… 123
重点国别与机构合作………………… 124
国际科技交流活动…………………… 124

国内科技合作

重点科教单位合作…………………… 124
江苏省产学研专场对接洽谈会……… 126
江苏省产学研产业协同创新基地…… 128
高校技术转移中心…………………… 128

科技计划 | Plan of Science & Technology

科技计划和财务管理

计划管理…………………………………132
科技统计…………………………………132
绩效管理…………………………………132
财务管理…………………………………132

2018年度江苏省科技计划项目

概况………………………………………133
省基础研究计划（自然科学基金）…………135
省重点研发计划（产业前瞻与关键共性
　技术）…………………………………135
省重点研发计划（现代农业）……………136
省重点研发计划（社会发展）……………136
省政策引导类计划（农业科技社会化服务
　奖补资金）……………………………137
省政策引导类计划（国际科技合作）……137
省政策引导类计划（苏北科技专项）……137
省政策引导类计划（软科学研究）………137
省创新能力建设计划暨中央引导地方科技
　发展专项资金项目……………………137

2018年度国家科技项目申报

国家创新人才推进计划项目申报…………227
国家科学技术奖励提名……………………227
国家自然科学基金项目申报………………228
国家科技合作项目申报……………………228

2019年度江苏省科技计划项目指南

2019年度江苏省基础研究计划（自然科学
　基金）申报要求…………………………228
2019年度江苏省重点研发计划（产业前瞻
　与关键核心技术）项目指南……………230
2019年度江苏省重点研发计划（现代农业）
　项目指南………………………………232
2019年度江苏省重点研发计划（社会发展）
　项目指南………………………………234
2019年度江苏省政策引导类计划（国际
　科技合作）申报要求……………………238
2019年度江苏省政策引导类计划（苏北
　科技专项）申报要求……………………240
2019年度江苏省政策引导类计划（软科学
　研究）项目指南…………………………242
2019年度江苏省科技成果转化专项资金
　项目指南………………………………242
2019年度江苏省创新能力建设计划暨中央
　引导地方科技发展专项资金项目申报
　要求……………………………………244

科技奖励

Awards of Science & Technology

2018年度国家科学技术奖（江苏省获奖项目）

国家最高科学技术奖

钱七虎获2018年度国家最高科学技术奖 …… 248

国家自然科学奖

5个项目获2018年度国家自然科学奖 …… 248
中国人群肺癌遗传易感新机制 …… 249
动态系统故障诊断与可靠容错控制 …… 249
新型微波超材料对空间波和表面等离激元波的自由调控或实时调控 …… 249
金属有机半导体的结构设计、性能调控与光电应用 …… 250
摩擦界面的声子传递理论与能量耗散模型 …… 250

国家技术发明奖

4个项目获2018年度国家技术发明奖 …… 250
菊花优异种质创制与新品种培育 …… 250
银杏二萜内酯强效应组合物的发明及制备关键技术与应用 …… 251
生物法制备二十二碳六烯酸油脂关键技术及应用 …… 251
耐胁迫植物乳杆菌定向选育及发酵关键技术 …… 251

国家科学技术进步奖

41个项目获2018年度国家科学技术进步奖 …… 251
地质工程分布式光纤监测关键技术及其应用 …… 251
中药资源产业化过程循环利用模式与适宜技术体系创建及其推广应用 …… 258
多熟制地区水稻机插栽培关键技术创新及应用 …… 258
梨优质早、中熟新品种选育与高效育种技术创新 …… 258
林业病虫害防治高效施药关键技术与装备创制及产业化 …… 258
优质肉鸡新品种京海黄鸡培育及其产业化 …… 258
特种表面冲击强化抗应力腐蚀与疲劳技术及应用 …… 259
国家工频高电压全系列基础标准装置关键技术与工程应用 …… 259
气候变化对区域水资源与旱涝的影响及风险应对关键技术 …… 259
城市多模式公交网络协同设计与智能服务关键技术及应用 …… 259
杀菌剂氰烯菌酯新靶标的发现及其产业化应用 …… 259
土地调查监测空地一体化技术开发与装备研制 …… 259
煤炭高效干法分选关键技术及应用 …… 260
水力式升船机关键技术及应用 …… 260
高性能铝合金架空导线材料与应用 …… 260
心理生理信息感知关键技术及应用 …… 260
集成化宽频带光发射器件与模块 …… 260
凹陷区砾岩油藏勘探理论技术与玛湖特大型油田发现 …… 260
复杂电网自律－协同自动电压控制关键技术、系统研制与工程应用 …… 261
复合地基理论、关键技术及工程应用 …… 261
月季等主要切花高质高效栽培与运销保鲜关键技术及应用 …… 261
农林剩余物功能人造板低碳制造关键技术与产业化 …… 261
长江口重要渔业资源养护技术创新与应用 …… 261
废旧聚酯高效再生及纤维制备产业化集成技术 …… 262

高性能特种编织物编织技术与装备及其
　　产业化……………………………………262
磷酸铁锂动力电池制造及其应用过程关键
　　技术………………………………………262
高世代声表面波材料与滤波器产业化
　　技术………………………………………262
国产非晶带材在电力系统中的应用开发
　　及工程化…………………………………262
超、特高压变压器/电抗器出线装置关键
　　技术及工程应用…………………………262
大范围路网交通协同感知与联动控制关键
　　技术及应用………………………………263
基于共用架构的汽车智能驾驶辅助系统
　　关键技术及产业化………………………263
严寒季冻区高速铁路毫米级变形标准下
　　路基平稳性控制技术及应用……………263
高速铁路弓网系统运营安全保障成套技术
　　与装备……………………………………263
内镜超声微创诊疗体系的建立与临床
　　应用………………………………………263
沿淮主要粮食作物涝渍灾害综合防控关键
　　技术及应用………………………………264
我国典型红壤区农田酸化特征及防治关键
　　技术构建与应用…………………………264
畜禽粪便污染监测核算方法和减排增效
　　关键技术研发与应用……………………264
InSAR 毫米级地表形变监测的关键技术
　　及应用……………………………………264
西北地区煤与煤层气协同勘查与开发的
　　地质关键技术及应用……………………264
肾癌外科治疗体系创新及关键技术的应用
　　推广………………………………………264
重症先心病外科治疗关键技术创新
　　与应用……………………………………265

2018 年度江苏省科技奖励

江苏省科学技术奖

276 个项目获 2018 年度江苏省科学
　　技术奖……………………………………265

高可靠海洋光纤光缆关键技术与成套
　　装备………………………………………269
大规模数据服务系统与平台的关键技术
　　及产业应用………………………………269
物联网低功耗关键技术研发和应用…………270
医药脂质纳米材料及其产业化关键技术……270
缓释智能递药系统的关键技术及其应用……270
高端化工离心泵关键技术研究及工程应用…270
统一潮流控制器（UPFC）关键技术、成套
　　装备及工程应用…………………………270
大型风力机设计关键技术研究及应用………270
农林生物质气化发电联产炭、热、肥的
　　技术创新与产业化………………………271
电动汽车新型动力系统关键技术及应用……271
转底炉高效处理钢铁流程含铁、锌尘泥
　　资源关键技术集成与示范………………271
金属微纳结构材料的精确制备、光学
　　新效应及应用基础………………………271
现代混凝土早期变形与收缩裂缝控制………272
智能纳米材料在高效光电生物传感与可控
　　药物递送中的应用………………………272
可再生能源转换与存储器件用低维电极
　　关键材料制备技术及产业应用…………272
有机-无机复合膜的设计制备及其分子
　　尺度分离性能研究………………………272
高性能分离膜材料设计、制备与应用
　　研究………………………………………272
高效有机光电材料设计及界面调控…………273
"悟空"号暗物质粒子探测器…………………273
复杂大部件机器人智能装配关键技术
　　与应用……………………………………273
高速列车门系统关键技术研发及应用………273
航空航天装备使役状态分析的数字化关键
　　技术及应用………………………………274
复杂环境下远程巡检机器人关键技术
　　及应用……………………………………274
高性能金属基复合材料构件激光增材
　　制造的跨尺度形性调控机制……………274
两机叶片高效智能加工关键技术研发
　　与应用……………………………………274

面向柔性光电子的微纳制造关键技术
　　与应用 ···274
特种电梯关键技术及应用 ···························275
复杂河网水质改善能力提升理论技术
　　及应用 ··275
满足国Ⅴ排放标准重型柴油车尾气高效
　　后处理催化剂及产业化 ························275
高精度多模多频 GNSS 基准站网关键技术
　　及应用 ··275
煤源有害物质的环境地球化学约束 ···········275
混凝土结构智能检测与主动高效加固关键
　　技术及应用 ···276
食品加工中生物毒素控制创新技术与应用 ········276
猪圆环病毒病免疫防控关键技术的创建
　　与应用 ··276
等离子手性定量分析新技术和新方法 ·······276
绿豆新品种选育及绿色高效栽培技术集成
　　应用 ··276
我国主要蛋鸭遗传资源评价与创新利用 ········277
干细胞复合胶原支架引导子宫内膜重建
　　治疗重度宫腔粘连的基础与临床研究 ·····277
骨关节炎的基础与临床研究 ·······················277

胃肠道免疫微环境调控研究与肿瘤精准
　　诊疗策略的建立 ·································278
神经内镜微创手术关键技术的创新与推广
　　应用 ··278
遗传信息稳定传递障碍与生殖健康相关
　　疾病的研究 ···278
移植相关性出凝血疾病及其关键机制
　　研究 ··278
肝癌多模态诊疗 ···278
冠状动脉分叉病变发病机制及治疗技术的
　　研究 ··279

江苏省企业技术创新奖

7 家企业获 2018 年度江苏省企业技术
　　创新奖 ··297

江苏省国际科学技术合作奖

5 名外籍专家获 2018 年度江苏省国际科学
　　技术合作奖 ···297

科技人才　Talents of Science & Technology

人才队伍建设

专业技术人才队伍建设 ·······························300
专家选拔工作 ···300
高层次人才载体建设 ···································300
高层次人才资助工作 ···································300
高层次人才服务经济建设 ···························301
人才资源开发工作 ·······································301
院士座谈会服务 ···301
认真推进科技人才工作 ·······························301
自然科学研究系列（含实验系列）专业
　　技术人员队伍建设 ·····························302

人才工作站点

企业院士工作站 ···302

企业研究生工作站 ·······································306
博士后工作站 ···306
企业科技副总（企业创新岗） ···················306

表彰和奖励人物

国家奖励 ···306
江苏省表彰和奖励 ·······································306

逝世知名人物

中国科学院院士程开甲逝世 ·······················308
中国科学院院士孙枢逝世 ···························308
中国科学院院士马瑾逝世 ···························309
中国科学院院士闵乃本逝世 ·······················309
中国工程院院士彭司勋逝世 ·······················309

科技政策与深化改革 Science & Technology Policy and Deepening of Reform

依法行政与科技政策落实

研究起草并宣传贯彻"科技改革30条" ……311
加大科技税收优惠力度 ……311
严格落实依法行政工作 ……311

深化科技体制改革

科技政策的激励作用 ……312
财政科技资金的引导作用 ……312
省产业技术研究院的"试验田"作用 ……313
省技术产权交易市场的桥梁纽带作用 ……313
创新平台的集聚作用 ……314
地方探索的先行军作用 ……314

江苏省产业技术研究院

概况 ……315
资源集聚 ……315
项目经理 ……315
技术供给 ……316
体制机制 ……316

知识产权（专利） Intellectual Property（Patent）

知识产权区域试点示范

概况 ……317
强省建设区域示范 ……317
园区试点示范 ……317

企业与产业知识产权工作

企业知识产权管理标准化 ……322
企业知识产权战略推进计划 ……323
专利奖评选 ……324
高价值专利培育计划 ……325
专利导航产业发展 ……326
专利预警分析项目 ……326
产业知识产权联盟 ……327
知识产权密集型产业统计 ……327

专利技术实施及专利运营

知识产权运营 ……328

知识产权金融 ……329

知识产权保护

知识产权地方立法 ……330
知识产权（专利）行政执法 ……331
知识产权执法培训 ……331
展会知识产权监管 ……331
"正版正货"承诺推进计划 ……332
知识产权维权援助 ……333
新领域新业态知识产权保护 ……334

知识产权培训与教育

知识产权国际交流培训 ……335
知识产权人才培养载体建设 ……335
知识产权人才培养 ……337
知识产权软科学研究 ……338

知识产权服务

专利受理服务·······339
专利信息服务·······339
知识产权代理服务·······340
知识产权服务业集聚区·······341
社团工作·······343

知识产权国际交流合作

知识产权国际会议·······343
知识产权国际转移平台·······343
知识产权国际交流合作·······343

科学普及与科技团体 Science Popularization and Science & Technology Group

科学普及

概况·······345
科普服务·······345

科技团体活动

概况·······346
全面推动省会合作协议落地生效·······346

科协改革·······347
科技馆建设·······347
学会改革·······347
科技服务·······347
海智建设·······348
服务科技工作者·······348
市、县（市、区）及基层科协组织·······348
省级学会、企业科协、高校科协·······348
活动·······349

行业科技 Industrial Science & Technology

经济与信息科技

技术创新体系·······357
重大技术攻关·······357
新技术新产业新业态·······357
质量品牌工作·······357
中小企业创新·······358

高校科研工作

概况·······360
深化高校科技体制机制改革·······360
深入实施江苏高校协同创新计划·······360
推进产学研合作和科技成果转移转化·······361

加强高校基础研究和科技创新平台建设管理·······362
推动高校知识产权创造运用与管理·······362

国土资源科技

概况·······363
科技工作·······363
科技成果验收评审·······363
科技成果奖励·······363
科技管理·······363
科技平台·······363
国土资源科普·······363
科技人才·······363

建设科技

概况	364
建设科技创新	364
标准化工作	364
智慧城市建设	364
BIM 技术推广应用	364
高性能混凝土推广应用	364
装配式建筑	364

交通运输科技

概况	365
科技创新	365
科技活动	367

水利科技

概况	370
科技管理与创新	371
科技成果	371
技术标准	374
对外合作	374
水利信息化	374

农业科技

概况	374
农业技术集成与推广	375
基层农技推广体系	375
农业科技服务	375
新型职业农民培育	375
农业转基因生物安全监管	375
江苏省农业科学院	375

林业科技

概况	376
科技项目	376
资源与保护	377
科技大事	377
林业信息化	378
知识产权	378
表彰奖励	378
合作与交流	379
科技活动	379

文化科技

概况	380
科技成果	380
科技管理	381

卫生科技

概况	382
国家及省科学技术奖组织	382
省级以上科技创新平台建设	382
医科院全国医院科技影响力排行	382
国家重大科技专项	382
"科教强卫工程"实施	382
年度医学科研课题和新技术引进评估	383
实验室安全监管和医学研究伦理管理	383

中医药科技

概况	383
中医药人才队伍建设	383
中医药学术传承工作	384

环境保护科技

概况	384
环境保护科技	385
环境质量	386

广播电视科技

概况	389
推进智慧广电建设	389
科技创新	390
无线数字化工程基本完成	390

高清化建设……390
应急广播试点建设……390
广播电视进渔船工程顺利完成……390
加快推进全省媒体融合……391
建成移动监测系统……391
建成地面数字电视、调频广播监测系统……391

质监科技

概况……391
食品药品和特种设备安全形势稳定向好……391
商事制度和审评审批制度改革不断深化……391
市场竞争秩序更加规范……392
质量和标准化工作稳步提升……392
知识产权工作力度不断加大……392
党的建设和队伍建设有效加强……392

粮食科技

概况……396
科研项目经费与成果……396
做强"苏米"……396
绿色储粮……396
粮食信息化……397
平台建设……397

防震减灾科技

震情……397
地震监测预报……397
震害防御……397
地震应急准备……398
防震减灾宣传……398
地震科技……399

气象科技

概况……399
天气气候背景……399
气象业务现代化……399
科技创新……400
科技人才……400
气象科普……401

电力科技

概况……401
重大技术攻关……401
科技成果……402
科技管理……402
技术标准……402
知识产权……402

测绘科技

概况……402
测绘科技……402
科技人才……404
测绘交流、培训……404

地区科技   Regional Science & Technology

南京市

概况……405
科技管理……405
科技成果……406
高新技术与产业……411
创新平台与载体……412
产学研合作……414
科技经费与项目……414
科技惠民……414
农村科技……415
科技合作与交流……416

科技人才……417
科技服务……417
科技金融……418
科学普及……418
科技活动……419
知识产权……419
防震减灾……422

无锡市

概况……423
科技管理……424
科技成果……424
高新技术产业……425
创新平台与载体……426
科技经费与项目……427
产学研合作……427
科技惠民……428
农村科技……428
科技合作与交流……428
科技人才……428
科技服务……429
科技金融……429
知识产权……430
科技活动……430

徐州市

概况……432
科技管理……432
科技成果和技术转移……433
高新技术产业……433
创新平台与载体……433
产学研合作……433
科技合作与交流……433
农村科技……434
科技金融……434
知识产权……434

常州市

概况……434
科技管理……435
科技成果……435
高新技术产业……437
创新平台与载体……437
科技经费与项目……438
产学研合作……438
科技惠民……438
农村科技……438
科技合作与交流……438
科技人才……438
科技服务……439
科技金融……439
知识产权……439
科技活动……439

苏州市

概况……440
科技管理……441
科技成果……441
高新技术产业……446
创新平台与载体……446
科技经费与项目……447
产学研合作……447
科技惠民……447
农村科技……447
科技合作与交流……447
科技人才……448
科技服务……448
科技金融……448

南通市

概况……448
科研载体建设……449
科技人才……450
沪通科技合作……451

创业创新	451
高新技术产业	454
农业和社会事业科技	455
科技计划项目	456
科技成果管理	460
产学研合作	460
科研院所	461
企业研发机构	461
国际科技合作	461
知识产权	461
知识产权运用	463
科技服务业	463

连云港市

科技创新	464
产学研合作	467
科技成果	469
知识产权	472

淮安市

概况	473
科技管理	474
科技成果	474
高新技术产业	474
创新平台与载体	474
科技经费与项目	475
产学研合作	475
农村科技	475
科技人才	475
科技金融	476
知识产权	476
科技活动	476

盐城市

概况	477
科技计划项目	478
高新技术产业	478

科技金融	478
科技交流与合作	478
科技活动	479
科技成果转化	479
农村科技	479
科技管理	479

扬州市

概况	480
新兴科创名城建设	480
高新技术产业	481
重大科技成果转化项目	481
产学研合作	482
科技创新园区和载体建设	483
民生科技	486
科学技术奖励	487
知识产权工作	488
公共科技服务平台建设	490

镇江市

概况	490
科技管理	490
科技成果	490
高新技术产业	494
创新平台与载体	494
大众创业、万众创新	495
科技经费与项目	496
产学研合作	496
科技合作与交流	496
农村科技	497
科技人才	497
科技金融	497
知识产权	497

泰州市

概况	500
科技管理	500

科技成果	501
高新技术产业	501
创新平台与载体	501
科技经费与项目	501
产学研合作	502
科技惠民	502
农村科技	502
科技人才	502
科技服务	502
科技金融	503
知识产权	503
科技活动	503

宿迁市

概况	506
科技管理	506
高新技术产业	506
创新平台与载体	506
科技经费与项目	506
产学研合作	507
农村科技	507
科技人才	507
科技服务	507
知识产权	507

国家高新区　National New & High-tech Industrial Development Zones

南京国家高新技术产业开发区

概况	509
高新技术产业发展及产业化	509
科技成果	509
科技创新平台	509
科技合作	509
科技人才	509
科技金融	510
知识产权	510
科技服务	510
科技活动	510

苏州国家高新技术产业开发区

概况	510
科技政策	510
科技载体	510
科技人才	511
科技企业	511
科技服务	511
知识产权	511
科技活动	511

无锡国家高新技术产业开发区

概况	513
工作推进	513

常州国家高新技术产业开发区

概况	514
高新技术发展及产业化	514
科技成果	515
科技创新平台	515
科技合作	515
科技金融	515
科技人才	515
科技服务	515
知识产权	516
科技活动	516

苏州工业园区

概况	516
高新技术发展及产业化	517
科技成果	519

科技创新平台……520
科技合作……522
科技金融……523
科技人才……525
科技服务……526
知识产权……528
科技活动……531

泰州国家医药高新技术产业开发区

概况……532
科技创新……532
知识产权……533
科技人才……533
重大研发载体……533
公共服务平台……533
重大成果……533

昆山国家高新技术产业开发区

概况……533
苏南国家自主创新示范区……534
高新技术发展及产业化……534
科技成果……534
科技创新平台……534
科技合作……534
科技金融……535
科技人才……535
科技服务……535
知识产权……535
科技活动……535

江阴国家高新技术产业开发区

概况……535
苏南国家自主创新示范区核心区建设……536
科技创新创业……537
招商引项……537
主导产业发展……538
集成改革……539

徐州国家高新技术产业开发区

概况……539
高新技术产业发展……540
国家创新型特色园区建设……540
海外科技创新资源……540
研发机构……540
科技创新载体平台……540
科技人才……541
科技创新谷……541
科技创新政策……541
知识产权……541

武进国家高新技术产业开发区

概况……541
苏南国家自主创新示范区……542
高新技术产业……542
科技成果……542
科技创新平台……542
科技合作……542
科技金融……542
科技人才……543
知识产权……543
科技活动……543

南通国家高新技术产业开发区

概况……544
产业发展……544

镇江国家高新技术产业开发区

概况……545
高新技术发展及产业化……546
科技成果……546
科技创新平台……546
科技合作……547
科技金融……547
科技人才……547

科技服务……547
知识产权……548
科技活动……548

连云港国家高新技术产业开发区

概况……549
高新技术发展及产业化……550
重要科技成果……550
科技创新平台……550
科技合作……550
科技人才……551
科技服务……551
知识产权……551
科技活动……551

盐城国家高新技术产业开发区

概况……551
高新技术发展及产业化……551
高新技术企业……552
创新平台与载体……552
科技人才……552
科技金融……552
国际合作……552
科技活动……552

常熟国家高新技术产业开发区

概况……553
高新技术发展及产业化……553
科技成果……553
科技创新平台……553
科技合作……553
科技金融……554

科技人才……554
科技服务……554
知识产权……554
科技活动……554

扬州国家高新技术产业开发区

概况……555
高新技术发展及产业化……555
科技项目……555
科技创新平台……555
科技合作……555
科技金融……556
科技人才……556
知识产权……556
科技活动……556
科技服务……556

淮安国家高新技术产业开发区

概况……556
高新技术发展及产业化……556
科技创新平台……557
科技合作……557
科技金融……557
科技人才……558
科技服务……558
知识产权……558
科技活动……558

宿迁国家高新技术产业开发区

概况……559
重点举措及成效……559

科技统计资料

Statistical Data of Science & Technology

2018年江苏省高新技术产业主要统计数据

概况 ·· 562
分行业发展状况 ····································· 562
分区域发展状况 ····································· 562

2018年江苏省科学研究与技术开发机构统计年报

概况 ·· 563
全省科学研究与技术开发机构科技活动
　情况 ·· 563
全省中央部门属科学研究与技术开发机构 ···· 566
全省省属科学研究与技术开发机构 ············ 568
全省其他各类科学研究与技术开发机构 ····· 569
全省社会科学与人文科学机构 ················· 570
全省新型研发机构 ································ 570

2018年江苏省规模以上工业企业研发活动统计

创新条件持续改善　科技投入加大 ··········· 625
科技产出大幅增加　创新成果更加丰硕 ····· 626
主要问题 ·· 627

2018年江苏省高校科技活动统计

科技人力资源情况 ································ 628
科技活动经费情况 ································ 629
科技活动机构情况 ································ 629
科技项目情况 ····································· 629
技术转让与知识产权情况 ······················· 629
科技专著与论文情况 ····························· 629
国家级项目验收与成果获奖情况 ············· 629
科技交流情况 ····································· 630

2018年江苏省咨询业统计简报

咨询单位 ·· 630
咨询从业人员 ······································ 630
咨询业务 ·· 630
经济效益 ·· 630
经营规模 ·· 630
社会效益 ·· 631

2018年江苏省科学技术协会统计

2018年江苏省省级协会统计 ····················· 631
2018年江苏省副省级地市科协统计 ··········· 640
2018年江苏省地级科协统计 ····················· 650
2018年江苏省县级科协统计 ····················· 660
2018年江苏省省级学会、协会、研究会
　统计 ·· 670

重要科技文件 | Important Science & Technology Files

国务院
  关于全面加强基础科学研究的若干意见 …679
江苏省人民政府
  关于深入推进大众创业万众创新发展的
    实施意见……………………………………683
江苏省人民政府办公厅
  关于印发江苏省深化科技奖励制度改革
    方案的通知…………………………………689
江苏省人民政府办公厅
  关于印发创新型省份建设工作实施
    方案的通知…………………………………692
江苏省人民政府办公厅
  印发关于促进科技与产业融合加快科技
    成果转化实施方案的通知 ……………696
江苏省科学技术厅
江苏省财政厅
  关于组织申报2018年度省创新能力建设
    计划暨中央引导地方科技发展专项资金
    项目的通知…………………………………700

江苏省科学技术厅
江苏省国税局
江苏省地税局
  关于转发《科技部 国家税务总局关于
    做好科技型中小企业评价工作有关
    事项的通知》的通知……………………704
江苏省科学技术厅
  关于印发《省科技厅贯彻落实〈创新型
    省份建设工作实施方案〉重点任务
    责任分工方案》的通知 …………………706
江苏省科学技术厅
  关于印发《江苏省科技金融进孵化器
    行动方案》的通知………………………708

大事记 | Major Events

2018年江苏省科技创新工作大事记…………712

索引 | Index

主题索引………………………717

表格索引………………………727

特 载

在全省科学技术奖励大会暨科技创新工作会议上的讲话

中共江苏省委书记，江苏省人大常委会主任、党组书记　娄勤俭

（2018年8月28日）

同志们：

今天我们齐聚南京，隆重召开全省科学技术奖励大会暨科技创新工作会议，学习贯彻习近平总书记关于科技创新的重要论述，落实省第十三次党代会和省委十三届三次、四次全会精神，表彰先进，总结过去，谋划未来，进一步动员全省上下在新时代深入推进创新驱动发展战略，把科技的大旗举得更高，把创新的号角吹得更响，把高质量发展的步伐迈得更实。

这次大会，大师名家云集，科技精英荟萃，是全省科技界的一次盛会，也是改革开放以来规模最大的同类型会议。省委、省政府对这次会议高度重视，从年初就开始筹备，围绕科技创新的若干关键问题反复研究，形成了深化科技体制改革、支持企事业单位聚才用才、加快科技成果转化三个文件。

刚才，我们举行了颁奖仪式和揭牌仪式，王泽山院士、张国良同志作了很好的发言。在此，我代表省委、省政府，向获奖单位和个人表示热烈祝贺，向揭牌的两个国家大科学装置和紫金山实验室表达美好祝愿，向以王泽山、张国良为代表的全省广大科技工作者致以崇高敬意！今天还邀请了在苏工作的院士代表，借此机会，向各位院士并通过大家，向关心支持江苏科技事业、为江苏科技发展做出贡献的各界人士表示衷心感谢！下面，我讲五点意见。

一、深刻领悟习近平总书记关于科技创新的重要论述，切实担负起新时代江苏科技创新的责任与使命

党的十八大以来，以习近平同志为核心的党中央高度重视科技创新，推动我国科技事业发生历史性变革、取得历史性成就。习近平总书记一系列重要论述，科学回答了科技创新一系列重大问题，为我们推进科技创新提供了根本遵循和行动指南。结合江苏科技创新实际，我们要在全面学习领会的基础上，着重把握好五个方面。

一是深刻领悟把科技创新摆在发展全局核心位置这个总体定位。习近平总书记多次强调指出，科技创新是提高社会生产力和综合国力的战略支撑，必须摆在国家发展全局的核心位置。这是习近平总书记科技创新重要论述的核心观点，是我们实践中必须把握的首要问题。全省各级党委、政府都要对照这个要求自我衡量，从工作谋篇布局、领导用心用力、发展路径确定、财力保障安排上，扎扎实实把科技创新在全局的核心位置落实到位，引领江苏发展实现根本性、整体性变化。

二是深刻领悟走中国特色自主创新道路这个战略方向。总书记强调，关键核心技术是国之重器，是要不来、买不来、讨不来的，要敢于走前人没走过的路，努力实现关键核心技

术自主可控。江苏科技力量雄厚、在全国占有重要地位,改革开放以来的发展积累了比较厚实的创新基础,完全有条件为国家的自主创新做出重要贡献,也一定要在自主创新特别是建立自主可控的现代产业体系上,走在全国前列。

三是深刻领悟加快科技体制改革这个关键要求。总书记指出,科技创新和体制创新,犹如鸟之双翼、车之两轮,只有两者共同驱动,才能把创新活力充分激发出来。2014年视察江苏时,要求我们加快科技体制改革步伐,形成有利于出创新成果、有利于创新成果产业化的新机制。审视全省科技创新体制机制的不完善,一定程度制约了科技人员创新的积极性和科研成果转化的有效性。这次出台文件,聚焦科技体制改革这个关键用功发力,目的就是让各种科技资源有效聚集起来、创新主体充分活跃起来、创新引擎全速发动起来。

四是深刻领悟迎来历史性交汇期这个重大判断。总书记指出,我们迎来了世界新一轮科技革命和产业变革同我国转变发展方式的历史性交汇期,既面临着千载难逢的历史机遇,又面临着差距拉大的严峻挑战。近代以来,每次科技革命都会导致产业变革,引发大国兴替和世界格局调整。在这样的机遇和挑战面前,作为全国最发达地区和改革开放前沿之一,江苏更应该勇立潮头、只争朝夕,以为国家发展探路的姿态,写好科技创新的时代答卷。

五是深刻领悟人才是第一资源和创新根基这个重要论断。总书记强调,人才是创新的根基,是创新的核心要素,谁拥有了一流创新人才、拥有了一流科学家,谁就能在科技创新中占据优势,要择天下英才而用之,选好用好领军人物、拔尖人才等"关键少数"。江苏发展到今天这个阶段,人才的重要性比以往任何时候都突出,对人才的需求比以往任何时候都迫切。一定要更加重视人才的培养和引进,更加注重体制创新,更加注重政策支持,更加注重服务优化,让各类人才各得其所、各显其能、各建其功。

二、在肯定成绩、坚定信心的同时深刻认识存在问题,进一步增强推动江苏科技创新的紧迫感

江苏一直重视科技创新,江苏发展也得益于科技进步的持续支撑。党的十八大以来,我们认真贯彻中央关于科技创新的决策部署,科技事业取得长足进步,区域创新能力连续多年位居全国前列,创新型省份建设取得明显成效。

一是相关领域核心技术取得突破。"十三五"以来,全省组织承担国家科技重大专项、国家重点研发计划、国家自然科学基金等超过7000项。在现代装备领域,攻克工程机械、海工平台、数控机床等整机技术;在新材料领域,碳纤维、光纤预制棒、高温合金等研发水平与国际保持同步。国家技术预测报告显示,我国15.1%的领跑技术分布在江苏,纳米、物联网、太阳能光伏、智能电网等领域一批核心技术进入国际前沿。

二是创新型企业集群持续壮大。全省企业创新意识不断增强,创新投入持续增加,创新产出明显增长。国家创新型试点企业31家,国家知识产权示范企业数全国第一、优势企业数占全国近1/6。全球光伏企业十五强江苏占5席,中国创新力医药企业二十强江苏有8家,中国机械工业百强江苏9家上榜,全国电子信息百强江苏10家入围。全省13个先进制造业集群内,"专精特新"小巨人企业超过1000家。

三是重大科技平台建设有新进展。未来网络、高效低碳燃气轮机两个国家大科学装置落户江苏省,网络通信与安全紫金山实验室启动建设,国家超级计算(无锡)中心研制的"神威·太湖之光"获得高性能计算应用最高奖"戈登·贝尔"奖。共有国家和省级重点实验室170个,国家级工程技术研究中心、国家重点实验室、国家级孵化器等数量位居全国前列。

四是区域创新布局不断优化。组织开展创新型试点城市、创新型试点县(市、区)建设,试点县(市、区)达68家。高新区创新导向更加鲜明,对区域发展的引领辐射带动作用

显著增强，苏州工业园区列为首批世界一流高科技园区建设试点，无锡、苏州两个高新区进入国家高新区创新驱动发展示范工程行列。苏南国家自主创新示范区成为全国第一个以城市群为基本单元的自创区。

五是科技体制改革有序推进。注重发挥改革对创新发展的"深刺激""强刺激"作用，建设线上线下相结合的省技术产权交易市场，开展县域科技创新体制综合改革试点。特别是运用新机制组建省产业技术研究院，在集聚国际一流人才、衍生孵化科技型企业、转移转化技术成果方面发挥了重要作用，改革"试验田"的效应日渐显现。

六是科技创新环境进一步改善。完善支持创新创业政策体系，举办了世界物联网博览会、新型研发机构创新发展峰会、交叉智能前沿峰会等一系列有影响力的重大活动，加强与国内外知名高校院所、研究团队的对接合作，促进创新资源要素向江苏集聚。积极培育创新文化，科技创新氛围日益浓厚。

特别值得骄傲的是，"十二五"以来全省共有350个项目获得国家科学技术奖，包括自然科学奖26项、技术发明奖76项、科技进步奖248项，获奖总数居全国省区第一。王泽山院士获2017年度国家最高科学技术奖，实现江苏省获此殊荣的历史性突破。我们为成功者喝彩、点赞，也希望广大科技人员以他们为榜样，潜心钻研，厚积薄发，创造更多重大成果。

成绩来之不易、弥足珍贵，但我们决不能沾沾自喜、自我陶醉，对存在的问题更要有清醒的认知，尤其要从全国创新大局、世界创新大潮和经济转型升级大势这几个维度，来深刻认识自身差距和短板。

一是基础研究和原始创新能力不足。融入国家创新体系的主动性不强，参与国家科技重大专项不够多，科技人员从事前沿性、变革性科研的较少，缺少从0到1的原创性成果，也缺乏集成创新和交叉融合的再创新能力。这说明我们对基础研究、原始创新重视不够。

二是科技资源与地方经济结合不够紧密。高校院所科技创新与江苏产业的契合度不高，产业核心竞争力、新兴产业发展活力不强。国家"双一流"建设学科名单中，全省共入选43个，其中40%与我省优势产业领域关联不强；全国167个工学类一级重点学科中，江苏仅占17个。有的高校院所成果不少，但转化应用不多。

三是主导产业的技术支撑力量不强。在传统产业方面一些基础性工业技术不过关，基础元器件、基础零部件、基础机械大量依赖进口。在新兴产业方面，工业机器人、芯片、操作系统、基础软件、高端医疗器械、新材料等核心技术，都被国外企业垄断，全省一半左右高新技术企业没有专利产出，很多从事的是高端产业低端环节。在未来有发展潜力的高新技术产业方面，我们虽有少量突破，但发达国家、有的兄弟省市布局更加充分。

四是高层次创新创业人才供给不足。江苏科技人才规模大，科研人员达82万，但人才结构性矛盾突出，集中体现在：顶尖人才不足，在重大科研项目、重大科技工程、重点学科、战略性新兴产业等领域缺乏领军人才；人才活力不强，冒尖的年轻优秀人才比较少，对高层次海外人才和团队吸引力还不强。主要原因还是相关激励政策有落差。

五是科技投入力度强度相对不够。财政投入虽然保持增长，但与突破关键核心技术的现实需求相比，明显不相适应。2017年省本级财政科技投入，广东为157亿元，江苏省为103亿元，市县层面差距更大。差距的背后，是没有把科技创新摆到核心位置。

我们开展思想解放大讨论活动，一个重要目的就是查找不足、反骄破满，防止一边喊着"走在前列"，一边却不知不觉掉队落伍。比如，在国家重大科技基础设施建设方面合肥做得比较好，在科技资源统筹方面陕西做得比较好，如果我们还不重视就会落后。全省区域创新能力从全国第一退为第二，已发出了警示，必须下定决心，增强"等待观望不得"的紧迫感、"慢进就是退"的危机感、急起直追的责任感，全力推进科技创新，不断提升科技实力。

"一茬人有一茬人的责任。"今后一个时期，江苏省科技创新的总体思路是：全面贯彻党的十九大精神，以习近平新时代中国特色社会主义思想为指导，遵循总书记对科技创新的重要论述，紧扣高质量发展走在全国前列的目标，立足新时代社会主要矛盾变化和经济社会发展重大需求，紧跟世界科技革命和产业变革趋势，以供给侧结构性改革为主线，坚持围绕产业链部署创新链、围绕创新链培育产业链，全面深化科技体制改革，着力深挖科技资源潜力，着力增强原始创新能力，着力提升产业技术实力，着力激发创新主体活力，努力实现关键核心技术自主可控，确保科技创新走在全国前列。

三、围绕建设自主可控的现代产业体系，明晰新时代江苏科技创新的重点

当前，重点要在四个方面下功夫。

一是在增强产业核心技术支撑力上下功夫。产业体系自主可控，关键是核心技术的自主可控。关键核心技术受制于人是一头"灰犀牛"，是发展的心腹大患，必须下大气力加以解决。首先，在产业有优势的领域，围绕产业链加快部署创新链。全省明确了13个重点培育的先进制造业集群，要从需求和供给两端出发，对技术、元器件、工艺、产品、产业链、关联的基础设施等方面进行彻底梳理，针对存在的"卡脖子"问题，拿出时间表、路线图，构建攻关体系，努力把产业集群打造成为创新集群。比如，生物医药集群，南京、苏州、泰州、连云港等地都集聚了不少龙头医药企业，要跨区域整合创新资源，合力建设重大科研基础设施，组建产业技术创新联盟，推动医药产业质的提升。各地明确的特色产业集群，都要按照这个思路，坚持问题导向，整合研究力量，加强技术攻关，提高产业技术密度。其次，在技术有优势的领域，围绕创新链加快培育产业链。全省大院大所技术储备丰富，有的能够引领未来产业，像南京的未来网络就有巨大的产业潜力。要加强技术研判，分析产业前景，促进应用基础研究、前沿高技术研究与产业关键技术攻关紧密衔接，促进优势技术成果转化与战略性新兴产业培育紧密衔接，争取早出成果、出好成果。对高校院所把成果转移转化到省内、形成新产业的，要采取差别化政策，让单位和个人获益更多。要积极推广"企业研发机构+孵化器"的先声药业"百家汇"模式，"专业研发机构+孵化器"的南京先进激光技术研究院模式，运用市场机制推动优势技术成果落地转化。再次，在产业和技术目前都没有优势、但可能有良好前景的领域，大胆进行前瞻布局。搭建重大科技平台，对重大技术前沿或重大产业前瞻问题进行超前部署，遴选顶尖的科学家领衔，每年组织几个重大原创性研究项目，从经费、人才引进等方面给予倾斜。基础研究是科技创新的发动机，是高新技术的源泉。要加大财政对基础研究的稳定支持力度，大幅增加基本科研经费，支持重点基础学科建设。依托高校、科研院所、国家高新区等布局建设重大科技基础设施，向各类创新主体开放，支撑科学前沿问题研究。鼓励科技人员积极参与国家科技重大专项，在省科技支持计划中要为各种非规划创新留口子，保持自由探索的空间。

二是在发挥企业创新主体作用上下功夫。要完善体制机制，加强政策支持，充分调动和激发企业创新主动性积极性。一要以"降成本"来支持。坚持"普惠支持、阶梯鼓励、市场决定"的导向，实行普惠制为主的财政支持模式，建立动态增长机制，逐步提高企业研发费用省级奖励比例。已经明确的研发费用加计扣除、无形资产成本税前摊销、高层次人才引进补贴税前扣除等普惠性支持政策要抓紧落地，切实降低企业研发成本。改革科研成果申报和资助办法，扩大科研支持覆盖范围，对企业未获立项而自行研发成功的，事后给予同样资助。二要以"给市场"来支持。自己的孩子，首先自己要爱护。推广应用自主创新产品，通过政府采购、首台套政策、强制性标准等政策，扩大全省技术和产品的规模化应用，用市场涵养和支撑企业创新能力，在应用和实践中打磨完善提高。三要以"促联合"来支持。加大产学研一体化力度，支持龙头企业整

合高校院所力量，推动企业家和科学家强强联合、企业与高校院所一体化合作，建立创新联合体。全省院士多，本省有100位，外省院士也有不少长期在苏工作。我们支持企业院士和高校院所院士互设工作站，联合开展前瞻性技术研发、研究生培养等，积极搭建院士与企业家交流合作平台，合力推动高水平创新创业。企业创新主体作用发挥怎么样，最直观的是一大批高新技术企业的成长和壮大。要建立高新技术企业培育库，推动更多科技型中小企业成长为高新技术企业，力争到2020年全省突破3万家。

三是在加快科技资源统筹上下功夫。江苏有高等院校167所、在校本专科生近200万人，12家军工集团在江苏省设立了46家企事业单位，但中央与地方资源管理"分隔"、科研成果与市场主体衔接"分离"、科技资源布局"分散"等问题普遍存在。我们要加大统筹力度，彻底解决好这些问题，不断提升创新效能。一要用平台统筹。组建省科技资源统筹服务中心，把各类平台、高校院所、企业、金融及军工单位可用于军民融合发展的资源全部接入，从组织体系上解决科技资源分散问题。科技部门要组织开展全省科技资源普查工作，探索灵活多样统筹服务的运作模式体系。二要用项目统筹。聚焦重大项目，打破条块壁垒，推动技术、人才、信息、管理等要素横向集聚。特别是在军民融合领域，要找准关键点，以项目为纽带，加强建设统筹、资源共享联合攻关，促进全要素、多领域、高效益深度融合创新。比如芯片研发，就可以考虑一家牵头，整合相关资源分工协作，形成攻关大格局，推动产业大提升。三要用产业基地统筹。结合园区产业发展方向，建设重点面向特定产业、特定需求的专业研发服务平台，为产业发展提供精准的技术供给。省产业技术研究院要继续加强与各地园区合作，引进一批顶级研发机构和团队，建设一批专业研究所，实施一批重大技术攻关项目。四要用社会资本统筹。支持有条件的企业建设平台型公司，共享政府平台和数据信息等资源，与高校院所共建实验室、共享大型仪器设备，运用市场机制提高科技资源的惠及面和利用率。

四是在优化区域创新布局上下功夫。顺应科技创新的区域集聚规律，因地制宜探索差异化的创新发展路径，形成各具特色的区域创新格局。苏南国家自主创新示范区要着力做实。关键是要把省委十三届四次全会提出的要求落到实处。省领导小组要强化牵头抓总作用，尽快形成贯彻"四个一"要求的制度性安排和操作性举措。苏南五市要把相关园区作为特色板块、战略板块，进一步明确重点培育产业、需要突破的核心技术及发展急需要素，尽快形成具体行动方案，确保一年有起色、两年见成效、三年上台阶。南京要着力提高创新首位度。推动创新驱动发展不够有力，与科研资源大市的地位不相称，是中央巡视组对南京指出的突出问题之一。要支持南京对标国际知名科创中心，推进重大科技创新平台建设，加快培育战略性新兴产业，深化科技体制综合改革试点，优化创新创业环境，成为全省重大科技成果的策源地、产业技术的供给地、科技资源整合的先导区、体现江苏创新高度的示范区。其他地方都要因地制宜，着力打造创新特色。要遵循创新规律，不求全、不求大，重点围绕特定领域、关键环节，找准突破点，久久为功，把特色产业做高做精。省里的高质量发展指标体系，对设区市有个性化要求，各地要从创新重点、成果转化、市场开拓等方面多想一些点子，走出属于自己的创新路子。

四、充分调动人的积极性，进一步完善聚才用才体制机制

创新驱动发展，人才驱动创新。要从体制机制入手，回应广大科技人员关切，营造有利于充分释放人才潜能的最佳环境。

一是突出重点群体，加大培养力度。采取有针对性的举措，突出青年人才、紧缺人才、高技能人才培养，带动科技人才队伍素质整体提升。各级党委和政府要致力构建人才脱颖而出的机制，完善人才发现机制，不拘一格选人用人，培养壮大青年科技人才队伍。加大

科研支持力度,从科技专项、科研经费、人才培训、奖励激励等方面,鼓励青年科技人员潜心专业研究,在科研一线、创新实践中加快成才。要着眼高技术领域发展方向,科学设置专业学科,合理配备资源力量,增加急需的专业技术人才供给。要立足产业升级需要,大力推动产教融合发展,深入实施"引企入教"改革,推进校企双制、工学一体教育模式,多渠道培养高技能人才。教育对科技创新的影响更为本质、更加深远。要转变教育理念,创新教育方法,形成有利于人才成长的育人环境,让我们的科技事业后继有人、科技天地群英荟萃。

二是突出高精尖缺,注重靶向引才。瞄准科技前沿和国际水准,聚焦做好院士、学术带头人、领军型科技企业家等战略科技人才,采取"一事一议"办法,量身定制人才及团队支持政策,在工资待遇、科研经费、实验设备等方面为顶尖人才打造顶级"配置"。院士退休制度的实施,为江苏省引进顶级人才提供了机遇。这次省里出台的政策,对引进退休院士规定得比较原则,实际上是为各地留下更大的操作空间。要支持企事业单位引进退休院士,让这些党和国家的宝贵财富进一步在江苏发光发热,绽放新的精彩。同时要瞄准高技能人才、大学生等群体,通过项目资助、奖补、住房等多种优惠政策把更多的人才引到江苏。这次会议出台了人才方面的专项政策,目前看在全国是有竞争力的,各地要主动对比对照,按照"就高原则"及时进行调整完善,动态保持政策的"含金量"。

三是突出激发活力,改革体制机制。科研管理上,要从重过程管理向重效果转变,探索契约目标、合同管理方式,实行备案制和承诺制,简化项目申报和过程管理,建立宽容失败的相关机制,赋予科研人员更多自主权。这次我们明确,大幅提高科研经费特别是横向经费管理使用的便利性和自由度,目的是更好调动科技人员对接产业、企业、用户需求,把论文写到大地上、写到工厂里、写到新产品上。科研评价上,要改变唯论文、唯职称、唯学历等简单量化的做法,建立分类评价标准和多元评价办法,把科技成果转化业绩、横向科研与论文、纵向课题同等对待,建立人才社会服务绩效与职称评聘、职务晋升挂钩的制度。激励导向上,要推广股权激励机制和项目经理制,鼓励研发机构团队控股、个人持股,实行有吸引力的收入分配政策,完善奖励荣誉制度,让人才"名利双收"。全省各级领导干部要多与科技人才交朋友,政治上关怀、工作上支持、生活上关心,当好科研"后勤部长",做科研人员的知心人。

五、加强党对科技工作的领导,为创造良好的创新生态提供有力保障

进入新时代,科技创新速度加快,经济结构快速演进,战略任务相应发生了变化。各级党委谋发展,必须聚焦科技创新,不断提高领导能力和水平。

一要注重加强政治引领。科技界是科学家、高级知识分子最为集中的领域,希望大家理性认识"四个意识",坚定"四个自信",这绝不是对自由科学思想的束缚,而是支撑我们科研攻关突破的思想武器、精神力量和政治保证。近代以后,我们经历了一个多世纪战乱不止、社会动荡、人民流离失所的深重苦难,无数怀抱科学救国理想的人们报国无门,留下深深的遗憾。新中国成立后,我们之所以能够在非常困难的条件下取得"两弹一星"等重大科技成就,一个重要原因就在于有一大批科技工作者团结凝聚在党中央周围,聚焦国家战略目标同频共振、集中攻关。钱学森、邓稼先、王淦昌等科学家,更是放弃了国外优越的工作和生活条件,突破重重封锁毅然回国。现在,我们有习近平同志这个强有力的核心,推动科技创新比以前任何时期都更有底气、更有信心。各地、各部门各单位要做好科技领域的政治引领工作,引导广大科技人员弘扬"两弹一星"精神,把思想和行动统一到习近平新时代中国特色社会主义思想上来,统一到党中央和省委对科技事业的部署上来,扛起时代重任,在新时代建功立业。

二要注重规划政策引导。 按照关键核心技术攻关的战略性需要，梳理和调整江苏省科技重大专项、重点研发计划。国家将研究制定2021—2035中长期科技发展规划，要梳理全省在重点领域、重大专项、前沿技术、基础研究等方面，具有哪些特色优势、存在哪些突出短板，积极与国家有关部委对接，争取进入国家盘子，把国家系统布局和江苏省发展需要紧密结合起来。要根据自身发展阶段、产业基础、资源禀赋，进一步明晰本地科技创新的长远目标、近期重点和实现路径，研究超常规政策和超常规举措，形成加快推进科技创新的政策包。

三要注重解决实际问题。 发挥党委统揽全局、协调各方的作用，聚焦需要攻关的核心技术清单、特色创新集群打造方案、重大平台建设、顶尖人才服务等一个个具体问题，研究提出务实管用的举措。比如高新区考核，要以国家高新园区考核办法为主要依据，协调安排考核指标、考核方式，避免条块多头考核、与行政区混同考核等现象。比如引进人才，地方党委要召集有关部门，统筹考虑其收入分配、子女教育、家属安置、医疗住房保障等待遇问题，谋划研究平台搭建、团队组建等事业支撑问题，让科技人才切实感受到党和政府创造的良好环境，安心、舒心、静心地搞研究。各相关部门要牢固树立"一盘棋"的意识，积极主动参与进来，密切协作配合，提供有力支持。

四要注重抓好政策落地。 这次会议出台的三个文件，含金量比较高。要明确落实责任，政策涉及的有关部门，既要限时出台实施细则，也要负责抓政策落实。要加大督查力度，直接深入到政策末梢，了解科研人员、企业等政策受益方的获得感，哪一条政策落实不力，相关责任单位就要承担责任。要加强政策的宣传和解读，让科研机构、企业、科技人员了解、掌握、会用这些政策。纪检、审计等部门要把握政策精神实质，促进相关政策落地。总之，要通过大家的共同努力，让政策红利充分释放，让创新力量充分涌流。

同志们，时代车轮滚滚向前，科技发展日新月异，形势逼人，挑战逼人，使命逼人。让我们紧密团结在以习近平同志为核心的党中央周围，坚定信心、开拓进取，埋头苦干、攻坚克难，加快建设创新型省份，为推动高质量发展走在全国前列、建设"强富美高"新江苏注入磅礴的科技动力！

在2018世界智能制造大会上的讲话

中共江苏省委副书记、江苏省省长、江苏省人民政府党组书记　吴政隆

（2018年10月12日）

尊敬的辛国斌副部长，钟志华副院长，孟庆海副主席，尊敬的各位来宾、各位朋友，女士们、先生们：

在丹桂飘香的金秋时节，我们相聚在美丽的六朝古都南京，围绕"赋能升级，智造未来"主题，共同探讨智能制造发展的重大问题，很有意义。受省委书记娄勤俭同志委托，首先我代表江苏省委、省政府，对莅临2018世界智能制造大会的各位来宾表示热烈的欢迎！对关心支持江苏发展的工信部、中国工程院、中国科协等国家部委和单位、海内外企业家和各界朋友表示衷心的感谢！

当前，新一轮科技革命与产业变革蓄势待发，以互联网、大数据、人工智能为代表的新一代信息技术迅猛发展，世界经济加快向数字化转型，智能制造成为未来制造业发展的核心内容。今年5月，习近平总书记在两院院士大会上指出，要"以智能制造为主攻方向推动产业技术变革和优化升级，推动制造业产业模式和企业形态根本性转变"。江苏制造业基础比较

雄厚、产业体系较为完整，目前正处在产业转型升级的重要关口。大力发展智能制造，推动制造业数字化、网络化和智能化升级，是江苏省实现高质量发展的重大机遇和紧迫任务。

在工信部、中国工程院、中国科协等国家部委和单位的大力支持下，世界智能制造大会自2016年以来已连续举办3年，业界关注度明显上升，品牌影响力不断扩大，逐步成为国内规模最大、层次最高的行业盛会和世界智能制造领域的高峰会议。本届大会汇聚了世界智能制造领域的顶级专家、学者、企业家，围绕智能制造技术前沿、产业趋势和热点问题等开展对话交流，通过高峰论坛、重磅发布、主题展会、项目签约等形式，共商大计，共谋发展，必将推动智能制造加快走进生产、融入生活，有力引领发展、造福人类。借此机会，我对江苏智能制造谈几点想法。

一、智能制造是江苏实现产业转型升级的重要途径

智能制造是基于新一代信息通信技术与先进制造技术深度融合，贯穿于设计、生产、管理、服务等制造活动的各个环节，具有自感知、自学习、自决策、自执行、自适应等功能的新型生产方式，对产业发展和分工格局带来了深刻影响。江苏制造业产值达15.6万亿元，占全国14%左右，但产业结构总体上仍处在全球价值链的中低端。发展智能制造，对于深化供给侧结构性改革，加快产业迈向中高端，建设自主可控的先进制造业体系，推动高质量发展走在前列，具有十分重要的意义。

第一，智能制造是全球制造业发展的重大趋势。 国际金融危机以来，主要发达国家紧紧抓住新一轮科技革命的机遇，不约而同地将关注点放在制造业转型升级上，先后提出国家性的制造业或工业战略规划布局，如美国的"先进制造业伙伴计划""制造业创新网络计划"、德国的"工业4.0战略"、英国的"工业2050战略"、法国的"新工业计划"、日本的"制造业白皮书"等。我国也适应这一发展趋势，提出了"中国制造2025"。虽然各国制造业转型升级的战略规划各有侧重，但推动制造业向数字化、网络化、智能化发展是同一个主攻方向，其目的是改变传统的制造业存量竞争态势，占据新一轮产业竞争的先机。

第二，智能制造是加快产业技术变革的重要抓手。 放眼全球，江苏省制造业仍然是"大而不强"，尤其是不少关键核心技术还受制于人，高端智能装备对外依赖度较高，系统集成、互联共享的能力还不足，缺乏国际性的行业巨头企业和跨界融合的智能制造人才。要实现由大变强，必须加快推动互联网、大数据、人工智能与制造业的深度融合，切实提高实体经济、科技创新、现代金融、人力资源协同发展效率，进一步完善制造业创新生态，推动工业经济向数字型驱动创新体系转变，大幅度降低技术研发和产品研制周期，加快产业技术革新的步伐。

第三，智能制造是新旧发展动能转换的强大引擎。 习近平总书记深刻指出，未来10年，将是世界经济新旧动能转换的关键10年。江苏正处在动能转换的关键期，从产业来看，传统增长引擎对经济的拉动作用减弱，新的增长动能尚难接续；从企业来看，大部分企业仍处于工业2.0、3.0阶段，智能制造新技术、新模式尚未普及应用，对企业发展的贡献率不高。加快动能转换，必须充分利用智能制造的技术和生产力溢出效应，着力培育壮大智能制造催生的新产业、新模式、新业态，进一步提高智能制造对经济发展的贡献份额，加快形成新的增长点。

第四，智能制造是推动产业模式和企业形态根本性转变的关键所在。 推动产业转型升级，关键在于重塑产业链、供应链和价值链，推动质量变革、效率变革、动力变革。因此，必须大力发展智能制造，通过新一代信息技术的应用，推动制造业从设计、研发、生产、管理到服务的全价值链优化，促进制造模式、生产组织方式、企业形态的深刻变革和根本性转变，大幅度提高生产效率和产品质量，提升全要素生产率，实现高质量发展。

二、江苏已经成为智能制造的一片热土

近年来，江苏认真贯彻落实制造强国战略，加强政策支持，推动技术创新，加快推广应用，推进国际合作，优化营商环境，形成了智能制造发展的浓厚氛围。

一是政策支持体系不断完善。 在全国率先出台《中国制造2025江苏行动纲要》，制订了《关于加快培育先进制造业集群的指导意见》《江苏省"十三五"智能制造发展规划》《关于推进制造业与互联网融合发展的实施意见》等一系列促进智能制造的规划、政策和措施，构建了从制造、产品到服务的全价值链政策体系，营造了良好的发展环境。

二是产业创新取得明显进展。 实施高档数控机床、工业机器人、智能成套装备等一批高端装备研制赶超项目，智能控制、通信协议、协同处理等领域一批关键核心技术取得突破并实现产业化，工业应用、能源管控、故障诊断等自主配套软件发展水平显著提升，全省每年新增首台套重大装备及生产线150多个，一批关键技术装备、工业软件、系统解决方案实现创新集成，主导和参与制订了一批信息领域国际标准，行业话语权和核心竞争力明显增强。

三是示范应用力度持续加大。 由点到面推动全省制造业数字化、网络化、智能化改造升级。全省累计创建536个省级示范智能车间，39个项目入选了国家智能制造综合标准化与新模式应用项目，19个项目入选国家智能制造试点示范。全面启动智能制造示范工厂试点培育工作，推广应用了大规模定制、网络协同制造、远程运维服务等一批智能制造新模式。通过示范应用带动，工业机器人、增材制造、工业传感器等新兴产业快速发展壮大，一大批创新型企业茁壮成长，2017年云计算与大数据产业实现业务收入3350亿元。

四是基础支撑能力进一步加强。 加快宽带网络提档升级，加强"工业宽带+工业云+工业智能终端"信息基础设施建设，推进宽带网络进企业、入车间、联设备、拓市场，积极搭建智能制造、精准营销、能耗管理等工业互联网平台，夯实工业互联网和信息安全基础，提升信息基础设施的支撑服务水平。

三、加快把江苏打造成为世界智能制造高地

江苏智能制造虽然取得了长足进步，但整体上看仍处于起步阶段。我们要针对薄弱环节，坚持软硬结合，下大力气补短板、强弱项，加快推动江苏制造业数字化、网络化和智能化升级，加快建立自主可控的智能制造产业体系，着力打造"智造江苏"品牌，抢占制造业新一轮竞争制高点。

一是着力提高关键核心技术创新能力。 加强核心技术联合攻关、协同创新，着力突破制约智能制造发展的技术"命门"和"卡脖子"环节。组织实施高端装备创新赶超工程，大力提升首台套智能制造装备及核心部件研发制造能力，自主研制高精度复合型数控机床、工业机器人、智能传感与控制等高端智能装备。着力开发车间设备控制、供应链管理、智能服务等高端工业软件，协同推进智能制造装备和高端工业软件的集成创新，加强首台套装备示范应用。重点培育一批专业性强、行业特色明显的智能制造系统集成服务商，为行业发展提供智能化系统解决方案。加快推进智能制造信息安全综合保障体系建设，强化工业控制系统信息安全风险管控。

二是加快培育具有国际竞争力的先进制造业集群。 重点培育物联网、高端装备、核心信息技术等先进制造业集群，努力打造若干产业"航空母舰"，增强江苏制造整体竞争力。重点培育一批国际先进水平的行业领军企业及细分领域的"专精特新"小巨人企业，打造一批具有国际影响力的名企、名品、名牌。积极推动制造业服务化转型，推广服务型制造模式，大力发展现代物流、工业设计、金融服务等生产性服务业，推动产业集群向价值链高端攀升。

三是持续推进传统制造业智能化改造。 大力实施制造装备升级和互联网化提升计划，推动全省制造业信息化、智能化、网络化"并

行"改造升级。支持企业更新淘汰性能差、能耗高的生产装备，积极应用高性能、自动化先进装备，加快关键工序核心装备升级换代。推动企业基础制造装备数字化改造，大幅提升企业现有装备的加工效率、生产精度和控制水平。鼓励企业在关键岗位、特殊岗位实施"机器换人"，大力建设智能生产线或智能车间，推进供应链管理智能化。引导企业探索推广大规模个性化定制、远程运维服务、网络协同制造等智能制造新模式。

四是进一步加强平台载体建设。主动对接国家战略需求，大力支持国家实验室、重大科技基础设施、制造业创新中心、综合性国家科学中心等重点项目建设，形成集聚高端要素的"强磁场"。大力发展工业互联网，支持鼓励"大企业建平台、小企业用平台"，组织实施平台培育工程和"企业上云"计划，加快建设一批行业级、企业级工业互联网平台与工业大数据平台，支持中小微企业接入工业互联网平台，不断提升制造业信息化水平。统筹建设一批共性技术研究、知识产权、大数据、工业云信息等公共服务平台，为企业提供技术开发、数据交换、检验检测等服务。支持有条件的地区积极探索创建智能制造示范区，强化服务体系和服务功能建设，统筹组织和系统推进区域智能制造。

女士们、先生们、朋友们！改革开放40年来，制造业为江苏成为经济大省做出了重大贡献；进入新时代，智能制造将为江苏实现高质量发展注入强劲动力！我们将在习近平新时代中国特色社会主义思想指引下，顺应全球产业发展大势，充分认识智能制造对产业发展的革命性意义，积极利用物联网、大数据、云计算等新技术，给制造业安上智能的"大脑"、接上互联网的"云端"、插上腾飞的"翅膀"，加快实现江苏省制造业由大变强的历史性跨越。我们将以世界智能制造大会为平台和纽带，不断深化与有关方面在技术、产业、经贸等领域的合作，更好地推动智能制造为经济赋能、为未来添彩！我们真诚邀请国内外优秀人才来江苏创新创业，热忱欢迎全球智能制造企业来江苏投资兴业，共同谱写新时代江苏智能制造高质量发展和强富美高新江苏建设的新篇章！

最后，预祝2018世界智能制造大会取得圆满成功！祝各位来宾身体健康、工作顺利！谢谢大家！

在全省科技工作会议上的讲话

江苏省科学技术厅厅长、党组书记　王　秦

（2019年1月24日）

同志们：

这次全省科技工作会议的主要任务是：高举习近平新时代中国特色社会主义思想伟大旗帜，深入贯彻中央大政方针和省委十三届三次、四次、五次全会精神，认真落实全国科技工作会议和全省科技创新工作会议部署，总结2018年全省科技创新工作，研究部署2019年工作任务，推动思想再解放、改革再出发、创新再突破，动员全省科技系统进一步坚定信心、埋头苦干、攻坚克难，加快建设高水平创新型省份，为推动高质量发展走在全国前列、建设"强富美高"新江苏提供坚实有力的科技支撑。

一、强化科技创新引领，2018年全省科技工作成效显著

2018年是贯彻落实党的十九大精神的开局之年，是改革开放40周年，也是实施"十三五"规划承上启下的关键一年。一年

来，全省科技系统深入学习贯彻习近平新时代中国特色社会主义思想和习近平总书记对江苏工作系列重要讲话指示精神，认真落实省委、省政府各项决策部署，大力实施"一深化四提升"专项行动，全省科技创新工作在五个方面呈现出新特点、新变化：一是做出了新的重大部署。省委娄勤俭书记亲自挂帅联系科技创新，并多次做出重要批示；省政府吴政隆省长靠前指挥，协调解决科技创新重大事项；马秋林副省长多次召集相关部门召开专题工作推进会议，充分体现了对科技工作的高度重视。特别是去年8月，江苏省委、省政府专门召开了全省科技创新工作会议，吹响了全省在更高水平上实施创新驱动发展战略的新号角，是推动江苏科技创新走在全国前列的总动员，也是我省科技事业发展历程中一个重要里程碑。二是出台了新的政策措施。突出问题导向，紧扣各方面反映最强烈、最迫切的痛点堵点难点问题，省委、省政府出台了《关于深化科技体制机制改革推动高质量发展若干政策》，改革力度大，80%左右具有明显突破性，可操作性强，科技人员受益面广，在广大科技人员中产生了积极反响。三是实施了新的行动方案。聚焦我省重点培育的13个先进制造业集群，省政府印发了《关于促进科技与产业融合加快科技成果转化的实施方案》，强化了创新成果与产业发展紧密对接的鲜明导向。四是建立了新的创新平台。省政府成立省重大科技平台建设领导小组，网络通信与安全紫金山实验室正式揭牌，省科技资源统筹服务中心获批建设，中国工程科技发展战略江苏研究院启动运作，逐步完善了重大装置、前沿创新、高端资源、战略咨询"多位一体"的创新平台体系。五是取得了新的创新成果。解放军陆军工程大学钱七虎院士荣获2018年度国家最高科学技术奖，江苏省连续两年获此殊荣，成为全国唯一蝉联最高科学技术奖的省份。

去年，全省全社会研发投入占地区生产总值比重达2.64%（新口径），高新技术产业产值占规模以上工业产值比重超过43%，科技进步贡献率达63%，全省科技创新各项工作和科技系统党建工作都取得了明显成效。

（一）加大突破力度，科技体制改革进一步深化。 我们坚持把落实中央和省委顶层设计与从实际出发先行先试结合起来，改革的深度和力度进一步增强。省产业技术研究院改革不断深化，面向全球新聘32位项目经理，新建6家专业研究所，新衍生孵化企业97家、转化科技成果500余项，争办世界工业与技术研究组织协会（WAITRO）秘书处取得成功，被省委、省政府授予"为江苏改革开放做出突出贡献的先进集体"荣誉称号，也是"最年轻"的一个先进集体。出台《关于加快推进全省技术转移体系建设的实施意见》，省技术产权交易市场"一平台、一中心、一体系"加快建设，"江苏科创板"正式推出，累计汇聚信息数据485万条，促成技术交易1500多项，带动全省技术合同登记成交额突破千亿元大关。

（二）打造创新梯队，企业自主创新能力进一步增强。 我们坚持企业创新主体地位不动摇，企业创新集群不断壮大。开展百强创新型企业评价，加大创新型领军企业培育力度，树立了企业创新标杆。推进高新技术企业认定，扩大培育库，下拨省级培育资金2.5亿元，去年新认定高企超过8000家、总数超过18000家。出台《江苏省科技型中小企业评价实施细则（试行）》，通过评价的科技型中小企业超过15000家。联合教育部门共同支持两院院士在企业和高校交叉设立工作站，新建省级院士工作站47家。推动行业龙头企业建设企业重点实验室，国家级企业研发机构总数达145家、保持全国前列。认真落实省政府与中国科学院、清华大学、北京大学等战略合作协议，与中科院合作项目新增销售收入达1300亿元。企业科技税收减免超过430亿元、增长22%。

（三）坚持产业方向，技术创新水平进一步提高。 我们聚焦13个先进制造业集群，推进技术攻关、成果转化、载体建设、应用示范协同联动，产业技术创新整体水平不断提升。积极参与国家重大科研任务，承担国家自然科学基金项目4000多项，国拨经费超过20亿元，居全国省份第一。深入实施前瞻性产业技术创新专项，开展131项产业前瞻与共性关键技术研发。大力实施重大科技成果转化专项，设立9个产业专题推进124项重大成果转化，培育50多个高附加值的标志性产品。组织实施种业科技创新专项，一批农业和社会发展领域科技示范项目稳步推进。开展科技服务业"百强"机构评选，全省科技服务业总收入超过8000亿元。大力推进重大载体设施建设，未来网络试验设施和高效低碳燃气轮机试验装置可行性研究报告获国家发改委批复，纳米真空互联实验站一期竣工并投入使用，国家超算无锡中心发布国内首个"超算云"，22个重点创新平台建设取得明显进展。

（四）优化创新布局，区域创新体系进一步完善。我们坚持因地制宜、分类指导，探索各具特色的创新发展路径，区域创新发展的协调性不断增强。积极推进苏南国家自主创新示范区建设，深入实施《苏南国家自主创新示范区条例》，省市联动实施20项重大项目，苏南整体创新发展水平加快跃升。推动高新区争先进位，安排专项资金5亿元用于奖励补助，根据科技部公布的年度评价结果，江苏省国家高新区排名平均提升2.8位。白马农业科技园区通过科技部组织的国家农业高新技术产业示范区现场考察，全省7家农业科技园区在国家创新能力监测评价中位列第一序列。新获批1家国家创新型城市、累计达11家，5个县（市）成功入围首批国家创新型县（市），均居全国第一。安排1500万元支持"6个重点帮扶片区"，选派195名"三区"科技人员到12个贫困县（区）开展科技扶贫，"五方挂钩"泗阳帮扶工作取得新进展，苏陕、苏赣、苏贵科技对口帮扶成效显著。

（五）加强整体设计，创新平台建设进一步强化。我们坚持统筹布局、分类指导，着力打造充满活力的创新创业生态系统。制定科技创新基地优化整合方案，建立省重大创新平台项目库。进一步拓展与重点国别地区的创新合作，新建挪威科技大学（中国）创新研究中心、剑桥大学—南京科技创新中心、牛津大学高等研究院（苏州）等国际化平台，成功举办"中国·江苏第六届国际产学研合作论坛暨跨国技术转移大会"，洽谈对接项目超过300项。大力发展专业化孵化载体，省级以上创业孵化载体超过1600家，其中国家级孵化器数量、面积及在孵企业数连续多年保持全国第一。深入实施青年科技人才创新专项，重点资助1100名优秀青年骨干开展基础研究。平稳做好机构改革和转隶工作，新引进高端外国专家54名，4名在苏工作的外国专家入选2018年度"中国政府友谊奖"，数量在全国最多、创我省新高。多渠道扩大科技投融资，累计发放"苏科贷"贷款475亿元，天使投资机构数量稳步增加，科技保险覆盖范围进一步延伸，创投机构管理资金规模达2300亿元。2018年4月，江苏省在改善地方科研基础条件、优化科技创新环境等方面成效突出，获国务院通报表扬。

过去一年，我们坚定不移地把学习贯彻习近平新时代中国特色社会主义思想和党的十九大精神作为首要政治任务，树牢"四个意识"、坚定"四个自信"、坚决践行"两个维护"，一以贯之地落实全面从严治党主体责任，全省科技系统党的建设取得新进展、新成效，政治生态呈现新气象、新面貌。我们旗帜鲜明地将政治建设摆在首位，广泛开展党员干部红色教育，坚定自觉地向以习近平同志为核心的党中央看齐，向党的理论和路线方针政策看齐，向党中央决策部署看齐。我们在解放思想中统一思想，部署开展"提升自主创新能力，推动高质量发展"大调研和解放思想大讨论，系统上下对科技创新和科技体制改革中的突出短板及深层次问题有了更加清醒的认识，一些科技人员长期关切的瓶颈制约、长期存在的障碍弊端都得到了初步解决。我们坚守科技工作的廉政底线，每年以党组1号文出台加强党的建设要点，建立经常性党风廉政建设督查机制，紧盯"四风"问题的新动向新表现，坚决捍卫意识形态安全，积极发挥科学化、制度化、规范化的工作优势，做到精神上保持"一线"状态，工作上坚持"一线"标准，实践中发挥"一线"作用，充分展现了科技部门清正廉洁、奋发有为、昂扬向上的精神风貌。

同志们，在国内外形势错综复杂和全省

高质量发展攻坚克难的大环境下，我们取得这样的成绩来之不易。这是省委、省政府正确领导、科学决策的结果，是各地各单位解放思想、团结协作的结果，也是全省科技战线奋力争先、真抓实干的结果。在此，我代表省科技厅向大家表示衷心的感谢！并通过你们向全省广大科技人员和科技管理工作者致以崇高的敬意！

二、牢牢把握问题导向，系统谋划科技创新工作的统筹集成

习近平总书记深刻指出，坚持问题导向是马克思主义的鲜明特点。问题是创新的起点，也是创新的动力源。要分清本质和现象、主流和支流，提高战略思维、创新思维、辩证思维能力，提高驾驭复杂局面、处理复杂问题的本领，这就要求我们从认识论和方法论高度，将科学认识和系统解决问题作为打开工作新局面的着力点和突破口。

面对复杂形势和繁重任务，我们碰到的问题有很多。对各种矛盾和问题要做到心中有数，首先要正确把握认识论。要科学认识问题，就要对问题本身有进一步的思考，不能简单地列清单和对账销号。所有问题其实就分为两类，一类是表面问题，一类是本质问题。比如，科技资源配置分散、封闭、重复问题一直比较突出，但这些是问题的表现，通过搭平台、建联盟、促共享等方式看似对症下药，其实还远远不够。这个问题的本质，在于目前我们科技资源的配置还缺乏体制化、制度化的安排和系统化、整体化的措施。又比如，我们经常说科技成果转化率低，科技资源优势没有充分发挥，表面上看有学科与产业结合不紧密、科研与需求脱节、成果的形成就意味着研究的完成等问题，但归根结底是缺乏转化成果的内在动力机制和科技与经济结合导向机制。再比如，地方财政科技投入不足，表面上总是强调财力增长有限等客观原因，但根本问题还是没有把科技创新真正摆在核心位置上。像南京市这两年把创新作为一号工程，连续发了两个市委一号文件，市科技局管理的经费一年加了8.8个亿、增长了162%，鼓楼区、六合区更是超过了400%。还有我们的高企数量与广东有很大差距，各地反映比较多的是企业来源少、省里标准太严，但本质上还是有的地方重视程度不够。南京市把净增高企数作为市对区的重点考核指标，实施一把手负责制，去年净增了1282家，新申报高企数增幅、高企培育库入库企业数、当年新增高企增幅均列全省第一，等等。我们找问题、抓工作一定不能浮于表面和简单应付，表面性问题一般都是短期性和反复性的，看似解决了一个，接着还会冒出下一个，只解决这些表面问题，结果常常是原地打转；而本质性问题往往是长期性和体制性的，但也是复杂的、艰巨的、顽固的，是长期积累形成的，解决起来比表面性问题难得多，也会有一个比较长的过程。但只要持之以恒，就可以收到牵一发而动全身的效果。当前我们面临的机遇和挑战可以说是前所未有，针对一些牵动面广、耦合性强的深层次、本质性问题，迫切需要我们对工作组织方式、资源配置方式、科研管理方式进行比较大的改革，逐步增强适应新时代、新要求的创新管理能力。

认识到问题只是第一步，最重要的还是要解决问题。越是复杂的工作越要抓到点子上，我们既要讲两点论，又要讲重点论，优先解决主要矛盾和矛盾的主要方面。那么如何抓住重点，这就是方法论的问题。我们在方法上有很多要求，比如：目标要明确，围绕产业链部署创新链、围绕创新链培育产业链，努力实现关键核心技术自主可控；思路要明确，坚持改革先行，稳妥有序配套推出改革举措；方法要明确，放眼长远、稳扎稳打、锲而不舍、久久为功，等等。但这里我主要强调的就是一点：路径要明确。即采取积极的、体制性的、结构性的统筹集成方式，主动融入全球研发创新网络，显著提升江苏在国际分工中的地位和作用。

我们强调积极的统筹集成，着眼的是制度化地优化配置创新资源。按照诺贝尔经济学奖获得者丁伯根的提法，仅仅涉及消除歧视与流通限制的是消极的整合，而只有通过修订已有法律和设置新的机构，从而保障市场的有效运

行和宏观政策目标的实现，才是积极的整合。欧盟的科技一体化就非常具有代表性，是积极的一体化，成员国共同制定整体科研政策，共同出资设立研发合作计划，其中最著名、最成功的是尤里卡计划和框架计划，形成了泛欧洲的科研共同体，不同创新水平的成员国都在其中得益，促进了优势互补、合作共赢。我们可以充分借鉴欧盟的经验，特别是发挥好苏南国家自主创新示范区"区域创新一体化先行区"的作用，在区域协同创新方面先行先试，形成创新资源高度集聚、创新要素高效流动的创新一体化新格局。

我们强调体制性的统筹集成，着眼的是产业技术创新组织方式的变革。新一轮科技革命和产业变革正在深刻改变着传统的产业组织方式和创新组织方式，跨学科的纵向协作、跨主体的横向协作及跨行业的开放协作更加迫切，产业技术创新呈现出明显的网络化态势。要适应这样的新变化新趋势，一方面，要进一步推进新型产业研发机构建设，进一步提升市场化配置资源的统筹集成功能，解决卡脖子、牵鼻子的重大技术瓶颈问题；另一方面，也是更重要的方面，就是要加快探索产业研发创新活动的新型组织模式和运行机制，选择具备基础和条件的产业领域，面向产业重大创新需求，系统化、制度化地统筹基础研究、应用技术研究和成果产业化全链条，实体化、体制化地集成资金、人才、项目等优质资源，集中力量推动产业和产品向价值链中高端跃升。

我们强调结构性的统筹集成，着眼的是科技管理工作格局的调整。我们的经济发展到了这个阶段，科技创新完全依赖引进消化吸收是不可持续的，必须下自己的"先手棋"，加快推进从跟踪型、模仿型研究向前瞻型、引领型研究转变，从跟跑向并跑和领跑转变。要做到这一点，就必须从两个维度来把握：一个是阶段与领域，首先要搞清楚究竟什么领域是在跟跑的、什么领域是能够并跑甚至领跑的，搞清楚哪些是可以引进但必须安全可控的，哪些是可以引进消化吸收再创新的，哪些是可以同别人合作开发的，哪些是必须依靠自己的力量尽快突破的，努力在重要产业技术领域做到开放创新条件下的自主可控。另一个是区域与层级，要弄明白哪些是需要国家部署规划的，哪些是需要省级层面统筹推动的，哪些是需要各地因地制宜创造性开展的。也就是说，省里只做需要省级层面做的事情，同时配合参与国家工作，指导和支持地市工作。我们既要讲分工、更要讲联动，通过统筹集成，努力实现创新体系效能最大化。

总之，我们必须在事关未来长远发展的"头等大事"和影响当前能力提升的"关键急事"上找到发力点和突破口，建立健全融合互动、协同高效的工作局面。

三、全力落实重点任务，扎实推进高水平创新型省份建设

今年是新中国成立70周年，也是决胜高水平全面建成小康社会的关键之年。做好今年工作，意义重大，影响深远。我们要把2019年作为高水平创新型省份建设的攻坚年，紧紧围绕"高质量发展走在前列"的总体要求，强化创新引领，加快改革步伐，狠抓政策落实，努力在构建自主可控现代产业体系上有更大作为，在深化科技体制机制创新上有更大突破，在区域创新体系建设上有更大进展，全面提升江苏在国家创新体系中的地位和创新对江苏高质量发展的支撑能力。2019年工作预期目标是：全社会研发投入占地区生产总值比重达2.65%，高新技术产业产值占规模以上工业产值比重达44%，科技进步贡献率达64%。

在工作思路上，我们坚持整体推进和重点突破相结合，从全局上谋划、在更大范围协同，以整体推进跨上新台阶、以重点突破开拓新空间。整体推进，就是要紧盯高水平创新型省份的目标任务，树立"一盘棋"思想，系统抓好科技创新主要任务的落实，形成工作合力，整体提升创新效能。重点突破，就是要本着问题导向，着眼长期想解决而没有解决好的难点焦点问题及有基础又亟须突破的关键环

节，以积极的、体制性、结构性统筹集成为手段，努力在更高层次上实现创新目标和行动的融合统一、在更高水平上促进科技与经济的紧密结合，加快构建更具效率和国际竞争力的产业科技创新体系。今年我们要重点打好科技创新"五个攻坚仗"，全力推进深化体制改革六项任务。

（一）打好科技创新"五个攻坚仗"

1.坚决打好产业核心技术攻关的攻坚仗

启动前沿引领技术基础研究专项。遵循变革性技术创新特点和规律，强化原始创新导向，遴选顶尖科学家领衔，组织实施若干重大基础研究项目，集中突破引领性、原创性、标志性的重大成果，努力实现基础研究能力跃升式发展。

加大产业前瞻与关键核心技术研发。主动对接"科技创新2030"等国家重大项目布局，聚焦人工智能、未来网络、石墨烯、集成电路、高端装备、疫苗等前瞻领域，2019年实施100个攻关项目，加快攻克一批具有自主知识产权的标志性核心技术，抢占未来技术制高点，引领全省高新技术产业向中高端攀升。

加快重大科技成果转化。围绕全省重点培育的13个先进制造业集群发展需求，创新成果产业化新机制，集成实施80项以上创新水平高、产业带动性强、具有自主知识产权的成果转化项目，形成一批重大自主创新战略产品和重大关键工艺装备，培育若干引领产业技术变革方向、具有巨大市场潜力的战略性新兴产业。

加强重大平台建设。支持南京创建综合性科学中心。加快网络通信与安全紫金山实验室、国家未来网络试验设施和国家高效低碳燃气轮机试验装置建设，积极培育建设细胞科学与应用设施等重大科技基础设施。积极争创国家级平台。加强与发改、工信等部门的分工协作，合力推进22个重点创新平台建设。

2.坚决打好高新技术企业培育的攻坚仗

全力壮大高新技术企业队伍。筹备召开全省高新技术企业培育工作会议，出台专门的扶持政策，形成齐抓共管高企培育的工作局面。设立省级高企培育专项资金，实行省、市高新技术后备企业库衔接机制，省市联动、以奖代补，加大对入库企业的支持力度。加强工作考核督查，将高企培育数量作为高质量发展、高新区综合评价、孵化器绩效评价的重要指标，督促地方落实主体责任、健全工作体系，对各地高企申报认定情况按季度进行统计并通报。2019年，全省高新技术企业数量力争达25000家。

大力推进院士工作站等企业研发机构建设。重点支持省内外院士在江苏企业、高校院所交叉建立工作站，推动建立产业院士工作站，探索建设院士企业研究院。依托行业龙头企业新建一批省级企业重点实验室，争创一批国家级企业研发机构，引导建设一批新型研发机构和企业海外研发基地。

着力打造创新型企业集群。继续开展省百强创新型企业评选工作和科技型中小企业评价工作，2019年通过评价的科技型中小企业超过16000家。壮大江苏科技上市企业板块，新遴选一批高成长性科技型中小企业入库培育。启动开展研发型企业备案确认工作。加快培育独角兽企业、瞪羚企业。进一步做好企业科技税收政策落实工作，力争2019年全省科技税收减免额突破500亿元。

3.坚决打好科技资源统筹的攻坚仗

加快省科技资源统筹服务中心建设。采取"线上""线下"相结合的方式，整合科技人才、科研机构、科技金融、科研条件等十大资源，搭建共享、交易、创业服务等六大平台，努力打造"一站式、全链条"的科技资源统筹体系架构。推进省技术产权交易市场二期建设，完善线上功能和业务模块，备案建设技术经理人事务所，加强线下专业对接服务，2019年全省技术合同交易额超过1400亿元。

创新科技资源共用共享举措。开展全省科技资源普查，提高科技资源的惠及面和利用率。进一步推进大型科学仪器开放共享，实行管理单位和用户双向补贴。鼓励高校院所建设"开放实验室"，探索集约化管理、市场化运作、社会化托管的新模式。

加大国际引才引智力度。研究制定引才国

别策略，深入实施江苏"外专百人计划"、"引智专项"，提升外国专家工作室、引才引智基地、海外引才引智工作站等建设水平，探索建立吸引集聚国外顶尖科学家、创新团队的有效机制。推进外国人来华工作许可和人才签证便利化，组织开展"江苏友谊奖"评选表彰。

促进产学研紧密融合。举办第七届中国·江苏产学研合作成果展示洽谈会。深化与国内重点科教单位合作，力争与中科院合作项目销售收入超过1400亿元。做好"科技副总"选派，"校企联盟"总数超过13500个。加快引进和培育科技服务骨干企业，2019年全省科技服务业总收入增长10%以上。拓展与创新大国和关键小国的合作，争取与挪威创新署签署双边合作协议，提升中国以色列常州创新园建设发展水平，加大对"一带一路"创新合作项目的支持，在全球创新网络中形成你中有我、我中有你的互动共赢格局。

4. 坚决打好优化区域创新布局的攻坚仗

高质量建设苏南国家自主创新示范区。衔接宁镇扬、苏锡常一体化总体布局，制定《苏南国家自主创新示范区建设一体化实施体系推进方案（2019—2021年）》，打造具有标志性引领性的创新高地。推进苏南国家科技成果转移转化示范区建设，完善自创区一体化平台服务功能，争创国家军民融合科技协同创新平台。力争2019年苏南地区全社会研发投入占地区生产总值比重达2.85%，高新技术企业超过17000家。

切实提升高新区创新发展水平。进一步完善高新区创新驱动发展综合评价发布、定期通报和动态管理机制，发布高新区创新发展指数。对排名靠后、作用发挥不明显的高新区加强指导、限期整改，着力解决"不高""不新"的突出问题。加大高新区"一区一战略产业"培育力度，加快推进创新核心区建设。进一步优化高新区管理体制，提高服务效能，将高新区建设成为创新驱动发展示范区和高质量发展先行区。

深度融入长三角创新一体化进程。落实国家长三角一体化战略，围绕四省市优势领域，共同争取承担国际或国家大科学计划（工程）、国家重大项目，共建长三角技术交易市场联盟和长三角科技资源共享平台，努力形成跨区域协同创新发展新格局。

大力增进科技惠民富民。组织实施优良品种创新专项和农业高新技术创新专项，提高农业科技供给质量和效率。大力发展"互联网+"科技服务，打造农村科技服务超市升级版。积极争创国家农业高新技术产业示范区，启动建设省级农业高新技术产业示范区。深入实施"三区"科技人员专项，增强贫困地区发展内生动力。围绕重点民生领域，启动实施社会发展重大科技示范项目10个。开展国家临床医学研究中心省级分中心和网络建设试点，构建临床医学协同创新体系，让科技创新成为人们提升获得感幸福感安全感的重要源泉。

5. 坚决打好深化科技体制改革的攻坚仗

更大力度落实科技创新政策。落实国办《关于抓好赋予科研机构和人员更大自主权有关文件贯彻落实工作的通知》要求，督促各地、各部门、各高校院所及时修订制定具体操作办法，2月底之前全面完成。适时组织对"科技改革30条"落实情况进行抽查，确保各项政策不折不扣落地见效。深入推进省级科研项目和经费管理改革试点，形成更多可复制可推广的经验做法。

更深层次推进科技与金融结合。修订《"苏科贷"工作实施细则》，稳步扩大"苏科贷"合作地区范围和备选企业库，力争入库企业26000家，发放"苏科贷"贷款累计达530亿元。制定"苏科投"风险补偿细则，全省创投管理资金规模超过2400亿元。

更加开放打造良好创新创业生态。开展"十佳孵化器"评选，引导众创空间向专业化、精细化方向提升，高标准推进众创社区建设，举办第七届"创业江苏"科技创业大赛，省级以上创业孵化载体数量超过1700家。探索重点产业精准引才机制，继续加大对优秀青年科研骨干的支持力度。落实"三评"改革部署，打破"四唯"倾向，加快建立以质量、绩效和贡献为导向的科技评价体系，营造鼓励探索、宽容失败、尊重创造的浓厚氛围。

（二）深化改革的六项重点任务

1. 加快苏南国家自主创新示范区创新一体化发展

落实苏南自创区建设"四个一"的部署要求，借鉴欧盟科技一体化发展的有益经验，按照"一体化规划、一体化决策、一体化实施"的原则，加快建立制度性、实体性的一体化工作推进体系。创新资源统筹机制，围绕制造业集群部署实施一批跨区域、跨部门、跨领域的重大区域协同创新项目，以省级投入为引导，探索共同设立联合资金、委托第三方机构管理的运行机制。成立实体化运作机构，加强苏南五市的创新合作联动，统筹协调自创区建设决策、规划、计划、机构等各方面工作，重点统筹好创新资源配置、创新空间布局和区域产业发展，提升一体化发展水平。完善实施方案，围绕培育产业创新集群，组织实施一批行动计划，建设一批重大科技支撑平台，实施一批关键核心技术攻关项目等，努力打造高水平的"创新矩阵"。

2. 探索开展新型产业技术集成创新试点

重点选择新材料、生物医药、半导体三个战略性、前瞻性领域作为试点方向，采取"一业一策"的支持方式，探索构建系统性、开放性、长期性的新型产业研发创新组织模式。

建设先进材料技术创新中心。依托省产业技术研究院，统筹高校院所和大企业创新资源，以争创国家先进材料技术创新中心为目标，按照"多方共建、多元投入、企业主体、政产学研用深度融合"的模式建设。实行"1+N+X"组织架构，即成立一个运营公司、建设若干分中心和一批企业联合创新中心。构建三大体系，即先进材料技术创新体系、产业技术供给体系和产业研发生态体系。实施四类项目，即通过自下而上、自上而下两条路径实施产业技术项目；采取"拨投结合"机制实施人才创业项目；鼓励团队自由探索，组织实施前沿技术项目；设立国际合作资金池，与国际著名高校和科研机构签订战略协议，联合实施国际研发合作项目。

建设生物医药创新资源协同运营中心。针对生物医药研发、测试、生产、使用和监管全链条全过程，跨区域整合各类生物医药创新创业平台，进一步明确各自功能定位和专业特色，通过线上线下协同运行、专业APP实时互动等，实现全省生物医药创新资源的信息共享、资源互通、标准同步和运营协同，打通科学实验、技术研发、安全评价、临床试验、企业孵化、产业培育等各个环节，着力打造服务全省乃至全国、与发达国家相互认可、在国际有较高知名度的生物医药创新综合服务平台。

筹建半导体产业技术创新中心。从供给侧导向转向需求侧导向，以高端芯片设计和智能制造紧密结合为突破口，发挥企业主体作用，协同开展RISC-V嵌入式CPU、超低功耗技术、高速高精度AD/DA技术、人工智能算法技术、安全算法技术等核心基础技术研究，大力开发核心高性能基础芯片、智能制造应用SoC芯片、新一代信息领域高端芯片、信息安全芯片、MEMS传感器芯片等关键战略目标产品，着力推动半导体技术在工业互联网、汽车电子、数控机床、大数据应用和军民融合等方面的典型应用示范，加快提升第三代宽禁带半导体材料、先进封装工艺、关键核心设备的国产化水平，切实增强全省半导体产业安全自主可控能力。

3. 推动省产业技术研究院改革再出发

以建院5周年为新的起点，聚焦前瞻性和战略性产业领域，紧紧瞄准发挥产业技术创新统筹集成作用和培育重大标志性原创成果两大目标，进一步深化管理体制和运行机制改革，进一步优化内部机构设置，加快实现从过程管理向专业管理的转变。围绕产业创新发展，布局建设关键领域创新平台和企业联合创新中心，攻克行业"卡脖子"技术难题；成立引导性专业创投基金，联合地方和社会资源共同推进早期原创性技术的熟化、转化和产业化。围绕管理运行机制改革，按照"综合职能部门+

平行专业部门"的模式,调整优化院本部组织架构,提升组织能力,打造专业化、市场化、国际化、平台化的一流产业技术研发机构。

4.建设省科技资源统筹服务中心

按照"统筹集成、专业运作、竞争联合、共建共享"的总体思路,通过政府引导、市场配置、模式创新、服务集成等方式,加快科技资源与其他要素资源的有效融合,打造科技资源服务大平台,促进各类科技资源的汇聚、开放、共享和开发利用。完善建设方案,成立理事会及大型仪器、科学数据等专业委员会,分工落实推进。建设大数据与展示中心,制定统一的服务标准,推动线上数据整合集成和线下集中现场展示。建设科学数据中心,制定资源目录,建立网络化管理平台,推动科学数据交汇与开放。培育特色服务业务,开展"开放实验室"建设试点,面向产业提供智能化、定制化服务,提升科技资源的增值效应。

5.深化省级科研项目和经费管理改革试点

以推进综合预算、综合管理和综合评价为重点,改革创新省级科研经费使用和管理方式,赋予科教单位和科技人员更大的科研自主权和人财物支配权,加快推动科研管理从重数量向重质量转变、从重过程向重结果转变、从重当前向重长远转变。加强指导服务,坚持"试点先行、分类推进",深入实施"17+5"改革试点举措,进一步探索路径、积累经验。召开改革试点工作协调会,强化评估推广,对成效不明显的改革举措适时调整;对取得实质效果和成功经验的改革做法,及时在全省范围予以推广。完善激励机制,对试点成效较好的单位,采取扩大省科技计划申报限额、予以省级科技计划单列、同等条件下加大财政支持力度等措施予以激励。

6.启动实施前沿引领技术基础研究专项

按照"有所为、有所不为"的原则,启动实施一批前沿性重大原创性基础研究项目,围绕新材料、生物医药、半导体等重点领域,以国际视野凝练研究任务、确定研究方向,并向全社会公开发布。采取有利于原创导向的组织方式,由领衔科学家提交预申报书,提出研究思路、关键创新和研发目标。健全激发从"0"到"1"的原始创新机制,赋予领衔科学家牵头抓总的权力,自主决定参与成员和任务布局,促进学科交叉融合、成果应用贯通。

四、坚持全面从严治党,加强党对科技工作的领导

认真贯彻新时代党的建设总要求,进一步压紧压实管党治党政治责任,推动全系统党的建设和全面从严治党向纵深发展。

一抓政治领导力。政治工作是一切工作的生命线。要增强政治领导的方向性,坚定维护核心,关键在于行动。全系统各级党组织、每个党员干部都要以习近平新时代中国特色社会主义思想为指导,牢固树立"四个意识",牢牢把握政治方向、保持政治定力,坚定自觉地在思想上、政治上、行动上同以习近平同志为核心的党中央保持高度一致,坚定自觉地在中央和省委工作大局中谋划和推进科技创新工作。要增强政治领导的凝聚性,坚决站在人民的立场上想问题、做决策、办事情,把人民群众特别是广大科技人员高兴不高兴、满意不满意作为制定各项政策的出发点和落脚点,作为检验和判断各项工作成败得失的标准,真正让科技人员将更多的精力用在科研活动上,让有成果、有贡献、有效益的科技人员得到更好的回报。要增强政治领导的原则性,严格执行新形势下党内政治生活的若干准则,坚持和完善民主集中制,综合运用工作调研、谈心谈话、巡视巡察、纠正问责等形式,教育引导各级干部既带头发扬民主,善于集思广益;又能够正确进行集中,善于决断、敢于拍板,真正把精力用在深入基层上、用在解决科技改革发展和党的建设面临的瓶颈制约上,在全面从严治党中净化政治生态、厚植政治土壤。

二抓思想引领力。习近平总书记在庆祝改革开放40周年大会上深刻指出,"创新是改革开放的生命。实践发展永无止境,解放思想永无止境。"江苏科技工作许多方面走在全国

前列，靠的是改革创新和大胆探索。但客观地讲，我们在解放思想方面还远远不够，必须时刻保持强烈的忧患意识和对标意识。要在争先进位中不断解放思想，在差距短板面前有奋起直追不进则退的干劲，以时不我待的紧迫感、敢于争先的责任感、不负重托的使命感，思想上精准对表，行动上高度对标，全面提升江苏省科技创新在全局中的地位。要在解决问题中不断解放思想，主动对战略性、前瞻性、全局性问题、科技创新重点领域的改革问题、创新主体关心的热点难点问题进行深入研究，把各类风险点和痛点堵点的底数弄清楚，在发现问题、解决问题中打通工作落实的"最后一公里"。要在深化改革中不断解放思想，改革没有完成时，就要有先行先试、不胜不休的闯劲。不能简单地把改革探索和规定要求对立起来，各项规定往往是业已成熟的管理要求，但对一些新领域、新矛盾、新变化，必须从一些环节、一些局部、一些地方率先探索、试点突破，允许试错，宽容失败，做到改革永不停顿、创新永无止境。

三抓担当执行力。事业都是干出来的，要把担当负责体现在工作创新上，搞清楚事在人为、顺势而为的道理，抓住关键点、打好组合拳。要把担当负责体现在提高效率上，践行"真抓实干、马上就办"的工作作风，分清主次、讲求时效，做到事前有布置、事中有控制、事后有督查。要把担当负责体现在提升能力上，坚持高水平推进、高标准服务，改革要出"精品"，调研要重"实效"，政策要提高"附加值"，行风政风建设要"固若金汤"。要把担当负责体现在落实制度上，用好用活"三项机制"，通过有强度的激励手段、有底线的包容举措，让不敢担当"怕作为"、庸碌懒散"不作为"、敷衍了事"假作为"的陋习无处可藏，旗帜鲜明地为愿做事、能成事的干部提气鼓劲。

四抓基层组织力。党的力量来自组织。要大力推动全面从严治党向基层延伸，把支部建在创新前沿，把干部用在攻坚一线。要发挥组织优势，落实中央和省委部署要求，认真开展"不忘初心、牢记使命"主题教育，一切着眼于实际、着眼于落实、着眼于长远，进一步激发抓学习、强素质、长本领的内在动力。要提升组织功能，认真贯彻《中国共产党支部工作条例（试行）》，专题研究党支部建设工作，强化特色支部建设，规范落实"三会一课"、组织生活会等基本制度，常态化开展主题党日活动，定期组织党建工作检查，扎实推动科技系统基层组织建设全面进步、全面过硬。

五抓自我净化力。从巡视反馈和平时掌握的情况看，当前全省科技系统落实全面从严治党要求还有不小差距，"四风"问题和腐败现象还时有发生。要持之以恒、驰而不息地做好"破""立"文章，坚决防止和纠正"四风"突出问题，特别是形式主义、官僚主义的新表现，努力实现作风建设的根本性好转。要挺纪在前，坚守纪律规矩的红线、底线，抓早抓小、防微杜渐，发现苗头的时候，就及时指出、提早预防、督促纠正，避免小毛病发展成为大问题。要建立经常性党风廉政建设督查机制，全面开展巡察工作，严格落实"八个严禁"，在项目资金管理上确保全流程监管、全过程跟踪、全链条追溯，让全系统各级党员干部养成在监督下工作的习惯，努力营造风清气正的良好生态。

同志们，让我们高举习近平新时代中国特色社会主义思想伟大旗帜，在省委、省政府的坚强领导下，坚定信心、锐意进取，真抓实干、埋头苦干，在新的起点上以一流的工作作风、一流的创新环境、一流的发展业绩，为加快建设高水平创新型省份和"强富美高"新江苏做出新的更大贡献。

2018年江苏省科技工作综述

2018年以来，江苏省科技厅坚决贯彻江苏省委、省政府决策部署，坚持"企业是主体、产业是方向、人才是支撑、环境是保障"的工作理念，大力实施"一深化四提升"专项行动，加大工作推进和改革突破力度，科技创新对高质量发展的支撑作用进一步凸显。预计到2018年年底，全省全社会研发投入占地区生产总值比重达2.64%，科技进步贡献率达63%，高新技术产业产值占规模以上工业产值比重达43%。

一、突出关键核心技术突破，着力推动制造业加快迈向中高端

强化目标导向的应用基础研究。2018年累计部署实施50个重点基础科学研究项目，鼓励支持1000名具有发展潜力的青年科技人才开展原创性研究。2018年，全省承担国家自然科学基金的项目数超过4000项，获国拨经费超过20亿元，居全国省份之首；入选国家杰青17人、国家优青34人，均居全国前列。加强关键共性重大技术研发和重大科技成果转化。大力实施前瞻性产业技术创新专项，探索"项目+课题"的组织方式，支持高校院所和企业联合实施131项关键技术研发项目，新建省人工智能产业技术创新战略联盟，努力突破一批前瞻性、原创性的科技创新成果。加快推动重大科技成果转移转化，出台《关于促进科技与产业融合加快科技成果转化的实施方案》，围绕13个先进制造业集群，部署推动124项创新水平高、产业带动性强的科技成果转化及产业化，带动全社会总投入超百亿元。**强化重大创新平台支撑**。推进未来网络试验设施项目加快建设，可行性研究报告已获国家发展改革委批复，编制完成项目初步设计方案和投资概算，完成工程设计单位招标及40家国内试验节点共建单位的签约工作。立项支持网络通信与安全紫金山实验室、作物表型组学研究设施预研筹建，安排省拨经费8000万元，紫金山实验室完成事业单位核准及注册，成立了理事会并召开了第一次会议。高效低碳燃气轮机试验装置项目可行性研究工作全面启动，国家超算无锡中心发布首个超算云。纳米真空互联实验站一期建设基本完成并投入使用，二期建设可研报告通过专家评估。重点围绕全省先进制造业集群，统筹建设智能电网、工程机械、光伏等22个重点创新平台，建立省重大创新平台项目库，组织制定重点项目3年发展推进计划。

二、突出企业创新能力提升，着力做强实体经济发展主体

培育创新型企业集群。大力实施创新型企业培育行动计划和高新技术企业培育"小升高"计划，培育形成由150家创新型领军企业和超过18000家高新技术企业组成的创新型企业集群。规上高新技术企业以占全省规上工业企业21.5%的数量，实现了32%的工业产值、39%的利润、48%的新产品产值，成为支撑创新发展转型升级的主力军。加强企业研发机构建设。大力推进企业研发机构"百企示范、千企试点、万企行动"，支持建设南京石墨烯研究院、江苏长江智能制造研究院等一批新型研发机构，全省大中型工业企业和规上高新技术企业研发机构建有率保持在90%左右，国家级企业研发机构达145家，位居全国前列。**强化激励政策落实**。加大企业研发费用加计扣除、高新技术企业减免税等激励政策的落实力度，会同省财政厅计划对全省1.4万家企业给予企业研发费用普惠性财政奖励资金10亿元，全年企业科技税收减免达436亿元。

三、突出创新布局优化，着力提升区域创新发展能力

深入推进苏南国家自主创新示范区建设。 深入贯彻《苏南国家自主创新示范区条例》，加快建设苏南国家科技成果转移转化示范区，启动建设纳米技术、新材料等17家特色战略新兴产业科技成果产业化基地，组织实施深海载人装备研发和产业化能力建设、物联网研究发展中心二期等20项省市共建重大项目。组织召开苏南国家自主创新示范区创新载体发布会，发布《苏南国家自主创新示范区独角兽企业和瞪羚企业发展报告（2018）》。**着力推进高新区创新发展。** 优化全省高新区建设布局，全省纳入国家开发区目录的高新区新增19家，9月省政府发文批复，将这19家高新区去筹正式设立为省级高新区，为争创国家高新区创造了条件。组织完成2017年度全省高新区创新驱动发展综合评价工作，发布综合评价情况的通报，依据评价结果下达高新区奖励资金2亿元。在科技部火炬中心公布的2018年国家高新区排名中，全省除首次参评的高新区外，其余16家参评国家高新区的有11家实现进位，总体平均进位2.8名，国家高新区争先进位工作取得明显成效。昆山、泰州医药和常熟等3家高新区获批建设国家创新型特色园区，全省国家创新型园区达11家，居全国第一。**稳步推进基层科技创新。** 国家创新型城市建设取得新进展，徐州市获批建设国家创新型城市，全省已有11个设区市获批建设国家创新型城市，数量居全国第一。完成了对41个县（市）创新能力监测数据采集工作并上报科技部。全省昆山、江阴、常熟、张家港和海安等5个县（市）纳入首批国家创新型县（市）建设名单，是全国建设数量最多的省份之一。

四、突出体制机制改革，激发全社会创新活力

深化省产业技术研究院改革发展。 在高端装备、新一代信息技术、先进材料、新能源等前沿领域新聘请31位项目经理、累计达81位，集聚高层次人才团队800多名，吸引超精密加工、智能液晶等一批国际一流水平或填补国内空白的重大成果在苏落地，累计成功转化2600项科技成果，衍生孵化高科技企业504家。**加快省技术产权交易市场建设。** 出台《关于加快推进全省技术转移体系建设的实施意见》，大力建设"一平台、一中心、一体系"，集成技术转移全要素，打通技术转移全链条，服务技术转移全过程，累计汇聚各类信息数据442万条，网上技术交易总额累计达528.4亿元。**推进科技管理机制改革。** 召开全省科技创新大会，印发《关于深化科技体制机制改革推动高质量发展的若干政策》，主要从扩大科研自主权、推进科技与产业融合发展、营造激励创新宽容失败的浓厚氛围等方面制定了30条政策，其中50%为全国首创，着力破解体制性障碍、结构性矛盾和政策性问题。改革科技奖励制度，出台《江苏省深化科技奖励制度改革方案》，全面实行省科学技术奖提名制，着力调动广大科技人员积极性创造性。改革科研经费管理制度，印发《关于进一步深化省级科研经费和项目管理改革的试点方案》等，启动改革试点，加快建立以信任为前提的科研管理机制。

五、营造良好氛围，大众创新创业纵深推进

着力提升科技企业孵化器建设水平。 组织开展年度省级以上科技企业孵化器绩效评价工作，引导全省科技企业孵化器提质增效，2018年安排省级奖补资金达6000万元，带动地方投入1.2亿元。推荐34家国家级科技企业孵化器获批免税资格，全省各类科技企业孵化器总数达720家。**推进众创空间建设。** 引导龙头骨干企业、高校、科研院所发挥产业资源和技术研发优势，建设专业化众创空间，服务实体经济发展，全省共建有省级以上备案众创空间746家，其中国家级170家。先声药业、博特新材料、南京先进激光研究院等5家众创空间获批国家专业化众创空间，获批数量全国第一。对首批备

案试点的20家省级众创社区进行年度考核，推动众创社区加快建设完善创新创业孵化链条和服务体系。营造良好的创新创业生态。不断深化产学研合作交流，11月初成功举办了第6届国际产学研合作论坛暨跨国技术转移大会，在国内外产生较好反响。加快建立覆盖创新创业全链条的科技投融资体系，推动"苏科投"发挥实效，创业投资管理资金规模超过2300亿元；完善"苏科贷"工作机制，累计发放贷款475亿元，支持企业超过5500家；扩大"苏科保"合作范围，累计为超800家企业分担创新风险400亿元。

科 技 管 理
Management of Science & Technology

创新型省份建设
Innovative Province Construction

【**扎实开展国家创新型省份建设试点**】 对照《建设创新型省份工作指引》（国科发创〔2016〕111号），积极配合江苏省人民政府办公厅起草印发了《创新型省份建设工作实施方案》（苏政办发〔2018〕36号）。在此基础上，对涉及江苏省科学技术厅的20条重点任务，研究制定了《省科技厅贯彻落实〈创新型省份建设工作实施方案〉重点任务责任分工方案》（苏科政发〔2018〕156号），逐条明确责任处室或单位，确保按任务分工和进度要求落实完成。

（江苏省科学技术厅政策法规与体制改革处）

【**苏南国家自主创新示范区建设**】 2018年，苏南国家自主创新示范区建设以习近平新时代中国特色社会主义思想为指引，根据江苏省委、省政府决策部署，瞄准"三区一高地"战略定位，狠抓任务落实，强化关键举措，凝聚各方力量扎实推进各项建设工作。贯彻落实省委十三届四次全会"四个一"工作部署，研究起草《苏南国家自主创新示范区建设实施体系推进方案（2019—2021年）》。起草制定《2018年苏南国家自主创新示范区建设工作要点》，3月由省自创区建设工作领导小组印发实施。积极推进军民科技协同创新平台建设，根据科技部、军委科技委工作部署，研究制定了《苏南自主创新示范区国家军民科技协同创新平台试点建设方案》，于7月由省政府上报科技部、军委科技委。认真落实《苏南国家科技成果转移转化示范区建设实施方案》，启动建设南京未来网络、无锡物联网、常州光伏智慧能源、苏州纳米技术、镇江船舶海工等17家科技成果产业化基地。开展绩效评估和考核奖补，根据2017年苏南国家级高新园区新增科技投入、重点工作情况，采取后补助方式，对13个国家高新园区进行奖励补助，下达奖补3亿元。组织实施未来网络实验设施建设、深海载人装备国家重点实验室研发和产业化能力建设等20项省市共建重大创新项目，总投资超170亿元。组织开展苏南自创区创新载体评估工作，遴选出409家创新载体，其中科技成果产业化基地17家，科技型独角兽企业8家、潜在独角兽企业33家、瞪羚企业351家。召开创新载体评估结果发布会，对创新载体代表进行授牌，发布《苏南国家自主创新示范区独角兽企业和瞪羚企业发展报告2018》《苏南国家自主创新示范区创新指数研究报告2017》，大力营造创新创业良好氛围。

【**国家创新型试点城市建设**】 国家创新型试点城市建设取得新进展，徐州市于4月获批建设国家创新型城市，江苏省已有11个设区市获批建设国家创新型城市，数量居全国第一。徐州市获批科技部创新型城市创新改革政策研究项目，经费总额达100万元。

【**创新型试点县（市）建设**】 启动开展对全省41个县（市）创新能力监测工作，组织召开业务培训会，完成对41个县（市）监测指标数据的采集、审核，并上报科技部。江苏省昆山、江阴、常熟、张家港和海安等5个县（市）入选首批国家创新型县（市）建设名单，是全国建设数量最多的省份之一。

（江苏省科学技术厅区域创新处）

高新技术与产业

High & New Technology and Industry

【前沿领域技术创新】 围绕江苏省产业发展需求,突出重大技术前沿和产业前瞻问题的超前部署,深入实施前瞻性产业技术创新专项,重点面向未来网络、人工智能、智能机器人等十大前沿技术领域,2018年共组织省重点研发计划(产业前瞻与关键共性技术)项目131项,省拨经费17779万元。聚焦新能源汽车等前瞻技术领域,采用项目+课题的形式,部署了10个重点项目,努力抢占未来产业发展制高点。争取国家重大科技项目布局,先后推荐上报"可再生能源和氢能技术"等专项项目60项,已有"面向国产处理器的虚拟化技术与系统"等2个项目获国家重点研发计划立项,国拨经费5384万元。

【高新技术产业】 2018年,全省高新技术产业同比增长11.0%,高于全省工业平均增幅2.6个百分点,占规模以上(简称"规上")工业比重达43.8%,比上年底提高1.1个百分点,对全省贡献份额稳步提升,呈现出增速趋稳、结构优化、效益提升的良好势头。具有自主知识产权的主要行业保持较快增长,列统的高新技术产业8个子行业中,有6个行业的产值增幅高于工业平均增幅,分别为:航空航天、电子及通信设备、智能装备、仪器仪表、生物医药、新材料,增幅分别达17.8%、13.5%、13.2%、12.5%、12.3%、8.8%。内资企业主体作用凸显,实现产值同比增长12.2%,占比达58.2%。

新材料产业。深入实施江苏省新材料产业专项推进方案,重点在纳米材料、高温合金等新材料领域组织实施20项省重点研发计划项目,省拨经费2810万元,为新材料产业高端发展提供技术支撑。推荐常州经开区、邳州市申报国家火炬新型纤维及复合材料等特色产业基地,全省省级新材料科技产业园达24家,国家新材料高新技术特色产业基地达31家,新材料产业集群化、特色化、错位化发展格局更加明晰。

(江苏省科学技术厅高新技术发展及产业化处)

【生物技术和新医药产业】 加强生物医药产业发展战略研究,牵头起草的《关于推动生物医药产业高质量发展的意见》已由省政府印发,紧扣生物医药产业研发、生产、流通、使用、服务等关键环节,突出全链条布局,对生物医药产业创新发展提出了12项具体任务。围绕创新药物、高端医疗器械研发和仿制药质量与疗效一致性评价,通过后补助方式支持28个项目,其中1类新药8个,占比28.6%,覆盖肿瘤、肝炎及消化系统慢性病等重点病种。截至2018年年底,江苏省医药产业规模稳居全国前列,约占全国1/7,其中化学药制剂、医疗器械等子行业规模位居全国第一。新药创制能力领跑全国,2018年前三季度,申请新药临床批件282个,获批106个,占全国的22.4%,数量位居全国第一;上市新药38个,其中:1类新药5个,南京前沿生物的艾可宁是全球第一个长效艾滋病治疗药物,正大天晴的盐酸安罗替尼胶囊将为晚期非小细胞肺癌患者带来福音,恒瑞医药的马来酸吡咯替尼是我国首个抗乳腺癌靶向药物,苏州众合的特瑞普利和信达生物的达伯舒相继获批上市,确立了江苏省单抗药物研发的领先优势,是我国迄今为止批准上市仅有的2个国产PD-1抗体药物。13家企业入选中国医药工业企业百强;9家企业入选2017年中国医药研发产品线最佳工业企业20强,总数列各省区首位;"独角兽"企业无锡药明康德和苏州信达成功上市,苏州基石药业以2.6亿美元完成我国生物医药领域迄今为止B轮最大单笔融资。产业园区建设取得新进展,江苏省11家园区入选"2018年国家生物医药产业园区综合竞争力前50强",入选数量居全国第一。

(江苏省科学技术厅社会发展与基础研究处)

【产业技术创新组织建设】 围绕人工智能、航空发动机和燃气轮机关键零部件产业,依托行业骨干企业,整合产学研资源,聚焦打造具有竞争力的产业创新链条，新建省人工智能产业技术创新战略联盟与省航空发动机和燃气轮机关键零部件产业技术创新战略联盟，全省国家和省级产业技术创新战略联盟达54个。强化产业技术创新战略联盟的技术创新组织作用，支持联盟整合创新链上下游资源，加强产业核心技术和重要技术标准研发，由产业技术创新战略联盟及骨干企业牵头实施省重点研发计划项目13项，其中重点项目6项，占重点项目总数的60%。

（江苏省科学技术厅高新技术发展及产业化处）

科技企业
Science and Technology Enterprise

【概　况】　2018年，江苏省科技厅深入贯彻落实中央大政方针和省委十三届三次、四次全会精神，认真落实全国科技工作会议和全省科技创新工作会议部署，不断完善创新型企业培育机制，加快推动建立覆盖企业初创、成长、发展等不同阶段的政策支持体系，形成以高新技术企业为主体的创新型企业集群。全省培育的创新型领军企业达156家，科技型拟上市企业达1461家，高新技术企业总数突破18000家。

【高新技术企业】　深入实施"小升高"计划，扩大省级高新技术企业培育库，新增入库企业3734家、累计达6871家，下达省级培育资金2.5亿元、累计达4.1亿元，通过省地协同支持，67%的培育企业顺利通过高新技术企业认定，培育成效显著。加大高新技术企业认定力度，全省有效期内高新技术企业超过18000家。

【创新型领军企业】　启动创新型领军企业培育库动态调整工作，全省创新型领军企业达156家。充分发挥大型企业创新骨干作用，支持培育企业开放配置创新资源，2018年，支持创新型领军企业牵头实施23项省科技计划项目，省拨经费4500多万元。培育企业中31家被列为国家创新型（试点）企业，20家企业进入中国500强，30家企业进入中国民营企业500强。

【科技型拟上市企业】　联合省证监局实施科技企业上市培育计划，为高成长性科技企业上市开辟绿色通道，列入省科技型企业上市培育计划后备库的企业达1461家。2018年，支持入库企业上市科技题材项目研发，实施省级科技计划项目35项，省拨经费1.4亿元；加快入库企业上市步伐，2018年，全省共有12家入库培育企业分别在主板、中小板和创业板成功上市，17家入库培育企业成功在"新三板"挂牌，累计有119家企业成功上市，432家企业在"新三板"挂牌。

【科技型中小企业】　会同财税部门印发《江苏省科技型中小企业评价实施细则（试行）》，进一步明确职责分工，完善以市、县为主的评价工作体系，推动评价工作规范化制度化。截至12月底，全省注册并通过审核的企业超2万家，取得入库登记编号的企业达15518家。

（江苏省科学技术厅高新技术发展及产业化处）

科技园区
Science and Technology Park

【高新技术产业开发区】　优化全省高新区建设布局。在发展改革委等六部委联合发布的《中国开发区审核公告目录》（2018年版）（以下简称"目录"）中，江苏省纳入《目录》的高新区共39家，新纳入《目录》的高新区19家，纳入《目录》的高新区总数和新纳入数量均为全国第一。9月，省政府发文批复，新纳入《目录》的太仓高新区等19家高新区正式设立为省级高新区。截至2018年年底，全省共有高新技术产业开发区（含筹建）48家，包括国家高新区18家，省级高新区30家，其中筹建的省级高新区9家（详见列表）。

积极推动有条件的国家高新区争创国家创新

型特色园区。昆山、泰州医药和常熟等3家高新区获批建设国家创新型特色园区，江苏省国家创新型特色园区已达7家。截至2018年年底，江苏省国家创新型园区共11家，居全国第一。

推进全省高新区争先进位。在科技部火炬中心公布的2018年国家高新区排名中，江苏省除首次参评的高新区外，其余16家在参评国家高新区中11家实现进位，总体平均进位2.8名，国家高新区争先进位工作取得显著成效。

贯彻落实《关于加快培育发展高新区"一区一战略产业"的意见》，指导高新区加快集聚创新资源，大力培育发展创新型特色产业集群。加强统筹布局，各高新区按照"一区一战略产业"的特色化发展要求，已全部明确了重点培育发展的特色战略产业；加强集成培育，通过省科技成果转化专项资金等省科技计划的倾斜支持，引导省市区集成联动，加大培育力度；强化政策引导，在苏南自创区奖补和高新区评价工作中，对"一区一战略产业"的培育工作提出了专项考评要求，着力打造国内领先的创新型产业集群。

组织开展高新区综合评价工作。9月5日，江苏省科技厅发布了《关于2017年度全省高新技术产业开发区创新驱动发展综合评价情况的通报》，排名前5位的分别为苏州工业园区、苏州国家高新技术产业开发区、常州国家高新技术产业开发区、南京国家高新技术产业开发区和无锡国家高新技术产业开发区，对总排名最后3位和规模以上工业企业R&D经费支出、当年新增发明专利授权数、高新技术企业数等3项重要指标最后1位的5家高新区进行了约谈。依据全省高新区创新驱动发展综合评价结果，对除苏南自创区国家高新区以外的其他省级以上高新区进行奖励，下达了2018年全省高新区奖励资金2亿元，共有30家高新区获得奖励资金。

持续做好高新区统计报告制度，定期通报主要指标。完成了2017年高新区综合统计年报，按季度发布了全省高新区主要指标进展情况的通报。江苏省苏州国家高新技术产业开发区等11个高新区荣获"2017年度火炬统计工作先进单位"，是全国获表彰高新区最多的省份。

2018年度全省高新区主要指标通报数据显示，全省高新区规模以上工业企业营业收入同比增长10.4%；固定资产投资额9212.8亿元；高新技术产业投资额3676.1亿元，占固定资产投资额的比重为39.9%；财政科技经费投入191.4亿元，同比增长48.4%；高新技术产业产值占高新区规模以上工业产值比重达60.9%，高于全省17.1个百分点；高新技术企业8358家，规模以上高新技术企业数占规模以上工业企业数的比重为34.4%；省级以上科技孵化器463个，在孵企业数21327家，同比增长25.3%；专利申请数183706件，同比增长33.2%；发明专利申请数75011件，同比增长24.4%。

2018年江苏省高新技术产业开发区名录

序号	高新技术产业开发区名称	级别	序号	高新技术产业开发区名称	级别
1	南京国家高新技术产业开发区（含江宁高新园和新港高新园）	国家级	6	泰州国家医药高新技术产业开发区	国家级
2	苏州国家高新技术产业开发区	国家级	7	昆山国家高新技术产业开发区	国家级
3	无锡国家高新技术产业开发区（含宜兴环保科技园）	国家级	8	江阴国家高新技术产业开发区	国家级
4	常州国家高新技术产业开发区	国家级	9	徐州国家高新技术产业开发区	国家级
5	苏州工业园区	国家级	10	武进国家高新技术产业开发区	国家级

续表

序号	高新技术产业开发区名称	级别	序号	高新技术产业开发区名称	级别
11	南通国家高新技术产业开发区	国家级	30	江苏省建湖高新技术产业开发区	省级
12	镇江国家高新技术产业开发区	国家级	31	江苏省扬中高新技术产业开发区	省级
13	连云港国家高新技术产业开发区	国家级	32	江苏省东海高新技术产业开发区	省级
14	盐城国家高新技术产业开发区	国家级	33	江苏省锡沂高新技术产业开发区	省级
15	常熟国家高新技术产业开发区	国家级	34	江苏省邳州高新技术产业开发区	省级
16	扬州国家高新技术产业开发区	国家级	35	江苏省高淳高新技术产业开发区	省级
17	淮安国家高新技术产业开发区	国家级	36	江苏省麒麟高新技术产业开发区（筹）	省级
18	宿迁国家高新技术产业开发区	国家级	37	江苏省相城高新技术产业开发区	省级
19	江苏省南京白下高新技术产业园区	省级	38	江苏省苏淮高新技术产业开发区（筹）	省级
20	江苏吴江高新技术产业园区（筹）	省级	39	江苏省盐城环保高新技术产业开发区	省级
21	江苏省太仓高新技术产业开发区	省级	40	江苏省丹阳高新技术产业开发区	省级
22	江苏省如皋高新技术产业开发区	省级	41	江苏省高邮高新技术产业开发区（筹）	省级
23	江苏省汾湖高新技术产业开发区	省级	42	江苏省杭集高新技术产业开发区	省级
24	江苏省海安高新技术产业开发区	省级	43	江苏省泰兴高新技术产业开发区（筹）	省级
25	江苏省西太湖高新技术产业开发区（筹）	省级	44	江苏省中关村高新技术产业开发区	省级
26	江苏省南通市北高新技术产业开发区	省级	45	江苏省南京白马高新技术产业开发区	省级
27	江苏省吴中高新技术产业开发区（筹）	省级	46	江苏省南京徐庄高新技术产业开发区	省级
28	江苏省盐南高新技术产业开发区	省级	47	江苏省常熟虞山高新技术产业开发区（筹）	省级
29	江苏省张家港高新技术产业开发区	省级	48	江苏省徐州鼓楼高新技术产业开发区（筹）	省级

江苏省国家创新型园区名单

序号	高新技术产业开发区名称	国家创新型园区	序号	高新技术产业开发区名称	国家创新型园区
1	苏州工业园区	世界一流高科技园区	7	江阴国家高新技术产业开发区	创新型特色园区
2	苏州国家高新技术产业开发区	创新型科技园区	8	武进国家高新技术产业开发区	创新型特色园区
3	无锡国家高新技术产业开发区	创新型科技园区	9	昆山国家高新技术产业开发区	创新型特色园区
4	常州国家高新技术产业开发区	创新型科技园区	10	泰州国家医药高新技术产业开发区	创新型特色园区
5	南京国家高新技术产业开发区江宁高新技术产业园	创新型特色园区	11	常熟国家高新技术产业开发区	创新型特色园区
6	无锡国家高新技术产业开发区宜兴环保科技园	创新型特色园区			

2017年度江苏省高新技术产业开发区创新驱动发展综合评价结果前10名

排 名	高新技术产业开发区名称	级 别	排 名	高新技术产业开发区名称	级 别
1	苏州工业园区	国家级	6	南京国家高新技术产业开发区新港高新技术工业园	国家级
2	苏州国家高新技术产业开发区	国家级	7	武进国家高新技术产业开发区	国家级
3	常州国家高新技术产业开发区	国家级	8	昆山国家高新技术产业开发区	国家级
4	南京国家高新技术产业开发区	国家级	9	南京国家高新技术产业开发区江宁高新技术产业园	国家级
5	无锡国家高新技术产业开发区	国家级	10	常熟国家高新技术产业开发区	国家级

2017年度火炬统计工作先进单位

排 名	高新技术产业开发区名称	级 别	排 名	高新技术产业开发区名称	级 别
1	苏州国家高新技术产业开发区	国家级	7	昆山国家高新技术产业开发区	国家级
2	武进国家高新技术产业开发区	国家级	8	南京国家高新技术产业开发区	国家级
3	南通国家高新技术产业开发区	国家级	9	镇江国家高新技术产业开发区	国家级
4	常州国家高新技术产业开发区	国家级	10	江阴国家高新技术产业开发区	国家级
5	苏州工业园区	国家级	11	盐城国家高新技术产业开发区	国家级
6	常熟国家高新技术产业开发区	国家级			

（江苏省科学技术厅区域创新处）

【科技产业园】 不断提升高新技术产业和战略性新兴产业特色化、集约化、高端化发展水平。积极支持科技产业园集聚各类创新资源，提升创新服务能力，培育骨干企业，引导产业向集约化、特色化发展，建设战略性新兴产业发展的重要载体。截至2018年年底，全省省级科技产业园总数达195家，全年实现总收入超2.1万亿元，申请发明专利超14000件。

【特色产业基地】 紧紧围绕特色产业发展，汇聚优质资源，强化产业链、创新链、资金链的协同发展，大力提升全省高新技术特色产业基地建设水平，积极推动有条件的地区创建国家级高新技术特色产业基地。2018年，在生物医药、高端装备制造、新材料等高新技术产业领域，组织申报了无锡惠山精准医疗等7家国家火炬特色产业基地和太仓高新区汽车关键零部件国家高新技术产业化基地，积极支持产业基地整合地方优势资源，优化创新创业环境，加快发展具有自主知识产权的高新技术特色产业。截至2018年年底，全省国家级高新技术特色产业基地达160家，继续保持全国第一；实现总产值超46000亿元，其中千亿级有5家，百亿级95家；拥有企业超4万家，已成为高新技术产业发展的重要载体和区域经济发展的主要增长点。

（江苏省科学技术厅高新技术发展及产业化处）

农业与农村科技
Agricultural and Rural Science & Technology

【概　况】　2018年以来，江苏省科技厅紧紧围绕省委、省政府关于"三农"工作的部署要求，贯彻落实《关于贯彻落实乡村振兴战略的实施意见》（苏发〔2018〕1号）和《江苏省乡村振兴战略实施规划（2018—2020年）》（苏发〔2018〕23号）等文件精神，认真实施现代农业提质增效工程，大力做好农业科技创新、农业高新技术产业培育、农业科技服务、苏北特色产业培育等工作，2018年全省农业科技进步贡献率预计可达68%，组织实施农业产业关键技术研发项目128项，全面完成江苏省委、省政府部署重点工作。

【农业优良品种创新】　全年育成主要农作物优良品种29个。一是以省重点研发计划（现代农业）为主要抓手，围绕保障粮食安全和主要农产品有效供给，组织实施种业科技创新专项14项，省拨经费1710万元，以优质、高效、多抗等为目标，开展稻麦、畜禽、水产、林木等重大农业新品种选育，不断提升良种贡献率和产业竞争力。二是充分发挥财政科技经费的杠杆引导作用，鼓励企业和科教单位进行品种自主创新，对前期未得到财政经费支持且市场推广应用好的品种给予奖励性后补助方式进行支持，2018年，支持后补助品种29个，省拨经费750万元。

【农业产业技术创新】　一是加强农业高新技术创新。跟踪世界农业科技发展前沿，聚焦农业发展重大需求，以生物技术、信息技术和绿色智能技术为重点，组织开展农业高新技术、前沿引领技术等前瞻性技术创新，抢占未来农业发展制高点，组织实施高技术创新项目11项，省拨经费1100万元。二是加强重大科技示范。推进稻麦优质丰产绿色增效、稻田绿色高效综合种养、果树化学肥料农药减施增效、智慧农业等领域的技术集成创新，为保障全省粮食安全和绿色丰产提供科技支撑。组织实施重大科技示范项目12项，省拨经费2400万元。深入实施粮食丰产科技工程，示范应用南粳9108、宁粳8号、扬麦23、宁麦13等稻麦新品种及水稻毯苗精准机插、小麦机条播、绿色防控等新技术35项，面积超过1500万亩次。三是推动国家重大项目在江苏的布局实施。2018年度，江苏省11个项目成功立项国家重点研发计划，获得中央财政经费2.4亿元，占全国的12%，立项数和获支持经费总额均居全国前列。四是成功举办了秸秆综合利用技术与推广技术发布会。编制了《江苏省秸秆资源化综合利用技术》《江苏省主要农林作物分布及产量监测》《江苏省秸秆资源化综合利用企业和合作社信息》3本册子，发布了一批可供各级政府及技术使用单位成熟实用的技术。

【农业创新载体建设】　一是积极推动南京白马园区争创国家农业高新技术产业示范区。把农高区创建作为2018年农业科技工作的头等大事来抓，积极贯彻落实《关于推进农业高新技术产业示范区建设发展的指导意见》（国办发〔2018〕4号）文件精神和省领导的批示要求，认真指导白马园区按照"一区一主题""一区一主导产业""一区一平台"的要求组织编制建设规划和实施方案,并积极向科技部推荐。同时，提请省政府向国务院发文请示。截至2018年年底，南京白马园区已完成科技部组织的专家组现场考察等所有工作。二是推动各级农业科技园区创新发展。在最新的国家农业科技园区创新能力评价报告中，全国有20家园区进入了第一序列的创新引领区，江苏省占7家，其中淮安园区排名全国第二。第六批共5家国家农业科技园区完成了验收工作，南通园区在同批次48家园区中排名第一。宿迁市人民政府成功申报第八批国家农业科技园区。江苏省国家农业科技园区达12家，省现代农业科技园达71家，涉农县（市、区）覆盖率达89%。三是推动农业科技型企业和农业产业技术创新联盟建设。2018年，新公布农业科技型企业156家，总数达795家，启动建设省级农业产业技术创新战略联盟14家，总数达61家。

【苏北特色产业提质增效】 一是深化苏北科技专项"放管服"改革，进一步明确了省、设区市、县（市、区）科技部门在专项项目管理中各自的职责分工，优化了专项资金因素法因素和权重，规范了会商、评审、立项等环节工作程序。围绕苏北37个县域特色产业，指导各地完成了《科技支撑苏北特色产业转型发展行动方案（2018—2020年）》的编制及专家论证工作，采用因素法分配专项资金7750万元，加快特色产业关键技术研发及集成示范。2018年上半年，苏北地区37个县（市、区）农业特色产业总产值达2926.6亿元，同比增长10.6%，产业提质增效步伐明显加快。

【科技扶贫】 围绕苏北"6个重点帮扶片区"13个县（市、区），落实帮扶资金1500万元，实施产业扶贫，带动低收入农户增收。组织实施"三区"科技人员专项，选派189名科技人员到农村开展技术服务和创新创业。深化苏陕、苏赣和苏贵科技合作，帮扶江西、贵州等地建设科技服务超市5家，建立科技精准帮扶的新模式。

积极推进科技精准扶贫工作。完善科技精准帮扶长效机制，组织召开科技精准帮扶人才成果对接会，线上线下发布先进适用技术成果580项，现场推介生产一线科技人员30余名。

【农村科技服务体系建设】 一是完善科技服务超市全省布局。2018年，依托农业特色产业龙头企业，新建农村科技服务超市52家，累计达到468家，基本实现了全省涉农县（市、区）全覆盖，并通过政府购买服务的方式，安排奖补1000万元。二是大力推行科技特派员制度。组织动员科技特派员深入农村基层一线开展科技创业和服务，全省科技特派员工作站达468家，科技特派员达5.2万人，为广大农民提供"触手可及"的科技服务。三是依托企业、园区和科技服务超市打造一批高水平"星创天地"，为农村科技创新创业提供精准服务，2018年以来，新建备案省级"星创天地"61家，总数达167家；新建备案国家级"星创天地"24家，总数达108家，均位居全国前列。承办了全国星创天地工作推进会，江苏作为全国"星创天地"建设典型省份，在会上作经验交流发言。四是推动江苏省农业科技成果交易平台建设和运行，发布成果215项。成立了"长三角农业科技成果交易服务平台"，推动苏沪农业科技成果供需有效对接。

（江苏省科学技术厅农村科技处）

社会发展科技

Social Development Science & Technology

【切实加强基础研究工作】 坚持服务地方需求和鼓励自由探索相结合，以培育原始创新源，培养青年科技人才和加强技术储备为目标，为江苏省经济和社会持续发展提供人才支撑和源头引领。一是着力加强工作部署。研究制定《关于推动江苏省原始创新能力走在全国前列的推进计划》，面向江苏省科技创新需求，从加强前瞻布局、突破原创成果、培育创新人才及引领经济社会发展等方面对基础研究进行系统部署。修订完善省基础研究计划（自然科学基金）管理办法，赋予科研人员更大自主权，充分激发创新活力，推动"30条科技新政"落地实施。努力提升江苏基础研究工作在全国的影响力，配合科技部在南京组织召开2018年全国基础研究工作会议。二是着力培养青年科技人才。把培养优秀青年科技人才作为江苏省基础研究工作的重要着力点，深入组织实施"青年科技人才创新专项"，投入省拨经费2.8亿元，立项支持省杰出青年人才50名、优秀青年人才60名和青年科研骨干1000名。营造良好的学术交流氛围，组织青年科技人才学术会客厅交流活动10余场，搭建跨单位、跨学科、跨领域的学术交流平台。三是推动自由探索和目标导向有机结合。瞄准江苏省未来发展重大需求，更加注重原始创新，全年共安排省财政资金3.2亿元，立项支持1516个基础研究项目。南京大学研发成功世界首个基于全二维材料的、可耐受超高温和强应力的高鲁棒性忆阻器，南京航空航天大学研制的无铅压电纤维打破了国际垄断，南京信息工程大学研发的时空投影模型技术在全国降水预报业务系统中得到应用。2018年，通过省基础研究计划的支持，共发表科技论文10812篇，其中SCI/EI论文8558篇；申请专利3987项，其中发明专利3337项。

【扎实推进社会发展领域科技创新】 深入推进"科技惠民行动计划"实施，聚焦资源环境、生命健康和公共安全等关系民生的重大科技问题开展关键技术攻关，加强重大科技示范，使科技成果更充分地惠及人民群众。2018年，启动实施10个重大科技示范项目，组织开展181个关键技术研究与示范项目，省拨经费1.95亿元。一是科技支撑打好污染防治攻坚战。针对大气、水、土壤污染防治，加强监测预警、污染源解析、源头减排、联防联控等一系列技术的研发和应用示范，制定全省大气污染物排放清单编制规范，建立各类污染源、不同污染物的排放量计算方法体系；开展并完成南京市大气国控点优化调整方案研究，在现有9个大气国控点基础上，增加雨花铁心桥等5个国控点，监测水平和质量明显提高。修订并发布《江苏省水污染防治技术指导目录》，入选示范技术81项，示范推广率达80.3%，推动创新成果全社会共享。二是着力加强人口健康科技创新。坚持临床应用导向，加强技术突破和规范化诊治，加快医学研究成果向临床治疗实践的转化应用，充分发挥20个省级临床医学研究中心的主体作用，近几年来，自主制定并形成规范化诊疗技术指南、专家共识、技术方案等154项，其中纳入国家及国际规范88项，获得授权发明专利180多项；依托省临床医学研究中心及其协同创新网络，链接全省246家基层医院，示范推广了400多项先进适用技术，实现临床应用6000余例，推动优质临床医疗资源向基层覆盖延伸；依托苏州大学附属第一医院建设的血液病临床医学研究中心已经科技部公示，将成为江苏省继肾脏病之后的第二家国家级中心。加强创新医疗器械产品应用示范，组织医疗机构57家，医疗器械企业232家，示范创新医疗器械产品达到280多种，1500多台（套），价值9300多万元，直接受益人口约280万。三是大力推动公共安全科技示范。着力攻克一批社会安全、食品安全、生产安全和自然灾害的监测、预警、预防技术和应急保障关键技术，与政法委、公安厅共同推进升级版技防城建设，启动实施"基于公安物联网大数据的智能化云平台"重大科技示范，突出数据智能深度融合，汇聚整合各类数据共1454类9776亿条，上合峰会安保期间为全省公安提供数据自主布控推送服务。四是筑牢生物安全防线，做好人类遗传资源管理有关工作，开展人体基因编辑相关科研活动核查，让生命科学新技术在生命伦理与规范红线内造福人类。

【主动融入国家创新体系】 省自然科学基金作为"种子基金"的作用凸显，2018年江苏省争取国家自然科学基金项目超过4000项，比2017年增长12%左右，国拨经费超过20亿元，居全国省份之首；入选国家"杰青"17人，其中13人曾获省"杰青"资助，入选国家"优青"34人，其中80%以上曾获省基金资助。积极组织国家重点研发计划项目，在纳米科技、量子调控与量子信息、干细胞与转化研究、蛋白质机器与生命过程调控、中医药现代化研究、深海关键技术与装备等28个专项中，已有48个项目获得立项，获国拨经费8.5亿元，位居全国前列。

（江苏省科学技术厅社会发展与基础研究处）

科技机构
Science & Technology Institutions

科研机构

【概　况】 科研机构是江苏科技创新、经济建设和社会发展的一支重要力量。科研机构围绕江苏省产业发展需求，重点开展产业共性技术研发、科技成果转化、合同研发服务等活动，是江苏省科技人才和科研成果集聚的主要载体，充分发挥科研机构在江苏省科技创新中的骨干地位和引领作用，对增强全省自主创新能力和加快创新型省份建设具有重要的战略意义。

科研机构为公共研究与服务提供支撑。截至2018年年底，全省共有54家部属院所（未转制19家，转制35家）、84家省属院所（未转制58家，其中18家预算归属江苏省科技厅；转制26家）。2018年，全省科研机构共有从业人员62717人，研发人员共计41829人；申请专利3439件，获授权专利1989件；新增各类计划项目4505项；获省级以上奖励287项；转化科技成果1117项。18家预算归属省科技厅的公益院所新增科技项目147项，对外提供开放服务100920次，转化科技成果298项。

推动省属公益类科研院所能力建设。联合省财政厅、人社厅制定《江苏省省级科研事业单位绩效评价办法（试行）》（苏科条发〔2018〕109号），确定科研事业单位绩效总体目标，以及绩效评价指标框架。推动建立以绩效为导向的财政支持制度，组织公益院所提出近3年的自主科研及公益服务任务和绩效评价指标体系，理清公益定位职责、3年发展思路和考核目标，并在审核其公益职责定位、绩效目标任务、绩效评价指标基础上，结合公益院所人力资源规模等给予分档经费支持。

【部属科研机构】 分布情况　驻苏中央部门属科学技术研究与开发机构（简称"部属科研机构"）是江苏科技创新、经济建设和社会发展的一支重要力量。2018年，江苏省共有54家部属科研机构（未转制19家，转制35家），其中苏南51家、苏中1家、苏北2家；19家部属未转制科研机构均地处苏南；35家部属转制科研机构中，苏南32家、苏中1家、苏北2家。

江苏省部属科研机构按地区分布情况

单位：家

地　区	总数量	未转制院所	转制院所
南京市	27	15	12
无锡市	12	2	10
徐州市	0	0	0
常州市	3	0	3
苏州市	8	2	6
南通市	0	0	0
连云港市	2	0	2
淮安市	0	0	0
盐城市	0	0	0
扬州市	1	0	1
镇江市	1	0	1
泰州市	0	0	0
宿迁市	0	0	0
合　计	54	19	35

能力建设　2018年度全国科学技术机构年度统计调查中，江苏省54家部属科研机构（未转制19家，转制21家，军工院所转制14家）共拥有从业人员42311人。

部属未转制科研机构。2018年，全省19家部属未转制科研机构拥有从业人员5704人，其中研发人员5012人。

部属已转制科研机构。2018年，全省上报数据的部属转制科研机构共21家。全省部属转制科研机构拥有从业人员5833人，其中研发人员3175人。

军工院所。2018年，全省14家军工院所共有从业人员30774人，其中专业技术人员

20246人。

运行成效 2018年，部属科研机构新增各类计划项目2368项，获省级以上奖励165项；申请专利1991件，获授权专利1191件；截至2018年年底，部属科研机构共拥有有效发明专利8359件；转化科技成果443项，转化收入49亿元。

部属未转制科研机构。2018年，部属未转制科研机构获得经费收入总额为51.47亿元，经费内部支出总额为43.32亿元，R&D经费内部支出为27.79亿元；共设立各类R&D课题4304项，R&D课题经费内部支出19.86亿元；新增各类计划项目1491项，计划项目总经费为18.44亿元；承担横向课题2051项，获课题经费7.12亿元；获省级以上奖励63项；申请专利1253件，获授权专利702件；截至2018年年底，部属未转制科研机构共拥有有效发明专利2990件；提供技术服务2645次，技术服务收入6.11亿元；转化科技成果242项，转化收入2.22亿元。

部属已转制科研机构。2018年，部属已转制科研机构R&D经费内部支出为5.45亿元；共设立各类R&D课题265项；新增各类计划项目877项，计划项目总经费为3.68亿元；承担横向课题901项，获课题经费10.73亿元；获省级以上奖励102项；申请专利738件，获授权专利489件；截至2018年年底，部属转制科研机构共拥有有效发明专利5369件；提供技术服务3617次，技术服务收入13.44亿元；转化科技成果201项，转化收入46.78亿元。

军工院所。2018年，部属军工院所新增各类科技计划项目680项，其中国家级计划项目113项，部省级项目375项；获得省级以上奖励78项；申请专利1315件，获授权专利439件；截至2018年年底，部属军工院所共拥有有效发明专利3397件；转化科技成果115项，转化收入44.45亿元。

【**省属科研机构**】 **分布情况** 2018年，江苏省共有84家省级政府部门属科学技术研究与开发机构（简称"省属科研机构"）（未转制58家，转制26家），其中，苏南67家、苏中4家、苏北13家；58家省属未转制科研机构中，苏南43家、苏中4家、苏北11家；26家省属转制科研机构中，苏南24家、苏北2家。

江苏省省属科研机构按地区分布情况

单位：家

地 区	总数量	未转制院所	转制院所
南京市	53	34	19
无锡市	8	4	4
徐州市	4	2	2
常州市	1	1	0
苏州市	3	3	0
南通市	2	2	0
连云港市	2	2	0
淮安市	1	1	0
盐城市	5	5	0
扬州市	2	2	0
镇江市	2	1	1
泰州市	0	0	0
宿迁市	1	1	0
合 计	84	58	26

能力建设 2018年度全国科学技术机构年度统计调查中，江苏省共有84家省属科研机构（未转制58家，转制26家），拥有从业人员20406人，其中科技活动人员13396人。

省属未转制科研机构。2018年，全省省属未转制科研机构共58家，拥有从业人员15458人，研发人员10446人。

省属已转制科研机构。2018年，全省省属已转制科研机构共26家，拥有从业人员4948人，研发人员2950人。

运行成效 2018年，全省省属科研机构R&D经费内部支出为34.93亿元；共设立各类R&D课题3294项，R&D课题经费内部支出28.39亿元；新增各类计划项目2137项，计划项目总经费为18.11亿元；承担横向课题1194项，获课题经费3.35亿元；获省级以上奖励122项；申请专利1448件，获授权专利798件；截至2018年年底，省属科研机构共拥有有效发明专利3591件；提供技术服务1530131次，技术服务收入48.88亿元；转化科技成果674项，转化收入23.99亿元。

省属未转制科研机构。2018年，省属未转制科研机构获得经费收入总额为114.05亿元，经费内部支出总额为110.78亿元，R&D经费内部支出为29.79亿元；共设立各类R&D课题3056项，R&D课题经费内部支出为24.43亿元；新增各类计划项目1987项，计划项目总经费为15.08亿元；承担横向课题1065项，获课题经费2.76亿元；获省级以上奖励113项；申请专利1084件，获授权专利566件；截至2018年年底，部属未转制科研机构共拥有有效发明专利2369件；提供技术服务1525728次，技术服务收入12.72亿元；转化科技成果402项，转化收入1.21亿元。

省属已转制科研机构。2018年，省属已转制科研机构R&D经费内部支出为5.14亿元；共设立各类R&D课题238项，R&D课题经费内部支出为3.96亿元；新增各类计划项目150项，计划项目总经费为3.02亿元；承担横向课题129项，获课题经费0.59亿元；获省级以上奖励9项；申请专利364件，获授权专利232件；提供技术服务4403次，技术服务收入36.16亿元；转化科技成果272项，转化收入22.78亿元。

归口省科技厅预算省属公益类科研机构 截至2018年年底，归口江苏省科技厅预算的省属公益类科研机构18家，共拥有研发服务面积130.5万平方米，从事科研活动人员2471人，专职研发人员1755人，其中博士308人，高级职称708人，省创新团队4个，江苏省有突出贡献中青年专家28人，江苏省"333工程"150人，其中第一层次3人，第二层次36人。拥有仪器设备总值5.48亿元，科研研发经费支出4.69亿元。

2018年，省属公益院所共新增科技项目147项，项目经费1.64亿元；承担各类横向课题837项，项目经费2.04亿元；申请专利181件，其中发明专利120件；发表论文1001篇，其中SCI收录179篇。对外提供开放服务100920次，获服务收入3.16亿元，转化科技成果298项，转化收入8264.27万元。

2018年，省属公益院所共获省级以上奖励49项，其中江苏省科学技术奖4项。

2018年度江苏省省属公益院所获江苏省科学技术奖获奖名单

序号	所获奖励类别	获奖课题名称	获奖单位名称
1	江苏省科学技术奖二等奖	地方特色蛋鸡育种及产业化	家禽科学研究所
2	江苏省科学技术奖二等奖	海涂资源高效利用及其湿地化保护技术体系创建与应用	江苏省中国科学院植物研究所
3	江苏省科学技术奖三等奖	甲状腺结节流行及干预的干细胞理论基础	江苏省中医药研究院
4	江苏省科学技术奖三等奖	核素诊疗肿瘤新技术的建立及临床转化	江苏省原子医学研究所

2018年，江苏省科技厅持续推动省属公益类科研院所能力建设。一是出台了公益院所绩效考核评价办法。联合省财政厅、省人社厅制定了《江苏省省级科研事业单位绩效评价办法（试行）》（苏科条发〔2018〕109号），确定了科研事业单位绩效总体目标，以及绩效评价指标框架。二是启动了公益院所首轮绩效考核工作。首次对公益科研院所启动"推动建立

以绩效为导向的财政支持制度",组织公益院所提出2018—2020年的自主科研及公益服务任务和绩效评价指标体系,理清了公益定位职责、3年发展思路和考核目标,并在审核其公益职责定位、绩效目标任务、绩效评价指标基础上,结合公益院所人力资源规模等给予经费的分档支持。三是加强全省科研院所的安全生产管理。组织了两次安全隐患排查整治工作,督促各地科技部门建立健全了安全生产管理和监督机构,对排查到的安全隐患进行整治。

【**新型研发机构**】 新型研发机构是指省内外知名高校、科研院所在江苏省与地方政府部门、园区合作设立的,围绕相关产业领域方向,以合同研发、成果转移转化、技术服务、科技型企业孵化为主要业务,具有独立法人资格的研究院(所)、中心、研究开发公司。新型研发机构是一类有利于政产学研用紧密合作、有利于技术创新与科研成果产业化紧密结合、有利于科技与经济紧密结合的研发组织。凭借体制新颖、机制灵活、管理先进、运行高效、人才聚集等鲜明特点,已在江苏省科技创新活动中崭露头角,保持了良好的发展势头,并在科技创新的各个环节发挥着重要作用。

截至2018年年底,全省列入统计的各类新型研发机构403家,研发人员11051人;新增各类计划项目846项、总经费17.5亿元,其中国家和省部级计划项目265项;承担横向课题2848项、经费7.3亿元;提供科技服务59141项、收入18.2亿元,转化科技成果793项、收入4.0亿元;当年孵化企业1092家,累计孵化企业达3213家,当年收入81.30亿元。

分布情况 新型研发机构建在苏南258家、苏中65家、苏北80家,苏州、南京、无锡建设数量最多,分别为98家、78家、39家,占比分别为24.32%、19.35%、9.68%。

江苏省新型研发机构按地区分布情况

单位:家

地 区	数 量	地 区	数 量
南京市	78	淮安市	15
无锡市	39	盐城市	25
徐州市	19	扬州市	20
常州市	28	镇江市	15
苏州市	98	泰州市	21
南通市	24	宿迁市	8
连云港市	13	合 计	403

能力建设 仪器设备:截至2018年年底,全省新型研发机构拥有科学仪器设备35793台(套),其中单价100万元以上的214台(套);仪器设备原值15.5亿元。

人才队伍:截至2018年年底,全省新型研发机构累计研发人员达11051人,其中博士2325人、硕士3261人,当年引进高层次人才788人。

运行成效 收入与支出:2018年度,全省新型研发机构技术服务收入18.25亿元、成果转化收入4.0亿元;研发经费支出18.47亿元。

承担科技项目:2018年度,全省新型研发机构新增各类计划项目846项,项目总经费17.5亿元,其中国家和省部级科技计划项目265项,项目总经费3.9亿元。

合同研发:2018年度,全省新型研发机构获横向课题 2848 项，课题经费 7.3 亿元，平均每家获横向课题 7 项，课题经费 181.1 万元。

科技服务：2018 年度，全省新型研发机构提供技术服务 59141 项次，平均每家提供技术服务 146 项次，服务企业累计收入 18.2 亿元；完成科技成果转化 793 项，平均每家完成科技成果转化 2 项。

其他：2018 年，全省新型研发机构共制定标准 43 件；获省级以上奖励 149 项。

（江苏省科学技术厅科技机构与条件处）

【中科院属科研机构】 中国科学院南京分院 中国科学院南京分院的前身是中国科学院华东办事处。1950 年，中国科学院（简称"中科院"）接管原中央研究院在南京的科研单位，成立了中科院华东办事处。1969 年，华东办事处撤销，全部业务交由江苏省科技主管部门管理。1978 年 11 月，经国务院批准恢复成立中科院南京分院。

南京分院是中科院的派出机构，负责联络和协调中科院在江苏地区的研究所工作，以及江苏省和江西省的院地合作工作。分院现设办公室、园区与资产管理处、组织人事教育处、党建监察处、科技合作处、科技服务与成果转化处 6 个处室。分院系统现有 9 个法人研究机构，包括紫金山天文台、南京地质古生物研究所、南京土壤研究所、南京地理与湖泊研究所、南京天文光学技术研究所、南京天文仪器有限公司、苏州纳米技术与纳米仿生研究所、苏州生物医学工程技术研究所和江苏省中国科学院植物研究所（双重领导）。

南京分院全面落实中科院党组部署，大力推进系统研究所"率先行动"计划、"一三五"规划的实施。2018 年，南京土壤研究所以优秀的成绩顺利通过"特色研究所"验收；紫金山天文台与南京天文光学技术研究所参与的院天文大科学研究中心通过验收，进入运行阶段；紫金山天文台《"悟空"号暗物质粒子探测器》和苏州纳米技术与纳米仿生研究所《高性能分离膜材料设计、制备与应用研究》获得 2018 年度江苏省科学技术一等奖。同时，南京分院聚焦区域重大战略需求，以麒麟新园区和国科大南京学院的建设为契机，推动院地协同将麒麟打造成南京综合性科学中心的核心区和中科院服务地方国民经济主战场的区域创新高地。

截至 2018 年年底，南京分院共有在职职工 2394 人，其中科技人员 1719 人，包括两院院士 8 人，研究员及正高级工程技术人员 371 人，副研究员及高级工程技术人员 563 人。

2018 年，中科院南京分院在科技创新方面的工作主要有以下几个方面。

发挥桥梁纽带作用，促成院地高层会商。2018 年，南京分院充分发挥院地间桥梁纽带作用，促成院省市领导互访交流，加强科技合作顶层设计，大力引导重大创新成果和载体落地，促进区域创新能力持续提升。当年，江苏省领导及南京、苏州、扬州等市主要领导先后拜访院领导。

积极谋划推进重大创新载体落地麒麟科技城。2018 年 6 月，南京天文光学技术研究所崔向群等 4 位院士通过分院向南京市呈报《关于建立"空间科学及天文前沿技术创新研究院"的建议》，受到市委、市政府主要领导高度重视。7 月，市科技局会同发展改革委、经信等部门组织专家进行了论证，建议按照可研深度进一步细化完善。8 月，组织紫金山天文台、南京天文光学技术研究所、南京天文仪器有限公司及南大有关专家举行专题研讨会，推动项目方案的细化优化。8 月，促成计算所与麒麟高新区共同举办"信息高铁"科技与产业紫金山论坛，提出面向 IT3.0 时代"信息高铁"计划，旨在打造重大科技基础设施，包含以智能车为代表的"端"、以超级基站为代表的"网"、以高通量中心为代表的"云"，创建以麒麟为核心的"南京信息高铁试验场"。积极谋划以南京土壤研究所和南京地理与湖泊研究所牵头，联合有关高校院所共建"水土环境创新研究院"。

多次实地调研已落地麒麟的 3 家创新研究院，了解发展现状。组织召开创新研究院座谈会，深入对接研究院实际需求，共商发展大计。自动化所南京人工智能芯片创新研究院、计算所南京移动通信与计算创新研究院分别获得 2018

年江苏省科技厅首批创新能力建设计划项目支持，并入选南京市新型研发机构备案项目。

2018年2月25日，国科大与南京市签约共建国科大南京学院。南京分院与市编办、麒麟高新区多次沟通协调，12月完成了与国科大南京学院一体化运行的事业单位法人"国科大南京高等研究院"的设立登记，畅通资金拨付渠道，力促项目及早开工建设。

服务分院系统研究所，促进"三重大"产出。组织好在苏机构科技项目及奖励申报工作。2018年，分院系统共获两项省科技进步奖一等奖，两项二等奖和一项国际合作奖。组织好省基金申报、结题审核、现场验收等工作；向系统各单位征集省科技计划项目指南建议近百条。积极向江苏省发展改革委多轮次推荐分院系统各研究所、在苏各中心和新型研发机构重大高技术项目，推荐的项目列入《江苏省高技术发展重点项目计划（2018—2020年）》。

南京分院领导深入系统各研究所调研，与所领导、学科领域带头人等座谈，听取意见建议并研讨推动研究所可持续发展。

2018年起，面向分院系统各研究所、在苏各中心和新型研发机构征集稿件，编制《中科院南京分院科技创新亮点成果、科技成果转移转化亮点工作》季度简报，并上报院机关各局、江苏省科技厅等部门。简报主要包括研究所"四类机构"改革、"三重大"产出，在苏创新载体科技成果转移转化等内容，并新增研究所重大项目、高层次人才等重要数据的统计。

加强院级非法人单元和所级分支机构规范管理。2018年上半年，按照院科发局要求，南京分院牵头完成了分院为依托单位的南京中心、常州中心、扬州中心、泰州中心，以及苏州育成中心、物联网中心等在苏院级非法人单元的自评估工作。

针对各院级非法人单元理事会长期未正常召开、中心主任长期缺失、体制机制不顺等突出问题，南京分院在前期调研的基础上，与院科发局、地方政府多次沟通协调，推动重启理事会、物色中心主任人选等各项事宜。

力促常州中心与江苏智能院整合。5月，召开新一届理事会，审议通过了整合方案、理事会章程、理事会成员、新一届领导班子成员等事项。力促扬州中心理事会召开。11月，院市科技合作座谈会暨扬州中心四届一次理事会召开，南京分院和扬州市政府签署了《进一步推动中科院扬州中心建设的合作备忘录》，审议通过了新修订的扬州中心章程、新一届理事会成员等事项。

同时，南京分院启动了南京分院所属所级分支机构的改革：盱眙凹土中心继续运行，与地方政府协商变更为STS江苏中心盱眙分中心；根据东台滩涂研究院实际运行情况，变更为南京土壤所分支机构；相城健康产业中心经协商撤销。

此外，加强同兄弟分院在所级分支机构建设管理方面的经验交流。5月，承办了在宁召开的南京分院—北京分院科技合作工作交流会，北京分院、南京分院、上海分院系统20余单位、60余人参会。

加强科技扶贫工作管理。南京分院完成了《科技扶贫经费使用情况自查报告》《关于中科院扶贫项目资金使用情况的说明》《2018年扶贫工作总结》等。陪同分党组领导调研走访帮扶村——淮安市淮安区车桥镇张陈村。与江苏省国土厅共同争取帮扶资金，用于新建综合便民服务中心、产权归村集体所有的标准化厂房和泵站。

加强院派科技副职工作管理。南京分院继续加强科技副职工作管理，紧密围绕地方科技需求，选派业务精能力强、能充分发挥桥梁纽带作用的挂职干部。2018年考核科技副职3人，新增科技副职2人。

探索市场化运行机制。南京分院成立南京中科麒智科技有限公司，以更加灵活的市场化运行机制，为地方提供多样化科技服务。2018年，中科院STS江苏中心累计孵化444个企业，产出转化项目139项，为企业新增销售收入92.6亿元。

院士联络工作。2018年，院士联络办的重点工作是组织在苏中科院院士咨询委员会（以下简称"咨委会"）换届工作。3月，院士联络办组织召开了第四届咨委会常委会会议和五届一次咨委会常委会会议，所有院士常委均出席了会议，会议重点研究了咨委会换届事项，商议了新一届咨委会常委人选、3个常设咨询组分组及人选等事宜。5月，第五届在苏中科院院士咨委会第一次全体咨询委员大会召开，邀请江苏省副省长马秋林等领导出席会议，来自江苏省内高校科研院所的21位院士参会。随后，多次组织召开了咨委会常委会。截至2018年年底，各咨询组工作均有条不紊地开展，已形成一份咨询报告报送省政府办公厅。

在推进创新驱动发展和研发促进活动方面，院士联络办主要围绕江苏省市地方政府的需求，2018年组织了近10场院士活动。4月，南京分院组织了"2018院士专家兴化行"的活动，邀请了4位院士、近10名专家，为兴化市高质量发展出谋划策。6月，应泰州医药高新区请求，帮助邀请郑有炓院士参加中科院"普惠计划"暨科学家进泰州医药高新区活动，并做大会报告。8月，协助省委、省政府邀请中科院院士参加省内外两院院士座谈会，共有48位两院院士参加，对江苏高质量发展提出意见和建议。8月，组织10余位院士参加江苏科学技术奖励大会暨科技创新工作会议，江苏省市主要领导、企业家等1500余人参加会议。10月，与上海分院联合主办，以"长三角协同创新再出发"为主题的院士专家峰会。10月，组织8位院士携专家团队参加"在苏院士咨询委员会义乌行"活动。11月，组织8位院士参加全省高层次人才"爱国、奋斗、奉献"精神主题学习会。

平时主动联系院士，与省委组织部、省卫计委、省人民医院等多家单位沟通交流，做好院士体检、答疑、绿色健康通道畅通等工作。2018年，累计看望、拜访院士80人次。

做好南京创新生态体系软课题研究工作。申请南京市经济社会发展咨询委员会决策咨询研究和南京市科技局的软科学研究两项软课题项目，"南京创新生态体系研究"作为市软课题重点项目已获批立项。

（陈方圆　范晓松）

中国科学院紫金山天文台　中国科学院紫金山天文台（以下简称"紫台"）成立于1950年5月20日，紫台是我国创建的第一个现代天文学研究机构，是以天体物理和天体力学为主要研究方向的研究所，被誉为"中国现代天文学的摇篮"。

定位与目标。紫台是以天体物理和天体力学为主要研究方向的研究所，1999年3月成为中科院知识创新工程试点单位之一。依据"十三五"发展规划和"创新2020"组织实施方案，紫台总体发展目标是：到2020年，紫台进入国际天文研究机构的先进行列，成为满足国家特定需求的核心机构之一。近期，紫台将努力建成国际先进或国内领先的以暗物质粒子探测为核心的空间天文探测研究基地；以太赫兹探测技术为支撑，面向天文学重大科学问题的南极天文和射电天文研究基地；以人造天体动力学和探测技术为支撑，面向国家战略需求的空间目标和碎片观测研究中心；以近地天体探测研究为基础，面向深空探测的行星科学研究中心。

由国家天文台、紫台、上海天文台共同建设的天文大科学中心是中科院四类机构之一。该中心2015年开始筹建，2017年12月院长办公会议通过后正式运行。天文大科学中心将充分发挥中科院天文领域在我国天文学科布局领域集中、队伍集中、装置集中的显著优势。对中科院天文领域的重大事项实行"五统筹"管理，并实现观测装置和技术平台高效开放的"两共享"。

科研机构设置。紫台设有4个研究部：暗物质和空间天文研究部、南极天文和射电天文研究部、应用天体力学和空间目标与碎片研究部、行星科学和深空探测研究部，共包含28个研究团组和2个研究中心。5个实验室分别为：暗物质和空间天文实验室、毫米波和亚毫米波技术实验室、天文望远镜技术实验室、行星科学与深空探测实验室、天体化学和行星科学实验室。

紫台建设和运行4个中国科学院重点实验室：中国科学院射电天文重点实验室（联合）、

中国科学院空间目标与碎片观测重点实验室、中国科学院暗物质与空间天文重点实验室、行星科学与深空探测实验室。紫台是中国科学院空间目标与碎片观测研究中心、中国科学院南极天文中心2个非法人单元的挂靠单位。4个科普创新基地分别为：紫金山科普园区、青岛观象台、盱眙天文观测站、德令哈毫米波观测基地。

重要科研设施及装置。紫台设有8个野外业务观测基地：德令哈毫米波观测基地、盱眙天文观测站、南极昆仑站天文台、赣榆太阳活动观测站、洪河天文观测站、姚安天文观测站、青岛观象台和紫金山科研科普园区。其中德令哈毫米波观测基地是我国最大的毫米波射电天文观测基地，盱眙天文观测站是我国唯一的天体力学实测基地，南极昆仑站天文台是我国唯一位于南极的天文观测基地。紫台图书馆至今已有80多年的历史，拥有丰富的天文学馆藏资源，现有图书和期刊（合订本和单行本）30万余册。

人才队伍建设。截至2018年年底，紫台共有在职职工336人。其中科技人员198人、科技支撑人员100人，包括中国科学院院士1人、研究员及正高级工程技术人员53人、副研究员及高级工程技术人员74人。

共有"国家重大人才工程"入选者4人、"国家百千万人才工程"入选者7人；中国科学院其他人才工程入选者25人；国家杰出青年科学基金获得者15人、"优青"7人；"国家重大人才工程"科技创新领军人才1人；江苏省"333工程"67人次；入选中国科学院青年促进会18人；入选中国科学院青年科学家奖1人；入选中国科学院特聘研究员14人；入选中国科学院创新交叉团队1个；入选科技部重点领域创新团队1个。

紫台是1978年国务院学位委员会批准的首批硕士学位和1981年博士学位授予权单位之一。现设有1个天文学一级学科博士、硕士研究生培养点，电子与信息工程博士、控制工程、电子与通信工程工程硕士全日制专业学位培养点，天体物理、天体测量和天体力学、天文技术与方法3个专业二级学科硕士、博士研究生培养点，并设有天文学博士后流动站，共有在学研究生201人（其中硕士生87人、博士生114人）、在站博士后13人。

承担的科研任务。2018年，紫台共有在研项目373项（包括新增项目150项）。其中，主持国家重点基础研究发展计划（973）课题1项；主持国家重点研发计划项目3项（新增1项）和课题10项（新增3项）；主持（或承担）中国高技术研究发展计划（863）项目3项（新增1项）；主持（或承担）国家其他项目10项；主持（或承担）国家自然科学基金项目110项（新增40项），其中主持重大项目课题2项、重点项目7项（新增1项）、面上项目41项（新增13项）、杰出青年基金2项，主持（或承担）国家自然科学基金重大科研仪器研制项目1项；承担中科院战略先导科技专项课题5项和子课题3项，院前沿科学重点研究项目7项（新增0项），院其他人才项目5项；承担江苏省自然科学基金19项（新增5项）；横向项目30项（新增16项）。

科研工作进展与获奖情况。

2018年，紫台共发表科技论文326篇（国外发表293篇、SCI论文267篇，影响因子3.0以上的204篇，第一单位论文170篇，第一单位SCI论文163篇，第一单位论文SCI引用436篇次）；专利申请18件，专利授权7件，其中发明专利7件，专利授权7件。

截至2018年12月17日，暗物质粒子探测卫星"悟空号"圆满完成了设计使命，在轨运行3年，各项指标完全正常，工作表现优异，获批延寿2年。继2017年第一批重大成果在《自然》杂志发表后，2018年第二批成果也已完成投稿。空间目标与碎片观测网持续运行，代表中科院参加了"天宫二号/神舟十一号""天宫二号/天舟一号"空间碎片预警监测任务及"天宫一号"目标飞行器再入大气层应对任务。紫台是国家重大科技基础设施建设十二五规划项目"中国南极天文台"的共建单位。紫台牵头承担科技部国家重点研发计划"射电技术方法前沿研究"项目继续开展南极天文台的关键技术攻关和前期研究。南极天文中心参与组织的第35次南极科考内陆天文科考任务正在实施中。紫台是院空间科学先导专项（二期）项目"先进天基太阳天文台（ASO-S）"的首席科学家单位、载荷研制单位和科学应用系统牵头单位。ASO-S卫星工程正式启动，方案设计阶段进展良好。南极5米太赫兹望远镜关键技术深化研究取得实质性进展；"银河画卷计划"共计完成954个巡天单元；"银河画卷"展现了玫瑰星云分子云的千姿百态；发现银河系边缘的脉泽发射。紫台2018年再次发现奇异小天体2018 RR2。紫台2018年与中科大合作共建的大视场巡天望远镜（WFST）项目已经启动，这一望远镜项目由中科院紫台大视场巡天望远镜团队预研多年，口径2.5米。本项目通过科教融合方式，获得中国科学技术大学"双一流"建设支持。

2018年，获江苏省科学技术一等奖1项："悟空"号暗物质粒子探测器；二等奖1项：人造天体的精密光学测量方法。2018年获评2017年度十大天文进展3项：暗物质粒子探测卫星发表首批科学成果、中国南极巡天望远镜团队追踪探测到引力波事件首例光学信号、"太赫兹超导阵列成像系统"研制成功。以常进研究员为代表的"暗物质粒子探测卫星研究集体"获中国科学院2018年度杰出科技成就奖。

科技促进发展情况。紫台于1992年出资组建南京紫金山天文台星河电子系统工程公司，2002年完成股份制改造并更名为南京紫台星河电子有限责任公司。截至2018年年底，公司职工总数87人，其中大专以上专业人员56人，本科以上研发人员17人，具有高级技术职称4人。2018年产值为4570万元，利润总额2250万元。

国际合作及其成效。紫台2018年全年出访申请193人次（其中申请出国及赴港澳113团组，183人次；申请赴中国台湾地区访问5团组，10人次），实际完成出访任务175人次（其中中国台湾地区10人次），涉及25个国家/地区，出访形式主要包括所级协议合作研究（49人次）和国际会议（129人次）等，出访国家/地区以美国（60人次）、日本（17人次）、德国（17人次）等为主。出访活动中，参与国际会议大会报告、分会报告或墙报等108人次。全年来访80团，142人次，涉及19个国家/地区，主要是来华开展合作研究、参加国际会议等。紫台主办/承办的国际会议共3场，分别是："第二届东亚天文统计学国际会议'天文统计学与R语言'""第四节中澳天体物理学研讨会""第18届中美前沿科学研讨会"。

2018年，执行中欧联合培养博士研究生4人，中美联合培养博士生4人。中日联合培养博士生1人。其中2018年新增5人。中科院国际人才计划项目方面，执行"国际访问学者"3项，新立项国际人才计划项目2项。

暗物质粒子探测卫星"悟空号"结合紫台"一三五"规划目标，重要国际合作项目取得显著进展，鉴于其3年来的良好表现，获批延寿2年。其他取得重要进展的国际合作项目有：揭示月球西北雨海地区地质构造与成分特征；太阳活动多波段和高能观测研究取得重要进展；基于SKA先导项目揭示流星射电辐射特性；基于嫦娥二号探测数据揭示图塔蒂斯小行星的形成机制；系外行星成分的研究。

主要挂靠的学会、主办或承办的重要出版物等。紫台是我国开展天文科学普及的重点单位、全国科普教育基地、全国重点文物保护单位，2018年度，紫台获评江苏省优秀科普教育基地。

中国天文学会、天文学报挂靠在紫金山天文台。其是中文刊《天文学报》（双月刊）的第二主办单位，及英文刊 Chinese Astronomy and Astrophysics（季刊）的协办单位。

（张　笋　朱爱仲）

中国科学院南京地质古生物研究所　截至2018年年底，中国科学院南京地质古生物研究所（以下简称"南京古生物所"）有在职职工169人，包括中国科学院院士4人、研究员及正高级工程技术人员45人、副研究员及高级工程技术人员49人。有中国科学院人才工程项目入选者6人，国家杰出青年科学基金获得者7人,优秀青年科学基金获得者2人。"国家重大人才工程"入选者2人。设有"古生物学与地层学""地球生物学""地质工程"和"矿物学、岩石学、矿床学"4个专业二级学科硕士研究生培养点,"古生物学与地层学"、"地球生物学"和"矿物学、岩石学、矿床学"3个博士研究生培养点,并设有博士后流动站,共有在学研究生95人(其中硕士生46人、博士生49人)、在站博士后15人。

2018年,南京古生物所共有在研项目176项(包括新增项目31项)。其中,承担国家科技基础性工作专项课题2个,参加其他单位负责的国家科技基础性工作专项课题2个,承担国家重大科技专项课题3个,参加国家重点研发计划2项(新增1项);主持国家自然科学基金重点项目6项(新增1项)、国际合作项目4项(新增1项)、面上项目34项(新增7项)、重大项目1项、创新研究群体科学基金项目1项、杰出青年科学基金项目1项、优秀青年科学基金项目1项、青年科学基金项目34项(新增10项)、联合基金2项,参加外单位基础科学中心课题1个、重大研究计划课题1个、联合基金1项;承担中国科学院战略性先导科技专项培育项目1项,院战略性先导科技专项子课题35项(新增24项),院人才工程项目3项(新增1项),院青年创新促进会项目10项(新增3项),院前沿科学重点研究项目2项,院其他项目6项(新增5项);承担英国皇家学会牛顿高级基金1项;参加中国地质科学院课题4个;主持江苏省自然科学基金项目8项(新增2项);承担地方政府委托项目2项(新增1项);承担大中型企业委托项目6项。

2018年,南京古生物所共发表学术论文350篇,其中SCI论文246篇,其中第一作者或通讯作者在《自然指数》上发表论文17篇,出版专著12本。在三峡埃迪卡拉纪地层中发现了地球上最古老的足迹化石,为破解具有附肢的两侧对称动物的起源提供了重要线索,相关成果发表在美国的《科学进展》。在缅甸琥珀中发现长尾巴的蜘蛛,为蜘蛛演化提供关键证据,相关成果发表在英国的《自然-生态学与进化》。编著《生物演化与环境》一书,为高校相关专业教学提供了教科书。创办英文双月刊《古昆虫学》,主要刊登昆虫和陆生节肢动物化石及琥珀研究相关的原创性成果。"澄江生物群"及"金钉子"研究成果入选改革开放40周年中国科学院40项标志性科技成果,两项成果入选"2018年度中国古生物学十大进展"。

2017年,南京古生物所获批中国科学院"国际访问学者计划"7项。共有178人次先后出访参加国际学术会议或进行合作研究,接待142人次外宾来访合作或讲学。主办"地学大数据与人工智能国际研讨会暨第四届GBDB专题讲座"。截至2018年年底,南京古生物所共有20余位专家担任40多个国际学术组织的主席、副主席、选举委员等职务。

(陈方圆 范晓松)

中国科学院南京土壤研究所 中国科学院南京土壤研究所成立于1953年,其前身是1930年创立的中央地质调查所土壤研究室,是中国现代土壤科学研究的发源地。

2018年,南京土壤研究所领导班子团结带领全所干部职工认真贯彻落实党中央、国务院和院党组重大决策部署,立足研究所发展中面临的新形势和新挑战,把握机遇,主动作为,积极推动落实"率先行动"计划和"一三五"规划实施,以优秀的成绩圆满完成了特色所试点建设的总体目标,在加快研究所改革创新发展的进程中取得了一系列新的成绩,科技创新综合实力有了新的提高。

人才队伍建设情况。截至2018年年底,南京土壤研究所共有在职职工306人。其中科技人员223人、科技支撑人员58人,包括中国科学院院士2人,研究员及正高级工程技术人员64人、副研究员及高级工程技术人员92人。共有"国家重大人才工程"入选者6人(新增3人);中国科学院人才工程项目入选者15人;国家杰出青年科学基金获得者10人(新增1人)。

南京土壤研究所是1981年国务院学位委

员会批准的博士、硕士学位授予权单位之一，现设有农业资源与环境、环境科学与工程、生态学等3个一级学科博士研究生培养点，土壤学、植物营养学、环境科学等11个专业二级学科硕士研究生培养点，并设有农业资源与环境、环境科学与工程2个一级学科博士后流动站，共有在学研究生351人（其中硕士生147人、博士生204人）、在站博士后34人。

争取和承担的科研任务。2018年，南京土壤研究所共承担科研项目431项（包括新增项目147项）。其中：国家杰出青年科学基金项目3项（新增1项）；国家自然科学基金重大研究计划重点项目1项，重点项目6项、国际合作重点项目6项，面上项目77项（新增24项），青年项目44项（新增10项）；国家重点研发计划项目8项（新增2项），课题36个（新增12个）；各类基地和人才建设专项4项（新增3项）；中国科学院战略性先导科技专项项目1项，课题6个；中国科学院重点部署项目12项（新增2项）；院地合作项目106项（新增45项）。

科研工作进展与获奖情况。2018年，南京土壤研究所围绕"一三五"规划重点任务和主要特色方向，坚持基础研究和应用研发并举，取得了一系列新的进展和成绩。例如，我国土系调查研究取得了突破性进展，《中国土系志》系列专著陆续问世，为我国土壤资源清单的全面更新提供了最新的科学数据支撑。证实了近30年来中国农田土壤发挥了碳汇功能，提出了农田土壤固碳的直接证据，相关结果发表于美国科学院院刊。深化了对淹水界面反硝化和稻田N_2O排放机制的认识，优化了模型模拟方法，证明高CO_2浓度会降低稻米营养品质，造成隐形饥饿，危及全球6亿贫困人口的健康，相关结果发表在美国科学院院刊和 *Science Advances* 上，引发国际社会极大关注。构建了中低产田地力培育理论和关键技术集成体系，其中以第二完成单位申报的《我国典型红壤区农田酸化特征及防治关键技术构建与应用》《沿淮主要粮食作物涝渍灾害综合防控关键技术及应用》获国家科技进步二等奖。在苏、湘、鄂、滇、赣、皖、粤、浙、黔等省份建立了多个土壤污染修复工程示范基地，为"土十条"在不同区域的全面实施提供了有力的科技支撑，其中《重金属超标农田和稀土尾矿地安全利用关键技术及应用》获江西省科技进步一等奖。全年共发表论文500余篇，其中SCI论文330篇，特别是高水平论文产出显著提升，受到国内外同行广泛关注；获授权专利27件（国际1项）；出版专著8部；发布土壤质量国家标准8项；多项技术模式获得大面积推广应用，产生了良好的经济效益和社会效益。

科技促进发展情况。加强研究所与地方政府及产业的合作，积极探索多元化的产学研政与成果转移转化模式，推动了与山东省德州市、内蒙古巴彦淖尔市、江苏省丹阳市及山东华鲁控股集团有限公司、江苏铁电集团、深圳市小易数字科技技术有限公司、深圳数溪科技有限公司等一批地方政府和企业的实质性战略合作，横向经费及科技成果转移转化收入较2017年增长34.9%，显著促进了研究所服务国民经济社会发展的能力。

国际合作及其成效。2018年，通过竞争成功获得第23届世界土壤学大会举办权。主办国际关键带研究战略研讨会、运用核技术开展温室气体研究国际研讨会、第十一届农业环境国际研讨会等重要国际学术会议，进一步促进了相关研究领域的国际合作与交流。本年度共计出访118人次，来访90人次；新获"中国科学院访问学者计划"1项、国际博士后项目2项。

（陈方圆 范晓松）

中国科学院南京地理与湖泊研究所 中国科学院南京地理与湖泊研究所（以下简称"南京地湖所"），截至2018年年底，南京地湖所共有在职职工284人，其中科技人员215人、科技支撑人员25人，包括研究员及正高级工程技术人员47人、副研究员及高级工程技术人员77人。南京地湖所共有国家杰出青年科学基金获得者4人，国家优秀青年基金获得者3人。

2018年，南京地湖所围绕湖泊及其流域的生态环境变化格局、过程及机制的科学前沿，面向湖泊流域水资源管理、湖泊流域水环境治理及饮用水源地安全保障等国家重大需求，面向生态环境改善的城乡发展及流域可持续发展地方发展要求，结合南京地湖所发展定位和学科布局，在湖泊治理与保护方面建议并承担了一系列重大科研项目，有力地提升了南京地湖所的科研实力和地位，为后续重大科研成果的产出奠定了良好的基础。将努力建设成为国际一流的湖泊科学基础研究和高层次人才培养基地、国家湖泊资源利用与环境治理工程技术研究中心、经济发达地区可持续发展科学研究与决策咨询中心。

2018年，南京地湖所根据中科院党组的统一部署，深化贯彻落实"一三五"规划及特色研究所培育要求，组织完成了"一三五"第二批自主配套项目的申报和立项，不断完善"湖泊科学应用基础研究——湖泊/流域环境治理与生态修复技术研发——工程示范"的发展路线。深入开展自然和人文要素驱动下湖泊-流域系统过程、格局及其相互作用与调控机制研究，为国家湖泊资源合理利用、湖泊环境治理与生态保护及区域可持续发展做出基础性、战略性和前瞻性贡献；在湖泊生态系统演变与全球变化、浅水湖泊流域水质管理与生态系统调控、水环境及生态系统监测（模拟）技术及应用3个方面形成重大突破；重点培育湖泊沉积与气候变化定量重建、湖泊生物群落结构功能与调控、湖泊复合污染的生态效应与防控治理、流域-湖库生态水文过程与模拟、新型城镇化区域的乡村转型及其资源环境的可持续管理5个方向。

根据新时期学科发展需要，南京地湖所进一步调整优化科研布局，新成立流域资源与生态环境研究室和区域人文经济地理研究室，更好地满足国家在流域可持续发展方面的科技需求。整合湖泊应用研究相关资源，申报的"江苏省湖泊污染治理与修复工程研究中心"获得江苏省发展改革委批准，为探索更加开放、灵活、高效的产学研合作模式，整合国内湖泊治理领域优势资源，促进湖泊污染治理与修复新技术的工程化、市场化、产业化打下坚实基础。

南京地湖所现设有湖泊与环境国家重点实验室、中国科学院流域地理学重点实验室、湖泊生态与环境工程研究中心、区域发展与规划研究中心、湖泊野外观测与数据中心（含太湖湖泊生态系统国家野外观测研究站、鄱阳湖湖泊湿地综合研究站、抚仙湖高原深水湖泊研究站、呼伦湖生态系统定位观测研究站、天目湖流域生态观测研究站、东非大湖与城市生态研究站和湖泊-流域数据集成与模拟中心）。南京地湖所现有30万元以上的大型仪器设备200余台（套）。图书馆馆藏图书期刊约12万册，各种地形图63000多幅，航卫片5万余张。此外，还馆藏地方志4262种44000多册，其中善本近百种，孤本10余种。

南京地湖所是1981年国务院学位委员会批准的自然地理学硕士学位授予权单位之一，现设有地理学、环境科学与工程2个一级学科博士研究生培养点，自然地理学、人文地理学、地图学与地理信息系统、环境科学等4个二级学科博士研究生培养点，自然地理学、人文地理学、地图学与地理信息系统和环境科学等4个二级学科硕士研究生培养点及工程硕士（环境工程、建筑与土木工程）全日制专业学位培养点，并设有地理学一级学科博士后科研流动站。共有在学研究生208人，其中硕士84、博士124（含留学生6人），在站博士后28人。

2018年，南京地湖所共有在研项目398项（包括新增项目212项）。其中，主持国家自然科学基金委创新研究群体项目1项、国家自然科学基金委重大项目课题1项、国家自然科学基金重点项目5项（新增2项）、国家优秀青年科学基金项目2项、面上项目76项（新增27项）；主持国家重点研发计划项目1项、课题3项（新增国家重点研发计划项目1项、课题3项）；主持国家重大科技专项项目2项、课题5项；在研科技基础资源调查专项1项、课题2项；主持科技支撑计划项目1项、课题2项；主持基础性工作专项1项；新增中科院先导A类专项"美丽中国"项目1项、课题2项。

2018年，由南京地湖所秦伯强研究员牵头申报的"湖泊蓝藻水华及湖泛监测预警和处置关键技术与应用"项目获2018年度环境保护科学技术一等奖。项目贯彻落实习近平总书记"要深入实施水污染防治行动计划，保障饮用水安全"重要讲话精神，围绕气候变暖叠加人类活动导致的湖库富营养化及蓝藻水华问题，通过10多年研究探索，建立了蓝藻水华及湖泛监测预警理论，构建了相应的监测方法、平台与应急处置系统，填补了蓝藻水华及湖泛预测预警领域技术空白。南京地湖所王苏民研究员在2018年瑞典斯德哥尔摩召开的国际古湖沼学－国际湖沼地质学联合大会（IPA-IAL2018）上，荣膺国际古湖沼学会终身成就奖，成为获此殊荣的首位中国科学家。咨询建议《长江岸线生态保护问题的分析及相关建议》获得国家领导人批示并被中办和国办采用，《太湖南部湖湾水质下降与水生植被退化的原因分析及相关建议》获得国家领导人批示并被中办采用，《洪泽湖流域居民饮用灌溉水源水质全面建议加强生态环境保护修复》获得国家领导人批示并被国办采用，《推进湖泊生态修复和草型湖泊生态系统重构的建议》《加强抚仙湖生态环境保护与精准管理的建议》《加强新疆博斯腾湖生态修复和综合治理的建议》被中办和国办采用，《长江中下游部分区域湖群围网拆除工作进展缓慢，建议加强动态监测和退渔区生态效应评估》被国办采用。

据统计，2018年南京地湖所发表论文412篇，其中SCI收录论文283篇，一区和二区高质量论文132篇，高质量论文同比增长12.8%。出版专著16部，申请和授权专利129件，软件著作权登记34项。主办《湖泊科学》学术期刊。

2018年，南京地湖所在科研支撑平台建设方面得到进一步提升。太湖湖泊生态系统国家野外观测研究站新综合楼投入使用，学术交流报告厅、实验室及会议室、科普宣传馆及公寓标准间建成并开放，东山分部新建3600平方米大型湖泊物理模拟试验场。抚仙湖高原深水湖泊研究站年度基础科研平台与生态环境监测工作运行平稳，按照CERN的要求和标准，完成常规定位观测点的环境监测和调查。鄱阳湖湖泊湿地综合研究站进一步优化站区工作条件，调整站区实验室功能。天目湖流域生态观测研究站初步完成了站区基本设施及管理、科研和支撑队伍的建设，实现野外台站正常运行。呼伦湖生态系统定位观测研究站系统开展了水文、气象、水质和水生生物、植被土壤及鸟类的观测。湖泊与环境国家重点实验室和中国科学院流域地理学重点实验室稳步运行。

南京地湖所投资公司2个，分别为中科健康产业集团股份有限公司和南京中科水治理有限公司，从事科技开发人员77人，年产值共4.6亿元，南京地湖所参股效益2187.96万元。

2018年，南京地湖所深入推进国内外学术交流合作，出访、来访人数均保持较高水平，共派出141人次前往23个国家和地区进行交流，接待10余个国家和地区80余人次来访。举办"第三十四届国际湖沼学大会"（首次在中国举行）、"第十五届中美碳联盟年会暨水体水－热－碳通量国际研讨会"、"第二届流域地理学国际研讨会"及"变化环境下洪水灾害国际会议"等重大国内国际会议，进一步提升南京地湖所的国际影响力和学术声誉。

（孙　昊　陈亚芬）

中国科学院国家天文台南京天文光学技术研究所　中国科学院国家天文台南京天文光学技术研究所（以下简称"南京天光所"）是我国天文与光学高新技术的重要科研和发展基地、国家大中型天文望远镜及仪器设备的研制基地，以及天文技术与方法高级人才的培养基地，拥有中国科学院天文光学技术重点实验室和江苏省外国专家工作室，是江苏省先进光学制造技术高技能人才培养基地。截至2018年年底，南京天光所共有在职职工175人。其中科技人员115人、科技支撑人员44人，包括两院院士3人、发展中国家科学院院士1人、研究员及正高级工程技术人员19人、副研究员及高级工程技术人员62人。共有中国科学院人才工程项目入选者3人。现设有天文学、光学工程等2个一级学科和天体物理、天文技术与方法、精密仪器及机械等3个二级学科博士、硕士研究生培养点，1个"仪器仪表工程"全日制专业学位的培养点，并设有天文学、光学工程等2个专业一级学科博士后流动站，共有在学研究生71人（其中硕士生46人、博士生25人）、在站博士后3人。

科研项目。2018年，南京天光所在研项目共150余项，包括新增项目87项。其中，主持国家自然科学基金重大科研仪器2项（新增1项）、重点项目1项、面上项目26项（新增7项）、青年科学基金项目20项（新增4项）、天文联合培育8项（新增2项）；参与国家自然科学基金重大科研仪器1项、重点项目1项（新增1项）；承担中国科学院战略性先导科技专项课题5项（新增2项）；主持重点国际合作项目4项；承担大科学装置运行与改造1项；新增委托研制项目55项。

重大项目推进方面。"十三五"国家重大科技基础设施项目大型光学红外望远镜于9月17日通过发展改革委委托中咨公司的建议书评审，目前在准备可行性研究报告。"十二五"国家重大项目南极昆仑站天文台建议书根据发展改革委反馈意见做了修改和评估。派出徐进参加中国第35次南极科考，主要是在昆仑站维护AST3-2和能源系统等。完成了南极巡天望远镜AST3-3的轴系低温环境测试和机电控制系统优化，正在进行光学装调，准备国内台址的试观测。圆满完成为期5年的LAMOST运维保障一期巡天任务，LAMOST发布的光谱数已是世界上其他巡天项目发布光谱数总和的2倍！开启了LAMOST二期巡天。研制的LAMOST中、高分辨率光谱仪均投入科学观测。太阳系外行星成像星冕仪EPIC确定为中国载人航天空间站科学载荷，将首次成像探测围绕类太阳恒星的成熟系外行星，包括超级地球，2019年将转入初样阶段。空间无缝光谱仪项目完成方案研制阶段。与美国、西班牙等国开展国际合作，参与设计、研制多台高分辨率光谱仪。在高精度光学非球面磨制方面，完成多套碳化硅镜面的研制，开展多个重大专项任务。同时开展天文光学新技术的研究，在天文光梳超高精度光谱定标技术、面向空间望远成像等方面取得阶段性成果。

科研成果与知识产权。2018年，作为主要参加单位获2017年度"十大天文科技进展"两项："中国南极巡天望远镜团队追踪探测到引力波事件首例光学信号""LAMOST一期光谱巡天圆满结束"。申请专利24件，并提交国际PCT申请2件；授权专利8件，其中发明专利7件；公开发表论文55篇，其中SCI收录8篇，EI收录36篇，中文核心期刊论文9篇。

学术交流与合作。积极开展国际、地区间的学术交流与合作。全年接待来访8批次，共计17人次，来访者主要来自于美国、日本、澳大利亚、加拿大、白俄罗斯、印度和格鲁吉亚等相关天文研究机构。全年出访22批次，49人次，出访涉及美国、英国、澳大利亚、日本、约旦、奥地利、西班牙、法国、瑞士、乌兹别克斯坦和南极等国家和地区。朱永田研究员被选任国际天文学联合会IAU Division B指导委员会成员。李国平研究员当选为江苏省天文学会副理事长。宫雪非研究员当选为中国天文学会十四届常务理事，担任天文技术专业委员会主任。与天仪公司联合举办60周年庆纪念大会暨天文前沿科学与技术高端学术论坛系列专项活动。

进一步加强科教融合工作，与高校开展了积极有效的合作。包括：作为主要单位参加中国科学院大学与南京市政府在麒麟高新区合作共建的"中国科学院大学南京学院"，承担天文与空间技术学院工作，并与南京信息工程大学展开合作。申报中国科学院"科教结合、协同育人行动计划"，联合培养本科生项目获批2项，与东南大学、南京理工大学分别共建"仪器科学与技术菁英班""天文技术与方法菁英班"，推进共同培养人才的办学模式持续开展。全年接收南开大学、东南大学、哈尔滨工程大学等高校大学生来所实习、实践37人。成功举办第五届"走近国科大——天文技术与方法"大学生暑期夏令营活动，有来自国内近20所高校的40名优秀大三本科生参加。

（郑　健）

中国科学院南京天文仪器有限公司　中国科学院南京天文仪器有限公司（以下简称"南京天仪"）是中国科学院直属的科技型企业，是中国科学技术大学"天体物理""天文技术与方法"学科的硕士生培养单位。设有江苏省光电仪器设计与制造工程技术研究中心、江苏省院士工作站和中科院南京光学技术工程中心等技术创新平台。截至2018年年底，南京天仪共有在职职工208人，其中科技人员64人，包括中国工程院院士1人，副高级以上专业技术人员26人。

2018年，南京天仪成立60周年。2018年12月，成功举办南京天仪成立60周年庆纪念大会暨天文前沿科学与技术高端学术论坛系列专项活动，总结经验、继承传统、凝聚人心、促进发展。60年来，南京天仪几代人艰苦奋斗、锐意进取，从以天文仪器为主，拓展到军用大型光学装备和民用大型光机电一体化仪器领域，并成为行业的领军者，创造了显著的经济效益和社会效益。见证了中国高端装备制造业的起步和发展，为国家科技进步和国防建设做出了重要贡献，为推进天文科普和教育事业发挥了重要作用。

2018年，南京天仪继续专注技术创新与新产品开发，全年共立项企业自主研发项目4项，总经费1699万元。申请新专利4件，授权专利2件。积极承担各类政府科技计划项目，全年共申报18项，立项15项，申报4400万元，立项1830万元。

2018年，南京天仪自主研发的800毫米口径平面干涉仪，用于大口径标准平面直接面形检测，具有数字化、直观性、定量性、即测即得等各种优势，仪器主机研制已经完成；自主研发的大口径标准镜主动支撑技术，用于实时校正标准镜面形，完成标准镜多种支撑状态下保持面形精度的功能，具有一镜多用、降低镜面加工成本、自适应强等优点，标准镜、标准镜镜室已经具备，主动支撑机构设计完成；自主研发光学镜面机械接触式数控研抛系统，在镜面磨削方面，形成成熟700毫米口径以下的正轴和离轴非球面加工工艺，磨削精度和亚表面质量与国外肖特公司水平相当。通过工艺参数优化组合的方式，拓宽南京天仪现有800毫米行程的DMG铣床加工能力，初步形成1.1米离轴和正轴镜面的铣磨加工能力，使得南京天仪在镜面磨削方面的能力有了质的提升，磨削生产效率大幅提高。在镜面抛光方面，完成了单轴机数字化改造和小磨头样机研发，解决了两类设备的加工成型原理、位置控制等问题，编制了两类设备的控制软件，据此可提高镜面数字化抛光能力和生产加工效率。

2018年，南京天仪以市场营销为重点，通过制作新版南京天仪宣传册和专用展品，组织参加法兰克福光学展、深圳光博会、第十届国际雷达展、慕尼黑上海光电展等国内外展会，加强与各大学、研究所、协会、联合会合作与交流，对接各级科技、工信、发改、军工等部门，提高品牌的知名度、扩大产品的影响力。同时通过多种渠道，积极参加各地的招标工作，全年共计开标项目46项，中标17项，中标金额达9989万元。2018年，新签合同216份，新签合同金额为2.07亿元，同比增长33.16%。

2018年，南京天仪在科技计划项目执行管理方面取得较突出的成绩。6月，南京天仪承担的江苏省重大科技成果转化项目通过省科技厅组织的结题验收，获得优等。12月，南京天仪首次承担的国家重点研发计划"重大科学仪器设备开发"重点专项"大视场生物成像分析仪"项目，在年度执行情况检查中荣获优等，提前拨付总经费的36%，金额达675万元。

2018年，南京天仪通过了"高新技术企业"重新认证和质量管理体系国标和国军标转版认证工作。

南京天仪是江苏省和中科院科普教育基地，多年来一直致力于多方位开展天文科普工作。2018年参加两次全国科技活动周，举办夜间天文观测8场；开展周末观星活动16场；开展业务关联单位科普活动10余场；参加市科协科普讲座进校园活动3场；接待中科院行政管理局组织的中学生团体6场。

（陈方圆　范晓松）

中国科学院苏州纳米技术与纳米仿生研究所 中国科学院苏州纳米技术与纳米仿生研究所（以下简称"苏州纳米所"），截至2018年年底，共有在职职工549人。其中科技人员330人、科技支撑人员165人，包括研究员及正高级工程技术人员78人、副研究员及高级工程技术人员110人。共有"国家重大人才工程"入选者36人；中国科学院人才工程项目入选者47人（新增2人）；国家杰出青年科学基金获得者7人。现设有电子科学与技术、化学、生物学3个专业一级学科博士研究生培养点，电子科学与技术、化学、生物学3个专业一级学科硕士研究生培养点，电子与通信工程、集成电路工程、化学工程、生物工程4个专业学位硕士研究生培养点，并设有电子科学与技术、化学2个专业一级学科博士后流动站，共有在学研究生591人（其中硕士生444人、博士生147人）、在站博士后61人。

苏州纳米所目前建有8个研究部和4个公共服务平台，并建有纳米真空互联实验站。中国科学院多功能材料与轻巧系统重点实验室于2018年8月获中科院批准成立，目前苏州纳米所建有"中国科学院纳米器件与应用重点实验室""中国科学院纳米-生物界面重点实验室""省部共建国家重点实验室培育基地——江苏省纳米器件重点实验室""中国科学院多功能材料与轻巧系统重点实验室"4个省部级重点实验室。

作为国家"大众创业、万众创新"示范基地，苏州纳米所依托双创平台，积极构建"一所三院"发展布局。以苏州本部为依托，利用平台、技术、人才的优势，联手地方资源拓展特色服务能力与产业化基地。2018年与佛山市政府、南海区政府签约共建广东（佛山）研究院，以提升粤港澳大湾区纳米技术、半导体深紫外光源等产业的自主创新能力，集中布局MEMS芯片研制中心；在江西南昌小蓝经济技术开发区建立中科院苏州纳米所南昌研究院，协助地方强化在新材料和封装领域的布局；在张家港建立中科院苏州纳米所张家港研究院，重点布局面向未来的通信关键半导体材料。

2018年，苏州纳米所继续推进纳米真空互联实验站建设工作。纳米真空互联实验站基建工程完工，完成搬迁工作。搭建完成一期"工字型"真空互联管道达115米，本底真空$<5\times10^{-8}$ Pa，实现真空环境下的全自动控制，并实现云端网络化、信息化数据交换；实现多车、多样品长距离的高速高精度定位、传输与交接。低温强磁场STM、四探针STM等12台设备已完成对接调试，并开展对外服务，其余21台一期设备正进行整体安装。

2018年，苏州纳米所共有在研项目675项（包括新增项目227项）。其中，主持（或承担）国家自然科学基金重点项目10项（新增1项）、面上项目81项（新增14项）、国家杰出青年科学基金项目3项、国家自然科学基金重大研究计划重点项目1项（新增1项）；主持（或承担）国家重点研发计划65项（新增10项）；主持（或承担）基地和人才专项13项（新增6项）；主持（或承担）（科技部、国家自然科学基金委、财政部和院）重大仪器研制项目3项；主持（或承担）中国科学院战略性先导科技专项课题10项（新增1项）；主持（或承担）院重点部署项目4项、承担重点国际合作项目12项（新增5项）。

苏州纳米所靳健团队开展的《高性能分离膜材料设计、制备与应用研究》获得2018年度江苏省科学技术一等奖，并成功将目标产品应用中海油。获批2018年度中国科学院青年科学家国际合作伙伴奖1项（曾中明、乔凡尼·菲诺奇）。

2018年，苏州纳米所发表文章491篇，其中SCI文章382篇。申请专利共计240件，其中国内专利申请228件（国内发明专利申请220件），PCT申请12件；授权专利共计145件，其中国内专利授权132件（国内发明专利授权117件），PCT引进外国专利授权13件。

在平台服务和成果转化方面，2018年苏州纳米所喷墨打印公共平台揭牌并投入运作，成为国内首家喷墨打印开放实验室；纳米加工、测试分析和生化平台继续面向社会全方位开放，除完成本所的科研任务外，积极为国内高校、科研机构和企业提供加工测试服务，2018年平台服务机时11.7万小时，服务额8914万元，培训人次3826人次。

苏州纳米所继续加强成果转化针对性，与上海汽车集团、中石化、中海油等国内重点企业签订了技术委托合作或咨询协议。2018年，与空中客车在航空纳米材料领域开展深度合作，成立"航空纳米材料联合实验室"，推进纳米复合材料在航空工业中的应用。

2018年，苏州纳米所以芯片原子钟1件专利及相关技术投资设立中科泰菲斯（武汉）技术有限公司；以氮化镓基半导体蓝、绿光激光器制造技术作价1亿元投资杭州增益光电科技有限公司。开展跨部门、跨团队的产业化合作，整合人工智能研究力量，创立中科启迪科技有限公司、中科融合感知智能研究院（苏州工业园区）有限公司。

苏州纳米所立足国际视野，开展国际技术转移工作，取得了阶段性进展。2018年与荷兰格罗宁根大学达成"银纳米线透明导电薄膜"项目合作意向，与法国科学院、伊比利亚国际纳米科技实验室、德国弗朗恩霍夫协会硅酸盐研究所、英国皇家帝国理工大学、约旦皇家哈希姆办公厅、悉尼大学叶林院士、南澳大学（苏州）科研成果转化中心等机构开展洽谈交流。

2018年，苏州纳米所积极开展国际交流与合作。全年共有89人次因公出访，接待国外高级专家、知名学者及访问团队90余人次来所访问交流；成功主办第十一届有机及有机无机复合纳米薄膜光伏电池稳定性学术研讨会，提升了研究所的影响力。

（李梦影　王瑗）

中国科学院苏州生物医学工程技术研究所　中国科学院苏州生物医学工程技术研究所（以下简称"苏州医工所"）是中国科学院唯一以医疗仪器为主要研发方向的国立研究机构，截至2018年年底，苏州医工所共设有7个管理部门和9个研究室。共有在职职工321人。其中科技人员281人、科技支撑人员40人，研究员及正高级工程技术人员60人、副研究员及高级工程技术人员88人，国家科技创新领军人才1人；全所进入创新岗位298人。"国家重大人才工程"入选者1人，中国科学院人才工程项目入选者23人。现设有生物医学工程专业一级学科博士研究生培养点，光学工程、生物医学工程、生物学、机械电子工程等8个专业一级（或二级）学科硕士研究生培养点，共有在学研究生243人（其中硕士生177人、博士生66人）、在站博士后58人。

2018年，苏州医工所共有在研项目445项。主持（或承担）国家部委项目91项，其中，国家重点研发计划、重大科研装备研制项目、"863"计划、国际合作专项等50项，国家自然科学基金项目39项；主持（或承担）院级项目41项，其中，院战略性先导科技专项课题2项，院装备项目11项（院级重大装备研制项目1项），STS项目3项，前沿科学重点研究项目2项；主持（或承担）各级省市项目88项。申请专利230项[其中，发明专利140项（PCT 6项）、实用新型74项、外观设计2项]，申请软件著作权13项；新授权专利113项（其中，发明专利55项、实用新型47项、外观设计3项）；新登记软件著作权8项。发表高水平论文213篇，其中SCI收录146篇。作为牵头单位获中国分析测试协会科学技术奖一等奖、中国光学工程学会技术发明奖一等奖各1项，作为参与单位获江苏省科学技术奖二等奖、吉林省自然科学奖二等奖各1项。

2018年12月26日，由苏州医工所承担的国家重大科研装备研制项目"超分辨显微光学核心部件及系统研制"通过验收，标志着我国具备了高端超分辨光学显微镜的研制能力。历时5年攻关，全面突破大数值孔径物镜、特种光源、新型纳米荧光增强试剂、系统集成与检测等关键技术，研制出激光扫描共聚焦显微镜、双光子显微镜、受激发射损耗(STED)超分辨显微镜、双光子-STED显微镜等高端光学显微镜整机；建成了高端显微光学加工、装调、检测及显微镜整机技术集成工程化平台，培养出一支具备研制复杂精密高端光学显微镜能力的研发团队，为我国高端光学显微镜的发展提供了系统解决方案。研制的超分辨显微镜或核心部件已在国内外多家研究机构、企业实现销售使用并已取得部分成果。下一步，苏州医工所将结合工程化及成果转化创新模式，实现科技成果在研发平台、工程化平台、产业化平台、市场平台的高效对接，通过系列化、组合化的产品布局，对显微镜系统和核心部件进行工程化、产业化。

2018年，苏州医工所进一步践行和推广新型成果转化模式，取得了一系列突破和进展。南京智慧健康创新研究院、山东医疗器械创新研究院、吉林市工程技术研究院等分支机构相继揭牌成立，共获3.8亿元经费支持。20余项知识产权通过转让、许可和拍卖等形式实现了成果转化，总金额超1000万元。全年设立项目公司21家，注册资本8205万元，形成经营性资产5000万元，吸引社会资本3205万元。多家项目公司成功完成首轮融资，融资额达到3300万元。"基于深层光谱技术的光学理疗仪""超大功率高光密度LED远程投光灯""高端生化传感芯片和系列仪器"及相关专利分别荣获中国发明协会"发明创业奖·项目奖"两金一银。

在国际合作方面，积极对接加拿大西安大略大学、英国剑桥大学、德国亥姆霍兹国家研究中心等国际一流高校院所，通过引进、合作等方式部署基础及应用研究；承办并组织了中澳、中伊双边科技合作交流会，创造合作机会和交流渠道。目前，已在波士顿成立研究中心，引进研发团队，与亚泰集团合作投资并进行产业化。全年组织了50余人次的出访交流，接待外国专家170余人次。有效推动了苏州医工所国际学术交流和合作，扩大了苏州医工所的国际学术影响力。

（赵　鹏　肖心通）

重点实验室

【概　况】　2018年，依托省内高校、院所等优势科教单位，围绕先进功能材料、作物基因组学与育种等领域，布局建设了省功能材料设计原理与应用技术重点实验室、省作物基因组学与分子育种重点实验室、省海洋生物资源与环境重点实验室3家省级重点实验室，省财政投入800万元（2018年度到位500万元）。

【分布情况】　截至2018年年底，全省共建有省级以上重点实验室100家，其中省级72家，国家级28家（含国家重点实验室23家、省部共建国家重点实验室培育基地3家、军民共建国家重点实验室2家），国家级重点实验室（以下简称"国重"）数量位居全国省份第一；总投入62.58亿元，其中国家拨款30.17亿元、省拨款9.02亿元、引导社会投入23.39亿元。

国家级重点实验室地域分布情况

单位：家

所属地区	数量	所属地区	数量	所属地区	数量
北京市	79	天津市	8	上海市	33
重庆市	5	河北省	2	山西省	2
辽宁省	10	吉林省	10	黑龙江省	4
江苏省	23	浙江省	11	安徽省	3
福建省	7	江西省	2	山东省	5
河南省	2	湖北省	18	湖南省	6
广东省	14	广西壮族自治区	2	海南省	1

续表

所属地区	数量	所属地区	数量	所属地区	数量
四川省	9	贵州省	3	云南省	4
西藏自治区	1	陕西省	15	甘肃省	8
青海省	1	宁夏回族自治区	1	新疆维吾尔自治区	3
内蒙古自治区	1	—			

注：1. 本表所指国家级重点实验室仅包括公开统计的学科国家重点实验室和省部共建国家实验室。本表数据来源于2018年《国家重点实验室年报》和科技部官网公布的省部共建国家重点实验室建设信息。

2. 在国家统计口径中，由于煤炭资源与安全开采国家重点实验室（北京与江苏共建）计入北京，污染控制与资源化研究国家重点实验室（上海与江苏共建）计入上海，因此江苏的学科国家重点实验室数量为21家；在江苏统计口径中，将上述2家国家重点实验室计入江苏，因此江苏的学科国家重点实验室数量为23家。

学科领域分布。重点实验室按学科领域分布情况为：工程32家（国重5家），生物25家（国重6家），信息12家（国重5家），医学11家（国重1家），材料9家（国重1家），地学6家（国重5家），化学3家（国重3家），数理2家（国重2家）。

技术领域分布。重点实验室按技术领域分布情况为：生物医药27家（国重5家），新材料13家（国重2家），装备制造12家（国重1家），电子信息10家（国重4家），环境保护与资源综合利用8家（国重2家），新能源与高效节能8家（国重2家），社会事业7家（国重6家），基础学科7家（国重7家），现代农业8家（国重1家）。

江苏省省级及以上重点实验室按技术领域分布情况

单位：家

技术领域	数量	技术领域	数量
电子信息	10	装备制造	12
计算机与网络	2	机械制造	4
软件	1	轨道交通	1
通信	2	船舶	1
信息功能材料与器件	1	动力装备	1
传感网	4	机器人	1
新能源与高效节能	8	仪器仪表	2
风能	1	3D打印	1
生物质能	3	农业装备	1
智能电网	2	环境保护与资源综合利用	8
动力电池与新能源汽车	1	大气污染防治	2
能量转换与储能	1	固体废弃物处理及综合利用	1
新材料	13	环境监测及环境生态保护	4
新型功能材料	5	环保装备	
化工新材料	2	现代农业	8
金属材料	2	农业信息化技术	1
纳米材料	3	畜牧兽医	1

续表

技术领域	数量	技术领域	数量
无机材料	1	作物栽培	4
生物医药	27	园艺	1
生物技术	11	海洋	1
新医药	11	社会事业	7
生物医学工程	4	公共安全	4
医疗器械	1	生产安全	2
基础学科	7	人口与健康	1
合计			100

地区分布。重点实验室按地区分布情况为：南京66家，无锡6家，徐州5家，常州2家，苏州7家，南通1家，淮安3家，盐城2家，扬州3家，镇江3家，泰州1家，连云港1家。

依托单位类型分布。重点实验室按依托单位类型分布情况：高校82家，占总数的82%，其中部属高校47家，省属高校35家；科研院所18家，其中部属院所（含中科院系统）9家，省属院所9家。

【能力建设】 研发场所。截至2018年年底，全省重点实验室拥有固定研发场所64.43万平方米，平均每家拥有研发场所6574.49平方米。

仪器设备。截至2018年年底，全省重点实验室拥有30万元以上仪器设备4035台（套），较2017年度增长12.05%；仪器设备面向社会共享服务量达78.04万小时；仪器设备原值64.97亿元。

人员情况。截至2018年年底，全省重点实验室的工作人员共有8297人，其中固定人员5701人，占68.71%；流动人员2596人，占31.29%。固定人员中，两院院士50人，占全省院士总数的52.08%；高级职称4256人、博士4672人，分别占固定人员总数的比例为74.65%、81.95%。

【运行成效】 研发投入。2018年，重点实验室研发经费年度投入达27.15亿元，较2017年度增长8.08%。其中团队建设、基础条件经费分别为4.15亿元、6.08亿元，分别占15.29%、22.39%。

人才成长。2018年，全省重点实验室获何梁何利科学与技术创新奖1人；新增高级职称322人，博士395人；获各类省部级及以上政府人才计划支持449人，其中国家杰出青年科学基金获得者15人，"国家重大人才工程"入选者18人，省"333工程"第一层次培养对象12人、第二层次培养对象31人，省创新团队12个；入选美国科睿唯安"高被引科学家（Highly-Cited Researchers 2017）"名单28人次。

2018年江苏省省级及以上重点实验室人才建设情况

单位：人

人才类型	数量	2018年新增数量
高级职称	4256	322
博士	4672	395

续表

人才类型	数量	2018年新增数量
获省部级及以上政府人才计划支持	2403	449
其中：国家杰出青年科学基金获得者	217	15
国家重大人才工程	186	18
教育部长江学者奖励计划	167	12
国家百千万人才工程	111	4
省双创人才	266	38
省"333工程"第一层次培养对象	66	12
省"333工程"第二层次培养对象	270	31
基金委创新研究群体	19	4
江苏省"创新团队计划"	104	12

2018年江苏省省级及以上重点实验室获得何梁何利奖情况

序号	获奖人	奖项	重点实验室	依托单位
1	张荣	何梁何利基金科学与技术进步奖	江苏省光电信息功能材料重点实验室	南京大学

2018年江苏省省级及以上重点实验室获国家杰出青年科学基金资助者名单

序号	姓名	重点实验室	依托单位
1	张炳	污染控制与资源化研究国家重点实验室	南京大学
2	齐炼文	天然药物活性组分与药效国家重点实验室	中国药科大学
3	吴永红	土壤与农业可持续发展国家重点实验室	中国科学院南京土壤研究所
4	梁高林	生物电子学国家重点实验室	东南大学
5	汪勇	材料化学工程国家重点实验室	南京工业大学
6	刘巧泉	江苏省作物基因组学和分子育种重点实验室	扬州大学
7	潘力佳	江苏省光电信息功能材料重点实验室	南京大学
8	花为	江苏省智能电网技术与装备重点实验室	东南大学
9	赵强	有机电子与信息显示重点实验室（省部共建）	南京邮电大学
10	冉千平	江苏省土木工程材料重点实验室	东南大学
11	秦波涛	江苏省煤基温室气体减排与资源化利用重点实验室	中国矿业大学
12	何耀	江苏省碳基功能材料与器件高技术研究重点实验室	苏州大学

承担科研任务。2018年，全省重点实验室共承担省级科技计划项目803项，获资助金额7.73亿元；承担国家级科技计划项目1631项，获资助金额31.26亿元，其中国家自然科学基金项目1098项、国家科技重大专项课题59项、国家重点研发计划296项、技术创新引导专项（基金）3项。

科研产出。获奖情况。2018年，全省重点实验室共获省级以上科技奖励288项,其中国家级科技奖励19项,占2018年全省获国家级科技奖励总数的38%。主持或参与的项目获国家自然科学奖二等奖4项,国家技术发明奖二等奖5项,国家科技进步奖一等奖1项、二等奖9项。

2018年江苏省省级及以上重点实验室获国家科技奖励情况

序号	奖励编号	获奖项目名称	奖励类型及获奖等级	获奖人姓名及排序	重点实验室	依托单位
1	Z-106-2-02	中国人群肺癌遗传易感新机制	国家自然科学奖二等奖	沈洪兵(1) 胡志斌(2) 靳光付(4) 许　林(5)	生殖医学国家重点实验室 江苏省恶性肿瘤分子生物学及转化医学重点实验室	南京医科大学 江苏省肿瘤防治研究所
2	Z-107-2-05	新型微波超材料对空间波和表面等离激元波的自由调控或实时调控	国家自然科学奖二等奖	崔铁军(1) 蒋卫祥(3) 程　强(4) 马慧锋(5)	毫米波国家重点实验室	东南大学
3	Z-107-2-06	金属有机半导体的结构设计、性能调控与光电应用	国家自然科学奖二等奖	黄　维(1) 赵　强(2) 刘淑娟(3) 陈润锋(4)	江苏省有机电子与信息显示重点实验室（省部共建）	南京邮电大学
4	Z-109-2-02	摩擦界面的声子传递理论与能量耗散模型	国家自然科学奖二等奖	陈云飞(1) 杨决宽(2) 倪中华(3) 毕可东(4) 魏志勇(5)	江苏省微纳生物医疗器械设计与制造重点实验室	东南大学
5	F-301-2-05	菊花优异种质创制与新品种培育	国家技术发明奖二等奖	陈发棣(1) 房伟民(2) 陈素梅(3)	作物遗传与种质创新国家重点实验室	南京农业大学
6	F-302-2-02	银杏二萜内酯强效应组合物的发明及制备关键技术与应用	国家技术发明奖二等奖	楼凤昌(2) 阿基业(4) 胡　刚(5)	天然药物活性组分与药效国家重点实验室 生殖医学国家重点实验室	中国药科大学 南京医科大学
7	F-305-2-01	生物法制备二十二碳六烯酸油脂关键技术及应用	国家技术发明奖二等奖	黄　和(1) 陈可泉(5) 高　嵩(6)	材料化学工程国家重点实验室 江苏省海洋生物资源与环境实验室	南京工业大学
8	F-305-2-02	耐胁迫植物乳杆菌定向选育及发酵关键技术	国家技术发明奖二等奖	陈　卫(1) 赵建新(2) 翟齐啸(3) 田丰伟(4)	食品科学与技术国家重点实验室	江南大学
9	F-30902-2-02	集成化宽频带光发射器件与模块	国家技术发明奖二等奖	陈向飞(3)	固体微结构物理国家重点实验室	南京大学
10	J-221-1-01	复合地基理论、关键技术及工程应用	国家科技进步奖一等奖	卢萌盟(9)	深部岩土力学与地下工程国家重点实验室	中国矿业大学
11	J-201-2-01	梨优质早、中熟新品种选育与高效育种技术创新	国家科技进步奖二等奖	张绍铃(1) 吴　俊(5)	作物遗传与种质创新国家重点实验室	南京农业大学

续表

序号	奖励编号	获奖项目名称	奖励类型及获奖等级	获奖人姓名及排序	重点实验室	依托单位
12	J-201-2-02	月季等主要切花高质高效栽培与运销保鲜关键技术及应用	国家科技进步奖二等奖	罗卫红（6）	江苏省信息农业重点实验室	南京农业大学
13	J-213-2-03	特种表面冲击强化抗应力腐蚀与疲劳技术及应用	国家科技进步奖二等奖	凌 祥（1）	江苏省工业装备数字制造及控制技术重点实验室	南京工业大学
14	J-22301-2-01	城市多模式公交网络协同设计与智能服务关键技术及应用	国家科技进步奖二等奖	王 炜（1）刘 攀（2）王 昊（5）杨 敏（6）胡晓健（7）	江苏省城市智能交通重点实验室	东南大学
15	J-23402-2-02	中药资源产业化过程循环利用模式与适宜技术体系创建及其推广应用	国家科技进步奖二等奖	段金廒（1）宿树兰（6）郭 盛（8）	江苏省方剂高技术研究重点实验室	南京中医药大学
16	J-25101-2-02	多熟制地区水稻机插栽培关键技术创新及应用	国家科技进步奖二等奖	李刚华（3）王 军（7）	江苏省信息农业高技术研究重点实验室 江苏省农业生物学重点实验室	南京农业大学 江苏省农业科学院
17	J-25101-2-02	多熟制地区水稻机插栽培关键技术创新及应用	国家科技进步奖二等奖	李刚华（3）霍中洋（4）王 军（8）	江苏省作物基因组学和分子育种重点实验室 江苏省信息农业高技术研究重点实验室 江苏省农业生物学重点实验室	扬州大学 南京农业大学 江苏省农业科学院
18	J-25101-2-06	我国典型红壤区农田酸化特征及防治关键技术构建与应用	国家科技进步奖二等奖	徐明岗（1）徐仁扣（2）李九玉（5）文石林（6）	土壤与农业可持续发展国家重点实验室	中国科学院南京土壤研究所
19	J-25103-2-01	畜禽粪便污染监测核算方法和减排增效关键技术研发与应用	国家科技进步奖二等奖	常志州（3）	江苏省食品质量安全重点实验室（省部共建）	江苏省农业科学院

专利情况。2018年，全省重点实验室共申请专利4992件，其中发明专利4810件，占申请总数的96.35%；获授权发明专利2632件，比上年增长2.85%。

学术论文及其他。2018年，全省重点实验室在国内外学术期刊上发表学术论文15315篇，其中被SCI检索收录11258篇，占73.51%；被EI检索收录2563篇，占16.73%；CNS论文212篇。

此外，制定技术标准142项，其中国际标准4项、国家标准76项、行业标准28项、地方标准34项；获兽药证书6个；自主研制科研仪器设备109台（套）；自立课题915项，投入经费2.44亿元；培养研究生7194人，其中博士及博士后2199人。

学术交流与开放服务。2018年，全省重点实验室牵头举办国际国内学术交流会议322场次，在大型学术会议上做主题或特邀报告1612

篇。截至2018年年底，全省共有28个重点实验室建立了50个国际联合实验室。

2018年，全省重点实验室设立开放课题1204项，开放基金2659万元；承担社会横向项目2840项，获得横向课题经费13.55亿元；面向社会开展培训7.13万人次，提供技术服务87862项次，服务收入6.27亿元，其中成果转让597项、合同金额5.65亿元，技术入股31项、入股金额1.69亿元。

截至2018年年底，全省有70家重点实验室建有各种形式的科普教育基地，占比71.42%，累计对外开放时间达11511天，接待人数达69638人次。

【管理与评价】 新建布局。2018年，省部共建国家重点实验室创建取得突破，苏州大学省部共建放射医学与辐射防护国家重点实验室获得科技部和省政府联合批准，成为江苏省首个省部共建国家重点实验室。突出前沿科学和交叉领域，围绕先进功能材料、作物基因组学与育种等领域，布局建设了省功能材料设计原理与应用技术重点实验室、省作物基因组学与分子育种重点实验室、省海洋生物资源与环境重点实验室3家省级重点实验室，安排省拨经费800万元。

稳定支持重点实验室自主创新。2018年，江苏省科技厅持续对在2017年度评估中运行绩效优秀的10家、良好的43家重点实验室分别给予每家300万元、200万元的年度开放运行和基本科研业务费后补助，主要用于自主选题研究、人才引进及开放合作等方面。引导全省重点实验室紧盯原始创新，围绕国家战略及江苏省发展的重大技术需求，凝练出中长期战略目标和重大科学问题，设立自主研究课题，组织团队开展持续、深入、系统研究，促进重点实验室产出高水平原始创新成果。

2017年度绩效评估结果为优秀和良好的江苏省省级重点实验室
（2018年度持续资助）

序号	重点实验室名称	依托单位	主管部门
优秀（10家）			
1	江苏省碳基功能材料与器件高技术研究重点实验室	苏州大学	苏州市科技局
2	江苏省先进光学制造技术重点实验室	苏州大学	苏州市科技局
3	江苏省医学分子技术重点实验室	南京大学	南京大学
4	江苏省精密与微细制造技术重点实验室	南京航空航天大学	江苏省教育厅
5	江苏省光电信息功能材料重点实验室	南京大学	南京大学
6	江苏省生物质能源与材料重点实验室	中国林业科学研究院林产化学工业研究所	南京市科技局
7	江苏省航空动力系统重点实验室	南京航空航天大学	江苏省教育厅
8	江苏省固体有机废弃物资源化高技术研究重点实验室	南京农业大学	南京农业大学
9	江苏省食品质量安全重点实验室（省部共建）	江苏省农业科学院	江苏省农业科学院
10	江苏省恶性肿瘤分子生物学及转化医学重点实验室	江苏省肿瘤防治研究所	江苏省卫生健康委员会
良好（43家）			
11	江苏省信息农业重点实验室	南京农业大学	南京农业大学
12	江苏省人兽共患病学重点实验室	扬州大学	扬州市科技局
13	江苏省医用光学重点实验室	中国科学院苏州生物医学工程技术研究所	苏州高新技术产业开发区科技局

续表

序 号	重点实验室名称	依托单位	主管部门
14	江苏省有机电子与信息显示重点实验室（省部共建）	南京邮电大学	江苏省教育厅
15	江苏省神经再生研究重点实验室	南通大学	南通市科技局
16	江苏省纳米技术重点实验室	南京大学	南京大学
17	江苏省杨树种质创新与品种改良重点实验室	南京林业大学	江苏省教育厅
18	江苏省农业生物学重点实验室	江苏省农业科学院	江苏省农业科学院
19	江苏省重大神经精神疾病诊疗技术研究重点实验室	苏州大学	苏州市科技局
20	江苏省药物分子设计与成药性优化重点实验室	中国药科大学	中国药科大学
21	江苏省环境工程重点实验室	江苏省环境科学研究院	江苏省生态环境厅
22	江苏省生物药物高技术研究重点实验室	东南大学	东南大学
23	江苏省新型环保重点实验室	盐城工学院	盐城市科技局
24	江苏省先进机器人技术重点实验室	苏州大学	苏州市科技局
25	江苏省分子核医学重点实验室	江苏省原子医学研究所	江苏省卫生健康委员会
26	江苏省土木工程材料重点实验室	东南大学	东南大学
27	江苏省纳米器件重点实验室（省部共建）	中国科学院苏州纳米技术与纳米仿生研究所	苏州工业园区科技和信息化局
28	江苏省农业装备与智能化高技术研究重点实验室	江苏大学	镇江市科技局
29	江苏省智能电网技术与装备重点实验室	东南大学	东南大学
30	江苏省大气环境监测与污染控制高技术研究重点实验室	南京信息工程大学	江苏省教育厅
31	江苏省药物代谢动力学研究重点实验室	中国药科大学	中国药科大学
32	江苏省道路载运工具新技术应用重点实验室	江苏大学	镇江市科技局
33	江苏省新型动力电池重点实验室	南京师范大学	江苏省教育厅
34	江苏省新药筛选重点实验室	中国药科大学	中国药科大学
35	江苏省植物资源研究与利用重点实验室	江苏省中国科学院植物研究所	江苏省科学技术厅
36	江苏省微纳生物医疗器械设计与制造重点实验室	东南大学	东南大学
37	江苏省人类功能基因组学重点实验室	南京医科大学	江苏省教育厅
38	江苏省方剂高技术研究重点实验室	南京中医药大学	江苏省教育厅
39	江苏省中药药效与安全性评价重点实验室	南京中医药大学	江苏省教育厅
40	江苏省机动车尾气污染控制重点实验室	南京大学	南京大学
41	江苏省绿色船舶技术重点实验室	中国船舶重工集团公司第七〇二研究所	无锡市科技局
42	江苏省风力机设计高技术研究重点实验室	南京航空航天大学	江苏省教育厅
43	江苏省绿色催化材料与技术重点实验室	常州大学	常州市科技局
44	江苏省地理信息技术重点实验室	南京大学	南京大学
45	江苏省光谱成像与智能感知重点实验室	南京理工大学	江苏省教育厅
46	江苏省生物材料与器件重点实验室	东南大学	东南大学
47	江苏省环洪泽湖生态农业生物技术重点实验室	淮阴师范学院	淮安市科技局

续表

序号	重点实验室名称	依托单位	主管部门
48	江苏省高端结构材料重点实验室	江苏大学	镇江市科技局
49	江苏省家禽遗传育种重点实验室	江苏省家禽科学研究所	江苏省农业农村厅
50	江苏省寄生虫与媒介控制技术重点实验室	江苏省寄生虫病防治研究所	江苏省卫生健康委员会
51	江苏省高效园艺作物遗传改良重点实验室	江苏省农业科学院	江苏省农业科学院
52	江苏省食品先进制造装备技术重点实验室	江南大学	无锡市科技局
53	江苏省异种器官移植重点实验室	南京医科大学	江苏省教育厅

开展重点实验室整改核查工作。2018年，江苏省科技厅组织专家对2017年度评估结果为整改的5家重点实验室开展核查工作，经审阅资料、现场核查及现场访谈等程序，根据专家定性评价结果，5家重点实验室均整改通过，评估结果为"合格"。

促进建立国际联合研究实验室。2018年，省科技厅积极推进省农业生物学等4家重点实验室分别与菲律宾国际水稻研究所等国际机构共建5家国际联合研究实验室。进一步促进省重点实验室开放创新。

江苏省农业生物学重点实验室与菲律宾国际水稻研究所共建"国际水稻研究所－江苏省农业科学院联合实验室"，围绕水稻产业重大科学问题开展联合攻关；省高效园艺作物遗传改良重点实验室与加拿大农业与农业食品部共建"中国—加拿大豆类遗传育种与综合利用联合实验室"，围绕豆类新品种选育及绿色加工关键技术开展合作；江苏省人兽共患病学重点实验室与英国诺丁汉大学共建"扬州大学—诺丁汉大学沙门菌联合实验室"，围绕重要人兽共患病原沙门菌开展研究；江苏省光谱成像与智能感知重点实验室联合日本福冈工业大学、美国俄亥俄州立大学等共同建设"图像测量技术研究国际科技合作基地"，围绕光学成像与器件微纳加工开展国际交流合作。

企业研发机构

【概　况】　2018年，围绕深入实施创新驱动发展战略，构建自主可控的现代产业体系等重大需求，引导各类创新要素向企业集聚，鼓励企业开展原始创新和集成创新，加快企业创新平台和研发机构建设，持续提升企业研发能力。

布局建设高水平企业创新平台。截至2018年年底，江苏省国家级企业研发平台达145家，建有各类企业创新平台5544家。2018年，新增国家认定企业技术中心15家、国地联合建设企业工程研究中心1家，新建省级工程技术研究中心277家，新认定省级企业技术中心293家，新增省级企业工程研究中心125家。2018年，江苏省依托行业龙头企业，在人工智能、先进功能材料、新能源汽车等领域布局建设3家企业重点实验室，江苏省企业重点实验室总数达71家，其中国家级14家；支持中汽研（常州）汽车工程研究院、光大（南京）环保技术研究院等龙头骨干企业（跨国公司）建立独立研发机构。

积极发挥院士等人才资源创新引领作用。截至2018年年底，江苏省建有院士工作站、博士后工作站、研究生工作站等人才站点共5120个，其中，院士工作站320个。2018年，江苏省科技厅和教育厅联合发布《关于支持两院院士在企业高校交叉建设院士工作站的通知》，鼓励院士团队与企业、高校研发创新人才双向流动。新建省级院士工作站47家，其中在北京航空航天产业研究院丹阳有限公司创新性地建设了江苏省首家产业院士工作站；新增博士后工作站42家、博士后创新实践基地87家、研究生工作站307家。近年来，江苏省从全国高校院所柔性选派专家教授到江苏省企业担任"科技副总",推动企业技术创新、强化企业创新管理、提升企业创新能力。截至2018年年底,已从全国305家高校院所选派六批次2579名科技人才到江苏省相关企业任"科技副总"。

持续推进企业研发机构建设。截至2018年年底,全省建有研发机构的大中型工业企业和规上高新技术企业超过11000家,建有率稳定在90%左右。建有研发机构的大中型工业企业R&D经费内部支出1146亿元,比2017年增长6.5%;研发机构人员38万人,比2017年增长2.3%;专利申请、发明专利申请达到56596件、23349件,有效发明专利达到76280件、比2017年增长20%;主营业务收入、新产品销售收入分别达到7.96万亿元、2.19万亿元。2018年,江苏省开展"科技改革30条"、创新方法等培训。

加强企业创新平台动态管理。2018年,对江苏省企业重点实验室、院士工作站、工程技术研究中心等企业创新平台开展绩效考评工作,提高平台活力,推动平台高质量运行。强化企业重点实验室动态管理,委托第三方评估机构对已验收的54家企业重点实验室进行绩效评估,对28家绩效优良的企业重点实验室给予后补助支持,对1家绩效不合格的给予撤销。首次对已验收的298家省级院士工作站开展绩效评估工作,对87家评估优良的工作站给予后补助支持。委托地方主管部门对新材料领域625家建设期满的工程技术研究中心进行绩效考评,评估结果优秀的191家中心由主管部门给予运行补贴,61家评估不合格的中心被淘汰。对291家合同到期的省工程技术研究中心开展验收工作,淘汰17家不合格中心。

【企业重点实验室(企业研究院)】 企业重点实验室(企业研究院)建设依托江苏省行业龙头企业,面向行业未来发展的需求,重点开展应用基础研究和竞争前共性技术研究,开发重大战略目标产品,抢占产业技术制高点,从而引领和带动行业技术进步。2018年,重点在高性能纤维复合材料、智能成套装备、新能源汽车关键零部件等新兴产业领域布局建设3家省级企业重点实验室。

2018年度,全省企业重点实验室(企业研究院)共申请专利2859件,其中发明专利1618件,主持或参与制修订国际标准14项、国家(行业)标准96项,获国家科技奖励3项、省级科技奖励35项。

分布情况 截至2018年年底,全省共建有企业重点实验室(企业研究院)71家,其中国家级企业重点实验室14家,数量位居全国前列;省级企业重点实验室57家。总投资84.27亿元,其中省拨款3.75亿元,引导社会投入80.52亿元。

领域分布。主要分布在装备制造、新材料、新能源与高效节能、生物医药、电子信息、环境保护与资源综合利用等领域,其中新材料领域最多,占23.94%。

江苏省省级及以上企业重点实验室(企业研究院)按技术领域分布情况

单位:家

领域	数量	领域	数量
新材料	17(国家级2家)	生物医药	9(国家级3家)
装备制造	14(国家级2家)	电子信息	9(国家级1家)
新能源与高效节能	13(国家级2家)	环境保护与资源综合利用	5(国家级1家)
其他	4(国家级3家)	合计	71(国家级14家)

地区分布。企业重点实验室（企业研究院）布局在苏南46家、苏中14家、苏北11家，其中南京建设数量最多，为22家，占比为30.98%。

江苏省省级及以上企业重点实验室（企业研究院）按地区分布情况

单位：家

地区		数量	地区		数量
南京市		22（国家级9家）	连云港市		5（国家级1家）
无锡市		6（国家级1家）	淮安市		3
其中	宜兴市	1	其中	涟水县	1
	江阴市	1	扬州市		4
徐州市		2（国家级1家）	其中	仪征市	1
常州市		5（国家级1家）		宝应县	1
苏州市		11	镇江市		2
其中	昆山市	3	其中	丹阳市	1
	张家港市	2	泰州市		6（国家级1家）
	常熟市	2	其中	兴化市	1
南通市		4		泰兴市	1
其中	海安市	1		靖江市	1
	启东市	1	宿迁市		1
合计			71（国家级14家）		

能力建设 研发投入：2018年度，全省企业重点实验室（企业研究院）研发经费投入共60.70亿元，平均每家研发经费投入8549万元。

研发场所：截至2018年年底，全省企业重点实验室（企业研究院）拥有固定研发场所85.19万平方米，平均每家拥有研发场所1.20万平方米，均有相对独立集中的研发区域。

仪器装备：截至2018年年底，全省企业重点实验室（企业研究院）拥有仪器设备总数16051台（套），仪器设备原值51.66亿元；其中10万元以上的仪器设备4831台（套），平均每家拥有68台（套）。

人才队伍：截至2018年年底，全省企业重点实验室（企业研究院）拥有固定人员11877人，其中专职研发人员8667人，占总人数的72.97%；院士18人，列入江苏省"六大人才高峰"的66人，省"双创计划"的102人，博士学历828人，高级职称1832人。2018年引进或培养高级职称人员289人、博士151人。

运行成效 专利情况：2018年度，全省企业重点实验室（企业研究院）共申请专利2859件，其中发明专利1618件，占申请总量的56.60%；获授权专利2289件，其中发明专利841件，占授权总量的36.74%。平均每家申请发明专利23件、获授权发明专利12件。

标准情况：2018年度，全省企业重点实验室（企业研究院）共主持或参与制修订国际标准14项、国家（行业）标准96项、地方标准12项。

承担科技项目：2018年度，全省企业重点实验室（企业研究院）承担国家级科技计划项目53项，获政府拨款43719万元；承担省部级科技计划项目62项，获政府拨款13203万元。

2018年江苏省省级及以上企业重点实验室（企业研究院）承担科技项目情况

政府纵向课题	项目数/项	总经费/万元	其中：政府拨款/万元
国家级科技计划	53	129443	43719
其中：国家科技重大专项	9	69925	19543
国家重点研发计划	19	28823	9031
省部级科技计划	62	120089	13203
其中：省科技成果转化计划	6	44123	3900
省重点研发计划	4	2925	396

获奖情况：2018年度，全省企业重点实验室（企业研究院）共获国家级科技奖励3项，省级科技奖励35项。

2018年江苏省省级及以上企业重点实验室（企业研究院）获国家科技奖励情况

序号	所获奖励类别	获奖课题	企业重点实验室（企业研究院）
1	国家科技进步奖一等奖	复杂电网自律-协同自动电压控制关键技术、系统研制与工程应用	智能电网保护和运行控制国家重点实验室（南瑞集团有限公司）
2	国家技术发明奖二等奖	银杏二萜内酯强效应组合物的发明及制备关键技术与应用	中药制药过程新技术国家重点实验室（江苏康缘药业股份有限公司）
3	国家技术发明奖二等奖	高性能铝合金架空导线材料与应用	江苏省（中天科技）光电传输新技术研究院（江苏中天科技研究院有限公司）

2018年江苏省省级及以上企业重点实验室（企业研究院）获省科技奖励情况

序号	所获奖励类别	获奖课题	企业重点实验室（企业研究院）
1	江苏省科学技术奖一等奖	高可靠海洋光纤光缆关键技术与成套装备	江苏省新型特种光纤及光纤预制棒重点实验室（江苏亨通光电股份有限公司）
2	江苏省科学技术奖一等奖	医药脂质纳米材料及其产业化关键技术	江苏省抗病毒靶向药物研究重点实验室（正大天晴药业集团股份有限公司）
3	江苏省科学技术奖一等奖	缓释智能递药系统的关键技术及其应用	新型药物制剂技术国家重点实验室（扬子江药业集团有限公司）
4	江苏省科学技术奖一等奖	大型风力机设计关键技术研究及应用	江苏省海上风电叶片设计与制造技术重点实验室（连云港中复连众复合材料集团有限公司）
5	江苏省科学技术奖一等奖	转底炉高效处理钢铁流程含铁、锌尘泥资源关键技术集	江苏省（沙钢）钢铁研究院（江苏沙钢集团有限公司）
6	江苏省科学技术奖一等奖	现代混凝土早期变形与收缩裂缝控制	高性能土木工程材料国家重点实验室（江苏省建筑科学研究院有限公司）
7	江苏省科学技术奖一等奖	高速列车门系统关键技术研发及应用	江苏省轨道交通车辆门系统重点实验室（南京康尼机电股份有限公司）

续表

序号	所获奖励类别	获奖课题	企业重点实验室（企业研究院）
8	江苏省科学技术奖二等奖	窄带情报传输关键技术与应用	空中交通管理技术国家重点实验室（中国电子科技集团公司第二十八研究所）
9	江苏省科学技术奖二等奖	智能电网终端通信接入网关键技术及产业化应用	智能电网保护和运行控制国家重点实验室（南瑞集团有限公司）
10	江苏省科学技术奖二等奖	新型内嵌式（i-TP）触控液晶显示面板的研发与产业化	江苏省（龙腾）平板显示技术研究院（昆山龙腾光电有限公司）
11	江苏省科学技术奖二等奖	低成本高效高可靠晶体硅双玻组件研发及产业化	光伏科学与技术国家重点实验室（天合光能股份有限公司）
12	江苏省科学技术奖二等奖	提升大面积停电防御能力的电网稳定控制关键技术及应用	智能电网保护和运行控制国家重点实验室（南瑞集团有限公司）
13	江苏省科学技术奖二等奖	第三代太阳能级高效多晶硅锭、硅片研发与产业化	江苏省硅基电子材料重点实验室（江苏协鑫硅材料科技发展有限公司）
14	江苏省科学技术奖二等奖	棉织物活化漂白关键技术及产业化应用	江苏省生态染整技术重点实验室（江苏联发纺织股份有限公司）
15	江苏省科学技术奖二等奖	海上能源工程用系列低温结构钢关键技术开发及产业化	江苏省高端钢铁材料重点实验室（南京钢铁股份有限公司）
16	江苏省科学技术奖二等奖	重大防护工程用超高强抗大变形热轧钢筋核心技术及应用	江苏省（沙钢）钢铁研究院（江苏沙钢集团有限公司）
17	江苏省科学技术奖二等奖	碳/碳、碳/玻多层织造及其复合材料低成本、高效率制备与应用技术开发	江苏省高性能纤维复合材料重点实验室（常州市宏发纵横新材料科技股份有限公司）
18	江苏省科学技术奖二等奖	车辆瞬态操纵稳定性智能底盘控制理论、方法及应用	江苏省（南汽）汽车工程研究院（南京汽车集团有限公司）
19	江苏省科学技术奖二等奖	高性能工业机器人交流伺服系统关键技术研究	江苏省工业机器人及运动控制重点实验室（南京埃斯顿自动化股份有限公司）
20	江苏省科学技术奖二等奖	大型船舶与海洋结构物锚泊系统关键技术及应用	江苏省系泊链设计与应用技术重点实验室（江苏亚星锚链股份有限公司）
21	江苏省科学技术奖二等奖	大区域多层级空中交通管制系统关键技术及应用	空中交通管理技术国家重点实验室（中国电子科技集团公司第二十八研究所）
22	江苏省科学技术奖三等奖	第三代及以上核电站用堆内外电缆关键材料研发与产业化	江苏省特种电缆材料及可靠性研究重点实验室（宝胜科技创新股份有限公司）
23	江苏省科学技术奖三等奖	复杂环境下兆瓦级风力发电机组关键技术研究与产业化	江苏省风力发电技术重点实验室 国电联合动力技术(连云港)有限公司
24	江苏省科学技术奖三等奖	面向风光发电系统应用的高性能低压断路器关键技术研究及产业化	江苏省智能电网配用电关键技术研究重点实验室（常熟开关制造有限公司）
25	江苏省科学技术奖三等奖	面向服务定制的开放式监控系统应用平台关键技术及应用	智能电网保护和运行控制国家重点实验室（南瑞集团有限公司）
26	江苏省科学技术奖三等奖	煤制油（气）苛刻工况成套特种阀门关键技术研究及产业化	江苏省核电阀门重点实验室（江苏神通阀门股份有限公司）
27	江苏省科学技术奖三等奖	全位置智能精密焊接工艺技术装备	江苏省焊接自动化装备重点实验室（昆山华恒工程技术中心有限公司）

续表

序号	所获奖励类别	获奖课题	企业重点实验室（企业研究院）
28	江苏省科学技术奖三等奖	大型风电叶片全尺度结构测试技术及装备的创制与应用	江苏省海上风电叶片设计与制造技术重点实验室（连云港中复连众复合材料集团有限公司）
29	江苏省科学技术奖三等奖	壁式空调全流程数字化成套生产线	江苏省3C产品制造成套装备与智能化重点实验室（博众精工科技股份有限公司）
30	江苏省科学技术奖三等奖	船舶舱室声学设计评估关键技术	深海载人装备国家重点实验室（中国船舶重工集团公司第七〇二研究所）
31	江苏省科学技术奖三等奖	麦草畏清洁化工艺研发与产业化	江苏省农药清洁生产技术重点实验室（江苏扬农化工股份有限公司）
32	江苏省科学技术奖三等奖	涤纶短纤维卷绕网络器压丝生头技术（工人创新）	江苏省高性能纤维重点实验室（中国石化仪征化纤有限责任公司）
33	江苏省企业技术创新奖	—	江苏恒瑞医药股份有限公司
34	江苏省企业技术创新奖	—	江苏兴达钢帘线股份有限公司
35	江苏省企业技术创新奖	—	南京越博动力系统股份有限公司

新产品和新技术：2018年度，全省企业重点实验室（企业研究院）共形成重大目标产品和技术192项，在国内外核心期刊发表论文638篇。

开放交流：2018年度，全省企业重点实验室（企业研究院）共设立开放课题165项，开放课题经费4821万元，牵头举办国际国内学术会议116场。

产学研合作：截至2018年年底，全省企业重点实验室（企业研究院）共建有院士工作站20个、博士后科研工作站（博士后创新实践基地）64个、企业研究生工作站37个，在海外建有研发机构的企业重点实验室（企业研究院）有17家。

江苏省在海外建有研发机构的省级及以上企业重点实验室（企业研究院）情况

序号	企业重点实验室（企业研究院）	项目承担单位
1	高端工程机械智能制造国家重点实验室	徐州工程机械集团有限公司
2	转化医学与创新药物国家重点实验室	江苏先声药业有限公司
3	中药制药过程新技术国家重点实验室	江苏康缘药业股份有限公司
4	江苏省煤矿井下防爆车辆重点实验室	常州科研试制中心有限公司
5	江苏省医疗诊断装备及技术重点实验室	江苏鱼跃医疗设备股份有限公司
6	江苏省（恒瑞）创新药物研究院	江苏恒瑞医药股份有限公司
7	江苏省特种电缆高分子材料重点实验室	江苏中利集团股份有限公司
8	江苏省（好孩子）科学育儿用品研究院	好孩子儿童用品有限公司
9	江苏省海上风电叶片设计与制造技术重点实验室	连云港中复连众复合材料集团有限公司
10	江苏省手性药物重点实验室	江苏奥赛康药业股份有限公司
11	江苏省工业机器人及运动控制重点实验室	南京埃斯顿自动化股份有限公司

续表

序号	企业重点实验室（企业研究院）	项目承担单位
12	江苏省硅基电子材料重点实验室	江苏协鑫硅材料科技发展有限公司
13	江苏省金属板材智能装备重点实验室	江苏亚威机床股份有限公司
14	江苏省高端高铁材料重点实验室	南京钢铁股份有限公司
15	江苏省生态染整技术重点实验室	江苏联发纺织股份有限公司
16	江苏省（中天科技）光电传输新技术研究院	江苏中天科技研究院有限公司
17	江苏省高性能纤维复合材料重点实验室	常州市宏发纵横新材料科技股份有限公司

管理与评价 探索企业重点实验室（企业研究院）建设管理方式。2018年，对建设期满的7家企业重点实验室（企业研究院）开展项目验收工作，7家企业重点实验室（企业研究院）均通过项目验收，每家给予300万元后补助经费。这是江苏省首次在企业重点实验室（企业研究院）建设经费支持方式上探索先立项、后补助机制。后补助经费主要用于实验室项目研发或研发条件提升、研发人员引进培养等。

加强企业重点实验室（企业研究院）动态管理。为全面了解和掌握企业重点实验室（企业研究院）的整体运行状况，进一步完善提质增效、优胜劣汰、持续发展的动态管理机制，2018年对建设期满进入运行期的54家企业重点实验室（企业研究院）开展绩效评估，依据评估结果"奖优罚劣"。经评估，对运行绩效优良的28家企业重点实验室（企业研究院）给予后补助经费，对运行绩效较差的7家企业重点实验室（企业研究院）予以1年整改期，1家企业重点实验室（企业研究院）未通过评估，予以摘牌。

【**工程技术研究中心**】 工程技术研究中心（以下简称"工程中心"）建设旨在以促进全省企业科技创新为目标，加强工程化研发平台建设，开展工程技术研究、试验和成套技术服务，开发产业发展中的共性、关键技术，持续提供成熟配套的技术、工艺、装备和产品，促进成果转化和技术辐射，带动行业技术提升和科技进步，增强企业技术创新能力和市场竞争力。

2018年，重点支持大中型工业企业、规模以上高新技术企业和农业科技型企业，在电子信息、新材料、生物医药、装备制造、现代农业等领域新建省级工程中心217家。截至2018年年底，全省共建有省级以上工程中心3404家，其中国家级工程中心29家；总投入730.39亿元，其中国家拨款1.41亿元、省拨款4.09亿元、引导社会投入724.89亿元。

分布情况 按地区分布：苏州、无锡、南通建设的工程中心数量位居全省前三名，分别是732家、523家、374家。苏南、苏中、苏北地区各建有2146家、730家、528家，分别占63.04%、21.45%、15.51%。

按领域分布：全省工程中心在装备制造、新材料、新能源与高效节能领域建设数量最多，分别是1090家、828家、414家，分别占全省工程中心总数的32.02%、24.32%、12.16%。

江苏省省级及以上工程技术研究中心按领域分布情况

单位：家

技术领域	数量	技术领域	数量
装备制造	1090（国家级2家）	新能源与高效节能	414（国家级3家）
泵阀技术	35	石油、天然气	1
精密模具	49	太阳能	78

续表

技术领域	数量	技术领域	数量
机械制造	395	风能	25
动力装备	59	核电	7
自动控制	64	生物质能	10
数控机床	37	动力电池与新能源汽车	51
轨道交通	39	海洋与地热	3
工程机械	101	智能电网	95
液压技术	17	煤炭	8
仪器仪表	43	建筑节能	26
汽车	122	工业节能	81
船舶	25	半导体照明	22
海洋工程装备	30	低碳技术	6
纺织机械	34	氢能	1
机器人	19	电子信息	407（国家级7家）
轻工	10	传感网	38
激光加工	11	集成电路	68
生物医药	325（国家级3家）	软件	50
新医药	116	通信	75
生物技术	148	计算机与网络	44
生物医学工程	60	信息功能材料与器件	80
基础医学	0	云计算	13
临床医学	1	平板显示	39
新材料	828（国家级7家）	现代农业	166（国家级5家）
金属材料	197	作物育种	14
无机材料	123	海洋	3
纳米材料	44	农业装备	17
高分子材料	169	林木加工	12
高性能纤维材料	133	园艺	9
化工新材料	162	农产品加工	52
环境保护与资源综合利用	164（国家级1家）	生物质利用	12
水污染防治	40	水产	10
固体废弃物处理及综合利用	26	土肥	3
大气污染防治	31	畜牧兽医	17
环保装备	28	农业信息化技术	1
环境监测及生态保护	20	植保	7
清洁生产与循环经济	15	作物栽培	9

续表

技术领域	数量	技术领域	数量
生物质利用	3	其他	10（国家级1家）
噪声及辐射污染防治	1	合 计	3404（国家级29家）

按依托单位类型分布：全省依托企业建设的工程中心3307家，占97.15%；依托高校院所建设的工程中心97家，占2.85%。

能力建设 建设投入：截至2018年，全省工程中心建设投入730.39亿元。

研发投入：2018年，全省工程中心研发总投入500.87亿元，平均每家投入1471万元。

研发场所：截至2018年年底，全省工程中心拥有固定研发场所954.9万平方米，平均每家拥有研发场所2805平方米。

仪器装备：截至2018年年底，全省工程中心拥有各类科学仪器设备40余万台（套），其中10万元以上仪器设备7.93万台（套），平均每家拥有23台（套）。

人才队伍：截至2018年年底，全省工程中心拥有研发人员24.52万人，其中固定研发人员将近22万人，占全省工程中心研发人员的比重超过85%；流动研发人员3.12万人。

2018年度江苏省省级及以上工程技术研究中心人才队伍情况

单位：人

固定研发人员				
总 数	博 士	硕 士	高级职称	中级职称
216361	10609	25741	29407	55154

运行成效 专利情况：2018年度，全省工程中心共申请专利45668件，其中发明专利19872件，占申请总数的43.51%；获授权专利17603件，其中发明专利7112件，占授权总数的40.40%。平均每家申请专利13件，获授权专利5件。

标准情况：2018年度，全省工程中心主持或参与制修订各类标准2536项，其中国家（行业）标准854项。

承担科技项目：2018年度，承担省级以上各类计划项目4018项，其中国家级1837项、省级2181项，获政府资助48.15亿元。

2018年度工程技术研究中心获政府支持计划情况

项目总数		国家级		省 级	
数 量／项	资助金额／亿元	数 量／项	资助金额／亿元	数 量／项	资助金额／亿元
4018	46.23	1837	30.08	2181	18.07

产品产出：2018年度，全省工程中心开发新产品近8000个，平均每家2个；形成新工艺4005项。

其他知识产权：2018年度，全省工程中心获新药临床研究批件27件，动植物新品种审定43个，集成电路设计版权50余件，软件著作权近2000件。

管理与评价 2018年，江苏省科技厅委托各设区市科技主管部门对2015年立项依托企业建设的291家工程中心进行了验收，269家通过验收，5家申请延期，17家验收不合格，不再纳入管理序列；委托各设区市科技主管部门对新材料领域的625家省企业工程中心开展绩效评估，对评估为优秀的268家省企业工程中心由主管部门给予一定的运行补贴，评估不合格的61家工程中心不再纳入管理序列。在项目管理过程中，1家工程中心予以撤销；全年共有79家省企业工程中心不再纳入管理序列。

【企业工程研究中心（工程实验室）】 江苏省企业工程研究中心建设旨在推动江苏省科技创新体制改革，促进科研成果向生产力的转化。企业工程研究中心以行业技术为导向，对具有市场价值的重要应用科研成果进行后续的工程化研究和系统集成；开发研究具有产业化前景的共性技术、关键技术，加快科技成果的产业化步伐；促进技术扩散，最大限度地实现共性技术的社会效益和经济效益。2018年，全省拥有国家级企业工程研究中心3家，新增国地联合企业工程研究中心1家、累计达到17家；新增省级企业工程研究中心125家，累计达到601家。

企业工程实验室建设旨在开展重点产业核心技术攻关和关键工艺试验研究，研制重大装备样机及其关键部件，开展产业技术标准研究，培养工程技术创新人才，促进重大科技成果的转化和应用，为行业、企业提供技术服务。2018年，因科技创新基地优化整合，不再新建企业工程实验室，全省建有省级企业工程实验室105家、国家级企业工程实验室5家、国地联合企业工程实验室2家。

（江苏省科学技术厅科技机构与条件处）

【企业技术中心】 企业技术中心建设旨在确立企业技术创新和科技投入的主体地位，加快完善以企业为主体、市场为导向、产学研相结合的技术创新体系，充分发挥江苏省认定企业技术中心在企业技术创新体系和企业自主创新能力建设中的引导与示范作用。截至2018年年底，全省拥有国家级企业技术中心111家、省级企业技术中心（工业）1989家，其中2018年新认定国家级企业技术中心6家、省级企业技术中心293家。

（江苏省工业和信息化厅）

重大科技创新平台

【概　况】 重大科技创新平台是国家创新体系的重要组成部分，由国家统筹布局，依托高水平创新主体建设，是集聚高端创新资源、提升综合竞争力的关键，具有引领性、开放性和不可替代性。2018年，江苏省政府成立省重大科技创新平台建设工作领导小组，领导小组办公室设在省科技厅；建立了省重大科技创新平台项目库，共有20个项目入库培育；启动了网络通信与安全紫金山实验室、作物表型组学研究设施2个项目的预研筹建工作。截至2018年年底，全省共有重大科技创新平台6家，其中未来网络试验设施、高效低碳汽轮机试验装置2个项目获国家批准为国家重大科技基础设施，国家超级计算无锡中心获国家批准为我国第六个国家超级计算中心。

【未来网络试验设施】 未来网络试验设施于2011年启动筹建，2016年12月获发展改革委正式立项，是江苏省首个国家重大科技基础设施，也是我国在通信与信息领域布局建设的唯一国家重大科技基础设施。该设施由江苏省未来网络创新研究院牵头，清华大学、中国科学技术大学、深圳电信研究院共同建设，将面向未来网络前沿科学问题，建设一个开放、易使用、可持续发展的大规模通用未来网络试验设施，主要研究新型网络体系结构的基础理论与组网核心机制，为互联网可持续发展提供基础理论和关键技术的实验、验证平台；攻克核心设备、系统与业务核心技术，支撑我国网络科学与网络空间技术研究在核心芯片与关键设备、网络操作系统、路由控制技术、网络虚拟化技术、安全可信机制、大规模组网试验、创新业务系统等方面取得重大突破，对江苏省的网络通信和软件等新兴产业具有重要的引领发展和技术支撑作用。

可行性研究报告获国家批复。项目可行性报告经专家论证，于2018年5月23日正式获发展改革委批复，项目建设期为5年，项目总投资151460万元。4家建设单位均已完成各自承担建设部分的初步设计方案评审会，江苏部分初设概算为95854万元。

自主创新能力增强。2018年，自主研发了运营商级别的网络操作系统，可支持300个城市规模以上的运营商级别的网络操作系统，并已在中国联通的A网骨干网和青云全国骨干网上稳定运行超过半年；承担的"基于SDN技术的工业网络互联和协同平台示范应用项目"入围2018年工业和信息化部工业互联网创新发展工程，是此次入选的20个工业互联网平台项目之一；完成了可编程虚拟路由器路由转发关键技术与设备原型的开发。

明确组织架构和工作制度。发布《未来网络试验设施项目管理组织架构（江苏部分）》，明确了南京工程经理部是江苏承建部分的最高管理机构；总工程师是项目技术总负责；南京工程经理部下设管理办公室以及7个专业组，并明确了各单位责任分工。为保障项目顺利有序开展，制定了详细的计划，编制了《未来网络试验设施议事规程》《未来网络试验设施经费管理办法》《未来网络试验设施采购管理办法》等相关制度。

【国家超级计算无锡中心】 国家超级计算无锡中心（以下简称"超算中心"）于2014年启动筹建，2016年6月获科技部正式批准组建，成为我国第六个国家超级计算中心。依托我国第一台全部采用国产处理器构建的超级计算机——"神威·太湖之光"，于2016—2017年，4次荣登世界超级计算机排名榜单TOP500榜首，超算中心始终围绕国家创新驱动发展战略，结合江苏省着力建设具有全球影响力的产业科技创新中心和具有国际竞争力的先进制造业基地的战略新定位，积极探索，大胆实践，充分发挥了超级计算机计算能力，取得了显著成效，在基础设施建设、科学研究突破、人才团队建设、对外交流合作、运行管理方面都做出了很大努力也取得了一定成绩。截至2018年年底，超算中心总人数105人，其中博士5人，硕士39人，外聘领域专家32人。主要根植江苏、覆盖长三角、辐射全国，服务科研院所和企事业单位，竭诚为各个院地合作项目、合作单位提供高效、优质的高性能计算服务。

联合实验室效果显著。超算中心基于"神威·太湖之光"计算机系统，创新地提出构建应用联合实验室，围绕天气气候、生命科学、材料科学、海洋科学、天体物理五大科学问题及深海空间站、飞机发动机、地球模拟器3个重大装备研制，建立了CAE设计、电磁仿真、新药研发、汽车设计、电机研发、船舶设计、动漫设计、电力仿真与调度、深度学习、工业大数据、气候与环境服务、公安视频分析等10多个产业创新设计服务平台，大力提升装备制造、生物医药、能源勘探、动漫渲染等领域的研发和创新服务能力，深化了产学研的协同创新合作，促进了科研成果的转化，为支持长三角一体化建设、实现"苏南制造"目标、制造产业升级等方面发挥重要作用。

科研成果不断涌现。在重大科学研究领域，以清华大学、北京师范大学为主体的科研团队，利用"神威·太湖之光"计算机系统实现了千万核规模的全球3公里高分辨率地球系统数值模拟，全面提高了我国应对极端气候事件和自然灾害的减灾防灾能力；中国科技大学完成人造小太阳ITER装置高能逃逸电子动力学模拟，在国际上首次完成了千万量级逃逸电子的模拟计算；国家气候中心研发的新一代区域高分辨率再分析资料基础数据集和预测系统，使用了2亿多核时的计算资源，生产出我国首套3公里气候数据集，将提高我国在气候预测、分析和影响的评估能力；清华大学研发了超大规模图计算框架，并基于搜狗公司真实数据完成了世界上最大规模的图计算应用；青岛国家海洋试点实验室、国家气象中心、中国科技大学、国家天文台、西安电子科技大学、上海大学、中科院网络中心、江苏省产业研究院等多家研究机构，也都基于"神威·太湖之光"计算机系统开发出海洋模拟、数值天气预报、深度学习框架、药物筛选、虚拟宇宙模拟、电磁环境、材料计算等一系列国产高性能计算应用软件。

服务能力显著提升。2018年，超算中心支持240家用户在超算平台开展了众多国家或地方的重大科研项目、重大工程项目及企业新产品的研究工作，涉及天气气候、地球科学、材料科学、生物医药、工业制造等多个领域；全年为用户解决了将近2000个技术问题，为用户提供了从系统使用到应用移植再到应用调试与优化的全方位、多层级、高附加值的技术服务；开展了20余场技术培训和技术交流会，覆盖清华大学、江南大学、青岛海洋实验室、上海商用飞机发动机公司和中船七〇二所等众多高校和企业，参加人数达到千余人。

用户系统持续完善。超算中心自主部署完成一套X86新集群，并配置好了监控系统、作业管理系统、用户认证系统、并行文件系统。为相关保密单位提供独立、封闭的计算资源。部署了第三套GPFS通用并行文件系统（总容量为8P），在没有改变现有集群的基础架构之下，在线给计算资源扩充了存储容量。保障了用户数据的安全，实现了对部分用户做作业的智能监控，保证用户合理利用中心的计算资源。

【高效低碳燃气轮机试验装置】 高效低碳燃气轮机试验装置于2008年启动筹建，围绕化石燃料高效转化和洁净低碳利用，研究先进新型动力循环能量转换规律，高温高压多气氛下掺混、流动和反应耦合的高强度化学能释放及污染物生成机制，固有非定常、强三维、复杂几何边界下高稳定性、高效热功转换的气动热力学及交叉耦合问题，热端旋转和静止部件的传热、流热固等交叉耦合问题，取得理论和方法的重大突破，开辟燃气轮机发展的新路径。目前已组建70余人的研发、管理和支撑团队，包括技术研发、结构工艺、设计、平台运行维护、工程技术、管理和服务等人员。

可行性研究报告获国家批复。2018年，项目规划选址、用地预审、稳评、能评、环评等工作顺利完成，11月27日高效低碳燃气轮机试验装置项目可行性研究报告获发展改革委批复，明确了装置将由中国科学院工程热物理研究所、江苏中国科学院能源动力研究中心和上海浦东先进能源动力研究中心共同建设。项目建设地点为江苏省连云港市、上海市浦东新区，建设周期为4年。项目总投资暂定为25.808亿元，其中江苏连云港部分建设内容投资估算19.2887亿元，安排国家投资暂定为10.7887亿元，江苏省建设资金8.5亿元；上海浦东部分建设内容投资估算6.5193亿元，安排国家投资暂定为2.5193亿元，上海市建设资金4亿元。

开展项目初步设计工作。积极与装置主要用户联合重燃公司沟通协调，主动对接"两机"专项需求，加强与国内外相关用户的沟通交流，结合用户需求完善项目建设方案，并进行初步设计工作，已完成压气机试验平台、燃烧室试验平台、透平试验平台和循环试验平台的技术方案初稿，下一步将进行公用系统和建筑工程的初步设计及设备采购等工作。

【纳米真空互联实验站】 纳米真空互联实验站2013年启动筹建，依托中科院苏州纳米技术与纳米仿生研究所，由江苏省、中科院、苏州市及苏州工业园区四方共建，是世界首个集材料生长、器件加工、测试分析为一体的纳米领域大科学装置，旨在建立一个真空环境下从材料、器件、封装到测试的综合研究设施，提供多种极端条件下材料、结构和性能关系的科学研究平台，挑战现有器件的物理极限、创新能源和信息领域核心器件的技术路线，加深人们对物质世界微观本质的认识，引发纳米器件从基础科学研究到大规模产业发展的工业革命。

一期建设进展顺利并完成验收。纳米真空互联实验站一期建设投入3.2亿元，引进了清华大学薛其坤院士团队、中科院大连化物所包信和院士团队参与。布局了Ⅲ-Ⅴ族化合物半导体激光器等光电子及微电子、锂离子电池、高温超导材料、纳米能源与催化材料等四大验证项目及若干其他领域的项目。纳米真空互联实验站一期包括100米长真空管道及33台大型真空设备入驻，并且处于搭建调试中。一期项目基建工程（上善苑）于2018年4月底通过验收，11月完成全部搬迁任务。

加快纳米真空互联实验站的二期建设。2018年12月26日，发展改革委对《中国科学院苏州纳米技术与纳米仿生研究所纳米真空互联材料制备及分析测试平台可行性研究报告》进行现场评估，从建设意义、必要性及建设规划、工艺系统的设计方案和可行性、战略规划进行了分析和讨论，充分肯定了纳米真空互联材料制备及分析测试平台建设的意义和建设方案，提供先进设备和全方位的服务意识，以及设备技术展望和用户开放制度，在对平台吸引人才、稳定人才、用户申请合作、运行经费等方面提出了合理的建议和举措，为项目的实施和完善提供了参考。

进一步加强对外开放。开放网络申请合作课题系统，科学仪器设备全部对外开放使用，2018年申请合作课题63个，服务客户近100个，服务机时超过4000机时，同时，向国内外研究机构和高科技企业提供免费使用多台互联设备的课题。通过与产业的联合，对材料和工艺中涉及的共性基础科学和技术问题开展综合、系统、深入的研究，对现有的产业技术实现真正的消化吸收，开放对华为海思等产业的服务，为我国半导体、光电产业的持续发展与竞争力的提升提供关键支撑。

（江苏省科学技术厅科技机构与条件处）

科技机构名录
（截至2018年12月31日）

江苏省科学技术厅

地址：南京市北京东路39号
邮编：210008
厅长、党组书记　王　秦
副　厅　长　段　雄　夏　冰　蒋　洪
党组成员　王　秦　夏　冰　杨　伟
　　　　　蒋　洪
副巡视员　景　茂

办　公　室
主　任　罗　扬
副主任　卓　辉　蒋历军
电　话　83362722

政策法规与体制改革处
处　长　刘　波
副处长　金永新　吴庚昌
电　话　83369744

发展计划与财务处
处　长　赵建国
副处长　徐　浩　王铁山
电　话　83370861

区域创新处
处　长　张少华
副处长　李子阳　单华宁
电　话　83369311

科技机构与条件处
处　长　万发苗
副处长　任志宏　李汉中
电　话　83350801

高新技术发展及产业化处
处　　长　倪菡忆
正处职干部　王　建（援藏）
副　处　长　马鸣川　祝永坚
电　　话　57711706

科技成果与技术市场处
处　长　马圣源
电　话　83359474

农村科技处
处　长　杨天和
副处长　靳朋勃
电　话　83350386

社会发展与基础研究处
处　长　郦雅芳
副处长　周灵群
电　话　57712832

国际科技合作处
处　长　赵扬威
副处长　李春雨　郭　红
电　话　83363070

人　事　处
处　长　朱近忠
电　话　86637541

直属机关党委（机关纪委）
直属机关党委书记　夏　冰
直属机关党委专职副书记、
机关纪委书记　陈洪强
直属机关党委副书记　王道发
直属机关纪委专职副书记　马石山
电　　　　　话　83600402

离退休干部处
主持工作　陆建华
电　话　83604870

江苏省生产力促进中心
主任、副书记　赵志强
书　　　记　夏太寿
副　主　任　夏太寿　孟庆如　吴　乐
纪委书记　孙卫华
电　　　话　85485986

江苏省科学技术情报研究所
江苏省科学技术发展战略研究院
所长、书记　李　敏
院　　长　孙　斌
副所长　孙　斌　周晓明　金福兰
　　　　李克贵　马永浩
电　话　85410374

江苏省高新技术创业服务中心
书　记　李太生
副主任　陈　凯　章　立　戴力新
电　话　83232518

江苏省知识产权局

地址：南京市中山北路49号机械大厦20层
邮编：210008
局长、党组书记　支苏平
副巡视员　黄志臻
副　局　长　张春平　施　蔚　施　伟
　　　　　江　磊
党组成员　支苏平　张春平　施　蔚
　　　　　施　伟　江　磊
电　　　话　83279983

江苏省科学技术协会

地址：南京市北京西路30号
邮编：210024
党组书记　孙春雷
主　　席　陈　骏
副　主　席　孙春雷　刘志红　祝世宁
　　　　　张建云　黄　维　缪昌文
　　　　　王广基　朱怀诚　易中懿
　　　　　胡敏强　尤肖虎　杨　辉
　　　　　孙力斌　郁霞秋　任晋生
　　　　　冯少东　徐春生
秘　书　长　周景山

中国科学院南京分院

地址：南京市北京东路39号
邮编：210008
院长、分党组成员　杨桂山
分党组书记、副院长　朱怀诚
副院长、分党组成员　肖云汉
副院长、分党组成员　华　伟
分党组副书记、纪检组组长　李洪伟
电　　　　　话　83367159

江苏省各市、县（市、区、园区）科技局（委）

机构名称	地　　址	局　长	电　话	邮　编
南京市			（区号025）	
南京市科技局	南京市江东中路265号新城大厦B座7～10楼	洪礼来	68786213	210019
玄武区科技局	南京市珠江路455号玄武区政府17楼	周　正	83682229	210018
秦淮区科技局	南京市秦虹路1号8楼	王洛锋	84556755	210022
建邺区科技局	南京市江东中路269号新城大厦南楼11楼	朱振国	87778459	210017
鼓楼区科技局	南京市中山北路540号下关大厦10楼	张　莉	89669154	210011
栖霞区科技局	南京市栖霞区文苑路118号仙林商务中心6楼	王宇峰	85551103	210046
雨花台区科技局	南京市雨花南路2号	程道伟	52883387	210012
江宁区科技局	南京市江宁区芝兰路18号四号楼	贝淑芳	52180299	211100
浦口区科技局	南京市浦口区雨合路20号芯浦科创中心1号楼13楼	董乔忠	58882214	211800
六合区科技局	南京市六合雄州南路268号六合大厦23楼	孙　波	57759554	211500
溧水区科技局	南京市溧水区永阳街道秦淮大道288号A幢2楼	戴孝礼	57214533	211200
高淳区科技局	南京市高淳区康乐路195号7楼	赵文祥	57312196	211300
江北新区科技创新局	江北新区药谷大道9号17楼	方　靖	88029599	210032
江宁开发区科技人才局	南京市中国无线谷秣周东路9号江宁开发区高新园管办3楼	张　洋	52078576	211110
南京经济技术开发区管理委员会科技人才局	南京市栖霞区兴智路10号2楼	张鲁宁	85775067	210038
无锡市			（区号0510）	
无锡市科技局	新金匮路1号市民中心5号楼6楼	孙海东	81821861	214131
江阴市科技局	江阴市澄江中路9号	周　琛	86861567	214431
宜兴市科技局	宜兴市陶都路8号	蒋国强	87986279	214209
梁溪区科技局	无锡市永丰路1号	程宏庆	85034835	214021
锡山区科技局	无锡市锡州中路1号	郁　枫	88208768	214101
惠山区科技局	无锡市文惠路8号	蒋晓忠	83598560	214174
滨湖区科技局	无锡市金城西路500号	华兆哲	81178531	214071
新吴区科信局	无锡新区和风路28号	桂　涛	81890903	214028
徐州市			（区号0516）	
徐州市科技局	徐州市元和路1号行政中心东综合楼B区6楼	梁　伟	83842236	221018
丰县科技局	丰县中阳大道新华巷6号	张化兵	89222329	221700
沛县科技局	沛县沛公路2号新城区行政中心主楼6楼	王　苏	68869621	221600
睢宁县科技局	睢宁县经济开发区前进路16号	田　野	68069709	221200
邳州市科技局	邳州市沙沟湖行政中心16号楼	王蓓蓓	66685898	221300

续表

机构名称	地　址	局　长	电　话	邮　编
新沂市科技局	新沂市市府路 37 号	毛善启	88935351	221400
铜山区科技局	徐州市铜山区科技创业大厦 B540	刘　峤	69098179	221116
贾汪区科技局	徐州市贾汪区行政中心 4 楼西首	闫　海	66889378	221011
鼓楼区科技局	徐州市中山北路 253 号鼓楼区政府大楼 6 楼	曹　峰	87636220	221007
云龙区科技局	徐州市云龙区和平大道 66 号	顾建忠	80803612	221004
泉山区科技局	徐州市泉山区解放南路延长段 26 号泉山区行政中心	彭　弘	85700105	221002
徐州经济技术开发区发改局	徐州市徐海路 9 号科技大厦	甄文庆	87936177	221121
徐州高新区科技局	徐州市铜山区珠江东路 11 号	胡传志	85030510	221116
常州市			（区号 0519）	
常州市科技局	常州市龙城大道 1280 号（行政中心 1 号楼 A 座 7 楼）	刘　斌	85681500	213022
金坛区科技局	金坛区清风路 1 号	施小民	82801699	213200
溧阳市科技局	溧阳市燕园路 88 号	吕胜中	87172801	213300
武进区科技局	武进行政中心 5 号楼 4 楼	李　婷	86310226	213159
新北区科技局	常州市新北区衡山路 8 号	吴雪强	85178959	213022
天宁区科技局	天宁区竹林北路 256 号天宁科技促进中心	周　栋	69660662	213000
钟楼区科技局	常州市钟楼区星港大道 88 号钟楼区政府内 7 楼	刘　刚	88890740	213023
苏州市			（区号 0512）	
苏州市科技局	苏州市人民路 979 号	张东驰	65241084	215002
张家港市科技局	张家港沙洲湖科技创新园 D-1 栋	黄祥亮	58286120	215600
常熟市科技局	常熟市海虞南路 85 号	潘　伟	52795645	215500
太仓市科技局	太仓市县府东街 99 号行政中心 6 号楼 B 楼 6 楼	万芬奇	53537775	215400
昆山市科技局	昆山市前进中路 350 号	陆陈军	57313684	215301
吴江区科技局	苏州市吴江区开平路 1000 号吴江大厦 B 幢 18 楼	季小峰	63981885	215200
吴中区科技局	苏州市吴中开发区塔韵路苏街 198 号吴中商务中心 B 幢 21 楼	沈玉宝	67682622	215104
相城区科技发展局	苏州市相城区阳澄湖东路行政中心 10 号楼	刘云涛	85182156	215131
姑苏区经济和科技局	苏州市姑苏区平川路 510 号	杨国栋	68727615	215031
苏州工业园区科技和信息化局	苏州市工业园区现代大道 999 号现代大厦 16F	许文清	66681685	215028
苏州高新区科技创新局	苏州市高新区科普路 58 号科技大厦 15 楼	顾彩亚	68751525	215163
南通市			（区号 0513）	
南通市科技局	南通市崇川路 58 号综合楼 1 号楼	李吉平	55018866	226019
海安市科技局	海安市长江中路 106 号	罗正锡	88897206	226600

续表

机构名称	地　　址	局　长	电　话	邮　编
如皋市科技局	如皋市行政中心B座14楼	马军华	87655900	226500
如东县科技局	如东县掘港镇富春江中路1号行政中心2号楼6楼	胡连华	84512676	226400
海门市科技局	海门市北京中路600号	黄　玮	82212932	226100
启东市科技局	启东市汇龙镇世纪大道1288号行政中心8楼	陈　飞	83112068	226200
通州区科技局	南通市通州区行政中心主楼12楼	王钰华	86512516	226300
崇川区科技局	南通市青年中路128号	王文献	85523230	226006
港闸区科技局	南通市城港路18号	王健华	85308811	226005
南通市经济技术开发区人才科技局	南通市开发区宏兴路9号能达大厦	曹海锋	85090188	226009
连云港市			（区号0518）	
连云港市科技局	连云港市东盐河路17号	徐善明	85805496	222006
赣榆区科技局	赣榆区青口镇黄海东路新城行政中心14楼	相振满	86212191	222100
东海县科技局	东海县牛山镇晶都大道政府行政中心	李　腾	87212773	222300
灌云县科技局	灌云县行政中心	孙仕传	88812293	222200
灌南县科技局	灌南县人民中路1号县行政中心	沈中华	83968269	222500
海州区科技局	连云港市海州区秦东门大街28号	谢　艳	85215655	222023
连云区科技局	连云港市连云区西墅路1号	张广军	82237919	222042
开发区科技局	连云港市花果山大道601号新海连大厦	张庆科	85882768	222069
淮安市			（区号0517）	
淮安市科技局	淮安市大治西路18号	孙志标	83665024	223001
清江浦区科技局	淮安北京北路103号南三楼303室	王海源	83789660	223001
淮安区科技局	淮安区淮城镇府前路科技孵化器大楼2楼	黄道剑	85912510	223200
淮阴区科技局	淮阴承德北路606号	马　荣	84997802	223300
涟水县科技局	涟水县红日大道18号	朱金文	82660489	223400
洪泽区科技局	洪泽区东七街3号12-2幢	潘　洋	87223105	223100
盱眙县科技局	盱眙县东方大道3号	李翠竹	80910919	211700
金湖县科技局	金湖县健康路13号	刘仁海	86882428	211600
盐城市			（区号0515）	
盐城市科技局	盐城市开放大道北路11号	徐宁建 周晓棣 （党组书记）	88242431	224005
响水科技局	响水县双园路188号	沈永航 （党组书记）	86872838	224600
滨海科技局	滨海县政府行政办公中心11楼	王建军 （党组书记）	84108653	224500

续表

机构名称	地址	局长	电话	邮编
阜宁科技局	阜宁县城南大厦A座30楼	王新海（党组书记）	87212775	224400
建湖县科技局	建湖县南环路999号科创大厦	吴金标（党组书记）	86212409	224700
射阳科技局	射阳县红旗路32号	周克胜	69688590	224300
亭湖区科技局	盐城市青年东路55号	刘晓军（党组书记）	89881219	224051
盐都区科技局	盐都区新都路618号	刘桂琦	88116170	224005
大丰区科技局	大丰区行政服务中心17楼	郁兴忠（党组书记）	87032586	224100
东台市科技局	东台市北海路8号	缪斌（党组书记）	85212365	224200
开发区科技局	希望大道5号软件园4#603	张来贵	80995628	224001
城南新区科技局	盐城市城南新区管委会	葛智杰	86660782	224000
盐城高新区科技局	盐城市世纪大道1166号研创大厦10楼	刘桂琦	88331006	224000
盐南高新区高新技术中心	盐南高新区管委会14楼	张宜明	86668567	224000
扬州市			（区号0514）	
扬州市科技局	扬州市文昌中路403号	陈星	87347583	225001
宝应县科技局	宝应县工农路76号科技大厦	王尧岭	88276003	225800
高邮市科技局	高邮市海潮东路城市商务大厦15楼	谭旭	84612157	225600
仪征市科技局	仪征市真州东路30号	严峻	83581081	211400
江都区科技局	江都区江淮路388号行政中心2楼	魏峰	86299698	225200
邗江区科技局	邗江区委党校内新城西路邗上南街	戴青海	87962900	225009
广陵区科技局	扬州市渡江南路100号	程锐	87259332	225003
扬州经济技术开发区经发局	扬州市维扬路108号	李政	87962177	225009
扬州化工园区经发局	仪征市万年南路9号	俞华林	89185839	211900
生态科技新城经发局	扬州市万福路88号	练源	82031017	225000
扬州高新区	吉安路148号	张传波	87848305	225127
镇江市			（区号0511）	
镇江市科技局	镇江市南徐大道68号	蔡萍	80822801	212050
丹阳市科技局	丹阳市开发区兰陵路8号行政中心	王小南	86529099	212300
句容市科技局	句容市政务服务中心6号楼	潘云	80789901	212400
扬中市科技局	扬中市中电大道8号	朱勇	88361088	212200
丹徒区科技局	镇江市丹徒新区广场西路161号	巫五才	80827298	212028
京口区科技局	镇江市学府路31号	严波	80900789	212001

续表

机构名称	地　　址	局　长	电　话	邮　编
润州区科技局	镇江市润州路5号	江金保	85635082	212005
镇江新区科技和信息化局	镇江市金港大道98号	方　莉	83378108	212132
镇江高新区科技发展局	镇江市南徐大道298号	徐金贵	88170270	212000
泰州市			（区号0523）	
泰州市科技局	泰州市鼓楼南路248号	丁志强	86399026	225300
靖江市科技局	靖江市阳光大道1号行政中心主楼3层	杜正宇	89180313	214500
泰兴市科技局	泰兴市国庆东路118号	李　飞	87627758	225400
兴化市科技局	兴化市英武路43号	邓　骏	83242609	225700
海陵区科技局	泰州市青年北路26号	顾晓梅	86223165	225300
高港区科技局	高港区口岸街道港城路21号	邱小平	86966047	225321
姜堰区科技局	姜堰市人民中路261号	何　剑	88117990	225500
宿迁市			（区号0527）	
宿迁市科技局	宿迁市洪泽湖路130号	王　峰	84358805	223800
沭阳县科技局	沭阳县行政中心0619房间	曹子冬	83593080	223600
泗阳县科技局	泗阳县众兴镇北京路市民中心双子楼（西）	潘桂琴	80291900	223700
泗洪县科技局	泗洪县仁和路5号	朱福成	86229838	223900
宿城区科技局	宿城区微山湖路众安建设大厦10楼	吴长美	82960287	223800
宿豫区科技局	宿豫区农林大厦3楼	康建平	88032601	223800

江苏省科学研究与技术开发机构名录（部属科研机构）

序　号	机构名称	机构地址
未转制机构		
1	中国科学院南京土壤研究所	南京市玄武区北京东路71号
2	中国科学院南京地理与湖泊研究所	南京市北京东路73号
3	中国科学院南京地质古生物研究所	南京市北京东路39号
4	中国科学院紫金山天文台	南京市鼓楼区北京西路2号
5	中国科学院苏州纳米技术与纳米仿生研究所	苏州市苏州工业园区独墅湖科教创新区若水路398号
6	中国科学院国家天文台南京天文光学技术研究所	南京市板仓街188号
7	水利部南京水利水文自动化研究所	南京市雨花台区铁心桥大街95号
8	中国地质调查局南京地质调查中心（南京地质矿产研究所）	南京市中山东路534号
9	中华全国供销合作总社南京野生植物综合利用研究院	南京市蒋王庙街4号

续表

序号	机构名称	机构地址
10	南京841研究所	南京市鼓楼区四条巷42号
11	中国医学科学院皮肤病医院（研究所）	南京市蒋王庙街12号
12	中国林业科学研究院林产化学工业研究所	南京市锁金五村16号
13	公安部交通管理科学研究所	无锡市钱荣路88号
14	公安部南京警犬研究所	南京市雨花台区安德门130号
15	中国科学院苏州生物医学工程技术研究所	苏州市苏州高新区科技城科灵路88号
16	水利部交通运输部国家能源局南京水利科学研究院	南京市广州路223号
17	环境保护部南京环境科学研究所	南京市蒋王庙街8号
18	中国水产科学研究院淡水渔业研究中心	无锡市漆塘北村1号
19	江苏省气象科学研究所	南京市北极阁2号
转制机构（非军工）		
20	国网电力科学研究院	南京市鼓楼区南瑞路8号
21	国电环境保护研究院	南京市浦口区浦东路10号
22	中材科技股份有限公司	南京市雨花西路安德里30号
23	农业农村部南京农业机械化研究所	南京市玄武区柳营100号
24	煤炭科学研究总院南京研究所	南京市珠江路370号
25	中国石油化工股份有限公司石油物探技术研究院	南京市卫岗玄武区21号
26	中石化股份公司石油勘探开发研究院无锡石油地质研究所	无锡市惠钱路210号
27	中国第一汽车股份有限公司无锡油泵油嘴研究所	无锡市钱荣路15号
28	无锡纺织机械研究所	无锡市青山路37号
29	无锡中粮工程科技有限公司	无锡市惠河路186号
30	中海油常州涂料化工研究院	常州市龙江中路22号
31	中国南车集团戚墅堰机车车辆工艺研究所	常州市戚墅堰区五一路81号
32	苏州混凝土水泥制品研究院有限公司	苏州市三香路718号
33	煤炭科学研究总院常州自动化研究院	常州市清潭木梳路1号
34	苏州电加工机床研究所	苏州市高新区金山路180号
35	中国建筑材料科学研究总院苏州防水研究院	苏州市广济路284号
36	苏州热工研究院有限公司	苏州市西环路1788号
37	苏州中材非金属矿工业设计研究院有限公司	苏州市三香路999号
38	轻工业化学电源研究所	苏州市莫邪路688号
39	中蓝连海设计研究院	连云港市新浦朝阳西路51号
40	中国农业科学院蚕业研究所	镇江市四摆渡
转制机构（军工）		
41	中国电子科技集团公司第五十八研究所	无锡市惠河路5号

续表

序号	机构名称	机构地址
42	中国船舶重工集团公司第七〇二研究所	无锡市滨湖区山水东路 222 号
43	中国船舶重工集团公司第七〇三研究所无锡分部	无锡市解放东路 888 号 530 大厦
44	中航工业航空动力控制系统研究所（无锡 614 所）	无锡市梁溪路 104 号
45	总参 56 所	无锡市湖滨路 8 号
46	中国船舶重工集团公司第七一六研究所	连云港市海连东路 42 号
47	中国船舶重工集团公司第七二三研究所	扬州市南河下 26 号
48	中国电子科技集团公司第十四研究所	南京市雨花台区国睿路 8 号
49	中国电子科技集团公司第二十八研究所	南京市苜蓿园东街 1 号
50	中国电子科技集团公司第五十五研究所	南京市中山东路 524 号
51	中国船舶重工集团公司第七二四研究所	南京市中山北路 346 号
52	中国一航雷达与电子设备研究院	无锡市梁溪路 796 号
53	中国航天航空科工集团南京电子设备研究所（8511 研究所）	南京市后标营 35 号
54	中国航空研究院 609 所（南京机电液压工程研究中心）	南京市江宁开发区水各路 33 号

江苏省科学研究与技术开发机构名录（省属科研机构）

序号	机构名称	机构地址
未转制机构		
1	江苏省中国科学院植物研究所	南京市中山门外前湖后村 1 号
2	江苏省电子信息产品质量监督检验研究院	无锡市滨湖区金水路 100 号
3	江苏省生产力促进中心	南京市龙蟠路 175 号
4	江苏省科学技术情报研究所	南京市龙蟠路 171 号
5	江苏省高新技术创业服务中心	南京市广州路 37 号
6	江苏省水利科学研究院	南京市南湖路 97 号
7	江苏省家禽科学研究所	扬州市邗江区仓颉路 58 号
8	江苏省中医药研究院	南京市红山路十字街 100 号
9	江苏省原子医学研究所	无锡市钱荣路 20 号
10	江苏省血吸虫病防治研究所	无锡市梅园杨巷 117 号
11	江苏省计划生育科学技术研究所	南京市凤凰西街 277 号
12	江苏省环境科学研究院	南京市凤凰西街 241 号
13	江苏省体育科学研究所	江苏南京孝陵卫灵谷寺路 8-1 号
14	江苏省安全生产科学研究院	江苏省南京市花园路 9 号
15	江苏省淡水水产研究所	江苏省南京市建邺区茶亭东街 79 号
16	江苏省海洋水产研究所	江苏省南通市教育路 31 号

续表

序号	机构名称	机构地址
17	江苏省测绘研究所	南京市北京西路75号
18	江苏省林业科学研究院	南京市江宁区东善桥
19	江苏省农业科学院	江苏省南京市孝陵卫钟灵街50号
20	江苏丘陵地区南京市农业科学研究所	南京市仙林大学城仙隐南路6号
21	连云港市农业科学院	连云港新浦区海连东路26号
22	江苏徐淮地区淮阴农业科学研究所	江苏省淮安市淮海北路104号
23	江苏丘陵地区镇江农业科学研究所	江苏省句容市宁杭路112号
24	江苏里下河地区农业科学研究所	扬州市扬子江北路568号
25	江苏沿海地区农业科学研究所	江苏省盐城市开放大道59号
26	江苏省农业科学院宿迁农科所	江苏省宿迁市宿城区宿支路23号
27	江苏徐淮地区徐州农业科学研究所	江苏省徐州市徐海路高铁站北
28	江苏太湖地区农业科学研究所	苏州相城区望亭北桥
29	江苏沿江地区农业科学研究所	江苏省南通如皋市薛窑江苏沿江地区农科所
30	江苏沿海地区农业科学研究所新洋试验站	盐城市东郊35公里
31	江苏省计量科学研究院	南京市白下区光华东街3号
32	江苏省产品质量监督检验研究院	南京市光华东街5号
33	江苏省标准化研究院	南京市石鼓路227号
34	江苏省地质调查研究院	南京市珠江路700号
35	江苏地质矿产设计研究院（省煤炭地质勘探研究所）	江苏省徐州市纺织路1号
36	江苏省公安科学技术研究所	南京市鼓楼区扬州路1号
37	江苏省地震工程研究院	南京市玄武区卫岗3号地震工程研究院
38	江苏省环境监测中心	南京市凤凰西街241号
39	江苏省老年医学研究所（省级机关医院）	南京市珞珈路30号
40	江苏省血液研究所（苏州大学）	苏州市十梓街188号
41	江苏省肿瘤防治研究所（省肿瘤医院）	南京市玄武区百子亭42号
42	江苏省医学生物制品研究所（省血液中心）	南京市龙蟠路179号
43	江苏省公共卫生研究院（省疾病预防控制中心）	南京市江苏路172号
44	江苏省临床医学研究院（省人民医院）	南京市广州路300号
45	江苏省中医临床研究院（省中医院）	南京市建邺区汉中路155号
46	江苏省检验检疫科学技术研究院（省商检中心）	江苏省南京市白下区中华路99号712室
47	江苏省质量安全工程研究院（南京财经大学）	南京市仙林大学城文苑路3号
48	江苏省品牌（商标）研究院	南京市太平南路2号日月大厦18层C座

续表

序号	机构名称	机构地址
49	江苏中国科学院能源动力研究中心	江苏省连云港经济技术开发区黄海大道56号
50	江苏省物联网研究发展中心	无锡新区菱湖大道200号中国传感网国际创新园C座
51	江苏省未来网络创新研究院	南京市江宁开发区将军大道37号
52	江苏中科院智能科学技术应用研究院	常州市常武中路801号
53	江苏省印刷科学技术研究所	南京市观音里1号
54	江苏省沿海水利科学研究所	江苏省东台市广场路6号
55	江苏省盐城农垦农业科学研究所	江苏省盐城市射阳县中兴桥新洋农场
56	江苏省食品药品监督检验研究院	江苏南京市北京西路6号
57	江苏省新曹天然香料研究所	盐城东台市花舍天香路116号
58	苏州相城产业技术研究院	苏州高铁新城南天成路99号紫光大厦23楼
转制机构		
59	江苏省微生物研究所有限责任公司	江苏省无锡市钱荣路7号
60	江苏省药物研究所有限公司	南京市鼓楼区中央路马家街26号
61	南化集团研究院	南京市六合区大厂葛关路699号
62	江苏省计算技术研究所有限责任公司	南京市龙蟠路173号
63	江苏省冶金研究所有限公司	南京市大光路28号
64	江苏省机械研究设计院有限责任公司	南京市长虹路445号
65	江苏省轻工业科学研究设计院有限公司	南京市应天大街767号
66	江苏省农业机械研究所有限公司	南京市上海路4号
67	江苏省建筑科学研究院有限公司	江苏省南京市北京西路12号
68	江苏省交通科学研究院股份有限公司	南京市水西门大街223号
69	江苏省医药工业研究所有限公司	南京市玄武大道699-18号
70	江苏省农药研究所股份有限公司	南京市栖霞区恒竞路31-1号
71	江苏省化工研究所有限公司	南京经济技术开发区恒竞路1号
72	江苏省化工机械研究所有限责任公司	南京市北京西路17号
73	江苏省化工信息中心有限公司	南京市北京西路17号9楼
74	江苏省建筑材料研究设计院有限公司	南京市马台街139号
75	江苏省广播电视科学研究所有限公司	南京市白下路209号东楼
76	江苏省粮食科学研究设计院有限公司	南京市建邺区应天大街765号
77	江苏省宏图电子综合研究所有限公司	南京市中山北路285号电子大楼5层
78	江苏省陶瓷研究所有限公司	江苏省宜兴市丁蜀镇丁山北路196号
79	江苏省纺织研究所股份有限公司	江苏省无锡市金城桥西堍

续表

序号	机构名称	机构地址
80	江苏省无线电科学研究所有限公司	江苏省无锡市滨湖区山水东路未名路向西100米
81	江苏省煤矿研究所有限公司	徐州市淮海西路241号
82	江苏省船舶设计研究所有限公司	江苏省镇江市正东路5号
83	江苏省机电研究所有限公司	徐州市经济开发区螺山路19号
84	中博信息技术研究院有限公司	江苏省南京市小行尤家凹08号

江苏省重点实验室名录

序号	重点实验室名称	依托单位	主管部门	实验室主任	建设年份
国家级					
1	固体微结构物理国家重点实验室	南京大学	教育部	陈延峰	1984
2	计算机软件新技术国家重点实验室	南京大学	教育部	吕建	1987
3	现代配位化学国家重点实验室	南京大学	教育部	左景林	1988
4	医药生物技术国家重点实验室	南京大学	教育部	高翔	1991
5	内生金属矿床成矿机制研究国家重点实验室	南京大学	教育部	王汝成	1991
6	污染控制与资源化研究国家重点实验室	同济大学 南京大学	教育部	毕军	1991
7	毫米波国家重点实验室	东南大学	教育部	洪伟	1991
8	移动通信国家重点实验室	东南大学	教育部	尤肖虎	1991
9	作物遗传与种质创新国家重点实验室	南京农业大学	教育部	丁艳锋	2001
10	现代古生物学和地层学国家重点实验室	中国科学院南京地质古生物研究所	中国科学院	袁训来	2001
11	土壤与农业可持续发展国家重点实验室	中国科学院南京土壤研究所	中国科学院	张甘霖	2003
12	生物电子学国家重点实验室	东南大学	教育部	顾忠泽	2004
13	水文水资源与水利工程科学国家重点实验室	河海大学	教育部	余钟波	2004
14	煤炭资源与安全开采国家重点实验室	中国矿业大学（北京、徐州）	教育部	窦林名	2006
15	材料化学工程国家重点实验室	南京工业大学	江苏省科学技术厅	徐南平	2007
16	湖泊与环境国家重点实验室	中国科学院南京地理与湖泊研究所	中国科学院	沈吉	2007
17	食品科学与技术国家重点实验室	江南大学、南昌大学	教育部	金征宇	2007

续表

序号	重点实验室名称	依托单位	主管部门	实验室主任	建设年份
18	深部岩土力学与地下工程国家重点实验室	中国矿业大学（徐州、北京）	教育部	周国庆	2008
19	生殖医学国家重点实验室	南京医科大学	江苏省科学技术厅	沙家豪	2011
20	天然药物活性组分与药效国家重点实验室	中国药科大学	教育部	李萍	2011
21	机械结构力学及控制国家重点实验室	南京航空航天大学	工业和信息化部	熊克	2011
22	生命分析化学国家重点实验室	南京大学	教育部	鞠熀先	2011
23	食品质量安全研究重点实验室（省部共建）	江苏省农业科学院	江苏省科学技术厅	严少华	2007
24	有机电子与信息显示重点实验室（省部共建）	南京邮电大学	江苏省科学技术厅	黄维	2009
25	放射医学与辐射防护省部共建国家重点实验室	苏州大学	江苏省科学技术厅	时玉舫	2010
26	纳米器件重点实验室（省部共建）	中国科学院苏州纳米技术与纳米仿生研究所	苏州工业园区科技与信息化局	杨辉	2010
27	爆炸冲击防灾减灾国家重点实验室	中国人民解放军理工大学	—	—	2012
28	数学工程与先进计算国家重点实验室	总参谋部第五十六研究所	—	—	2012
省级					
29	江苏省家禽遗传育种重点实验室	江苏省家禽科学研究所	江苏省农业农村厅	邹剑敏	1991
30	江苏省农业生物学重点实验室	江苏省农业科学院生物遗传生理研究所	江苏省农业科学院	余文贵	1993
31	江苏省寄生虫与媒介控制技术重点实验室	江苏省寄生虫病防治研究所	江苏省卫生健康委员会	羊海涛	1996
32	江苏省环境工程重点实验室	江苏省环境科学研究院	江苏省生态环境厅	方斌斌	1998
33	江苏省植物资源研究与利用重点实验室	江苏省中国科学院植物研究所	江苏省科学技术厅	冯煦	2000
34	江苏省新药筛选重点实验室	中国药科大学	中国药科大学	张陆勇	2000
35	江苏省药物代谢动力学研究重点实验室	中国药科大学	中国药科大学	王广基	2001
36	江苏省神经再生研究重点实验室	南通大学	南通市科技局	顾晓松	2001
37	江苏省纳米技术重点实验室	南京大学	南京大学	邹志刚	2002
38	江苏省人类功能基因组学重点实验室	南京医科大学	江苏省教育厅	韩晓	2002
39	江苏省网络与信息安全重点实验室	东南大学	东南大学	罗军舟	2003
40	江苏省光电信息功能材料重点实验室	南京大学	南京大学	张荣	2003
41	江苏省信息农业重点实验室	南京农业大学	江苏省教育厅	曹卫星	2004

续表

序 号	重点实验室名称	依托单位	主管部门	实验室主任	建设年份
42	江苏省生物材料与器件重点实验室	东南大学	东南大学	顾 宁	2004
43	江苏省人兽共患病学重点实验室	扬州大学	扬州市科技局	焦新安	2006
44	江苏省精密与微细制造技术重点实验室	南京航空航天大学	江苏省教育厅	朱 荻	2006
45	江苏省土木工程材料重点实验室	东南大学	东南大学	缪昌文	2006
46	江苏省高效园艺作物遗传改良重点实验室	江苏省农业科学院	江苏省农业科学院	常有宏	2006
47	江苏省工业装备数字制造及控制技术重点实验室	南京工业大学	江苏省教育厅	巩建鸣	2007
48	江苏省先进光学制造技术重点实验室	苏州大学	苏州市科技局	王钦华	2007
49	江苏省固体有机废弃物资源化高技术研究重点实验室	南京农业大学 江苏新天地生物肥料工程中心有限公司	江苏省教育厅 宜兴市科技局	沈其荣	2007
50	江苏省先进金属材料高技术研究重点实验室	东南大学	东南大学	薛 烽	2007
51	江苏省环洪泽湖生态农业生物技术重点实验室	淮阴师范学院	淮安市科技局	赵祥祥	2007
52	江苏省医学分子技术重点实验室	南京大学	南京大学	高 千	2007
53	江苏省分子核医学重点实验室	江苏省原子医学研究所	江苏省卫生健康委员会	罗世能	2008
54	江苏省微纳生物医疗器械设计与制造重点实验室	东南大学	东南大学	易 红	2008
55	江苏省中药药效与安全性评价重点实验室	南京中医药大学	江苏省教育厅	陆 茵	2008
56	江苏省麻醉与镇痛应用技术重点实验室	徐州医学院	徐州市科技局	吴永平	2008
57	江苏省凹土资源利用重点实验室	淮阴工学院	淮安市科技局	陈 静	2008
58	江苏省道路载运工具新技术应用重点实验室	江苏大学	镇江市科技局	陈 龙	2008
59	江苏省杨树种质创新与品种改良重点实验室	南京林业大学	江苏省教育厅	王明庥	2008
60	江苏省兽用生物制药高技术研究重点实验室	江苏省农牧科技职业学院 江苏倍康药业有限公司	泰州市科技局	朱善元	2009
61	江苏省生物药物高技术研究重点实验室	东南大学 江苏豪森药业股份有限公司	东南大学 连云港市科技局	苟少华	2009

续表

序号	重点实验室名称	依托单位	主管部门	实验室主任	建设年份
62	江苏省农业装备与智能化高技术研究重点实验室	江苏大学 江苏沃得农业机械有限公司 常州东风农机集团有限公司	镇江市科技局 常州市科技局	毛罕平	2009
63	江苏省输配电装备技术重点实验室	河海大学常州校区 常州市太平洋电力设备（集团）有限公司	常州市科技局	范新南	2009
64	江苏省生物质能源与材料重点实验室	中国林业科学研究院林产化学工业研究所 江苏强林生物能源有限公司	南京市科技局 溧阳市科技局	蒋剑春	2009
65	江苏省风力机设计高技术研究重点实验室	南京航空航天大学 江苏天奇物流系统工程股份有限公司	江苏省教育厅 无锡市科技局	王同光	2009
66	江苏省碳基功能材料与器件高技术研究重点实验室	苏州大学 苏州彩虹集团	苏州市科技局	李述汤	2009
67	江苏省煤基温室气体减排与资源化利用重点实验室	中国矿业大学 徐州矿务集团	徐州市科技局	张文军	2010
68	江苏省新型环保重点实验室	盐城工学院 江苏科行环境工程技术有限公司	盐城市科技局	王保林 刘怀平	2010
69	江苏省新型动力电池重点实验室	南京师范大学 江苏双登集团有限公司	江苏省教育厅 姜堰市科技局	唐亚文	2010
70	江苏省机动车尾气污染控制重点实验室	南京大学 无锡威孚力达催化净化器有限责任公司	南京大学 无锡市科技局	董林 欧建斌	2010
71	江苏省智能电网技术与装备重点实验室	东南大学 大全集团有限公司	东南大学 镇江市科技局	黄学良 裴军	2010
72	江苏省无线传感网高技术研究重点实验室	南京邮电大学 南京三宝科技集团公司	江苏省教育厅 南京市科技局	孙力娟	2010
73	江苏省方剂高技术研究重点实验室	南京中医药大学 江苏康缘药业有限责任公司	江苏省教育厅 连云港市科技局	段金廒	2010
74	江苏省大气环境监测与污染控制高技术研究重点实验室	南京信息工程大学 国电环保研究院	江苏省教育厅 南京市科技局	陈敏东 朱法华	2010
75	江苏省先进机器人技术重点实验室	苏州大学	苏州市科技局	孙立宁	2011
76	江苏省生物质能与酶技术重点实验室	淮阴师范学院	淮安市科技局	熊鹏	2011
77	江苏省盐土生物资源研究重点实验室	盐城师范学院	盐城市科技局	唐伯平	2011
78	江苏省光谱成像与智能感知重点实验室	南京理工大学	江苏省教育厅	陈钱	2011

续表

序号	重点实验室名称	依托单位	主管部门	实验室主任	建设年份
79	江苏省皮肤病与性病分子生物学重点实验室	中国医学科学院皮肤病研究所	南京市科技局	顾 恒	2012
80	江苏省绿色船舶技术重点实验室	中国船舶重工集团公司第七〇二研究所	无锡市科技局	颜 开	2012
81	江苏省绿色催化材料与技术重点实验室	常州大学	常州市科技局	陈 群	2012
82	江苏省医用光学重点实验室	中国科学院苏州生物医学工程技术研究所	苏州高新技术产业开发区科技局	武晓东	2012
83	江苏省高端结构材料重点实验室	江苏大学	镇江市科技局	程晓农	2012
84	江苏省地理信息技术重点实验室	南京大学 江苏省测绘研究所	南京大学	李满春	2012
85	江苏省药物分子设计与成药性优化重点实验室	中国药科大学	中国药科大学	尤启冬	2012
86	江苏省社会安全图像与视频理解重点实验室	南京理工大学	江苏省教育厅	唐振民	2012
87	江苏省异种器官移植重点实验室	南京医科大学	江苏省教育厅	戴一凡	2012
88	江苏省危险化学品本质安全与控制技术重点实验室	南京工业大学	江苏省教育厅	蒋军成	2012
89	江苏省食品先进制造装备技术重点实验室	江南大学	无锡市科技局	卢立新	2013
90	江苏省先进激光材料与器件重点实验室	江苏师范大学	徐州市科技局	唐定远	2013
91	江苏省重大神经精神疾病诊疗技术研究重点实验室	苏州大学	苏州市科技局	镇学初	2013
92	江苏省城市智能交通重点实验室	东南大学	东南大学	王 炜	2013
93	江苏省航空动力系统重点实验室	南京航空航天大学	江苏省教育厅	宣益民	2013
94	江苏省三维打印装备与制造重点实验室	南京师范大学	江苏省教育厅	杨继全	2013
95	江苏省恶性肿瘤分子生物学及转化医学重点实验室	江苏省肿瘤防治研究所	江苏省卫生健康委员会	许 林	2013
96	江苏省高效电化学储能技术重点实验室	南京航空航天大学	南京航空航天大学	张校刚	2017
97	江苏省网络群体智能重点实验室	东南大学	东南大学	曹进德	2017
98	江苏省功能材料设计原理与应用技术重点实验室	南京大学	南京大学	吴 迪	2018
99	江苏省作物基因组学和分子育种重点实验室	扬州大学	扬州市科技局	刘巧泉	2018
100	江苏省海洋生物资源与环境重点实验室	淮海工学院	连云港市科技局	王淑军	2018

江苏省企业重点实验室(企业研究院)名录

序号	企业重点实验室(企业研究院)名称	承担单位	地区	建设年份
国家级				
1	特种纤维复合材料国家重点实验室	中材科技股份有限公司	南京	2007
2	新型药物制剂技术国家重点实验室	扬子江药业集团	泰州	2007
3	高性能土木工程材料国家重点实验室	江苏省建筑科学研究院有限公司	南京	2010
4	肉品加工与质量控制国家重点实验室	江苏雨润肉类产业集团有限公司	南京	2010
5	光伏科学与技术国家重点实验室	天合光能股份有限公司	常州	2010
6	中药制药过程新技术国家重点实验室	江苏康缘药业股份有限公司	连云港	2010
7	在役长大桥梁安全与健康国家重点实验室	苏交科集团股份有限公司	南京	2015
8	智能电网保护和运行控制国家重点实验室	南瑞集团有限公司	南京	2015
9	清洁高效燃煤发电与污染控制国家重点实验室	国电科学技术研究院	南京	2015
10	宽禁带半导体电力电子器件国家重点实验室	中国电子科技集团公司第五十五研究所	南京	2015
11	空中交通管理技术国家重点实验室	中国电子科技集团公司第二十八研究所	南京	2015
12	转化医学与创新药物国家重点实验室	江苏先声药业有限公司	南京	2015
13	深海载人装备国家重点实验室	中国船舶重工集团公司第七〇二研究所	无锡	2015
14	高端工程机械智能制造国家重点实验室	徐州工程机械集团有限公司	徐州	2015
省级				
15	江苏省(南汽)汽车工程研究院	南京汽车集团有限公司	南京	2006
16	江苏省(沙钢)钢铁研究院	江苏沙钢集团有限公司	张家港	2006
17	江苏省(春兰)清洁能源研究院	春兰(集团)公司	泰州	2006
18	江苏省(联创)软件研究院	南京联创科技集团股份有限公司	南京	2008
19	江苏省(尚德)光伏技术研究院	无锡尚德太阳能电力有限公司	无锡	2008
20	江苏省(龙腾)平板显示技术研究院	昆山龙腾光电有限公司	昆山	2008
21	江苏省焊接自动化装备重点实验室	昆山华恒工程技术中心有限公司	昆山	2009
22	江苏省(今世缘)生物酿酒技术研究院	江苏今世缘酒业有限公司	涟水	2009
23	江苏省(洋河)生物酿酒技术研究院	江苏洋河酒厂股份有限公司	宿迁	2009
24	江苏省(中圣)工业节能技术研究院	江苏中圣高科技产业有限公司	南京	2010
25	江苏省(一环)水处理技术研究院	江苏一环集团有限公司	宜兴	2010
26	江苏省(中远船务)海洋工程装备研究院	南通中远船务工程有限公司	南通	2010
27	江苏省(恒瑞)创新药物研究院	江苏恒瑞医药股份有限公司	连云港	2010
28	江苏省精细功能高分子材料重点实验室	江苏中丹集团股份有限公司	泰兴	2010
29	江苏省(中天科技)光电传输新技术研究院	江苏中天科技研究院有限公司	南通	2011
30	江苏省(亿晶)光伏工程研究院	常州亿晶光电科技有限公司	常州	2011
31	江苏省(好孩子)科学育儿用品研究院	好孩子儿童用品有限公司	昆山	2011

续表

序号	企业重点实验室（企业研究院）名称	承担单位	地区	建设年份
32	江苏省（盛虹）纺织新材料研究院	盛虹集团有限公司	苏州	2011
33	江苏省风力发电技术重点实验室	国电联合动力技术（连云港）有限公司	连云港	2011
34	江苏省（井神）盐化工循环经济技术研究院	江苏井神盐化股份有限公司	淮安	2011
35	江苏省高端钢铁材料重点实验室	南京钢铁股份有限公司	南京	2013
36	江苏省绿色建筑与结构安全重点实验室	江苏省建筑科学研究院有限公司	南京	2013
37	江苏省热工过程智能控制重点实验室	南京科远自动化集团股份有限公司	南京	2013
38	江苏省新型特种光纤及光纤预制棒重点实验室	江苏亨通光电股份有限公司	苏州	2013
39	江苏省光通信材料重点实验室	通鼎互联信息股份有限公司	苏州	2013
40	江苏省智能电网配用电关键技术研究重点实验室	常熟开关制造有限公司	常熟	2013
41	江苏省多元胺醇材料技术重点实验室	江苏飞翔化工股份有限公司	张家港	2013
42	江苏省生态染整技术重点实验室	江苏联发纺织股份有限公司	海安	2013
43	江苏省农药清洁生产技术重点实验室	江苏扬农化工股份有限公司	扬州	2013
44	江苏省高性能纤维重点实验室	中国石化仪征化纤有限责任公司	仪征	2013
45	江苏省船舶动力重点实验室	中船动力有限公司	镇江	2013
46	江苏省医疗诊断装备及技术重点实验室	江苏鱼跃医疗设备股份有限公司	丹阳	2013
47	江苏省城市轨道交通车辆整车及关键部件重点实验室	中车南京浦镇车辆有限公司	南京	2014
48	江苏省金属层状复合材料重点实验室	银邦金属复合材料股份有限公司	无锡	2014
49	江苏省煤矿井下防爆车辆重点实验室	常州科研试制中心有限公司	常州	2014
50	江苏省特种电缆高分子材料重点实验室	江苏中利集团股份有限公司	常熟	2014
51	江苏省核电阀门重点实验室	江苏神通阀门股份有限公司	启东	2014
52	江苏省轨道交通用特殊钢新材料重点实验室	江苏沙钢集团淮钢特钢有限公司	淮安	2014
53	江苏省特种电缆材料及可靠性研究重点实验室	宝胜科技创新股份有限公司	宝应	2014
54	江苏省结构与功能金属复合材料重点实验室	江苏兴达钢帘线股份有限公司	兴化	2014
55	江苏省工业机器人及运动控制重点实验室	南京埃斯顿自动化股份有限公司	南京	2015
56	江苏省轨道交通车辆门系统重点实验室	南京康尼机电股份有限公司	南京	2015
57	江苏省大数据存储及应用重点实验室	南京中兴新软件有限责任公司	南京	2015
58	江苏省无线电力传输技术重点实验室	无锡华润矽科微电子有限公司	无锡	2015
59	江苏省硅基电子材料重点实验室	江苏协鑫硅材料科技发展有限公司	徐州	2015
60	江苏省光电玻璃重点实验室	常州亚玛顿股份有限公司	常州	2015
61	江苏省金属板材智能装备重点实验室	江苏亚威机床股份有限公司	扬州	2015
62	江苏省能源系统电力电子技术重点实验室	国电南京自动化股份有限公司	南京	2016

续表

序号	企业重点实验室（企业研究院）名称	承担单位	地区	建设年份
63	江苏省手性药物重点实验室	江苏奥赛康药业股份有限公司	南京	2016
64	江苏省高性能金属线材制品关键技术重点实验室	法尔胜泓昇集团有限公司	江阴	2016
65	江苏省海上风电叶片设计与制造技术重点实验室	连云港中复连众复合材料集团有限公司	连云港	2016
66	江苏省抗病毒靶向药物研究重点实验室	正大天晴药业集团股份有限公司	连云港	2016
67	江苏省系泊链设计与应用技术重点实验室	江苏亚星锚链股份有限公司	靖江	2016
68	江苏省电化学储能技术重点实验室	双登集团股份有限公司	泰州	2016
69	江苏省新能源汽车动力系统重点实验室	南京越博动力系统股份有限公司	南京	2018
70	江苏省高性能纤维复合材料重点实验室	常州市宏发纵横新材料科技股份有限公司	常州	2018
71	江苏省3C产品制造成套装备与智能化重点实验室	博众精工科技股份有限公司	苏州	2018

江苏省工程技术研究中心名录（国家级）

序号	工程技术研究中心名称	承担单位	地区	建设年份
1	国家电力自动化工程技术研究中心	国家电力公司电力自动化研究院	南京	1992
2	国家非金属矿深加工工程技术研究中心	苏州中材非金属矿工业设计研究院有限公司（原苏州非金属矿工业设计研究院）	苏州	1992
3	国家专用集成电路系统工程技术研究中心	东南大学	南京	1992
4	国家道路交通管理工程技术研究中心	公安部交通管理科学研究所	无锡	1992
5	国家平板显示工程技术研究中心	中国电子科技集团公司第五十五研究所	南京	1993
6	国家林产化学工程技术研究中心	中国林科院林产化学工业研究所	南京	1993
7	国家移动卫星通信工程技术研究中心	熊猫电子集团公司	南京	1994
8	国家生化工程技术研究中心	南京工业大学	南京	1996
9	国家玻璃纤维及制品工程技术研究中心	中材科技股份有限公司	南京	1997
10	国家超细粉体工程技术研究中心	南京理工大学	南京	2002
11	国家涂料工程技术研究中心	中国化工建设总公司常州涂料化工研究院 中海油常州涂料化工研究院有限公司	常州	2003
12	国家毛纺新材料工程技术研究中心	江苏阳光股份有限公司	无锡	2005
13	国家兽用生物制品工程技术研究中心	江苏省农业科学院	南京	2006
14	国家肉品质量安全控制工程技术研究中心	南京农业大学 江苏雨润肉类产业集团有限公司	南京	2008
15	国家有机毒物污染控制与资源化工程技术研究中心	南京大学	南京	2009

续表

序号	工程技术研究中心名称	承担单位	地区	建设年份
16	国家传感网工程技术研究中心	无锡物联网产业研究院（中科院无锡高新微纳传感网工程技术研发中心）	无锡	2009
17	国家桑蚕茧丝产业工程技术研究中心	鑫缘茧丝绸集团股份有限公司	南通	2009
18	国家金属线材制品工程技术研究中心	法尔胜泓昇集团有限公司	无锡	2009
19	国家射频识别系统应用工程技术研究中心	南京三宝科技股份有限公司	南京	2010
20	国家核电厂安全及可靠性工程技术研究中心	苏州热工研究院有限公司	苏州	2010
21	国家水泵及系统工程技术研究中心	江苏大学	镇江	2010
22	国家预应力工程技术研究中心	东南大学	南京	2011
23	国家特种分离膜工程技术研究中心	南京工业大学	南京	2011
24	国家煤加工与洁净化工程技术研究中心	中国矿业大学	徐州	2011
25	国家靶向药物工程技术研究中心	江苏恒瑞医药股份有限公司	连云港	2011
26	国家饲料加工装备工程技术研究中心	江苏牧羊集团有限公司	扬州	2013
27	国家有机类肥料工程技术研究中心	江苏中宜生物肥料工程中心有限公司 南京农业大学	无锡	2013
28	国家短波通信工程技术研究中心	中国人民解放军陆军工程大学 南京熊猫汉达科技有限公司	南京	2013
29	国家功能食品工程技术研究中心	江南大学	无锡	2013

江苏省企业技术中心名录（国家级）

序号	企业技术中心名称	依托单位	地区	建设年份
1	南京熊猫电子集团有限公司技术中心	南京熊猫电子集团有限公司	南京	2004年前
2	中国石化集团南京化学工业有限公司技术中心	中国石化集团南京化学工业有限公司	南京	2004年前
3	无锡威孚高科技股份有限公司技术中心	无锡威孚高科技股份有限公司	无锡	2004年前
4	江苏双良集团有限公司技术中心	江苏双良集团有限公司	无锡	2004年前
5	法尔胜集团公司技术中心	法尔胜集团公司	江阴	2004年前
6	江苏阳光股份有限公司技术中心	江苏阳光股份有限公司	江阴	2004年前
7	江苏小天鹅集团有限公司技术中心	江苏小天鹅集团有限公司	江阴	2004年前
8	徐州工程机械集团公司技术中心	徐州工程机械集团公司	徐州	2004年前
9	大屯煤电（集团）有限责任公司技术中心	大屯煤电（集团）有限责任公司	徐州	2004年前
10	常柴股份有限公司技术中心	常柴股份有限公司	常州	2004年前
11	常林股份有限公司技术中心	常林股份有限公司	常州	2004年前
12	江苏恒瑞医药股份有限公司技术中心	江苏恒瑞医药股份有限公司	连云港	2004年前
13	中国石化仪征化纤股份有限公司技术中心	中国石化仪征化纤股份有限公司	仪征	2004年前

续表

序号	企业技术中心名称	依托单位	地区	建设年份
14	宝胜集团有限公司技术中心	宝胜集团有限公司	宝应	2004年前
15	扬子江药业集团有限公司技术中心	扬子江药业集团有限公司	泰州	2004年前
16	春兰（集团）公司技术中心	春兰（集团）公司	泰州	2004年前
17	江阴兴澄特种钢铁有限公司技术中心	江阴兴澄特种钢铁有限公司	江阴	2004
18	南京南瑞集团公司技术中心	南京南瑞集团公司	南京	2006
19	江苏雨润食品产业集团有限公司技术中心	江苏雨润食品产业集团有限公司	南京	2006
20	江苏康缘药业股份有限公司技术中心	江苏康缘药业股份有限公司	连云港	2006
21	南京汽车集团有限公司技术中心	南京汽车集团有限公司	南京	2007
22	江苏亨通光电股份有限公司技术中心	江苏亨通光电股份有限公司	苏州	2007
23	江苏常铝铝业股份有限公司技术中心	江苏常铝铝业股份有限公司	常熟	2007
24	江苏沙钢集团有限公司技术中心	江苏沙钢集团有限公司	张家港	2007
25	大全集团有限公司（江苏长江电气）技术中心	大全集团有限公司（江苏长江电气）	镇江	2007
26	江苏双登集团有限公司技术中心	江苏双登集团有限公司	泰州	2007
27	中材科技股份有限公司技术中心	中材科技股份有限公司	南京	2008
28	无锡尚德太阳能电力有限公司技术中心	无锡尚德太阳能电力有限公司	无锡	2008
29	江苏白雪电器股份有限公司技术中心	江苏白雪电器股份有限公司	常熟	2008
30	江苏豪森药业股份有限公司技术中心	江苏豪森药业股份有限公司	连云港	2008
31	大亚科技集团有限公司技术中心	大亚科技集团有限公司	丹阳	2008
32	南京中船绿洲机器有限公司技术中心	南京中船绿洲机器有限公司	南京	2010
33	中国南车集团戚墅堰机车车辆厂技术中心	中国南车集团戚墅堰机车车辆厂	常州	2010
34	盛虹集团有限公司技术中心	盛虹集团有限公司	苏州	2010
35	江苏梦兰集团有限公司技术中心	江苏梦兰集团有限公司	常熟	2010
36	南通中远船务工程有限公司技术中心	南通中远船务工程有限公司	南通	2010
37	江苏兴达钢帘线股份有限公司技术中心	江苏兴达钢帘线股份有限公司	兴化	2010
38	江苏长电科技股份有限公司技术中心（新潮）	江苏长电科技股份有限公司（新潮）	江阴	2010
39	江苏星怡车灯股份有限公司技术中心	江苏星怡车灯股份有限公司	常州	2010
40	江苏上上电缆集团有限公司技术中心	江苏上上电缆集团有限公司	溧阳	2010
41	连云港中复连众复合材料集团有限公司技术中心	连云港中复连众复合材料集团有限公司	连云港	2010
42	江苏科行环境工程技术有限公司技术中心	江苏科行环境工程技术有限公司	盐城	2010
43	江苏林海动力机械集团公司技术中心	江苏林海动力机械集团公司	泰州	2010
44	国电南京自动化股份有限公司技术中心	国电南京自动化股份有限公司	南京	2011
45	远东电缆有限公司技术中心	远东电缆有限公司	宜兴	2011
46	江苏苏净集团有限公司技术中心	江苏苏净集团有限公司	苏州	2011
47	江苏通鼎光电股份有限公司技术中心	江苏通鼎光电股份有限公司	苏州	2011
48	康力电梯股份有限公司技术中心	康力电梯股份有限公司	苏州	2011

续表

序号	企业技术中心名称	依托单位	地区	建设年份
49	江苏江南高纤股份有限公司技术中心	江苏江南高纤股份有限公司	苏州	2011
50	常熟开关制造有限公司技术中心	常熟开关制造有限公司	常熟	2011
51	日出东方太阳能股份有限公司技术中心	日出东方太阳能股份有限公司	连云港	2011
52	江苏恒顺集团有限公司技术中心	江苏恒顺集团有限公司	镇江	2011
53	南京高精传动设备制造集团有限公司技术中心	南京高精传动设备制造集团有限公司	南京	2012
54	江苏博特新材料有限公司技术中心	江苏博特新材料有限公司	南京	2012
55	南车南京浦镇车辆有限公司技术中心	南车南京浦镇车辆有限公司	南京	2012
56	红豆集团有限公司技术中心	红豆集团有限公司	无锡	2012
57	江苏恩华药业股份有限公司技术中心	江苏恩华药业股份有限公司	徐州	2012
58	江南嘉捷电梯股份有限公司技术中心	江南嘉捷电梯股份有限公司	苏州	2012
59	江苏科林集团有限公司技术中心	江苏科林集团有限公司	苏州	2012
60	江苏恒力化纤股份有限公司技术中心	江苏恒力化纤股份有限公司	苏州	2012
61	江苏AB集团股份有限公司技术中心	江苏AB集团股份有限公司	昆山	2012
62	江苏正大天晴药业股份有限公司技术中心	江苏正大天晴药业股份有限公司	连云港	2012
63	盐城豪迈照明科技有限公司技术中心	盐城豪迈照明科技有限公司	建湖	2012
64	江苏扬农化工集团有限公司技术中心	江苏扬农化工集团有限公司	扬州	2012
65	镇江中船设备有限公司技术中心	镇江中船设备有限公司	镇江	2012
66	南京康尼机电股份有限公司技术中心	南京康尼机电股份有限公司	南京	2013
67	无锡透平叶片有限公司技术中心	无锡透平叶片有限公司	无锡	2013
68	江苏天奇物流系统工程股份有限公司技术中心	江苏天奇物流系统工程股份有限公司	无锡	2013
69	江苏春兴合金（集团）有限公司技术中心	江苏春兴合金（集团）有限公司	邳州	2013
70	江苏常发农业装备股份有限公司技术中心	江苏常发农业装备股份有限公司	常州	2013
71	南车戚墅堰机车车辆工艺研究所有限公司技术中心	南车戚墅堰机车车辆工艺研究所有限公司	常州	2013
72	好孩子儿童用品有限公司技术中心	好孩子儿童用品有限公司	昆山	2013
73	江苏中天科技股份有限公司技术中心	江苏中天科技股份有限公司	如东	2013
74	江苏联发纺织股份有限公司技术中心	江苏联发纺织股份有限公司	海安	2013
75	亚普汽车部件股份有限公司技术中心	亚普汽车部件股份有限公司	扬州	2013
76	常州东风农机集团有限公司技术中心	常州东风农机集团有限公司	常州	2014
77	江苏华鹏变压器有限公司技术中心	江苏华鹏变压器有限公司	常州	2014
78	南通富士通微电子股份有限公司技术中心	南通富士通微电子股份有限公司	南通	2014
79	苏州环球集团链传动有限公司技术中心	苏州环球集团链传动有限公司	苏州	2014
80	中船澄西船舶修造有限公司技术中心	中船澄西船舶修造有限公司	无锡	2014
81	江苏丰东热技术股份有限公司技术中心	江苏丰东热技术股份有限公司	盐城	2014

续表

序号	企业技术中心名称	依托单位	地区	建设年份
82	江苏长虹智能装备集团技术中心	江苏长虹智能装备集团	盐城	2014
83	江苏牧羊集团有限公司技术中心	江苏牧羊集团有限公司	扬州	2014
84	南通中远川崎船舶工程有限公司技术中心	南通中远川崎船舶工程有限公司	南通	2016
85	三一重机有限公司技术中心	三一重机有限公司	苏州	2016
86	江苏鱼跃医疗设备股份有限公司技术中心	江苏鱼跃医疗设备股份有限公司	镇江	2016
87	南京天加空调设备有限公司技术中心	南京天加空调设备有限公司	南京	2016
88	张家港富瑞特种装备股份有限公司技术中心	张家港富瑞特种装备股份有限公司	苏州	2016
89	苏州巨峰电气绝缘系统股份有限公司技术中心	苏州巨峰电气绝缘系统股份有限公司	苏州	2016
90	无锡华光锅炉股份有限公司技术中心	无锡华光锅炉股份有限公司	无锡	2016
91	江苏亚星锚链股份有限公司技术中心	江苏亚星锚链股份有限公司	泰州	2016
92	江苏林洋电子股份有限公司技术中心	江苏林洋电子股份有限公司	南通	2016
93	江苏太平洋精锻科技股份有限公司技术中心	江苏太平洋精锻科技股份有限公司	泰州	2016
94	常熟市龙腾特种钢有限公司技术中心	常熟市龙腾特种钢有限公司	苏州	2016
95	莱克电气股份有限公司技术中心	莱克电气股份有限公司	苏州	2016
96	江苏康力源健身器材有限公司技术中心	江苏康力源健身器材有限公司	徐州	2016
97	江苏永鼎股份有限公司技术中心	江苏永鼎股份有限公司	苏州	2017
98	安佑生物科技集团股份有限公司技术中心	安佑生物科技集团股份有限公司	苏州	2017
99	江苏俊知技术有限公司技术中心	江苏俊知技术有限公司	无锡	2017
100	江苏武进不锈股份有限公司技术中心	江苏武进不锈股份有限公司	常州	2017
101	江苏鹏飞集团股份有限公司技术中心	江苏鹏飞集团股份有限公司	南通	2017
102	招商局重工（江苏）有限公司技术中心	招商局重工（江苏）有限公司	南通	2017
103	江苏江动集团有限公司技术中心	江苏江动集团有限公司	盐城	2017
104	江苏辉丰农化股份有限公司技术中心	江苏辉丰农化股份有限公司	盐城	2017
105	江苏井神盐化股份有限公司技术中心	江苏井神盐化股份有限公司	淮安	2017
106	苏交科集团股份有限公司技术中心	苏交科集团股份有限公司	南京	2018
107	吴江变压器有限公司技术中心	吴江变压器有限公司	苏州	2018
108	南通海星电子股份有限公司技术中心	南通海星电子股份有限公司	南通	2018
109	徐州黎明食品有限公司技术中心	徐州黎明食品有限公司	徐州	2018
110	南京中电熊猫液晶显示科技有限公司技术中心	南京中电熊猫液晶显示科技有限公司	南京	2018
111	浙江天能电池（江苏）有限公司技术中心	浙江天能电池（江苏）有限公司	宿迁	2018

（江苏省科学技术厅科技机构与条件处）

科技条件与平台
Science & Technology Condition and Platform

公共服务平台

【概　况】　公共服务平台主要依托各类服务机构,组织各种科技资源和科技力量,为创新、创业和民生事业提供技术、知识、信息、管理和投融资等服务,具有公共性和开放性的特点,是科技服务体系的重要组成部分。

截至2018年年底,全省建有科技公共服务平台266家,其中技术创新服务平台259家(国家级1家)、科技资源共享平台7家(国家级2家);总投入80.76亿元,其中国家拨款4350万元,省拨款9.21亿元。2018年,全省科技公共创新平台服务单位或个人46.22万家(人),服务总收入58.12亿元。

【科技资源共享平台】　科技资源共享平台涵盖了大型科学仪器、科技文献、农业种质、知识产权、实验动物、重大疾病样本等科技资源,共7家,年服务单位或个人达10.42万家(人),服务收入达3.07亿元。截至2018年年底,大型科学仪器设备入网8035台(套)、入网仪器原值83.23亿元,拥有文献信息资源达153TB,保存47个种质库(圃)共6.25万份种质资源,拥有国内及国外主要国家和地区专利数据13830万条。国家遗传工程小鼠资源库拥有各类遗传工程大小鼠品系资源共5683种,其中自有产权品系合计1601种。国家非人灵长类实验动物种子中心苏州分中心实现13939只非人灵长类种群的存栏量。江苏省重大疾病生物资源样本库收集胰腺、肾脏、血液等重大疾病样本20.18万份。

江苏省科技资源共享平台资助情况

单位:万元

序号	平台名称	2018年度资助经费	下达文号	截至2018年年底累计资助经费
1	江苏省大型科学仪器设备共享服务平台	500	苏财教〔2018〕102号	3590
2	江苏省工程技术文献信息中心	380	苏财教〔2018〕115号	4450
3	江苏省农业种质资源保护与利用平台	600	苏财教〔2018〕102号	3450
4	江苏省知识产权公共服务平台	0	—	2100
5	国家遗传工程小鼠资源库	150	苏财教〔2018〕115号	4030
6	国家非人灵长类实验动物种子中心苏州分中心	50	苏财教〔2018〕115号	1100
7	江苏省重大疾病生物资源样本库	0	—	4600

江苏省大型科学仪器设备共享服务平台　资源情况。截至2018年年底,江苏省大型科学仪器设备共享服务平台(以下简称"省大仪平台")共有入网单位652个,入网仪器8035台(套),仪器原值达83.23亿元,仪器数量和原值分别同比增长3%、8%。根据《2016年度江苏省科技基础条件资源调查年度报告》显示,全省拥有50万元以上大型仪器设备6001台(套),原值76.18亿元,大型科学仪器设备的年平均有效工作机时1318小时、利用率82.38%,仪器设备开放率为92.22%。

从地域分布来看,大型科学仪器主要聚集在苏南地区,数量占比87.74%,其中南京占比超过六成;从所在单位性质分布来看,大型科学仪器主要集中在高等学校和科研院所,数量占比分别为75.64%和17.96%;从仪器的分类来看,主要有分析仪器、工艺实验设备、物理性能测试仪器等,分析仪器数量占比高达45.24%。

2018年江苏省大型科学仪器设备共享服务平台入网仪器按地域分布情况

地 区	占 比	地 区	占 比	地 区	占 比
苏南		苏中		苏北	
南京	64.47%	南通	1.57%	徐州	5.27%
无锡	5.23%	扬州	1.83%	连云港	1.58%
常州	2.53%	泰州	0.15%	淮安	0.82%
苏州	12.41%	—		盐城	1.05%
镇江	3.08%			宿迁	0
小计	87.74%	小计	3.55%	小计	8.72%

运行服务。2018年,为落实江苏省委、省政府"科技改革30条"政策,省大仪平台积极开展仪器开放共享专题调研,研究制定《江苏省推进大型科学仪器开放共享补贴细则(试行)》,组织召开全省科研设施与仪器开放共享工作推进会,开展2018年度科研设施与仪器信息公示,首次联合各设区市科技局(科委)、省有关部门开展公示信息核查工作,切实推动江苏省大型仪器向社会开放。截至2018年年底,全省管理单位上报50万元以上大型仪器年有效工作总机时775万小时(同比增长7%),年检测样品总数1508万个(同比增长21%),年检测服务总收入4.2亿元,较2017年增加1.2亿元。

宣传推广。2018年,省大仪平台联合省内16家分析测试中心走进南京、苏州、武进、扬州、海安等地的高新区、园区,组织开展大型仪器政策宣传和资源推介5场次,服务企业500多家、1200人次,为企业送出的"你检测,我买单"的中小企业用户补贴政策,获得了企业的高度认可,营造了科技资源共享互动的社会氛围。

江苏省工程技术文献信息中心 资源情况。截至2018年年底,拥有本地电子信息资源总量超过153TB,拥有的联合目录及元数据量超过2.26亿条,包括中外文学术期刊、标准专利、研究报告、经济信息数据库、图书年鉴、情报分析工具;新增3种文献资源,包括慧科舆情监测系统、皮书数据库和Wind金融数据终端等资源。

运行服务。2018年,中心网站访问量突破650万次,实现网上全文服务量1821966页,其中网上原文传递量1744276页,文献代查代检量77690页。全年服务单位用户数5216家次,其中服务企业3108家,完成定题服务、专利分析报告、产业信息跟踪与分析、专题研究报告等深层次服务3918项次。

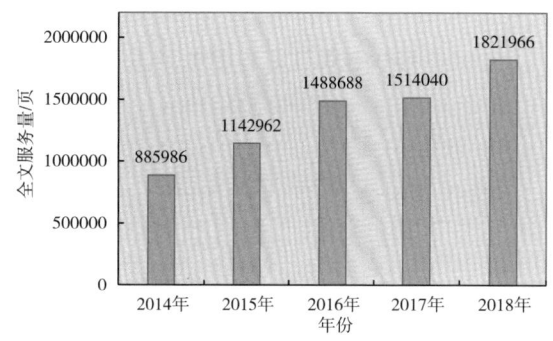

2014—2018年江苏省文献平台网上原文提供情况

绩效考核。2018年,根据年初签订的工作任务书,中心组织公共文献服务机构、大学等具有代表性的单位成立考核小组,对联合目录加工量、原文传递量、代查代检量等绩效进行评估。10家单位均通过考核，总计发放运行补贴210万元。

宣传推广。2018年，积极拓展中心平台在园区的服务与推广。中心积极加强与各机构联动，开展了6场"科技资源园区行"活动，并举办大型公益性文献专场培训会。全年合计发放文献服务卡2000张，培训用户389场次，培训技术人员38343人次。

江苏省农业种质资源保护与利用平台 资源情况。截至2018年年底，江苏省农业种质资源保护与利用平台共建有专业种质资源库（圃）47个，其中国家级24个、省级23个。23个省级种质资源库（圃）已保存农作物、林木、水产、家养动物四大类种质资源62553份，其中2018年新增种质资源953份，种质资源保存数量比2017年增长4%。

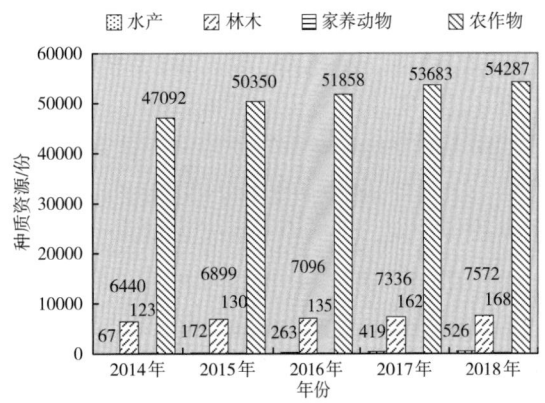

2014—2018年江苏省农业种质实物资源情况

2018年，更新各类种质资源2066份，其中农作物种质资源更新1401份、林木资源更新448份、水产更新29份、家养动物更新188份。

运行服务。2018年，对外提供包括农作物、林木、家养动物、水产等60323份农业种质资源信息共享服务，共计82个数据库，共享特征数据超过180万个，提供信息数量同比增长6%。

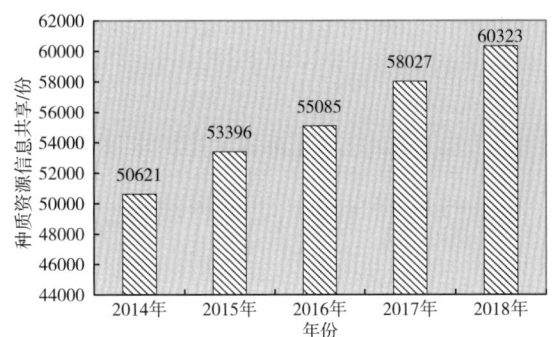

2014—2018年江苏省农业种质资源信息共享情况

2018年，累计向中国农科院、广东省农科院、南京农业大学、云南农业大学、江苏浤源禾农业科技有限公司、苏州苏农园艺景观有限公司等单位提供种质资源8303份次，其中农作物3946份次、林木1872份次、水产2016份次、家养动物469份次。

2018年，平台通过实物种质资源共享，支撑各类成果奖11项，相关课题44项，科技论文79篇，其中SCI论文36篇，授权专利28项，审定品种4个，获得品种权13项，有效支撑了江苏省农业科技创新和产业发展。

绩效考核。2018年，平台以《江苏省农业种质资源保护与利用平台绩效考核办法》为依据，对省级种质资源库（圃）进行分类考核，强化资源共享服务功能。平台理事会办公室及行业子平台定期组织专家考察库（圃）运行情况，对照任务书对各库（圃）的任务完成情况进行综合评估，绩效考核结果分为4个等次，其中一等5家，二等7家，三等10家，四等1家，并以此为依据发放2018年库（圃）运行补贴，通过量化管理，使平台工作稳步推进。

江苏省知识产权公共服务平台 资源情况。截至2018年年底，江苏省知识产权公共服务平台拥有专利数据13830万条，比2017年增加1404万条。其中国内数据4285万条，国外数据9545万条。

运行服务。2018年，江苏省专利信息服务中心积极支撑江苏省产业发展，开展了光伏材料产业、新能源电动车产业、心血管药物产业预警研究工作，及时对外发布研究成果。围绕企业知识产权战略需求，为精创电气、苏云医疗等10多家企业开展企业知识产权战略辅导；围绕高端制造、电子信息、生物医药等产业发展，开展了扬力集团、正大天晴、江苏省农业科学院等9家单位的高价值专利培育工作；为江苏省委组织部、省科技厅等部门解决重大成果转化、人才引进等知识产权风险；开展国知局重大经济科技活动知识产权评议项目，其中CIGS（铜铟镓硒）柔膜太阳能电池高技术领域重大投资项目知识产权评议被评为优秀试点项目；承担了国家和江苏省知识产权软课题研究项目近10项；开展了光伏材料、机动车尾气净化技术等8个产业专题库及江昕轮胎、江苏芭田、启德水务等7家企业专题库建设；举办第二届中国专利检索技能大赛、第三届"中山杯"大学生专利分析大赛等大型活动，吸引了众多选手报名参赛，取得广泛的社会影响；为社会公众等解答12330来电等咨询758个，成功移交60起举报投诉案件，立案32起；入驻大型展会近10次，提供现场咨询与服务；完成1745件电商案件的分配与回收，出具247份电商领域专利侵权纠纷报告；建立知识产权统计指标体系，实时监测江苏专利申请和授权情况，定期发布《江苏知识产权统计》《全省主要专利产出情况通报》《江苏省专利产出状况统计报告》，为政府部门和创新主体知识产权工作开展提供科学依据。

知识产权审查。2018年，受江苏省委组织部、省科技厅、省人才办等部门分别委托，开展了江苏省科技厅重大成果转化项目知识产权审查，圆满完成了108个申报项目所涉及2237件专利的审查；承担了省委组织部、省人才办引进人才的知识产权审查工作，对342名引进人才在入选后的专利、入选其他人才工程、承担政府相关项目、获取奖项和期刊论文等产出进行追踪调查，为政府项目转化、人才引进等知识产权风险规避提供了有效屏障。根据国家知识产权局关于2018年重大经济科技活动知识产权评议工作的要求，首次开展了小分子靶向抗癌药物进口管理、国际重大工业展会知识产权风险防控的知识产权评议，完成了2017年重大经济科技活动知识产权评议项目，其中CIGS（铜铟镓硒）柔膜太阳能电池高技术领域重大投资项目知识产权评议被评为优秀试点项目。

国家遗传工程小鼠资源库 资源情况。国家遗传工程小鼠资源库现有各类遗传工程大小鼠品系资源共5683种，其中小鼠品系5460种，大鼠品系223种。品系资源的保存方式为活体或冷冻。资源库每年创制新小鼠品系超600种，截至2018年，资源库胚胎冷冻品系达1136个，精子冷冻品系达2814个，冷冻保存品系约占比71%。资源库拥有自有产权品系1601个，占比28%。

运行服务。资源库拥有固定服务场地30000平方米，固定人员267人，配备国际先进水平的饲养繁育生产线与专业仪器设备，形成了集SPF级大小鼠的饲养繁育、隔离检疫、模型研发、生殖技术等服务于一体的综合性高端技术平台。2018年，资源库向700多家国内外单位提供小鼠品系资源数量超过10万只。基因工程小鼠模型资源供应的市场占有率全国第一，模型定制及分析服务的综合市场占有率约40%以上。服务单位包括国内28个省市自治区的216家大专院校，223家医院，158家研究所和国家科研中心，以及76家制药和生物企业。

能力建设。资源库是"国际小鼠表型分析联盟"的发起者和核心成员，也是"亚洲小鼠基因组改造和资源协会""亚洲表型分析联盟"发起单位之一，与KOMP，Eucomm，MMRRC，RikenBRC、JAX、Taconic等11国27家资源库建立了合作交流关系。

2018年，资源库搭建了全球标准化的小鼠表型分析平台，组建了国家遗传工程小鼠资源共享发展战略合作联盟，积极打造国际品牌会议——"第二届人源化实验动物模型国际论坛"，联合南京大学模式动物研究所举办了"实验室开放日活动"。

资源库为多个国家重点项目提供支撑，包括两项中国科学十大进展研发，荣膺国家科学进步二等奖；参与"基于PDX肿瘤模型开发与应用精准医学资源与服务平台""江苏省疾病模型资源创制与互联网共享服务平台建设""人类疾病动物模型开发与技术服务""大鼠支撑计划"等国家重大项目。

国家非人灵长类实验动物种子中心苏州分中心 资源情况。截至2018年年底，实现13939只非人灵长类种群的存栏量，累计筛选出符合要求的实验动物10628只，其中食蟹猴9465只，恒河猴1163只。实现SPF级保种种群数量达2661只，其中食蟹猴种群2353只，猕猴种群308只。2018年引种恒河猴62只，引种食蟹猴300只。

运行服务。2018年，中心为北京师范大学、苏州大学、中国科学院上海药物研究所、苏州药明康德新药开发股份有限公司、浙江大学附属第二医院、美国科文斯（Covance）等国内外12家单位提供实验动物2030只，其中食蟹猴1734只，恒河猴296只。实现主营业务收入2266万元。

管理情况。中心共有员工95人，动物繁育和动物实验人员73人、占比77%，管理人员22人、占比23%。博士5人，硕士32人，中级职称以上15人。2018年引进人才13人，其中硕士以上9人。

2018年，中心顺利通过AAALAC复查，目前已建立全面的质量管理体系，现已生效执行标准操作规程228份，包括综合管理、质量保证篇、档案管理篇、操作、实验动物和动物设施管理、检测、动物质量标准、仪器设备、计算机管理、伦理委员会等。中心已采用ARP信息管理系统实现对所有动物资料的全程电子化管理，包括繁殖、防疫、治疗和饲养管理四大系统，对动物的档案实行双套对应管理，确保了实验动物的背景资料清晰。已录入超过15000只灵长类实验动物的数据信息，包括遗传谱系、检验防疫等信息。

研发情况。完成食蟹猴相应的质量形状的描述，食蟹猴毛色黄、灰、褐不等，腹毛及四肢内侧毛色浅白；冠毛后披，面带须毛，部分头顶有一小撮竖直的毛发；耳直目色黑；身体皮肤白、蓝为主；发情期雌性臀部发红。建立了食蟹猴的生理学数据（已完成心电图、体温、心率、呼吸、血压、血液学数据、尿液指标）。完成了食蟹猴生物学特性的数据采集工作。建立了生殖参数数据（已完成性周期、妊娠期、哺乳期的测定）。完成了食蟹猴的解剖数据（脏器重量）的数据采集工作。完成了非人灵长类饲养管理质量规范研究，详细介绍了实验猴的分布与主要生物学特性、引种质量规范、繁育管理规范、饲养管理规范、实验管理规范、麻醉与镇痛、安乐死、健康管理规范及职业健康与安全等方面。

江苏省重大疾病生物资源样本库 资源情况。样本库由江苏省人民医院（项目平台暨胰腺子库）牵头，南京军区南京总医院（肾脏子库）、苏州大学附属第一医院（血液子库）、江苏省肿瘤医院（肺癌子库）、中国医科院皮肤病研究所（皮肤子库）、南京鼓楼医院（妇产子库）等六家医院协同共建。2018年度，样本库共收集样本201852份，同比增长11.98%，类型包括冷冻组织样本、血液样本、尿液样本、DNA/RNA样本、石蜡切块等。

运行服务。样本库现有临床及样本库团队工作人员124人。2018年度，共享服务出库生物样本6665份。与样本收集量相比，样本使用率为3.3%，共享率仍需进一步提升。此外，平台支持省部级及以上项目课题50项，发表相关论文50篇。

建设情况。在标准化建设方面，样本库参照国际样本库协会ISBER Best Practice 2018等国际先进标准，参考国内行业组织制定的"中国医药生物技术协会生物样本库标准(试行版)"等标准，并结合医院实际及专业特点，对已形成的各子库相关质量管理体系、SOP等文件进一步完善，涵盖了规范生物样本的采集、处理、入库、管理、出库等样本全生命周期的管理。胰腺子库已通过ISO 9001：2015国际质量体系认证现场审查。同时，样本库引入第三方机构，协助制定规范化的工作体系和质量标准，并对各子库建设过程进行定期质量审核。2018年，由专家带队对各样本子库进行质量检查，各子库实地核查及样本抽检均合格。

2018年，江苏省重大疾病生物资源库信息集成平台网站正式向全省发布，网站集成了6个样本子库及出生队列的5700余份样本信息，提供样本信息查询、统计、申请使用等多种专业功能。网站在保障捐赠者隐私权的基础上，向省内各高校、科研院所、医疗机构等相关领域研究人员全面开放，力争实现样本的最大化共享流动。

针对人类遗传资源使用中的伦理问题，2018年，伦理委员会召开了工作会议，对《江苏省重大疾病生物资源样本库伦理管理共识（讨论稿）》及《江苏省重大疾病生物资源样本库材料转移协议（建议稿）》等指导性文件进行修订。

【技术创新服务平台】 技术创新服务平台面向产业集聚明显、要素集中突出的国家和省级高新区、科技园区等，围绕科技型中小企业的需求，突出开放性和公共性，找准产业技术链关键环节，为中小企业提供研发设计、工程化、检验检测、成果转移转化、科技投融资等系列公共技术服务。2018年，江苏省科技厅重点瞄准新兴产业、未来产业创新和中小企业发展需求，在智能制造、人工智能领域布局建设了2个重大科技公共服务平台——江苏省智能制造与机器人应用技术公共服务平台和江苏省人工智能产业公共技术服务平台。截至2018年年底，全省共建有技术创新服务平台259家。

截至2018年年底，全省技术创新服务平台拥有专职服务人员1.72万人，服务场地178.49万平方米，仪器设备2.92万台（套），共服务单位或个人35.8万家（人），开展技术和中介等服务共计99.12万项次，实现服务收入55.05亿元；全省共有160家平台取得各种服务资质或许可。

分布情况 按地区分布：苏南地区占比最高，共160家，占比61.78%；南京、苏州、无锡的建设数量位居全省前三名，分别是78家、28家、25家。

按产业领域分布：电子信息领域最多，共38家，生物医药36家，新材料29家，装备制造25家，现代农业24家，社会事业20家，新能源与高效节能15家，环境保护与资源综合利用14家，其他58家。

按依托单位性质分布：全省技术创新服务平台依托高校建设的有27家，依托科研院所建设的有53家，依托其他事业单位建设的有103家，依托服务性企业建设的有76家。

能力建设 建设投入：截至2018年年底，全省技术创新服务平台累计总投入近75.42亿元，其中省拨款共8.00亿元。

服务场所：截至2018年年底，全省技术创新服务平台拥有固定服务场地178.49万平方米，平均每家拥有服务场所达6891.51平方米。

服务资源：截至2018年年底，全省技术创新服务平台拥有科学仪器设备2.92万台(套)（含50万元以下设备），平均每家拥有113台（套）。

截至2018年年底，全省技术创新服务平台拥有各类科技数据2.66亿件，科技文献5.56万条，种质资源5355份，2.08万项。

人才队伍建设：截至2018年年底，全省技术创新服务平台拥有专职服务人员17179人，平均每家拥有66人；其中博士1449人，高级职称2680人，海归464人。引进硕士、副高职称及以上的高层次人才1315人。

服务资质：全省共有160家平台取得各种服务资质，其中，54家获得CNAS认证和CMA资质（占资质总数的33.75%），3家取得国际AAALAC认证，1家获得AABB（美国血液银行协会）国际认证，1家获得A2LA认证，5家取得GLP认证，17家通过ISO认证，19家获得医药、农药评价资质，21家获得软件及信息系统集成资质认证，39家获得协会及行业相关资质认证。

运行成效 服务绩效：2018年度，全省技术创新服务平台共服务单位或个人35.8万家（人），平均每家服务1382家（人），同比增长16.07%；全省技术创新服务平台服务总收入55.06亿元，比2017年增长2.05%，平均每家服务收入2125.8万元。

技术服务：2018年度，全省技术创新服务平台以研发设计服务和检验检测服务为主，研发设计服务46308项次，服务收入24.58亿元，平均每家服务收入949.03万元；检验检测服务545736项次，服务收入18.96亿元，平均每家服务收入732.05万元；技术专业转化服务10154项次，转化服务收入4.09亿元，平均每家服务收入157.92万元。

中介服务：2018年度，全省技术创新服务平台科技中介服务主要以技术培训和人才培养服务占比最大。科技咨询服务171661项次，服务收入2.96亿元；技术培训和人才培养服务189987人次，服务收入2.36亿元；科技金融服务13748项次，服务收入1.52亿元；科技创业服务13571项次，服务收入0.58亿元。

标准情况：2018年度，全省技术创新服务平台共参与制定标准191项，平均每家0.74项，其中国际标准18项、国家标准57项、地方标准47项、行业标准69项。

专利情况：2018年度，全省技术创新服务平台共申请专利2517件，平均每家近10件，其中发明专利1229件；获软件著作权630件。

管理与评价 为加强科技公共服务平台的建设和运行管理，逐步建立优胜劣汰的长效动态管理和稳定支持机制，提升支撑全省创新服务的能力，2018年，在科技公共服务平台建设运行年度报告制度的基础上，对全省219家进入运行期的平台2015—2017年的运行情况进行了绩效评估。

根据科技公共服务平台绩效评估指标体系，重点对平台服务能力、服务成效、运行管理等3个方面进行评估，经材料审核、定量打分、定性评价、综合评估、结果公示等程序，评估结果为"优良"58家、"合格"127家、"较差"34家。按照《江苏省科技公共服务平台管理办法》，经专家复评等程序，8家整改合格的平台继续列入平台管理序列；3家连续两轮评为"较差"、7家"整改不通过"和1家逾期未提交整改材料的平台予以摘牌，另有15家平台按规定办理了申请撤销的手续，全年共有26家不再列入平台管理序列。

江苏省科技公共服务平台名录

序 号	项目名称	依托单位	主管部门	建设年份
（一）科技资源共享平台				
1	江苏省工程技术文献信息中心	江苏省科技情报研究所	江苏省科学技术厅	2004
2	江苏省大型科学仪器设备共享服务平台	江苏省生产力促进中心等	江苏省科学技术厅	2004
3	江苏省知识产权公共服务平台	江苏省专利信息中心	江苏省知识产权局	2005 2008
4	国家遗传工程小鼠资源库	南京大学	南京大学	2001
5	江苏省农业种质资源保护与利用平台	江苏省农业科学院	江苏省农业科学院	2005
6	国家非人灵长类实验动物种子中心苏州分中心	苏州西山中科实验动物有限公司	苏州市科技局	2003
7	江苏省重大疾病生物资源样本库	江苏省人民医院	江苏省卫生健康委员会	2015
（二）技术创新服务平台				
8	国家南方农药创制中心江苏基地生测部	江苏省农药研究所股份有限公司	江苏省科学技术厅	1996
9	江苏省医药农药兽药安全性评价与研究中心	南京医科大学	江苏省教育厅	1999

续表

序号	项目名称	依托单位	主管部门	建设年份
10	江苏省药物安全性评价中心	南京工业大学（江苏省药物研究所）	南京工业大学	1999
11	国家避孕药具不良反应监测与防治中心	江苏省计划生育科学技术研究所	江苏省卫生健康委员会	1999
12	江苏省计算机系统工程测试研究中心	江苏省计量科学研究院	江苏省市场监督管理局	2000
13	江苏省国民体质及竞技能力研究中心	江苏省体育科学研究所	江苏省体育局	2000
14	江苏省重大危险源及隐患评估中心	江苏省安全生产科学研究院	江苏省应急管理厅	2000
15	江苏省电子信息产品电磁兼容性能研究与检测服务中心	江苏省电子信息产品质量监督检验研究院	江苏省工业和信息化厅	2001
16	江苏省无机材料专业测试服务中心	江苏省地质调查研究院	江苏省自然资源厅	2004
17	江苏省食品营养与有毒有害物质检测中心	江苏省理化测试中心	江苏省科学技术厅	2004
18	江苏省集成电路（苏州）创新服务平台	苏州中科集成电路设计中心有限公司	苏州市科技局	2005
19	江苏省工业设计创业服务平台	无锡（国家）工业设计园创业服务中心	无锡市科技局	2005
20	江苏省药效研究与评价服务中心	中国药科大学	中国药科大学	2005
21	江苏省生物医药创业服务平台	苏州高新技术创业服务中心	苏州市科技局	2005
22	江苏省科技创业公共服务平台	江苏省高新技术创业服务中心苏北五市	江苏省科学技术厅	2005
23	江苏省徐州科技创业服务中心	徐州高新技术创业服务中心	徐州市科技局	2005
24	江苏省淮安科技创业服务中心	淮安市高新技术创业服务中心	淮安市科技局	2005
25	江苏省道地药材种质资源库	江苏省中国科学院植物研究所	江苏省科学技术厅	2006
26	江苏省水禽种质资源基因库	江苏畜牧兽医职业学院	泰州市科技局	2006
27	江苏省农药环境安全性评价与残留检测服务中心	国家环境保护总局南京环境科学研究所	南京市科技局	2006
28	江苏省药物与医疗器械临床研究和评价服务中心（原江苏省抗病毒药物临床试验服务中心）	江苏省人民医院	江苏省卫生健康委员会	2006
29	江苏省心血管药物临床试验服务中心	南京市第一医院	南京市科技局	2006
30	江苏省抗肿瘤药物临床试验服务中心	江苏省肿瘤医院	江苏省卫生健康委员会	2006
31	江苏省生物兽药筛选服务中心	江苏省农业科学院	江苏省农业科学院	2006
32	江苏省连云港科技创业服务中心	连云港市科技创业服务中心	连云港市科技局	2006
33	江苏省宿迁科技创业服务中心	宿迁市科技创业服务中心	宿迁市科技局	2006
34	江苏省超级计算技术应用服务平台	无锡超级计算技术服务有限公司	无锡市科技局	2006

续表

序号	项目名称	依托单位	主管部门	建设年份
35	江苏省制造业信息化公共技术服务平台	江苏省生产力促进中心	江苏省科学技术厅	2007
36	江苏南京可扩展基本输入输出系统公共服务平台	南京百敖软件有限公司	南京市科技局	2007
37	江苏无锡集成电路快速封装服务平台	无锡中微高科电子有限公司	无锡市科技局	2007
38	江苏苏州电子信息产业质量与可靠性共性技术服务平台	信息产业部电子第五研究所华东分所	苏州市科技局	2007
39	江苏苏州软件技术公共服务平台	苏州市软件评测中心有限公司	苏州市科技局	2007
40	江苏常州动画影视制作公共技术服务平台	常州高新技术创业服务中心	常州市科技局	2007
41	江苏淮安贴片技术服务平台	淮安市高新技术创新中心	淮安市科技局	2007
42	江苏苏州环保科技公共服务中心	苏州国家环保产业园发展有限公司	苏州市科技局	2007
43	江苏省海洋资源开发研究院	淮海工学院	连云港市科技局	2007
44	江苏扬州现代乳业加工服务中心	扬州大学	扬州市科技局	2007
45	江苏省生物医药材料测试服务平台	南京师范大学	江苏省教育厅	2007
46	江苏苏州药物非临床研究及评价公共服务中心	苏州药明康德新药开发有限公司	苏州市科技局	2007
47	江苏泰州医药科技公共服务平台	江苏华创医药研发平台管理有限公司	泰州市科技局	2007
48	江苏东海硅材料技术创新公共服务平台	东海县生产力促进中心 东海县科技情报研究所	东海县科技局	2007
49	江苏丹阳眼镜行业科技公共服务平台	丹阳市精通眼镜技术创新服务中心	丹阳市科技局	2007
50	江苏宜兴电线电缆产品质量安全测试服务中心	江苏省产品质量监督检验研究院	江苏省市场监督管理局	2007
51	江苏江阴金属材料检测与服务平台	法尔胜集团公司	江阴市科技局	2007
52	江苏扬州光电产品环境与可靠性试验检测中心	中国船舶重工集团公司第七二三研究所	扬州市科技局	2007
53	江苏无锡光伏产品公共服务平台	无锡市产品质量监督检验所	无锡市科技局	2007
54	江苏省船舶数字化设计制造技术中心	江苏现代造船技术有限公司	镇江市科技局	2007
55	江苏常州智能检测控制技术与数字化设计制造技术服务平台	常州机械电子工程研究所	常州市科技局	2007
56	中国矿业大学国家大学科技园技术标准信息服务平台	徐州市技术监督情报信息中心	徐州市科技局	2007
57	江苏海安桑蚕丝质量检测服务中心	鑫缘茧丝绸集团股份有限公司	南通市科技局	2007
58	江苏省南京软件公共技术服务中心	南京市科技信息研究所	南京市科技局	2008
59	江苏省3G增值业务研发与测试技术服务中心	南京信息职业技术学院	江苏省工业和信息化厅	2008

续表

序号	项目名称	依托单位	主管部门	建设年份
60	中国矿业大学国家大学科技园公共技术服务中心	徐州中国矿业大学大学科技园有限公司	徐州市科技局	2008
61	江苏省常州工控软件新技术与智能监控技术服务中心	常州南京大学高新技术研究院	常州市科技局	2008
62	江苏省吴中消费电子产品有害物质检测与评价技术服务中心	江苏省优联产品技术服务有限公司	苏州市科技局	2008
63	江苏省淮安物流公用信息技术服务中心	淮安信息职业技术学院	淮安市科技局	2008
64	华东地区（江苏）环境地质检测公共技术服务中心	南京地质矿产研究所	南京市科技局	2008
65	江苏省宜兴环保科技公共技术服务中心	南京大学宜兴环保科技研发中心	宜兴市科技局	2008
66	江苏省常州精细化工清洁生产与工程技术服务中心	常州化学研究所	常州市科技局	2008
67	江苏省南通化学物检测及安全评价公共技术服务中心	南通通大化学物安全性评价中心有限公司	南通市科技局	2008
68	江苏省扬州农业环境安全技术服务中心	扬州大学	扬州市科技局	2008
69	江苏省污染减排公共技术服务中心	江苏省环境科学研究院	江苏省生态环境厅	2008
70	江苏省泰州兽药临床试验研究公共技术服务中心	江苏倍康药业有限公司	泰州市科技局	2008
71	江苏省无锡发酵工程公共技术服务中心	江苏省无锡江大大学科技园有限公司	无锡市科技局	2008
72	江苏省药物新制剂研究及工程化技术服务中心	南京工业大学	江苏省教育厅	2008
73	江苏省苏州医疗器械临床前研究与评价公共技术服务中心	苏州大学	苏州市科技局	2008
74	江苏省医药动物实验基地	南京医科大学	江苏省教育厅	2008
75	江苏省常州电子基础材料检测技术服务中心	常州电子产品质量监测所有限公司	常州高新区科技局	2008
76	江苏省常州环保涂料产业公共技术服务中心	中国化工建设总公司常州涂料化工研究院	常州市科技局	2008
77	江苏省苏州丝绸技术服务中心（国家纺织产业创新支撑平台）	苏州大学 江苏省纺织机械工程技术研究中心 国家毛纺新材料工程技术研究中心 江苏省纺织研究所	苏州市科技局	2008
78	江苏省兴化特种合金材料及制品试验检测公共技术服务中心	兴化市产品质量监督检验所	兴化市科技局	2008
79	江苏省建筑节能技术服务中心	江苏省建筑科学研究院有限公司	江苏省住房和城乡建设厅	2008

续表

序号	项目名称	依托单位	主管部门	建设年份
80	江苏省太阳能热利用产品检测技术服务中心	江苏省产品质量监督检验研究院	江苏省市场监督管理局	2008
81	江苏省苏州化学电源公共技术服务中心	轻工业化学电源研究所	苏州市科技局	2008
82	江苏省扬州LED新光源材料测试技术服务中心	扬州大学	扬州市科技局	2008
83	江苏省镇江LED封装与应用公共技术服务中心	江苏稳润光电有限公司	镇江市科技局	2008
84	江苏省轨道交通电气牵引仿真设计公共技术服务中心	南京理工大学	江苏省教育厅	2008
85	江苏省无锡船舶CFD技术服务中心	中国船舶重工集团公司第七〇二研究所	无锡市科技局	2008
86	江苏省锡山轻型多功能电动车公共技术服务中心	无锡市锡山区生产力促进中心	无锡市科技局	2008
87	江苏省纺织工业绿色制造与生态安全检测技术服务中心	江苏出入境检验检疫局纺织工业产品检测中心	无锡市科技局	2008
88	江苏省盐城纺织机械创新公共技术服务中心	盐城工学院	盐城市科技局	2008
89	江苏省镇江现代焊接技术服务中心	江苏科技大学	镇江市科技局	2008
90	江苏省扬中电力电器检测技术服务中心	大全集团有限公司	扬中市科技局	2008
91	江苏省产业知识产权公共技术服务中心	常州佰腾科技有限公司	常州市科技局	2008
92	江苏省跨国技术转移公共服务平台	江苏省生产力促进中心	江苏省科学技术厅	2008
93	江苏省徐州市科技成果转化服务中心	徐州市生产力促进中心	徐州市科技局	2008
94	江苏省徐州市贾汪区科技成果转化服务中心	徐州市贾汪区高新技术创业服务中心	徐州市科技局	2008
95	江苏省睢宁县科技成果转化服务中心	睢宁县高新技术科技创业服务中心	睢宁县科技局	2008
96	江苏省新沂市科技成果转化服务中心	新沂市高新技术科技创业服务中心	新沂市科技局	2008
97	江苏省邳州市科技成果转化服务中心	邳州市生产力促进中心	邳州市科技局	2008
98	江苏省连云港市科技成果转化服务中心	连云港市生产力促进局	连云港市科技局	2008
99	江苏省赣榆县科技成果转化服务中心	赣榆县生产力促进中心	赣榆县科技局	2008
100	江苏省东海县科技成果转化服务中心	东海县生产力促进中心	东海县科技局	2008
101	江苏省灌云县科技成果转化服务中心	灌云县生产力促进中心	灌云县科技局	2008
102	江苏省淮安市科技成果转化服务中心	淮安市生产力促进中心	淮安市科技局	2008
103	江苏省淮安市楚州区科技成果转化服务中心	淮安市科技开发促进中心	淮安市科技局	2008
104	江苏省淮安市淮阴区科技成果转化服务中心	淮安市淮阴区生产力促进中心	淮安市科技局	2008
105	江苏省盱眙县科技成果转化服务中心	盱眙县生产力促进中心	盱眙县科技局	2008
106	江苏省洪泽县科技成果转化服务中心	洪泽县科技创新中心	洪泽县科技局	2008

续表

序号	项目名称	依托单位	主管部门	建设年份
107	江苏省金湖县科技成果转化服务中心	金湖县生产力促进中心	金湖县科技局	2008
108	江苏省盐城市科技成果转化服务中心	盐城市科技成果转化服务中心	盐城市科技局	2008
109	江苏省盐城市盐都区科技成果转化服务中心	盐城市盐都区生产力促进中心	盐城市科技局	2008
110	江苏省阜宁县科技成果转化服务中心	阜宁县信息情报中心	阜宁县科技局	2008
111	江苏省射阳县科技成果转化服务中心	射阳县生产力促进中心	射阳县科技局	2008
112	江苏省建湖县科技成果转化服务中心	建湖县生产力促进中心	建湖县科技局	2008
113	江苏省大丰市科技成果转化服务中心	大丰市生产力促进中心	大丰市科技局	2008
114	江苏省宝应县科技成果转化服务中心	宝应县生产力促进中心	宝应县科技局	2008
115	江苏省宿迁市宿豫区科技成果转化服务中心	宿豫区生产力促进中心	宿迁市科技局	2008
116	江苏省沭阳县科技成果转化服务中心	沭阳县科技创业服务中心	沭阳县科技局	2008
117	江苏省泗阳县科技成果转化服务中心	泗阳县科技创业服务中心	泗阳县科技局	2008
118	江苏省泗洪县科技成果转化服务中心	泗洪县生产力促进中心	泗洪县科技局	2008
119	江苏省宿迁市科技成果转化服务中心	宿迁市科技创业服务中心	宿迁市科技局	2008
120	江苏省精密几何量计量检测公共技术服务中心	江苏省计量科学研究院	江苏省市场监督管理局	2008
121	江苏省省级基础地理信息公共技术服务中心	江苏省测绘研究所	江苏省自然资源厅	2008
122	江苏省水利工程数值模拟应用技术服务中心	江苏省水利科学研究所	江苏省水利厅	2008
123	江苏省近岸海域生态环境研究评价服务中心	江苏省海洋水产研究所	江苏省农业农村厅	2008
124	江苏省寄生虫病免疫诊断和预防技术服务中心	江苏省血吸虫病防治研究所	江苏省卫生健康委员会	2008
125	江苏省水产品质量安全公共技术服务中心	江苏省淡水水产研究所	江苏省农业农村厅	2008
126	江苏省公共气象科技服务平台	江苏省气象科技服务中心	江苏省气象局	2008
127	孟河医派方药传承及开发研究服务中心	江苏省中医药研究院	江苏省中医药管理局	2008
128	江苏省microPET新药研制中心	江苏省原子医学研究所	江苏省卫生健康委员会	2008
129	江苏省重大林业有害生物监测与预警服务中心	江苏省林业科学研究院	江苏省自然资源厅	2008
130	江苏水禽育种研究与品种检测公共技术服务中心	江苏省家禽科学研究所	江苏省农业农村厅	2008
131	江苏省桥梁质量检测及营运安全评价公共技术服务中心	江苏省交通科学研究院有限公司	南京市科技局	2008
132	江苏省突发疫情处置技术服务中心	江苏省疾病预防控制中心	江苏省卫生健康委员会	2008
133	江苏省植物病毒病诊断检测技术服务中心	江苏省农业科学院	江苏省农业科学院	2008

续表

序号	项目名称	依托单位	主管部门	建设年份
134	江苏省如东优质条斑紫菜育、养、加、销公共技术服务中心	如东县紫菜协会	南通市科技局	2008
135	江苏省茶业科技创新公共技术服务中心	江苏农林职业技术学院	镇江市科技局	2008
136	江苏省兴化脱水蔬菜行业发展公共技术服务中心	兴化市绿禾食品有限公司	兴化市科技局	2008
137	江苏省沛县科技成果转化服务中心	沛县科学技术信息研究所	沛县科技局	2008
138	江苏省淮安设施农业智能化公共技术服务中心	淮安信息职业技术学院	淮安市科技局	2009
139	江苏省连云港港口物流公共技术服务中心	连云港电子口岸信息发展有限公司	连云港市科技局	2009
140	江苏省南京金融信息处理公共技术服务中心	南京万得科技有限公司	南京市科技局	2009
141	江苏省南京软件外包接发包科技公共服务中心	江苏润和软件股份有限公司	南京市科技局	2009
142	江苏省盐城环保装备公共技术服务中心	盐城工学院大学科技园有限公司	盐城市科技局	2009
143	江苏省污水处理设施效率检测公共技术服务中心	江苏省环境监测协会	江苏省生态环境厅	2009
144	江苏省纳米药物制备与生物学评价公共技术服务中心	中国药科大学	中国药科大学	2009
145	江苏省食品安全及功能性成份分析检测公共技术服务中心	江苏省微生物研究所有限责任公司	无锡市科技局	2009
146	江苏省无锡新药开发公共技术服务中心	无锡市马山生物医药工业园有限公司	无锡市科技局	2009
147	江苏省苏州生物与新医药公共技术服务中心	苏州工业园区生物纳米科技发展有限公司	苏州工业园区科信局	2009
148	江苏省常州国家高新区生物产业公共技术服务中心	常州高新区三药技术创新服务中心	常州高新区科技局	2009
149	江苏省高新技术创业服务中心生物医药科技公共服务中心	江苏省高新技术创业服务中心	江苏省科学技术厅	2009
150	江苏省淮安盐化工产品分析检测公共技术服务中心	淮安市产品质量监督检验所	淮安市科技局	2009
151	江苏省常州木地板公共技术服务中心	常州市新型装饰板材生产力促进中心	常州市科技局	2009
152	江苏省宜兴新型陶瓷材料公共技术服务中心	江苏省陶瓷研究所有限公司	宜兴市科技局	2009
153	江苏省扬州玩具与儿童用品公共技术服务中心	扬州进出口玩具检验所	扬州市科技局	2009
154	江苏省丹阳家纺创新设计公共技术服务中心	丹阳堂皇家纺技术创新服务中心有限公司	丹阳市科技局	2009
155	江苏省邳州木制家具及人造板质量检测公共技术服务中心	邳州市生产力促进中心	邳州市科技局	2009

续表

序号	项目名称	依托单位	主管部门	建设年份
156	江苏省苏州太阳能和风能发电设备检测公共技术服务中心	苏州电器科学研究院有限公司	苏州高新区科技局	2009
157	江苏机电产品节能环保检测服务中心	江苏检验检疫机电产品检测中心	无锡市科技局	2009
158	江苏省无锡发动机节能减排公共技术服务中心	无锡油泵油嘴研究所	无锡市科技局	2009
159	江苏省溧阳输变电装备工程复合材料公共技术服务中心	江苏正平技术服务事务所有限公司	溧阳市科技局	2009
160	江苏省企业管理咨询科技公共服务中心	南京蓝鲸咨询有限公司	南京市科技局	2009
161	江苏省南京科技广场科技公共服务中心	南京市鼓楼区科技中心	南京市科技局	2009
162	江苏省中小企业科技投融资公共服务中心	苏州市吴中科技创业园管理有限公司	苏州市科技局	2009
163	江苏省江都市科技成果转化服务中心	江都市高新技术创业服务中心	江都市科技局	2009
164	江苏省高邮市科技成果转化服务中心	高邮市生产力促进中心	高邮市科技局	2009
165	江苏省通州市科技成果转化服务中心	通州市生产力促进中心	通州市科技局	2009
166	江苏省兴化市科技成果转化服务中心	兴化市科技创业中心	兴化市科技局	2009
167	江苏省启东市科技成果转化服务中心	启东创业科技服务有限公司	启东市科技局	2009
168	江苏省如皋市科技成果转化服务中心	如皋市生产力促进中心	如皋市科技局	2009
169	江苏省靖江市科技成果转化服务中心	靖江市华信科技创业园有限公司	靖江市科技局	2009
170	江苏省姜堰市科技成果转化服务中心	姜堰市生产力促进中心	姜堰市科技局	2009
171	江苏省海安县科技成果转化服务中心	海安县生产力促进中心	海安县科技局	2009
172	江苏省仪征市科技成果转化服务中心	仪征市科技创业服务中心	仪征市科技局	2009
173	江苏省泰兴市科技成果转化服务中心	泰兴市生产力促进中心	泰兴市科技局	2009
174	江苏省如东县科技成果转化服务中心	如东县生产力促进中心	如东县科技局	2009
175	江苏省丘陵地区草莓产业公共技术服务中心	江苏丘陵地区镇江农业科学研究所	镇江市科技局	2009
176	江苏省粮油品质与安全控制公共技术服务中心	南京财经大学	江苏省教育厅	2009
177	江苏省扬州规模猪场高效健康养殖公共技术服务中心	扬州大学	扬州市科技局	2009
178	江苏省淮安饲料安全公共技术服务中心	江苏财经职业技术学院	淮安市科技局	2009
179	江苏省特色经济林果产业公共技术服务中心	南京新世纪园艺研究所	溧水县科技局	2009
180	江苏省淮安软件测试及技术公共服务平台	淮安淮微软件技术有限公司	淮安市科技局	2010
181	江苏省南京"无线谷"电磁兼容公共技术服务中心	东南大学	东南大学	2010

续表

序号	项目名称	依托单位	主管部门	建设年份
182	江苏省沭阳软件信息处理公共技术服务中心	江苏省云端信息科技有限公司	沭阳县科技局	2010
183	江苏省南京机电产品绿色制造与能源效率检测技术服务中心	南京出入境检验检疫局技术中心	江宁高新技术工业园科技局	2010
184	江苏省新港创新药物成药性研究服务平台	南京长澳医药科技有限公司	新港高新技术工业园科技局	2010
185	江苏省中西医结合临床肿瘤诊疗平台	江苏省中医院	江苏省中医药管理局	2010
186	江苏省张家港材种鉴定与木材检测公共技术服务中心	张家港出入境检验检疫局综合技术中心	张家港市科技局	2010
187	江苏省南通中小船舶及配套产业公共技术服务平台	江苏远东船舶工程技术服务有限公司	南通市科技局	2010
188	江苏省如皋花卉苗木公共技术服务中心	如皋市花木大世界有限公司	如皋市科技局	2010
189	江苏省转基因安全评价公共技术服务中心	江苏省农业科学院	江苏省农业科学院	2010
190	江苏省肿瘤生物治疗科技公共服务中心	徐州医学院附属医院	徐州市科技局	2011
191	江苏省半导体照明产品研发与检测公共技术服务中心	常州市产品质量监督检验所	常州市科技局	2011
192	江苏省（常州西夏墅）精密工具产业公共技术创新服务中心	常州西夏墅工具产业创业服务中心	常州高新区科技局	2011
193	江苏省（溧阳溧城）风电装备公共技术服务中心	溧阳市生产力促进中心	溧阳市科技局	2011
194	江苏省节能环保材料测试与技术服务中心	苏州大学	苏州市科技局	2011
195	江苏省常熟特种纤维材料检测检验公共技术服务中心	苏州市纤维检验所	常熟市科技局	2011
196	江苏省苏州新药研发外包技术服务中心	昭衍（苏州）新药研究中心有限公司	太仓市科技局	2011
197	江苏省昆山小核酸技术科技公共服务中心	昆山市工业技术研究院小核酸生物技术研究所有限责任公司	昆山市科技局	2011
198	江苏省（昆山玉山）模具产业公共技术服务中心	昆山市工业技术研究院有限责任公司	昆山市科技局	2011
199	江苏省（吴江盛泽）丝绸产业信息化公共服务中心	吴江绸都盛泽电子商务信息有限公司	吴江市科技局	2011
200	江苏省电机能效定级及故障诊断服务中心	南通市产品质量监督检验所	南通市科技局	2011
201	江苏省（海安李堡）锻压机械公共技术检测服务中心	海安县锻压机械科技服务中心	海安县科技局	2011
202	江苏省如皋软件园信息公共技术服务中心	如皋高新技术园区开发有限公司	如皋市科技局	2011
203	江苏省新一代清洁煤能源动力科技服务中心	江苏中国科学院能源动力研究中心	连云港市科技局	2011

续表

序号	项目名称	依托单位	主管部门	建设年份
204	江苏省连云港高新技术开发区环境安全服务中心	中蓝连海设计研究院	连云港市科技局	2011
205	江苏省（东海牛山）硅材料科技服务中心	东海县晶润来工业集聚区开发有限公司	东海县科技局	2011
206	江苏省淮安教学具产业数字化公共技术服务中心	淮安信息职业技术学院	淮安市科技局	2011
207	江苏省东台新材料公共技术服务中心	东台市高科技术创业园有限公司	东台市科技局	2011
208	江苏省扬州绿色化工公共技术服务中心	南京大学扬州化学化工研究院	扬州市科技局	2011
209	江苏省（丹徒辛丰）轴承产业公共技术服务中心	镇江市丹徒区生产力促进中心	镇江市科技局	2011
210	江苏省宿迁产业技术创新服务中心	宿迁市工业技术研究院	宿迁市科技局	2011
211	江苏省宿迁市科技信息综合服务中心	宿迁市科技信息中心	宿迁市科技局	2011
212	江苏省小额信贷科技公共服务中心	江苏金农信息股份有限公司	省政府金融办	2011
213	江苏省技术合同登记认定服务中心	江苏省高新技术创业服务中心	江苏省科学技术厅	2011
214	江苏省抗糖尿病药物筛选技术服务中心	江苏省中国科学院植物研究所	江苏省科学技术厅	2011
215	江苏省恶性肿瘤多学科联合诊治技术服务中心	江苏省肿瘤防治研究所	江苏省卫生健康委员会	2011
216	江苏省射频识别技术公共服务中心	江苏省标准化研究院	江苏省市场监督管理局	2011
217	江苏省沿海地区良种繁育与推广公共技术服务中心	江苏大中农场集团有限公司	江苏省监狱管理局	2011
218	江苏省高效植保机械公共技术服务中心	农业农村部南京农业机械化研究所	江苏省农业机械管理局	2011
219	江苏省农村科技超市服务中心	江苏省生产力促进中心	江苏省科学技术厅	2011
220	江苏省生命科技创新园分析测试公共技术服务中心	江苏仙林生命科技创新园发展有限公司	南京市科技局	2012
221	江苏省药物临床前毒理研究公共技术服务中心	江苏鼎泰药物研究有限公司	南京市科技局	2012
222	江苏省物联网传感器性能检测与评价公共技术服务中心	无锡市计量测试中心	无锡市科技局	2012
223	江苏省国际干细胞联合研究和产业化公共技术服务中心	无锡博雅生物工程有限公司	无锡市科技局	2012
224	江苏省化学品安全评估与消费品化学风险控制公共技术服务中心	常州进出口工业及消费品安全检测中心	常州市科技局	2012
225	江苏省苏州工业园区科技金融服务中心	苏州工业园区中小企业服务中心	苏州工业园区科信局	2012

续表

序　号	项目名称	依托单位	主管部门	建设年份
226	江苏省家纺设计及新材料公共技术服务中心	江苏省南通高新技术产业开发区建设服务中心	南通市科技局	2012
227	江苏省沿海化工环保产业公共技术服务中心	连云港中新污水处理有限公司	灌南县科技局	2012
228	江苏省光电产品检测公共技术服务中心	扬州光电产品检测中心	扬州市科技局	2012
229	江苏省区域性食品药品检验检测公共技术服务中心	泰州市食品药品检验所	泰州市科技局	2012
230	江苏省食品安全快速检测公共技术服务中心	南京工业大学	江苏省教育厅	2012
231	江苏省科技咨询服务平台网络	江苏省生产力促进中心	江苏省科学技术厅	2013
232	江苏省科技管理远程视频服务平台	江苏省科学技术情报研究所	江苏省科学技术厅	2013
233	江苏省柔性显示技术研发平台建设	昆山工研院新型平板显示技术中心有限公司	昆山市科技局	2013
234	扬州市国际科技成果及技术转移中心建设	扬州市中小型企业生产力促进中心	扬州市科技局	2013
235	江苏省知识产权公共服务平台网络	江苏佰腾科技有限公司	常州市科技局	2013
236	江苏省科技创业公共服务平台网络	江苏省高新技术创业服务中心	江苏省科学技术厅	2013
237	江苏省企业知识服务平台网络	江苏省科学技术情报研究所	江苏省科学技术厅	2013
238	江苏省优生优育公共服务平台网络	江苏省计划生育科学技术研究所	江苏省卫生健康委员会	2013
239	江苏省碳纤维及复合材料检测服务平台	南京玻璃纤维研究设计院有限公司	南京市科技局	2015
240	江苏技术转移网络交互平台	江苏畅远信息科技有限公司	镇江市科技局	2015
241	江苏省一站式检测公共服务平台	江苏中信金桥科技服务有限公司	南京市科技局	2015
242	国家技术转移中心苏南中心	苏州科技广场	苏州市科技局	2015
243	江苏省科技档案信息化服务平台建设	江苏省科学技术厅科技成果档案馆	江苏省科学技术厅	2016
244	江苏省疾病模型资源创制与互联网共享服务平台建设	南京大学－南京生物医药研究院	南京高新技术产业开发区科技局	2016
245	江苏省智能激光制造科技公共服务平台建设	南京先进激光技术研究院	新港高新技术工业园科技局	2016
246	江苏省生物药物研究公共服务平台建设	无锡药明康德生物技术股份有限公司	无锡市科技局	2016
247	中科院科技服务网络（STS）江苏中心信息服务平台建设	苏州中科院产业技术创新与育成中心	苏州工业园区科信局	2016
248	江苏省智能车综合技术研发与测试服务平台建设	五方智能车科技有限公司	常熟高新技术产业开发区科技局	2016

续表

序 号	项目名称	依托单位	主管部门	建设年份
249	江苏省新能源汽车研究工程化与服务平台建设	江苏中关村科技产业园节能环保研究有限公司	溧阳市科技局	2016
250	江苏省功能新材料科技服务平台建设	南通南京大学材料工程技术研究院	南通市科技局	2016
251	江苏省高品质特殊钢技术开发和创新服务平台建设	钢铁研究总院华东分院	淮安市科技局	2016
252	江苏省知识产权公共服务平台Ⅲ期建设	江苏省专利信息服务中心	江苏省知识产权局	2016
253	苏南国家自主创新示范区一体化创新服务平台	江苏省生产力促进中心	江苏省科学技术厅	2017
254	江苏省城市轨道交通研究设计院	江苏省城市轨道交通研究设计院有限公司	南京市科技局	2009
255	江苏省（丹阳）高性能合金材料研究院	江苏（丹阳）高性能合金材料研究院	丹阳市科技局	2010
256	江苏省（昆山）工业技术研究院	昆山市工业技术研究院有限责任公司	昆山市科技局	2010
257	江苏省（扬州）数控机床研究院	扬州数控机床研究院	扬州市科技局	2010
258	江苏省数字信息研究院	江苏数字信息产业园发展有限公司	无锡市科技局	2011
259	江苏省（宜兴）环保产业技术研究院	宜兴市环科园环保科技发展有限公司	宜兴市科技局	2011
260	江苏省（苏州）纳米产业技术研究院	苏州工业园区纳米技术研究院有限公司	苏州工业园区科信局	2011
261	江苏省（张家港）智能电力研究院	张家港智能电力研究院有限公司	张家港市科技局	2011
262	江苏省（常州）石墨烯研究院	江南石墨烯研究院	常州市科技局	2012
263	江苏省（常州）新能源汽车研究院	常州新能源汽车研究院	常州市科技局	2013
264	江苏省（南通）家纺产业技术研究院	南通市通州区家纺产业发展服务中心	南通市科技局	2013
265	江苏省智能制造与机器人应用技术公共服务平台	华中科技大学无锡研究院	无锡市科技局	2018
266	南京新港人工智能产业公共技术服务平台	南京新一代人工智能研究院有限公司	南京高新技术产业开发区科技局	2018

【江苏省技术产权交易市场】 2018年，江苏省技术产权交易市场（以下简称"省技术市场"）按照省委、省政府要求，着力推进全省技术转移体系建设，营造全省科技成果转移转化氛围，充分发挥示范牵引作用，顺利完成省委、省政府交办的重点任务。推动全省2018年技术合同成交额达到1152.6亿元，比2017年增长了32%，首次突破千亿元大关；"省市县"技术市场一体化布局基本完成，全省13个设区市全覆盖；全省注册技术经理人达1800余人，技术经理人事务所30家，行业首发相关管理办法及佣金标准；发挥要素市场作用，完成科技成果

挂牌8项，意向挂牌金额1952万元，科技成果公示84项，公示金额1410.5万元；精准推出3款特色科技金融产品，为中小企业融资8000万元；全年省技术市场工作系统直接促成各类技术交易1540项，总金额达14.7亿元。

构建新时代全省技术转移生态体系 构建技术转移政策体系，进一步活跃全省技术交易。一是发布技术转移体系相关政策。对标2017年9月国务院发布的《国家技术转移体系建设方案》（国发〔2017〕44号），2018年5月29日《江苏省政府关于加快推进全省技术转移体系建设的实施意见》（苏政发〔2018〕73号）正式印发，11月2日配套文件《江苏省技术转移奖补资金实施细则（试行）》（苏财教〔2018〕152号）正式出台，各地方配套政策陆续到位，全省技术转移政策体系基本构建。二是带动全省技术合同成交额首破千亿元。自成立以来，省技术市场充分发挥在促进全省技术交易方面的积极作用，推动重新布局技术合同工作业务体系，完善技术合同登记系统，实现2018年全省技术合同登记数达到42703项、技术合同成交额达到1152.64亿元，技术合同登记数较2017年增长14.34%，成交额增长32.04%，成交额首次突破千亿元大关。

完善技术转移区域工作体系，营造全省科技成果转化氛围。一是完善区域服务体系。建立地方（行业）分中心及工作站累计达40家，实现全省13个设区市全覆盖，并深入省级、国家级高新区开设行业分中心，不断帮助分中心加强自身能力建设，已培育3家有能力的分中心取得四板挂牌推荐商资质。同时，省技术市场与分中心建立了视频系统，实现常态化的活动互动。工作体系挖掘企业需求5403条，服务企业69138家次，组织各类活动1090场次，促成各类技术交易达1540项，总金额14.7亿元。二是活跃全省技术转移氛围。与中科院深入合作，举办2018年中国科学院专利成果竞价（拍卖）江苏专场系列活动；进一步融入长三角创新圈，举办首届长三角国际创新挑战赛（江苏赛区）；打造"国际公开课""校联行"等品牌，建立国际朋友圈，目前累计举办国际技术转移公开课等各类活动100余场次，参与企业3500余家、受众万余人次。

推出职业体系化的技术经理人队伍。一是大力培育和促进技术经理人队伍职业化建设，努力推动科技创新要素自由流动及科技成果的转移转化，目前全省已有1800余名来自企业、高校、服务机构、科技副总、科技镇长团的各行业、各岗位、各地区的技术经理人在积极开展技术转移服务工作，累计对接项目115项（部分统计数据），合同金额达3.5亿元，发挥了"连两头""促中间"作用，为解决技术交易过程中"找不着""谈不拢""难落地"问题探索出了一条新路子；以挂靠选择的灵活性、业务支撑的专业性、运营管理的规范性为原则，在全省范围内通过优中选优的方式，设立了30家技术经理人事务所。二是为更好地支撑技术经理人业务开展，增强其信用备书，出台了《技术经理人管理办法（暂行）》《技术经理人从业佣金收费标准》《技术经理人事务所加盟管理办法（暂行）》等一系列文件并系统化梳理相关业务格式文本，促进了江苏省技术转移服务不断加强行业自律管理，健康稳步地朝着规范有序有效的方向发展，为未来建立技术转移服务评价与信用机制奠定坚实基础。

发挥"第四方"技术产权交易市场功能 发挥省技术市场资源集聚功能，打造"第四方"信息服务平台。一是完善交易服务平台功能。为进一步畅通行业供需信息对接渠道，省技术市场启动线上平台迭代升级工作，并相继接入了省技术合同登记、省高新技术企业省科技企业上市培育计划、南京市新型研发机构等多个入口，及时导入数据，进一步优化平台保障作用。目前，平台累计汇聚信息数据达485万条；访问量超66万人次；注册用户12万个；供需总量21万条。二是推出研发众包产品。按照需求导向原则，鼓励技术经理人深入企业挖掘真实需求，进行现金悬赏，借助互联网汇聚全球"大脑"，提供解决方案，承办的2018年首届长三角国际创新挑战赛（赛期6个月）等活动共征集需求200余条，提供解决方案80项，成交金额2900余万元。

发挥省技术市场要素类交易功能。一是公共财政支持的科技成果挂牌。根据2018年全省创新大会精神及《关于深化科技体制机制改革推动高质量发展若干政策》（苏发〔2018〕18号）等文件要求，省技术市场充分发挥要素类市场交易功能，对外发布了《江苏省技术产权交易市场高校院所研发机构挂牌操作办法》（省技交〔2019〕1号）及相关配套文件。明确由财政资金支持的科研项目形成的科技成果，具有明确市场应用前景但两年内未转化的，在省技术产权交易市场采取挂牌交易、拍卖等方式实施转化，目前科技成果挂牌8项，意向挂牌金额1952万元。二是高校院所研发机构科技成果公示。根据省政府要求，省技术市场同时出台《江苏省技术产权交易市场高校院所研发机构公示操作办法》（省技交〔2019〕2号）及相关配套文件。各高校院所通过协议定价确定成交的科技成果，在校内及省技术市场进行双向公示。公示期满，对无异议的交易公示或经异议处理消除异议的公示，江苏省技术产权交易市场出具《公示无异议函》。截至2018年年底，已有江苏省农科院、南京邮电大学、中国药科大学、淮阴师范学院、南京信息工程大学等高校院所共公示项目84项，公示总金额1410.5万元。三是科技型中小企业挂牌融资服务。省技术市场与江苏股权交易中心共同推出"科技创新板"联合挂牌，累计挂牌企业200余家，面向中小企业提供知识产权确权环节，为已挂牌企业提供知识产权确权、增信服务，由省技术市场出具的《知识产权确权文件》已正式纳入银行评定体系。

发挥省技术市场社会服务功能，打造技术转移行业新品牌。一是线下服务集成，打造"成贤118"旗舰二期项目。构建"技术产权交易、学习培训交流、展示洽谈路演、创新创业苗圃、服务机构集聚"五大功能于一体的技术转移和成果转化服务生态功能体系的创新创业高地。发挥区域特色优势，依托"两落地、一融合"工作，用好市场和政府"两只手"，打造充满活力、更具竞争力的创新生态链，广泛吸纳引进国内优秀技术转移机构和境外创新科技型服务类企业，按层次规划落地在"成贤118""珠江路创业大街"等众创街区和省级（国家级）高新区。二是汇集金融要素，提供科技金融服务。与12家金融机构建立合作关系，精准推出中银科创通、知识产权质押贷款、投贷联动等3款独具特色的科技金融产品，为科技型中小企业融资达8000万元。三是融合媒体属性，打造行业品牌。在商标、域名、版权等方向布局五大品牌标识及2套VIS视觉识别系统，逐步打造JSTEC及J-TOP，J-DAAY等省技术市场属性的"互联网+"产品群。微信公众号、微博关注人次超过2万人，阅读量超过7万人次。

加强新时代省技术市场运营公司自身建设　加强组织建设，发挥党建引领作用。一是夯实支部建设基础。一年来，支部积极探索国有企业"有责任、分不开、看得见、做表率"的党建工作方式，形成1234党建工作思路，即"坚定一个根本、落实两个责任、突出三个围绕、发挥四个作用"；以党风廉政学习教育为推手，进一步拓展思想教育阵地，做到学以致用，用以促学，学用结合，务求实效。通过建立党建微信群、拍摄微视频、成贤书社等方式，构建了各具特色的交流平台，教育引导全体党员不断增强党性修养。参加派驻科技厅纪检检查组组织的"我宣誓我前行"音乐微视频大赛，获得"科技廉政先锋队"奖杯。二是发挥支部引领作用。明确"引领、表率、凝聚、鼓舞"为核心的基层年轻支部建设目标，通过支部党建工作的深度融入、组织保障，通过不定期开展党员和群众业务交流会，通过"头脑风暴"谋划创新发展举措，有效促进市场整体工作的优质高效开展，巩固了省技术市场整体稳定。三是提升党员廉洁意识。坚持把履行纪检监督责任与落实从严治企、廉洁从业部署有机结合；组织省技术市场全体干部职工学习《监察法》《中国共产党纪律处分条例》等党纪党规；修订完善"三重一大"决策制度和内管风控制度体系；抓好督查整改工作，省技术市场支部把专项整改工作作为一项重大政治任务，严格对照驻厅纪检监察组反馈意见和提出的要求，坚持问题导向，勇于担当、压实责任，综合施策、标本兼治、立行立改、全面整改，扎实推进整改工作，及时上报了整改工作报告。

加强制度建设，发挥制度治本作用。明确"平台理事会—省科技厅（秘书处）—公司董事会"3层领导，严格遵循理事会统筹协调、科技厅日常指导、董事会年度各项具体工作决议，规范了管理流程。建立健全现代企业制度，完善法人治理结构，对现行议事规则和内管制度进行梳理宣贯，执行标准化工作流程，坚决防控廉政风险。严格规范财务及预算管理制度，严格按照会计程序和公司制度使用调度资金，加强财务预算管理和内控监督管理，防范资金风险。目前，内部各类管理制度共计11套。

加强自身能力建设，发挥示范带头作用。制定员工"年季月"KPI绩效考评机制，对公司各岗位在组织中的影响范围、职责大小、工作强度、工作难度、任职条件、岗位工作条件等维度进行360°系统评价，逐岗逐级开展人力资源盘点。量化岗位职责及工作完成度，保障员工利益，确保公司用工安全。定期组织"成贤书社"专项的培训课程，带领和鼓励大家钻研业务，提升全员业务管理能力，有力地调动工作积极性。

科技条件

【实验动物管理】 资源情况 截至2018年年底，全省共拥有有效期内实验动物许可证307份，其中实验动物使用许可证256份，生产许可证51份，涉及的实验动物品种有大鼠、小鼠、地鼠、豚鼠、兔、鸡、雪貂、犬、猴和猪等。实验动物许可证单位167家，其中生产单位45家，使用单位140家，18家既是生产单位又是使用单位。从单位性质来看：企业单位数量最多，达121家，占单位总数的73%；高校17家，占单位总数的10%；科研院所15家，占单位总数的9%；医院5家，占单位总数的3%；其他单位9家，占单位总数的5%。从地区分布来看：全省13个地区均有实验动物许可证单位，其中南京、苏州地区分布最多，分别是46家和45家，分别占单位总数的28%和27%。

人员情况：2018年，全省实验动物全职从业人员2583人，其中高级职称186人。研究生以上学历907人，占总人数的35%；大专本科学历1304人，占总人数的50%；其余为大专以下学历。

实验动物设施：2018年，实验动物设施总面积38.08万平方米。生产设施和实验设施分别为19.39万平方米和18.69万平方米。

实验动物生产情况：2018年，全省实验动物生产总量持续增长，达293.45万只，较2017年增长43.3%。按动物种类来看，生产的实验动物品种主要有大鼠、小鼠、豚鼠、兔、鸡、猪、犬等。2018年，全省小鼠的总产量243.26万只，占全部实验动物生产总量的82.90%，较2017年增加46.1%；豚鼠占全部实验动物生产总量的6.11%，较2017年增加22.4%。

实验动物使用情况：2018年，全省实验动物使用量增加迅速，达137.22万只，较2017年增长4.2%。按动物种类来看，全省使用的实验动物品种主要有大鼠、小鼠、豚鼠、兔、鸡、猪、犬等。

2018年，全省小鼠使用量达75.77万只，占全部实验动物使用总量的55.21%，较2017年增加86.7%；大鼠使用量达25.27万只，占全部实验动物使用量的25.27%。

运行管理 完善实验动物管理工作体系。根据工作需要，省实验动物管理委员会顺利换届，由9个部门、16位领导和1位专家组组长组成，补充了南京海关、省生态环境厅两个成员单位，将省教育厅调整为副主任委员单位，并研究制定了省实验动物管理委员会章程。换届调整成立了省第五届实验动物管理委员会专家组，广泛征集近100名专家组成实验动物专家库，遴选组建了30人的专家组。2018年省政府机构改革后，根据部门机构设置和职能调整情况，对第五届实验动物管理委员会成员进行了调整。

加强实验动物管理制度建设。为规范实验动物行政许可事中事后管理，在前期研究和梳理事中事后监管内容、工作程序与要求的基础上，结合实验动物质量监督检查和实验动物科研规范性开展专项检查中发现的问题，出台了《加强实验动物行政许可事中事后监管工作的实施办法（试行）》。

优化行政审批工作流程。按照国家政务服务平台建设要求研究制定了《江苏省实验动物政务信息与咨询服务规程》；修订了实验动物许可证申请书和现场考核表；完善了申请材料审查和现场考核规范；优化了许可证换证、注销后管理服务工作流程；完善了实验动物行政许可卷宗档案管理。根据"双随机，一公开"的要求，制定了实验动物质量监督检查和现场考核专家遴选原则，建立了随机遴选系统。2018年，共受理67份实验动物许可证申请，审批发放65份实验动物许可证，其中生产许可证12份，使用许可证53份。

依法做好实验动物管理工作。2018年，对238份实验动物许可证开展了年检工作，对97份使用许可证的122个房间环境质量和34份实验动物生产许可证的57批次实验动物质量开展了质量监督检查，对参与绩效考核的120家单位的133个许可证设施进行绩效考核。调查处理网络举报信息规范实验动物使用管理，防范实验动物生物安全风险，对实名举报南京钟鼎生物技术有限公司违法开展动物实验的举报进行了处理。

提升实验动物管理服务质量。开展环保联合调研。联合省生态环境厅环评处和固废中心开展实验动物尸体及废弃物处理、环评等环保问题的调研和座谈，促成省生态环境厅环评处出具了关于涉及实验动物环保管理事项的复函，明确了实验动物设施环评事项。联合设区市环保主管部门领导对南京、扬州和常州部分许可证单位的危险废弃物处置情况进行了现场核实和指导解决。开展结题项目实验动物科研规范性检查。对2017年验收结题的100个省级科技项目开展了材料审查，对81个项目开展了专项检查，最后对其中27家单位的35个省级项目开展了现场核查，对在专项检查中问题比较突出的单位开展了后续执法检查，对设施负责人进行了约谈，将相关设施做关停处理。

科普宣传。在"世界实验动物日"，联合省疾病预防控制中心、南京医科大学，组织南京地区40多家单位参加了实验动物科普学术讲座、纪念、知识竞赛等系列活动。9月14日，以"善待实验动物，关注动物福利"为宣传主题，参加2018年全国科普日江苏省主场科普宣传活动，组织专家开展现场咨询活动。发布《关于做好秋冬季实验动物安全管理工作的通知》，号召各设区市科技局、各实验动物工作单位要以"纪念《实验动物管理条例》颁布30周年"为主题，组织开展科普宣传活动，广泛宣传实验动物法律法规、生物安全等知识，为提高全民素质，增强公众善待实验动物，营造关爱实验动物的良好氛围做出了贡献。

【科学仪器研发】 2011—2018年，江苏省共有15家企业获得国家重大科学仪器设备开发专项（以下简称"仪器重大专项"）立项，获得国家专项资助经费逾3亿元。2018年，在江苏省财政厅、科技厅的指导下，按照财政部和科技部要求，积极做好江苏省仪器重大专项的监督管理工作。一是对江苏康众数字医疗设备有限公司等7个牵头单位的申报材料进行初步审查，向科技部上报《关于推荐国家重点研发计划"重大科学仪器设备开发"重点专项2018年度申报项目的函》（苏科条函〔2018〕98号）。组织通过科技部初审的4个申报项目开展视频答辩，做好新项目申报工作。二是组织召开江苏天瑞仪器股份有限公司、无锡市光大分析技术有限责任公司等单位承担的仪器重大专项项目初步验收工作，督促两家牵头单位按照验收专家组意见修改完善验收材料，完成财务验收申请材料初步审查，分别向科技部上报申请综合验收的函。筹备苏州纽迈电子科技有限公司、苏州天准精密技术有限公司、江苏汉邦科技有限公司承担的仪器重大专项项目初步验收工作，持续跟踪昆山禾信质谱技术有限公司、苏州苏大维格光电科技股份有限公司综合验收进展情况。三是根据科技部仪器重大专项2018年度监测工作要求，组织江苏省已立项的仪器重大专项项目承担单位填报2018年年度监测报告，并汇总报送科技部。在上年度现场监理的基础上，重点针对江苏绿扬电子仪器集团有限公司承担的仪器重大专项项目，加强后期跟踪管理，及时向科技部上报《关于国家重大科学仪器设备开发专项"超高速数字荧光串行信号分析仪开发与产业化"项目有关事项的报告》，汇报项目存在问题，配合省科技厅向科技部上报了《关于申请国家仪器专项"超高速数学荧光串行信号分析仪开发与产业化"项目总结结题的函》，正式提出总结结题申请，同时持续跟进项目进展。目前，科技部已对该项目进行财务检查，即将提出财务情况报告。此外，根据《科技部资源配置与管理司关于开展"十二五"国家重大科学仪器设备开发专项管理与成效调查的通知》要求，对江苏省仪器重大专项开展管理与成效调查，梳理试点项目组织部门的实施管理经验，向科技部上报了《"十二五"国家重大科学仪器设备开发专项管理与成效》。

江苏省国家重大科学仪器设备开发专项立项情况

序号	项目名称	承担单位	项目周期	国拨经费/万元
1	顺序式波长色散X荧光光谱仪的研发及产业化	江苏天瑞仪器股份有限公司	2011—2016年	1215
2	新型高分辨杂化质谱仪器的研制与应用开发	昆山禾信质谱技术有限公司	2011—2016年	6581
3	重金属电化学分析新方法与新型在线/便携式检测系统	江苏江分电分析仪器有限公司	2012—2015年	2733
4	纳米图形化直写与成像检测仪器的研发与应用	苏州苏大维格光电科技股份有限公司	2012—2016年	3552
5	超高速数字荧光串行信号分析仪开发与产业化	江苏绿扬电子仪器集团有限公司	2012—2016年	1926
6	高性能核磁共振弛豫分析仪的开发和应用	苏州纽迈电子科技有限公司	2013—2018年	1501
7	超临界流体色谱仪的研制与应用开发	江苏汉邦科技有限公司	2013—2017年	2431
8	复合式高精度坐标测量仪器开发和应用	苏州天准精密技术有限公司	2013—2018年	1952
9	水体生物学质量参数电化学在线监测仪器研制开发与应用	无锡市光大分析技术有限责任公司	2013—2017年	2858
10	小型高灵敏度低能射线纳米尺度三维成像仪器	苏州瑞派宁科技有限公司	2016—2020年	2000
11	高效高损伤体光栅研制与应用研究	苏州苏大维格光电科技股份有限公司	2016—2019年	500
12	高灵敏硅基雪崩探测器研发及其产业化技术研究	无锡中微晶园电子有限公司	2017—2020年	424
13	大视场生物成像分析仪	中科院南京天文仪器有限公司	2017—2021年	1872
14	太赫兹显微成像检测仪	江苏北方湖光光电有限公司	2017—2021年	1821
15	集成电路综合测试仪开发与应用	南京国睿安泰信科技股份有限公司	2017—2021年	1875
	合计			33241

（江苏省科学技术厅科技机构与条件处）

科 技 服 务
Science & Technology Service

科技服务业

【概况】 2018年，全省以促进科技与产业融合、加快科技成果转移转化、推动科技服务业高质量发展为核心，完善创新创业生态系统，逐步构建覆盖科技创新全链条的科技服务体系，全省科技服务业继续保持平稳健康发展。科技服务业总收入达到8045亿元，同比增长11.6%；科技服务业机构总数达5.59万家，从业人员数量达124.6万人，机构数和从业人员数与2017年基本持平。总体来看，全省科技服务业发展呈现出产业集聚发展态势明显、骨干服务机构能力持续提升、科技服务机构和服务产品品牌初显、苏北地区板块提速增长等特点。

产业集聚发展态势明显。全省持续推进省级科技服务示范区、省级科技服务业特色基地建设，大力集聚高端人才、新兴业态和各类优质服务资源，引导科技服务机构集聚发展，因地制宜发展特色服务业务，围绕产业链布局服务链。2018年，启动建设了南京市江北新区产业技术研创园、昆山高新技术创业服务中心、扬中高新区及连云港科技创业城等第三批4家特色基地，目前全省共建设省级科技服务示范区6家、省级科技服务业特色基地14家，获批国家科技服务业区域试点6家、国家科技服务业行业试点3家。苏州高新区、南京生物医药谷等科技服务业集聚区建设成效明显，从物理和网络上集聚了大批优质服务资源。20家省级科技服务示范区（特色基地）完成研发服务场所建设869万平方米，集聚服务机构2647家，拥有专职服务人员6.7万人，2018年服务企业超过19万家次，服务量554万项次，实现服务收入达200亿元。

骨干服务机构能力持续提升。通过开展技术研发，加强科技服务工具、服务模式和服务产品创新，提升专业服务能力，创建科技服务资质与品牌，取得明显成效。一是规模以上机构平均年收入首次超亿元。全省共有规模以上科技服务机构6177家，规模以上机构总收入达6558亿元，占全省总数比重达81.5%，规模以上机构平均年收入为1.06亿元，首次突破亿元，规模以上机构从业人员74.8万人，占从业人员总数的60%。规模以上科技服务机构中，企业性质的机构收入占比达96.6%，市场化程度进一步提升。全省建有省级科技公共服务平台280余家，年服务单位34.5万家，实现服务收入50.84亿元，增长37%。

科技服务机构和服务产品品牌初显。涌现出一批品牌、特色科技服务机构和小而精、创业型科技服务公司，如南京先进激光技术研究院探索"专业研发机构＋孵化器"的运行模式，已发展成为国内一流的激光创新技术研发平台、创新创业人才培育池及激光产业集聚地；先声药业开创"企业研发机构＋孵化器"的"百家汇"模式，运用市场机制推动优势技术成果研发和落地转化；常州天正公司开发"面向制造业的工业互联网服务平台"，利用大数据平台与多家金融机构合作，成功帮助1200余家制造企业获得融资。

苏南持续领跑全省科技服务业发展。各省辖市积极推动地方科技服务业的发展，从区域发展情况上看，苏南五市科技服务业收入之和为6163亿元，占全省的76.2%，仍保持明显优势。苏北五市之和为1009亿元，占全省的比重为12.5%，较2017年提高了2个百分点，苏北从业人员较2017年度增加2万多人。规模以上科技服务机构平均收入苏南、苏中、苏北分别为1.45亿元、0.45亿元、0.62亿元，苏北地区较2017年提高17%。从各设区市发展的情况来看，南京市科技服务机构和从业人员数量均占全省总数的1/5左右，2018年南京市科技服务收入3370亿元，占全省总收入的42%，规模以上服务机构收入3065亿元，占全省47%，且均保持较快增速，"首位度"进一步突出。

2018年度江苏省各区域科技服务业总体情况

地 区	单位数/个	总收入/亿元	从业人员数/人	单位平均收入/万元	规上单位数/个
苏南	37167	6163	876620	1658	3597
苏中	7790	873	176075	1121	1464
苏北	10894	1009	193301	926	1116

【研发设计】 全省聚焦科技创新重点需求，运用互联网、大数据等新一代信息技术，推动技术集成创新及管理、商业模式创新，积极发展科技服务业态，呈现出以研发设计服务为"领头羊"、八大业态蓬勃发展的格局。

全省以强化知识和技术密集型服务为重点，推动研发设计服务产业链向高端环节延伸，建成了重点实验室、企业研发平台、新型研发机构和公共服务平台等多种类型的研发服务体系。在科技服务业各类业态中，研发服务继续保持领先地位。2018年，全省研发服务机构数达26524家，占科技服务业机构总数的48%；研发服务从业人员数达58万人，占科技服务业从业人员总数的46%；研发服务收入达3728亿元，较2017年增长12.9%，继续保持领先地位。

充分发挥省产业技术研究院"强磁场"作用。建设42家专业研究所，拥有各类研发人员近6000人，新聘请项目经理32位、累计达81位，集聚了800多位高层次人才，累计转化技术成果3100多项，新孵化企业97家、累计孵化580家。印发了《江苏省研发型企业培育管理暂行办法》，支持研发产业发展壮大。省产业研究院入选江苏改革开放40周年先进集体。以"紫金山实验室+重大科技基础设施群"为基础，以"重大工程化创新平台+重大科技专项"为支撑，启动建设南京综合性科学中心。未来网络试验设施、高效低碳燃汽轮机试验装置、国家超算无锡中心、纳米真空互联实验站等重大设施、装置建设进展顺利。预研培育南京网络通信与安全紫金山实验室、作物表型组学研究设施、江苏先进材料技术创新中心等一批新的科研设施。

【创业孵化】 以服务大众创业、万众创新为核心，着力完善创业孵化服务体系。推动创新创业服务环境不断优化、内容不断丰富、手段不断创新，充分发挥科技创新在加快新旧动能转换、促进富民增收中的关键作用。创业载体建设进一步强化，深入实施"创业江苏"行动计划，开展省级以上科技企业孵化器绩效评价工作，在生命健康、机器人及智能制造等领域新布局建设30家众创社区，加快推进"苗圃—孵化器—加速器"科技创业孵化链条建设试点，成功举办第六届"创业江苏"科技创业大赛，全省各类众创空间、科技企业孵化器、"星创天地"超过1600家，从业人员3万余人，其中国家级孵化器数量、面积及在孵企业数连续多年保持全国第一。推动先声药业、博特新材料、南京先进激光技术研究院等龙头企业和科研院所，围绕主营业务方向、专业技术领域建设专业化众创空间。围绕创业孵化服务，依托昆山高校技术创业服务中心、连云港市科技创业城，新建升级科技服务业特色基地。

【技术转移】 全面推动技术转移服务平台化、市场化和体系化发展，全省各类产学研、技术转移活动持续有声有色地开展，技术转移体系日益健全。全省共有各类技术转移机构近300家，2018年技术合同登记成交额首次突破1000亿元。江苏省技术产权交易市场"第四方"平台功能进一步完善，线下交易中心已发展合作伙伴325家，备案注册技术经理人1800多人，建立地方分中心15家、行业分中心10家，与省内外52家高校开展联合活动60场，网上平台汇聚信息数据达485万条，访问量超66万人次，促成技术交易1540多项、交易额14.7

亿。省级技术合同登记机构由5家扩大至48家，实现13个设区市全覆盖；完成技术合同认定登记工作系统的升级，并与江苏政务网并网运行，注册用户1.2万家，登录次数达30多万次。成功举办第六届跨国技术转移大会，来自五大洲100多家高校、科研机构、企业及政府部门的200多名境外嘉宾，全省园区、企业、高校院所及科技部门等单位的600多名代表参加大会，分别举办了五国技术信息发布会和三大领域的技术信息发布会，达成合作意向130项。围绕智能制造、机器人及人工智能领域举办了6场技术成果专题洽谈会，邀请了130多家高校院所的330多位专家教授与1000多家企业对接洽谈，达成合作项目及意向300多个。全省"校企联盟"总数达12931个，实施各类产学研合作项目20000多项。

【科技金融】 科技金融结合进一步拓展，以"首投""首贷""首保"为重点，大力推进"苏科投"，创业投资管理资金规模超过2300亿元，开展上市培育、天使投资项目对接活动6场次，直接服务企业超过400家次；"苏科贷"工作持续推进，合作地区达78个市、县（市、区）和国家级高新区，实现苏南、苏中全覆盖，合作银行9家。2018年，发放贷款60亿元，支持企业2000家。科技型企业融资路演中心建设成效显著，全省已建成运营13个路演中心，覆盖7个设区市，引入银行、创投、科技担保、科技小贷等各类金融机构11家，举办融资路演活动135场，参加科技企业900家，获得融资总额60多亿元。创新推出"路演贷""孵化贷""高企贷"等定制化科技金融产品，筹备组建江苏省科技金融联盟，强化科技金融机构行业自律。全省科技支行、科技小贷公司、科技保险支公司、科技金融特色机构达345家。

【知识产权】 引领型知识产权强省建设进一步深化，持续构建"一中心一基金一网络"知识产权运营体系，打造一批"互联网＋知识产权＋金融"服务平台，知识产权服务业已形成申请代理、信息利用、运营、评估、法律、人才培训、研究、高端咨询等在内的知识产权权利化、商用化、产业化全链条的业务形态。2018年，省知识产权运营母基金和3支子基金签约成立，"知识产权百亿融资"行动计划启动，全省专利商标质押融资总额近70亿元。省知识产权局与省工信厅联合启动"中小企业知识产权战略试点工程"，全省新增知识产权管理"贯标"企业3208家，总数超过1.2万家。累计建成省市高价值专利培育示范中心132家，其中，首批7家省级中心培育期间参与制定国家和行业标准22个，专利产品销售收入达88亿元。全省新增专利代理机构35家，总数达367家，其中星级机构达到43家，执业专利代理人达到1150人。苏州国家知识产权服务业集聚发展示范区快速发展，入驻服务机构超过80家，从业人员超过2400人。新建南京市江北新区、徐州市泉山区、常熟市3个省级知识产权服务业集聚发展区，全省共认定6个省级集聚区。

【科技咨询】 各类科技咨询服务机构围绕全省科技和产业创新需求，积极开展为各级政府和企业服务的决策咨询工作，同时面向企业致力于资质认证、技术培训、项目评估、法律咨询等中介服务。全省科技咨询与中介服务机构数达8873家，从业人员总数达24.9万人，实现总收入1442亿元。规模以上科技咨询单位共226家，从业人员3.4万人，服务总收入423.13亿元；开展创新方法培训及咨询服务活动32场，培训企业创新方法骨干人员940人，通过国家创新工程师认证的有200人，通过国家创新咨询师认证的有52人。省内首个具有O2O功能的为科技创新供需方提供高效精准对接服务的综合性科技服务平台"江苏科淘网"正式上线运营。

【检验检测认证】 着力推动检验检测认证服务由产品检测向质量分析、测试、验证等技术创新服务转型，深入推进标准化工作改革，促进检验检测认证的国际互认，引导检验检测认证服务机构提升专业服务能力，检验检测服务仍占据科技服务业第二大业态位置，实现总收入1916亿元，占科技服务业总收入的23.82%，服务机构总数达19080家。规模以上检验检测认证服务机构1663家，总收入945亿元，从业人员达20万人。全省共有70多家检验检测认证服务机构获国家高新技术企业认定，获准筹建的国家质检中心51个，数量位居全国第二。各类检验检疫实验室2万余家，涵盖各主要专业领域，有7800台（套）大型科学仪器设施加入"长三角大仪网"。支持中国常州检验检测认证产业园、南京市江北新区生物医药谷建设省级科技服务业特色基地，支持苏州吴中区、南京经济技术开发区创建"国家检验检测认证公共服务平台示范区"，推进检验检测高技术服务业集聚发展。

【科技服务业骨干机构】 全省共有规模以上科技服务机构6177家，规模以上机构总收入达6558亿元，占全省总数比重达81.5%，规模以上机构平均年收入为1.06亿元，首次突破亿元，规模以上机构从业人员74.8万人，占从业人员总数的60%。规模以上科技服务机构中，企业性质的机构收入占比达96.6%，市场化程度进一步提升。

能力建设 为了提升科技服务骨干机构的服务能力，打造具有示范性的科技服务业骨干机构，2017—2018年江苏省科技厅通过以集聚区牵头的方式，支持引导251家科技服务骨干机构开展技术研发、引进高端人才、整合优质资源、创新服务模式、创建服务资质与品牌，全面提升服务能力。

全面升级服务资源，提升服务能力。251家机构建有研发服务场所230万平方米，新购置设备和服务资源1.1万台（套），服务能力明显增强。无锡观为监测技术有限公司通过改造升级企业离线检测和诊断分析设备，凭借技术优势和服务口碑，成功获得川东北天然气国际招标项目，年服务费用300万元以上；江苏佰腾、扬州大自然网络等公司突破传统单一服务产品，创新研发了一批"互联网+"科技服务网络平台，将知识产权、技术转移、科技金融、创业孵化、检验检测等服务进行叠加，服务客户从省内拓宽至全国，实现线上一站式、定制式、自助式服务，佰腾科技线上服务企业达12万家，实现业务总收入超10000万元。

引进培养高层次人才，壮大服务队伍。251家机构新引进博士或高级职称139人、硕士或中级职称507人，专职研发、服务人员达到8538人，其中博士或高级职称766人、硕士或中级职称3211人。常州检验检测认证产业园与常州工程职业技术学院合作成立了全国首家以培养检验检测认证领域人才为主旨的常州检验检测认证学院，已培养专业服务人员350人，有效供给园区入驻企业人才需求，成为全国行业内检地企校合作典型示范；金域检验、世和基因、中谱检测等一批生命健康产业的检验检测服务机构通过海外高层次人才引进、企业高层次人才培养及高校优秀毕业生招聘，新增科技服务人才400余人，人才资源地不断涌入大大促进了南京生物医药谷科技服务业的发展；苏州科技广场在全省率先开展科技服务业人才培养和技术经纪从业资质评价认定，技术经纪人规模已超1500人。

积极获取服务资质，增强竞争优势。骨干服务机构积极开展颠覆性技术研发，加强服务工具、服务模式和专业化新型服务产品开发力度，完善科技服务质量体系标准、管理标准和资质标准。江苏亚盛医药公司立足研发具有"First-in-Class"或"Best-in-Class"潜力的高端原创新药，积极进军国际高端医药市场，为江苏奥赛康药业提供技术服务的原创新药ASK120067一次性无发补获取CFDA颁发的临床研究批件；张家港清研检测公司投入4400万元增添新能源汽车零部件检测设备，成功通过CNAS、CMA、CAL三合一验收评审，成为我国汽车零部件再制造领域唯一的国家级质检中心，公司实现服务收入1768万元；常州纳恩博科技有限公司设计新品——米家滑板车获得德国红点最佳设计奖，企业入选中国独角兽名单。

创新优化服务模式，提高服务效能。鼓励

支持科技服务机构模式创新，优化服务环境，探索特色发展，全面提高服务质量和绩效。国家级孵化器南京J6软件创意园以"创业服务+创业投资功能+增值服务模式"的模式，为入驻企业提供一个最佳的生态系统，2018年在孵企业数达99家，销售收入达6397万元；企运网首创"V2V+O2O"的商业模式，打造整合式服务创新运营平台，开展科技咨询服务；以药明康德等为代表的企业，开创了"研发设计+增值服务""行业解决方案+业务流程外包""设计+测试+集成+产业化应用+融资"等服务新模式。

立项情况 2018年，江苏省科技厅择优立项支持科技服务骨干机构124家，省拨经费5400万元。覆盖了科技服务业的大部分业态，其中，研发设计40家、科技金融19家、创业孵化20家、检验检测认证26家、知识产权13家、技术转移6家，共有专职服务团队4746人，引进硕士及副高以上职称664人，拥有服务场地144万平方米，新增服务资源近6亿元。引导其引进高端人才、整合优质资源、创新服务模式，创建科技服务资质与品牌，其中：67家引进高端人才5人以上、61家集聚服务资源100万元以上、43家取得国家级资质、26家在服务流程和商业模式有所创新，为5.5万家企业提供了服务，2018年服务收入达155亿元。

科技服务业特色基地（示范区）

【概　况】 为加快构建服务专业化、组织网络化、功能社会化的现代科技服务体系，进一步推动科技服务业集聚发展，2012年起依托主城区或高新区核心区的科教资源优势，探索科技服务示范区建设试点。为引导地方因地制宜大力发展科技服务特色业务，2016年，江苏省科技厅会同省质监局、江苏出入境检验检疫局和省知识产权局等有关部门，启动实施省级科技服务业特色基地建设工作。为推动省级科技服务业特色基地建设工作，2018年，省科技厅组织开展了全省科技服务业特色基地（示范区）建设运行情况调查和实地座谈，并召开全省科技服务业特色基地（示范区）建设工作推进会。会同省市场监督管理局、知识产权局等有关部门，实施了第三批省级科技服务业特色基地筹建工作，新批筹建南京市江北新区产业技术研创园、昆山高新技术创业服务中心、扬中高新区及连云港科技创业城4家特色基地。目前，全省筹建科技服务示范区6家，省级科技服务业特色基地14家。

【分布情况】 从地域来看，科技服务业特色基地（示范区）建设苏南、苏中、苏北均有覆盖，其中苏南12家，苏中4家，苏北4家。其中特色基地从服务业态来看，研发设计服务最多，6家，检验检测认证2家，科技金融2家，创业孵化3家，知识产权1家。经过这几年的建设和发展，科技服务业特色基地向专业化、集群化发展。

江苏省科技服务业集聚区名录

序号	试点单位/项目名称	依托单位	主管部门	建设年份
示范区				
1	南京市麒麟科技创新园	南京市麒麟科技创新园（生态科技城）开发建设指挥部	南京市科技局	2012
2	苏州科技广场	苏州苏大平江科技园投资管理有限公司	苏州市科技局	2012
	苏州自主创新广场建设（二期）	苏州科技创业投资公司等	苏州市科技局	2015
3	无锡（太湖）国际科技园	无锡（太湖）国际科技园管理委员会	无锡市科技局	2013
4	南通高新区科技新城	江苏省南通高新技术产业开发区投资服务中心	南通市科技局	2013

续表

序号	试点单位/项目名称	依托单位	主管部门	建设年份
5	扬州广陵新城	扬州市广陵新城管委会 扬州市科技发展投资有限公司	扬州市科技局	2013
6	常州市科教城	常州市科技城管理委员会	常州市科技局	2014
区域试点				
7	苏州国家高新技术产业开发区	苏州高新区管委会	苏州市科技局	2015
8	苏州工业园区	苏州工业园区管委会	苏州市科技局	2016
9	江阴国家高新技术产业开发区	江阴高新区管委会	无锡市科技局	2016
10	武进国家高新技术产业开发区	武进高新区管委会	常州市科技局	2016
11	镇江国家高新技术产业开发区	镇江高新区管委会	镇江市科技局	2016
12	南通国家高新技术产业开发区	南通高新区管委会	南通市科技局	2016
行业试点				
13	面向石墨烯产业集群的科技服务业试点	江南石墨烯研究院	常州市科技局	2016
14	面向膜产业集群的科技服务业试点	国家特种分离膜工程技术研究中心	江苏省教育厅	2016
15	面向生物医药和医疗器械行业的科技服务业试点	江苏省产业技术研究院	江苏省科学技术厅	2016
特色基地				
16	江苏省科技服务业特色基地（检验检测认证）	常州市天宁区人民政府	常州市科技局	2016
17	江苏省科技服务业特色基地（科技金融）	苏州国家高新技术产业开发区管理委员会	苏州市科技局	2016
18	江苏省科技服务业特色基地（大数据服务）	盐城市城南新区管理委员会	盐城市科技局	2016
19	江苏省科技服务业特色基地（研发服务）	淮安经济技术开发区科教产业发展办公室	淮安市科技局	2016
20	江苏省科技服务业特色基地（创业孵化）	南京市江宁区人民政府	南京市科技局	2016
21	江苏省科技服务业特色基地（知识产权服务）	南通市崇川区人民政府	南通市科技局	2016
22	江苏省科技服务业特色基地（医药研发服务）	泰州医药高新技术产业园区管委会	泰州市科技局	2016
23	江苏省科技服务业特色基地（检验检测认证）	南京生物医药谷建设发展有限公司	南京市科技局	2017
24	江苏省科技服务业特色基地（科技金融）	徐州信息谷资产管理有限责任公司	徐州市科技局	2017
25	江苏省科技服务业特色基地（研发服务）	丹阳市高新技术创业服务中心	镇江市科技局	2017

续表

序号	试点单位/项目名称	依托单位	主管部门	建设年份
26	江苏省科技服务业特色基地（研发设计服务）	南京市江北新区产业技术研创园	南京市科技局	2018
27	江苏省科技服务业特色基地（创业孵化服务）	昆山高新技术创业服务中心	苏州市科技局	2018
28	江苏省科技服务业特色基地（研发设计服务）	扬中高新技术产业开发区管理委员会	镇江市科技局	2018
29	江苏省科技服务业特色基地（创业孵化服务）	连云港市科技创业城管理服务中心	连云港市科技局	2018

【能力建设措施】 集聚特色服务机构，培育壮大市场主体。各科技服务业特色基地立足园区产业发展及企业需求，推动区域内特色科技服务业态专业化、集群化发展。常州检验检测认证产业园引进世界排名第一的检测机构瑞士SGS、英国天祥等国际知名机构及中国检科院、中汽认证、中建认证等央企检验检测认证中心，初步形成外资巨头、国有龙头、民营精英全部落户的格局；南京麒麟科技创新园与中科院南京分院、省技术产权交易市场合作建设中科院科技服务网络（STS）江苏中心、省技术产权交易市场南京麒麟工作站，引进30余家科技金融机构落地注册；泰州医药城新招引投资5亿元建设北京华阜康生物（中国医学科学院实验动物研究所）实验动物及相关产品研发和生产基地，为医药城打造完善的产业链。

加速载体平台建设，创建良好生态环境。公共技术服务平台是科技服务基地集聚高端人才、推进创新成果转化的重要载体，各科技服务业特色基地都将平台载体建设作为重点工作推进。南京生物医药谷围绕生物医药创新产业链，贯穿研发、中试、流通等各个环节，建设孵化器、加速器、制剂加速器等9个创新载体，总建筑面积50万平方米，总投资约40亿元，营造一流的生物医药企业研发和孵化的软硬件环境；泰州医药城2018年新增药物安全评价中心、动物实验基地等3个重大公共技术服务平台，共建成公共技术服务平台19个，免疫技术平台、符合美国FDA和欧盟EMEA规范的高端创新制剂平台等正在加快建设，致力于为海内外创业者提供"拎包入驻"的创新创业环境；苏州金融小镇联合科技城与墨尔本市政府、墨尔本大学、皇家墨尔本皇家理工大学、澳中科学家创业协会合作共建离岸孵化器"江苏—维州研创中心"，推动双方在高端人才和高端技术上有效嫁接。

科学规划布局，打造优质品牌服务。各科技服务业特色基地高起点规划布局，明确功能定位，努力打造特色品牌，做好支撑服务，发挥好辐射带动和应用示范作用。常州检验检测认证产业园成为全国唯一一家由检验检疫部门牵头成立的检验检测认证产业园，成功申报"国家检验检测高技术服务业集聚区""江苏省生产性服务业集聚区"；南通高新区成功创建"省级人工智能产业园""省众创集聚区试点园区""省科技金融合作创新示范区""国家知识产权试点园区""国家科技服务试点园区"；国家知识产权局批复常州市科教城基地成为全国首个中国（常州·机器人及智能硬件）知识产权保护中心；盐城市大数据产业园成功获批国家制造业大数据高新技术产业化基地；泰州医药高新区获批"国家级创新型特色园区""江苏省特色创新（产业）示范园区""省级众创社区"等资质。

加强政策支持覆盖，优化创新服务氛围。各科技服务业特色基地积极落实加快科技服务业发展扶持政策，制定了具体奖励措施，并建立绩效评估机制。苏州自主创新广场对入驻机构给予最高30万元的建设经费补贴和每年度最高50万元的持续绩效补助；南京麒麟科技创新园对年主营业务首次达到相应规模的科技服务业企业给予资金奖励，促进科技服务业在示范区内发展；丹阳制定《科技服务机构备案和绩效管理办法》，对科技服务成效显著、服务水平较高的机构给予专题推介和绩效奖励，对技术经纪人、技术交易中介机构每促成一项重大科技成果项目成功落地分别给予一次性奖励；南京江宁东南创业孵化基地对26家绩效评价优秀和良好的机构拨付奖励资金870万元；淮安智慧谷基地对研发机构除了给予政策支持及各项优惠条件，同时还对服务能力较好的机构予以资金奖励，两年发放奖励金额488.52万元。

加强基地服务供给，服务收入显著增长。2018年，20家科技服务业特色基地（示范区）完成研发服务场所建设869万平方米，其中2018年新增服务场所94万平方米；集聚服务机构2647家，其中2018年新增科技服务机构773家；拥有专职服务人员6.7万人，其中2018年新增科技服务人员7682人；2018年服务企业超过19万家次，服务量554万项次，实现服务收入达200亿元。

（江苏省科学技术厅科技机构与条件处）

科技创业与科技金融

Science & Technology Entrepreneurship and Finance

【概　况】 2018年，认真贯彻落实国家和省有关双创工作的决策部署，以"创业江苏"为统领，以六大行动为抓手，努力形成政府鼓励创业、社会支持创业、大众积极创新创业的良好氛围。截至2018年年底，全省省级以上备案众创空间746家，其中国家级170家；各类科技企业孵化器达720家，其中国家级孵化器数量、面积及在孵企业数均居全国第一。

【大众创业、万众创新】 围绕"双创"升级及高质量发展要求，深入实施"创业江苏"六大行动和"创业中国"苏南创新创业示范工程。制定《江苏省备案试点众创社区年度考核方案》，首批备案试点的20家众创社区均通过年度考核；启动第二批省级众创社区备案试点工作，聚焦细分产业，在生命健康、智慧电气、机器人及智能制造等产业领域新布局建设30家众创社区，累计达到50家。深入推进众创空间建设行动，重点引导龙头骨干企业、高校、科研院所发挥产业资源和技术研发优势，建设专业化众创空间。先声药业、博特新材料、南京先进激光研究院等5家众创空间获批国家专业化众创空间，数量居全国第一；全省新备案139家省级众创空间，累计达到746家，其中国家级170家。苏州工业园区、扬州高新区、镇江高新区等3家高新区被评为首批国家推动中小企业创新创业升级特色载体，共获批2018年国家中小企业发展专项（双创升级）资金7500万元。

【科技创业园与孵化器】 2018年，全省科技创业园、各类孵化器建设成效显著。开展省级以上科技企业孵化器绩效评价，引导全省各类孵化器提质增效，全省省级以上科技企业孵化器参评率达95%，被评为优秀、良好的孵化器占参评总数的55.5%。实施省科技型创业企业孵育计划，采用"因素法"，对评价良好以上的孵化器给予奖励，下达省级奖补资金6000万元，带动地方投入1.22亿元。新认定省级科技企业孵化器79家，新筹建及认定省级大学科技园各1家；开展"苗圃—孵化器—加速器"科技创业孵化链条建设试点，新增省级科技企业加速器15家、累计达71家，新增省级科技创业孵化链条建设试点11家，累计达45家，进一步完善了科技创业孵化服务体系。截至2018年年底，全省纳入统计的各类科技企业孵化器达720家，在孵企业超过3.3万家，其中国家级193家，国家级孵化器数量、面积及在孵企业数继续保持全国第一。

【科技创业大赛】 2018年，成功举办第六届"创业江苏"科技创业大赛,报名总数达4382个，较第五届增长25%。通过大赛平台，453家参赛企业获得江苏银行等25.6亿元贷款授信，75家企业获得风险投资1.8亿元。101个企业晋级第七届中国创新创业大赛行业总决赛，其中10个企业获得国家大赛奖项，62个企业获得优秀称号，获奖数居全国第二，比2017年提升1位。指导扬州市科技局等4家单位举办第三届中国创新挑战赛分赛区比赛；指导无锡市科技局举办第四届苏南全球创客大赛，进一步打响了"创业江苏"品牌。

【创业投资】 2018年，新增入库天使投资机构13家、天使投资项目51项，引导天使投资机构首轮投资1.13亿元，全省"苏科投"合作地区达25个，累计入库天使投资机构达94家，引导天使投资机构为381家初创期科技型小微企业股权投资13.7亿元，省级以上科技企业孵化器中70%设有天使投资基金（资金）。充分发挥省天使投资联盟作用，组织开展上市培育、天使投资项目对接活动2场次，路演项目35个，直接服务企业超过100家次。截至2018年年底，全省创投机构管理资金规模达2300亿元。

【科技信贷】 修订印发《"苏科贷"合作地区和合作银行绩效考核办法》，优化"苏科贷"绩效考核评价指标体系。进一步扩大合作地区范围，新增江阴高新区、泰州市姜堰区、无锡惠山经济开发区3个合作地区，"苏科贷"合作地区达78家，实现苏南、苏中全覆盖。2018年，省科技金融风险补偿资金备选企业库入库企业超25000家，全省新增发放"苏科贷"低息贷款83亿元，累计发放贷款475亿元，支持企业5519家。

【科技保险】 "苏科保"合作机构3家，以科技型企业产品质量保证保险、产品责任保险等科技保险险种为重点，纳入风险补偿范围的科技保险产品达15项。2018年，"苏科保"新增备案保单20笔，备案保险金额达3.15亿元，累计备案保单54笔，备案保险金额达8亿元；通过新产品应用示范后补助累计带动保险机构向800多家科技型企业提供超400亿元的科技创新风险保障。

【科技金融组织】 围绕科技型中小企业的融资需求，全省科技支行、科技小额贷款公司、科技保险支公司等新型和特色科技金融组织达346家。其中，全省科技支行总数达42家，实现设区市全覆盖；科技保险支公司4家，中国人保财险苏州科技支公司是全国首家科技保险支公司；累计批筹科技小额贷款公司131家，实现了设区市和国家级高新区"全覆盖"，2018年，全年新增发放贷款418亿元，累计发放贷款总额超2400亿元；新认定江苏省科技金融特色机构26家，累计认定省科技金融特色机构169家。

【科技金融服务体系】 印发《江苏省科技金融进孵化器行动方案》，启动实施科技金融进孵化器行动，组织银行、创投、保险等金融机构走进62家孵化器，开展对接服务活动24场，服务科技创业企业超700家。加快建设科技金融信息服务平台，入库科技企业达3.5万家，汇集银行、创投、科技小贷公司、保险、证券等750多家机构的金融创新产品与服务信息。持续推进建设22家省级科技金融服务中心，集聚多种科技和金融资源，为科技企业提供信息发布、融资对接等一站式科技金融服务。

（江苏省科学技术厅高新技术发展及产业化处）

科技合作与交流
Science & Technology Cooperation & Exchange

国际科技合作

【概　况】 2018年，全省深入推进与重点国别地区及国外一流创新机构的深度合作，积极组织开展国际技术交流对接活动，积极参与"一带一路"科技创新合作，为创新型省份建设提供有力支撑。

【重点国别与机构合作】 深入推进与有关重点国别地区的产业研发合作机制。分别与以色列、芬兰、捷克、加拿大安大略省、澳大利亚维多利亚州等国家或地区继续推进实施产业研发合作双边计划，中外双方共同资助了一批双边合作项目。

进一步深化与国际一流高校院所的产业技术合作关系。挪威科技大学（中国）创新研究中心、英国剑桥大学—南京科技创新中心相继签约落户南京。牛津大学高等研究院（苏州）在苏州工业园区正式揭牌。

【国际科技交流活动】 成功举办第六届跨国技术转移大会。11月8—10日，由科技部和江苏省人民政府共同主办的"中国·江苏第六届国际产学研合作论坛暨跨国技术转移大会"在南京等地成功举办。聚焦先进技术项目洽谈对接和创新合作经验与理念分享，主要开展了全体大会、重点国别和重点领域技术信息发布会、"一对一"洽谈对接、"一带一路"创新合作与技术转移专题交流会、驻外科技外交官专场交流会、国际高校技术转移高峰论坛、境外代表赴有关市县及高新园区现场考察交流等活动。来自五大洲100多家高校、科研机构、企业、科技服务机构及政府部门的200多名境外代表，与江苏省企业、高校、科研机构、园区及地方科技部门等单位超过600名代表参会。会上，中外机构开展"一对一"洽谈对接超过300对，并启动了江苏"一带一路"创新合作与技术转移线上服务平台。

"中国·江苏第六届国际产学研合作论坛暨跨国技术转移大会"开幕

其他国际科技交流活动。南京市举办了"新型研发机构国际合作大会"，无锡市举办了"2018世界物联网博览会"，苏州市举办了"第九届中国国际纳米技术产业博览会"。

（江苏省科学技术厅国际科技合作处）

国内科技合作

【重点科教单位合作】 2018年，紧紧围绕高质量发展，加快建设"强富美高"新江苏的总体要求，聚焦区域创新发展重大战略需求，在各有关方面的大力推进下，江苏省与中国科学院、北京大学、清华大学、浙江大学合作层次不断深化、合作范围持续拓宽、合作形式日趋多样、合作产出大幅跃升，共建各类创新载体平台190多个，实施合作项目近2200项，实现销售收入2400多亿元，完成利税300多亿元，取得了明显成效，形成了以合作创新促进转型升级的良好局面，为江苏经济社会发展提供了有力支撑。

中国科学院 2018年，院省双方在"两个全覆盖"（江苏省13个设区市与中科院实现合作全覆盖，中科院系统应用类研究所与江苏省实现合作全覆盖）的基础上，持续加强以"两所""七中心"为核心的区域创新和成果转化平台体系建设。其中，院省合作项目达1600多项，销售收入突破1300亿元，连续12年位居各省（市、区）第一，共建各类创新载体累计超过120家。

2018年，院省双方在"共建中国科学院大学南京学院""共建南京麒麟科技城"等科技创新和科技服务体系建设方面进一步深化合作，同时推动"中科院计算所南京创新中心""中科院光电所苏州研究院"等一批院地共建产业化研发平台成功落地，院省合作成效进一步提升。

北京大学 江苏省与北京大学合作项目情况。截至2018年年底，江苏各地方政府、园区、企业与北京大学合作项目55项，总投资约11.8亿元，总销售收入约65.7亿元，总利税约8.4亿元。其中2018年，新增合作项目5项，总销售收入约 15.7 亿元，总利税 1.1 亿元。

在突破核心技术瓶颈方面，北京大学梅宏院士团队与南京大学吕建院士团队合作开展的网购理论、软件方法与技术研究，获评 2014 年度中国高校十大科技进展；江苏丹化集团与北大先锋公司合作，创造了我国首家自主知识产权的羰基化合成醋酐工艺；美新半导体（无锡）公司与北大合作，掌握了国际领先的 MEMS 和混合信号处理工艺集成芯片技术；远景能源（江苏）有限公司与北大合作的低风速环境辅助装置对发电量提升研究，实现总销售收入 26 亿元，使企业在中国低风速风电市场中处于领军地位。

江苏省与北京大学共建载体情况。截至 2018 年年底，江苏各地方政府、园区、企业与北京大学共建载体 12 个（其中，新型研发机构 4 个、科技产业园 1 个、院士工作站 2 个、工程技术研究中心 2 个、重点实验室 2 个、企业研究中心 1 个），总投资约 5.4 亿元；共建载体承担的项目 131 项、孵化的企业 148 家、总销售收入约 35 亿元。其中 2018 年，共建载体承担的项目 7 项，孵化的企业 58 家，总销售收入约 4 亿元。

在校地合作载体建设方面，北京大学南京创新研究院于 2012 年在宁揭牌，成为校地共建的第一个产学研创新载体，2018 年孵化的企业有 27 家，企业实现总销售收入 1.5 亿元。目前，校地共建的研究中心、创新研究院等达到 10 个，其中北大工学院南京计算与设计创新中心，落户两年来培养出 11 名创新创业领军人才，孵化 6 家创业企业。北京大学分子工程苏南研究院于 2017 年在常熟揭牌，是江苏省人民政府与北京大学全面战略合作框架下的签约项目，也是北京大学与江苏省科技战略合作规模最大、影响最深远的项目之一，是北京大学"十三五"期间在全国首家筹建的专业研究院。

清华大学 江苏省与清华大学合作项目情况。截至 2018 年年底，江苏各地方政府、园区、企业与清华大学合作项目 227 项，总投资约 51 亿元，总销售收入约 430 亿元，总利税约 100 亿元。其中 2018 年，新增合作项目 21 项，总销售收入约 99 亿元，总利税约 13 亿元。

省校双方坚持把推进科技成果转化作为合作的重要内容和推进产业转型升级的重要途径，成功转化了 OLED 显示技术、PET/CT、无创肝纤维化诊断系统、超高频 RFID 电子标签等一批重大科技成果，带动了新型显示、医疗器械、集成电路等新兴产业的快速发展。其中 OLED 项目掌握了完整的生产工艺，成功实现了大规模产业化，整体技术达到国际领先水平，2012 年获国家技术发明奖一等奖。依托清华技术，清华同方先后投资了无锡（计算机）、南通和扬州（LED 芯片）、苏州（高铁信息）、南京（军民融合保障体系）、常州金坛（检测装备）等地的系列产业。

江苏省与清华大学共建载体情况。2018 年 5 月，省政府、清华大学和无锡市共同签署了《关于共建清华大学江苏研究院合作备忘录》，在超级计算机、互联网研究应用等重点领域进一步深化合作。截至 2018 年年底，江苏各地方政府、园区、企业与清华大学共建载体 35 个（其中新型研发机构 18 个、科技产业园 5 个、院士工作站 4 个、工程技术研究中心 4 个、重点实验室 3 个、企业研究中心 1 个），总投资约 79 亿元；共建载体承担的项目 472 项、孵化的企业 1393 家、总销售收入约 147.6 亿元。其中 2018 年，共建载体承担的项目 151 项，孵化的企业 375 家，总销售收入约 36 亿元。

清华积极参与国家超级计算无锡中心的共建管理，在江苏布局建设了苏州汽车研究院、无锡应用技术研究院，昆山、无锡 2 个启迪科技园，南京、苏州、扬州 3 个启迪科技城，与地方共建了未来网络创新研究院、苏州环境创新研究院、扬州智能化技术研究院、盐城环境工程技术研发中心、盐城智能技术联合研究院、教育机器人与机器人教育创新中心、南通先进通信技术研究院等一批研发机构，通过创新资源集聚、产业技术研发、公共技术服务和科技企业孵化，促进了汽车、物联网、数字信息等创新集群的形成和发展。例如，清华苏州汽车研究院已形成了一支近 200 人的研发团队，累计申请专利 300 多项，其中发明专利近 200 项，累计孵化企业167家，2018年企业实现销售收入近6亿元。

浙江大学 江苏省与浙江大学合作项目情况。截至2018年年底，江苏各地方政府、园区、企业与浙江大学合作项目315项，总投资约33亿元，总销售收入约656亿元，总利税约85亿元。其中2018年，新增合作项目20项，总销售收入约156亿元，总利税约18亿元。其中，江苏康缘药业股份有限公司与浙江大学合作开展的中药数字化生产关键技术，得到了国家科技重大专项的支持，2015年作为中药行业唯一入选的项目，被列入工业和信息化部智能制造试点示范项目。

江苏省与浙江大学共建载体情况。截至2018年年底，江苏各地方政府、园区、企业与浙江大学共建载体23个（其中新型研发机构5个、科技产业园2个、院士工作站3个、研究生工作站1个、工程技术研究中心7个、企业研究中心2个、技术转移机构3个），总投资约12亿元；共建载体承担的项目556项、孵化的企业350家、总销售收入约118亿元。其中2018年，新增共建载体1个，共建载体承担的项目121项、孵化的企业83家、总销售收入约23亿元。

在校地合作载体建设方面，浙江大学在江苏布局建设了浙江大学苏州工业技术研究院、浙江大学常州工业技术研究院、浙江大学昆山创新中心、浙江大学常熟光电技术联合研究中心等创新服务平台，浙江大学苏州技术转移中心、浙江大学南通技术转移中心等10个区域技术转移机构，浙大网新淮安科技园等科技产业园。其中，浙江大学苏州工业技术研究院围绕生命健康、电子信息、高端装备、新材料与节能四大产业领域，建成了12个研究中心和20多个联合研发中心，集聚创新团队30多个，完成400多项产业技术研发，累计申请发明专利500多件，孵化企业100多家，实现销售收入6亿元。

江苏省与全国高校院所签订的合作协议情况 2018年4月，省政府与西北工业大学在南京签署战略合作协议，共同建设西北工业大学长三角研究院和西北工业大学太仓校区。截至2018年年底，江苏各地方政府、园区与北京大学、清华大学、浙江大学、中科院系统等全国高校院所签订了全面合作、战略合作、科技合作、人才合作等各类合作协议336项（特别说明：应统计在有效期内的各类合作协议，实际统计结果并不理想），其中南京市79项，无锡市24项，徐州市9项，常州市8项，苏州市56项，南通市16项，连云港市10项，淮安市35项，盐城市34项，扬州市28项，镇江市18项，泰州市1项，宿迁市18项。

【**江苏省产学研专场对接洽谈会**】 为深入实施"一深化四提升"专项行动，推动省内外高校院所科技成果向江苏省转移转化，培育产业集群，打造创新高地，推动产业高质量发展，2018年江苏省科技厅支持地方举办了6场产学研专场对接洽谈会，分别是宿迁市智能制造技术成果专题洽谈会、常州市机器人及人工智能领域成果专题洽谈会、丹阳市新材料及智能制造高峰论坛、昆山市智能制造技术成果专题洽谈会、连云港市新材料技术转移大会、镇江市先进制造业科技成果专题洽谈会。6场活动共征集技术需求近500项，科技成果近800项，组织邀请国内外100多家高校院所和300多名专家团队与江苏省近1000家企业开展对接洽谈，现场达成合作项目及意向近200项，推动国内外高校院所重大科技成果向江苏省集群转化产业化。

宿迁市智能制造技术成果专题洽谈会 8月30日，"2018年江苏省产学研专场对接洽谈会——宿迁市智能制造技术成果专题洽谈会"在宿迁成功举办。活动由江苏省科技厅、宿迁市人民政府共同举办，来自西安交通大学、中国电器科学研究院、华中科技大学等13所高校院所的37名专家，省内10个设区市共组织176家企业，以及省科技厅、省生产力促进中心、有关设区市及县（市、区）科技局管理人员等共计300余名代表参加了会议。活动共有37名专家与江苏省企业达成合作初步意向12个，拟进一步洽谈17个，21名专家接受企业邀请。

常州市机器人及人工智能领域成果专题洽谈会 "2018年江苏省产学研专场对接洽谈会——常州市机器人及人工智能领域成果专题洽谈会暨第四届武进国家高新区海智对接交流会"于9月26日在常州市武进国家高新区成功举办。活动由江苏省科技厅、常州市人民政府共同举办,来自挪威工程院、加拿大工程院、上海交通大学、英国普利茅斯大学等知名高校院所的专家学者,省内7个设区市共组织100多家企业、中介机构,以及省科技厅、省生产力促进中心、有关设区市及县(市、区)科技局管理人员等共计200余名代表参加了会议,现场有20余家企业与专家学者拟进一步洽谈。

丹阳市新材料及智能制造高峰论坛 "江苏省产学研专场对接洽谈会暨丹阳市新材料及智能制造高峰论坛"于10月20日在丹阳市会展中心隆重举行。活动由江苏省科技厅、丹阳市人民政府联合主办,江苏省生产力促进中心、镇江市科技局共同支持,中国工程院干勇、刘大响、钱清泉等11名院士,英国布鲁内尔大学、清华大学、上海交通大学、东南大学等58家海内外知名高校院所近200名大院大所专家教授,省内8个设区市共组织200多名企业家,以及省科技厅、省生产力促进中心、有关设区市及县(市、区)科技局管理人员等共计近500名代表参加了会议。活动现场企业与专家达成的初步合作意向达50多个,现场签约20余项,进一步搭建了企业与高校及科研院所的互通桥梁。

昆山市智能制造技术成果专题洽谈会 10月29日,"2018年江苏省产学研专场对接洽谈会——'AI智能,爱制造'昆山市智能制造技术成果专题洽谈会"在昆山阳澄湖科技园成功举办。活动由江苏省科技厅、昆山市人民政府联合主办,来自浙江大学、北京科技大学、中科院微电子所、沈阳自动化研究所、中航613所、中电41所等15家知名高校院所的专家学者,省内9个设区市共组织120余家企业、中介机构,以及省科技厅、省生产力促进中心、有关设区市及县(市、区)科技局管理人员等共计300余名代表参加了会议。活动现场12名专家与江苏省企业达成合作初步意向15个,拟进一步洽谈10个,10名专家接受企业邀请,深入企业开展进一步洽谈。

连云港市新材料技术转移大会 "江苏省产学研专场对接洽谈会——2018连云港新材料技术转移大会"于11月29日在连云港市成功举办。活动由江苏省科学技术厅、江苏省产业技术研究院、连云港市人民政府联合主办,江苏省生产力促进中心、江苏省产业技术研究院先进高分子材料技术研究所、江苏省产业技术研究院新材料产业科技服务中心、连云港市人才工作领导小组办公室、连云港市新材料产业发展办公室、连云港市科技局共同承办。本次大会以"材汇港城,共赢未来"为主题,邀请了南京大学、西安交大、中科院先进分子研究所等多所全国知名高校院所,法尔胜、苏美达等知名企业及江苏高创投资、上海新探创业投资等投资机构的300多名代表参会。活动现场有10名专家与江苏省企业有合作意向,拟进一步洽谈29个,现场拟签约项目3项。

镇江市先进制造业科技成果专题洽谈会 "2018年江苏省产学研专场对接洽谈会——镇江市先进制造业科技成果专题对接会"于12月7日在镇江高新区成功举办。本次活动由江苏省科学技术厅、镇江高新区联合主办,江苏省生产力促进中心、镇江市人才办、镇江市科技局、"科学家在线"技术转移平台共同协办。清华大学、中科院理化所、中科院力学研究所、中国工程物理研究院、中科院宁波材料所、浙江大学、上海交通大学、吉林大学、南京大学、东南大学、四川大学等国内40余所高校院所的专家,省内9个设区市的120余家企业、中介机构,以及江苏省科技厅、江苏省生产力促进中心、省技术产权交易市场、有关设区市及县(市、区)科技局管理人员、镇江市科技镇长团成员等共计300余名代表参加了会议。活动现场有40名专家与江苏省企业达成合作初步意向15个,拟进一步洽谈20个,21个专家接受企业邀请,深入企业开展进一步洽谈。

【江苏省产学研产业协同创新基地】 江苏省产学研产业协同创新基地是指围绕地方主导产业，通过规划引导和政策扶持等手段，集聚创新资源，以创新集聚带动产业集聚，促进创新要素和产业要素实现无缝衔接，打造产业特色鲜明、规模集聚明显、产学研合作紧密、科技服务体系完善、产业竞争优势显著的创新要素和产业要素集聚区。目前，全省共建有省产学研产业协同创新基地45家。

分布情况 产学研产业协同创新基地建在苏南的有25家、苏中的有9家、苏北的有11家，苏州、南京建设数量最多，均为6家，合计占比为26.7%。

江苏省协同创新基地按地区分布情况

单位：家

地区	数量	地区	数量
南京市	6	淮安市	1
无锡市	5	盐城市	3
徐州市	3	扬州市	2
常州市	5	镇江市	3
苏州市	6	泰州市	4
南通市	3	宿迁市	2
连云港市	2	合计	45

运行成效 配套设施建设：基地核心区面积854平方千米，产业相关的配套设施规划建筑面积20000多万平方米，其中已建面积超10000万平方米；拥有科技金融机构970多家，设立产业投资/发展基金282支，规模1190多亿元；注册运行的科技服务机构1040多家，服务面积100多万平方米。

企业集聚孵化：注册企业总数21060多家，年销售额超亿元的企业总数1300多家，高新技术企业总数1970家，在孵企业总数7590多家；2018年基地总产值1.4万亿元，其中主导产业产值1.1万亿元。

产学研协同创新：已开展合作的高校院所1710多家次，其中"985""211"高校680家次，共建独立研发机构620多家；引进团队总数2400多个，柔性引进人才总数43000多人；新增承担省级以上各类计划项目350多个，其中涉及产学研合作的项目250多个。

辐射带动：推动建立校企联盟1310多家，推动校企共建研发机构1770多家，举办专题活动740多场次，21家基地发布了产业发展白皮书，31家基地组建了产业联盟。

【高校技术转移中心】 高等院校、科研院所是科技成果的供给主体。高校院所技术转移中心致力于把高校院所的科研、技术、人才等优势直接、快速地转化为现实生产力，有力地推动行业技术进步与发展，取得经济和社会的双重效益。目前，江苏省科技厅支持建设了43家省级高校院所技术转移中心，具有独立法人资格的有25家，在区域科技创新体系建设中起着举足轻重的作用。

分布情况 按建设模式分布：依托省内高校院所独立建设的技术转移中心（以下简称"独立建设类"）共28家；依托省内高校院所与省外高校院所联合共建的技术转移中心（以下简称"联合共建类"）共15家。

江苏省省级高校院所技术转移中心名录

序　号	转移中心名称	建设模式
1	南京大学技术转移中心	独立建设
2	苏州大学技术转移中心	独立建设
3	东南大学技术转移中心	独立建设
4	南京航空航天大学技术转移中心	独立建设
5	南京理工大学技术转移中心	独立建设
6	江苏科技大学技术转移中心	独立建设
7	中国矿业大学技术转移中心	独立建设
8	南京工业大学技术转移中心	独立建设
9	常州大学技术转移中心	独立建设
10	南京邮电大学技术转移中心	独立建设
11	河海大学技术转移中心	独立建设
12	江南大学技术转移中心	独立建设
13	南京林业大学技术转移中心	独立建设
14	江苏大学技术转移中心	独立建设
15	南京信息工程大学技术转移中心	独立建设
16	南京农业大学技术转移中心	独立建设
17	南通大学技术转移中心	独立建设
18	南京医科大学技术转移中心	独立建设
19	南京中医药大学技术转移中心	独立建设
20	中国药科大学技术转移中心	独立建设
21	南京师范大学技术转移中心	独立建设
22	江苏师范大学技术转移中心	独立建设
23	苏州科技大学技术转移中心	独立建设
24	金陵科技学院技术转移中心	独立建设
25	扬州大学技术转移中心	独立建设
26	南京工程学院技术转移中心	独立建设
27	江苏省农业科学院技术转移中心	独立建设
28	江苏省产业技术研究院	独立建设
29	盐城工学院技术转移中心	联合共建
30	徐州医科大学联合技术转移中心	联合共建
31	淮阴师范学院联合技术转移中心	联合共建
32	盐城师范学院联合技术转移中心	联合共建
33	南京财经大学联合技术转移中心	联合共建

续表

序 号	转移中心名称	建设模式
34	常熟理工学院联合技术转移中心	联合共建
35	淮阴工学院联合技术转移中心	联合共建
36	徐州工程学院联合技术转移中心	联合共建
37	江苏理工学院技术转移中心	联合共建
38	淮海工学院联合技术转移中心	联合共建
39	常州工程职业技术学院联合技术转移中心	联合共建
40	徐州工业职业技术学院联合技术转移中心	联合共建
41	盐城工业职业技术学院联合技术转移中心	联合共建
42	北京大学苏州国际技术转移中心	联合共建
43	中科院南京分院科技成果转移转化及育成中心	联合共建

按地区分布：省级高校院所技术转移中心主要建在苏南地区，共 30 家；建在苏北 11 家，苏中 2 家。南京建设数量最多，占比 46.5%。

江苏省省级高校院所技术转移中心按地区分布情况

单位：家

地 区	数 量	地 区	数 量
南京市	20	淮安市	2
无锡市	1	盐城市	3
徐州市	5	扬州市	1
常州市	3	镇江市	2
苏州市	4	泰州市	0
南通市	1	宿迁市	0
连云港市	1	合 计	43

能力建设 运行经费：2018年度，全省高校院所技术转移中心运行经费达 5.64 亿元，平均每家投入 1310.7 万元。

服务场所：2018年度，全省高校院所技术转移中心拥有固定服务场所（含分支机构）77.9 万平方米，平均每家拥有服务场所（含分支机构）1.8 万平方米。

人才队伍：截至 2018 年年底，全省高校院所技术转移中心在职人员达 4026 人，其中专职人员达 2002 人，占总人数的 49.7%；其中博士学历 1073 人、高级职称 1435 人；技术经纪人 636 人，专利代理人 150 人。

运行成效 服务业绩：2018年，江苏省高校院所技术转移中心累计转移转化项目 17893 项，技术转移合同额总计 64.3 亿元；累计孵化企业 770 家，举办产学研活动 3582 场，服务企业 22181 家，培训企业科技人员 11.7 万人次；新建技术转移分支机构 58 家，与企业共建校企联合研发机构 209 家。

国际化运行：2018年，江苏省高校院所技术转移中心与国外大学、研究机构等签订合作协议 235 份，引进国际技术转移领军人才

140人，共建国际技术转移机构29个，实施国际技术转移项目165项，技术转移合同额达3.9亿元。

绩效奖补　2018年度，江苏省科技厅依据各高校院所技术转移中心运行绩效开展奖补工作，共奖补35家高校院所技术转移中心1673万元，主要用于专职从事技术转移和合同登记工作一线骨干人员的绩效奖励和本单位技术转移工作能力建设等。

（江苏省科学技术厅科技机构与条件处）

科技计划
Plan of Science & Technology

科技计划和财务管理
Science & Technology Projects & Financial Management

【计划管理】 深入贯彻国家关于进一步完善中央财政科研项目资金管理的部署要求，认真落实"科技改革30条"，2018年11月集中修订并发布了省基础研究计划、重点研发计划、科技成果转化专项资金等6个省科技计划项目管理办法，赋予科研人员技术路线决策权、经费使用自主权等"简政放权"要求。修订完善省科技计划项目立项操作规程，明确了不同类型项目的组织实施方式和评价方式，建立了创新尽职免责机制，完善了科研项目立项、实施、监督与评价相分离的制度。修订完善省科技计划项目合同文本，拓宽了项目直接费用列支范围，提高了间接费用核定比例，并取消了唯论文、唯职称、唯学历等简单量化的考核条款，完善了项目过程管理和评价验收的制度。充分发挥市场在资源配置中的决定性作用，进一步改进科技项目和经费的管理方式，在科技成果转化、创新平台建设、生物新药创制、农业品种培育等方面，不断扩大项目后补助、贷款贴息等改革范围，有效撬动更多社会资金投入科技创新。对于支持苏南国家自主创新示范区高新区及苏北等区域创新发展的专项资金，采用因素法进行分配，进一步下放资金管理权限至地方，推动资金使用与地方自身创新发展更加契合。

【科技统计】 开展全省科技进步统计监测，会同省统计局发布2017年全省科技进步统计监测公报，从科技进步环境、科技投入、科技产出、科技促进可持续发展4个方面对全省及各地科技进步状况进行系统评价。加强全省创新指标监测通报，对2018年各地科技创新工作及高新区主要目标任务进行指标分解、量化；研究制定高质量发展相关指标的监测评价工作方案，建立了数据采集、报送、审核制度；严格落实科技创新主要指标监测通报有关工作，发布了全省2017年科技创新指标完成情况，每季度通报各地科技创新主要指标进展情况。做好创新调查专项工作，开展相关设区市高新技术企业发展景气指数研究，组织江苏省企业科技创新比较分析和江苏省地方财政科技拨款比较分析，认真完成国家和省各项科技统计任务，2018年全省全社会研发投入占地区生产总值比例达到2.64%，科技进步贡献率达到63%，高新技术产业产值占规模以上工业比重超过43.8%。

【绩效管理】 组织开展2018年省级财政支出项目绩效目标自评审工作，形成《江苏省2018年度省级财政专项资金预算绩效目标申报表》。按照强化主要指标、可操作性强、易于统计考核的原则，立足"四个突出"，研究制定和完善了8个科技专项资金及有关计划的129个绩效目标和118个评价指标，建立了综合反映科技创新成效和创新驱动经济社会转型发展的评价指标体系。从省财政厅评审专家库中遴选专家组成评审小组，对2018年度科技专项资金预算绩效目标申报工作进行评审，根据评审专家意见和建议进行了细致的再审查，对部分指标进行了调整，最终形成自评审报告。

【财务管理】 做好部门预决算公开工作，按要求及时在江苏省科技厅门户网站、江苏省预决算公开统一平台向社会同步公开2018年部门预算及2017年度部门决算，接受社会公众的咨询监督。按照省财政厅要求，组织所属预算单位完成内部控制报告及资产报表的编报工作，并做好审核、汇总及上报工作。完成厅所属预算单位固定资产购置、报废的审核审批等日常管理工作，召开厅直属单位财务例会，加强直属单位间财务管理工作交流，指导所属单位进一步建立健全单位财务管理内控制度，提升单位财务管理水平，确保财务管理规范和资金使用安全。组织开展《政府会计制度》工作座谈会和《政府会计制度》业务培训，做好新旧政府会计制度衔接及财务软件更新工作。修订完善《江苏省科技经费审计中介机构管理办法》《江苏省科技计划项目经费审计工作指引》《江苏省省级科技计划项目经费会计核算指引》等制度文件，组织63家入围省重点科技计划项目经费审计资质的中介机构开展审计业务培训。

（江苏省科学技术厅发展计划与财务处）

2018年度江苏省科技计划项目

2018 Science & Technology Projects of Jiangsu Province

【概　况】　2018年，江苏省科技厅共组织实施各类省科技计划项目11293项，其中当年新上项目2254项，往年结转项目9039项。全年完成结题验收的项目2707项，办理总结的项目93项，中止项目71项，结转到2019年实施的项目共8422项。

2018年江苏省科技计划执行情况及2019年结转项目统计

单位：项

计划类别	2018年计划安排			完成及中止项目			2019年结转项目
	合计	上年结转项目	新上项目	验收	总结	中止	
合　计	11293	9039	2254	2707	93	71	8422
一、基础研究计划	6561	5045	1516	1561	0	0	5000
二、重点研发计划	2305	1870	435	375	41	23	1866
产业前瞻与共性关键技术	1061	891	170	125	34	16	886
现代农业	419	316	103	100	1	3	315
社会发展	825	663	162	150	6	4	665
三、科技成果转化专项资金	756	632	124	106	41	39	570
四、创新能力建设	137	102	36	27	2	3	105
五、国际科技合作	192	123	69	28	4	2	158
六、科技型企业技术创新资金（工业）	357	357	0	53	0	0	304
七、苏北科技发展专项	115	115	0	19	0	0	96
富民强县	91	91	0	17	0	0	74
科技型企业技术创新资金（农业）	24	24	0	2	0	0	22
八、产学研联合创新资金	641	641	0	433	5	3	200
九、临床医学科技专项	87	87	0	42	0	1	44
十、软科学研究	142	67	75	63	0	0	79

2018年江苏省科技厅共组织承担各类省科技计划项目1309项，拨款总额达152607万元。其中，南京市承担省科技计划项目171项，拨款总额31658万元；无锡市承担省科技计划项目162项，拨款总额20450万元；徐州市承担省科技计划项目123项，拨款总额6873万元；常州市承担省科技计划项目102项，拨款总额14289万元；苏州市承担省科技计划项目290项，拨款总额33243万元；南通市承担省科技计划项目69项，拨款总额8729万元；连云港市承担省科技计划项目25项，拨款总额2275万元；淮安市承担省科技计划项目33项，拨款总额2289万元；盐城市承担省科技计划项目46项，拨款总额3650万元；扬州市承担省科技计划项目133项，拨款总额14523万元；镇江市承担省科技计划项目118项，拨款总额9203万元；泰州市承担省科技计划项目29项，拨款总额4125万元；宿迁市承担省科技计划项目8项，拨款总额1300万元。

2018年度江苏省各设区市承担省科技计划项目

单位：项

地 区	合 计	基础研究计划	重点研发计划	政策引导类计划	创新能力建设计划	科技成果转化专项资金
合 计	1309	739	342	90	14	124
南京市	171	75	47	22	7	20
无锡市	162	96	34	13	1	18
徐州市	123	98	19	2	0	4
常州市	102	46	30	10	3	13
苏州市	290	178	57	17	1	37
南通市	69	30	29	4	1	5
连云港市	25	11	12	1	0	1
淮安市	33	18	12	2	0	1
盐城市	46	19	19	6	0	2
扬州市	133	80	36	2	1	14
镇江市	118	82	24	6	0	6
泰州市	29	6	16	5	0	2
宿迁市	8	0	7	0	0	1

2018年度江苏省各设区市新上省科技计划项目经费拨款汇总

单位：万元

地 区	合 计	基础研究计划	重点研发计划	政策引导类计划	创新能力建设计划	科技成果转化专项资金
合 计	152607	14502	34940	5365	14000	83800
南京市	31658	1347	5550	1611	9000	14150
无锡市	20450	1900	3890	710	1000	12950
徐州市	6873	1938	1340	195	0	3400

续表

地 区	合 计	基础研究计划	重点研发计划	政策引导类计划	创新能力建设计划	科技成果转化专项资金
常州市	14289	770	3260	459	3000	6800
苏州市	33243	3633	5795	1015	0	22800
南通市	8729	639	2750	340	600	4400
连云港市	2275	190	1280	5	0	800
淮安市	2289	339	1140	10	0	800
盐城市	3650	320	1650	280	0	1400
扬州市	14523	1538	2875	10	400	9700
镇江市	9203	1808	2610	385	0	4400
泰州市	4125	80	2100	345	0	1600
宿迁市	1300	0	700	0	0	600

（江苏省科学技术厅发展计划与财务处）

【省基础研究计划（自然科学基金）】 2018年，全年共安排省财政资金3.2亿元，立项支持1516项省自然科学基金项目。2018年度结题项目实施成效显著，共发表科技论文10812篇，其中SCI/EI论文8558篇；申请专利3987项，其中发明专利3337项。研究制定《关于推动我省原始创新能力走在全国前列的推进计划》，修订完善全省基础研究计划（自然科学基金）管理办法。深入组织实施"青年科技人才创新专项"，投入全省拨经费2.8亿元，立项支持省杰出青年人才50名、优秀青年人才60名和青年科研骨干1000名；营造良好的学术交流氛围，组织青年科技人才学术会客厅交流活动10余场。创新成果加速涌现，南京航空航天大学裘进浩教授研制的无铅压电纤维，突破了传统压电纤维环保方面的限制，打破了国外在无铅压电纤维制备中的垄断地位。南京大学缪峰教授在世界上首次研发了基于全二维材料的、可耐受超高温和强应力的高鲁棒性忆阻器，为推动忆阻器在高温电子器件和相关技术领域的应用迈出重要一步。南京信息工程大学李天明教授研发的时空投影模型技术在国家气候中心的MJO预报和全国降水延伸期预报业务系统中得到应用,为预报自然灾害提供强力技术保障。

（江苏省科学技术厅社会发展与基础研究处）

【省重点研发计划（产业前瞻与关键共性技术）】 2018年度，省重点研发计划（产业前瞻与关键共性技术）围绕前瞻性产业技术创新专项实施，进一步强化目标导向和产业技术创新的组织，着力加强产业前瞻性技术研发、重大共性关键技术攻关及在典型行业的技术开发应用，重点面向未来网络、人工智能、智能机器人等十大前沿技术领域，组织省重点研发计划（产业前瞻与关键共性技术）项目131项，省拨经费17779万元。主要突出5个方面的工作。一是紧跟世界产业变革新趋势，在人工智能等新兴产业领域超前布局"面向ADAS的自主人工智能车载芯片关键技术研发"等7个前沿引领技术研发项目，立项项目中属于产业前瞻技术领域的项目有79项，占所有项目的60%。二是强化关键核心的技术研发，补齐产业发展短板。在高端芯片领域，围绕我国核心装备、关键原材料、高功率器件受制于人的发展瓶颈，针对性部署了"12英寸半导体硅单晶炉研发""用于6代OLED阵列制造的正性光刻胶研发"等一批关键技术研发项目。三是更加突出对苏南国家自主创新示范区的支持力度，贯彻"一区一战略产业"工作部署，在省级以上高新区安排项目44项，占总数的33.3%，较2017年提高4个百分点，省拨经费5230万元，占全部项目的29.2%。四是更加凸显产业创新的组织,立项项目中产业技术创新战略联盟组织推荐的有13项,其中,重点项目6项,占全部重点项目的60%,联盟的项目组织质量不断提高,协同创新和资源整合作用进一步发挥。五是更加强化对创新型企业、创新人才和自主技术的扶持。全部项目中创新型领军企业承担了3个项目,高新技术企业及纳入省高新技术企业培育库企业承担的项目有60项,占全部企业项目的63%。有33个项目由"国家重大人才工程"入选者、省"双创"人才牵头或参与实施,占全部项目的1/4。所立项目注重自主知识产权的获取,起点高、创新性强,各申报单位已拥有发明专利1347件,预计本批项目完成时将再申请专利1199件,其中发明专利748件。

(江苏省科学技术厅高新技术发展及产业化处)

【省重点研发计划(现代农业)】 江苏省重点研发计划(现代农业)以创新驱动率先实现农业现代化为目标,围绕现代农业产业重点领域,突出需求导向,聚焦产业链创新,重点加强农业优良品种和前瞻性技术创新,突破重大关键共性技术和装备,形成具有自主知识产权的创新成果,培育农业高新技术产业,引领和支撑现代农业发展,带动农民增收致富。2018年,围绕聚力前沿技术攻关,加强优良品种选育,促进产业融合技术创新,推进绿色生态发展等4个方向,组织实施重点项目47项、面上项目55项、后补助项目25项,省拨经费10008万元。

(江苏省科学技术厅农村科技处)

【省重点研发计划(社会发展)】 深入推进"科技惠民行动计划"实施,聚焦资源环境、生命健康和公共安全等关系民生的重大科技问题开展关键技术攻关,加强重大科技示范,使科技成果更充分地惠及人民群众。2018年,启动实施10个重大科技示范项目,组织开展181个关键技术研究与示范项目,省拨经费1.95亿元。一是科技支撑打好污染防治攻坚战。针对大气、水、土壤的污染防治,加强监测预警、污染源解析、源头减排、联防联控等一系列技术的研发和应用示范,制定了全省大气污染物排放清单编制规范,建立各类污染源、不同污染物的排放量计算方法体系;开展并完成南京市大气国控点优化调整方案研究,在现有9个大气国控点基础上,增加雨花铁心桥等5个国控点,监测水平和质量明显提高。修订并发布《江苏省水污染防治技术指导目录》,入选示范技术81项,示范推广率达80.3%,推动创新成果全社会共享。二是着力加强人口健康科技创新。坚持临床应用导向,加强技术突破和规范化诊治,加快医学研究成果向临床治疗实践的转化应用,充分发挥20个省级临床医学研究中心的主体作用,几年来,自主制定并形成规范化诊疗技术指南、专家共识、技术方案等154项,其中纳入国家及国际规范88项,获得授权发明专利180多件;依托省级临床医学研究中心及其协同创新网络,链接全省246家基层医院,示范推广了400多项先进适用技术,实现临床应用6000余例,推动优质临床医疗资源向基层覆盖延伸;依托苏州大学附属第一医院建设的血液病临床医学研究中心已经科技部公示,将成为江苏省继肾脏病之后的第二家国家级中心。加强创新医疗器械产品应用示范,组织医疗机构57家,医疗器械企业232家,示范创新医疗器械产品达到280多种类,1500多台(套),价值9300多万元,直接受益人口约280万人。三是大力推动公共安全科技示范。着力攻克一批社会安全、食品安全、生产安全和自然灾害的监测、预警、预防技术和应急保障关键技术,与政法委、公安厅共同推进升级版技防城建设,启动实施"基于公安物联网大数据的智能化云平台"重大科技示范,突出数据智能深度融合,汇聚整合各类数据共1454类9776亿条,上合峰会安保期间为全省公安提供数据自主布控推送服务。四是筑牢生物安全防线,做好人类遗传资源管理有关工作,开展人体基因编辑相关科研活动核查,让生命科学新技术在生命伦理与规范红线内造福人类。

(江苏省科学技术厅社会发展与基础研究处)

【省政策引导类计划（农业科技社会化服务奖补资金）】 江苏省农业科技社会化服务奖补资金根据江苏省现代农业发展和科技服务的实际需求，用于对农村科技服务超市围绕地方农业特色产业发展，开展的先进适用农业新品种、新技术、新产品等科技成果转化应用、科技咨询、科技培训、农业信息化等各种公益性科技服务所发生的费用进行奖补，引导企业、涉农科教单位积极开展农业科技社会化服务，切实依靠科技促进农业规模经营、带动农民增收致富。2018年，省农业科技社会化服务奖补资金总额1000万元，共奖补科技服务超市79家，其中奖补分店78家，较2017年增加了27.42%。自奖补资金设立以来，对推进科技服务超市的健康发展与服务实际成效的提升产生了重要的作用，科技超市总数从2013年的214家增长到425家，覆盖全省93%涉农的县（市、区），示范科技新成果4185项，服务农民数量44.17万人次，辐射带动农户16.79万户。援助江西省建成江苏科技超市井冈山茶产业分店、永新茧丝绸产业分店。

（江苏省科学技术厅农村科技处）

【省政策引导类计划（国际科技合作）】 2018年度，江苏省政策引导类计划（国际科技合作）立项支持69项，引导企业有效利用海外先进成果与创新资源，持续推进全省创新国际化服务体系建设，推动高校、科研机构进一步参与"一带一路"科技创新合作。其中，支持重点国别产业技术研发合作项目33项，政府间双边创新合作项目19项，"一带一路"创新合作项目6项，支持企业海外研发机构/海外联合实验室建设、国际技术转移服务机构建设项目11项。

（江苏省科学技术厅国际科技合作处）

【省政策引导类计划（苏北科技专项）】 按照"放管服"改革要求，重点推进了苏北科技专项因素法分配资金、立项权下移和专项考核等3个方面改革，进一步优化了因素法资金分配方案，取消了省级备案，项目管理权限全部下放，强化了绩效与信用管理，初步形成了一套与专项计划要求和苏北特色产业发展现状相适应的管理模式。2018年，专项计划围绕苏北36个县（市、区）"集聚创新资源 培育特色产业"行动方案，组织实施科技富民强县项目184项、科技帮扶项目48项，新选派"三区"科技人员96人，安排省经费9280万元，有效促进了产业链、创新链、资金链融合，加快了特色产业提档升级步伐。截至2018年上半年，苏北地区36个县（市、区）农业特色产业已建立国家农业科技园区4个、省级现代农业科技园22个，建成省级以上企业研发机构75家、省级以上科技公共服务平台35个，培育农业科技型企业已达200家、高新技术企业超50家，特色产业总产值达2926.6亿元，同比增长10.6%，产业提质增效步伐明显加快。

（江苏省科学技术厅农村科技处）

【省政策引导类计划（软科学研究）】 2018年，围绕产业创新与新经济、企业创新与研发机构建设、体制改革与创新管理、区域创新与社会发展、创新生态与开放创新等重点方向，组织实施了75项省软科学研究项目。共下达重点项目18项，经费合计315万元；面上项目57项，经费合计284万元。同时重视成果应用，筛选质量较高的调研报告汇编成《省软科学项目调研成果摘编（2017）》，内容涵盖科技政策、企业创新、研发机构建设等。定期举办"紫金创新沙龙"活动，已举办了4期，营造了浓厚的决策咨询氛围。

（江苏省科学技术厅政策法规与体制改革处）

【省创新能力建设计划暨中央引导地方科技发展专项资金项目】 基础科研基地。截至2018年年底，全省拥有基础科研基地共106家，包括重大科技创新平台6家（其中3家已获国家批准建设，3家为江苏省预研建设），省级以上重点实验室100家（其中国家级28家、数量位列全国省份第一，省级72家）。

新型研发机构推动产业升级。截至2018年年底，全省列入统计的各类新型研发机构403家，新增各类计划项目846项、总经费

17.5亿元，其中国家和省部级计划项目265项；提供科技服务59141项、收入18.2亿元，转化科技成果793项、收入4.0亿元；当年孵化企业1092家，累计孵化企业达3213家，当年收入81.30亿元。

布局建设高水平企业创新平台。截至2018年年底，江苏省国家级企业研发平台达145家，建有各类企业创新平台5544家。2018年，新增国家认定企业技术中心15家、国地联合建设企业工程研究中心1家，新建省级工程技术研究中心277家，新认定省级企业技术中心293家，新增省级企业工程研究中心125家。2018年，江苏省依托行业龙头企业，在人工智能、先进功能材料、新能源汽车等领域布局建设3家企业重点实验室，江苏省企业重点实验室总数达71家，其中国家级14家；支持中汽研（常州）汽车工程研究院、光大（南京）环保技术研究院等龙头骨干企业（跨国公司）建立独立研发机构。

加强企业创新平台动态管理。2018年，对江苏省企业重点实验室、院士工作站、工程技术研究中心等企业创新平台开展绩效考评工作，提高平台活力，推动平台高质量运行。强化企业重点实验室动态管理，委托第三方评估机构对已验收的54家企业重点实验室进行绩效评估，对28家绩效优良的企业重点实验室给予后补助支持，对1家绩效不合格的给予撤销。首次对已验收的298家省级院士工作站开展绩效评估工作，对87家评估优良的工作站给予后补助支持。委托地方主管部门对新材料领域625家建设期满的工程技术研究中心进行绩效考评，评估结果优秀的191家工程技术研究中心由主管部门给予运行补贴，61家评估不合格的被淘汰。对291家合同到期的省工程技术研究中心开展验收工作，淘汰17家不合格中心。

科技服务骨干机构能力持续增强。全省规模以上科技服务机构共有6177家，实现服务收入6558亿元，占科技服务业总收入的81.5%，同比增长8.8%，规模以上机构平均年收入首次超过1亿元。规模以上机构从业人员达74.8万人，占总从业人员数的60%。2018年，依托科技服务业特色基地等集聚区重点支持120多家骨干机构实施能力提升，涌现出一批品牌、特色科技服务机构和小而精、创业型科技服务公司。

（江苏省科学技术厅科技机构与条件处）

2018年度江苏省基础研究计划项目

项目编号	项目名称	承担单位
BK20180001	NOX4调控破骨细胞活化在假体周围骨溶解中的作用及机制研究	江苏省血液研究所
BK20180002	基于梯度组分的三维阵列电极的钠离子电池	轻工业化学电源研究所
BK20180003	晶圆尺寸二维半导体材料异质结的合成与光电器件构筑	海安南京大学高新技术研究院
BK20180004	液晶微结构光学元件	江苏省产业技术研究院智能液晶技术研究所（江苏集萃智能液晶科技有限公司）
BK20180005	基于结构识别核酸内切酶的基因检测与基因编辑新方法	中国人民解放军南京军区南京总医院
BK20180006	新颖量子自旋态的中子散射研究	南京大学物理学院
BK20180007	过渡金属催化碳氮键的选择性官能团化	南京大学化学化工学院
BK20180008	无机杂化电极材料的结构设计和能源转换与存储应用	南京大学化学化工学院
BK20180009	热红外遥感支持下城市地表热岛形态特征模拟与预报	南京大学

续表

项目编号	项目名称	承担单位
BK20180010	污水处理中新兴污染物的复合效应及强化净化机制研究	南京大学环境学院
BK20180011	大规模分布式移动通信	东南大学
BK20180012	通信干扰攻击下信息物理系统安全控制问题研究	东南大学
BK20180013	高频高可靠电机驱动系统及其控制	东南大学
BK20180014	生物质定向热解	东南大学
BK20180015	三维自支撑柔性电极的设计合成及其电化学储能研究	南京航空航天大学
BK20180016	非正弦供电直驱永磁电机及驱动系统的研究	南京航空航天大学
BK20180017	活性/可控自由基聚合	南京理工大学
BK20180018	高光谱遥感大数据高效处理	南京理工大学
BK20180019	电能高效存储中组分间强耦合作用的构建	南京理工大学
BK20180020	量子点发光显示材料与器件	南京理工大学
BK20180021	气候变化—水资源—粮食生产协同作用机理与适应性调控	河海大学
BK20180022	多源遥感与大数据技术驱动的水灾害预报研究	河海大学
BK20180023	基于离子组学解析水稻重金属及必需矿质营养元素积累的遗传机理	南京农业大学
BK20180024	水稻谷蛋白转运途径关键基因的功能解析	南京农业大学
BK20180025	农田土壤重金属生物地球化学过程解析与调控	南京农业大学
BK20180026	基于细胞损伤生命过程监控的分子探针构建及应用	中国药科大学
BK20180027	基于功能代谢组学的中药与化疗药物联用减毒增效药效物质和作用机制研究	中国药科大学
BK20180028	面向协同的宽带安全无线传输关键技术研究	中国人民解放军陆军工程大学
BK20180029	食品安全生物检测新技术新方法	江南大学
BK20180030	自闭症相关鲍氏梭菌荚膜多糖的高效制备及其免疫学研究	江南大学
BK20180031	微纳尺度器件结构界面强度及失效机理的多尺度研究	江南大学
BK20180032	难浮/难选煤浮选界面调控	中国矿业大学
BK20180033	大数据环境下的深井大吨位提升装备健康监测网络基础研究	中国矿业大学
BK20180034	颌面部骨代谢与炎症的免疫调控	江苏省口腔医院
BK20180035	母源营养影响卵母细胞质量及胚胎发育的分子基础	南京医科大学
BK20180036	NF1缺失介导的胶质瘤细胞招募巨噬细胞的分子途径研究	南京医科大学
BK20180037	有机长余辉发光材料	南京工业大学
BK20180038	碳水化合物的高效高值化生物催化转化的应用基础研究	南京工业大学
BK20180039	膜脂参与植物病毒侵染的机制研究	南京师范大学
BK20180040	大气有机气溶胶的组成、来源和形成机制	南京信息工程大学
BK20180041	区域选择性碳氢键官能团化反应应用研究	苏州大学
BK20180042	微纳光电转换器件	苏州大学

续表

项目编号	项目名称	承担单位
BK20180043	肿瘤转移与肿瘤调节微环境的机制研究	苏州大学
BK20180044	Ramanujan's mock theta 函数的算术性质与组合性质	江苏大学
BK20180045	有限时间控制理论与方法	江苏大学
BK20180046	电动汽车飞轮电池创新设计理论与控制方法	江苏大学
BK20180047	水稻印记基因发掘及其调控胚乳发育的分子机制	扬州大学
BK20180048	利用斑马鱼模型鉴定全新的血管新生调控因子	南通大学
BK20180049	红壤大团聚体多级生物促进型网络构建原理研究	中国科学院南京土壤研究所
BK20180050	引力波电磁对应体观测研究	中国科学院紫金山天文台
BK20180051	FRP 增强混凝土疲劳断裂机理及寿命预测模型	水利部交通运输部国家能源局南京水利科学研究院
BK20180052	骨退行性病变分子生物学	苏州大学附属第一医院
BK20180053	VWF 在儿童造血干细胞移植后 TA-TMA 发生发展中的作用机制研究	苏州大学附属儿童医院
BK20180054	噬菌体与真核生物免疫系统互作机制研究	江苏省农业科学院
BK20180055	智能超分子纳米组装体的构筑及其功能化研究	南京大学化学化工学院
BK20180056	基于新型饱和吸收材料的低噪声锁模光纤激光器及波长变换研究	南京大学电子科学与工程学院
BK20180057	下丘脑－终纹床核组胺能神经投射对焦虑行为的调节作用及机制研究	南京大学生命科学学院
BK20180058	新型卤代消毒副产物的识别与控制	南京大学环境学院
BK20180059	面向大数据、大系统的 DNA 电路与计算关键技术研究	东南大学
BK20180060	面向"系统面板"的 InGaZnO 基新型非易失性存储器及其在构建新型像素电路中的应用研究	东南大学
BK20180061	神经元轴突切向投射及可塑性调控的分子机制研究	东南大学
BK20180062	复合材料薄壁结构上分布随机动载荷识别与试验验证	东南大学
BK20180063	UHPC 桥梁预应力锚固机理及轻量化设计方法研究	东南大学
BK20180064	Mn 掺杂白光钙钛矿纳米晶电致发光器件及维度依赖的色度调控技术	东南大学
BK20180065	非规则纳米孔内受限分子的动力学行为和调控	南京航空航天大学
BK20180066	微波光子 MIMO 雷达关键技术研究	南京航空航天大学
BK20180067	基于内窥镜的超声药物控释技术研究	南京航空航天大学
BK20180068	基于等离子表面冶金技术的阻燃涂层制备及应用基础研究	南京航空航天大学
BK20180069	医学影像的聚类分析	南京理工大学
BK20180070	智能热控薄膜表面辐射特性调控基础研究	南京理工大学
BK20180071	单元素二维材料设计及物性调控	南京理工大学
BK20180072	环境友好型离子传导膜的结构设计与"离子对"效应研究	南京理工大学

续表

项目编号	项目名称	承担单位
BK20180073	偶然爆炸荷载作用下装配式混凝土框架结构的动力灾变性能研究	河海大学
BK20180074	基于Jamming理论的岩土松散体非连续变形机理研究	河海大学
BK20180075	前噬菌体增强禽致病性大肠杆菌黏附能力的机制	南京农业大学
BK20180076	转录因子ASR和ABI4介导蔗糖和ABA信号调控草莓果实发育的机理研究	南京农业大学
BK20180077	调控GP130蛋白二聚化的类天然产物小分子抑制剂的设计、合成和抗乳腺癌活性研究	中国药科大学
BK20180078	基于咖啡酸苯乙酯抗耐药性EBV阳性弥漫性大B细胞淋巴瘤分子机制的靶向新药研发	中国药科大学
BK20180079	单细胞代谢组与p53蛋白分子动力学异质性的关联研究	中国药科大学
BK20180080	抗攻击且信道鲁棒的声纹识别方法研究	中国人民解放军陆军工程大学
BK20180081	城市浅埋管沟燃气爆炸灾害效应评估及防护技术研究	中国人民解放军陆军工程大学
BK20180082	重组酶高效胞外表达的分子基础	江南大学
BK20180083	动力电池热管理系统传热传质强化研究	中国矿业大学
BK20180084	METTL3及其RNA m6A修饰调控KSHV微小RNA诱导PEL细胞增殖与存活的分子机制研究	南京医科大学
BK20180085	基于多量子阱钙钛矿的高性能发光器件	南京工业大学
BK20180086	锑/多通道碳纳米纤维复合物用作钠离子电池负极材料研究	南京师范大学
BK20180087	GaN基回音壁激光锁模特性研究	南京邮电大学
BK20180088	面向视频直播大数据非法内容监管的层增广元胞混沌压缩感知视觉屏蔽机制研究	南京邮电大学
BK20180089	功能高分子的设计、合成及应用	南京邮电大学
BK20180090	基于纤维素纳米模板的柔性透明导电弹性体	南京林业大学
BK20180091	人造"电磁霾"的制备、优化及性能评价方法研究	南京信息工程大学
BK20180092	低氧调控金针菇木质化品质劣变的分子机制研究	南京财经大学
BK20180093	智能生物材料表界面	苏州大学
BK20180094	功能纳米材料在肿瘤放射治疗中的应用	苏州大学
BK20180095	管道塑性失效力学解析研究	苏州大学
BK20180096	微流控喷雾冷冻技术制备颗粒的微纳结构形成机理的研究	苏州大学
BK20180097	无机功能纳米材料的催化应用探索	苏州大学
BK20180098	面向生物传感的多孔硅表面波结构构筑及机理研究	江苏大学
BK20180099	集成微流控有机磷农残检测误差传导机理研究	江苏大学
BK20180100	智能汽车环境感知理论与方法研究	江苏大学
BK20180101	miR156和miR172调控甘蓝型油菜种皮色泽的功能研究	扬州大学

续表

项目编号	项目名称	承担单位
BK20180102	过载环境下毛细通道内自驱动气液脉动相变传热机理研究	扬州大学
BK20180103	二维纳米氧化铈材料仿生设计及对CVOCs光热催化降解	苏州科技大学
BK20180104	蛋白水平修饰CARMA1调控弥漫大B细胞淋巴瘤增殖的作用机制	徐州医科大学
BK20180105	可见光吸收金属-有机骨架材料的构筑及其光催化应用	江苏师范大学
BK20180106	镁基金属玻璃复合材料协同韧化及生物腐蚀机理研究	南京工程学院
BK20180107	一个水稻雄性不育基因的克隆及其功能研究	淮阴师范学院
BK20180108	髓源性抑制细胞在乳腺癌射频消融抑制转移前微环境形成中的作用及机制研究	江苏省人民医院
BK20180109	水环境低价磷行为与效应	中国科学院南京地理与湖泊研究所
BK20180110	有机酸强化槐糖脂同步增效洗脱污染土壤中抗生素-抗性基因-重金属的机制	中国科学院南京土壤研究所
BK20180111	基于主体功能区规划的长江经济带水土保持服务研究	环境保护部南京环境科学研究所
BK20180112	秸秆还田对农田土壤中Cd的固定和生物有效性的影响机制研究	环境保护部南京环境科学研究所
BK20180113	钢桥面铺装界面损伤机理与增强技术研究	江苏中路工程技术研究院有限公司
BK20180114	基于AFM技术研究纳米级别老化沥青再生过程微观结构的演化	江苏中路工程技术研究院有限公司
BK20180115	太湖流域上游茅山地区典型乡村多水塘系统水环境过程定量模拟及功能评价	金陵科技学院
BK20180116	磷酸酶Wip1介导髓系抑制性细胞功能调控肿瘤生长的机制研究	南京大学医学院附属鼓楼医院
BK20180117	BRD4通过调控染色质可接近性激活RUNX2/MMP-13信号通路促进胃癌恶性表型的作用和机制研究	南京大学医学院附属鼓楼医院
BK20180118	Drp1调控银屑病角质形成细胞增殖与炎症因子分泌的机制及干预研究	南京大学医学院附属鼓楼医院
BK20180119	基于巨噬细胞表型转换探讨迷走神经电刺激改善糖尿病胃轻瘫胃慢波节律紊乱的机制研究	南京大学医学院附属鼓楼医院
BK20180120	基于自发性胃癌高发小鼠模型研究ISG15调控炎症微环境和肿瘤形成的机制	南京大学医学院附属鼓楼医院
BK20180121	MSC通过TGF-β-STAT3调控Breg治疗SLE的作用及机制研究	南京大学医学院附属鼓楼医院
BK20180122	雌激素通过激活HOTAIR-miR34a-SIRT1通路诱导自噬对椎间盘退变的保护作用及机制研究	南京大学医学院附属鼓楼医院
BK20180123	肺癌中长链非编码RNAPVT1对PMN-MDSCs免疫抑制功能的促进作用及机制研究	南京大学医学院附属鼓楼医院

续表

项目编号	项目名称	承担单位
BK20180124	G-MDSC 分泌 miR-224 促进肾细胞癌肺转移的研究	南京大学医学院附属鼓楼医院
BK20180125	长链非编码 RNATPGS2 对内皮祖细胞功能的调节机制及其对深静脉血栓转归影响的实验研究	南京大学医学院附属鼓楼医院
BK20180126	TRAF3/TAK1 信号通路介导的神经元凋亡在 SAH 后早期脑损伤中的作用及机制研究	南京大学医学院附属鼓楼医院
BK20180127	天然糖类海藻糖通过软骨细胞生物钟基因 Bmal1 调控自噬节律性维持软骨稳态的作用研究	南京大学医学院附属鼓楼医院
BK20180128	基于肝星状细胞 Galectin-1/Ln-5 通路探讨四逆散逆转肝癌 Sorafenib 耐药的效应及机制	南京大学医学院附属鼓楼医院
BK20180129	基于"多维谱效关系－目标成分群捕获"策略探讨虎杖调脂物质基础	南京大学医学院附属鼓楼医院
BK20180130	外泌体转运 miR-449a 靶向调控 GABRA3 在骨癌痛发生中的作用及机制研究	南京大学医学院附属鼓楼医院
BK20180131	基于多功能氧化铈纳米颗粒核靶向基因调控的抗辐射效应及其机制研究	南京军区军事医学研究所
BK20180132	基于飞机动力学模型和管制意图挖掘的 4D 航迹预测方法	南京莱斯信息技术股份有限公司
BK20180133	PAI-1 介导 SOX2-OT 激活 PI3K/Akt 信号通路促进 TNBC 侵袭和转移	南京市第一医院
BK20180134	Stub1 负性调节 Treg 细胞在重症急性胰腺炎肠粘膜损伤中的作用及机制研究	南京市第一医院
BK20180135	银屑病中 PP2Acα 通过 EGFR 调控表皮细胞过度增殖的作用和机制研究	南京市江宁医院
BK20180136	基于 NDI 分子的第二近红外窗口纳米光敏剂的制备及其在口腔鳞癌光诊疗中的应用	南京市口腔医院
BK20180137	Bmi1 缺失引起的颌骨骨质疏松的机制研究	南京市口腔医院
BK20180138	CCL-15 调控 TAMs 与口腔鳞癌细胞在低氧微环境中的交互对话并促进顺铂耐受的机制研究	南京市口腔医院
BK20180139	PRC1 介导 KIBRA-Hippo 信号通路调控肺腺癌增殖与转移的作用及机制研究	南京市胸科医院
BK20180140	基于"祛脓煨'脓'"理论探讨丁氏溃结灌肠液调控肠道菌群及其代谢物平衡治疗 UC 的机制研究	南京市中医院
BK20180141	桔梗皂苷 D 调控 HDAC2 改善 APP/PS1 转基因小鼠认知功能障碍的机制研究	南京市中医院
BK20180142	基于人工神经网络的异态脱机手写体文本识别与理解研究	南京晓庄学院
BK20180143	lncRNA-CR11538 在果蝇 Toll 通路免疫响应中的调控机制研究	南京晓庄学院
BK20180144	Akt3-Iws1 通路在深低温低流量脑白质损伤中作用机制的研究	南京医科大学附属儿童医院

续表

项目编号	项目名称	承担单位
BK20180145	NEK7/端粒蛋白复合体途径在急性肾小管损伤中的作用	南京医科大学附属儿童医院
BK20180146	lncRNAHARL7影响人脂肪细胞分化的作用与机制研究	南京医科大学附属妇产医院
BK20180147	人子宫内膜间充质干细胞外泌体在子宫内膜损伤修复中的作用与机制研究	南京医科大学附属妇产医院
BK20180148	水文胁迫下的植被演替对长江口湿地碳转化的影响机制	水利部交通运输部国家能源局南京水利科学研究院
BK20180149	基于人工智能的路面裂缝自动识别技术及应用基础研究	苏交科集团股份有限公司
BK20180150	大跨度桥梁非线性极限环颤振的数值模拟研究	苏交科集团股份有限公司
BK20180151	桁式腹杆-混凝土组合梁空间受力行为及设计方法研究	苏交科集团股份有限公司
BK20180152	聚戊烯醇-钌多吡啶金属配合物的合成及其光控活性研究	中国林业科学研究院林产化学工业研究所
BK20180153	基于结构域改造提高嗜热真菌M.thermophila来源耐热木聚糖酶嗜酸性能的研究	中国林业科学研究院林产化学工业研究所
BK20180154	基于木质纤维原料改性的高体积储能活性炭材料的创制与机理研究	中国林业科学研究院林产化学工业研究所
BK20180155	超大直径水平受荷桩尺寸效应形成机理及承载特性研究	中国能源建设集团江苏省电力设计院有限公司
BK20180156	基于MALDI-TOFMS快速鉴淋球菌耐药决定子的研究以及菌株多重耐药相关可移动遗传元件的分析	中国医学科学院皮肤病研究所
BK20180157	ECPIRM基于Itk/Mcl-1信号通路诱导皮肤T细胞淋巴瘤细胞凋亡的作用机制研究	中国医学科学院皮肤病研究所
BK20180158	基于胞外多糖的内生菌PantoeaalhagiPS-2提高水稻苗盐胁迫抗性的机制解析	中华全国供销合作总社南京野生植物综合利用研究所
BK20180159	新型BTK激酶抑制剂设计、合成及成药性研究	南京正大天晴制药有限公司
BK20180160	基于纸微流芯片-印迹电化学传感技术的食源性致病菌快速检测新方法及识别机制研究	南京市食品药品监督检验院
BK20180161	一种用于评价CD3靶点双特异性抗体的人源化动物模型的建立及应用	江苏集萃药康生物科技有限公司
BK20180162	双特异性多链结构CD19/CD30CAR-T克服DLBCLCD19阴性复发的机制研究	南京卡提医学科技有限公司
BK20180163	电解质环境中纳滤膜对活性染料分子的截留过程研究	南京膜材料产业技术研究院有限公司
BK20180164	新型碳化硅陶瓷膜结构设计、制备及应用基础研究	南京膜材料产业技术研究院有限公司
BK20180165	间充质干细胞在低氧环境下分泌的外泌体对毛发生长的调节作用及机制研究	无锡市第二人民医院
BK20180166	CR1调控小胶质细胞参与阿尔兹海默病的tau病理机制研究	无锡市第二人民医院

续表

项目编号	项目名称	承担单位
BK20180167	基于"阴平阳秘"理论探讨龟鹿二仙胶经Smad3介导的骨稳态平衡抗骨质疏松机制	无锡市中医医院
BK20180168	ELAV1对星形胶质细胞中neuritin基因的表达调控在脑缺血损伤修复中的作用	无锡市转化医学研究所
BK20180169	DLC2通过SOCS2介导的TAp73α泛素化降解在抑制胶质瘤生长中的机制研究	无锡市转化医学研究所
BK20180170	外泌体介导的miR-202-5p在糖尿病视网膜病变的保护作用及机制研究	无锡市转化医学研究所
BK20180171	矢量水听器流致振动与噪声特性研究	中国船舶重工集团公司第七〇二研究所
BK20180172	高脂胁迫下NF-κB信号通路介导罗氏沼虾氧化应激及维生素E对其调控的研究	中国水产科学研究院淡水渔业研究中心
BK20180173	青虾扰动作用对沉积物中有机质降解过程的生态学影响	中国水产科学研究院淡水渔业研究中心
BK20180174	深层多核网络及在图像超分辨率重建中的应用研究	江苏建筑职业技术学院
BK20180175	基于大数据及模式识别的高端液压元件质量控制机理研究	徐州工程机械集团有限公司
BK20180176	基于石墨烯基缓蚀剂纳米容器的腐蚀自修复功能涂层的构建及机理研究	徐州工程机械集团有限公司
BK20180177	激光焊接熔池相变与传热机理的研究	徐州工程学院
BK20180178	吡咯并吡咯二酮聚合物n-型材料的合成及其在场效应晶体管中的应用研究	徐州工程学院
BK20180179	基于DNA甲基化探讨黄芪保心汤及有效成分对扩张型心肌病心肌纤维化的作用机制	徐州市中心医院
BK20180180	碳化硅@石墨烯微球的协同润滑效应研究	中国人民解放军空军勤务学院
BK20180181	外场调控钙钛矿薄膜生长及其微区激发态动力学研究	常州工学院
BK20180182	骨关节炎中过表达的miR-23b通过抑制Runx2缓解软骨退变的分子机制研究	常州市第二人民医院
BK20180183	肝内circ_LCN2.1/miR-138-5p/LCN2通路在慢加急性肝衰竭发病中的作用及其机制	常州市第三人民医院
BK20180184	RMP上调乳酸合成诱导MDSCs活化并促进肝癌免疫逃逸的机制研究	常州市第一人民医院
BK20180185	肝癌射频消融术后炎性小体AIM2诱导DNA损伤修复的机制研究	常州市第一人民医院
BK20180186	CircRNA_100227/miR-217/PTEN构成ceRNA调控直肠癌放射敏感性的机制研究	常州市第一人民医院
BK20180187	代谢酶基因CYP2A13与5-羟甲基-2-糠醛交互作用对2型糖尿病发生风险影响的研究	常州市疾病预防控制中心
BK20180188	应用于大坝形变监测的无线接收MEMS微波相位检测器的研究	河海大学常州校区

续表

项目编号	项目名称	承担单位
BK20180189	面向堤坝缺陷作业机器人的异构网络协同位姿检测研究	河海大学常州校区
BK20180190	基于类人记忆的机器人运动技能获取方法	大连理工常州研究院有限公司
BK20180191	高性能锂硫电池用多孔碳/硫符合材料的构筑、制备与性能研究	中航锂电技术研究院有限公司
BK20180192	三维大孔PDMS离子印迹复合膜的制备及其选择性分离钯离子的行为机理研究	中航锂电技术研究院有限公司
BK20180193	单纤传输量子密码系统的实际安全性研究	江苏亨通问天量子信息研究院有限公司
BK20180194	基于ATP调控的双歧杆菌耐酸胁迫机制解析及性能强化	江苏微康生物科技有限公司
BK20180195	Tip60/miR-210通路对未分化甲状腺癌侵袭与转移的影响及机制研究	苏州大学附属第二医院
BK20180196	异常应力诱导大鼠椎间盘退变的微纳尺度生物力学研究	苏州大学附属第一医院
BK20180197	NPPA点突变R123Q在先天性室间隔缺损发病中的作用及机制研究	苏州大学附属第一医院
BK20180198	长非编码RNAMNX1-AS1调控非小细胞肺癌恶性增殖的机制研究	苏州大学附属第一医院
BK20180199	lncRNAONHSAG048587竞争性结合miR-1290促进脊索瘤增殖、侵袭的作用机制研究	苏州大学附属第一医院
BK20180200	去泛素化酶OTUD1调控TCR信号转导加重急性移植物抗宿主病的作用及机制研究	苏州大学附属第一医院
BK20180201	LINGO1通路在骨髓间充质干细胞外泌体调控AD早期髓鞘损伤中的作用及机制研究	苏州大学附属第一医院
BK20180202	HIF1α-SDF1-Notch1信号轴在调控外源内皮祖细胞参与造血干细胞移植血管龛重建中的作用研究	苏州大学附属第一医院
BK20180203	FTO/m6A通路调控DHFR表达在放射性皮肤损伤中的作用及机制研究	苏州大学附属第一医院
BK20180204	雷公藤红素靶向EPAC-1改善线粒体损伤对抗脑出血后继发性脑损伤的作用及其机制研究	苏州大学附属第一医院
BK20180205	miR-325在新生儿缺氧缺血脑损伤发生发展中影响节律功能的机制研究	苏州大学附属儿童医院
BK20180206	基于WGCNA技术的儿童脓毒症HUB-GENE高效捕获新方法及临床诊断价值研究	苏州大学附属儿童医院
BK20180207	TIGAR对脑缺血后星形胶质细胞死亡中的作用及机制研究	苏州大学附属儿童医院
BK20180208	Fano共振系统中的非线性光学频率转换与远场辐射增强机制研究	苏州大学文正学院
BK20180209	基于时间感知的多样性小众推荐算法技术研究	苏州工业职业技术学院
BK20180210	热时效对核用308L不锈钢焊材环境疲劳行为影响研究	苏州热工研究院有限公司
BK20180211	核电用奥氏体不锈钢应力腐蚀与腐蚀疲劳的交互作用研究	苏州热工研究院有限公司

续表

项目编号	项目名称	承担单位
BK20180212	外泌体源性 ANXA2 分子经由 ERK 通路调控肝癌侵袭转移机制的研究	苏州市传染病医院（苏州市第五人民医院）
BK20180213	伴冲动特质边缘型人格障碍罪犯 HSA04726 基因甲基化及脑影像学研究	苏州市广济医院
BK20180214	SNCA/BMAL1 通路介导的帕金森病的生物节律异常的机制研究	苏州市立医院
BK20180215	SF3B1 通过抑制 CDK14 转录后环化促进胃癌发生发展的机制研究	苏州市立医院
BK20180216	ZBTB38 基因通过调控雄激素受体（AR）抑制前列腺癌进展的作用及机制研究	苏州市立医院
BK20180217	c-Myc/ZNF652/SonicHedgehog 调控肺癌干细胞的机制研究及大蒜素的干预作用	苏州市立医院
BK20180218	CORIN 基因变异体作为子痫前期早期诊断和妊娠结局预测靶标的研究	苏州市立医院
BK20180219	基于 AhR 通路的大黄-桃仁调控 Th17/Treg 和肠道菌群平衡改善肠粘膜屏障功能防治 AIO 机制研究	苏州市中医医院
BK20180220	基于可调谐光源技术提高连续波受激发射损耗显微术适用性的研究	中国科学院苏州生物医学工程技术研究所
BK20180221	基于磁共振图像多尺度脑区特征联合的多层次结构脑网络分析方法研究	中国科学院苏州生物医学工程技术研究所
BK20180222	Sonichedgehog 信号通路在肝癌发生过程中对氧化应激损伤的拮抗作用和机制研究	中国科学院苏州生物医学工程技术研究所
BK20180223	肿瘤局部 M-MDSC 葡萄糖代谢异常的意义及机制研究	中国科学院苏州生物医学工程技术研究所
BK20180224	基于重组酶聚合酶等温扩增和限制性内切酶精准识别的 GP. Mur 血型抗原基因遗传变异分析技术的研究	中国科学院苏州生物医学工程技术研究所
BK20180225	重组人透明质酸酶的糖型结构与功能关系研究	东曜药业有限公司
BK20180226	PEEK 新型仿生人工关节假体耐磨表面制备技术的研究和应用	江苏奥康尼医疗科技发展有限公司
BK20180227	抗炎天然产物 TortuosenesA 和 B 的全合成研究	山东大学苏州研究院
BK20180228	新型双组分羊毛硫肽抗生素 bicereucin 的活性机理研究	山东大学苏州研究院
BK20180229	高体积比能量锂硫电池正极硫碳复合材料研究	山东大学苏州研究院
BK20180230	石墨烯增强 ZTA 纳微复合陶瓷的设计、制备及相关性能研究	山东大学苏州研究院
BK20180231	热机械处理提高 NiTi 形状记忆合金功能稳定性的研究	山东大学苏州研究院
BK20180232	多性能退化系统集群的剩余寿命实时协同预测研究	苏州工业园区新国大研究院
BK20180233	复杂环境中基于压缩感知的激光成像探测技术研究	苏州蛟视智能科技有限公司
BK20180234	面向物联网的变分辨率监控视频编码技术及应用	武汉大学苏州研究院
BK20180235	人机协作装配中的任务表达学习与交互控制	武汉大学苏州研究院

续表

项目编号	项目名称	承担单位
BK20180236	多粒度视频特征融合的场景要素分析与合成方法研究	西安交大苏州研究院
BK20180237	二硫化锡二维微/纳米结构阵列的设计、构筑及其气敏特性研究	西安交大苏州研究院
BK20180238	蓝宝石光纤耐高温温度、振动集成传感器的研制及应用基础研究	西安交大苏州研究院
BK20180239	新型钙钛矿纳米线光电探测器理论与制备技术研究	西安交大苏州研究院
BK20180240	Zr基超薄扩散阻挡层的微结构调控及特性研究	西安交大苏州研究院
BK20180241	关于一次有效装置可靠性的前沿问题	西交利物浦大学
BK20180242	变分不等式的优化问题及其收敛算法的研究	西交利物浦大学
BK20180243	基于天空成像仪预测系统的光伏发电控制方法	西交利物浦大学
BK20180244	三维编织复合材料冲击剪切变形和热力耦合破坏机理	现代丝绸国家工程实验室（苏州）
BK20180245	靶向免疫检查点B7-H3（CD276）肿瘤治疗性抗体的开发	信达生物制药（苏州）有限公司
BK20180246	过渡金属（Ir、Rh、Ru）催化的烷烃与含C=X（X=O、N）键分子制备含氧、含氮化合物	中国科学院兰州化学物理研究所苏州研究院
BK20180247	四配位烯基硼亲核试剂参与的羰基化反应研究	中国科学院兰州化学物理研究所苏州研究院
BK20180248	碳二卡宾新型有机催化剂对惰性含羰基化合物的活化及催化性能的研究	中国科学院兰州化学物理研究所苏州研究院
BK20180249	智能型超分子金－铜配合物在胺氧化羰基化反应中催化特性研究	中国科学院兰州化学物理研究所苏州研究院
BK20180250	基于细胞特性抗粘附界面及双适配体识别的微流控芯片用于病人血液中不同分型循环肿瘤细胞高效分离的研究	中国科学院苏州纳米技术与纳米仿生研究所
BK20180251	基于红细胞膜包裹及靶向适配体组装的钆基金属－有机骨架对微小肿瘤组织的MRI成像和PDT治疗研究	中国科学院苏州纳米技术与纳米仿生研究所
BK20180252	分子束外延调控硅基深紫外AlGaN纳米柱及超晶格的关键技术与机理	中国科学院苏州纳米技术与纳米仿生研究所
BK20180253	硅基GaN垂直结构功率二极管外延材料的缺陷抑制与可控掺杂研究	中国科学院苏州纳米技术与纳米仿生研究所
BK20180254	绿光激光器InGaN量子阱有源区界面缺陷研究	中国科学院苏州纳米技术与纳米仿生研究所
BK20180255	超导量子比特在真空互联下的制备工艺和相干特性的研究	中国科学院苏州纳米技术与纳米仿生研究所
BK20180256	基于双级pH超灵敏响应与生物正交点击反应的铁基T1型磁共振成像造影剂的设计与构建	中国科学院苏州纳米技术与纳米仿生研究所
BK20180257	干细胞治疗肺纤维化过程中移植干细胞纳米示踪剂的研制及应用	中国科学院苏州纳米技术与纳米仿生研究所
BK20180258	基于生物发光的深层肿瘤光动力学治疗的靶向纳米光敏剂系统的研究	中国科学院苏州纳米技术与纳米仿生研究所

续表

项目编号	项目名称	承担单位
BK20180259	基于多孔支撑基膜制备具有超薄选择层的高离子选择性纳滤膜	中国科学院苏州纳米技术与纳米仿生研究所
BK20180260	超疏气微纳界面的设计制备及沸腾传热性能研究	中国科学院苏州纳米技术与纳米仿生研究所
BK20180261	一维与二维四链DNA纳米结构的有序组装及其结构的功能性探究	中国科学院苏州纳米技术与纳米仿生研究所
BK20180262	机械式自动变速操控系统物理系统响应过程故障机理研究	北理慧动（常熟）车辆科技有限公司
BK20180263	基于微流控抗体捕获筛的CTC快速分选系统	苏州博福生物医药科技有限公司
BK20180264	新型纳米电吸附除砷材料的设计原理及制备技术研究	张家港格林台科环保设备有限公司
BK20180265	从NLRP3/caspase-1信号通路研究旋覆代赭汤治疗反流性食管炎的作用机制	昆山市中医医院
BK20180266	剪切转变区尺寸及其与非晶合金微结构及塑性的关联性研究	南通南京大学材料工程技术研究院
BK20180267	NEDD4促肺动脉血管平滑肌细胞PPARα泛素化降解参与肺动脉高压发生的分子机制	南通市第一人民医院
BK20180268	结合中西医理论研究七味通痹口服液治疗类风湿性关节炎的药效物质基础	江苏康缘药业股份有限公司
BK20180269	衣壳蛋白VP1多态性与EV71感染致重症手足口病的相关性和机制研究	连云港市第一人民医院
BK20180270	上肢外骨骼机器人关键技术研究	连云港杰瑞深软科技有限公司
BK20180271	靶向Foxo1核质转位诱导弥漫大B细胞淋巴瘤凋亡的作用机制研究	淮安市第一人民医院
BK20180272	一个调控水稻籽粒淀粉合成和积累新基因FLO9的功能分析	江苏沿海地区农业科学研究所
BK20180273	靶向MRP1的光免疫治疗在抗肺癌耐药中的作用及机制	江苏医药职业学院
BK20180274	建立胃癌细胞特有甲基化标记进行血液筛检和淋巴结转移筛检的应用及机制研究	江苏省苏北人民医院
BK20180275	TaSec24a基因调控小麦胚乳蛋白体发育和加工品质形成的作用机理研究	扬州大学广陵学院
BK20180276	木梁/柱无胶旋转摩擦焊接受力机理及设计理论研究	扬州工业职业技术学院
BK20180277	基于VEGF及IL-6介导的JAK2/STAT3信号通路探讨固金消瘤汤抗非小细胞肺癌血管生成的机制	扬州市中医院
BK20180278	基于mTOR-自噬通路调控上皮间充质转化作用探讨益肺解毒汤抑制人肺腺癌A549细胞侵袭迁移机制	扬州市中医院
BK20180279	磷酸铁锂电池循环寿命提升及衰退机理研究	北京交通大学长三角研究院
BK20180280	B7-H3分子在急性髓系白血病中的表达、表观遗传调控机制及其临床意义	江苏大学附属人民医院

续表

项目编号	项目名称	承担单位
BK20180281	利用 mRNA 导入进行体内定向重编程在细胞再生治疗中的研究	江苏大学附属医院
BK20180282	草莓内生乳酸菌 LactobacillusplantarumCM-3 对草莓采后抗病性的诱导机制研究	江苏农林职业技术学院
BK20180283	复杂运行条件下电机系统能耗理论及节能新途径研究	华北电力大学扬中智能电气研究中心
BK20180284	微电网孤岛模式下的协调控制与优化运行研究	华北电力大学扬中智能电气研究中心
BK20180285	低成本高效率 N 型单晶双面太阳能电池关键技术研究	泰州中来光电科技有限公司
BK20180286	LINC00938 在新生儿缺血缺氧性脑病中抑制神经细胞凋亡的作用与机制研究	江苏省靖江市人民医院
BK20180287	高炉炼铁过程上下部协同调剂的智能优化	江苏省产业技术研究院工业过程模拟与优化研究所（江苏集萃工业过程模拟与优化研究所有限公司）
BK20180288	新型电子注入层在高效率柔性倒置有机发光二极管中的应用	江苏省产业技术研究院有机光电技术研究所（江苏集萃有机光电技术研究所有限公司）
BK20180289	纳米液晶杂化纤维及其在气体传感上的应用	江苏省产业技术研究院智能液晶技术研究所（江苏集萃智能液晶科技有限公司）
BK20180290	FBW7 泛素化 PD-1 蛋白调控免疫治疗敏感性的实验研究	中国人民解放军南京军区南京总医院
BK20180291	SWI/SNF 亚基 BRM 经 STING 通路调控肾透明细胞癌对杀伤性 T 细胞响应性的机制研究	中国人民解放军南京军区南京总医院
BK20180292	基于金属有机骨架的外泌体提取与检测一体化新方法研究	中国人民解放军南京军区南京总医院
BK20180293	外泌体 miR-212-5p 作为 NSCLC 顺铂耐药的预测指标及其参与 EMT 的分子机制研究	中国人民解放军南京军区南京总医院
BK20180294	胆汁酸通过 S1PR2 通路诱导急性胰腺炎腺泡细胞炎症损伤的机制研究	中国人民解放军南京军区南京总医院
BK20180295	Wnt/β-catenin 通路在 Graves 眼病眼眶成纤维细胞脂肪分化中的调控作用及其机制	中国人民解放军南京军区南京总医院
BK20180296	稻曲病菌 RasGTP 酶激活蛋白 UvGap1 的功能分析	江苏省农业科学院
BK20180297	肌醇代谢参与猪肺炎支原体感染的作用机制及相关疫苗的研究	江苏省农业科学院
BK20180298	纳米结构脂质载体中姜黄素肠道释放的基质与界面调控	江苏省农业科学院
BK20180299	IBDV 与 NDV 混合感染调控 MDA5 抑制干扰素产生的分子机制	江苏省农业科学院
BK20180300	超声波促进肉品中肌动球蛋白解离的作用机制	江苏省农业科学院

续表

项目编号	项目名称	承担单位
BK20180301	密粘褶菌预处理麦秸对麦秸-猪粪好氧堆肥腐殖化的促进作用及其驱动机理	江苏省农业科学院
BK20180302	不同淀粉合成关键基因在优良食味粳稻软米淀粉品质形成中的作用及育种价值评价	江苏省农业科学院
BK20180303	脂筏在坦布苏病毒入侵中的作用	江苏省农业科学院
BK20180304	催乳素促进鹅大白卵泡发育的细胞和分子机理研究	江苏省农业科学院
BK20180305	胡萝卜素羟化酶介导发芽玉米富集叶黄素的机制研究	江苏省农业科学院
BK20180306	番茄中MAPKs对番茄黄化曲叶病毒病调控机制的探究	江苏省农业科学院
BK20180307	真空微波干燥香蕉热质传递与淀粉糊化的效应关系及对抗性淀粉转化的作用机理	江苏省农业科学院
BK20180308	水稻CIN亚类TCP转录因子调控叶片发育	江苏省农业科学院
BK20180309	FZP调控水稻穗子发育分子机制的研究	江苏省农业科学院
BK20180310	核因子NF-YB在中国石蒜成花调控中的功能解析	江苏省中国科学院植物研究所
BK20180311	基于稳定同位素标记的巨大戟烷二萜生物合成途径研究	江苏省中国科学院植物研究所
BK20180312	氮素调控甜菊营养生长及甜菊糖苷合成的规律和机理研究	江苏省中国科学院植物研究所
BK20180313	基于蛋白质组学的中国鹅掌楸花蜜活性组分研究	江苏省中国科学院植物研究所
BK20180314	转录因子IgBBX7响应赤霉素调控德国鸢尾成花的分子机制研究	江苏省中国科学院植物研究所
BK20180315	基于CRISPR/Cas9技术解析EoSINAT5基因调控假俭草根系发育的分子机制	江苏省中国科学院植物研究所
BK20180316	染色体多倍化对黄独（薯蓣科）繁殖性状及生态适应的影响	江苏省中国科学院植物研究所
BK20180317	类黄酮合成关键酶基因IhCHS1在喜盐鸢尾耐盐中的功能解析	江苏省中国科学院植物研究所
BK20180318	内生真菌LrLF12促进石蒜中石蒜碱积累的机制研究	江苏省中国科学院植物研究所
BK20180319	二维半导体异质结中弱界面相互作用的动态光学成像	南京大学化学化工学院
BK20180320	高强度多肽组装材料设计及其环境响应性质研究	南京大学物理学院
BK20180321	基于纳米电子器件的表界面测量和研究	南京大学化学化工学院
BK20180322	基于光学轨道角动量的量子精密测量研究	南京大学
BK20180323	QCD手征相变和临界终止点的研究	南京大学物理学院
BK20180324	引力波及其电磁对应体的研究	南京大学
BK20180325	基于移动设备的多模态感知与行为识别技术研究	南京大学计算机科学与技术系
BK20180326	跨模态生成对抗学习技术及其视觉应用研究	南京大学计算机科学与技术系
BK20180327	金属/铁电/半导体三相有序复合微纳结构的薄膜光伏器件研究	南京大学电子科学与工程学院
BK20180328	基于一种新型微纳光纤结构的重金属离子实时监测技术	南京大学

续表

项目编号	项目名称	承担单位
BK20180329	基于软件定义的5G车联网动态资源管理技术研究	南京大学电子科学与工程学院
BK20180330	基于二维材料异质结的场效应晶体管器件性能优化研究	南京大学物理学院
BK20180331	基于eDNA宏条形码技术的污染物生态风险评估方法研究	南京大学环境学院
BK20180332	探索印度猪笼草与土瓶草基因组水平的分子趋同进化	南京大学生命科学学院
BK20180333	杂肽聚酮化合物兰杀菌素生物合成及相关酶功能研究	南京大学生命科学学院
BK20180334	重组FGF-1腺相关病毒促毛囊再生恢复生发功能及其机制研究	南京大学
BK20180335	基于单分子力谱技术研究力对MMP-9降解细胞外基质的调控作用	南京大学物理学院
BK20180336	面向大数据的眼动特征与ADHD评估联动机制研究及其临床应用	南京大学
BK20180337	基于DNA折纸术的无机纳米粒子超晶格的构建	南京大学
BK20180338	导电聚合物纳米纤维的自组装与光电器件研究	南京大学化学化工学院
BK20180339	利用杂原子掺杂和表面包覆技术提高锡基卤化物钙钛矿纳米晶的稳定性研究	南京大学
BK20180340	锰基纳米酶用于炎症性肠病治疗研究	南京大学
BK20180341	低维纳米材料的热电性质研究	南京大学
BK20180342	长江经济带产业结构演化与绿色转型：格局、路径与动力机制	南京大学
BK20180343	基于卫星测高与多光谱影像的江苏省湖泊监测	南京大学
BK20180344	外源有机质调控水稻根际锑形态转化的高分辨研究	南京大学环境学院
BK20180345	铬污染土壤还原修复及其稳定性的根际微界面过程	南京大学环境学院
BK20180346	好氧活性污泥溶解性有机氮的产生与优化控制研究	南京大学环境学院
BK20180347	抗生素抗性基因在动物粪便—好氧堆肥—农田施用全过程中的迁移和归趋研究	南京大学环境学院
BK20180348	耕地景观格局演变过程模型构建与应用研究	南京大学
BK20180349	土耳其卡桑特蛇绿岩铬铁矿中金刚石成因研究	南京大学
BK20180350	基于多源异构大数据的城市大气环境健康风险评估研究	南京大学环境学院
BK20180351	长三角西部地区大气纳米气溶胶的特征及形成机制	南京大学
BK20180352	冠脉粥样硬化斑块在体材料性质，形态和力学因素对斑块行为的预测研究	东南大学
BK20180353	基于机器学习算法的钙钛矿材料的筛选与设计	东南大学
BK20180354	带双时间尺度马尔科夫链的随机最优控制理论及其应用	东南大学
BK20180355	基于单摄像机的无标记多人体运动捕捉方法研究	东南大学
BK20180356	基于多Agent技术的异质众包系统质量优化模型研究	东南大学
BK20180357	超分辨MIMO雷达连续域稀疏目标定位技术研究	东南大学

续表

项目编号	项目名称	承担单位
BK20180358	基于自适应采样的分布式融合跟踪方法研究	东南大学
BK20180359	基于等离激元增强非辐射共振能量转移机制的混合结构发光二极管研究	东南大学
BK20180360	新型圆极化天线电磁探测系统研究	东南大学
BK20180361	势博弈框架下的集群系统自主编队策略研究	东南大学
BK20180362	非理想信道信息下大规模MIMO下行预编码方法研究	东南大学
BK20180363	多通道低功耗可穿戴式肌电信号信号探测芯片设计	东南大学
BK20180364	基于向列型液晶的可重构玻璃天线技术研究	东南大学
BK20180365	数据流场景下的表情预检测研究	东南大学
BK20180366	面向应用智能窗的光子晶体膜的可控构筑及其红外辐射性能研究	东南大学
BK20180367	复杂动态网络系统的分布式事件驱动控制与优化	东南大学
BK20180368	太赫兹成像读出电路阵列系统	东南大学
BK20180369	基于多Agent系统的网络协作学习自适应决策模型研究	东南大学
BK20180370	血管内皮生长因子信号通路介导海马神经再生及突触可塑参与卒中后抑郁的机制研究	东南大学
BK20180371	NLRP3炎症小体活化在量子点诱导的中枢炎症和神经细胞焦亡中的作用和机制研究	东南大学
BK20180372	Tim-3信号通路在多发性骨髓瘤缺氧适应中的作用和机制研究	东南大学
BK20180373	基于机器学习的抑郁症脑网络连接特征分型对抗抑郁剂的疗效预测研究	东南大学
BK20180374	纳米颗粒在胰岛低温保存中协同效应的研究	东南大学
BK20180375	基于FAP分子的乳腺癌多模态分子成像及其在siRNA基因沉默疗效评价中的应用	东南大学
BK20180376	分子伴侣介导自噬在LAMP2基因G93R突变导致肥厚型心肌病中的作用机制研究	东南大学
BK20180377	p38MAPK信号通路调控糖尿病小鼠中胰腺导管腺恶性转化的谱系示踪及分子机制研究	东南大学
BK20180378	功能磁共振在糖尿病肾脏微循环障碍及纤维化早期评价中的应用	东南大学
BK20180379	miR-132/PTEN轴调控tau蛋白过度磷酸化的机制研究	东南大学
BK20180380	VASH2的α-tubulin去酪氨酸化作用在自噬相关的脉络膜新生血管中的作用及机制研究	东南大学
BK20180381	考虑出行方式转移的电动汽车充电站桩布局与动态优化方法研究	东南大学
BK20180382	基于数据驱动的可再生能源并网区间预测与耦合建模研究	东南大学

续表

项目编号	项目名称	承担单位
BK20180383	地震荷载下考虑混杂纤维协同效应的 UHPC 多尺度损伤机理研究	东南大学
BK20180384	基于纳米孔阵筛的循环游离 DNA 分选方法的研究	东南大学
BK20180385	基于小型预制 UHPC 壳的装配式混凝土框架结构抗震性能和设计方法	东南大学
BK20180386	面向 CO_2 负排放的煤/生物质流化床富氧燃烧研究	东南大学
BK20180387	环保型 SF6 替代气体电弧粒子输运特性与磁流体行为研究	东南大学
BK20180388	基于化学链燃烧的准东煤氧化分级技术研究	东南大学
BK20180389	基于混凝土宏细观徐变分析的大跨度 PC 梁桥长期下挠和开裂机理研究	东南大学
BK20180390	基于居民行为空间刻画的传统村落保护与更新政策实施评估研究——以江苏省为例	东南大学
BK20180391	规模化储能参与电网调频的集约型分配方案与控制研究	东南大学
BK20180392	海洋工程装备水下激光增材修复工艺及影响机理研究	东南大学
BK20180393	基于梁柱子结构的装配式混凝土框架抗倒塌性能及抗倒塌设计方法	东南大学
BK20180394	复合生物质半焦分级脱除合成气中焦油及氮硫氯杂质的机理研究	东南大学
BK20180395	电容故障下模块化多电平换流器可靠运行关键技术研究	东南大学
BK20180396	应用于分频海上风电系统的级联型矩阵变换器稳定控制策略研究	东南大学
BK20180397	基于行程时间可靠性的城市多模式交通系统参与者出行决策机理研究	东南大学
BK20180398	多孔颗粒含液流化过程中液体的多尺度迁移机制研究	东南大学
BK20180399	基于新型不锈钢高强度螺栓连接的不锈钢结构梁柱节点的抗震性能研究	东南大学
BK20180400	面向恶性肿瘤早期诊断的外泌体 miRNA 检测技术及基础理论研究	东南大学
BK20180401	自主地面车辆空地协同智能环境感知关键技术研究	东南大学
BK20180402	面向轨道交通建设时期的城市常规公交线网瓶颈疏解策略研究	东南大学
BK20180403	秦淮河流域水文极端事件模拟优化及不确定性研究	东南大学
BK20180404	基于分子模拟技术的废旧沥青再生剂制备与机理研究	东南大学
BK20180405	多重乳液相际传质的 Marangoni 对流机理研究	东南大学
BK20180406	具有可控亲疏水表面的荷叶仿生材料研究	东南大学
BK20180407	导电高分子水凝胶的界面仿生构筑与增强机理	东南大学
BK20180408	微结构可控材料的仿生力学设计及激光增材制造	东南大学

续表

项目编号	项目名称	承担单位
BK20180409	嗜甲烷菌—微藻共生体系强化生物气制备油脂过程的机理研究	东南大学
BK20180410	小行星引力场中在线轨迹优化与多约束控制方法研究	南京航空航天大学
BK20180411	曲率调控的微纳米表面演化动力学及其应用	南京航空航天大学
BK20180412	基于可靠性与可执行性需求的随机维修策略研究	南京航空航天大学
BK20180413	保结构算法在复杂流体相场模型中的应用理论基础研究	南京航空航天大学
BK20180414	轴对称 Navier-Stokes 方程 D 解衰减性和消失性研究	南京航空航天大学
BK20180415	基于差异式光纤阵列的 BNCT 束流 n/γ 辐射场测量机制研究及其关键技术	南京航空航天大学
BK20180416	曲面生长二维材料的理论研究	南京航空航天大学
BK20180417	纳米多孔铝缓冲吸能机理与动力学性能分析	南京航空航天大学
BK20180418	Cu_2OSeO_3 低温反常磁结构的行为及其与磁斯格明子关联性研究	南京航空航天大学
BK20180419	高电荷态离子激发靶表面光谱发射的研究	南京航空航天大学
BK20180420	大规模 MIMO 系统中基于采样的信号检测方法研究	南京航空航天大学
BK20180421	嵌入式芯片上椭圆曲线标量乘算法高效实现研究	南京航空航天大学
BK20180422	AHFDTD 方法及其高效实现和自适应研究	南京航空航天大学
BK20180423	频谱共存环境下基于射频隐身的组网 OFDM 雷达自适应辐射控制方法研究	南京航空航天大学
BK20180424	面向能效的无人机群移动中继系统控制与优化方法	南京航空航天大学
BK20180425	高速旋转热管流动传热特性研究	南京航空航天大学
BK20180426	过载下微通道内纳米流体流动沸腾临界热流密度研究	南京航空航天大学
BK20180427	机器人辅助自主实现细胞活检中微米级关键操控技术研究	南京航空航天大学
BK20180428	基于感应励磁的无励磁机式无刷同步交流发电机的研究	南京航空航天大学
BK20180429	尺度效应下静电驱动功能梯度微结构振动特性分析	南京航空航天大学
BK20180430	复合材料的导波特性疲劳演化机理及寿命预测方法研究	南京航空航天大学
BK20180431	复杂型面钛合金回转体零件旋印电解加工基础研究	南京航空航天大学
BK20180432	复杂电网状况下并网逆变器鲁棒运行关键技术研究	南京航空航天大学
BK20180433	全珊瑚海水混凝土中钢筋锈蚀的电化学行为与劣化机理	南京航空航天大学
BK20180434	粉末高温合金疲劳裂纹扩展的氧致损伤促进效应及微观机理	南京航空航天大学
BK20180435	高深宽比微结构加工用 CVD 金刚石微铣刀的复合制备基础研究	南京航空航天大学
BK20180436	飞机起落架超静定三维复杂机构动力学及其分岔特性研究	南京航空航天大学
BK20180437	空间弱撞击对接机构柔性多体系统对接动力学及其柔顺控制研究	南京航空航天大学

续表

项目编号	项目名称	承担单位
BK20180438	无机-有机复合光催化剂的构建及促进 CO_2 光还原的研究	南京航空航天大学
BK20180439	选区激光熔化铝基纳米复合材料的跨尺度润湿及其性能优化	南京航空航天大学
BK20180440	复杂应力状态下镍基合金疲劳失效机理及全寿命预测	南京航空航天大学
BK20180441	复杂舱体结构自适应加工基础研究	南京航空航天大学
BK20180442	冻雨条件下风力机表面水滴撞击冻结过程研究	南京航空航天大学
BK20180443	高价离子梯度掺杂 W 型钡铁氧体的多磁共振耦合及宽频吸波机理研究	南京航空航天大学
BK20180444	金-钯双金属空心纳米结构的可控合成及其等离激元增强光催化研究	南京航空航天大学
BK20180445	空间天气事件中电离层响应的区域性特征和差异	南京航空航天大学
BK20180446	抗扰动自标定相机群 DIC 方法与原位滑坡机理研究	南京理工大学
BK20180447	手性 Bronsted 酸催化构建膦手性中心化合物	南京理工大学
BK20180448	黑磷层间电子关联与电声耦合对热电性能调控的研究	南京理工大学
BK20180449	草酸二乙酯银锰催化剂催化加氢制乙醇酸乙酯机理研究	南京理工大学
BK20180450	非线性预条件的探索性研究	南京理工大学
BK20180451	高超音速飞行器颤振容错控制研究	南京理工大学
BK20180452	基于 Agent 的水利水电工程施工场地布局建模方法研究	南京理工大学
BK20180453	加热气流中温度敏感型航空煤油凝胶二次雾化机理及动力学研究	南京理工大学
BK20180454	双平行平面射流相互作用机理与能量耗散研究	南京理工大学
BK20180455	一类无模型信息多智能体分布式优化方法研究	南京理工大学
BK20180456	通过相变点调制提高材料热电性能的原理研究	南京理工大学
BK20180457	深亚微米硅基毫米波单片雷达射频前端一体化设计理论与技术研究	南京理工大学
BK20180458	基于目标语义感知的交互式持续学习分割算法	南京理工大学
BK20180459	间歇通信下多导弹命中时间一致协同制导方法研究	南京理工大学
BK20180460	全固态可见光自锁模大量涡旋皮秒脉冲激光器	南京理工大学
BK20180461	基于手性波导与固态自旋耦合系统的光量子信息处理	南京理工大学
BK20180462	基于列生成的元启发式算法的理论与应用研究	南京理工大学
BK20180463	基于图滤波的动态二部网络社区发现方法研究	南京理工大学
BK20180464	面向室外的开放条件下三维人体姿态跟踪研究	南京理工大学
BK20180465	低轨微纳卫星星座相位部署方法研究	南京理工大学
BK20180466	无人机编队基于采样事件触发机制减少网络通信的研究	南京理工大学
BK20180467	虚拟战场中的智能博弈系统研究	南京理工大学

续表

项目编号	项目名称	承担单位
BK20180468	基于光子晶体微腔结构实现的可编码生物传感器的研究	南京理工大学
BK20180469	基于金属颗粒 SPP 操控的动态 SERS 检测方法研究	南京理工大学
BK20180470	混合故障下异构多处理器实时系统可靠性优化方法研究	南京理工大学
BK20180471	复杂场景下的图像去模糊模型及算法研究	南京理工大学
BK20180472	脉冲电子束熔丝沉积热力时空效应及组织性能调控机制	南京理工大学
BK20180473	多孔道分叉管内三维两相流高温高压火药瞬态流动特性	南京理工大学
BK20180474	兼顾多目标与不确定性的地面无人作战平台运动控制方法研究	南京理工大学
BK20180475	P3 相层状过渡金属氧化物的储钠性能与储钠机理研究	南京理工大学
BK20180476	基于亚磺酸盐的自由基三氟甲硫基化反应研究	南京理工大学
BK20180477	仿生功能表面强化滴状冷凝传热的机理研究	南京理工大学
BK20180478	基于直流电压中枢点的多线路直流潮流控制系统研究	南京理工大学
BK20180479	天然气水合物沉积层动强度及变形机理研究	南京理工大学
BK20180480	基于声波与声发射特征变化的岩体动态损伤临界值研究	南京理工大学
BK20180481	基于流程空间模型的复杂产品设计知识表示方法研究	南京理工大学
BK20180482	融合抗爆性和轻量化设计的新型底盘防护系统设计研究	南京理工大学
BK20180483	激光选区熔化钛合金热流传输与晶粒组织演化机理研究	南京理工大学
BK20180484	双层非晶硅光伏幕墙热电耦合作用机理对室内供暖空调负荷影响研究	南京理工大学
BK20180485	复杂场景下电动汽车无线充电系统生物体电磁暴露及其调控策略研究	南京理工大学
BK20180486	智能网联车与常规车混行时高速公路拥堵识别方法研究	南京理工大学
BK20180487	新型矮肋式混凝土梁桥的破坏机理和承载性能研究	南京理工大学
BK20180488	高动态特性电外科发生器电源拓扑与控制策略研究	南京理工大学
BK20180489	无机钙钛矿量子点表面的强离子性配体钝化效应研究	南京理工大学
BK20180490	基于细菌发酵过程原位制备矿化纤维素复合材料研究	南京理工大学
BK20180491	基于晶粒间应力耦合调控 MnFe(P,Si) 材料机械稳定性及磁热效应的研究	南京理工大学
BK20180492	纳米结构铁锰合金中的马氏体相变研究	南京理工大学
BK20180493	二维 MoS2/ZnxCd1-xS 异质结光生载流子的界面传输调控	南京理工大学
BK20180494	层状纳米晶铜锆合金的再结晶及其异常长大机制研究	南京理工大学
BK20180495	碳纳米管增强 Ti/CFRP 超混杂层板的界面调控及其作用机制研究	南京理工大学
BK20180496	基于噻吩并吡咯类近红外非富勒烯受体材料的设计合成与光伏性能研究	南京理工大学

续表

项目编号	项目名称	承担单位
BK20180497	强化污泥发酵液培养的微藻岩藻黄质和衍生物含量及其抗氧化机制研究	南京理工大学
BK20180498	野生淡水鱼有机磷酸酯污染代谢特征与潜在食用风险研究	南京理工大学
BK20180499	基于舆情动力学的群体推荐共识决策模型及应用研究	河海大学
BK20180500	广义微分方程若干问题研究	河海大学
BK20180501	Hippo在日本沼虾先天免疫中的功能研究	河海大学
BK20180502	中华鳖IRG5在抗菌免疫中的功能及作用机制	河海大学
BK20180503	受忽视青少年问题行为发生发展及其神经生物学机制	河海大学
BK20180504	波流作用下潮流能水轮机阵列水动力特性研究	河海大学
BK20180505	基于连续-离散混合尺度算法的空化流结构演变规律及内在机理研究	河海大学
BK20180506	考虑叶龄叶位与冠层辐射分布的稻田水碳通量耦合模拟与尺度提升	河海大学
BK20180507	电力市场环境下主动配电网与微电网联合优化运行	河海大学
BK20180508	基于高通量实验思路的高性能7xxx系铝合金异构组织设计及其强韧化协同机制	河海大学
BK20180509	多重不确定性影响下复杂水资源系统联合调度风险评估与调控	河海大学
BK20180510	巴伦支海海冰变化特征及其对中国气候系统的影响	河海大学
BK20180511	西昆仑塔什库尔干地区寒武纪条带状铁矿（BIF）成因的地球化学研究——以塔阿西和孜落依矿床为例	河海大学
BK20180512	淮河流域骤发性干旱形成机制与定量评估方法研究	河海大学
BK20180513	基于芳基膦氧取代联烯的新型串联与环化反应研究	南京农业大学
BK20180514	四方格子型2D导电MOFs的设计、合成与储能性能研究	南京农业大学
BK20180515	农业机器人抓取模型辨识与柔顺抓取决策实时构建方法研究	南京农业大学
BK20180516	跨膜转运PbtMT4基因对梨果实糖的转运功能及其作用机制研究	南京农业大学
BK20180517	棉花微丝相关蛋白GhVLN4抗黄萎病功能分析	南京农业大学
BK20180518	大豆疫霉效应子PsAvh262结合大豆GmbZIP28s转录因子调控寄主内质网压力的机制研究	南京农业大学
BK20180519	热激转录因子Hsfs参与油菜素甾醇调控马铃薯耐热性的分子机制	南京农业大学
BK20180520	灰飞虱适应不同宿主植物的关键基因筛选	南京农业大学
BK20180521	脱落酸介导高羊茅获得性高温耐性形成的生理机制	南京农业大学
BK20180522	钾通过糖代谢途径及花青素转运途径调控萝卜芽苗中花青素积累的机理	南京农业大学

续表

项目编号	项目名称	承担单位
BK20180523	全球增温1.5℃背景下温度变化对我国冬小麦生产力影响的量化研究	南京农业大学
BK20180524	Linc-NORFA通过miR-126-TGFBR2轴调控猪卵泡闭锁的分子机制	南京农业大学
BK20180525	低温响应RNA甲基转移酶RME调控拟南芥耐冷性的分子机制研究	南京农业大学
BK20180526	纳米包装处理对金针菇采后能量代谢调控机制研究	南京农业大学
BK20180527	铁载体介导有益菌群抑制青枯菌入侵番茄根际的机制研究	南京农业大学
BK20180528	高世代玉米自交系退化的遗传与表观遗传机制研究	南京农业大学
BK20180529	基于GWAS的梨果实抗坏血酸代谢基因挖掘及调控网络研究	南京农业大学
BK20180530	六型分泌系统穿孔素效应子Rhs-WTIP诱导巨噬细胞焦亡促进细菌系统感染的分子机制	南京农业大学
BK20180531	基于SIRT3研究白藜芦醇苷改善IUGR断奶仔猪肠道损伤与线粒体功能紊乱的机制	南京农业大学
BK20180532	茄科作物抗病基因Sw-5b对番茄斑萎病毒属病毒抗性改良的分子设计研究	南京农业大学
BK20180533	与定殖相关的木霉菌表面活性小蛋白HFB的基因功能研究及其定向改造	南京农业大学
BK20180534	基于根构型的稻茬麦丰产增效机理研究	南京农业大学
BK20180535	PacC转录因子调控灵芝次级代谢产物合成的分子机制	南京农业大学
BK20180536	甜瓜属人工异源四倍体表型变异与基因和microRNAs差异表达的相关性研究	南京农业大学
BK20180537	花后高温影响水稻粒重和稻米品质的细胞分裂素调控机理	南京农业大学
BK20180538	哈茨木霉木聚糖酶分泌调控新机制研究	南京农业大学
BK20180539	基于解淀粉芽孢杆菌SQR9无痕突变株的益生菌群构建及其共进化研究	南京农业大学
BK20180540	仔猪肠道黏膜沙门氏菌噬菌体保护肠道黏膜屏障功能及其定植肠黏膜的机制研究	南京农业大学
BK20180541	铜离子（Cu^{2+}）增强甲烷单加氧酶基因簇pmoCAB转录水平的分子机制	南京农业大学
BK20180542	日粮非纤维性碳水化合物促进反刍动物瘤胃上皮免疫耐受的分子机制	南京农业大学
BK20180543	转录因子RcREM5/VRN1调控月季花器官发育的分子机制研究	南京农业大学
BK20180544	加拿大一枝黄花茎秆木质素化影响生物除草剂菌株SC64防效机制的研究	南京农业大学
BK20180545	基于不同栽培容器的自动化根表型成像平台的构建及根性状差异的定量化研究	南京农业大学

续表

项目编号	项目名称	承担单位
BK20180546	LpARR11介导细胞分裂素调控多年生黑麦草衰老及叶绿素降解的分子机制	南京农业大学
BK20180547	植物物候对植物-昆虫多层营养级互作影响的研究	南京农业大学
BK20180548	氨气氛围木质素催化快速热解制备芳香胺的研究	南京农业大学
BK20180549	基于土地出让视阈的区域工业用地配置研究：空间互动与效率影响	南京农业大学
BK20180550	应用受体生物传感器探索多基源中药的质量控制模式——以贝母为例	中国药科大学
BK20180551	金属有机配位NO供体纳米前药颗粒的构建及其抗肿瘤协同治疗研究	中国药科大学
BK20180552	基于中性粒细胞的抗原捕捉系统用于肿瘤术后的辅助治疗	中国药科大学
BK20180553	程序性响应的肝肿瘤靶向CRISPR/Cas9递送系统的构建及评价	中国药科大学
BK20180554	Vanin-1活化小鼠白色脂肪线粒体功能的分子机制研究	中国药科大学
BK20180555	microRNAs对cGAS-STING固有免疫信号通路的调控机制及功能研究	中国药科大学
BK20180556	炎症性肠病中PKM2激活Wnt/β-catenin通路促进肠炎修复的机制研究	中国药科大学
BK20180557	光激活型递药系统的构建及其用于肿瘤联合治疗研究	中国药科大学
BK20180558	pH响应型纳米制剂的肿瘤内处置行为研究	中国药科大学
BK20180559	FGFR4新型不可逆抑制剂的设计、合成及生物活性研究	中国药科大学
BK20180560	IRF8-AR轴调节肝癌发生发展及恩杂鲁胺敏感性的作用机制研究	中国药科大学
BK20180561	端粒酶响应型DNA二十面体用于肿瘤定点药物释放的研究	中国药科大学
BK20180562	基于p62-RIP1/3相互作用探讨TNF-α诱导神经细胞自噬紊乱致程序性坏死分子机理研究	中国药科大学
BK20180563	新型抗耐药菌多肽MSI-1的活性及机制研究	中国药科大学
BK20180564	基于骨架重构策略设计、合成NLRP3靶向抑制剂并探索其对非可控性炎症相关疾病的治疗作用	中国药科大学
BK20180565	TGF-β诱导的中性粒细胞极化在调控脑胶质瘤免疫应答中的作用机制	中国药科大学
BK20180566	天然间苯三酚杂萜类TNF-α抑制剂的定向发现及其改善肿瘤炎性微环境作用研究	中国药科大学
BK20180567	基于质谱成像技术的灯盏细辛治疗缺血性脑卒中的药效物质基础及作用机制研究	中国药科大学
BK20180568	基于"活性剪切"HSCCC-HPLC分离技术探究三种活血化瘀中药中抗肿瘤转移药效物质	中国药科大学
BK20180569	利用转录组-多肽组学联合分析筛选少棘蜈蚣镇痛多肽	中国药科大学

续表

项目编号	项目名称	承担单位
BK20180570	线粒体靶向性琥珀酸脱氢酶抑制剂的分子设计与抗心肌缺血再灌注损伤研究	中国药科大学
BK20180571	基于抗肿瘤天然环肽 RAs 的紫参毛状根培养体系构建及其生物合成诱导调控机制研究	中国药科大学
BK20180572	作用于 ACE/fXa 的双靶点李药分子设计及其对慢性心衰的抗凝治疗作用研究	中国药科大学
BK20180573	基于 Snail/p53/HDAC1 信号轴的小分子化合物的筛选及抗肿瘤作用研究	中国药科大学
BK20180574	基于 LRRK1 基因调控肾脏尿酸转运系统探讨防己黄芪汤干预尿酸性肾病的作用机制	中国药科大学
BK20180575	Mydgf/STAT3 轴介导肝癌干细胞自我更新促肝癌发生的分子机制研究	中国药科大学
BK20180576	基于 APC 突变引起的异常胆固醇合成反馈机制探讨 GL-V9 的抗肿瘤作用	中国药科大学
BK20180577	富马酸二甲酯改善小鼠非酒精性脂肪肝的分子机制研究	中国药科大学
BK20180578	基于 FTN 的自适应传输关键技术研究	中国人民解放军陆军工程大学
BK20180579	多尺度分解与重构的数字迷彩图案构建机理研究	中国人民解放军陆军工程大学
BK20180580	单轴各向异性吸波材料的隐身性能研究和制备	中国人民解放军陆军工程大学
BK20180581	免外光源连续激发可逆激活型光热/光动力诊疗探针研究	江南大学
BK20180582	基于喷气涡流复合空间力场的多相耦合纤维自捻成纱增强机理研究	江南大学
BK20180583	离子液体构建金属-有机框架纳米片的溶剂效应研究	江南大学
BK20180584	仿生近红外有机长余辉纳米探针的制备及其光学成像研究	江南大学
BK20180585	基于三维共价有机骨架的液相色谱固定相研究	江南大学
BK20180586	二维不规则凸区域上非线性分数阶薛定谔方程的数值算法及其参数估计问题	江南大学
BK20180587	基于吸附位分离的铈基低温 NH3-SCR 脱硝催化剂的结构调变提升抗硫性能的研究	江南大学
BK20180588	有机-无机杂化有序多孔界面精确控制及其动态润湿与黏附性能研究	江南大学
BK20180589	织物触觉风格的细观结构与纱线力学协同作用机理及原位组合表征研究	江南大学
BK20180590	几类一致模的数学结构特征刻画	江南大学
BK20180591	针对损失数据的多变量非线性动态过程多模型建模与参数估计	江南大学
BK20180592	面向优良菌种筛选和发酵优化的酵母菌细胞多参量信息无损检测技术研究	江南大学
BK20180593	多源干扰下载人潜水器的主动抗干扰控制技术研究	江南大学
BK20180594	农业物联网中的无线网络拓扑瓶颈识别方法及其应用	江南大学

续表

项目编号	项目名称	承担单位
BK20180595	基于事件触发的鲁棒模型预测控制及其应用研究	江南大学
BK20180596	晶体硅太阳电池光诱导氢再生效用及可靠性的研究	江南大学
BK20180597	基于集成成像的全息相机理论研究与开发	江南大学
BK20180598	基于高分辨率数字全息分层成像的光学元件激光损伤三维检测技术研究	江南大学
BK20180599	脉冲扰动下 Lur'e 型复杂网络的聚类同步研究	江南大学
BK20180600	多源异构在线社交网络中影响力广度学习的研究	江南大学
BK20180601	钙钛矿太阳能电池迟滞效应的机理研究	江南大学
BK20180602	基于双斜交平面镜成像原理的纱线毛羽三维测量方法研究	江南大学
BK20180603	益生菌生物减除铅的种内差异规律及机制解析	江南大学
BK20180604	β-葡萄糖苷酶制备低聚龙胆糖的机理研究	江南大学
BK20180605	三唑类杀菌剂宽谱性单抗的制备及其磁免疫层析检测	江南大学
BK20180606	淀粉分支酶分子内盐桥对其热稳定性的影响及机理研究	江南大学
BK20180607	酮糖 3-差向异构酶的底物特异性机制与分子改造	江南大学
BK20180608	双磁路交变磁场下青梅盐渍液有机固形物凝聚效应及机制研究	江南大学
BK20180609	豌豆蛋白-多糖-皂苷相互作用对乳液界面吸附行为和聚集稳定性的影响机制	江南大学
BK20180610	蛋黄脂蛋白-多糖复合油胶构筑及塑性脂肪替代机制研究	江南大学
BK20180611	代谢工程改造谷氨酸棒杆菌合成 N-乙酰神经氨酸的关键问题研究	江南大学
BK20180612	糖基化影响羊乳脂肪球膜蛋白热稳定性的机理	江南大学
BK20180613	从肠道微生态及黏膜免疫角度解析黏附性双歧杆菌缓解便秘的机制	江南大学
BK20180614	"基于大米蛋白的蛋白质-蛋白质"相互作用及二级结构共架反应机制	江南大学
BK20180615	载体复合可食用膜调控抗氧化物质释放的规律及机制研究	江南大学
BK20180616	活化 T 细胞核因子 c3 调控巨噬细胞活化在特发性肺纤维化病理过程中的作用及机制研究	江南大学
BK20180617	新辅助放化疗对肠道菌群和直肠区域淋巴结中 CD169 阳性细胞的调控机制和临床意义	江南大学
BK20180618	RNA 结合蛋白 Nucleolin 通过调控 hnRNPA1 促进结直肠癌发生发展的机制研究	江南大学
BK20180619	基于"肠道菌群-肠道屏障-胰腺免疫"途径研究硫胺素对 1 型糖尿病的免疫调节作用及机制	江南大学
BK20180620	基于梁拱机构模型的钢筋混凝土构件弯剪破坏机理研究	江南大学
BK20180621	疏水催化剂的可控制备与抗水机理研究	江南大学

续表

项目编号	项目名称	承担单位
BK20180622	环氧化物水解酶 AuEH2 对映选择性的理性改造及其分子机制研究	江南大学
BK20180623	新型预制钢管－波纹钢板混凝土组合柱的工作机理及设计方法研究	江南大学
BK20180624	面向生物增材制造的壳聚糖点击接枝聚乳酸链结构调控及其性能研究	江南大学
BK20180625	基于动态组合化学方法构建生物互动型水凝胶及其在酶固定化中的应用	江南大学
BK20180626	基于二维 Au/Se/ 导电高分子增强型自驱动柔性光探测器的研究	江南大学
BK20180627	基于纳米纤维设计和调控二元过渡金属硫化物异质结构及其全 pH 电解水制氢性能研究	江南大学
BK20180628	纤维素基自供能生物传感器的构建及供能－传感协同作用机制研究	江南大学
BK20180629	柔性同轴异质结构纳米纤维的制备及氨敏机理研究	江南大学
BK20180630	光激发下表面富氧空位氧化锌室温甲烷传感性能及机理	江南大学
BK20180631	基于纳米 TiO_2 交联的高弹性离子凝胶的制备及其在柔性超级电容器中的应用研究	江南大学
BK20180632	岸边带湿地中根际微生物降解非甾体抗炎药的机制研究	江南大学
BK20180633	疏水性抗菌剂在生物电化学－厌氧消化耦合系统中的转化机制	江南大学
BK20180634	基于生物强化的厌氧消化过程中氨氮－长链脂肪酸协同抑制效应缓解方法的研究	江南大学
BK20180635	自驱动微纳马达在水环境领域的应用研究	中国矿业大学
BK20180636	煤层气排采过程分级和多相耦合效应	中国矿业大学
BK20180637	阻挫磁体中新奇量子态的数值研究	中国矿业大学
BK20180638	一类带有奇异项的 1-Laplace 方程正则性和多重性研究	中国矿业大学
BK20180639	基于样本生成与多目标对抗学习的行人重识别方法研究	中国矿业大学
BK20180640	面向智能开采的采煤机尺度自适应多视角视频跟踪技术	中国矿业大学
BK20180641	受损矿山土壤微生物系统发育分子网络	中国矿业大学
BK20180642	基于催化加氢裂解和氧化解聚的褐煤温和转化及机理研究	中国矿业大学
BK20180643	动载作用下临空巷分区域破坏特征及控制研究	中国矿业大学
BK20180644	跨尺度断层构造对冲击地压孕灾－致灾机理研究	中国矿业大学
BK20180645	液态二氧化碳致裂煤层驱替 CH_4 连续流动控制机理研究	中国矿业大学
BK20180646	露天矿台阶爆破起尘运移规律及粉尘控制研究	中国矿业大学
BK20180647	燃煤混合破碎机理及能量分配机制研究	中国矿业大学
BK20180648	铁基载氧体深层活性组分时空演变规律研究	中国矿业大学

续表

项目编号	项目名称	承担单位
BK20180649	基于核壳结构相变胶囊的功能流体热质传递特性及调控机理	中国矿业大学
BK20180650	潮湿煤炭多自由度弹性深度筛分动力学与协同优化	中国矿业大学
BK20180651	高应力强动载下围岩损伤区分布特征及岩爆机理	中国矿业大学
BK20180652	环境温度下高铁桥梁梁端伸缩装置的变形损伤机理与构造优化研究	中国矿业大学
BK20180653	岩体变形破坏的能量演化规律及能量致灾准则研究	中国矿业大学
BK20180654	低温贮箱氦气增压热质传递机理与实验研究	中国矿业大学
BK20180655	煤田火灾激发极化异常演变规律及三维反演方法	中国矿业大学
BK20180656	低阶煤反浮选中药剂共吸附及与矿物相互作用机制研究	中国矿业大学
BK20180657	不同流场环境中煤炭与脉石矿物的异相凝聚规律和机理研究	中国矿业大学
BK20180658	预定向水力压裂控制岩体裂纹扩展轨迹机理	中国矿业大学
BK20180659	采用准弹性中子散射对高熵非晶合金熔体 α 弛豫过程与原子动力学非均质性的研究	中国矿业大学
BK20180660	速敏效应对不同煤阶煤储层渗透性伤害的微观控制机理	中国矿业大学
BK20180661	面向建（构）筑物下无井式地下气化采煤的岩层移动关键问题研究	中国矿业大学
BK20180662	基于热损伤效应的深部硬岩可钻性动态演变机制研究	中国矿业大学
BK20180663	深部硐室围岩复杂三维裂隙网络非线性渗流特性研究	中国矿业大学
BK20180664	能源价格管制下高耗能行业清洁增长机制与路径研究：以江苏钢铁工业为例	中国矿业大学
BK20180665	浅部煤系灰岩气藏的形成机制——以山西霍西煤田为例	中国矿业大学
BK20180666	基于变分贝叶斯独立成分分析和形变模型的时序InSAR大气对流层延迟改正方法研究	中国矿业大学
BK20180667	基于靶向测序对NTN1基因非综合征型唇腭裂相关遗传变异的筛选及功能研究	江苏省口腔医院
BK20180668	LncRNAANRIL-miR-125a-APC在人羊膜间充质干细胞修复种植体周围炎骨缺损中的机制研究	江苏省口腔医院
BK20180669	涎腺腺样囊性癌中claudin-7基因甲基化及其机制的研究	江苏省口腔医院
BK20180670	颞下颌关节精准4D运动系统研究	江苏省口腔医院
BK20180671	可注射含锶重组丝素蛋白水凝胶诱导DPSCs再生血管化牙本质/牙髓复合体的机制研究	江苏省口腔医院
BK20180672	血脑屏障单羧酸转运蛋白MCT1在复发性低血糖介导的低血糖防御机制受损中的研究	南京医科大学
BK20180673	非梗阻无精症敏感基因C1orf94在精子成熟过程中的功能与机制研究	南京医科大学
BK20180674	基于EWAS组学的循环CD4T细胞DNA甲基化在乳腺癌早期诊断中的分子流行病学研究	南京医科大学

续表

项目编号	项目名称	承担单位
BK20180675	遗传变异调控基因表达的肺癌全转录组关联与机制研究	南京医科大学
BK20180676	肿瘤靶向量子点载药系统的构建及其应用	南京医科大学
BK20180677	人的新型超潜能性干细胞体外分化为类卵母细胞的研究	南京医科大学
BK20180678	基于CYP2A13代谢活化的5-羟甲基-2-糠醛致呼吸系统慢性炎性损伤的机制研究	南京医科大学
BK20180679	炎症小体蛋白AIM2负调控神经炎症作用和机制的研究	南京医科大学
BK20180680	iNOS介导的PKM2巯基亚硝基化修饰在心肌纤维化中的作用和机制探讨	南京医科大学
BK20180681	KSHV编码的K1蛋白通过上调宿主HMGA1蛋白促进内皮细胞侵袭及其分子机制的研究	南京医科大学
BK20180682	孕期三氯生暴露对婴幼儿神经行为发育影响的前瞻性队列研究	南京医科大学
BK20180683	法洛四联症特异性遗传突变的分子流行病学研究	南京医科大学
BK20180684	Leptin受体信号介导的小胶质细胞突触修剪对下丘脑瘦素信号网络发育的影响	南京医科大学
BK20180685	烷基胺碳氮键断裂活化方法学研究	南京工业大学
BK20180686	磁孤子拓扑磁性材料的霍尔效应	南京工业大学
BK20180687	用于急性心肌梗死标志物检测的血液分离膜式生物传感器的设计与研究	南京工业大学
BK20180688	可视化双极电极-电致化学发光技术在农产品中真菌毒素快速检测应用	南京工业大学
BK20180689	瞬态导向与金属催化下的非活性烯烃双官能化反应研究	南京工业大学
BK20180690	自由基诱导的迁移/环化串联反应研究	南京工业大学
BK20180691	利用金纳米圈形变研究聚合物复合纤维内部应力	南京工业大学
BK20180692	基于稀疏解析模型的分布式字典学习方法研究	南京工业大学
BK20180693	人机协作下基于动作意图在线预测的同步协作控制研究	南京工业大学
BK20180694	常温溶液法制备高性能金属氧化物缓冲层	南京工业大学
BK20180695	即时软件缺陷预测中改善数据质量的关键技术应用研究	南京工业大学
BK20180696	生成式对抗网络攻击分类器模型的应用及防范的研究	南京工业大学
BK20180697	岩藻聚糖硫酸酯-蛋白质静电自组装机制及复合物的消化行为研究	南京工业大学
BK20180698	基于肽类树状大分子递送系统联合化疗与放射增敏治疗肿瘤的研究	南京工业大学
BK20180699	超声-肿瘤微环境逐级响应的双气体仿生纳米递送体系的构建及其增效乳腺癌治疗的研究	南京工业大学
BK20180700	哑铃状 $Pt-Fe_3O_4$ 纳米粒子整合的气体微流控芯片用于卵巢癌的POCT诊断	南京工业大学
BK20180701	面向小型环境监察车的污染区复杂地面通过性研究	南京工业大学

续表

项目编号	项目名称	承担单位
BK20180702	嗜电极微生物自组装纳米硫铁降解废水中抗生素的机制研究	南京工业大学
BK20180703	MAPK通路调控Prm1在异质细胞融合的作用机制	南京工业大学
BK20180704	大口径晶体组件的多场耦合作用机理研究	南京工业大学
BK20180705	纳秒脉冲等离子体协同催化CO_2重整CH_4制备高品质合成气的反应机制及性能调控研究	南京工业大学
BK20180706	高倍聚光式太阳能两相环路热管动态传热传质机理	南京工业大学
BK20180707	氮对2205双相钢大熔深TIG焊接头耐点蚀及疲劳性能的影响研究	南京工业大学
BK20180708	时域动态荷载反演理论与关键技术研究	南京工业大学
BK20180709	调控提升二氧化碳加氢催化剂负载组分活性的机理研究	南京工业大学
BK20180710	设计和制备具有更优力学性能的金属负泊松比超材料	南京工业大学
BK20180711	基于金纳米星的智能响应复合材料的构建及肿瘤多模式诊疗应用	南京工业大学
BK20180712	梳状糖基化聚合物刷的化学-酶法构建及其与凝集素的分子识别作用研究	南京工业大学
BK20180713	微胶囊化纳米限域$MgO@Mg_2NiH_4$核壳结构表面膜的透氢机理	南京工业大学
BK20180714	新型耐高温Ti-Si-C基光热转换复合陶瓷的制备及热学性能研究	南京工业大学
BK20180715	耐高温微纳米纤维玻璃棉真空绝热材料制备及热物理性能研究	南京工业大学
BK20180716	胡敏素作为电子受体强化苯系物厌氧微生物降解的研究	南京工业大学
BK20180717	石墨烯负载多金属纳米颗粒水凝胶基比色传感方法的构建及在微塑料检测中的应用	南京工业大学
BK20180718	电化学-水生基质共作用下双酚类高毒污染物厌氧降解新特征及机制研究	南京工业大学
BK20180719	甲烷基质异养协同硫基质自养微生物同步去除地下水中硝酸盐和六价铬的机理研究	南京工业大学
BK20180720	广义整体最小二乘的若干拓展算法及其应用研究	南京工业大学
BK20180721	旋转流体动力学方程及相关模型的适定性	南京师范大学
BK20180722	1-循环复形的Hall代数与李代数	南京师范大学
BK20180723	一维钯基纳米线合金催化剂的可控合成及其甲酸电催化氧化性能研究	南京师范大学
BK20180724	量子场论高阶圈图振幅的计算方法和应用	南京师范大学
BK20180725	帐篷空间上的算子理论	南京师范大学
BK20180726	基于量化的非线性系统自适应输出反馈及采样数据控制	南京师范大学
BK20180727	非均衡条件下鲁棒老年痴呆症检测方法研究	南京师范大学

续表

项目编号	项目名称	承担单位
BK20180728	ERS 在纳米铜诱导暗纹东方鲀脂肪肝形成中的作用及机制研究	南京师范大学
BK20180729	负性情绪影响认知控制的神经机制	南京师范大学
BK20180730	EHD 微纳 3D 打印 PDMS 微流控芯片牺牲阳模成型机理	南京师范大学
BK20180731	Cu/Fe 修饰 UIO-66 协同非均相 Fenton 氧化降解废气 VOCs 机制	南京师范大学
BK20180732	强惯性力下超临界压力流体传热畸变行为及其调控方法研究	南京师范大学
BK20180733	气候变化政策的健康协同效益及其反馈作用研究	南京师范大学
BK20180734	齐型空间上几类变指标函数空间理论研究	南京邮电大学
BK20180735	二维半导体材料及其异质结构光解水制氢的理论研究	南京邮电大学
BK20180736	钙钛矿过渡金属氧化物异质结界面的电子结构及其磁电物性研究	南京邮电大学
BK20180737	生命科学中带趋化项偏微分方程组的定性分析	南京邮电大学
BK20180738	有限温有限化学势下三维量子电动力学相图的研究	南京邮电大学
BK20180739	基于二维六角翘曲结构材料的 Josephson 结研究	南京邮电大学
BK20180740	石墨烯纳米带的电学和磁学性质研究	南京邮电大学
BK20180741	超快超强激光场与 TMDs 异质结相互作用下高次谐波产生的理论研究	南京邮电大学
BK20180742	全光纤高功率柱矢量光激光器系统研制	南京邮电大学
BK20180743	硅基立体模式复用/开关芯片机理研究	南京邮电大学
BK20180744	基于多源层次化特征学习的行为识别研究	南京邮电大学
BK20180745	基于属性密码体制的若干关键技术研究	南京邮电大学
BK20180746	面向跨情绪学习的语音信号情绪感知研究	南京邮电大学
BK20180747	等离激元耦合 AlGaN 基纳米激光器及共振增强机制研究	南京邮电大学
BK20180748	基于阵列处理技术的毫米波通信关键技术研究	南京邮电大学
BK20180749	供应链资源在物联网环境下的普适性追踪感知技术研究	南京邮电大学
BK20180750	量子测量和反馈操作在超导量子环路中的理论研究	南京邮电大学
BK20180751	环张力类有机半导体及其分子纳米浮栅型场效应晶体管存储器	南京邮电大学
BK20180752	不确定扰动与输入饱和网络化系统的鲁棒协同控制研究	南京邮电大学
BK20180753	虚拟异构蜂窝网络高能效资源优化方法研究	南京邮电大学
BK20180754	大规模 MIMO 系统中 5G 终端的传输时延及调度机制研究	南京邮电大学
BK20180755	水下轨道角动量光通信的关键技术研究	南京邮电大学
BK20180756	基于新型频率选择性吸收体的天线隐身技术研究	南京邮电大学
BK20180757	面向多无人机集群基于分层网状网络的安全通信方法研究	南京邮电大学

续表

项目编号	项目名称	承担单位
BK20180758	表面等离激元耦合诱导高速可见光通信集成芯片研究	南京邮电大学
BK20180759	金属化掺杂聚合物晶体管的稳定性及退化机制研究	南京邮电大学
BK20180760	手性纯有机磷光材料的设计、制备及在信息加密中的应用	南京邮电大学
BK20180761	面向交通监控驾驶员人脸类内变化建模研究	南京邮电大学
BK20180762	有机累积型异质结场效应晶体管存储器的研究	南京邮电大学
BK20180763	网格化印刷柔性透明聚合物电极及其光提取性能研究	南京邮电大学
BK20180764	异相多畴钛酸钡基铁电薄膜的优化设计、可控制备与性能研究	南京邮电大学
BK20180765	面向复杂地表的多通道无人机GNSS-R双极化土壤水分反演的研究	南京邮电大学
BK20180766	分子筛酸性和孔道调变及其催化环氧化物重排制备醛、酮研究	南京林业大学
BK20180767	杨树人工林外生菌根真菌群落对氮沉降的响应及其调控土壤氮淋溶的机制	南京林业大学
BK20180768	石榴花色素UDP-糖基转移酶（UGT）基因表达及酶学特性研究	南京林业大学
BK20180769	氮沉降对人工林生长的滞后性影响的遥感研究：以不同林龄杨树人工林树为例	南京林业大学
BK20180770	基于取向冷冻技术制备纳米纤维素/银纳米线各向异性气凝胶及其性能研究	南京林业大学
BK20180771	5-氮胞苷（5-azaC）促发牡丹不定根的方法和机理研究	南京林业大学
BK20180772	假木质素与纤维素酶相互作用行为及抑制纤维素糖化机理	南京林业大学
BK20180773	鸣禽类种群生态变化与鸣唱变异的关联研究	南京林业大学
BK20180774	木材细胞壁微纳尺度胶合界面构建及温湿响应规律研究	南京林业大学
BK20180775	基于多源数据的城市中心区自行车停车行为机理及其优化管理策略研究	南京林业大学
BK20180776	聚氨酯与聚降冰片烯/丁腈橡胶互穿网络聚合物的理论与试验研究	南京林业大学
BK20180777	钙钛矿型氧化物/MXene多维度复合光热材料的构筑及机制研究	南京林业大学
BK20180778	竹胶板夹心剪力墙的抗侧力机理及设计方法研究	南京林业大学
BK20180779	顾及散射机理的极化SAR沿海湿地特征提取与分类识别	南京林业大学
BK20180780	高波数振荡微分方程三角函数型几何数值积分及应用	南京信息工程大学
BK20180781	可压缩边界层涡感受性的直接数值模拟	南京信息工程大学
BK20180782	非凸稀疏优化的分裂算法研究	南京信息工程大学
BK20180783	基于博弈论的(K,M)-策略休假排队系统的均衡策略研究	南京信息工程大学
BK20180784	可见光响应的ZnO/GaN核壳纳米阵列光电极的制备及其光电化学特性研究	南京信息工程大学

续表

项目编号	项目名称	承担单位
BK20180785	Cr/Mn 氧化物薄膜电子态的调控	南京信息工程大学
BK20180786	基于卷积长短时记忆网络的高光谱图像分类	南京信息工程大学
BK20180787	基于微透镜阵列和自由曲面的高性能双视场内窥镜光学系统设计研究	南京信息工程大学
BK20180788	面向运动数据重用的稀疏低秩建模方法研究	南京信息工程大学
BK20180789	基于超薄人工表面等离子激元的毫米波返波管关键技术研究	南京信息工程大学
BK20180790	面向领域适应的特征提取与字典学习方法研究	南京信息工程大学
BK20180791	标签密集动态 RFID 系统多标签信息采集技术研究	南京信息工程大学
BK20180792	不确定路网环境下电动公交充电设施规划与充电调度协同优化研究	南京信息工程大学
BK20180793	压电势调控等离子共振热电子增强光催化性能研究	南京信息工程大学
BK20180794	基于多孔泡沫金属载体的金属有机框架薄膜的可控制备及其常温催化氧化环己烷的研究	南京信息工程大学
BK20180795	基于空间可变混合模型的激光雷达点云场景分割	南京信息工程大学
BK20180796	长江三角洲城市化发展对植被生长季的影响	南京信息工程大学
BK20180797	基于时空数据融合的多源光学卫星影像变化检测研究	南京信息工程大学
BK20180798	基于面向对象分割的光学与雷达遥感反演地表土壤水分估算研究	南京信息工程大学
BK20180799	南京地区黑碳气溶胶的吸收增强特性研究	南京信息工程大学
BK20180800	赤道东太平洋海表面温度年循环对气候变化的响应	南京信息工程大学
BK20180801	典型城市霾污染过程颗粒物粒径分布、含碳量及混合状态对其光学特性的影响研究	南京信息工程大学
BK20180802	基于海气耦合模式的南海中尺度涡与海表风场相互作用研究	南京信息工程大学
BK20180803	江苏近海潮流底边界层稳定性分析及其诱导的次级环流研究	南京信息工程大学
BK20180804	黄土高原区历史时期耕地变化重建研究	南京信息工程大学
BK20180805	基于光谱观测的闪电连续电流和 M 分量微观物理过程与形成机制研究	南京信息工程大学
BK20180806	基于贝叶斯线性回归的复杂地表高分辨率（1km）时空连续土壤水分估算方法研究	南京信息工程大学
BK20180807	三江源地区冬季降水年代际变化及其物理机制研究	南京信息工程大学
BK20180808	大气冰核对雷暴云电荷结构和闪电行为影响的研究	南京信息工程大学
BK20180809	地基多波长差分吸收激光雷达 CO_2 探测方法研究	南京信息工程大学
BK20180810	昼夜温差影响设施葡萄成熟期糖分积累的酶学、分子机制及模型研究	南京信息工程大学
BK20180811	影响东部型和中部型厄尔尼诺生命史过程的机理研究	南京信息工程大学

续表

项目编号	项目名称	承担单位
BK20180812	外部强迫对末次盛冰期全球季风活动影响机理研究	南京信息工程大学
BK20180813	加速退化数据中变点问题的研究	南京财经大学
BK20180814	几类非局部椭圆型方程的变分方法研究	南京财经大学
BK20180815	复值神经网络的稳定性、耗散性分析及其联想记忆应用研究	南京财经大学
BK20180816	外部扰动驱动下的大米鉴伪方法及模型优化研究	南京财经大学
BK20180817	基于"血中移行成分–代谢组学"策略对辣木叶改善Ⅱ型糖尿病的活性成分挖掘及机制研究	南京财经大学
BK20180818	基于代谢网络研究米糠阿魏酰低聚糖对肠道产阿魏酸酯酶菌菌群结构的调节机制	南京财经大学
BK20180819	区域发展过程中土地利用功能转型的特征与驱动机制——以江苏北南样带为例	南京财经大学
BK20180820	复杂数据下误差分布函数的统计推断及应用研究	南京审计大学
BK20180821	基于非易失性存储器的低功耗缓存关键技术研究	南京审计大学
BK20180822	新型动态蛋白质网络的构建及分析研究	南京中医药大学
BK20180823	丹参–红花配伍调控未折叠蛋白应答保护糖尿病心肌病的作用机理研究	南京中医药大学
BK20180824	晚期内体/溶酶体适配蛋白Lamtor5负调控TLR4信号通路的分子机制研究	南京中医药大学
BK20180825	基于MDSC塑造呼吸道免疫抑制微环境探讨金屏汤治疗RRTI的机制研究	南京中医药大学
BK20180826	新型吲哚酮类FLT3抑制剂的设计、合成及抗肿瘤活性研究	南京中医药大学
BK20180827	糖尿病状态下NLRP3介导的血小板高反应性通路及活血化瘀中药调控机制研究	南京中医药大学
BK20180828	中氮䓬型玫瑰石斛类生物碱调控TLR4信号通路活化的手性抗炎构效关系和作用机制研究	南京中医药大学
BK20180829	心理治疗改善哮喘和焦虑症状的机制：基于多模态功能磁共振的疗效及预测研究	南京中医药大学
BK20180830	丹参酮ⅡA通过影响MAPK信号通路抑制AngⅡ诱导的血管平滑肌细胞增殖作用研究	南京中医药大学
BK20180831	可局部加细的细分曲面在计算电磁学中的应用	苏州大学
BK20180832	正特征代数曲面纤维化中的正性研究	苏州大学
BK20180833	数字指纹码中的组合构形研究	苏州大学
BK20180834	面向多层闪存存储系统的可靠性优化研究	苏州大学
BK20180835	应用新型光谱技术和器件结构突破有机太阳能电池的光电压极限	苏州大学
BK20180836	面向宽带射频接收机的模拟集成电路关键技术研究	苏州大学

续表

项目编号	项目名称	承担单位
BK20180837	抗性淀粉类型与发酵性及其调控饱腹感作用机制的研究	苏州大学
BK20180838	PP1cδ介导的肠上皮黏膜屏障稳态维持及黏膜再生的分子机制研究	苏州大学
BK20180839	巨噬细胞LPS-TLR4-TRAF6信号通路分泌蛋白抑制肿瘤的分子机制研究	苏州大学
BK20180840	老年2型糖尿病性骨质疏松病人血清代谢组学研究及诊断标志物发现	苏州大学
BK20180841	CORIN基因启动子区DNA甲基化与冠心病发病关系的前瞻性队列研究	苏州大学
BK20180842	机械设备单源变参信息融合特征学习及状态监测研究	苏州大学
BK20180843	曲面微穿孔板声振耦合机理及宽频带共振吸声技术的优化	苏州大学
BK20180844	医用植入金属表面规则微织构的构建及其生物相容性定向强化技术研究	苏州大学
BK20180845	有机半导体微纳单晶材料阵列化组装及其场效应晶体管器件的研究	苏州大学
BK20180846	基于全无机钙钛矿纳米材料高效发光二极管器件的研究	苏州大学
BK20180847	基于高内相乳液模板法制备纤维素基多孔材料及其性能研究	苏州大学
BK20180848	多级响应性空心碳酸钙纳米复合物用于肿瘤联合治疗的研究	苏州大学
BK20180849	基于神经诱导分子主动传输构建胚胎干细胞神经分化诱导平台	苏州大学
BK20180850	氮掺杂多孔碳载过渡金属氧化物催化剂的构筑及其催化5-羟甲基糠醛选择性氧化制备2,5-呋喃二甲酸的研究	江苏大学
BK20180851	基于复杂网络的个体行为与传染病传播耦合模型研究及优化控制分析	江苏大学
BK20180852	带机制转换的最优停时问题的解法研究及其应用	江苏大学
BK20180853	以动态组合化学为指导的多价乙酰胆碱酯酶抑制剂合成研究	江苏大学
BK20180854	利用时间分辨光谱研究氮宾离子引起的DNA烷基化而致癌的反应机理	江苏大学
BK20180855	三维编织复合材料拉-拉疲劳特性及失效机理细观分析	江苏大学
BK20180856	噪声影响下种群动力学模型的分支与控制问题研究	江苏大学
BK20180857	基于深红/近红外两亲性BODIPY荧光分子自组装：分子设计、G-四链体DNA识别与生物应用	江苏大学
BK20180858	多肽-DNA复合自组装材料在肺癌检测中的应用研究	江苏大学
BK20180859	复杂环境下农机自动驾驶导航系统高精度姿态基准与鲁棒数据融合方法研究	江苏大学
BK20180860	基于邻近节点区块链群的WSN去中心可信架构的研究	江苏大学

续表

项目编号	项目名称	承担单位
BK20180861	基于光学特性成像的作物早期病害诊断机理及方法研究	江苏大学
BK20180862	超灵敏宽光谱量子点复合垂直场效应光电晶体管的研究	江苏大学
BK20180863	基于近地遥感的水稻稻瘟病监测与评估方法研究	江苏大学
BK20180864	基于营养胁迫代谢应答机理的设施作物变量施肥策略研究	江苏大学
BK20180865	基于选择性微纤维传感器阵列的南美白对虾新鲜度检测	江苏大学
BK20180866	温里药敷脐脂质载体系统中挥发油"亦药亦辅"及促透机制研究	江苏大学
BK20180867	基于多功能离子型苝二酰亚胺类电子传输材料的高效稳定的钙钛矿太阳能电池的研究	江苏大学
BK20180868	同轴电流体动力制备纳米颗粒装载型微泡的多尺度模拟及调控规律研究	江苏大学
BK20180869	含砜基核心模块的非掺杂有机空穴传输材料在钙钛矿太阳能电池中的应用研究	江苏大学
BK20180870	自催化法可控构筑原子层全固态 Z-型机制复合材料及光催化全解水研究	江苏大学
BK20180871	新型开放式水泵旋转效应下的流动特性及水力优化研究	江苏大学
BK20180872	催化微通道内表面反应对火焰特性的影响机制	江苏大学
BK20180873	激光辐照增强电解切割加工技术基础研究	江苏大学
BK20180874	旋转轮胎多输入激励下混合非线性共振拓频俘能机理研究	江苏大学
BK20180875	基于瞬时定域导电通道的半导体材料激光电解协同微切槽研究	江苏大学
BK20180876	超低比转速水涡轮动静干涉对尾水管涡系的影响	江苏大学
BK20180877	基于高温膜燃料电池 CO_2 电化学还原体系的构建及其性能研究	江苏大学
BK20180878	微胶囊自修复混凝土徐变损伤修复及失效机理研究	江苏大学
BK20180879	尾流效应影响下的风力机组运行控制优化研究	江苏大学
BK20180880	过渡金属磷化物量子点修饰生物炭与 NiCo-LDHs 复合材料的构筑及催化制氢性能和机理研究	江苏大学
BK20180881	超声辅助激光冲击铝合金的组织-应力强化及协同疲劳延寿机理	江苏大学
BK20180882	纳米混合工质有机朗肯循环蒸发过程传热强化与热源匹配特性	江苏大学
BK20180883	高功率因数双永磁励磁电机系统研究	江苏大学
BK20180884	三维石墨烯载 $Bi_xO_yX_z$ 空心纳米盒的可控构筑及其光催化转化 CO_2 制备碳氢燃料行为与机理研究	江苏大学
BK20180885	梳型导向聚离子液体印迹膜材料的构筑及其选择性分离稀土镥离子的行为机理研究	江苏大学
BK20180886	三维木质多孔纳米复合印迹膜的制备及其选择性分离/富集钕离子的行为机理研究	江苏大学

续表

项目编号	项目名称	承担单位
BK20180887	单原子掺杂氮化碳的原位构筑及其光催化降解性能增强机制研究	江苏大学
BK20180888	高均匀性、高灵敏度 SERS 基底的制备及其在 PM2.5 颗粒物中多环芳烃的现场检测中的应用研究	江苏大学
BK20180889	纳米尺度下非局域自旋注入产生的微波振荡研究	扬州大学
BK20180890	层间偏压对双层范德瓦尔斯异质结拓扑和电热输运的影响	扬州大学
BK20180891	大型风力机叶片微型控制面耦合的非线性动力学与振动控制	扬州大学
BK20180892	可见光促进的 1,5- 氢迁移在镍或铜催化构键碳碳键反应中的应用	扬州大学
BK20180893	细胞膜蛋白质的远程电化学发光成像检测	扬州大学
BK20180894	横向力作用下超导股线及绞缆结构拉伸疲劳行为分析	扬州大学
BK20180895	热效应下基于无网格法的作大范围运动功能梯度材料板刚－柔耦合动力学问题研究	扬州大学
BK20180896	基于密度视角的超声速混合层气动光学效应产生机理研究	扬州大学
BK20180897	引力振幅的性质及相关问题的研究	扬州大学
BK20180898	司机安全驾驶意识异质对交通流不稳定性影响机理研究：通行效率视角	扬州大学
BK20180899	环状 RNAcirc_FUT2 对断奶仔猪 F18 大肠杆菌抗性的 ceRNA 调控机制分析	扬州大学
BK20180900	融合质粒介导耐药基因水平传播的机制研究	扬州大学
BK20180901	罗氏沼虾硫酸乙酰肝素蛋白聚糖 HSPGs 受体在病原识别过程中的功能研究	扬州大学
BK20180902	梨小食心虫新型引诱剂的高通量筛选和行为学检测	扬州大学
BK20180903	核盘菌效应蛋白诱导植物细胞死亡的分子机制研究	扬州大学
BK20180904	水稻条纹病毒 NS_3 蛋白的磷酸化修饰在介体传毒中的功能研究	扬州大学
BK20180905	长期施肥下光合碳在稻田土壤团聚体中分布与矿化规律研究	扬州大学
BK20180906	调控肉鸭肌肉生长的新基因鉴定与功能分析	扬州大学
BK20180907	鸡 RIP2 基因启动子区元件对禽 E.coli 感染的巨噬细胞免疫和炎症的调控机制	扬州大学
BK20180908	利用小麦－黑麦－长穗偃麦草三属杂种创制抗病小麦新种质	扬州大学
BK20180909	LDDCP1 调控鸡脂肪前体细胞分化的功能和机制研究	扬州大学
BK20180910	鼠李糖乳杆菌对热胁迫和氧化胁迫交叉适应机制的研究	扬州大学
BK20180911	德尔卑沙门菌毒力相关基因的鉴定和功能研究	扬州大学
BK20180912	基于介观尺度的脱支淀粉凝胶化机理研究	扬州大学

续表

项目编号	项目名称	承担单位
BK20180913	淹涝胁迫下茉莉酸调控黄瓜不定根形成的机制解析	扬州大学
BK20180914	牛长链非编码 RNA-lncMD 特异性转录及调控肌生成的分子机理研究	扬州大学
BK20180915	干扰素刺激基因 IFI35 调控鳜鱼弹状病毒复制机制研究	扬州大学
BK20180916	基于 Cry1 类毒素共性多肽 T3 的新型抗虫蛋白开发研究	扬州大学
BK20180917	Bip 介导的线粒体自噬在镉致神经细胞及大鼠大脑衰老中的作用及调控机制	扬州大学
BK20180918	新泛素化 E3 连接酶 C2EIP 调节 PGCs 形成的机制研究	扬州大学
BK20180919	神经介素 B 在猪下丘脑－垂体－睾丸轴生殖激素合成中的作用及其分子机制研究	扬州大学
BK20180920	野生玉米氮高效主效 QTL（qrSDW6-2）的精细定位与克隆	扬州大学
BK20180921	去乙酰化转移酶 SIRT1 调控 PEDV 诱导活性氧 ROS 的作用机制	扬州大学
BK20180922	麦芽三糖生成酶作用淀粉的水解机制及其对淀粉链有序化重结晶行为的调控机理研究	扬州大学
BK20180923	关键生育期半淹水涝害对不同基因型水稻分蘖、产量与米质的影响及其机理研究	扬州大学
BK20180924	NS5A 蛋白在 CSFV 诱导细胞自噬中的作用	扬州大学
BK20180925	miR-144／451 缺陷上调 CD8+T 细胞活性的生物学意义及其分子机制	扬州大学
BK20180926	开放性运动延缓老年人视空间工作记忆衰退的机制	扬州大学
BK20180927	基于代谢组学技术表征南蛇藤藤茎抗类风湿关节炎滑膜增生活性组分和作用机制	扬州大学
BK20180928	薯蓣皂苷诱导肿瘤相关巨噬细胞向 M1 型极性分化的作用及机制研究	扬州大学
BK20180929	覆膜旱作水稻田间土壤水热传输机理及调控研究	扬州大学
BK20180930	基于活性功能载体包覆微生物的自修复混凝土及机理	扬州大学
BK20180931	新型 SFCB 桁架增强无砟轨道板受力性能与疲劳损伤演化规律研究	扬州大学
BK20180932	基于微介复合孔道分子筛的新型氨法脱碳富液中低温催化再生机理及其过程特性研究	扬州大学
BK20180933	旋转交变载荷下球形泵活塞－缸盖共形接触摩擦机理研究	扬州大学
BK20180934	基于土体参数非平稳空间随机场模型的边坡可靠性分析研究	扬州大学
BK20180935	纳米 Pd 表面微观结构的调控机制及其催化 2-烷基蒽醌加氢性能研究	扬州大学
BK20180936	微小通道内 VOCs 直接接触冷凝流动传热机理研究	扬州大学
BK20180937	副乳房链球菌中 Rgg 转录调节因子的功能研究	扬州大学

续表

项目编号	项目名称	承担单位
BK20180938	胞外电子传递促分级多孔掺氮碳纤维激活过硫酸盐杀灭耐氯菌研究	扬州大学
BK20180939	里下河流域稻田碳通量特征及模拟研究	扬州大学
BK20180940	紫菜养殖筏架区细菌对浒苔附着过程的影响机制研究	扬州大学
BK20180941	基于 DNA 组装技术的肝癌标志物外泌体可视化检测新方法研究	南通大学
BK20180942	基于柱芳烃主客体分子识别构筑杂化超分子聚合物材料	南通大学
BK20180943	面向 D2D 通信的稀疏网络编码设计与应用研究	南通大学
BK20180944	纳米器件特异性 DNA 信号识别及分子运动机制研究	南通大学
BK20180945	基于干扰动态感知的汽车雷达波形优化设计	南通大学
BK20180946	脂肪干细胞外泌体 LncRNAMALAT1 介导的内皮细胞功能调控在促糖尿病足伤口愈合中的作用机制研究	南通大学
BK20180947	塞内加尔美登木降糖活性物质的发现及其作用机制研究	南通大学
BK20180948	Th17 细胞迁移进入脑且诱导帕金森病模型小鼠神经退变的机制研究	南通大学
BK20180949	双因子顺序释放型电纺取向纤维诱导肌腱再生的研究	南通大学
BK20180950	复杂疾病基因互作的 GPU 并行关联分析新方法研究	南通大学
BK20180951	LOC680254 调控 Schwann 细胞参与周围神经损伤再生的机制	南通大学
BK20180952	双功能酶调控细胞外基质以增强抗体药物抗肿瘤作用	南通大学
BK20180953	船舶动力定位系统的收缩反步控制研究	南通大学
BK20180954	基坑围护桩与地下室外墙相结合的桩墙合一共同作用机理及应用基础研究	南通大学
BK20180955	钙长石复相陶瓷的供碱释钙功能构筑及其调控机制	南通大学
BK20180956	基于贝叶斯模型的权重分层模糊分类系统及其快速学习方法	常州大学
BK20180957	基于植物叶片光谱特性的可见光和近红外兼容伪装的仿生材料研究	常州大学
BK20180958	石墨烯负载型卟啉基 MOF 光催化剂的可控制备及其催化 5- 羟甲基糠醛合成 2,5- 呋喃二甲酸的研究	常州大学
BK20180959	中深层地热钻井围岩变形行为与失稳机理研究	常州大学
BK20180960	临界点后喷雾冷却恶化机理及调控策略研究	常州大学
BK20180961	用于锂硫电池的含硫聚合物电解质的结构设计及其性能研究	常州大学
BK20180962	含氧空位 TiO_{2-x} 纳米片负载表面洁净金纳米线及其 SERS 应用	常州大学
BK20180963	基于层层自组装技术与 Diels-Alder 环加成反应的表面自愈合涂层的构建及其抗菌性评价	常州大学

续表

项目编号	项目名称	承担单位
BK20180964	纳米普鲁士蓝颗粒诱导的免疫毒性研究	常州大学
BK20180965	多环芳烃类分子中基于单重态的超快宽带光限幅研究	苏州科技大学
BK20180966	高分辨率压电半导体微纳电泵浦激光器阵列的制备及光电特性调控研究	苏州科技大学
BK20180967	溶解氧和有机物对反硝化厌氧甲烷氧化微生物菌群间作用关系的影响研究	苏州科技大学
BK20180968	新型高电压、富锂有机醌氰类正极材料的储锂性能及机理研究	苏州科技大学
BK20180969	超声辅助模板射流电解加工微织构理论方法及应用研究	苏州科技大学
BK20180970	氧化铁单相与多层结构的制备及其在有机无机钙钛矿电池中的应用	苏州科技大学
BK20180971	氧化铈基原子层晶体电化学发光传感器在环境气体检测中的应用	苏州科技大学
BK20180972	地面沉降钻孔全断面精细化监测关键技术与应用研究	苏州科技大学
BK20180973	多源卫星测高数据建立北冰洋平均海平面模型	苏州科技大学
BK20180974	DNA 杂交链式反应信号放大策略用于单细胞内蛋白激酶活性分析	江苏科技大学
BK20180975	溶酶体和 RES 可逃逸的荧光金纳米载体药物控释系统的构建及其应用研究	江苏科技大学
BK20180976	高阶张量特征值性质和计算的研究	江苏科技大学
BK20180977	基于大数据的冷轧带钢板形预设定智能优化研究	江苏科技大学
BK20180978	基于天然产物 AogacillinsA 和 B 的新型杀菌剂分子设计、合成及构效关系研究	江苏科技大学
BK20180979	沸石咪唑酯骨架化合物强化羧肽酶 A 降解赭曲霉毒素 A 及其机理研究	江苏科技大学
BK20180980	引入黏性耗散效应的点吸式装置阵列水动力特性及波能转换机理研究	江苏科技大学
BK20180981	基于 OpenFOAM 海底悬跨管道外部复杂流场大涡数值模拟以及水动力响应特性研究	江苏科技大学
BK20180982	预热长碳链脂肪酸油高压蒸发特性及冷启动低温着火特性研究	江苏科技大学
BK20180983	电化学可控构筑多孔过渡金属磷化物／生物质碳复合电极及储钠性能研究	江苏科技大学
BK20180984	海洋软管铠装层用钢中纳米尺度 (Nb,Mo)C/(Ti,Mo)C 对 H_2S 水溶液腐蚀产物特性作用机制研究	江苏科技大学
BK20180985	大尺寸铁基纳米晶合金的制备及其微观结构演化机理	江苏科技大学
BK20180986	基于非晶过渡金属掺杂纳米 MgH_2 复合材料的吸放氢热力学与动力学性能研究	江苏科技大学
BK20180987	3D 封装择优取向全 IMC 微焊点的形成与调控机制	江苏科技大学

续表

项目编号	项目名称	承担单位
BK20180988	航海雷达图像反演海面风场信息方法研究	江苏科技大学
BK20180989	PRMT1 甲基化 EZH2 蛋白影响乳腺癌转移的机制研究	徐州医科大学
BK20180990	靶向 VprBP 抑制 T 细胞衰老增强抗肿瘤免疫研究	徐州医科大学
BK20180991	DJ-1 通过调控自噬抑制 α-synuclein 异常积聚在帕金森病发病机制的研究	徐州医科大学
BK20180992	lncRNA-SNHG1 竞争结合 miR-326 调控 TNFSF14 和 PTBP1 促进矽尘诱导的肺纤维化	徐州医科大学
BK20180993	脑缺血再灌注损伤中 DANGER/DAPK 相互作用的机制研究	徐州医科大学
BK20180994	温度影响白纹伊蚊传播登革病毒的作用机制研究	徐州医科大学
BK20180995	心脏干细胞外泌体在放射性心脏病的作用和分子机制	徐州医科大学
BK20180996	基于 TGF-β1/Notch 通路探讨丹参酮ⅡA 改善糖尿病肾病肾脏损伤的机制研究	徐州医科大学
BK20180997	小 gc 糖原对细菌抗逆性的促进作用研究	徐州医科大学
BK20180998	可募集 MSCs 的仿生三维支架促进大尺寸骨缺损修复中血管新生的机制研究	徐州医科大学
BK20180999	气候变化对入侵物种分布和控制的影响	江苏师范大学
BK20181000	样本自协差阵的谱分析及其在金融时间序列中的应用	江苏师范大学
BK20181001	双功能金属有机框架对有机光化学反应立体选择性的控制研究	江苏师范大学
BK20181002	两类分数阶微分问题的高效数值方法研究	江苏师范大学
BK20181003	光微流环形微腔用于掺铒光纤中激光光谱调制机理研究	江苏师范大学
BK20181004	循环广义相关熵理论研究及在无线被动定位中的应用	江苏师范大学
BK20181005	细胞壁压力应答组分 MoWsc1 在稻瘟病菌发育及致病过程中的生物学功能分析	江苏师范大学
BK20181006	木犀草素激活 Nrf2/ARE 信号通路抑制赭曲霉毒素 A 肾毒性的作用及机制研究	江苏师范大学
BK20181007	水稻白叶枯病菌 Non-TAL 效应子 XopZ 病理功能探究	江苏师范大学
BK20181008	母亲语言支架对 3~6 岁儿童社会能力发展的影响研究	江苏师范大学
BK20181009	糠醛诱导灵杆菌合成灵菌红素的分子机制研究	江苏师范大学
BK20181010	靶向探针 FA/TAT-GNSs 的构建及其在肿瘤 CT 成像和光热/放射协同治疗中的基础研究	江苏师范大学
BK20181011	动作编码的抑制加工机制：来自儿童发展和 ERP 的证据	江苏师范大学
BK20181012	氨基酰-tRNA 合成酶大量生产及结构的研究	江苏师范大学
BK20181013	硫正极多功能载体的构筑及抑制聚硫阴离子穿梭的机理研究	江苏师范大学
BK20181014	纳米级多元金属硫化物@碳多孔核壳材料的精准构筑及其高效储锂机理研究	江苏师范大学

续表

项目编号	项目名称	承担单位
BK20181015	基于智能设备的高精度导航算法研究	江苏师范大学
BK20181016	基于变量分解的高维多目标优化算法及其在云资源部署中的应用研究	南京工程学院
BK20181017	基于惯性－双目视觉的室内组合导航系统研究	南京工程学院
BK20181018	二维图像的真实感触觉建模与渲染方法研究	南京工程学院
BK20181019	支持时序机制图文法及其应用研究	南京工程学院
BK20181020	生物镁合金对聚乳酸内部微环境的调节作用及其与模拟生理应力的响应关系	南京工程学院
BK20181021	基于空间电场的污秽绝缘子放电在线监测方法研究	南京工程学院
BK20181022	基于三维动态无网格方法非平衡化学反应流场数值模拟研究	南京工程学院
BK20181023	低低温电除尘协同脱除 SO_3 机制研究	南京工程学院
BK20181024	板形执行器超幅调节和抵消效应下策略库深度学习模型的研究	南京工程学院
BK20181025	基于二卤代环丙烷的力响应反馈型高分子材料的设计合成与性能研究	南京工程学院
BK20181026	润滑极压剂与缓蚀剂在铜加工表面竞争吸附的分子动力学模拟与理论研究	南京工程学院
BK20181027	多层结构难熔金属掺杂 Ni 基薄膜热稳定性与高温力学行为的研究	南京工程学院
BK20181028	基于精确调控 DNA 超螺旋的 G-四链体结构与稳定性研究	江苏第二师范学院
BK20181029	冒险者高创造性的心理及神经生理成因	南京特殊教育师范学院
BK20181030	若干非线性波动方程的波结构及动力学分析	常熟理工学院
BK20181031	丛范畴与覆盖理论的若干研究	常熟理工学院
BK20181032	超密集异构网络面向虚拟网络的无线资源配置算法研究	常熟理工学院
BK20181033	多率非线性化工过程建模与优化研究	常熟理工学院
BK20181034	基于长片段测序的微生物基因组组装研究	常熟理工学院
BK20181035	富硒花生蛋白提取物抑制酒精肝损伤的作用机制研究	常熟理工学院
BK20181036	基于润湿性调控镁合金基石墨烯防腐表面的构建机理及功能拓展研究	常熟理工学院
BK20181037	聚合物辅助沉积法生长高效稳定的 TiO_2 阵列@（rGO/Cu_2O）异质结电极及其光电化学水解机理研究	常熟理工学院
BK20181038	纤维基多维度结构石墨烯/金属氟氧化物/银组装材料精准构筑及电化学性能研究	常熟理工学院
BK20181039	板带钢热轧高速钢复合轧辊热疲劳裂纹寿命预测研究	江苏理工学院
BK20181040	基于木质素表面修饰的炭包裹过渡金属催化剂结构调控与形成机制	江苏理工学院

续表

项目编号	项目名称	承担单位
BK20181041	压力场-温度场-多相介质耦合作用下硅酸盐矿酸浸体系硅转化机制及除硅机理研究	江苏理工学院
BK20181042	基于贵金属纳米链表面等离激元效应的铜铟镓硒太阳能电池增效技术研究	江苏理工学院
BK20181043	微滴自脱附铜基超疏水表面的构筑及其耐蚀机理研究	江苏理工学院
BK20181044	非晶合金非均匀性和弛豫行为在应力作用下演化机制研究	江苏理工学院
BK20181045	磷酸钙-淀粉仿生海绵多孔支架的原位构建及其止血成骨一体化修复渗血骨折创面的研究	江苏理工学院
BK20181046	氮掺杂碳包覆的微纳结构 $TiNb_2O_7$ 动力电池负极材料的设计合成及性能研究	江苏理工学院
BK20181047	合金元素 Zn 的固溶和界面偏聚行为对纯 Al 晶体异质形核的影响	江苏理工学院
BK20181048	基于氮化碳笼内限域效应构建单原子催化剂及催化降解 VOCs 机理研究	江苏理工学院
BK20181049	基于光纤检测系统的风电叶片多区域损伤在线定位机理研究	盐城工学院
BK20181050	双增益掺铒陶瓷激光器 1.6μm 波段双波长产生与调控研究	盐城工学院
BK20181051	木质素在氯化胆碱/对甲苯磺酸体系中降解及分离机制	盐城工学院
BK20181052	内切葡聚糖酶对羧酸法纳米纤维分散稳定性的定向调控	盐城工学院
BK20181053	鲤疱疹病毒Ⅱ型 ORF4 编码蛋白在病毒感染异育银鲫过程中的作用及其机制研究	盐城工学院
BK20181054	β-1,4-D-内切木聚糖酶影响啤酒大麦麦芽 PYF 因子产生的机制及在江苏啤酒大麦麦芽中的应用研究	盐城工学院
BK20181055	激光熔覆硅薄膜辅助局域硼扩散机理及背场特性研究	盐城工学院
BK20181056	有序半导体硅纳米材料的溶液可控合成及组装机制研究	盐城工学院
BK20181057	基于多孔 PbO_2 催化层的钛基微孔电极处理难降解有机废水机理	盐城工学院
BK20181058	旋转数与若干变号时变位势方程周期解的研究	盐城师范学院
BK20181059	基于遥感和水文模型的喀喇昆仑山北坡冰川阻塞湖突发洪水监测与预报研究	盐城师范学院
BK20181060	二维氟化磷烯三阶非线性光学特性研究及超快脉冲近红外光纤激光器应用	淮阴工学院
BK20181061	噪声环境下基于模态能量法的结构响应分析及验证研究	淮阴工学院
BK20181062	萝卜水通道蛋白基因 RsPIP1;1 和 RsPIP2;1 调控盐胁迫应答的分子机理研究	淮阴工学院
BK20181063	基于细菌-真菌共培养策略挖掘四株海洋真菌次级代谢产物多样性及抗耐药菌活性研究	淮阴工学院
BK20181064	不可逆吸附低浓度放射性碘的矿物基复合材料的构筑及界面作用机理研究	淮阴工学院

续表

项目编号	项目名称	承担单位
BK20181065	钯催化分子间串联反应合成中环化合物的研究	淮阴师范学院
BK20181066	三价铑催化有机铋试剂参与的碳氢键活化反应研究	淮阴师范学院
BK20181067	基于多任务距离度量学习的多种血缘关系统一验证框架	淮阴师范学院
BK20181068	番茄根系分泌物抑制青枯病发生的微生物驱动机制	淮阴师范学院
BK20181069	基于结构原生端羟基的硼酸铝吸附剂合成及乙烷乙烯分离研究	淮阴师范学院
BK20181070	多维度银系光催化剂原位构筑及降解酚类环境激素研究	淮阴师范学院
BK20181071	团头鲂内凝集蛋白诱导巨噬细胞极化的机制及其对杀伤作用的影响研究	淮海工学院
BK20181072	碳纳米管基循环利用型清洁压裂液体系构筑及机理研究	淮海工学院
BK20181073	激基复合物构筑树枝状延迟荧光大分子的机制研究	淮海工学院
BK20181074	MoS_2 基异质结间自生电场调控及其有机污染物降解研究	淮海工学院
BK20181075	近岸海洋酸化和重金属污染对大型海藻光合生理特性的影响	淮海工学院
BK20181076	GGN 基因对美洲大蠊生殖发育功能的研究	江苏开放大学
BK20181077	声参数不均匀生物组织中的光声断层成像机制研究	南京科技职业学院
BK20181078	基于自复位轻钢框架加固技术的文物建筑抗震性能与设计方法	江苏省建筑科学研究院有限公司
BK20181079	基于辐射制冷的新型建筑节能薄膜研究	江苏省建筑科学研究院有限公司
BK20181080	假基因来源 lncRNAPDIA3P1 绑定 JMJD2A 调控 DCN 介导子痫前期滋养细胞表型的机制研究	江苏省人民医院
BK20181081	心房钠尿肽受体 A 通过激活脂肪酸氧化促进胃癌细胞恶性生物学行为的机制研究	江苏省人民医院
BK20181082	LncRNAMALAT1/miR-449a/KLF4 轴促胃平滑肌细胞表型转换在糖尿病胃轻瘫中的作用	江苏省人民医院
BK20181083	新的癌-睾丸抗原 CDCA5 在食管鳞状细胞癌发生、发展中的功能及机制研究	江苏省人民医院
BK20181084	甲基转移酶 METTL14 通过调控 m6A 修饰促进心肌细胞增殖及治疗心肌梗死的机制研究	江苏省人民医院
BK20181085	GLP-1 减轻脂质异位导致的肾小管损伤的机制研究	江苏省人民医院
BK20181086	普鲁士蓝纳米酶的可控制备及化疗增敏作用的体内外研究	江苏省人民医院
BK20181087	构建靶向/可视化多功能纳米-聚乙烯醇微球用于肝癌 TACE 治疗的实验研究	江苏省人民医院
BK20181088	基于超柔材料的人源再生心肌补片对小鼠缺血性心衰模型的治疗研究	江苏省人民医院
BK20181089	一种脂肪源分泌肽 OAT-SP1 通过调节雄激素合成在多囊卵巢综合症治疗中的功能与机制研究	江苏省人民医院

续表

项目编号	项目名称	承担单位
BK20181090	c-MYC 调控的长链非编码 RNADCST1-AS1 促进三阴性乳腺癌转移的机制研究	江苏省肿瘤防治研究所
BK20181091	SMAR1 增强三阴乳癌患者 CD8+T 细胞肿瘤杀伤作用的机制研究	江苏省肿瘤防治研究所
BK20181092	SP 介导胆囊癌神经浸润促进癌性疼痛的机制研究	南京医科大学第二附属医院
BK20181093	整合素连接激酶在膀胱平滑肌细胞表型转换中的作用和机制研究	南京医科大学第二附属医院
BK20181094	低渗透性镉、铅污染土壤淋洗－电动耦合修复技术研究与应用	江苏省环境科学研究院
BK20181095	潜阳育阴方调控肾脏自噬水平治疗高血压肾损伤的机制研究	南京中医药大学附属医院
BK20181096	电针对大鼠脊神经结扎模型脊髓背角星形胶质细胞自噬及 AMPK/mTOR 通路的影响研究	南京中医药大学附属医院
BK20181097	基于 MAPK 信号通路介导的自噬、凋亡探讨竹节香附素 A 抗胃癌分子机制	南京中医药大学附属医院
BK20181098	紫七软肝汤介导 PI3K/AKT/mTOR 通路调控自噬治疗肝纤维化的机制研究	南京中医药大学附属医院
BK20181099	利用区域海陆气耦合模式研究气溶胶对夏季风降水影响的模拟研究	江苏省气候中心
BK20181100	基于旋翼无人机对灰霾条件下大气边界层气象环境廓线的观测与分析研究	江苏省气象科学研究所
BK20181101	云雨条件下 FY-3B/MWRI 与 AMSR-2 交叉匹配方法研究	江苏省气象台
BK20181102	富营养化湖泊颗粒有机碳储量遥感关键技术研究	中国科学院南京地理与湖泊研究所
BK20181103	地下水位波动驱动下的湿地植被退化/恢复的非线性动力学机制研究	中国科学院南京地理与湖泊研究所
BK20181104	多方法联合定量解析太湖典型来源的有色可溶性有机物特征及贡献	中国科学院南京地理与湖泊研究所
BK20181105	转型期农业碳生产率时空演化及其影响因素解析——以太湖流域为例	中国科学院南京地理与湖泊研究所
BK20181106	江苏中部海岸晚第四纪海侵地层的释光年代学研究	中国科学院南京地理与湖泊研究所
BK20181107	华南和祁连山地区晚泥盆世生物大灭绝后生物礁复苏演化研究	中国科学院南京地质古生物研究所
BK20181108	长江下游五通组楔叶类植物的研究	中国科学院南京地质古生物研究所
BK20181109	新型聚氨酯材料（W-OH）喷施对红壤区坡耕地土壤侵蚀影响的试验研究	中国科学院南京土壤研究所
BK20181110	银河系星流结构的数值模拟研究	中国科学院紫金山天文台

续表

项目编号	项目名称	承担单位
BK20181111	中俄界河额尔古纳河流域土地利用变化及其多尺度水环境效应研究	环境保护部南京环境科学研究所
BK20181112	基于阻尼特性的环氧沥青开发及疲劳性能提升基础研究	江苏中路工程技术研究院有限公司
BK20181113	内质网分子伴侣GRP78/Bip基因在磨损微粒诱导假体周围骨溶解(PIO)中的作用及其机制研究	解放军第八一医院
BK20181114	新型内螺纹预制空心抗拔桩填芯-桩体作用机理与优化研究	金陵科技学院
BK20181115	多价多靶点高穿透性自体血小板膜介导的纳米投递系统对胃癌术后残留病灶的靶向免疫治疗	南京大学医学院附属鼓楼医院
BK20181116	脂肪SGK1促进外泌体miR-145a-5p介导肝脏胰岛素抵抗的作用机制研究	南京大学医学院附属鼓楼医院
BK20181117	hCG诱导母胎界面妊娠免疫耐受的机制及临床应用研究	南京大学医学院附属鼓楼医院
BK20181118	RelB调控DNA损伤修复诱导前列腺癌放疗抵抗的分子机制研究	南京市第一医院
BK20181119	RP11-13E1.5介导SOX5/Wnt信号通路调控扩张性心肌病发生发展的机制研究	南京市第一医院
BK20181120	MAVS/NLRC5炎症小体通路活化在哮喘中的作用研究	南京医科大学附属儿童医院
BK20181121	PTPRM基因拷贝数重复致胎儿心脏畸形的机制研究	南京医科大学附属妇产医院
BK20181122	miR-122-5p通过VIPR1调控阴道平滑肌细胞舒张功能的机制研究	南京医科大学附属妇产医院
BK20181123	精准构筑竹木质素基有机多孔材料及其吸附功能特性研究	中国林业科学研究院林产化学工业研究所
BK20181124	蒲公英提取物调控动物肠道菌群微生态平衡的物质基础研究	中国林业科学研究院林产化学工业研究所
BK20181125	光学元件控变去除函数全频全域优化加工工艺研究	中科院南京天文仪器有限公司
BK20181126	修复用高延性混凝土的设计制备及界面粘结特性	江苏苏博特新材料股份有限公司
BK20181127	水泥水化响应纳米材料的反应机理及混凝土渗透性抑制研究	江苏苏博特新材料股份有限公司
BK20181128	新型智能PET显像探针的构建及对肺癌早期诊断作用研究	江苏省原子医学研究所(无锡市)
BK20181129	ERRα—Nectin-4—PI3K/AKT正反馈回路促进胆囊癌增殖转移的机制研究	无锡市第二人民医院
BK20181130	CEBPa在急性髓系白血病中负调BCL11A转录表达的研究	无锡市第二人民医院
BK20181131	鸢尾素通过PI3K/Akt信号通路改善游离皮瓣移植术后缺血再灌注损伤的机制研究	无锡市第九人民医院
BK20181132	肠道菌群产H_2S通过调控GLP-1分泌影响机体糖代谢的机制研究	无锡市第三人民医院

续表

项目编号	项目名称	承担单位
BK20181133	FOXP1通过靶向调控FZD-7增强乳腺癌化疗耐药作用的机制研究	无锡市第五人民医院
BK20181134	GPRASP蛋白家族在肺发育中的功能研究	无锡市儿童医院
BK20181135	关节假体表面掺锌微孔纳米涂层对成骨细胞功能的影响及调控机制研究	无锡市人民医院
BK20181136	克氏原螯虾-水稻共作系统中主要微生物群落特征及形成机制研究	中国水产科学研究院淡水渔业研究中心
BK20181137	miR-484诱导的脂代谢异常在黄颡鱼肝脏氧化应激中的调控及其作用机制	中国水产科学研究院淡水渔业研究中心
BK20181138	敌百虫对中华绒螯蟹的慢性毒性及与"水瘪子"病的关系研究	中国水产科学研究院淡水渔业研究中心
BK20181139	应用于量子通信的GHz门控单光子探测关键技术研究	东南大学无锡分校
BK20181140	功率SOI-LIGBT机械应变下电学性能及可靠性研究	东南大学无锡分校
BK20181141	面向移动计算的多核乱序处理器存储架构解析建模研究	东南大学无锡分校
BK20181142	复合重金属污染土壤靶向粘土-生物炭固化剂的构效及其机制研究	东南大学无锡分校
BK20181143	铝合金层状复合材料腐蚀规律、优化设计与寿命预测	银邦金属复合材料股份有限公司
BK20181144	利用氯化钠促进剩余污泥发酵产酸机理研究	江苏裕隆环保有限公司
BK20181145	下丘脑-丘脑-伏隔核直接投射长环路介导炎性疼痛的细胞与分子机制	江苏省麻醉医学研究所
BK20181146	基于ADDLs-EphB2相互作用的治疗阿尔兹海默病的小肽纳米复合体的构建及其功效的研究	江苏省麻醉医学研究所
BK20181147	抗癫痫药物HS-SPE/GC-MS分析方法的构建及其在临床血药浓度监测中的应用	江苏省麻醉医学研究所
BK20181148	Slug的转录激活在PAK5促肾癌转移中的作用研究	江苏省肿瘤生物治疗研究所
BK20181149	COP1通过SH3GL2调控STAT3/MMP2信号通路促进胶质瘤侵袭性生长的分子机制研究	徐州医科大学附属医院
BK20181150	足细胞新致病基因PODXL无义突变的功能研究	徐州医学院附属淮海医院（解放军第九七医院）
BK20181151	具有双重作用机制的药效团融合型抗HBV化合物的设计、合成及生物活性研究	徐州医学院科技园发展有限公司
BK20181152	负载shRNA-FRK与替莫唑胺的纳米递送系统对脑胶质瘤的放化疗增敏作用及其机制研究	徐州医学院科技园发展有限公司
BK20181153	Heparanase/syndecan1/NGF信号通路及其正反馈特点在癌痛发生发展中的作用的实验研	徐州医学院科技园发展有限公司
BK20181154	ABA及ALA通过H_2O_2/H_2S与CO（HO-1）/NO双信号交联系统提高拟南芥盐适应性机理研究	徐州医学院科技园发展有限公司
BK20181155	鸦胆子苦醇靶向Nrf2增强PD-1抗体治疗黑色素瘤效应机制的研究	常州市第二人民医院

续表

项目编号	项目名称	承担单位
BK20181156	泛素连接酶 TRIM9s 与蛋白激酶 MKK6 的泛素化/磷酸化交互应答在胶质瘤发生发展中的功能和机制研究	常州市第一人民医院
BK20181157	具有非齐次 Markov 跳变的非线性系统模糊控制研究	河海大学常州校区
BK20181158	面向骨折治疗的计算机辅助术前规划关键技术研究	河海大学常州校区
BK20181159	智能控制系统视觉信息获取的可靠性分析与测评方法	河海大学常州校区
BK20181160	CO_2 发泡聚丙烯形成纳孔泡沫材料的调控机制	北京化工大学常州先进材料研究院
BK20181161	过渡金属修饰的菱沸石结构分子筛催化小分子烃类选择性还原氮氧化物研究	常州工程职业技术学院
BK20181162	高强镁基复合材料纳米增强相合成行为及强化机制研究	大连理工常州研究院有限公司
BK20181163	有限元仿真技术在锂离子动力电池开发中的应用研究	中航锂电技术研究院有限公司
BK20181164	阻断肿瘤细胞诱导血小板聚集的单抗抑制肿瘤转移及相关血栓形成机制研究	江苏省血液研究所
BK20181165	堆肥过程中生物质炭固氮作用的应用及机理	江苏太湖地区农业科学研究所
BK20181166	柔性透明金属线栅集流体可控构筑及其储能应用研究	轻工业化学电源研究所
BK20181167	基于等离激元电势的光子电路和光电转换机理研究	轻工业化学电源研究所
BK20181168	高效锂硫电池性能提升的化学键合方法与原位机理研究	轻工业化学电源研究所
BK20181169	中间层调控的微米结构化双吸收层光阳极光解水的研究	轻工业化学电源研究所
BK20181170	不同的燃烧工况对页岩微观结构和气体流动的影响	轻工业化学电源研究所
BK20181171	活性氧促进蛋白激酶 A 信号通路在金黄色葡萄球菌诱导血小板凋亡中的作用	苏州大学附属第二医院
BK20181172	肠道菌群紊乱诱导 L-型钙通道可塑性变化在糖尿病肠道感觉高敏中的作用及机制研究	苏州大学附属第二医院
BK20181173	多粘菌素压力下伤寒沙门菌非编码 RNAs 参与 RpoE 调控 mcr-1 的分子机制	苏州大学附属第二医院
BK20181174	靶向清除肿瘤浸润 CTLA-4+Treg 亚群协同 PD-1 抑制剂治疗卵巢癌的实验研究及机制分析	苏州大学附属第一医院
BK20181175	受甲基化调控的抑癌基因 ZNF132 在食管癌中的作用及临床意义	苏州大学附属第一医院
BK20181176	鹅掌楸 APETALA2 亚家族基因序列演化、表达模式和发育调控机理研究	苏州农业职业技术学院
BK20181177	核电站蒸汽发生器传热管磨损－应力－腐蚀耦合作用及老化机制研究	苏州热工研究院有限公司
BK20181178	艾滋病免疫重建过程中 NK 细胞的作用和机制研究	苏州市传染病医院（苏州市第五人民医院）
BK20181179	磁共振弹性成像关键技术开发及在胰腺癌诊断中的应用研究	苏州市消化系疾病与营养研究所
BK20181180	DAB2IP 通过维持有丝分裂纺锤体检验点抑制肿瘤恶性化进程的机制研究	苏州市消化系疾病与营养研究所

续表

项目编号	项目名称	承担单位
BK20181181	miR-15a 通过负调控靶基因 FXR 介导非酒精性脂肪肝的机制研究	苏州科技城医院
BK20181182	溃散性土质滑坡演化机制物质点法模拟及试验研究	南京大学（苏州）高新技术研究院
BK20181183	数据驱动学习型复合自适应控制及其柔顺机器人应用	苏州工业园区新国大研究院
BK20181184	采后处理影响有机草莓和生菜多糖交联和降解的作用机制	苏州工业园区新国大研究院
BK20181185	HNO 在糖尿病心肌病变中的保护作用及机制研究	苏州工业园区新国大研究院
BK20181186	不同器官转移灶三阴乳腺癌干细胞异质性基因筛查，功能验证和"组织器官个体化治疗"的研究	苏州九龙医院有限公司
BK20181187	水泥基材料多尺度徐变机理及其开裂风险研究	武汉大学苏州研究院
BK20181188	新型介电软材料合成与力电耦合驱动性能研究	西安交大苏州研究院
BK20181189	基于对抗样本的模式分类方法研究	西交利物浦大学
BK20181190	基于多模态分析的中文手写文档识别方法研究	西交利物浦大学
BK20181191	景观多样性对生物控害的调节机制	西交利物浦大学
BK20181192	基于血栓调控的丝素小口径人工血管优化设计及其抗凝机制的研究	现代丝绸国家工程实验室（苏州）
BK20181193	基于 FPGA 的深度学习硬件加速器研究	中国科学技术大学苏州研究院
BK20181194	新型烯醇硼关键中间体的合成与转化研究	中国科学院兰州化学物理研究所苏州研究院
BK20181195	面向光电化学应用的氮化镓／电解液界面特性与调控研究	中国科学院苏州纳米技术与纳米仿生研究所
BK20181196	氮掺杂碳纳米管及石墨烯纳米带复合纤维湿法纺丝制备及性能研究	中国科学院苏州纳米技术与纳米仿生研究所
BK20181197	聚合物交联网络为骨架的抗弯折型钙钛矿晶体薄膜研制及在超柔钙钛矿电池中的应用	中国科学院苏州纳米技术与纳米仿生研究所
BK20181198	基于三维图像重建技术的震损结构快速识别方法研究	昂徕博智能科技（昆山）有限公司
BK20181199	过渡金属离子调控石墨烯高效析氧电催化及其机理研究	昆山桑莱特新能源科技有限公司
BK20181200	智能汽车多传感器信息融合技术研究	苏州豪米波技术有限公司
BK20181201	红壳色文蛤基因资源挖掘与利用	江苏省海洋水产研究所
BK20181202	黑鲷与真鲷回交子代热耐受遗传机制及其分子机理研究	江苏省海洋水产研究所
BK20181203	巨噬细胞在肌腱修复重塑中的作用及调控人工 3D 肌腱基质组装研究	南通大学附属医院
BK20181204	可实时监控肿瘤自噬的纳米核磁共振影像探针的研究	南通南京大学材料工程技术研究院
BK20181205	钝齿棒杆菌高效合成 L- 精氨酸氮代谢 P II 信号分子协同调控机制	江南大学（如皋）食品生物技术研究所

续表

项目编号	项目名称	承担单位
BK20181206	高性能腈水合酶的构建及分子机制解析	江南大学（如皋）食品生物技术研究所
BK20181207	来源于光伏希瓦氏菌的甜味蛋白2GPI的鉴定、理性设计及改造	江南大学（如皋）食品生物技术研究所
BK20181208	黑龙骨强心甾和三萜类成分协同治疗风湿性关节炎骨损伤的作用机制研究	江苏食品药品职业技术学院
BK20181209	肿瘤免疫治疗小分子IDO抑制剂的类药性研究	江苏天士力帝益药业有限公司
BK20181210	苏棉22号芽黄突变体的精细定位及候选基因的克隆	江苏沿海地区农业科学研究所
BK20181211	基于石墨烯-DNA传感器的增强磷光探针的研发及其在痕量Hg^{2+}检测中的应用	江苏医药职业学院
BK20181212	ROC1通过Sufu-Gli1轴调控膀胱癌侵袭及转移的机制研究	盐城市第一人民医院
BK20181213	基于辐射诱变的抗赤霉病小麦新种质创制及应用研究	江苏里下河地区农业科学研究所
BK20181214	水稻根系生理与土壤酶活性性状对水氮耦合的响应及其互作机制	江苏里下河地区农业科学研究所
BK20181215	稻纵卷叶螟颗粒体病毒潜伏侵染及作用机制研究	江苏里下河地区农业科学研究所
BK20181216	一个新的水稻广谱稻瘟病抗性基因Pi-jx的图位克隆与育种效用分析	江苏里下河地区农业科学研究所
BK20181217	circ-FOXP4对鸡卵泡颗粒细胞增殖的作用及结合miR-24-3p的调控机制初探	江苏省家禽科学研究所
BK20181218	含未建模动态及约束条件的不确定非线性系统自适应动态面量化控制研究	扬州博尔特电气技术有限公司
BK20181219	基于纳米钙钛矿材料的酶-分子印迹双识别型高性能光电化学传感器的制备及其应用研究	扬州工业职业技术学院
BK20181220	硒核酸晶体结构及其成药性研究	扬州硒瑞恩生物医药科技有限公司
BK20181221	变应性鼻炎主要T细胞类群与免疫因子协同调控机制研究	扬州良德抗体生物科技有限公司
BK20181222	Fe-Cr/Mn-Cu高阻尼叠层复合材料制备及其阻尼协同效应研究	江苏科达车业有限公司
BK20181223	基于物联网NFC芯片性能应用的基础研发	江苏稻源微电子有限公司
BK20181224	电化学强化新型多孔碳中空纤维膜的制备及在MBR反应器中抗污染性能的研究	大连理工高邮研究院有限公司
BK20181225	重组慢病毒LV-Ub-HBcAg介导的树突状细胞源外泌体诱导HBV特异性CTL的机制研究	江苏大学附属人民医院
BK20181226	基于精准影像学监测对抑郁症海马损伤的启动及正反馈机制研究	江苏大学附属医院
BK20181227	CD137信号调控有氧糖酵解促进肺动脉内皮细胞功能障碍机制研究	江苏大学附属医院

续表

项目编号	项目名称	承担单位
BK20181228	家蚕抗 BmNPV 相关基因的定位克隆及抗病机理研究	中国农业科学院蚕业研究所附属蚕药厂
BK20181229	三维有序大孔-介孔锂离子筛的制备及其在高镁锂比盐湖卤水提锂的基础研究	江苏圣大中远电力科技有限公司
BK20181230	选择性复合膜的制备及分离与回收废弃钕铁硼磁材器件中的稀土铷和镝元素	镇江宏天电气有限公司
BK20181231	基于植物生长导向合成生物质炭基稀土 Ce 氧化物复合光催化剂及其转化 CO_2 的性能与机理研究	江苏金聚合金材料有限公司
BK20181232	南蛇藤总萜通过抑制 Notch1 介导的 NF-κB 活化阻断肝癌血管拟态的作用及机制研究	泰州市第二人民医院
BK20181233	基于 QbD 理念的原料药合成工艺开发及晶型的研究	扬子江药业集团有限公司
BK20181234	过渡金属在重水中催化醇的 α 位选择性氘代研究	扬子江药业集团有限公司
BK20181235	基于 TLR4/NFκB/NLRP3 通路研究金荞麦对 UC 的作用机制及物质基础	南京中医药大学翰林学院
BK20181236	用于肝癌诊治的多功能磁性纳米光敏剂研究	江苏省产业技术研究院生物医学工程技术研究所（苏州国科医疗科技发展有限公司）
BK20181237	受体酪氨酸激酶 Tyro3 介导糖尿病肾病足细胞损伤及其分子机制研究	中国人民解放军南京军区南京总医院
BK20181238	长链非编码 RNAPCAT-1/miR-149/FOXM1 信号轴促进结肠癌化疗耐药表型形成的分子机制	中国人民解放军南京军区南京总医院
BK20181239	长链非编码 RNAHOXC13-AS 作为增强子样元件调控食管癌恶性特征的机制研究	中国人民解放军南京军区南京总医院
BK20181240	NLRP1/caspase-1/GSDMD 调控焦亡在 SAH 后早期脑损伤中的机制研究	中国人民解放军南京军区南京总医院
BK20181241	基于线粒体基因组比较的茄子 Saet 源胞质雄性不育发生机制研究	江苏省农业科学院
BK20181242	基于界面组装的纳米金增强细菌素抑菌谱的机理研究	江苏省农业科学院
BK20181243	伪狂犬病病毒非编码区的外源基因插入位点研究	江苏省农业科学院
BK20181244	大豆 GmZFP3 与其互作蛋白调控 GmTIP2;3 应答干旱的分子解析	江苏省农业科学院
BK20181245	陆地棉亚红株突变体基因（Rs）的克隆与调控网络分析	江苏省农业科学院
BK20181246	LEU2 双拷贝基因在禾谷镰刀菌产毒致病过程中功能分化的分子基础与作用机制	江苏省农业科学院
BK20181247	BtCry2A 毒素抗独特型抗体的模拟制备规律研究	江苏省农业科学院
BK20181248	小麦赤霉病菌对氟唑菌酰羟胺的抗性机制研究	江苏省农业科学院
BK20181249	岸带芦苇湿地加速水华蓝藻衰亡的机制与安全性评价	江苏省农业科学院
BK20181250	双钙钛矿结构氧化物薄膜的多铁性能研究及其在铁电光伏领域应用探索	南京大学物理学院
BK20181251	不确定性环境下无线充电器网络充电任务调度研究	南京大学计算机科学与技术系

续表

项目编号	项目名称	承担单位
BK20181252	基于模式挖掘的边缘云资源调度技术研究	南京大学计算机科学与技术系
BK20181253	基于生物再生的磁性树脂去除硝酸盐氮技术与原理研究	南京大学环境学院
BK20181254	碳水化合物中羟基的选择性保护研究	南京大学化学化工学院
BK20181255	基于N-亚硝基导向C-H键活化的金属离子检测体系构建	南京大学化学化工学院
BK20181256	多模态声学成像在乳腺癌诊断和评价中的研究	南京大学电子科学与工程学院
BK20181257	求解结构非凸优化强稳定点的分裂算法研究	南京大学
BK20181258	线性约束可分凸优化的非精确不定邻近优超分裂算法研究	南京大学
BK20181259	数据驱动的优化：理论、算法与应用	南京大学
BK20181260	GSMDA/Gsdma3在表皮稳态维持中的作用机制研究	南京大学
BK20181261	南京市大气颗粒物环境持久性自由基的污染特征与健康风险研究	南京大学
BK20181262	GPM卫星降雨数据空间降尺度及综合农业干旱监测方法研究	南京大学
BK20181263	时空对称粒子链结构的光学响应及其应用设计	东南大学
BK20181264	雾无线接入网边缘缓存理论方法研究	东南大学
BK20181265	基于任务驱动的深层特征表示模型的研究	东南大学
BK20181266	基于运动准备脑电信号动态特征的上肢运动预测研究	东南大学
BK20181267	面向动态复杂场景的光场图像三维信息提取	东南大学
BK20181268	高分辨率、高均质性喷墨印刷电子技术的应用基础研究	东南大学
BK20181269	基于彩色投影的三维重建关键问题研究	东南大学
BK20181270	小行星微重力环境机器人取样探测关键技术研究	东南大学
BK20181271	MiR-199a-3p通过mTOR信号通路调控肺泡巨噬细胞分泌自噬小体介导ARDS炎症反应的机制	东南大学
BK20181272	基于5-羟色胺通路基因甲基化的抑郁症脑网络异常：药物影像表观遗传学研究	东南大学
BK20181273	BDE47干扰ER调控线粒体生物合成诱导精子发生障碍的分子机制研究	东南大学
BK20181274	高质量二维二硫化钼可控制造的关键技术研究	东南大学
BK20181275	相变蓄能墙体内部传热传湿相互作用特性研究	东南大学
BK20181276	装配式建筑施工安全风险智能诊控方法及技术研究	东南大学
BK20181277	大跨度悬索桥非线性自激气动力模型和颤振理论	东南大学
BK20181278	基于时序分析的悬索桥状态评估及预后研究	东南大学
BK20181279	基于微观结构表征和细观缺陷仿真的水稳碎石路面基层材料开裂行为研究	东南大学
BK20181280	基于多目标补偿的磁场耦合式无线电能传输关键技术研究	东南大学
BK20181281	燃煤过程中层状硅酸盐矿物结构畸变与半挥发性重金属固化关联性研究	东南大学

续表

项目编号	项目名称	承担单位
BK20181282	软土地区多源加卸荷环境高铁桥梁桩基承载性能变异及其致灾机理研究	东南大学
BK20181283	光伏并网系统拓扑统一形成规律及其统一模型研究	东南大学
BK20181284	二维材料原子结构调控的原位电镜研究	东南大学
BK20181285	通过界面调控优化 Ag-MAX 新型电接触材料	东南大学
BK20181286	声学黑洞在结构减振降噪中的应用基础研究	南京航空航天大学
BK20181287	非晶合金基复合材料的微结构效应及强韧化机理研究	南京航空航天大学
BK20181288	基于分解和支配混合的超多目标优化及其应用研究	南京航空航天大学
BK20181289	5G 大规模 MIMO 系统中高能效链路自适应技术研究	南京航空航天大学
BK20181290	面向频率相关复负载的多频滤波匹配网络研究	南京航空航天大学
BK20181291	基于类脑感知定位机理的无人机密集集群编队协同导航方法	南京航空航天大学
BK20181292	基于压电作动的水下自重构机器人关键技术研究	南京航空航天大学
BK20181293	微波无线电能传输高效接收整流理论研究	南京航空航天大学
BK20181294	软脆氟化钙晶体振动辅助固结磨料抛光基础研究	南京航空航天大学
BK20181295	全线控底盘电驱动汽车极限工况动力学与失稳干预控制	南京航空航天大学
BK20181296	宽禁带半导体材料的液相激光烧蚀制备及其机理研究	南京理工大学
BK20181297	锑烯的外延生长及其性质的扫描隧道显微镜研究	南京理工大学
BK20181298	封闭曲线上的多机器人优化部署控制研究	南京理工大学
BK20181299	城市交通场景中的遮挡行人检测算法研究	南京理工大学
BK20181300	新型宽带低剖面波束扫描反射阵列天线技术研究	南京理工大学
BK20181301	考虑参数不确定性的压电驱动精密定位系统建模、设计与鲁棒控制研究	南京理工大学
BK20181302	仿生可控构建多功能核壳结构高能钝感复合材料及其作用机制研究	南京理工大学
BK20181303	强化污泥发酵液原位藻脱氮的系统构建与调控研究	南京理工大学
BK20181304	云计算环境中可搜索公钥加密体制及关键技术的研究	河海大学
BK20181305	低渗透性透镜体对潜流交换作用的抑制与增强机制	河海大学
BK20181306	高性能自感知镍纳米纤维／水泥基复合材料的制备及性能	河海大学
BK20181307	可靠性导向的公交运行瓶颈通行能力分析及行程时间预测	河海大学
BK20181308	太阳能辐照资源与光热电站发电功率的耦合预测及运行优化研究	河海大学
BK20181309	波浪溢流流态特征及对海堤内坡作用研究	河海大学
BK20181310	城市群圩垸式防洪对区域洪涝影响及其模拟预测	河海大学
BK20181311	太湖不同湖区湖滨带芦苇根际细菌群落及其构建机制	河海大学
BK20181312	面向湿地精细分类的高光谱遥感分类器动态集成方法	河海大学

续表

项目编号	项目名称	承担单位
BK20181313	蓝藻水华腐解过程对镉元素在太湖多相介质中迁移转化影响机制	河海大学
BK20181314	水体CO_2对长江口海域浮游植物光合固碳的调控机制研究	河海大学
BK20181315	基于结构光多维谱像的单粒谷物种子质量快速无损检测技术研究	南京农业大学
BK20181316	簇毛麦2VL染色体臂上抗小麦纹枯病基因定位与新种质创制	南京农业大学
BK20181317	硫化氢参与甲烷诱导番茄侧根发生的分子机理	南京农业大学
BK20181318	miR397a应答GA介导靶基因调控葡萄核发育的分子机理解析	南京农业大学
BK20181319	CAT基因对二花脸猪皮下脂肪沉积的影响机制研究	南京农业大学
BK20181320	FaTB1/FaHD-ZIPI调控单元参与干旱抑制草坪草分蘖芽伸长的机制研究	南京农业大学
BK20181321	宿主蛋白ANP32A调控流感病毒聚合酶活性的分子机制研究	南京农业大学
BK20181322	杂合双组分系统FitF调控生防假单胞菌杀线虫蛋白表达机理研究	南京农业大学
BK20181323	猪精液外泌体携带tsRNA调控早期胚胎发育的机制研究	南京农业大学
BK20181324	水稻丛枝菌根共生系统中硝酸盐的吸收和运输机制研究	南京农业大学
BK20181325	双组份系统PilS/PilR在产酶溶杆菌中进化出调控抗菌物质HSAF生物合成的机制研究	南京农业大学
BK20181326	莱茵衣藻CTRs铜转运蛋白功能及其对光合产氢的影响	南京农业大学
BK20181327	基于缺氧微环境能量代谢的威灵仙酒炙增效机制研究	中国药科大学
BK20181328	海南冬青通过HIF-1α/PKC/NADPHoxidase通路保护血管内皮功能的物质基础及作用机制	中国药科大学
BK20181329	基于药效团探针发现酸浆属抗肿瘤活性睡茄内酯及其作用机制研究	中国药科大学
BK20181330	赖氨酸羟化酶2促进肺癌转移作用机制及其抑制剂发现的研究	中国药科大学
BK20181331	基于近红外二区有机小分子染料的抗肿瘤诊疗前药研究	中国药科大学
BK20181332	金丝桃属中药活性成分调控DDX5影响自噬－炎症抗非酒精性脂肪性肝炎相关肝癌的作用及机制研究	中国药科大学
BK20181333	新型FGFR4特异性共价抑制剂的设计、合成及抗肝癌活性研究	中国药科大学
BK20181334	诺卡沙星生物合成途径阐释及衍生物定向生物合成	中国药科大学
BK20181335	面向无人升空平台的空地大规模MIMO波束成形与跟踪方法研究	中国人民解放军陆军工程大学
BK20181336	地震灾害下城市关联基础设施网络韧性研究	中国人民解放军陆军工程大学
BK20181337	微波链路在天气雷达反演降水中的应用方法研究	中国人民解放军陆军工程大学

续表

项目编号	项目名称	承担单位
BK20181338	基于解剖学、FTIR 和 GC-MS 技术构建涉案珍贵木材的多维鉴定体系研究	南京森林警察学院
BK20181339	基于注意缺陷多动障碍多模态医学影像的复杂关系约束弹性模糊系统建模方法研究	江南大学
BK20181340	基于随机集多特征驱动视频目标跟踪方法研究	江南大学
BK20181341	面向智能制造的大规模复杂柔性调度关键问题研究	江南大学
BK20181342	事件触发机制下多智能体系统的群一致性研究	江南大学
BK20181343	蔗糖聚合反应生物合成果聚糖过程中的糖链延伸机制	江南大学
BK20181344	污泥厌氧消化系统中同型产乙酸菌的功能和贡献	江南大学
BK20181345	酵母代谢工程产葡萄糖二酸的研究	江南大学
BK20181346	染色质调控蛋白 PTIP 的 BRCT 结构促体液免疫的功能研究	江南大学
BK20181347	纤维基质经济高效水解产可发酵性糖平台的新型构建及其机理分析	江南大学
BK20181348	樟芝特有活性物质 Antroquinonol 的分子合成及调控应答机制研究	江南大学
BK20181349	多重功能性支架材料的构筑及活性因子的释放调控研究	江南大学
BK20181350	高速旋涡非规则气流场内多元色彩纱线的均匀混合成形新方法及原理	江南大学
BK20181351	非线性可积系统的对称性、守恒律与初边值问题的研究	中国矿业大学
BK20181352	密码学中 bent 函数和 plateaued 函数的新型设计与分析	中国矿业大学
BK20181353	测试用例多样性理论分析及其应用	中国矿业大学
BK20181354	基于图像感知的情感计算关键技术研究	中国矿业大学
BK20181355	爆炸冲击波能量效应及其对矿井密闭墙瞬态荷载作用研究	中国矿业大学
BK20181356	废弃矿井垃圾填埋场 THM 耦合环境下围岩时效破裂演化与垃圾渗滤液运移机理	中国矿业大学
BK20181357	煤矿采动覆岩导水裂隙氡气定量探测方法研究	中国矿业大学
BK20181358	二氧化碳相变爆破致裂增透低渗高瓦斯煤层的作用机理	中国矿业大学
BK20181359	基于纳米流体/强化换热面耦合冷却的 CPU 强化传热机理研究	中国矿业大学
BK20181360	矿井瞬变电磁与矿井直流电阻率联合反演基础理论与方法研究	中国矿业大学
BK20181361	融合星地与星间观测数据 BDS-2/BDS-3 联合精密定轨方法研究	中国矿业大学
BK20181362	岩浆热异常影响页岩与煤储层物性的微观机理研究	中国矿业大学
BK20181363	激活 AMPK 抑制 TAK1 减少 MMP9/2 表达缓解神经炎症治疗三叉神经痛机制研究	江苏省口腔医院
BK20181364	构建可控微纳体系发展肺癌肿瘤标志物多元检测新方法	南京医科大学

续表

项目编号	项目名称	承担单位
BK20181365	血小板外泌体源性 lncRNALINC00355 促进胃癌转移的分子机制研究	南京医科大学
BK20181366	超级增强子在三氯生暴露致自然流产中的作用机制	南京医科大学
BK20181367	Daam1 调控乳腺癌细胞趋触运动和定向迁移的机制研究	南京医科大学
BK20181368	原位组装多肽纳米药物应用于子宫内膜癌的治疗	南京医科大学
BK20181369	维生素 D 水平及其代谢通路遗传变异与非酒精性脂肪性肝病的关联及其机制研究	南京医科大学
BK20181370	RNA 结合蛋白 Tulp2 在精子发生障碍中的作用与机制研究	南京医科大学
BK20181371	结直肠癌部位特异性多组学分子标志物的识别和功能研究	南京医科大学
BK20181372	转录因子 P8 在双硫仑诱导胰腺癌细胞自噬中的作用及机制研究	南京医科大学
BK20181373	卡宾配体配位的有机蓝光材料	南京工业大学
BK20181374	镧系 MOF 功能材料的合成和性质研究	南京工业大学
BK20181375	基于多重弱相互作用力协同作用策略构筑超分子四面体及刺激响应性研究	南京工业大学
BK20181376	基于评估指标优化的预测控制系统性能提升策略	南京工业大学
BK20181377	基于树状多肽纳米凝胶的 CO 多功能集成递送系统及其抗炎、抗肿瘤性能研究	南京工业大学
BK20181378	限域负载离子液体二维氮化碳材料制备及 CO_2 光催化还原机制研究	南京工业大学
BK20181379	结构生物学理性设计糖苷酶及其非水相合成低毒二糖核苷产物	南京工业大学
BK20181380	基于压电效应的内建电场增强的光催化材料设计与制备	南京工业大学
BK20181381	混合型偏微分方程的研究	南京师范大学
BK20181382	肿瘤外泌体的高灵敏电化学检测研究	南京师范大学
BK20181383	掺杂蛋白质的电子传输特性机制研究	南京师范大学
BK20181384	光致针形磁化场多维矢量调控及在全光磁记录中的应用	南京师范大学
BK20181385	高温微细粉尘的强化荷电及其在颗粒层内的过滤特性	南京师范大学
BK20181386	青藏高原高寒草地土壤中大气甲烷氧化菌的活性特征研究	南京师范大学
BK20181387	异质多智能体系统的异步采样协调动力学分析	南京邮电大学
BK20181388	基于二维 WTe_2 中非正交自旋 – 电荷转换的磁矩调控研究	南京邮电大学
BK20181389	基于忆阻器的分数阶复值神经网络的分岔动力学与分数阶 PID 控制	南京邮电大学
BK20181390	基于垂直霍尔技术的电流型 CMOS3D 霍尔磁传感器片上集成方法研究	南京邮电大学
BK20181391	掺 Tm 异质螺旋包层大模场光纤的设计、制备与性能研究	南京邮电大学

续表

项目编号	项目名称	承担单位
BK20181392	MIMO-NOMA 巨连接系统功率最小化预编码新方法	南京邮电大学
BK20181393	面向海量图像与语义类别的弱监督图像语义分割研究	南京邮电大学
BK20181394	基于区块链的数字资产复杂交易中资产证明和支付协议研究	南京邮电大学
BK20181395	靶向肿瘤细胞的集成 SERS 成像与光热-药物协同治疗功能的金纳米系统构建及性能研究	南京邮电大学
BK20181396	双金属 MOFs 衍生超细金属-碳-钛多相复合负极材料及其储钠机理研究	南京邮电大学
BK20181397	低共熔溶剂强化润胀机制下的多尺度微纳木质纤维可控分散	南京林业大学
BK20181398	中国被子植物主要功能性状的进化约束	南京林业大学
BK20181399	美国白蛾入侵我国后向南扩散过程中对冬季温度变化的跨季节适应及生理响应机制	南京林业大学
BK20181400	杨树人工林树干与根系 CO_2 联结过程对干旱的响应机制	南京林业大学
BK20181401	铁蛋白为载体的紫杉醇多胺前药运载体系自组装构建及靶向传递	南京林业大学
BK20181402	碳纤维约束竹集成材柱破坏机理和力学计算模型研究	南京林业大学
BK20181403	基于新型大阻尼磁流变阻尼器的车辆主动倾摆机理与控制研究	南京林业大学
BK20181404	温拌再生沥青路面二次老化及疲劳衰变行为多尺度研究	南京林业大学
BK20181405	结构矩阵对间广义奇异值的距离度量分析及应用	南京信息工程大学
BK20181406	相对 Gorensteincotorsion 同调理论及其应用研究	南京信息工程大学
BK20181407	基于深度学习的指纹仿制检测方法研究	南京信息工程大学
BK20181408	云环境下数据安全保护关键技术研究	南京信息工程大学
BK20181409	面向多目标优化的不等面积设备动态布置方法	南京信息工程大学
BK20181410	基于动力学繁衍的忆阻电路多吸引子流调控研究	南京信息工程大学
BK20181411	基于淋巴结病理图像的乳腺癌自动分期系统	南京信息工程大学
BK20181412	夏季风环境下西北太平洋天气尺度波动的季内变化及其对台风生成的调制	南京信息工程大学
BK20181413	基于遥感信息的江苏沿岸水体悬浮物浓度及重金属含量研究	南京信息工程大学
BK20181414	目标图像的几何泛函和复杂网络分析方法及其应用研究	南京财经大学
BK20181415	小麦胚芽抗氧化肽延缓老年性骨质疏松症的作用及其机制研究	南京财经大学
BK20181416	菜籽肽自组装纳米载体的 CathB 依赖性及其与姜黄素协同作用机理研究	南京财经大学
BK20181417	噪音过程和价格过程相依情形的统计推断研究及其在金融高频数据的应用	南京审计大学

续表

项目编号	项目名称	承担单位
BK20181418	增长型随机神经网络的有限时间稳定性分析与牵制控制	南京审计大学
BK20181419	Heliangolides 型倍半萜内酯选择性抗白血病干细胞的机制及构效关系研究	南京中医药大学
BK20181420	基于 AMPK-mTOR 通路调控细胞自噬探讨针刺改善肥胖小鼠瘦素抵抗的机制研究	南京中医药大学
BK20181421	基于"表面荷电效应"的中药水提液膜分离过程及其污染机制研究	南京中医药大学
BK20181422	犬尿氨酸调控星形胶质细胞 NLRP2 炎症小体及其在抑郁症中的作用	南京中医药大学
BK20181423	人参皂苷作用靶点肌酸激酶（MM 型）在其抗疲劳药效中的作用研究	南京中医药大学
BK20181424	基于 SP/NK-1 通路研究半夏厚朴汤干预顺铂所致延迟性呕吐机制	南京中医药大学
BK20181425	从 DTL 介导 PDCD4 泛素化调控 JNK 途径研究丹参人参组分复方抗非小细胞肺癌的作用机制	南京中医药大学
BK20181426	心磷脂代谢异常致线粒体损伤与金欣口服液抗 RSV 感染的作用机制研究	南京中医药大学
BK20181427	交换分次环的理论及应用	苏州大学
BK20181428	表面等离子共振增强复合电催化剂的构筑及性能研究	苏州大学
BK20181429	分子内电子云相对密度在 PET 荧光探针设计中的应用	苏州大学
BK20181430	改性碳纳米管阵列中离子扩散行为对其电容性能影响的研究	苏州大学
BK20181431	复数值神经网络的学习算法研究与应用	苏州大学
BK20181432	部分可观察环境中的规划和强化学习理论及方法研究	苏州大学
BK20181433	大屏多点触控互动系统的扰动抑制、切换滤波和鲁棒控制研究	苏州大学
BK20181434	TRIP6-Hippo-YAP 信号转导新机制在结直肠癌发生及转移中的作用	苏州大学
BK20181435	石墨烯-细菌纤维素梯度支架复合干细胞对放射性皮肤损伤的修复研究	苏州大学
BK20181436	GPR50 介导的线粒体自噬在神经元发育中的调控作用和机制	苏州大学
BK20181437	XOD-NLRP3 小分子双重抑制剂的设计、合成及其作为新型痛风治疗药物的研究	苏州大学
BK20181438	精氨酸加压素基因变异及妊娠中期和肽素水平与妊娠高血压疾病的巢式病例对照研究	苏州大学
BK20181439	面向狭小空间跨尺度精密运动的黏滑振复合驱动机理和界面调控方法研究	苏州大学
BK20181440	基于 UDPG 代谢调控的普鲁兰高效合成机制解析	苏州大学

续表

项目编号	项目名称	承担单位
BK20181441	基于共轭高分子-染料组合的荧光微球制备及能量转移研究	苏州大学
BK20181442	新型高效有机近红外发光材料的研究与开发	苏州大学
BK20181443	激光智能喷雾机实时混药与变量施药协调控制研究	江苏大学
BK20181444	碳纳米管单分子传感器的制备及对汞离子高灵敏检测的研究	江苏大学
BK20181445	应激响应蛋白模拟系统用于活性生物大分子的靶向递送及抗肿瘤机制研究	江苏大学
BK20181446	基于EHD和CNT作用的功率型LED强化散热机理研究	江苏大学
BK20181447	汽车用轻量化板料无铆钉连接断裂演化机理及质量双控机制研究	江苏大学
BK20181448	石墨烯改性Ti-Mo-Si(多孔)材料的制备优化、性能及其抗氧化机理研究	江苏大学
BK20181449	聚苯胺负载多金属催化的串联反应在杂环合成中的应用	扬州大学
BK20181450	气候变暖对湖泊生态系统的影响机制研究	扬州大学
BK20181451	奇素数对群结构的影响及其相关应用	扬州大学
BK20181452	Gal-3在维生素D调控蛋鸡破骨细胞分化中的作用及机制	扬州大学
BK20181453	miR-7在鸡成肌细胞增殖和分化中的作用机制研究	扬州大学
BK20181454	HsfA2转录因子在柑橘原生质体再生中的作用及其调控机制	扬州大学
BK20181455	基于水稻高光效突变体的叶绿素捕光天线尺寸大小对光合效率的影响机制及模型分析	扬州大学
BK20181456	Nprl3蛋白调控生殖细胞基因组稳定的分子机制研究	扬州大学
BK20181457	基于大数据的一类复杂工业过程系统辨识方法研究	南通大学
BK20181458	AIBP通过调控caveolin-1影响淋巴管生成	南通大学
BK20181459	基于疼痛抑制行为的去甲青藤碱镇痛效应及与GABAA受体相关机制研究	南通大学
BK20181460	细胞外基质蛋白Hevin在神经病理性疼痛中的作用和机制研究	南通大学
BK20181461	含Cu(Fe,Mn)类水滑石双功能催化剂的构筑及其催化四氢(异)喹啉类化合物脱氢偶联反应研究	常州大学
BK20181462	基于CDC反应合成α-氨基酸及构建多环螺吲哚的研究	常州大学
BK20181463	时间/频率尺度上多层大脑功能网络的模块化特征研究	常州大学
BK20181464	棕榈酰化修饰对细胞内Fyn激酶活性的影响及其机制研究	常州大学
BK20181465	木质纤维素组分在极性非质子溶剂中的降解行为及其机理研究	常州大学
BK20181466	新型生物膜反应器同步去碳脱氮除硫的集成高效废水处理技术研究	苏州科技大学

续表

项目编号	项目名称	承担单位
BK20181467	大尺寸超薄玻璃基板的无接触输运与形变控制方法研究	江苏科技大学
BK20181468	基于钢-复合材料耦合的CFRP修复FPSO结构极限承载机理研究	江苏科技大学
BK20181469	锂硫电池阻燃型MOFs基聚合物固态电解质膜的构筑和性能研究	江苏科技大学
BK20181470	基于"UGT1A8-雌激素-ER"作用轴的乳腺癌他莫昔芬耐药机制及新化合物AB-38b的逆转耐药作用	徐州医科大学
BK20181471	银杏叶提取物通过内源性大麻素信号对抑郁动物缰核-海马神经环路调控机制研究	徐州医科大学
BK20181472	基于狄利克雷过程的全基因组复杂疾病非参数贝叶斯遗传风险预测和整合分析方法研究	徐州医科大学
BK20181473	多孔表面织构纳米涂层的减摩机理及微制造研究	江苏师范大学
BK20181474	多源遥感数据支持下的城市植被碳汇估算方法研究	江苏师范大学
BK20181475	共格沉淀相协同变形作用下的磁性形状记忆合金功能衰退抑制机制	南京工程学院
BK20181476	大气颗粒有机组分液相氧化SOA形成与老化机制	江苏理工学院
BK20181477	基于多糖凝胶的高性能超级电容器电极材料制备及电容性能提升机理研究	盐城工学院
BK20181478	基于穿膜和抑制P-gp逆转肿瘤多药耐药紫杉醇纳米胶束的构建及机理研究	盐城师范学院
BK20181479	改性黏土负载纳米零价铁强化类芬顿降解土壤中PBDEs机制研究	盐城师范学院
BK20181480	层层自组装生物活性多层膜对镁合金电化学降解行为和生物相容性的调控机理研究	淮阴工学院
BK20181481	混合式永磁型完全磁悬浮电主轴及其驱动控制	淮阴工学院
BK20181482	高振荡量子方程高效局部保结构算法研究及数值分析	淮阴师范学院
BK20181483	图像盲复原问题的高性能算法研究	淮海工学院
BK20181484	迟钝爱德华氏菌的外膜蛋白复合物组研究	淮海工学院
BK20181485	基于三维石墨烯骨架的自支撑多孔合金电极的制备及选择性电催化CO_2机制研究	淮海工学院
BK20181486	基于髓鞘靶向的NIR/PET双模成像小分子探针的设计、合成及性能研究	南京科技职业学院
BK20181487	RVG修饰外泌体运载miR-26a对尿毒症心肌损害的治疗作用研究	东南大学附属中大医院
BK20181488	铅暴露导致的骨质疏松中RCAN1.4基因5'CpG岛甲基化对外泌体miRNAs装配的影响及机制研究	江苏省公共卫生研究院
BK20181489	双特异性MAGE-A1/CD47-CAR-T细胞对肺腺癌的杀伤作用及机制研究	江苏省老年医学研究所
BK20181490	继发性脊髓损伤时Drp1蛋白Variable结构域调节线粒体自噬的机制研究	江苏省人民医院

续表

项目编号	项目名称	承担单位
BK20181491	高胆固醇血症致胆囊动力障碍的新机制：HCN通道在起搏细胞ICC及其网络结构中的调控作用	江苏省人民医院
BK20181492	抑癌基因LKB1在抗病毒天然免疫中的功能及机制研究	江苏省人民医院
BK20181493	CBX4在肺动脉高压中调控苏木化hnRNPs依赖的外泌体miRNAs分拣机制研究	江苏省人民医院
BK20181494	微小RNA-218靶向TNFRSF1A对PMOP调控作用的研究	江苏省人民医院
BK20181495	LMNA基因通过ADA调控心肌能量代谢在家族性心房心肌病的机制研究	江苏省人民医院
BK20181496	RNA甲基化m6A修饰基序遗传变异与肺癌遗传易感机制研究	江苏省人民医院
BK20181497	LincR-PPP2R5C靶向AHR/ARNT/PP2A调控ILC2免疫记忆参与哮喘发生发展	江苏省人民医院
BK20181498	血红素加氧酶-1过表达的小鼠骨髓间充质干细胞对变应性鼻炎小鼠调节性T细胞的免疫调节作用的机制研究	江苏省人民医院
BK20181499	瘦素受体过表达状态在青少年特发性脊柱侧凸患者异常软骨内成骨活性中作用机制研究	南京医科大学第二附属医院
BK20181500	三黄煎剂基于慢性应激阻断PI3K/AKT通路减轻乳腺癌他莫昔芬耐药机制研究	南京中医药大学附属医院
BK20181501	基于代谢组学技术的"温经活血"外治法早期干预膝骨关节炎机制研究	南京中医药大学附属医院
BK20181502	HDGF作用于非编码区SE抑制DKD肾小管炎症与纤维化及黄葵素干预作用的研究	南京中医药大学附属医院
BK20181503	中药血脂康激活Irisin信号通路促进内脏脂肪组织棕色化改善肥胖高血压肾损害的作用机制	南京中医药大学附属医院
BK20181504	基于花生四烯酸CYP450酶代谢途径的丹参对阿霉素心脏毒性的保护作用及机制研究	南京中医药大学附属医院
BK20181505	基于S100A12对MAPK/NF-κB通路炎症调控作用探讨益气养阴活血化痰方药抗动脉硬化的机制研究	南京中医药大学附属医院
BK20181506	阳和汤方治疗桥本甲状腺炎阳虚寒凝症的免疫代谢学机制研究	南京中医药大学附属医院
BK20181507	磁致促动器在天文稳像系统中的高精度应用研究	中国科学院国家天文台南京天文光学技术研究所
BK20181508	基于江苏省湖泊微生物膜脂四醚化合物分布及其环境意义研究	中国科学院南京地理与湖泊研究所
BK20181509	基于水下光场模拟的太湖藻华形成过程的遥感监测机理研究	中国科学院南京地理与湖泊研究所
BK20181510	外源腐殖酸对花生典型病原菌的抑制作用及土传病害防控效应	中国科学院南京土壤研究所
BK20181511	稻田田面水营养水平变化对自然生物膜中藻-菌相互作用关系的影响机制研究	中国科学院南京土壤研究所

续表

项目编号	项目名称	承担单位
BK20181512	菇渣修复多环芳烃污染土壤作用机制及环境效应	中国科学院南京土壤研究所
BK20181513	基于阿塔卡马大型毫米波/亚毫米波阵的观测数据对原行星盘细致结构的研究	中国科学院紫金山天文台
BK20181514	基于铌/氮化铌超导隧道结的太赫兹混频器技术研究	中国科学院紫金山天文台
BK20181515	基于机器学习的人造天体旋转观测研究	中国科学院紫金山天文台
BK20181516	高温作用后水泥基材料微结构及力学性能的多尺度研究	江苏省安全生产科学研究院

2018年度江苏省重点研发计划项目

项目编号	项目名称	承担单位
BE2018001	纯电动汽车动力系统集成及其能源管理关键技术研发	南京理工自动化研究院有限公司
BE2018002	面向ADAS的自主人工智能车载芯片关键技术研发	中国电子科技集团公司第五十八研究所
BE2018003	新一代宽禁带半导体硅基氮化镓功率器件与制造关键技术研发	无锡华润微电子有限公司
BE2018004	新一代人机共融智能陪护机器人关键技术研发	河海大学常州校区
BE2018005	面向第五代移动通信的全国产100G/400G光芯片、光模块关键技术研发	中国科学院苏州纳米技术与纳米仿生研究所
BE2018006	面向虚拟增强现实应用的硅基OLED微显示关键技术研发	江苏省产业技术研究院有机光电技术研究所（江苏集萃有机光电技术研究所有限公司）
BE2018007	基于节能环保的船舶直流组网关键技术研发	大全集团有限公司
BE2018008	面向人工智能应用的高品质特种石墨烯制备及传感器件关键技术研发	南京工业大学
BE2018009	无机膜射流强化重油催化裂化反应关键技术研发	南京工业大学
BE2018010	智能复合材料结构三维打印关键技术研发	南京师范大学
BE2018011	基于物联网的工程机械管理智慧云平台的关键技术研发	南京智鹤电子科技有限公司
BE2018012	大数据持续保护与预警防御系统关键技术研发	南京壹进制信息技术股份有限公司
BE2018013	空调热交换器智能化生产线的研发	南京国佑智能化系统有限公司
BE2018014	炫力动漫视频平台的研发	南京炫佳网络科技有限公司
BE2018015	高效热稳定耐酸碱细菌漆酶制备及应用关键技术研发	南京颐维环保科技有限公司
BE2018016	以专用基因数据处理芯片为基础的基因大数据服务平台研发	南京格致基因生物科技有限公司
BE2018017	基于人工智能与液体活检的肿瘤早期检测系统研发	南京恺尔生物科技有限公司
BE2018018	无线电遥测控制系统的研发	无锡睿思凯科技股份有限公司

续表

项目编号	项目名称	承担单位
BE2018019	大承载力低损耗磁悬浮轴承的研制	无锡源晟动力科技有限公司
BE2018020	极课大数据自适应学习与评估系统关键技术研发	江苏曲速教育科技有限公司
BE2018021	平板显示用高端光刻胶制备关键技术研发	江苏博砚电子科技有限公司
BE2018022	3S平板膜组件智能化自擦洗系统关键技术研发	江苏沛尔膜业股份有限公司
BE2018023	高端半导体激光芯片材料制备关键技术研发	江苏华兴激光科技有限公司
BE2018024	基于UV和GPU海量数据的半导体微纳米光学缺陷检测关键技术研发	江苏维普光电科技有限公司
BE2018025	高端人造UV LED紫外光智能固化系统研发	江苏固立得精密光电有限公司
BE2018026	人工智能视频解决方案关键技术研发	苏州智语新视信息科技有限公司
BE2018027	更安全更智能的自行走式高空作业平台的研发	苏州智米高装备科技有限公司
BE2018028	基于高端激光的光学系统元器件制备关键技术研发	卡门哈斯激光科技（苏州）有限公司
BE2018029	智能便携式太阳能储能发电机关键技术研发	苏州融硅新能源科技有限公司
BE2018030	美房VR+房地产展示系统研发	苏州美房云客软件科技股份有限公司
BE2018031	汽车智能辅助驾驶系统及毫米波雷达关键技术研发	苏州豪米波技术有限公司
BE2018032	基于图像识别的智能视觉机器人研发	昆山云太基精密机械有限公司
BE2018033	激光显示与照明用发光陶瓷的研发	江苏罗化新材料有限公司
BE2018034	特高压输电用智能型光纤复合碳纤维芯导线关键技术研发	中复碳芯电缆科技有限公司
BE2018035	炭素行业烟气一体化高效治理关键技术研发	江苏兰丰环保科技有限公司
BE2018036	核电站乏燃料干式储运容器装备的研制	江苏中海华核电材料科技有限公司
BE2018037	PCB数字化高速工业喷印机的研制	江苏汉印机电科技股份有限公司
BE2018038	侧入式超薄高亮背光模组研发	盐城华旭光电技术有限公司
BE2018039	商灏新视觉720度全景视频关键技术研发	商灏盐城信息科技有限公司
BE2018040	泌尿外科虚拟手术设计评估与模拟导航系统的研发	江苏瑞影医疗科技有限公司
BE2018041	航空航天用高强耐热镁稀土合金材料制备及其关键技术研发	扬州峰明光电新材料有限公司
BE2018042	新一代X射线源关键技术研发	镇江米特杰科技有限责任公司
BE2018043	OFDR光频域反射仪关键技术研发	江苏骏龙光电科技股份有限公司
BE2018044	大尺寸胞状铝块材孔结构的控制与性能调控关键技术研发	宿迁镁纳新材料科技有限公司
BE2018045	废乘用胎绿色高效制备流体橡胶的关键技术及装备研发	宿迁绿金人橡塑机械有限公司
BE2018046	双通道12位1GSps高速高精度ADC关键技术研发	南京美辰微电子有限公司
BE2018047	基于分布式光纤传感与物联网的油气管道智能监测系统研发	南京熊猫通信技术有限公司
BE2018048	计算设备自主可控核心软件BIOS及关键技术的研发	南京百敖软件有限公司

续表

项目编号	项目名称	承担单位
BE2018049	基于运营监测大数据的桥梁结构智能安全预警与寿命预估关键技术研发	中铁大桥（南京）桥隧诊治有限公司
BE2018050	基于物联网大数据的末端电网智能感知关键技术研发	光一科技股份有限公司
BE2018051	高性能长寿命Polyphenol/PTFE/PFSI复合质子交换膜研制	中材科技股份有限公司
BE2018052	高功率新型磁通调制永磁轮毂电机关键技术研发	南京艾凌节能技术有限公司
BE2018053	12英寸半导体硅单晶炉研发	南京晶能半导体科技有限公司
BE2018054	超高精度光纤加速度传感器关键技术研发	南京中探海洋物联网有限公司
BE2018055	固定化重组酶制备D-泛解酸内酯关键技术研发	江南大学
BE2018056	大数据交易与应用创新服务平台研发	浪潮卓数大数据产业发展有限公司
BE2018057	大视场偏振光波导HMD显示模组研发	江苏北方湖光光电有限公司
BE2018058	基于高密度自动化仓储系统的新一代高灵活低能耗穿梭车关键技术研发	无锡凯乐士科技有限公司
BE2018059	20T级液压挖掘机高压大流量整体铸造流量共享多路阀关键技术研发	江苏汇智高端工程机械创新中心有限公司
BE2018060	大规模集成电路用硅料生产工艺研发	江苏鑫华半导体材料科技有限公司
BE2018061	面向突变截面/复杂表面机械零件超音速喷涂WC涂层增材制造关键技术研发	中国矿业大学
BE2018062	高流明密度（HLD）激光照明关键技术研发	江苏师范大学
BE2018063	基于无真空系统薄膜纳米孔径分析仪的研发	江苏鲁汶仪器有限公司
BE2018064	新能源汽车用高性能连续极永磁轮毂电机及驱动关键技术研发	徐州大元电机有限公司
BE2018065	基于吸附材料定制及模块设计组合的有机废气高效资源化成套关键技术研发	常州大学
BE2018066	基于仿生立体视觉的输电线路无人机智能巡检系统研发	江苏优埃唯智能科技有限公司
BE2018067	航空发动机叶片精密电解整体成形关键技术研发	常州工学院
BE2018068	高海况无人高速滑行艇关键技术研发	常州玻璃钢造船厂有限公司
BE2018069	酶催化水凝胶生物3D打印成型关键技术与打印设备研制	常州清大智造科技有限公司
BE2018070	基于光伏的离网型微网系统关键技术研发	天合光能股份有限公司
BE2018071	基于盐穴的绝热非补燃压缩空气储能关键技术研发	中盐金坛盐化有限责任公司
BE2018072	飞机涂层去除用氨基模塑料磨料制备及其应用关键技术研发	常州乔尔塑料有限公司
BE2018073	超高强单壁碳纳米管增强铝基复合材料规模制备与应用关键技术研发	苏州阿罗米科技有限公司
BE2018074	基于滤袋催化协同的垃圾焚烧烟气净化一体化关键技术研发	科林环保技术有限责任公司

续表

项目编号	项目名称	承担单位
BE2018075	基于网络数据防泄漏及溯源追踪关键技术研发	江苏敏捷科技股份有限公司
BE2018076	面向下一代 5G Small Cell 基站的陶瓷滤波器关键技术研发	迈特通信设备（苏州）有限公司
BE2018077	云端业务协同下的智能 SMD 物料储拣配合机器人研发	苏州伦科思电子科技有限公司
BE2018078	航空发动机整体叶盘 CAM 系统研发	苏州千机智能技术有限公司
BE2018079	基于阵列原理面向区域声回放的声场控制关键技术研发	苏州清听声学科技有限公司
BE2018080	基于纳米仿生界面分子识别器件及系统研发	中国科学院苏州生物医学工程技术研究所
BE2018081	大容量高功率密度锂电用非极性干法流延铝塑膜关键技术研发	苏州锂盾储能材料技术有限公司
BE2018082	蓝宝石基高可靠 GaN-HEMT 器件制备及应用关键技术研发	江苏能华微电子科技发展有限公司
BE2018083	应用于卫星移动通信的微波功率放大器芯片关键技术研发	中科院微电子研究所昆山分所
BE2018084	面向冷链物流的电力载波及自组网关智能终端关键技术研发	苏州迪芬德物联网科技有限公司
BE2018085	高强度长丝碳纤维复合材料研制及在磁力泵方面的关键技术研发	太仓市磁力驱动泵有限公司
BE2018086	用于 6 代 OLED 阵列制造的正性光刻胶关键技术研发	江苏艾森半导体材料股份有限公司
BE2018087	新型高温超导带材连续化制备关键装备研制	江苏优轧机械有限公司
BE2018088	电动汽车智能驾驶系统关键技术研发	北理慧动（常熟）车辆科技有限公司
BE2018089	高效低成本 N 型薄片 TOPCon 太阳电池组件关键技术研发	苏州中来光伏新材股份有限公司
BE2018090	±500kV 等级直流电缆设计与制造关键技术研发	中天科技海缆有限公司
BE2018091	高速列车大功率牵引电机转子摩擦盘的关键技术研究	海安县恒益滑动轴承有限公司
BE2018092	电气设备紫外与红外成像协同检测智能系统研发	江苏亚威变压器有限公司
BE2018093	基于国VI排放标准的高性能车用片式宽域氧传感器关键技术研发	莱鼎电子材料科技有限公司
BE2018094	特高压用纳米高性能复合绝缘子的关键技术研发	江东金具设备有限公司
BE2018095	新型聚氨酯光学功能性材料合成关键技术研发	江苏快达农化股份有限公司
BE2018096	面向多口径输油工况的防泄漏自保护智能装卸臂关键技术研发	连云港天邦科技开发有限公司
BE2018097	内燃机尾气净化器载体用高温合金关键技术研发	钢铁研究总院淮安有限公司
BE2018098	基于高亮度直接应用半导体激光器焊接系统的研发	江苏华博数控设备有限公司
BE2018099	厢式挂车和半挂车车身用钢塑复合壁板研制	江苏协诚科技发展有限公司
BE2018100	绿色合成高性能可降解 PET 聚酯材料及其关键技术研发	常州大学盱眙凹土研发中心
BE2018101	镍冶金废渣制备多孔节能建筑材料关键技术研发	盐城工学院

续表

项目编号	项目名称	承担单位
BE2018102	海上浮动式核动力平台单点系泊系统电力滑环的研发	扬州海通电子科技公司
BE2018103	600米水下救援作业机器人关键技术研发	江苏帝一集团有限公司
BE2018104	自密实钢混组合结构浮式海上风电平台关键技术研发	江苏巨鑫石油钢管有限公司
BE2018105	重大装备用大功率压电陶瓷式复合智能感知主动减振系统研发	江苏联能电子技术有限公司
BE2018106	氢能源燃料电池含氟复合型质子交换膜关键技术研发	宝应县润华静电涂装工程有限公司
BE2018107	电推进系统用永磁容错电机及其控制关键技术研发	江苏大学
BE2018108	车联异构网高效传输技术及安全系统研发	江苏大学
BE2018109	岸基一键控制的新型智能岸电系统关键技术研发	江苏中智海洋工程装备有限公司
BE2018110	无人机耐高温碳纤维复合材料制备工艺及关键技术研发	江苏恒神股份有限公司
BE2018111	基于新型载波通信的智能电气物联网关键技术研发	华北电力大学扬中智能电气研究中心
BE2018112	海上移动核电高温重金属核主泵关键技术研发	江苏泰丰泵业有限公司
BE2018113	基于压水堆技术的耐蚀抗裂核用镍基焊接材料研发	江苏兴海特钢有限公司
BE2018114	高端智能制造中复杂管路的多目视觉测量关键技术研发	南京大学电子科学与工程学院
BE2018115	大尺寸、高质量氧化镓超宽禁带功率半导体材料制备关键技术研发	南京大学电子科学与工程学院
BE2018116	面向云端融合的分布式微服务软件支撑平台研发	南京大学计算机科学与技术系
BE2018117	基于掺杂量子点的全景式紫外成像探测器研制	东南大学
BE2018118	面向建筑节能的新型双高效集散式热源塔系统关键技术研发	东南大学
BE2018119	跨模态数据驱动的三维模型集分析处理系统研发	东南大学
BE2018120	高铁连续梁桥施工智能监控关键技术研发	东南大学
BE2018121	支持热点高容量的超高速毫米波MIMO关键技术研发	东南大学
BE2018122	锂离子电容器干法涂布关键技术研发	南京航空航天大学
BE2018123	碳纤维复合材料结构的高可靠性健康监测与预测关键技术研发	南京航空航天大学
BE2018124	汽车智能线控转向系统关键技术研发	南京航空航天大学
BE2018125	高速列车蒙皮结构用超混杂复合材料制造关键技术研发	南京航空航天大学
BE2018126	多光谱三维血管智能检测关键技术研发	南京理工大学
BE2018127	基于深度学习的高端重载齿轮传动装置大数据健康维护系统研发	南京农业大学
BE2018128	聚丙二醇醚的绿色化生产关键技术研发	南京师范大学
BE2018129	提升国产OCC废纸二次纤维循环回用质量及造纸清洁生产关键技术研发	南京林业大学
BE2018130	基于SiC器件的大功率充电模块及系统研发	南京工程学院

续表

项目编号	项目名称	承担单位
BE2018131	面向眼底疾病筛查诊断的人工智能关键技术研发	江苏省人民医院
BE2018132	椎体成形术中定位和遥操作一体化外科手术机器人的研究	江苏省人民医院
BE2018301	基于物联网与流式计算的设施渔业养殖模式集成创新与示范	南京龙渊微电子科技有限公司
BE2018302	卫星导航对行精准施肥施药技术及装备研究	南京沃杨机械科技有限公司
BE2018303	面向黑莓挥发性芳香物分离的有机/无机杂化渗透汽化膜制备及工艺研究	南京泽朗生物科技有限公司
BE2018304	特纤特膳类食品绿色加工关键技术研究及应用	江南大学
BE2018305	抗性糊精高效制备关键技术研究及应用	江南大学
BE2018306	基于纳米材料光学特性的食品加工危害物识别、检测及控制新技术研究	江南大学
BE2018307	智能化绿色高效茶叶固态发酵装备研发	无锡市茶叶品种研究所有限公司
BE2018308	啤酒大麦麦芽中脱氧雪腐镰刀菌烯醇控制关键技术研究	无锡中粮工程科技有限公司
BE2018309	基于碎米增值利用的蛋白质增溶关键技术研究	无锡金农生物科技有限公司
BE2018310	十字花科蔬菜根肿病病原生理小种鉴定及生物防治技术集成与应用	无锡迪莱得生物种业科技有限公司
BE2018311	优质出口大蒜产业关键技术集成创新与示范	徐州绿之野生物食品有限公司
BE2018312	新型银杏叶纳米银类脂制备技术研究及功能性产品开发	江苏金纳多生物科技有限公司
BE2018313	小麦精准高效灌溉水肥一体化关键技术研究	江苏精工泵业有限公司
BE2018314	苏北桃园化肥减施与主要病虫害精准防控技术研究	沛县大沙河农业开发有限公司
BE2018315	基于蛋白复合体解析的黄羽肉种鸡鸡白痢净化技术研究及应用	江苏立华牧业股份有限公司
BE2018316	保鲜酱卤肉制品品质、安全协同关键加工技术研究及产品开发	江苏五香居食品有限公司
BE2018317	现代"菜-羊-田"农牧结合循环生产关键技术研究	江苏太湖地区农业科学研究所
BE2018318	全麦营养烘焙食品酸面团乳酸菌发酵技术研发与应用	张家港福吉佳食品股份有限公司
BE2018319	提高全麦粉营养与食用品质技术研究及产品开发	中粮东海粮油工业（张家港）有限公司
BE2018320	脂溶性维生素衍生物定向精准制造关键技术研究	常熟理工学院
BE2018321	基于物联网的智慧设施花卉生产技术集成创新与示范	常熟市佳盛农业科技发展有限公司
BE2018322	高值栀子黄及其副产物综合加工关键技术研究及产品开发	苏州求是本草健康科技有限公司
BE2018323	基于调控肠道微生态靶向设计的食用菌健康食品精准制造技术研究	江苏安惠生物科技有限公司
BE2018324	基于北斗导航系统的智能复式高效插秧机开发	南通富来威农业装备有限公司
BE2018325	基于多性状联合的玉米分子设计育种技术研发及新材料创制	江苏沿江地区农业科学研究所

续表

项目编号	项目名称	承担单位
BE2018326	基于耐盐、色叶基因检测聚合的紫薇新品种选育	南通大学
BE2018327	基于燃料乙醇加工废弃物制备功能性有机肥的研发及应用	南通联海维景生物有限公司
BE2018328	规模猪场沼液沼渣无害化处理及资源化利用技术研究与示范	南通华多种猪繁育有限公司薛窑分公司
BE2018329	芦笋茎根叶副产物高效利用关键技术研究及新产品开发	南通双羊生态农业科技有限公司
BE2018330	发酵床畜禽养殖废弃物"两段式"增值利用关键技术研究及新产品研发	如东裕隆昌农业科技有限公司
BE2018331	智能化高效精准棉田施药机的研发	南通黄海药械有限公司
BE2018332	长江刀鲚仿江海洄游生态养殖技术集成创新与示范	南通龙洋水产有限公司
BE2018333	轮作休耕模式下优质水稻精准高效绿色生产关键技术研究	南通市百味食品有限公司
BE2018334	基于物联网的智慧设施蛋鸡生产技术集成创新与示范	南通天成现代农业科技有限公司
BE2018335	优质高产条斑紫菜新品系选育	江苏省海洋资源开发研究院（连云港）
BE2018336	优质高效多抗粳稻新品种选育	江苏苏乐种业科技有限公司
BE2018337	适宜轻简栽培抗病优质水稻新品种选育	连云港市农业科学院
BE2018338	木霉全元生物有机肥创制	淮安市柴米河农业科技发展有限公司
BE2018339	水蜜桃果酒降酸技术研究与应用	江苏陶然生态农业科技有限公司
BE2018340	淮北地区优质高效多抗小麦新品种选育	江苏徐淮地区淮阴农业科学研究所
BE2018341	基于喷雾微囊化技术的新型发酵源 γ–氨基丁酸饲料添加剂创制	江苏纳克生物工程有限公司
BE2018342	秸秆液化/加氢一步法合成生物基多元醇及聚氨酯材料制备关键技术研究	中国科学院广州能源所盱眙凹土研发中心
BE2018343	果园多功能综合作业技术与装备研发	江苏悦达智能农业装备有限公司
BE2018344	沿海滩涂青贮饲用甜高粱绿色生产关键技术研究	江苏沿海地区农业科学研究所
BE2018345	基于宏蛋白组学的酵母提前絮凝机理研究及在江苏大麦麦芽生产中的应用	江苏金山啤酒原料有限公司
BE2018346	油菜（蔬菜）高效育苗移栽成套装备研发	江苏云马农机制造有限公司
BE2018347	大麦糟联产高品质 β–葡聚糖、多酚关键技术研究及应用	江苏华稼食品科技有限公司
BE2018348	超雄瓦氏黄颡鱼及全雄杂交黄颡鱼新品系创制	射阳康余水产技术有限公司
BE2018349	秸秆基富木质素纤维的定向脱胶技术研究及高价值色纺产品开发	江苏新金兰纺织制衣有限公司
BE2018350	耐迟播优质多抗弱筋小麦新品种选育	江苏里下河地区农业科学研究所
BE2018351	优良食味、多抗（稻瘟病、纹枯病）粳稻新品种选育	江苏里下河地区农业科学研究所
BE2018352	藕虾种养模式下荷藕绿色营养运筹关键技术研究	江苏里下河地区农业科学研究所
BE2018353	江苏环太湖地区中华蜜蜂遗传资源保护、改良与利用	扬州大学

续表

项目编号	项目名称	承担单位
BE2018354	地方优质特色肉用多胎湖羊新品系选育	扬州大学
BE2018355	稻田优质绿色高效综合种养技术集成创新与示范	扬州大学
BE2018356	基于基因组编辑的抗菌核病甘蓝型油菜新种质创制	扬州大学
BE2018357	高产粳稻优质抗病分子设计育种技术研究及新材料创制	扬州大学
BE2018358	H7N9亚型禽流感防控净化技术研发	扬州大学
BE2018359	基于信息技术与生物手段的设施栽培蔬菜重大病害绿色防控技术研究与示范	扬州大学
BE2018360	智能化测控多温区分段对流天然气直燃饲料干燥装备研发	扬州大学
BE2018361	设施茄果蔬菜全程绿色调控关键技术研发	扬州农科农业发展有限公司
BE2018362	稻麦周年机械化优质丰产绿色增效技术集成创新与示范	扬州市职业大学
BE2018363	冰鲜鸡生产危害物识别、检测与关键控制技术研究	江苏省家禽科学研究所
BE2018364	特色水果产地保质预处理与保鲜贮运节能关键技术研究与装备开发	扬州福尔喜果蔬汁机械有限公司
BE2018365	瓜果类设施蔬菜全程机械化克服连作障碍绿色作业模式研究与示范	扬州市三江农业科技发展有限公司
BE2018366	"一稻两虾"种养模式下水稻绿色生产关键技术集成研究	江苏普兴循环农业发展有限公司
BE2018367	富含活性多糖黑莓浓浆生物加工关键技术研究及产品开发	江苏惠田农业科技开发有限公司
BE2018368	智能化绿色高效食品超声波生物制造装备开发	江苏江大五棵松生物科技有限公司
BE2018369	二类新兽药奥美普林原料开发及制剂创制	镇江威特药业有限责任公司
BE2018370	基于物联网的镇江香醋固态分层发酵智能化装备研发	江苏恒顺集团有限公司
BE2018371	基于营养靶向设计的香醋功能性食品制造技术研发	镇江恒顺生物工程有限公司
BE2018372	无人驾驶精密变量喷雾机与农药减施关键技术研究	江苏大学
BE2018373	低压节能射流脉冲滴灌技术研究及装备开发	江苏大学
BE2018374	桑葚酒渣增值利用关键技术研究及新产品开发	句容市东方紫酒业有限公司
BE2018375	设施蔬菜无人育苗高效绿色生产关键技术研究	江苏锦程电子科技有限公司
BE2018376	富含甘油二酯植物油关键技术研究及产品开发	江苏幸福门粮油有限公司
BE2018377	老头蟹高值化加工关键技术及产品开发	泰兴市江之韵科技发展有限公司
BE2018378	稻麦周年病虫害绿色防控和优质丰产关键技术研究	宿迁市农业技术综合服务中心
BE2018379	小麦胚芽稳定化及高效利用技术研究	宿迁市中胚食品有限公司
BE2018380	羊肚菌大棚立体化高效栽培关键技术研发	宿迁华珍生物科技有限公司
BE2018381	基于基因编辑的水稻育种技术研发及非转基因抗除草剂材料创制	江苏省农业科学院
BE2018382	出口脱水蔬菜全产业链关键技术集成创新与示范应用	江苏省农业科学院
BE2018383	叶菜冷链物流过程中营养品质控制关键技术研究	江苏省农业科学院
BE2018384	智能稻麦收获机辅助驾驶导航控制系统开发	东南大学

续表

项目编号	项目名称	承担单位
BE2018385	基于"互联网+"和人工智能的生鲜电商农产品冷链物流系统关键技术研发	东南大学
BE2018386	猪繁殖与呼吸综合征、猪圆环病毒病二联亚单位疫苗及免疫抗体检测技术研究	南京农业大学
BE2018387	江苏沿海盐土区稻田绿色高效综合种养技术集成创新与示范	南京农业大学
BE2018388	优质高效抗稻瘟病抗穗发芽水稻新品种选育	南京农业大学
BE2018389	果树化学肥料农药减施增效技术集成创新与示范	南京农业大学
BE2018390	速生、耐盐碱中山杉新品种选育	江苏省中国科学院植物研究所
BE2018391	圆竹高效无裂纹展平竹板材关键技术研究	南京林业大学
BE2018392	滨海盐碱困难地造林关键技术研究与集成示范	南京林业大学
BE2018393	基于模型与物联网的设施蔬菜水肥高效绿色精确调控技术研究	南京理工大学
BE2018394	生物炭基功能性微生物肥料的开发与应用	南京工业大学
BE2018395	玉米芯酶法一步制备高品质低聚木糖关键技术研究及应用	南京工业大学
BE2018396	新型植物免疫诱抗剂褐藻寡糖的绿色生物制造技术研发与应用	南京工业大学
BE2018397	富含功能因子特色风味发酵乳制品加工关键技术研究	南京师范大学
BE2018398	江苏鳜属鱼类新品系选育	江苏省淡水水产研究所
BE2018399	稻麦周年机械化优质丰产绿色增效技术集成创新与示范	农业农村部南京农业机械化研究所
BE2018400	耐盐观赏冬青新品种选育	江苏省林业科学研究院
BE2018401	耐盐彩色乌桕新品种选育	江苏省林业科学研究院
BE2018402	大棚草莓减肥减药可持续高产高效技术集成与示范	中国科学院南京土壤研究所
BE2018403	千亩稻虾共生优质高效关键技术集成应用与示范	江苏省委驻泗阳县帮扶工作队
BE2018404	青梗小白菜新品种"绿领1407""绿领1412""春绿3号"选育与应用	南京绿领种业有限公司
BE2018405	高产优质多抗玉米新品种"大华1146"选育与应用	江苏省大华种业集团有限公司
BE2018406	优质特色花生新品种"徐花18号"选育与应用	江苏徐淮地区徐州农业科学研究所
BE2018407	优质高产多抗大豆新品种"徐豆22"选育与应用	江苏徐淮地区徐州农业科学研究所
BE2018408	优质特色紫甘薯新品种"徐紫薯6号"选育与应用	江苏徐州甘薯研究中心
BE2018409	优质苋菜新品种"苏苋1号""苏苋2号"选育与应用	江苏太湖地区农业科学研究所
BE2018410	优质葡萄新品种"藤玉""早夏香"选育与应用	张家港市神园葡萄科技有限公司
BE2018411	绿肥鲜食两用蚕豆新品种"通蚕鲜6号"选育与应用	江苏沿江地区农业科学研究所

续表

项目编号	项目名称	承担单位
BE2018412	高产优质抗病大麦新品种"连饲麦1号"选育与应用	连云港市农业科学院
BE2018413	优质高产夏大豆新品种"淮豆13"选育与应用	江苏徐淮地区淮阴农业科学研究所
BE2018414	优质早熟西瓜新品种"苏梦6号"选育与应用	江苏徐淮地区淮阴农业科学研究所
BE2018415	国审优质多抗转基因抗虫棉新品种"宁棉2号"选育与应用	江苏神农大丰种业科技有限公司
BE2018416	优良特色花卉新品种"盐葵2号"选育与应用	盐城师范学院
BE2018417	优质设施小果型西瓜新品种"梦兰"选育与应用	江苏里下河地区农业科学研究所
BE2018418	高产优质多抗宜机械化玉米品种"天玉88"选育与应用	扬州大学
BE2018419	优质高产多抗啤酒大麦品种"扬农啤11"选育与应用	扬州大学
BE2018420	优质高产水果型设施黄瓜新品种"康秀1号"选育与应用	扬州大学
BE2018421	优良特色红叶石楠新品种"句红2"选育与应用	江苏农林职业技术学院
BE2018422	优质抗病厚皮甜瓜新品种"华月"选育与应用	江苏丘陵地区镇江农业科学研究所
BE2018423	优质抗病秋甘蓝新品种"瑞甘17"选育与应用	江苏丘陵地区镇江农业科学研究所
BE2018424	优质草坪草新品种"润草2号"选育与应用	镇江润祥园林科技发展有限公司
BE2018425	优质彩色糯玉米新品种"苏科糯10号"选育与应用	江苏省农业科学院
BE2018426	蜂窝型切花小菊新品种"南农紫珠"选育与应用	南京农业大学
BE2018427	优质晚抽薹萝卜新品种"南春白8号"选育与应用	南京农业大学
BE2018428	杂交落羽杉新品种"中山杉136"选育与应用	江苏省中国科学院植物研究所
BE2018429	高原环境下茶用菊花产业一体化研究	拉萨市高原生物研究所
BE2018430	冬虫夏草人工养殖产业化研究	西藏曼杰拉生物科技有限公司
BE2018431	智慧教育黑板系统研发及产业化	西藏欧帝电子科技有限公司
BE2018432	昭苏县野生药用植物资源迁地保育和优抚驯化实验	江苏永健医药科技有限公司
BE2018433	海南州藏羊划区轮牧信息智能监测关键技术与管理信息系统集成研究	南京农业大学
BE2018434	云阳县甘薯产业化开发扶贫示范	常州市现代农业科学院
BE2018435	茶产业示范基地建设项目	江苏省农业科学院
BE2018601	阿尔茨海默病中血清U1 snRNP自身抗体的诊断性应用研发	南京大学医学院附属鼓楼医院
BE2018602	脐带间充质干细胞治疗早发性卵巢功能不全的临床研究	南京大学医学院附属鼓楼医院
BE2018603	EGFR肽段标记的GPC3-CAR T治疗肝细胞癌的临床转化研究	南京大学医学院附属鼓楼医院
BE2018604	调控肾型谷氨酰胺酶活性的重组溶瘤腺病毒治疗肝细胞肝癌转化研究	南京大学医学院附属鼓楼医院

续表

项目编号	项目名称	承担单位
BE2018605	耳鸣声治疗在线实时调控技术研究	南京大学医学院附属鼓楼医院
BE2018606	基于间充质干细胞外泌体制备纳米药物靶向治疗颅内结核的应用研究	南京市第二医院
BE2018607	基于大数据和人工智能的"南京都市圈"慢性非传染病综合防控云平台科技示范	南京市卫生信息中心
BE2018608	遗忘型轻度认知障碍患者AD转化的风险等级预测与个体化干预治疗系统研究	南京医科大学附属脑科医院
BE2018609	基于多源数据的抑郁症防控关键技术与策略研究	南京医科大学附属脑科医院
BE2018610	基于机器学习的早期帕金森病规范化诊疗系统研究	南京医科大学附属脑科医院
BE2018611	巨噬细胞钙激活钾通道调控冠脉支架内再狭窄的分子机制及其临床应用研究	南京市第一医院
BE2018612	联合经颅磁刺激运动诱发电位和直肠电刺激体感诱发电位对大便失禁的临床研究	南京市中医院
BE2018613	新型高效的卵巢癌诊疗一体化关键技术的研究与应用	南京医科大学附属妇产医院
BE2018614	母乳来源小分子多肽TCAOP1治疗肥胖的临床前研究	南京医科大学附属妇产医院
BE2018615	婴幼儿三维眼动特征模型的建立及临床应用研究	南京医科大学附属妇产医院
BE2018616	一种新型肽TPDHM1用于肥胖防治的应用基础研究	南京医科大学附属妇产医院
BE2018617	新发和输入性黄病毒属病毒新型可视化免疫学检测平台的建立及应用	南京军区军事医学研究所
BE2018618	荧光分子手术导航系统的研发及其在口腔癌中的应用	南京市口腔医院
BE2018619	皮肤分枝杆菌感染新型分子免疫集成诊断技术研究	中国医学科学院皮肤病研究所
BE2018620	建立江苏省三级医院肿瘤早期精准诊断规范化应用体系	南京福怡科技发展股份有限公司
BE2018621	骨代谢五项标志物定量免疫分析技术–中老年人骨质疏松辅助诊断	江南大学
BE2018622	高性能微生物角蛋白酶的产业化开发	江南大学
BE2018623	微生物制备营养强化剂磷脂酰丝氨酸的关键技术研究	江南大学
BE2018624	靶向人体脂质代谢异变以精准诊治恶性前列腺癌的机制与应用研究	江南大学
BE2018625	标准化设计模块化施工的装配式框架结构体系关键技术应用研究	江南大学
BE2018626	基于皮肤不同组织的丝蛋白材料个性化设计及其对严重创伤的修复与功能重建研究	无锡市第三人民医院
BE2018627	基于大数据分析的儿童哮喘基因检测关键技术及其转化研究	无锡市儿童医院
BE2018628	表皮神经嵴干细胞源性雪旺细胞联合去细胞神经支架修复面神经长距离缺损的大型动物模型研究	无锡市第二人民医院
BE2018629	基于生物信息大数据开发"液体活检"新技术在前列腺癌精准医疗中的临床应用。	无锡市第二人民医院

续表

项目编号	项目名称	承担单位
BE2018630	生态宜居美丽乡村建设关键技术研究与应用	东南大学无锡分校
BE2018631	C/EBPβ 调控肺泡上皮衰老参与肺纤维化的机制研究	宜兴市人民医院
BE2018632	污水安全再生技术集成创新与示范	南京大学宜兴环保研究院
BE2018633	人源化 CAIX-CAR-T 联合舒尼替尼治疗转移性肾癌研究	江苏省肿瘤生物治疗研究所
BE2018634	携超级 IL-2 的新型抗 Her2 抗体融合蛋白	徐州医科大学附属医院
BE2018635	难降解有机工业废水强化预处理关键技术与装备	中国矿业大学
BE2018636	成体系预压装配混凝土结构技术研发	中国矿业大学
BE2018637	EPCs 联合 MSCs 防治造血干细胞移植并发症植入不良的作用研究	徐州医科大学
BE2018638	抑郁症患者虚拟现实－生物反馈诊疗技术研究	常州大学
BE2018639	智能单功能化纳米复合体在可控药物运输与结肠癌诊疗一体化中的应用研究	常州大学
BE2018640	造纸废弃资源制备木质素酚醛泡沫关键技术应用研究	江苏乾翔新材料科技有限公司
BE2018641	基于智能机器人技术的失能老人护理与康复系统的研究	江苏理工学院
BE2018642	城市埋地非金属管道泄漏检测技术研究及应用	江苏省特种设备安全监督检验研究院常州分院
BE2018643	基于碳量子点的纳米荧光探针检测血清 Sall2 甲基化在食管癌放疗敏感性及预后评估中的临床应用研究	常州市第二人民医院
BE2018644	基于生物 3D 打印技术研发系列凹凸棒石骨修复材料	常州市第二人民医院
BE2018645	CAR-T 细胞治疗胃肠道肿瘤的关键技术及临床应用研究	常州市第一人民医院
BE2018646	基于影像组学和基因组学的肾癌多模态 MRI 临床研究	常州市第一人民医院
BE2018647	新型高分子口腔种植体复合材料研究	常州化学研究所
BE2018648	康复轮椅智能化关键技术应用研究	常州机电职业技术学院
BE2018649	凹凸棒石／氮化碳／聚苯胺多级结构光催化材料及光催化燃油深度脱硫性能	常州纳欧新材料科技有限公司
BE2018650	废旧线路板中聚合物基复合材料资源化利用关键技术开发与应用	江苏爱特恩高分子材料有限公司
BE2018651	硬脂酸作用肠道菌群调控急性移植物抗宿主病的机制和临床应用研究	江苏省血液研究所
BE2018652	成人急性 B 淋巴细胞白血病的精准诊断和分层治疗	江苏省血液研究所
BE2018653	构建非小细胞肺癌 PDO 模型用于 EGFR-TKIs 耐药患者精准治疗的研究	苏州大学
BE2018654	用于神经损伤修复的人源化抗 NB-3 单克隆抗体的研发及转化医学研究	苏州大学
BE2018655	基于智能化分子影像探针的胃癌诊疗技术研究	苏州大学
BE2018656	周围神经损伤修复关键技术的创新及临床应用研究	苏州大学附属第二医院

续表

项目编号	项目名称	承担单位
BE2018657	肠道菌群变化特征作为肠道核辐射损伤早期诊断生物标志物的临床研究	苏州大学附属第二医院
BE2018658	帕金森病非运动症状机制研究及诊疗规范的建立	苏州大学附属第二医院
BE2018659	重症急性胰腺炎早期诊断与多学科诊疗体系的建立	苏州大学附属第一医院
BE2018660	肿瘤免疫微环境分析联合多基因检测对结直肠癌精准治疗的应用研究	苏州大学附属第一医院
BE2018661	儿童急性细菌性脑膜炎的整体规范化诊疗技术	苏州大学附属儿童医院
BE2018662	联合脑电、眼动追踪及神经认知构建基于机器学习的精神分裂症预测模型	苏州市广济医院
BE2018663	棒状杆菌生物防治抗生素性肠道菌群失衡机制与应用研究	东南大学苏州研究院
BE2018664	临床级人间充质干细胞结合功能有序胶原支架修复非人灵长类猴的脊髓损伤研究	中国科学院苏州纳米技术与纳米仿生研究所
BE2018665	用于脑胶质瘤早期诊断的跨血脑屏障和肿瘤靶向的纳米水凝胶钆基MRI造影剂研发及术中导航精准切除肿瘤研究	中国科学院苏州纳米技术与纳米仿生研究所
BE2018666	激光共聚焦内镜对早期胃癌及癌前病变临床诊断方法研究	中国科学院苏州生物医学工程技术研究所
BE2018667	基于SS-OCT实时导航的青光眼手术新技术及临床应用研究	中国科学院苏州生物医学工程技术研究所
BE2018668	基因工程结合智能生物材料重编程人星型胶质细胞治疗帕金森病的临床前研究	中国科学院苏州生物医学工程技术研究所
BE2018669	癌痛信息化管控示范体系建设及其产品研发	南通市肿瘤医院
BE2018670	肺癌肺康复临床规范化方案与传统中医运动现代化研究	南通大学附属医院
BE2018671	血浆外泌体miRNA联合检测在RA骨破坏精准治疗中的运用	南通大学附属医院
BE2018672	人脐带间充质干细胞在早期自然流产中的应用及分子机制研究	南通大学附属医院
BE2018673	基于二代测序及蛋白组学技术的胃癌精准医疗生物标记物的筛选鉴定及临床应用	南通大学附属医院
BE2018674	基于茵陈蒿汤的中药经典名方现代开发应用研究	南通市第三人民医院
BE2018675	装配式框架耗能型预应力干式连接节点的设计与高效施工关键技术研究	江苏中南建筑产业集团有限责任公司
BE2018676	淤泥质海底航道失稳滑塌全周期声纹识别与预警技术研究	淮海工学院
BE2018677	政府引导的出生缺陷防控新型惠民体系的建立及应用研究	连云港市妇幼保健院
BE2018678	大数据融合技术在白马湖保护性开发中的应用与科技示范	淮安市白马湖投资发展有限公司
BE2018679	重金属中度污染农田土壤温和淋洗–微生物促生–植物提取联合修复技术的研发与应用	江苏科易达环保科技有限公司
BE2018680	废弃盐田农牧结合型循环农业生产关键技术研究与集成示范	江苏顺泰农场有限公司

续表

项目编号	项目名称	承担单位
BE2018681	盐城湿地生态保护特区生物多样性保护与栖息地恢复科技示范	江苏盐城国家级珍禽自然保护区管理处
BE2018682	啤酒糟高效资源化利用关键技术和无害化处理应用研究	盐城工学院
BE2018683	基于多源感知的瓜果无损快速分选关键技术及装备研发	扬州市威特机械制造有限公司
BE2018684	基于海胆状金纳米粒子的SERS-GICA核酸试纸条技术对肺癌中miRNA的检测研究	扬州大学
BE2018685	胚胎培养液可溶性人白细胞抗原G检测结合胚胎实时监测技术在反复种植失败患者中的应用	江苏省苏北人民医院
BE2018686	全方位空间一体化多地形防火隔爆型智能消防机器人关键技术研究与开发	扬州市虹安消防装备有限公司
BE2018687	扬州影园造园艺术及其虚拟复建研究	扬州市园林管理局
BE2018688	粮油食品潜在危害物快速检测阵列芯片技术研发与应用	江苏康正生物科技有限公司
BE2018689	血清exosome源性的lncRNA在胰腺癌诊断和治疗中作用的研究	江苏大学附属医院
BE2018690	MicroRNA响应型纳米DNA水凝胶药释开关的构建和微流体单细胞胰腺癌靶向验证	江苏大学附属医院
BE2018691	基于纳米生物技术的新型靶向抗癌药物研究	江苏大学附属医院
BE2018692	Oxytocin在超重/肥胖2型糖尿病患者中的临床应用研究	江苏大学附属医院
BE2018693	基于外泌体来源SIAH1构建卵巢癌耐药的新型预警与干预策略	镇江市第四人民医院
BE2018694	高效特异性检验食品中磺胺类抗生素的关键技术及应用研究	镇江市食品药品监督检验中心
BE2018695	卡盒式全封闭分子诊断系统在多个心血管药物相关基因位点中的应用研究	江苏百世诺医疗科技有限公司
BE2018696	生物药物创新研发与国际化示范	江苏华创医药研发平台管理有限公司
BE2018697	一般无机固体废弃物资源化利用关键技术研究及在海绵城市道路系统建设中集成示范	江苏洋河新城新材料有限责任公司
BE2018698	数字化光学信号在消化道肿瘤手术淋巴结精准检测中的研究与应用	南京大学
BE2018699	应用遗传风险指数对吸毒人员精神疾病发生的预警研究	南京大学
BE2018700	创伤救治一体化信息体系建立和救治关键技术及创伤后应激综合征防治的研究	南京大学
BE2018701	阻断免疫检查点PD-1/PD-L1及TIGIT的新型重组溶瘤腺病毒用于肝癌的治疗	南京大学
BE2018702	适用于膜滤系统的新型混凝剂的研发与示范应用	南京大学环境学院
BE2018703	基于RF信号的甲乳良恶性结节的超声早期诊断智能平台及临床应用	南京大学物理学院

续表

项目编号	项目名称	承担单位
BE2018704	面向军警民 5G 终端大规模定位关键技术研究	东南大学
BE2018705	城市扬尘污染在线监测信息化平台的研发与应用研究	东南大学
BE2018706	混合新媒体环境下社会热点事件挖掘及多维演化关键技术与应用	东南大学
BE2018707	用于跨层面肿瘤指标检测的流动编码芯片研究	东南大学
BE2018708	基于氮磷活性点位定向调控的秸秆炭钝化剂的可控制备及其对铅镉汞的固定机制	南京农业大学
BE2018709	便携式单病毒荧光检测系统的研发及其在高致病性禽流感 H7N9 检测中的应用研究	南京农业大学
BE2018710	抗慢性阻塞性肺疾病 1 类候选新药噻格溴铵的临床前研究	中国药科大学
BE2018711	基于中医药现代化技术——研究中药黄芩有效成分对重大疾病的防治作用	中国药科大学
BE2018712	微流控制备分级多孔复合微球型药物控释系统促进小肠黏膜下层修复腹壁缺损的研究	中国人民解放军南京军区南京总医院
BE2018713	基于 CRISPR 基因编辑技术的 HPV 分型快速诊断方法建立及临床应用	中国人民解放军南京军区南京总医院
BE2018714	非编码小 RNA 介导的 DNA 损伤修复在高龄对配子、胚胎、子代影响中的机制及临床转化研究	中国人民解放军南京军区南京总医院
BE2018715	纳米硫强化植物修复砷污染土壤关键技术及其应用研究	江苏省中国科学院植物研究所
BE2018716	危化品安检应用智能报警与拉曼检验联用技术研究	江苏警官学院
BE2018717	基于 Sarm1 研究度洛西汀抑制化疗药物所致疼痛性周围神经病变的作用机制	南京中医药大学
BE2018718	LDHs 纳米片的绿色合成及其在室温氧化消除甲醛中的应用	南京工程学院
BE2018719	基于多元传声器阵列的闪电定位系统	南京信息工程大学
BE2018720	基于人工智能的便携式静脉显像仪关键技术研究	南京航空航天大学
BE2018721	废旧铝精细识别及高效分离关键技术研发	南京航空航天大学
BE2018722	固体废弃物机器人分拣系统关键技术研究	南京航空航天大学
BE2018723	个性化口腔正畸矫治器设计的关键技术研究	江苏省口腔医院
BE2018724	脑胶质瘤化疗耐药的生物标志物与治疗新靶点研究	南京医科大学
BE2018725	基于质谱的新型临床分子检测技术	南京医科大学
BE2018726	低氧诱导的 miRNA 表观遗传调控在非小细胞肺癌 EGFR-TKI 耐药中的机制及应用研究	南京医科大学附属逸夫医院
BE2018727	面向公共安全的融合计算光谱视频成像技术与系统	南京理工大学
BE2018728	老年人群跌倒预警系统及物联网智能柔性足压传感器的研发	南京理工大学
BE2018729	非接触式呼吸疾病智能辅助诊断关键技术研究	南京理工大学
BE2018730	PDI 类高性能涂料固化剂的生物制造与应用	南京工业大学

续表

项目编号	项目名称	承担单位
BE2018731	3D打印构建聚氨基酸仿生组织工程皮肤	南京工业大学
BE2018732	基于二维纳米材料的胃癌检测纳米试剂/器件及其电化学和SERS检测技术	南京邮电大学
BE2018733	轨道交通CBTC无线通信安全检测技术及应用示范	南京邮电大学
BE2018734	桥梁缆索检测机器人关键技术与应用研究	南京邮电大学
BE2018735	市政污泥耦合生物质减量化、资源化利用关键技术及成套装置与工程示范	南京师范大学
BE2018736	江苏沿海滩涂植被建设微生物基新材料的研制及其机理研究	河海大学
BE2018737	太湖总磷波动原因诊断与防控技术研发与示范	河海大学
BE2018738	基于微生物完整性的河流健康评价方法建立及其在污染河流治理过程中的应用	河海大学
BE2018739	基于惰性有机溶剂的无水脱酸技术在脆弱纸质文物保护中的应用研究	南京博物院
BE2018740	考古出土潮湿彩绘陶文物的保护	南京博物院
BE2018741	基于社区AD高危人群早期识别与机制研究	东南大学附属中大医院
BE2018742	2型糖尿病预警标志物—胰岛再生蛋白reg应用研究	东南大学附属中大医院
BE2018743	脓毒症早期诊断和精准化治疗体系及基于大数据的同质化推广平台的建立	东南大学附属中大医院
BE2018744	基于细胞微粒检测技术的慢性肾脏病生物标志物研究	东南大学附属中大医院
BE2018745	江苏省重点污染物人体生物监测与健康风险评估	江苏省公共卫生研究院
BE2018746	早期微小肺癌精准外科诊疗前沿技术研究	江苏省人民医院
BE2018747	基于数字PCR的血浆ctDNA检测技术在肺癌早期精准诊断中的应用	江苏省人民医院
BE2018748	人羊膜间充质干细胞免疫调控技术开发治疗自身免疫性糖尿病临床研究	江苏省人民医院
BE2018749	肾段动脉三维灌注模型的建立及在腹腔镜肾癌手术中应用的研究	江苏省人民医院
BE2018750	免疫耗竭干预策略提高CAR-T细胞治疗胃癌的创新技术研发及临床转化	江苏省肿瘤防治研究所
BE2018751	粪菌移植治疗肠道菌群失调的适应状态评价及效果预判的人工智能研究	南京医科大学第二附属医院
BE2018752	科学健身与体医融合集成平台常州模式的构建与应用科技示范	江苏省体育科学研究所
BE2018753	大型起重机械残余应力超声无损测试关键技术研究及工程应用	江苏省特种设备安全监督检验研究院
BE2018754	基于公安物联网大数据的智能化云平台科技示范	江苏省公安科学技术研究所
BE2018755	非小细胞肺癌分子靶向获得性耐药标志物的发现与组合用药设计研究	江苏省中医药研究院

续表

项目编号	项目名称	承担单位
BE2018756	化疗序贯温阳通络方对奥沙利铂神经毒性的临床疗效及机制研究	江苏省中医药研究院
BE2018757	基于网络药理学的年龄相关性黄斑变性方证对应研究	南京中医药大学附属医院
BE2018758	基于多组学技术支撑斑马鱼PDX模型的进展期胃癌精准化疗模式的研究	南京中医药大学附属医院
BE2018759	滩涂重度盐碱区原土绿化立地生境的生态构建技术研究	中国科学院南京土壤研究所
BE2018760	基于LDH的化学稳定化原位修复电镀场地锌、镍污染土壤	中国科学院南京土壤研究所
BE2018761	1类新药盐酸柯诺拉赞的临床研究	南京柯菲平盛辉制药有限公司
BE2018762	生物基高端医用创面负压引流敷料技术研究及产品开发	南京双威生物医学科技有限公司
BE2018763	全口服抗HCV新药SH229治疗方案研发	南京圣和药业股份有限公司
BE2018764	仿制药瑞舒伐他汀钙片质量和疗效一致性评价	南京正大天晴制药有限公司
BE2018765	宫颈癌无创液态活检项目产业化	无锡市申瑞生物制品有限公司
BE2018766	高折光率的疏水性丙烯酸酯非球面人工晶状体	无锡蕾明视康科技有限公司
BE2018767	一种针对多项肿瘤疾病的早期、快速、灵敏、低成本诊断试剂	江苏三联生物工程有限公司
BE2018768	HY2900聚焦超声治疗系统	无锡海鹰电子医疗系统有限公司
BE2018769	高性能小型化一次性使用电圈套器的研发与产业化	江苏唯德康医疗科技有限公司
BE2018770	一类新药福比他韦的开发	常州寅盛药业有限公司
BE2018771	弓形乳头括约肌切开刀的研发和应用	常州乐奥医疗科技股份有限公司
BE2018772	国际原创新靶点抗肿瘤药物APG-1252临床前开发及获批临床	苏州亚盛药业有限公司
BE2018773	治疗湿性黄斑病变的国家1类生物药"抗VEGF单克隆抗体"的研发	东曜药业有限公司
BE2018774	肠道病毒71型/柯萨奇病毒A16型/通用型病毒RNA检测试剂盒研发项目	苏州天隆生物科技有限公司
BE2018775	X射线计算机体层摄影设备（Zeedas CT 16）	苏州波影医疗技术有限公司
BE2018776	靶向抗肿瘤药物开发	苏州勤浩药物研究开发有限公司
BE2018777	人MTHFR基因多态性检测试剂盒（荧光PCR法）	苏州旷远生物分子技术有限公司
BE2018778	PDX模型结合ctDNA活体监测在乳腺癌治疗病程中的作用研究	南通普惠精准医疗科技有限公司
BE2018779	酶切法制备透明质酸的研究	江苏诚信药业有限公司
BE2018780	新靶点抗乙肝病毒1类新药TQ-A3334的研究开发	正大天晴药业集团股份有限公司
BE2018781	富马酸替诺福韦二吡呋酯片一致性研究	正大天晴药业集团股份有限公司
BE2018782	国家1类抗转移性乳腺癌新药SHR6390的临床前研究	江苏恒瑞医药股份有限公司
BE2018783	治疗糖尿病1类新药DPP-4抑制剂TQ-F3083的研发	连云港润众制药有限公司
BE2018784	高端放射治疗核心装备研发	江苏海明医疗器械有限公司

续表

项目编号	项目名称	承担单位
BE2018785	国家化药1.1类新药—靶向不可逆EGFR抑制剂苏特替尼	江苏苏中药业集团股份有限公司
BE2018786	海藻酸钙敷料的研发	泰州市榕兴医疗用品股份有限公司
BE2018787	I类靶向抗肿瘤新药恩替诺特（HDACi）的研究开发	泰州亿腾景昂药业有限公司
BE2018788	重组人源化抗PD-1单克隆抗体注射液的临床前研究及临床研究	泰州翰中生物医药有限公司
BE2018789	针对脑转移EGFR驱动基因突变的非小细胞肺癌药物克耐替尼的开发	江苏迈度药物研发有限公司
BE2018790	CMAB809（注射用重组抗HER2人源化单抗）的临床前研究	泰州迈博太科药业有限公司
BE2018791	等离子射频手术系统的研发	江苏邦士医疗科技有限公司

2018年度江苏省政策引导类计划项目

项目编号	项目名称	承担单位
BR2018001	知识资本视域下瞪羚企业成长路径研究	南京市科技信息研究所
BR2018002	产业共性技术扩散与政府管理创新研究	南京晓庄学院
BR2018003	高质量发展背景下高新区创新驱动发展评价机制研究	南京市火炬高技术产业开发中心
BR2018004	科技型中小企业全球创新资源配置路径研究——基于无锡的调查	无锡市科学技术情报研究所
BR2018005	基于政产学研联动耦合的高校科技成果转化模式研究	江南大学
BR2018006	江苏省农业面源污染生态补偿机制研究——以无锡市为例	江南大学
BR2018007	基于技术链与产业链融合视角的江苏物联网产业发展方向与战略研究	江南大学
BR2018008	全球价值链背景下江苏培育世界级光伏智慧能源产业集群路径研究	常州工学院
BR2018009	社会网络视角下江苏产业技术创新战略联盟运行机制研究	江苏理工学院
BR2018010	科技支撑江淮生态大走廊水环境治理路径研究	河海大学常州校区
BR2018011	苏南打造世界级机器人与智能装备产业集群实现路径研究	河海大学常州校区
BR2018012	武进高新区机器人及智能装备产业迈向全球价值链中高端的发展路径研究	常州机电职业技术学院
BR2018013	江苏参与"一带一路"科技创新合作的条件、路径与绩效研究	苏州大学

续表

项目编号	项目名称	承担单位
BR2018014	"政产学研用"网络建设支持企业创新的作用效果研究——基于企业院士工作站的考察视角	苏州大学
BR2018015	创新与开放驱动苏南打造世界级先进制造业集群路径与对策研究	苏州工业职业技术学院
BR2018016	苏南国家自主创新示范区创新一体化机制与政策研究	常熟理工学院
BR2018017	科技支撑江苏现代海洋经济体系建设路径及对策研究	淮海工学院
BR2018018	江苏工业转型升级效果评价及信息化支持研究	淮阴师范学院
BR2018019	苏北乡村振兴科技支撑体系建设与典型案例研究	淮阴工学院
BR2018020	新型研发机构的跨界融合机制与协同创新政策研究	盐城师范学院
BR2018021	智能制造与江苏制造业转型升级路径创新研究	盐城师范学院
BR2018022	江苏产学研深度融合的政策体系与保障机制研究	盐城工学院
BR2018023	财税激励政策对企业研发投入促进机制研究：财务资源视角	扬州大学
BR2018024	"社会技术"支撑江苏乡村振兴的路径研究	扬州大学
BR2018025	江苏船舶与海洋工程装备产业知识产权与产业发展互促机制研究	江苏科技大学
BR2018026	科技人才政策实践对学者创业模式选择的影响研究	南京理工大学泰州科技学院
BR2018027	苏南自创区科技资源军民融合共享潜力与机制研究	江苏省生产力促进中心
BR2018028	基于平台建设视角的江苏产学研深度融合机制研究	江苏省生产力促进中心
BR2018029	苏南科技成果产业化基地建设推进机制及服务模式研究	江苏省生产力促进中心
BR2018030	江苏省科技型企业研发管理能力提升路径研究	江苏省生产力促进中心
BR2018031	加快构建符合江苏省科技创新规律的科研人才职称评价机制研究	江苏省生产力促进中心
BR2018032	科技依法行政导向下的实验动物管理体系研究	江苏省生产力促进中心
BR2018033	江苏省人工智能产业创新体系构建战略研究	江苏省科学技术发展战略研究院
BR2018034	高质量视角下江苏现代农业科技园绩效评价与对策研究——基于全省13个设区市现代农业科技园的实地调研	江苏省科学技术发展战略研究院
BR2018035	创新创业人才分类评价体系研究	江苏省科学技术发展战略研究院
BR2018036	新兴产业重点领域发展分析与对策研究——智能制造产业、集成电路产业分析研究	江苏省科学技术发展战略研究院
BR2018037	江苏系统化推进创新型省份建设路径研究	江苏省科学技术发展战略研究院
BR2018038	江苏研发投入对企业创新绩效的影响及作用机制研究	江苏省科学技术发展战略研究院
BR2018038-1	江苏省科技经费监管服务体系建设及运行机制研究	江苏省科学技术发展战略研究院
BR2018039	江苏县域科技创新治理模式研究	江苏省科学技术发展战略研究院
BR2018039-1	科技支撑江苏乡村振兴的路径与政策研究	江苏省科学技术发展战略研究院

续表

项目编号	项目名称	承担单位
BR2018040	国家火炬特色产业基地创新绩效评价研究	江苏省高新技术创业服务中心
BR2018041	江苏参与"一带一路"技术创新合作方式与路径研究	江苏省对外科学技术交流中心
BR2018042	开放创新背景下江苏整合国际创新资源模式与路径研究	江苏省国际科技合作协会
BR2018043	科技金融新内涵：金融助力江苏省科技创新创业高质量发展升级与服务现代化经济体系建设路径、模式和机制研究	南京大学
BR2018044	科技创新驱动江苏社会发展的路径与政策研究	东南大学
BR2018045	乡村振兴背景下科技创新要素转移的路径与对策研究	南京农业大学
BR2018046	基于政府科技项目知识库的成果评价研究	南京农业大学
BR2018047	江苏科技企业孵化器投融资支持政策优化研究	南京农业大学
BR2018048	江苏省医药产业产学研深度融合机制研究	中国药科大学
BR2018049	江苏高校科技成果转化模式、制约因素与对策研究	河海大学
BR2018050	江苏省技术交易数据分析评价及其配套政策研究	南京师范大学
BR2018051	会产学研深度融合提升行业创新能力路径研究	南京师范大学
BR2018052	支撑创新型省份建设的顶尖科技人才管理创新研究	南京理工大学
BR2018053	江苏知识产权密集型园区认定标准研究	南京理工大学
BR2018054	新时代江苏推进政产学研高质量协同创新治理体系研究	南京理工大学
BR2018055	江苏智能装备技术与产业政策发展趋势研究	南京工业大学
BR2018056	江苏先进制造业产业协同创新体系构建与对策研究	南京工业大学
BR2018057	江苏省新型研发机构共建模式研究	南京工业大学
BR2018058	江苏参与"一带一路"科技创新合作方式与路径研究	南京财经大学
BR2018059	基于区块链的江苏流通产业创新发展路径研究	南京审计大学
BR2018060	苏南科技创新资源配置质量和效率促进机制研究	南京林业大学
BR2018061	互联网、大数据、人工智能与江苏产业融合的路径机制研究	南京邮电大学
BR2018062	苏北光伏精准扶贫的跟踪评估及政策创新研究	南京信息工程大学
BR2018063	大数据与江苏制造业深度融合机制研究	江苏省政协科技委
BR2018064	基于"江苏健康助手"数字医疗技术平台的健康服务新模式研究	江苏省老年医学研究所
BR2018065	江苏医学鉴定机构科技创新体系的构建研究	江苏省人民医院
BR2018066	科技经费改革下公益性科研院所项目资金管理机制研究	江苏省特种设备安全监督检验研究院
BR2018067	从税务视角看新经济业态商事制度改革的实践与探索	江苏省地方税务局
BR2018068	江苏省创建综合性国家科学中心的思路与建议	江苏省科技翻译工作者协会

续表

项目编号	项目名称	承担单位
BR2018069	容错免责与监督问责同步推进机制及其实施效度研判	江苏省社会科学院
BR2018070	政府与市场协同推进江苏创新型省份建设的路径研究	江苏省社会科学院
BR2018071	江苏新型农业科技成果转移转化模式、机制与路径研究	江苏省农业科学院
BR2018072	新型经营主体需求背景下农业科技成果转化模式研究	江苏省农业科学院
BR2018073	基于绩效评价的江苏休闲农业精品化创新路径研究	江苏省农业科学院
BR2018074	苏北县域经济可持续发展的创新路径与支持系统研究	江苏省委党校
BR2018075	高新区特色战略产业培育路径及政策研究	江苏省委党校
BZ2018001	复杂环境下城市道路全景交通流感知和智能评价系统的联合研发	江苏智通交通科技有限公司
BZ2018002	新一代具有优异保温阻燃性能的聚苯乙烯泡沫的合作研发	南京法宁格节能科技股份有限公司
BZ2018003	HB-FRP加固高速公路桥梁技术的联合研发	中设设计集团股份有限公司
BZ2018004	用于空气净化的双疏膜制备与应用技术联合研发	江苏久朗高科技股份有限公司
BZ2018005	智能水处理管理系统（SWMS）软件的合作研发	光大环境科技（中国）有限公司
BZ2018006	基于无人机在线视觉技术的大型活动交通管控平台联合研发及产业化	江苏金晓电子信息股份有限公司
BZ2018007	大型风电场有功控制技术的联合研发	南京河大风电科技有限公司
BZ2018008	用于零能耗建筑的太阳能发电窗户技术的合作研发	南京紫同纳米科技有限公司
BZ2018009	可替代载人飞行器的节能型长航时人工智能行业无人机联合研发	南京模幻天空航空科技有限公司
BZ2018010	热等静压制备高速钢复合轧辊技术合作开发	飞而康快速制造科技有限责任公司
BZ2018011	ALD钝化下的"超级黑硅电池"技术及其量产装备合作开发	江苏微导纳米装备科技有限公司
BZ2018012	超细栅和多主栅的光伏电池技术的合作研发	徐州鑫宇光伏科技有限公司
BZ2018013	B2C远程心电医疗系统的联合研发	常州纳塔力医疗技术服务有限公司
BZ2018014	基于光伏-蓄电池的用户侧微电网智能能量管理系统联合研发	江苏东润光伏科技有限公司
BZ2018015	挥发性有机废气低温蓄热式催化燃烧技术的设计、示范与产业化联合研发	苏州苏净环保工程有限公司
BZ2018016	全自动太阳能跟踪控制和大数据智能处理系统的合作研发	苏州聚晟太阳能科技股份有限公司
BZ2018017	基于石墨烯等新型材料的电子器件钝化层材料与工艺联合研发	张家港恩达通讯科技有限公司
BZ2018018	航空碳纤维用阻燃特种树脂产品的联合开发及产业化	张家港康得新光电材料有限公司
BZ2018019	印染废水深度处理及回用关键技术联合研究与示范	江苏联发环保新能源有限公司
BZ2018020	超高能量密度硅碳动力锂离子电池的合作研究	龙能科技如皋市有限公司

续表

项目编号	项目名称	承担单位
BZ2018021	秸秆干发酵制沼气及综合利用的合作研究	中芬新能源江苏有限公司
BZ2018022	大尺度混凝土结构监测诊断与评估系统的合作研发	江苏东华测试技术股份有限公司
BZ2018023	基于信息物理融合技术的工控运维网关系统合作研发	江苏博智软件科技有限公司
BZ2018024	超高性能装饰混凝土绿色建筑围护部品合作研发及产业化	南京倍立达新材料系统工程股份有限公司
BZ2018025	绿色高效农用生物激活剂的合作开发及产业化	南京轩凯生物科技有限公司
BZ2018026	与伯明翰大学智能直流配电技术及装备产业化的合作研发	南京国网电瑞继保科技股份有限公司
BZ2018027	5G射频封装功分滤波电路建模关键技术的联合研发	南京智能高端装备产业研究院有限公司
BZ2018028	新一代革命性基因组编辑技术CRISPR的技术引进和产业化	南京金斯瑞生物科技有限公司
BZ2018029	航空发动机用难变形合金机匣类锻件轧制工艺的合作研发	无锡市派克重型铸锻有限公司
BZ2018030	半导体微纳尺度快速无损测量技术及装备的合作研发	无锡富瑞德测控仪器股份有限公司
BZ2018031	软硬件协同千万门级高密度可编程逻辑器件的合作研发	中国电子科技集团公司第五十八研究所
BZ2018032	光动力抗菌型羊毛织物的合作研发	江苏阳光股份有限公司
BZ2018033	新型污泥堆肥炭化节能处理及原位循环利用技术合作研发	艾特克控股集团股份有限公司
BZ2018034	阿立哌唑新型口服长效剂型的合作研发	江苏恩华药业股份有限公司
BZ2018035	药品质量与疗效一致性研究技术的联合研发	常州制药厂有限公司
BZ2018036	新一代智能化宽幅高产梳棉机的合作研发	卓郎（常州）纺织机械有限公司
BZ2018037	高性能纤维增强树脂基纳米复合材料的合作研发	常州市宏发纵横新材料科技股份有限公司
BZ2018038	糠酸莫米松鼻喷雾剂的合作研发	长风药业股份有限公司
BZ2018039	中短期体外人工心脏产品关键技术的合作研发	苏州心擎医疗技术有限公司
BZ2018040	数字微流控体外检测芯片及设备的联合研发	苏州国科医疗科技发展有限公司
BZ2018041	治疗性抗体发现和优化的合作研发	信达生物制药（苏州）有限公司
BZ2018042	全自动高精度数控外圆磨床的合作开发	华辰精密装备（昆山）股份有限公司
BZ2018043	2500 mm幅宽的偏光片的合作研究与产业化推广	昆山之奇美材料科技有限公司
BZ2018044	应用于高精密天文望远镜的直驱电机及控制系统的技术引进	南通斯密特森光电科技有限公司
BZ2018045	锂电池供电高速大功率电动汽车增程器的合作研发	江苏友和动力机械有限公司
BZ2018046	海洋工程装备温度保护器关键生产技术的合作研发	江苏怡通控制系统有限公司
BZ2018047	低频吸声超材料与吸声结构关键技术的联合开发	江苏英思达科技有限公司

续表

项目编号	项目名称	承担单位
BZ2018048	面向船舶节能改造应用的高效螺旋桨关键技术联合研发	镇江同舟螺旋桨有限公司
BZ2018049	满足 Tier Ⅲ 法规大功率中速船舶动力脱硝关键技术联合研究	中船动力有限公司
BZ2018050	面向成套电气行业的云制造关键技术及服务平台合作研发	大全集团有限公司
BZ2018051	慢性阻塞性肺病生物标记物联合研发及其产业化	江苏长泰药业有限公司
BZ2018052	重载齿轮箱齿轮关键技术联合研发	江苏泰隆减速机股份有限公司
BZ2018053	特色豆类新品种及绿色增产增效技术海外应用合作研发	江苏省农业科学院
BZ2018054	先天性心脏病筛查及治疗的国际合作研究	南京医科大学
BZ2018055	中国—非洲草食动物粗饲料资源高效利用的合作研究	南京农业大学
BZ2018056	基于钙钛矿和 ZnO 纳米结构的多波段光探测器的联合研发	东南大学
BZ2018057	东非典型城市化地区水环境预警及污染防控技术的合作研发	中国科学院南京地理与湖泊研究所
BZ2018058	一带一路欧亚地震带黏弹性减震技术合作研发与应用示范	江苏大学
BZ2018059	埃斯顿英国 TRIO 运动控制技术研究中心建设	南京埃斯顿自动化股份有限公司
BZ2018060	赛特斯信息科技股份有限公司美国研究中心建设	赛特斯信息科技股份有限公司
BZ2018061	加拿大西安大略大学（南京）国际技术转移中心建设与国际技术转移服务	沃德世嘉（南京）国际技术转移中心有限公司
BZ2018062	南京金龙客车制造有限公司–美国加利福尼亚圣地亚哥州立大学研究院联合实验室建设	南京金龙客车制造有限公司
BZ2018063	无锡市对外交流中心建设与美国麻省理工学院（MIT）国际技术转移服务	无锡市科学技术情报研究所
BZ2018064	江阴中瑞国际技术转移机构建设与国际技术转移服务	江阴中瑞生物医药创新中心有限公司
BZ2018065	牛津大学科技创新（苏州）国际技术转移机构建设与国际技术转移服务	苏州艾斯伊斯国际技术转移有限公司
BZ2018066	吉玛基因–澳大利亚迪肯大学核酸适配体医学研发联合实验室建设	苏州吉玛基因股份有限公司
BZ2018067	常熟绿色智能制造技术创新中心建设与国际技术转移服务	菱创智能科技（常熟）有限公司
BZ2018068	中国天楹股份有限公司加拿大研发中心建设	中国天楹股份有限公司
BZ2018069	艾兰得美国新泽西生物与新医药研发中心建设	江苏艾兰得营养品有限公司

2018年度江苏省创新能力建设计划项目

项目编号	项目名称	承担单位
BM2018001	作物表型组学研究科学中心	南京农业大学
BM2018002	江苏省功能材料设计原理与应用技术重点实验室	南京大学
BM2018003	江苏省作物基因组学和育种重点实验室	扬州大学
BM2018004	江苏省新能源汽车动力系统重点实验室	南京越博动力系统股份有限公司
BM2018005	江苏省高性能纤维复合材料重点实验室	常州市宏发纵横新材料科技股份有限公司
BM2018006	江苏省3C产品制造成套装备与智能化重点实验室	苏州博众精工科技有限公司
BM2018007	介观化学重点实验室提升	南京大学化学化工学院
BM2018008	江苏省人工智能产业公共技术服务平台	南京光电信息技术研究院有限公司
BM2018009	江苏省智能制造与机器人应用技术公共服务平台	华中科技大学无锡研究院
BM2018010	江苏科技文化创新与传播公共服务平台	江苏省科学传播中心
BM2018011	中科院计算技术研究所南京移动通信与计算创新研究院建设	中科院计算技术研究所南京移动通信与计算创新研究院
BM2018012	南京石墨烯研究院建设	南京鼎腾石墨烯研究院有限公司
BM2018013	中国科学院自动化研究所南京人工智能芯片创新研究院建设	中国科学院自动化研究所南京人工智能芯片创新研究院
BM2018014	江苏长江智能制造研究院建设	江苏长江智能制造研究院有限责任公司
BM2018015	光大（南京）环保技术研究院建设	光大环保技术研究院（南京）有限公司
BM2018016	中汽研（常州）汽车工程研究院建设	中汽研（常州）汽车工程研究院有限公司
BM2018017	江苏省环境科学研究院自主科研项目	江苏省环境科学研究院
BM2018018	江苏省生产力促进中心自主科研项目	江苏省生产力促进中心
BM2018019	江苏省科学技术情报所自主科研项目	江苏省科学技术情报研究所
BM2018020	江苏省血吸虫病防治研究所自主科研项目	江苏省血吸虫病防治研究所（省卫生厅）
BM2018021	江苏省中国科学院植物研究所自主科研项目	江苏省中国科学院植物研究所
BM2018022	江苏省林业科学研究院自主科研项目	江苏省林业科学研究院
BM2018023	江苏省原子医学研究所自主科研项目	江苏省原子医学研究所
BM2018024	江苏省中医药研究院自主科研项目	江苏省中医药研究院
BM2018025	江苏省安全生产科学研究院自主科研项目	江苏省安全生产科学研究院
BM2018026	江苏省家禽科学研究所自主科研项目	江苏省家禽科学研究所（农林厅）
BM2018027	江苏省淡水水产研究所自主科研项目	江苏省淡水水产研究所
BM2018028	江苏省水利科学研究所自主科研项目	江苏省水利科学研究院
BM2018029	江苏省海洋水产研究所自主科研项目	江苏省海洋水产研究所

续表

项目编号	项目名称	承担单位
BM2018030	江苏省测绘研究所自主科研项目	江苏省测绘研究所
BM2018031	江苏省体育科学研究所自主科研项目	江苏省体育科学研究所
BM2018032	江苏省高新技术创业服务中心自主科研项目	江苏省高新技术创业服务中心
BM2018033	江苏省计划生育科学技术研究所自主科研项目	江苏省计划生育科学技术研究所
BM2018034	江苏省电子信息产品质量监督检验研究院自主科研项目	江苏省电子信息产品质量监督检验研究院
BM2018035	网络通信与安全紫金山实验室建设（一期）	南京市科学技术委员会

2018年度江苏省科技成果转化专项资金项目

项目编号	项目名称	承担单位
BA2018001	全球首创"依达拉奉与(+)-2-莰醇"复方药物研发及产业化	南京先声东元制药有限公司
BA2018002	基于中医体质辨识技术的健康产品与可溯源体系研发及产业化	南京海昌中药集团有限公司
BA2018003	基于高效催化技术的烟气脱硫脱硝成套装备研发及产业化	江苏新中金环保科技股份有限公司
BA2018004	含油污泥无害化深度处理关键技术集成装备研发及产业化	江苏创新环境工程有限公司
BA2018005	电动汽车充电智慧能源管理与运营系统的研发及产业化	万帮充电设备有限公司
BA2018006	城市轨道交通全自动无人驾驶系统的研发及产业化	新誉轨道交通科技有限公司
BA2018007	高可靠性高功率紫外固体工业激光器的研发及产业化	常州英诺激光科技有限公司
BA2018008	复合材料预成型体智能化成套装备研发及产业化	常州市新创智能科技有限公司
BA2018009	基于工业物联网平台的智能MVR蒸发装备研发及产业化	江苏瑞升华能源科技有限公司
BA2018010	超大宽隔距三维立体高速经编智能成套装备研发及产业化	常州市赛嘉机械有限公司
BA2018011	轻量化高强度汽车座椅调节系统的研发及产业化	江苏忠明祥和精工股份有限公司
BA2018012	高效高功率密度纯电动汽车动力系统的研发及产业化	江苏易动新能源有限公司
BA2018013	轨道交通牵引系统智能高精密部件研发及产业化	悦利电气（江苏）有限公司
BA2018014	自动除尘的视觉引导智能作业机器人系统研发及产业化	江苏华航威泰机器人科技有限公司
BA2018015	基于移动机器人的柔性物流与智能仓储系统研发及产业化	健芮智能科技（昆山）有限公司
BA2018016	新型纳米结构量子阱芯片及其激光光电器件的研发及产业化	维林光电（苏州）有限公司

续表

项目编号	项目名称	承担单位
BA2018017	基于结构可调MT型硅脂的全贴合光电显示模块的研发及产业化	苏州桐力光电股份有限公司
BA2018018	半导体制程的微纳米缺陷检测系统研发及产业化	苏州富鑫林光电科技有限公司
BA2018019	全自动干式荧光免疫分析仪及配套试剂研发及产业化	苏州鼎实医疗科技有限公司
BA2018020	微创外科悬吊系统的研发及产业化	微至（苏州）医疗科技有限公司
BA2018021	介入导管系列产品的研发及产业化	迪泰医学科技（苏州）有限公司
BA2018022	便携式创面治疗系统的研发及产业化	苏州元禾医疗器械有限公司
BA2018023	基于柔性传动技术的草地修整作业系统的研发及产业化	扬州维邦园林机械有限公司
BA2018024	高效太阳能-空气能耦合智能冷热联供系统研发及产业化	江苏省华扬太阳能有限公司
BA2018025	石油钻井废弃泥浆不落地处理成套装备关键技术研发及产业化	扬州市驰城石油机械有限公司
BA2018026	基于区域分布光纤传感的基础设施智慧系统的研发及产业化	南京东大智能化系统有限公司
BA2018027	高性能、低功耗快速充电与无线充电芯片的研发及产业化	南京矽力杰半导体技术有限公司
BA2018028	基于移动感知的交通大数据分析与服务平台研发及产业化	浩鲸云计算科技股份有限公司
BA2018029	耐氧化耐污染反渗透复合膜及其净水设备研发及产业化	南京水杯子科技股份有限公司
BA2018030	基于精准制备技术的镍基合金溅射靶材研发及产业化	南京达迈科技实业有限公司
BA2018031	双特异靶向精准细胞免疫疗法研发及产业化	南京传奇生物科技有限公司
BA2018032	焦炉上升管荒煤气余热高效高品位回收装置研发及产业化	南京华电节能环保设备有限公司
BA2018033	新能源汽车智能车载直流配电系统关键技术研发及产业化	南京中港电力股份有限公司
BA2018034	端口全自动调度集成波分/功分光纤配线架研发及产业化	南京华脉科技股份有限公司
BA2018035	智能电网装备柔性生产数字化车间关键技术研发及产业化	国电南瑞南京控制系统有限公司
BA2018036	面向5G应用的GaN芯片及模块研发及产业化	南京国博电子有限公司
BA2018037	新型人机交互数据融合分析一体化设备研发及产业化	中科曙光南京研究院有限公司
BA2018038	低轨道高速移动通信卫星用空间行波管的研发及产业化	南京三乐集团有限公司
BA2018039	新型高效低毒稻田杂草和纹枯病防治药剂的研发及产业化	南京高正农用化工有限公司
BA2018040	聚醚多元醇绿色生产关键技术研发及产业化	江苏钟山化工有限公司

续表

项目编号	项目名称	承担单位
BA2018041	高磷血症特效药物超分子新型磷结合剂的研发及产业化	南京恒生制药有限公司
BA2018042	VOCs气体净化及资源化工艺装备研发及产业化	南京都乐制冷设备有限公司
BA2018043	基于低低温烟气废热处理脱硫废水技术装备研发及产业化	南京国能环保工程有限公司
BA2018044	面向车联网生态圈的TPMS智能气嘴与应用服务系统的研发及产业化	江阴市创新气门嘴有限公司
BA2018045	封装式高清动态立体显示超级防伪光学膜片的研发及产业化	江阴通利光电科技有限公司
BA2018046	六面包覆芯片尺寸封装研发及产业化	江阴长电先进封装有限公司
BA2018047	汽车与海洋装备用特种不锈钢线材制品研发及产业化	江阴法尔胜泓昇不锈钢制品有限公司
BA2018048	面向5G的精密混合多波束预编码阵列天线的研发及产业化	江苏亨鑫科技有限公司
BA2018049	两机超高纯均质化稳定性铸造高温合金的研发及产业化	无锡隆达金属材料有限公司
BA2018050	动力锂电池生产智能化物流成套系统研发及产业化	无锡中鼎集成技术有限公司
BA2018051	智能移动终端低功耗无线收发器系统芯片的研发及产业化	江苏卓胜微电子股份有限公司
BA2018052	高精度晶体硅片加工成套装备研发及产业化	无锡上机数控股份有限公司
BA2018053	基于精度补偿技术的系列化机器人集成智能化装备研发及产业化	无锡贝斯特精机股份有限公司
BA2018054	大型石油化工——新型高效降膜式蒸发设备的研发及产业化	无锡化工装备股份有限公司
BA2018055	高纯低毒硫酸依替米星绿色生产关键技术的研发及产业化	无锡济民可信山禾药业股份有限公司
BA2018056	基于人工智能的高端心脏超声诊断系统及新材料探头的研发及产业化	无锡祥生医疗科技股份有限公司
BA2018057	高可靠多维多元化集成电路封装技术研发及产业化	无锡中微高科电子有限公司
BA2018058	国Ⅵ标准的柴油机尾气高效净化催化剂研发及产业化	无锡威孚环保催化剂有限公司
BA2018059	高灵敏度X射线传感器系列产品研发及产业化	无锡中微晶园电子有限公司
BA2018060	矿井爆炸危险性实时监测预警系统关键装备研发及产业化	徐州江煤科技有限公司
BA2018061	特种编织技术与装备研发及产业化	徐州恒辉编织机械有限公司
BA2018062	智能化超大型轮式起重装备关键技术研发及产业化	徐州重型机械有限公司
BA2018063	基于智能化的大型矿山平地机研发及产业化	徐州徐工筑路机械有限公司
BA2018064	人机交互高可靠性高压/超高压变压器研发及产业化	江苏华鹏变压器有限公司

续表

项目编号	项目名称	承担单位
BA2018065	基于深度学习的海关智能查验成套系统研发及产业化	同方威视科技江苏有限公司
BA2018066	车用多功能传感控制智能集成系统的研发及产业化	江苏日盈电子股份有限公司
BA2018067	高速列车用高性能铝合金焊接新材料的研发及产业化	哈焊所华通（常州）焊业股份有限公司
BA2018068	8-11代线LCD专用黑色光刻胶树脂的研发及产业化	常州强力电子新材料股份有限公司
BA2018069	硬脆材料用金刚石微纳复合涂层精密刀具研发及产业化	常州市海力工具有限公司
BA2018070	高可靠性航空发动机结构件激光冲击强化关键技术研发及产业化	中国航发常州兰翔机械有限责任公司
BA2018071	高温合金锻件均质高纯净控晶关键技术研发及产业化	张家港广大特材股份有限公司
BA2018072	高效低成本可生化污水超低排放成套技术与装备研发及产业化	江苏富淼科技股份有限公司
BA2018073	用于下一代终端通讯设备的高性能智能天线研发及产业化	常熟市泓博通讯技术股份有限公司
BA2018074	军民融合型自主可控高效能服务器一体机研发及产业化	江苏航天龙梦信息技术有限公司
BA2018075	时速350公里高速列车受电弓碳滑板研发及产业化	苏州东南佳新材料股份有限公司
BA2018076	新能源汽车用大功率激光柔性智能制造装备研发及产业化	同高先进制造科技（太仓）有限公司
BA2018077	宇航级NCC增强复合橡胶材料关键技术研发及产业化	太仓荣南密封件科技有限公司
BA2018078	1类抗肿瘤新药甲苯磺酸多纳非尼的临床研发及产业化	苏州泽璟生物制药有限公司
BA2018079	精密板带箔轧制线轧辊的智能磨削装备研发及产业化	华辰精密装备（昆山）股份有限公司
BA2018080	子午胎一次法智能化柔性成型装备的研发及产业化	萨驰华辰机械（苏州）有限公司
BA2018081	大型风电/核电电机用高性能纳米复合绝缘材料研发及产业化	苏州太湖电工新材料股份有限公司
BA2018082	超高速大容量CWZ级高耐火阻燃通信光缆的研发及产业化	江苏永鼎股份有限公司
BA2018083	超高速高性能电梯减振降噪设计关键技术研发及产业化	康力电梯股份有限公司
BA2018084	国家Ⅰ类新药全人源抗PD-1单克隆抗体研发及产业化	信达生物制药（苏州）有限公司
BA2018085	一类创新生物药PD-1抗体的研发及产业化	苏州盛迪亚生物医药有限公司
BA2018086	微创/无创介入术中精准引导磁共振成像系统研发及产业化	苏州朗润医疗系统有限公司
BA2018087	高密度/多业务SDN交换芯片系列产品的研发及产业化	盛科网络（苏州）有限公司
BA2018088	12寸晶圆驱动芯片圆片级封装技术研发及产业化	顾中科技（苏州）有限公司

续表

项目编号	项目名称	承担单位
BA2018089	THV系列智能型综合环境应力筛选试验系统的研发及产业化	苏州苏试试验集团股份有限公司
BA2018090	新能源汽车晶格串并联动力锂电源系统的研发及产业化	苏州安靠电源有限公司
BA2018091	基于物联网大数据人工智能垃圾分类系统的研发及产业化	苏州市伏泰信息科技股份有限公司
BA2018092	新型PERC高效光伏电池正面用高性能电子银浆研发及产业化	苏州晶银新材料股份有限公司
BA2018093	双驱双排高端卧式加工中心研发及产业化	纽威数控装备（苏州）有限公司
BA2018094	精密电子制造关键智能设备与产线的研发及产业化	苏州富强科技有限公司
BA2018095	基于深度学习的云智慧监控系统的研发及产业化	苏州科达科技股份有限公司
BA2018096	定制化木门全自动柔性加工生产线研发及产业化	南通跃通数控设备有限公司
BA2018097	轻量化车身用原位纳米强化铝合金挤压型材研发及产业化	亚太轻合金（南通）科技有限公司
BA2018098	基于生物拆分技术的卫生拟除虫菊酯的研发及产业化	江苏优嘉植物保护有限公司
BA2018099	三系配套海扬黄鸡的研发及产业化	江苏京海禽业集团有限公司
BA2018100	FTTx用大尺寸超强抗弯曲光纤预制棒研发及产业化	中天科技精密材料有限公司
BA2018101	高密度超薄集成电路封装用高可靠性塑封料研发及产业化	江苏华海诚科新材料股份有限公司
BA2018102	凹凸棒石纳米陶瓷纤维隔膜关键技术的研发及产业化	江苏清陶能源科技有限公司
BA2018103	海上油气井双向自锁式单头螺纹隔水装置研发及产业化	建湖县永维阀门钻件有限公司
BA2018104	废SCR催化剂资源化制备抗毒低温脱硝催化剂的技术研发及产业化	江苏龙净科杰环保技术有限公司
BA2018105	双层同步就地热再生养护装备的关键技术研发及产业化	江苏奥新科技有限公司
BA2018106	核电与高铁线缆用抗氧化长寿命阻燃耐火材料的研发及产业化	扬州腾飞电缆电器材料有限公司
BA2018107	高温气冷堆、CAP1400等核电用高安全电缆与材料研发及产业化	宝胜科技创新股份有限公司
BA2018108	基于柔性成组技术的兆瓦级储能系统研发及产业化	江苏欧力特能源科技有限公司
BA2018109	高性能多层多元复合耐磨减摩镀层活塞环研发及产业化	仪征亚新科双环活塞环有限公司
BA2018110	大马力柴油机用大缸径（≥270 mm）变壁厚复杂结构气缸套研发及产业化	扬州五亭桥缸套有限公司
BA2018111	国家1类抗艾滋病新药ACC007的研发及产业化	江苏艾迪药业有限公司
BA2018112	先进陶瓷用Al-O-N基高纯超细陶瓷原料粉体的研发及产业化	扬州中天利新材料股份有限公司

续表

项目编号	项目名称	承担单位
BA2018113	新一代通信硅基射频LDMOS功率器件研发及产业化	扬州江新电子有限公司
BA2018114	国产自主超融合大数据一体机研发及产业化	扬州万方电子技术有限责任公司
BA2018115	光电转换效率32%空间太阳能电池外延片、芯片的研发及产业化	扬州乾照光电有限公司
BA2018116	进口替代航空航天紧固件用高温合金棒丝材研发及产业化	江苏图南合金股份有限公司
BA2018117	300 km/h及以上高速列车用合金钢制动盘研发及产业化	江苏鼎泰工程材料有限公司
BA2018118	草菇加工型新品种选育与应用技术研发及产业化	江苏江南生物科技有限公司
BA2018119	环境友好型高固厚膜自抛光长效防污涂料的研发及产业化	江苏海晟涂料有限公司
BA2018120	军民两用机动指挥通信信息系统研发及产业化	江苏捷诚车载电子信息工程有限公司
BA2018121	大飞机复合材料结构件（后机身前段和垂尾）研发及产业化	航天海鹰（镇江）特种材料有限公司
BA2018122	高纯度高性能战略金属材料电积钴的研发及产业化	格林美（江苏）钴业股份有限公司
BA2018123	效率23.68%氢钝化超低光衰单晶PERC双面光伏电池研发及产业化	泰州隆基乐叶光伏科技有限公司
BA2018124	桁架式低风速高效永磁直驱式风力发电机研发及产业化	泗阳高传电机制造有限公司

（江苏省科学技术厅发展计划与财务处）

2018年度国家科技项目申报

2018 National Science & Technology Projects Application

【国家创新人才推进计划项目申报】 创新人才推进计划和青年拔尖人才支持计划是《国家中长期人才发展规划纲要》确定的重大人才工程，是《国家高层次人才特殊支持计划》的重要组成部分。自2012年以来，江苏省共入选中青年科技创新领军人才138人，重点领域创新团队26个，创新创业人才152人，创新人才培养示范基地18个，入选总数位居全国前列。2018年，通过多种形式进一步做好科技部人才计划的政策宣传和辅导，支持各地积极申报，同时进一步完善江苏省向科技部推荐的遴选机制，严格按照标准和要求组织实施。截至2018年年底，共有59个人才对象被列入2018年国家创新人才推进计划拟入选对象名单。

（江苏省科学技术厅政策法规与体制改革处）

【国家科学技术奖励提名】 在2018年度国家科技奖励评审工作中，江苏省科技厅提升服务质量，提升工作效能，在组织提名环节优中选优，在筹备材料环节加强辅导，在答辩评审环节靠前服务，助力全省提名人选和项目提升竞争力。2018年，全省有1名人选和50项通用项目获得2018年度国家科学技术奖，获奖总数保持全国前列、省份第一。解放军陆军工程大学钱七虎院士荣获2018年度国家最高科学技术奖，这是继2017年度南京理工大学王泽山院士之后，江苏省连续两年有科学家荣获国家最高科学技术奖。50项获奖的通用项目中，自然科学奖5项，技术发明奖8项，科技进步奖37项。其中，南京大学主持完成的"地质工程分布式光纤监测关键技术及其应用"项目获国家科技进步一等奖。

（江苏省科学技术厅科技成果与技术市场处）

【国家自然科学基金项目申报】 2018年，全省获得国家自然科学基金项目超过4000项，比2017年增长12%左右，国拨经费超20亿元，居全国省份之首；入选国家"杰青"17人，其中13人曾获省"杰青"资助，入选国家"优青"34人，其中80%以上曾获省基金资助。围绕国家科技战略，在纳米科技、量子调控与量子信息、干细胞与转化研究、蛋白质机器与生命过程调控、变革性技术关键科学问题等国家重点研发计划基础科学领域，承担11项重点专项，获国拨经费2.5亿元，位居全国前列。

（江苏省科学技术厅社会发展与基础研究处）

【国家科技合作项目申报】 江苏省科技厅推荐的国家国际科技合作交流类有关项目，2018年共获批政府间科技例会交流项目12项，2人入选2018年度中法杰出青年科研人员交流计划。

（江苏省科学技术厅国际科技合作处）

2019年度江苏省科技计划项目指南

2019 Science & Technology Project Guidelines of Jiangsu Province

2019年度江苏省基础研究计划（自然科学基金）申报要求

一、支持重点与申报条件

2019年度江苏省基础研究计划（自然科学基金）按照前沿引领技术基础研究专项、青年科技人才创新专题和面上项目三类组织申报。

（一）前沿引领技术基础研究专项。瞄准世界科技前沿，把握产业变革趋势，聚焦江苏省重点发展的先进制造业产业集群和未来产业培育，对重大科学前沿或重大产业前瞻问题进行超前部署，遴选顶尖的领衔科学家，组织若干重大基础研究项目，每项资助2000万元左右，力争通过5年左右的努力，取得一批重大原创成果，形成一批变革性技术，引领产业集群发展成为创新集群。（申报通知和项目指南另行发布）

（二）青年科技人才创新专题。分为省杰出青年基金项目、省优秀青年基金项目和省青年基金项目三个层次。

1. 杰出青年基金项目。以培养能进入国家杰出青年基金人选等高层次青年科技人才为目标，支持省内优秀青年科研人才面向江苏和国家需求开展创新研究，造就拔尖人才，培育创新团队，显著增强江苏省基础研究的影响力和若干重要科学领域的自主创新能力。杰出青年基金项目每项省资助经费不超过100万元，实施期为3年。

申报条件：在江苏境内注册的高校、院所和企业等各类单位在编的正式在职人员；具有博士学位或副高级及以上专业技术职称；年龄不超过40周岁[1979年1月1日（含）以后出生]；在其研究领域有明确的学术建树和国内外影响，并主持过省级或省级以上科技计划项目，具体指：科技部、国家自然科学基金委及江苏省科技厅所有科技计划项目；已获国家杰出青年科学基金、973青年科学家专题、国家重点研发计划青年科学家项目、国家优秀青年科学基金项目、省杰出青年基金项目资助的不得申报该类项目。项目研究方向按申报代码框架要求填写（申报代码见江苏省科技厅网站）。

推荐要求：杰出青年基金项目采取择优推荐方式。有国家重点实验室的单位增加3项，2018年科技信用通报为优秀的单位或获国家科技突出贡献奖的单位各增加1项，设区市（含县市）企业申报杰出青年项目总数不超过5项。

2. 优秀青年基金项目。在已验收通过的省青年基金资助的科研人才中，遴选部分课题研究已取得标志性成果的优秀青年科技人才，予以持续支持。标志性成果主要指学科领域重大突破、代表性论文和重要的专有技术，如专利等。省优秀青年基金项目每项省资助经费不超过50万元，实施期为3年。

申报条件：2018年按照合同要求按期验收的青年基金项目，项目负责人按期完成或超额完成项目合同规定的各项考核指标，经费使用规范，验收材料完整齐备。已获国家杰出青年科学基金、973青年科学家专题、国家重点研发计划青年科学家项目、国家优秀青年科学基金项目、省杰出青年基金项目资助的不再支持。

推荐要求：由项目主管部门按照本部门已通过验收的青年基金项目数25%比例择优推荐申报（部省属高校项目直接报省，不计入总数）。

3.青年基金项目。以培养造就青年科研骨干、建设高水平基础研究后备人才队伍为目标，鼓励支持青年科技人员积极投入创新活动、自由探索，在实施创新驱动发展战略、建设具有全球影响力的产业科技创新中心中做出贡献。青年基金项目每项省资助经费不超过20万元，实施期为3年。

申报条件：在江苏境内注册的高校、院所和企业等各类单位在编的正式在职人员；具有博士学位或副高级及以上专业技术职称；男性年龄不超过35周岁[1984年1月1日（含）以后出生]，女性年龄不超过38周岁[1981年1月1日（含）以后出生]；未主持过省级及以上科技计划项目，具体指：科技部、国家自然科学基金委及江苏省科技厅所有科技计划项目。项目研究方向按申报代码框架要求填写（申报代码见江苏省科技厅网站）。

推荐要求：青年基金项目采取自由申报方式，不限制推荐名额，但2017年和2018年已连续2年申报青年基金项目未获资助的项目申报人，暂停1年青年基金项目申报资格。

（三）面上项目。以获得基础研究创新成果为主要目的，着眼于总体布局，突出重点领域，凝聚优势力量，注重学科交叉融合，激励原始创新，提升全省基础研究整体水平。面上项目每项省资助经费不超过10万元，实施期为3年。

申报条件：在江苏境内注册的高校、院所和企业等各类单位在编的正式在职人员。项目研究方向按申报代码框架要求填写（申报代码见江苏省科技厅网站）。

推荐要求：面上项目采取择优推荐方式。有省重点实验室的企业增加1项。

二、组织方式

1.项目由各设区市、县（市）科技局、国家和省级高新区管委会审查并推荐申报，在南京省属单位的项目由省主管部门审查推荐；部省属普通本科高校项目申报由高校负责审核并自主推荐。其他高等院校按照属地化原则，由所在地科技部门负责项目审核推荐及立项后管理等事宜。

2.各市、县及国家和省级高新区科技主管部门所推荐各类项目中，医院项目不超过所报该类项目总数30%（部省属普通本科高校项目直接报省，不计入总数）。

3.各县（市）、国家和省级高新区组织申报的项目，须先经设区市科技局统筹协调后再单独直接报省。

三、申报要求

1.全面实施科研诚信承诺制，项目申报单位、项目负责人和项目主管部门均须在项目申报时签署诚信承诺书，进一步明确各自承诺事项和违背相关承诺的责任。

2.申报人必须是江苏境内企事业单位正式在职人员，须从其实际工作，并有固定劳资关系的所在工作单位申报，不得通过兼职单位或挂靠单位申报。

3.本计划中，同一项目负责人限报1个项目；在研面上项目负责人可申报省杰出青年基金项目。有其他的省科技计划在研项目负责人可申报省杰出青年基金项目或面上项目。同一研究人员作为项目负责人或项目骨干，申报项目和在研项目总数不超过2项。同一单位及关联单位不得将内容相同或相近的研发项目同时申报不同省科技计划项目。

4. 有不良信用记录的单位和个人，不得申报本年度计划项目。在项目申报和立项过程中相关责任主体有弄虚作假、冒名顶替、侵犯他人知识产权等不良信用行为的，一经查实，将记入信用档案，并按《江苏省科技计划项目相关责任主体信用管理办法（试行）》做出相应处理。

5. 申报江苏省基础研究计划（自然科学基金）项目，项目名称应符合基础研究定位要求。项目研究要克服唯论文、唯职称、唯学历、唯奖项倾向，注重标志性成果的质量、贡献和影响。研究涉及人体研究、实验动物的项目，应严格遵守科学伦理、实验动物等有关规定的要求。

6. 项目申报的相关单位和有关人员要认真落实江苏省科技厅《关于进一步加强省科技计划项目申报审核工作的通知》（苏科计函〔2017〕7号）和《关于严格执行省科技计划项目管理相关规定的通知》（苏科计函〔2017〕479号）要求，项目申报人应如实填写项目申报材料，严禁项目申报时剽窃他人科研成果、侵犯他人知识产权、伪造材料骗取申报资格等科研不端行为。项目申报单位要切实强化法人主体责任，进一步加强项目申报材料的审核把关，对申报材料的真实性和合法性负主体责任，严禁虚报项目、虚假出资、虚构事实及联合中介机构包装项目等弄虚作假行为。基层项目主管部门要切实强化审核责任，对申报材料内容进行严格把关，严禁审核走过场、流于形式。对于违反要求弄虚作假的，将按照相关规定严肃处理。

7. 项目主管部门在组织项目申报时要认真落实中央八项规定精神，按照江苏省科技厅党组《关于进一步加强全省科技管理系统全面从严治党工作的意见》（苏科党组〔2018〕16号）文件要求，严格执行全省科技管理系统"六项承诺"和"八个严禁"规定，把党风廉政建设和科技计划项目组织工作同部署、同落实、同考核，切实加强关键环节和重点岗位的廉政风险防控，积极主动做好项目申报的各项服务工作，进一步提高服务质量和办事效率。

2019年度江苏省重点研发计划（产业前瞻与关键核心技术）项目指南

江苏省重点研发计划（产业前瞻与关键核心技术）以形成具有自主知识产权的重大创新性技术为目标，开展产业前瞻性技术研发、重大关键核心技术攻关，抢占产业技术竞争制高点，引领江苏省战略性新兴产业培育和高新技术产业向中高端攀升，为加快构建自主可控现代产业体系提供有力科技支撑。

一、产业前瞻技术研发

本类项目重点支持对战略性新兴产业培育具有较强带动性的产业前瞻技术，提升产业技术原始创新能力，引领新兴产业创新发展。

1. 高端芯片

1011 基于RISC-V架构CPU及第三方IP研发集成、微控制单元（MCU）、数字信号处理（DSP）芯片等高端芯片设计和电子设计自动化（EDA）平台设计技术

1012 高压功率集成电路、新一代功率半导体器件等先进设计工艺及装备制造技术

1013 板级扇出（Fanout）封装、多芯片系统集成（SiP）封装、三维封装等先进封装测试技术

1014 大尺寸低缺陷高纯度单晶硅片、高功率密度封装及散热材料、高纯度化学试剂等关键材料制备技术

2. 纳米及先进碳材料

1021 新型纳米传感器、光电转换器件、高效纳米材料储能等微纳器件制造技术

1022 纳米改性金属、纳米陶瓷、二维纳米材料等新型纳米结构、功能材料制备与应用技术

1023 石墨烯宏量制备技术和石墨烯改性材料、石墨烯基电极等石墨烯跨界应用技术

1024 第三代高性能碳纤维、碳纳米管等先进碳材料制备及应用技术

3. 人工智能

1031 机器学习、神经网络、脑机接口等核心技术及软件

1032 自然语言处理、自适应感知、新型交互模态等应用关键技术、软件及系统

1033 嵌入式人工智能芯片、神经网络芯片、图形处理器（GPU）芯片等人工智能专用硬件和模组制造技术

1034 智能可穿戴设备、车载智能设备、智能家居等可移动智能终端关键技术

4. 量子通信

1041 量子中继、量子存储及自由空间量子密钥分发等量子保密通信关键技术

1042 量子随机数发生器、量子密钥分发终端、量子安全网关等量子保密通信关键设备制造技术

1043 量子光源、量子－经典单纤复用等量子光纤关键技术

1044 量子密码在信息通信系统中应用关键技术

5. 未来网络与通信

1051 多网络协同组织、可软件定义多模式无线网络、边缘环境网络功能虚拟化等新型网络关键技术与设备制造技术

1052 毫米波与太赫兹无线通信、窄带物联网（NB-IoT）、新一代（B5G）移动通信等信息网络关键技术与设备制造技术

1053 全光交换、光子集成电路、可见光通信等光通信关键技术与设备制造技术

1054 网络空间信息安全、物联网、工控系统安全防护和密码关键技术

6. 智能机器人

1061 多模态人机自然交互、多机器人协同控制策略、通用机器人智能操作系统等关键技术及软件

1062 人工皮肤、高精度驱控一体化关节、新型精密减速器等机器人核心零部件关键技术

1063 医疗及康复机器人、外骨骼机器人、足式行走机器人等服务机器人整机设计制造关键技术

1064 高精度重载机器人、先进工业机器人、特种作业机器人等工业机器人整机设计制造关键技术

7. 增材制造

1071 记忆合金、精细球形金属粉末、高性能聚合物等增材制造材料制备关键技术

1072 面向制造业的大功率半导体激光器等增材制造关键设备设计制造技术

1073 4D 打印、复合材料打印、移动式增材加工修复与再制造等增材制造先进加工工艺及关键设备制造技术

1074 面向制造领域的高效率、高精度、低成本、批量化增减材制造关键技术和设计制造软件系统

8. 数据分析

1081 E 级计算、云计算、边缘计算等先进计算技术

1082 区块链等分布式数据存储及海量数据存储管理技术

1083 数据挖掘、非结构数据自动分析、数据可视化等数据处理技术

1084 面向生产制造、能源管理、智能交通等场景的大数据应用软件及系统

9. 先进能源

1091 黑硅、N 型双面电池（TOPCon）和薄膜电池等新型高效太阳能电池关键技术及工艺

1092 页岩气、地热能、生物质能等新一代清洁能源关键技术

1093 飞轮储能、相变储能、压缩空气储能等新一代储能关键技术

1094 能源互联网、微能量收集、大规模储氢等关键技术

10. 智能与新能源汽车

1101 无人驾驶、车路协同、智慧能源管理等智能化控制关键技术

1102 分布式驱动电机、混合动力驱动系统、车物互联（V2X）底层通信等关键技术及部件

1103 固态锂离子电池、固体氧化物燃料电池、氢燃料电池等高功率密度动力电池、高性能充电系统等关键技术及部件

1104 新能源汽车整车集成及轻量化设计及制造技术

11. 其他非规划创新的产业前瞻技术

1111 除上述所列技术方向外，其他突破性强、带动性大的非规划创新产业前瞻技术。

二、关键核心技术攻关

本类项目重点支持高新技术优势产业发展所需的关键核心技术，为推动产业向中高端攀升提供技术支撑。

1. 新材料

2011 氮化镓（GaN）、碳化硅（SiC）、氮化铝（AlN）等第三代半导体材料及器件制备技术

2012 高端光电子材料及先进显示材料制备与应用技术

2013 特种高分子、特种稀土、金属有机框架（MOF）材料等新型功能材料制备技术

2014 低成本钛合金、高端轴承钢、高性能纤维等新型结构材料制备技术

2. 电子信息

2021 工业控制软件、嵌入式软件、通用基础软件等高端软件及硬件关键技术

2022 激光显示等新型显示器件、工业级插件和连接器、有色金属氧化物（ITO）靶材等核心电子器件制备技术

2023 光刻机、真空蒸镀机和高品质化学气相沉积（CVD）装置等核心关键设备设计制造技术

2024 虚拟增强现实、数字媒体等先进数字文化科技关键技术

3. 先进制造

2031 磁悬浮轴承、高端液压（气动）件、高精度密封件等高性能机械基础件制造技术

2032 激光加工、精密铸造、高精度光学器件加工等先进制造工艺及装备制造技术

2033 高端数控机床、大吨位智能化工程机械、高精度智能装配装备等大型整机装备设计、控制软件及系统集成技术

2034 网络协同制造、按需制造、产品自适应在线设计等智能制造关键技术及软件系统

4. 新能源与高效节能

2041 薄片化晶硅电池、钝化发射极和背面电池（PERC）、高少子寿命多晶硅铸锭等低成本太阳能光伏关键技术

2042 10MW以上风电机组、低风速整机等先进风机关键技术

2043 大容量柔性输电、远距离特高压输电、大规模可再生能源并网与消纳等智能电网关键技术

2044 三废高效洁净处理及资源化利用、微界面反应、新型余废热高效利用等节能减排关键技术

5. 军民融合

2051 航空航天用高温合金、陶瓷材料等先进材料制备及应用关键技术

2052 航空发动机、微纳卫星星座、北斗导航通信等面向空天领域的关键技术及核心部件、装备制造技术

2053 海水淡化膜、高技术船舶等面向海洋领域的关键技术及核心部件、装备制造技术

6. 其他非规划创新的关键核心技术

2061 除上述所列技术方向外，其他突破性强、带动性大的非规划创新关键核心技术。

2019年度江苏省重点研发计划（现代农业）项目指南

一、重点项目

1. 前瞻性技术研究

围绕农业高质量发展和高新技术产业培育，突出技术前沿和产业前瞻，开展精准育种、智慧农业、纳米技术等前瞻性技术创新，形成具有自主知识产权的原创成果。

1011 主要农林植物及特色畜禽水产精准育种技术创新

1012 特色畜禽水产及微生物精准育种技术创新

1013 主要农作物表型高通量获取技术研发

1014 农业信息化及多元异构数据融合技术研发

1015 面向精准农业的高精度传感器及智能微系统研发

2. 重大品种创新

围绕保障粮食安全和农业供给侧结构性改

革，开展稻麦、林木、畜禽、水产等遗传资源收集、保存、评价和品种（系）创新，育成具有自主知识产权的重大标志性品种（系）。

1021 优质高效多抗稻麦等农作物重大新品种选育

1022 多功能珍贵林木新品种选育

1023 适合机械化作业的特色经济作物优良品种选育

1024 优质特色畜禽新品种（系）选育

1025 优质抗逆水产新品种（系）选育

3. 重大物质装备创新

围绕产业化目标，开展重大疫病疫苗、农业装备、智能专用装备等物质装备创新，疫苗兽药须进入实审阶段，装备样机须通过法定检测机构性能检测。

1031 动物重大病毒疫病疫苗创制及关键共性制造技术研发

1032 特色经济作物机械化生产及收获装备研发

1033 主要农作物绿色增效智能植保装备研发

1034 农产品智能精深加工装备研发

1035 智能化水产养殖及储运系统装备研发

4. 重大科技集成与示范

1041 稻麦周年优质丰产绿色高效技术集成创新与示范

针对稻麦周年提质增效绿色生产的技术需求，以周年全程机械化和肥药双减为重点，开展机械选型配套和绿色品种、控缓释肥、纳米农药的筛选应用，集成优质品种、精准播栽、精确施肥、病虫草害绿色防控等关键技术，形成适应规模经营的稻麦周年机械化优质丰产绿色高效技术新模式，开展规模化示范应用。

1042 农作物绿色生产及产品加工技术集成创新与示范

针对人民群众对安全农产品的消费需求，围绕稻麦、蔬果种植和加工，集成优质高效品种筛选、生态种植、病虫害绿色防控、化学肥料农药减施增效、加工储运等技术，建立农作物绿色生产及产品加工技术新模式，选取典型区域进行示范，形成标志性绿色产品。

1043 畜禽水产规模化生态养殖及智能化管理技术集成创新与示范

针对畜禽水产规模化、生态化、智能化养殖技术需求，集成良种繁育及推广、健康养殖、病害防控、智慧管理、产品加工和品质控制等技术，建立适合畜禽水产规模化养殖和加工的技术模式，并开展应用示范。

1044 农业科技园区特色产业智慧化生产管理技术集成与示范

针对江苏省农业高新技术产业示范区、农业科技园区等智慧生产需求，选取园区主导特色产业，通过智能控制、数据融合、移动互联网等技术，建立园区智能化生产模式及信息化综合服务管理平台，形成代表性物化成果，并开展规模化应用示范。

1045 基于市场化运营的农业智慧化综合服务平台创新和示范

依托江苏农村科技服务超市、新农村发展研究院联盟、星创天地等创新创业服务平台，在农业产业链全过程应用人工智能、虚拟现实、区块链技术，通过市场化机制、专业化服务和资本化运作方式，聚集创新资源和创业要素，打造基于市场化运营的农业创新创业智慧化综合服务平台，在打造典型案例的基础上进行推广示范。

1046 高标准农田地力提升与资源安全高效利用关键技术集成与示范

基于江苏高标准农田绿色发展和适度规模经营管理要求，集成农田整治与生态修复、农田水肥药精准化、农用薄膜使用控制、农田质量溯源、循环农业模式等农田地力提升与资源高效利用关键技术，形成支撑江苏高标准农田建设发展的地力提升和标准化利用的技术和模式，并选取不同区域特征的基地进行集成示范。

二、面上项目

1. 高效绿色生态技术创新

坚持绿色、生态和高效，开展作物绿色、高效、安全和机械化生产关键技术创新，推进现代农业可持续发展。

2011 稻麦蔬果高效绿色生产关键技术研发
2012 作物病虫害预警与绿色防控技术及产品开发
2013 设施农业土传病害绿色防治技术研究
2014 新型种养结合及农林复合绿色立体栽培技术研究

2. 农产品加工技术研究及产品开发

坚持营养健康和高值化，围绕产品加工过程关键环节，开展精深加工、品质控制、冷链物流等关键技术创新和产品开发，推进产业高端化发展。

2021 农产品精深加工技术研究及产品开发
2022 农产品冷链物流关键技术研究
2023 食品加工过程品质劣变控制技术研究
2024 农林废弃物资源化利用关键技术研究及产品开发

3. 农业生物制品创制

坚持高效安全和功能化，围绕生物农药、生物饲料、生物肥料、生物制剂等，开展新型高效安全生物制品创制，提高农业生产投入品安全性。

2031 新型安全高效微生物农药创制
2032 新型安全高效生物饲料（添加剂）创制
2033 基于农林废弃物的功能性生物肥料创制
2034 新型畜禽用生物制剂创制

4. 其他非规划创新

2041 除上述所列方向外，其他非规划技术创新和产品及装备开发

三、后补助项目

坚持市场导向，突出品种优质、多抗、高产等性状，择优支持育种单位自主育成的经济作物、蔬菜果树、林木花卉等农业新品种，加强种业支撑。

3011 优质抗病玉米、大麦新品种
3012 优质多抗大豆、油菜、棉花新品种
3013 优质特色杂粮新品种
3014 优良特色果蔬（含桑、茶）新品种
3015 优良特色苗木花卉新品种

2019年度江苏省重点研发计划（社会发展）项目指南

一、重点项目

（一）重大科技示范

1101 生物医药创新资源协同运营技术体系研究与示范

贯彻落实《省政府关于推动生物医药产业高质量发展的意见》，聚焦生物医药产业链关键环节，加快江苏省已建生物医药创新平台的资源整合、开放共享和水平提升，构建面向全省的医药企业服务的信息枢纽和协同运营中心，运用现代信息技术，通过线上线下协同运行、专业APP实时互动等，实现全省生物医药创新资源的信息共享、资源互通、标准同步和运营协同，全面提升江苏省生物医药产业资源的服务能力。

1102 大数据技术在生物医药企业融资服务中的研究及应用示范

贯彻落实《省政府关于推动生物医药产业高质量发展的意见》，以解决江苏省初创期生物医药企业在投融资对接过程中出现的融资难、信息不对称等突出问题为重点，利用大数据技术、云技术搭建数据库云平台，创建APP及网站，实现生物医药企业投融资需求、专利需求、人才需求等信息线上发布，对接投融资机构、专利技术中心、高校院所，开展数据挖掘技术在初创期生物医药企业投融资服务中的技术创新和集成示范，搭建面向全省初创期生物医药企业投融资服务线下平台。

1103 创新型疫苗产业化标准化示范

贯彻《长江经济带发展规划纲要》，支持泰州开展大健康产业集聚发展试点，围绕构建创新型疫苗产业化的标准化体系，重点搭建从工程菌构建到工艺研究、质量评价的模块化运营体系，制定人用疫苗菌毒种制备的安全管理规范，建设中试规模GMP体系，突破自主可控的培养基优选、二倍体细胞大规模发酵、高效的纯化等关键技术，推进各类疫苗及生物技术药物项目的成果转化，探索从基础创新到产业化的可持续发展的标准化示范。

1104 长江（江苏段）生态承载力解析及重点行业污水毒性减排关键技术研究与示范

落实江苏省长江经济带生态环境保护的决策部署，围绕长江（江苏段）水质改善和生态恢复的迫切需求，在沿江八市选择重点区域，定量评估生态环境质量动态变化特征，识别影响生态环境承载力的关键区域和影响因素，开展生态风险评估。开展典型排口中高风险污染物及生物毒性的调研，突破重点高风险、高污染行业污水毒性减排及分级回用关键技术，形成技术标准体系，制定化工园区高风险污染物管控名录及管控对策，研制关键行业标准并进行集成示范。

1105 土壤地下水一体化风险防控与绿色修复关键技术研究与集成示范

围绕江苏省高风险地块土壤和地下水污染防治关键技术问题，选择典型在产工厂和搬迁遗留场地，以风险评估精准化、修复技术绿色化、地上地下一体化为目标，重点突破土壤地下水污染风险评估与修复技术有效性评估、地下水渗透式反应墙高效阻隔、污染土壤生态化学修复、修复后土壤安全再利用等技术瓶颈，开展在产及搬迁污染场地土壤地下水一体化风险防控与绿色修复关键技术创新和集成示范。

1106 大气污染源高分辨实时精准溯源关键技术研究与集成示范

针对江苏省大气复合污染防治重大需求，发展基于先进计算机模拟与先进质谱等移动监测相结合的高时空分辨率、实时后向溯源技术，实现特征污染气团传输通道的实时追踪和关键污染特征解析，形成工业园区异味源头筛查与重点污染源管控集成技术，并在江苏省典型园区开展集成示范。

1107 生态宜居乡村绿色发展关键技术研究与应用示范

贯彻落实《江苏省乡村振兴战略实施规划（2018—2022年）》，围绕乡村绿色发展重大科技需求，研究乡村绿色生产与消费、生态保育与精明增长、资源能源循环利用、乡村民居营造等关键技术，并选择特色田园乡村开展综合示范，形成生态宜居乡村绿色发展一体化解决方案，打造科技支撑、村民参与的乡村振兴的样板村。

1108 江苏警务云安全防护关键技术研究与科技示范

以提升江苏警务云基础保障环境安全防护能力为目标，开展面向公共安全行业的云计算、大数据等安全防护关键技术研究和应用示范，探索建设多层次、跨节点、广域网分布式的一体化云上安全资源池，选择设区市开展综合示范，构建符合智慧警务特点和行业特征的安全防护管理服务体系，全面支撑保障平安江苏高质量发展。

1109 社区慢性疾病干预技术体系研究与示范

按照江苏省委省政府《"健康江苏2030"规划纲要》要求，以降低重大慢病过早死亡率为目标，针对高血压、糖尿病、恶性肿瘤、退行性疾病等严重危害人民健康的常见慢性病，以县（市、区）为示范区域，结合分级诊疗和家庭医生签约服务，建立社区慢性疾病综合干预技术体系，积极应用移动互联网、健康大数据、智能感知等新技术，发挥传统中医优势，加强中西医结合，关注年轻人亚健康、慢性病高危人群防控，做到关口前移、精准施策，构建防、治、康服务链，助力健康江苏建设。

（二）临床前沿技术

坚持临床导向，瞄准国际前沿，围绕重大疾病的临床诊疗，开展医学前沿技术的临床转化应用研究，在重点领域取得一批原创性的诊疗新技术、新方法和新标准，力争纳入国家及国际指南规范，努力实现江苏省临床诊疗技术的新突破。

1201 恶性肿瘤早期精准诊断

选择全省常见、高发恶性肿瘤，开展基于分子生物学、分子分型、病理学与影像学等的早期精准诊断技术研究。对较为成熟的精准诊断技术，开展多中心大样本随机对照研究明确新技术的有效性和可靠性，形成行业公认的肿瘤早期诊断方案。

1202 生物（分子靶向）细胞免疫治疗

针对恶性肿瘤与血液病系统疾病等重大疾

病，开展具有精准治疗作用的生物（分子靶向）细胞治疗研究，优先支持CAR-T等肿瘤免疫生物治疗。基于靶点与特异性生物标志物检测，开展相应人群治疗，探索科学、安全的诊治方案，并制定临床安全性应急预案，建立细胞制剂质量控制规范，形成可推广、可应用的分子、细胞精准诊治方案与质量评价体系。

1203 干细胞及转化研究

围绕神经、血液、心血管、生殖、免疫等系统和肝、肾、胰等器官的重大疾病治疗需求，利用临床资源开展组织干细胞获得与功能调控、干细胞移植后体内功能建立、动物模型的干细胞临床前评估研究及干细胞临床研究，推动江苏省干细胞向临床的应用转化。

1204 脑科学临床研究

以帕金森、阿尔茨海默病、神经损伤修复、癫痫、脑卒中等重大疑难疾病诊治为导向，利用分子生物学、现代影像、信息学与言语科技等领域的先进技术开展临床应用研究，研发具有自主知识产权的脑功能研究与医疗新技术，为脑疾病特别是神经退行性疾病的早期诊断和干预及后期康复提供新策略。

1205 微创治疗

利用腔镜（包括手术机器人）、在体实时导航成像、内镜与微型机器人等先进设备器械，开展相关疾病的无创或微创性诊断、治疗的临床研究，获得临床研究循证医学证据，建立微创治疗规范及技术标准，形成可在全国推广应用的微创治疗方案。

1206 介入诊疗

围绕心脑血管疾病及恶性肿瘤等介入诊疗优势领域，结合设备、材料与影像学等学科的新进展，开展介入新技术、新方法与新材料的临床应用研究，推进介入诊疗与内外科等多学科复合，形成杂交技术，并推广优化介入诊疗方案与优势技术组合。

1207 精准医疗

选择江苏省常见高发、危害重大的疾病，探索构建覆盖全省的重大疾病专病队列，收集生物样本资源，整合临床诊疗信息，开展长期随访。建立疾病预警、诊断、治疗与疗效评价的生物标志物、靶标、制剂的实验和分析技术体系，形成重大疾病的精准防诊治方案和临床诊断治疗决策系统，并探索建立规范化临床诊治方案及应用推广体系。

1208 3D生物打印

利用3D生物打印技术和新生物医学材料，开发用于修复、维护和促进人体各种组织或器官损伤后的功能和形态的生物替代物，构建单一类型（神经、肌腱等）或多种类型复合组织及器官（皮肤、血管等），并开展临床应用。

1209 慢病综合防治

针对严重威胁江苏省居民健康的心脑血管疾病、糖尿病、代谢性疾病等慢性疾病，围绕慢性病的防、治、康相结合"立体化防治"模式，通过队列研究，探索开展原创关键技术研究，解决疾病预防、控制和管理中的瓶颈问题，切实提高慢性病防治水平。

1210 中医现代化

发挥中医药特色与优势，围绕中医药绿色、环保、天然、微创等特点，选择重大疾病、慢性病、妇幼疾病等，开展中医药防、治和（或）中医治未病、健康养生研究，探索传承与创新并重，理论与临床相长的系统化研究方法，运用现代科技推动中医药发展，进一步探索中医药科学本质，为中医创新、发展与现代化提供科技支撑。

1211 多发伤救治一体化

现代交通及灾难事故中多发伤的救治，成为当前的难点建立严重创伤伤员的一线救治平台，开展多发伤救治关键技术应用研究，改进严重创伤伤员抢救医用材料，提高严重创伤伤员的后期救治率，实现多发伤救治的一线早期救治与后期院内治疗一体化诊治，提高救治率改善预后。

1212 精神疾病防控

针对心理行为异常、心理应激事件和严重精神障碍及焦虑症、抑郁症等常见精神障碍的预防、早期诊断、有效治疗和干预措施等综合策略开展研究，探索建立基层负责健康教育和初步筛查、专科医院和综合医院负责技术支持，预防、治疗和康复一体化的精神疾病综合防控体系。

二、社会发展面上项目

（一）新型临床诊疗技术

针对危及人民群众生命健康的常见病、多发病，围绕重点人群、重点区域、重点环节，开展疾病分子诊断、免疫诊断、个体化诊疗等专项诊疗关键技术研究和攻关，创新临床诊疗专项技术方法，攻克一批诊断、治疗、康复的临床应用新技术并转化为诊疗技术指南，有效解决临床实际问题和优化医疗服务模式，形成江苏省相关临床领域的技术特色和人才优势。

2101 新型临床诊疗技术攻关

（二）公共卫生

围绕环境与健康、重大传染病防治、出生缺陷及妇女儿童健康、老年人健康、残疾人及慢性病患者康复等公共卫生重点领域，针对疾病的筛查、预测预警、早期干预技术和疾病治疗等关键环节，开展传染病防控、健康状态辨识和健康管理等相关关键技术应用研究，有效降低疾病的患病风险与发生率。

2201 重大与境外输入传染病预防控制关键技术应用研究

2202 血液安全关键技术应用研究

2203 老年人健康关键技术应用研究

2204 妇女健康关键技术应用研究

2205 出生缺陷及儿童健康关键技术应用研究

2206 残疾人及慢病患者康复关键技术应用研究

2207 精神疾病的心理康复应用研究

2208 环境与健康风险评估关键技术研究

2209 实验动物关键技术应用研究

（三）其他社会发展领域

主要支持对江苏省社会发展具有支撑和引领作用，关系民生、受益人群多、技术集成度高、行业或区域特点显著，并在全省开展示范推广的项目。

1. 生态环境

2311 水污染防治关键技术应用研究

2312 大气污染防治关键技术应用研究

2313 土壤污染防治关键技术应用研究

2314 固体废弃物无害化处理和资源化利用关键技术研究

2315 废盐、飞灰等危险废物污染防治关键技术应用研究

2316 废旧动力蓄电池回收与利用关键技术应用研究

2317 沿海滩涂资源保护开发利用关键技术

2318 可再生能源与建筑一体化设计应用研究

2319 建筑用砂（再生骨料、海砂净化）关键技术应用研究

2320 能源数字化管理技术应用研究

2. 公共安全

2321 食品安全关键技术应用研究

2322 生产安全关键技术应用及示范

2323 地震、地质、火灾、气象、海洋、生物风险等灾害监测预警、防御及应急救助技术应用研究

2324 社会治安与监狱管理关键技术应用研究

2325 职业危害防范与治理关键技术应用研究

2326 军民融合公共安全共性关键技术攻关

2327 科技安全预警监测技术应用研究

3. 公共服务

2331 全民健身和体育竞技关键技术应用研究

2332 文物保护与文化传承关键技术研究

4. 生物技术

2341 高值精细化学品生物制备

2342 关键工业酶制剂规模化制备

2343 面向生物治理的关键材料、菌剂产品

5. 非规划创新项目

2351 对于社会发展领域关键技术及产业发展突破性强、带动性大的非规划创新项目

三、医药后补助项目

医药领域主要支持2016年以来已取得相关临床研究批件、医疗器械注册证书的重大创新药和医疗器械产品，要求化学药1类（按2016年药品注册分类，包括原1.1类）、中药1~6类、生物制品1~14类、多联多价疫苗、医疗器械3类（首次注册）；择优支持完成仿制

药质量和疗效一致性评价并收载入《中国上市药品目录集》的药物。实行奖励性后补助立项支持方式；项目需在申报书中提供清晰、可辨认的相应证书扫描件。

3101 生物制品（疫苗、抗体等）
3102 化学创新药
3103 中药新药
3104 诊断试剂
3105 三类医疗器械
3106 完成一致性评价并收载入《中国上市药品目录集》的药物

2019年度江苏省政策引导类计划（国际科技合作）申报要求

2019年度江苏省政策引导类计划（国际科技合作）将紧紧围绕高质量发展走在前列的目标定位，重点支持与全球创新型国家的产业研发创新合作及面向"一带一路"相关国家的技术合作与应用示范，推动提升全省创新国际化水平，为加快建设高水平创新型省份提供有力支撑。

一、支持重点及申报条件

（一）"一带一路"创新合作项目

支持省内高校、科研机构及企业，响应"一带一路"倡议，聚焦东南亚、南亚、中亚、西亚、独联体、中东欧、非洲相关国家开展跨国联合研发、技术转移转化。优先支持技术成果在合作国家实现应用示范，促进江苏省技术或产品走出去。

申报单位应为拥有科技部等国家部委认定的国际联合研究中心／联合实验室、建有国家重点实验室的高校及科研机构，以及有实力、有较好合作基础的企业。企业申报的项目须在合作国家实现应用示范。外方主要合作机构应为东南亚、南亚、中亚、西亚、独联体、中东欧、非洲相关国家的高校、科研机构或企业。省资助经费每项原则上不超过100万元；对于企业申报的项目，省资助经费不超过项目总预算的50%。

项目主管部门择优推荐，各设区市每家推荐不超过2项；县（市）、南京江北新区、国家及省级高新区每家推荐不超过1项。科技部等国家部委认定的国际联合研究中心／联合实验室、国家重点实验室每家可通过相应的建设单位（高校、科研机构）申报1项。

（二）政府间双边创新合作项目

落实江苏省与以色列、芬兰、英国、捷克、挪威、加拿大安大略省、澳大利亚维多利亚州签署的科技合作协议或合作谅解备忘录，在双边共同资助机制下，围绕双方确定的技术领域，支持企业与外方机构开展跨国联合研发、技术转移转化，优先支持产业化前景好的项目。

项目以企业为主体申报。省资助经费每项原则上不超过100万元，且不超过项目总预算的50%。根据省科技厅与相应外方计划主管部门共同商定的征集计划，申报通知另行发布。

（三）重点国别产业技术研发合作项目

支持企业重点面向美国、加拿大、德国、法国、澳大利亚、韩国、日本等产业技术创新能力强的国家或地区（不包括以色列、芬兰、英国、捷克、挪威、加拿大安大略省、澳大利亚维多利亚州），围绕江苏产业创新和战略性新兴产业发展关键技术需求，开展跨国联合研发、技术转移转化，优先支持产业化前景好的项目。

项目以企业为主体申报。省资助经费每项原则上不超过70万元，且不超过项目总预算的50%。

项目主管部门择优推荐，苏南各设区市每家推荐不超过5项、其他设区市每家推荐不超过3项；县（市）、南京江北新区、国家及省级高新区每家推荐不超过2项；国家示范型国际科技合作基地每家可增报1项，国家国际创新园每家可增报3项（主管部门需在推荐项目汇总表上注明有关项目单位所属／承建的示范型国际科技合作基地、国际创新园）。

（四）创新国际化服务体系建设项目

1. 国际技术转移服务机构建设项目

支持引进国外著名高校、研究机构及跨国公司建设国际技术转移服务机构，支持省内专业性对外科技服务机构拓展对外合作渠道、开展跨国技术转移业务，支持国家级国际创新园建设对外科技合作服务平台，更好地服务广大企业创新国际化需求，促进先进技术成果在江苏省实现高效转化，参与推进"一带一路"创新合作与技术转移。

项目以企事业单位为主体申报，经由项目主管部门与省科技厅会商后组织申报。省资助经费每项原则上不超过70万元，且不超过项目总预算的50%；对中外两国政府共建国际创新园的对外科技合作服务平台，省资助经费不超过300万元，且不超过项目总预算的50%。

申报条件：须是2018年12月前完成注册的专业从事跨国技术转移服务的独立机构，有稳定优质的海外合作渠道；地方重点支持建设，为企业服务业绩较好；有较好的专业团队，满足业务要求的工作条件，明确的国际技术转移服务章程和业务发展规划；上年度有一定的国际技术转移服务收入或相关业务投入。中外两国政府共建国际创新园的对外科技合作服务平台，参照以上申报条件执行；申报时需市及园区主管部门出函推荐，承诺共同推进实施。

2.企业海外研发机构/企业海外联合实验室建设项目

支持省内有条件的企业在国外以收并购或直接投资等方式设立海外研发机构或海外联合实验室，直接利用国外高端人才、先进科研条件和创新环境等在当地开展研发活动，促进企业创新国际化。

项目以企业为主体申报，经由项目主管部门与省科技厅会商后组织申报。省资助经费每项原则上不超过70万元，且不超过项目总预算的50%。

企业海外研发机构建设项目申报条件：2018年12月前已完成海外研发机构的并购或注册成立程序；海外研发机构应具有固定的场所、必要的仪器设备与科研条件，明确的研发领域、必要的研发经费投入和研发人员及实质性开展的研发项目。

企业海外联合实验室建设项目申报条件：2018年12月前与海外高校、科研机构等已签订正式合作协议，应具有稳定而明确的长期合作机制，非针对具体的一次性项目合作，企业能获得人才、技术、设施等多方面的持续支撑；海外实验室具有高水平的研发人员与科研设施；企业已进行了必要的前期投入。

二、有关要求

1.项目中外合作双方应具有良好的交流合作基础，并就合作项目已签署合作协议或合作意向书等文件。合作文件应规范严谨，签字盖章齐全有效，明确各方在合作中的职责分工，并包括知识产权专门条款，同时明确签字各方的姓名、单位、部门、职务等信息。外文合作文件需同时提供中文翻译件。中方参与单位之间也需签署合作协议或合作意向书。创新国际化服务体系建设项目应提供具有海外合作渠道或拥有海外研发机构/海外联合实验室的相关佐证材料。申报时仅有合作意向书的项目，获得立项后须在签订项目合同时提供正式的合作协议。

2.项目合作内容和方式应符合我国及外方合作机构所在国家（地区）有关法律法规，开展人类遗传资源、种质资源等方面合作的，须事先履行国内有关审批手续。涉及人体研究、实验动物的项目，应严格遵守科学伦理、实验动物等有关规定的要求。

3.有省国际科技合作计划在研项目的企业及国际联合研究中心/联合实验室不得再申报本年度本计划项目；一个企业限报一个本计划项目。本计划中，同一项目负责人限报一个项目，同时作为项目骨干最多可再参与申报一个项目，在研项目负责人不得牵头申报项目，项目骨干的申报项目和在研项目总数不超过2个。同一单位及关联单位不得将内容相同或相近的研发项目同时申报不同省科技计划。重复申报的，将取消评审资格。有不良信用记录的单位和个人，不得申报本年度计划项目。

4.全面实施科研诚信承诺制。项目申报单位、项目负责人和项目主管部门均须在项目申报时签署科研诚信承诺书，进一步明确各自承诺事项和违背相关承诺的责任。

5.项目申报的相关单位和有关人员要认真落实省科技厅《关于进一步加强省科技计划项

目申报审核工作的通知》（苏科计函〔2017〕7号）和《关于严格执行省科技计划项目管理相关规定的通知》（苏科计函〔2017〕479号）要求，项目负责人应如实填写项目申报材料，严禁项目申报时剽窃他人科研成果、侵犯他人知识产权、伪造材料骗取申报资格等科研不端行为。项目申报单位要切实强化法人主体责任，进一步加强项目申报材料的审核把关，对申报材料的真实性和合法性负主体责任，严禁虚报项目、虚假出资、虚构事实及联合中介机构包装项目等弄虚作假行为。项目主管部门要切实强化审核责任，对申报材料内容进行严格把关，严禁审核走过场、流于形式。对于违反要求弄虚作假的，将按照相关规定严肃处理。

6. 项目主管部门在组织项目申报时要认真落实中央八项规定精神，按照省科技厅党组《关于进一步加强全省科技管理系统全面从严治党工作的意见》（苏科党组〔2018〕16号）文件要求，严格执行全省科技管理系统"六项承诺"和"八个严禁"规定，把党风廉政建设和科技计划项目组织工作同部署、同落实、同考核，切实加强关键环节和重点岗位的廉政风险防控，积极主动做好项目申报的各项服务工作，进一步提高服务质量和办事效率。

2019年度江苏省政策引导类计划（苏北科技专项）申报要求

2019年度江苏省苏北科技专项紧扣高质量发展走在前列的目标定位，大力实施创新驱动发展战略和乡村振兴战略，围绕苏北特色产业创新发展需求，深化科技计划项目管理"放管服"改革，推动各类科技资源向苏北集聚，加快产业关键技术研发及转化应用，加强创新服务平台建设，进一步激发创新创业活力，为推动苏北农业特色产业高质量发展和打赢精准脱贫攻坚战提供有力支撑。2019年苏北科技专项由富民强县和科技帮扶两部分组成。

一、富民强县

1. 支持方向。围绕苏北农业特色产业发展需求，充分发挥当地资源优势，坚持"生态+特色"发展方向，以富民为根本目标，大力开展产业关键技术集成创新和成果转化应用，培育壮大发展潜力大、成长性好的特色产业，加快发展休闲农业、农村电商等新产业新业态新模式，完善农业科技服务体系，推动产业转型升级和绿色发展，带动农民增收致富。

2. 支持范围。主要用于支持苏北地区农业特色产业创新项目示范，星创天地与农村科技服务超市等农业创新创业平台建设，科技型企业培育，科技特派员引进等创新创业工作。在优先支持农业特色产业的基础上，鼓励各地积极培育有发展潜力的成长型农业产业，支持成长型农业产业中相关企业组织实施创新示范项目，形成特色与成长相结合的"1+1"农业产业布局。

3. 支持方式。主要采取前期先导性投入和后补助相结合支持方式。前期先导性投入主要用于支持特色产业关键技术集成创新和示范应用类项目。项目组织要根据各地实际情况，做到重大项目与面上项目相结合。后补助主要用于支持与特色产业相关的星创天地与农村科技服务超市等农业创新创业平台建设、科技型企业培育、科技特派员引进等工作。原则上后补助资金不超过总资金的三分之一。

4. 资金分配。分配方法参照财政部、科技部对中央引导地方科技发展专项资金的分配方法，以县（市、区）为分配对象，以2018年度专项计划实施绩效和特色产业基础数据为主要依据，采用因素法分配专项资金，主要因素及权重分别为科技资源集聚（20%）、科技投入（15%）、特色产业创新发展（20%）、科技服务超市与星创天地（10%）、年度执行情况（20%）和科技管理与信用（15%）。

计算分配公式如下：

某地分配因素得分 = Σ（某地分配因素值/苏北地区该项分配因素总值 × 相应权重）× 总分配系数。

总分配系数根据每年专项资金拟分配苏北地区县（市、区）总数确定。

二、科技帮扶

1. 支持方向。按照省委、省政府关于扶贫工作的总体部署要求，全力打好精准脱贫攻坚战，围绕苏北"六个重点帮扶片区"地方特色产业发展需求，充分发挥地方资源优势，加强产学研合作，加快先进适用技术的示范应用，带动片区农户增收致富。

2. 支持范围。"六个重点帮扶片区"，包括：丰县、东海县、赣榆区、涟水县、盱眙县、淮安区、阜宁县、滨海县、响水县、沭阳县、泗阳县、泗洪县、宿城区等13个县（区），所在地县（区）科技局要结合本地科技帮扶规划，积极开展调研，摸清地方产业发展技术需求，主动加强与高校院所合作，大力提高科技帮扶项目的有效性和针对性。

3. 资金分配。以县（区）为分配对象，采用切块方式分配下达。原则上涉一个帮扶片区的县（区）分配资金100万元，涉两个片区的县（区）分配资金150万元。

三、组织方式

1. 集中组织。各设区市科技局按照本通知要求，结合本地区实际需求，制定下发专项计划组织工作通知，明确本地区专项支持内容和组织要求，并同步做好各类项目的申报、评定和下达工作。

2. 2019年度绩效目标申报。各县（市、区）科技局应以"特色产业转型升级行动方案"（2018—2020年）为主要依据，结合本地实情，编制"2019年苏北科技专项绩效目标"，主要包括主要任务、预期目标、资金结构等信息，经设区市科技局审核后上报省科技厅。

3. 2018年度绩效考核。设区市科技局负责组织开展所辖县（市、区）上年度专项实施绩效检查，以县（市、区）为单位编制苏北科技专项年度执行与管理情况报告，上报省科技厅。

4. 2018年度基础数据填报。县（市、区）科技局应会同本地相关部门认真做好特色产业基础数据报表填报工作，并附齐证明材料，经设区市科技局审核后上报省科技厅。

5. 评价与审核。在各设区市、县（市、区）科技局上报材料的基础上，省科技厅组织有关专家开展2018年特色产业基础数据、苏北科技专项年度执行情况和科技管理与信用情况审核与评价工作。

6. 资金额度确定。依据审核、评价结果采用因素法分配资金，并结合2019年度绩效目标申报情况，确定下达专项资金额度。

四、职责与纪律

1. 明确职责分工。省科技厅会同省财政厅负责专项计划的总体部署、资金分配和绩效管理，项目管理权限全部下放到设区市和县（市、区）科技部门。设区市科技局为苏北科技专项主管部门，负责项目评审、立项、合同签订、绩效检查和验收等计划管理工作，县（市、区）科技局为专项计划实施主体，负责项目组织、日常管理等工作。涉及项目管理过程中遇到的项目变更、结题、中止等审批事项由设区市科技局负责审批，有关剩余省拨经费原则上保留在县级财政并结转到下一年度专项资金分配额度指标中使用。

2. 规范操作程序。各设区市、县（市、区）科技局在专项计划组织、申报、评审、立项、验收、绩效管理等过程中应严格执行《江苏省政策引导类计划专项资金管理办法（暂行）》（苏财规〔2017〕25号）和《省科技计划项目立项工作操作规程》（苏科办函〔2017〕504号）的有关规定和要求，应遵循公平、公开、公正原则，绩效检查结果、拟立项项目等必须进行公示。

3. 强化审核责任。各设区市、县（市、区）科技局要认真落实省科技厅《关于进一步加强省科技计划项目申报审核工作的通知》（苏科计函〔2017〕7号）和《关于严格执行省科技计划项目管理相关规定的通知》（苏科计函〔2017〕479号）要求，切实履行专项考核、特色产业基础数据及申报项目材料的审核责任，对相关材料内容进行严格把关，严禁审核走过场、流于形式。对于违反要求弄虚作假的，将按照相关规定严肃处理。

4. 遵守廉政纪律。项目主管部门在组织项目申报时要认真落实中央八项规定精神，按照省科技厅党组《关于进一步加强全省科技管理系统全面从严治党工作的意见》（苏科党组〔2018〕16号）文件要求，严格执行全省科技管理系统"六项承诺"和"八个严禁"规定，把党风廉政建设和科技计划项目组织工作同部署、同落实、同考核，切实加强关键环节和重点岗位的廉政风险防控，积极主动做好项目申报的各项服务工作，进一步提高服务质量和办事效率。

5. 压实管理责任。根据专项计划"放管服"改革后省市县科技部门三级职责分工，切实加强关键环节和重点岗位的廉政风险排查，制定防控措施，逐一落实主体责任，确保专项计划规范运行。按照"责权利统一"原则，各级科技部门务必要把省委省政府实施创新驱动发展、高质量发展的决策部署落到实处，主动作为、敢于担当、创新管理、扎实推进，既要保障专项资金安全使用，又要提升专项资金实施绩效；对于不作为、乱作为的，将按照相关规定严肃追责问责。

2019年度江苏省政策引导类计划（软科学研究）项目指南

0001 "十四五"科技创新规划预研

重点包括：科技创新规划重大任务和战略举措研究、江苏未来新兴产业发展方向研判及研发任务布局研究、江苏差异化区域创新发展路径研究、江苏科技金融发展研究、重大任务多元化投入和经费管理改革试点研究等。

0002 高质量发展与产业创新

重点包括：科技创新支撑经济高质量发展考核指标研究、提升基础研究水平支撑高质量发展研究、江苏自主可控核心技术甄选方式及领域研究、新材料、生物医药、半导体等重大产业创新平台建设方案研究等。

0003 企业创新与载体建设

重点包括：创新型企业评价指标体系设计及实证研究、高新技术企业量质提升路径与案例研究、民营科技型企业融资路径研究、科技"小巨人"企业培育和创新能力提升机制研究、新型研发机构支持政策与建设案例研究、专业化众创空间发展模式和运行绩效研究、众创社区创业生态体系构建及绩效指标研究等。

0004 体制改革与创新治理

重点包括：省产业技术研究院统筹集成作用发挥机制研究、国内外科技创新政策跟踪研究、重大原创性科研项目组织方式研究、江苏科技体制改革重大问题和创新管理研究、市场机制下区域创新一体化推进方案研究、科技资源统筹中心建设路径和运行机制研究、江苏技术市场发展对策研究等。

0005 科技人才与成果转化

重点包括：高水平研发人才企业创新影响机制研究、新形势下高层次人才国际化招引机制研究、产教融合创新联合体建设模式研究、高校院所科技成果转化与收益分配管理机制研究、军民融合科技创新平台建设研究等。

0006 区域创新与创新生态

重点包括：江苏参与"一带一路"推进创新国际化问题研究、江苏科技创新统筹集成路径与机制研究、苏南国家自主创新示范区创新一体化及"创新矩阵"效应研究、苏南地区与国内外典型地区创新对标研究、高新区产业创新生态培育机制研究、区域科技服务业生态系统建设研究、乡村振兴背景下农村新型科技服务体系建设案例研究等。

2019年度江苏省科技成果转化专项资金项目指南

一、产业核心技术创新（A类）

（一）重点专项

1. 面向半导体产业的高端核心芯片设计制造专项

1110 面向工业控制、智能制造、5G通信、人工智能、超级计算、信息安全的自主可控高端核心芯片；圆片级封装、多芯片封装等高密度先进封装和测试关键技术及设备；宽禁带第三代半导体材料。

2. 自主可控的5G通讯关键核心设备专项

1120 新一代（5G和B5G）无线移动通信、光通信、微波通信关键技术与核心设备；新型异构网络、自组织网络、网络安全关键技术与核心设备。

3. 高可靠低成本的工业机器人关键核心部件专项

1130 精确感知、人机共融、协调控制等关键技术与产品；新型精密减速器、伺服电机和驱动器、控制器等核心零部件；先进工业机器人、特种机器人。

4. 超大型作业机械及其液压关键核心部件

1140 超大型起重机、大吨位装载机、大型石化装备、港口机械和矿山机械；关键液压部件、传动部件、智能控制系统、配套动力系统等核心功能部件。

（二）产业创新专题

1. 战略基础材料专题

1211 前沿先导材料：高性能高等级碳纤维与功能性特种纤维制备、石墨烯规模化制备及应用、高质量纳米材料低成本宏量可控制备的关键核心技术及产品，高性能膜，生物基材料。

1212 先进基础材料：新型显示材料及器件；高性能合金、金属基复合材料、稀土功能材料；特种有机高分子材料，高性能无机材料，高技术纺织材料。

2. 重大新药创制专题

1221 生物新药创制：HPV 等新型多价疫苗、新表达系统疫苗及新发突发传染病疫苗等新型疫苗，抗体、重组蛋白、细胞治疗产品等创新生物技术药，微生物药物，纳米靶向制剂。

1222 重大化药创制：针对恶性肿瘤、心脑血管、耐药性病原菌感染、病毒感染等重大疾病治疗的化学新药，基于新靶标、新作用机制等创新药物，新型给药技术产品和新制剂及辅料。

1223 高端医疗器械：高场强超导磁共振和专科超导磁共振成像、手术实时成像等设备，中小超声器械芯片等核心元器件，高端试剂、生物芯片及配套仪器。

3. 新一代信息技术产业专题

1231 物联网与人工智能：新型传感、智能接入、系统集成关键技术与产品；基于人工智能的计算机视听觉、生物特征识别、人机交互、智能决策控制等关键技术与应用产品。

1232 大数据与云计算：自主可控的嵌入式操作系统；大规模数据采集、大数据处理平台，智能云管理、云计算安全、分布式存储和处理关键技术与产品。

4. 智能制造产业专题

1241 高端数控机床：智能化、开放型高档数控系统；高速高精密、复合成型的高端数控机床及加工中心；高效高可靠、柔性化自动生产线；精密刀具等关键功能部件。

1242 智能成套系统：智能化产品设计、工业物联网、智能工控系统、金属 3D 打印设备；高端纺织装备；柔性制造、网络化控制、系统集成的智能化成套装备；结构高效消能件。

5. 高端装备产业专题

1251 现代交通装备：现代轨道交通整车及其关键配套系统与核心部件；航空装备及关键核心配套件；汽车整车设计制造及关键核心部件，新能源汽车整车集成及轻量化设计产品。

1252 海工装备及高技术船舶：深海油气开采装备、浮式生产储卸装置等海洋工程装备及关键配套系统；邮轮、超大型集装箱船、大型 LNG 燃料动力船等高技术船舶及关键设备。

6. 先进能源产业专题

1261 智能电网：大规模可再生能源并网消纳、大电网柔性互联等关键技术及核心设备、基础元器件；特高压超高压交直流变压器等关键设备、器件；高效能量转换的大容量储能系统。

1262 可再生能源：高纯多晶硅生产、低成本高效光伏电池及组件生产等关键核心技术；先进风电机组设计制造关键技术及核心零部件；核电关键材料及装备。

7. 新型环保与高效节能专题

1271 新型环保技术及装备：环境修复技术及关键核心装备；废水超低排放与深度处理回收成套技术及装备；工业气体净化与资源化利用等大气污染控制技术及装备。

1272 高效节能及装备：新型节能电机、低品位余热利用关键技术及成套装备；高效低成本半导体照明等节能技术及应用产品。

8. 高科技农业专题

1281 农业优良品种：种质创新、新品种（系）创制、良种扩繁等关键技术；新型抗虫、抗病、抗逆等优质食味水稻新品种、优质专用小麦新品种、林木新品种、畜禽水产新品种。

1282 高端农业装备：智能化大田作物生产全程作业装备，畜禽水产智能养殖装备、智能化设施农业装备，智能化农产品加工装备，高性能植保机械、农林剩余物综合利用装备。

9. 军民融合专题

1291 聚焦航天航空、电子信息、船舶海工、智能装备、战略基础材料等军民两用领域，围绕核心元器件、关键进口替代材料、关键基础机电产品等，重点支持技术含量高、市场前景好、带动作用强的军民融合产业化项目。

二、省地联合招标（B类）

2001 生物医药（与南京高新区联合招标）

2002 网络与通信（与江宁高新园联合招标）

2003 激光与光电（与新港工业园联合招标）

2004 物联网（与无锡高新区联合招标）

2005 新型环保装备（与宜兴环科园联合招标）

2006 特钢新材料及金属制品（与江阴高新区联合招标）

2007 现代智能装备（与常州高新区联合招标）

2008 机器人及智能装备（与武进高新区联合招标）

2009 纳米科技、生物医药（与苏州工业园区联合招标）

2010 新型医疗器械（与苏州高新区联合招标）

2011 机器人与精密装备（与昆山高新区联合招标）

2012 汽车及核心零部件制造（与常熟高新区联合招标）

2013 船舶海洋工程与先进制造（与镇江高新区联合招标）

2014 高端装备制造（与扬州高新区联合招标）

2015 创新药物（与泰州医药高新区联合招标）

2016 智能装备制造（与连云港高新区联合招标）

联合招标项目具体内容及标的等相关要求，以省科技厅和联合招标方共同发布的公告及标的为准。

三、自主创新后补助（C类）

3001 对企业未获立项、非规划创新而自行研发成功的，具有自主知识产权的创新成果转化项目，以后补助方式给予企业同等力度资助。

2019年度江苏省创新能力建设计划暨中央引导地方科技发展专项资金项目申报要求

2019年度江苏省创新能力建设计划与中央引导地方科技发展专项资金项目紧紧围绕高质量发展走在前列的目标定位，突出增强科技持续创新能力和科技资源统筹服务能力，不断夯实自主创新的物质技术基础，重点支持符合国家规划、江苏省科技创新布局的重大平台建设，落实相关科技创新政策，为构建自主可控的现代产业体系、建设高水平创新型省份提供有力支撑。

一、支持重点和实施方式

（一）科学与工程研究类科技创新基地

1. 重大科研设施预研筹建

根据全省科技经济发展的需求，增强前沿技术引领能力，围绕国家重大战略部署，聚焦苏南国家自主创新示范区和南京综合性科学中心建设等，重点支持地方政府、有关部门、高校院所依托省内外高端资源等开展有望纳入国家实验室、国家重大科技基础设施和国家技术创新中心等重大科研设施的预研建设等。支持国家立项的重大科技基础设施加强资源集聚、开展合作研发，着力突破关键核心技术，努力形成具有引领性的原创成果。

实施方式：采用择优组织方式，由项目主管部门组织符合条件的申报主体，整合相关科技力量，提出可行性方案，经同行专家论证，择优支持，成熟一个，启动一个。

2.省企业重点实验室建设

聚焦省重点培育的先进制造业集群和现代服务业，增强企业创新发展能力，依托行业龙头企业和骨干科技服务机构新建10家左右企业重点实验室，开展行业应用基础研究和重大战略性产品研发，突破产业核心技术，抢占技术制高点。优先支持建有院士工作站的单位申报的企业重点实验室，启动院士企业研究院建设试点工作。

申报条件：申请单位应为本领域行业龙头企业或骨干科技服务机构，近3年承担过国家级科研项目或省级以上相关应用基础研究、关键技术攻关2项以上，拥有本领域2项以上核心技术发明专利。企业须为高新技术企业、建有企业研发机构，主营业务收入在5亿元以上；科技服务机构年服务收入不低于2亿元。实验室建设新增投入（不含转移资产）不低于3000万元。企业重点实验室建设期间不安排省拨经费，建设期满后采取集中评估方式验收，对研发体系完善、运行规范，建设期间成效突出、行业发展贡献明显，验收优良的，给予不超过400万元的省拨经费后补助。

原则上符合下列条件的单位可申请建设院士企业研究院：已建有企业重点实验室和院士工作站，且院士工作站2018年运行绩效评估获得"优秀"等次；与不少于2名院士签订有效合作协议，且研究方向明确、有实质性的任务内容；企业近3年研发投入占比不少于3%，研究院研发场所相对集中，面积不少于1000平方米，建设期新增投入不低于1500万元；建设期间不安排省拨经费，建设期满验收合格的，给予不超过300万元的省拨经费后补助。

实施方式：由设区市科技局、行业主管部门审核并择优推荐。企业重点实验室各设区市择优推荐不超过3项、行业主管部门择优推荐不超过2项。

（二）资源共享与科技服务类科技创新基地

1.资源共享和科技公共服务平台建设

瞄准科技资源统筹和先进制造产业集群发展，突出开放性、技术性和公共性，强化引领性布局，优先围绕"一区一战略产业"建设若干重大科技平台。推广国务院办公厅第二批支持创新改革举措，鼓励高校院所等按照集约化、社会化、市场化整合大型科学仪器建设"开放实验室"，在不改变所有权前提下，授权专业服务机构对科学仪器设备进行市场化运营管理，提高仪器设备使用效率。"开放实验室"纳入省级科技公共服务平台序列。

申报条件：申请平台建设单位应为具有较强研发、测试等服务和运营能力的骨干科技服务机构、独立法人的新型研发机构等；公共服务平台建设总投入不低于5000万元，省拨经费资助不超过1000万元。

申请开放实验室建设单位应为财政资金购置大型仪器设备的省级高等院校、科研院所等管理单位，须与独立法人的专业服务机构联合共建，省拨经费资助不超过200万元。

实施方式：由设区市科技局、行业主管部门审核并择优推荐，科技公共服务平台择优推荐1项、开放实验室推荐项数不限。

2.科技服务骨干机构能力提升

重点支持科技服务业特色基地（示范区）组织引导市场化运行的科技服务骨干机构引进人才、集聚资源、升级资质、创新模式、创制科技服务标准，提升区域整体服务能力。

申报条件：以省级科技服务业特色基地（示范区）、国家科技服务业区域试点等为主体组织申报（2017、2018年连续获得支持的基地，2019年不再支持），遴选本基地（示范区）内不低于10家创新创业骨干服务机构（2018年已获资助的机构，2019年不再资助），以带动本区域科技服务能力的提升。遴选的骨干机构应为独立法人，在服务绩效、常规业务建设、标准创制、人才等资源集聚方面取得显著成效。每个基地（示范区）省拨经费资助不超过500万元，主要用于服务机构的专业服务能力提升。

实施方式：由设区市科技局审核推荐。

（三）创新政策落实

1. 新型研发机构建设

落实省政府科技创新"四十条政策"第35条，重点支持由诺奖获得者等国际著名科研机构团队设立，以及由国内知名高校院所和地方共建，以院士等知名专家及其团队为核心，研发领域符合国家重大科技部署和江苏省发展需求，具备承担国家重大战略任务的新型研发机构。

申报条件：申请的新型研发机构须在2016年8月16日之后在江苏省注册，以技术研发服务、技术转移孵化等为主导业务，投资规模较大，并已实质性运行。与国内科教单位共建的，应为有望培育承担国家重大科技基础设施、国家技术创新中心（产业创新中心、制造业创新中心）和重大科技专项的专业性、公益性、开放性机构。省拨资助经费将依据机构的建设规模、引入核心技术和核心研发团队的创新水平等，择优给予分期分档支持，最高不超过1亿元。

实施方式：采取择优组织方式，由设区市科技局组织符合条件的申报主体提出可行性方案，经同行专家论证，成熟一个，启动一个。

2. 新型研发机构奖补

落实省政府科技创新"四十条政策"第26条，重点支持具备独立法人条件的新型研发机构开展研发创新活动，对其上年度非财政经费支持的研发经费支出额度给予不超过20%（最高不超过1000万元）的奖励。已享受其他各级财政研发费用补助的机构原则上不重复奖补。

申报条件：申请的新型研发机构应为独立法人，参加国家科学研究和技术服务业科技活动单位统计调查；以研发服务为核心功能，不直接从事市场化的产品生产和销售；机构上年度主营业务收入不少于300万元，其中研发等科技服务收入占主营业务收入的比重不低于50%（主营业务收入不包含财政拨付的建设经费），为单一关联单位（有股权关系）的服务收入占主营业务收入的比重不超过30%。相关材料及数据等以在省科技厅备案的省重点科技计划项目经费审计中介机构出具的《新型研发机构研发经费专项审计报告》为准。

实施方式：由新型研发机构自愿申请、设区市科技局审核汇总上报。

3. 跨国公司及中央直属企业独立研发机构建设

落实省政府科技创新"四十条政策"第35条，重点支持知名跨国公司、中央直属企业、国内行业龙头企业在苏注册设立独立法人资格、符合江苏产业发展方向的研发机构和研发总部，引入核心技术并配置核心研发团队。

申报条件：申请单位须为2016年8月16日之后新引进并在江苏省注册的跨国公司以及中央直属企业独立研发机构；依据引入核心技术和核心研发团队的创新水平、研发机构投入规模等，择优给予分期分档支持，最高不超过3000万元。

实施方式：由设区市科技局审核推荐。

4. 技术转移体系建设奖补

落实《江苏省人民政府关于加快全省技术转移体系建设的实施意见》（苏政发〔2018〕73号）要求，依据《江苏省技术转移奖补资金实施细则（试行）》，对符合条件的技术转移输出方、技术合同登记机构和各市、县进行奖补。

实施方式：各设区市科技局根据《江苏省技术转移奖补资金实施细则（试行）》于4月底前将2018年度本地区奖补情况报省科技厅备案；省科技厅依据技术合同认定登记系统数据提出奖补意见会省财政厅后实施。有关事项另行通知。

二、申报要求

1. 各项目主管部门在组织项目申报时须认真落实中央八项规定精神，严格执行全省科技管理系统"六项承诺"和"八个严禁"规定，按照《关于进一步加强全省科技管理系统全面从严治党工作的意见》（苏科党组〔2018〕16号）要求，把党风廉政建设和科技计划项目组织工作同部署、同落实、同考核，切实加强关键环节和重点岗位的廉政风险防控，积极主动做好项目申报的各项服务工作，进一步提高服务质量和办事效率。

2.设区市科技局和行业主管部门要加强对所辖县区或单位的统筹,加大重大项目组织力度,对重大科研设施、企业重点实验室、新型研发机构、科技公共服务平台、跨国公司及中央直属企业独立研发机构建设和科技服务骨干机构能力提升等项目,须与省科技厅会商后再由项目单位正式报送申报材料。新建项目中,企业重点实验室、院士企业研究院、开放实验室的实施期为3年以内,其余项目的实施期为3~5年。

3.全面实施科研诚信承诺制。项目申报单位、项目负责人和项目主管部门均须在项目申报时签署科研诚信承诺书,进一步明确各自承诺事项和违背相关承诺的责任。项目申报的相关单位和有关人员要严格落实省科技厅《关于进一步加强省科技计划项目申报审核工作的通知》(苏科计函〔2017〕7号)和《关于严格执行省科技计划项目管理相关规定的通知》(苏科计函〔2017〕479号)要求,项目负责人应如实填写项目申报材料,严禁项目申报时剽窃他人科研成果、侵犯他人知识产权、伪造材料骗取申报资格等科研不端行为。项目申报单位要切实强化法人主体责任,进一步加强项目申报材料的审核把关,对申报材料的真实性和合法性负主体责任,严禁虚报项目、虚假出资、虚构事实及联合中介机构包装项目等弄虚作假行为。基层项目主管部门要切实强化审核责任,对申报材料内容进行严格把关,严禁审核走过场、流于形式。对于违反要求弄虚作假的,将按照相关规定严肃处理。

4.项目申报书经项目负责人和参与人员签字确认后方可报送;项目预算应合理真实,承诺的自筹资金必须足额到位,禁止企业以其他政府资助资金作为自筹资金来源。同一单位及关联单位不得将内容相同或相近的研发项目同时申报不同省科技计划。重复申报的,将取消评审资格。

5.有不良信用记录的单位和个人,不得申报本年度计划项目。在项目申报和立项过程中相关责任主体有弄虚作假、冒名顶替、侵犯他人知识产权等不良信用行为的,一经查实,将记入信用档案,并按《江苏省科技计划项目相关责任主体信用管理办法(试行)》做出相应处理。

6.2019年度中央引导地方科技发展专项资金与省创新能力建设计划项目统筹申报、评审。省科技厅、省财政厅将根据中央引导地方科技发展专项资金定位要求和2019年经费预算,从申报项目中择优遴选符合条件的项目列入《江苏省中央引导地方科技发展专项资金三年滚动规划(2019—2021年)》和《2019年江苏省中央引导地方科技发展专项资金实施方案》中,报科技部、财政部审定后,由中央引导地方科技发展专项资金给予支持。

7.涉及人体研究、实验动物的项目,应严格遵守科学伦理、实验动物等有关管理规定的要求。

科 技 奖 励
Awards of Science & Technology

2018年度国家科学技术奖（江苏省获奖项目）
2018 National Science & Technology Awards (Jiangsu Province)

2018年度，江苏省共有1名院士、50项通用项目获得2018年度国家科学技术奖，其中江苏省单位主持完成的有22项，获奖总数继续位居全国各省份第一。中国人民解放军陆军工程大学钱七虎院士荣获2018年度国家最高科学技术奖，这是继2017年南京理工大学王泽山院士之后，江苏省连续两年有科学家荣获国家最高科学技术奖。50项通用项目中，自然科学奖5项，技术发明奖8项，科技进步奖37项。其中，南京大学主持完成的"地质工程分布式光纤监测关键技术及其应用"项目获国家科学技术进步奖一等奖。

国家最高科学技术奖

【钱七虎获2018年度国家最高科学技术奖】 根据《国家科学技术奖励条例》的规定，经国家科学技术奖励评审委员会评审，国家科学技术奖励委员会审定和科技部审核，国务院批准并报请国家主席习近平签署，授予江苏省钱七虎院士2018年度国家最高科学技术奖。

钱七虎 男，1937年10月出生，江苏省昆山县人，1960年9月毕业于哈尔滨军事工程学院防护工程专业，1965年7月博士毕业于苏联莫斯科古比雪夫军事工程学院。1994年当选中国工程院院士。少将军衔，防护工程专家、军事工

程专家、教育家，中国共产党中央军事委员会科学技术委员会顾问，中国人民解放军陆军工程大学教授、博士生导师。钱七虎院士长期从事防护工程及地下工程的教学与科研工作，解决了孔口防护等多项难点的计算与设计问题，率先将运筹学和系统工程方法运用于防护工程领域。创建了中国防护工程学科，建成了国家重点学科、重点实验室和创新研究群体。系统建立了土中浅埋结构核爆炸荷载的相互作用计算理论、城市人防工程毁伤评估方法、防护工程抗高速、超高速钻地弹打击的设计计算方法和深部岩石非线性力学理论，研制出中国第一套空中核爆炸荷载模拟试验装置，研发出多种新型防护材料和系列高抗力复合结构。在国内倡导并率先开展了深部非线性岩石力学基础理论，以及深部防护工程抗核武器钻地爆炸毁伤效应的研究，填补了深地下工程抗核武器钻地爆炸效应的防护计算理论的空白。提出的防护工程建设转型、建设超高抗力深地下防护工程、战略通道桥隧并举、能源地下储备等多项发展战略建议，被军委和国家部委采纳实施。钱七虎院士先后获得全国科学大会奖，国家科学技术进步奖一等奖、二等奖、三等奖各1项，军队科技进步奖一等奖、二等奖各1项，国家人防科技进步奖一等奖1项。

国家自然科学奖

【5个项目获2018年度国家自然科学奖】 在2018年度国家科技奖励大会上，江苏省有5项

成果获国家自然科学奖，占全国38项国家自然科学奖的13.2%。

【**中国人群肺癌遗传易感新机制**】 该项目获2018年度国家自然科学奖二等奖。该项目首次揭示中国人群肺癌易感性的遗传学基础，填补了领域空白；首次从人群大样本角度，提出并论证了遗传调控免疫是肺癌易感性的关键机制，拓展了肺癌易感性的理论基础；在国际上最先揭示遗传调控miRNA表达与成熟的多种机制，开创了外周血miRNA作为肺癌生物标志物的热点领域；该项目首次建立中国人群肺癌分子遗传图谱，开展了中国唯一亚洲最大的大样本多中心肺癌易感基因组学研究，收集9700余例肺癌病例和超过1万例的对照；应用高密度全基因组芯片和系统的生物信息学分析，首次建立了我国人群肺癌分子遗传图谱；研究结果连续发表在 Nature Genetics，引起国内外同行广泛关注，分别他引251和83次。该项目的8篇代表性论文累计影响因子167.1，他引1451次，写入35部国外专著，并被8项PCT/美国专利引用；获省级一等奖3项，为推动我国肿瘤精准防治做出了突出贡献。

江苏省获2018年度国家自然科学奖名单

序号	项目名称	主要完成单位	主要完成人	奖种	完成方式
1	中国人群肺癌遗传易感新机制	南京医科大学 中国医学科学院肿瘤医院	沈洪兵 吴晨 胡志斌 靳光付 许林	自然科学奖二等奖	牵头
2	动态系统故障诊断与可靠容错控制	南京航空航天大学	姜斌 陈谋 杨浩 冒泽慧 张柯	自然科学奖二等奖	牵头
3	新型微波超材料对空间波和表面等离激元波的自由调控或实时调控	东南大学	崔铁军 沈晓鹏 蒋卫祥 程强 马慧锋	自然科学奖二等奖	牵头
4	金属有机半导体的结构设计、性能调控与光电应用	南京邮电大学 南京工业大学	黄维 赵强 刘淑娟 陈润锋 孙会彬	自然科学奖二等奖	牵头
5	摩擦界面的声子传递理论与能量耗散模型	东南大学	陈云飞 杨决宽 倪中华 毕可东 魏志勇	自然科学奖二等奖	牵头

【**动态系统故障诊断与可靠容错控制**】 该项目获2018年度国家自然科学奖二等奖。随着航空航天科学技术的发展，先进飞行器层出不穷，飞控系统的特性日益复杂，高效的故障诊断与可靠容错控制是保证飞行器在故障情况下具有高性能和高可靠性的关键问题，也是国际控制领域的研究热点和难点。该项目研发团队经过10余年的不懈努力和协同攻关，围绕故障诊断与可靠容错控制及其飞控应用的若干核心基础问题进行了深入研究，取得了关键性突破。该成果建立了较为系统的动态系统故障诊断与可靠容错控制理论体系，对丰富和发展动态系统的故障诊断与可靠容错控制理论，推动我国航空航天可靠控制技术创新具有重要的理论意义和国防应用价值。

【**新型微波超材料对空间波和表面等离激元波的自由调控或实时调控**】 该项目获2018年度国家自然科学奖二等奖。该项目突破传统模拟超材料的等效媒质表征方法，创造性地提出用0和1表征的数字超材料，建立了数字编码和现场可编程超材料新体系；在国际上率先从微波传输线的角度研究人工SPP超材料，提出一种性能优越的超薄、可共形SPP传输线，开辟了基于SPP模式的微波领域新分支，实现了超材料研究从跟跑、并跑变成走在世界前列的跨越。

【金属有机半导体的结构设计、性能调控与光电应用】 该项目获2018年度国家自然科学奖二等奖。该项目属于电子信息科学中的半导体材料前沿学科方向，近20年来，有机光电子作为新兴、多学科交叉前沿领域已影响到材料、信息、生命、能源等多个国民经济的关键环节。有机半导体的研究是推动有机光电子在显示、存储、传感、光伏等方向取得显著发展的关键，并成为国际研究热点。常规纯有机半导体难以利用三重激发态，金属有机半导体在金属原子旋轨耦合作用下，突破了这一局限，可同时利用单重态和三重态激发态。同时，金属中心丰富的电子组态使其具有优异的电学性质。该项目围绕金属有机半导体的高性能化与多功能化，在结构设计、性能调控、光电应用方面获得了系列创新性研究成果。

【摩擦界面的声子传递理论与能量耗散模型】 该项目获2018年度国家自然科学奖二等奖。项目组经过20多年的研究，发现摩擦力的大小与声子频率的定量关系，在国际上最先给出多层膜导热系数最小值出现的条件，成为国际同行寻找多层膜导热系数最小值的一个通用方法。科学发现将为工程上实现摩擦系数和导热系数的主动调控提供可能。

国家技术发明奖

【4个项目获2018年度国家技术发明奖】 在2018年度国家科技奖励大会上，江苏省有4项成果获国家技术发明奖，占全国67项国家技术发明奖的6.0%。

【菊花优异种质创制与新品种培育】 该项目获2018年度国家技术发明奖二等奖。该项目研发团队历经20多年的积淀，先后收集保存菊花及其近缘种属植物5109份，保存数量居世界首位；从中鉴定出菊花近缘种属抗蚜、耐寒等优异抗性种质78份；首次发现了黄金艾蒿、细裂亚菊分别是菊花抗蚜、耐寒育种的最优种质；首创基于控制授粉、胚珠拯救和杂种多色基因组原位杂交鉴定的菊花属间抗性种质创制技术，创建属间抗性种质利用和分子标记辅助选择相结合的菊花高效育种技术，在此基础上，突破了抗性和花色、花型、株型等性状的综合改良，率先育成绿色、乒乓型和风车型等优质高抗新奇特菊花新品种49个，为我国菊花品种更新和产业升级做出了重要贡献。

江苏省获2018年度国家技术发明奖名单

序号	项目名称	主要完成单位	主要完成人	奖种	完成方式
1	菊花优异种质创制与新品种培育	南京农业大学 昆明虹之华园艺有限公司	陈发棣 房伟民 陈素梅 管志勇 滕年军 姚建军	技术发明奖二等奖	牵头
2	银杏二萜内酯强效应组合物的发明及制备关键技术与应用	中国药科大学 江苏康缘药业股份有限公司 南京医科大学 齐齐哈尔大学	肖伟 楼凤昌 凌娅 阿基业 胡刚 马舒伟	技术发明奖二等奖	牵头
3	生物法制备二十二碳六烯酸油脂关键技术及应用	南京工业大学 淮海工学院	黄和 任路静 纪晓俊 江凌 陈可泉 高嵩	技术发明奖二等奖	牵头

续表

序号	项目名称	主要完成单位	主要完成人	奖种	完成方式
4	耐胁迫植物乳杆菌定向选育及发酵关键技术	江南大学 光明乳业股份有限公司	陈卫 赵建新 翟齐啸 田丰伟 刘振民 杭锋	技术发明奖二等奖	牵头

【银杏二萜内酯强效应组合物的发明及制备关键技术与应用】 该项目获2018年度国家技术发明奖二等奖。银杏二萜内酯类成分一直被认为是强效的天然PAF受体拮抗剂，国内外均开展了深入研究和新药研发，但由于各成分的药效作用强弱及成分协同作用等问题尚不明确，以及缺乏效应最佳二萜内酯类成分组合的制备工艺等原因，在本项目产品上市前，尚无银杏二萜内脂类药物上市。针对以上难题，该项目课题组对银杏二萜内酯及其制备关键技术进行了长期、系统的研究，完成了系列的技术创新与发明，成功研制上市了创新新药银杏二萜内酯及其注射液。2017年销售额突破3亿元，累计销售4.37亿元，是现代中药创制的一个成功范例，对中药有效部位新药的研制和基于靶点的中药新药创制具有示范意义。

【生物法制备二十二碳六烯酸油脂关键技术及应用】 该项目获2018年度国家技术发明奖二等奖。二十二碳六烯酸（DHA），是一种重要的ω-3长链多不饱和脂肪酸，对婴幼儿智力和视力发育、心脑血管疾病预防等人类健康问题至关重要。我国高品质DHA产品一直长期依赖进口。为打破国外技术垄断，该项目率先开展了以裂殖壶菌为新菌种来源的DHA油脂的研究，但由于DHA的高产菌株选育困难、脂肪酸延长和去饱和过程的定向调控方法有限、不饱和脂肪酸油脂加工过程复杂且易氧化，致使高品质DHA油脂的规模化生产技术亟待突破，基于此，该项目发明从菌种定向选育、发酵过程控制与放大到油脂提取精制的成套绿色工业化生产工艺，攻克了微生物制造DHA油脂的关键技术难题，打破了国外企业在微藻型DHA生产及应用上的技术垄断。项目技术已在多家企业进行产业化应用，为合作企业带来良好的经济效益。

【耐胁迫植物乳杆菌定向选育及发酵关键技术】 该项目获2018年度国家技术发明奖二等奖。该项目研究团队与乳企合作，依托于江南大学食品科学与技术国家重点实验室、国家功能食品工程技术研究中心及光明乳业乳业生物技术国家重点实验室等国家级科研平台，围绕植物乳杆菌高效分离筛选、高耐受菌株定向选育、特定功能精准评价，以及新型植物乳杆菌发酵关键技术的突破，开展了一系列技术发明和创新。

国家科学技术进步奖

【41个项目获2018年度国家科学技术进步奖】 在2018年度国家科技奖励大会上，江苏省有41项成果获国家科学技术进步奖，占全国173项国家科学技术进步奖的23.7%。

【地质工程分布式光纤监测关键技术及其应用】 该项目获2018年度国家科技进步奖一等奖。该项目是基于新型分布式光纤传感技术的研究成果，相比传统点式或电参量感测技术，具有分布式、长距离、长寿命、抗电磁干扰等突出优势。研究成果打破了国外技术壁垒，形成了完全自主知识产权的技术和设备，可广泛应用于山体滑坡、地面沉降等地质灾害监测预警，以及对隧道、大坝、港口、人防工程及高大楼宇建筑等的结构健康状态监测，有着显著的社会效益。随着我国地质工程等基础建设的快速发展，该技术成果在未来物联网、智慧城市建设及综合治理等国民经济建设中将发挥重要作用。"地质工程分布式光纤监测关键技术及其应用"是我国科研团队在地质与岩土工程监测领域取得的又一项引领国际科技前沿的重要成果。

江苏省获2018年度国家科学技术进步奖名单

序号	项目名称	主要完成单位	主要完成人	奖种	完成方式
1	地质工程分布式光纤监测关键技术及其应用	南京大学 中国电子科技集团公司第四十一研究所 苏州南智传感科技有限公司 中国矿业大学 中国地质调查局南京地质调查中心 山东大学 中铁隧道局集团有限公司	施斌 张丹 闫继送 魏广庆 张巍 朱鸿鹄 张志辉 朴春德 王静 姜月华 尹龙 顾凯 王宝军 唐朝生 袁明	科技进步奖一等奖	牵头
2	中药资源产业化过程循环利用模式与适宜技术体系创建及其推广应用	南京中医药大学 陕西中医药大学 山东步长制药股份有限公司 吉林省东北亚药业股份有限公司 延安制药股份有限公司 江苏天晟药业股份有限公司 淮安市百麦科宇绿色生物能源有限公司	段金廒 唐志书 王明耿 吴启南 权文杰 宿树兰 刘启明 郭盛 季浩 熊鹏	科技进步奖二等奖	牵头
3	多熟制地区水稻机插栽培关键技术创新及应用	扬州大学 南京农业大学 安徽省农业科学院 江苏省农业科学院 江苏省农业技术推广总站 常州亚美柯机械设备有限公司 南京沃杨机械科技有限公司	张洪程 吴文革 李刚华 霍中洋 张瑞宏 习敏 杨洪建 王军 史步云 张建设	科技进步奖二等奖	牵头
4	梨优质早、中熟新品种选育与高效育种技术创新	南京农业大学 浙江省农业科学院 中国农业科学院郑州果树研究所 河北省农林科学院石家庄果树研究所	张绍铃 施泽彬 王迎涛 李秀根 吴俊 李勇 胡征龄 杨健 陶书田 戴美松	科技进步奖二等奖	牵头
5	林业病虫害防治高效施药关键技术与装备创制及产业化	南京林业大学 南通市广益机电有限责任公司	周宏平 许林云 崔业民 茹煜 蒋雪松 张慧春 郑加强 贾志成 李秋洁 崔华	科技进步奖二等奖	牵头
6	优质肉鸡新品种京海黄鸡培育及其产业化	扬州大学 江苏京海禽业集团有限公司 江苏省畜牧总站	王金玉 顾云飞 谢恺舟 戴国俊 张跟喜 施会强 俞亚波 王宏胜 侯庆永 朱新飞	科技进步奖二等奖	牵头
7	特种表面冲击强化抗应力腐蚀与疲劳技术及应用	南京工业大学 中国石化扬子石油化工有限公司 常州大学	凌祥 夏翔鸣 孔德军 杨新俊 魏新龙 杨思晟 范根芳 史永红 马刚 朱晓磊	科技进步奖二等奖	牵头

续表

序号	项目名称	主要完成单位	主要完成人	奖种	完成方式
8	国家工频高电压全系列基础标准装置关键技术与工程应用	国网江苏省电力有限公司 中国电力科学研究院有限公司 国家高电压计量站 华中科技大学 国网电力科学研究院有限公司 苏州华电电气股份有限公司 武汉磐电科技股份有限公司	黄奇峰 雷 民 周 峰 杨世海 何俊佳 章述汉 王乐仁 卢树峰 徐敏锐 姜春阳	科技进步奖二等奖	牵头
9	气候变化对区域水资源与旱涝的影响及风险应对关键技术	水利部交通运输部国家能源局南京水利科学研究院 中国水利水电科学研究院 河海大学 安徽省（水利部淮河水利委员会）水利科学研究院	严登华 张建云 王国庆 鲍振鑫 杨志勇 王振龙 钟平安 秦天玲 关铁生 翁白莎	科技进步奖二等奖	牵头
10	城市多模式公交网络协同设计与智能服务关键技术及应用	东南大学 公安部交通管理科学研究所 交通运输部公路科学研究所 中国城市规划设计研究院 南京莱斯信息技术股份有限公司 南京全司达交通科技有限公司	王 炜 刘 攀 孙正良 汪 林 王 昊 杨 敏 胡晓健 殷广涛 刘冬梅 徐 棱	科技进步奖二等奖	牵头
11	杀菌剂氰烯菌酯新靶标的发现及其产业化应用	南京农业大学 浙江大学 江苏省农药研究所股份有限公司 安徽省农业科学院 江苏省植物保护植物检疫站 安徽省植物保护总站 黑龙江省农垦总局植保植检站	周明国 马忠华 侯毅平 王洪雷 陈 雨 杨荣明 段亚冰 刁亚梅 郑兆阳 关成宏	科技进步奖二等奖	牵头
12	土地调查监测空地一体化技术开发与装备研制	东南大学 中国矿业大学 中国测绘科学研究院 徐州市国土资源基础测绘中心 北京航天泰坦科技股份有限公司 广州南方测绘科技股份有限公司	王 庆 李 钢 张小国 顾和和 孙 杰 胡明星 尹鹏程 王云帆 谭 靖 马 超	科技进步奖二等奖	牵头
13	煤炭高效干法分选关键技术及应用	中国矿业大学 唐山市神州机械有限公司 神华新疆能源有限责任公司	赵跃民 李功民 骆振福 段晨龙 陈建强 夏云凯 陈增强 张 博 董 良 赵南方	科技进步奖二等奖	牵头
14	水力式升船机关键技术及应用	华能澜沧江水电股份有限公司 中国电建集团昆明勘测设计研究院有限公司 水利部交通运输部国家能源局南京水利科学研究院 中国长江三峡集团公司 华能澜沧江水电股份有限公司 中国水利水电科学研究院	马洪琪 曹以南 胡亚安 郑大迪 袁湘华 吴一红	科技进步奖二等奖	参与

续表

序号	项目名称	主要完成单位	主要完成人	奖种	完成方式
15	高性能铝合金架空导线材料与应用	上海交通大学 江苏中天科技股份有限公司	孙宝德 高海燕 尤伟任 疏达 薛驰 张佼	科技进步奖二等奖	参与
16	心理生理信息感知关键技术及应用	兰州大学 华南理工大学 东南大学 北京工业大学 兰州大学	胡斌 徐向民 郑文明 栗觅 赵庆林	科技进步奖二等奖	参与
17	集成化宽频带光发射器件与模块	中国科学院半导体研究所 中国科学院半导体研究所 南京大学 武汉光迅科技股份有限公司 中国科学院半导体研究所 中国科学院半导体研究所	祝宁华 刘建国 陈向飞 马卫东 刘宇 陈伟	科技进步奖二等奖	参与
18	凹陷区砾岩油藏勘探理论技术与玛湖特大型油田发现	中国石油天然气股份有限公司新疆油田分公司 中国石油天然气股份有限公司勘探开发研究院 中国石油集团东方地球物理勘探有限责任公司 中国石油集团工程咨询有限责任公司 南京大学 中国石油大学（华东） 长江大学 西南石油大学 中国石油大学（北京） 中国石油集团测井有限公司	支东明 唐勇 匡立春 陈新发 雷德文 李国欣 何文渊 曾军 瞿建华 阿布力米提·依明 潘建国 何开泉 徐洋 许江文 覃建华	科技进步奖一等奖	参与
19	复杂电网自律-协同自动电压控制关键技术、系统研制与工程应用	清华大学 国家电网公司 中国南方电网有限责任公司 南瑞集团有限公司 中国电力科学研究院有限公司 国网江苏省电力有限公司 北京清大高科系统控制有限公司 内蒙古电力（集团）有限责任公司	孙宏斌 郭庆来 张伯明 吴文传 许涛 刘映尚 王彬 黄华 姚建国 李海峰 汤磊 张明晔 王轶禹 胡荣 戴则梅	科技进步奖一等奖	参与
20	复合地基理论、关键技术及工程应用	浙江大学 天津大学 长安大学 湖南大学 清华大学 中国矿业大学 中国铁路设计集团有限公司 中国铁建港航局集团有限公司 江苏劲桩基础工程有限公司 浙江开天工程技术有限公司	龚晓南 郑刚 谢永利 俞建霖 陈昌富 宋二祥 刘吉福 崔维孝 卢萌盟 邓亚光 刁钰 张玲 张宏光 徐日庆 吴慧明	科技进步奖一等奖	参与

续表

序号	项目名称	主要完成单位	主要完成人	奖种	完成方式
21	月季等主要切花高质高效栽培与运销保鲜关键技术及应用	中国农业大学 中国农业科学院蔬菜花卉研究所 云南省农业科学院花卉研究所 华中农业大学 南京农业大学 西北农林科技大学 昆明国际花卉拍卖交易中心有限公司	高俊平　马　男 穆　鼎　张　颢 包满珠　罗卫红 张延龙　张　力 周厚高　刘与明	科技进步奖二等奖	参与
22	农林剩余物功能人造板低碳制造关键技术与产业化	中南林业科技大学 大亚人造板集团有限公司 广西丰林木业集团股份有限公司 连云港保丽森实业有限公司 河南恒顺植物纤维板有限公司	吴义强　李新功 李贤军　卿　彦 胡云楚　刘　元 陈秀兰　詹满军 陈文鑫　段家宝	科技进步奖二等奖	参与
23	长江口重要渔业资源养护技术创新与应用	中国水产科学研究院东海水产研究所 中国水产科学研究院淡水渔业研究中心 上海市水产研究所 上海海洋大学 江苏中洋集团股份有限公司	庄　平　徐　跑 张　涛　张根玉 赵　峰　唐文乔 徐钢春　钱晓明 施永海　徐东坡	科技进步奖二等奖	参与
24	废旧聚酯高效再生及纤维制备产业化集成技术	宁波大发化纤有限公司 东华大学 海盐海利环保纤维有限公司 优彩环保资源科技股份有限公司 中国纺织科学研究院有限公司 中原工学院	王华平　钱　军 陈　浩　金　剑 戴泽新　王少博 陈　烨　仝文奇 邢喜全　方叶青	科技进步奖二等奖	参与
25	高性能特种编织物编织技术与装备及其产业化	东华大学 徐州恒辉编织机械有限公司 鲁普耐特集团有限公司 青岛海丽雅集团有限公司	孙以泽　孟　婵 季诚昌　韩百峰 陈　兵　张玉井 陈玉洁　沈　明 张旭明　孙志军	科技进步奖二等奖	参与
26	磷酸铁锂动力电池制造及其应用过程关键技术	上海交通大学 比亚迪汽车工业有限公司 上海中聚佳华电池科技有限公司 江苏乐能电池股份有限公司	马紫峰　廖小珍 张子峰　赵政威 丁建民　贺益君 杨　军　尹韶文 何雨石　沈佳妮	科技进步奖二等奖	参与
27	高世代声表面波材料与滤波器产业化技术	清华大学 中国电子科技集团公司第二十六研究所 无锡市好达电子有限公司 深圳市麦捷微电子科技股份有限公司 深圳大学	潘　峰　欧　黎 王为标　张美蓉 罗景庭　曾　飞 马晋毅　陆增天 赖定权　宋　成	科技进步奖二等奖	参与

续表

序号	项目名称	主要完成单位	主要完成人	奖种	完成方式
28	国产非晶带材在电力系统中的应用开发及工程化	北京科锐配电自动化股份有限公司 北京中机联供非晶科技股份有限公司 安泰科技股份有限公司 中兆培基（北京）电气有限公司 吴江变压器有限公司 明珠电气股份有限公司	周少雄　申　威 张广强　张卫国 胡其勇　刘国栋 沈向东　蔡定国 曲学东　李宗臻	科技进步奖 二等奖	参与
29	超、特高压变压器/电抗器出线装置关键技术及工程应用	中国电力科学研究院有限公司 泰州新源电工器材有限公司 常州市英中电气有限公司 保定天威保变电气有限公司 西安西电变压器有限责任公司 西安交通大学 特变电工沈阳变压器集团有限公司	李金忠　高步林 刘东升　俞英忠 韩先才　王绍武 孙建涛　谢庆峰 张书琦　汲胜昌	科技进步奖 二等奖	参与
30	大范围路网交通协同感知与联动控制关键技术及应用	北京航空航天大学 公安部交通管理科学研究所 北京交通发展研究院 安徽科力信息产业有限责任公司 交通运输部公路科学研究所 北京四通智能交通系统集成有限公司 启明信息技术股份有限公司	王云鹏　刘东波 郭继孚　田大新 于海洋　关积珍 李　斌　任毅龙 吴　坚　何广进	科技进步奖 二等奖	参与
31	基于共用架构的汽车智能驾驶辅助系统关键技术及产业化	清华大学 苏州智华汽车电子有限公司 广州汽车集团股份有限公司 厦门金龙联合汽车工业有限公司	李克强　罗禹贡 李升波　王建强 杨殿阁　邓　博 席忠民　陈卫强 成　波　许　庆	科技进步奖 二等奖	参与
32	严寒季冻区高速铁路毫米级变形标准下路基平稳性控制技术及应用	中国铁道科学研究院 中国铁路设计集团有限公司 东南大学 中国铁路沈阳局集团有限公司 中国铁路哈尔滨局集团有限公司 哈大铁路客运专线有限责任公司 中铁第一勘察设计院集团有限公司	赵国堂　叶阳升 蔡德钩　蒋金洋 刘伟平　张西泽 杨西锋　杨国涛 闫宏业　冷景岩	科技进步奖 二等奖	参与
33	高速铁路弓网系统运营安全保障成套技术与装备	西南交通大学 中国铁道科学研究院 成都交大光芒科技股份有限公司 成都唐源电气股份有限公司 成都国铁电气设备有限公司 江苏新绿能科技有限公司 宝鸡中车时代工程机械有限公司	高仕斌　王保国 刘志刚　侯文玉 韩通新　吴积钦 陈奇志　于　龙 刘再民　张向阳	科技进步奖 二等奖	参与
34	内镜超声微创诊疗体系的建立与临床应用	中国医科大学附属盛京医院 上海长海医院 浙江大学医学院附属第一医院 中国人民解放军总医院 南京微创医学科技股份有限公司 北京大学第一医院 中国医学科学院肿瘤医院	孙思予　金震东 李兆申　许国强 令狐恩强 韦建宇　年卫东 王贵齐　郭瑾陶 葛　楠	科技进步奖 二等奖	参与

续表

序号	项目名称	主要完成单位	主要完成人	奖种	完成方式
35	沿淮主要粮食作物涝渍灾害综合防控关键技术及应用	安徽农业大学 中国科学院南京土壤研究所 安徽省（水利部淮河水利委员会）水利科学研究院 河南农业大学 江苏省农业科学院 安徽省农业科学院	程备久　张佳宝 李金才　王友贞 陈黎卿　顾克军 刘良柏　刘万代 蔡德军　武立权	科技进步奖二等奖	参与
36	我国典型红壤区农田酸化特征及防治关键技术构建与应用	中国农业科学院农业资源与农业区划研究所 中国科学院南京土壤研究所 农业农村部耕地质量监测保护中心 湖南省土壤肥料研究所 江西省农业科学院土壤肥料与资源环境研究所 福建省农业科学院土壤肥料研究所 成都新朝阳作物科学有限公司	徐明岗　徐仁扣 周世伟　马常宝 李九玉　文石林 鲁艳红　彭春瑞 张　青　詹绍军	科技进步奖二等奖	参与
37	畜禽粪便污染监测核算方法和减排增效关键技术研发与应用	中国农业科学院农业环境与可持续发展研究所 江苏省农业科学院 华南农业大学 中国科学院生态环境研究中心 广东温氏食品集团股份有限公司 全国畜牧总站 农业农村部农业生态与资源保护总站	董红敏　廖新俤 常志州　魏源送 陶秀萍　黄宏坤 杨军香　张祥斌 朱志平　尚　斌	科技进步奖二等奖	参与
38	InSAR毫米级地表形变监测的关键技术及应用	中南大学 香港理工大学 中国矿业大学 广东省地质测绘院 长安大学	朱建军　李志伟 丁晓利　胡　俊 张　勤　张杏清 谢荣安　陈国良 戴吾蛟　冯光财	科技进步奖二等奖	参与
39	西北地区煤与煤层气协同勘查与开发的地质关键技术及应用	中国煤炭地质总局 神华新疆能源有限责任公司 新疆维吾尔自治区煤田地质局 中国矿业大学 中国中煤能源股份有限公司新疆分公司 中国地质大学（北京） 北京万普隆能源技术有限公司	王　佟　王宁波 傅雪海　韦　波 唐书恒　孙亚军 李　辉　谢志清 芦　俊　潘　军	科技进步奖二等奖	参与
40	肾癌外科治疗体系创新及关键技术的应用推广	中国人民解放军第二军医大学 中国人民解放军南京军区南京总医院	王林辉　孙颖浩 曲　乐　杨　波 吴震杰　孙树汉 刘　冰　徐　红 杨　富　时佳子	科技进步奖二等奖	参与
41	重症先心病外科治疗关键技术创新与应用	华中科技大学同济医学院附属协和医院 上海交通大学医学院附属上海儿童医学中心 南京市儿童医院 青岛市妇女儿童医院	董念国　张海波 邢泉生　莫绪明 徐卓明　史嘉玮 谢明星　武庆平 苏　伟　夏家红	科技进步奖二等奖	参与

【中药资源产业化过程循环利用模式与适宜技术体系创建及其推广应用】 该项目获2018年度国家科技进步奖二等奖。该项目率先提出并构建了非药用部位多途径多层次利用、固体废弃物有效处置和转化利用及液体废弃物精细利用等3类中药资源循环利用策略与模式；围绕药材生产过程产生的非药用部位、中药制药等药材深加工过程产生的巨量固液废弃物的资源化循环利用创建了生物转化、化学转化和物理转化等适宜的方法技术体系；有效地进行了创新性实践和推广应用，形成了一批循环利用成果，包括医药中间体原料和标准物、中兽药及生物农药原料、发酵转化生物肥和饲料添加剂、多类型生物炭、复合纤维素酶、纤维板等复合板材等，有效挖掘和提升了中药资源的利用效率和价值，有力促进和提升了资源产业化深加工过程中资源性产品的品质及其原料和产品的质量标准等。

【多熟制地区水稻机插栽培关键技术创新及应用】 该项目获2018年度国家科技进步奖二等奖。该项目针对我国南方多熟制地区水稻机插栽培普遍存在"苗小质弱与大田早生快发不协调、个体与群体关系不协调、前中后期生育不协调"，导致产量、品质不高不稳与多熟季节矛盾加剧的突出难题，潜心研究10余年，取得了突破性重要创新成果。创建了机插毯苗、钵苗两套"三控"育秧新技术；阐明了毯苗、钵苗机插水稻生长发育与高产优质形成规律，创立了"三协调"高产优质栽培途径及生育诊断指标体系；同时以上述关键技术的突破性创新为主体，创建了毯苗、钵苗机插水稻"三协调"高产优质栽培技术新模式，集成应用了适应不同稻区的毯苗、钵苗机插高产优质栽培技术，在各地涌现出一批高产典型。项目技术成果先后被农业农村部与江苏、安徽、湖北、江西等省列为主推技术，引领了我国水稻机械化栽培技术发展，促进了多熟制地区水稻机插栽培与生产水平的提升，成果整体达国际同类研究领先水平。

【梨优质早、中熟新品种选育与高效育种技术创新】 该项目获2018年度国家科技进步奖二等奖。该项目针对我国栽培梨主要为晚熟地方品种，优质早、中熟品种少，品种结构极不合理；而传统育种效率低，新品种培育难等突出问题，重点开展梨的优异资源挖掘利用、高效育种技术创新、新品种选育和配套技术研发，主要包括：创建了我国涵盖最丰富地理生态型的梨种质资源库，包括22个种1635份资源；创建首个DNA指纹图谱数据库及29个重要农艺性状表型数据库，挖掘优异种质180份，并建立骨干亲本资源库。绘制国际首个梨基因组图谱及最高密度遗传连锁图谱，挖掘重要性状功能基因42个，创建梨高效分子辅助选择及种间远缘杂交育种技术体系，有效提高了育种效率和精确度。培育出分别以翠冠、黄冠和红香酥为代表的早熟、中熟及红色系列优质新品种12个，占全国杂交育成品种栽培总面积的60%以上，改变了我国长期以来以晚熟品种为主导的产业格局。建立"刻槽高接"品种快速更新技术、发明倒"个"形梨高光效新树形及液体授粉等轻简化栽培技术，实现了良种良法配套，有效推动了我国梨品种结构的调整与产业转型升级。

【林业病虫害防治高效施药关键技术与装备创制及产业化】 该项目获2018年度国家科技进步奖二等奖。针对人工林病虫害的重大防治难题，创新开展了低量风送高射程喷雾、快速弥漫渗透喷烟、航空静电喷雾和精准对靶喷雾等关键技术研究；创制了7个类别、18个型号的地面与空中相结合的"高射程"、"强穿透"和"快速高效"的立体防治装备。

【优质肉鸡新品种京海黄鸡培育及其产业化】 该项目获2018年度国家科技进步奖二等奖。该项目针对肉鸡育种中多性状间遗传负相关选择效应相互抵触、活体选择肉品质难、地方鸡就巢性强难以产业化等突出难题，历经20多年系统研究，成功培育出我国目前唯一通过国家畜禽遗传资源委员会审定,具有肉质优、开产早、产蛋多、抗逆强四大特点的京海黄鸡新品种。该品种的育成实现了优质肉鸡理论与技术的重大突破，有力提升了我国肉鸡种业的核心竞争力，为我国产业转型升级、精准扶贫、供给侧结构性改革提供了强大的品种支撑。

【特种表面冲击强化抗应力腐蚀与疲劳技术及应用】 该项目获2018年度国家科技进步奖二等奖。针对石化、化工、电力等领域关键装备的抗应力腐蚀和疲劳失效难题，该项目团队历经10余年攻关和实践，开发了低成本、高效、可靠的抗应力腐蚀和疲劳失效的表面处理技术。发明了基于玻璃、超声、激光的3种表面冲击强化抗应力腐蚀和疲劳方法，构建了冲击工艺—微观结构—强化效果协同评价体系，实现了表面冲击强化后构件应力腐蚀和疲劳寿命的科学预测。

【国家工频高电压全系列基础标准装置关键技术与工程应用】 该项目获2018年度国家科技进步奖二等奖。该项目建立了1千伏至1000千伏全系列高电压基础标准装置，使我国在高电压量值的源头上第一次实现了完全独立自主。目前，该项目研制的"1千伏至1000千伏全系列工频高电压计量标准装置"已经全面取代了进口设备，被国家质检总局授权为我国法定最高等级社会公用计量标准，电力、航天、高铁、核工业等各行业的高电压计量设备已经全部溯源到该系列基础标准装置，有效保障了国家高电压量值统一和计量的准确可靠。

【气候变化对区域水资源与旱涝的影响及风险应对关键技术】 该项目获2018年度国家科技进步奖二等奖。该项目经10余年联合攻关，提出了基于水循环系统的水资源与旱涝评价理论，构建了基于"分离—耦合"的区域水资源与旱涝驱动机理识别技术，创建了基于"三层风险"评估的水资源与旱涝综合应对技术。成果在我国水资源演变规律、变化机制、变化趋势预测等方面取得了一系列重要的新认知，形成了新一代水资源调控、防汛抗旱实用技术。

【城市多模式公交网络协同设计与智能服务关键技术及应用】 该项目获2018年度国家科技进步奖二等奖。该项目研发了多模式公交网络供需辨识与协同设计、多模式公交网络协同仿真与平台构建、多模式地面公交绿波协同控制、多模式公交系统智能服务等技术，形成了跨部门、跨行业的公交系统协同运行与智能服务成套技术及系统装备，实现了城市多模式公交网络协同设计、协调控制、智能服务等技术突破。

【杀菌剂氰烯菌酯新靶标的发现及其产业化应用】 该项目获2018年度国家科技进步奖二等奖。该项目针对重大作物镰刀菌病害难以防控的难题，发现了肌球蛋白-5（Myosin-5）是杀菌剂极其重要的新靶标；揭示了肌球蛋白抑制剂氰烯菌酯的选择性及药理学机制；研发了以肌球蛋白抑制剂为核心技术的稻麦镰刀菌病害安全高效防控新技术，构建了技术推广新策略。近3年来，在全国推广肌球蛋白抑制剂系列新产品防控小麦赤霉病和水稻恶苗病达9000多万亩，减少用药4650吨，减损粮食340万吨，减少农民经济损失220多亿元，显著降低了谷物毒素含量，为提升我国农药创制及重大作物镰刀菌病害防控的科技水平做出了重要贡献。

【土地调查监测空地一体化技术开发与装备研制】 该项目获2018年度国家科技进步奖二等奖。该项目首创城乡一体化土地调查数据组织管理模型，实现了土地权属管理和利用管理的一体化；突破了土地利用变化空地一体协同感知技术，实现了土地利用变化的全域快速感知；首创全数字土地实地调查技术，实现了土地调查数据内外业无缝交互；研制空地一体车载集成装备，实现了土地利用变化的实时监测、精准采集、智能入库。项目成果在全国第二次土地调查中得到了广泛应用，为土地实地调查提供了全新的技术手段；"在线土地督察系统"覆盖全国9个土地督察局，徐州局利用该项目成果建成原国土资源部"国土资源执法监察信息化示范基地",在全国土地执法监察系统中起到了示范引领作用;项目支撑保障了全国第一本不动产权证书成功颁发;城乡一体化土地调查模式已成为正在开展的第三次全国国土调查的重要技术模式。

【煤炭高效干法分选关键技术及应用】 该项目获2018年度国家科技进步奖二等奖。该项目在国际上首次创立了气固流态化干法分选理论,发明了大型合式干法分选技术和干法重介质流化床分选技术,开发了世界上首套模块式高效干法选煤工艺系统,形成了煤炭高效干法分选关键技术,解决了长期影响干法选煤工程化的技术难题,实现了煤炭大规模干法分选提质。该项目具有不用水、工艺简单、适应性强、分选精度高、成本低等特点,技术水平国际领先,引领了世界干法选煤技术的发展,是世界选煤技术的重大突破。

【水力式升船机关键技术及应用】 该项目获2018年度国家科技进步奖二等奖(参与)。水力式升船机是一种利用水能作为提升动力和安全保障措施的全新升船机,利用上下游水位差,向竖井充泄水改变平衡重浮力驱动船厢升降,不仅实现了从电力驱动到水力驱动的全新转变,还使升船机真正达到了自适应"全平衡"。该设备能自动适应船厢漏水等事故工况,可轻松实现承船厢出入水对接,不需要大功率电机和复杂的机械驱动装置,显著提升了升船机的安全性、可靠性、适用性和经济性。

【高性能铝合金架空导线材料与应用】 该项目获2018年度国家科技进步奖二等奖(参与)。架空导线是电网中用量最大、最关键的组成部分之一。导线的导电率每提升1%IACS,全国每年节约线损超70亿千瓦时。但提升导电率与同时提高强度和耐热性之间存在矛盾。该项目组经10余年研究,发明了耐热高导Al-Zr-Y导线材料及其制备技术、高强抗疲劳Al-Mg-Si导线及其制备技术、导线冶金质量控制技术,分别应用于超耐热增容导线、特高压大跨越导线、节能导线等三大类10余种导线新产品,电导率总体提升超1%IACS。项目对于提升我国架空导线材料及其制备技术水平,推动国家电网建设和节能减排具有重要意义。

【心理生理信息感知关键技术及应用】 该项目获2018年度国家科技进步奖二等奖(参与)。该项目针对心理生理信息获取难、量化难、分析难等问题,提出"心理生理计算",并从普适化生理信号、语音、表情、眼动等多模态感知信号入手,发明了基于多种生理、心理信息的抑郁障碍量化评估技术,在心理生理信息的有效量化"感"+"知"及持续性监测等问题上取得了重大突破。核心技术已在多家企业及医疗和科研机构成功推广应用,取得了显著的经济和社会效益。

【集成化宽频带光发射器件与模块】 该项目获2018年度国家科技进步奖二等奖(参与)。该项目是中国科学院半导体研究所、南京大学和武汉光迅科技股份有限公司3家单位通过多年合作完成的研究开发成果,联合承担了国内第一批光电子集成器件的重点研究项目,解决了集成化激光器模块在研究开发过程中面临的核心技术问题。研究成果受到国内外同行的广泛关注,与华为公司合作开发了我国首款实用化4×25G多波长激光器模块。基于专利技术研发的集成光收发模块用于华为、中兴、烽火、谷歌、阿朗等国内外知名公司系统设备中,并在国家多项高技术项目中获得了应用,为实现核心高端光电子集成器件的自主可控提供了保障。

【凹陷区砾岩油藏勘探理论技术与玛湖特大型油田发现】 该项目获2018年度国家科技进步奖一等奖(参与)。该项目核心包括4项原始理论和技术创新。首先是"储油",突破砾岩沿盆地边缘分布的传统沉积学观点,创建砾岩满凹沉积模式,丰富了陆相沉积学理论。其次是"生油",突破经典Tissot单峰生油模式,创建碱湖烃源岩双峰高效生油模式,发展了陆相生油理论。再次是"聚油",突破源储一体才能大面积成藏的已有观点，创建源上砾岩大油区成藏模式，发展了岩性油气藏理论。最后是"采油"，攻克砾岩储层评价、甜点预测和有效动用3项技术瓶颈，实现高效勘探与效益建产。发现了10亿吨级特大型砾岩油田，这是我国石油勘探近10年来的最大成果，是全球最大的整装砾岩油田，已成为国内原油最重要的上产基地，预计"十三五"末累建产能超过1000万吨，保障了国防军工稀缺环烷基原油的持续供给，促进了边疆稳定和经济发展。对立足国内、保障我国能源安全具有重要意义，必将为国内原油量重回2亿吨提供有力的理论技术支撑。这一成果标志着油气勘探新领域的探索成功，为全球同行提供了可复制的中国理论与中国技术，使世界资源潜力巨大的凹陷区砾岩有望成为21世纪油气勘探的重大接替领域，引领新的石油科技革命，推动石油地质学发展。

【复杂电网自律－协同自动电压控制关键技术、系统研制与工程应用】 该项目获2018年度国家科技进步奖一等奖（参与）。该项目历经20余年持续研究和产学研用联合攻关，提出了复杂电网主从分裂理论、构建了"自律协同"的复杂电网AVC技术体系，研制出首套复杂电网AVC系统，大规模应用于我国电网，闭环控制了全国81%的水、火电，88%的220千伏以上变电站和55%的集中并网风机、光伏，并出口至美国最大电网PJM，经济社会效益巨大，实现了现代电网电压控制"从人工到自动，从离线到在线"的跨越。

【复合地基理论、关键技术及工程应用】 该项目获2018年度国家科技进步奖一等奖（参与）。该项目团队经过近30年的理论和技术创新，创建了复合地基理论体系，研发了系列高性能复合地基技术，形成了完整工程应用体系，建立了复合地基承载力、沉降、固结、稳定及抗震设计方法，突破了传统地基处理技术瓶颈，实现了地基的快速、经济和高效处理，引领和支撑了复合地基技术研发及工程应用。使复合地基成为与浅基础、桩基础并列的土木工程第三种常用基础形式，并成为本科生和研究生教材与教学的重要内容，基础工程类各种设计手册和指南的重要章节。

【月季等主要切花高质高效栽培与运销保鲜关键技术及应用】 该项目获2018年度国家科技进步奖二等奖（参与）。该项目选定月季等3种国际范围内的重要商品花卉，针对我国单位面积生产效率低、产品质量差、采后损耗大，同时能源消耗高、面源污染严重的核心问题，围绕高效栽培与流通关键技术研发，进行了20年的协作攻关。创制了以周年供应为目标的高效生产新技术和花卉产品采后品质调控新技术，并集成创新了花卉节本增效生产流通技术体系。该成果推动了我国月季等三大商品花卉高效生产和流通基础理论与技术的创新，总体上达到国际先进水平，其中菊花成花的年龄及光周期调节和月季花朵开放衰老的乙烯调控等机制研究达到国际领先水平。项目创新成果辐射837家花卉龙头企业，创造就业岗位27000余个，带动花农172100余户，近3年累计推广应用133.8万亩，新增经济效益91.3亿元，经济效益和社会效益显著。

【农林剩余物功能人造板低碳制造关键技术与产业化】 该项目获2018年度国家科技进步奖二等奖（参与）。针对人造板易燃烧、防潮性能差、释放甲醛及生产效率低、能耗高等技术难题，项目研发了农林剩余物功能人造板绿色胶黏剂及其高效制备、多元体系坯料分级节能快构、高效节能成形技术及核心装备，构建了农林剩余物功能人造板低碳制造技术体系，为我国人造板产业结构优化升级及行业技术进步提供了重大技术支撑，对保障木材安全、生态安全，实现林产工业绿色可持续发展具有重要意义。

【长江口重要渔业资源养护技术创新与应用】 该项目获2018年度国家科技进步奖二等奖（参与）。该成果历时20余年，在多项国家和省部科技项目支持下，从长江口渔业资源衰退机制、关键生态功能修复和重要资源养护等3个递进层面开展系统研究，阐明了长江口渔业资源衰退成因与机制，并在中华绒螯蟹和鳗鲡资源养护、刀鲚和河鲀繁育、中华鲟保护等方面取得多项创新性成果和关键技术突破，整体水平国际领先。成果的实施成功恢复了长江口重要渔业资源，维护了生态平衡，促进了生态文明建设，是落实中央提出的"长江大保护"国家战略的具体行动和良好开端。

【废旧聚酯高效再生及纤维制备产业化集成技术】 该项目获2018年度国家科技进步奖二等奖（参与）。该项目紧密围绕我国废旧聚酯资源循环再生发展战略需求，立足自主创新，以废旧聚酯资源综合利用最优化、加工高效清洁化、产品高品质高值化为目标，成功构建了废旧聚酯高效再生及纤维制备产业化集成技术体系。项目主要完成人有王华平、钱军、陈浩、金剑、戴泽新、王少博、陈烨、仝文奇、邢喜全、方叶青。其中，金剑和仝文奇是来自于中国通用技术集团所属中纺院的教授级高工。

【高性能特种编织物编织技术与装备及其产业化】 该项目获2018年度国家科技进步奖二等奖（参与）。该项目属纺织机械和产业用纺织品领域，项目技术与产品为原始创新与集成创新。项目中产业用编织物指采用高性能纤维材料经特种编织技术与装备编织的绳缆、管类、带类、海洋伪装植物等，这些产品具有三维非正交结构，力学性能最优，是尖端国防和重要民生领域的重大需求产品，如航母舰载机拦阻绳、舰艇绳缆、伞降机降绳缆、海洋伪装植物等国防产品和深海作业打捞绳缆、船舶码头矿山绳缆、消防管类编织物、渔业编织物、医用编织物等民生产品，近年在航母工程、海洋权益维护与开发战略下，对编织装备及产业用编织产品提出了更高要求。

【磷酸铁锂动力电池制造及其应用过程关键技术】 该项目获2018年度国家科技进步奖二等奖（参与）。经过15年的努力，该项目团队构建了具有自主知识产权的磷酸铁锂动力电池技术体系，在新能源汽车和储能工程系统中得到了广泛的应用。该项技术不断完善，使得中国成为磷酸铁锂电池制造及应用的第一大国，同时也奠定了磷酸铁锂动力电池在电动大巴、电动物流车、储能领域的广阔市场。

【高世代声表面波材料与滤波器产业化技术】 该项目获2018年度国家科技进步奖二等奖（参与）。该项目团队通过产学研联动，军民融合，以"高功率、小体积、大带宽、量产"为主攻方向，从材料结构与性能调控的角度，突破了声表面波滤波器换能器材料功率耐受性提升技术、大带宽低插损器件控制技术、微型化设计与器件精细加工技术，实现了产业化，产品已成功应用于华为、中兴等几乎所有的国产品牌手机，并出口到韩国。

【国产非晶带材在电力系统中的应用开发及工程化】 该项目获2018年度国家科技进步奖二等奖（参与）。该项目团队研发出了具有自主知识产权的非晶带材制造的成套装备与工艺，建成了我国万吨级铁基非晶带材生产线，实现了非晶带材的国产化，开发了高性能非晶铁芯制造技术和非晶配电变压器产业技术，实现了广泛的产业化应用。该成果提升了非晶产业上下游产业链的自主创新能力和核心竞争力，促进了我国非晶材料及相关产业的高质量发展。

【超、特高压变压器/电抗器出线装置关键技术及工程应用】 该项目获2018年度国家科技进步奖二等奖（参与）。该项目在超、特高压变压器/电抗器用绝缘纸板、成型件及出线装置的设计、制造和试验技术等方面开展了研究，攻克了超、特高压变压器/电抗器绝缘纸板、成型件和出线装置标准化设计和批量生产的关键技术难题，发明了异型隔栅、镂空撑条的支撑结构，提出了多浆料混合配方及其磨浆工艺，研制出高密度超厚绝缘纸板，打破了国外供应商的垄断，具有显著的社会效益、经济效益和推广应用前景。

【大范围路网交通协同感知与联动控制关键技术及应用】 该项目获2018年度国家科技进步奖二等奖（参与）。该项目团队针对城市交通传统控制中的感知数据缺、辨识评价粗、控制能力弱问题，提出了路基-车基-空基一体化协同感知新模式，突破了城市路网运行状态辨识与量化评估新技术，国际首次提出了交通指数概念，研发出区域交通协同联动控制集成平台及系列装备，形成了具有完全自主知识产权的技术体系，并开创性地建立了我国城市交通协同控制技术标准体系，相关成果已在全国推广应用，有力地支撑了我国城市道路交通"畅通工程""两化"等国家重大专项行动，社会效益显著。

【基于共用架构的汽车智能驾驶辅助系统关键技术及产业化】 该项目获2018年度国家科技进步奖二等奖（参与）。智能驾驶辅助系统是实现汽车无人驾驶的必由之路，正引发世界各国的激烈角逐，该系统长期由国外零部件巨头垄断。项目组首次提出智能驾驶辅助系统的新型共用架构，基于该架构突破了汽车节能与安全驾驶辅助技术瓶颈，形成了自主知识产权的系列化核心技术，打破了国外汽车公司在该领域的技术垄断，所研发的驾驶辅助产品在与国际知名汽车零部件供应商的竞标中胜出，首次实现了在我国乘用车和商用车企业的大规模前装配套。

【严寒季冻区高速铁路毫米级变形标准下路基平稳性控制技术及应用】 该项目获2018年度国家科技进步奖二等奖（参与）。该项目研究形成了严寒季冻区高速铁路毫米级变形标准下路基平稳性控制关键技术及应用体系，主要创新点包括：①发现了粗粒土填料中细颗粒"簇团"结构，揭示了高铁路基填料冻胀机理；②创新提出了路基防冻胀精细化设计方法，构建了结构与材料一体化的冻胀控制技术体系；③研发了多源数据融合的冻胀监测预警方法，提出了路基平稳性保持技术。

【高速铁路弓网系统运营安全保障成套技术与装备】 该项目获2018年度国家科技进步奖二等奖（参与）。该项目紧密结合国家高速铁路发展的重大战略与行业需求，攻克了高铁弓网系统运营安全保障系列关键技术，研制了具有自主知识产权的弓网系统检测监测、诊断评估与检修维护的运营安全保障成套技术装备。已在我国所有18个铁路局集团有限公司全面推广应用，并辐射应用到重载、普速电气化铁路和城市轨道交通。为保障我国高铁安全运营发挥了不可替代的作用，推动了高铁接触网修程修制的改革与创新，极大提升了高铁弓网系统的安全运行与运维管理水平。

【内镜超声微创诊疗体系的建立与临床应用】 该项目获2018年度国家科技进步奖二等奖（参与）。项目组首创通过EUS引导下注射、结扎和全层切除治疗黏膜下肿瘤，术后无须住院治疗。与外科手术相比，操作时间缩短53%，并发症率降低27%，治疗费用降低65%。被美国国立综合癌症网络（NCCN）和欧美内镜、消化学会多次写入相关诊治指南。项目组6家医疗机构近15年累计完成EUS引导下细针穿刺3万余例，平均诊断准确率及操作数量，均高于国际水平。针对我国黏膜下肿瘤疾病的特点，制定了《中国内镜超声引导下细针穿刺应用指南》，规范了这一精准诊断新方法。在此基础上，项目组研发了在EUS下通过穿刺针穿过消化道壁对周围病变进行诊治的系列创新技术。项目组在国际上首创EUS引导下经消化道对胰腺病变进行精确穿刺植入放疗及缓释化疗粒子，被欧洲学会写入诊治指南。项目组在国际率先开展了在EUS引导下经过胃壁对腹腔神经节进行穿刺消融治疗，与CT介入方式相比，避免截瘫等重大并发症风险，牵头组织制定了全球第一个EUS引导下腹腔神经节消融术的国际指南。

【沿淮主要粮食作物涝渍灾害综合防控关键技术及应用】 该项目获2018年度国家科技进步奖二等奖（参与）。沿淮地区是我国重要粮食主产区，耕地面积约1.2亿亩，也是我国涝渍灾害频发重发、成灾面积最大的地区之一。针对该地区涝渍成灾机制不清、作物致灾机制不明，防控技术针对性差、集成度低等突出问题，该项目研究团队按照"技术减灾、生物抗灾、结构避灾"新思路，开展了主要粮食作物减灾增效关键技术研究与集成示范，历经18年联合攻关，揭示了沿淮"降水—汇流—入渗—涝渍"成灾等机制，创建了农田快速排水工程技术与标准，创新了改土增渗降渍技术；攻克作物涝渍抗性和致灾减产机制及抗性评价方法，创新了玉米和小麦抗涝渍关键技术；在重灾的行蓄洪区首创"旱稻－小麦"结构避灾新模式；集成创新了沿淮三大粮食作物涝渍灾害综合防控技术体系和周年稳产增效技术模式。

【我国典型红壤区农田酸化特征及防治关键技术构建与应用】 该项目获2018年度国家科技进步奖二等奖（参与）。南方红壤地区是我国农产品重要产区，近年来，红壤以自然条件下上万倍的速率酸化，导致红壤酸上加酸，作物减产，严重威胁国家粮食安全和生态安全。针对红壤区高度集约化种植模式下农田酸化时空演变特征及其驱动因素不明确、精准高效的防治技术缺乏等问题，研发团队通过近30年的长期试验与监测及实践验证，探明了红壤农田酸化时空演变特征。揭示了高温多雨气候下红壤中化学氮肥硝化快、硝酸盐淋失多、氢铝离子大量富集的酸化机制；构建了红壤农田酸化驱动因子效应模型，明确了化学氮肥驱动农田酸化的贡献率达66%以上；阐明了有机肥降低硝化潜势阻酸、中和氢离子和络合活性铝控酸的双重作用机制。建立了作物产量对红壤pH值响应的双指数曲线方程，明确了主要作物的酸害阈值及酸度改良目标值。针对红壤农田酸化程度及养分状况，集成关键技术与配套技术，创建了极强酸性土壤降酸治理、强酸性土壤调酸增产、中度酸性土壤阻酸培肥及弱酸性土壤控酸稳产等4种综合防治技术模式，经6省多点大面积示范，土壤pH值提高0.2～1.0个单位，农作物增产12%～27%，实现了酸化防治和肥力提升协同发展。

【畜禽粪便污染监测核算方法和减排增效关键技术研发与应用】 该项目获2018年度国家科技进步奖二等奖（参与）。该项目首创了我国畜禽粪便污染核算方法，创建了污水源头减量工艺，发明了污水沼液再生利用、堆肥臭气减排与氨氮回收利用关键技术与装备，集成创建了种养结合、清洁回用、集中处理3个系列的技术模式并大面积推广应用，为国家政策制定和重大行动实施提供了科技支撑。

【InSAR毫米级地表形变监测的关键技术及应用】 该项目获2018年度国家科技进步奖二等奖（参与）。该项目在国家"863"计划和国家自然科学基金等资助下，创新性地引入了测量平差技术，突破了InSAR大气误差抑制、去相干噪声滤波、复杂形变建模及三维形变测量等关键技术，建立了一套具有自主知识产权的InSAR毫米级形变测量数据处理的成套技术和软件体系。

【西北地区煤与煤层气协同勘查与开发的地质关键技术及应用】 该项目获2018年度国家科技进步奖二等奖（参与）。该项目攻克了制约西北地区煤与煤层气资源协同勘查与开发的地质关键技术、矿井隐蔽致灾地质因素精细探测技术，取得了煤炭、煤层气及地下水资源勘查与开发的重要突破，有力支撑了国家第14个大型煤炭基地建设，对促进边疆地区经济社会发展、"一带一路"倡议等意义重大。

【肾癌外科治疗体系创新及关键技术的应用推广】 该项目获2018年度国家科技进步奖二等奖（参与）。该项目经过20多年的攻关专研，针对肾癌早、中、晚期不同阶段分别研究不同治疗体系，形成肾癌外科治疗体系。将肾癌手术从"巨创""微创"到"微微创"，从"全切"到"去瘤保肾",保肾率从65%上升到85.6%,肾癌微创率从10.5%提升到93.7%,突破了一个个技术难关,创新多项手术方式,相继完成了亚洲首例机器人单孔腹腔镜肾癌保肾手术、国内首例机器人单孔腹腔镜肾上腺肿瘤切除术。

【**重症先心病外科治疗关键技术创新与应用**】 该项目获2018年度国家科技进步奖二等奖(参与)。该项目以提高外科疗效为目标,取得一系列技术突破和理论创新。其中,国际首创先心病经胸微创封堵技术,作为胸心外科学领域少有的中国原创技术,克服了传统开胸手术时间长、术后恢复慢、手术难度高等缺点,被德国、俄罗斯、巴西、印度等国医生认可并采纳,获得全球超过10000个成功案例。

2018年度江苏省科技奖励

2018 Jiangsu Province Science & Technology Awards

江苏省科学技术奖

【**276个项目获2018年度江苏省科学技术奖**】 为深入实施创新驱动发展战略,充分调动和激发科技人员创新创业积极性,根据《江苏省科学技术奖励办法》的规定,经江苏省科学技术奖励评审委员会组织评审,并报江苏省人民政府批准,决定授予"高可靠海洋光纤光缆关键技术与成套装备"等276个项目2018年度江苏省科学技术奖,其中,一等奖45项、二等奖79项、三等奖152项。

2018年度江苏省科学技术奖一等奖名单

序号	项目名称	主要完成单位	主要完成人
1	高可靠海洋光纤光缆关键技术与成套装备	江苏亨通光纤科技有限公司 江苏亨通海洋光网系统有限公司 江苏亨通光电股份有限公司 东南大学 苏州大学	陈伟　许人东　孙小菌 沈纲祥　张功会　肖华 王林　郝常吉　袁健 孙贵林　胡涛平
2	大规模数据服务系统与平台的关键技术及产业应用	南京大学 中兴通讯股份有限公司 清华大学	陈贵海　屠要峰　舒继武 窦万春　李国良　高洪 郑嘉琦　郭斌　韩银俊 顾荣　杨洪章
3	物联网低功耗关键技术研发和应用	东南大学	杨军　时龙兴　吴建辉 戚隆宁　刘昊　单伟伟 陈超
4	医药脂质纳米材料及其产业化关键技术	东南大学 苏州东南药业股份有限公司 苏州纳康生物科技有限公司 正大天晴药业集团股份有限公司 江苏东南纳米材料有限公司	顾宁　吉民　夏强 蔡进　杨芳　李锐 熊非　王祥建　徐静 张勇　刘海东
5	缓释智能递药系统的关键技术及其应用	扬子江药业集团有限公司 中国药科大学 江苏大学	尹莉芳　董志奎　顾孝红 徐希明　胡涛　杨磊 徐浩宇　李浩冬　吕慧敏 金霞　江芳

续表

序号	项目名称	主要完成单位	主要完成人
6	高端化工离心泵关键技术研究及工程应用	江苏大学 江苏双达泵阀集团有限公司 上海凯泉泵业（集团）有限公司 江苏海狮泵业制造有限公司 江苏亚梅泵业集团有限公司	袁寿其 王秀礼 付 强 宋浩杰 朱荣生 严建华 肖功槐 项 伟 朱巧君 孙宏祥
7	统一潮流控制器（UPFC）关键技术、成套装备及工程应用	国网江苏省电力有限公司 南京南瑞继保电气有限公司 全球能源互联网研究院有限公司 浙江大学 中国能源建设集团江苏省电力设计院有限公司 西安西电变压器有限责任公司 中电普瑞科技有限公司	陈 刚 李 群 曹冬明 黄志高 徐 政 田 杰 刘建坤 杨晓梅 吴 威 陈 静 孙 雷
8	大型风力机设计关键技术研究及应用	南京航空航天大学 连云港中复连众复合材料集团有限公司 江苏金风科技有限公司 无锡风电设计研究院有限公司	王同光 赵 宁 朱春玲 王 珑 柯世堂 乔光辉 闻笔荣 郭同庆 张震宇 钟 伟 包洪兵
9	农林生物质气化发电联产炭、热、肥的技术创新与产业化	南京林业大学 兴化市亚宝油脂有限公司 合肥德博生物能源科技有限公司	周建斌 张齐生 陈登宇 章一蒙 马欢欢 蔡炳康 张守军 田 霖
10	电动汽车新型动力系统关键技术及应用	中国矿业大学 南京理工大学 江苏智航新能源有限公司 南京理工自动化研究院有限公司 南京金龙客车制造有限公司 苏州汇川技术有限公司 淮北思尔德电机有限责任公司 浙江特种电机股份有限公司 江苏建康汽车有限公司	陈 昊 彭富明 吴丽军 徐志浩 黄福良 杨睿诚 徐爱民 吕仲维 张 越 宋 祥 李 勃
11	转底炉高效处理钢铁流程含铁、锌尘泥资源关键技术集成与示范	江苏沙钢集团有限公司 江苏省冶金设计院有限公司 江苏省沙钢钢铁研究院有限公司 神雾科技集团股份有限公司	刘 俭 吴道洪 施一新 王汝芳 杜 屏 谢善清 毛 瑞 殷惠民 王 飞 李生忠 茅沈栋
12	金属微纳结构材料的精确制备、光学新效应及应用基础	南京大学	王振林 陈 卓 詹 鹏 章建辉 刘凡新 董 雯
13	现代混凝土早期变形与收缩裂缝控制	东南大学 江苏苏博特新材料股份有限公司 江苏省建筑科学研究院有限公司	刘加平 田 倩 王育江 徐 文 李 磊 姚 婷 李 华 张守治 王文彬 王 瑞 高南箫
14	智能纳米材料在高效光电生物传感与可控药物递送中的应用	南京大学	朱俊杰 王乐勇 姜立萍 闵乾昊 张剑荣 李玲玲 胡晓玉 张鹏晖 陈子轩 何智梅
15	可再生能源转换与存储器件用低维电极关键材料制备技术及产业应用	南京工业大学 浙江大学 超威电源有限公司	暴宁钟 何大方 张玲洁 李 畅 张绍辉 史叶勋 查晨阳 张晓艳

续表

序号	项目名称	主要完成单位	主要完成人
16	有机-无机复合膜的设计制备及其分子尺度分离性能研究	南京工业大学	金万勤　刘公平　周浩力
17	高性能分离膜材料设计、制备与应用研究	中国科学院苏州纳米技术与纳米仿生研究所	靳　健　朱玉长　高守建 张　丰　王正宫　张文彬
18	高效有机光电材料设计及界面调控	苏州大学 香港城市大学	唐建新　张晓宏　李振声 崔超华　郑才俊　李艳青 陈敬德　刘小可　周　雷 欧清东　李永舫
19	"悟空"号暗物质粒子探测器	中国科学院紫金山天文台	常　进　郭建华　藏京京 胡一鸣　徐遵磊　张　岩 马　涛　张永强　陈灯意 蔡明生　伍　健
20	复杂大部件机器人智能装配关键技术与应用	南京航空航天大学 成都飞机工业（集团）有限责任公司 江西洪都航空工业集团有限责任公司 南京埃斯顿机器人工程有限公司 无锡贝斯特精机股份有限公司	廖文和　田　威　万世明 陈顺洪　张　霖　崔海华 王杰高　张新龙　邱燕平 刘　松　杨文安
21	高速列车门系统关键技术研发及应用	南京康尼机电股份有限公司 南京工程学院 南京康尼电子科技有限公司	史　翔　刘文平　刘落明 史金飞　高文明　朱松青 茅　飞　丁瑞权　贡智兵 朱志勇　许志兴
22	航空航天装备使役状态分析的数字化关键技术及应用	东南大学 中国航天科工集团第三研究院第三总体设计部 南京林业大学	费庆国　姜　东　张大海 张培伟　仝宗凯　何顶顶 李彦斌　吴邵庆　董萼良 曹芝腑　廖　涛
23	复杂环境下远程巡检机器人关键技术及应用	东南大学 亿嘉和科技股份有限公司 扬州大学 南京天创电子技术有限公司	宋爱国　许春山　徐宝国 宋光明　包加桐　程　敏 林　欢　刘　爽　赵国普 闵济海　曾　洪
24	高性能金属基复合材料构件激光增材制造的跨尺度形性调控机制	南京航空航天大学	顾冬冬　戴冬华　李雅莉 沈以赴　贾清波　袁鹏鹏
25	两机叶片高效智能加工关键技术研发与应用	华中科技大学无锡研究院 无锡透平叶片有限公司 华中科技大学 武汉理工大学	丁　汉　严思杰　王金吕 代　星　张小俭　朱大虎 张小明　赵　欢　滕树新 张家军　钱经纬
26	面向柔性光电子的微纳制造关键技术与应用	苏州苏大维格光电科技股份有限公司 苏州大学	陈林森　方宗豹　周小红 叶　燕　乔　文　刘艳花 魏国军　朱昊枢　朱　鸣 张　瑾
27	特种电梯关键技术及应用	中国矿业大学 东南电梯股份有限公司	朱真才　曹国华　秦健聪 沈　刚　马依萍　周公博 彭玉兴　杨建荣　杜海军 汤　裕　卢　昊
28	复杂河网水质改善能力提升理论技术及应用	河海大学 南京农业大学 南京大学	王沛芳　王　超　饶　磊 陈　娟　蒋建东　任洪强 李一平　操家顺　钱　进 逄　勇

续表

序号	项目名称	主要完成单位	主要完成人
29	满足国Ⅴ排放标准重型柴油车尾气高效后处理催化剂及产业化	南京大学 无锡威孚环保催化剂有限公司 无锡威孚力达催化净化器有限责任公司	董林 贾莉伟 高飞 岳军 王刚 金炜阳 张杰 杨金 苗垒 汤常金 张小平
30	高精度多模多频GNSS基准站网关键技术及应用	东南大学 江苏省测绘工程院 武汉大学 国家基础地理信息中心 上海华测导航技术股份有限公司	潘树国 徐地保 姚宜斌 高旺 武军郦 高成发 贺成成 陈明 许超钤 喻国荣 梁霄
31	煤源有害物质的环境地球化学约束	中国矿业大学 淮海工学院	代世峰 王文峰 王学松 段飘飘
32	混凝土结构智能检测与主动高效加固关键技术及应用	东南大学 北京特希达科技有限公司 柳州欧维姆机械股份有限公司 南京林业大学 江西赣粤高速公路股份有限公司	吴刚 张建 魏洋 王春林 朱虹 蒋剑彪 何小元 谢正元 吁新华 刘钊 丁幼亮
33	食品加工中生物毒素控制创新技术与应用	江南大学 江苏省农业科学院 国家粮食局科学研究院	孙秀兰 纪剑 庞月红 刘睿杰 皮付伟 徐剑宏 王松雪
34	猪圆环病毒病免疫防控关键技术的创建与应用	南京农业大学 江苏南农高科技股份有限公司	姜平 王先炜 白娟 蒋伟弼 董彦鹏 张书霞 李玉峰 曹瑞兵 陈溥言 缪芬芳 何海蓉
35	等离子手性定量分析新技术和新方法	江南大学	匡华 胥传来 徐丽广 马伟 吴晓玲 郝昌龙 孙茂忠
36	绿豆新品种选育及绿色高效栽培技术集成应用	江苏省农业科学院 中国农业科学院作物科学研究所 泰国农业大学 湖北省农业科学院粮食作物研究所 南阳市农业科学院 广西壮族自治区农业科学院作物品种资源研究所 青岛市农业科学院 四川省农业科学院作物研究所 明光市土壤肥料工作站	陈新 程须珍 王丽侠 万正煌 袁星星 俞春涛 朱旭 陈红霖 崔晓艳 Peerasak Srinives 胡业功
37	我国主要蛋鸭遗传资源评价与创新利用	扬州大学 浙江省农业科学院 福建省农业科学院 湖北省农业科学院 诸暨市国伟禽业发展有限公司 湖北神丹健康食品有限公司	陈国宏 卢立志 傅光华 杜金平 李柳萌 李清逸 曾涛 徐琪 黄瑜 梁振华 张扬
38	干细胞复合胶原支架引导子宫内膜重建治疗重度宫腔粘连的基础与临床研究	南京大学医学院附属鼓楼医院 中国科学院遗传与发育生物学研究所	胡娅莉 戴建武 孙海翔 陈冰 丁利军 赵光锋 颜桂军 李娟 朱湘虹 汤晓秋 李新安

续表

序号	项目名称	主要完成单位	主要完成人
39	骨关节炎的基础与临床研究	南京大学医学院附属鼓楼医院 江苏省苏北人民医院	蒋青 颜连启 史冬泉 王静成 孙钰 戴进 陈东阳 徐志宏
40	胃肠道免疫微环境调控研究与肿瘤精准诊疗策略的建立	常州市第一人民医院 苏州大学	蒋敬庭 邢伟 胡文蔚 郑晓 陈陆俊 王雪峰 吴晨 陈杰 邓海峰 王琦 卢斌峰
41	神经内镜微创手术关键技术的创新与推广应用	无锡市第二人民医院 北京市神经外科研究所 苏州大学附属第二医院	鲁晓杰 张亚卓 王清 兰青 桂松柏 李储忠 李江安 苗增利 季卫阳 李兵 陈开来
42	遗传信息稳定传递障碍与生殖健康相关疾病的研究	南京医科大学	胡志斌 沙家豪 郭雪江 许晶 林苑 陈亦江 周涛 周作民 蒋涛
43	移植相关性出凝血疾病及其关键机制研究	苏州大学附属第一医院 苏州大学	韩悦 赵益明 王兆钺 傅建新 戚嘉乾 张翔 唐雅琼 周莉莉 王虹 吴德沛 阮长耿
44	肝癌多模态诊疗	东南大学附属中大医院 南京工业大学	张业伟 董晓臣 邵进军 许文景 周家华 潘峰 余泽前
45	冠状动脉分叉病变发病机制及治疗技术的研究	南京市第一医院	陈绍良 张俊杰 叶飞 田乃亮 刘志忠 单守杰 林松 李小波 葛震 吴志明 陈亮

【**高可靠海洋光纤光缆关键技术与成套装备**】 该项目组攻克了高可靠海洋光纤光缆的材料体系、波导设计、制造技术和生产工艺中的关键科学难题,打破国外技术垄断。首创海洋光纤预制棒的 CCVD 工艺与"一步法"烧结工艺,解决了海洋光纤预制棒的高纯无缺陷制备技术难题;独创"奇数钢丝复合一体化"的海缆结构,解决了长期困扰我国海缆企业的高拉伸强度、高冲击强度和高压扁强度的"三高"关键难题;自主设计高可靠海洋光纤光缆成套制造装备,实现海缆的"大长度高强度高效率"稳定生产,并建立海洋光纤传输可靠性测试分析平台。成果应用于国际 Belize、Maldives、里海石油、科摩罗群岛及国内琼州海峡等重大工程,经济效益与社会效益显著。

【**大规模数据服务系统与平台的关键技术及产业应用**】 该项目围绕大规模数据服务开展研发,形成了面向多种应用的数据存储与传输技术体系,研制了"大、快、准、省"的综合服务平台,克服了扩展失度、调度失衡、协同失效、能耗失控等瓶颈问题,在存储集群容量、单机输出性能、精准服务可靠性和降低系统成本等方面取得重大突破。该项目可扩展的可靠存储架构,克服了大规模数据服务中的存储容量、性能及扩展性受限问题,在保证数据完整性的同时降低了在线运维的复杂度;高效均衡网络传输优化,实现了交换机内多维资源的均衡利用,有效减少了控制开销和更新时间;精准化敏捷性数据服务,克服了数据中心内部资源优化与自适应调度问题。低成本集约型构建方法,能够在高可定制的前提下实现低延迟、低存储和低成本。成果广泛应用于云计算、大数据、大视频等场景，覆盖中国、美国等50多个国家的300多家单位。

【物联网低功耗关键技术研发和应用】 该项目为国内满足物联网低功耗应用场景需求而研发。项目为低电压低功耗集成电路设计技术，在国内首次系统性研究了低电压（近阈值）集成电路设计方法，突破了低电压片上静态随机存储器、同步电路的弹性设计方法、模拟/射频低功耗主从结构等3项关键技术；属于低功耗无线传感网通信及传感器融合技术，突破分布式拥塞缓解媒体接入控制协议关键技术，平均传输功耗比国外同类技术降低11.5%～30%；通过多层信息约束和质量控制方法，传感器融合处理时间及功耗降低80%以上。项目成果已经应用于中芯国际、北京君正、紫光国芯等国内多家集成电路企业。

【医药脂质纳米材料及其产业化关键技术】 该项目解决了脂质纳米材料的合成、纯化和质量控制的难题；实现了脂质纳米材料精准组装和肿瘤靶向的理论创新；突破了脂质纳米材料与脂质纳米粒的产业化关键技术，实现了在药物及健康产业中的应用，成功建成了中国第一条功能脂质纳米粒规模制备生产线。2个脂质纳米材料获得药用辅料的生产注册批件，4个脂质纳米材料（2个独家）已在药审中心作为药用辅料登记并公示。成果已推广应用于药品、化妆品的研发和生产领域，取得了显著的社会效益。

【缓释智能递药系统的关键技术及其应用】 该项目研制出缓释智能递药系统关键技术，成功开发5个缓释制剂品种。缓释智能递药系统能够定速、定位或定时释放药物，能够实现长效给药，在临床疾病的治疗和预防中起到一般药品不能达到的优良的治疗效果，具有更低的毒副作用，能提高患者的顺应性。该项目将多单元脉冲智能递药技术应用于头孢克洛，为国内首家上市新药头孢克洛缓释胶囊；将流体力学平衡原理应用于格列吡嗪等系列药物，为国内首家上市新药格列吡嗪缓释片。已获国家药品注册批件5个，新药证书3本。

【高端化工离心泵关键技术研究及工程应用】 该项目攻克了影响高温、高压和复杂多相介质工况下化工离心泵高效、高可靠性运行的关键技术问题，研发的6种高端化工离心泵产品水力性能达到了国际领先水平。创建了变工况和多相混输水力设计技术，发展了化工离心泵多工况水力设计技术，构建了化工离心泵现代水力设计和优化平台；研制出一种具有耐磨防腐功能的化工离心泵用石墨烯基涂层技术；创新性提出了一种化工离心泵气液两相流全特性分析方法和运行性能与故障诊断分析方法，构建了集节能控制、优化运行、数据分析及故障诊断的互联网+服务管理平台。在神华集团、扬子石化、金陵石化等广泛应用，推动化工离心泵行业科技进步，取得了突出的经济效益和社会效益。

【统一潮流控制器（UPFC）关键技术、成套装备及工程应用】 统一潮流控制器（UPFC）是控制电网潮流能力最强的电力设备，因结构控制复杂，研制难度大，长期被国外西门子、西屋公司垄断。针对这一情况，该项目历时近10年，攻克了UPFC高可靠拓扑结构、串入设备耐短路冲击、综合控制保护等技术难题，并实现工程应用。该项目首创拓扑可灵活变换的模块化多电平UPFC换流器技术；发明多回线路功率解耦和快速故障穿越的UPFC控制保护技术；首创耐受极高过电压和强抗短路能力的串联变压器；发明电网潮流实时优化和紧急控制的UPFC调控方法。

【大型风力机设计关键技术研究及应用】 该项目围绕大型风力机设计所需解决的空气动力学、结构动力学和多目标优化等关键问题，打破了大型风力机关键技术国内空白。建立了准确的大型风力机流场结构模型、气动载荷模型和高精度高效数值仿真方法；突破了大型风力机整机气动弹性 CFD/CSD 时域紧耦合计算技术，揭示了复杂环境下大型风力机结构动态特性、风振耦合和失效机制；突破了刚-柔混合塔架设计技术，填补了国内空白；建立了高效的多学科耦合优化算法，形成了具有自主知识产权的风力机设计和评估软件。成果已在金风科技、中复连众、远景能源、中材科技等近 40 家风电企业应用，研发产品应用于 60 余个风电场。

【农林生物质气化发电联产炭、热、肥的技术创新与产业化】 该项目针对农林生物质种类多、成分差异大的特点及行业长期存在的气化产品单一、废水废渣污染、生产规模小且连续稳定性差、经济效益不佳等突出共性问题，研究并掌握了秸秆、稻壳、木片、果壳等生物质的热解气化过程机制，攻克了"气化多联产"规模化生产的工艺瓶颈，在设备研发、可燃气净化与环保燃烧、产品高附加值利用等关键技术上取得了重大突破。该项目实现了热解气化机制的创新研究；发明了上吸式固定床、下吸式固定床、流化床气化发电联产炭、热、肥的新工艺；针对传统气化装置适应性差、稳定性不强及规模小等问题，进行了新装置创制；研究了不同类型生物质提取液组分，针对传统气化产品单一的问题，开发了炭基肥、液体肥、活性炭产品及机制炭等高附加值产品。在国内外建成了 20 多个工程，实现了"农林生物质气化发电联产炭、热、肥"的产业化应用。

【电动汽车新型动力系统关键技术及应用】 该项目开展了以无稀土开关磁阻电机驱动系统和三元高镍锂离子动力电池为基础的电动汽车新型动力系统关键技术研究。发明了电动汽车开关磁阻驱动电机输出转矩平滑控制方法；提出了电动汽车开关磁阻电机驱动系统设计指标，参与制定和颁布了开关磁阻驱动电机适用的定子绕组绝缘国家标准；发明了电动汽车高能量密度动力锂离子电池制备新方法；发明了一种电动汽车动力电子多功能测试系统和电池测控平台，设计了电动汽车整车驱动电机和电池组动力系统控制与监控软件。产品已在国内知名电动汽车及其动力系统制造企业和煤矿企业应用，占据了国内较大市场份额，引领了新能源电动汽车动力系统驱动电机无稀土化和动力三元锂离子电池高镍低钴化产业发展方向。

【转底炉高效处理钢铁流程含铁、锌尘泥资源关键技术集成与示范】 该项目属于冶金行业固废资源循环再利用项目，采用转底炉直接还原技术处理含铁、锌尘泥和铁尾矿，使尘泥中的碳元素得以循环利用，同时提取回收了其中的铁和锌等有价元素，提高了资源利用率，获得的高品质金属化球团再用于炼钢，实现了冶金固废的循环利用和无害化处理，凸显了循环经济的理念。项目掌握了转底炉烟气处理技术、转底炉大型化技术、转底炉直接还原技术、转底炉蓄热式燃烧技术、含铁尘泥与铁矿尾矿协同处理技术等多项具有完全自主知识产权的关键核心技术与装备成套技术。项目实施以来，转底炉作业率达到 92.5%，球团平均金属化率达到 85.6% 以上，转底炉脱锌率为 94%～97%，ZnO 粉尘中 Zn 品位大于 60%，每年可处理含铁、锌尘泥 30 万吨，生产金属化球团 20 万吨，ZnO 粉尘 8000 吨。项目生产线自投产以来已稳定运行 6 年多，实现示范工程内固废、污水的零排放，具有良好的经济效益、环境效益和社会效益。

【金属微纳结构材料的精确制备、光学新效应及应用基础】 该项目发展了合成单分散胶体颗粒的新方法，形成了胶体颗粒自组装与基于模板复制法的人工微纳结构金属材料制备与控制的一系列实验新技术，实现了具有高增强因子的拉曼检测原理性芯片。项目提出了一种由金属包裹介质微球自组织构成的金属/介质型光子晶体的物理思想，发展了单分散介质/金属-核/壳结构颗粒的制备及重力沉积自组织方法；发展了胶体颗粒单步种子合成生长技术，发展了多种高效的自组织方法制备出厘米尺度高质量胶体晶体；发展了无电镀化学方法与基于胶体晶体的模板及二次模板相结合的材料制备与结构控制新方法；发现了准三维金属微纳结构中光学异常透射效应，实现了痕量分子的拉曼检测原理性芯片。研究成果在 Phys. Rev. B、Adv. Mater.、Adv. Funct. Mater. 等重要国际学术期刊上发表论文102篇，项目的原创性和鲜明特色为相关学科的发展做出了贡献。

【现代混凝土早期变形与收缩裂缝控制】 该项目研究了现代混凝土早期收缩开裂机制，发明抗裂性提升材料与关键技术，实现了收缩开裂风险可计算、抗裂能力可设计、收缩开裂可控制。该项目发明了早期收缩开裂测试方法与装置，完善自收缩和塑性开裂模型；发展了硬化混凝土收缩开裂理论；发明了塑性阶段水分蒸发抑制、硬化阶段水化热调控及分阶段补偿收缩、服役阶段化学减缩等核心功能材料，定向、高效降低多种收缩；建立了低温升高抗裂混凝土设计方法与开裂风险精准控制成套技术。已建成9条规模化生产线。成果应用于兰新铁路、台山核电、向家坝水电、港珠澳沉管等重大工程，并出口海外。

【智能纳米材料在高效光电生物传感与可控药物递送中的应用】 该项目针对疾病早期诊断和药物靶向递送等关键问题，设计与组装具有特异性识别功能的纳米探针，结合智能纳米材料对电致化学发光、荧光和表面等离子体特性的调控，建立了一系列高灵敏的传感和可控药物递送的新方法，为构筑诊疗一体化平台奠定了坚实的基础。项目采用微波化学等方法制备了特定功能的纳米材料；设计了以DNA复合物为纳米阀门的智能药物控释体系；成功实现了由癌细胞特定微环境及超分子自催化等调控的药物转运和可控释放；建立了一种对细胞自噬过程中超氧自由基的实时定量检测的新方法，实现了对单个癌细胞自噬过程的全程追踪。该项目的8篇代表性论文发表在 J. Am. Chem. Soc.、Angew. Chem. Int. Ed.、ACS Nano 等著名刊物上，6篇为ESI高被引论文。

【可再生能源转换与存储器件用低维电极关键材料制备技术及产业应用】 该项目开展了基础理论、新技术和工程化应用3个层面的系统研究，建成具有自主知识产权的生产线，在相关行业实现规模应用，奠定了我国在相关领域的国际领先地位。发明了高性能电池电极材料微结构与性能调控方法；发明了电池电极材料的界面调控与电极结构强化技术；开发了低维电极关键材料高质量低成本的工程化制备成套工艺/技术/生产线。该项目成果已在超威集团、太白集团等多家知名企业实现产业应用，经济效益和社会效益显著，为材料和化学工程领域的科技进步、资源可持续发展做出了贡献。

【有机－无机复合膜的设计制备及其分子尺度分离性能研究】 该项目设计合成了具有优异分子尺度分离性能的金属－有机框架膜、氧化石墨烯－陶瓷膜、聚合物－陶瓷膜等高性能有机－无机复合膜新材料，发展了膜技术在能源和环境中应用的新过程。项目首次提出了反应晶种法和逐步沉积晶种法，首次实现了MOF膜对手性分子的拆分；提出了氧化石墨烯有序组装分子通道的新方法，首次制备了具有国际领先水平的高性能中空纤维氧化石墨烯－陶瓷复合膜和氧化石墨烯混合基质气体分离膜；提出了界面受限溶胀的多孔陶瓷支撑聚合物复合膜新结构，将膜渗透通量提高了1个数量级，在国际上首次实现了聚合物－陶瓷复合膜的规模化制备与工业应用。该项目的8篇代表性论文发表在 Angew. Chem. Int. Ed.、Chem. Commun. 等权威期刊上，被 Science、Nat. Mater.、Nat. Commun. 等期刊重点评述并高度评价。

【高性能分离膜材料设计、制备与应用研究】 该项目致力于通过基元材料设计、表面化学改性、微纳结构调控等手段提升膜性能，实现具有实用价值的高通量、高选择性分离膜的构建。提出将具有扭曲的非平面结构引入到柔性聚合物分子结构中，提升了分离通量，进一步与高比表面积的无机微孔材料复合制备非平面结构刚性聚合物/无机材料复合膜，实现了高通量、高选择性气体分离；创新性地提出了将流体传输透过压力作为影响膜通量的一个新参数来提高通量的思想；开展了基于纳米材料和纳米技术的下一代高性能膜材料的设计构建；形成一系列自主知识产权，开展了膜中试放大、功能组件的研制及产业应用探索。研究成果被 *Chem. Soc. Rev.*、*Chem. Rev.* 等高水平综述文章大篇幅介绍和高度评价，并被 *NPG Asia Mater.* 及 *Materials Views*（中国）作为亮点工作介绍。

【高效有机光电材料设计及界面调控】 该项目聚焦有机光电材料设计与器件结构，重点突破高性能有机发光二极管（OLED）和有机光伏电池（OPV），通过材料的分子设计及界面光电调控实现器件性能优化，取得了一系列重要创新性成果，为有机光电材料和器件发展提供了科学依据，具有重要的科学价值。仿生纳米结构光学耦合调控开拓了宽光谱、广视角、偏振非敏感的仿生纳米结构光学耦合调控新方法；激基复合物发光分子体系的构建揭示了激基复合物体系内部的能量转移机制，拓展了基于热活化延迟荧光机制的高效白光 OLED 技术的材料基础；柔性有机光电器件集成构建了上述材料设计、界面调控方法与新型柔性透明电极的有效集成新方法，获得了创纪录的柔性白光 OLED，效率达到 118 lm/W。8 篇代表性论文发表在 *Adv. Mater.* 等材料类权威期刊，项目作为典型进展发表于 *Nature Photon.*、*Chem. Rev.* 等国际著名期刊的论文正面评论。

【"悟空"号暗物质粒子探测器】 该项目完成了探测器关键技术攻关、原理样机研制、初样鉴定件和正样飞行件研制，完成了探测器各种环境试验、集成测试、欧洲核子中心的束流试验等。"悟空"号于 2015 年 12 月 17 日顺利发射并成功开机工作，实现了我国空间科学天文卫星零的突破。探测器表现优异，其在轨测试在 2016 年 3 月 8 日项目工程大总体组织的评审上获得了 100 分（满分）的殊荣。与国际同类的空间探测器相比，"悟空"号暗物质粒子探测器在 TeV（万亿电子伏特）能段能量分辨率最高、所测得的 TeV 电子的纯净度最高、对电子和伽马射线的工作能段最高（可达 10TeV），为天文学家打开了 TeV 的新观测窗口。"悟空"号获得"第 18 届中国国际工业博览会"创新金奖、"第 46 届日内瓦国际发明展"大会金奖，入选 2011 年、2013—2016 年中国十大天文进展，首批科学成果入选"两院院士评选 2017 年中国十大科技进展新闻"。2016 年年底，"悟空"号暗物质粒子空间探测团队入选"中国科学院'十二五'突出贡献团队"。

【复杂大部件机器人智能装配关键技术与应用】 该项目突破了机器人精度补偿、在线感知与自适应工艺、多功能末端执行器研制等一系列关键技术难题，构建了机器人绝对定位精度补偿理论体系，自主研发了机器人智能装配系列装备，解决了航空航天制造业对高精装配技术与装备的迫切需求。项目提出了基于误差相似度的工业机器人绝对定位精度补偿方法，工业机器人绝对定位精度提高了 5~10 倍；突破了感知特征驱动的离线任务智能规划与在线自适应修正技术，发明了面向复杂叠层材料的智能钻铆新工艺；发明了复杂曲面钻铆一体化多功能末端执行器；自主研制了机器人智能装配系统，发明了国内首套集成电磁铆接的双机器人协同钻铆装备，成功研制了系列机器人智能装配装备。项目成功研制了系列装备并已在歼 20、歼 10、L15 高教机、大飞机、天宫 2 号空间站等国家重点型号研制和批产中应用。

【高速列车门系统关键技术研发及应用】 该项目在 350km/h 高铁车门系统设计、试验体系创建、智能控制和运维等方面取得重大突破，打破国外垄断并实现超越，核心指标明显优于国外。项目解决了针对高速运行时高气动载荷引起车门外脱风险、密封失效与高风噪问题；发明了具有固体自润滑的滚动螺旋传动与变导程锁闭装置，同时实现车门冗余锁闭；建立了高速列车-车门-隧道的刚柔-流固耦合动力学模型，并首创交变风压荷载模拟试验方法和综合试验装置；提出了高铁车门局域网复合控制方法，开发出新一代高安全的智能门控器。产品车门在"和谐号"上广泛替代进口，"复兴号"上全面应用，并成为庞巴迪、西门子等国际公司首选产品。

【航空航天装备使役状态分析的数字化关键技术及应用】 该项目开展了系统深入研究，突破了航空航天装备动力学服役环境重构、航空航天结构数字化表征、数字空间航空航天装备服役状态预测等技术瓶颈，实现了数字化模型与结构真实状态的同步。该项目的主要创新点体现在航空航天装备动力学服役环境的时空重构技术、航空航天结构的数字化表征技术，以及数字空间航空航天装备服役状态预测技术。项目成果已成功应用于中国航发湖南动力机械研究所主持研制的某型航空发动机、中国航天科工集团第三研究院第三总体设计部主持研制的两型航天飞行器，支撑装备及时列装。

【复杂环境下远程巡检机器人关键技术及应用】 该项目针对我国核电安全与电网检测领域复杂环境巡检运维任务的急需，突破了巡检机器人的机构设计、环境感知、共享控制和多任务检测等关键技术，研制成功5类12个型号的远程巡检机器人，填补了国内空白。项目提出了履带式、挂轨式两类移动机器人的机构设计方法，以及基于视觉、力觉、惯性测量单元等的自适应运动姿态控制和阻抗控制方法；提出了基于视觉、超声、激光、红外等多传感器信息融合的环境感知与地图重建方法，以及基于地面可通过度计算的自主导航方法；提出了自主+遥操作的机器人共享控制方法，设计了具有力触觉和视觉多通道交互的控制界面和控制器；提出了远程巡检机器人基于任务接口的传感与控制模块化体系结构和基于多代理机制的软件实现方法，实现了检测仪器和设备的在线即插即用。产品在阳江核电站、大亚湾核电站及宁德核电站投入运维使用，研制的挂轨式巡检机器人在国内16个省市2000多个配电站广泛使用。

【高性能金属基复合材料构件激光增材制造的跨尺度形性调控机制】 该项目针对航空航天领域轻质高强Al基复合材料构件、承载耐热Ni基复合材料构件，围绕选区激光熔化（SLM）精密增材制造的跨尺度形性调控科学难题开展研究，实现了高性能复杂结构金属基复合材料构件短周期、高性能、高可靠制造。项目主要创新点：①激光增材制造复合体系微观精细结构设计及强韧化调控原理；②介观尺度下复合粉末激光熔凝及致密化的局部能场调控方法；③激光增材制造复合材料宏观构件材料－结构－性能精确协调机制。成果在中航工业成飞、航天八院等单位型号产品上获得应用验证，推动了高性能金属构件激光增材制造形性调控理论的发展及应用。

【两机叶片高效智能加工关键技术研发与应用】 该项目突破了两机叶片数字化智能化加工技术瓶颈，研发了自主知识产权的工艺软件，形成了叶片高效高精加工成套工艺解决方案。项目发明了复杂曲面特征高效加工方法，开发了自主知识产权的CAM软件模块；研发了粗－半精－精混合铣削的RSF高精加工工艺和加工测量一体化自适应变形控制方法；发明了全数字化精准力控刚柔耦合磨抛单元，实现了机器人磨抛技术在无锡透平叶片批量生产。项目成果已在中国航发集团608所、410厂、430厂、331厂、无锡透平叶片等十几家两机叶片制造企业应用，加工效率和精度大幅提升，取得显著的社会效益和经济效益。

【面向柔性光电子的微纳制造关键技术与应用】 该项目自主建立了"数字化设计的微纳制造工艺平台"，研制"数字光场微纳3D直写设备"、"结构光场调控的纳米光刻设备"和"柔性双面纳米压印/转印工艺设备"等先进核心装备，攻克了应用工艺瓶颈。项目研究解决了高精度、3D结构与高效率加工之间的矛盾，攻克大面积柔性衬底上微纳工艺可控化技术瓶颈；通过微纳结构功能化实现了绿色制造；研发了高端微纳柔性制造工艺装备，推进产业应用。项目配置并建设了多条功能产线，成果（材料/器件/设备）在国内外产业规模应用，为柔性光电子材料/器件的创新和应用提供了源头性技术。

【特种电梯关键技术及应用】 该项目开展了特种电梯可靠曳引、平稳导向、精准平层、安全保障等关键技术研究，突破了一系列技术难题。项目研发了特种电梯曳引关键技术，攻克了大吨位多绕比、长距离张力自平衡、变坡度自适应的轿厢曳引难题；研发了特种电梯导向关键技术，解决了长距离导轨易变形、变坡度运行轿厢易倾斜的导向难题；研发了特种电梯平层搭接关键技术，解决了层门与轿门间隙大、船体升降浮动落差大的平层搭接难题；研发了特种电梯安全保障关键技术，解决了长距离限速绳晃动显著、高速制动冲击大等难题。项目产品在港珠澳大桥、海洋六号科考船、山东核电公司、南非祖鲁兰煤矿等推广应用2576套，满足了桥梁、船舶、核电、矿山等工程对特种电梯的需求。

【复杂河网水质改善能力提升理论技术及应用】 该项目组以水量水质调控和净污能力提升为总思路，以多水源协同调度和原位降解技术研发为主线，开展技术研发和工程实践，形成完整的河网水质改善能力提升的理论技术系统，在技术创新性、载体结构新颖性、应用功能综合性等方面取得原创性突破。项目创建了复杂河网多水源多目标联合水力调控和生态调水的方法体系；研发了基于微生物附着载体构建的河网水质改善能力提升技术；研发了基于植物及湿地系统构建的河网水质改善技术；构建了河网区污染源治理和入河生态截污廊道建设的技术系统。成果被江苏、云南等省多个单位应用，借助精准模拟模型、新型微生物附着净污载体、滨水湿地、沿河污染源和生态净污廊道等创新技术，实现了河网水质改善能力明显提升，取得了显著的生态效益、社会效益和经济效益。

【满足国Ⅴ排放标准重型柴油车尾气高效后处理催化剂及产业化】 该项目在国Ⅳ阶段排放技术的基础上，攻克了氧化催化技术和净化NO_x的选择性催化还原（SCR）技术，实现了满足国Ⅴ排放标准重型柴油车后处理系统的技术研发和规模化生产的自主创新；成套后处理系统价格较同类进口产品降低40%以上，打破了国外企业垄断。项目探明柴油车尾气氧化催化剂的催化作用机制，实现了催化剂的规模化生产；成功研发了满足国Ⅴ排放标准的实用化钒基NH_3-SCR催化剂；自主开发了尿素（还原剂）高精度供给系统和结晶风险验证方法，实现了还原剂准确供给；发明了高效率的全自动催化剂涂覆设备、载体外皮的制备方法和整体催化剂涂层探针，建立了年产1500万升的催化剂生产线。成果已在无锡威孚力达、无锡威孚环保等企业推广应用，同时在云内、上柴、玉柴、一汽锡柴等主流柴油机企业数十种机型上得到了应用。

【高精度多模多频GNSS基准站网关键技术及应用】 该项目历时近10年，实现了混合频率紧组合理论发展、高精度增强定位和空间位置基准技术突破、服务完备性与标准化创新，形成了自主的GNSS基准站网技术体系。项目提出了混合频率多星座GNSS紧组合数据处理方法；攻克了多模多频GNSS三维网络差分增强定位技术；突破了江苏省域GNSS基准站网与GPS大地控制网、精密水准、重力场等基准信息融合技术；建立了GNSS基准站网完备性监测技术体系，形成了基准站网服务的国家标准。成果应用于江苏省测绘、地质、地震、水利、交通、电力等行业，辐射天津、湖南等省市。

【煤源有害物质的环境地球化学约束】 该项目为满足煤炭大规模的洁净加工利用与更加严格的环保要求，以煤源有害物质的环境地球化学约束为主线，以污染控制为目标，针对一系列关键科学问题进行了深入研究。项目提出了中国煤中有害微量元素背景值，为煤中主要重金属污染物环境效应评判提供了标尺；揭示了煤中有害微量元素富集的区域分布地质特征与聚集机制；揭示了我国特有的燃煤型氟/砷中毒、肺癌地方病的环境病因，提出了燃煤型地方病有效的防控技术和措施；揭示了有害元素在煤炭开采、加工利用过程中的分配特征，提出了煤炭洗选过程中有害元素污染过程控制方法；构建了煤炭型城市表层土壤重金属污染强度的磁学诊断模型，研发了利用环境磁学监测城市土壤重金属元素污染强度的新技术。项目推动了世界上第一个从煤中提炼镓和铝工厂的诞生；我国特有的地氟病已经得到有效控制，成果应用区域继续扩大。

【混凝土结构智能检测与主动高效加固关键技术及应用】 该项目团队针对我国混凝土结构普遍存在的开裂、持续下挠、性能劣化等典型病害及其引起的寿命短、维护管理压力大等挑战性问题，创新研发了混凝土结构智能检测与主动高效加固成套理论、技术与装备。项目研发了混凝土结构智能检测与快速测试关键技术与装备；研发了混凝土结构预应力主动加固优化计算方法和关键技术；研发了强震作用下混凝土结构损伤控制主动高效加固关键技术；研发了混凝土结构极端条件下高效加固关键技术。项目形成了"智视"便携式综合检测系统、国产碳纤维板及配套锚具的规模化生产与销售，技术成果应用于数百项土建交通工程，产生了巨大的经济效益。

【食品加工中生物毒素控制创新技术与应用】 针对目前食品毒素降解效果评价主要以毒素含量降低为依据，对降解产物及潜在毒性缺乏准确评价和有效控制，传统检测方法和单一消减方式都无法实现对生物毒素的全程控制的现状，该项目开展了一系列毒性靶点识别和脱毒技术研究，创建了从产毒菌源头到已知生物毒素的主动控制技术体系。构建了高效抑制产毒真菌生长并降解毒素的食品级发酵菌株；建立了毒素降解中间产物潜在毒性传感评价新体系；创制了毒素高效去除与降解一体化技术；系统集成了工业化生产脱除设备及现场检测装置。项目已在国家重点支持粮油产业化龙头企业、国家农业产业化重点企业等4家公司进行了产业化应用和市场推广。

【猪圆环病毒病免疫防控关键技术的创建与应用】 该项目突破了病毒培养滴度低、疫苗抗原规模化制备技术瓶颈及诊断技术准确性低等世界性关键技术难题，研制成功该病疫苗和抗体检测试剂盒，实现了我国对该病的有效防控，推动了生猪养殖业持续健康发展。项目创建了高滴度 PCV2 培养细胞系，分离鉴定出我国 PCV2b 优势流行毒株；创建疫苗生产工艺和质量标准，创制了我国第一个猪圆环病毒病疫苗；发明了 PCV2 优势表位重组抗原，创制出 PCV2 抗体和抗原检测方法及试剂盒；揭示了 PCV2 感染和致病机制，明确了 PCV2 免疫保护蛋白及免疫机制。疫苗实际推广3.12亿头份，为促进我国规模化养猪业持续健康发展和保障食品安全做出了重要贡献，经济效益和社会效益十分显著。

【等离子手性定量分析新技术和新方法】 该项目以等离子纳米结构的手性响应为导向，从检测探针的设计入手，通过调控探针组装基元的空间排布，发展了基于等离子手性定量分析的新策略，揭示了可见光区等离子手性的产生根源，为实现等离子手性探针的功能调控和实际应用提供了理论基础。项目构筑了具有"构象"和"构型"手性的纳米探针，为生物分析提供了新的思路；率先揭示了等离子手性组装探针的扭转构象，阐明了等离子手性产生的机制；设计并构建了系列手性生物探针，提出了等离子手性应用于定量分析的新策略。项目组受邀为 Acc. Chem. Res. 等期刊撰写综述文章，研究成果多次被 JACS spotlight、Mater views 等学术网站作为亮点报道。论文多次被 Science、Nature 正刊及其子刊等进行引用和评述。

【绿豆新品种选育及绿色高效栽培技术集成应用】 该项目针对我国东北、黄淮、南方三大主产区绿豆产量低、机械化程度不高及黄淮区豆象、南方区叶斑病发生程度重等生产难题，围绕资源收集评价、特异种质创新、新品种选育和配套栽培技术进行攻关，创制出适合三大主产区推广应用的系列新品种及绿色高效栽培技术模式。该项目建立了绿豆资源高通量表型鉴定评价技术和ITS序列分析方法；创制了世界上首个花开张、结荚期集中的新种质；构建了世界上第一个绿豆高密度遗传图谱，精细定位了抗豆象、抗叶斑病和花开张基因，培育出适合不同主产区需要的系列新品种；建立了不同产区高产绿色栽培技术标准，创建了"立体套种""麦后直播""高台大垄"绿色高效栽培技术模式，实现了良种良法配套，促进了主产区绿豆增产增收。项目创造苏绿2号麦后复播平作230.8 kg/亩、中绿5号林/豆套种122.5 kg/亩等高产记录。2008年以来，新品种在我国绿豆产区种植1827.5万亩，增产2.33亿kg，增收21.23亿元，品种覆盖率达到宜推省区的60%以上；江苏省种植苏绿系列绿豆295万亩，增收2.7亿元，在省内品种覆盖率达95%以上。

【我国主要蛋鸭遗传资源评价与创新利用】 该项目针对近年我国蛋鸭产业发展迅速，但存在蛋鸭遗传资源评估不系统，杂种优势利用不充分，健康养殖技术不健全，产业链不完善等问题，在遗传资源评价理论与方法、重要经济性状育种新技术、高效配套系建立及健康养殖技术等方面取得了重要突破。项目创建了蛋鸭资源遗传多样性数据库，实现了大数据自主查询与资源共享；创建了蛋鸭重要经济性状育种新技术，突破了常规选育进展慢及高产与抗逆性状难以兼顾的技术瓶颈；育成了青壳高产蛋鸭配套系和新品系，显著推动了我国蛋鸭良种化进程；创新了蛋鸭高效利用模式与产业化技术，建立健全了蛋鸭全产业链。研发出蛋鸭新配套系（品系）4个，近3年累计推广新品种和配套饲养技术930余万只，取得了重大的经济效益、生态效益和社会效益。

【干细胞复合胶原支架引导子宫内膜重建治疗重度宫腔粘连的基础与临床研究】 该项目针对宫腔粘连导致的子宫性不孕仍是阻碍人类生殖、亟待解决的难题，在不孕症中患病率高达25%~30%的状况，首次阐述了IUA子宫内膜分子病理特征，研发了促进子宫内膜功能再生的材料，率先探索了不同种子细胞和内膜再生微环境逆转IUA内膜病理改变的策略，创建了基于分子新机制引导子宫内膜功能性再生、预防粘连复发、抑制内膜瘢痕化的新方法，并成功用于临床。项目创建了子宫壁严重损伤标准化的大鼠和小型香猪模型；揭示了IUA子宫内膜分子病理特征，发现内膜上皮ΔNp63异源性高表达使内膜干细胞成静息状态，其不能增殖分化是造成IUA不孕的关键因素；研发了引导组织功能再生的生物材料，创制了干细胞复合胶原支架制备的标准方法，用于IUA修复利；创建了治疗IUA的新手术方法，解决了维持较高外源性干细胞浓度与受损内膜较大面积接触，并使其持续分泌再生因子的关键难题。项目团队受邀在 Science "Regenerative Medicine in China" 专栏撰写了智能生物材料在组织再生中的应用。

【骨关节炎的基础与临床研究】 该项目建立了国内最大的骨关节炎样本库，自2009年起开展了骨关节炎的遗传研究、骨关节炎的药物治疗研究及关节瘢痕粘连的药物治疗研究，并取得了原创性的成果。通过群体遗传学研究，进一步证实了中国汉族人群骨关节炎的遗传性；通过相关性研究否定了IL-1B、IL-1RN与骨关节炎的相关性，说明了骨关节炎易感基因的人群差异；提示了表型定义的差异对骨关节炎易感基因的影响大于种族差异；针对DDH进行了易感基因研究，并在国际上率先报道了DDH的易感基因 TBX4 及 ASPN；通过细胞实验及动物实验，明确了组蛋白去乙酰化酶抑制剂对骨关节炎的保护作用及其分子机制；通过动物实验，发现局部应用丝裂霉素C、羟喜树碱等药物能通过抑制成纤维细胞增殖或诱导成纤维细胞凋亡，有效减少膝关节瘢痕粘连。

【胃肠道免疫微环境调控研究与肿瘤精准诊疗策略的建立】 该项目构建了胃肠道肿瘤的精准诊断平台，优化了胃肠道肿瘤的早期诊断与预后判断；通过建立肿瘤联合免疫治疗新策略，形成了基础研究和临床转化的系列成果。该项目基于免疫微环境调控研究，阐明了IL-33、IL-36γ等炎性细胞因子在肿瘤组织中的表达及调节抗肿瘤免疫应答重要作用机制；进一步论证了免疫卡控点PD-1/PD-L1、B7-H3、B7-H4、B7-H6、Tim-3、LAG-3等在胃肠道肿瘤中的检测及靶向干预在胃肠道肿瘤诊疗中的重要作用；发现射频消融可激活肿瘤抗原特异性T细胞免疫应答，也证实PD-L1检测对于筛选结直肠肝转移患者中适宜RFA/PD-1联合治疗的优势人群具有重要作用。在 Cancer Cell、J Immunol 等著名SCI收录期刊上发表论著79篇，相关成果在吉林大学、中山大学、郑州大学、南京大学、天津医科大学等多家单位进行推广应用。

【神经内镜微创手术关键技术的创新与推广应用】 该项目在神经内镜微创手术的引进、内镜解剖理论研究、关键技术的创新与推广应用等方面取得了一系列突破，形成了完备的内镜微创神经外科理论技术体系，解决了内镜微创神经外科发展所涉及的理念更新困难、内镜下解剖结构生疏、技术引进困难和学习曲线陡峭等问题。该项目的基础理论研究创新－系统开展了内镜经鼻手术的解剖学研究；临床技术应用创新－系统开展了内镜脑室、颅内、颅底和器械开发的研究；临床推广应用创新－建立安全有效的内镜技术规范化培训机制。建立中国第一个神经内镜微创专业学组和鲁晓杰为组长的江苏省神经内镜学组。

【遗传信息稳定传递障碍与生殖健康相关疾病的研究】 该项目围绕遗传信息稳定传递的分子基础和生殖健康相关疾病的遗传机制开展深入研究，取得了一系列重要的科学发现。该项目在遗传信息稳定传递的分子基础方面解析了睾丸胚胎期睾丸索形成的蛋白调控基础，发现酪氨酸激酶IGF1R介导的磷酸化修饰是精子获能的重要机制；在遗传信息传递障碍致无精症的遗传机制研究方面，揭示了Seipin蛋白编码基因上的复合杂合传递模式，并通过小鼠模型证实Seipin蛋白在精子变形过程中的调控机制；在异常遗传信息传递致典型出生缺陷的遗传机制研究方面，首次发现miRNA上遗传变异改变成熟miR-196a2的表达及其与靶基因HOXB8的结合能力，影响先天性心脏病的发生风险。

【移植相关性出凝血疾病及其关键机制研究】 该项目围绕移植相关性出凝血疾病的发病机制、诊断和治疗3个环节进行研究。揭示了移植相关性出凝血疾病发生的主要机制，阐明其中的关键调控分子；建立了移植相关性出凝血并发症早期及精准诊断技术体系；创建了移植后出凝血疾病一系列治疗新方案。成果推广至北京、天津、上海等12家三级甲等医院，获得了显著的社会效益。

【肝癌多模态诊疗】 该项目以肝癌(HCC)的多模态诊疗为目标，围绕肝癌的发生发展这一关键科学问题，破译了肝癌细胞生物信息学的获取、处理及信号网络建立机制，通过检测患者血液中肝癌特异性标志物IGF-1R大幅提高肝癌诊断准确率；提出"IL-18Micro/LINC00312/IGF-1RHCC构成肝癌微环境与肿瘤细胞两者之间串话信号网络"的科学假说，证实该信号网络受LINC00312调控，并协同促进肝癌恶性发展；开发了基于DPP的新型近红外靶向肝癌治疗光敏剂，克服了肝癌细胞对放疗、化疗、生物治疗不敏感这一难题，并为肝癌手术"安全切缘"提供影像导航。该项目在 Journal of Hepatology 等国际权威期刊发表SCI论文120多篇，并多次在国际主流会议上做大会专题报告。成果已在上海交通大学医学院附属瑞金医院、中国人民解放军北京军区总医院、宁夏医科大学总医院、南京医科大学第二附属医院、江苏省肿瘤医院、牡丹江医学院等6家医疗机构成功推广应用。

【冠状动脉分叉病变发病机制及治疗技术的研究】 该项目在集成发明双对吻挤压术的同时，进行了分子生物学、流体力学及长期临床研究。其主要创新点体现在：冠脉血流异常致内皮切应力（ESS）降低促发冠脉分叉病变的机制及干预研究；发明DK技术并开展系列国际、前瞻性、多中心、随机研究，证实了DK术的有效性；冠脉腔内影像学研究获得新发现——不稳定病变主要位于分叉的近端，FFR引导显著改善PCI术的近-远期疗效。研究成果列入国际指南，提升了中国心血管界的国际影响力，体现了较高的科学价值。

2018年度江苏省科学技术奖二等奖名单

序号	项目名称	主要完成单位	主要完成人
1	大规模硅光子集成芯片关键技术及应用	中科院上海微系统所南通新微研究院 江苏尚飞光电科技股份有限公司 南通赛勒光电科技有限公司 中国科学院上海微系统与信息技术研究所	甘甫烷 武爱民 盛振 仇超 李伟 祁明浩
2	多模态医学影像处理与分析及其在疾病诊断中的应用	苏州大学 汕头大学·香港中文大学联合汕头国际眼科中心 中国科学院苏州生物医学工程技术研究所 苏州比格威医疗科技有限公司	陈新建 陈浩宇 郑健 朱伟芳 石霏 向德辉
3	窄带情报传输关键技术与应用	中国电子科技集团公司第二十八研究所 南京熊猫汉达科技有限公司 中国船舶重工集团公司第七二四研究所	常传文 茅文深 徐勇 王远斌 王钦玉 张波 李乔 周源 孙海军
4	智能电网终端通信接入网关键技术及产业化应用	国网江苏省电力有限公司 东南大学 全球能源互联网研究院有限公司 北京邮电大学 南瑞集团有限公司	韦磊 郭经红 黄永明 高昇宇 郭少勇 刘锐 朱红 姚继明 李维
5	新型内嵌式（i-TP）触控液晶显示面板的研发与产业化	昆山龙腾光电有限公司	李宏明 钟德镇 邱峰青 龚立伟 李彬 刘春凤 苏子芳 黄霞 谢颖颖
6	电力系统通信用（超）低损耗、超低温度OPGW及附件技术及应用	中天电力光缆有限公司	何仓平 栗鸣 徐拥军 缪春燕 缪旭光
7	面向复杂交互场景的新型机器学习技术	南京大学	高阳 史颖欢 霍静 杨婉琪 王皓 陈兴国 胡裕靖
8	云享精细化应急指挥信息系统及应用	南京信息工程大学 南京中网卫星通信股份有限公司	陈苏婷 高云勇 周杰 孙俊 郭业才 杜景林 孙荣庆 杨春 盛伟
9	物联网感知与信息处理平台关键技术研究与应用	南京财经大学 江苏电力信息技术有限公司 国网江苏省电力有限公司 南京理工大学	曹杰 王成现 丁正阳 王永利 徐磊 张震宇 冯曙明 王有权 杨永成
10	高效生产谷氨酸链氨基酸微生物细胞工厂构建关键技术及产业化	江南大学 无锡晶海氨基酸股份有限公司 内蒙古阜丰生物科技有限公司	饶志明 徐美娟 许正宏 杨套伟 张显 刘元涛 宁健飞 郑璞 邵明龙

续表

序号	项目名称	主要完成单位	主要完成人
11	智能调控递药系统的创建及其生物学功能的研究	中国药科大学	周建平 丁 杨 霍美蓉 姚 静 吕慧侠 王 伟 殷婷婕
12	低成本高效高可靠晶体硅双玻组件研发及产业化	天合光能股份有限公司	高纪凡 张映斌 徐建美 张 舒 沈 慧 黄宏伟 杨泽民 孙 权 束云华
13	高安全性长寿命锂离子电池及系统研发与产业化	江苏华富储能新技术股份有限公司 中国矿业大学	周寿斌 饶中浩 黄 毅 吴战宇 霍宇涛 彭 创 朱明海 赵佳腾 钱帮芬
14	硅烷流化床颗粒硅关键设备与高效沉积工艺开发及产业化	江苏中能硅业科技发展有限公司	蒋立民 蒋文武 陈立国 朱共山 张 祥 陈汝灼 董 方 王元卿 曹 军
15	提升大面积停电防御能力的电网稳定控制关键技术及应用	南京南瑞集团公司 国电南瑞科技股份有限公司 国网江苏省电力有限公司 江苏省电力试验研究院有限公司 南瑞集团有限公司 国网重庆市电力公司电力科学研究院	薛 峰 李 威 方勇杰 刘福锁 宋晓芳 李雪明 王 玉 李碧君 党 杰
16	第三代太阳能级高效多晶硅锭、硅片研发与产业化	江苏协鑫硅材料科技发展有限公司	游 达 黄春来 张华利 武 鹏 郭晓琛 吴义华 周声浪 徐 岩 张 成
17	基于雾霾监测预报的大范围电网防污闪关键技术及应用	江苏省电力试验研究院有限公司 南京信息工程大学 清华大学深圳研究生院 江苏省气象台 江苏神马电力股份有限公司 东南大学 南京埃森环境技术股份有限公司	周志成 章炎麟 高 嵩 王黎明 王铭民 赵天良 方 江 毕晓甜 黄亚继
18	电动汽车与电网互动技术与应用	南京南瑞集团公司 国电南瑞科技股份有限公司 中国电力科学研究院有限公司 国网江苏省电力有限公司 清华大学 国网辽宁省电力有限公司 山东鲁能智能技术有限公司	朱金大 宋永华 贾俊国 宋云翔 张 浩 倪 峰 徐石明 胡 博 陈良亮
19	棉织物活化漂白关键技术及产业化应用	江苏联发纺织股份有限公司 江南大学	唐文君 许长海 杜金梅 孙 昌 于拥军 姚金龙 于银军 向中林 范雪荣
20	中小功率光伏逆变电源系统关键技术及应用	苏州市职业大学 江苏固德威电源科技股份有限公司 苏州大学 上海交通大学	汪义旺 黄 敏 方 刚 卢进军 杨 勇 刘 滔 徐 南 张 波 唐厚君
21	支持互联运营的港口船舶岸基高可靠供电技术和工程应用	南京南瑞集团公司 国电南瑞科技股份有限公司 国网江苏省电力有限公司 国网上海市电力公司 上海交通大学 卧龙电气集团辽宁荣信高科电气有限公司 江苏省交通运输厅航道局	丁孝华 黄 堃 房鑫炎 杨 斌 王 锋 史济康 阮文骏 常 致 杨 文

续表

序号	项目名称	主要完成单位	主要完成人
22	杂环骨架的选择性构筑	江苏师范大学	屠树江 石枫 姜波 郝文娟
23	低成本长寿命橡胶材料的研究及应用技术	南京理工大学 南京工程学院 南京金三力橡塑有限公司 常州朗博密封科技股份有限公司	贾红兵 王经逸 徐海潮 张旭敏 康延功 程亚南 华青 尹清 杭祖圣
24	电化学储能材料的微观结构设计、表界面调控及其储荷机制研究	南京航空航天大学	张校刚 申来法 丁兵 窦辉 徐桂银 邓海福 李洪森 聂平 王婕
25	环保型非温感记忆绵关键制备技术及产业化	梦百合家居科技股份有限公司 南通大学 南通恒康数控机械股份有限公司	倪张根 倪红军 林涛 张瑞萍 吕帅帅 吴晓宇 汪兴兴 袁海峰 孙建
26	废旧轮胎连续绿色生产环保高品质再生胶的关键技术研发及应用	徐州工业职业技术学院 常州大学 南通回力橡胶有限公司 南京绿金人橡塑高科有限公司	王艳秋 陶国良 祝木伟 朱信明 丛后罗 鲍桂楠 周洪 翁国文 任冬云
27	海上能源工程用系列低温结构钢关键技术开发及产业化	南京钢铁股份有限公司 北京科技大学	潘中德 武会宾 吴俊平 谯明亮 张鹏程 霍松波 姜金星 李翔 靳星
28	重大防护工程用超高强抗大变形热轧钢筋核心技术及应用	江苏沙钢集团有限公司	麻晗 张晓兵 陈焕德 朱海涛 卢立华 张宇 陈彬 王正兴
29	碳/碳、碳/玻多层织造及其复合材料低成本、高效率制备与应用技术开发	常州市宏发纵横新材料科技股份有限公司 常州市新创智能科技有限公司 常州市第八纺织机械有限公司 北京航空航天大学	谈昆伦 季小强 刘时海 段跃新 谈源 陈香伟 韦俊 张军 谢波
30	问题特性感知的知识驱动智能集成优化理论及应用	中国矿业大学 江苏师范大学 聊城大学 淮海工学院	巩敦卫 王改革 郭一楠 李俊青 孙晓燕 孙靖 程健 张勇 姜淑娟
31	车辆瞬态操纵稳定性智能底盘控制理论、方法及应用	东南大学 南京理工大学 奇瑞新能源汽车技术有限公司 南京汽车集团有限公司	殷国栋 王金湘 皮大伟 倪绍勇 钟国华 沙文瀚 陈南 张丙军 刘琳
32	磁悬浮飞轮系统关键技术及其应用	南京工程学院 中国人民解放军战略支援部队航天工程大学 江苏大学 北京石油化工学院 中国人民解放军陆军研究院炮兵防空兵研究所	孙玉坤 任元 朱志莹 刘强 袁野 陈晓岑 张新华 周云红 杨泽斌
33	高可靠性MEMS压力传感器设计与制造关键技术及应用	东南大学 南京高华科技股份有限公司	黄庆安 周再发 聂萌 李维平 黄见秋 黄标 刘海韵 李伟华 唐洁影
34	高性能工业机器人交流伺服系统关键技术研发	南京埃斯顿自动化股份有限公司 东南大学	吴波 李世华 杨俊 齐丹丹 姚琪 杨凯峰

续表

序号	项目名称	主要完成单位	主要完成人
35	面向大型施工的超大型全地面起重机关键技术开发与应用	徐州重型机械有限公司	单增海 丁宏刚 张正得 朱磊 李长青 束昊 马云旺 陈志灿 郁中太
36	千吨级深海油气开采平台井口智能成套装备设计与制造技术	南通大学 江苏如通石油机械股份有限公司 江苏大学 南通蓝岛海洋工程有限公司 南通理工学院 江苏韩通船舶重工有限公司	吴国庆 符永宏 周井玲 吴树谦 许波兵 曹彩红 何云华 朱军 顾海
37	中厚板复杂立体结构件自主可控焊接成型技术及成套装备	中船重工鹏力（南京）智能装备系统有限公司 山西平阳重工机械有限责任公司	陈志来 吴兴旺 毛明 王淼 王新祥 王军 黄义 杨庆鑫 孙小平
38	远洋LNG-柴油双燃料化学品运输船设计建造关键技术	中航鼎衡造船有限公司 江苏科技大学	王东 芮晓松 杨兴林 冯国增 朱刚 方云虎 陈翔 胡以怀 印军
39	大型船舶与海洋结构物锚泊系统关键技术及应用	江苏科技大学 正茂集团有限责任公司 江苏亚星锚链股份有限公司 武汉船用机械有限责任公司 舟山市质量技术监督检测研究院 江苏扬远船舶设备铸造有限公司 上海雄程海洋工程股份有限公司	唐文献 苏世杰 朱林放 张卫新 刘志强 高卓 李存军 张毅 庄宏
40	5000kW以上特大功率齿轮箱装置关键技术研究及其产业化	江苏泰隆减速机股份有限公司 盐城工学院	刘富豪 孔霞 蔡云龙 张介禄 屈桂兰 蒋汉军 张亮
41	工程结构细节疲劳件激光冲击与复合强化关键技术及应用	江苏大学 中国航空工业集团公司成都飞机设计研究所 安徽工业大学 成都飞机工业（集团）有限责任公司 江苏鼎盛重工有限公司 江苏亿阀股份有限公司	姜银方 黄建云 张兴权 戴峰泽 华程 姜文帆 何水辉 陈红云 万全红
42	人造天体的精密光学测量方法	中国科学院紫金山天文台	孙荣煜 赵长印 张晨 平一鼎 张伟 熊建宁 张晓祥 旃进伟 朱听雷
43	数字化全成形经编装备及智能生产管理系统	五洋纺机有限公司 东华大学 常州机电职业技术学院	王敏其 陈南梁 王云良 顾卫杰 王水 施皓 高燕 蒋金华 王菡珠
44	汽车用复杂构件高效冷温精密成形关键技术及应用	江苏威鹰机械有限公司 山东大学	万永福 陈良 申剑 王广春 张扣宝 赵国群 练强 王丽梅 储向海
45	环境污染治理中绿色高效化学技术的设计、构建及应用	江苏大学	施伟东 李华明 朱文帅 潘建明 王赟 范伟强 韩娟 闫永胜

续表

序号	项目名称	主要完成单位	主要完成人
46	冲击矿压微震监测与时空预警关键技术及应用	中国矿业大学 江苏三恒科技股份有限公司 徐州弘毅科技发展有限公司 甘肃华亭煤电股份有限公司	窦林名　孙彦景　巩思园 李　松　蔡　武　王桂峰 高仁祥　曹安业　乔中栋
47	重大爆炸事件反演及爆炸物处置关键技术	中国人民解放军陆军工程大学 中国水利水电科学研究院 公安部物证鉴定中心 核工业南京建设集团有限公司	龙　源　陈祖煜　谢兴博 钟明寿　梁向前　纪　冲 范　磊　李兴华　张冀峰
48	含油污泥干化关键技术、成套装备及产业化	常州大学 江苏金陵干燥科技有限公司 江苏金陵环保设备有限公司	刘雪东　刘文明　诸士春 查晓峰　刘　麟　邹　旻 查文辉　孟祥雷　周晓阳
49	深部岩石变形破坏机理与非线性流变力学本构模型	中国矿业大学	杨圣奇　靖洪文　黄彦华 徐　鹏　殷鹏飞
50	江苏省太湖地区源头到龙头饮用水安全保障关键技术与应用	江苏省城镇供水安全保障中心 同济大学 河海大学 江苏省城镇供水协会 江苏省建设信息中心	林国峰　尹大强　于水利 王　翔　林　涛　郭　杨 车黎刚　信昆仑　孙王奇
51	工业排放高温烟气除尘滤袋关键制备技术及应用	江苏东方滤袋股份有限公司 东华大学 江苏宇达环保科技股份有限公司 上海灵氟隆新材料科技有限公司 苏州金泉新材料股份有限公司 盐城工学院 太原理工大学	张旭东　吴海波　王春霞 张蕊萍　樊海彬　陈迎妹 王小强　陈银青　靳向煜
52	工程岩石渗流力学关键技术及应用	河海大学 中国电建集团中南勘测设计研究院有限公司 中国电建集团昆明勘测设计研究院有限公司	王环玲　徐卫亚　冯树荣 王如宾　刘兴宁　张金龙 王　伟　闫　龙　李良权
53	大区域多层级空中交通管制系统关键技术及应用	中国电子科技集团公司第二十八研究所 南京莱斯信息技术股份有限公司 南京航空航天大学	丁一波　张明伟　胡明华 严勇杰　席玉华　程先峰 吴振锋　周禄华　张洪海
54	环保型高韧性环氧树脂系列材料开发及工程技术	江苏中路工程技术研究院有限公司 南京大学 江苏高速公路工程养护技术有限公司	张志祥　潘友强　谢鸿峰 茅　荃　张　辉　陈李峰 李英涛　关永胜　刘　强
55	车用柴油机氮氧化物和颗粒物后处理关键技术及应用	南京工程学院 凯龙高科技股份有限公司 南京依维柯汽车有限公司 凯龙蓝烽新材料科技有限公司 江苏卡威汽车工业集团股份有限公司	赵振东　臧志成　邹小俊 朱　磊　倪建华　谭文轶 赵　闯　宋　伟　朱增赞
56	植保无人飞机高效安全作业关键技术创新与应用	农业农村部南京农业机械化研究所 华南农业大学 中国农业科学院植物保护研究所 全国农业技术推广服务中心 广州极飞科技有限公司 安阳全丰航空植保科技股份有限公司 无锡汉和航空技术有限公司	薛新宇　兰玉彬　袁会珠 王凤乐　张宋超　秦维彩 孙　竹　周立新　彭　斌

续表

序号	项目名称	主要完成单位	主要完成人
57	高品质兽用疫苗制造关键技术的创新与应用	江苏省农业科学院 南京天邦生物科技有限公司 江苏联东化工股份有限公司	张小飞 于漾 张道华 冯磊 刘青涛 潘孝成 朱晓玮 吕芳 尹秀凤
58	海涂资源高效利用及其湿地化保护技术体系创建与应用	江苏省农业科学院 南京农业大学 盐城师范学院 江苏省中国科学院植物研究所 江苏沿海地区农业科学研究所 江苏盐城国家级珍禽自然保护区管理处 江苏省大丰麋鹿国家级自然保护区管理处	韩士群 隆小华 唐伯平 姚东瑞 严少华 周庆 洪立洲 刘兆普 吕士成
59	年产6万吨智能化水产饲料关键技术装备的研发及产业化	江苏牧羊控股有限公司 江苏丰尚智能科技有限公司 扬州大学 江苏牧羊集团有限公司	范文海 张鹏飞 马亮 张琦 高一桐 周春景 曾励 彭君建 张季伟
60	水稻高吸水复合型种衣剂的创制及其应用	江苏里下河地区农业科学研究所 江苏省农业技术推广总站 扬州绿源生物化工有限公司	黄年生 徐卯林 张小祥 杨洪建 蒋敏 李育红 肖宁 潘存红 余玲
61	蚕豆春化处理与配套生产技术体系研究及应用	江苏沿江地区农业科学研究所 江苏省农业科学院	吴春芳 夏礼如 刘水东 卞晓春 石明亮 姜永平 周宇 李建 陈建平
62	地方特色蛋鸡育种及产业化	江苏省家禽科学研究所 中国农业大学 扬州翔龙禽业发展有限公司 东台市农业科学研究所 盐城市畜牧兽医站	王克华 童海兵 曲亮 孙从佼 郭军 沈曼曼 卢建 施寿荣 窦套存
63	基于多相发酵技术的药渣菌渣资源化利用关键技术创新及其产业化应用	南京晓庄学院 湖北工业大学 吉林农业大学 中国药科大学 江苏江南生物科技有限公司	华春 张李阳 汪振炯 汤亚杰 霍光明 李长田 曹崇江 周峰 姜建新
64	水稻新型育秧基质创制及其机插栽培关键技术集成应用	淮阴工学院 扬州大学 全国农业技术推广服务中心 南京农业大学 淮安柴米河农业科技发展有限公司 太仓绿丰农业资源开发有限公司 连云港恒奥达肥料科技有限公司	张国良 王强盛 管永祥 戴其根 万克江 李世峰 张亚洁 沈文忠 王其传
65	分子修饰和新剂型提高中药成分的生物活性及其机理及新型免疫增强剂的研究	南京农业大学	胡元亮 王德云 刘家国 范云鹏 郭利伟 王洪超 孔祥峰 孙俊岭 卢宇
66	糖尿病发病新机制和诊疗新技术	南京大学医学院附属鼓楼医院	朱大龙 毕艳 沈山梅 李莉蓉 陆婧 葛智娟 孟然 冯文焕 熊筱璐
67	常见牙颌面发育缺陷的遗传易感性和修复再生研究	江苏省口腔医院	王林 潘永初 张卫兵 江宏兵 马兰 张光东 王美林 李丹丹 杜一飞

续表

序号	项目名称	主要完成单位	主要完成人
68	儿童脓毒症早期预警诊疗体系的建立及相关固有免疫靶点研究	苏州大学附属儿童医院 中国人民解放军总医院第一附属医院 中国科学院上海生命科学研究院	汪 健　姚咏明　张雁云 陈旭勤　周慧婷　黄 洁 许云云　陈正荣　赵 赫
69	新生血管性眼底病的发病机制及干预策略研究	江苏省人民医院	刘庆淮　谢 平　袁松涛 袁冬青　胡仔仲　姚家奇 丁瑜芝　宋清露　邱奥望
70	2型糖尿病的发病机理及药物干预探索	江苏大学附属医院 上海市内分泌代谢病研究所 南京中医药大学	袁国跃　陈名道　杨 颖 尚文斌　安晓飞　贾 珏 王 东　杨 玲　邓玉杰
71	基于胃癌免疫的基础与临床研究	苏州大学附属第一医院 苏州大学 上海交通大学医学院附属瑞金医院	陈卫昌　汪维鹏　李 锐 陈礼文　葛 彦　陈永井 刘海燕　苏丽萍　梁含思
72	代谢表型为导向的2型糖尿病个体化诊疗及其机理研究	江苏省人民医院 中国药科大学	丁国宪　刘 云　刘 娟 俞 静　段 宇　孔小岑 钟 毅　查娟民
73	病毒性肝炎防控新策略及其应用	江苏省疾病预防控制中心 北京大学 南京医科大学 泰兴疾病预防控制中心 丹阳市疾病预防控制中心 张家港市疾病预防控制中心	翟祥军　张雪峰　朱凤才 李 杰　朱立国　马红霞 庄 辉　汪 华　范 敏
74	活血化瘀新理论技术体系的创建及其在中药新药研发中的应用	南京中医药大学 南京大学	陆 茵　狄留庆　王爱云 陈文星　吴 皓　李 伟 赵庆顺　严令耕　韦忠红
75	常见环境/职业有害因素所致肺损害机制及防控研究	南京医科大学 江苏省疾病预防控制中心 上海交通大学 南京大学	刘起展　倪春辉　向全永 刘 易　罗 菲　吉晓明 王 婷　韩 磊　陆 璐
76	帕金森病非运动症状及机制研究	苏州大学附属第二医院 苏州大学	刘春风　王光辉　毛成洁 胡丽芳　王 芬　杨亚萍 罗蔚锋　沈 赟
77	基于分子影像的肿瘤靶向研究	徐州医科大学附属医院 徐州医科大学	徐 凯　李菁菁　韩翠平 许 倩　代 岳
78	促进组织修复中药结合胶原关键技术及其运用	南京中医药大学附属医院 无锡贝迪生物工程股份有限公司 江南大学	姚 昶　卞卫和　滕丽萍 程咏梅　吴旭彤　陈 绪 朱智媛　陆金婷
79	临床常用中药饮片多维质量控制体系的构建与产业化应用研究	南京海昌中药集团有限公司 淮海工学院 浙江中医药大学 江苏卫生健康职业学院 杭州海善制药设备股份有限公司	蔡宝昌　秦昆明　曹 岗 金俊杰　蔡 皓　张 宁 李伟东　郑艳萍　张金连

2018年度江苏省科学技术奖三等奖名单

序号	项目名称	主要完成单位	主要完成人
1	全冷链温控关键装备与系统	江苏省精创电气股份有限公司 中国矿业大学 西安电子科技大学	李超飞 程德强 徐 欣 张国鹏 刘 海 巢 俊 李小凡
2	面线基元关联的高分辨率遥感影像分析关键技术与应用	南京师范大学 长江南京航道局 江苏省海洋经济监测评估中心	汪 闽 张 东 盛业华 周向丽 谢伟军 崔丹丹 张 扬
3	面向空天通信的信道建模和参数估计技术研究和应用	南京航空航天大学 南京妙恒电子科技有限公司 苏州博伽丘信息科技有限公司	张小飞 朱秋明 陈小敏 徐大专 王成华 许 玲 冯高鹏
4	基于国产芯片安全支付技术的金融IC卡研发及产业化	恒宝股份有限公司	祝景国 陆道如 张建祥 曹 炜 方树平 李 勇 孔素红
5	超宽频多制式小型化智能化系列天线	中天宽带技术有限公司	滕兆朋 陈建新 施 金 符小东 刘志清 王学仁 何品翰
6	新型背光柔性线路板在键盘中的产业化	江苏传艺科技股份有限公司	邹伟民 李 静 孟雨亭 管国志 黄 靖
7	音视频内容分析及其在行为监控与展现中的应用	江苏大学 江苏名通信息科技有限公司 电子科技大学	毛启容 成科扬 饶云波 詹永照 曾兰玲 陈潇君 王新宇
8	光通信网智能保护与连接装备	常州太平通讯科技有限公司 东南大学	王立军 任献忠 石新根 朱 敏 樊鹤红 王静媛 吴锦辉
9	低温漂高精度旋转变压器-数字转换集成电路关键技术研发及产业化	连云港杰瑞电子有限公司	陈大科 罗佳亮 徐大林 夏 伟 廖良闯 奚志林 张永浩
10	云计算环境下自主可控大数据一体机关键技术及应用产业化	南京邮电大学 中科曙光南京研究院有限公司 江苏省精创电气股份有限公司	王汝传 季一木 李 鹏 陈国良 张 琳 张玉杰 刘尚东
11	基于芯片级封装（CSP）的LED倒装高压芯片	海迪科（南通）光电科技有限公司 南通大学	孙智江 贾辰宇 孙海燕 王海军 陆仁军 夏 健 黄勤金
12	物联网安全寻址与智能感知系统及其应用	南京邮电大学	孙知信 王 攀 胡 冰 宫 婧 骆冰清 赵学健 陈松乐
13	货运集配电子商务系统关键技术研究及集成应用	惠龙易通国际物流股份有限公司 江苏大学 东南大学	施文进 宋余庆 刘 哲 郁培昌 朱 轶 刘 毅 倪魏伟
14	传感器网络信息传输与安全相关技术研究	河海大学	韩光洁 江金芳 李庆武 张晨语 巢 佳
15	Deeplan通信大数据平台研发与产业化	南京华苏科技有限公司 南京邮电大学	吴冬华 欧阳昕 程艳云 王计斌 闫兴秀 徐珊珊 朱松豪

续表

序号	项目名称	主要完成单位	主要完成人
16	新型高强度低反射触摸显示屏的研发与产业化	苏州欧菲光科技有限公司	姬晓峰 方莹 李建军 赵厚芳
17	核素诊疗肿瘤新技术的建立及临床转化	江苏省原子医学研究所 江南大学附属医院	杨敏 潘栋辉 徐宇平 郁春景 严骏杰 赵富宽 王立振
18	基于"药物再发现"策略的新药创制	中国药科大学 江苏威凯尔医药科技有限公司	孙宏斌 柳军 温小安 单佳祺 刘永强 龚彦春 甄乐
19	基于标准化染色的细胞病理学智能诊断整体解决方案及其应用	南京福怡科技发展股份有限公司 江苏省人民医院 东南大学 无锡市妇幼保健院	姚斌 张智弘 印永祥 左露露 杨冠羽 王征
20	合成2,5-呋喃二甲酸重组基因工程菌的构建及其推广应用	徐州奥格曼新材料科技有限公司 徐州瑞赛科技实业有限公司 中国医学科学院医药生物技术研究所	胡曼曼 马明超 杨永信 张祥 丁文文 孙永先 胡晓
21	一类新药枸橼酸西地那非片	江苏亚邦爱普森药业有限公司 常州亚邦制药有限公司 盐城工学院	陈再新 王勇军 夏正君 杨绪跃 马绍明 王思清 凌岗
22	新一代肠外营养药物"新海能"混合糖电解质注射液的研发及产业化	江苏正大丰海制药有限公司	朱永强 杨杨 叶海英 张建超 唐云 杜柳辉 吴鹤松
23	高渗透率有源配电网知识自动化调控技术及其成套装备	国网江苏省电力有限公司 华南理工大学 南京工程学院 威凡智能电气高科技有限公司 苏州华天国科电力科技有限公司	余涛 袁晓冬 方鑫 张孝顺 葛乐 柳丹 徐晓春
24	第三代及以上核电站用堆内外电缆及关键材料研发与产业化	宝胜科技创新股份有限公司	邵文林 李茁实 董春 甘胤嗣 王晓琦 陈锦梅 潘爱梅
25	高光功率LED紫外倒装芯片及其工业光固化应用	江苏新广联科技股份有限公司 江苏新广联半导体有限公司	华斌 蒋建华 闫晓密 承铁冶 杜高云 张科 姜红苓
26	高性能智能微电网系统集成关键技术及计测控装备研发与应用	东南大学 江阴长仪集团有限公司 河海大学 国网江苏省电力有限公司电力科学研究院	郑建勇 闫书芳 梅飞 陈文藻 张宸宇 史明明 梅军
27	田湾核电站1、2号机组长周期换料技术	江苏核电有限公司 中核建中核燃料元件有限公司	顾颖宾 张毅 张福海 徐霞军 王建瑜 吴平 欧阳钦
28	复杂环境下兆瓦级风力发电机组关键技术研究与产业化	国电联合动力技术(连云港)有限公司 国电联合动力技术有限公司 南京工程学院 南京高速齿轮制造有限公司	褚景春 朱晓春 袁凌 何爱民 潘磊 窦玉祥 黄家才

续表

序号	项目名称	主要完成单位	主要完成人
29	海底超高压交、直流光电复合缆的研制和应用	中天科技海缆有限公司 南通大学 上海交通大学	张建民 顾菊平 胡 明 杨永杰 赵圉林 吴建东 张洪亮
30	下一代核电核级阀门驱动装置研发	扬州电力设备修造厂有限公司	蔡 军 费向军 龚九洲 许海洋 刘旭华 韩 松 郭 庆
31	2.0MW 超低风速直驱永磁发电机	江苏中车电机有限公司 中车株洲电机有限公司 盐城工学院	李进泽 车三宏 姚志垒 徐海阳 龚天明 段灿明 杨 晔
32	面向风光发电系统应用的高性能低压断路器关键技术研究及产业化	常熟开关制造有限公司	管瑞良 俞晓峰 王炯华 周敏琛 殷建强 刘洪武 张洵初
33	高湍流低风速风能高效捕获的风电机组关键技术与装备研制	国网江苏省电力有限公司 南京理工大学 远景能源（江苏）有限公司 江苏方天电力技术有限公司	殷明慧 周 前 汪成根 苏炜宏 张宁宇 范立新 邹 云
34	基于智能双向变流器的复合储能系统关键技术研究与应用	江苏峰谷源储能技术研究院有限公司 南京工程学院	司红磊 陈 强 熊宇迪 李青海 蒋振强 陈 杰 章宁琳
35	节能环保型塑料燃油系统关键技术研究与应用	亚普汽车部件股份有限公司 江苏大学	姜 林 何 仁 刘 亮 苏卫东 高德俊 翁益明 张恩慧
36	纳米黑硅技术研发及其产业化	苏州大学 苏州旦能光伏科技有限公司 苏州晶牧光材料科技有限公司	苏晓东 辛 煜 沈明荣 方 亮
37	直流输电工程换流变压器绝缘故障预防关键技术及应用	国网江苏省电力有限公司 常州西电变压器有限责任公司 重庆大学 中国电力科学研究院有限公司	蔚 超 陶风波 陆云才 王建明 李建生 张春燕 付 慧
38	特高压超高压变压器用耐热自粘换位导线的研发及产业化	无锡统力电工股份有限公司	陆炳兴 廖和安 张恒光 张小波 鲍煜昭 陈浩菊 戴 涛
39	面向服务定制的开放式监控系统应用平台关键技术及应用	南京南瑞集团公司 国电南瑞科技股份有限公司 国网江苏省电力有限公司 南瑞集团有限公司 国网江苏省电力有限公司电力科学研究院	周 斌 潘洪湘 梁 锋 王小红 周华良 侯 凯 张琦兵
40	主动配电网系统与设备性能评估关键技术及应用	国网江苏省电力有限公司 江苏金智科技股份有限公司 上海交通大学 国网陕西省电力公司电力科学研究院 国网电力科学研究院有限公司	刘 东 孙 健 刘 健 袁 栋 凌万水 曾 飞 杨 雄

续表

序号	项目名称	主要完成单位	主要完成人
41	低品位凹土矿资源的协同增效利用技术及产业化	淮阴工学院 合肥工业大学 淮安凯悦科技开发有限公司 盱眙中源新材料科技有限公司 淮安华洪新材料股份有限公司	陈静 陈天虎 倪伶俐 蒋金龙 陈晓明 李桂军 朱斌
42	废旧聚酯纤维制品物理化学法再生及高值化利用	优彩环保资源科技股份有限公司 东华大学 江苏恒泽复合材料科技有限公司	戴泽新 沈琴珍 戴梦茜 王朝生 毛晓彬 邹跃青 朱闻宇
43	取代脲类植物保护剂关键技术与产业化	江苏快达农化股份有限公司	韩邦友 施永平 李梅芳 钱圣利 李强 吴新林 陈杰
44	基于聚能超声空化效应的新材料制备与测试关键技术及应用	南京大学 南京先欧仪器制造有限公司 南京工程学院	唐少春 孟祥康 戴玉明 高文华 谢浩 尹青堂 朱保刚
45	基于异构化反应技术的柔性印刷电路板用关键材料-电子级均四甲苯新工艺的开发及产业化	江苏华伦化工有限公司 南京工业大学	吴义彪 许飞 王磊 吴增才 陈忠平 吴昊 潘学林
46	温和条件下中低阶煤定向转化的关键科学基础	中国矿业大学	魏贤勇 赵云鹏 赵小燕 柳方景 宗志敏 曹景沛 樊星
47	纤维原液着色纳米颜料分散体的研发及产业化	苏州世名科技股份有限公司 江南大学 常熟世名化工科技有限公司	吕仕铭 付少海 杜长森 梅成国 梁栋 张丽平 周华
48	生物可降解高分子共混及复合材料的流变学及结构设计	扬州大学	吴德峰 张明 陈建香 仇亚昕
49	稀土废料资源化回收利用的集成技术和装置	江苏广晟健发再生资源股份有限公司 连云港市兆昱新材料实业有限公司 广东省稀土产业集团有限公司	梁浩 梁健 曹玉涛 唐石丁 张磊光 刘汉晴 赵树强
50	绿色功能材料聚醚胺固化剂连续制备技术的研发与产业化	扬州晨化新材料股份有限公司 华东理工大学 南京林业大学	于子洲 周兴贵 董晓红 朱新宝 房连顺 顾雄毅 张金龙
51	万吨级聚氨酯泡沫用有机硅匀泡剂关键技术开发及产业化	江苏美思德化学股份有限公司 东南大学	孙宇 李丰富 唐雄峰 祁争健 陈青 尹迎阳 俞伟民
52	百万千瓦高效发电机组用干法高透气性少胶云母带	苏州巨峰电气绝缘系统股份有限公司	徐伟红 王文 夏宇 周成 张犇 陆春 温雪平
53	装配式建筑生态新材料和新技术及其应用	盐城工学院 河海大学	王路明 蒋亚清 潘云峰 侯贵华 王玉 张勤芳 张峰
54	航空级碳纤维预浸料研发与产业化建设	江苏恒神股份有限公司	王怡敏 李国明 燕春云 周强 单瑞俊 黄登亮 孙永锋

续表

序号	项目名称	主要完成单位	主要完成人
55	功能隐身纳米碳基复合涂层	南京航空航天大学	何建平 王 涛 孙 新 周建华 郭 虎 范晓莉
56	新型混合气化技术开发与应用研究	南京诚志清洁能源有限公司	唐卫兵 雷卫伟 季永飞 陆振华 鲍建国 宿立强 张玉滨
57	聚丙烯腈长丝及导电纤维产业化关键技术	常熟市翔鹰特纤有限公司 东华大学	陶文祥 陈 烨 王华平 徐 洁 郭宗镭
58	偏苯三酸三辛酯新型催化剂与新工艺的开发及产业化	江苏正丹化学工业股份有限公司	曹正国 荆晓平 任 伟 王 福 王立俊
59	透明非晶共聚酯 PETG 的研究、产业化和应用	南京工业大学 江苏景宏新材料科技有限公司	江国栋 陈双俊 陈婷婷 吴培龙 陆银秋 张 军
60	负压闪爆技术在纺织品功能性整理中的产业化应用	紫罗兰家纺科技股份有限公司	汪明星 刘金抗 陈 凤 陈永兵 葛 玲 陆汇鑫 李 娟
61	特种编织技术与装备（自动分体式系列智能高速编织机）	徐州恒辉编织机械有限公司 东华大学	韩百峰 孟 婷 孙以泽 孙雪影 郭海芳 陈 兵 刘建峰
62	新型高效蒸汽压缩机	江苏金通灵流体机械科技股份有限公司 南通大学	陆建军 刘德泼 华 亮 陈 军 羌予践 韩 栋 曹小建
63	液压多路换向阀关键技术及应用	江苏恒立液压科技有限公司 常州大学 常州轻工职业技术学院	汪立平 刘红光 邱永宁 王 斌 庄 晔 胡 静 孙 斐
64	大型举高消防车关键技术及产业化	徐工消防安全装备有限公司	田志坚 徐小东 张 军 张志兵 韩向芹 李前进 阚四华
65	煤制油（气）苛刻工况成套特种阀门关键技术研发及产业化	江苏神通阀门股份有限公司 东南大学	吴建新 张清双 王建新 余新泉 陈 林 张立宏 郁正涛
66	光纤光栅传感机理与控制方法及光利用基础研究	金陵科学院 安徽工业大学	胡兴柳 杨 忠 沈 浩 司海飞 方 挺 唐玉娟 田小敏
67	全位置智能精密焊接工艺技术装备	昆山华恒焊接股份有限公司 昆山华恒机器人有限公司 昆山华恒工程技术中心有限公司	常红坡 方正明 肖劲兵 宋友民 钟光紫 程艳花 朱志毅
68	低功率激光带电清除电网飘浮异物关键技术、装备研发及工程应用	江苏省电力试验研究院有限公司 南京理工大学 北京北创芯通科技有限公司	刘 洋 陈 杰 梁 伟 李 胜 黄 清 姜海波 谭 笑
69	载重汽车底盘悬架关键零部件轻量化制造技术与应用	江苏汤臣汽车零部件有限公司 江苏大学	吴华锋 朱劲松 毛永锋 陈 刚 刘金华 方国兴 李 强

续表

序号	项目名称	主要完成单位	主要完成人
70	轻量化纤维复合结构车用内饰材料柔性制备关键技术及装备	江苏迎阳无纺机械有限公司 南通大学 南通新绿叶非织造布有限公司	范立元 张 瑜 李素英 宋家奇 付译鋆 王洪云 殷俊良
71	基于超大参数的桁架式桥梁检测车产业化	徐州徐工随车起重机有限公司	陈志伟 李根文 邱剑飞 晁小青 胡志林 孙小军 孔令燕
72	金属锻冲压成形智能制造系统关键技术与集成应用	常州先进制造技术研究所	赵江海 章小建 吴晶华 方世辉 冯宝林 胡晓娟 花加丽
73	矿山提升系统重大风险防控关键技术与应用	中国矿业大学 徐州大恒测控技术有限公司 上海大屯能源股份有限公司龙东煤矿 平顶山天安煤业股份有限公司 枣庄矿业集团高庄煤业有限公司	徐桂云 张晓光 赵 强 张熠乐 刘光辉 宋 波 宋传法
74	智能化环保型制革机械关键技术研究与应用	南通思瑞机器制造有限公司 南通大学	张亚楠 张 华 丁亚军 王建荣 阚佳伟
75	大型风电叶片全尺度结构测试技术及装备的创制与应用	连云港中复连众复合材料集团有限公司 山东理工大学	刘卫生 张磊安 徐 阳 黄雪梅 李忠祥 周海安 袁光明
76	高精度薄壁发动机缸体智能铸造关键技术与应用	华东泰克西汽车铸造有限公司 大连理工大学	李佑杰 周秉文 亚 斌 张文海 孟令刚 孟富银 文 勇
77	面向深海作业的海洋船舶折臂式起重机关键技术研发及产业化	润邦卡哥特科工业有限公司 南京理工大学	彭光玉 戴 炼 陈 刚 朱 云 侯俊涛 曹 锐 万里波
78	基于镍钛基形状记忆合金元件的超低温阀门关键技术及产业化	江苏亿阀股份有限公司 哈尔滨工程大学	江树勇 钱玉峰 张艳秋 佟运祥 钱存根 赵亚楠 李 莉
79	智能化20饼氨纶纺丝成套设备研发与应用	江苏天明机械集团有限公司	江 辉 徐 波 王 飞 苏 琴 卢正宗 杨得利 曹 寅
80	环保型柔性智能化涂装生产线关键技术与成套装备	江苏长虹智能装备集团有限公司 盐城工学院	仇云杰 曾 勇 许 琦 仇云林 王国连 郑 雷 陈 莉
81	轿车双离合器变速系统关键零部件塑性净成形技术研发及产业化	江苏森威精锻有限公司 上海交通大学	施卫兵 胡成亮 龚爱军 李明明 徐祥龙 朱 卫 倪亚玲
82	海陆大功率能源装备用高参量巨型环状衔接件受控成形关键技术及产业化	张家港海锅新能源装备股份有限公司 南京工程学院 江苏永钢集团有限公司	陈一凡 巨 佳 盛雪华 张刘瑜 朱帅帅 李华冠 吕学鹏
83	高效混凝土管立式径向挤压制管装备研发与产业化	江苏华光双顺机械制造有限公司 南京工程学院	张 勇 张 杰 冯 勇 贾丙辉 管家辉 董正魁 吕云嵩

续表

序号	项目名称	主要完成单位	主要完成人
84	汽车高精密微型壳体件拉深级进模技术及应用	常州工利精机科技有限公司 江苏雷利电机股份有限公司 南京航空航天大学 常州机电职业技术学院	黄文波 周 伟 赵殿合 丁维超 陈文亮 鲍益东 张 波
85	高性能大马力农用动力关键技术及应用	江苏大学 常柴股份有限公司 江苏常发农业装备股份有限公司 辽阳新风科技有限公司	尹必峰 贾和坤 董 非 朱 镇 韩江义 夏长高 徐 毅
86	V系列装载机研发及产业化	徐工集团工程机械股份有限公司	杨东升 沈 勇 张永胜 殷 琳 路振坡 任大明 韩 标
87	高等级板材轧制用整体感应淬火大型锻钢支承辊的研制与产业化	宝钢轧辊科技有限责任公司 宝山钢铁股份有限公司	陈 伟 吴 琼 王文明 谢 晶 罗 昌 胡现龙 王进义
88	超大型智能化水平定向钻机研发与产业化	江苏谷登工程机械装备有限公司 同济大学	陈凤钢 闫耀保 陆 猛 龙小平 陈 辉 王超文 赵俊锋
89	高端磁性元器件智能测试设备	常州同惠电子股份有限公司	赵浩华 高志齐 刘 瑜 王恒斌 王志平 孙伯乐 吴 强
90	超短细柔生物质纤维可纺性关键技术及装备的研发与应用	盐城工业职业技术学院 江苏东华纺织有限公司 江苏悦达纺织集团有限公司	张圣忠 张寿祥 周 彬 瞿才新 王曙东 樊理山 刘 华
91	智能电网建设用增容节能型碳纤维复合材料芯导线的研发及产业化应用	中复碳芯电缆科技有限公司 中国电力科学研究院有限公司 淮海工学院	任桂芳 田超凯 王志伟 赵宏飞 刘 臻 周立宪 班鑫鑫
92	超大吨位旋挖钻机的研发及产业化	徐州徐工基础工程机械有限公司	孔庆华 平德纯 范强生 王转来 刘 军 单昌猛 马 旭
93	电站检修平台关键技术研发及应用	江苏能建机电实业集团有限公司 东南大学 河海大学常州校区 江苏省特种设备安全监督检验研究院泰州分院 国电泰州发电有限公司	郭余庆 王 军 杨 可 张伟刚 许飞云 许 尧 王读根
94	银行金库现金全自动流水线和智能管理系统研发及示范应用	昆山古鳌电子机械有限公司	陈崇军 王建会 徐新华 柯和宝 朱瑞乐 孟习柱 郑巨轮
95	壁式空调全流程数字化成套生产线	博众精工科技股份有限公司	杨愉强 徐小武 吴小平 吕文昌 时伟生
96	300吨级液压挖掘机关键技术研究及产业化	徐州徐工矿山机械有限公司	李 宗 李志永 吴庆礼 李柏松 宋之克 史继江 方荣超

续表

序号	项目名称	主要完成单位	主要完成人
97	分布式智慧电梯控制系统关键技术及应用	苏州大学 昆山通祐电梯有限公司	陈小平 王琰 胡剑凌 檀永 龚勇 石琦 倪锦根
98	高端机械密封技术及性能试验装置	江苏益通流体科技有限公司 南京林业大学	夏欣龙 孙见君 涂桥安 马晨波 於秋萍 夏伟
99	大型智能化高效压滤装备关键技术及产业化	江苏新宏大集团有限公司 扬州大学	陈爱民 华宝同 刘伯洋 金亦富 沈辉 单翔 庄高明
100	海洋工程钻井平台用耐泥浆电缆的研发与产业化	常州船用电缆有限责任公司	高骏 隋明辉 秦宏涛 杨西迎 魏述花 乜福君 刘彤彤
101	汽车异形变截面传动件精密成形关键技术研发及产业化	江苏理研科技股份有限公司 盐城师范学院 江苏省轻工机械产品质量监督检验中心	蔡冰 仇成群 黄荣 束剑鹏 韦伟 朱胜 季成
102	市政废水达中水回用关键技术与成套设备研发和产业化	江苏天雨环保集团有限公司 北京工业大学 江苏天雨环保集团市政工程有限公司 南京理工大学	曹贵华 彭永臻 王旗军 葛士建 曾薇 张琼 李夕耀
103	城市环境遥感关键技术与应用	南京大学 中国矿业大学	杜培军 谭琨 薛朝辉 程亮 柳思聪 赵银娣
104	保真型数字地形建模分析的技术方法与应用	南京师范大学 中国科学院地理科学与资源研究所	闾国年 周成虎 汤国安 刘学军 袁林旺 俞肇元 秦承志
105	智能化高效防爆除尘装备关键技术创新与工程应用	盐城市兰丰环境工程科技有限公司 东南大学	范兰 仲兆平 万加兵 王加东 高文超 陈立萍 王雅倩
106	中国北方中生代湖泊系统	中国科学院南京地质古生物研究所	沙金庚 蔡华伟 泮燕红 王亚琼 李罡 陈撕苇 程金辉
107	复杂工程环境条件下煤岩介质的损伤演化破裂规律及应用	徐州工程学院 中国矿业大学	张连英 吴宇 茅献彪 李明 张志镇 唐芙蓉 郭晓倩
108	船舶舱室声学设计评估关键技术	中国船舶重工集团公司第七〇二研究所 江苏大学 上海交通大学 中国船级社	吴文伟 刘厚林 孙玉东 李泽成 严斌 黄伟稀 何涛
109	面向运行安全的大型飞机复杂系统虚拟维修性评估与验证技术	南京航空航天大学 军委装备发展部军代表局驻南京地区军事代表室	孙有朝 张燕军 吴红兰 莫永成 陆中 张同号 王丰产
110	中重型车辆盘式制动器关键技术研发及产业化	江苏恒力制动器制造有限公司 江苏科技大学	徐旗钊 朱永梅 张建 周丹 郑继飞 谭雪龙 陈赟

续表

序号	项目名称	主要完成单位	主要完成人
111	现代城市综合体复杂钢结构设计建造关键技术研究与应用	中亿丰建设集团股份有限公司 中衡设计集团股份有限公司 东南大学 苏州科技大学 浙江东南网架股份有限公司	张　谨　李国建　舒赣平 毛小勇　宫长义　谈丽华 周观根
112	麦草畏清洁化工艺研发与产业化	江苏优嘉植物保护有限公司 江苏扬农化工股份有限公司 江苏优士化学有限公司	孔　勇　谢邦伟　汪国庆 徐海鹏　夏　宝
113	葡萄品种资源的收集、利用及早熟葡萄新品种的培育	南京农业大学 江苏省农业科学院 张家港市神园葡萄科技有限公司 江苏省农业技术推广总站 江苏农林职业技术学院	房经贵　吴伟民　徐卫东 陆爱华　解振强　朱守卫 顾克余
114	糖料作物甜菊产业关键技术创新及其应用	江苏省中国科学院植物研究所 安徽蚌埠永生农业科技有限公司 谱赛科（江西）生物技术有限公司 南京农业大学 江苏省农业科学院	黄苏珍　原海燕　周群喜 佟海英　杨永恒　李善汪 罗庆云
115	水稻遗传群体创建和产量相关性状分子基础解析	扬州大学 中国科学院遗传与发育生物学研究所	梁国华　程祝宽　严长杰 刘巧泉　周　勇　顾铭洪 徐辰武
116	晚抽薹与耐热萝卜特色新品种选育及应用	南京农业大学 江苏省农业科学院 江苏沿海地区农业科学研究所 徐州市蔬菜研究所	柳李旺　苏小俊　郭　军 张洪永　王　燕　张玉明 孙菲菲
117	茶园全程机械化关键技术装备及应用	农业农村部南京农业机械化研究所 南京林业大学 盐城市盐海拖拉机制造有限公司 江苏云马农机制造有限公司 无锡华源凯马发动机有限公司	肖宏儒　秦广明　宋志禹 丁文芹　韩　余　梅　松 陈　勇
118	优质多样化洋葱系列新品种选育及应用	连云港市农业科学院 南京农业大学 徐州市蔬菜技术指导站 山东省农业技术推广总站 河南省经济作物推广站	陈振泰　王建军　缪美华 杨海峰　陈沁滨　温荣夫 高瑞杰
119	中药材黄芩、黄芪和党参防治畜禽疫病功能的深度开发与应用	无锡正大生物股份有限公司 无锡市动物疫病预防控制中心	周　玲　范　锋　冯静波 毛爱民　王玉龙　华利忠 王　建
120	百合种质创新、新品种选育及种球快繁技术集成应用	南京林业大学 连云港市农业科学院	施季森　席梦利　赵统利 吴祝华　胡凤荣　刘光欣 边黎明
121	植物源氨糖绿色制造关键技术及产业应用	扬州日兴生物科技股份有限公司 江南大学	张　超　龚劲松　史劲松 丁振中　蒋　敏　李　恒 朱　萌
122	鸡传染性法氏囊病防控技术集成与创新研究	江苏农牧科技职业学院 扬州大学	朱善元　秦爱建　王永娟 王安平　秦　枫　左伟勇 吴　双

续表

序号	项目名称	主要完成单位	主要完成人
123	纳米技术在肿瘤生物标记物的精准分选、增效治疗的应用及其作用机制	江苏省苏北人民医院 扬州大学 苏州大学	任传利　沈　明　杨　平 杨占军　奚菊群　韩崇旭 王大新
124	大肠癌早期诊断和中医药防治研究	江苏省第二中医院 南京大学 第二军医大学上海长海医院 南京市中医院 南京爱谱希龙医学技术公司	金黑鹰　范怡梅　颜宏利 王建东　朱　雅　谈瑄忠 赵　振
125	类风湿关节炎炎症和骨侵蚀的新机制及其预警分子研究	江苏省人民医院 上海交通大学	张缪佳　谈文峰　李宁丽 王　芳　徐凌霄　孙晓萱 冯小可
126	自身免疫性甲状腺疾病发病新机制及干预策略研究	江苏大学附属人民医院	王胜军　田　洁　柳迎昭 彭辉勇　许化溪　朱晨露 陈艳红
127	婴儿期唇腭裂口周力变化与数字化术前矫治技术研究	南京市口腔医院	吴国锋　鲁　勇　孙方方 韩宁宁　周　峰
128	以加速正畸骨改建来提高正畸疗效的临床转化与基础探索	南京市口腔医院	李　煌　季　骏　马巧玲 李佳岭　雷　浪　闻　娟 黄子维
129	心室重构的病理机制和干预措施	苏州大学附属第二医院 南京医科大学附属逸夫医院	周　祥　鲁　翔　徐卫亭 陈建昌
130	中药单体基于生长激素－胰岛素样生长因子轴对直肠癌放疗增敏的研究	南京中医药大学附属医院	吴晓宇　姚学权　刘福坤 沈历宗　还向坤　陈　彻 李为苏
131	线粒体突变诱发多脏器损伤及其能量代谢障碍机制	南通大学	姚登兵　孙　诚　姚　敏 王　理　蔡　敏　潘海燕 姚登福
132	恶性肿瘤筛查及液态活检新技术的建立与应用研究	江苏省肿瘤防治研究所 南京大学	严　枫　孟爱凤　任克维 鞠煜先　于韶荣　刘　宏 王晓明
133	甲状腺结节流行及干预的干细胞理论基础	江苏省中医药研究院 江苏省人民医院	刘　超　陈国芳　徐书杭 王　昆　茅晓东　杨　昱 顾经宇
134	大肠癌发病新机制及早期诊断研究	江南大学附属医院 复旦大学附属肿瘤医院	黄朝晖　杜　祥　费伯健 殷　媛　华　东　王奇峰 边泽华
135	创面修复微环境调控的关键技术及应用	无锡市第三人民医院 苏州大学 江南大学 无锡贝迪生物工程股份有限公司 江苏省人民医院	吕国忠　吕　强　陈敬华 任伟业　胡　寅　赵　朋 邓　超
136	糖尿病致冠状动脉功能受损的新机制及干预策略	无锡市人民医院 山东省医学科学院基础医学研究所 中国人民解放军空军军医大学第一附属医院	王如兴　钱玲玲　柴　强 易　甫　吴　莹　党时鹏 汤　徐

续表

序号	项目名称	主要完成单位	主要完成人
137	川崎病血管并发症的预测及相关的分子机制	苏州大学附属儿童医院 浙江大学医学院附属儿童医院 深圳市儿童医院	吕海涛 龚方戚 徐明国 丁粤粤 徐秋琴 钱光辉 唐孕佳
138	创伤性脑、脊髓损伤的基础与临床研究	苏州大学附属第一医院 无锡市第三人民医院	惠国桢 陆 华 吴思荣 李向东 陈 革 吴卫江 蒋云召
139	围术期肺移植麻醉管理的体系化建设与推广应用	无锡市人民医院 首都医科大学附属北京朝阳医院 上海市胸科医院	王志萍 吴安石 徐美英 毛文君 胡春晓 秦 钟 高 宏
140	电离辐射所致海马依赖性认知功能障碍的机制研究	苏州大学附属第二医院 苏州大学	田 野 张力元 徐兴顺 王 琛 杨红英 谢 红 冀胜军
141	恶性肿瘤中LncRNA与mircoRNA作用机制研究	苏州大学 中国医学科学院皮肤病研究所 广州医科大学	周翊峰 蒋明军 吕嘉春 郑 健 邓杰琼 李 巍 李 芳
142	尿路上皮肿瘤的基础研究及临床应用	江苏省人民医院	吕 强 顾 民 李鹏超 陶 俊 曹 强 杨海伟 杨 潇
143	miRNAs通过IGFR/IRS/AKT/HIF-1信号通路调控肿瘤生长及新生血管的研究及应用	南京医科大学	顾爱华 江秉华 王 军 徐 进 赵 鹏 刘 倩 王 敏
144	无创产前筛查和诊断技术体系的研发及应用	江苏省人民医院 中国人民解放军南京军区南京总医院 东南大学	黄 欢 邹秉杰 张国英 肖鹏峰 周国华 卢守莲 叶 卉
145	丁氏肛肠中医诊疗法在炎症性肠病治疗中的传承及创新应用	南京市中医院	张苏闽 丁 康 丁义江 江 滨 李 猛 丁曙晴 吴崑岚
146	优化围术期管理加速外科康复系列研究	南京市第一医院 南京医科大学	鲍红光 斯妍娜 韩 流 史宏伟 张 媛 王晓亮 魏海燕
147	一种高效氨纶原液过滤装置	连云港杜钟新奥神氨纶有限公司	伏彩兵
148	涤纶短纤维卷绕网络器压丝生头技术	中国石化仪征化纤有限责任公司 中国石化仪征化纤有限责任公司短纤部四装置	居发勇
149	电能计量装置运行异常诊断技术及应用	国网江苏省电力有限公司	周 玉
150	关注生命最初1000天营养——系列妇幼营养科普书籍和推广应用	江苏省人民医院	曾 珊 赵 婷 王 瑾 徐冬连 陶新城 徐 丽 徐 露
151	远古的霸主——恐龙、翼龙、鱼龙	中国科学院南京地质古生物研究所 江苏凤凰科学技术出版社有限公司	冯伟民 许汉奎 陈 静
152	寂静的土壤	中国科学院南京土壤研究所	龚子同 陈鸿昭 张甘霖

江苏省企业技术创新奖

【7家企业获2018年度江苏省企业技术创新奖】 为深入实施创新驱动发展战略，充分调动和激发科技人员创新创业积极性，根据《江苏省科学技术奖励办法》的规定，经省科学技术奖励评审委员会组织评审，并报省人民政府批准，决定授予江苏恒瑞医药股份有限公司等7家企业2018年度江苏省企业技术创新奖。

2018年度江苏省企业技术创新奖名单

序 号	奖励企业
1	江苏恒瑞医药股份有限公司
2	苏州旭创科技有限公司
3	中天科技精密材料有限公司
4	江苏兴达钢帘线股份有限公司
5	今创集团股份有限公司
6	南京越博动力系统股份有限公司
7	徐州海伦哲专用车辆股份有限公司

江苏省国际科学技术合作奖

【5名外籍专家获2018年度江苏省国际科学技术合作奖】 为深入实施创新驱动发展战略，充分调动和激发科技人员创新创业积极性，根据《江苏省科学技术奖励办法》的规定，经省科学技术奖励评审委员会组织评审，并报省人民政府批准，决定授予菲利普·罗斯·哈德维基（Philip Hardwidge）等5人2018年度江苏省国际科学技术合作奖。

2018年度江苏省国际科学技术合作奖名单

序 号	获奖人	国 籍	合作单位
1	菲利普·罗斯·哈德维基 Philip Hardwidge	美国	扬州大学
2	肖敏 Min Xiao	美国	南京大学
3	罗年柱 Nianzhu Luo	美国	江苏国瑞液压机械有限公司
4	恩瑞克·德里奥利 Enrico Drioli	意大利	南京工业大学
5	格拉汉姆·安东尼·希尔兹 Graham Anthony Shields	英国	中国科学院南京地质古生物研究所

菲利普·罗斯·哈德维基 教授，美国籍，堪萨斯州立大学兽医学院教授，国家外专局高端人才专家，主要研究专长为病原微生物分子致病机制，病原微生物和宿主互作的精确分子机制。近几年在国际高享

誉期刊发表高 SCI 影响力学术论文 80 多篇。

菲利普·罗斯·哈德维基教授和扬州大学兽医学院密切合作，自 2012 年来每年来扬州工作 2 个月，与扬州大学开展科技合作、英文研究教学工作，已指导扬州大学博士后 5 人、博士生 11 人，联合培养（扬州大学－美国堪萨斯州立大学）博士研究生 5 人，和扬州大学共同合作文章 30 多篇，其中 I 区 SCI 论文 10 多篇。荣获 2017 年扬州市科技合作奖，是国家留学基金委的"扬州大学－美国堪萨斯州立大学动物医学研究生联合培养高层次人才项目"美方执行人，为扬州大学生命科学和兽医学院的发展提供了有力支持。

肖敏 教授，美国籍，1988 年获美国德克萨斯大学物理博士学位，1990 年起任美国阿肯色大学物理系正教授、杰出教授，主要从事量子光学、非线性光学、原子物理、超快光学和微／纳米结构材料光学

特性的研究，已发表超过 410 篇 SCI 学术论文。1994 年获美国国家基金杰出青年研究奖，1999 年获中国海外杰出青年基金（B 类），2005 年当选教育部"长江学者奖励计划"讲座教授（2005—2008 年），于 2008 年年底通过南京大学入选第一批"国家重大人才工程"，加入南京大学。

肖敏教授 2010—2016 年每年在南京大学工作时间达 9 个月，参与创建现代工程与应用科学学院的量子电子学与光学工程系并担任系主任至今，建设了一流的微纳光学与超快光学实验室。以南京大学为单位发表 SCI 论文 175 篇，其中多篇文章成为领域高引用论文。团队已获发明专利 5 项。

罗年柱 教授，美国籍，先后在美国知名液压企业凯斯公司、萨澳丹佛斯公司担任高级工程师、工程部经理、全球技术总支持等职，从事高端液压元件的研究开发工作 30 多年，获美国专利 3 项。1990 年起，

在美国凯斯公司负责主持研发新型液压系统和阀门，完成了 26 个重要项目。1995 年起，在美国萨澳丹佛斯公司主持设计和开发电液控制阀和比例阀，完成了 194 个重要项目。

罗年柱教授 2011 年起全职在江苏国瑞液压机械有限公司工作，主持的项目被发展改革委、工业和信息化部列为"产业振兴和技术改造（中央评估）2012 年中央预算内投资计划"项目，多次获得江苏省科技成果转化专项资金支持；2016 年建成省外国专家工作室和江苏省工业企业设计中心，2017 年列入工业和信息化部企业强基工程一条龙应用计划示范项目。获中国液压气动密封件工业协会"行业技术进步奖"二等奖。获授权 2 项发明专利、8 项实用新型，3 个新产品被认定为省高新技术产品。

恩瑞克·德里奥利 教授，意大利籍，国际膜领域权威专家，意大利科学院膜技术研究中心创始人，欧洲膜学会创始人及荣誉主席、联合国教科文组织膜技术中心委员会成员、欧洲化学工程执行委员会成

员，曾获得欧洲膜学会"理查德·本"奖、俄罗斯工程院西门诺夫院士奖章等。研究方向涵盖膜科学与技术多个重要领域，已发表科技论文800余篇，著有专著28本，授权专利22项。

恩瑞克·德里奥利教授2014年起与南京工业大学开展国际科技合作，合作开发高性能PVDF超滤膜并成功转移孵化出高科技企业南京久盈膜科技有限公司，应用于全球首套制浆造纸废水零排放工程。与中方团队联合申报国家自然科学基金国际（地区）合作与交流项目，同时积极参与南京工业大学本科生和研究生的培养工作，亲自为学生开设全英文课程，联合指导多名中国博士生。

格拉汉姆·安东尼·希尔兹 教授，英国籍，1997年在瑞士苏黎世联邦理工学院获得博士学位，现为英国伦敦大学学院教授，致力于把多种地球化学指标应用于古环境演化研究和化学地层学研究。目前，兼任国际地层委员会成冰纪地层分会主席，以及前寒武纪和埃迪卡拉纪地层分会的选举委员。发表98篇学术文章，论文引用达6000余次。

格拉汉姆·安东尼·希尔兹教授自2004年起，参与了由中国科学院南京地质古生物研究所主持的大型中德合作项目（2008—2013年）。近年来，共同发起由英国国家环境研究理事会（NERC）和国家自然科学基金委员会（NSFC）联合资助的中英重大合作项目。20余年来，先后来华开展合作超过30次，进行联合野外考察、联合主办双边研讨会、开展合作研究等。2010—2012年，先后3次受聘于中国科学院南京地质古生物研究所，任中国科学院外国专家特聘研究员。

（江苏省科学技术厅科技成果与技术市场处）

科技人才
Talents of Science & Technology

人才队伍建设
Talents Team Construction

【专业技术人才队伍建设】 2018年，全省新增专业技术人才53.15万人，新增高级职称3.74万人，专业技术人员知识更新工程培训161万人次。省人力资源社会保障厅深入推进职称制度改革，提请省委办公厅、省政府办公厅印发《关于深化职称制度改革的实施意见》，全面下放90所高职院校职称评审权，创新将思想政治工作专业人才评价制度，将思想政治工作人员职称评审纳入全省职称统一管理体系。制定出台《江苏省高层次和急需紧缺人才高级职称考核认定办法（试行）》，建立职称评审绿色通道。落实《江苏省专业技术人才知识更新工程实施办法》，统筹实施急需紧缺人才培养培训项目和岗位培训项目。指导各地各行业主管部门把握行业发展方向和高端人才培训需求，共承办6期国家级高研班、举办20期省级高研班，培养培训专业技术骨干人才3186人。完成全省首批9家省级专业技术人才继续教育基地认定工作。

【专家选拔工作】 2018年，全省共有112人（不含部属单位）获批入选国务院政府特殊津贴人员，入选人数在全国名列前位，全省总量增至8611人（不含部属单位）。共有200人入选江苏省有突出贡献的中青年专家，总量增至2752人。

【高层次人才载体建设】 2018年，围绕先进制造业、战略性新兴产业、现代服务业发展，优化载体建设布局，加强实训载体建设，共创建5个国家级高技能人才培训基地、5个国家级技能大师工作室，新建10个省级高技能人才专项公共实训基地、20个省级技能大师工作室、11个江苏大工匠工作室、102个江苏工匠工作室、100个乡土人才技能工作室、54个校企合作特色项目，开设18个高技能领军人才"青苗班"、36个历史经典产业各类特色班，载体平台建设有力有效，影响力和集聚效应进一步增强。截至2018年年底，全省设有博士后科研流动站299个、博士后科研工作站441个、省博士后创新实践基地593个（当年新增87个）。其中，流动站设站总数、工作站设站总数均位列全国第二，全省博士后载体总数居全国首位。2018年，新建5家留学人员创新创业园，分别是：南京徐庄软件园留学人员创业园、江苏生命科技创新园留学人员创业园、南京江宁高新园留学人员创业园、徐州经济技术开发区留学人员创业园、建湖县留学人员创新创业园。全省省级以上留学回国人员创新创业园已达70家，其中，国家级2家、部省共建7家、省级61家。建设6家江苏省留学回国人员创新创业示范基地，分别是：江苏省无锡锡山留学人员创业园、江苏省太仓留学人员创业园、江苏省常熟高新技术产业开发区留学人员创业园、江苏省南通海门留学人员创业园、江苏省信息服务产业基地（扬州）留学人员创业园、中国镇江留学人员创业园。分别给予每个新建省级园、省级示范基地40万元、100万元的资助。留学人员创业园和省级示范基地数量均居全国首位。

【高层次人才资助工作】 全省博士后科研资助计划资助总经费1500万元，资助博士后科研项目450项；资助招收博士后人员100人，总资助经费1000万元。选拔江苏省有突出贡献的中青年专家200人，每人给予2万元的奖励。实施江苏省留学回国人员创新创业计划，资助留学回国人员创新创业项目100个、省留学回国人员创新创业园5家、省留学回国人员创新创业示范基地6家，总资助金额1030万元。

【**高层次人才服务经济建设**】 助推乡村振兴，先后在徐州、连云港、淮安涟水、扬州江都等地开展4场专家服务基层系列活动，共组织170多名专家为基层200多家企业把脉问诊，解决企业各类技术难题310多项。

【**人才资源开发工作**】 持续推进人才体制机制改革。按时序进度推进"科技创新40条""人才26条"工作任务落实。加快"江苏人才信息港"建设。深入推进人才服务"互联网+"，立足人才引进、培养、评价、服务四大功能，加强数据整合统一，加深数据挖掘分析，实现人事人才业务"一网通办"，推进人事人才业务源头化、精确化、智能化管理，打造全省人才一体化大数据平台。组织实施第十五批"六大人才高峰"高层次人才选拔培养工作，选拔资助609个人才项目，其中高层次人才项目579个（A类20个、B类60个、C类499个），创新人才团队项目30个，共培养高层次人才5441人，其中，博士2179人、硕士1552人，正高级职称747人、副高级职称1163人。从产业领域来看，战略性新兴产业项目381个，占比62.6%；从人才年龄来看，入选项目负责人或团队带头人平均年龄38周岁，其中45周岁及以下人才项目入选571个，占93.8%，35岁周岁及以下人才项目入选219个，占比36.0%；从项目地区来看，苏中地区入选项目74个，占12.2%，苏北地区入选项目114个，占18.7%。

（江苏省人力资源和社会保障厅）

【**院士座谈会服务**】 在院士座谈会筹备上，针对会议方案调整，积极协调江苏省内外院士参加座谈，和院士及时沟通会务、车辆接送、会议发言等重要环节，并为参会的50名院士配备一对一服务人员，提供全流程服务保障，将一对一服务人员编组并指定组长，成立主会场、分会场会务组和牵头责任人，共同建立起网格化保障体系，确保了会议期间院士活动的顺利进行。

【**认真推进科技人才工作**】 组织实施科技部人才计划。2018年，通过多种形式进一步做好科技部人才计划的政策宣传和辅导，支持各地积极申报，同时进一步完善向科技部推荐遴选机制，严格按照标准和要求组织实施。截至2018年年底，共有59个人才对象被列入2018年国家创新人才推进计划拟入选对象名单。

完成2018年省双创计划的形式审查和评审组织工作。其中双创人才721人、双创团队科技类60个，以及双创博士257人。经专家评审、立项公示，共有双创人才478人、双创团队40个、双创博士587人获得支持。

协助江苏省人才办组织开展了12期高层次人才精神教育专题培训班，共计69名科技企业家赴江西、遵义、重庆等地进行"爱国、奋斗"精神专题培训交流。

在扬州成功举办全省科技人才工作培训班，各设区市科技局分管领导、县（市、区）科技局负责人、省人才工作领导小组成员单位代表40余人参加了此次培训，进一步解放思想、改革创新、结合实际、落实行动，形成了科技人才工作合力，不断完善科技人才创新创业体制。

参加科技部人才中心在山东省泰安市举办的2018年科技领军人才创新驱动中心建设经验交流会，会上做了《以人才驱动中心建设为抓手，推进江苏人才新政落地》的经验发言，被评为国家科技领军人才驱动中心建设"先进集体"，同时邓逸民同志被评为"先进个人"。

制定下发《省科技厅贯彻落实人才新政10条责任分工》，明确机关各处室责任，释放科研人员创新创造活力，推进科技与人才相结合。

推动省政府和中国工程院共建中国工程科技发展战略江苏研究院。研究院理事长由周济院士和省长吴政隆共同担任，召开了第一次理事会，讨论确定首批研究项目。研究院着力开展战略研究和决策咨询，切实推动各类创新资源加快集聚江苏，为院省合作提升新层次，注入新内涵。

（江苏省科学技术厅政策法规与体制改革处）

【自然科学研究系列（含实验系列）专业技术人员队伍建设】 2018年，根据全省职称评审工作要求，江苏省科技厅组织了全省自然科学研究和省实验技术两个系列的高、中级专业技术资格评审工作。经过材料受理、资格审查、评委会评审、社会公示等环节，共有178人通过高级专业技术资格评审，其中36人获得研究员资格，130人获得副研究员资格，2人获得正高级实验师资格，10人获得高级实验师资格。共有83人通过中级专业技术资格评审，其中80人获得助理研究员资格，3人获得实验师资格。

（江苏省科学技术厅人事处）

人才工作站点
Talents Work Site

【企业院士工作站】 院士工作站主要引导省内外两院院士及其创新团队向企业集聚、为企业服务，搭建了高水平的产学研合作平台，联合攻关重大关键技术难题，转化院士及其创新团队成果，开展产业及企业发展战略咨询和技术指导，培养企业创新人才队伍，为增强企业自主创新能力和市场竞争力提供有力支撑。

2018年，依托企业、院所、新型研发机构新建47家省级院士工作站。截至2018年年底，全省共建有院士工作站320家，引进两院院士331名，集聚院士团队2660人；总投入46.28亿元，其中省拨款2.77亿元、引导社会投入43.51亿元。

分布情况 按地区分布：苏州、南京、无锡建设的院士工作站数量位居全省前三名，分别是52家、41家、38家。

按领域分布：新材料领域建有量最多，为72家，占22.5%；其次是装备制造和生物医药领域，分别为66家和60家。

江苏省企业院士工作站按领域分布情况

单位：家

领域	项目数	领域	项目数
装备制造	66	动力电池与新能源汽车	8
机械制造	20	智能电网	11
动力装备	3	煤炭	1
激光加工	4	半导体照明	4
机器人	2	风能	1
轨道交通	8	工业节能	4
工程机械	8	核电	2
仪器仪表	6	现代农业	26
汽车	8	作物育种	7

续表

领　域	项目数	领　域	项目数
船舶	1	农业装备	3
海洋工程装备	4	水产	2
纺织机械	1	园艺	2
精密模具	1	农产品加工	4
新材料	72	畜牧兽医	4
金属材料	30	林木加工	3
无机材料	15	**环境保护与资源综合利用**	20
高分子材料	17	废弃物处理及综合利用	5
高性能纤维材料	10	大气污染防治	2
电子信息	29	环保装备	7
软件	5	水污染防治	4
传感网	5	环境监测与保护	2
通信	11	**生物医药**	60
计算机与网络	1	生物技术	26
平板显示	1	新医药	8
信息功能材料与器件	6	生物医学工程	14
新能源	35	**社会事业**	12
太阳能	4	**总　计**	320

能力建设　研发投入：2018年度，全省院士工作站研发投入40.50亿元，其中团队建设经费4.11亿元，仪器设备购置经费7.35亿元。

研发场所：截至2018年年底，全省院士工作站拥有固定研发场所108.05万平方米，平均每家拥有研发场所3385.28平方米。

仪器装备：截至2018年年底，全省院士工作站拥有10万元以上的仪器设备10934台（套），平均每家拥有仪器设备34台（套）。

人才队伍：截至2018年年底，全省院士工作站共引进院士331名，其中科学院院士102名（含双院院士3名）、工程院院士232名（含双院院士3名）；省外院士295名，省内院士36名。全省院士工作站拥有院士团队人员2662人，平均每家拥有院士团队人员8人，高级职称和博士分别有1764人、1562人，占66.27%、58.68%；拥有自身研发人员15150人，平均每家拥有研发人员47人，其中高级职称2417人、占15.95%，博士766人、占5%。2018年度，院士累计进站时间1576天，平均每位院士进站时间5天；院士团队进站工作时间6.31万天，平均每家院士团队进站时间188人·日/年。院士及其团队累计为设站单位培养博士245人、硕士1233人。

运行成效　专利情况：2018年度，全省院士工作站共申请专利4225件，增加7.86%，其中发明专利2091件，占申请总数的49.49%；获授权专利2517件，其中发明专利839件，占授权总数的33.33%，平均每家申请与获授权的专利数分别是13件和8件。

标准情况：主持或参与制（修）订各类标准193项，其中国际标准10项，国家标准149项，地方标准34项，分别占5.18%、77.20%、17.62%。

承担科技项目：2018年度，新增研发项目共1613项，其中自立课题1294项，占新增总项目的81.53%，社会开放课题87项。承担国家级科技计划项目62项，其中国家科技重大专项11项、国家重点研发计划18项、国家自然科学基金14项，共获政府资助资金4.98亿元；承担省级科技计划项目170项，其中省科技成果转化专项资金26项、省重点研发计划20项，共获政府资助3.41亿元。

获奖情况：2018年度，全省院士工作站获国家科技奖励3项，省级科技奖励23项。

2018年江苏省企业院士工作站获国家科技奖励情况

序 号	所获奖励类别	获奖课题名称	获奖单位名称
1	国家科技进步奖二等奖	长江口重要渔业资源养护技术创新与应用	江苏中洋集团股份有限公司
2	国家技术发明奖二等奖	银杏二萜内酯强效应组合物的发明及制备关键技术与应用	江苏康缘药业股份有限公司
3	国家技术发明奖二等奖	高性能铝合金架空导线材料与应用	江苏中天科技股份有限公司

2018年江苏省企业院士工作站获江苏省科技奖励情况

序 号	所获奖励类别	获奖课题名称	获奖单位名称
1	省科学技术奖一等奖	高可靠海洋光纤光缆关键技术与成套装备	江苏亨通光电股份有限公司
2	省科学技术奖一等奖	缓释智能递药系统的关键技术及其应用	扬子江药业集团有限公司
3	省科学技术奖一等奖	现代混凝土早期变形与收缩裂缝控制	江苏省建筑科学研究院有限公司
4	省科学技术奖一等奖	两机叶片高效智能加工关键技术研发与应用	无锡透平叶片有限公司
5	省科学技术奖一等奖	满足国V排放标准重型柴油车尾气高效后处理催化剂及产业化	无锡威孚环保催化剂有限公司
6	省科学技术奖一等奖	神经内镜微创手术关键技术的创新与推广应用	无锡市第二人民医院
7	省科学技术奖二等奖	窄带情报传输关键技术与应用	中国电子科技集团公司第二十八研究所
8	省科学技术奖二等奖	新型内嵌式（i-TP）触控液晶显示面板的研发与产业化	昆山龙腾光电有限公司
9	省科学技术奖二等奖	高安全性长寿命锂离子电池及系统研发与产业化	江苏华富储能新技术股份有限公司

续表

序号	所获奖励类别	获奖课题名称	获奖单位名称
10	省科学技术奖二等奖	硅烷流化床颗粒硅关键设备与高效沉积工艺开发及产业化	江苏中能硅业科技发展有限公司
11	省科学技术奖二等奖	第三代太阳能级高效多晶硅锭、硅片研发与产业化	江苏协鑫硅材料科技发展有限公司
12	省科学技术奖二等奖	棉织物活化漂白关键技术及产业化应用	江苏联发纺织股份有限公司
13	省科学技术奖二等奖	海上能源工程用系列低温结构钢关键技术开发及产业化	南京钢铁股份有限公司
14	省科学技术奖二等奖	碳/碳、碳/玻多层织造及其复合材料低成本、高效率制备与应用技术开发	常州市宏发纵横新材料科技股份有限公司
15	省科学技术奖二等奖	千吨级深海油气开采平台井口智能成套装备设计与制造技术	江苏如通石油机械股份有限公司
16	省科学技术奖三等奖	基于"药物再发现"策略的新药创制	江苏威凯尔医药科技有限公司
17	省科学技术奖三等奖	新一代肠外营养药物"新海能"混合糖电解质注射液的研发及产业化	江苏正大丰海制药有限公司
18	省科学技术奖三等奖	第三代及以上核电站用堆内外电缆及关键材料研发与产业化	宝胜科技创新股份有限公司
19	省科学技术奖三等奖	百万千瓦高效发电机组用干法高透气性少胶云母带	苏州巨峰电气绝缘系统股份有限公司
20	省科学技术奖三等奖	负压闪爆技术在纺织品功能性整理中的产业化应用	紫罗兰家纺科技股份有限公司
21	省科学技术奖三等奖	载重汽车底盘悬架关键零部件轻量化制造技术与应用	江苏汤臣汽车零部件有限公司
22	省科学技术奖三等奖	现代城市综合体复杂钢结构设计建造关键技术研究与应用	苏州科技大学设计研究院有限公司
23	省企业技术创新奖	—	今创集团股份有限公司

创新产品产出：2018年度，全省院士工作站开发新产品1732个，平均每家5个；产生销售额995.57亿元，实现利税81.96亿元，平均每家2561.25万元；形成新技术854项，平均每家2项；形成新工艺855项，平均每家2项。

其他知识产权：2018年度，全省院士工作站获农药证书7个；兽药证书2个。获动植物新品种审定15个，软件著作权258件，集成电路设计版权67个。

管理与评价 2018年，为贯彻落实省委、省政府"关于深化科技体制机制改革推动高质量发展若干政策"精神，充分发挥院士引领作用，进一步推动关键技术攻关、促进科技成果转化、推进创新人才培养，江苏省科技厅与省教育厅联合出台《关于支持两院院士在企业高校交叉建设院士工作站的通知》，鼓励企业和高校交叉建设院士工作站。

2018年，首次开展省级院士工作站绩效评估。对2014年年底前立项建设的298家院士工作站进行评估，其中有87家评为优良，得到了后补助支持。2018年共有86家院士工作站不再纳入"江苏省院士工作站"序列管理，其中79家是自愿放弃参加评估的院士工作站、5家是合作院士去世、1家是2018年验收不合格、1家是因其他原因。

【企业研究生工作站】 企业研究生工作站建设旨在加快区域创新体系建设、实施创新驱动战略，提升企业自主创新能力，推动承担研究生培养的单位主动服务地方经济社会发展，培养高层次创新人才、提高研究生培养质量。截至2018年年底，全省拥有省级企业研究生工作站4361家。

根据规模适度、突出建设、重在质量的原则，经学校推荐、专家评审、社会公示等环节，2018年，江苏省教育厅、省科技厅认定307家研究生工作站。坚持以评促建，以评促管，以评促质量的原则，经材料初审、专家评审、实地考察、社会公示等环节，评选出42家优秀研究生工作站，1家优秀研究生工作站示范基地，全省优秀研究生工作站累计达190家。

持续推进研究生工作站建设。2018年，对设站期满6年且期内未被评为优秀的537家研究生工作站进行考核。经材料评审和实地考察两轮评审，308家通过考核（含免考核），进入下一轮为期5年的建设；229家未通过期满考核（含放弃考核），淘汰率42.6%，实现动态管理。

【博士后工作站】 博士后工作站建设旨在完善博士后工作体系，充分发挥博士后制度在高层次人才队伍建设和技术创新工作中的重要作用，加快建立以企业为主体的技术创新体系，培养高层次人才，促进产学研结合，推动科技成果转化为生产力。2018年，全省新增博士后工作站42家、达到439家，新增博士后创新实践基地87家、达到597家。

【企业科技副总（企业创新岗）】 为引导科技人才创新要素向企业集聚，自2013年开始，江苏省科技厅联合省人才办组织实施了"科技副总（企业创新岗）"试点工作，由全国高校院所柔性选派专家教授到江苏省企业担任技术副总或副总工程师，主要任务是推动企业技术创新、强化企业创新管理、提升企业创新能力。截至2018年年底，已从全国305家高校院所选派了6批2579名科技人才到江苏省相关企业兼任"科技副总"。

截至2018年年底，前5批1561名"科技副总"在岗期间工作成效（第6批1018名尚未统计）：协助企业建立研发机构（或平台）1326个，完成双方合作项目2126项，为企业解决关键技术难题4634个，为企业引进新的合作项目1346项，为企业开展培训或讲座7247场，为企业培训人员43737名，协助企业申报科技项目2421项，协助企业申请专利6216件，协助企业引进人才2552名，协助企业建立规章制度3782个，协助企业制定战略规划或完成调研报告1973份，合作双方签订技术合同722项，合同成交额约2.68亿元，实际成交额约1.99亿元等。

（江苏省科学技术厅科技机构与条件处）

表彰和奖励人物
Winners of Praise & Award

【国家奖励】 中国医学科学院苏州系统医学研究所研究员马瑜婷获第十五届中国青年女科学家奖。

南京途牛科技有限公司CEO于敦德、昆山维信诺科技有限公司总经理高裕弟获第十五届中国青年科技奖。

【江苏省表彰和奖励】 2018年11月8日，第十六届江苏省青年科技奖暨"江苏省十大青年科技之星"表彰大会在江苏盐城举行。中共江苏省委组织部、江苏省人力资源和社会保障厅、江苏省科学技术协会授予丁大志等10名同志为第十六届"江苏省十大青年科技之星"，表彰王晓刚等10名同志为第十六届江苏省青年科技奖获得者。

江苏省青年科技奖每两年评选一次，实施

限额推荐，评选公正，竞争激烈，获奖成果有较高的公信力和影响力。"十大青年科技之星"主要突出青年科技人才的创新创业能力，获奖者须品行端正，德学双馨，具有良好的科学精神和科学道德，在全省同行中具有一定影响力，具有较强的科研领军才能和科技转化能力。

第十六届"江苏省十大青年科技之星"获奖人员名单

①丁大志，南京理工大学电子工程与光电技术学院通信工程系主任，教授。从事电磁理论与计算电磁学研究，建立了具有自主知识产权的高效电磁建模与分析系统，解决了科研院所的工程难题，发表学术论文120余篇，授权发明专利23项。

②卢娜，中国药科大学基础医学与临床药学学院基础医学系主任，教授。从事天然产物的抗肿瘤药理活性及作用机制研究，发表学术论文80余篇，他引2000余次。

③吕凌，南京医科大学第一附属医院大外科副主任，江苏省转化医学研究院副院长，教授，博士生导师。从事肝脏外科研究，发表SCI论文61篇，连续入选爱思唯尔（Elsevier）中国"高被引学者"医学类榜单（代表其在所研究的学科内具有世界级影响力）。

④刘龙，江南大学生物工程学院副院长，教授，博士生导师。从事微生物代谢调控和合成生物学研究，在包括 Nat. Commun.、Metab. Eng. 等权威期刊发表SCI论文50篇（封面文章6篇）。

⑤刘庄，苏州大学功能纳米与软物质研究院执行院长，教授。从事生物材料与纳米医学领域研究，探索了多种基于生物材料的创新肿瘤治疗策略，发表学术论文260余篇，他引35000余次，H因子94。

⑥张徐祥，南京大学环境学院教授、博士生导师。从事环境生物组学技术与应用研究，在环境高风险污染物健康危害识别与防控方面取得了创新成果，发表SCI论文111篇。

⑦张斯纬，江苏鹰游纺机有限公司总经理，总工程师。从事高端纺织设备研发及碳纤维成套装备研发，参与"千吨级干喷湿纺高强/中模碳纤维产业化关键技术及应用"研究，获国家级奖项。

⑧周彤，江苏省农业科学院植物保护研究所植物病毒研究室主任，研究员。从事作物病毒病研究，在水稻条纹叶枯和黑条矮缩病防控中做出贡献，发表论文25篇（SCI论文11篇）。

⑨缪峰，南京大学物理学院教授，博士生导师。从事二维材料基础与应用研究，发明了耐高温电子元件，在 Science、Nature 子刊、Science 子刊等权威期刊，发表学术论文70余篇，总引用12000余次。

⑩魏小辉，南京航空航天大学飞机设计技术研究所所长，教授。从事飞行器起降及起落装置设计技术研究，为我国20多个飞行器型号的相关瓶颈技术攻坚克难，发表学术论文70余篇，授权国家发明专利24件，出版学术专著1部。

第十六届江苏省青年科技奖获奖人员名单

①王晓刚，水利部交通运输部国家能源局南京水利科学研究院水工水力学研究所副所长，教授级高工。从事工程水力学研究工作，解决了富春江枢纽、丰满电站等国内众多重大工程关键技术难题，经济效益和社会效益显著。

②仇云杰，江苏长虹智能装备股份有限公司总经理，高级经济师。带领公司全体员工搞研发、抓管理、跑市场，2项成果通过中国机械工业联合会组织的院士鉴定，公司年销售额从2005年的3000多万元增长到2018年近10亿元。

③冯小海，南京轩凯生物科技有限公司执行董事、总经理，南京工业大学研究员、博士生导师。从事生物化工领域生物高分子与微生物菌剂的研发与制备研究，聚谷氨酸已累计服务超过650万吨生态增效肥料，推广1.2亿亩次，农民增收120亿元。

④仲兆祥，南京工业大学化工学院教授，

博士生导师。从事空气净化膜的研究，申请专利40余项，发表学术论文110余篇。研发的空气净化膜打破了国际垄断，广泛用于工业烟气净化与室内PM2.5控制，近3年为应用单位新增产值10多亿元。

⑤肖甫，南京邮电大学计算机学院副院长，教授，博士生导师。从事物联网基础感知网络的研究，主持国家重点研发计划课题1项、国家"863"计划课题4项及国家自然科学基金等科研项目；在IEEE INFOCOM、IEEE/ACM ToN、IEEE JSAC等期刊和会议上发表论文60余篇。

⑥何苏丹，苏州大学唐仲英血液学研究中心副主任，教授，博士生导师。从事生物医学研究，发现了细胞坏死的关键调控机制及细胞坏死在炎症和感染性疾病中的作用，发表学术论文20余篇，他引2000余次。

⑦陈罡，苏州大学附属第一医院神经外科行政副主任，科技处处长，博士生导师。专攻复杂颅底病变的手术治疗，主持国家自然科学基金6项，主编专著3部，在BRAIN、PNAS、STROKE、J Neurosurg等权威杂志发表论文50余篇。

⑧姚红红，东南大学医学院副院长，教授。长期致力于神经炎性相关神经系统疾病的研究，已发表学术论文百余篇，包括Nature Communications等本领域高水平期刊，相关工作被Global Medical Discovery重点评述，编写英文著作3部，多次应邀参加本领域权威会议做特邀报告。

⑨唐建新，江苏省产业技术研究院有机光电技术研究所检测中心主任，苏州大学教授、博士生导师。主要从事有机发光（OLED）信息显示和固体照明技术开发和产业化应用，发表学术论文150余篇，授权发明专利多项。

⑩潘时龙，南京航空航天大学信息光电子工程研究所所长，教授。从事微波光子学研究，研制出我国首台光矢量分析仪，分辨率比国外产品提升3个量级，研制出国际首台高分辨实时微波光子成像雷达，拓展了雷达的军民应用。

逝世知名人物
The Renowned Who Have Passed Away

【中国科学院院士程开甲逝世】 2018年11月17日，中国科学院院士程开甲逝世。程开甲先生是我国核武器事业的开拓者、核试验科学技术体系创建者，1918年8月3日出生于江苏省苏州市吴江区。程开甲院士参与主持决策了我国第一颗原子弹、氢弹等30多次核试验任务，建立发展了我国的核爆炸理论，此理论成为我国核试验总体设计、安全论证、测试诊断和效应研究的重要依据，为建立中国特色的核试验科学技术体系做出了杰出贡献。参与建立了核爆炸效应研究领域，解决了核试验的关键技术难题，领导并推进了我国核试验体系，指导建立核试验测试诊断的基本框架，支撑了我国核武器设计、改进和运用。作为著名理论物理学家，他提出一种新介子、计算出其质量并得到验证；发展完善了"程—波恩"超导电性双带理论，提出并建立了系统的TFDC电子理论。他开创了国内系统热力学内耗理论的研究先河和抗辐射加固技术新领域，出版了我国第一部《固体物理学》教科书。获国家科技进步奖特等奖、一等奖，国家发明奖二等奖和全国科学大会奖、何梁何利科学与技术进步奖、影响世界华人终身成就奖等奖励。1999年获"两弹一星功勋奖章"，2013年获国家最高科学技术奖；2017年获"八一勋章"。1980年当选为中国科学院院士。

【中国科学院院士孙枢逝世】 2018年2月11日，中国科学院院士孙枢逝世。孙枢先生是我国著名地质学家、沉积学家、沉积大地构造学家，1933年7月23日出生于江苏省常州市金坛区。1950年7月至1953年7月就读于南京大学地质系。孙枢院士的研究从小兴安岭—黑龙江流域综合科学考察伊始，到元古代沉积盆地解析、富铁矿会战、磷块岩研究，到华南大地构造演化研究，到中国大地构造相编图和新疆地壳演化，到大洋钻探和一系列国际地质对比计划。他长期主持或参与我国地球科学及资源环境科学发展战略研究，在沉积学和沉积大地构造学领域及解决国家经济建设、社会发展重大需求方面做出了重大贡献，出版多部专著，发表科技论文200余篇。先后荣获国家自然科学奖二等奖、两次中国科学院科技进步奖二等奖、何梁何利科学与技术进步奖、中国沉积学成就奖、终身奉献海洋纪念奖章等奖励。1991年当选为中国科学院院士。

【中国科学院院士马瑾逝世】 2018年8月12日，中国科学院院士马瑾逝世。马瑾先生是我国著名的构造物理与构造地质学家，1934年11月出生于江苏省如皋县（现为如皋市）。马瑾先生关于褶皱和断层成因机制及应力场的实验研究，在构造地质研究中具有开创意义。她提出的"岩性组合决定构造变形"新认识，在油气勘探研究中起到了指导作用。对"断裂－地块系统变形特征、物理场演化及其与地震活动关系"等科学问题的实验与理论研究，对中国地震构造物理学的发展具有里程碑意义。她较早在国内开展"断层力学性质与微观变形机制"方面的实验研究，为中国构造物理学和高温高压岩石力学的学科建设做出了卓越贡献。她所领导的"构造变形与地震成因机制及地震前兆"实验研究方向和她提出的"亚失稳理论"为地震的物理预测研究开拓了新思路。在国内外学术刊物上发表学术论文200多篇，著有《构造物理学概论》等著作，曾获国家和部级科技奖励10项。1988年被国家人事部授予"中青年有突出贡献专家"称号；1991年7月起享受国家政府特殊津贴；1994年被授予"中央国家机关巾帼建功标兵"称号；1996年被国家地震局和人事部授予"中国地震系统先进工作者"称号。1997年当选为中国科学院院士。

【中国科学院院士闵乃本逝世】 2018年9月16日，中国科学院院士闵乃本逝世。闵乃本先生是我国著名的物理学家，1935年8月9日出生于江苏省如皋县（现为如皋市）。1959年毕业于南京大学物理系。闵乃本院士长期从事凝聚态物理与材料物理研究。他曾提出"介电体超晶格"的概念，建立了"多重准位相匹配理论"，预言并用实验证实了准周期介电体超晶格可以同时实现多种波长的激光倍频和直接实现激光三倍频。他与合作者发现了介电体超晶格中准相位匹配弹性散射和非弹性散射的增强效应；发现了微波与超晶格振动耦合引起的极化激元新机制；揭示了超声波在介电体超晶格中的传播规律，研制成若干超声原型器件，填补了超声工程中体波器件从几百至几千兆周的空白频段。他还将Frank螺位错机制与理论推广为更为普遍的缺陷机制与理论，成为经典晶体生长理论近几十年来最重要的发展之一。闵乃本先生的科学贡献，极大地推动了微结构功能晶体的发展及应用，引领了我国凝聚态物理学、非线性光学等学科发展，产生了重要的国际影响。1964年获国家计委、国家经委与国家科委颁发的工业新产品奖二等奖，1982年获国家自然科学奖二等奖，1998年获何梁何利科学与技术进步奖，1999年获第三世界科学院基础科学奖——物理奖，2005年获国家自然科学奖二等奖，2006年获国家自然科学奖一等奖（排名第一），2007年再获国家自然科学奖二等奖（排名第二）。1995年获"全国优秀教师"称号及奖章，2001年获"全国模范教师"称号及奖章。2013年，经国际小行星中心和国际小行星命名委员会批准，编号为"199953"的小行星被命名为"闵乃本星"。1991年当选为中国科学院院士。

【中国工程院院士彭司勋逝世】 2018年12月9日，中国工程院院士彭司勋逝世。彭司勋先生长期从事教学和科研工作，是我国制药化学、药物化学专业早期创建人之一，湖南省保靖县人，任中国药科大学教授、博导，是药物化学国家重点学科学术带头人，学位评定委员会主席，中南大学名誉教授。曾任国务院学位委员会一、二届学科评议组成员、药学组召集人，国家新药研究与开发领导协调小组顾问，全国高等医药院校药学类教材评审委员会主任委员。

主编教材和专著5部,其中《药物化学》(1988年版)评为国家优秀教材,发表论文150余篇,培养硕、博研究生50余名。倡导利用中草药有效成分为先导物,结合定量构效关系及计算机辅助药物设计,设计合成新化合物。主要研究方向是心脑血管药物,重点为作用于钙、钾离子通道的化合物。领导的研究小组对异喹啉类化合物的合成和心血管活性进行了系统研究,发现了多种具有开发前景的心血管活性物质,其中氯苄律定(86017)阻滞钠、钙和钾离子通道,具有心律失常作用已完成临床前研究,并申请国内外专利。研究成果获部省级科技进步奖二等奖3项。1999年获何梁何利基金科学与技术进步奖,同年评为江苏省优秀学科带头人。1996年2月当选为中国工程院院士。

科技政策与深化改革

Science & Technology Policy and Deepening of Reform

依法行政与科技政策落实
Law-based Administration and Implementation of Science & Technology Policy

【研究起草并宣传贯彻"科技改革30条"】 研究制定了《关于深化科技体制机制改革推动高质量发展若干政策》（苏发〔2018〕18号，简称"科技改革30条"），更多地着眼于改革科技项目管理流程、增强高校院所发展活力、促进创新链和产业链精准对接、营造浓厚创新氛围，加快构建思想最解放、要素最开放、全国最优的创新创业生态系统。文件以江苏省委、省政府名义印发，80%左右具有明显突破性，50%左右为全国首创。

政策出台后，立即以江苏省科技创新工作领导小组办公室名义下发《关于迅速开展"科技改革30条"宣传贯彻工作的通知》，从组织领导、宣传培训、贯彻落实等方面，对各设区市、部省属高校院所贯彻落实工作进行了全面布置。目前，全省13个设区市、74家科研院所、43家高等学校共向22.3万多名科研人员推送了政策文件。举办"科技改革30条"专题培训班，在宁部省属高校院所科技政策专员及相关处室负责人、13个设区市科技局（科委）分管领导和相关处室负责人共约140人参加培训。依托省科技情报研究所、省生产力促进中心业务骨干成立政策宣讲团，在全省范围内开展"科技改革30条"政策巡讲，先后赴13个设区市、10个县（市、区、高新区）、18家高等学校、5家科研院所等单位开展了46场宣讲，培训人员近1.1万人次。

在此基础上，选择南京工业大学、省环境科学研究院开展省级科研经费和项目管理改革试点，并于12月27日以江苏省科技厅、省教育厅名义在南京工业大学江浦校区召开全省高校院所"科技改革30条"政策落实工作推进会，总结推广南京工业大学、江苏省环境科学研究院贯彻落实"科技改革30条"工作的经验和做法，全省本科高等学校，国家示范、国家骨干、省示范高职院校，驻苏部属科研院所，省属科研院所、转制科研院所分管负责同志及科研管理部门负责同志300余人参会。

【加大科技税收优惠力度】 加强与税务部门的经常性联系，建立工作沟通机制，协同落实好企业研发费用加计扣除、高新技术企业所得税优惠等各项科技税收优惠政策。2018年度全省共有27289家企业享受各类科技税收优惠政策，落实科技税收减免额达436.25亿元。会同省财政厅、省税务局对全省14256家企业下达企业研发费用省级财政奖励资金近10亿元。

【严格落实依法行政工作】 取消了江苏省科学技术厅"江苏省高新技术产品认定"行政确认权力事项。完成了2017年度省依法行政工作领导小组现场检查考核的迎检工作。协助条件处完成了省动管办2017年度案卷检查，提升了专业化水平。严格落实省政府《关于在市场体系建设中建立公平竞争审查制度的实施意见》（苏政发〔2016〕115号）精神，结合科技部门工作实际，和各业务处室共同完成了政策措施文件的公平竞争审查清理工作，清理了682份2016年7月至2018年3月制定的增量文件和现行有效的39份存量规范性文件，并向省公平竞争审查制度落实情况督查组进行了专题汇报。为认真贯彻落实党中央、国务院关于减证便民、优化服务的决策部署，按照《国务院办公厅关于做好证明事项清理工作的通知》（国办发〔2018〕47号）要求和《省政府办公厅关于开展证明事项清理工作的通知》（苏政传发〔2018〕222号）部署要求，认真做好证明事项清理工作和证明事项所涉及地方性法规、规章和规范性文件的修订废止工作。

（江苏省科学技术厅政策法规与体制改革处）

深化科技体制改革
Deepening Reform of Science & Technology System

【科技政策的激励作用】 按照高质量发展走在前列的要求，坚持问题导向，在江苏省科学技术厅开展大调研活动，集中一个月左右时间，实地走访了100多家高校院所、科技型企业、高新园区、地方科技管理部门等，召开了40余场座谈会，整理汇总各方面意见建议130多条，形成14份重要调研成果。在此基础上，运用系统化思维，聚焦科技体制改革过程中出现的一些新的、亟须解决的突出问题，研究制定了《关于深化科技体制机制改革推动高质量发展若干政策》（苏发〔2018〕18号，简称"科技改革30条"），以省委、省政府名义印发，共30条，其中80%左右具有明显突破性，50%左右为全国首创。横向经费管理方面，实行有别于财政科研经费的分类管理方式，允许高校院所自主确定使用范围和标准；基建方面，列入高校院所5年规划的不再审批项目建议书，同时在政务大厅设立专门窗口实施并联审批；因公临时出国方面，教学科研人员开展国际学术交流的出国批次数、团组人数、在外停留天数根据实际需要安排，不纳入因公临时出国批次限量管理范围；用人自主权方面，建立高校院所事业编制统筹使用机制，对高层次或急需紧缺人才，允许高校院所采取直接考核方式公开招聘；等等。文件明确规定，省有关部门在3个月内制定实施细则，省属高校院所在6个月内建立完善财务管理和内部控制制度。同时，贯彻省委常委会确定的"把好的政策贯彻落实好，对出台的政策意见进行多层次、全方位、立体式的宣传解读"的任务要求，研究制定了《"科技改革30条"宣传贯彻工作方案》，努力抓好贯彻落实。以省科技创新工作领导小组办公室名义下发了《关于迅速开展"科技改革30条"宣传贯彻工作的通知》，组成政策宣讲团，先后赴13个设区市、10个县（市、区、高新区）、5家科研院所、18家高等学校等单位开展了46场宣讲，培训人员近1.1万人次，累计向22.3万多名科研人员推送了政策文件。启动省级科研经费和项目管理改革试点工作，指导和支持一批高校院所试点单位抓紧研究制定具体操作办法、内部管理制度和相应工作流程，着力打通政策落实的"最后一公里"。召开全省高校院所"科技改革30条"政策落实工作推进会，总结推广南京工业大学、江苏省环境科学研究院贯彻落实"科技改革30条"工作的经验和做法。

【财政科技资金的引导作用】 落实"科技改革30条"，组织开展省各类科技计划项目实施管理办法修订工作，加快建立健全以信任为前提、符合科技创新规律的科研项目管理机制。及时修订科技计划管理办法。组织修订基础研究计划、重点研发计划、科技成果转化专项资金、政策引导类计划（国际科技合作）和（软科学研究）等6个计划项目管理办法，在简化项目过程管理、赋予科研人员更大技术路线决策权、强化项目综合评价、营造宽容失败氛围等方面予以重点突破。目前，按照基础研究、重点研发、科技成果转化、政策引导等五大类科技计划，2018年共组织实施省级科技计划项目2000多项，下达资金21.8亿元。不断改进资金使用方式。围绕企业研发费用补助、高新技术企业培育等重点政策，深入开展普惠性财政补助支持；在科技成果转化、创新平台建设、生物新药创制、农业品种培育等方面，不断扩大后补助、贷款贴息等资金使用改革范围；

对于支持苏南国家自主创新示范区高新区及苏北等区域创新发展的专项资金，采用因素法进行分配，有效撬动更多社会资金投入科技创新。目前，采用新型使用方式的资金占总盘子的50%左右。加快科技计划管理改革。开展省级科研经费和项目管理改革试点，会同省财政厅联合印发《关于进一步深化省级科研经费和项目管理改革的试点方案》，遴选确定南京理工大学、南京工业大学、中科院土壤所、江苏省农科院、江苏省邮电规划设计院有限公司、徐州重型机械有限公司等13家部省属高校院所及企业作为试点单位开展试点，率先全面落实"科技改革30条"已明确的关于科研经费项目管理的17项改革举措，积极探索科研经费管理市场化、专业机构组织验收、科技投入绩效后评价、异议项目申诉复评和简化单位内部科研经费使用管理等5项试点，努力形成可复制可推广的经验做法。

【**省产业技术研究院的"试验田"作用**】 支持江苏省产业技术研究院（简称"省产研院"）改革发展，加快探索新型研发机构建设路径，已拥有42家专业研究所（加盟研究所23家，引进国际团队新建研究所19家），各类研发人员近6000人，年均转化成果1000项，年均衍生孵化企业100家。创新新型研发机构运营机制。探索建立"团队绝对控股"专业研究所运行机制，由地方园区提供研发场所和设备，研发团队、地方园区和省产研院共同出资组建团队控股的研究所运营公司，地方和省产研院提供研发流动资金用于开展技术研发和转化。先后与人才团队、地方园区等组建19家研究所，累计投入研发资金45亿元，地方园区投资超过90%。与徐工集团、沙钢集团、悦达集团按新模式建设了道路工程技术与装备研究所、先进冶金技术研究所和新能源汽车技术研究所，探索解决国有企业"留人难"、民营企业"引人难"的问题，带动示范效应初步显现。创新重大项目组织管理机制。在全球范围遴选国际一流领军人才担任项目经理，赋予组建研发团队、决定技术路线、支配使用经费的充分自主权由项目经理牵头完成市场调研，整合创新资源，组建研发及管理团队，与地方园区对接共建研发机构（专业研究所）或实施国内第一或填补国内空白、有广泛市场前景的技术创新项目。目前，已聘请了81位项目经理（其中院士9人），并由项目经理集聚了800多位高层次人才（其中外籍院士26人、国内院士24人，外籍专家135人），引进了一批原创性技术项目落地。创新财政资金使用管理机制。对于处于初创期的技术创新项目，财政资金以"拨投结合"方式匹配，先以财政资金予以立项支持，研发取得阶段成功下一轮融资时，财政引导资金按市场价格转变为股权投资。施行一年多来，财政引导资金累计投入1.1亿元，带动社会投入6.3亿元，吸引20项国际领先、前瞻性创新项目落地江苏。创新新兴产业培育孵化机制。以技术研发为核心，以专业孵化为导向，以专业基金为支撑，通过"技术研发+专业孵化+专业基金"三位一体的运作方式，分别衍生孵化几十家具有自主知识产权的科技型企业，一批具有核心技术的专业化产业园区初步呈现。目前，5年来省产研院42家专业研究所已转移转化了2630项技术成果。

【**省技术产权交易市场的桥梁纽带作用**】 聚焦"找不着""谈不拢""难落地"三大瓶颈问题，大力建设"一平台、一中心、一体系"，集成技术转移全要素，打通技术转移全链条，服务技术转移全过程。"一平台"重点推进迭代升级，开发并整合了"信息采集""智能撮合""在线竞价""合同保全""价款结算""公示挂牌""合同登记"等7个子系统，基本实现技术交易线上全流程；开通了项目申报、知识产权、资产评估、科技金融、合同登记等一站式服务窗口，为用户提供确权、挂牌、鉴证、评估、登记等全链条服务。目前，平台累计汇聚信息数据达417万条；平台点击量超63万人次，注册用户9.7万个；供给数据8.1万条，需求数据2.0万条。"一中心"重点打造品牌活动，与省内外58家高校产生合作，汇集高校科技成果2万余条，年度联合活动近60

场；高校院所技术市场公示57项，公示总金额1189.9万元。自主开发线上"研发众包"系统，走通了企业"悬赏"发布需求、技术供给方"揭榜"的开放式创新模式，共征集需求200余条，提供解决方案80项，涉及金额2800余万元。举办"国际公开课""校联行"等各类品牌活动100余场次，参与企业3000余家、人员10000多人次，做深做实需求挖掘并组织各类对接。"一体系"重点完善区域服务网络，在全省各地、各高新区设立了15个地方分中心、10个行业分中心和10个工作站。推动建立统一的省级技术合同登记数据管理体系，全省合同登记系统基层登记服务点由5家扩展至48家。与德国史太白技术转移公司、清华大学技术转移研究院等200多家国内外知名服务机构达成合作意向，拥有技术经理人、经纪人500多名，挖掘企业需求3383条，服务企业19106家次。

【创新平台的集聚作用】 集中力量、集聚资源、集成政策，加快推进各类创新平台建设，进一步夯实创新基础、推进开放共享、优化要素配置。围绕开放创新平台，新建挪威科技大学（中国）创新研究中心、剑桥大学—南京科技创新中心等国际化平台，增设"一带一路"技术合作专项，首批支持6家江苏高校院所与亚非地区研发机构开展合作，成功举办"中国·江苏第六届国际产学研合作论坛暨跨国技术转移大会"。围绕创业孵化平台，开展科技企业孵化器绩效评价，深化"苗圃—孵化器—加速器"科技创业孵化链条建设试点，全省各类孵化载体超过1400家，其中国家级孵化器数量、面积及在孵企业数连续多年保持全国第一。围绕科技金融平台，加快建立以"首投""首贷""首保"为重点的科技投融资体系，累计发放"苏科贷"贷款439亿元，支持科技型企业5344家。扩大天使投资机构库规模，引导13.3亿元天使资金投向330家初创期小微企业。推动科技保险机构为400家企业分担创新风险157亿元，在全社会形成了鼓励创新、支持创业的良好氛围。

【地方探索的先行军作用】 针对江苏区域经济发达、转型发展迫切的现实需求，以"一区一市两县"为重点，抓好科技体制综合改革试点。"一区"，就是深入推进苏南国家自主创新示范区建设。紧紧围绕"三区一高地"的战略定位，落实"四个一"要求（一个领导机构、一套实施体系、一批支撑平台、一批攻关项目），强化苏南国家自主创新示范区建设工作领导小组，开展实体化运作，统筹协调各方面工作。颁布实施《苏南国家自主创新示范区条例》，研究起草苏南自创区建设实施体系推进方案，制定年度工作要点。完善自创区一体化服务平台，加快建设苏南国家科技成果转移转化示范区，启动建设17家特色战略新兴产业科技成果产业化基地，组织实施深海载人装备研发和产业化能力建设、物联网研究发展中心二期等20项省市共建重大项目。"一市"，就是深入推进南京国家科技体制综合改革试点城市建设。南京市委、市政府把改革试点作为重点突破带动全局的重要一招，主动承接中央和省委提出的各项改革任务，重点推进"两落地一融合""创新人才集聚"等10项工程。围绕载体平台建设，按照支持政策、园区品牌、管理模式、考核体系"四统一"原则，将全市83个园区载体整合为15个高新园区，着力补短板、优布局；围绕产学研合作，大力支持新型研发机构建设，按混合所有制形式，创新股权构架、运营模式和激励机制，着力推动校地融合发展；围绕优化创新环境，下放科技计划项目管理权限，实行财政资金"拨改投"，组建科技创新投资集团，加快集聚人才、资本等各类创新要素，着力激发全社会创新创业活力，南京创新名城建设不断取得进步。"两县"，就是深入推进常熟、海安科技创新体制综合改革试点。常熟市坚持以改革释放新活力、以创新打造新动能。出台《科技创新三年行动计划（2018—2020年）》，全面深化科技体制综合改革；改革重大项目组织方式，在汽车及零部件、高端装备领域深入开展省重大科技成果转化联合招标工作，新获批4项省科技成果转化重大专项；加大创新资源引进力度，新增重庆理工大学常熟汽车与智能产业创新中心、常熟激光智能装备研究院、常熟光电工程技术研究院、上海交通大学—江苏同禾药业有限公司益生菌DD98联合实验室、中国科技开发院常熟中科创新广场等一批重大创新平台。海安市把科技体制改革作为创新的主抓手和点火器，进一步深化"强领导"，以"机关部门服务企业科技行"为抓手，将63个机关部门挂钩到337家科技型企业，围绕科技重点任务服务企业；进一步深化"强考核"，在区镇层面，实行"月度点评、季度考核、年度夺杯"的考核体系，与财政收入、招商引资、项目建设等中心工作同部署、同考核；进一步深化"强投入"，以企业创新能力提升3年行动为抓手，新增产学研合作项目206个，科技进步对地方经济增长的贡献率超过60%。

（江苏省科学技术厅政策法规与体制改革处）

江苏省产业技术研究院
Jiangsu Industrial Technology Research Institute

【概　况】　2018年，江苏省产业技术研究院（以下简称"省产研院"）以支撑江苏省高质量发展为目标，继续深化体制机制改革，着力推动技术研发与供给，总体工作成效显著。2018年8月，中财办将省产研院列为"践行习近平新时代中国特色社会主义经济思想深化科技体制改革"典型案例；12月，省委省政府授予省产研院"为江苏改革开放做出突出贡献的先进集体"称号。

2018年，省产研院面向全球新聘32名项目经理，项目经理累计达87位；由项目经理集聚了800余位全球高层次人才（其中外籍院士26人、国内院士24人，外籍专家135人）。由项目经理及团队、地方政府（园区）、省产研院三方共同新建专业研究所7家（含联合研发中心2家），累计建设专业研究所44家；专业研究所现有人员近6000人，年研发总经费近20亿元，累计转化技术成果3100余项，累计衍生孵化企业580余家，其中上市企业13家，拟上市企业12家。与省内大全集团、鱼跃集团、法尔胜集团等细分领域龙头企业共建企业联合创新中心10家，累计征集制约企业或行业发展的技术需求70余项。

【资源集聚】　2018年，继续深化和拓展海外高校及机构合作，海外合作网络发展迅速，已与包括哈佛大学、牛津大学在内的24所海外大学，以及包括澳大利亚SCIRO和美国斯克利普斯（SCRIPPS）研究所在内的11家海外研究机构或协会签署了合作备忘录［2018年新增英国剑桥大学、美国斯克利普斯（SCRIPPS）研究所等8家海外合作伙伴］。在全球创新活动最活跃的地区建设了硅谷、伦敦、斯图加特等8个海外平台（2018年新增洛杉矶海外平台），2018年由海外平台推荐技术项目超过150项，组织国际对接活动100场。全年签约启动国际联合研发项目37项，同比增长180%，其中，海外支持早期前瞻性研发项目17项，利用国际合作资金池引进技术项目到专业研究所20项。

此外，省产研院与牛津大学理工学部在牛津大学贝格布鲁克校区共建了JITRI IMPACT研究所，加强牛津大学早起项目的本地孵化；与TWI在剑桥共建先进材料与制造技术中心；同时，通过成功申办WAITRO秘书处，与来自75个国家161个国际研发组织建立了联系，初步搭建起了链接全球创新资源和江苏工业界的桥梁。

【项目经理】　2018年，围绕集群产业发展瓶颈，加速全球领军人才引进。全年共新聘项目经理32位，由省产研院、项目经理及团队、地方政府（园区）共同新建了微纳自动化系统与装备技术研究所、先进能源材料与应用技术研究所、新型药物制剂技术研究所、深度感知技术研究所、比较医学研究所、JITRI-TOPSOE联合研发中心和JITRI-SIOUX联合研发中心。7家新建研究所/研发中心为园区引进院士5人、外籍专家34人及一批具有引领性的原创性技术创新项目,如替代传统人工辅助生殖技术的微纳自动化机器人、国内环保领域紧缺的多相催化技术等。

2018年,新聘19位重大项目的项目经理(累计37位),新引入ATTACK肿瘤靶向药物开发、ICD心律转复除颤器、小卫星电力推进系统、精简指令架构处理器芯片设计等4项项目落地园区,并达成落地意向项目5个,省产研院共出资9445万元,合作方出资12300万元。

【技术供给】 2018年,省产研院各专业研究所新衍生孵化企业97家,转化科技成果1000余项,较2017年增长48%,专利申请1114项,较2017年增长35%。2018年,各专业研究所纵向合同到账额约7.8亿元,横向合同到账额约6.8亿元,与上年相比,到账总额增长11%。

【体制机制】 探索集成创新组织方式。2018年12月,经江苏省科技厅批准,省产研院与苏州市人民政府、苏州市相城区人民政府,启动建设了"江苏先进材料技术创新中心",积极筹建国家新材料技术创新中心。该中心以先进材料这个技术瓶颈的集中领域为试验田,大力发展政产学研用集成创新,该中心将打造成为创新资源集聚、组织运行开放、治理结构多元、具有国际影响力的材料技术创新平台。目前,该中心本部作为重大技术集成创新的组织主体,已组织相关高校、科研院所、龙头企业围绕高温合金、碳纤维及复合材料、第三代半导体材料和高端装备用特种合金材料等重点领域梳理出一批关键核心技术;依托企业联合创新中心,通过企业出资,省产研院按1∶1配套支持的方式,委托具备相关技术研发能力的专业研究所或技术团队联合开展高温合金、碳纤维等领域关键技术研发。

探索激发企业创新活力新机制。为贯彻落实党的十九大报告关于"要建立以企业为主体、市场为导向、产学研深度融合的技术创新体系"的要求,引导企业成为创新需求的提出主体、研发资金的投入主体和创新成果的应用主体,2018年,省产研院与省内大全集团、鱼跃集团、法尔胜集团、钱璟康复集团等细分领域龙头企业建设了10家企业联合创新中心,征集凝练制约企业当前和未来发展的技术需求;根据企业技术需求提供相应研发资金,省产研院协助其精准对接所属专业研究所和合作的全球创新平台,组织开展研发。截至2018年年底,各合作企业已通过联创中心提出技术需求70余项。其中,直接与省产研院项目经理团队、专业研究所签约5项,与省产研院海外战略合作高校签约1项,已签约合同金额共计4370万元。

继续推进专业研究所体制机制改革。按照"团队控股"的专业研究所运行机制,2018年,省产研院引进的国际团队在南京、苏州、无锡、常州等地新建专业研究所6家;同时,加速加盟制专业研究所改制。2018年,完成了膜科学技术研究所、工业生物技术研究所2家加盟所的改制工作。

人才培养机制效果显著。持续推进JITRI研究员引进计划,全年引进JITRI研究员/青年研究员55名,其中外籍人员8人,具有海外研发工作经验者17人,院所共同投入项目经费超过2亿元。JITRI研究员申报人数同比增长超过300%,申报人员层次越来越高;推进实施人才联合培养计划,与美国SCRIPPS研究所合作开展项目研发,首批启动了医药、生物化学及合成领域的7项前瞻性创新课题。

(江苏省产业技术研究院)

知识产权（专利）
Intellectual Property (Patent)

知识产权区域试点示范
Intellectual Property Pilot Demonstration Area

【概　况】　江苏省知识产权局持续推进国家知识产权试点示范工作，组织盐城、扬州、连云港等6个国家知识产权试点城市开展2017年度工作考核。5月28日，国家知识产权局下发《关于确定马鞍山等城市为国家知识产权示范城市的通知》，确定徐州市为新一批国家知识产权示范城市。积极促进市、县（区）开展国家知识产权区域试点示范工作，全年推荐申报国家知识产权强市创建市1个、示范城市2个、强县工程示范县4个、试点县6个。截至2018年年底，全省累计获批国家知识产权强市创建市3个、国家知识产权示范城市14个、试点城市7个，国家知识产权强县工程示范县25个、试点县20个。

【强省建设区域示范】　江苏省知识产权局会同省财政厅印发《关于开展2018年度江苏知识产权强省建设区域示范工作的通知》，组织全省县（市、区）开展知识产权强省建设区域示范工作，南京市雨花台区、邳州市、丰县等10个县（市、区）获批成为2018年度江苏知识产权强省建设区域示范工作创建单位。指导已获批的30家省级示范县（市、区）按照重点项目合同要求，做好各项任务计划的落实与推进。

【园区试点示范】　2018年，江苏省知识产权局推荐申报国家知识产权试点园区10家、示范园区12家。会同省科技厅制定下发年度知识产权试点示范园区工作通知，在省级及省级以上园区开展试点示范单位申报工作，全年新培育省级知识产权试点园区9家、示范园区4家。截至2018年年底，全省累计获批国家知识产权试点园区30家、国家知识产权试点示范园区8家、省级知识产权试点园区95家、省级知识产权试点示范园区56家。

江苏省国家知识产权试点示范城市、强市（设区市）

设区市	国家知识产权试点城市试点时间	国家知识产权示范培育城市示范时间	国家知识产权示范城市示范时间	国家知识产权强市创建市创建时间
南京市	2003年3月	2008年3月	2012年4月	2017年6月
无锡市	2003年3月	2008年8月	2013年9月	
徐州市	2004年11月		2018年4月	
常州市	2004年11月	2007年10月	2015年3月	
苏州市	2003年3月	2007年10月	2012年4月	2017年6月
南通市	2006年7月	2009年10月	2012年4月	
连云港市	2013年11月	2018年11月		

续表

设区市	国家知识产权试点城市试点时间	国家知识产权示范培育城市示范时间	国家知识产权示范城市示范时间	国家知识产权强市创建市创建时间
淮安市	2005年6月第一轮 2008年7月第二轮			
盐城市	2010年9月	2014年12月		
扬州市	2008年8月			
镇江市	2005年6月	2008年3月	2012年4月	2017年12月
泰州市	2004年2月	2007年7月	2013年9月	
宿迁市	2015年11月			

江苏省国家知识产权试点示范城市［县（市、区）］

县（市、区）	国家知识产权试点城市试点时间	国家知识产权示范培育城市示范时间	国家知识产权示范城市示范时间	国家知识产权示范城市示范时间
昆山市	2004年11月	2010年1月	2013年8月	2013年9月
张家港市	2007年7月	2010年3月	2013年5月	2015年3月
丹阳市	2007年10月	2010年6月	2012年9月	2015年3月
常熟市	2007年10月	2010年3月	2013年4月	2013年9月
江阴市	2009年3月	2013年4月		2015年3月
海门市	2009年3月	2013年10月		2016年1月
宜兴市	2013年9月			
高邮市	2015年11月			

江苏省国家知识产权强县工程实施单位

设区市	县、区	试点时间	示范时间	设区市	县、区	试点时间	示范时间
南京市	秦淮区	2009年3月		无锡市	锡山区	2013年9月	
	江宁区	2010年8月	2013年8月		惠山区	2014年8月	
	玄武区	2012年1月		徐州市	泉山区	2013年9月	2015年12月
	鼓楼区	2014年8月	2017年12月		贾汪区	2017年12月	
	栖霞区	2014年8月	2017年3月		沛县	2017年12月	
	浦口区	2017年3月			睢宁县	2017年12月	

续表

设区市	县、区	试点时间	示范时间
常州市	武进区	2009年3月	2013年8月
	新北区	2017年3月	
苏州市	吴江区	2010年9月	
	吴中区	2013年9月	2017年3月
	太仓市	2013年9月	2017年3月
南通市	通州区	2013年9月	2017年3月
	崇川区	2013年9月	2017年3月
	海安县	2013年9月	2017年3月
	港闸区	2014年8月	2017年12月
	启东市	2010年8月	2017年3月
	如东县	2015年12月	
	如皋市	2013年9月	2017年12月
连云港市	海州区	2014年8月	2017年3月
	东海县	2015年12月	
淮安市	洪泽县	2015年12月	
盐城市	盐都区	2014年8月	2017年12月
	建湖县	2015年12月	
	大丰区	2013年9月	2017年3月
	响水县	2017年3月	
	东台市	2013年11月	2017年12月
扬州市	江都区	2012年1月	2014年8月
	邗江区	2013年9月	2015年12月
	广陵区	2014年8月	2017年12月
镇江市	京口区	2012年1月	2014年8月
	句容市	2012年1月	2017年3月
	扬中市	2017年3月	
泰州市	海陵区	2014年8月	2017年12月
	姜堰区	2015年12月	
	高港区	2015年12月	

续表

设区市	县、区	试点时间	示范时间
泰州市	靖江市	2017年3月	
	泰兴市	2013年9月	2017年12月
宿迁市	沭阳县	2014年8月	2017年12月
	泗阳县	2014年8月	

江苏知识产权强省建设区域示范单位

设区市	示范单位	示范期限
南京市	江宁区	2015年7月至2018年6月
	浦口区	2015年7月至2018年6月
	溧水区	2017年6月至2020年5月
	雨花台区	2018年6月至2021年5月
无锡市	江阴市	2015年7月至2018年6月
徐州市	泉山区	2015年7月至2018年6月
	睢宁县	2016年9月至2019年8月
	贾汪区	2017年6月至2020年5月
	沛县	2017年6月至2020年5月
	邳州市	2018年6月至2021年5月
	丰县	2018年6月至2021年5月
常州市	武进区	2015年7月至2018年6月
	新北区	2016年9月至2019年8月
苏州市	张家港市	2015年7月至2018年6月
	常熟市	2015年7月至2018年6月
	昆山市	2015年7月至2018年6月
	吴中区	2015年7月至2018年6月
	相城区	2016年9月至2019年8月
南通市	海安县	2015年7月至2018年6月
	如皋市	2016年9月至2019年8月

续表

设区市	示范单位	示范期限
南通市	海门市	2017年6月至2020年5月
	港闸区	2018年6月至2021年5月
	启东市	2018年6月至2021年5月
连云港市	海州区	2015年7月至2018年6月
	东海县	2016年9月至2019年8月
	赣榆区	2018年6月至2021年5月
淮安市	金湖县	2018年6月至2021年5月
盐城市	大丰区	2016年9月至2019年8月
	亭湖区	2018年6月至2021年5月
	阜宁县	2018年6月至2021年5月

续表

设区市	示范单位	示范期限
扬州市	邗江区	2015年7月至2018年6月
	江都区	2017年6月至2020年5月
	高邮市	2018年6月至2021年5月
镇江市	丹阳市	2015年7月至2018年6月
	京口区	2015年7月至2018年6月
	扬中市	2016年9月至2019年8月
	句容市	2017年6月至2020年5月
泰州市	泰兴市	2015年7月至2018年6月
	高港区	2016年9月至2019年8月
宿迁市	沭阳县	2016年9月至2019年8月

江苏省国家级知识产权试点示范园区

序号	名称	国家试点时间	国家示范时间
1	南京国家高新技术产业开发区	2015年1月	
2	江宁经济技术开发区	2016年1月	
3	南京经济技术开发区	2017年1月	
4	南京浦口经济开发区	2018年1月	
5	无锡工业设计园	2006年9月	2018年1月
6	无锡国家高新技术产业开发区	2008年12月	2014年1月
7	锡山经济技术开发区	2014年7月	
8	江阴国家高新技术产业开发区	2016年1月	
9	徐州经济技术开发区	2016年1月	
10	新沂经济开发区	2014年7月	
11	邳州经济开发区	2016年1月	
12	徐州工业园区	2018年1月	
13	武进国家高新技术产业开发区	2016年1月	
14	常州国家高新技术产业开发区	2018年1月	

续表

序号	名称	国家试点时间	国家示范时间
15	江苏金坛经济开发区	2018年1月	
16	苏州工业园区	2006年4月	2013年2月
17	苏州国家高新技术产业开发区	2007年7月	2013年2月
18	昆山经济技术开发区	2008年4月	2013年2月
19	张家港经济技术开发区	2013年6月	2017年1月
20	张家港保税港区	2013年6月	2017年1月
21	昆山国家高新技术产业开发区	2013年6月	2017年1月
22	常熟国家高新技术产业开发区	2017年1月	
23	常熟经济技术开发区	2018年1月	
24	吴江经济技术开发区	2018年1月	
25	海安经济技术开发区	2014年7月	
26	南通经济技术开发区	2016年1月	
27	南通国家高新技术产业开发区	2015年1月	
28	海门经济技术开发区	2018年1月	
29	如皋经济技术开发区	2018年1月	
30	连云港经济技术开发区	2016年1月	
31	江苏洪泽经济开发区	2018年1月	
32	盐城国家高新技术产业开发区	2017年1月	
33	扬州国家高新技术产业开发区	2018年1月	
34	镇江经济技术开发区	2018年1月	
35	泰兴经济开发区	2016年1月	
36	靖江经济技术开发区	2016年1月	
37	江苏省泰州港经济开发区	2017年1月	
38	江苏泗阳经济开发区	2018年1月	

企业与产业知识产权工作
Enterprises and Industries Intellectual Property Work

【企业知识产权管理标准化】 2018年，江苏省知识产权局按照知识产权强企行动计划要求，以高新技术企业、规上企业、上市企业和外向型企业为重点，推进企业全面贯彻知识产权管理规范。

按照"低门槛进入、高标准培育"和"实施—改进—再实施"的思路，推进绩效评价本地化工作。截至2018年年底，全省9个设区市设立专项资金，通过政府购买服务的方式，培育和引进贯标绩效评价机构。2018年，全省新增参与知识产权贯标企业2183家，490家企业被评为绩效评价合格单位，624家企业通过国标认证，110家企业被评为贯标优秀企业，全省参与贯标企业总数达11113家。经设区市推荐，江苏省知识产权局会同省财政厅对知识产权贯标优秀企业给予奖励，共计2200万元。

进一步强化贯标人才培养，将企业知识产权管理标准化的内容纳入全省知识产权工程师培训，支持国家和省级知识产权培训基地开展知识产权管理内审员培训，并建立知识产权内审员人才库和专家库，为全省知识产权贯标工作提供人才支撑。2018年共培训内审员2000人。

2018年度江苏省企业知识产权管理标准化工作统计

地 区	参加备案企业/家	绩效评价合格企业/家	绩效评价优秀企业/家	优秀企业奖励资金/万元	通过认证企业/家
南京	303	75	13	260	56
无锡	203	29	8	160	42
徐州	200	28	3	60	35
常州	114	37	17	340	40
苏州	297	81	31	620	233
南通	196	64	11	220	63
连云港	104	20	2	40	2
淮安	71	6	2	40	4
盐城	175	73	7	140	93
扬州	204	6	4	80	18
镇江	151	50	5	100	20
泰州	79	11	4	80	13
宿迁	86	10	3	60	5
合 计	2183	490	110	2200	624

【企业知识产权战略推进计划】 2018年，江苏省企业知识产权战略推进计划继续设立重点项目与一般项目两类，实行省市县分层管理。按照中央"放管服"要求，将企业与服务机构联合申报的方式，调整为企业自由选择服务机构，有效提高了企业项目实施的自主性和责任意识。支持20家企业实施重点项目、48家企业实施一般项目，带动企业投入1.5亿元。江苏省知识产权局加强项目管理，督促市县知识产权局不定期对项目承担单位进行指导服务，把控项目实施进度，推动企业加强信息利用、专利布局、资产运营等工作。截至2018年年底，全省实施企业知识产权战略推进计划企业总数达714家。

江苏省知识产权局采取省市分工协作的方式，对2016年项目进行了验收，组织2016年战略推进计划重点项目承担单位分行业、分领域召开9场项目示范现场会，推广项目实施经验，扩大示范带动效应。

江苏省知识产权局进一步完善国家知识产权优势示范企业培育机制，积极推荐全省知识产权基础较好的企业申报国家知识产权优势示范企业。2018年，全省新增国家知识产权示范企业51家、优势企业190家。截至2018年年底，江苏省培育国家知识产权示范、优势企业总数达481家，数量居全国首位。

江苏省设区市企业知识产权战略推进计划项目数量统计

单位：项

地 区	2018年度一般项目	2018年度重点项目	历年项目总数
南京市	5	2	86
无锡市	2	1	67
徐州市	2	1	35
常州市	3	4	70
苏州市	12	3	116
南通市	6	3	75

续表

地 区	2018年度一般项目	2018年度重点项目	历年项目总数
连云港市	2	2	30
淮安市	1	0	32
盐城市	4	1	41
扬州市	5	0	52
镇江市	1	2	79
泰州市	4	1	52
宿迁市	1	0	27
合 计	48	20	762

江苏省国家知识产权示范企业、优势企业数量统计

单位：家

地 区	2018年度示范企业	2018年度优势企业	历年总数 示范企业	历年总数 优势企业
南京市	2	6	11	21
无锡市	2	11	7	27
徐州市	1	18	4	28
常州市	5	10	9	19
苏州市	17	44	26	90
南通市	10	28	18	53
连云港市	4	2	10	10
淮安市	1	2	1	9
盐城市	2	54	4	76
扬州市	2	2	2	11
镇江市	2	10	5	17
泰州市	3	2	5	12
宿迁市	0	1	0	6
合 计	51	190	102	379

【专利奖评选】 2018年，经江苏省创建达标评比表彰工作协调小组办公室同意，根据《江苏省专利发明人奖励办法》的规定，经江苏省专利发明人奖评审委员会评审等程序，评选出第二届江苏省专利发明人奖拟获奖人员并公示。8月23日，省政府印发《关于授予第二届江苏省专利发明人奖的决定》（苏政发〔2018〕109号），授予陈光等10名同志第二届江苏省专利发明人奖，对获奖发明人由省政府颁发奖牌和证书，并给予每人10万元奖励。

江苏省知识产权局组织江苏省优秀专利项目参加第二十届中国专利奖评选，江苏省共获第二十届中国专利金奖3项，外观设计金奖1项，专利银奖5项，外观设计银奖1项，专利优秀奖83项，外观设计优秀奖7项，获奖总数100项，数量创历史最高水平。截至2018年年底，江苏省累计514件专利荣获中国专利奖，其中金奖24项。

2018年，南京、徐州、常州、苏州、淮安、盐城、泰州、宿迁8个设区市开展了市专利奖评选，奖励总额790.2万元，其中徐州、常州、苏州、盐城和宿迁5个设区市为市政府奖；对徐州、常州、苏州、南通、连云港、盐城、扬州、镇江8个设区市进行国家级和省级专利获奖配套奖励，奖励总额502万元。获奖名单如下。

第二届江苏省专利发明人奖获奖人员名单

陈　光	南京理工大学
林柏泉	中国矿业大学
程明东	东南大学
吕爱锋	江苏豪森药业集团有限公司
钱晓春	常州强力电子新材料股份有限公司
潘丙才	南京大学
胥传来	江南大学
楼佩煌	南京航空航天大学
孙飘扬	江苏恒瑞医药股份有限公司
陈　龙	江苏大学

2018年中国专利奖江苏省获奖情况统计

单位：项

设区市	金　奖	银　奖	优秀奖	总　数
南京市	0	2	8	10
无锡市	1	1	8	10
徐州市	0	0	3	3
常州市	1	1	5	7
苏州市	0	0	27	27
南通市	0	0	10	10
连云港市	0	0	5	5
淮安市	0	0	3	3
盐城市	0	0	2	2
扬州市	0	0	0	0
镇江市	1	0	8	9
泰州市	0	0	1	1
宿迁市	0	0	1	1
高校	1	2	9	12
合　计	4	6	90	100

【高价值专利培育计划】 江苏省知识产权局会同省财政厅深入推进省高价值专利培育计划,支持企业、高校院所与服务机构共同组建高价值专利培育示范中心。围绕生物技术和新医药、节能环保、新材料、高端装备制造、新一代信息技术等领域,遴选新建了10个高价值专利培育示范中心,全省总数达到37家。南京、无锡、苏州、徐州、镇江、泰州等市新建市级示范中心46家,累计总数达到95家。

开展2018年高价值专利培育示范中心申报工作,经过组织申报、项目初审、专家评审、现场答辩、信用审查、公示立项等程序,遴选新建了10个高价值专利培育示范中心,并组织指导新建示范中心召开项目启动会。组织开展"高价值专利培育计划项目验收评价指标体系"课题研究,出版《高价值专利培育路径研究》。

研究制定高价值专利验收评价指标,组织专家对2015年首批建设的7家省级示范中心进行了验收。7家示范中心培育期间参与制定国家和行业标准22个,专利产品销售收入达88亿元,在纳米材料、抗肿瘤药物、高速动车组核心部件等领域实现了关键核心技术自主可控。市县高价值专利培育工作有序推进,高价值专利培育示范效应明显。

江苏省高价值专利培育示范中心汇总

启动年度	序号	技术领域	牵头单位	所属地
2015	1	抗肿瘤原创药物	江苏恒瑞医药股份有限公司	连云港市
	2	先进焊接装备技术领域	南京理工大学	南京市
	3	大全集团智能电力电器	大全集团有限公司	镇江市
	4	纳米碳材料及其规模化应用技术领域	中国科学院苏州纳米技术与纳米仿生研究所	苏州市
	5	第三代半导体电力电子器件模块	中国电子科技集团有限公司第五十五研究所	南京市
	6	食品配料生物制造关键技术	江南大学	无锡市
	7	高速动车组关键核心部件及其先进制造和材料工艺	南车戚墅堰机车车辆工艺研究所有限公司	常州市
2016	1	严酷环境下重大工程长寿命混凝土	江苏苏博特新材料股份有限公司	南京市
	2	新型节能驱动芯片工艺开发	无锡华润上华半导体有限公司	无锡市
	3	智能输送装备技术	天奇自动化工程股份有限公司	无锡市
	4	高效晶体硅电池及系统	常州亿晶光电科技有限公司	常州市
	5	高端微纳制造装备领域	苏州大学	苏州市
	6	太阳能电池板自动清洁机器人	科沃斯机器人有限公司	苏州市
	7	特种光传输材料及器件	江苏中天科技股份有限公司	南通市
	8	安罗替尼	正大天晴药业集团股份有限公司	连云港市
	9	中药数字化智能制造关键技术	江苏康缘药业股份有限公司	连云港市
	10	金属板材成形装备	扬力集团股份有限公司	扬州市

续表

启动年度	序号	技术领域	牵头单位	所属地
2017	1	物联网核心器件	东南大学	南京市
	2	动物重大疫病防控基因工程疫苗	江苏省农业科学院	南京市
	3	质子泵抑制剂	江苏奥赛康药业股份有限公司	南京市
	4	节能起重机	徐州重型机械有限公司	徐州市
	5	儿童高速汽车安全座椅关键技术	好孩子儿童用品有限公司	苏州市
	6	高性能阀门	江苏神通阀门股份有限公司	南通市
	7	抗耐药新型靶向抗肿瘤药物	江苏豪森药业集团有限公司	连云港市
	8	高效环保低毒新型杀菌剂及其制剂	江苏辉丰农化股份有限公司	盐城市
	9	高端、智能化收获机械技术	江苏大学	镇江市
	10	江苏省镇痛药物	扬子江药业集团有限公司	泰州市
2018	1	智能制造核心装备	南京航空航天大学	南京市
	2	轨道车辆门系统技术	南京康尼机电股份有限公司	南京市
	3	节能环保智能洗衣机	无锡小天鹅股份有限公司	无锡市
	4	先进感光材料	江南大学	无锡市
	5	基于5G高速通讯及人工智能芯片的先进封测技术	江苏长电科技股份有限公司	无锡市
	6	高端矿山机电装备	中国矿业大学	徐州市
	7	多式联运高端物流装备	南通中集特种运输设备制造有限公司	南通市
	8	船舶及海工装备制造智能化车间	中国船舶重工集团公司第七一六研究所	连云港市
	9	化学创新药关键技术	江苏天士力帝益药业有限公司	淮安市
	10	大尺寸高世代TFT-LCD用混合液晶材料	江苏和成显示科技有限公司	镇江市

【专利导航产业发展】 江苏省知识产权局指导苏州工业园区、苏州高新区、南通专利导航产业发展试验区建设，扎实推进"一园区一产业一导航"。配合国家知识产权局开展专利导航5周年总结，积极争取更多支持。

苏州市围绕新兴产业中十大重点领域开展知识产权分析评议，专门设立企业微导航计划项目，支持引导企业通过专利导航，分析技术创新集聚点、专利分布密集点、竞争对手关注点和专利风险规避点等信息，实现新产品新技术的有效突破。2018年，专利导航计划项目共立项52项，支持经费520万元。

南通市海洋工程装备国家专利导航产业发展实验区，创新专利导航工作机制和县（市）、园区分工合作长效机制，大力开展产业导航和企业微导航，搭建专利导航工作平台和实用人才培训平台，为产业和企业发展提供有力支撑。

【专利预警分析项目】 开展重点产业专利预警分析项目，通过对所涉及的产业进行国内外专利信息分析，为江苏省重点产业发展政策制定、科研项目立项、企业自主创新和市场营销提供决策参考，帮助企业规避专利风险。

2018年，江苏省知识产权局从江苏省重点发展的产业中遴选了北斗卫星导航技术、外骨骼机器人、新型航空材料、心血管系统药物、陶瓷膜制备及应用技术、石墨烯光伏组件技术、激光器及激光智能装备技术、VR技术、电动汽车智能充电与能源管理技术、化工废水高效预防处理等10个技术领域进行预警分析，确定了10家单位为专利预警分析新增项目承担单位，同时对高强高模碳纤维、化学纤维、医学影像诊断设备、TFT-LCD 和 OLED 显示技术等4个技术领域开展持续研究。对2017年度专利预警分析项目进行了验收，举办了10场专利预警分析成果发布会，为近500家企业免费提供了专利预警分析报告和专利数据库。

江苏省战略性新兴产业专利预警分析项目

年 度	序 号	技术领域
2017	1	集成电路封测
	2	风电发电机组及部件制造
	3	智能纺织机械制造
	4	机动车尾气净化
	5	光伏材料
	6	光纤制造工艺及设备
	7	基因检测
	8	智能家电制造
	9	船舶岸电产业
	10	电力电子变压器产业
2018	1	北斗卫星导航技术
	2	外骨骼机器人
	3	新型航空材料
	4	心血管系统药物
	5	陶瓷膜制备及应用技术
	6	石墨烯光伏组件技术
	7	激光器及激光智能装备技术
	8	VR 技术

续表

年 度	序 号	技术领域
2018	9	电动汽车智能充电与能源管理技术
	10	化工废水高效预防处理

【产业知识产权联盟】 根据国家知识产权局发布的《产业知识产权联盟建设指南》，江苏省知识产权局指导各地加强联盟建设和管理，督促联盟开展知识产权服务平台建设和知识产权业务培训，引导联盟内企业加强知识产权协作，构筑整体竞争优势。充分发挥国家知识产权局区域专利信息服务（南京）中心的资源优势，扩展联盟合作范围，提供业务支撑。引导全省其他各类知识产权服务机构积极参与知识产权联盟服务。

【知识产权密集型产业统计】 10月19日，江苏省专利信息服务中心在第三届紫金知识产权国际峰会上，发布《江苏省知识产权密集型产业统计报告2018》，公布了2017年江苏省知识产权密集型产业目录和发展情况。

《江苏省知识产权密集型产业统计报告2018》沿用了过去两年知识产权密集型产业的界定方式，筛选确定了2017年江苏省及13个设区市的知识产权密集型产业目录，并对知识产权密集型产业的贡献度进行了统计分析。报告显示，2017年江苏省知识产权密集型产业数为108个，比2016年增加6个。其中，专利密集型产业有33个，商标密集型产业有34个，版权密集型产业有58个，同时为专利密集型和商标密集型的产业有17个。江苏知识产权密集型产业增加值为24304.21亿元，比上年减少122.86亿元；知识产权密集型产业增加值占当期江苏GDP的比重为28.29%，比上年下降3.81个百分点；江苏知识产权密集型产业从业人员数为525.81万人，比上年减少74.12万人，知识产权密集型产业从业人员数占当期江苏全部从业人员数的比重为11.05%，比上年下降1.56个百分点。

2015—2017年江苏省知识产权密集型产业部分统计数据

一级指标	二级指标	单位	2015年	2016年	2017年
GDP	增加值	亿元	22261.52	24427.07	24304.21
	占江苏GDP的比重	—	31.75%	32.10%	28.29%
就业	从业人员数	万人	687.23	599.93	525.81
	占江苏全部从业人员数的比重	—	14.44%	12.61%	11.05%
规模以上工业企业全员劳动生产率	增加值/从业人员数	万元/人	30.62	35.26	39.50
规模以上工业企业平均工资	工资总额/从业人员数	万元/人		6.49	7.07
规模以上工业企业科技创新投入	R&D经费内部支出	亿元	981.79	1001.73	1042.97
	R&D经费内部支出占主营业务收入的比重	—	1.27%	1.30%	1.54%
	R&D人员数	万人	36.55	35.35	31.38
	R&D人员数占从业人员数的比重	—	6.29%	7.07%	7.69%
规模以上工业企业科技创新产出	新产品销售收入	亿元	15226.16	16324.25	15744.69
	新产品产值	亿元	15480.68	16532.91	16229.18
	新产品销售收入占主营业务收入的比重	—	19.65%	21.14%	23.29%
规模以上工业企业对外出口	出口交货值	亿元	11626.81	9879.48	8602.68
	出口交货值占工业出口的比重	—	50.1%	42.42%	37.90%
规模以上工业企业经济效益	资产负债率	—		49.93%	

注：空白处表示该数据目前无法获取。

专利技术实施及专利运营
Patent Technology Implementation and Patent Operation

【知识产权运营】 2018年1月，省政府投资基金与元禾控股签署《江苏省知识产权运营母基金合作协议》，母基金正式设立运营，并积极推进3家市场化股权投资基金管理机构发起子基金出资申请。基金聚焦知识产权密集型行业，包括生物医药、人工智能、集成电路、纳米技术应用等，关注投后管理，助力企业孵化产生更多专利技术，促进企业将知识产权优势转化为产业优势,提升企业产业专利布局潜力。

2018年，江苏省知识产权局重点支持3家知识产权运营机构加强业务创新、模式创新。江苏汇智知识产权服务有限公司继续推进"平台+板块"的高校专利运营工作，开展专利收储与转化和高价值专利培育与项目孵化工作；江苏天弓信息技术有限公司以专利信息为指引，通过分析、推荐、交易，整合形成知识产权运营金融模式；苏州纳米产业技术研究院围绕MEMS产业，打造MEMS领域产业运营第一平台。

苏州市依托江苏国际知识产权运营交易中心，开展产业知识产权运营。南京市以知识产权质押融资为抓手，服务中小企业利用知识产权进行质押融资。

2018年江苏省各设区市专利实施许可合同备案流向数据统计表

单位：件

地区	总量	其他地区许可给本地区		本地区许可给其他地区		许可被许可双方均为本市
		省内①	省外	省内②	省外	
南京市	337	23	0	117	85	135
无锡市	34	17	0	11	12	11
徐州市	1	4	0	0	0	1
常州市	19	15	0	6	7	6
苏州市	53	40	0	20	6	27
南通市	19	27	0	2	4	13
连云港市	0	8	0	0	0	0
淮安市	3	4	0	3	0	0
盐城市	0	7	0	0	0	0
扬州市	69	24	0	17	1	51
镇江市	65	21	0	39	8	18
泰州市	4	18	0	4	0	0
宿迁市	0	11	0	0	0	0
全省合计	604	219	0	219	123	262

注：①列与②列数据总量相等，同为省内各市之间许可总量，全省总量计算时不重复计取。

【知识产权金融】 2018年，江苏省知识产权局会同省内8家金融机构联合启动"知识产权百亿融资行动"，积极普及知识产权金融知识，开发面向知识产权质押融资专属产品或者增信通道，创新面向中小企业的知识产权融资担保机制。省知识产权局与中国银行、兴业银行签署战略合作协议，在开展知识产权质押融资、服务知识产权优势企业、畅通知识产权质物处置渠道、加强知识产权信息利用、营造知识产权金融发展环境等方面强化合作并建立了高层会商机制，指导全省各地知识产权局联合银行、保险等金融机构举办知识产权质押融资"一站通·全省行"活动，对接企业超过600家。江苏省知识产权局与江苏银行、中国银行江苏省分行推出知识产权金融新产品，实现知识产权质押贷款免评估。省知识产权局与省信用担保公司合作，研究开发"知保通"担保产品，形成了政府、银行、担保公司风险共担的合作模式，进一步降低银行风险，提高企业获贷率。以"我的麦田"知识产权公共服务平台为依托，运用互联网技术，提升专利质押融资便利度，优化简化贷款流程，帮助企业缩短获得贷款时间，逐步实现知识产权质押融资产品化、流程的标准化和业务的规模化。在全省范围内选择了1万家拥有自主知识产权的中小企业开展融资需求调查，详细了解中小企业的融资需求、瓶颈及政策建议，收集了近1200亿元的融资需求。

充分发挥舆论宣传的导向作用，在江苏省知识产权局网站开设知识产权金融专栏，依托报纸、电视、网站等传统媒体及微信等新媒体渠道，对知识产权质押融资工作成效和成功案例进行报道，提高全社会对专利质押融资的了解和认知。把知识产权质押融资、专利保险等内容纳入全省企业知识产权工程师培训、知识产权总监培训课程，深化企业对知识产权质押融资的理解。

2018年，全省专利质押融资38.7亿元。

2018年江苏省各设区市专利质押融资情况统计

申请人所属地区	专利数量/件	项目数量/项	专利质押融资金额/万元
南京	645	272	115000
无锡	393	81	58000
苏州	198	86	72000
常州	151	37	39000
南通	138	67	38000
徐州	59	36	21000
盐城	59	26	15000
淮安	47	7	5000
泰州	33	13	8000
镇江	30	15	9000
连云港	22	6	3000
扬州	20	8	4000
宿迁	10	1	400
全省合计	1805	655	387400

知识产权保护

Intellectual Property Protection

【知识产权地方立法】 积极推进知识产权地方立法工作，4月28日，江苏省人民政府办公厅印发《省政府2018年立法工作计划》，将《江苏省专利行政执法办法》作为2018年度省政府规章的调研项目。8月20日，省人大常委会办公厅印发《〈江苏省人大常委会2018—2022年立法规划〉实施意见》，将《江苏省知识产权促进条例》列入2018—2022年立法规划正式项目。

5月，江苏省人大常委会开展《专利法》《江苏省专利促进条例》执法检查活动。江苏省知识产权局积极配合省政府，全面汇报《专利法》《江苏省专利促进条例》的贯彻执行情况，协助做好执法检查活动方案制定、实地检查等工作。

7月25日,省十三届人大常委会第四次会议对执法检查情况进行审议,向省政府及相关部门提出意见和建议。省知识产权局根据省人大常委会审议意见和省政府的要求,针对意见建议推进落实整改,撰写了审议意见落实情况反馈报告。

11月22日,省十三届人大常委会第六次会议对审议意见落实情况反馈报告进行了审议,充分肯定了《专利法》《江苏省专利促进条例》的实施及意见整改落实工作。

【知识产权(专利)行政执法】 根据国务院、江苏省政府打击侵犯知识产权和制售假冒伪劣商品专项行动及国家知识产权局"护航"专项行动的部署要求,省知识产权局制定了《江苏省2018年度知识产权执法维权"护航""雷霆"专项行动方案》,会同商务、工商、公安、质检、药监等部门开展专项执法行动,严厉打击知识产权侵权违法行为。

江苏省知识产权局与各设区市知识产权局签订《专利行政执法目标责任书》,对全省专利行政执法工作实施目标管理,推进全省专利行政执法工作的常态化、制度化、规范化。全省知识产权局系统立案查处各类专利违法案件9656起,其中假冒专利案件7529起,专利纠纷案件立案2078起、结案1997起,其他纠纷立案49起、结案49起,案件数量继续保持全国前列。

【知识产权执法培训】 举办专利行政执法上岗培训班和能力提升培训班,分层次、分批次对全省执法人员进行培训。详细讲解执法案件处理程序,严格培训对象管理及考核,提高江苏省专利行政执法人员的办案能力和水平。全年,参训人员达258人,全省拥有专利行政执法证人员达674人。举办全省专利执法维权工作暨案例研讨会,遴选8个典型案例研讨交流,邀请2位法学专家对相关法律问题进行分析点评,全省各设区市知识产权局执法工作负责人、案件主办人员、维权业务骨干共90余人参加会议。

【展会知识产权监管】 江苏省知识产权局联合省、市、县(市、区)相关行政管理部门、知识产权维权援助中心,入驻第九届中国(泰州)国际医药博览会、第七届中国扬州户外照明及LED照明展览会等各类重大展会36次,服务企业1000余家,支持企业开展知识产权维权。

2018年江苏省专利行政执法情况统计

单位:件

地区/部门	专利侵权纠纷		其他专利纠纷		查处假冒专利	立案合计	结案合计
	立 案	结 案	立 案	结 案			
省局	33	46	0	0	—	33	46
南京市	182	184	0	0	831	1013	1015
无锡市	80	80	0	0	733	813	813
徐州市	53	51	0	0	477	530	528
常州市	342	358	0	0	677	1019	1035
苏州市	366	363	0	0	944	1310	1307
南通市	311	234	0	0	656	967	890
连云港市	53	32	0	0	429	482	461
淮安市	64	64	0	0	420	484	484
盐城市	100	100	0	0	345	445	445

续表

地区/部门	专利侵权纠纷		其他专利纠纷		查处假冒专利	立案合计	结案合计
	立案	结案	立案	结案			
扬州市	72	73	0	0	411	483	484
镇江市	341	331	0	0	602	943	933
泰州市	29	29	49	49	674	752	752
宿迁市	52	52	0	0	330	382	382
全省	2078	1997	49	49	7529	9656	9575

【"正版正货"承诺推进计划】 江苏省知识产权局会同原省工商局、原版权局、财政厅、工商联确定15家省"正版正货"示范街区、4家省"正版正货"示范行业协会（商会）、325家省"正版正货"承诺企业。支持6家专业市场成功申报第三批国家知识产权保护规范化市场，推荐9家专业市场成功申报第五批国家知识产权保护规范化培育市场。截至2018年，全省共有15家专业市场入选国家知识产权保护规范化市场、31家专业市场入选国家知识产权保护规范化培育市场，数量居全国前列，专业市场知识产权保护环境逐步优化。

2018年度江苏省"正版正货"示范行业名单

序号	行业协会名称
1	江苏省机械行业协会
2	常州市装饰材料行业协会
3	高邮市灯具协会
4	江苏省工商联五金机电商会

2018年度江苏省各设区市"正版正货"承诺企业统计

单位：家

地区	"正版正货"承诺企业
南京	13
无锡	54

续表

地区	"正版正货"承诺企业
徐州	16
常州	16
苏州	15
南通	67
连云港	18
盐城	10
扬州	9
镇江	38
泰州	23
宿迁	33
省属行业商会	13

江苏省入选国家知识产权保护规范化市场名单

年度	设区市	市场名称
2016	无锡	无锡市中山路商业街
	连云港	中国东海水晶城
2017	南京	江苏金龙蟠珠宝交易中心有限公司
	无锡	无锡广益家居城管理有限公司
	常州	常州月星国际家居广场有限公司
	南通	南通家纺城
	连云港	连云港市陇海步行街
	扬州	扬州市五亭龙国际玩具礼品城
	泰州	江苏华东五金城有限公司

续表

年度	设区市	市场名称
2018	南京	南京金鹰奥莱城
	南京	南京金鹰特惠中心
	南通	中国叠石桥国际家纺城
	扬州	扬州工艺品交易中心
	扬州	江苏苏中商贸城皮鞋交易市场
	镇江	扬中商城

江苏省入选国家知识产权保护规范化培育市场名单

年度	设区市	市场名称
2014	南京	南京市湖南路商业街
	南通	南通家纺城
	连云港	连云港市东海水晶城
	连云港	连云港市陇海步行街
	扬州	扬州市五亭龙国际玩具礼品城
	无锡	无锡市中山路商业街
2015	无锡	无锡广益家居城管理有限公司
	扬州	扬州工艺品交易中心股份有限公司
	泰州	江苏华东五金城有限公司
	南京	江苏金龙蟠珠宝交易中心有限公司
	常州	常州月星国际家居广场有限公司
2016	徐州	丰县环宇电动车城有限公司
	南通	江苏叠石桥绣品城有限公司
	南京	金鹰商贸特惠中心有限公司
	南京	南京仙林金鹰购物中心有限公司
	镇江	扬中商城
	扬州	扬州市江都区仙女镇商贸城社区
2017	南京	招商局地产（南京）有限公司栖霞分公司
	泰州	戴南不锈钢交易市场
	镇江	句容市天一商城有限公司
	镇江	扬中市通达商业总公司
	无锡	无锡市苏宁云商销售有限公司

续表

年度	设区市	市场名称
2018	南京	南京江宁金鹰购物中心有限公司
	南京	南京中海环宇城（南京海润房地产开发有限公司）
	常州	常州美凯龙国际电脑家电装饰城有限公司
	常州	常州莱蒙都会商业街（常州莱蒙商业管理有限公司）
	常州	上河城购物中心（江苏上河城商业管理有限公司）
	常州	常州新北万达广场（常州万达广场商业管理有限公司）
2018	苏州	绣品街（苏州绣创投资发展有限公司）
	镇江	扬中月星家居广场管理有限公司
	镇江	红星美凯龙镇江新区商场（上海红星美凯龙品牌管理有限公司镇江分公司）

【知识产权维权援助】 江苏省知识产权局发布《2018年江苏省知识产权维权援助工作要点》，明确年度工作目标，从知识产权维权援助体系建设、12330热线品牌建设、举报投诉转交移送、新兴产业维权援助、海外知识产权维权援助、配合专利行政执法、知识产权资源库建设、知识产权纠纷调解等方面加强对各维权援助中心工作的业务指导。

2018年，全省63家知识产权维权援助机构共接听咨询热线8466个，接收举报投诉455起，受理维权援助案件497起。提供智力援助484次，出具专家意见书270份，向13家企业发放知识产权维权援助资金505.5万元，开展知识产权纠纷调解188次，促进知识产权纠纷快速有效解决，为创新主体知识产权维权提供了有力支撑。

中国（江苏）知识产权维权援助中心作为华东地区专利侵权判定咨询机构，接收并处理来自江苏、安徽、江西、福建、山东5省的专利侵权判定咨询委托10起。联合浙江维权援助中心开展电商领域专利侵权判定咨询工作，帮助执法部门处理淘宝等电商平台专利案件692起。承担国家知识产权局知识产权保护规范化市场维权援助工作任务，招募知识产权保护监督员，收集移送近百条知识产权违法线索。接听12330知识产权咨询服务电话1676个，接收并移交举报投诉案件131起，提供维权援助服务188次，出具专家意见书6份，服务企业188家。

开发建设知识产权案例库，做好知识产权司法案例、复审委无效案例及法律法规的导入，推送72篇知识产权果林微案；在做好法院、当事人委托知识产权鉴定的同时，推进知识产权鉴定机构设立；承担了国家知识产权局知识产权仲裁调解能力提升工程，依托江苏省知识产权纠纷人民调解委员会和江苏（南京）知识产权仲裁调解中心，开展知识产权纠纷调解，不断完善知识产权纠纷大调解机制。

中国南通（家纺）知识产权快速维权中心推进专利权、著作权和商标权的"三合一""一站式"服务和管理，全年受理外观设计专利申请6652件，预审通过3716件，授权3101件；版权登记4052件；受理外观设计专利侵权投诉案件285件并已全部结案；受理版权侵权案件73起，调解结案42起，移交法院16起；权利人获得经济赔偿63万元。

中国镇江丹阳（眼镜）知识产权快速维权中心新增丹阳市持休光学、丹阳市朗盛光学等11家眼镜企业外观专利申请快速通道的备案，查处假冒专利案件110起，调解专利纠纷案件100起。邀请国家知识产权局专利复审委员会专家对6起外观设计专利无效案件开展了"专利无效巡回审理"，设立了南京专利代办处第三工作站。

中国（常州）知识产权保护中心全面开通快速预审、快速维权业务，受理专利预审服务案件206件，受理侵权纠纷立案79起，假冒案件立案174起。深入推进"企业服务站"建设，指定专人一对一为重点企业提供"定制化"服务，面向创新主体和社会公众共计举办专业培训讲座6次、开设大学知识产权讲堂2场、举办"4·26"主题系列活动3场、巡回审理复审无效案件3起。

中国（南京）知识产权保护中心于2018年10月通过验收，正式运行。与国家知识产权局专利审查协作江苏中心签订合作协议，建立专利审查指导机制，制订多级互检和质检制度，提高专利快速预审质量、效率，培育高价值专利，与南京中院知识产权法庭、南京市人民检察院、南京铁路运输检察院、金陵海关、南京知识产权仲裁院、江苏（南京）知识产权仲裁调解中心、南京市公共法律服务中心、南京专利代办处等8家单位建立合作关系。启动第二批快速预审服务备案主体工作，积极对接南京市各区局、管委会、园区等机构，第二批备案主体已达300多家。

中国（苏州）知识产权保护中心确定办公地点，完成项目施工招标。根据苏州近3年实用新型及发明申请情况，中国（苏州）知识产权保护中心筛选了与新材料、生物制品相关的50个分类号向国家知识产权局提交申请。经国家知识产权局审核批准，其中43个分类号作为中国（苏州）知识产权保护中心的审核范围，覆盖了近3年苏州市41%的实用新型及发明申请量。

开展涉外知识产权维权援助。做好1998—2017年江苏涉美国"337调查"案件统计，完成江苏涉美国"337调查"情况分析报告；发布《关于组建涉外知识产权合作单位和专家库的通知》，启动涉外知识产权合作单位与专家库的建设；面向省内创新主体举办了海外知识产权维权培训班；为上一年度在涉外知识产权诉讼中获得胜诉或达成实质性和解的11家企业提供维权援助资金约500万元。

【新领域新业态知识产权保护】 江苏省知识产权局继续组织实施电子商务平台知识产权保护工作，2018年新确定7家企业承担江苏省电商平台知识产权保护项目，并组织对2016年度6家江苏省电子商务平台知识产权保护项目进行验收。

知识产权培训与教育
Intellectual Property Training and Education

【知识产权国际交流培训】 举办4次涉外知识产权培训，帮助提升企业海外知识产权风险防控能力，获得了积极的响应和认可。

3月23日，江苏省知识产权局在常州市举办外向型企业海外知识产权风险防控培训班，邀请中国台湾将群智权集团、日本田端智慧财产咨询顾问公司专家进行授课。来自常州市"十百千"创新型企业的知识产权工作负责人、已经或者计划在国外开展业务的企业和其他外贸出口企业知识产权工作负责人、知识产权服务机构负责人等共200人参加了培训。

4月26日，江苏省知识产权局在南京市举办外向型企业海外知识产权风险防控培训班，邀请了来自金陵海关、南京大学、日本贸易振兴机构、美国知名律师事务所和日本酒井国际特许事务所等机构的资深专家讲授，来自南京市有境外专利布局的高新技术企业、上市(培育)企业的知识产权总监或相关工作负责人近350人参加了培训。

6月27—28日，江苏省知识产权局在徐州市举办苏北五市外向型企业海外知识产权风险防控培训班，邀请了美国众达律师事务所和法国凯步律师事务所的6位专家进行授课，来自徐州、连云港、淮安、盐城、宿迁等五市有境外专利布局的高新技术企业、上市（培育）企业的知识产权总监或相关工作负责人近200人参加了培训。

7月19—20日，江苏省知识产权局配合国家知识产权局专利局在苏州举办专利审查高速路（PPH）项目推广培训班，来自苏州的企业、知识产权服务机构共120余人参加了培训。培训班讲授了海外申请专利的各种途径和实际操作流程，介绍了PCT协作式检索和审查（PCT CSE）试点项目及专利审查高速路（PPH）试点项目，进一步提高了企事业单位申请境外专利的能力，为企业拓展海外市场进行境外专利布局和保护提供了帮助，获得了良好的成效。

【知识产权人才培养载体建设】 新增江苏省知识产权培训（南通大学）基地、江苏省知识产权（苏州大学）研究院、江苏省知识产权远程教育平台江苏大学分站和江苏省专利信息服务中心分站。

截至2018年，全省共有3个国家级知识产权培训基地、12个省级知识产权培训基地，1个国家级知识产权研究中心、8个省级知识产权研究院和研究中心，3个知识产权学院，1个江苏省知识产权远程教育平台、7个远程教育平台分站。6—7月，江苏省知识产权局依据《江苏省知识产权培训基地管理办法（试行）》，对3年以上10家省级知识产权培训基地进行考核评估，促进了江苏省培训基地的健康发展。

江苏省知识产权局联合省教育厅评选了20所江苏省第二批中小学知识产权教育试点学校。江阴市华士实验中学被国家知识产权局、教育部评为首批全国中小学知识产权教育示范学校。江苏省启东中学、江苏省海门市能仁中学被国家知识产权局、教育部评为第四批全国中小学知识产权教育试点学校。

江苏省国家级、省级知识产权培训基地

序号	培训基地名称	所在高校或机构	类别	设立时间
1	国家知识产权培训（江苏）基地	南京工业大学	国家级	2010年10月
2	国家知识产权培训（江苏）基地	江苏大学	国家级	2012年2月

续表

序号	培训基地名称	所在高校或机构	类别	设立时间
3	国家中小微企业知识产权培训（苏州）基地	苏州工业园区	国家级	2014年10月
4	江苏省知识产权人才（南京工业大学）培训基地	南京工业大学	省级	2009年6月
5	江苏省知识产权人才（苏州大学）培训基地	苏州大学	省级	2009年12月
6	江苏省知识产权人才（江南大学）培训基地	江南大学	省级	2009年12月
7	江苏省专利技术创造与运用实践基地	河海大学	省级	2010年8月
8	江苏省知识产权人才（江苏科技大学）培训基地	江苏科技大学	省级	2010年8月
9	江苏省知识产权人才（南京师范大学泰州学院）培训基地	南京师范大学泰州学院	省级	2010年8月
10	江苏省知识产权培训（南京理工大学）基地	南京理工大学	省级	2011年11月
11	江苏省知识产权培训（江苏大学）基地	江苏大学	省级	2012年8月
12	江苏省知识产权培训（苏州工业园区）基地	苏州独墅湖图书馆	省级	2013年9月
13	江苏省知识产权培训（盐城）基地	盐城工学院	省级	2016年3月
14	江苏省知识产权培训（常州大学）基地	常州大学	省级	2017年10月
15	江苏省知识产权培训（南通大学）基地	南通大学	省级	2018年9月

江苏省国家级、省级知识产权研究中心、研究院

序号	研究中心、研究院名称	所在高校或机构	类别	设立时间
1	国家知识产权局专利代理人教学研究（江苏）中心	南京工业大学	国家级	2012年8月
2	江苏省知识产权研究中心	江苏大学	省级	2008年3月
3	江苏省企业知识产权战略研究中心	金陵科技大学	省级	2011年5月
4	江苏省知识产权法（江南大学）研究中心	江南大学	省级	2014年12月
5	江苏省企业知识产权人才研究与促进中心	苏州独墅湖科教发展有限公司	省级	2017年4月
6	南京大学紫金知识产权研究中心	南京大学	省级	2017年11月
7	江苏省知识产权保护与发展研究院	南京师范大学	省级	2015年7月
8	江苏知识产权研究院	南京理工大学	省级	2016年1月
9	江苏省知识产权（苏州大学）研究院	苏州大学	省级	2018年4月

知识产权学院

序号	学院名称	设立时间
1	南京理工大学知识产权学院 （工业和信息化部、国家知识产权局、江苏省人民政府共建）	2013年6月
2	江苏大学知识产权学院	2014年11月
3	三江学院知识产权管理学院	2005年5月

【知识产权人才培养】 南京理工大学知识产权学院承办了国家知识产权局专利信息检索与分析实务培训、创新创业人才知识产权培训、大学生创新创业知识产权培训和省知识产权工程师培训、全省高校创新创业导师知识产权培训、知识产权法务人员能力提升培训、专利代理人业务能力提升培训、知识产权工程师能力提升培训、专利行政执法培训等，共培训5728人次。

江苏大学国家知识产权培训（江苏）基地举办了全国知识产权学科建设研讨班、全国高校知识产权师资培训班、产学研联合培养知识产权国际化人才培训班、专利导航人才培养实训班、专利运营培训班、知识产权工程师培训班、《企业知识产权管理规范》贯标培训班及第六届"三江知识产权国际论坛"等，共培训1080人次。

南京工业大学国家知识产权培训（江苏）基地举办了南京市第五期专利信息分析利用初级实战培训班和专利挖掘与布局初级实战培训班、企业知识产权管理标准化内审员培训班、高端引领人才工程系列培训之知识产权强国建设与人才培养专题培训班、生物医药产业知识产权战略研修班、企业知识产权综合能力提升培训班和江苏省2018年全国专利代理人资格考试考前培训班等，共培训2000余人次。

国家中小微企业知识产权培训（苏州）基地举办全国专利统计培训班、国家治理体系和治理能力现代化培训班、企业知识产权实务人才培训、中国企业301调查专题培训班、中国企业海外贸易中的知识产权运用专题培训班、江苏省企业总裁及知识产权总监培训班等，共培训5000余人次。

江苏省知识产权（苏州大学）研究院举办了《反不正当竞争法》研修班、4·26知识产权宣传周宣讲、专利运营实务班、专利代理人考前冲刺培训班、"知育春晖"知识产权进校园系列讲座、"五国知识产权高端研讨会"、第五届太湖知识产权论坛等培训与研讨会，在第七届中国国际版权博览会上，作为组委会单位组织了系列讲座活动，共培训15200余人次。

4—11月，江苏省知识产权局联合省委组织部将知识产权内容纳入市县党政领导干部主体班和省级机关处级干部"876培训计划"；5月，邀请中南财经政法大学原校长吴汉东，在省委党校开展了"科技创新与知识产权"讲座；6月，联合省工商联举办了江苏省首届民营企业家知识产权专题培训班；7月，省知识产权局举办了2018年度江苏省知识产权局系统新任干部培训班；11月，联合省教育厅举办了全省高校创新创业导师知识产权培训班。

8—10月，省知识产权局举办为期3个月的专利代理人资格考试考前培训班，集中面授培训学员142人，利用网络平台同步开展远程培训455人。全省2989人参加专利代理人资格考试，637人取得专利代理人资格，江苏省通过率连续多年保持全国前列。

省知识产权局举办企业总裁和知识产权总监培训班8期，培训企业总裁和知识产权总监954人；举办知识产权工程师培训班18期，培训工程师2323人；举办外向型企业海外知识产权风险防控培训班、苏北五市外向型企业海外知识产权风险防控培训班，配合国家知识产权局专利局举办专利审查高速路（PPH）项目推广培训班，培训企业知识产权总监或相关工作负责人670人。

4月，省知识产权局修订完善知识产权人才评选方案和评选标准，组织省知识产权领军人才、骨干人才评选，48人被评为省知识产权领军人才、187人被评为省知识产权骨干人才。截至2018年年底，全省知识产权领军人才114名、骨干人才375名。

12月，省知识产权局联合省职称办，组织省知识产权专业高级、中级专业技术资格评审，35人获得知识产权高级工程师资格，83人获得知识产权工程师资格。

【知识产权软科学研究】 2018年，江苏省知识产权局围绕知识产权战略实施和引领型知识产权强省建设重点工作，设立《江苏省知识产权政策体系优化研究》《知识产权、贸易摩擦及江苏对策研究》《知识产权服务机构服务质量评价体系研究》《知识产权"严、大、快、同"保护路径研究》《高校专利信息传播利用运行机制研究》《中医药传统知识保护和传承人制度研究》《苏北地区知识产权优势企业培育路径研究》7个研究课题，组织有关高校、科研院所等单位开展研究。原省工商局委托南京理工大学知识产权学院，优化区域商标品牌发展指数指标体系，编制和发布《江苏省区域商标品牌发展指数报告（2017）》，综合反映了江苏省商标品牌战略实施的状况和水平。

江苏省知识产权局组织有关单位申报国家知识产权局软科学研究项目，《知识产权资产会计核算与管理研究》《专利开放许可制度运行机制研究》《大数据视阈之下中国药品专利链接制度战略研究》《知识产权服务业人才能力素质标准框架研究》《政策制定视角下提升专利质量的路径研究》5个课题被列为2018年度国家知识产权软科学研究项目。

2018年江苏省承担的知识产权软科学研究项目

类别	课题名称	承担单位
国家级	知识产权资产会计核算与管理研究	南京财经大学
	专利开放许可制度运行机制研究	南京理工大学
	大数据视阈之下中国药品专利链接制度战略研究	中国药科大学 南京专利代办处
	知识产权服务业人才能力素质标准框架研究	苏州大学
	政策制定视角下提升专利质量的路径研究	南京专利代办处
省级	江苏省知识产权政策体系优化研究	南京理工大学（江苏知识产权智库）
	知识产权、贸易摩擦及江苏对策研究	苏州大学 苏州知识产权研究院
	知识产权服务机构服务质量评价体系研究	南京工业大学
	知识产权"严、大、快、同"保护路径研究	江南大学
	高校专利信息传播利用运行机制研究	江苏省发明协会
	中医药传统知识保护和传承人制度研究	南京中医药大学
	苏北地区知识产权优势企业培育路径研究	宿迁市知识产权研究会

知识产权服务
Intellectual Property Service

【专利受理服务】 2018年，南京代办处共受理专利申请69508件，收取专利费用62.89万笔，金额达3.47亿元。全年受理费减备案36300件，发放受理通知书42.2万件，办理登记簿副本2008份，办理专利实施许可合同备案451件，完成专利权质押登记383件，受理优先审查2731件，文档查阅复制25件，在先申请文件副本29件，证书发文19492件，处理退信通知4600件。为有关部门提供各类专利数据统计报告74份。全年电子申请率为98.44%，比上一年度增长0.78个百分点。试点开展了批量专利申请（专利）法律状态证明全流程业务及"司法查控"平台接收法院协助执行财产保全通知书试点工作。业务受理量、收费量及各项审查流程服务业务量继续位于全国代办处前列，业务实现"零差错"、窗口服务"零投诉"。

南京代办处在中国（南京）知识产权保护中心和中国镇江丹阳（眼镜）知识产权快速维权中心分别设立南京专利代办处第二、第三工作站，为所在区域的创新主体及服务机构提供"触手可及"的咨询、培训、专利申请前置审查等服务。选派业务骨干赴"我的麦田"知识产权互联网公共服务平台开展专利权质押登记服务。积极开展"深入基层、精准服务"品牌调研活动，全年共走访调研30余家各类工作机构、创新主体和专利代理机构，召开座谈会15次，撰写调研报告5篇。全年开展业务咨询3080余次，开展业务培训18场，受众3000余人。以QQ群直播方式开展了"专利实施许可合同备案及专利权质押登记业务办理要点"等3场业务培训，在线听课人数超1500人。编写并出版了《社会公众专利业务办理操作指南》，普及推广专利申请等相关知识。

2018年，南京代办处被国家知识产权局评为2017年度"先进代办处"，获评2017年度江苏省科技服务业"百强机构"称号，荣获2018年江苏省科技创新优秀服务"一等奖"。中共南京专利代办处支部被中共江苏省省级机关工委授予"先进基层党组织"荣誉称号。

【专利信息服务】 江苏省专利信息服务中心（以下简称"中心"）开展知识产权前瞻性研究，完成了光伏材料、新能源汽车、心血管药物等产业专利预警分析项目，举办了生物医药产业专利导航、机动车尾气净化技术等多场成果发布会。完成了《知识产权分析评议调查统计》《知识产权强企行动计划绩效指标研究》《江苏省以知识产权为核心的产业发展与资源配置导向目录》《专利信息传播利用（江苏）基地工作重点项目》《专利信息利用助推创新创业项目》等软课题研究，其中《江苏省知识产权密集型产业统计及培育研究》获江苏省第十五届哲学社会科学优秀成果奖。

中心开展重大成果转化项目知识产权审查，完成了江苏省重大科技成果转化项目108个申报项目2237件专利的知识产权审查；对2014年所引进的342名双创人才入选后的专利等产出进行了追踪调查；承担了第三届江苏省工业设计大赛所涉45个项目284件专利的审查。新开展了小分子靶向抗癌药物进口管理、国际重大工业展会知识产权风险防控的知识产权评议工作。2018年承担的CIGS（铜铟镓硒）柔膜太阳能电池高技术领域重大投资项目知识产权评议被评为"优秀+"试点项目。

中心加强专利统计和分析，开展了江苏省专利实施状况调查和江苏省知识产权服务业问卷调查，协助江苏省科技厅对全省51个高新技术产业园区228632家"四上"、小微企业和高校院所的创新产出进行了统计和考核，协助省统计局修订完善了"江苏省部门综合统计一套表"等4项统计制度及相关指标解释，编印了《江苏知识产权统计（2017年度）》，发布了《2017年度江苏省上市公司创新活动分析报告》《2017年江苏百强县专利产出榜单》《江苏专利实施与产业化状况统计》《江苏制造业企业发明专利百强榜》《2017年全国"双一流"

大学专利排行榜》。

中心开展公益咨询培训活动，参与国家知识产权局"知识产权服务万里行"、国家知识产权品牌服务机构"苏北行"、"科技资源园区行"等活动；成功获批中国知识产权远程教育平台分平台，面向省内各类创新主体开展专利分析培训；承接了国家知识产权局专利信息分析专业人员能力素质指导大纲试用完善工作，推进专利分析基础培训、中级培训和从业人员测评工作有效衔接，累计培训省内高校、企业、服务机构等单位2400余人次；举办中国专利检索技能大赛、江苏省大学生专利分析大赛，并牵头成立了"专利分析师俱乐部"，促进知识产权从业人员间的竞技与交流。

中心加强服务体系建设，成功申报世界知识产权组织的技术创新与支持中心（TISC），持续推动江苏省高校图书馆专利信息传播利用基地建设，指导省内11个基地开展知识产权专项服务，与苏南7个重点科技园区开展了战略合作。

中心继续推进知识产权公共服务平台三期建设，完成了4285万条国内专利数据、9545万条国外专利数据的加载，完成了知识产权大数据检索分析平台和知识产权案例库建设，为910余家单位开通新一代检索分析系统注册账号，建设了8家企业知识产权管理平台、7家企业专题库和8个产业专题库，对外提供专利数据资源API，为5家单位提供了专利数据服务。

2011—2018年江苏省重大科技成果转化项目知识产权审查工作情况

年 份	项目数量/项	专利数量/件
2011	534	4753
2012	525	5096
2013	592	5964
2014	121	1732
2015	144	2279
2016	156	2645

续表

年 份	项目数量/项	专利数量/件
2017	159	3176
2018	108	2237

2011—2018年江苏省承担国家知识产权局重大经济科技活动知识产权评议试点项目

年 份	项目名称
2011	昆山市小核酸基地知识产权评议
2012	新能源产业知识产权评议
2012	智能电网产业知识产权评议
2013	低地板城市有轨电车知识产权评议
2013	MEMS传感器知识产权评议
2014	新能源汽车产业知识产权评议
2014	钢轨焊机知识产权评议
2015	徐工集团履带式起重机产品出口知识产权评议
2016	杰瑞科技集团腹膜透析机产品出口及企业并购知识产权评议
2017	CIGS（铜铟镓硒）柔膜太阳能电池高技术领域重大投资项目知识产权评议
2018	1. 小分子靶向抗癌药物进口管理知识产权评议 2. 国际重大工业展会知识产权风险防控

【知识产权代理服务】 2018年，全省新设立专利代理主营机构33家，全省主营机构达到173家，分支机构44家，在江苏省设立并在国家知识产权局备案的分支机构达到138家，全省执业专利代理人达到1340人。按照新颁布的国标《专利代理机构服务规范》，针对已实施省标《专利代理服务质量管理规范》贯标的机构开展对标衔接。新增4家专利代理机构开展《专利代理服务质量管理规范》贯标，累计达30家；12家专利代理机构被列入《专利代理机构服务规范》国标贯标试点；16家专利代理机构承担知识产权托管服务项目，为

160多家中小企业提供服务。

江苏省知识产权局加大专利代理服务违规行为查处力度，对涉及非正常专利申请、挂证执业、违规经营、经营异常等情况的专利代理机构，责令整改，核查国家知识产权局转来举报12家，其中惩戒警告1家，全年共核查专利代理机构80多家。

省知识产权局组织江苏省国家知识产权品牌（品牌培育）专利代理机构"苏北行"活动，400家企业、近600人参加提升专利申请质量、专利挖掘、企业专利信息分析利用等14场专题讲座、5场品牌服务机构与企业现场咨询服务对接活动。

省知识产权局委托国家知识产权局专利审查协作江苏中心开展江苏省专利代理机构统计分析，形成《2017年度江苏代理机构专利代理情况统计分析报告》，发布2017年全省专利代理机构代理的专利申请、区域分布和发明专利申请结案、公开情况等相关数据。

【知识产权服务业集聚区】 2018年，新增南京市江北新区、徐州市泉山区和常熟市3家省级知识产权服务业集聚区，省级集聚区达到6家，其中苏南4家，苏中1家，苏北1家。组织召开江苏省知识产权服务业集聚区建设工作推进交流会，推动知识产权服务机构和服务业集聚区进行对接。

苏州高新区成为首批国家知识产权服务业集聚发展示范区，进驻各类知识产权服务机构90余家，其中专利代理机构20余家，全国知名机构超过50家，品牌（品牌培育）服务单位占比超过30%，知识产权专业人才近2500人，相关从业人员超过5000人，形成了集聚审查、代理、法律、信息、咨询、商用化服务等各种业态齐备的一体化服务链模式。

南京江宁区国家知识产权服务业集聚发展试验区出台了《南京市江宁区国家知识产权服务业集聚发展试验区建设工作方案》，完成江宁区知识产权服务机构发展状况调研报告，出台《江宁区知识产权服务机构考核标准》，上线服务机构管理平台，引进江苏省知识产权维权援助中心江宁分中心、江苏省专利行政执法巡回审理庭等服务机构落户，初步建成知识产权服务链。

江苏省专利代理机构贯标试点单位

序 号	单位名称	试点年份
1	经纬专利商标代理有限公司	2012
2	南京天华专利代理有限公司	2012
3	南京纵横知识产权代理有限公司	2013
4	苏州广正知识产权代理有限公司	2013
5	众联专利代理有限公司	2013
6	南京苏高专利商标事务所	2014
7	南京苏科专利代理有限责任公司	2014
8	南京天翼专利代理有限公司	2014
9	南京正联知识产权代理有限公司	2014
10	江苏致邦律师事务所	2014
11	无锡大为专利商标事务所	2014
12	苏州威世朋知识产权事务所	2014
13	淮安科文知识产权事务所	2014
14	南京知识律师事务所	2015
15	江苏圣典律师事务所	2015
16	江苏银创律师事务所	2015
17	苏州创元专利商标事务所有限公司	2015
18	南京瑞弘专利商标事务所	2016
19	南京钟山专利代理有限公司	2016
20	连云港润知专利事务所	2016
21	无锡华源专利商标事务所	2017
22	无锡汇诚永信专利代理事务所	2017
23	苏州铭浩知识产权代理事务所	2017
24	泰州地益专利事务所	2017
25	徐州市淮海专利事务所	2017
26	宿迁市永泰睿博知识产权代理事务所	2017

江苏省星级专利代理机构

序号	星级	单位名称	评定年度
1	四星级	南京经纬专利商标代理有限公司	2016
2	四星级	南京天华专利代理有限责任公司	2016
3	四星级	南京苏高专利商标事务所	2016
4	四星级	南京纵横知识产权代理有限公司	2016
5	四星级	南京苏科专利代理有限责任公司	2016
6	四星级	南京知识律师事务所	2016
7	三星级	南京众联专利代理有限公司	2013
8	三星级	苏州威世朋知识产权代理事务所	2013
9	三星级	南京天翼专利代理有限公司	2016
10	三星级	江苏圣典律师事务所	2016
11	三星级	南京瑞弘专利商标事务所	2016
12	三星级	苏州创元专利商标事务所有限公司	2016
13	三星级	南京正联知识产权代理有限公司	2016
14	二星级	无锡市大为专利商标事务所	2013
15	二星级	苏州广正知识产权代理有限公司	2013
16	二星级	江苏致邦律师事务所	2014
17	二星级	南京汇盛专利商标事务所	2014
18	二星级	南京同泽专利事务所	2014
19	二星级	江苏银创律师事务所	2014
20	二星级	无锡盛阳专利商标事务所	2014
21	二星级	江阴大田知识产权代理事务所	2014
22	二星级	宜兴市天宇知识产权事务所	2014
23	二星级	江阴市同盛专利事务所	2014
24	二星级	常州市江海阳光知识产权代理有限公司	2014
25	二星级	常州市天龙专利事务所有限公司	2014
26	二星级	常州市夏成专利事务所	2014
27	二星级	苏州铭浩知识产权代理事务所	2014
28	二星级	昆山四方专利事务所	2014
29	二星级	常熟市常新专利商标事务所	2014
30	二星级	南通市永通专利事务所	2014
31	二星级	淮安市科文知识产权事务所	2014
32	二星级	淮安市科翔专利商标事务所	2014
33	二星级	镇江京科专利商标代理有限公司	2014
34	二星级	南京利丰知识产权代理事务所	2015
35	二星级	徐州市三联专利事务所	2015
36	二星级	常州市科谊专利代理事务所	2015
37	二星级	苏州市中南伟业知识产权代理事务所	2015
38	二星级	苏州华博知识产权代理有限公司	2015
39	二星级	泰州地益专利事务所	2015
40	二星级	靖江市靖泰专利事务所	2015
41	二星级	南京钟山专利代理有限公司	2016
42	二星级	徐州市淮海专利事务所	2017
43	二星级	常州佰业腾飞专利代理事务所	2017

全国知识产权服务品牌机构情况

年份	类型	机构名称	备注
2014	品牌机构	江苏佰腾科技有限公司	
2014	品牌机构	江苏省专利信息服务中心	
2014	品牌机构	南京天华专利代理有限责任公司	专利代理
2014	品牌机构	南京经纬专利商标代理有限公司	专利代理
2016	品牌机构	南京纵横知识产权代理有限公司	专利代理
2016	品牌机构	苏州威世博知识产权服务有限公司	专利代理
2016	品牌机构	南京知识律师事务所	专利代理
2016	品牌机构	南京苏科专利代理有限责任公司	专利代理
2016	品牌机构	江苏致邦律师事务所	专利代理
2016	品牌机构	江苏五星资产评估有限责任公司	

续表

年份	类型	机构名称	备注
2018	品牌机构	智慧芽信息科技（苏州）有限公司	
		泰州专利战略推进与服务中心有限公司	
		南京九致信息科技有限公司	
		江苏汇智知识产权服务有限公司	
	品牌培育机构	南京苏高专利商标事务所（普通合伙）	专利代理
		江苏畅远信息科技有限公司	
		苏州创元专利商标事务所有限公司	专利代理
		苏州独墅湖科教发展有限公司	

【社团工作】 江苏省知识产权研究与保护协会编辑出版了《2018江苏专利实力指数报告》，定量分析各地区专利创造、运用、保护等方面的发展水平，为各级知识产权管理部门提供数据参考；编印了6期《江苏知识产权》杂志，宣传江苏省知识产权政策措施和动态信息，展示江苏省最新的优秀发明创新成果。

知识产权国际交流合作

Intellectual Property International Communication and Cooperation

【知识产权国际会议】 6月22日，第六届三江知识产权国际论坛在镇江召开。本届论坛以"知识产权与经济社会的高质量发展——动力、使命、前景"为主题，著名经济学家、北京大学新结构经济学研究院院长林毅夫、日本贸易振兴会北京代表处知识产权部部长本间友孝等中外专家学者发表了主题演讲，300多位来自国内和美国、瑞士、加拿大、日本、韩国等国家的代表参加。

10月18日，第六届中蒙俄知识产权研讨会和中蒙俄知识产权局局长会在苏州召开。中国国家知识产权局局长申长雨、蒙古国知识产权局局长埃尔德内苏伦·埃尔德内巴特、俄罗斯联邦知识产权局副局长米哈尔·扎莫迪克出席会议开幕式并致辞。来自中蒙俄三国的专家分别围绕专利、商标领域的知识产权保护现状与展望，以及地方知识产权工作实践等话题作了主题发言，中蒙俄三国产业界和学术界代表百余人参加会议。

10月19日，江苏省知识产权局与南京市人民政府共同举办第三届紫金知识产权国际峰会。省长吴政隆会见了重要嘉宾；世界知识产权组织副总干事王彬颖，国家知识产权局局长申长雨，蒙古知识产权局局长埃尔德内苏伦·埃尔德内巴特，俄罗斯联邦知识产权局副局长米哈尔·扎莫迪克，省委常委、南京市委书记张敬华出席开幕式并致辞；省政府副秘书长张乐夫及省知识产权局局长支苏平等省有关部门负责同志，南京市领导徐曙海、蒋跃建，以及来自海内外的业内专家学者、知名企业、金融机构和知识产权专业机构负责人约500人参加会议。

【知识产权国际转移平台】 2018年，世界知识产权组织技术创新支持中心(TISC)试点项目落户江苏，分别由江苏省专利信息服务中心和南京理工大学知识产权学院承担建设。这是世界知识产权组织在我国设立的首批7个技术创新支持中心(TISC)试点中的2个，建成之后，将成为江苏省创新者获取世界最前沿优质信息的渠道，也是江苏省创新者发布信息走出去的桥梁。

【知识产权国际交流合作】 江苏省知识产权局与美国、德国、比利时、俄罗斯、捷克、巴西、秘鲁等国知识产权管理部门开展高层互访。8月，为深化第二届紫金知识产权国际峰会成果，副局长施蔚率领江苏知识产权代表团访问巴西和秘鲁。9月，副局长张春平率知识产权保护与运用培训团赴美国进行学习交流，学习和借鉴美国在知识产权管理、执法保护及专利技术转化运用的经验做法。9月,为拓展江苏省与"一带一路"沿线国家间的知识产权交流与合作,副巡视员黄志臻率领江苏知识产权代表团访问俄罗斯和捷克,探讨在"一带一路"倡议下加强双方知识产权交流与合作事宜。10月,政策法规处处长肖桂桃率知识产权交流团赴德国和比利时开展知识产权交流合作。

江苏省知识产权局开展涉外知识产权研讨交流。7月9—10日,由世界知识产权组织和国家知识产权局共同主办,江苏省知识产权局承办的专利合作条约高级巡回研讨会在南京召开。世界知识产权组织PCT法律和用户关系司副司长马西亚斯·莱斯勒,国家知识产权局国际合作司司长吴凯、江苏省知识产权局局长支苏平出席会议并讲话。10月29日,由江苏省知识产权局主办,南京市鼓楼区科技局(知识产权局)、江苏省产业技术研究院生物医药和医疗器械产业科技服务中心共同承办的生物医药海外专利申请研讨会在南京召开。

(江苏省知识产权局)

科学普及与科技团体
Science Popularization and Science & Technology Group

科学普及
Science Popularization

【概　况】　贯彻习近平总书记致世界公众科学素质促进大会的贺信精神，召开省全民科学素质工作领导小组会议，首次对31家成员单位及13个设区市全民科学素质工作目标责任制落实情况进行考核评估，完成全省"十三五"《纲要》实施工作中期评估自查和全国纲要办实地调研评估。13个设区市中有11个市将《纲要》实施工作纳入当地政府考核；9个设区市与所辖县（市、区）签订"十三五"或年度《加强公民科学素质建设目标责任书》；96个县（市、区）中有75个将《纲要》实施情况纳入当地政府考核。开展公民科学素质调查，2018年江苏省公民具备科学素质的比例达11.51%，蝉联全国省份第一。

完善跨部门共建机制。围绕江苏省"十三五"战略性新兴产业发展迫切需求，联合省工业和信息化厅编撰《江苏省战略性新兴产业科普丛书》；与省地震局签订《合作框架协议》；会同省市场监管局等开展世界认可日、食品安全宣传周等主题科普活动；联合江苏省文化和旅游厅等开展第九届省优秀科普作品评选和第四届省科普公益作品大赛；联合江苏省科技厅、省教育厅认定97家省科普教育基地，首次择优奖补20家基地；联合省科技厅举办首届省科普讲解大赛。

融合拓展科普阵地。深入开展全国科普信息化建设综合应用试点和"百城千校万村行动"试点工作，以社区、学校、农村等为重点持续建设科普e站，推动"科普中国"优质资源落地应用；建好用好"科普云"信息服务系统，2018年新增科普内容1.83 TB，其中自主研发0.67 TB，资源总量已达4.99 TB。联合省委组织部、省广电总台等部门打造《科普江苏》《大众科学》等科普栏目，持续办好"科学号"地铁专列，加大科普资源落地应用，持续增强公众科普服务获得感。

开展各类科普活动。举办科普周、科普日等主题科普活动，省市县三级联动，大力营造讲科学、爱科学、学科学、用科学的浓厚氛围。全年开展院士专家进百校活动195场次，其中崔向群、都有为等10名院士参加活动。持续举办省青少年科技创新大赛、金钥匙科技竞赛，160万名中小学生和科技辅导教师踊跃参与。开展2018年"省公民科学素质大赛"，312.1万人次参加网络答题。组织专家赴全省各地举办高端科普报告、科普培训等268场。支持举办南京青少年国际科学博览会。规范设立省政府青少年科技创新培源奖，引领10个设区市、42个县（市、区）设奖。

【科普服务】　组织做好科普工作。会同江苏省科协围绕主题，精心组织，做好2018年全国科技活动周活动的工作，突出科技创新支撑强省富民这条主线，统筹设计各项活动。2018年5月，江苏省科技厅专门发文积极推进全省学科重点实验室开展形式多样的科普活动，在科技活动周期间累计向4300多人次开放，其中中小学生约2000人次，并策划组织省内10多家新闻媒体进行采访报道，取得良好的社会反响。同时，充分调动各方力量，组织全省各地有条件的国家（重点）实验室、科研机构、高新技术企业、园区、科技场馆、科普基地向社会开放，充分展示科技创新成就。科技活动周期间，全省各地有2100场重点科普活动陆续开展。整个活动体现了大动员、大展示、大宣传的特点，有力促进了江苏省公众科学素质的提高。

积极举办科普讲解大赛培训班，选拔优秀科普讲解员参加2018年全国科普讲解大赛，提升科普传播能力。在全国科普讲解大赛中，联合南京市科技局，进行参赛选手选拔、培训，最终江苏省、南京市代表队荣获优秀组织奖，共有3人荣获三等奖，2人荣获优秀奖。同时，切实加强青少年科学教育。组织江苏省青少年参加全国科学实验展演汇演等活动，加强青少年科学精神、学习兴趣和实践能力培养，努力在青少年群体中营造讲科学、爱科学、学科学、用科学的良好氛围。

开展科普优秀作品推荐活动。组织全国优秀微视频作品、优秀科普图书作品推荐，鼓励支持科技工作者从事科普创作，切实承担起普及科学精神、传承创新文化的重任。

按照科技部的要求，依据全国科普统计调查方案，精心组织开展江苏省科普统计工作，为制定全省科普政策提供依据，推动江苏省科普事业的发展。

科技团体活动
Science & Technology Group Activities

【概　况】　截至2018年年底，江苏省科协拥有和联系着147个自然科学、技术科学、工程技术及其相关学科组建的省级学会、协会、研究会（学会团体会员10554人，个人会员48.51万人），企业科协2935个，高校科协87个，农技协902家。全省设区市科协13个，县（市、区）科协96个，全省乡镇、街道科协1154个，全省科普志愿者达77.60万人。

以推动科普服务活动常态化、品牌化为重点，完善科普长效机制，创新科普方式方法，营造科普创新氛围，提升科普公共服务能力。充分利用科普宣传周、全国科普日、公民科学素养大赛等主题科普活动载体，组织开展近6000项科普宣传活动，受到全省公众积极响应。大力提升科普公共服务能力，命名省级科普示范社区80家、科普教育基地119家，2018年启动评价工作，对78个科普示范社区进行了奖补。组建省科技传播专家服务团141个，聘任省首席科技传播专家237名。探索创新科普运营模式，探索政府和社会资本合作PPP模式，打造"门户网站＋手机APP＋信息科普大屏＋微信（微博）"四位一体科普资源省级加工、集成及服务中心。持续培育发展科普产业，2018年评选命名10家省级科普产品研发基地，全省共认定江苏省科普产品研发基地50家。开发制作流动科技馆27套，吸引全省187.5万人次体验流动科技馆。

【全面推动省会合作协议落地生效】　3月21日，江苏省政府与中国科协在南京签署全面战略合作协议。江苏省科协党组牢牢抓住签署战略合作协议的历史机遇，细化分解各项举措，推动落地生效。一是创新开展"四＋一"试点工作。在中国科协"三＋一"试点基础上，结合实际将科技型企业家代表纳入县乡科协领导班子。在连云港市东海县召开基层组织建设现场推进会，选树基层典型，推广新经验、新做法。13个设区市均已印发试点工作方案，建立试点工作领导机制和责任体系。通过推进"四＋一"试点，科协领导机构中基层科技工作者比例不断扩大，全省96个县级科协兼职主席、副主席中"四长"已占到72.8%，全省乡镇、街道科协兼职主席、副主席中"四长"已占到67.6%。二是推动国家级学会高端创新资源向江苏集聚。先后与中国药学会、中国纺织工程学会、中国汽车工程学会等13个国家级学会签订合作协议，引导国家级、省级科技创新资源服务泰州、苏州、扬州、徐州等设区市，举办中国机器人技能大赛暨智能检测与运动控制论坛、中国人工智能产业年会等会展赛商活动23场次。服务举办世界物联网博览会、世界智能制造大会、国际氢能与燃料电池汽车大会、世界内燃机大会等品牌活动，为地方经济社会转型升级提供科技人才支持。三是打造党委政府科技智库。发挥苏科创新战略研究院省级重点培育智库作用，持续打造第三方评估工作品牌。组织学会专家参与全省高技术产业专题论证，为江苏省战略性新兴产业发展提供智力支撑；承接5家全国双创示范基地第三方评估工作。报送"充分发挥战略科技人才在我省聚力创新推进高质量发展中作用的建议"等《科技工作者建议》11篇，报送"关于以系统化思维深入推进我省聚力创新的对策建议"等《科技智库专报》3篇，获省长吴政隆等省领导批示10次，有关建议得到江苏省科技厅、人社厅等相关部门吸纳和落实。

【科协改革】 以全面深入学习贯彻党的十九大精神为主线，结合科协工作改革实践，认真贯彻习近平总书记对群团改革的重要指示和在两院院士大会上讲话的重要精神，扎实落实中央和省委、省政府关于科协系统深化改革的工作部署，纵深推进科协事业各项改革，全面激发科协组织活力。13个设区市全部出台深改方案并指导推动88家县（市、区）科协陆续出台深改方案，较2017年新增37家，占全省县（市、区）科协的91.7%。南京、无锡、常州、连云港、淮安、盐城、扬州、泰州、宿迁等9个设区市所辖县（市、区）改革方案全部出台。全省建立高校科协87家，覆盖率达52%；乡镇、街道科协1154家，实现全覆盖；规模以上企业科协2935家，占比为6.5%；省级以上开发区设立科协组织95家，占比为71.4%。全省科协系统上下联动，努力推进各项改革举措落到实处，取得实效。

【科技馆建设】 截至2018年年底，全省共有科技馆（科技活动中心）21座，其中省级1座：江苏省科技馆；设区市6座：南京科技馆、无锡科技馆、南通科技馆、盐城市科技馆、扬州科技馆、泰州科技馆；县（市、区）14座：宜兴科技馆、新沂市科技馆、苏州市吴江区青少年科技文化活动中心、常熟市青少年活动中心、张家港科技馆、太仓市科技活动中心、海安县科技馆、启东市青少年科技馆、如皋市科技展示馆、东海县科技馆、盱眙铁山寺天文科技馆、金湖县科技馆、盐城市大丰区未来科技馆、盐城市大丰港海洋科技馆。在建（重建）7座，分别是：镇江市科技馆、如东科技馆、海门科技馆、灌南县科技馆、灌云县科技馆、淮安市洪泽区科技馆、东台市科技馆。

【学会改革】 2018年，新吸纳省级学会2个。改学会考核为年度评价，务实服务学会创新发展。配合省委组织部做好2018"双创计划"评审工作。通过召开省科协所属学会承接政府转移职能工作座谈会，推动3A级以上省级学会实现承能全覆盖，17家综合示范学会实现六大承能类别全覆盖。共有92家省级学会承接37个部门委托的423个社会化公共服务项目，引领带动市县两级391家学会承接1297个社会化服务项目，形成上下联动、整体推进的良好局面。

【科技服务】 2018年，围绕服务"两聚一高"新实践，省科协不断加大科技创新资源对接服务力度，推动科技成果加快转化。引导学会融入经济建设主战场，新建创新创业示范基地49个、科技服务站86个。依托已建平台服务企业258家，推送专利11015件，培训人才15068人次。着力打造"会、展、赛、商"学术交流平台。以"高质量发展与青年科学家的使命"为主题，联合盐城市政府组织江苏科技论坛（第七届省青年科学家年会），围绕服务地方重点产业发展，同步在南京、苏州、无锡、镇江等地组织8场分论坛，形成一批优秀学术成果和签约项目。举办2018年全国"双创周"江苏主会场活动，联合省发展改革委启动"院士专家进百园"活动，省委常委、省委秘书长、常务副省长樊金龙出席，组织李永舫等院士对接服务产业园区。引领支持省级学会组织开展学术交流活动841场次，参会人数超21万人次，交流论文2万余篇。成功举办第三届省青年会员创新创业大赛，涵盖工程与制造等6个领域，路演项目202项，获奖120项。

【海智建设】 聘请马启元等30名专家为海智专家,充分发挥其嫁接国际创新资源、引进海外高层次人才和项目的独特作用,助力江苏经济社会高质量发展。着力推进苏州离岸创新创业基地建设,推动成立苏州工业园区常青藤离岸创新产业研究院,与美国哈佛大学、麻省理工学院、新加坡科技研究局开展深度合作,促成12个海外项目落户苏州,建设模式和成效得到了中国科协和省政府领导的充分肯定。放大海智大会效应,精准对接海内外高端创新资源,促进海智工作提档升级。举办第二届中国(连云港)国际医药技术大会,邀请400余位海内外知名院士专家和相关代表参会,参会人员达3000人次,99个项目达成合作意向,其中33个项目成功签约;举办首届太湖(马山)生命与健康论坛,海内外6位著名院士、110多位海内外专家及知名企业高管等1100余人参会,10个项目签约。新设立无锡马山省级海智工作基地等7个。举办2018中韩科技型企业技术合作洽谈会等各类海智活动145场次,柔性引进人才474人,签订合作项目412项,落地项目70项。积极开展对港澳台民间科技交流,组织赴台交流团组12批227人,苏台农业论坛、海峡两岸暨港澳青年双创训练营、苏台青少年创新创意大赛等品牌效应逐渐显现。

【服务科技工作者】 积极开展各类表彰奖励的推选工作。经推选,高裕弟、于敦德荣获第十五届中国青年科技奖,马瑜婷荣获第十五届中国女科学家奖。开展第十六届省青年科技奖评选工作,表彰20名省青年科技奖获得者和省十大青年科技之星。组织实施省青年科技人才托举工程,评选并资助100名有学术技术优势和发展潜力的优秀青年科技工作者开展学术交流、课题研究和技术攻关,助力青年科技工作者成长成才。制订《省科协走访慰问科技工作者实施办法》,以"全国科技工作者日"为契机,由副省长马秋林带队走访慰问了王泽山、祝世宁等一批著名科学家和科技工作者代表,体现了党委、政府对科技工作者的关心关怀。

举办"共和国的脊梁——科学大师名校宣传工程"江苏汇演暨科学道德与学风建设教育活动,赴南京等6个设区市和南京大学、东南大学等9所高校,演出27场次,3.2万余名科技工作者、师生代表观看了演出,引导科技工作者和青年学生践行社会主义核心价值观。联合省委组织部举办省高层次人才"爱国·奋斗·奉献"精神教育专题培训班。大力宣传科技英才,营造尊重人才、尊重创新的浓烈社会氛围,组织媒体深度宣传报道省青年科技奖获得者和省十大青年科技之星先进事迹,编印《青春舞动创新梦——青年科技奖获奖者风采录》,拍摄获奖者专题宣传片,在《新华日报》开辟专版进行宣传报道。在"全国科技工作者日"期间集中宣传报道一批省优秀科技工作者,主流媒体刊载稿件64篇。

【市、县(市、区)及基层科协组织】 截至2018年年底,全省有设区市级科协13个,县(市、区)科协96个(其中独立建制的有81个,占比84.4%)。镇江、泰州、连云港、淮安、盐城、宿迁等6个市所属县级科协全部是独立建制。县级科协设立党组的有41个,占比42.7%。县级科协领导班子成员进入同级人大或政协常委会的有55个,占比57.3%。推动科协组织向基层延伸,全省乡镇、街道科协有1154个,乡镇科协实现全覆盖。行政村及社区科协有14585个。建立农技协902个,初步实现涉农县全覆盖。市县科协全年组织举办科普宣讲活动14598次,举办实用技术培训13514场次,参加活动科技人员总数达7.2万人次,受众超过810万人次。

【省级学会、企业科协、高校科协】 截至2018年年底,省科协所属学会、协会、研究会(以下简称"省级学会")共有147个;全省建立高校科协87个,覆盖率达52%;规模以上企业科协2936个,占比6.5%;省级以上开发区设立科协组织95个,占比71.4%。

【活 动】 江苏省科协所属学会承接政府转移职能工作座谈会。1月5日，省科协所属学会承接政府转移职能工作座谈会在南京召开。省委常委、宣传部部长王燕文出席会议并讲话。副省长蓝绍敏主持会议，省委副秘书长水家跃出席会议。时任省科协党组书记、副主席陈惠娟汇报省科协所属学会承接政府转移职能试点工作情况及下一步打算，江苏省科技厅、省住建厅、省能源研究会、宿迁市政府、常熟市政府做交流发言。

江苏省综合交通运输学会（协会）成立。2月27日，江苏省综合交通运输学会（协会）在南京成立。省委书记娄勤俭、省长吴政隆对省综合交通运输学会（协会）的成立分别做出批示。省委常委、宣传部部长王燕文和省综合交通运输学会理事长史和平共同为江苏省综合交通运输学会和协会揭牌，中国公路学会理事长翁孟勇、副省长费高云出席会议并讲话。

江苏省政府与中国科协签署全面战略合作协议。3月21日，省政府与中国科协在南京签署全面战略合作协议。省委书记娄勤俭、省长吴政隆会见中国科协党组书记、常务副主席、书记处第一书记怀进鹏一行，中国科协党组成员、学会学术部部长、企业工作办公室主任宋军，副省长马秋林，省政协副主席、省委组织部常务副部长胡金波，省政府秘书长王奇等参加会见和签约仪式。吴政隆、怀进鹏分别代表省政府和中国科协签署全面战略合作协议，双方将在加强学术引领、加强智库建设、加强科学普及、加强人才培养、创新组织设置、建立长效机制等方面深化合作。

第29届江苏省青少年科技创新大赛。4月21日，由江苏省科协、省教育厅、省科技厅、省发展改革委、省文明办、省环保厅、省体育局、团省委、省妇联、省知识产权局、泰州市人民政府共同主办，省青少年科技中心、泰州市科协承办的第29届江苏省青少年科技创新大赛在泰州开幕。省科协党组书记孙春雷出席开幕式并讲话，泰州市委副书记、市长史立军致欢迎词。大赛主要活动包括开幕式、公开展示、封闭问辩、科学讨论会、专项奖颁奖等。来自全省13支代表队的292名学生、61名科技辅导员参加为期3天的展示、问辩、交流活动。220个学生创新项目、61个科技辅导员创新项目参加终评评审；10项优秀科技实践活动项目、19项青少年科技创意比赛项目和30幅优秀少年儿童科学幻想绘画作品参加展示。在公开展示环节中，3000多人次免费观摩本次大赛，另有20多万人次通过网络直播平台进行线上观摩。大赛期间还举办了"我最喜爱的创新成果"十佳评选活动，公众可通过"江苏省青少年科技中心"官方微信平台参与投票。

太湖（马山）生命与健康论坛。4月21日，由中国药学会、中国科协企业创新服务中心、省科协、省食药监局等单位主办，省药学会、省科协海智办、无锡市科协、无锡市食药监局、无锡市滨湖区政府承办，以"生物医药创新与资本助推发展"为主题的"太湖（马山）生命与健康论坛"在无锡开幕，院士专家、知名企业高管等800余人共同探讨生物医药产业的前沿技术和应用前景。中国药学会理事长孙咸泽，省科协党组书记孙春雷，省食药监局局长朱勤虎，无锡市委副书记、代市长黄钦等出席开幕式并讲话。论坛采用主会场开幕、主题演讲、高端对话和专业分论坛相结合等形式，为期两天。在主题报告会上，中国工程院院士詹启敏提出，"大健康"要贯穿生命"全里程"，精准是医学追求的终极目标；美国医学科学院院士何大一分享了抗艾滋（HIV）抗体开发的最新进展；德国科学院院士来茂德开讲靶向诊断与靶向治疗；中国科学院院士韩济生揭示了针刺镇痛的奥秘。

江苏省全民科学素质工作领导小组会议。4月24日，省全民科学素质工作领导小组会议在南京召开。副省长、领导小组组长马秋林出席会议并讲话。领导小组副组长、省科协党组书记孙春雷主持会议并汇报了全省实施《全民科学素质行动计划纲要》进展情况和2018年重点工作安排建议。会议通报了2017年度全民科学素质工作目标责任制落实情况考核评估结果。省人力资源和社会保障厅、省环保厅、省文化厅的相关负责同志分别做了交流发言。

2018年全国科技工作者日、全国科技活动周暨江苏省第三十届科普宣传周。5月19日，由江苏省委宣传部，省科技厅，省科协，中科院南京分院，省民防局，南京林业大学，南京市委宣传部、市科技局、市科协、南京市玄武区政府共同举办的2018年全国科技工作者日、全国科技活动周暨江苏省第三十届科普宣传周主场活动在南京林业大学开幕。省委常委、宣传部部长王燕文，省委副秘书长尹卫东等出席开幕式并参加主场活动。开幕式对南京市科普讲解大赛优胜者获奖代表和江苏省人民政府青少年科技创新培源奖进行了表彰，还举行了"省科学传播学会联合体"和"南京林业大学科学技术协会"揭牌仪式。在活动现场，科技创新成果展、青少年科技创新成果展、科普资源展示推介、全国科技工作者日主题报告会、民防应急科普文艺演出、广场科普咨询等活动纷纷亮相，省公民科学素质大赛、省优秀科普作品评选、科普公益作品大赛等活动也同步启动。在应急科普文艺演出现场，应急科普知识现场竞答广泛宣传普及防空防灾减灾、应急自救互救等知识和技能，核应急科普知识竞赛活动同步开启。71家省级学会、7家高校科协、80家企事业等近200家单位带来的500余项新技术、新展品，550块科普展板集中展出，让公众亲身体验创新为生活和经济社会发展带来的改变。

第二届中国（连云港）国际医药技术大会。8月24日，由中国科协海智办、国际药理学联合会天然药物药理学分会、中国药理学会、中国药学会、省科协、省食药监局、连云港市政府共同主办，以"新时代·新医药·新平台"为主题的第二届中国（连云港）国际医药技术大会启幕。全国政协副主席、农工党中央常务副主席何维出席会议并讲话。中国科协党组成员、书记处书记吴海鹰，中国药学会理事长孙咸泽，省政协副主席周健民，中国药理学会理事长张永祥，省科协党组书记、副主席孙春雷，连云港市委书记项雪龙等共同启动大会。大会吸引了26个国家和地区的110名高层次海外专家参会，达成意向合作项目97项，4家院士工作站揭牌成立。会议期间举行医药产业前沿技术院士专家报告会、政产学研用协同创新高端对话、"一带一路"医院院长论坛、中美生物医药技术峰会、中欧生命科学峰会等众多活动。

2018年全国科普日江苏省主场活动。9月14日，以"创新引领时代、智慧点亮生活"为主题的2018年全国科普日江苏省主场活动在省科技工作者活动中心开幕。副省长、省全民科学素质工作领导小组组长马秋林，省政府副秘书长、省全民科学素质工作领导小组副组长张乐夫出席开幕式并参加主场活动。开幕式为第九届江苏省优秀科普作品、第四届江苏省科普公益作品大赛获奖代表颁奖，还启动了第二届江苏省公民科学素质大赛。主场活动还举行了国际琥珀科普展、院士报告会、大型科幻童话话剧《皮皮的火星梦》展演等。在全国科普日活动期间，全省举办2100场重点科普活动。其中，校园科普活动475场，社区科普益民活动845场，科普惠农兴村活动361场，院士专家科学传播活动100场。

2018年全国大众创业万众创新活动周江苏分会场活动。10月9日，2018年全国大众创业万众创新活动周主会场在成都正式启动，江苏分会场启动仪式在南京同期举行。省委常委、省委秘书长、常务副省长樊金龙出席启动仪式并讲话。省发展改革委主任李侃桢发布第二批40家省级双创示范基地名单，南京市委常委、常务副市长杨学鹏发布《2018年南京市第二批独角兽、培育独角兽、瞪羚企业名单及分析报告》，省科协主席、中科院院士陈骏介绍了"院士专家进百园"活动。樊金龙为8家省级双创示范基地代表授牌，南京市委副书记、市长蓝绍敏为南京市第二批8家独角兽企业颁发奖杯。陈骏为南京市第二批8家培育独角兽企业和瞪羚企业代表颁发奖牌。10月9—15日，江苏双创周期间，各省级部门、各设区市、国家级和省级双创示范基地以"高水平双创，高质量发展"为主题，在全省范围内组织开展成果展示、会议论坛、文化传播、项目路演、群众竞赛、专业服务等双创活动。

2018年"共和国的脊梁——科学大师名校宣传工程"江苏会演活动。10月20日，2018年"共和国的脊梁——科学大师名校宣传工程"江苏会演暨江苏省科学道德与学风建设教育活动在南京大学启动。中国科协党组书记、常务副主席、书记处第一书记怀进鹏，省委常委、宣传部部长王燕文，南京大学党委书记张异宾分别致辞，中国地质大学（武汉）党委书记何光彩介绍《大地之光》剧目情况。启动仪式由中国科协党组副书记、副主席、书记处书记徐延豪主持。会演活动由中国科协、教育部、共青团中央、中国科学院、中国工程院共同主办，省科协、省教育厅、共青团江苏省委、中科院南京分院、省社会科学院等部门联合承办。20—30日，共有清华大学等9所参演高校赴南京、苏州、无锡、扬州、南通、淮安等地9所高校演出，献上27场科学家主题剧目，展现邓稼先、钱学森、李四光、茅以升、竺可桢、杨石先、师昌绪、罗阳、黄大年等9位科学大师的光辉人生和感人故事。

第三届国际氢能与燃料电池汽车大会。10月23日，由国际氢能燃料电池协会（筹）、中国汽车工程学会主办，江苏省科协、南通市政府及如皋市政府承办的第三届国际氢能与燃料电池汽车大会在如皋开幕。全国政协副主席、中国科协主席万钢，省政协副主席周健民，省科协党组书记、副主席孙春雷等出席会议。会议期间，"中国汽车工程学会－江苏省科学技术协会服务创新驱动战略合作协议"成功签署，协议主要从"全面强化品牌学术活动，促进产业深度发展；全面强化科技智库功能，服务政府园区决策咨询；全面强化人才引进培养，增强科技服务效应；全面强化联动服务方式，推动资源优化整合"等4个方面进行规划和合作，并制订了至2019年开展项目的具体实施计划。

第七届江苏省青年科学家年会（江苏科技论坛）。11月8日，由省科协、盐城市政府主办，盐城市委组织部、盐城市科协、盐城市科技局、盐城国家高新区承办，以"高质量发展与青年科学家的使命"为主题的第七届江苏省青年科学家年会（江苏科技论坛）在盐城启幕。中国科学院院士、南京大学物理系教授都有为，《科技日报》总编辑、高级记者刘亚东做主题报告，盐城市委书记戴源致辞，省科协党组书记、副主席孙春雷讲话，并为第十六届江苏省青年科技奖获得者、江苏省"十大科技之星"颁奖。年会期间还举办了盐城主会场论坛活动、专题论坛和分论坛，为第三届省科协青年会员创新创业大赛获奖代表颁奖，并举行项目签约仪式。会后，与会人员一同参观了盐城国家级高新区智能终端产业园。

2018世界内燃机大会。11月9日，由中国科协、中国工程院和省政府指导，中国内燃机学会、无锡市政府主办的国际内燃机界最高水平、最全领域"奥林匹克大会"——2018世界内燃机大会在无锡开幕。全国政协副主席、中国科协主席万钢发表视频贺词。中国内燃机学会名誉理事长何光远出席开幕式并做主峰会主旨报告。省委常委、无锡市委书记李小敏，中国内燃机学会理事长金东寒分别致辞。中国科协党组成员、书记处书记项昌乐，中国科协副主席、中国科学院院士马伟明，副省长陈星莺出席大会。无锡市委副书记、代市长黄钦主持开幕式。大会以"绿色 高效 创新 发展"为主题，覆盖内燃机产、学、研、用、修、管、贸全产业链，包括1场2018世界内燃机大会主峰会（开幕式）、1场内燃机产品展览展示、2场高峰论坛、8场专题分论坛、1场闭幕式及1场技术参观，吸引国内外专家学者、知名企业家等380多人参会，其中中外院士35人。开幕式前，与会领导还参观了国际内燃机及制造装备展览会。

2018年江苏省省级学会名录

学会编码	名　称	支撑单位
A001	江苏省数学学会	南京大学
A002	江苏省物理学会	南京大学物理学院
A003	江苏省力学学会	河海大学
A004	江苏省声学学会	南京大学
A005	江苏省天文学会	南京大学
A006	江苏省气象学会	江苏省气象局
A007	江苏省地质学会	江苏省国土资源厅
A008	江苏省地理学会	中国科学院南京地理与湖泊研究所
A009	江苏省地球物理学会	中国石油化工股份有限公司石油物探技术研究院
A010	江苏省古生物学会	中国科学院南京地质古生物研究所
A011	江苏省海洋湖沼学会	中国科学院南京地理与湖泊研究所
A012	江苏省地震学会	江苏省地震局
A013	江苏省动物学会	南京师范大学
A014	江苏省植物学会	江苏省中国科学院植物研究所
A015	江苏省昆虫学会	江苏省农业科学院
A016	江苏省微生物学会	南京师范大学
A017	江苏省生物化学与分子生物学会	中国药科大学
A018	江苏省植物生理学会	江苏省农业科学院
A019	江苏省遗传学会	南京农业大学
A020	江苏省心理学会	南京师范大学
A021	江苏省生态学会	南京林业大学
A022	江苏省环境科学学会	江苏省环保厅
A023	江苏省岩土力学与工程学会	解放军理工大学工程兵工程学院
A024	江苏省野生动物保护协会	江苏省林业局
A025	江苏省系统工程学会	南京理工大学
A026	江苏省环境诱变剂学会	东南大学公共卫生学院
A027	江苏省工业与应用数学学会	东南大学
A028	江苏省遥感与地理信息学会	中国科学院南京地理与湖泊研究所
B001	江苏省机械工程学会	江苏太平洋精锻科技股份有限公司
B002	江苏省汽车工程学会	南京汽车集团有限公司
B003	江苏省农业机械学会	江苏省农业机械管理局
B004	江苏省农业工程学会	农业农村部南京农业机械化研究所
B005	江苏省电机工程学会	国网江苏省电力公司

续表

学会编码	名　称	支撑单位
B006	江苏省电工技术学会	东南大学
B007	江苏省水力发电工程学会	河海大学
B008	江苏省水利学会	江苏省水利厅
B009	江苏省内燃机学会	江苏大学
B010	江苏省工程热物理学会	东南大学
B011	江苏省制冷学会	—
B012	江苏省真空学会	东南大学
B013	江苏省自动化学会	东南大学自动化学院
B014	江苏省仪器仪表学会	东南大学
B015	江苏省计量测试学会	江苏省质量技术监督局
B016	江苏省标准化协会	江苏省质量技术监督局
B017	江苏省工程图学学会	东南大学
B018	江苏省电子学会	江苏省经济和信息化委员会
B019	江苏省计算机学会	南京大学
B020	江苏省通信学会	江苏省通信管理局
B021	江苏省测绘地理信息学会	江苏省测绘地理信息局
B022	江苏省造船工程学会	江苏省交通运输厅
B023	江苏省航海学会	江苏省交通运输厅
B024	江苏省铁道学会	上海铁路局南京办事处
B025	江苏省公路学会	江苏省交通运输厅
B026	江苏省航空航天学会	南京航空航天大学
B027	江苏省军工学会	江苏省国防科工办
B028	江苏省金属学会	江苏省国信资产管理集团有限公司
B030	江苏省化学化工学会	—
B031	江苏省核学会	苏州热工研究院有限公司
B032	江苏省石油学会	中石化金陵石化公司
B033	江苏省煤炭学会	江苏煤矿安全监察局
B034	江苏省能源研究会	东南大学
B035	江苏省硅酸盐学会	江苏省建筑科学研究院有限公司
B036	江苏省土木建筑学会	江苏省建筑科学研究院有限公司
B037	江苏省室内设计学会	南京林业大学
B038	江苏省纺织工程学会	江苏省苏豪控股集团有限公司
B039	江苏省造纸学会	南京林业大学
B040	江苏省食品科学技术学会	江南大学

续表

学会编码	名　称	支撑单位
B041	江苏省安全生产科学技术学会	江苏省应急管理厅
B042	江苏省烟草学会	江苏省烟草专卖局（公司）
B043	江苏省振动工程学会	东南大学振动中心
B044	江苏省颗粒学会	南京理工大学
B045	江苏省照明学会	南京工业大学电光源材料研究所
B046	江苏省复合材料学会	南京航空航天大学
B047	江苏省消防协会	江苏省公安厅
B048	江苏省分析测试协会	江苏省生产力促进中心
B049	江苏省锅炉学会	南京师范大学
B050	江苏省光学学会	南京大学
B051	江苏省轻工协会	南京工业职业技术学院
B052	江苏省微电脑应用协会	国网电力科学研究院/南瑞集团公司
B053	江苏省低碳技术学会	南京鼓楼科技产业园
B054	江苏省工程师学会	—
B055	江苏省地热能源学会	江苏省地质矿产勘查局
B056	江苏省人工智能学会	南京大学
B057	江苏省铸造学会	南京工程学院
B058	江苏省综合交通运输学会	—
C001	江苏省农学会	江苏省农业科学院
C002	江苏省林学会	江苏省林业局
C003	江苏省土壤学会	中国科学院南京土壤研究所
C004	江苏省水产学会	江苏省淡水水产研究所
C005	江苏省园艺学会	江苏省农业科学院
C006	江苏省畜牧兽医学会	江苏省农业科学院
C007	江苏省植物病理学会	江苏省农业科学院
C008	江苏省作物学会	江苏省农业委员会
C009	江苏省蚕桑学会	江苏省苏豪控股集团有限公司
C010	江苏省水土保持学会	南京林业大学
C011	江苏省茶叶学会	江苏省农业技术推广总站
C012	江苏省原子能农学会	江苏省农业科学院农业设施与装备研究所
C013	江苏省农业资源与区划学会	江苏省农业委员会
C014	江苏省农业资源开发学会	江苏省农业资源开发局
C015	江苏省农村专业技术协会	江苏省科学技术协会
D001	江苏省医学会	江苏省卫生健康委员会

续表

学会编码	名　称	支撑单位
D002	江苏省中医药学会	江苏省中医药发展研究中心
D004	江苏省药学会	江苏省食品药品监督管理局
D005	江苏省护理学会	江苏省卫生健康委员会
D006	江苏省生理科学学会	—
D007	江苏省解剖学会	南京医科大学
D008	江苏省生物医学工程学会	东南大学
D009	江苏省病理生理学会	南京医科大学
D010	江苏省营养学会	—
D011	江苏省药理学会	中国药科大学
D013	江苏省心理卫生协会	南京脑科医院
D014	江苏省抗癌协会	江苏省肿瘤医院
D015	江苏省体育科学学会	—
D016	江苏省免疫学会	南京医科大学
D017	江苏省预防医学会	江苏省疾病预防控制中心
D018	江苏省计划生育研究会	江苏省卫生健康委员会
D019	江苏省超声医学工程学会	江苏省人民医院超声科
D020	江苏省发育生物学学会	南京大学
D021	江苏省抗衰老学会	江苏省人民医院
D022	江苏省毒理学会	南京医科大学
D023	江苏省健康管理学会	江苏省老年医院
D024	江苏省卒中学会	南通大学附属医院
D025	江苏省药物研究与开发协会	江苏省高新技术创业服务中心
E001	江苏省自然辩证法研究会	南京林业大学
E002	江苏省技术经济与管理现代化研究会	江苏省经济和信息化委员会
E003	江苏省应用统计研究会	南京理工大学经济管理学院
E004	江苏省科技情报学会	江苏省科学技术情报研究所
E005	江苏省科学学与科研管理研究会	—
E006	江苏省工业设计学会	南京理工大学
E007	江苏省工艺美术学会	—
E008	江苏省科普作家协会	科学大众杂志社
E009	江苏省青少年科技教育协会	江苏省科学技术协会
E010	江苏省科教电影电视协会	江苏省科学技术协会
E011	江苏省科技期刊学会	南京市科技信息研究所
E012	江苏省土地学会	江苏省国土资源厅

续表

学会编码	名　称	支撑单位
E013	江苏省老科技工作者协会	江苏省科学技术厅
E014	江苏省对外科学技术促进会	江苏省科学技术协会
E015	江苏省公共关系协会	—
E016	江苏省人力资源学会	江苏百得人力资源集团
E017	江苏省科普美术家协会	南京艺术学院
E018	江苏省科技翻译工作者协会	江苏省科学技术情报研究所
E019	江苏省企业发展工程协会	—
E020	江苏省科普场馆协会	江苏省科学技术协会
E021	江苏省人才创新创业促进会	江苏省委组织部
E022	江苏省科技服务业研究会	江苏省高新技术创业服务中心
E023	江苏省大众创业万众创新研究会	江苏省科学技术协会
F001	江苏省高等学校科学技术协会	东南大学

（江苏省科学技术协会　杨　非）

行 业 科 技
Industrial Science & Technology

经济与信息科技
Economy and Information Science & Technology

【技术创新体系】 2018年，新增国家技术创新示范企业5家，累计已达42家，新增数连续4年居全国第一，累计数居全国前列。加强省制造业创新中心试点培育工作，其中试点8家、培育19家。截至2018年年底，全省省级以上企业技术中心数量达到2392家，其中国家级企业技术中心117家、省级企业技术中心2275家（工业类1989家、物流类67家、软件类110家、建筑类109家）。

【重大技术攻关】 立足关键技术自主可控，着力攻克制约产业发展的关键技术瓶颈问题。一是梳理短板。聚焦先进制造业集群建设开展短板梳理工作，着力摸清产业链关键环节，初步建立起近500项短板技术库。二是突破瓶颈。为突破制约产业发展的技术瓶颈，在工程机械等领域，以招标方式组织了10个重大技术攻关项目，项目总投资10.9亿元，其中财政资助1.048亿元。支持省级以上企业技术中心开展22项核心技术攻关项目，总投资7.77亿元，其中财政资助0.4115亿元。三是跟踪推进。做好项目的立项、跟踪、服务、评估、验收工作，确保项目顺利实施。

【新技术新产业新业态】 推动中国联通5G应用创新中心落户南京，利用5G试验网络开展车联网等领域的试点应用，国内首个智能网联车先导示范区落户无锡。一是制定规划。开展了"江苏省人工智能发展现状与对策研究"课题研究，结合江苏实际研究制定了《江苏省新一代人工智能产业发展实施意见》。围绕新一代信息技术等战略性新兴产业发展需求，制定了年度实施方案。二是重点培育。结合江苏产业基础，建立了人工智能重点企业培育库，梳理了急需突破的关键核心技术，引导各方面力量开展攻关，组织56个项目申报工业和信息化部人工智能与实体经济深度融合项目，南京地平线等6个项目入选；组织76个项目参与工业和信息化部"发榜"的17个人工智能揭榜攻关任务。三是强化推广。发布《省重点推广应用的新技术新产品目录》，省级重点推广新产品1284个、新技术136项。

【质量品牌工作】 以提升全员质量素质为目标，积极开展群众性质量活动，着力提高江苏产品和服务质量水平。一是夯实基础。累计开展TQM教育、先进质量方法培训8000人，确定了497个省优秀质量管理小组，推荐国家级质量信得过班组建设典型经验28个，群众性质量活动蓬勃开展。二是标准领航。围绕重点领域，引导企业制定超过国际、国家或行业标准的领航标准并按照领航标准组织生产，全年培育领航标准质量提升产品100余项。三是树立标杆。开展"树标杆、学标杆、超标杆"活动，累计培育全国质量标杆17个，认定省级质量标杆26个，组织开展年度省级质量标杆交流活动；2018年新增中国工业大奖获奖企业4家、全国质量奖获奖企业18家，对获得中国工业大奖和中国、全国质量奖的获奖企业开展奖励，安排奖励资金1200万元。四是加强宣传。继续开展江苏省自主工业品牌五十强宣传活动，深入挖掘江苏省自主工业品牌五十强入选企业品牌培育经验,编制《江苏省自主工业品牌五十强》故事集并在中国品牌博览会发放,扩大江苏制造影响力。

【中小企业创新】 着力实施专精特新小巨人企业培育计划。①开展培育认定。省市县联动,建立专精特新小巨人企业培育体系,目前,全省累计认定培育专精特新小巨人企业7700多家,其中省级认定723家。围绕13个重点产业集群和基础零部件、关键基础材料、先进装备等细分领域及新模式新业态,2018年新认定173家省级专精特新小巨人企业,比上年增加73家。其中,省级专精特新产品70个、科技小巨人企业60家、隐形冠军企业27家、隐形小巨人企业16家。推荐上报国家专精特新小巨人企业20家。②争创国家制造业单项冠军企业。建立省市县互通的单项冠军企业储备库,全省入库企业2385家。25家企业被认定为第三批国家制造业单项冠军示范企业(产品),比上年增加10家,增长67%;累计获认定58家,位居全国前列。落实《省政府关于加快发展先进制造业振兴实体经济若干政策措施的意见》,对第二批15家国家单项冠军示范企业(产品),安排奖励资金1440万元。③加大政策支持和服务。省级专项资金安排5146万元支持128家专精特新小巨人企业"四化"升级。扶持资金比上年增加646万元,支持企业数量比上年增加52家。联合新华日报社共同开展"走进制造企业,问道榜样力量"系列宣传报道活动,对江苏省31家单项冠军企业和22家隐形冠军企业进行专题采访,连续6个月开展系列报道,为江苏省制造业单项冠军培育提升工作宣传造势,在全社会产生了较大反响。与省再保集团共同打造"专精特新贷",推荐107家企业在省"专精特新板"挂牌,帮助企业规范发展,"专精特新板"累计挂牌企业367家,转新三板1家,启动IPO辅导1家,实现股权融资13.42亿元。

着力实施"互联网+小微企业"行动。①开展"双优"遴选。制定中小企业数字化智能化改造升级优秀服务商和优秀企业遴选办法,围绕企业上云、智能制造、电子商务、工业互联网等4个领域,遴选28家优秀服务商和13家优秀企业。组织编写优秀企业应用案例,摄制优秀企业视频,发布服务清单,示范带动中小企业智能化升级。②打造对接平台。开发建设中小企业数字化智能化改造升级云服务平台,集聚生态资源,破解企业改造升级信息不对称的难题。依托钉钉平台优势资源,开发云服务平台移动端APP。目前,平台共整合在线服务产品200余个,月均承接企业订单2.9万笔,累计注册中小企业用户48万户,比上年增加近10万户。③开展"智能制造装备升级改造对接服务行"活动。先后组织200多家企业,举办6场对接服务行活动。支持e企云平台整合资源,开展智能软件服务包免费送活动,降低小微企业数字化智能化升级成本。

着力实施中小企业知识产权战略推进工程。①加强调研。全面梳理全省中小企业知识产权工作的不足和短板,提出推动中小企业知识产权工作抓手,形成《企业知识产权主要问题和工作抓手》。制定下发《江苏省中小企业知识产权战略推进工程实施方案(2018—2020年)》,对今后3年中小企业知识产权工作的目标和举措做了全面部署。②抓好试点经验推广。与省知识产权局在南通市共同召开全省中小企业知识产权工作会议,总结南通、张家港试点城市经验,明确目标任务,上下协同,把知识产权推进工程落地。③开展专利贴标。制定下发《江苏省中小企业知识产权战略推进工程实施方案(2018—2020年)》,在全省专精特新小巨人企业中推广产品专利标志工作(简称贴标),促进企业产品销售和知识产权保护。目前,共有246家企业的580多件专利产品完成贴标。

着力推动中小企业技术服务平台建设。①加强示范引导。围绕13个先进制造业集群,新认定12家省级中小企业公共技术服务示范平台。委托第三方机构开展省级中小企业技术服务示范平台绩效评价,淘汰5家"空心化"平台。②提升技术平台服务能力。举办北京大学技术平台高质量发展专题培训班，提升平台"互联网+"条件下的服务能力。组织经信系统和技术平台负责人共50余人赴广东调研，学习先进地区推动技术平台建设的经验做法。组织2场"企业进高校、高校进企业"活动，破解企业产学研合作信息不对称的"痛点"，促进校企对接和成果转化。③打造大中小企业融通载体。贯彻落实财政部、工业和信息化部、科技部《关于支持打造特色载体推动中小企业创新创业升级的实施方案》，推荐徐州经济开发区获批2018年国家中小企业"双创"升级特色载体（大中小企业融通型），获得5000万元国家中小企业发展专项资金支持。④加大对技术平台的支持。安排1680万元专项资金，支持31家技术平台加强能力建设，提升服务质量。推荐工业和信息化部电子五所华东分所、轻工业化学电源所、南大盐城环保研究院等3家国家技术服务示范平台申报享受科技创新进口税收政策并获通过，每年可为平台减免税费近千万元。

2018年省级以上企业技术创新载体地区分布情况

地区	国家技术创新示范企业		省级以上企业技术中心		国家认定企业技术中心		省认定企业技术中心		省级工业企业技术中心		省级物流企业技术中心		省级建筑企业技术中心		省级软件企业技术中心	
	数量/家	占比	数量/家	占比	数量/家	占比	数量/家	占比	数量/家	占比	数量/家	占比	数量/家	占比	数量/家	占比
全省合计	42	100%	2392	100%	117	100%	2275	100%	1989	100%	67	100%	109	100%	110	100%
南京	11	26.2%	285	12.4%	16	13.7%	269	11.8%	187	9.4%	4	6.0%	21	19.3%	57	51.8%
苏州	6	14.3%	505	20.1%	26	22.2%	479	21.1%	430	21.6%	23	34.3%	9	8.3%	17	15.5%
无锡	4	9.5%	266	11.3%	16	13.7%	250	11.0%	223	11.2%	7	10.4%	2	1.8%	18	16.4%
常州	2	4.8%	203	8.8%	11	9.4%	192	8.4%	177	8.9%	8	11.9%	5	4.6%	2	1.8%
镇江	2	4.8%	102	4.4%	5	4.3%	97	4.3%	86	4.3%	5	7.5%	3	2.8%	3	2.7%
扬州	3	7.1%	192	8.1%	5	4.3%	187	8.2%	169	8.5%	3	4.5%	13	11.9%	2	1.8%
泰州	2	4.8%	145	5.6%	7	6.0%	138	6.1%	120	6.0%	4	6.0%	10	9.2%	4	3.6%
南通	2	4.8%	235	9.9%	9	7.7%	226	9.9%	192	9.7%	6	9.0%	28	25.7%	0	0
徐州	2	4.8%	111	5%	6	5.1%	105	4.6%	94	4.7%	1	1.5%	5	4.6%	5	4.5%
淮安			62	2.5%	1	0.9%	61	2.7%	57	2.9%	1	1.5%	3	2.8%	0	0
盐城	3	7.1%	162	6.6%	8	6.8%	154	6.8%	148	7.4%	1	1.5%	5	4.6%	0	0
连云港	5	11.9%	63	2.8%	6	5.1%	57	2.5%	49	2.5%	4	6.0%	2	1.8%	2	1.8%
宿迁			61	2.4%	1	0.9%	60	2.6%	57	2.9%	0	0	3	2.8%	0	0

高校科研工作
Scientific Research of Universities

【概况】 全省高校整合科技创新资源，围绕教育改革发展的重点任务，贯彻落实创新驱动发展战略，深化体制机制改革，积极融入国家和区域创新体系建设，深入实施高校协同创新计划，强化各类科技创新平台和团队项目建设，大力推进高校产学研合作和科技成果转化，充分激发高校科技人员从事科研活动的积极性和创造性，推进原始创新、集成创新和引进消化吸收再创新，加强对经济社会发展全局性、战略性、前瞻性重大理论和实践问题的研究，进一步提升高校科技创新和服务经济社会发展能力。目前，全省高校共拥有科技人员73921人，2018年通过各种渠道获得科技经费206.04亿元，拥有上级主管部门批准的科技活动机构868个，承担各类科技项目57125项；实现技术转让2535项，合同金额5.58亿元；共获2018年度国家科学技术奖通用项目29项、教育部高等学校科学研究优秀成果奖（科学技术）75项，数量均居全国省（市、区）第二位；东南大学一项科研成果入选2018年度"中国高等学校十大科技进展"。

【深化高校科技体制机制改革】 一是细化"科技改革30条"政策措施。"科技改革30条"出台后，省教育厅迅速组织力量，梳理国家和省有关科技创新政策，在调研论证、广泛征求意见的基础上，印发了《省教育厅贯彻落实省委省政府关于深化科技体制机制改革推动高质量发展若干政策的实施细则》，按照"能放尽放、可简尽简"的原则，扩大高校科研自主权，优化科研项目管理；突出问题导向，聚焦科研经费管理、仪器设备采购维护、因公临时出国管理等方面，出台针对性措施；注重激发活力，鼓励开展科技成果转移转化和横向科研活动。

二是召开全省高校院所"科技改革30条"政策落实工作推进会。省教育厅和科技厅共同召开全省高校院所"科技改革30条"政策落实工作推进会，解读宣讲"科技改革30条"政策，传达省委巡视专题报告相关内容和巡视整改专项督查工作要求，并就推进整改落实工作提出具体要求，动员高校提高站位、突出重点、强化责任，在新的起点上奋力开创高校院所科技创新工作新局面。

三是推动高校落实科技创新和改革政策。组织召开高校科研管理改革座谈会，就推进高校科技体制机制改革、深化高校科研评价改革、提升高校服务经济社会发展贡献度等方面开展专题研讨，剖析改革存在的瓶颈问题，研究下一步改革举措。开展科技创新政策落实情况自查，赴有关高校开展督导调研，剖析政策"堵点"，研究落实举措，推动高校进一步建立健全科技管理体系、制度体系、服务支撑体系，切实将科技体制改革的各项政策措施落实落地。

【深入实施江苏高校协同创新计划】 一是召开江苏高校协同创新计划推进会暨高校协同创新联盟成立、协同创新成果展示洽谈会。省教育厅、科技厅、财政厅联合组织召开江苏高校协同创新计划推进会暨高校协同创新联盟成立、协同创新成果展示洽谈会，总结第一个建设周期实施成效，部署下一个建设周期建设任务。组织高校协同创新中心成果展示洽谈，推进江苏高校协同创新中心主动对接实体经济。省发展改革委、教育厅、科技厅、工信厅、财政厅、中科院南京分院相关处室负责人，全省41所高校负责人及职能部门负责人，江苏高校协同创新中心负责人共190余人参会，共展示标志性成果100多项、实物展品150多件。

二是组织高校申报教育部首批省部共建协同创新中心认定。组织有关高校积极申报省部共建协同创新中心，共获批河海大学牵头的水安全与水科学协同创新中心等4个省部共建高校协同创新中心（含1个军民融合类），获批数量与北京市并列全国省（市、区）第一。截至2018年年底，全省高校共有国家"2011协同创新中心"5个、省部共建协同创新中心4个；

共有江苏高校协同创新中心76个，其中立项建设60个、培育建设7个、自主发展4个、高职院校工程技术中心5个。

三是组织有关高校编制江苏高校协同创新中心第二个建设周期发展规划。组织第二批验收合格的南京航空航天大学牵头的轻型通用航空飞行器技术等9个协同创新中心和由培育转为立项的南京医科大学牵头的肿瘤个体化医学等2个协同创新中心，以及南京林业大学牵头的林业资源高效加工利用等7个继续培育的协同创新中心，编制2018—2020年发展规划。江苏高校协同创新计划领导小组办公室（省教育厅）组织专家对发展规划进行审核论证，并对修订后的发展规划予以批复。协同创新中心发展规划将作为新一周期的建设任务书和建设周期结束绩效评估的主要依据。

四是组织高校报送协同创新中心发展建设成效。2018年，江苏高校协同创新中心围绕服务创新驱动发展战略，面向国家、行业、区域发展的重大需求和关键共性技术问题，组织和完成协同创新任务，取得积极进展。在队伍建设方面，现有聘任人员13657人，其中全职固定7182人、兼职与双聘4650人、访问与流动1895人。新增团队104个，其中省级以上团队55个。在科研创新方面，获得国家级科技奖励50项、省部级科技奖励464项。国际权威期刊论文10193篇，国内一流期刊论文6224篇。国际、国家、地方、行业标准121项，著作、专著217部，软件著作权247项。申请发明专利7301件、授权发明专利4269件，其中授权国际专利149件。新增重大科研任务4005项，获科研经费49.3亿元，其中省部级以上科研项目2811项。新增基地平台125个，其中省部级以上基地平台85个。在人才引育方面，新增培养与引进院士11人、长江学者16人、"国家重大人才工程"入选者30人、国家"杰青"23人，获省级以上人才计划592人。在社会服务方面，本年度转化推广创新科技成果或技术1812项，产生经济效益204.7亿元。提供智库决策、解决重大问题296项。在国内外合作交流方面，主办国际性学术会议230次、全国性学术会议410次，开展重大国际合作研究186项。

【推进产学研合作和科技成果转移转化】 一是组织开展各类产学研成果对接活动。充分发挥全省高校学科、人才和科技资源优势，强化科技与地方政府、园区、企业的有效对接，推进政产学研深化合作，主动服务区域经济社会发展，促进科技与经济的紧密结合、创新链与产业链的深度融合。组织开展高校专家进企业、企业高管进高校系列活动。全省高校开展各类产学研活动5400余场次，技术辐射及帮扶企业1.7万多家，签订意向协议1万多项。公开发布2017年度江苏高校技术市场交易情况统计，全省100所高校共签订技术合同22853项，成交技术合同总金额达85.57亿元。

二是拓宽高校科技成果转化渠道。督促高校科技成果积极对接技术产权交易市场，建立"互联网+产学研"平台，推动高校深化产学研合作及校企合作，促进科技成果转化和技术转移、技术服务。东南大学、江南大学、南京理工大学、苏州大学、江苏大学等5所高校入选全国首批高校科技成果转化和技术转移基地名单，占认定总数的10.64%。全省高校参与承担2018年度省科技成果转化专项资金项目51项。批准常州大学筹建江苏省技术转移（常州大学）研究院，打造全省专业化、高层次技术转移人才培养的"试验田"，引育并举以更高标准推进科技成果转移转化队伍建设。鼓励高校选派教授、博士和硕士以"企业创新岗"（科技副总）等形式到企业服务，鼓励高校科研人员带着科技成果到企业实施技术转移、创新创业，培育具有技术创新管理能力的复合型技术转移专业人才。

三是全面推进高校科技"服务三农"。结合农业经济发展的新情况、新趋势，积极探索构建高校科技人员下乡、促农民增收的新思路、新机制。进一步推动全省各涉农高校充分发挥自身优势，整合科技资源，拓宽服务面，全面实施各类具体工程及项目。省内高校承担或参与2018年度省重点研发计划现代农业项目85

项。组织科技人员进村入户，积极培育和发展优势特色产业，创新服务农业与农民增收新模式，开展新品种、新技术、新知识和新模式的推广应用，增强农民增收、致富能力。

【加强高校基础研究和科技创新平台建设管理】 一是支持高校开展自然科学研究。集聚和培育一群具有较强自主创新能力、能够解决经济社会发展重大科技问题的高层次科技创新人才，打造一批高水平科技创新团队和优秀科技创新群体，开展基础研究和应用基础研究，大力提升原始创新和集成创新水平。新增立项省高校自然科学研究重大项目155项、面上项目739项。省教育教学与研究成果奖高校自然科学研究类共授奖199项，其中一等奖20项、二等奖60项、三等奖119项。

二是加强高校科技创新平台建设。建设一批研发能力强、国际化程度高的科技创新和服务经济社会发展平台，形成国家级、省部级和校级的多层次平台体系，大力提升行业产业关键共性技术的有效供给能力及高质量人才培养的支撑能力。全省首个省部共建国家重点实验室落户苏州大学，全省高校新增国家地方联合工程研究中心2个、省级工程研究中心21个。开展2018年度高校重点实验室考核验收工作，确定"优秀""良好""合格""自主发展"的实验室分别为15个、30个、51个、5个；组织开展高校科研实验室安全自查自纠和抽查工作。立项高职院校工程技术研究开发中心39个。

三是推进共建研究院和研发平台建设。鼓励支持高校与地方政府、高新技术园区共建研究院和研发平台，积极开展社会服务。截至2018年年底，全省高校共有国家大学科技园15个，高校中小企业公共技术服务平台25个；与市县共建研究院224个，与高新区、开发区共建科研平台249个，与企业合作共建科研实验室、中心1621个。

【推动高校知识产权创造运用与管理】 一是完善制度建设。认真贯彻落实《中华人民共和国专利法》《江苏省专利促进条例》，推动高校建立健全知识产权管理制度，加强知识产权管理机构建设，完善知识产权各项工作机制和管理服务体系。会同省知识产权局，组织东南大学等14所高校开展《高等学校知识产权管理规范》试点工作，参加试点的高校全部通过贯标工作专家验收。指导南京邮电大学、南京工业大学、江苏大学开展知识产权分割确权和共同申请制度试点工作，并召开座谈会总结试点进展和经验，推动3所高校建立健全专利管理办法，进一步明确学校与发明人之间的权利和义务，激发科研人员知识产权创造活力。

二是强化专利评价导向。将高校专利产出和实施情况作为高校科技创新的重要指标；将高校科技成果、知识产权产出与转化的绩效纳入江苏高水平大学建设遴选评价体系，将高校知识产权产出与质量等指标纳入江苏高水平高职院校遴选建设方案指标体系；将知识产权产出和实施情况纳入江苏高校协同创新计划重要考核指标。支持南京航空航天大学、江南大学、中国矿业大学获批建设省高价值专利培育示范中心。

三是实现高校专利产出和运用显著提升。引导高校有效优化专利结构，将获得高价值发明专利作为高校知识产权工作的重点，大幅提高发明专利比例，推进有市场前景的专利技术向企业转移，实现专利产出和质量显著提升。10所高校的12件专利获第二十届中国专利奖（金奖1项、银奖2项、优秀奖9项），占全国高校获奖总数的15.38%，获奖总数位居全国省（市、区）第二，其中银奖、优秀奖获奖数全国第一。全省高校共有7人入选第二届"江苏省专利发明人奖"，占授奖总数的70%。

四是加强高校知识产权人才培养培训。支持与知识产权学科有关的省优势学科和省重点学科建设，组织淮阴师范学院等本科高校申报知识产权专业并获教育部同意备案。鼓励有条件的高校建设知识产权研究机构、培训基地。支持苏州大学成立江苏省知识产权（苏州大学）研究院,围绕全省建设知识产权体系实际需要，开展知识产权、人才培养和基地建设工作。会同省知识产权局及省高校知识产权研究会，开展"4·26知识产权周""知识产权高校行"等系列活动；组织高校开展知识产权知识竞赛、知识产权专题报告、专家大讲坛等活动；支持有关高校举办大学生优秀专利创业项目大赛等学生创新活动，在活动中提高大学生发明创新意识，激发其创新智慧。

国土资源科技
Land and Resources Science & Technology

【概　况】　2018年，江苏省国土资源厅认真贯彻全省国土资源工作会议暨党风廉政建设工作会议和全省国土资源科技创新大会精神，围绕厅年度重点工作确定了国土资源领域科技创新的战略目标、重点任务和政策措施，大力开展科技创新工作。

【科技工作】　2018年，江苏省国土资源厅开展了面向全省国土资源系统的科技项目立项工作，下发了《2018年度江苏省国土资源科技项目指南》。经专家论证，有69个项目通过论证被列入科技项目计划，其中指令性项目20项，指导性项目49项，省厅对指令性项目给予部分引导资金。

【科技成果验收评审】　2018年，"《江苏省不动产登记条例》起草中的重大问题研究"等23个科技项目通过了省国土资源厅组织的验收、评审。

【科技成果奖励】　根据国土资源部及江苏省科技厅科学技术奖推荐申报要求，2018年省国土资源厅组织开展国土资源科学技术奖及省科学技术奖的申报工作，其中"中国东部典型平原区第四纪地质调查与研究工作示范""江苏省重要矿产资源潜力评价及预测研究""长江三角洲地区土地宏观调控决策支持关键技术研究与示范""长江三角洲地区土地宏观调控决策支持关键技术研究与示范"4个项目获评2018年度国土资源科学技术奖二等奖。

【科技管理】　2月24日，在南京召开全省国土资源系统首次科技创新大会。会议总结了近年来江苏省国土资源科技创新工作取得的成绩，研究部署了当前和今后一段时期国土资源领域科技创新的战略目标、重点任务和政策措施，动员全省系统大力实施创新驱动发展战略，为全省国土资源事业系统化提升和高质量发展提供持久动力。

【科技平台】　组织开展省级国土资源卫星应用技术中心申报工作，由江苏省地质调查研究院牵头，省土地勘测规划院和省测绘工程院联合申报的江苏省国土资源卫星应用技术中心获自然资源部批准建设。组织开展国土资源工程技术创新中心建设申报工作，省地调院为主体申报的"土地质量监测与安全利用工程技术创新中心"项目获自然资源部批准建设。根据《江苏国土资源智库建设方案》，在省内一些知名的科研院校设立研究基地，5月、11月分别将南京农业大学、中国矿业大学纳入智库研究基地，这是省国土资源厅深化厅校合作的重要举措，标志着江苏国土资源智库研究基地建设正式启动。

【国土资源科普】　结合"世界地球日""全国土地日""全国科技活动周、省科普宣传周"等活动，大力宣传基本国情、基本国策和国土资源科学知识，有效增强和提升全社会的资源忧患意识和保护意识。

【科技人才】　完成科技部国家科技创新领军人才、杰出青年科技人才及科技创新团队申报工作。江苏省有1人入选科技创新领军人才，1人入选杰出青年科技人才。开展全省国土资源专家库成员增补工作。根据《江苏省国土资源专家库建设与管理暂行办法》，4月省厅开展江苏省国土资源专家库成员增补工作，共增补152名专家。

建设科技
Construction Science & Technology

【概　况】　自觉践行创新发展理念，紧紧围绕装配式建筑、BIM技术应用、智慧城市建设等全省住房城乡建设重点领域，大力推进关键技术研发、成果转化落地，着力破解行业技术发展瓶颈问题，进一步健全完善工程建设标准体系，为全省住房城乡建设事业发展提供有力支撑，建设科技成果多次获得国家和省部级奖励，全省住房城乡建设行业创新能力进一步增强。

【建设科技创新】　2018年，根据住房城乡建设部和江苏省委省政府的重点工作要求，在绿色建筑、村镇建设、城市建设、BIM技术应用、装配式建筑等领域确定了计划类科技项目24个，指导类科技项目320个；组织申报并立项住房和城乡建设部科技项目83项；组织对58项科研成果进行科技成果鉴定；组织申报12项省自然科学基金项目，其中"基于自复位轻钢框架加固技术的文物建筑抗震性能与设计方法"等2项获得立项。针对新技术应用，组织对"第十届江苏省园艺博览会博览园主展馆及附属项目"等13项新技术进行"三新审定"，有效推进了建设科技创新成果落地。做好科技成果奖励工作，"特大跨径悬索桥腐蚀防护成套技术研究及工程示范"等11个项目获华夏建设科学技术奖；"现代混凝土早期变形与收缩裂缝控制"等11项科技成果获得省科技进步奖，"中衡设计集团新研发设计大楼"等12个项目获得2018年度江苏省绿色建筑创新奖。

【标准化工作】　2018年，围绕住房城乡建设重点任务，完成《装配式混凝土建筑施工安全技术规程》《成品住房装修技术标准》等21本标准和《轻质内隔墙构造图集》《住宅阳台》等4本标准设计的编制工作，发布地方标准1项，即《住宅智能信报箱建设标准》。加大宣传贯彻力度，全年共组织12期注册师继续教育和《居住建筑标准化外窗系统应用技术规程》《绿色生态城区评价标准》等3本重点标准宣贯，共4094人参加宣贯培训。工程建设地方标准工作继续保持全国领先地位，截至2018年年底，工程建设地方标准/标准设计共计236项，其中标准177项，标准设计59项。此外还认证公告企业标准51项。

【智慧城市建设】　深入推进国家智慧城市建设试点工作，组织编制《江苏省智慧社区建设技术导则》，为社区智慧化建设提供指导。配合省工信厅开展江苏省智能家居重点企业和产品遴选工作，积极推进智能化家居产品应用。密切跟踪住房城乡建设部城市智慧汽车基础设施和机制体制建设试点情况。

【BIM技术推广应用】　2018年，切实加大BIM技术推广应用力度，起草了《关于推进建筑信息模型应用的指导意见》，确定了BIM推广的原则、发展目标、工作任务等内容。设立了25个关于BIM技术设计、施工、运营管理等方面的研究课题，组织有关高校、企业和科研院所深入开展研究。编制完成《江苏省BIM设计基础标准》，加快编制《工程勘察设计数字化交付标准》《施工图设计文件数字化审查标准》两个标准，为设计图、施工图审查提供技术支撑。启动《江苏省BIM技术应用计价依据》研究。在省级引导资金补助项目中确定了13个BIM应用示范工程，通过试点示范带动全省工程建设领域BIM技术推广应用。

【高性能混凝土推广应用】　在前期高性能混凝土试点工作的基础上，联合江苏省经信委下发了《关于对高性能混凝土推广应用试点工作进行评估的通知》（苏建函科〔2018〕95号），开展试点工作成效总结，按期全面完成了试点工作。

【装配式建筑】　2018年，全省建设用地中明确的装配式建筑项目面积3457万平方米，新开工装配式建筑项目面积2079万平方米，新开工装配式建筑比例达到15%，圆满完成年度目标任务。组织开展了2018年度装配式建筑奖补项目申报、评审工作，共确定28个入选项目，结构形式涵盖装配式混凝土结构、钢结构、木结构和组合结构，示范项目种类齐全、示范引领效应逐步显现。开展省级建筑产业现代化示范园区、示范基地申报、评审工作，共确定4个示范园区、49个示范基地。启动《江苏省建筑产业现代化示范成果集（2018年）》编制工作，梳理试点示范建设成果，加大宣传推广力度。切实提高设计建造水平，开展了省城乡建设系统优秀勘察设计奖（装配式建筑项目）评奖工作，确定二等奖2项，三等奖2项；启动《江苏省装配式建筑系列手册》编制工作。开展《江苏省"三板"产能和布局情况研究》，对全省各设区市"三板"企业建设情况和实际产能情况进行了调研，分析供需关系，提出"三板"供需平衡对策，指导各地优化"三板"产能布局。开展建筑产业现代化信息系统升级和装配式建筑信息库建设工作。分别面向设计、检测等单位技术人员组织开展了多期技术培训，1000多人次参加培训。

交通运输科技
Transport Science & Technology

【概　况】　2018年，全省交通运输科技工作紧紧围绕全省交通运输工作重点，以推动行业创新发展、绿色发展为主线，注重基础和实效、着眼全局谋划落实具体工作，努力发挥好科技创新、信息化的支撑和引领作用。省厅召开全省交通运输科技创新工作会议，部署今后一段时期江苏省交通运输科技创新工作，重点打造全国领先的交通运输科技创新"四大高地"，并与在宁的5所重点高校和4家国家院所分别签订签署创新发展战略合作协议。"新一代国家交通控制网试点工程"和"国家智能商用车质量监督检验中心（筹）"获国家批复，11月举行了交通行业智能商用车全国首张开放道路测试牌照授牌仪式。2018年，全省交通运输行业（不含省内高校）共获得江苏省科学技术奖1项，部级学会协会奖项25项以上，中国公路学会科学技术奖一等奖以上9项，占全国总数量的27%；地理信息科技进步奖一等奖1项。获奖数量和等次在全国各省市交通运输系统处于领先地位，反映了江苏省交通科技综合实力和自主创新能力。

【科技创新】　一是召开全省交通运输科技创新工作会议。部署今后一段时期江苏省交通运输科技创新工作，重点打造全国领先的交通运输科技创新"四大高地"（科技平台、科研攻关、智慧交通、交通产业）；印发《关于加强科技创新推动交通运输产业高质量发展的意见》《江苏省交通运输科技创新发展战略纲要》《省交通运输科技创新三年行动计划》《省交通运输厅贯彻落实省委省政府关于深化科技体制机制改革推动高质量发展若干政策的实施细则》；《省交通运输科技创新三年行动计划》明确提出，集中力量培育9个交通运输重点科技平台，开展12个重大科技专项，24个部省科技示范工程。省厅与在宁的5所重点高校和4家国家院所分别签订签署创新发展战略合作协议，印发《关于推进省厅与高校院所落实创新发展战略合作协议的通知》。

二是加强创新能力建设。苏交科集团国家企业技术中心获得发展改革委认定，国家ITS中心智能驾驶及智能交通产业研究院被省政府列入省先进制造业集群重点创新平台（智能网联创新平台）重点骨干单位；王维锋博士后入选2018年度交通运输行业科技创新人才推进计划；江苏高质量承办2018年全国交通运输科研平台主任联席会议，长大桥梁健康检测与诊断技术交通行业重点实验室入选"十大创新平台"，苏交科集团吴春颖、中设设计集团万剑两位入选"十五大创新个人"。智能交通技术和设备交通运输行业研发中心依托中设设计集团，在交通运输部组织的2018年评估中成绩名列榜首，为"优秀"。

三是统筹推进科技项目与成果应用转化工作。推进重大科技专项研究工作。完成公路桥梁工业化与标准化建造关键技术鉴定验收，成果质量达到世界先进水平，推动江苏省交通基础设施建设工业化、标准化、智能化；江苏内河航运安全绿色关键技术研究通过验收；开展高速公路路面结构长期保存技术及智能养护，京杭运河苏北段养护管理现代化关键技术，新一代海绵型道路规划设计、关键材料、评价标准综合研究及工程示范，沪宁高速公路超大流量路段通行保障关键技术研究与工程示范等重大专项研究，部分信息化技术应用等研究成果已经在沪宁高速公路上得到应用。实施国家和省级科技示范工程。连云港绿色智能港口建设与运营科技示范工程通过交通运输部验收，实施完成了新型岸壁结构、疏浚土筑堤、高压岸电及铁水联运信息平台等共11个建设类和运营类项目。组织好科技项目实施工作。会同江苏省财政厅组织完成2018年度省交通科技与成果转化项目申报和立项工作，明确管理制度和实施要求，协同推进科研管理。组织开展QC成果推广和QC小组创建工作，194个小组被评为省交通行业优秀，119个QC小组被评为省部级优秀。

四是加强新技术应用。江苏省交通运输厅正式发布《2018年度江苏省公路水运工程科技成果推广目录》，共30项科技成果（包括3个重大专项）。2018年，新立项开展"新型公路养护成套材料与装备研发"科技项目，开展基于微波加热路面日常综合养护技术与装备、高效多功能道路绿化养护技术与装备、高性能超薄极薄罩面技术与装备、新型超粘抗滑磨耗表层技术与装备等研发，已完成智能型微波加热综合养护车等3款产品的样机研制，完成微波加热辅助离子乳液等5款新材料的优选。

五是加强交通运输标准化和质量管理工作。印发《2018年度省交通运输标准化工作要点》，开展标准制修订工作，省质监局下达省地方标准16项，位居省各有关部门前列。全年制修订地方标准18项，发布15项，其中5项正式发布，10项已完成公示报批。制定印发《江苏省交通运输行业质量提升行动实施意见》。

六是加快推进信息化发展。一是加快推进信息资源整合和信息系统重构工作，结合厅行政职能事业单位改革同步推进信息系统重构工作，组织完成了厅应用系统现状调研、评估，完成了重构业务需求分析和过渡期方案编制，明确了过渡期系统运行维护与网络安全工作要求；编制印发了《江苏省交通运输信息化系统重构实施方案》，明确了系统重构工作要求和任务分工。二是加强信息化建设指导与管理，编制完成了京杭运河绿色航运示范区信息化专题整合建设方案；完成了智慧港口示范工程、一卡通移动支付平台等项目方案设计审查批复，组织完成了部试点工程南京公交智能化系统、南通出租汽车管理服务系统验收；协调推进省发改委对省级交通运输数据资源管理系统、移动应用平台的项目批复。三是组织推进移动支付等新技术在交通运输行业的应用，交通一卡通移动支付平台建成投入使用，全省联网高速公路收费系统正式开通上线手机支付功能，416个收费站2292个出口车道，实现了对支付宝、微信、银联云闪付等主流移动支付码的全支持；开展推进电子识别新技术在交通运输领域应用研究与示范重大专项研究，以及高分遥感技术在交通运输行业的应用等科技示范工程建设。

七是组织加强行业网络安全工作。落实国家部省网络安全有关要求，研究编制了江苏交通运输网络安全工作责任制考核办法初稿。加强网络安全管理，召开行业网络安全工作专题布置会，部署厅网络安全保障工作，指导各市交通运输主管部门、相关企业加强网络安全防护与管理。按省要求组织完成2018年度网络安全执法检查自查，组织对江苏交通地理信息服务平台、江苏交通一卡通移动支付管理与服务平台等重要信息系统开展了渗透测试和代码审计，还对厅属5所院校进行了网络安全检查和风险测评，并督促受检系统和单位完成整改。完成全国两会、博鳌年会、上合峰会、进口博览会等重大活动期间江苏省交通运输行业网络安全服务保障工作。

【科技活动】 2月8日，省厅印发《省交通运输厅关于加快培育新动能的实施意见》，为更大力度实施创新驱动发展战略，加快培育新动能、增创发展新优势提供有力支撑。

3月15日，省厅印发《省交通运输厅关于深入推进公路水运工程BIM技术应用的实施意见》，明确了BIM技术发展今后3年的目标和重点工作。

3月19日，省厅印发《省交通运输厅关于在公路水运品质工程创建行动中加强科技创新工作的通知》，对在公路水运品质工程创建行动中加强科技创新工作提出要求。

4月2日，交通运输部批复同意将江苏省交通运输厅纳入新一代国家交通控制网和智慧公路试点承担单位，江苏省选取常州市天宁区等地，研究推进建设面向城市公共交通及复杂交通环境的安全辅助驾驶、车路协同等技术应用的封闭测试区和开放测试区。

5月27日，公路桥梁工业化与标准化建造关键技术通过鉴定验收，面向量大面广的中小跨径桥梁，成果质量达到世界先进水平，推动江苏省交通基础设施建设工业化、标准化、智能化。

6月13日，举办全国低碳日主题活动，围绕主题"节能降耗、保卫蓝天"，联合南京市交通运输局举办新能源汽车试乘试驾活动。

7月9日，苏交科集团国家企业技术中心获得发展改革委认定。

8月8日，省厅正式发布《2018年度江苏省公路水运工程科技成果推广目录》，共30项科技成果，包括3项依托重大专项形成的成套技术和27项科技成果推广项目。

8月23日，召开省交通运输科技创新工作座谈会，与在宁大院大所（南京大学、东南大学、南京理工大学、南京航空航天大学、河海大学、南京水利科学研究院、中电熊猫信息产业集团、中电集团第十四研究所、中电集团第二十八研究所）商议合作。

8月24日，国家ITS中心智能驾驶及智能交通产业研究院被省政府列入省先进制造业集群重点创新平台（智能网联创新平台）重点骨干单位。

9月17日，江苏省道桥管养技术与应用工程研究中心获得省发改委批复同意设立。

10月18日，省厅印发《江苏省交通运输科技创新发展战略纲要》，明确到2020年和2035年科技创新的战略目标和任务。

10月19日，省厅印发《省交通运输厅关于加强科技创新推动交通运输产业高质量发展的意见》，在交通运输行业内进行工作部署，加强科技创新，推动江苏省交通运输产业高质量发展。

10月22日，省厅印发《省交通运输科技创新三年行动计划》，明确指出，集中力量培育9个交通运输重点科技平台，开展12个重大科技专项，24个部省科技示范工程。

10月26日，省厅召开全省交通运输科技创新工作会议。部署今后一段时期江苏省交通运输科技创新工作，重点打造全国领先的交通运输科技创新"四大高地"。

11月17日，省厅印发《省交通运输厅贯彻落实省委省政府关于深化科技体制机制改革推动高质量发展若干政策的实施细则》，贯彻落实《中共江苏省委江苏省人民政府印发关于深化科技体制机制改革推动高质量发展若干政策的通知》要求，制定省交通运输行业实施细则。

11月27日，省厅印发关于推进落实省厅与高校院所创新发展战略合作协议的通知，推进省厅与9家在宁重点高校和国家院所合作。

11月30日，交通行业智能商用车全国首张开放道路测试牌照授牌仪式在国家ITS中心智能驾驶及智能交通产业研究院（常州天宁）举行。在测试路段，车辆可自动识别半径150米范围内红绿灯、车辆并道等各种路况并迅速做出减速、避让等反应。

12月4—5日，2018年交通运输行业重点科研平台主任联席会议在南京召开，邀请原铁道部部长、中国工程院院士傅志寰就建设交通强国做专题演讲，本次会议由苏交科集团承办。

12月6日，连云港绿色智能港口建设与运营科技示范工程高质量通过交通运输部验收，该示范工程紧扣"绿色、智能、创新、示范"

的主题，对新型岸壁结构、疏浚土筑堤等11个创新项目进行了创新示范。

2018年度江苏省交通运输科技获奖一览

序号	获奖项目名称	获奖类别	获奖等级	完成单位
1	1960MPa悬索桥主缆索股技术研究	中国公路学会科学技术奖	特等奖	江苏法尔胜缆索有限公司 江苏东钢金属制品有限公司 江阴华新钢缆有限公司 宝钢集团南通线材制品有限公司 江阴兴澄特种钢铁有限公司
2	基于BIM的公路桥梁建养一体化关键技术研究	中国公路学会科学技术奖	一等奖	江苏省交通运输厅公路局 中设计集团股份有限公司 东南大学 江苏省交通运输厅工程质量监督局 泰州市公路管理处 兴化市交通运输局 兴化市金桥工程有限公司
3	公路桥梁工业化与标准化建造关键技术	中国公路学会科学技术奖	一等奖	苏交科集团股份有限公司 东南大学 南京工业大学 中交第二航务工程局有限公司 中铁宝桥（扬州）有限公司
4	泰州大桥长大桥梁运营安全风险防控与示范	中国公路学会科学技术奖	一等奖	江苏泰州大桥有限公司 苏交科集团股份有限公司 中国科学技术大学
5	环氧类钢桥面铺装维养与评价关键技术	中国公路学会科学技术奖	一等奖	苏交科集团股份有限公司 东南大学 天津城建集团有限公司 南京市交通建设投资控股（集团）有限责任公司 江苏省交通工程建设局 镇江蓝舶工程科技有限公司 江苏高速公路工程养护技术有限公司
6	长大桥梁建设技术系统集成研究	中国公路学会科学技术奖	一等奖	江苏省交通运输厅 江苏省交通工程建设局（省长江大桥建设指挥部） 南京大学 上海振华重工（集团）股份有限公司
7	道路运输危险货物安全保障标准研究	中国公路学会科学技术奖	一等奖	长安大学 江苏省交通运输厅运输管理局
8	基于场内交易的交通物流电商平台关键技术研究及应用	中国公路学会科学技术奖	一等奖	惠龙易通国际物流股份有限公司 江苏大学 东南大学
9	南京南站综合枢纽道路工程绿色建设关键技术及示范应用	中国公路学会科学技术奖	二等奖	东南大学 江苏省南京市公路管理处 江苏宁沪高速公路股份有限公司 苏交科集团股份有限公司 中交第一公路勘察设计研究院有限公司

续表

序号	获奖项目名称	获奖类别	获奖等级	完成单位
10	双层就地热再生关键技术的研发及应用	中国公路学会科学技术奖	二等奖	江苏奥新科技有限公司 重庆文理学院 江苏省扬州市公路管理处 交通运输部公路科学研究所 东南大学 汕头市建设（集团）公司 新疆交通建设集团股份有限公司
11	环保耐久型主动抗凝冰关键材料开发与功能铺装技术研究	中国公路学会科学技术奖	二等奖	江苏连徐高速公路有限公司 江苏中路工程技术研究院有限公司 常州履信新材料科技有限公司
12	江苏省高速公路沥青路面横向裂缝发展规律与检测评估研究	中国公路学会科学技术奖	二等奖	江苏高速公路工程养护技术有限公司 江苏宁杭高速公路有限公司 江苏中路工程技术研究院有限公司 东南大学 江苏现代路桥有限责任公司
13	智慧停车成套技术和装备研发及应用	中国公路学会科学技术奖	二等奖	中设设计集团股份有限公司 深圳怡丰自动化科技有限公司
14	预应力混凝土空心板梁的火灾试验、评估与加固方法研究	中国公路学会科学技术奖	三等奖	江苏宁沪高速公路股份有限公司 东南大学
15	大跨径缆索承重桥梁养护关键技术研究	中国公路学会科学技术奖	三等奖	中设设计集团股份有限公司 江苏交通控股有限公司 江苏扬子大桥股份有限公司 江苏润扬大桥发展有限责任公司 江苏苏通大桥有限责任公司
16	基于物联网与数据融合的沥青面层施工质量动态控制技术研究	中国公路学会科学技术奖	三等奖	江苏中路工程技术研究院有限公司 江西省高速公路投资集团有限责任公司 广东省长大公路工程有限公司 吉林省高等级公路建设局 江苏中路信息科技有限公司
17	江苏省高速公路网智慧运营与服务关键技术及应用	中国公路学会科学技术奖	三等奖	江苏高速公路联网营运管理有限公司 东南大学 上海美慧软件有限公司 上海电科智能系统股份有限公司
18	沥青路面结构层间界面黏结特性与提升技术研究	中国公路学会科学技术奖	三等奖	贵州省铜仁公路管理局 苏交科集团股份有限公司
19	基于动力测试的高桩码头结构损伤识别与安全评估技术	中国水运建设行业协会科学技术奖	二等奖	中设设计集团股份有限公司河海大学江苏省交通运输厅港口局
20	《航道工程设计规范》（JTS 181—2016）	中国水运建设行业协会科学技术奖	二等奖	长江航道规划设计研究院 中交天津港航勘察设计研究院有限公司 国家内河航道整治工程技术研究中心 中交上海航道勘察设计研究院有限公司 中交水运规划设计院有限公司 江苏省交通规划设计院股份有限公司 湖南省交通规划勘察设计院

续表

序号	获奖项目名称	获奖类别	获奖等级	完成单位
21	长江潮流界变动段航道整治技术研究	中国水运建设行业协会科学技术奖	特等奖	长江南京以下深水航道建设工程指挥部 水利部交通运输部国家能源局南京水利科学研究院 中交上海航道勘察设计研究院有限公司 中交第三航务工程勘察设计院有限公司
22	中高水头碍航闸坝改扩建关键技术研究	中国水运建设行业协会科学技术奖	二等奖	浙江省交通规划设计研究院有限公司 杭州市港航管理局 水利部交通运输部国家能源局南京水利科学研究院 交通运输部天津水运工程科学研究所 苏交科集团股份有限公司
23	《航道整治工程施工规范》（JTS 224—2016）	中国水运建设行业协会科学技术奖	三等奖	长江航道局 长江口航道管理局 中交第二航务工程局有限公司 湖南省水运管理局 广东省航道局 黑龙江省航务勘察设计院 江苏省交通运输厅航道局 湖北省港航管理局 长江重庆航道工程局
24	环保型高韧性环氧树脂系列材料开发及工程技术	江苏省科学技术奖	二等奖	江苏中路工程技术研究院有限公司 南京大学 江苏高速公路工程养护技术有限公司
25	支持互联运营的港口船舶岸基高可靠供电技术和工程应用	江苏省科学技术奖	二等奖	南京南瑞集团公司 国电南瑞科技股份有限公司 国网江苏省电力有限公司 国网上海市电力公司 上海交通大学 卧龙电气集团辽宁荣信高科电气有限公司 江苏省交通运输厅航道局 广州供电局有限公司 广东电网有限责任公司珠海供电局
26	江苏省交通地理信息服务平台	地理信息科技进步奖	一等奖	江苏省交通通信信息中心 江苏省基础地理信息中心 北京超图软件股份有限公司
27	干线航道多级多线船闸智能运行关键技术研究及应用	中国智能交通协会科学技术奖	三等奖	中设计集团股份有限公司 闽江学院 东南大学

水利科技

Water Conservancy Science & Technology

【概　况】　2018年，江苏水利科技围绕六大水利布局，坚持科研目标导向和问题导向，突出河湖治理和重点工程建设等关键技术研究，下达省水利科技项目74项，其中重大技术攻关课题7项。水利科技成果获得省部级以上奖项10个。继续深入推进"智慧水利"建设，江苏水利云基本建成，江苏水利统一资源门户系统正式启用，智能业务应用平台陆续开工。

6项地方标准被江苏省质量技术监督局批准发布实施。全年出国（境）访问、培训10批次，围绕河湖生态、水资源管理、防汛防旱、水利工程建设、水资源与水生态等重点急需技术开展对外交流和业务培训。省水利学会荣获"综合示范学会"创新争先奖，获评省级学会综合排名第2，并被中国水利学会评为优秀省级水利学会。

【科技管理与创新】 规范科技项目立项管理。完善制度。根据中央和省有关科技创新文件精神，适时修订《江苏省水利科技项目管理办法》，助力江苏创新型省份建设。规范程序。项目申报严格遵循3轮专家评审，立项征询相关部门意见和厅长办公会审议多道程序，确保公开公平公正。2018年共接受申报项目289项，批复立项74项。注重过程。组织专家对重大技术攻关项目技术大纲进行审查，提高项目研究科学性，推广应用价值。

组织重大技术攻关。围绕省政府关于生态河湖建设的重大部署，组织开展生态需水、生态河湖指标体系、太湖抑藻控藻、长江江苏段全要素监测、太湖生态清淤筑岛等重大技术攻关；开展入海水道二期工程关键技术研究；为适应水利改革发展需要，开展"放管服"改革背景下的水利部门监管模式创新等改革创新政策研究。

【科技成果】 积极组织成果申报省部级奖项。2018年，水利科技成果获世界物联网博览会金奖1项，大禹奖4项，地理信息科学技术奖、全国优秀测绘工程奖、中国水土保持学会科学技术奖各1项。

2018年世界物联网博览会金奖——"基于IoT和流式计算的'智慧河流'系统"。主要完成单位：江苏省水利厅、河海大学、中国电信江苏分公司。

项目简介：基于水文传感器流数据的预处理、血统标注等技术，实现了多源水文相关数据的融合。基于六合区滁河段的地形图数据（CAD格式），使用了Google SketchUp的虚拟现实建模技术和ArcGIS的场景驱动技术，构建了可供用户交互的全河段的3D虚拟现实场景。在实现对水文流数据统计分析、水位预测和相似序列查找等的基础上，结合ECharts、信息图技术，为用户提供了雨量—水位关系图、折柱混合图、动态数据图等交互查询功能，用于展示不同时间维度、不同时间跨度下数据统计、对比分析、挖掘结果，并提供给用户实时的防汛简报生成功能，为及时的防汛预警和即时决策提供了支持，为实现"决策滁河"奠定了基础。

项目成果已在南京市六合区水务局防办得到应用示范，并已成功推广到江苏省防办、南京市防办、南京江北新区水务局等单位的项目建设和应用管理中。项目在技术上具有多项创新，成果总体达到了国际先进水平，其中物联网、传感器技术与大数据平台相结合，构建防汛防旱业务系统整合方面达到较为领先的水平，对防汛防旱工作有重大作用。

2018年大禹水利科学技术奖二等奖——"淮河平原区浅层地下水演变对地表生态作用及调控实践"。主要完成单位：安徽省（水利部淮河水利委员会）水利科学研究院、水利部交通运输部国家能源局南京水利科学研究院、江苏省水文水资源勘测局、淮河流域水资源保护局淮河水资源保护科学研究所、安徽农业大学、水利部南京水利水文自动化研究所。

项目简介：成果揭示了浅层地下水时空演变规律；揭示了淮河平原坡水区降水—径流—入渗规律；构建了地下水多目标生态管控阈值体系；创建了三带双要素生态管控趋势线；建立了"河—湖—田"多层级工程调控体系。成果创新性：①首次建立了基于降雨—地下水埋深的双要素生态管控趋势线，发现了淮河平原区生态三带空间分布；②首次引入田间排水工程作用下的地下水埋深要素，实现了"河—湖—田"多层级工程调控体系；③建立了多层级耦合地表生态目标的地下水埋深管控体系，提出了地下水埋深"健康—退化—荒漠化"生态管控阈值。

2018年大禹水利科学技术奖三等奖——

"南方地区农田灌溉水有效利用系数测算关键技术研究"。主要完成单位：江苏省水利厅、河海大学、江苏省农村水利科技发展中心、徐州市水科所、涟水水利科学试验站。

项目简介：开展了为期长达10年的长系列、大规模测试，对江苏省全部大型灌区和部分中小型灌区、纯井灌区进行了系统测试，获得了不同规模、不同水源类型灌区的灌溉水有效利用系数及其变化规律。开展了江苏省灌溉水有效利用系数关键技术研究。分析了现有各类量水技术的特点，筛选了适于不同地区的灌区量水方法；研发了适于江苏省提水灌区的泵站测流技术和相关设备；对田间净灌水定额的测算方法进行了改进。根据测算结果，结合江苏省实际，制定了《江苏省灌溉水有效利用系数测算导则》，提高了测试结果的准确性与合理性。形成了江苏省灌溉水有效利用系数测试分析的标准化流程，保证了测试工作的规范性和测试成果的准确性、可靠性。

成果提出的《江苏省灌溉水有效利用系数测算导则》、毛灌溉用水量测算方法、水稻净灌溉用水量测定方法基本在江苏省75个农业县区、上海市7个区的农田灌溉水有效利用系数测算分析中全面推广，形成了标准化的测算模式和规程，提高了测算效率和精度。所开发的泵站测流技术、灌水仪等技术和产品，在江苏、上海等省市进行了多年的示范应用，已为众多技术支撑单位所采用，节约了测试成本，提高了测试效率和精度，取得了良好的经济和社会效益。本研究结合现场试验数据和江苏省各地区灌溉试验站资料，编制了《江苏省灌溉用水定额》，为合理确定灌溉用水量，实现水资源优化调度与合理分配提供了依据。所发布的灌溉用水定额数据，被政府相关职能部门、规划设计单位、科研院所广泛应用于水资源配置及农村水利、土地整理等项目规划设计中，取得了巨大的经济和社会效益。

2018年大禹水利科学技术奖三等奖——"城市突发强降雨应急管理研究及应用"。主要完成单位：江苏省防汛防旱指挥部办公室、水利部交通运输部国家能源局南京水利科学研究院。

项目简介：成果结合国内外城市洪水分析模拟方法与分析技术的成功经验，采用历史城市洪涝灾害统计分析的方法，在分析江苏省城市突发强降雨的特点及应对能力现状的基础上，统计分析江苏省城市突发强降雨的预报准确率、对比分析新旧版暴雨强度公式的差异、研究江苏省防洪排水排涝设计标准的衔接。以风险统计、模糊数学、水文水力学洪涝灾害数值模拟等方法为基础，构建基于城市洪涝灾害评价指标体系的城市洪涝风险评估模型与方法，提出典型城市洪涝灾害风险控制措施，并采用水文水力学洪涝灾害数值模拟方法分析其效果。综合上述研究成果，结合国内外城市防洪经验与教训，剖析当前江苏省城市防洪排涝面临的突出问题，最终提出江苏省城市应对突发强降雨的对策。

项目成果在扬州、无锡、常熟、上海、杭州等地应用，取得了巨大的经济和社会效益。经统计，近3年取得直接经济效益达数十亿元，具有广阔的推广应用前景。

2018年大禹水利科学技术奖三等奖——"江淮平原洼地水网区水安全保障关键技术研究及应用"。主要完成单位：江苏省水利工程规划办公室、河海大学。

项目简介：针对平原河网区河网水系特点和高强度人类活动影响的特征，以里下河地区为典型区域，以长系列实况监测、完整的数学模型系统和工程实践为关键支撑，采用理论研究、实况监测与数值模拟相结合的技术途径，按照"机制揭示—问题诊断—工程技术—体制机制"的总体思路开展研究。在研究平原洼地水网区洪涝转换机制和水环境特征的基础上，研发了包括水文模型、水动力模型、污染负荷模型与水质模型的平原河网区数值模拟模型，研究多类型暴雨、多去向承泄区影响下的平原水网区洪涝综合治理技术，多供水目标协同的水源配置技术，多水源多目标的水环境调控技术与河—湖—荡—圩治理技术和河湖管理与保护体制机制等，并应用于里下河地区，支撑区域骨干工程实施和水利治理能力提升。

成果先后在多个水利规划、项目中得到成功应用，在里下河地区防洪减灾、水资源配置、水环境改善等方面发挥了重要作用，为区域防洪、除涝、水资源等水利规划和骨干工程建设提供了技术支撑，为领导决策提供了支持和依据，取得了显著的社会、经济和环境效益。研究成果为类似复杂水网区水安全保障技术研究提供了经验和借鉴，适用于复杂平原水网区洪涝治理、水资源配置、水生态环境改善、河湖管理与保护等，为提升平原河网区水安全综合保障能力提供支撑。

2018年地理信息科学技术奖二等奖——"江苏省水利普查空间信息处理技术体系构建与应用"。主要完成单位：江苏省基础地理信息中心、江苏省水利厅。

项目简介：完整提出了水利地理信息与特征提取技术体系，初步形成我国东部平原区水利地理信息采集与处理技术方法，具有较好的代表性和示范价值。提出了"学科互补，水利专业与测绘专业各取所长，底图标载、GPS采集采用在地原则，水利空间数据的采集与处理采用各省集中处理原则"的空间数据采集与处理的工作模式。首次在省级尺度获取1：10000高精度水利空间信息成果。建立了1：10000水利普查空间数据到1：50000水利普查空间数据的高效转换机制。创造性地提出了普查单元按行政区划分方法，通过简化符号、分图标载，采用多源数据支撑、自动控制与人工目视接合的空间数据质量控制策略，建立完整的基于知识规则的事前、事中、事后全过程质量控制体系。

成果对江苏省河湖等普查任务的完成发挥了决定性作用，加快了省水利信息化发展的步伐，形成了系列技术方法，提高了日常管理水平和综合决策能力，丰富了江苏省空间数据基础设施内容，创造了巨大的经济和社会效益。

2018年全国优秀测绘工程奖铜奖——"江苏省水利地图集"。主要完成单位：江苏省基础地理信息中心、江苏省水利厅。

项目简介：针对水利行业管理的特点和需求，构建了江苏水利地图集的功能与内容体系，设计了地图集的分组结构和地图样式；配套建立了江苏水利地图数据库，提出了适应水利制图需求的数据分级分类方法，以及水利要素的精准筛选方法；建立了江苏省水利地图与相关地图融合及更新机制。

成果《江苏省水利地图集》是水利综合性大型地图集，涵盖江苏省的政区、地形、交通、水系、水利工程等基础地理与水利专业的空间信息，系统、全面地反映了江苏省河湖水系及主要水利工程的最新情况，展现出水利建设的新成就。将为江苏省开展水利工作提供重要的科学依据，也为广大读者了解江苏省水情提供内容丰富的参考资料。

2018年中国水土保持学会科学技术奖二等奖——"基于高时空分辨率数据的江苏水土流失动态监测"。主要完成单位：江苏省水土保持生态环境监测总站、杭州大地科技有限公司、杭州领见数据科技有限公司。

项目简介：项目主要研究了中国土壤流失方程（CSLE）各因子的高效获取。利用1：10000地形图生成DEM数据，快速高效获取L、S因子；通过高时间分辨率数据提取全年24期R因子，并通过交叉验证选取最优插值方法；基于大比例尺土壤数据及实地采样分析的方法获取精确K因子；通过国产高分遥感影像更新土地利用，结合专家系统获取E、T因子；基于高时间分辨率遥感数据反演植被指数，获取全年24期B因子。自主知识产权的七因子自动评价系统：自主研发RS&GIS软件，实现遥感影像预处理及自动查错的高效化；自主研发"七因子水土流失自动定量评价系统"，初步实现数据收集、处理及评价的自动化，避免人为误差，显著提高工作效率及评价精度。高时间分辨率植被与降雨数据有机耦合技术：对B因子、R因子进行24个半月赋值，与传统方法相比，能较客观地体现两个因子年内变化和整体水平，且时间上的耦合使得评价结果更加精准可靠。无人机航空遥感高效复核样地调查成果可结合无人机航拍方法对样地进行实地调查并验证土地利用解译精度，发挥无人机拍摄范围广、时间短、精度高的特点，有利于快速获取大面积的地物信息，有效提高工作效率，并能提供高分辨率的航空遥感影像。

成果已应用于2016年、2017年的《江苏省水土保持公报》和有关县市水土保持规划，为研究区水土流失消长分析评价奠定了坚实基础，为研究区域水土流失动态监测规划编制提供重要参考，为省、市、县水土流失防治决策提供有力支撑。

【技术标准】 为使江苏省水利管理工作更加科学化、规范化，由水利厅编制的《一体化智能泵站应用技术规范》《地下水利用与保护规程（修订）》《灌溉水系数应用技术规范》《大中型水库调度规范》《水生态文明城市评价指南》《微劈裂真空预压加固软土地基技术规范》等6项地方标准已被批准发布实施。

由水利厅组织申报的《堤防工程技术管理规程》《水闸泵站工程标志标牌规程》《实时雨水情分析特征值数据库表结构与标识符》《平原地区水利工程建筑信息模型(BIM)设计规范》《土工袋生态护坡技术规范》《大中型水闸工程自动化系统检测规范》《泵站反向发电技术规程》《现代灌区建设规范》等8项地方标准，已被江苏省质量技术监督局列入2018年度编制计划，正在编制中。

【对外合作】 按照年度出国（境）访问计划，做好出访团组的各项工作。2018年，共出国（境）访问、培训10批次，办理护照、签证69人次，

围绕河湖生态、水资源管理、防汛防旱、水利工程建设、水资源与水生态等重点亟须开展对外交流和业务培训。积极推动省水利行业对外交流，积极参与水利部组织的中瑞、中英和中欧等国际交流合作。利用中欧水资源平台，推介省水利院与欧洲方共同申报欧盟与科技部共同资助的"欧洲地平线2020"项目。

【水利信息化】 明确"智慧水利"年度工作任务。贯彻全国水利网信工作会议精神，结合江苏省生态河湖建设的需要，细化明确江苏"智慧水利"建设阶段重点工作，重点开展提升统一视频感知、河流湖泊感知等6个方面的智能感知能力，推进智慧防汛防旱、智慧水资源管理等9个智能业务应用系统建设，全面建成水利云服务中心，进一步加强网络安全等方面的工作。

深化推进水利信息资源整合共享。按照省政府建设省大数据中心的要求，配合做好数据共享需求征集，调研分析省水利厅数据共享使用情况和数据需求，编制相关资源目录，对接技术端口和共享平台，实现共享交换平台的接入、目录的注册及数据推送。

系统推进"智慧水利"项目建设。水利云服务中心基本建成，启用江苏水利统一资源门户系统，系统集成了35个业务应用系统，实现多业务系统的集成、协同与共享。以整合共享为前提，推进多个智能业务应用系统的建设。水土保持监督管理与综合治理信息系统、国家水资源监控能力建设等项目已经开工建设，河湖资源与水利工程管理信息系统正在准备招标，水利规划计划管理信息系统、大型智慧灌区、水利工程移民管理信息系统设计文件已经批复。

切实加强全省水利网络安全。制定并印发《江苏省水利网络安全事件应急预案》，开展省网络安全责任制落实情况考核，顺利通过水利部网信办组织的网络安全考核，圆满完成全国"两会"期间网络安全专项保障工作，成功处置全省水利专网内出现的"勒索"病毒，确保水利专网的安全。

农业科技
Agricultural Science & Technology

【概　况】 围绕产业提质增效主线，突出"十三五"后半期农业科技重大需求和农业重大技术推广计划"两个导向"，构建适应现代农业发展需要的农业产业技术体系、农技推广服务体系和农科人才培养体系"三个体系"，加强农业科技创新与推广服务。

【农业技术集成与推广】 以"十三五"农业重大科技需求为导向,跨学科、跨部门、跨领域集聚科技资源,重点建设水稻等22个江苏省现代农业产业技术体系,组织127个产业技术创新团队开展产业共性关键技术集成攻关,落实234个推广示范基地,构建成果对接转化快捷通道。实施"文蛤新种质苗种扩繁与绿色养殖关键技术研究与应用"等5项重点、"大口黑鲈杂交新品系关键技术开发"等27项一般省级渔业科技创新项目。新建设29个农业科技综合示范基地,发布2018—2019年全省夏季叶菜优质安全快速高效生产技术等44项重大农业技术,进一步明确全省农业技术推广导向。举办江苏现代农业科技成果展示对接会,推动农业科技领域产学研用深度融合。

【基层农技推广体系】 继续宣传贯彻《江苏省实施〈中华人民共和国农业技术推广法〉办法》,推进基层农技推广体系建设。基本建成14000多个村级规范化农业科技服务站,为农民提供就近就便服务。制定基层农技人员培训计划,省、市、县三级开展分级培训8000多人,加快农技推广人才知识更新步伐。

【农业科技服务】 实施挂县强农富民工程和农业科技入户工程,组织全省40家涉农科教推广单位与62个县(市、区)对接,成立科技专家指导团,完善"一村一名农技员"制度,发动全省2.4万名农业科技推广人员进村入户、入企入棚,培育新型农业经营主体,辐射带动一般小农户共同发展。加强农业信息服务,推进农业科技服务云平台升级改造,发展"农技耘"APP用户25万人,开播48期专家视频讲座与咨询,《农家致富》手机报累计推送各类信息146期、462版。

【新型职业农民培育】 实施新型职业农民培育整省推进工程。全年累计完成新型职业农民培育20万人,其中农业职业技能培训15.3万人、涉农专业大学生创新创业培训和职业技能鉴定2.1万人、新型农业经营主体带头人轮训和现代青年农场主培养2万人、农广校农民"半农半读"中职教育招生3116人、农村实用人才带头人培训700人。全省开展新型职业农民认定2.78万人。创建4个全国新型职业农民培育示范基地、30个省级示范基地、400个市县级示范基地,推动培育链与产业链"两链融合"。新编出版新型职业农民培育系列教材近40部,评选优秀教学资源155个。

【农业转基因生物安全监管】 强化转基因生物安全属地管理责任,严格落实研究试验单位、种子企业、进口企业、加工企业主体责任,做好江苏省农业转基因生物安全监管工作,确保农业转基因生物技术研究、试验、生产、经营和加工规范有序开展。抓好源头管理,加强转基因成分抽样检测,对申请参加区域试验、市场上销售的水稻、玉米、小麦品种及种子生产田共抽取590个样品进行转基因成分检测,利用转基因成分快速检测试纸条对在田作物进行快速检测。全面检查省内加工贸易企业,严防生物扩散。加强转基因科普培训,多种途径开展正面宣传,举办行政执法监管、加工企业安全管理专题培训班。

【江苏省农业科学院】 2018年,江苏省农业科学院在编职工2170人,在职一线科研人员1495人,其中院士1人;享受国务院特殊津贴专家46人;省级有突出贡献的专家62人;2位专家入选江苏省"六大人才高峰"高层次人才。具有高级技术职称人员889人、博士学位人员589人;院部研究生导师171名,其中博导24名。建有各类科研平台74个,其中国家和部级平台36个,省级平台18个。

第二次党代会召开。2018年12月24—26日,中国共产党江苏省农业科学院第二次代表大会召开,江苏省副省长费高云出席大会并发表讲话。会议选举产生中共江苏省农科院第二届委员会和中共江苏省农科院第二届纪律检查委员会,明确今后5年发展战略目标和主要任务。

科研项目。2018年,全院新上科研项目

1100项，新增科研合同经费4.4亿元。作为主持单位申报的"梨树和桃树化肥农药减施技术集成研究与示范"等2个项目获国家重点研发计划重点专项立项支持。获国家自然科学基金资助62项，其中面上项目22项；软科学研究获2项国家社科基金和2项国自然基金项目支持。

科研成果。2018年，作为主持单位完成的成果"绿豆新品种选育及绿色高效栽培技术集成示范"获省科学技术一等奖；"高品质兽用疫苗制造关键技术的创新与应用"等4项成果获省科学技术奖二等奖。

知识产权。全年发表论文1203篇，其中SCI（EI、ISTP）收录327篇；授权专利380项，其中发明专利160项；授权植物新品种权48个。100个作物品种通过省级以上品种审（鉴）定，其中61个品种通过国家审（鉴）定。43项成果通过省级以上成果鉴定。农业知识产权创造指数在全国教学科研单位中位列第七，连续九届获"金桥奖"先进集体称号。

人才团队。2018年，全院引进优秀拔尖人才3人，急需紧缺人才1人，公开招聘录用114人。瞄准"高精尖缺"，培养引进高层次人才，4位专家入选院领军人才，10位专家入选院中青年学术骨干。全年新增政府特殊津贴专家2人、省有突出贡献中青年专家3人、省333二层次人才3人，1人获农业农村部"杰出青年农业科学家"年度资助项目。

成果转化。2018年，全院成果转化到账收益达1.84亿元，其中专业所9509万元，农区所8901万元。组建成立江苏省苏农科技术转移中心，建立高价值专利培育转化平台，全年申请PCT专利6项，其中3项专利申请进入美国和日本国家阶段。

科技服务。2018年，按照"即研即推、边创边转"的政企研合作思路，与政府、企业合作组建12家产业研究院，服务企业发展；在全省新建6个综合示范基地和15个特色示范基地，遴选并打造5个特色小镇和特色田园乡村，展示示范最新技术成果，服务乡村产业发展；在全省12个重点扶贫县（区）遴选14个省定经济薄弱村，实施"一所（室）一村"产业帮扶项目12个和科技扶贫短平快项目11个，精准帮扶农民脱贫致富。

合作交流。2018年，全院成立首个国际组织联合实验室——"国际水稻研究所—江苏省农科院联合实验室"和首个列入政府间计划国家级合作平台——"中加豆类遗传育种与综合利用联合实验室"；选派3名优秀科技人员赴国际原子能机构等国际组织任职培训；举办中澳第二届农业食品论坛等6场国际学术交流会议；与江苏大学共建南京研究生院，首批聘任博士生导师11人，硕士生导师88人。

林业科技
Forestry Science & Technology

【概　况】　2018年，江苏省林业局认真贯彻落实习近平生态文明思想，按照省委省政府的决策部署，不断深化绿色江苏建设，坚持科技兴林，着力改革创新，统筹推进林业生态建设、生态修复、生态保护和生态产业发展，取得了显著成效。全省共计立项和承担实施中央财政、省财政林业项目70项，中央财政和省财政补助资金4938万元。全省共获得第九届梁希林业科学技术奖8项，其中一等奖1项、二等奖7项。"林业病虫害防治高效施药关键技术与装备创制及产业化"和"农林生物质气化发电联产炭、热、肥的技术创新与产业化"分别荣获2018年度国家科学技术进步奖二等奖和2018年度江苏省科学技术奖一等奖。

【科技项目】　2018年，全省共计立项和承担实施中央财政、省财政林业项目70项，中央财政和省财政补助资金4938万元。其中，全省共计立项实施中央财政林业科技推广示范项目9项，下达中央财政补助资金900万元；立项实施省林业科技创新与推广项目44项，下达省财政补助资金2810万元。承担实施国家林业和草原局科技司、科技发展中心中央部门预算项目5项，中央财政补助资金51万元（林产品质量安全监测项目1项，中央财政补助资金5万元；林业生态站等监测运行补助项目4项，中央财政补助资金46万元）。承担实施省级其他各类科技、地方标准项目和平台库圃9项，省财政补助资金1177万元 [省创新能力建设专项资金项目1项，省财政补助资金600万元；省重点研发计划（现代农业）项目2项，省财政补助资金300万元；省农业自主创新项目1项，省财政补助资金150万元；省农业种质资源保护与利用平台资源圃3项，省财政补助资金117万元；省地方标准项目2项，省财政补助资金10万元]。通过项目实施，示范推广榉树新品种无性繁殖技术、大别山冬青等珍贵树种的高效繁育技术、江苏沿海困难立地造林关键技术、"满堂红"等观果海棠良种栽培、薄壳山核桃复合种植等一批林业新（优）品种、新技术和新模式,开展林业实用技术创新研发、长期定位研究、种质资源保护与利用和林业地方标准制修订等。

【资源与保护】 11月8日，长江经济带木业绿色发展研讨会在镇江市召开。研讨会由中国林业产业联合会、中国林业集团有限公司和镇江市京口区人民政府共同主办。原国家林业局总工程师、中国林业产业联合会常务副会长封加平出席会议并讲话。江苏省林业局副局长钟伟宏出席会议。

12月18日，全省松材线虫病防治工作座谈会在南京召开。会议总结交流了松材线虫病防治工作取得的成绩和经验，全面分析了当前松材线虫病防治工作面临的形势，研究部署了今后一个时期松材线虫病防治工作。江苏省林业局副巡视员葛明宏出席会议并讲话，省林业有害生物检疫防治站全体人员、全省松材线虫病疫情发生市、县（市、区）林业主管部门分管领导、森防站长参加会议。

2018年12月21日，江苏省林业局在南京专题听取了镇江市农委关于镇江长江豚类省级自然保护区存在问题整改进展等有关情况的汇报，并对下一阶段工作提出明确要求。省林业局副局长卢兆庆出席会议并讲话。会上，江苏省野保站传达了12月19日省长江办专题会议精神；镇江市农委汇报了镇江长江豚类省级自然保护区整改情况和下一步工作打算。省野保站相关负责同志、镇江长江豚类省级自然保护区管理处负责同志参加了会议。

为切实加强滨海湿地保护，严格管控围填海，转变"向海索地"工作思路，江苏省发布通知要求，建立健全调查监测体系、严格用途管制、加强围填海监督检查，做好围填海专项督察"回头看"各项工作。依法处置违法违规围填海项目，追究有关人员责任。沿海各市、县（市、区）政府要依据海洋主体功能区规划、海洋功能区划，以及自然资源部制定的围填海生态评估技术指南，组织开展生态评估，科学确定围填海项目对海洋生态环境的影响程度，全面清理非法占用红线区的围填海项目。对严重破坏海洋生态环境的围填海项目，由县级政府责成用海主体限期拆除，进行生态损害赔偿和生态修复；未能限期拆除的，依法予以强制执行，并由用海主体承担费用。对海洋生态环境无重大影响的,要最大限度控制围填海面积，按有关规定限期整改，加快集约节约利用。实施最严格的海洋生态红线保护和监管制度，确保海洋生态红线保护区域面积、大陆自然岸线保有率、海岛自然岸线保有率、海水质量等控制指标不减少。强化现有沿海各类自然保护地的管理，科学选划建立海洋自然保护区、海洋特别保护区和湿地公园。尽快划定江苏如东滨海湿地保护范围，开展针对性保护。坚持自然恢复为主、人工修复为辅，积极推进"蓝色海湾""南红北柳""生态岛礁"等重大生态修复工程，支持通过退围还海、退养还滩、退耕还湿等方式，逐步修复滨海湿地。

【科技大事】 5月24日，江苏省林业局在南京江宁区召开新型生防菌剂航空施药现场观摩会，学习观摩飞机防控松材线虫病全过程外，还就新型生防菌剂特点、飞防设备及作业技术等内容进行了现场培训。南京市各区森防（林业）站、林场，苏南部分重点市、县（市、区）

森防（林业）站、林场的负责人及相关技术人员近60人参加会议并观摩学习。

为全面推进全省林业有害生物监测预报工作自动化、智能化、信息化进程，努力实现"全面监测、及时预警、准确预报"的目标，整合现有智能型自动虫情测报系统，推动全省林业有害生物防控管理信息系统平台建设。9月4日，全省林业有害生物智能监测工作座谈会在宿迁宿豫区召开。各应用智能虫情测报灯的相关市、县（市、区）森防站站长及有关智能监测设备供应商共计60余人参加。

2018年10月10—11日，全省林木种质资源清查工作座谈会在南京召开。会议总结交流了全省林木种质资源清查工作进展情况，部署下一阶段外业调查、内业整理、种质资源信息平台使用管理和种质资源收集保护利用，确保全省林木种质资源清查工作保质保量完成。

为提高森林抚育质量，全面加强江苏省森林经营管理工作，11月21—22日，省林业局在镇江市举办全省森林抚育技术与管理培训班。葛明宏副巡视员出席并讲话。

11月26—27日，省林业局在南京召开省林业科技项目管理暨2018年中央财政和省财政林业科技推广项目合同落实工作会议，组织专家分组审核审定了2018年中央财政和省财政林业科技推广项目合同。省林业局副局长钟伟宏出席会议并讲话。

11月19—20日，省林业局在南京举办全省林木种苗行政执法及植物新品种保护培训班，培训讲解了《中华人民共和国种子法》的相关规定和林木种苗行政处罚等内容，省辖市林业站站长，市、县（市、区）种苗执法人员等共120余人参加。省林业局钟伟宏副局长出席开班仪式并讲话。

【林业信息化】 9月4日在宿迁宿豫区召开的全省林业有害生物智能监测工作座谈会上，会议指出，要充分利用云计算、物联网、大数据、移动互联网等新一代信息技术，全面提升林业有害生物防控工作的信息化、智能化，是新时代的要求，也是林业有害生物防控工作不断创新发展的必由之路。各地要高度重视林业有害生物防控管理信息系统平台建设和智能监测预报工作，强化认识，制定计划，落实措施。进一步推进林业有害生物防控信息化进程，加大林业有害生物智能监测设备的推广应用力度，先行试点逐步推广，实现主要林业有害生物监测的规范化、智能化、可视化，提升监测预报的针对性、准确性和时效性。

【知识产权】 植物新品种权。根据国家林业和草原局植物新品种保护办公室公告（第201801号、第201803号、第201805号、第201806号、第201807号），2018年江苏省共计申请林业植物新品种权39件；根据国家林业和草原局公告（2018年第11号和第17号），2018年国家林业局植物新品种保护办公室授权江苏省林业科学研究院、南京林业大学、江苏省中国科学院植物研究所、江苏省农业科学院等单位柳属"迎春""雪绒花""瑞雪""苏柳1701""苏柳1702""苏柳1703""苏柳1704""苏柳1705"，苹果属"红色依恋""晚宴""画轴""胭脂雨""诗人"等林业植物新品种权36件。

林业专利。根据林业专业知识服务系统（http：//forest.ckcest.cn）检索显示，2018年江苏省共获得林业相关专利授权10582件，其中发明专利5865件、实用新型3769件、外观设计948件。

【表彰奖励】 根据《中国林学会关于第九届梁希林业科学技术奖评选结果的通报》（中林会学字〔2018〕67号），江苏省8个申报项目获奖。其中，南京林业大学主要完成的"林农剩余物气化关键技术创新及产业化应用"荣获一等奖，扬州大学主要完成的"芍药新品种选育及提质增效技术研究与应用"、江苏省中国科学院植物研究所主要完成的"荷花种质资源收集评价创新及产业化关键技术推广应用"、林业科学研究院主要完成的"江苏沿海防护林体系建设关键技术研究与推广"、南京林业大学主要完成的"森林生态系统智能管理""百合种质创新、新品种选育及优质种球快繁技术集成应用""观赏海棠良种选育及产业化关键技术创新与应用""高性能重组装饰薄木生产关键技术与应用"荣获二等奖。

根据国家科学技术奖励大会奖励公告，南京林业大学主要完成的"林业病虫害防治高效施药关键技术与装备创制及产业化"荣获2018年度国家科学技术进步奖二等奖；根据《2018年度江苏省科学技术奖综合评审结果公示》，南京林业大学主要完成的"农林生物质气化发电联产炭、热、肥的技术创新与产业化"荣获2018年度江苏省科学技术奖一等奖。

【合作与交流】 11月6日上午，2018第六届中国（邳州）银杏节暨第二届国际银杏峰会在邳州隆重开幕。本次节会由中国林学会主办，江苏省林业局、南京林业大学协办，中国林学会银杏分会、邳州市人民政府承办。峰会以"标准引领发展，品牌创造未来"为主题，旨在弘扬银杏文化，开发银杏资源，加强科技交流，打造著名品牌，合力推动银杏产业高质量发展。中国林学会理事长、原国家林业局局长赵树丛，全国政协常务委员兼副秘书长何丕洁，中国工程院院士、原南京林业大学校长曹福亮出席了开幕式。省林业局局长沈建辉出席会议并致辞，副局长钟伟宏参加了会议。

国家林业和草原局、外交部、中央国家机关工委宣传部、中国林学会、南京林业大学、南京信息工程大学、南京野生植物研究院、武汉轻工大学、湖北省恩施州人民政府等部门有关领导、"一带一路"沿线国家青年代表和其他国家（地区）的受邀客商、嘉宾及全国部分省（区、市）有关单位及企业代表约400多人参加了会议。

城市发展与湿地保护国际研讨会在常熟市召开。1月29—31日，由南京大学、野禽与湿地基金会主办，国际湿地公约秘书处、国家林业局湿地保护管理中心协办、常熟市林业局、南京大学（常熟）生态研究院承办的"城市发展与湿地保护国际研讨会"在常熟市召开，国际湿地公约秘书处秘书长玛莎·洛亚斯－乌瑞格、国家湿地保护管理中心主任王志高等30余位国内外著名专家和湿地管理者齐聚常熟，围绕城市区域发展趋势、湿地对城市环境的重要性、中国城市湿地特色研究、国内外城市湿地管理优秀实践等命题，共同探讨城市发展与湿地保护有效结合的方式，分享国内外湿地保护与利用的实践经验。

开幕式上，国际湿地公约秘书处秘书长玛莎·洛亚斯－乌瑞格、野禽与湿地基金会总裁马丁·斯普雷、江苏省林业局副局长卢兆庆、国家林业局湿地保护管理中心主任王志高分别致辞。玛莎·洛亚斯－乌瑞格对常熟在湿地保护与修复方面所取得的成绩表示高度赞扬。她认为，常熟拥有丰富的湿地资源，当地政府高度重视湿地保护工作，在湿地保护、恢复及可持续发展等方面都做了大量卓有成效的工作，希望常熟能把在湿地保护方面的经验与更多国家进行交流。卢兆庆介绍了江苏经济社会发展及湿地保护管理工作情况，希望通过本次研讨会加强交流学习，将国际、国内湿地保护先进理念、研究成果引到江苏省湿地保护工作中，进一步提升全省湿地保护管理水平。

本次研讨会期间，常熟市农委做了题为"国际湿地城市——常熟实践与探索"会议主题报告，与会代表与专家考察了常熟沙家浜国家湿地公园、泥仓溇省级湿地公园等建设情况。

【科技活动】 全省林业科技帮扶工作对接会在宁召开。为贯彻党中央、国务院和江苏省委、省政府关于打赢脱贫攻坚战的决策部署，落实国家林业局《林业科技扶贫行动方案》和省扶贫办的统一工作部署，深入推进林业科技创新，充分发挥林业科技在帮扶工作中的作用，9月27日上午，全省林业科技帮扶工作对接会在南京召开。江苏省林业局副局长钟伟宏、省扶贫办扶贫开发处处长蒋灵出席会议并讲话。

会上10个有关设区市介绍了本地区林业帮扶工作情况，交流了林业科技帮扶的工作经验；4家省直科研教学单位代表介绍了本单位情况和科技成果储备情况。苏北6个片区，苏中、苏南黄桥、茅山革命老区及12个重点帮扶县（区）所在设区市林业局分管林业负责人及科技管理部门负责人；所在市、县（市、区）林业局分管负责人；林业帮扶成效显著的有关国有林场、林业产业龙头企业、农民专业合作社、省级示范家庭农场等经营单位主要负责人和部分省直林业（涉林）科研、教学单位分管科技负责人或科技管理部门主要负责人；省林业有关处室（单位）负责人参加了会议。

森林认证工作座谈会暨学术研讨会在南京召开。6月21—22日，由国家林业局科技发展中心、南京林业大学主办，江苏省林业局协办的森林认证工作座谈会暨学术研讨会在南京召开，江苏省政协党组副书记、副主席阎立，国家林业和草原局副局长彭有冬，国家认监委副主任许增德，江苏省林业局副局长卢兆庆、副局长钟伟宏，中国工程院院士曹福亮等领导及专家出席。

阎立在致辞时指出，森林认证是推动森林可持续经营、林业高质量发展的重要举措和有效途径，是加快林业国际化进程的战略选择。既促进森林资源的有效保护，又促进森林生态系统的良性循环，对江苏省林业产业转型升级和经济社会的转型发展具有积极影响。彭有冬在讲话中充分肯定了森林认证工作取得的成就，分析了森林认证形势需求，并对我国森林认证的发展提出了新要求。钟伟宏代表江苏做"森林认证助力江苏林业绿色发展"的典型交流发言。

会上，PEFC总干事本·冈内伯格（Ben Gunneberg）先生介绍了全球森林认证的最新进展并分析了未来发展趋势。曹福亮院士就森林可持续经营和绿色产业发展做了主题报告。部分省市区和林业科研院所做交流发言，相关认证企业做专题报告。来自国家林业和草原局有关司局及单位代表，各省、自治区、直辖市林业厅（局）、内蒙古、吉林、黑龙江、大兴安岭、长白山森工（林业）集团公司、新疆生产建设兵团林业局代表；林业科研院所及大专院校科研人员、森林经营单位、林产品加工企业、认证机构等有关单位代表约300余人参加了会议。

文化科技
Culture Science & Technology

【概　况】 2018年，江苏文化科技以习近平新时代中国特色社会主义思想为指导，全面贯彻党的十九大和十九届二中、三中全会精神，认真组织国家级及省部级文化科研项目的申报立项、中期管理、鉴定结项等工作。1个项目获得国家文化创新工程项目立项；2个项目获得文化和旅游部文化智库项目立项；1个项目获得国家社科基金艺术学重大招标项目立项；2个项目获得江苏省科技厅社会发展项目立项；23个项目获得全国艺术规划项目立项；41个项目获得省文化科研课题立项。

【科技成果】 漆器文物活化新技术研究与培育。项目为2018年度国家文化创新工程项目，由扬州漆器厂承担实施。该项目通过对传统漆器技术和漆器工艺实施现代科学分析，总结各历史时期漆器的艺术水平和风格，研制漆器文物活化复制的工艺技法和制作流程，为漆器文物活化复制提供完善样品资料。该项目整合了漆器文物的活化复制体系，将漆器文物蕴含的历史文化、艺术知识和工艺方法梳理整合，创建出可供人们进行修复、设计、传播、鉴赏等方面的文物知识库，实现了传统漆器工艺与现代科技的融合。

苏州桃花坞木刻年画保护研究。项目为2015年原文化部批准立项的文化部文化科技创新项目，由南京博物院承担实施。该项目通过研制出一种以环己烷为溶剂、纳米氧化镁为主要脱酸介质的脱酸材料和配套的脱酸处理工艺，可对苏州桃花坞木刻年画和古代书画作品实施保护。经检测，保护处理后的纸张pH值上升到碱性，并经时间检验后发现该保护修复方法具有较好的时效性，画面色差变化幅度较小，脱酸保护处理可达到预期效果。

基于惰性有机溶剂的无水脱酸技术在脆弱纸质文物保护中的应用研究。项目为2018年

6月立项的江苏省科技厅科技计划项目，由南京博物院承担。该项目主要针对纸质文物脱酸需求，利用多孔性材料作为脱酸载体，采用碱性物质与其反应生成微纳米级脱酸介质，筛选出某种惰性有机溶剂，进行脆弱纸质文物的脱酸保护。同时，项目在前期预研究成果的基础上，改进、完善并探索新脱酸材料的制备方法和脱酸工艺，以解决脆弱纸质文物分散性、缓释性、长期保存性等问题。通过材料研究、工艺研究和设备研发，研制出一种符合文物保护要求、操作简单，可实际应用的脱酸材料和相应工艺，在全国图书、文博和档案系统单位内推广应用。

考古出土潮湿彩绘陶器的保护。项目为2018年7月江苏省科技厅立项项目，由南京博物院承担。该项目主要针对考古出土的潮湿彩绘陶质文物因环境突变而造成彩绘层劣变趋势严重的现象开展研究。通过对出土彩绘陶质文物所处环境温湿度、氧含量变化及可溶盐变化引起的各种病害影响，研制出适用于考古现场潮湿彩绘陶质文物的抢救性保护材料和保护工艺，最大程度解决考古出土潮湿彩绘陶质文物难以保存的难题。该研究对考古出土彩绘陶质文物的保护具有很好的应用前景，将推动考古出土文物保护技术的不断发展。

【科技管理】 国家社科基金艺术学项目。2018年，组织江苏省文化系统和省内高校研究部门36个单位，共申报国家社科基金艺术学项目289项，涉及艺术基础理论研究、戏剧（含曲艺、木偶、皮影、杂技、魔术）研究、电影广播电视及新媒体艺术研究、音乐研究、舞蹈研究、美术研究、设计艺术研究、艺术文化综合研究等8个门类研究。27个项目获立项，立项数与资助额均居全国前列。2018年，共完成全国艺术规划26个项目的结项验收，结项数居全国各省前列。

南京大学何成洲为首席专家的"当代欧美戏剧理论前沿问题研究"获国家社科基金艺术学重大招标项目立项。南京大学顾江为首席专家的"文化产品与服务内容品质提升战略研究——以江苏探索为例"、南京艺术学院谢建明为首席专家的"大运河江苏区域文化带建设中的若干问题与对策研究"2个项目获得文化和旅游部文化智库项目立项。

国家文化创新工程项目。由南京文投集团承担的"'文客网'城市文化消费综合服务平台"项目，为2016年原文化部批准立项的国家文化创新工程项目，2018年8月通过文化和旅游部专家验收。该项目在实施过程中，充分发挥"文化+互联网"的优势，通过建设智能化、信息化、综合化的O2O城市文化消费服务平台，打造了以南京为中心的城市文化商业生态圈，形成了垂直的城市文化消费模式。项目具有较好的示范作用。

由张家港市委宣传部和张家港市文广新局承担的"县域文化馆总分馆体系探索与示范"项目，为2016年原文化部批准立项的国家文化创新工程项目，2018年8月通过文化和旅游部专家验收。该项目着力破解基层文化馆（站）普遍存在的定位不清、功能弱化、人才缺乏、发展不均衡等深层次矛盾和问题，将公共文化服务触角深入到基层群众之中，使公共文化服务基础更扎实、需求更明确、服务更精准。

江苏省文化科研项目。在广泛征集各方意见基础上发布《2018年度江苏省文化科研课题申报指南》。该指南紧密结合江苏省深化文化体制改革的任务要求，坚持理论研究与应用对策研究相并重，加强难点突破、注重理论创新。通过对文化产业、公共文化服务、文化科技、人才队伍建设、文化遗产保护等内容进行重要理论和实际问题研究，尤其是应用性较强、有政策指导性的课题研究，力争推出一批有代表性和影响力的应用对策研究项目，充分发挥文化科研的决策咨询功能。2018年，共41个项目获得省文化科研项目立项。

卫生科技
Health Science & Technology

【概　况】　重点学科与重点人才培养。对"科教强卫工程"项目进展情况进行摸底，排出优势学科与骨干学术人才梯队，组织专家讨论确定"科教强卫工程"考核指标体系，加强对肝脏等方面重点人才主攻方向的凝练与指导，强化项目实施的目标导向和实施效果。

医学科研与技术应用。开展年度医学科研课题和新技术引进评审，完善评审评估的工作方法与评估指标体系，首次采取编制课题招标指南的方式进行课题申报，强化对医学课题研究的引导。通过遴选和评审，对重大疾病防治等8个重点领域的165个医学科研课题进行立项，评出280个医学新技术引进获奖项目，完成年度科研课题立项和项目资助经费下拨。组织、指导省内医疗卫生机构积极开展重大科技专项、省科学技术奖和科技创新平台申报，规范到期项目的结题验收。加强科研诚信管理，按照国家和省关于科研诚信建设的部署要求，进一步完善诚信分级管理制度，在科技项目申报组织等过程中严格执行诚信承诺与公示制度。

科技创新与成果转移转化。制定下发《江苏省卫生健康科技创新与成果转移转化行动计划（2018—2020年）》，明确"十三五"后期全省卫生科技创新与成果转移转化的总体思路、重点任务和保障措施，推动全省卫生健康科技创新与成果转移转化。对全省卫生科技创新体系建设情况进行调查摸底，梳理优势学科、创新平台和学术骨干，制定分类指导计划，加强对省转化医学研究院的调研指导。

【国家及省科学技术奖组织】　根据江苏省科技厅《关于2018年度江苏省科学技术奖提名工作的通知》要求，在全省医疗卫生单位组织申报，完成2018年省科学技术奖组织申报工作。组织系统内获得答辩资格的23名项目负责人完成2018年度省科技奖一、二等候选项目现场答辩。2018年，全省医疗卫生机构进入省科学技术一、二等奖项目总数达到18个，占全省总数的14.7%。

【省级以上科技创新平台建设】　江苏省人民医院的卫生部活体肝脏移植重点实验室等8个部委级重点实验室通过国家新一轮验收；苏州大学附属第一医院有望入选第四批国家临床医学研究中心（血液系统疾病），国家级卫生科技创新平台建设取得新突破；新增鼓楼医院骨科3D打印工程技术中心和无锡市人民医院省肺移植供体器官修复工程技术中心。

【医科院全国医院科技影响力排行】　中国医学科学院最新发布的中国医院科技影响力排行榜中，全省有江苏省人民医院等5家医院进入综合实力榜单前100名、4家医院进入前50名，共计233个学科进入学科实力榜单前100名、47个专科进入前20名。

【国家重大科技专项】　按照原卫生计生委艾滋病和病毒性肝炎等重大传染病防治科技重大专项实施管理办公室《关于组织艾滋病和病毒性肝炎等重大传染病防治科技重大专项2018年度课题申报的通知》（国卫科传专项管办〔2017〕19号）要求，根据《艾滋病和病毒性肝炎等重大传染病防治科技重大专项2018年度课题申报指南》，推荐扬州大学《结核分枝杆菌免疫优势新抗原的挖掘及治疗性疫苗创制》等4个项目作为艾滋病和病毒性肝炎等重大传染病防治科技重大专项2018年度课题申报候选项目。申报2018年度国家新药创制重大科技专项132项，是2017年69项的1.9倍。

【"科教强卫工程"实施】　开展"科教强卫工程"项目实施进展情况摸底调查，排出优势学科与骨干学术人才梯队，推动工程实施提档升级，促进医学重点学科建设。开展"科教强卫工程"中期考评工作，组织专家讨论确定"科教强卫工程"考核指标体系，强化项目实施的目标导向和实施效果，坚持目标导向，加强对肝脏等方面重点人才主攻方向的凝练与指导，推动形成政策合力，强化工程实施效果。截至年底，工程项目单位获立国家自然科学基金面上项目777项、重点项目16项，优秀青年项目9项、杰出青年项目2项。

【年度医学科研课题和新技术引进评估】 组织2018年度医学科研课题评审工作，经专家评审，确认东南大学附属中大医院金虹"新型生物学标志物BDNF在冠状动脉粥样硬化性钙化斑块早期诊断及预后评估中的价值"等117个项目为面上课题，江苏省中医院童星丽"基于代谢组学探讨滋阴补阳序贯方干预PCOS患者的临床作用和机制研究"等48个项目为指导性课题。开展2018年医学新技术引进评估，对280项引进医学新技术予以奖励。其中，江苏省人民医院吴晓泓等完成的"甲状腺结节恶性风险评估系统的构建及应用"等63个项目获得一等奖，江苏省肿瘤医院李明等完成的"肺部磨玻璃结节胸腔镜亚肺叶切除手术新方案"等217个项目获得二等奖。

【实验室安全监管和医学研究伦理管理】 贯彻落实《病原微生物实验室生物安全管理条例》，制定下发《关于开展人间传染的病原微生物实验室生物安全专项检查的通知》，举办全省病原微生物实验室生物安全管理培训班，开展病原微生物实验室生物安全省级督查，促进备案管理，加强日常监管。规范医学研究伦理管理。督促江苏省人民医院等3家机构及时备案登记，全面加强对全省干细胞研究工作的指导和管理。

中医药科技

Traditional Chinese Medicine Science & Technology

【概 况】 强化中医药科技平台建设，组织召开中医药传承创新工程推进会，加强单位科技能力建设。21个国家中医药管理局重点学科、32个省级中医药重点学科顺利通过验收。江苏省中西医结合医院成功入选第二批国家中医临床研究基地。下发2018年度中药资源普查工作要点，遴选确定16个普查地区，并确定7项专项任务。完成10个中药标准化项目阶段性督导和中医康复服务能力规范化建设项目中期考核工作。研究制定《2018年省中医药局科技项目招标指南》，设立局级科技项目86项。组织对2015年度218项省中医药局科技项目进行集中验收。支持各级中医单位申报省和国家科技项目，2018年，全省中医单位承担省部级以上科技项目254项，其中国家自然基金146项、国家中医药重点研发计划项目3项；获得省部级以上科技成果奖20项，其中国家科技进步奖二等奖和国家技术发明奖二等奖各1项；获授权专利215项；发表SCI文章845篇。

【中医药人才队伍建设】 第一批30名省中医药领军人才培养对象顺利通过结业考核。开展新一轮省中医药领军人才培养工作，遴选确定29名培养对象。组织57名第三批省优秀中医临床人才培养对象和33名第四批全国优秀中医人才培养对象参加中医经典理论学习班和"强素质"培训班，落实跟师学习和游学活动，大力推进优秀中医人才培养。启动省名中医评选工作。5人荣获"岐黄学者"称号。做好中医类别全科医生规范化培训和农村订单定向医学生培养工作，新招录中医全科学员182人、农村订单定向中医学专业医学生200人。完成基层医疗卫生人员中医药知识和技能培训系列丛书编写工作。新增全国中药特色技术传承人才培养对象10人、中医护理骨干人才培养对象13人。制订完善"西学中"培养方案和教学计划，继续举办"西学中"人才研修班，新招生175人。2018年，新增国家中医住院医师规范化培训基地5个，遴选协同基地22家。1514人获得中医住院医师规范化培训合格证书。实施国家和省级中医药继续教育项目199项，举办专题学术报告会400余场，培训人员11000多人次。

【中医药学术传承工作】 印发《全国和省名老中医药专家传承工作室基层工作站建设项目实施方案》，组织 45 个全国和省名老中医药专家传承工作室在基层医疗卫生机构建设 68 个工作站，推进优质中医药资源下沉，培养基层中医人才，加强基层中医科室建设。组织第六批全国老中医药专家学术经验继承工作继承人与指导老师签订师承协议书，并督促各地、各单位统一召开启动会议，组织进岗培训，举办拜师仪式。加强名老中医药专家传承工作室建设，新增第三届国医大师传承工作室及全国名中医传承工作室、全国名老中医药专家传承工作室和全国基层名老中医药专家传承工作室建设项目 9 个，分别签订项目任务书。完成 2014 年 8 个全国名老中医药专家传承工作室建设单位的验收工作。开展第二批老中医药专家学术经验继承人出师考核，93 名继承人顺利出师。加强中医学术流派传承，建成全国中医学术流派传承工作室 5 个。常州、苏州、淮安分别成立"常州市孟河医学研究院""苏州市医学继续教育中心——苏州市吴门医派进修学院""山阳医派"传承发展研究中心。

环境保护科技

Environmental Protection Science & Technology

【概　况】 2018 年是我国生态环境保护事业发展史上具有重要里程碑意义的一年，习近平生态文明思想正式确立，新发展理念、生态文明、美丽中国写入宪法，生态环境机构改革自上而下全面启动。首次以党中央名义召开全国生态环境保护大会，发出了打好污染防治攻坚战的号召。

这一年对江苏生态环境保护事业来说也是意义非凡。省委、省政府召开全省生态环境保护大会，设立打好污染防治攻坚战指挥部，确立"1+3+7"攻坚战体系并出台一系列重要文件。省人大常委会通过《关于聚焦突出环境问题依法推动打好污染防治攻坚战的决议》，省政协牵头开展了长三角污染防治联动民主监督，省纪委出台了《切实履行监督首要职责为打好污染防治攻坚战提供坚强纪律保障工作方案》，省公安厅、交通运输厅等专门出台文件，动员部署全系统打好污染防治攻坚战工作。全省各地认真落实党中央、国务院和省委、省政府决策部署，牢固树立"绿水青山就是金山银山"的理念，全力打好污染防治攻坚战，扎实推动生态环境质量稳步改善。

一是强力推进治理修复，扎实改善生态环境质量。组织实施 9100 多项治污工程，出台空气质量改善、断面水质改善 2 个强制减排方案，加强长江生态环境保护、太湖水环境综合治理。针对环境质量改善滞后的地区，严格采取驻点帮扶、强化督查、公开约谈、区域限批、挂牌督办等一系列"硬措施"。修订《江苏省重污染天气应急预案》，成功保障上合青岛峰会、国际进口博览会、国家公祭日等重大活动环境质量。太湖治理连续 11 年实现"两个确保"。完成农用地土壤污染状况详查，初步构建土壤环境信息管理平台。编制完成《生物多样性保护优先区域规划》《重点流域水生生物多样性保护方案》。推进"绿盾 2018"问题整改，取缔拆除项目 55 个，恢复湿地 7.2 万亩（4800 公顷）。

二是重拳开展环境执法，有力震慑环境违法行为。全力配合中央环保督察"回头看"，建立领导包案、整改销号、奖惩挂钩等机制，督察组交办的 3910 件环境信访问题整改完成率达 63%。完成第三批省级环保督察。联合出台两法衔接实施细则，建立"2+N"重大案件联合调查处理机制。组织开展沿江八市"共抓大保护"交叉互查、辐射安全综合检查等 10 余个专项行动，依法查处"辉丰案""灌河口案"等一批大案要案。全省环保部门下达行政处罚决定书 1.91 万件，罚款金额 21.29 亿元，同比上升 36% 和 136%；配合公安机关侦办环境污染犯罪案件 537 件、抓获犯罪嫌疑人 1575 人，同比上升 6% 和 68%。连续 10 年组织环保局长大接访，赴京到省信访批次、人次、来信均明显下降。省生态环境厅接报处置突发环境事件信息34起，同比减少35.8%，连续4年无较大及以上等级突发环境事件。

三是围绕大局主动作为，服务经济发展成效明显。坚持"依法依规监管、有力有效服务"，出台服务高质量发展"十条"、便民服务"十二条"、畜禽规范养殖"九条"，建立"厅市会商"机制，推动苏南沿江高铁、盛虹炼化等一批大项目顺利落地。开展"企业环保接待日"，组织"千名环保干部与企业结对帮扶"。建立"金环对话"机制，联合9部门出台绿色金融"三十三条"，在全国率先推出"环保贷"，牵头举办"环保项目银企对接会"，促成意向融资169亿元。与国开行签订开发性金融合作备忘录。出台环保应急管控豁免"十一条"，首批200家企业纳入豁免名单。深化"放管服"改革，环评报告书审批时限压缩至30个工作日，8项核与辐射审批事项并入全省政务服务"一张网"。

四是坚持系统长远谋划，生态环保基础不断夯实。修订《江苏省太湖水污染防治条例》等8个地方性法规，出台《江苏省挥发性有机物污染防治管理办法》，发布《太湖地区城镇污水处理厂及重点行业主要水污染物排放限值》等4项地方标准。制定"三线一单"，初步划定4431个环境管控单元，完成31.3万家污染源普查工作，"十三五"水专项涉苏项目扎实推进。编制江苏省生态环境监测监控系统、环境基础设施、生态环境标准等3个基础性工程建设方案及化工园区环境治理工程实施意见，辐射预警监测实现设区市"全覆盖"。成功举办国际生态环境新技术大会。与英国埃塞克斯郡、日本爱知县、芬兰等国家和地区的生态环境部门签订7项合作协议，数量为历年之最。

五是强化组织宣传引导，汇聚生态环保强大合力。围绕中央环保督察"回头看"、精准帮扶、服务高质量发展等主题，在主流媒体持续发声、充分运用"两微"平台，不断放大生态环保声音，特别是对"环保一刀切""环保影响发展"等杂音、噪音，主动发声、有力回击，切实坚定了决心、增强了信心。全省环保社会组织联盟增加到34家，环保设施向公众开放点增加到40个，生态环境部在南京召开现场会，推广江苏经验做法。"江苏生态环境"微信公众号跃居全国省级环保政务微信排行榜第三名。

六是稳步推进各项改革，更好地破解难题激发活力。完成生态环境厅转隶组建工作，设区市局领导干部调整为以省厅为主的双重管理体制，环境监测机构"垂改"基本完成。出台生态环境损害赔偿制度改革"1+8"文件，省政府诉安徽海德公司案被最高法评为2018年全国十大行政民事案件。深化与污染物排放总量挂钩的财政政策。建立企业环保信任保护原则。完善企业环保信用评价制度，全省参评企业达3.45万家，同比增长15%。连云港四级"湾长制"全覆盖。大力推行"试点工作法"，鼓励基层大胆改革创新。

回顾过去一年的工作，在宏观形势复杂多变、生态环境面临各种挑战压力的情况下，我们积极应对，精准施策，进一步巩固了全省生态环境保护稳的局面、进的势头、好的状态，努力实现了生态环境高水平保护和经济高质量发展的双赢。

【环境保护科技】 国家水专项江苏项目。2018年6月，江苏省人民政府印发《省政府办公厅关于进一步做好"十三五"水体污染控制与治理科技专项实施保障工作的通知》（苏政传发〔2018〕130号）。完成"太湖新城湖滨流域水质改善与生态修复综合示范""竺山湾农村分散式生活污水处理技术集成研究与工程示范""淮河下游重污染河流水质改善技术集成与综合示范"3个课题示范工程第三方评估。5月29日、12月12日分别组织"十三五"水专项涉苏项目调度会议，截至2018年年底，44项示范工程已开工建设19项，其他的正在加快推进当中。

省级环保科技研究。2018年，全省安排省级财政资金1900万元用于环境科学技术研究和示范，其中，1217.16万元用于环境与健康调查及风险评估体系建设、重点化工园区规范化评估整治、长江（江苏段）生态承载力及环境修复技术等重大技术攻关，357.7万元用于船舶低浓度化学品废液资源化、核与辐射污染防治等技术研究,325.14万元用于环境管理科学研究。当年,获国家科学技术进步二等奖1项,获国家环境保护科学技术一等奖2项、二等奖3项。

【环境质量】 空气环境。2018年,全省环境空气质量优良天数比率为68.0%,与2017年相比保持稳定。主要污染物中颗粒物、二氧化硫、二氧化氮和一氧化碳浓度同比有所下降,臭氧浓度同比持平。城市空气:全省环境空气中PM2.5、可吸入颗粒物(PM10)、二氧化硫(SO_2)、二氧化氮(NO_2)年均浓度分别为48微克/立方米、76微克/立方米、12微克/立方米和38微克/立方米;一氧化碳(CO)和臭氧(O_3)浓度分别为1.4毫克/立方米和177微克/立方米。与2017年相比,PM2.5、PM10、SO_2、NO_2和CO浓度分别下降2.0%、6.2%、25.0%、2.6%和6.7%,O_3浓度保持稳定。按照《环境空气质量标准》(GB 3095—2012)二级标准进行年度评价,13个设区市环境空气质量均未达标,超标污染物为PM2.5、PM10、O_3和NO_2。其中,13市PM2.5浓度均超标;除苏州、南通和连云港3市外,其余10市PM10浓度超标;除南通市外,其余12市O_3浓度超标;南京、无锡、徐州、常州、苏州5市NO_2浓度超标。全省环境空气质量优良天数比率为68.0%,与2017年相比保持稳定,13市优良天数比率介于56.2%～79.7%。2018年,按照省政府发布的《江苏省重污染天气应急预案》,全省共发布5次蓝色预警、5次黄色预警、1次橙色预警,预警天数达41天。酸雨:2018年,全省酸雨平均发生率为12.1%,降水年均pH值为5.69,酸雨年均pH值为4.94。13个设区市中有9市监测到不同程度的酸雨污染,酸雨发生率介于0.9%～25.1%。徐州、连云港、盐城和宿迁4市未监测到酸雨。与2017年相比,全省酸雨平均发生率下降3.5个百分点,降水酸度和酸雨酸度均有所减弱。

水环境。2018年,全省水环境质量总体有所改善。纳入国家《水污染防治行动计划》地表水环境质量考核的104个断面中,年均水质符合《地表水环境质量标准》(GB 3838—2002)Ⅲ类标准的断面比例为68.3%,较年度考核目标(66.3%)高2个百分点;劣Ⅴ类断面比例为1.0%,较年度考核目标(1.9%)低0.9个百分点。纳入江苏省"十三五"水环境质量目标考核的380个地表水断面中,年均水质符合Ⅲ类的断面比例为74.2%,Ⅳ—Ⅴ类水质断面比例为25.0%,劣Ⅴ类断面比例为0.8%。与2017年相比,符合Ⅲ类断面比例上升6.6个百分点,劣Ⅴ类断面比例持平。饮用水源:全省饮用水以集中式供水为主。根据《关于印发江苏省2018年水污染防治工作计划的通知》(苏水治办〔2018〕3号),2018年,全省实测128个县级及以上城市集中式饮用水水源地,取水总量约为66.85亿吨,地表水水源地和地下水水源地取水量分别占99.7%和0.3%,其中长江和太湖取水量分别约占取水总量的55.5%和17.6%。依据《地表水环境质量标准》(GB 3838—2002)和《地下水质量标准》(GB/T 14848—2017)评价,全省县级及以上城市集中式饮用水水源地达标(达到或优于Ⅲ类标准)水量为66.70亿吨,占取水总量的99.8%。全年各次监测均达标的水源地有116个,占90.6%。太湖流域:2018年,太湖湖体总体水质处于Ⅳ类(不计总氮)。湖体高锰酸盐指数和氨氮年均浓度均处于Ⅱ类;总磷年均浓度为0.087毫克/升,处于Ⅳ类;总氮年均浓度为1.38毫克/升,处于Ⅳ类。与2017年相比,高锰酸盐指数、氨氮浓度稳定在Ⅱ类以上,总氮浓度下降16.4%,总磷浓度上升7.4%。湖体综合营养状态指数为56.0,同比下降0.8,总体处于轻度富营养状态。4—10月,太湖蓝藻预警监测期间,通过卫星遥感监测共计发现蓝藻水华聚集现象119次。与2017年同期相比,发生次数略有增加,但最大和平均发生面积分别减少48.6%和35.3%。15条主要入湖河流中,有11条年均水质符合Ⅲ类,占73.3%;其余4条河流水质为Ⅳ类,水质同比稳定。列入省政府目标考核的太湖流域,137个重点断面水质达标率为94.2%,较2017年上升9.5个百分点。淮河流域：2018年，淮河干流江苏段水质良好，4个监测断面年均水质均符合Ⅲ类标准，与2017年相比水质保持稳定。主要支流水质总体处于轻度污染，符合Ⅲ类、Ⅳ类、Ⅴ类和劣Ⅴ类水质断面分别占67.8%、20.3%、6.7%和5.2%，影响水质的主要污染物为总磷、化学需氧量和氨氮。与2017年相比，符合Ⅲ类水质断面比例上升1.5个百分点，劣Ⅴ类水质断面比例下降0.8个百分点。南水北调东线江苏段15个控制断面年均水质均达Ⅲ类标准要求。长江流域：长江干流江苏段总体水质为优，10个断面水质均为Ⅱ类，与2017年相比水质保持稳定。主要入江支流水质总体处于轻度污染，41条主要入江支流的45个控制断面中，年均水质符合Ⅲ类、Ⅳ类、Ⅴ类和劣Ⅴ类断面分别占73.3%、15.6%、4.4%和6.7%。与2017年相比，符合Ⅲ类水质断面比例上升4.4个百分点，劣Ⅴ类水质断面比例持平。近岸海域：2018年，全省31个国省控海水水质测点中，达到或优于《海水水质标准》（GB 3097—1997）Ⅱ类水质的比例为64.5%，Ⅲ类、Ⅳ类和劣Ⅳ类水质比例分别为9.7%、16.1%和9.7%。与2017年相比，近岸海域水质有所改善，达到或优于Ⅱ类海水水质测点比例增加22.6个百分点，劣Ⅳ类测点比例减少6.4个百分点。全省26条主要入海河流监测断面中，年均水质处于《地表水环境质量标准》（GB 3838—2002）Ⅱ类与Ⅲ类、Ⅳ类、Ⅴ类和劣Ⅴ类比例分别为23.1%、34.6%、15.4%和26.9%；与2017年相比，符合Ⅲ类断面比例下降11.5个百分点，劣Ⅴ类断面比例持平。

土壤环境。2018年，江苏省对国家网82个土壤背景点位开展了土壤环境质量监测。82个土壤背景点位中，有72个未超过《土壤环境质量农用地土壤污染风险管控标准（试行）》（GB 15618—2018）风险筛选值，达标率为87.8%。超标点位中，处于轻微污染、中度污染点位个数分别为9个和1个，占比分别为11.0%和1.2%，无轻度污染和重度污染点位。无机超标项目主要为镉、砷、铜、镍和铬，有机项目未出现超标现象。

声环境。2018年，全省声环境质量总体较好，昼间和夜间声环境质量基本保持稳定。区域声环境：全省设区市昼间区域声环境质量总体较好，噪声平均等效声级为54.9分贝，同比上升0.3分贝；夜间区域声环境质量总体一般，噪声平均等效声级为46.3分贝，较2013年（夜间声环境质量每5年监测一次）上升0.2分贝。13个设区市中有7市达到城市区域环境噪声昼间二级（较好）水平，2市达到夜间二级（较好）水平，其余均为三级（一般）水平。影响城市声环境质量的主要声源是社会生活噪声，昼间和夜间占比分别为51.7%和52.0%；其余依次为交通噪声（昼间28.7%、夜间27.6%）、工业噪声（昼间16.5%、夜间17.3%）和施工噪声（昼间3.1%、夜间3.0%）。功能区声环境：依据国家《声环境质量标准》（GB 3096—2008）评价，全省设区市1～4（4a、4b）类功能区声环境昼间达标率分别为93.5%、96.1%、100%、99.4%和100%，夜间达标率分别为79.7%、89.2%、95.0%、84.3%和88.9%。与2017年相比，功能区噪声昼间平均达标率上升0.4个百分点，夜间平均达标率下降1.1个百分点。道路交通声环境：全省设区市道路交通噪声昼间平均等效声级为66.2分贝，同比略降0.1分贝；夜间平均等效声级为56.0分贝，较2013年上升0.3分贝。监测路段中，声强超过国家二级标准限值（昼间为70分贝，夜间为60分贝）的路段分别占监测总路长的13.7%（昼间）和21.5%（夜间），昼间超标路段比例较2017年上升0.7个百分点，夜间超标路段比例较2013年上升1.0个百分点。

生物环境。淡水生物环境：2018年，全省对长江流域、太湖流域、淮河流域126个国考断面和23个饮用水源地开展水生生物监测。监测结果表明，三大流域水生生物多样性级别均为"一般"级别，长江干流江苏段情况略有改善。2018年，对全省13个设区市的主要饮用水源地与环境空气开展微生物监测。主要饮用水源地水质微生物指标达标率为100%，同比上升8.0个百分点。64个城市空气微生物测点中细菌含量评价为"清洁"的测点比例为76.6%，较2017年上升9.9个百分点；霉菌含量评价为"清洁"的测点比例为56.5%，较2017年下降12.5个百分点。海洋生物环境：2018年，江苏管辖海域共布设海洋生物多样性测点26个。浮游植物共监测到116种，优势种为中肋骨条藻和尖刺伪菱形藻等，平均生物密度为$249.32×10^4$个/立方米。生物多样性指数全年平均为2.54，物种丰富度较高，个体分布比较均匀，多样性指数较高。浮游动物共监测到60种，优势种为小拟哲水蚤、双刺纺锤水蚤、拟长腹剑水蚤和强额拟哲水蚤等，平均生物密度为1628.21个/立方米，平均生物量为596.70毫克/立方米。生物多样性指数全年平均为1.69，物种丰富度较低，个体分布比较均匀，多样性指数级别一般。底栖生物共监测到174种，优势种为伶鼬榧螺、棘刺锚参和滩栖阳遂足，平均生物密度为11.92个/平方米，平均生物量为10.46克/平方米。生物多样性指数全年平均为2.49，物种丰富度较高，个体分布比较均匀，多样性指数较高。潮间带底栖生物共监测到103种，优势种为文蛤、褶牡蛎、舌形贝、四角蛤蜊和疣荔枝螺等，平均生物密度为111.83个/平方米。生物多样性指数全年平均为1.84，物种丰富度较低，个体分布比较均匀，多样性指数级别一般。

生态环境。全省生态环境状况：生态遥感监测结果显示，2018年全省生态环境状况指数为66.2，各设区市生态环境状况指数处于61.4～70.7，生态环境状况均处于良好状态。与2017年相比，全省生态环境状况指数下降0.2，生态环境状况无明显变化。苏北浅滩生态监控区：2018年，对苏北浅滩生态监控区实施了环境质量状况和生物多样性监测。监测结果表明，苏北浅滩生态监控区邻近海域水质符合一类、二类、三类、四类和劣四类水质标准的站位分别占27.3%、33.3%、30.3%、0.0%和9.1%，主要污染物为无机氮、活性磷酸盐，有轻度富营养化水体存在。浮游植物、浮游动物生物密度丰富，底栖生物、潮间带生物资源稳定。苏北浅滩生态监控区仍处于亚健康状态。

辐射环境。2018年，全省辐射环境59个国控点和231个省控点监测结果表明，太湖、淮河、长江等重点流域水体及近岸海域海水、海洋生物中放射性核素浓度与1989年江苏省环境天然放射性水平调查测量结果处于同一水平；重点饮用水水源地取水口水中放射性指标符合《生活饮用水卫生标准》（GB 5749—2006）要求。环境中电磁辐射监测结果均低于《电磁环境控制限值》（GB 8702—2014）中公众曝露控制限值的要求。田湾核电站外围辐射环境状况处于正常水平，辐射环境监督性监测系统正常运行，数据捕获率达100%。核电站周围大气、陆地、海洋和生物环境样品中放射性监测结果均在天然本底涨落范围内。全省12家辐照中心、12家伴生矿开发利用企业辐射环境满足相关标准要求，江苏省城市放射性废物库库区周围水体、土壤等环境介质中放射性核素含量在本底水平范围；广播电视发射台、移动通信基站、高压输变电工程等电磁设施周围环境电磁辐射水平均满足相关标准要求。

固体废物。截至2018年年底，全省共建成危险废物集中处置设施70座，其中焚烧处置设施53座，焚烧处置能力121.4万吨/年，填埋处置设施17座，填埋处置能力41.9万吨/年，全省危险废物集中处置能力163.3万吨/年，同比增长66.8%。2018年，江苏省办理危险废物移入审批751项、危险废物移出审批940项。截至2018年年底，江苏省废弃电器电子产品拆解处理企业共8家，分别位于南京、常州、苏州、南通、淮安和扬州6市，废电视机、废冰箱、废洗衣机、废空调和废电脑年处理能力1053.1万台。2018年，共拆解处理514.6万台，其中废电视机占44.2%、废冰箱占14.1%、废洗衣机占12.1%、废空调占6.0%、废电脑占23.6%。

海洋环境。海水水质：2018年，江苏管辖海域共布设国控海水水质测点74个，符合优良（一、二类）海水水质标准的面积比例为47.5%；符合三类海水水质标准的面积比例为24.5%；符合四类海水水质标准的面积比例为20.3%；劣于四类海水水质标准的面积比例为

7.7%。海水中pH值、溶解氧、化学需氧量、石油类、重金属（铜、锌、铅、镉、铬、汞）和砷总体符合一类海水水质标准；主要超标物为无机氮、活性磷酸盐。海水浴场：2018年7—9月，对连岛大沙湾和苏马湾海水浴场开展了环境监测工作。监测结果显示，连岛海水浴场健康指数为92，等级为"优"，适宜和较适宜游泳的天数比例为75.0%，造成不适宜游泳的主要原因是天气不佳。海洋垃圾：2018年，选择南通市东洋口闸西海域、盐城市海水养殖示范园区外海域、连云港市连岛东海域、赣榆石桥镇大沙村沿海沙滩作为海洋垃圾监测区域。监测结果表明，海面漂浮垃圾、海滩垃圾主要为木制品、塑料、竹制品、钢制品、聚苯乙烯泡沫塑料和浮球等，海底垃圾主要为塑料制品。与2017年相比，海面漂浮垃圾密度略有上升，海滩垃圾密度有所下降，海底垃圾密度有所上升，海洋垃圾数量总体处于较低水平。海洋垃圾密度较高区域主要分布在滨海旅游休闲娱乐区、农渔业区、港口航运区及邻近海域。

广播电视科技
Radio and TV Science & Technology

【概　况】　截至2018年年底，经国家广电总局批准，江苏省共有广播电视播出机构87家，其中广播电台8家，电视台8家，广播电视台71家。全省共开办121套公共广播节目，其中省级10套，地市级51套，县级60套，全年公共广播播出时间778109小时48分钟。全省共开办123套公共电视节目，其中省级9套，地市级50套，县级64套。省台还开办2套付费电视节目。全年公共电视播出时间756635小时47分钟。

共有广播电视发射台和转播台127座，其中中短波转播发射台21座，调频、电视转播发射台106座。有线广播电视干线网达43532.68千米，骨干网扩容至8800G。全省有线电视用户达16405483户，其中数字电视用户15667070户、双向电视用户5946447户；全省广播、电视人口综合覆盖率均为100%。

【推进智慧广电建设】　截至2018年年底，全省广电移动客户端（APP）116个，微信公众号752个，微博账号524个。其中，"荔直播"点击量突破40亿，位居省级广电移动直播前三；"荔枝新闻"客户端下载用户突破2000万，巩固了江苏主流新媒体地位；"我苏"客户端下载用户突破200万，成为新媒体阵地新兴力量；"大蓝鲸"客户端升级6个版本，助力广播融合传播；公益性高雅艺术普及传播平台"爱艺在线"，获得2018年度"全省宣传思想文化工作创新奖提名奖"；"孝乐神州"节目数量较上线之初翻了一番，全年点播量达1382万次；"电影院线"栏目累计上线影片818部，覆盖全部院线电影；"名师空中课堂"成为省教育厅指定的课后服务内容之一，2018年春节长假期间点播量超过54万次。

为贯彻长三角区域一体化发展的国家战略，推进智慧广电与人工智能深度融合，2018年6月，江苏省广电局在上海与国家广电总局广科院、区域其他省（市）广电局和科大讯飞公司共同签署了"长三角区域智慧广电与人工智能语音技术融合创新战略合作"协议。为落实协议，加快江苏省智慧广电建设在平台、技术、应用等方面的融合创新，一个月后，省局组织部分省市县广电领导、专家赴合肥科大讯飞公司考察调研，并就技术研发、产品合作、业务创新等进行深入交流，寻找智慧广电与人工智能的结合点。省总台在荔枝云部署了智能语音转写系统，可以进行文稿、唱词的快速编辑生产，实现音频素材快速转写为文字，供文稿、唱词编辑使用，提高了工作效率。此外，紫金论坛通过讯飞听见会议系统，实现实时语音撰写投屏。省网公司研究院就语音交互平台与科大讯飞进行了3次交流，并在无锡分公司进行试点上线，目前智能语音交互平台已稳定运行，发展语音遥控器用户约8000户。下一步将继续扩大用户数量，开展增值业务，以及对智能家居、智能音箱应用语音交互。同时，双方就华博在线教育系统中提供名师智能语音合成、讲课语音整理成课件等达成合作意向。

为实现"广播电视要积极参与智慧城市、智慧乡村、智慧社区和智慧家庭建设"的要求，省网公司出台了"智慧广电"项目管理办法、品牌管理规范，加强了项目的审核管理，立足网络平台服务党委政府。其中，"地方新闻"点播量超过170万次，成为用户关注度最高的主旋律栏目；与省委组织部合作打造的"江苏先锋"党建教育平台在南京、泰州等地试运行；打造东海县温泉镇智慧信息平台，为党委政府和群众百姓搭建综合信息服务电视门户。苏州分公司加大自身投入，不断完善和拓展智慧乡镇建设，全市通过验收及在建的有线智慧镇（街道）达38个，吴江区、相城区率先完成有线智慧镇（街道）全覆盖。无锡的"电视交警"和"三务公开"，搭建了服务平台，丰富了讯息内容。洪泽的"智慧城市"助力乡村振兴，打造智慧村镇新试点。句容智慧党建引入ISO 9000管理体系，打通县镇村三级党建平台，以积分形式考核党建学习效果。丹阳利用有线网络传输通道，为新时代文明实践中心试点搭建调度指挥、信息发布和数据展示平台。

【科技创新】 竞赛评奖取得喜人成绩。在广电总局广播电视技术能手竞赛中，江苏选手获1个二等奖、2个三等奖。在全国电视节目技术质量奖评比中，江苏获得5项一等奖、17项二等奖、8项三等奖及金帆综合奖；在全国广播节目技术质量奖评比中，江苏获得2项一等奖、11项二等奖、14项三等奖及金鹿综合奖。在由中国广播电影电视社会组织联合会举办的"2018年度广播影视科技创新奖"活动中，由省广电总台完成的"荔枝云平台"获突出贡献奖，由苏州广播电视台完成的"直播新闻演播室智能化应用"获一等奖，由省局、省广电总台参与的其他3个项目也获得了一等奖。在全国有线广播电视机线员职业技能竞赛中，江苏省获团体奖，5名选手获个人奖，其中一等奖1名。

【无线数字化工程基本完成】 江苏省建设了1张省域单频网，1组（13张）市域单频网和1张省域多频网，完成83座台站和203个地面数字电视频道的建设，经总局广播电视规划院测试，节目覆盖率达到90%，实现中央、省、市、县四级15套电视节目无线数字化覆盖。2018年9月，无线数字化覆盖工程（电视）技术平台通过验收，并于12月28日正式播出。同年11月，省局召开中央广播节目无线数字化覆盖（CDR）试点工程验收准备会，加大督导力度，按期完成全省14家发射台站的数字音频广播（CDR）试点建设，进一步完善了公共服务体系。

【高清化建设】 2018年积极推进市、县两级全台网建设，加快高清制播系统建设。地级台中，江苏省高清发展全国领先，高清频道占比达35%，苏州、常州和徐州3台已实现全台所有电视频道高清化。全年新增高清互动机顶盒126万台，全省高清互动电视机顶盒总数达到700万台。

【应急广播试点建设】 2018年，全省应急广播建设量化目标为2000个行政村。围绕这个目标，省广电局宣贯解读《全国应急广播体系总体规划》，修订发布《江苏省县级应急广播建设工程验收暂行办法》，通报全省建设情况，对全省应急广播体系建设进行了再动员。2018年，全省34个县（市、区）开展应急广播建设，通过省广电局验收的有22个，4个设区市级平台已开始招标启动建设，2018年新增2152个行政村覆盖，累计完成3337个行政村。各级财政累计投入11868.9万元，使用省财政资金3087.2万元，建设地区补贴2669.5万元。总的来看，江苏省应急广播体系建设可圈可点，在全国基层应急广播工作推进会上，江苏省广电局第一个做了交流发言。

【广播电视进渔船工程顺利完成】 利用直播卫星为渔民提供实时新闻、气象信息等广播电视节目。在试点工程基础上，组织第二批工程建设，共有334艘渔船完成设备安装调试并通过验收。

【加快推进全省媒体融合】 运用新一代信息技术成果，研究制定云平台合作技术路径，加快省广电总台与市县媒体的台云平台合作建设。如"宜兴发布""金坛手机台"等县级广电项目，与金陵晚报合作打造"紫金山"新闻客户端、为苏州日报开发"i苏州"客户端等。2018年9月，省总台与洪泽区合作，建设洪泽融媒体中心，12月8日，融媒体新闻年会在淮安召开，会上成立了"荔枝云平台"县级融媒体中心联盟，有效推动省市县新闻融合创新发展。

【建成移动监测系统】 江苏省广播电视移动监测系统主要由5个分系统组成，包括车载系统、天馈系统、信号传输系统、收测和控制系统、计算机系统。车载系统承载全部监测设备，负责设备的电力供应；天馈系统接收信号后，传输给收测和控制系统，对信号高精度分析后，再由计算机系统进行信息处理。移动监测系统建成后，一是在重保期时，保障全省广播电视信号的安全播出；二是核查广播电视的覆盖效果，改善和提高广播电视的发射质量；三是快速发现干扰信号，维护空中无线电波秩序，保护频谱资源；四是准确地定位非法电台，并对播出内容进行录音取证，协助公安、无线电管理部门及时取缔这些非法电台；五是为各级领导了解、掌握实际播出质量、覆盖效果提供信息来源，为广播电视事业合理规划、科学决策提供可靠依据。

【建成地面数字电视、调频广播监测系统】 作为全国范围内第一家省级地面数字电视（DTMB）监测系统，实现对江苏省各市县地面数字电视节目质量、效果、内容、播出状态监听监看的同时，江苏省广播电视监测台决定此次不是完全新建一个独立系统，而是充分考虑现有各监测前端的建设时间、硬件架构、可用度及转码方式等因素，采取新建监测前端和原有前端增加监测板卡扩容相结合的方式，来满足此次项目需求。有效提高了地面数字电视覆盖网的运维效率、节约了覆盖网运维的财力资源和人力成本。

质监科技
Quality & Technology Supervision Science & Technology

【概　况】 2018年，全省市场监管系统紧扣目标任务，一着不让狠抓落实，各项工作平稳有序推进，取得显著成效。食品药品和特种设备安全形势稳定向好、商事制度和审评审批制度改革不断深化、市场竞争秩序更加规范、质量和标准化工作稳步提升、知识产权工作力度不断加大、党的建设和队伍建设有效加强。全年围绕市场监督检验检测下达了科技项目56个，科研经费1069万元。发布江苏省地方标准127项。

【食品药品和特种设备安全形势稳定向好】 深入开展食品药品安全大督查大排查大落实集中行动，累计排查整改各类风险隐患1.7万项次。积极妥善应对处置长春长生疫苗事件，健全完善药品生产、流通等环节监管措施。全年查处食品药品违法案件1.5万余件，罚没金额超2.8亿元，移送司法机关514件，泰州市查处"3·7"特大生产销售不符合卫生标准化妆品案被国家总局在全国通报表扬。持续加大食品安全监管力度，重点办好食品安全电子追溯体系建设、餐饮业质量安全提升行动两项民生实事，南京市在全省首家通过创建国家食品安全示范城市初评。强化特种设备风险管控和隐患排查双重预防机制建设，扎实开展薄弱环节专项整治，特种设备万台事故率、死亡率均同比下降22.6%。

【商事制度和审评审批制度改革不断深化】 全面推开"证照分离""三十证合一、一照一码"改革，全省开办企业平均用时压缩到2.38天，全年新登记市场主体165.3万户，日均新登记企业1520户。南京、宿迁等市率先在全省实现企业开办"一网通办"。提请省委省政府出台《关于深化审评审批制度改革鼓励药品医疗器械创新的实施意见》《关于进一步落实改革完善仿制药供应保障及使用政策的实施意见》，国家批准上市的10个国产创新药品中江苏有6个，24个品规仿制药通过一致性评价，占全国总量的22%。

【市场竞争秩序更加规范】 公平竞争审查工作实现全覆盖，全省对含有违背公平竞争内容的657份文件予以修改或废止。南通市在设区市中首家将公平竞争审查工作纳入政府依法行政考核。加强竞争和价格执法，全省查处垄断案件36件、不正当竞争案件831件、价格违法案件846件。传统媒体广告监管和互联网广告整治同步推进，江苏省是传统媒体广告违法率最低的省份之一。优化升级网络交易监管系统，与电商平台协作共治力度加大。开展跨部门"双随机"联合抽查试点，推进部门涉企信息归集共享，对2.8万户违法失信企业实施信用惩戒。提升消费维权效能，全年受理消费投诉举报咨询73.6万件，为消费者挽回经济损失1.73亿元。省消保委积极推动解决个人信息安全和飞机票"退改签"等热点难点问题，在全国产生广泛影响。

【质量和标准化工作稳步提升】 省委省政府出台《江苏省质量提升行动实施方案》，省政府召开全省质量工作暨国家标准化综合改革试点推进电视电话会议，发布全国首部地方标准化政府规章《江苏省标准监督管理办法》。累计组织企业主导或参与制修订国际标准39项，国家和行业标准5000余项。无锡江阴阳光集团获得第三届中国质量奖，实现江苏省零的突破。徐州市出台全国首部质量促进地方性法规。省液体流量计量中心自主研发的油流量标准装置各项指标均达到全国最高水平。

【知识产权工作力度不断加大】 省政府和国家知识产权局制定新一轮合作会商工作要点，江苏省成功举办第三届紫金知识产权峰会和首届商标品牌紫金峰会，常州市成功举办首届中国互联网知识产权大会。全省商标有效注册量超过123万件，万人发明专利拥有量达26.45件，获第二十届中国专利奖金奖4项、银奖6项，建成国家级知识产权保护中心3家。

【党的建设和队伍建设有效加强】 强化全面从严治党主体责任，认真组织学习贯彻习近平新时代中国特色社会主义思想和党的十九大精神，扎实推进党的建设和反腐倡廉工作。积极配合开展巡视工作，自觉接受政治体检，坚持立行立改，狠抓巡视反馈意见的整改落实。深入开展各类业务培训，有效提升了队伍能力素质。

2018年江苏省新颁布地方标准目录

序号	标准编号	地方标准名称
1	DB32/ 1072—2018	太湖地区城镇污水处理厂及重点工业行业主要水污染物排放限值
2	DB32/T 1066—2018	金坛无节水芹生产技术规程
3	DB32/T 1705—2018	太湖流域池塘养殖水排放要求
4	DB32/T 2060—2018	单位能耗限额
5	DB32/T 2061—2018	单位能耗限额统计范围和计算方法
6	DB32/T 3034—2018	品质城市评价指标体系
7	DB32/T 3347—2018	果蔬保鲜库　名称及型号编制规则

续表

序号	标准编号	地方标准名称
8	DB32/T 3348—2018	棚用微耕机　安全操作规程
9	DB32/T 3349—2018	深松机作业技术规范
10	DB32/T 3350—2018	蔬菜机械化耕整地作业技术规范
11	DB32/T 3351—2018	微孔曝气增氧设备安装技术规范
12	DB32/T 3352—2018	玉米免耕精量播种机械化生产技术规程
13	DB32/T 3353—2018	凤丹牡丹播种育苗技术规程
14	DB32/T 3354—2018	黑莓育苗技术规程
15	DB32/T 3355—2018	蓝莓避雨栽培技术规程
16	DB32/T 3356—2018	南京椴组培育苗技术规程
17	DB32/T 3357—2018	沿海盐碱地草坪建植养护技术规程
18	DB32/T 3358—2018	红花石蒜组培快繁技术规程
19	DB32/T 3359—2018	花莲盆栽技术规程
20	DB32/T 3360—2018	蒲包花设施栽培技术规程
21	DB32/T 3361—2018	苔草繁殖技术规程
22	DB32/T 3362—2018	文心兰设施栽培技术规程
23	DB32/T 3363—2018	玉簪繁殖育苗技术规程
24	DB32/T 3364—2018	中山杉速生丰产用材林定向培育技术规程
25	DB32/T 3366—2018	水稻细菌性条斑病防控技术规程
26	DB32/T 3367—2018	水稻细菌性条斑病监测与检测技术规程
27	DB32/T 3368—2018	黄金芽茶加工技术规程
28	DB32/T 3369—2018	"西瓜－秋茭白－夏茭白－慈菇"水旱轮作设施高效栽培技术规程
29	DB32/T 3370—2018	双孢蘑菇栽培基质隧道发酵技术规程
30	DB32/T 3371—2018	唐菖蒲日光温室栽培技术规程
31	DB32/T 3372—2018	东方百合脱毒技术规程
32	DB32/T 3373—2018	体育赛事信息化系统软件检测基本要求
33	DB32/T 3374—2018	智能终端应用软件安全性测评技术要求
34	DB32/T 3375—2018	公共场所母乳哺育设施建设指南
35	DB32/T 3376—2018	街道（乡镇）人力资源和社会保障服务中心设施设备要求
36	DB32/T 3377—2018	城市公共建筑人防工程规划设计规范
37	DB32/T 3378—2018	新型墙体材料生产企业试验室管理规范
38	DB32/T 3379—2018	沿江化工企业基本安全技术规范
39	DB32/T 3380—2018	冶金企业煤气防护站建设规范
40	DB32/T 3381—2018	液氯汽车罐车、罐式集装箱装卸场地（厂房）安全设计技术规范
41	DB32/T 3382—2018	道路运输液体危险货物罐式车辆　金属常压罐体外包式热防护阻爆技术要求

续表

序号	标准编号	地方标准名称
42	DB32/T 3383—2018	燃煤火力发电企业职业病危害因素在线监测装置设置规范
43	DB32/T 3384—2018	民宿业卫生规范
44	DB32/T 3385—2018	预防接种卫生监督指南
45	DB32/T 3386—2018	机动车驾驶培训智能化管理与服务系统 平台技术规范
46	DB32/T 3387—2018	公路水运工程试验检测信息管理系统通用要求
47	DB32/T 3388—2018	美甲场所卫生管理规范
48	DB32/T 3389—2018	企业危险化学品重大危险源安全监控预警系统技术规范
49	DB32/T 3390—2018	一体化智能泵站应用技术规范
50	DB32/T 3391—2018	涉及饮用水卫生安全产品 生产企业卫生要求
51	DB32/T 3392—2018	灌溉水系数应用技术规范
52	DB32/T 3393—2018	警务效能监察工作规范
53	DB32/T 3394—2018	鹅种蛋机器孵化技术规程
54	DB32/T 3395—2018	鸡孵化厂菌落总数检测与评判
55	DB32/T 3396—2018	妊娠母猪智能化饲养技术规程
56	DB32/T 3397—2018	地面数字电视机顶盒技术规范
57	DB32/T 3398—2018	电梯维保单位星级评定规范
58	DB32/T 3399—2018	人民防空食品药品储备供应站设计规范
59	DB32/T 3400—2018	场（厂）内专用机动车辆作业人员（司机）考试规范
60	DB32/T 3401—2018	桥门式起重机作业人员（司机）考试规范
61	DB32/T 3402—2018	危险化学品企业安全隐患排查治理规范
62	DB32/T 3403—2018	危险化学品企业动火作业安全管理规范
63	DB32/T 3404—2018	传染病防治人员职业健康检查技术规范
64	DB32/T 3405—2018	生态修复型人工湿地中植物配置技术规程
65	DB32/T 3406—2018	危险化学品企业安全生产标准化管理规范
66	DB32/T 3407—2018	食品安全电子追溯标识解析服务数据接口规范
67	DB32/T 3408—2018	食品安全电子追溯生产企业数据上报接口规范
68	DB32/T 3409—2018	食品安全电子追溯数据交换接口规范
69	DB32/T 3410—2018	食品安全电子追溯数据目录服务数据接口规范
70	DB32/T 3411—2018	食品安全电子追溯信息查询服务数据接口规范
71	DB32/T 3412—2018	地理信息公共服务平台 公开版电子地图处理规程
72	DB32/T 3413—2018	剧院数字化服务系统接口规范
73	DB32/T 3414—2018	公共资源交易场所配置与现场服务管理规范
74	DB32/T 3415—2018	超高频射频识别标签最小激活功率测试方法
75	DB32/T 3416—2018	超高频射频识别读写器灵敏度测试方法

续表

序号	标准编号	地方标准名称
76	DB32/T 3417—2018	城市共同配送服务规范
77	DB32/T 3418—2018	城市配送仓储货架管理规范
78	DB32/T 3419—2018	托盘租赁服务规范
79	DB32/T 3420—2018	国土资源"四全"服务规范
80	DB32/T 3421—2018	基础地理信息系统安全风险评估规范
81	DB32/T 3422—2018	医疗机构物体表面洁净度ATP生物荧光检测规范
82	DB32/T 3423—2018	银杏叶用林高产优质栽培技术规程
83	DB32/T 3424—2018	餐饮排油烟设施清洗技术及检验规范
84	DB32/T 3425—2018	林木品种审（认）定程序基本规范
85	DB32/T 3426—2018	草莓连作土壤管理技术规程
86	DB32/T 3427—2018	草莓和玉米套作技术规程
87	DB32/T 3428—2018	桃标准园建设规范
88	DB32/T 3429—2018	桃避雨设施栽培技术规程
89	DB32/T 3430—2018	紫金久红草莓设施生产技术规程
90	DB32/T 3456—2018	行政许可容缺受理服务规范
91	DB32/T 3457—2018	核应急指挥信息平台建设规范
92	DB32/T 3458—2018	居家养老送餐服务规范
93	DB32/T 3459—2018	石墨烯薄膜微区覆盖度测试 扫描电子显微镜法
94	DB32/T 3460—2018	养老机构医养结合服务规范
95	DB32/T 3461—2018	人民防空工程标识
96	DB32/T 3462—2018	村庄生活污水治理水污染物排放标准
97	DB32/T 3463—2018	第三方物流道路运输作业服务规范
98	DB32/T 3464—2018	蛋鸭规模圈养技术规程
99	DB32/T 3465—2018	苏姜猪品种
100	DB32/T 3466—2018	泰花7号花生
101	DB32/T 3467—2018	苋菜生产技术规程
102	DB32/T 3468—2018	村（社区）综合性文化服务中心服务规范
103	DB32/T 3469—2018	道路甩挂运输生产作业流程规范
104	DB32/T 3470—2018	大中型水库调度规范
105	DB32/T 3471—2018	水生态文明城市评价导则
106	DB32/T 3472—2018	微劈裂真空预压加固软土地基技术规范
107	DB32/T 3473—2018	发酵床垫料有机肥堆制技术规程
108	DB32/T 3474—2018	发酵床垫料基质化技术规程
109	DB32/T 3475—2018	糯玉米品种 苏玉糯901
110	DB32/T 3476—2018	草莓-厚皮甜瓜大棚栽培技术规程

续表

序号	标准编号	地方标准名称
111	DB32/T 3477—2018	'夏红'紫叶李种苗培育规程
112	DB32/T 3478—2018	大蚕漏空透气饲育技术规程
113	DB32/T 3479—2018	夏大豆'通豆10号'生产技术规程
114	DB32/T 3480—2018	夏大豆'通豆11'生产技术规程
115	DB32/T 3481—2018	蚕业家庭农场建设规范
116	DB32/T 3482—2018	杂交黄颡鱼池塘养殖技术规范
117	DB32/T 3483—2018	黄颡鱼与瓦氏黄颡鱼 杂交人工繁育技术规程
118	DB32/T 3484—2018	地方志数字化处理规范
119	DB32/T 3485—2018	地方志著录元数据规范
120	DB32/T 3486—2018	甘蓝根肿病抗性鉴定技术规程
121	DB32/T 3487—2018	黄瓜绿斑驳花叶病毒苗期检测技术规程
122	DB32/T 3488—2018	水稻品种（系）抗细菌性条斑病鉴定方法
123	DB32/T 3489—2018	玉米粗缩病人工接种鉴定技术与抗性评价规程
124	DB32/T 479—2018	蒸压粉煤灰（保温）空心砖技术规范
125	DB32/T 695—2018	鹅颈白萝卜生产技术规程
126	DB32/T 791—2018	地下水利用与保护规程
127	DB32/T 802—2018	鹿苑鸡饲养技术规程

粮食科技

Grain Science & Technology

【概　况】　2018年度，江苏粮食科技工作坚持以率先基本实现粮食流通现代化为主线，以科技创新为引领，以人才支撑为驱动，大力实施"科技兴粮、人才强粮"战略，引导各种优势资源禀赋不断向行业集聚，扎实推动粮食流通产业向更高水准、更深层次、更宽领域发展，为打造粮食流通改革的实践区、粮食流通现代化的先行区奠定坚实基础。

【科研项目经费与成果】　2018年，江苏省粮油科技入统项目共128个，国家财政总预算为2646万元，当年国家财政拨款1205万元，地方财政拨款1703万元，单位自筹12915万元，其他605万元。全省粮食行业科技投入资金16428万元。科研成果中，基础类成果330项：专利106个，论文153篇，著作3部，标准制定和修改9项；省级获奖1项。应用类成果56项：新产品23项，新技术19项，新工艺14项。

【做强"苏米"】　发布"苏米"团体标准，组织2018年度"苏米"首批核心企业评选，对入选企业进行"苏米"集体商标免费授权使用。筹建"苏米"研究院，与省农科院育种专家团队合作，示范推广具有江苏特色的优质稻谷品种，研发"苏米"专用品种。制定《"苏米"品牌管理办法》和《"苏米"产业联盟章程》。

【绿色储粮】　利用世界粮食日、粮食科技活动周等多渠道、多形式宣传节粮减损知识，积极推广节粮新设施、新技术，推广使用绿色储粮技术。开展粮情智能测控、绿色干燥热源、绿色储粮技术、储粮风险预警等研究应用。举办全省粮食产业综合业务培训班，介绍水源热泵谷物冷却技术，实地观摩水源热泵在粮库的应用，引导各地加大绿色储粮技术应用。全省实现气调储粮仓容238万吨，实现低温准低温储粮仓容1651万吨，占全省完好仓容的47%。粮库仓顶光伏发电装机容量8166千瓦，年度发电量480万千瓦时，绿色储粮设施比例大幅提高。

【粮食信息化】 2018年，江苏粮食行业对国内第一款全省域推广、专门为农户售粮服务的手机应用"满意苏粮APP"进行了推新升级。通过APP可以了解收购政策和收购动态、收购库点信息、质价标准、价格测算等。

【平台建设】 联合江苏省粮食集团有限责任公司与南京财经大学共建国家优质粮食工程（南京）技术创新中心。中心将立足江苏、面向全国，积极开展以提升粮油品质为重点的科技攻关，上下联动，大力推进科技创新。扶持粮食领域省级以上工程实验室、重点实验室建设，加大粮食科技成果集成示范基地、科技协同创新共同体的建设力度，推进科技资源开放共享。

防震减灾科技
Quakeproof and Disaster Reduction Science & Technology

【震 情】 2018年，江苏省及其邻近地区（30.5°～35.5° N，116°～124° E）共发生 $M_L \geq 2.0$ 地震120次，其中 $2.0 \leq M_L < 3.0$ 地震98次，$3.0 \leq M_L < 4.0$ 地震19次，$4.0 \leq M_L < 5.0$ 地震3次。最大地震为5月29日黄海海域 $M_L 4.2$ 地震，陆地最大地震为6月12日盐城市阜宁县 $M_L 3.5$ 地震。

有震感报告的地震3次，分别为6月12日盐城市阜宁县 $M_L 3.5$ 地震，阜宁县益林镇个别人有震感；11月11日常州市溧阳市 $M_L 2.3$ 地震，溧阳市部分居民有震感；11月13日淮安市洪泽县 $M_L 2.6$ 地震，洪泽县蒋坝镇部分居民有震感。

2018年，江苏省及其邻近地区地震频次和强度均明显高于上一年度，也略高于1970年以来平均水平，地震主要分布在江苏省苏中地区及黄海海域，其中地震在黄海海域北部呈现集中分布特征。

【地震监测预报】 2018年，江苏省测震台网共分析处理本省陆地及邻区地震事件156条。各级地震部门强化地震监测台网运行维护，做好地震监测设施和观测环境保护工作，确保全省地震台网稳定运行。在全国地震监测预报工作质量评比中，江苏省共有37个评比测项获得全国前三名。省地震局强化宏观异常核实，及时会商研判，准确把握震情变化趋势，全年组织召开各级各类会商90次，开展10次地震异常现场落实工作。组织开展江苏及邻区中等地震震例总结及综合预报实用化指标研究，构建江苏及邻区中等地震中短期综合预测指标体系。加快重点项目的实施力度，提升地震监测能力，组织实施了国家地震烈度速报与预警工程江苏子项目、提升工程、溧阳地震台抗干扰监测项目、地震台站标准化改造项目、井下地震计升级更新任务、华东片区仪器设备升级更新等监测工程项目。推进了南京基准地震台、溧阳地震台等7个省属地震台站抗干扰改造项目的建设，完成了溧阳地震台标准化试点改造，徐州地震台、盐城地震台等3个台站优化改造和灾损恢复项目及全省16个台站的防雷改造工作。

【震害防御】 深入推进城市活动断层探测工作，全省13个设区市均完成或正在开展此项工作，并正向重点监视防御区县市延伸，其中南京等9个设区市活动断层探测已进入成果推广应用阶段；位于郯庐断裂带的新沂市活动断层探测工作取得初步成果，为当地城市总体规划提供依据；位于茅山断裂带的溧阳市开始启动前期工作。

深入推进"不见面"审批规范化标准化，

充分利用省投资监管平台，实行并联审批、在线监管。全省区域性地震安全性评价工作在全国率先取得突破性进展，省人大在《江苏省防震减灾条例》中对区域性地震安全性评价做出有关规定，省地震局制定印发《江苏省区域性地震安全性评价工作大纲（试行）》（苏震发〔2018〕4号）和《江苏省区域性地震安全性评价工作管理办法（暂行）》（苏震规〔2018〕1号），对区域性地震安全性评价管理和技术进行规范；在苏州市召开全省地震系统区域性地震安全性评价工作推进会议，进一步规范和检查各地工作开展；高邮市区域性地震安全性评价结果已通过专家评审，仅2018年一年就为当地10项重大建设工程的抗震设防提供服务，节省成本已达区域性地震安全性评价总投入的50%；南京空港开发区区域性地震安全性评价工作完成委托。在全国率先利用震害防御领域科技成果提高政务服务效能，根据地震动产生机制和设计地震动参数计算基本模型，充分利用城市活动断层探测、重大工程地震安全性评价等工作成果，结合工程场地勘察资料，为80～150米高度的房屋建筑等重要工程提供设计地震动参数，有效降低企业经济和时间成本。强化抗震设防要求事中事后监管，省地震局组织对13个设区市1349项一般建设工程的区划图执行情况，以及261项学校和医院需要提高抗震设防要求的建设工程、29项重大建设工程强制性评估和抗震设防要求落实情况等进行检查。省地震、民政、气象部门联合开展2018年度综合减灾示范社区创建工作，全省有119个社区通过了国家减灾委员会、应急管理部、中国气象局、中国地震局联合验收，被认定为"全国综合减灾示范社区"。指导市县开展地震安全农居工程，组织农村工匠培训，编制农村民居工程建筑施工图集，免费提供使用。

【地震应急准备】 江苏省地震局与省交通、应急管理、公安、消防、气象、卫生、水利等部门之间建立应急协作机制，加强信息沟通与应急合作，推进资源整合和信息共享。省地震局积极指导各设区市开展各类地震应急演练，据不完全统计，2018年全省共组织各级各类演练3000余次。5月12日，省防震减灾工作联席会议与省减灾委、扬州市人民政府联合主办了"全省防灾减灾宣传周启动仪式暨扬州市地震应急演练"。徐州、盐城、宿迁等设区市也先后举办地震应急综合演练。省地震局与陆军72军工兵旅密切合作，参与"中美两军人道主义救援减灾联合实兵演练"。完善并推广应用"江苏省地震局有感地震管理系统"，投入使用"基于12322短信平台的江苏地震应急灾情速报系统"，在宿迁市宿豫区开展了地震应急灾害损失预评估试点工作。省内多次有感地震发生后，省地震局及时启动响应，进行加密观测，指导市县政府和地震部门开展应急处置工作。

【防震减灾宣传】 广泛开展科普宣传活动，扩大科普宣传渗透力。全省各级地震、教育、民政、民防、科协等部门密切配合，合力推动防震减灾宣传工作深入开展。"科普宣传周"期间，全省共举办了防震减灾知识科普讲座近300场次。省地震局、民防局、红十字会等9家单位联合举办"江苏省应急科普文艺巡演"活动，在南京、苏州、连云港、宿迁等6个设区市开展巡回演出。省地震局与省科协签订合作框架协议，加快推进全民防震减灾科学素质提升，建立科普协作机制，促进科普工作的互通互融。省地震局、省交通厅、省广电总台、省消防总队等部门和单位联合主办"时间的奇迹——纪念汶川地震十周年图片展暨诗歌朗诵会"。全省13个设区市组织开展防震减灾动漫视频在地铁、公交投放活动，累计播放时间达到近万小时，受众数百万人。组织开展"第二届全国防震减灾科普讲解大赛南方赛区预赛""全国防震减灾知识大赛江苏省初赛"等防震减灾科普竞赛活动，并积极动员社会力量参与。推进淮安"周恩来防震减灾科普馆"建设，确定建设地点，完成展馆内容设计。"12322"防震减灾公益服务平台公益电话全年呼入总量5984次，人工呼入量342次。

【地震科技】 2018年，各类在研科研项目共56项，项目总经费812.8万元，其中国家自然基金项目2项，省级各类科研项目及行业专项15项。省地震局组织推荐申报国家自然科学基金项目3项，推荐申报省社发项目及省自然科学基金项目6项。推荐申报中国地震局星火项目6项，"我国东部陆地及近海地区背景噪声源的定位与特性研究"和"江宁地电台井下观测资料分析与研究"两个项目获批立项。"地电地磁仪器实用化研究"获中国地震局大陆地球物理场仪器专项立项。围绕预测预报方法、地震仪器研制等重点领域，加大科研投入和支持力度，组织实施监测预报领域科研项目36项，设立局长基金"江苏及邻区破坏性地震和显著性地震震例总结及综合预报实用化指标研究"项目。完成"郯庐断裂带江苏段设定地震及其对我省强震动影响研究""郯庐断裂带中段（苏鲁段）岩石圈小尺度介质非均匀性研究"2项省社发项目，以及"地震应急救援的城乡差异性研究""郯庐断裂带鲁苏段场地类别划分及地震效应研究""地电观测深井电缆研发"3项星火攻关项目结题验收。完成"国家地震烈度速报与预警工程江苏子项目"60个台站的钻孔与波速测试、108个台站建设的设计和招标工作，以及预警中心建设的设计工作。

省地震局与科协、水利、自然资源、民政、气象等有关部门加强合作，共同开展防震减灾相关科研工作，利用江苏高校院所优势，共同开展抗震技术应用、活动断层探测、地震科普宣传、韧性城市国际合作等方面的研究。与南京工业大学合作组建了江苏省土木工程防震技术研究中心，与徐州工程学院合作组建了江苏省地震灾害工程防御研究中心。

2018年度在各类刊物发表论文42篇，《地点扰动指数GEI研究》"New evidence from shallow seismic surveys for Quaternary activity of the Benchahe fault"被SCI收录，在EI及各类核心刊物上发表论文26篇，取得发明专利1项、新型实用专利3项、软件著作权登记8项。有15项成果获2018年度江苏省地震局防震减灾优秀成果奖，其中一等奖1项、二等奖3项、三等奖11项。

气象科技

Meteorological Science & Technology

【概　况】 2018年，全省气象部门以习近平新时代中国特色社会主义思想为指引，切实提高政治站位，积极融入国家和江苏重大发展战略，圆满完成各项年度目标任务。

截至2018年年底，江苏省气象局获批国家重点研发计划课题2项、国家自然科学基金（青年基金）8项、省自然科学基金3项、省"333工程"科研项目2项，获得省部级科技奖励3项，以第一作者发表SCI论文12篇、一级核心期刊论文25篇，获专利10项、软件著作权50项，科研工作的影响力不断扩大。2人荣获十佳全国优秀青年气象科技工作者，新增中国气象局专业技术二级岗位2人、正高级职称7人、省"333工程"人才培养对象13人、海外科技人才培养计划3人。

【天气气候背景】 2018年，江苏省平均气温16.4℃，达到1961以来历史第三高值，较常年同期偏高1.1℃，空间分布为南高北低，其中冬季正常，春季、夏季气温显著偏高，秋季及12月气温偏高；全省平均降水量为1155.2毫米，较常年偏多1.3成，时空分布不均，其中春季及12月明显偏多，夏季偏少，冬季、秋季正常；全省年日照时数较常年略偏少。

【气象业务现代化】 灾害性天气预警业务水平稳步提升。研发雷雨大风分级预警技术，升级优化省市县一体化业务平台和强天气综合报警追踪平台。完善省市县一体化强天气预警业务体系，增加应急预启动环节。修订完善短时临近天气业务规定和预警信号检验办法，制定龙卷研判标准，明确预警信号制作发布技术标准，突出预警作用。建立海洋预报集约化业务流程,引进区域风浪流耦合模式，制定海区大风、海雾预警信息发布规范。

气象综合观测能力不断强化。启动建设苏北龙卷监测预警试验雷达网和南京特大城市综合大气垂直廓线观测建设工程。申报建设国家气候观象台。对接需求、深化合作，推进军民融合工作。制定智能台站建设方案，在泰州开展智能台站试点建设。台站三维仿真智能监控项目、区域雷达强对流天气协同观测试验取得进展。完成盐城、徐州S波段多普勒天气雷达大修，宿迁、淮安S波段多普勒天气雷达通过业务验收，启动3部雷达双偏振改造。建成14部风廓线雷达。组织微波辐射计等新型探测资料共享。南京和大丰、东山、西连岛分获首批中国百年气象站和五十年气象站认定。

防灾减灾气象保障服务圆满完成。2018年，江苏省遭遇暴雪、台风、区域性大暴雨、雾霾等灾害性天气，全省气象部门一年四季不放松，全力以赴做好防灾减灾气象服务。加强决策气象服务，省局报送决策气象服务材料228期，省委书记、省长等领导批示61次。做好国家公祭日、江苏省运会等重大活动气象保障服务。省市县一体化突发事件预警信息发布平台上线运行并发挥效益，15类发布渠道一键式发布，预警信息发布准确率达99.67%。与省民防局、江苏应急广播系统共享发布渠道。市、县级预警发布机构覆盖率分别达100%和50.7%，市、县相关管理办法覆盖率分别达100%、47.8%，建设运行经费增加73.6%。积极开展融媒体公众气象服务，两微一端及抖音等新媒体关注数近1000万。江苏气象微博阅读量达1.6亿人次，稳居省级政务微博排行榜前列。通过"展、讲、演"的方式组织全省气象部门加强气象科普工作，一些气象科普场馆运行经费纳入财政预算。公众气象服务满意度达90.2分。

【科技创新】 科技创新机制不断完善。认真贯彻落实国家、地方各项科技政策，不断完善科技创新机制建设。制定了《江苏省气象局科研经费管理办法》，健全内部管理，对各项科研经费的编制使用、支出手续、支付人员、报销方式等做了明确的说明，提高了经费使用效率；修改完善了《江苏省气象局科研项目管理办法》，简化了重点方向持续申报的手续，鼓励科技人员聚焦研究方向；修订了《江苏省气象局业务科技人员获得科技成果奖励办法》，制定了《江苏省气象科学研究所科技成果转化管理办法（试行）》，加强了科技成果的业务转化应用，激发了业务科技人员的积极性和创造性。

"南京大气科学联合研究中心"影响力进一步扩大。该中心第一批联合攻关成果应用成效显著，初步建立了基于集合预报的无缝隙精细化预报产品体系，部分成果相继进行了业务测试和转化工作；完成第二批项目立项工作，确定资助3项重点、6项面上项目，继续围绕短时临近预报技术、精细化区域数值模式本地化基础构建、精细化预报产品融合技术等方面，进行持续重点支持。召开了2018年会，讨论了南京大气科学联合研究中心的发展方向，该中心建设得到了中国气象局的高度重视。

加强中国气象局交通气象重点开放实验室的建设和管理。省局制定了《交通气象重点开放实验室管理办法》，指导实验室出台了《交通气象重点开放实验室固定和流动人员管理办法》《交通气象重点开放实验室科研人员及岗位设置管理办法》《交通气象重点开放实验室科研团队运行管理办法》《交通气象重点开放实验室科研项目和成果奖励办法》等一系列文件，编制了《交通气象重点开放实验室发展规划（2018—2020年）》，为全省交通气象科技资源整合、人才队伍建设、科学试验、气象服务等提供了有力保障，引领了全国交通气象发展。

【科技人才】 人才培养取得新成效。选拔5名省局首席预报员，对首批青年业务科技新秀进行期满考核，26人入选第二期计划。对3个科技创新重点团队开展新一轮建设，新增"海洋天气预报技术""多源卫星资料业务应用"2个科技创新培育团队。以"导师制"和人才学术分享活动等手段，提升人才工作辐射作用，推动传帮带。完善职称评审办法，建立客观多元评价机制，全面考察业绩成果质量和对业务工作的贡献率。开展"弘扬爱国奋斗精神、建功立业新时代"主题教育。"加快高层次青年人才培养，助力江苏气象高质量发展"获2018年度中国气象局创新工作奖。

【气象科普】 利用"3·23"世界气象日强化气象科普宣传。组织省级智慧气象主题文章，以文字、音频、视频、图解等多种形式在部门内外媒体发布，江苏省委新闻大头条予以刊发，《新华日报》民生版头条大幅宣传江苏智慧气象服务民生的系列做法；江苏省气象局向公众开放，北极阁气象博物馆各个展区通过丰富的史料、模型、实物、图片及现代高科技手段，全面展现了从古至今中国气象科学的发展历史，据统计全天共接待市民近5000人次。江苏气象新媒体邀请48个家庭参加人工影响天气作业飞机纸模拼接大赛，现场气氛相当热烈。活动日当天专家通过通俗易懂的讲解，为孩子们普及气象知识。

积极参加江苏省第三十届科普宣传周活动。5月19日，以"科技创新、强国富民"为主题的2018年全国科技活动周暨江苏省第三十届科普宣传周在南京林业大学拉开帷幕。由江苏省气象学会、江苏省气象科学研究所联合组织的"科技领先报气象，防灾减灾为公众"科普宣传活动在主场进行，通过科普宣传、科技创新与科普仪器展示等活动，激发了公众对科学创新的兴趣。有趣的"穿越台风眼"VR体验和无人机激发了小朋友们的兴趣，江苏省气象科学研究所专家在现场为公众进行深入浅出的讲解，活动现场气氛热烈。

主办江苏省应急科普文艺巡演活动。以"传播应急防护知识，提高自救互救技能"为主题的2018年"江苏省应急科普文艺巡演"活动首场演出在常州工程职业技术学院拉开序幕。活动由省气象学会、省民防局、省红十字会等8个单位联合主办，由省科学传播中心和常州工程职业技术学院共同承办。活动形式多样，内容新颖，寓教于乐，不仅有歌曲、舞蹈、诗歌朗诵等，还采用比较新颖的摇滚说唱、群口快板、情景剧、喜剧小品等多种表演形式，向观众们展示了灾难自救、防空演练、气象观测、消防灭火、生态保护、食品安全等多方面急救知识，为观众们奉上了一场精彩的科普文艺大餐。巡演中，省气象学会、常州市气象学会表演了摇滚说唱《气象服务在你身边》节目。

协办上海2018中国气象现代化建设科技博览会。5月30日至6月1日，以"交流创新技术，支撑气象现代化建设"为主题的2018中国气象现代化建设科技博览会在上海跨国采购会展中心拉开帷幕。江苏省气象学会作为协办单位，在主场进行了"科技领先报气象"科普展览，并与多家气象知名品牌探讨气象领域的最新技术及产品，为后续交流合作奠定了基础。

电力科技

Electric Power Science & Technology

【概　况】 2018年，国网江苏省电力有限公司科技创新取得丰硕成果。一是重大工程取得突破。大规模源网荷友好互动系统三期工程、苏州主动配电网建成投运，特高压长距离GIL管廊工程盾构掘进完成；同里综合能源服务中心建成投运，微网路由器、光热发电、"三合一"电子公路等一批世界首台首套能源创新示范项目投入运行，构建了未来能源自由交换示范区。二是创新成果取得新成绩，共获得省部级奖励67项，牵头获得国网科技进步特等奖1项，省部级一等奖3项，其中省政府科技进步一等奖1项，中国电力科技进步一等奖1项，国网技术发明一等奖1项。

【重大技术攻关】 开展协同创新，支撑重大示范区和重大工程建设。一是苏州示范区"双创"年度建设任务圆满完成。协同推进示范区22项工程建设，大规模源网荷友好互动系统三期工程、苏州主动配电网建成投运，特高压长距离GIL管廊工程盾构掘进完成，STATCOM无功支撑工程进入启动调试阶段。落实国网公司双创工作指导意见和实施方案，成立了以公司主要领导为负责人的工作机构，明确了工作职责，建立了工作机制。二是同里综合能源服务中心建成投运。作为工程建设的综合协调部门，圆满完成同里综合能源示范中心一期建设，微网路由器、光热发电、"三合一"电子公路等一批世界首台首套能源创新示范项目投入运行，构建了未来能源自由交换示范区。同里创新工程在"一带一路"能源部长会议和第三届国际能源变革论坛期间得到充分展示，形成了广泛影响。

【科技成果】 省部级及以上奖励成果取得突破，共获得省部级及以上奖励 67 项（牵头 26 项），包括：国家科技进步二等奖 2 项（均为参与）。省政府奖 7 项（牵头 4 项，参与 3 项），其中，牵头获得一等奖 1 项、二等奖 2 项、三等奖 1 项。中国电力奖 18 项（牵头 7 项，参与 11 项），其中，牵头获得科技进步一等奖 1 项、技术发明二等奖 1 项、科技进步三等奖 5 项。国网公司奖 40 项（牵头 15 项，参与 25 项），其中，牵头获科技进步特等奖 1 项、二等奖 5 项、三等奖 2 项，技术发明一等奖 1 项、三等奖 1 项，技术标准创新贡献二等奖 1 项、三等奖 1 项，专利二等奖 2 项、三等奖 1 项。

【科技管理】 2016 年国家重点研发计划"城区用户与电网供需友好互动系统"顺利通过中期检，2017 年国家重点研发计划"基于电力电子变压器的交直流混合可再生能源技术研究"通过国家电网公司中期督导，积极筹备工业和信息化部中期检查。成功申报 2018 年国家重点研发计划"中低压直流配用电系统关键技术及应用"，并正式启动研究工作，将开展中低压直流配用电系统关键技术研究和装备开发，并将在苏州建设示范工程，预期形成国际上规模最大、场景最多、覆盖面积最广的中低压直流配用电系统。

【技术标准】 获批牵头立项国际标准 7 项。获批国网首批技术标准验证实验室，参与完成科技成果转化为技术标准试点工作。获评国网公司首批国际标准创新示范基地。扬州公司通过"标准化良好行为企业"4A 级确认。

【知识产权】 全年共申请专利 1493 件，其中发明专利 1012 件；获授权 1007 件，其中发明专利 474 件。海外专利授权 3 件。截至 2018 年年底，江苏公司累计拥有授权专利 6233 件，其中发明专利 2458 件，实用新型及外观设计专利 3775 件。

测绘科技

Surveying and Mapping Science & Technology

【概　况】 2018 年，贯彻落实党的十九大提出的"科技强国"战略和习近平总书记在两院院士大会上的重要讲话精神、省科技创新大会、全省测绘地理信息科技创新大会精神，围绕新时期江苏省测绘地理信息科技事业发展的目标和任务，积极开展科技创新发展、政策执行落地、人才工作完善管理等工作，促进全省测绘地理信息科技创新和人才进步。

面向全省行业系统提供 111 万元资助科研项目 21 个，参与多项测绘地理信息标准研制；依据《江苏省测绘地理信息科技进步奖奖励办法》，评选省测绘地理信息科技进步奖共计 25 个。加强测绘地理信息科技管理，落实国家、省相关科技创新意见，强化科研诚信管理，优化创新平台，注重协同创新，开展国际交流合作，建设专家智库，鼓励企业创新等工作。

【测绘科技】 出台了《关于深入贯彻落实全省测绘地理信息科技创新大会精神的通知》，进一步要求和促进把科技创新大会提出的各项政策和措施落到实处；召开了江苏省测绘地理信息局科学技术委员会（简称科技委）第一次全体会议，制定了科技委章程，成立了测绘工程、摄影测量与遥感、地理信息系统与制图、自然资源监测、青年人才与新技术等5个专业委员会，全面发挥局科技委的智库、咨询和参谋作用。

加强院士工作站建设，积极推动江苏省地理信息技术重点实验室、卫星测绘技术与应用国家局重点实验室等创新平台开展"智慧城市"建设、自然资源监测等关键技术攻关；开展省科技成果综合服务平台建设需求、建设条件、可行性等调研工作；助力长江经济带地理信息协同创新联盟建设，注重科技创新，继续开展长江经济带基础设施、空间格局变化等监测工作。

5月，组织了2018年度江苏省测绘地理信息科研项目立项评审，多源遥感数据融合的复杂岩体结构信息提取及空间分析、自然资源资产监测关键技术研究、江苏省InSAR地表沉降监测成果专题应用研究、省域多源多时相遥感影像即时服务关键技术研究、基于军民融合的系列比例尺地图数据生产与更新技术研究、江苏省湖泊湿地时空变化遥感监测与分析、无人机机载LiDAR在沿海滩涂地形测绘中的应用、融合平面语义信息的视觉惯性紧耦合定位关键技术研究、基于多时相地面LiDAR点云的三维变化检测技术研究、江苏省三维地理信息数据服务标准研究、地基GNSS-PWV在区域暴雪灾害性天气监测中的应用研究、基于多传感器三维信息融合的海洋结构物动态检测技术研究、基于互联网的重要基础地理信息变化快速发现技术研究、南京市共享单车时空特征分析及其布局优化研究、政务地图保障服务机制研究、沿海远距离多模式GNSS高精度三维水深测量关键技术研究、南通市智慧城市时空大数据与云平台数据标准体系研究、空地一体化数据生产技术研究、多源数据融合的城市地面沉降研究与应用、基于时空大数据的挖掘分析技术研究、"地理信息+"精准扶贫关键技术研究等21个测绘地理信息科研项目获准立项资助。

8月，省测绘地理信息学会组织了2018年度江苏省测绘地理信息科技进步奖的评选，共评选出获奖项目25项。多尺度遥感信息协同处理与城市人居环境评价、国图不动产统一登记信息平台、多方法海岸带地形遥感监测关键技术研究、电离层延迟改正模型精化方法研究、徐州城市地质信息管理与服务系统、中国城市地图集系列——《南京城市地图集》编制关键技术研究与应用、基于地理国情的城镇布局监测研究等7个项目为省测绘地理信息科技进步一等奖；南京市三维地理信息公共服务平台关键技术、城市多元三维全景共享平台关键技术研究与应用、智慧常州空间信息共享平台的关键技术研究与应用示范、面向CORS精准服务的GNSS电离层状态监测与预警系统研制、江苏省测绘地理信息档案管理系统、南通市似大地水准面精化项目、重要交通设施全息三维数据采集技术与应用研究、数字睢宁地理信息服务平台技术研究及应用等8个项目为省测绘地理信息科技进步二等奖；江苏省河湖和水利工程管理范围划定成果上报审核系统的研究与应用、测绘地理信息教育培训与技能鉴定综合管理系统、移动地理信息数据运维关键技术研究及规划应用示范、江宁区国土资源综合动态智能监管系统、基于V8i的三维激光点云简化与特征自动提取技术研究、江苏省司法时空大数据信息平台关键技术研究、扬州市公共信用地理信息平台建设项目、基于移动平台的海域无人机监视监测系统集成与综合管控、"安"得广厦千万间——镇江市房屋安全管理动态信息系统、无锡市城市湿地空间范围监测等10个项目为省测绘地理信息科技进步三等奖。

推荐国家、省各类科技奖项，2018年局系统7个项目获得国家及省部级科技奖项，其中"基于云架构的时空一体化交通地理信息共享服务平台建设与应用"项目获地理信息科技进步一等奖；"省第一次地理国情普查省级数据库建设及信息系统研发"获中国测绘地理信息产业工程银奖；"江苏省地图册"项目获中国测绘学会裴秀奖。"地下建(构)筑物测绘方法"等多个科技成果申请了发明专利，"遥感影像分割软件"等9个科技成果取得了软件著作权。积极推进科技成果转化应用，推动挖掘了"基于可量测实景影像的智慧城管信息融合表达技术研究""面向地理国情的卷积神经网络遥感影像分类研究""犯罪时空转移规律挖掘方法研究"等多项具有实用价值的成果进行了生产转化,取得了很好的成效。积极承担国家和省科研项目,继续开展"基于卷积神经网络的遥感影像地理国情分类研究"等多项跨年度科研攻关任务,开展了2018年省决策咨询研究基地课题——"1+3"重点功能区建设的绩效考核评价体系研究。

【科技人才】 认真贯彻落实"十三五"人才发展规划,不断完善人才工作运行和管理机制,加速构筑人才发展优势。坚持人才优先投入,全面实行人才工作目标责任制,严格落实"一把手"抓第一资源的责任。大力引进急需人才,2018年局系统通过事业单位公开招聘引进25名本科以上岗位急需人才。其中,研究生以上学历16名,占64%,进一步改善了人才队伍结构。出资选送多名年轻技术骨干,到国家测绘地理信息局卫星测绘应用中心、中国科学院遥感研究所、武汉大学等科研院所进行专题培训,赴美国、瑞典等国家学习测绘先进技术,参加国际学术交流会议。统筹全省重大测绘地理信息项目实施和人才培养、科技创新团队建设,以高层次人才培养工程为抓手推进各类人才队伍建设。目前,全局科技人才占在职职工总数的近80%,高级工程师234名,其中研究员级高级工程师30名,注测测绘师95名,本科学历占59%,研究生以上学历占29%,学历层次进一步提升。另有享受国务院特殊津贴专家2名,国家测绘地理信息局管理的青年学术和技术带头人4名,省有突出贡献中青年专家1名,9名同志入选省"333高层次人才培养工程"第五期培养对象,人才队伍总体实力不断增强。

【测绘交流、培训】 积极开展国际合作交流,2018年,组织人员赴奥地利、捷克、越南、老挝开展测绘地理信息科技国际交流合作;派代表赴土耳其参加国际测量师联合会大会;组织全省测绘地理信息技术人员和管理干部赴瑞典参加地理信息技术与不动产测绘培训,对接测绘地理信息前沿科技,提高测绘地理信息业务技能和管理水平。组织并完成由局系统和省内行业龙头企业多单位组成的"一带一路"专项计划单列团组1个批次。全年自组出访团组3批35人、参团1批2人次。

2018年,赴瑞典参加"地理信息技术与不动产测绘",1个批次,共20人。

5月25日,江苏省测绘地理信息学会召开了十届九次常务理事扩大会议。9月12日,召开十届理事会第六次会议,12月6日,召开十一届一次常务理事会。

5月11日,召开了GPS、大地专业委员会学术年会。6月2日,"2018长江中游城市群测绘地理信息发展战略论坛"在南昌召开。会议由学会工程测量专业委员会协办。5—11月,科普与教育工作委员会开展了2017年江苏省高校测绘本科生优秀毕业论文、优秀硕士学位论文评选活动。9月12—14日,以"无人机、无人船、移动测量系统在测绘领域中的应用"为主题的技术交流会在南京召开。11月23日,数字中国·摄影测量研讨会暨星月景遥云计算中心落成仪式在南京举行。

2018年,由学会主办的《现代测绘》杂志共收到稿件1000多篇,正式出版6期、增刊2期,刊登学术论文180篇。

地 区 科 技
Regional Science & Technology

南京市
Nanjing City

【概　况】 2018年，南京市高新技术企业数量增长近70%，净增高新技术企业1274家，总数达3118家。高新技术产业产值（市口径）首次突破万亿元。国家级高新区排名提升7位，达第20名。专利授权量和PCT专利分别增长43%和170%。万人有效发明专利拥有量59.1件，位列全国城市第三、全省第一。

城市综合创新能力明显提升。持续推进国家科技体制综合改革试点城市、创新型试点城市建设，深入实施"两落地一融合"工程（科技成果项目落地、新型研发机构落地，校地融合发展），加快构建区域协同创新体系。高标准完成国家创新型试点城市验收工作。《自然》杂志"2018自然指数—科研城市"，全球科研城市50强中，南京列第12位。

新型研发机构成为科创平台新标识。依托高校院所学科优势，发挥国家级研发平台集聚作用，采取人才团队持大股，运用市场化机制，坚持量质并举，建成一批新型研发机构。全年累计签约新型研发机构208家，完成市级备案108家，孵化引进企业1079家。3名诺贝尔奖得主、55名中外院士来宁创新创业。

高新园区优化整合初现成效。加强南京高新园区一体化布局，将全市80多个创新载体整合为15个高新园区。出台《南京市推进高新园区高质量发展行动方案》，对南京高新区体制机制、空间布局、伙伴园区建设、高新区赋能、"硅巷"打造、监测统计等方面进行了明确。印发《南京市高新区（园）创新驱动发展综合评价实施办法》，按季度对创新发展8项指标情况进行监测通报。积极推进南京国家农业高新技术产业示范区升建工作，完成方案编制和报送工作。全市15个高新区（园）高新技术产业产值占全市比重超过75%，成为科技创新的主阵地、主战场。

高新技术企业增势强劲。实施精准服务，对企业进行分类培育，指导各类企业不断提升创新能力，逐步形成生机盎然的"科创森林"。完成三批共2491家高新技术企业申报，认定高企总数达1834家，为历史最高纪录。完成两批2518家市级高新技术企业培育库申报，入选市级高企培育库1826家，入选省级高企培育库938家。全市已入库的国家科技型中小企业达3325家。

成功获批国家知识产权运营服务体系重点城市。出台《高水平建设国家知识产权强市实施办法》，提升知识产权向现实生产力转化效率，着力打通知识产权创造、保护、运用管理和服务全链条。成功获批知识产权运营服务体系重点城市。中国（南京）知识产权保护中心正式投入运行，集海关、司法、行政、仲裁多位一体的知识产权保护新格局逐步形成。

（司马力）

【科技管理】 科技体制综合改革。2018年是南京市科技体制综合改革试点10周年。全市科技体制综合改革围绕"两落地一融合"、高新园区整合升级、企业创新主体培育、知识产权保护、科技创新服务体系构建等方面加强政策供给，寻求创新突破，取得了阶段性成效，走出了一条体现新时代要求、具有南京特点的改革创新之路。在2018紫金山创新高峰论坛暨科技体制综合改革试点城市十周年论坛上，南京市科技体制改革举措和工作成效受到了科技部的高度肯定，科技部正式致函进一步推进南京市国家科技体制综合改革试点城市建设，支持南京市科技体制改革再出发。

（王韫江）

软科学研究。2018年，南京市软科学研究重点项目设立南京构建全国一流创新生态系统对策研究、南京科技体制综合改革评价及对策研究、南京建设具有影响力的科技产业创新中心路径研究等9个重点课题和44个一般课题。全年下达软科学计划项目53项，补助科研经费200万元。

（邵晓亮）

科技创新政策宣传。实施"百千万"服务工程，开展贯彻市委一号文件专题宣讲、政策培训230余场，推送报刊和新媒体宣传报道80余次，发放各类宣传资料4.7万余份，实现高新园区、在宁高校院所、规模以上工业企业、高新技术企业"四个全覆盖"。参加市委、市政府赴北京、上海、深圳、香港等地科技创新产业推介会，开展政策宣传和推介。

（王韫江）

【科技成果】 2018年，南京市共有20个项目入选省科技成果转化专项资金计划，获省资助经费1.415亿元；有5个省科技成果转化专项资金项目获贷款贴息1084万元；有24个省科技成果转化专项资金项目通过中期检查，获得分年度拨款3200万元。

省市重大专项资金项目。至2018年年底，全市共承担省科技成果转化专项资金项目达275个，累计获省资助经费25.915亿元。组织实施南京市科技成果转化专项计划，共立项支持21个项目，资助经费2000万元。

（刘　宏）

科技成果奖励。2018年度，南京共有34项通用项目获国家科学技术奖公示，其中自然科学奖5项，技术发明奖6项，科技进步奖一等奖3项、二等奖20项。获江苏省科学技术奖137项，其中一等奖33项。

（邵晓亮）

钱七虎院士获国家最高科学技术奖，钱七虎院士是解放军陆军工程大学教授、博导，我国著名的防护工程专家、军事工程专家、教育家。系统建立了从浅埋到深埋、从单体到体系、从常规抗力到超高抗力的工程防护体系，解决了核武器空中、触地、钻地爆炸及新型钻地弹侵彻爆炸等关键工程防护技术难题。在国内首次应用动力有限元法对防护门进行应力分析，建立了我国第一套《全军工程兵发展趋势动态模型》和我国确定人防工程防护标准的若干模型，开创了我军工程兵工程保障及我国人防工程领域的软科学研究。有7项成果获国家或军队科技进步奖和优秀科技成果奖，1项获全国科学大会重大科技成果奖，荣获何梁何利基金科学与技术进步奖。

2018年度南京市获国家自然科学奖二等奖情况一览

项目名称	主要完成人
中国人群肺癌遗传易感新机制	沈洪兵（南京医科大学） 胡志斌（南京医科大学） 靳光付（南京医科大学） 许　林（南京医科大学）
动态系统故障诊断与可靠容错控制	姜　斌（南京航空航天大学） 陈　谋（南京航空航天大学） 杨　浩（南京航空航天大学） 冒泽慧（南京航空航天大学） 张　柯（南京航空航天大学）

续表

项目名称	主要完成人
新型微波超材料对空间波和表面等离激元波的自由调控或实时调控	崔铁军（东南大学） 沈晓鹏（东南大学） 蒋卫祥（东南大学） 程　强（东南大学） 马慧锋（东南大学）
金属有机半导体的结构设计、性能调控与光电应用	黄　维（南京邮电大学） 赵　强（南京邮电大学） 刘淑娟（南京邮电大学） 陈润锋（南京邮电大学） 孙会彬（南京工业大学）
摩擦界面的声子传递理论与能量耗散模型	陈云飞（东南大学） 杨决宽（东南大学） 倪中华（东南大学） 毕可东（东南大学） 魏志勇（东南大学）

2018年度南京市获国家技术发明奖（通用项目）二等奖情况一览

项目名称	主要完成人（只列出南京地区的）
菊花优异种质创制与新品种培育	陈发棣（南京农业大学） 房伟民（南京农业大学） 陈素梅（南京农业大学） 管志勇（南京农业大学） 滕年军（南京农业大学）
银杏二萜内酯强效应组合物的发明及制备关键技术与应用	肖　伟（中国药科大学） 楼凤昌（中国药科大学） 阿基业（中国药科大学） 胡　刚（南京医科大学）
生物法制备二十二碳六烯酸油脂关键技术及应用	黄　和（南京工业大学） 任路静（南京工业大学） 纪晓俊（南京工业大学） 江　凌（南京工业大学） 陈可泉（南京工业大学）
水力式升船机关键技术及应用	胡亚安（水利部交通运输部国家能源局南京水利科学研究院）
心理生理信息感知关键技术及应用	郑文明（东南大学）
集成化宽频带光发射器件与模块	陈向飞（南京大学）

2018年度南京市获国家科学技术进步奖（通用项目）情况一览

项目名称	获奖等级	主要完成单位（只列出南京地区的）
地质工程分布式光纤监测关键技术及其应用	一等奖	南京大学 中国电子科技集团公司第四十一研究所 中国地质调查局南京地质调查中心

续表

项目名称	获奖等级	主要完成单位（只列出南京地区的）
凹陷区砾岩油藏勘探理论技术与玛湖特大型油田发现	一等奖	南京大学
复杂电网自律－协同自动电压控制关键技术系统研制与工程应用	一等奖	南瑞集团有限公司 国网江苏省电力有限公司
中药资源产业化过程循环利用模式与适宜技术体系创建及其推广应用	二等奖	南京中医药大学
多熟制地区水稻机插栽培关键技术创新及应用	二等奖	南京农业大学 江苏省农业科学院 江苏省农业技术推广总站 南京沃杨机械科技有限公司
梨优质早、中熟新品种选育与高效育种技术创新	二等奖	南京农业大学
林业病虫害防治高效施药关键技术与装备创制及产业化	二等奖	南京林业大学
优质肉鸡新品种京海黄鸡培育及其产业化	二等奖	江苏省畜牧总站
特种表面冲击强化抗应力腐蚀与疲劳技术及应用	二等奖	南京工业大学 中国石化扬子石油化工有限公司
国家工频高电压全系列基础标准装置关键技术与工程应用	二等奖	国网江苏省电力有限公司 国网电力科学研究院
气候变化对区域水资源与旱涝的影响及风险应对关键技术	二等奖	水利部交通运输部国家能源局南京水利科学研究院 河海大学
城市多模式公交网络协同设计与智能服务关键技术及应用	二等奖	东南大学 南京莱斯信息技术股份有限公司 南京全司达交通科技有限公司
杀菌剂氰烯菌酯新靶标的发现及其产业化应用	二等奖	南京农业大学 江苏省农药研究所股份有限公司 江苏省植物保护植物检疫站
土地调查监测空地一体化技术开发与装备研制	二等奖	东南大学
月季等主要切花高质高效栽培与运销保鲜关键技术及应用	二等奖	南京农业大学
严寒季冻区高速铁路毫米级变形标准下路基平稳性控制技术及应用	二等奖	东南大学
内镜超声微创诊疗体系的建立与临床应用	二等奖	南京微创医学科技股份有限公司
沿淮主要粮食作物涝渍灾害综合防控关键技术及应用	二等奖	中国科学院南京土壤研究所 江苏省农业科学院
我国典型红壤区农田酸化特征及防治关键技术构建与应用	二等奖	中国科学院南京土壤研究所

续表

项目名称	获奖等级	主要完成单位（只列出南京地区的）
畜禽粪便污染监测核算方法和减排增效关键技术研发与应用	二等奖	江苏省农业科学院
肾癌外科治疗体系创新及关键技术的应用推广	二等奖	中国人民解放军南京军区南京总医院
重症先心病外科治疗关键技术创新与应用	二等奖	南京市儿童医院
超500米跨径钢管混凝土拱桥关键技术	二等奖	江苏苏博特新材料股份有限公司

2018年度南京市获江苏省科学技术奖一等奖情况一览

项目名称	完成单位
大规模数据服务系统与平台的关键技术及产业应用	南京大学 中兴通讯股份有限公司
物联网低功耗关键技术研发和应用	东南大学
医药脂质纳米材料及其产业化关键技术	东南大学
统一潮流控制器（UPFC）关键技术、成套装备及工程应用	国网江苏省电力有限公司 南京南瑞继保电气有限公司 全球能源互联网研究院有限公司
大型风力机设计关键技术研究及应用	南京航空航天大学
农林生物质气化发电联产炭、热、肥的技术创新与产业化	南京林业大学
金属微纳结构材料的精确制备、光学新效应及应用基础	南京大学
现代混凝土早期变形与收缩裂缝控制	东南大学 江苏苏博特新材料股份有限公司 江苏省建筑科学研究院有限公司
智能纳米材料在高效光电生物传感与可控药物递送中的应用	南京大学
可再生能源转换与存储器件用低维电极关键材料制备技术及产业应用	南京工业大学
有机-无机复合膜的设计制备及其分子尺度分离性能研究	南京工业大学
"悟空"号暗物质粒子探测器	中国科学院紫金山天文台
复杂大部件机器人智能装配关键技术与应用	南京航空航天大学 南京埃斯顿机器人工程有限公司
高速列车门系统关键技术研发及应用	南京康尼机电股份有限公司 南京工程学院 南京康尼电子科技有限公司

续表

项目名称	完成单位
航空航天装备使役状态分析的数字化关键技术及应用	东南大学 南京林业大学
复杂环境下远程巡检机器人关键技术及应用	东南大学 亿嘉和科技股份有限公司 南京天创电子技术有限公司
高性能金属基复合材料构件激光增材制造的跨尺度形性调控机制	南京航空航天大学
复杂河网水质改善能力提升理论技术及应用	河海大学 南京农业大学 南京大学
满足国Ⅴ排放标准重型柴油车尾气高效后处理催化剂及产业化	南京大学
高精度多模多频GNSS基准站网关键技术及应用	东南大学 江苏省测绘工程院
混凝土结构智能检测与主动高效加固关键技术及应用	东南大学 南京林业大学
猪圆环病毒病免疫防控关键技术的创建与应用	南京农业大学 江苏南农高科技股份有限公司
绿豆新品种选育及绿色高效栽培技术集成应用	江苏省农业科学院
干细胞复合胶原支架引导子宫内膜重建治疗重度宫腔粘连的基础与临床研究	南京大学医学院附属鼓楼医院
骨关节炎的基础与临床研究	南京大学医学院附属鼓楼医院
遗传信息稳定传递障碍与生殖健康相关疾病的研究	南京医科大学
肝癌多模态诊疗	东南大学附属中大医院 南京工业大学
冠状动脉分叉病变发病机制及治疗技术的研究	南京市第一医院
高可靠海洋光纤光缆关键技术与成套装备	东南大学
缓释智能递药系统的关键技术及其应用	中国药科大学
电动汽车新型动力系统关键技术及应用	南京理工大学 南京理工自动化研究院有限公司 南京金龙客车制造有限公司
转底炉高效处理钢铁流程含铁、锌尘泥资源关键技术集成与示范	江苏省冶金设计院有限公司
食品加工中生物毒素控制创新技术与应用	江苏省农业科学院

(邵晓亮)

【高新技术与产业】 2018年，南京市高新技术产业实现产值10654.14亿元，增长17.9%，规模以上工业高新技术产业产值占规模以上工业总产值的比重达到47.8%。全年净增高新技术企业1274家，全市高新技术企业累计达到3118家，有36家高新技术企业入选省苏南自创区瞪羚企业称号，有87家企业入选市瞪羚企业榜单。新认定技术先进型服务企业4家、复审通过企业8家，全市技术先进型服务企业总数达到29家。

（陶 波）

高新技术产业产值。2018年，为更准确地反映南京市高新技术产业发展情况，优化调整了南京市高新技术产业产值统计口径，将高技术服务业纳入统计范围。2018年，南京市高新技术产业产值首次突破万亿元，达到10654.14亿元，增幅达17.9%。

（万向红）

国家高新技术企业认定。2018年，共组织2491家企业申报高企，是2017年的2.7倍，有1834家通过认定，其中，复审企业429家，新增高企1405家，净增加1274家，全市高企总数达到3118家，超额完成了年初市委市政府提出的净增800家的工作目标。分两批次，对2017年和2018年认定为高企的企业给予每家50万元的奖励，共有2473家企业获得奖励，奖励金额达到123650万元。

（濮少杰）

省市高新技术企业培育库。2018年，共有937家企业通过省级高企培育库认定，是2017年的2.1倍，占全省的27%；共获得省级培育资金6645万元，是2017年的2.9倍，占全省的27%；市区两级财政共拿出6641.66万元，作为省高企培育库配套资金奖励给企业，每家省入库企业共获得14.18万元的奖励。2018年，两批次市高企培育库入库企业达到1826家，其中有1163家顺利通过了2018年高企公示，通过率达64%，对进入市培育库企业按每家20万元予以奖励，市区两级总计下达奖励36520万元。

（濮少杰）

国家科技型中小企业评价。2018年，共有8批次3325家科技型中小企业入库，其中1893家企业享受研发费用税前加计扣除175%政策。

（曹 媛）

民营科技企业。2018年，全年民营科技企业总数达14335家，实现总收入5602亿元，投入研发经费214亿元；全市民营科技企业年末从业人员达74.1万人，从事科技活动人员24.7万人，其中研究与试验发展人员18.1万人；累计拥有有效专利数73817件。开展"走民企送政策送服务活动月"活动，主题服务月期间，南京市科学技术委员会领导带队，组织处室人员深入实地走访，认真听取企业需求，实地服务企业92家，其中规上企业56家，重点软件和信息服务业企业4家，拟升规上的企业4家，小微民营企业25家，其他企业3家，收集企业反映的需求和问题125项，已解决其中的88项。

（濮少杰）

文化科技融合。2018年，聚焦南京创新名城建设，助力打造全国文化科技融合示范城市，南京市委宣传部、市科技局、市委网信办、市文广新局和市文投集团共同承办"2018中国（南京）文化科技融合成果交易会"。南京融交会吸引了全国12个省和直辖市300家企事业单位，以及8个国家文化和科技融合示范基地参展，其中南京市有76家重点文化科技企业参展，展示了南京文化科技融合发展前沿成果。

（万向红）

实施重点研发计划。2018年，围绕主导产业和地标产业，以突破产业前瞻与共性关键技术为重点，实施省、市重点研发计划，抢占创新制高点，提高企业创新能力和国际竞争力。有22个项目列入省重点研发计划（产业前瞻与共性关键技术），资助金额1890万元，有22个项目列入市重点研发计划，资助金额1000万元。

（何建峰）

推动高新技术产业集群发展。以加快培育地标产业为目标，推进全市高新技术产业集群发展。一是以新能源汽车、集成电路、人工智能为重点，参与组织地标产业发展沙龙、配合制定地标产业行动专项计划、研究制定产业集群发展路线图和企业集群培育库；二是组织开展省创新型领军企业培育工作，开展省创新领军企业推荐评估工作，共推荐 6 家企业新入选申报省创新型领军企业，南京市省创新型领军企业达 28 家；三是组织产业技术创新战略联盟绩效考核工作；四是开展 50 强创新型领军企业评选活动，培育产业创新龙头企业，评出 50 家创新龙头企业。

（何建峰）

【创新平台与载体】 2018 年，实施"两落地一融合"工程，聚焦主导产业和"六大要素"，建设新型研发机构。累计签约新型研发机构 208 个，其中正式备案 108 个，孵化引进企业 1079 家。2018 年度新增工程技术研究中心 128 家，其中省级 18 家，全市工程技术研究中心累计达 1047 家；新增省级企业重点实验室 1 家，全市重点实验室达 88 家；新增省级院士工作站 3 家，累计在宁企业院士工作站 65 家。网络通信与安全紫金山实验室注册成立，形成了系列机制规定、基础制度，完成了首批重大任务凝练。新获批 3 个省技术产权交易市场分中心、10 个工作站和 4 个筹备工作站，实现全市技术转移节点全覆盖。

2018 年，以市委、市政府名义印发《南京市推进高新园区高质量发展行动方案》，方案提出"1+N"园区发展模式，成立"南京高新区发展领导小组"，领导小组下设办公室，实体运作，独立办公，对全市 15 个高新园区实施统一的品牌化管理，统筹推动各园区创新协调发展，对外统称"南京高新区"。

（舒培浩）

新型研发机构建设。聚焦主导产业和"六大要素"，建设可以持续孵化出创新型企业的"老母鸡"式新型研发机构。把"育苗造林"作为重要使命，加快培育南京自己的创新型企业，加速打造创新型产业集群。累计签约市场化运行的新型研发机构 208 个、其中正式备案 108 个，孵化引进企业 1079 家。总计有 1170 名高层次专家参与新型研发机构建设，其中诺贝尔奖获得者 3 人、中外院士 55 人、境外专家 234 人。对备案新型研发机构进行绩效考核，32 家新型研发机构获得绩效奖补资金 8950 万元。中科院计算技术研究所南京移动通信与计算创新研究院等 3 家机构获得省科技厅新型研发机构建设立项资助，资助金额 2500 万元。中科院—南京宽带无线移动通信研发中心等 3 家机构获得省新型研发机构奖补 350 万元。围绕新型研发机构建设组织签约会、推进会、新型研发机构国际合作峰会等活动，营造创新、创业氛围。

（白宾锋 周 帆）

网络通信与安全紫金山实验室建设。注册成立网络通信与安全紫金山实验室。在江苏省科学技术奖励大会暨科技创新工作会上，省委书记娄勤俭和省长吴政隆共同为"网络通信与安全紫金山实验室"揭牌。成立了以江苏省副省长马秋林和南京市市长蓝绍敏为双理事长的理事会，以邬贺铨院士为主任，姚期智、陈左宁等院士为副主任的学术委员会。在专题论证和广泛征求意见基础上，形成了系列机制规定、基础制度，完成了首批重大任务凝练。网络通信与安全紫金山实验室建设获得省科技厅立项，资助经费 5000 万元。实验室坐落在南京江宁无线谷，实验室已有载体 1 万平方米，以刘韵洁院士、尤肖虎教授、邬江兴院士团队为核心力量，已集聚核心高端研究人员 200 余人，其中两院院士、长江学者等高端人才 30 余人。

（白宾锋）

重点实验室建设。2018 年，南京市新增 2 个省级重点实验室，分别为依托南京大学建设的江苏省功能材料设计原理与应用技术重点实验室、依托南京越博动力系统股份有限公司建设的江苏省新能源汽车动力系统重点实验室。全市累计建成省级以上重点实验室 88 个，其中国家级 31 个。组织开展了 2018 年度省及国家企业重点实验室绩效考评工作，南京市 16 个企业重点实验室参评，其中 9 个实验室评估结果为优秀等次。

（张文利）

企业工程技术研究中心建设。围绕南京市主导产业，积极推进企业研发机构建设。2018年，南京市新建企业工程技术研究中心128家，其中，省级工程技术研究中心18家，市级工程技术研究中心110家。组织开展了省级以上企业工程中心绩效评估工作，其中45家评估结果为优秀等次。全年共安排3935万元用于支持企业工程中心建设及运行，鼓励企业创业创新。

（张建功）

搭建科技成果信息支撑平台。2018年，南京市继续推进"技术交易体系"建设，网上平台汇聚成果信息2146条，需求信息2258条，专家信息1043条，服务机构信息27条，组织线上线下对接28场次，促成一批成果落地。与省科技厅共建江苏省技术产权交易市场，打造"永不落幕"的交易平台。南京市科技局与江苏省生产力促进中心、江苏省技术产权交易市场签署三方共同支持新型研发机构发展合作协议书。新获批3个省技术产权交易市场分中心、10个工作站和4个筹备工作站，实现全市技术转移节点全覆盖。

（赵　翔）

加大苏南国家自主创新示范区建设。完成省委改革办对南京市苏南国家自主创新示范区建设情况专项督察工作。围绕高新园区赋能和高新技术企业培育，打造南京产业地标，提升高新区主导产业集聚度，组织高新园区开展集成电路、未来网络、新型显示、生物医药等苏南国家自主创新示范区科技成果产业化基地申报并成功获批。2018年，苏南国家自主创新示范区内有3家独角兽企业，10家潜在独角兽企业，36家企业获瞪羚企业称号。积极与省生产力服务中心对接苏南国家自主创新示范区创新载体服务工作，与全市高新园区开展专业化的业务对接与服务工作。

（徐宁虹）

推进高新园区高质量发展。深入推进一流科技园区建设工程，组织高新园区深入开展对标找差、争先进位工作。出台《南京市推进高新园区高质量发展行动方案》，优化提升高新区创新发展体制机制，形成南京高新区"1+N"发展模式，对全市15个高新园区实施统一的品牌化管理，推进高新园区升级优化、协调发展；研究推进伙伴园区建设，积极打造城市"硅巷"，推进园区创新国际化。强化完善统计体系，开展年度绩效评价考核奖励，对15个高新园区创新发展绩效开展季度监测通报，每季度公布创新发展"榜单"，年底按综合评价结果分4个等次，向园区兑现政策奖励资金1.1亿元。2018年，高新园区高新技术企业申报占全市75%以上，高新技术产业产值占全市比重超75%，规上高新技术制造业产值占全市的91%，其增速高于全市1个百分点；规上高技术服务业营业收入占全市的73.31%，其增速高于全市2个百分点，园区已日渐成为南京市创新名城建设的排头兵。

（尚祚进）

科技企业孵化器。2018年，组织认定24家市级科技企业孵化器，通过省级认定8家，新增孵化面积33.3万平方米。全市纳入省科技企业孵化器统计的市级以上孵化载体共190家，其中国家级载体33家、省级载体及筹建中的省级大学科技园60家。全市科技企业孵化器总孵化面积521.6万平方米，集聚科技型企业9080家，其中从业人员超10万人，累计毕业企业4137家。

（李燕梅）

众创空间。2018年，众创空间新增市级备案64家和省级备案11家。全市拥有国家专业化众创空间3家和备案的众创空间共282家，其中，国家备案53家，省级备案94家；孵化面积79万平方米，提供工位2.68万个，常驻3521个团队和2990家企业。2018年举办双创活动2800场，开展创业教育培训1600场。推进众创社区建设，首批江苏省众创社区备案试点的3家单位通过省年度考核，每家获得市级财政资金500万元支持。栖霞高新区工业设计、江宁高新区生命科学、白下高新区软件与信息服务、江宁高新园通讯与网络和江北新区集成电路设计5家众创社区入选第二批江苏省众创社区备案试点。

（陈　健）

南京市科创实验室。2018年，通过在宁高校推荐，遴选出在全国知名赛事中获奖的大学生项目团队，分别以新型研发机构和南京大学国家双创示范基地为建设主体，利用现有场地和实验平台，为大学生双创团队提供创新创业导师辅导，充分对接市场需求和各类科技服务机构，加快项目的研发和成果转化，促进科技企业的落地和成长。共建立11家科创实验室，并给予每家科创实验室30万元财政资金支持，合计330万元。

（尹　洁）

【产学研合作】 深化校地产学研合作。与南京大学举行两次工作会商。举办校地融合对接项目专场签约活动，累计签约校地融合项目15个。与东南大学举行两次工作会商，举办校地融合对接项目专场签约活动，累计签约校地融合项目18个。在清华大学、北京大学分别举办南京·清华携手创新专场推介会、南京·北大携手创新专场推介会，校地合作座谈会及校园招聘会，并与清华大学签署战略合作协议。深化与中科院战略合作，在宁举行中国科学院支持南京建设综合性科学中心座谈会；与中国科学院大学在宁举行会谈并签约共建国科大新型科教创产融合发展联合体；中科院南京分院麒麟科技城项目开工建设；国科大南京学院、中科院计算所南京移动通信与计算创新研究院、中科院上海巴斯德所麒麟创新研究院、中科院自动化所南京人工智能芯片创新研究院等一批中科系创新资源落户南京。全市累计组织参与各类产学研活动372场，组织6934家企业参与对接交流，促成合作意向894项。

（赵　翔）

大学科技园建设。2018年，江苏海事职业技术学院被省科技厅、教育厅认定为省级大学科技园；栖霞区政府与南京师范大学共同筹建省级大学科技园，全市累计建成大学科技园18家，其中国家级5家。东南大学国家大学科技园、南京理工大学国家大学科技园、南京工业大学国家大学科技园、南京邮电大学物联网科技园等4家国家级大学科技园完成免税申报。

（刘　宏）

【科技经费与项目】 2018年，全市共实施各类科技计划19528项，其中，国家级计划15项；省级计划4310项，下拨经费50610万元；市级计划15203项，下拨经费128827万元。2018年，全市科技专项紧紧围绕中共南京市委、南京市人民政府印发的《关于建设具有全球影响力创新名城的若干政策措施》的通知（宁委发〔2018〕1号）要求，共下达22批次15203项，下拨经费128827万元，全部用于创新名城建设资金兑现，涉及高企培育等相关奖励、新型研发机构备案奖补及绩效奖补、科创实验室奖补、企业研发费用补助、南京市企业承担（参与）国家科技重大专项地方配套支持奖励、高价值专利培育中心项目、知识产权公共服务平台项目等专项。

（王　恺）

企业技术开发项目认定。2018年，简化企业研发费用加计扣除流程，取消事前认定环节。共备案服务上年度企业研发加计扣除项目11833项，项目总投资超过331亿元，实际3579家企业加计扣除，抵扣应纳税所得额131.42亿元，实际抵扣税款32.86亿元，其中：1898家科技型中小企业享受75%比例加计扣除，抵扣应纳税所得额39.2亿元，实际抵扣税款9.8亿元。

（陈志俊）

【科技惠民】 南京市社会事业科技工作以科技惠民为宗旨，在生态环境、绿色低碳、公共安全、医疗卫生健康等领域大力实施社会事业科技示范工程。全年共安排南京市社会发展科技计划项目116项，资助金额1410万元；获得省重点研发计划（社会发展）专项资金项目19项，资助金额2020万元；获得省基础研究计划（自然科学基金）项目72项，资助金额1297万元。

（唐　庄）

南京市社会事业科技示范工程。2018年，在生态保护、绿色低碳、公共安全等领域开展南京市社会事业科技示范工程，推进科技成果服务百姓生活。在生态环境领域，实施了"基于活性氧化镁的重金属污染农田固/稳定化关键材料和集成技术研发与应用""河流生态系统修复集成技术在入江支流（石碛河上游）应用示范"等一批科技示范工程；在绿色低碳领域，实施"绿色建筑PC构件技术集成与应用示范""新能源汽车轻量化、集成化电源系统研发及产业化"等一批科技示范工程；在公共安全领域，实施了"重大高温承压设备结构健康监测与故障诊断系统关键技术研究与应用示范""基于液滴数字PCR和高通量测序的肉源性食品掺假快速定量检测技术研究及应用示范"等一批科技示范工程。

（唐　庄）

水环境保护和土壤污染防治科技专项。2018年，强化水环境和土壤环境污染防治和保护科技创新，为南京市黑臭河治理和土壤保护提供科技支持。开展水污染、土壤污染保护和修复先进适用技术示范推广，截至2018年年底共征集公布了4批土壤污染防治、水污染防治的环境保护先进适用技术信息146项，涉及企事业单位和科研院所72家。实施下达了2017年和2018年土壤科技示范项目共计11项，科技拨款250万元。

（唐　庄）

医疗卫生科技专项。2018年，全力提升医疗卫生科技创新水平，实施南京市医疗卫生科技计划，制定《2018年度南京市科技发展计划（医疗卫生领域）项目申报指南》，下达南京市科技发展计划（医疗卫生领域类）项目85项、市拨款650万元。实施智慧医疗科技项目，为居民提供更加便捷的医疗健康服务。组织市属医院围绕南京市重点、优势临床学科申报江苏省社会发展计划项目，获省临床医学项目19项，获得省科技拨款2020万元。组织优秀青年医学科技人员申报省自然科学基金项目，获得省自然科学基金医疗卫生类项目40项，省拨款650万元。

（唐　庄）

新能源汽车科技示范工程。2018年，协助市新能源汽车管理办公室开展南京市2017年、2016年及以前年度新能源汽车推广应用中央财政补助资金清算，对涉及南京金龙客车制造有限公司、南京汽车集团有限公司、比亚迪汽车工业有限公司南京分公司、南京市公共交通车辆厂等企业申报的符合国补要求的共计4097辆新能源汽车、147861万元中央财政补助资金进行了核查及公示。省市科技管理部门共支持新能源汽车重点关键技术研发与应用项目8项，拨款410余万元，用于支持企业开展新能源汽车在驱动电机、电控系统、动力电池及保护、充电桩建设等共性关键技术的研究。

（唐　庄）

【农村科技】　统筹现代农业科技园区布局。按照瞄准国家级、对接省级、完善布局、产业互补原则，持续规范和推进全市农业科技园区建设与管理工作。努力把科技园区打造成为农业高端技术集成的载体、市场与农户连接的纽带、现代农业科技的辐射源及人才培养和技术培训的基地。截至2018年年底，全市市级以上农业科技园区总数达到14家，其中国家级1家，省级6家；同时在5个涉农行政区启动市级园区遴选培育工作。

（方理国）

推进南京国家农业高新技术产业示范区升建工作。根据国务院办公厅发布的《关于推进农业高新技术产业示范区建设发展的指导意见》，科技部发布的《国家农业高新技术产业示范区建设工作指引》，南京市科技局、溧水区政府挖掘资源优势，积极对接省科技厅、科技部和相关部门，顺利完成申报准备工作和既定申报程序。南京市政府专门成立升建筹备工作小组，多次召开专题会议研究升建工作事宜，论证农高区规划方案等事项。委托江苏省农科院规划设计院编写《江苏南京白马国家农业科技园区升建工作方案》。9月初，科技部明确将白马园区作为2018年首批升建国家农高区的重点单位。11月6日，市政府专门成立南京农高区升建工作领导小组；

11月6—7日,科技部组织专家组到白马园区实地考察升建工作并召开座谈会,科技部领导和专家组对白马园区建设发展所取得的成效给予高度评价。

(方理国)

"星创天地"建设工作。"星创天地"是发展现代农业的众创空间,是农村"大众创业、万众创新"的有效载体,是新型农业创新创业一站式开放性综合服务平台。南京市科技局深入实施创新驱动发展战略和乡村振兴战略,结合市委市政府在促进农民增收方面的具体措施,努力打造南京"星创天地"示范样本,2018年新增2家国家级"星创天地",现共有11家获科技部认定,17家获江苏省科技厅认定。

(许磊)

加强农村科技服务超市建设。以乡村振兴战略为主线,以提高农业增效农民增收为目标,紧紧围绕农村科技服务超市建设工作要求,依托重点农业科技园区和重点产业,以创新科技服务手段提高科技服务效果,全面推进科技服务超市建设提升工作,完善农村科技服务体系,提升综合服务效能,取得了显著的成效。目前,南京市共有省级认定的科技服务超市分店便利店29家,其中省级示范店1家,2018年新建便利店2家。分店便利店产业涉及经济林果、设施蔬菜、主要粮食作物、苗木花卉、特种水产等5个领域,服务地域覆盖南京市主要涉农区,并辐射至溧阳、句容及安徽省部分乡镇,重点产业园区的科技服务实现了全覆盖。2018年,争取省市区各级科技资金241万元。

(许磊)

推进科技特派员农村创业行动。完善科技特派员制度,着力壮大科技特派员队伍。全市通过园区、超市、合作社,依靠科技特派员共引进推广新技术110项,引进推广新品种270个,培训农民7000余人次,发放科普资料7万余份,辐射带动农户约3万人。

(许磊)

研发应用推广农业科技。坚持用工业化的思路、商业化的模式运作农业,推动一、二、三产业深度融合,实现向全链条增值和品牌化发展转型。大力推动农业高新技术的应用,培育农业高新技术企业,突出"自动化和智能化""互联网+""现代物流""第三方检测""资本运作"等元素,重点打造5类农业公共技术平台。全年涉农类市级科技项目共43项,支持额度970万元,带动研发投入3700余万元。

(方理国)

【科技合作与交流】 对口科技交流合作。完成"科技三峡行"、"科技援藏"、"科技援疆"和"宁淮挂钩"等科技对口支援任务,持续开展与青海西宁市、陕西商洛市和辽宁鞍山市科技对口交流合作。2018年对口交流科技合作项目10项,安排资金140万元,其中:"科技援藏"——西藏拉萨市墨竹工卡县项目50万元,用于为墨竹工卡县发展藏文化传播产业提供基础支撑。"科技三峡行"——重庆万州区项目50万元,用于为辐射带动三峡库区农业的产业化和规模化发展。"宁淮挂钩"项目30万元,用于为完善淮安市科技项目管理档案管理,实现找企业需求、找技术、找服务、找资金、找专家提供技术和管理支撑。"科技援疆"——新疆伊宁市项目10万元,用于拓宽自治区薰衣草科技新兴产业的发展空间。与西宁市共同制定南京对口帮扶西宁合作交流计划,组织西宁市基层科技管理干部培训;与鞍山市科技局签订《宁鞍科技交流合作协议》,积极推动宁鞍产学研合作;接待商洛市科技局和万州区人大代表来访,赴园区调研交流。

(钱新)

支持研发机构开放创新。推进实施研发机构"引进来、走出去"计划,支持国内外研发机构、知名跨国公司在宁落户或设立研发机构,支持在宁企业以收购或直接投资等方式设立海外研发机构。累计有美国甲骨文、德国西门子、韩国LG、中通服、中兴等国内外研发机构、知名跨国公司在宁设立高端研发机构45家,焦点科技、埃斯顿、润和软件等在宁企业在海外设立研发机构25家。2018年,对其中符合条件的23家研发机构市区两级共给予资金支持

3010万元。

（陈 澄）

实施省市国际科技合作计划。推动在宁企业利用国际科技创新资源，提升自身创新能力。有19个项目获得省政策引导类计划（国际科技合作项目）立项，获专项资金支持共1596万元。实施市级国际科技合作专项计划，支持28家在宁企业面向技术创新能力强的国家或地区，围绕南京市"4+4+1"主导产业的关键技术需求，开展国际联合研发和国际技术转移。对2家在宁国际技术转移机构建设予以支持。

（陈 澄）

组织各类国际科技交流活动。在宁开展国际科技交流活动。先后举办了"南京市新型研发机构国际合作大会""科技外交官南京行""2018江苏—英国海上风电领域技术对接交流会""加拿大医疗项目路演""江苏韩国现代产业项目对接会""南京—芬兰智慧建筑与健康生活技术对接交流会"等国际合作活动10余场次，组织南京市企业、机构代表参会，与海外科技创新代表开展面对面的交流对接。接待了2018中非农业现代化合作研修班、新加坡科技研究局考察团、德国哥廷根市长考察团、巴基斯坦科技代表团等政府团组来访，安排参观考察南京市相关园区、企业，进行交流洽谈。在境外开展国际科技交流活动，11月21—22日，在香港举办南京现代服务业发展商机（香港）推介会科技专场活动。宁港两地科技园、科技企业、高校、研发机构、创投机构、科创协会等机构的50多名代表围绕"紫金远眺狮子山、宁港携手赢未来"主题，就科技创新焦点和产学研发展经验，进行深入交流和探讨。

（陈 澄）

【科技人才】 2018年，南京入围科技部创新人才推进计划名单中青年科技创新领军人才20人，重点领域创新团队2个，科技创新创业人才7人，创新人才培养示范基地1个，总数位列全省第一,全国副省级城市第一,仅次于北京、上海；入选第三批"国家重大人才工程"87人，其中企业类人才17人，连续两年在全国副省级城市和省辖市中位居第一；入选双创团队12个，双创博士349人，双创人才91人，创历年之最，入选数量均为全省第一，争取省级政策资金14935万元；入选科技顶尖专家集聚计划49人，入选创新型企业家培育计划106人，超额完成全年目标任务；设立高层次人才经济贡献奖，支持企业"高薪聘高人"，全年实施奖补1482万元；创新非共识性人才举荐制度，建立市场化社会化人才认定机制，通过举荐制首批认定29名人才。

（周娟娟）

【科技服务】 2018年，开展研发服务企业培育库入库计划，共有60家企业入库。继续组织实施科技服务骨干机构培育计划，新增入库科技服务骨干机构13家。开展市级重大公共技术服务平台绩效考评工作，6家考评良好以上的获得市财政奖励。

（刘卫卫）

科技服务业。加强和完善科技服务体系建设，推进创新名城建设。首次开展研发服务企业培育库入库申报，共有60家企业入库。继续组织实施科技服务骨干机构培育计划，新增入库科技服务骨干机构13家，全市科技服务骨干机构达28家。江苏省软件产业产学研协同创新基地等3个项目获批省科技厅科技服务骨干机构能力提升计划项目，获得资金支持1350万元。江北新区研创园获批筹建江苏省科技服务业特色基地（研发设计）。全年实现科技服务业收入2482.5亿元，同比增长11%，继续位列全省第一。

（刘卫卫）

科技公共服务平台。2018年，南京市推动公共技术服务平台提质增效建设，依托南京经济技术开发区南京新一代人工智能研究院有限公司建设的江苏省人工智能产业公共技术服务平台项目，获得省级立项，省财政给予1000万元建设补助。全市累计拥有科技公共服务平台127家，其中省级以上85家，在各类园区建设的市级重大公共技术服务平台26家。

2018年，根据运行绩效，7家在宁省级科技公共服务平台被省科技厅评为优良，获省财政后补助，每家奖励50万元，共计350万元。6家市级重大公共技术服务平台获市财政后补助，其中2家优秀各奖励300万元，4家良好各奖励150万元，共计1200万元。

（张　欢）

【科技金融】 加快搭建与创新名城建设相适应的科技金融服务体系，提升省市两级财政资金对科技贷款、科技担保、天使投资、科技保险的"共担共补"政策体系功能，全市获得省级财政支持超过2000万元；完善机构建设，优化全流程服务链条，建有4家省级科技金融服务中心、11家科技银行、24家科技小额贷款公司、3家科技保险公司（2018年新增1家）和2家科技担保公司，"投贷保"联动服务链日趋完善；举办"银企对接"活动20场，科技金融热线"962020"咨询服务2155次，线上受理企业科技贷款申请3775家次，11家科技银行对南京市科技型企业发放科技贷款6120笔222.49亿元，其中：初创期、成长期科技型企业发放5307笔148.35亿元。2018年科技贷款余额超过241.52亿元，比年初新增91.2亿元。63家科技型企业在南京市3家专营科技保险公司投保，2018年保费收入606.09万元。"苏科贷"新增合作银行1家，新增地方风险补偿资金1000万元，共为264家拥有自主知识产权的科技型小微企业争取科技成果转化专项资金基准利率贷款8.6亿元。截至2018年年底，南京市24家科技小贷公司，共为所在园区科技型企业发放科技小额贷款超过110亿元。2018年，市科技创新投资担保管理有限公司在保科技型企业户数45家，在保余额2.26亿元，累计担保客户478家、累计担保额32亿元。

（陈志俊）

市级科技创新基金运作。推进市级科技创新基金规范运作。2018年，出资10亿元设立市级科技创新基金，出台《南京市级科技创新基金实施细则（试行）》，确定了市区（园区）联动原则，细化了投资方式与流程，明确了成立合作子基金、直接投资、跟进投资的让利方式与额度，建立健全了监管、尽职免责与绩效评价考核机制。建立项目储备库，入库项目101项，其中：新型研发机构47家、孵化项目54项。全年投委会过会成立合作子基金7支，规模12.215亿元，市级科创基金拟出资5.485亿元；直接投资项目5项，市级科创基金拟出资6600万元。

（陈志俊）

【科学普及】 科普教育示范基地建设。2018年，新认定市级科普教育示范基地15家，复核通过36家，累计认定13批164家市级基地。新认定省级科普教育基地5家，省级优秀科普教育基地1家，累计认定省级科普教育基地67家、国家级科普教育基地10家。

科普资源共建共享。遴选南京市部分有条件的国家和省级重点创新平台等高端科技资源、相关高校院所、科研机构、高新技术企业和科技园区、科普基地定期向社会开放。通过科普游、科普秀、科普讲座论坛、科普基地主题日活动，促进科技知识的宣传普及，让科技走进大众，促进大众了解科技、参与科技。全市累计50余家高校院所及科研机构、134家各级各类科普基地、科普场馆面向社会免费（优惠）或预约开放，吸引约4万余人参观。

科普统计。据统计，南京市拥有科普专职人员1229人；拥有科技馆3个、科学技术类博物馆5个、青少年科技馆站2个、各类科普基地378个、年参观700万人次；出版科普图书134种240812册；举办各类科普（技）讲座、展览、竞赛等1.72万次、受益民众超过293万人次，其中重大科普活动210次。

科普信息化建设。深入实施"一网两微三站四端"科普信息化工作。在"江苏动视"每天循环播放科普宣传片，每周一集，覆盖南京地铁绝大多条线路；在"南京新闻综合频道"开设"科普南京"电视科普专栏，播放专题、访谈、动画等近30期；在南京科协网、优酷网、南京市公务员学习网、全媒体科普阅览屏等播放"科协大讲堂""科普南京"视频；继续开展南京市"科普中国·百城千校万村行动"，深入推进e站建设，建成各类e站342个。

科普传播渠道建设。联合南京市科协组织开展"南京科协大讲堂"100余场次、"社区科普大学教学活动"400场和"南京科普报告进校园"100场。市场化、常态化、品质化推动"南京科普游"，采取自由行和一日游的形式开展高校研学游、亲子游，全年组织活动45场。

（周娟娟）

【科技活动】 南京市科技创新创业大赛。联合市委宣传部、市人社局、市总工会、共青团市委、江北新区和市广电集团等单位共同举办2018"创业金陵"南京科技创新创业大赛暨第七届中国创新创业大赛和第六届"创业江苏"科技创业大赛南京地区选拔赛。首次在广州、西安、北京、上海、杭州、合肥、深圳和武汉8座城市开展政策宣传和赛事海选，征集优秀创业项目。共有759个企业和团队报名参赛，有效报名511家，其中团队174家、初创和成长企业337家。通过网上评审、线下路演和尽职调查等环节，遴选40个优秀项目进入市决赛，并对优秀组织单位和优秀项目奖励资金共120万元。南京市34个项目晋级"创业江苏"科技创业大赛决赛阶段，获总决赛一等奖一名、二等奖一名、三等奖三名的优异成绩，占全省获奖总数的12%，南京市科技局和江北新区管委会获得优秀组织奖。推荐进入第七届中国创新创业大赛决赛的19个单位中，南京博兰得电子科技有限公司获得新能源及节能环保成长组二等奖，南京凯瑞得信息科技有限公司获得电子信息成长组二等奖，另外17家企业获得"优秀企业"称号。

（陈　健）

科普宣传周。5月19—26日，围绕"科技创新 强国富民"主题，市科技局、市委宣传部、市科协联合组织"2018年度全国科技活动周暨市第三十届科普宣传周"活动。据统计，活动周期间，南京市参与单位数量达850家，开放科普基地134家，高校院所及科研机构52家，印发《南京市科普教育示范基地》画册2000册，举办各类科技培训375场，科技报告会225场，科普影视68场，发送科技信息数量4万余条，出动宣传车33辆，宣传服务人员1.5万人，公众参与25余万人次，受益群众29余万人次，南京电视台、南京广播电台、南京日报等传统媒体及新媒体报道120余次。举办南京市科普讲解大赛，60多名选手经角逐，产生一等奖3名，二等奖6名，三等奖11名，授予10位选手"南京市十佳科普使者"称号。获奖选手代表参加全国科普讲解大赛，获得了3个三等奖，2个优秀奖的好成绩，南京市科技局获得大赛优秀组织奖。

（周娟娟）

紫金知识产权国际峰会。10月19日，以"大保护 高质量"为主题的2018紫金知识产权国际峰会在南京紫金山庄隆重举行。峰会由南京市政府、江苏省知识产权局共同主办，受到了国内外知识产权政府组织高层领导的高度重视与支持，世界知识产权组织官员、中国、俄罗斯、蒙古国和韩国知识产权部门领导、江苏省及南京市领导、国际知识产权服务业机构代表、相关领域专家学者、知名企业高管、行业从业人员、新闻记者等500余人齐聚南京，参加这场知识产权领域的盛会。峰会期间，中国（南京）知识产权保护中心挂牌运营，智金·海外知识产权服务联盟正式启动。

（杨正宁）

【知识产权】 2018年，南京市成功获批国家知识产权运营服务体系重点城市，并得到国家财政经费2亿元支持。出台《高水平建设国家知识产权强市实施办法》《南京市知识产权质押融资风险补助实施细则》《南京市知识产权运营服务体系专项资金管理办法》等政策文件。全市万人发明专利拥有量达59.71件、授权发明量达11090件，全市知识产权质押融资额达11.5亿元，以上三项指标均位居全省第一、全国前列。PCT申请926件，同比增长92.5%。中国（南京）知识产权保护中心通过国家验收正式运营，集海关、司法、行政、仲裁多位一体的知识产权保护新格局逐步形成；紫金知识产权峰会圆满落幕，海外维权服务平台启动建设。知识产权特色平台管理更趋于规范，"中高"知识产权运营交易平台、"我的麦田"知识产权互联网公共服务平台等特色平台入选省级示范平台；知识产权金融工作瞄准实体经济，全年服务800多家中小微企业，纯专利质押融资规模超2017年8倍，贷款额和企业数均位于全省第一；市级高价值专利培育中心建设启动，围绕知识产权强企建设再添新动力。全市新增1家省知识产权试点园区、6家国家级示范（优势）企业，47项专利被评为省百件优质专利。

获批设立省级知识产权服务业集聚发展区。12月，南京市获批在江北新区设立省级知识产权服务业集聚发展区，建设期为3年，自2018年12月起。

出台《南京市知识产权公共服务平台培育管理办法》。10月，制定出台《南京市知识产权公共服务平台培育管理办法（试行）》（以下简称《办法》）。《办法》明确，在"十三五"期间，南京市将根据国家知识产权运营服务体系建设和《南京市委 市政府关于加快建设知识产权强市的意见》要求，面向创新创业、知识产权金融、专利导航、运营交易、军民融合、海外维权等服务领域，高水平布局建设若干家知识产权公共服务特色平台，探索高效可行的运营模式，为创新主体提供全方位服务，支撑南京知识产权强市建设。同期，开展第一批市级知识产权公共服务平台认定工作，经组织申报、推荐评审等程序，"我的麦田"知识产权互联网公共服务平台、"舜禹国际"知识产权全球化服务平台、中高知识产权运营交易平台等3家平台被认定为市级知识产权公共服务平台。

（李　群）

南京市新增1家强省区域示范创建区。5月18日，省知识产权局同意南京市雨花台区开展江苏知识产权强省建设区域示范工作，时间自2018年6月开始，期限3年。目前，南京市共有知识产权强省建设区域示范4家。示范创建工作着力加强产业、区域、科技、贸易、人才等政策与知识产权政策的衔接，加强区域经济活动中的知识产权管理，建立健全知识产权创造、运用、保护、管理和服务体系。省财政厅和省知识产权局联合发文下发知识产权创造与运用（示范区域建设推进）专项资金，支持创建区全面系统地实施示范工作。

南京市新增1家全国知识产权服务品牌培育机构。6月6日，国家知识产权局公布了第四批全国知识产权服务品牌培育机构公示名单，南京苏高专利商标事务所榜上有名。目前，南京市共有四批次9家品牌服务机构。知识产权服务品牌机构培育内容包括，宣传知识产权服务有关政策，引导培育机构参与知识产权服务行业组织建设和服务标准的制修订，引导机构拓宽服务领域、提升服务能力、创新服务模式。培育工作旨在树立标杆典型，发挥示范作用，培育形成一批市场化、规模化、专业化和国际化的知识产权服务品牌机构，打通知识产权创造、运用、保护、管理、服务全链条，为改造提升传统产业、培育壮大新型产业提供服务，营造更好的创新环境和营商环境。

南京市新增1家省知识产权试点园区。9月5日，省知识产权局同意南京市麒麟高新技术产业开发区（筹）为江苏省知识产权试点园区。

（王志伟）

专利导航产业发展试点实验区。依据园区主导产业的集聚情况，建立专利导航产业发展工作机制和产业专利协同创新机制。2018年，分别在江宁区、浦口区、江宁开发区设立南京市专利导航生命科学产业发展试点实验区、南京市专利导航集成电路产业发展试点实验区、南京市专利导航通信与网络产业发展试点实验区，全市已认定8家专利导航产业试点实验区，分别涵盖医药、光电、智能电网、软件、新材料、生命健康、集成电路、通信与网络等8个产业领域。

知识产权人才培养体系。2018年，南京市知识产权人才培训依托南京理工大学、南京工业大学、金陵科技学院等培训基地，按照专业化、品牌化、精准化原则，结合南京市产业发展和企业需求，更新培训内容、创新培训方式，组织了企业家高层研修班、企业总监班、PCT申请策略培训班、智能制造行业、生物医药行业专题培训班等15场次培训，投入经费150万元，共培训了1671名知识产权人才，为知识产权强市建设提供了人才支撑。

知识产权主题宣传活动。在"4·26"世界知识产权主题日期间，制定了全市宣传工作方案，组织各区紧密围绕"培育高价值专利，完善知识产权运营服务体系"主题，突出质量效益导向，积极宣传推进专利质量提升工程、知识产权运营服务体系、知识产权金融服务等工作。南京市科技局、市知识产权局、市教育局、市科协联合举办"2018年南京市中小学生科技小发明优秀作品展示会"。展示了6个知识产权教育特色学校的成果，展出211件科技小发明作品，评选出50项优胜发明作品。在展现南京市中小学生科技创新能力的同时，培养和树立了中小学生尊重知识、崇尚创新、保护知识产权的意识。

专利金融。2018年，市知识产权局根据《关于建设具有全球影响力创新名城的若干政策措施》中，"对实施知识产权质押融资的金融机构，予以融资总额2%的风险补助"要求，联合市财政局制定并发布了《南京市知识产权质押融资风险补助实施细则》，联合在宁银行，举办了多场政策解读和银企精准对接活动，服务企业近800家，成功实现融资企业400余家，全年知识产权质押融资额11.5亿元，发放知识产权质押融资风险补助金额1180万元。联合人保公司、平安保险公司开展专利执行保险、侵犯专利权责任保险、专利代理人职业责任保险、专利质押融资保证保险等工作，共投保专利258项，保额5386万元，总保费104.25万元，保费补助82.3万元。

专利奖。2018年，南京市拥有专利的企业和自然人积极参加国家知识产权局、省知识产权局和市知识产权局组织的专利奖申报评选，共有18项专利获奖。其中1项获中国专利金奖（第三专利权人），2项获中国专利银奖，15项获中国专利优秀奖；55项获市优秀专利奖。

知识产权运营服务体系建设重点城市。5月，南京市成功入选国家支持知识产权运营服务体系建设重点城市，实施期从2018年至2020年年底，中央财政支持经费2亿元。10月13日，市政府办公厅印发《南京市知识产权运营服务体系建设实施方案》并发布实施，明确了"一核两翼多平台"的体系构架。12月4日，联合市财政局制定并发布《南京市知识产权运营服务体系专项资金管理办法》。

专利行政执法。2018年，南京市知识产权局制定知识产权执法维权"护航""雷霆"专项行动方案，指导全市专利执法工作。与金陵海关签订《加强进出口环节知识产权保护工作备忘录》。协调市工商局、版权局、公安局等知识产权管理部门开展联合执法6次，与省知识产权局开展专利联合执法4次。联合全市各区开展专项执法活动20次，全市查处假冒专利案件831件，结案率100%，调处专利侵权纠纷案件182件，结案率98%。

（杨正宁）

中国（南京）知识产权保护中心成立。2018年10月19日，中国（南京）知识产权保护中心（以下简称"保护中心"）正式挂牌成立。保护中心围绕南京市新一代信息技术优势产业，开展集快速审查、快速确权、快速维权于一体的产业知识产权快速协同保护工作。建立了行政与司法衔接联席会议制度、专利纠纷行政调解协议司法确认制度、跨部门联动机制和失信惩戒机制。挂牌设立了南京知识产权法庭（江北新区）巡回审判点、金陵海关知识产权案件证据开示室、南京市人民检察院派驻知识产权保护中心检查工作站、南京知识产权仲裁院接待点、江苏（南京）知识产权仲裁调解中心南京工作站、国家知识产权局南京代办处第二工作站等。

（牟晓健）

发布《2017年南京市知识产权保护状况》。南京市知识产权局组织市工商局、版权局、公安局、司法局、商务局、质监局、农委、法院、检察院、金陵海关、南京仲裁委员会等13个相关部门成立起草工作小组，编撰《2017年南京市知识产权保护状况》。全文共分立法建制、审批登记、执法监管、机制建设、宣传咨询、教育培训、国际合作、知识产权仲裁等八大部分，全面系统地反映2017年度南京市知识产权保护状况。2018年4月26日，南京市政府召开新闻发布会，向海内外公开发布《2017年南京市知识产权保护状况》白皮书。自南京首次发布2003年度知识产权保护状况以来，此项工作已连续开展15年。

知识产权维权援助工作。4月，市知识产权局在江宁区、雨花台区建设维权援助分中心。8月，中国（江苏）知识产权维权援助中心（江宁）分中心成立。至此，全市有国家级保护中心1家，省级维权援助分中心2家，市级维权援助分中心2家。创新政策，支持企业保护知识产权，对市行政区域内的专利权人或者利害关系人主动维权，获得胜诉或和解的，给予实际维权费用50%、最高20万元的补助；对在涉外知识产权纠纷获得胜诉或达成和解的企事业单位，按维权代理费50%、最高50万元给予补助。2018年度对5家企业的维权行为予以资金支持，总额达110余万元。

（杨正宁）

南京市"正版正货"示范创建工作。2018年度，南京市"正版正货"承诺推进计划项目确定南京中航工业科技城发展有限公司（第六空间国际家居）等4家单位为南京市2018年度"正版正货"示范街区承担单位，项目经费共计80万元，至此，南京市级"正版正货"示范街区有29家。

（夏云聪）

南京市知识产权保护电子商务平台。2018年度，南京市对易发生专利侵权、假冒行为的电子商务平台予以经费支持。至此，南京共有3家单位被列入项目承担单位，即南京宜电慧创信息科技有限公司（宜电商城）、南京名都家居广场有限公司（红星美凯龙南京卡子门商城）和江苏享佳健康科技股份有限公司（享佳健康商城），项目经费共计60万元。

（夏云聪）

【防震减灾】 2018年，南京市贯彻落实国家和省地震部门防震减灾工作要求，推动全市防震减灾重点工作的开展，科技监测、震害防御、应急救援、科普宣传等工作取得明显成效。省政府与市政府、市政府与各区人民政府及江北新区管委会分别签订2018年防震减灾目标管理责任书，市防震减灾工作联席会议办公室印发《2018年度南京市防震减灾重点工作任务分工》，强化责任书任务分解，落实具体工作内容。完成《南京市地震应急预案（2017年修订版）》编制并由市政府正式印发。南京市地震局分别获得2018年全国地市级、省级防震减灾工作综合考核先进单位称号。

（曹天书）

地震监测能力建设。南京市地震监测台网包括数字化测震台网、数字化前兆台网、数字化强震台网、烈度速报台网和地震宏观观测网五大地震观测台网。测震台网由南京及周边省市共15个台站组成，测项密度为1.5台项/千平方公里，可实时监测到南京辖区及周边1.5级以上地震。测震台网已实现南京市辖区3级以上地震速报三要素时间小于3分钟，邻近地区小于5分钟。数字化前兆台网由7个台站组成，拥有地电地磁、地壳形变、地下流体等三大门类11套监测设备和7套辅助监测设备。数字化强震台网由6个台站组成，初步形成南、北布局合理的强震动观测台网。烈度速报台网覆盖主城和六合、浦口、江宁、溧水、高淳5区，由间距约为15千米的22个强震台站组成，覆盖南京地区，震后5分钟内能快速绘制出烈度图。建成18个地震宏观观测点，形成布局合理、观测种类多样的地震宏观观测网。在2018年度全省地震观测资料评比中，南京市获得优异成绩。其中监测预报效能考核、强震管理、测震台网运维获得全省第一，年度震情趋势研究报告和信息网络运维获全省第二。溧水区效能考核获得全省县级单位第二。高淳区市县形变获得全省第一，高淳强震、江宁形变及浦口水化学等项目获得全省第二。此外，南京市信息网络在全国评比中获得第三的好成绩。

（吴　帆）

地震观测环境保护。依法对全市地震台站观测环境加以保护。其中溧水地震数字观测站列入观音寺建设规划的建设工作已经完成；与地铁公司合作开展的江宁铜山台地电观测环境保护项目已通过省地震局验收，并正式纳入省地震局监测台网。江宁铜山台涉及S340省道建设、浦口地震台涉及求雨山文化小镇建设的相关保护工作均取得积极进展,溧水地震办(台)市政拆迁改造方案已获批准，高淳地震台涉及镇宣铁路建设工作已参加多次论证会。

（郑建华）

地震应急决策指挥平台。2018年，南京市地震局对已建成的基于GIS系统的灾害应急基础数据库、大中城市地震应急救援桌面演练系统、地震灾情速报应急响应系统等进行整合，新开发灾害评估系统与决策指挥系统、移动终端处置软件，形成集灾情收集、分析研判、指挥决策、应急联动为一体的地震应急决策指挥平台，该平台通过"南京市地震灾情速报应急响应系统"和手机APP客户端，实现了指令下达、灾情收集上报、自动统计、汇总和地图显示等功能。该平台在全市开展的各类地震灾情速报演练实践中，取得良好效果。根据市应急办的要求，启动了南京市地震应急决策指挥平台与市政府应急指挥平台数据资源接入工作。

人员密集场所地震避险贯标活动。根据《关于开展〈人员密集场所地震避险〉贯标活动的通知》要求，市应急办、质监、商务、卫计、文广新、地震等六部门联合举办第四批参加贯彻《人员密集场所地震避险》国家标准活动单位业务技能培训。此外，六部门组成联合检查组，对2017年以来参加贯标的单位进行检查，进一步推动了贯标活动的发展。目前已有110余家单位参加了贯标活动，对全市人员密集场所单位的地震应急避险起到推动作用。

破坏性地震灾害的重点危险源数据库建设。在省内首次开展破坏性地震灾害的重点危险源数据库建设。印发了《南京市破坏性地震灾害的重点危险源数据库建设管理办法》和《关于开展破坏性地震灾害的重点危险源数据库建设的通知》等文件，就数据库建设工作进行了具体部署。市地震局召开数据库建设情况通报会，指导各区工作中遇到的具体问题。同时加强与市相关部门的沟通协调，达到相关数据的互通共享。目前，数据库数据收集工作已经完成，正进行数据整理和数据库的建设工作。

（沈雁鸿）

防灾减灾宣传。利用防灾减灾日、唐山地震纪念日、国际减灾日等重点时段，开展宣传活动。印发《关于开展第十个"防灾减灾日"宣传教育活动的通知》等相关通知，开展广场宣传80余次；知识讲座50余场；知识竞赛10场次；发放宣传资料10万余册；在全市政府机关、公益广告屏、社区、学校、地铁等播放第四季防震减灾动漫宣传片2万余次，受众人群达300余万人；累计投入宣传经费300万元以上。开展第四届社区防震减灾科普宣传员演讲比赛、第四届全市小学生防震减灾手抄报比赛、第二届"我最喜欢的社区地震科普宣传员"网络评选、南京日报小记者夏令营、南京防震减灾科普体验一日游等系列品牌特色活动。市地震局制作的《防震减灾动漫宣传片》（第四季）获第九届江苏省优秀科普作品(影视类)三等奖。开展网络、电视、报纸等多媒体宣传150余次，联合《南京日报》主办"春满金陵·全国防灾减灾日小记者采访活动"。

（黄凌云）

无锡市

Wuxi City

【概　况】　2018年，在省科技厅的大力支持下，在市委、市政府的坚强领导下，全市科技系统聚焦破除制约科技创新发展的薄弱环节和突出短板，筹备召开近10年来规模最大、规格最高的全市科技创新与人才大会，制定出台一系列推动科技创新的政策措施，策划举办创新创业大赛、科洽会、创客大赛等重大活动，科技创新工作呈现出创新指标"进"的步伐更加稳健、创新主体"增"的势头更加强劲、创新资源"聚"的效应更加凸显、创新环境"浓"的氛围更加巩固的良好态势。预计全市科技进步贡献率达到63.9%、全社会研发投入占地区生产总值比重达到2.85%，继续位居全省前列；获2018年国家科技奖励6项，获第二十届中国专利奖11项，继续位居国内同类城市第一方阵；万人发明专利拥有量超38件。

【科技管理】 强化科技创新政策供给。制定出台《关于深入实施创新驱动核心战略加快建设科技创新高地的若干政策措施》《无锡市创新型企业倍增计划（2018—2022年）》等政策文件，持续释放政策红利，加大对创新创业的支持力度。其中，《关于深入实施创新驱动核心战略加快建设科技创新高地的若干政策措施》共10条，具有更加突出问题导向、更加聚焦企业主体、更加注重精准扶持三大亮点特色。

调整优化专利资助政策。制定出台《无锡市级专利资助经费综合奖补办法（试行）》，将市级专利资助经费采用因素法下达到各地区，由各地区整合市、区级资金统筹使用，合力推进专利创造实现数量稳、质量升。截至2018年年底，各地区均已出台专利资助的实施细则，形成了市区联动、齐抓共推的工作格局。2018年，全市市级专利资助经费4214万元，比2017年多64万元。

修订完善科技型中小企业贷款风险补偿业务管理规定。针对全市广大科技型中小企业"融资难""融资贵"等难题，在操作流程、支持企业范围等诸多方面对政策进行优化和调整，主要变化包括以下几个方面。一是简化科技型中小企业入库流程。符合规定条件的科技型中小企业经所在地区科技部门推荐、信用核实、查验企业提交的相关证明文件可直接加入备案企业库，无须再经过专家评审程序。二是支持企业范围进一步扩大。新政策支持企业范围由市区扩大覆盖到江阴市和宜兴市，企业的受益面和覆盖面进一步扩大。三是将市风险补偿资金承担的科技贷本金损失比例由原来的30%～80%统一调整为80%，进一步调动合作银行开展科技贷业务的积极性。四是调动地区开展科技贷业务的积极性。新政策调整风险补偿市、区两级分担机制，由原来对于不良贷款发生的损失风险由市本级与企业所在地区分别承担，调整为由市级统一承担。五是降低企业的融资成本。新政策规定合作银行对科技贷要执行优惠贷款利率，利率上浮不超过同期基准利率的10%，且不得另外收取保证金、中间业务费等其他相关费用。

【科技成果】 获国家科技奖励6项。2018年，无锡市5个项目列入国家科技进步奖，1个项目列入国家技术发明奖。

无锡市获国家科学技术奖情况

奖 项	等 级	序 号	项目名称	完成单位（无锡）
国家科技进步奖	二等奖	1	长江口重要渔业资源养护技术创新与应用	中国水产科学研究院淡水渔业研究中心
		2	废旧聚酯高效再生及纤维制备产业化集成技术	优彩环保资源科技股份有限公司

续表

奖项	等级	序号	项目名称	完成单位（无锡）
国家科技进步奖	二等奖	3	高世代声表面波材料与滤波器产业化技术	无锡市好达电子有限公司
		4	城市多模式公交网络协同设计与智能服务关键技术及应用	公安部交通管理科学研究所
		5	大范围路网交通协同感知与联动控制关键技术及应用	公安部交通管理科学研究所
国家技术发明奖	二等奖	1	耐胁迫植物乳杆菌定向选育及发酵关键技术	江南大学

【高新技术产业】 加大高新技术企业培育力度。通过前期摸底排查、强化申报指导、完善跟踪服务等一系列措施，推动全市高新技术企业培育取得历史性突破。新增省高新技术企业培育库入库企业521家，同比增长73.7%，位列全省第三；高新技术企业认定申报企业达1071家，同比增长45.5%，全市获认定高新技术企业三批，共972家、有效期内高新技术企业达到2060家。

构建创新型企业培育机制。紧扣企业从初创期、成长期到成熟期的成长规律，出台《无锡市创新型企业倍增计划（2018—2022年）》，构建分层、靶向、梯度的创新型企业培育体系；建立雏鹰企业、瞪羚企业、准独角兽企业培育库，首批入库企业分别达到275家、175家和5家；联合长城战略咨询，首次开展"无锡市高成长创新型企业50强"评选，发挥标杆企业的示范引领作用，激发全市企业创新活力；扎实推进国家科技型中小企业评价，通过评价的入库企业达2285家，稳居全国同类城市第一方阵。

25家企业入选省创新型领军企业培育计划。根据省科技厅公布省创新型领军企业培育计划入库名单，无锡市江苏长电科技股份有限公司等25家企业入选，数量位列全省第二，占全省比重的16%。

加强产业关键核心技术攻关。围绕新一代信息技术、战略新材料、生物医药等重点方向，组织实施市级产业前瞻性与共性关键技术项目43项、市级科技成果产业化贷款贴息项目20项，获省产业前瞻与共性关键技术攻关立项11项、重大成果转化立项18项，组建江苏省航空发动机和燃气轮机关键零部件产业技术创新战略联盟，有力推动了重点领域率先实现技术跨越。华科大无锡研究院"大型构件多机器人智能磨抛加工技术"，成功入选"2018中国智能制造十大科技进展"，系江苏省唯一入选项目；华进半导体"大板集成扇出先进封装技术"，填补国内板级扇出技术、材料和装备的空白，入选"第十二届中国半导体创新产品和技术"；法尔胜、远东电缆等11家无锡市企业多项先进技术、产品为港珠澳大桥建成通车提供技术支撑和产品保障。

生物医药产业稳步发展。2018年，无锡市规模以上生物产业总产值达252.39亿元，同比增长11.5%；规模以上医药制造业总产值达到339.71亿元，同比增长17.3%。一是生物医药技术创新水平持续增强，天江药业、普莱医药、鑫连鑫生物均获批国家"重大新药创制"专项资金支持，12个项目获得2018年度省重点研发计划生物医药技术专项资助，9个新药、创新医疗器械和仿制药一致性评价工作项目获市级科技发展资金生物医药技术创新与研发专项资金支持；药明生物生产的艾滋病治疗创新药TROGARZO获批上市，成为首例中国生产的进入美国本土市场的无菌生物制品；福祈制药研发的国家一类创新药WXFL10203614项目获得药物临床试验批件，并在无锡市人民医院一期临床实验中心启动临床研究；曙辉药业的环孢素软胶囊成为江苏省首个产业化生产的MAH试点品种；江苏艾尔康获得省科技创业大赛企业组二等奖和国家创新创业大赛三等奖。二是重点企业发展壮大，目前全市共有规模以上生物医药企业155家，其中上市企业（含新三板）21家。无锡药明康德新药开发股份有限公司于2018年5月8日成功通过IPO途径上市，成为无锡首个市值超千亿的A股上市企业；药明生物在H股也有近千亿市值。三是重点项目顺利推进，其中包括总投资15亿元的纽迪希亚制药特殊医学营养食品项目、总投资10亿元的时代天使隐形矫治研发生产基地项目、投资1.5亿美元的CASI高端仿制药研发和生产基地、投资7亿元的养乐多活性乳酸菌饮料二期项目、总投资2亿元的药明康德生物抗体偶联药品研发中心、总投资6000万元的无锡市食品安全检验检测中心项目等。

【创新平台与载体】 苏南国家自主创新示范区建设加快推进。制定《无锡市深入推进苏南国家自主创新示范区建设三年行动计划（2018—2020年）》等系列文件，加强顶层设计和整体部署，着力打造"一区三核多特"创新发展格局。无锡高新区物联网科技成果产业化基地、江阴高新区特钢新材料科技成果产业化基地、宜兴环科园节能环保科技成果产业化基地入围首批苏南科技成果产业化基地。各高新区顺利通过省高新区综合评价，共获省奖补资金6300万元。无锡高新区位居国家高新区综合排名第30位，较2017年跃升4位。无锡高新区、江阴高新区、宜兴环科园苏南自主创新示范区线下一站式服务中心相继建成启用。

江阴入选全国首批创新型县(市)建设名单。根据科技部发布的首批创新型县（市）建设名单，全国共52个县（市）入选，江阴市上榜，建设主题为"科技支撑产业发展"。

无锡市国家级众创空间达到18家。2018年，无锡市共有江阴维尔达、江阴牛商e工场、江阴华西天本、中科芯集成电路专业化众创空间、阿里巴巴创新中心、创业邦邦空间、太湖国际人才港等7家模式新颖、服务专业、运营良好的众创空间被省科技厅评为省级众创空间。截至2018年年底，全市共有认定的众创空间53家，其中省级28家、国家级16家；江阴金属新材料众创社区、无锡滨湖信息安全技术众创社区入选第二批江苏省众创社区。

无锡市工程技术研究中心突破1300家。2018年，无锡市新认定市级工程技术研究中心74家；新增省级工程技术研究中心11家。截至2018年年底，全市市级以上工程技术研究中心达到1304家，其中省级工程技术研究中心517家、国家级6家，省级以上工程技术研究中心总数位于全省第二。

无锡市创孵指数位居全国同类城市前列。在首都科技发展战略研究院正式发布的《中国城市创孵指数2018》中，无锡排名第十四位，位于地级市前列。一是加强建设支持。对获得省级和国家级认定（备案）的众创空间、科技企业孵化器分别给予50万元和100万元奖励。二是加强绩效考核。对获得市级绩效评价优秀的众创空间、孵化器，给予最高50万元奖励。三是加强环境建设。通过举办苏南全球创客大赛和"创无止境，新有灵锡"科技创新创业大赛，搭建桥梁，助推创业项目落地孵化。目前，全市省级以上科技企业孵化器和众创空间分别为46家和44家，其中国家级分别为20家和16家，涵盖新一代信息技术、智能制造、生物医药与节能环保等领域，已经逐步成为科技型企业培育的摇篮和产业结构优化调整的助推器。

无锡市科技资源共享服务平台建成启用。2018年，无锡市科技资源共享服务平台正式上线，该平台通过"互联网+"和大数据技术，整合无锡市及全国高校、科研院所、新型研发机构和第三方检测公司等208家机构的科技资源，向全市科技企业和创业团队开放共享并提供优质服务，全面助力企业研发创新和产业升级。

获省首批重大科技公共服务平台建设项目立项。根据省科技厅发布的2018年省创新能力建设名单，无锡市华中科技大学无锡研究院建设的"智能制造与机器人应用技术公共服务平台"成功入选，资助金额1000万元，其成为全省首批重大科技公共服务平台建设的两家单位之一。

无锡市科技资源共享服务平台上线启动仪式

成立江苏省"两机"关键零部件产业技术创新联盟。2018年12月12日，经省科技厅批准，由无锡透平叶片有限公司、无锡市生产力促进中心等50多家单位发起组建的江苏省航空发动机和燃气轮机关键零部件产业技术创新战略联盟在无锡成立。联盟作为省航空发动机和燃气轮机领域的技术创新合作组织，将按照"政府引导、市场运作、企业为主、合作互助"的原则，围绕企业发展需求，联合攻关突破制约两机关键部件及配套产业发展的共性关键技术，帮助成员单位拓展合作渠道、导入创新要素、集聚创新资源，搭建集技术转移、科技金融、检验检测、人才引进、战略咨询、知识产权、创业孵化等于一体的专业服务平台，充分释放人才、资本、信息、技术等创新要素活力，集众智、聚众力，推动江苏航空发动机和燃气轮机关键零部件产业转型升级，为江苏省经济高质量发展做出应有贡献。

【科技经费与项目】 2018年，无锡争取省级以上科技项目356项，获国家、省科技经费4.2亿元。其中获国家科技经费0.15亿元，获省科技经费4.05亿元。获省级科技计划经费主要有：省科技成果转化专项资金、苏南国家自主创新示范区建设专项资金高新区奖励补助资金和高新技术企业培育资金。

列入省科技成果转化资金项目18项。2018年，无锡共有18个项目获省科技成果转化项目立项，获拨资金达到1.295亿元，立项数与资金额均较2017年增长约30%。

列入省自然科学基金项目95项。全市95个项目获2018年度省自然科学基金项目立项，省拨资金共计1880万元，其中3个项目获得杰出青年基金资助、1个项目获得优秀青年基金资助。

组织实施首批市新一代信息技术产业和集成电路产业研发项目7项。根据无锡市《关于进一步支持以物联网为龙头的新一代信息技术产业发展的政策意见》《关于进一步支持集成电路产业发展的政策意见》，经发布指南、单位申报、属地推荐、专家评审、现场考察等程序，7个集成电路产业重点研发项目获立项支持，安排科技经费2890万元，首期拨付700万元，单个项目最高支持额度提升至500万元。

组织实施市成果转化产业化贷款贴息项目20项。2018年，组织实施市成果转化产业化贷款贴息项目20项，项目预期通过市级贴息2969万元，带动项目企业自有资金总投入17597.5万元，拉动银行项目贷款67345万元，带动比达到1∶28；预期开发形成23项新产品，申请78件发明专利、79件实用新型专利，新增制定12项企业标准、25项新工艺；预期新增销售收入162380万元，新增利税33814万元，为全市提升产业核心竞争力，优化产业结构、转变经济增长方式提供有力支撑。

【产学研合作】 无锡市与公安部交通管理科学研究所签署合作协议。5月29日，无锡市与公安部交通管理科学研究所举行合作协议签约仪式，深化产学研合作，标志着无锡市与驻锡科研院所新一轮合作正式拉开帷幕。省委常委、市委书记李小敏考察交通管理科学研究所并出席签约仪式，公安部交管局局长刘钊、代市长黄钦分别致辞，副市长高亚光和公安部交通管理科学研究所所长王长君签署合作协议，市政府秘书长许立新主持签约仪式。根据合作协议，公安部交通管理科学研究所将发挥在道路交通管理、安全、集成和标准等方面创新资源优势和人才优势，加快构建从技术研发、系统集成到产业孵化的创新生态环境，促进智能交通产业在无锡的集聚发展。无锡将积极支持该所高水平建设"国家智能交通技术综合测试基地"、高标准助推车联网LTE-V2X城市级示范项目、高层次打造智能交通产业高地、高起点布局城市交通大脑等，深化产学研合作，实现双方共赢发展。

启动"无锡创新创业院所行"。10月17—18日，"无锡创新创业院所行"赴西安开展产学研对接活动，市科技局局长孙海东、副局长王浩率队出席活动，锡山区委常委、组织部长窦虹，新吴区副区长胡逸参加有关活动，锡山区、滨湖区、新吴区等科技部门组队参加活动。本次活动旨在深入贯彻实施创新驱动发展核心战略和产业强市主导战略，全面落实全市科技创新和人才大会精神，进一步拓展产学研合作交流平台，加强无锡市企业与国内高校院所创新资源对接合作，加快科技成果向无锡市转移转化，推进无锡市自主创新体系建设。活动期间，成功举办了"无锡（锡山区）—西安电子科技大学产学研合作洽谈会"，中铁智能科技—西电机电工程学院工业大数据联合研发中心、健鼎（无锡）电子—西电电子工程学院企业研究院两个项目现场签约，拜访了中电科20所、中科院西安光机所、西安电子科技大学等3家高校院所，并就无锡市与西安电子科技大学加强合作达成初步意向。

累计建成院士工作站151家。2018年，无锡市新增院士工作站7家，累计建成院士工作站151家，位居全省第一。

【科技惠民】 组织实施市级社会发展项目56项，市级科技经费拨款993万元；获省重点研发计划社会发展立项16项，省拨资金共计1650万元；获国家重点研发计划专项立项3项，国拨资金共计4707万元。重点针对公共安全、生态环境、人口健康等民生领域的创新需求，开展关键技术与前沿技术研究55项，建设科技示范工程14个，建立临床研究转化医学中心4个，推进了一批民生科技成果的转化与应用示范。

【农村科技】 组织实施市级农业科技支撑计划项目9项，7个项目获省重点支持；围绕无锡产业特色，在特种水产、经济林果、花卉苗木、设施蔬菜等领域，以农业重要企业和具有规模优势的合作社为龙头，建有省级农村科技服务超市25家，组建专家服务团队304人，示范推广新品种新技术405项；组织培训活动183场次，累计培训16525人次；累计接待咨询15933人次，发布信息4827条；辐射带动33.173万亩（1亩≈666.67平方米），辐射带动农户12238户，农户增收3152.89万元，人均增收2658元。

无锡国家农业科技园区通过验收。根据科技部发布的《关于2018年国家农业科技园区验收结果公示》，全国通过验收的国家农业科技园区有48个，江苏无锡国家农业科技园区在列。无锡国家农业科技园区以"一区多园"为格局，形成核心区、示范区、辐射区"三区"联动发展模式。

【科技合作与交流】 举办无锡—麻省理工学院产学研计划创新研讨会。8月16日，无锡—麻省理工学院产学研计划创新研讨会举行，海外高端学府和顶尖人才为无锡产业发展带来最新的智慧。研讨会旨在拓宽无锡与麻省理工学院（MIT）的产学研合作新空间。来自麻省理工学院的专家、教授、学者及MIT初创公司代表汇聚无锡，与无锡市科技部门、科技园区、金融机构、本地企业进行对接洽谈，专家教授还将赴园区、企业进行考察对接。

组织无锡市创新型新生代企业家赴美国培训。2018年10月，无锡市政府组织15名创新型企业家赴美国进行为期10天的培训，培训围绕新时代可持续发展为主题，通过对美国人文教育、科技创新的深入体验观察，提升无锡创新型企业家实践创新、绿色可持续发展的认识。

【科技人才】 无锡科技创业领军人才企业发展态势良好。2018年，无锡市1334家科技创业领军人才企业继续保持良好发展态势，产生销售收入或缴纳税款的有909家，共实现年销售收入（含应税销售及出口、免税销售）420.33亿元，缴纳税收总额（含减免及退税）22.13亿元。其中销售超亿元的有31家企业，同比增加2家，销售5000万至1亿元的企业共37家。科技创业领军人才企业中正式挂牌新三板的企业共32家，上市企业2家。

入选江苏省科技企业家182人。根据2018年"江苏省科技企业家"入选名单，无锡共有182人入选。入选的企业家包括无锡华云数据技术服务有限公司董事长许广彬，优彩环保资源科技股份有限公司董事长戴泽新，无锡帝科电子材料科技有限公司总经理史卫利等。

307名企业家被确定为无锡市科技企业家。为加快培养造就一批既通科技、又懂市场的复合型创新创业人才，打造无锡创新创业的"最强大脑"，筑牢高质量发展走在全省前列的人才支撑，根据省《关于实施科技企业家支持计划的意见》（苏组通〔2018〕32号）和《关于做好科技企业家选拔工作的通知》（苏组通〔2018〕33号）精神，在各市（县）区组织个人申报、初审推荐的基础上，经专家评审、信用查询、市（县）区复核、综合比对、市人才办联席会议研究、社会公示，307名企业家被确定为无锡市科技企业家，其中江阴市61人，宜兴市60人，梁溪区21人，锡山区25人，惠山区50人，滨湖区31人，新吴区59人。

无锡海斯凯尔医学技术有限公司系列产品获准在美国上市销售。无锡海斯凯尔医学技术有限公司（科技创新领军人才企业）自主研发的无创肝纤维化和脂肪变量化检测系统FibroTouch系列产品通过美国食品药品管理局（FDA）认证，获准在美国上市销售，标志着以FibroTouch为代表的中国自主知识产权的国产高端医疗设备达到国际发达国家水平。

【科技服务】 无锡技术合同认定实现较快增长。2018年，全市认定技术合同成交额首次突破20亿元，全年认定技术合同1576项，成交额20.19亿元，同比增长23.71%。各领域技术交易保持健康发展态势，其中电子信息类依然保持领先优势，技术合同成交额达10亿元，占全市技术合同成交额的49.5%。增长较快的3个技术领域有生物医药类，全年成交额5.16亿元，同比增长56.57%；农业类，成交额0.22亿元，同比增长43.65%；环境保护与资源综合利用类，成交额0.35亿元，同比增长30.7%。

技术合同成交额持续攀升。2018年，无锡技术合同成交额达到150.03亿元，同比增长38.3%，位居全省第三。

严格规范知识产权服务。受理并审核无锡市级专利资助26936件；做好维权援助与举报投诉日常工作，开展知识产权执法维权"护航"专项行动，做好知识产权贯标标准化备案及绩效评价等工作，积极宣传"12330"，营造保护知识产权的良好氛围；接到举报投诉电话407个，受理维权援助案件41件；处理举报投诉案件60件；完成人民调解案件1件；完成59项专利侵权判定咨询意见书；做好分支机构建设及培训工作。

做好科技创新政策宣传。扎实开展"百园千企"科技创新政策宣传活动，累计举办各类宣讲活动50余场，发放宣传资料6800余册。

【科技金融】 持续强化科技创新金融支撑。修订出台《无锡市科技型中小企业贷款风险补偿业务管理实施细则》。科技信贷工作首次覆盖全市各版块，缔结"锡科贷"合作银行5家、"苏科贷"合作银行8家，入库企业达到1142家，全年发放"锡科贷"24亿元、"苏科贷"5.72亿元，有效缓解了科技型企业融资难题。在省"苏科贷"合作地区绩效评估中，无锡市被评为优秀（A类）合作地区。

扎实推进专利质押贷款和保险业务。一是突出产品创新。联合农行科技支行、江苏银行科技支行、中国银行、兴业银行、交通银行5家银行累计为95家企业469件专利进行质押融资，放贷额度达4.8亿元。人保财险无锡公司为82家企业191件专利开展投保服务，专利保险保障金额达250万元。二是突出宣传普及。举办全市银行、保险公司与企业知识产权质押融资、专利保险对接会，组织开展专题宣讲会7次，培训服务近1000家企业。三是突出激励引导。为35家开展专利权质押融资企业提供140.55万元贷款贴息支持，同比增长30%，为82家投保专利险的企业提供12.44万元保费支持，同比增长24%。

【知识产权】 专利创造实现量质并举。牢固树立"质量第一、效益优先"理念，坚持政策引导与服务指导并举、先进示范与监测监管并重，推动专利创造量质并举。全市专利申请量和授权量分别达到62681件、35256件，分别同比增长19.96%、21.88%，均位居全省第三位，其中发明专利申请量和授权量分别达到19702件、4963件。

实施高价值专利培育计划。威孚环保、新广联科技、中鼎集成、方盛换热器4家单位获批市企业高价值培育示范计划200万元立项支持；小天鹅、长电科技、江南大学3家单位获批省高价值培育中心1000万元支持，立项数和获批经费均居全省第一，占全省总额的30%以上。

专利奖提升创造质量。在第20届中国专利分别奖评选中，全市11家单位专利分别获得国家专利金奖1项、银奖2项、优秀奖8项，获奖总数位居全省第三。江南大学胥传来教授入选第二届江苏省专利发明人奖，这是继陈卫副校长入选首批省专利发明人奖后，无锡第二位发明人获此殊荣。

无锡国家知识产权示范优势企业达到33家。2018年，江阴兴澄特种钢铁有限公司、江苏斯菲尔电气股份有限公司2家企业被确定为2018年度国家知识产权示范企业，无锡曙光模具有限公司等10家企业被确定为2018年度国家知识产权优势企业。目前，无锡国家知识产权示范优势企业已累计有33家。

扎实开展知识产权保护。全年组织开展知识产权执法维权"护航""雷霆"等专项行动35次，出动人员213人次，检查商品超过5100件。立案假冒专利案件743件、专利侵权纠纷案件79件，结案率均超过90%。

持续推进知识产权业务培训。举办2018年度知识产权工程师、企业总裁和知识产权总监培训班，参训人数分别达到450人、100人。

【科技活动】 召开全市科技创新与人才大会。9月7日，无锡市人民大会堂群英荟萃，近10年来规格最高、规模最大的一次科技盛会——全市科技创新与人才大会在此隆重召开。省委常委、市委书记李小敏出席会议并讲话，黄钦市长主持会议并提出贯彻落实要求。会议向10位院士颁发了无锡市科学顾问聘书，为2017年市科技进步一等奖、第十届市专利金奖获得者和市十大杰出本土人才、市十大杰出海外人才、市十大杰出技能技艺人才、市十大杰出创新创业团队代表进行了颁奖和授牌。会上，中国工程院院士、重庆大学国家镁合金材料工程技术研究中心主任潘复生，海澜集团有限公司董事长周建平，公安部交通管理科学研究所所长王长君，无锡高新区传感国际创新园、无锡微纳产业发展有限公司总经理杨渊斌，江苏卓胜微电子股份有限公司董事长许志翰，无锡帝科电子材料股份有限公司董事长史卫利做交流发言。市委常委、副市长，市人大、市政协分管领导，市法院院长、检察院检察长，各市（县）区、市各部委办局、人民团体、直属单位主要负责同志，在锡高校、金融机构、市属国有企业集团、各省级以上开发区负责同志，科研院所、新型研发机构、重点民营企业、科技创新与人才企业负责同志等共800多人参加会议。

举办第七届太湖奖设计大赛。6月22日，由无锡市人民政府主办，无锡市知识产权局承办的第七届太湖奖设计大赛圆满落幕，大会取得5项成果。一是评选出一批优秀设计项目。大赛通过媒体、网站、微信公众号和院校推广宣传，共收到近300家单位和个人的3361件设计作品，作品数量和参赛单位较往届多了一倍。最终江大蓝宇宸的习惯养成女性系列家庭健身产品和出门问问信息科技有限公司的AI双耳无线智能耳机分获"创意组"和"产品组"的特等奖，还分别评出"创意组"和"产品组"一等奖各5名，二等奖各10名，入围奖若干，奖金较往年翻翻，提高奖项含金量。二是遴选了一批专家评委。大赛从知识产权管理部门、学术界、设计界、企业界4个层面更新了专家库，广泛征集设计专业领域26位专家，根据本届大赛需求遴选出13位专家参与路演评审，提升大赛专业化程度。三是加强了原创知识产权保护。大赛委托无锡（国家）外观设计专利信息中心进行专利检索服务，入围作品进行公示接受社会监督，取消剽窃抄袭作品的路演资格，严厉打击侵权行为。同时与国家知识产权出版社开展合作，推广原创知识产权保护平台，鼓励参赛选手和单位通过平台原创认证保护设计作品。四是筹建工业设计创业服务平台。大赛期间，无锡国家工业设计园做了推介，诚邀获奖选手带着项目入驻工业设计园，与无锡市设计商会签约，合作共建工业设计创业服务平台，打造无锡市首个以工业设计为主题的众创空间，入围项目"和石设计"将成为首家入驻平台的企业。五是分享了创新设计经验。大赛改革评奖方式，采取"海选初评＋路演答辩＋现场打分"的方式，增设了互动交流环节，选手阐述设计理念，专家现场点评，江大设计学院院长做了创新设计主题演讲，颁奖典礼上特等奖选手也分享了经验，本次大赛更像是一场创新设计经验交流分享会。

举办2018无锡市产学研合作科技成果洽谈会。8月14日，2018无锡市产学研合作科技成果洽谈会举行，市委副书记、代市长黄钦，副市长高亚光与院士专家共同见证了一批重磅项目的落地。市政府秘书长许立新主持会议。这场洽谈会是2018无锡"才交会"的重要组成部分，由无锡市人民政府主办，市人才办、市科技局承办，重点设置产学研合作项目成果展示、产学研合作科技成果对接洽谈、无锡科技创新宣传和主题会议等方面内容，旨在有力地推动创新要素与生产要素的良性互动、创新成果与企业需求的有机结合。一批新建院士工作站正式授牌，为无锡构筑更亮丽的"院士风景线"。2018年，无锡市新建了14名院士领衔的12家院士工作站，洽谈会为这些院士工作站授牌。其中，中船重工集团第七一九研究所原所长张金麟院士，上海交通大学医学院附属第九人民医院上海市关节外科临床医学中心主任戴尅戎院士，西安电子科技大学副校长郝跃院士，江南大学校长陈坚院士，上海科技大学副校长、中国科学院上海光学精密机械研究所所长李儒新院士，这5名院士亲临现场为单位授牌。一批重大产学研项目现场签约，为企业注入更强大的"核心竞争力"。经过前期对接洽谈和推荐筛选，50个项目现场签约资金达到1.41亿元，其中4个项目合同金额超过千万元。与此同时，主办方首次通过微信扫码方式发布了高校科研院所最新科技成果400项和企业最新技术创新需求信息400项。更多产学研合作空间正在开启，为产业连接起高质量的"创新发展链"。洽谈会上，院士、专家等嘉宾围绕发挥科技人才优势、推动校地合作、促进科研成果产业化、助推产业强市等热点、难点问题发表精彩观点，30多家国内知名高校科研院所的产学研负责人，16家驻锡科研院所相关负责人、15家新型研发机构及超过250家创新型企业代表参与洽谈交流。会上还对第10批科技镇长团驻锡团员产学研创新创业项目进行了表彰，为南京工程学院"薄宽带钢高效精密热连轧用高性能轧辊装备关键技术研发"等6个获奖项目颁奖。

举办2018世界物联网博览会国际技术转移大会。9月16日，由江苏省产业技术研究院、无锡市人民政府主办，江苏省产业研究院材料产业科技服务中心、无锡市科技局、无锡市经信委承办的2018世界物联网博览会国际技术转移大会在无锡苏宁凯悦酒店隆重举行。无锡市副市长高亚光致辞，江苏省产业技术研究院院长刘庆发表主旨演讲，王现斌院士、杨超伟院士、黄家详先生分别讲话。大会以"创赢无锡、感知中国、物联世界"为主题，邀请了海内外多位院士、教授、企业负责人等物联网领域的专家。其中，南京大学、浙江大学、同济大学等18所全国知名高校代表，华为、中兴、天合光能、汉能集团、康得新等50余家企业代表，共300余人参加本次大会。法尔胜、辰云科技、蝶和（无锡）智能制造、科尼格沃斯、国鹰环境科技、康宇水处理设备等36个项目现场签约。

举办2018无锡创客大会。12月12日,"产业创新科技赋能组织再造"第四届苏南全球创客大赛暨2018无锡年度创客大会在无锡君来世尊酒店举行。创客大会由江苏省科学技术厅、无锡市人民政府指导,由无锡市科技局、无锡国家高新技术产业开发区管理委员会、江苏省高新技术创业服务中心主办,由无锡众创空间协会、无锡市科技企业孵化器协会、无锡市生产力促进中心、无锡高新区科技创新促进中心承办。江苏省科技厅副巡视员景茂先生、无锡市人民政府副市长高亚光女士出席颁奖仪式并致辞。此次大会取得了四大成果:一是发布《2018中国新零售白皮书》。分享并探讨新零售的本质和未来。二是探讨苏南民企转型路径。为苏南民营企业的发展提供了具有前瞻性的指导意见,强调突出了科技赋能的力量。三是表彰一批先进典型。12家无锡市优秀众创空间获得表彰,目前无锡市共有省级以上众创空间44家,其中国家级16家。四是评选一批优秀创业项目。本次创客大赛汇聚苏南五市和海外项目130多个,分种子期、天使期、A轮+3个组别进行比赛,评选出最具投资潜力奖10个,三等奖15个,二等奖9个,纳米环保涂料、T-BOX、辰科慧芯3个项目荣获一等奖。

2018年中国无锡科技创新创业大赛成功举办。2018年,无锡市首度举办中国无锡科技创新创业大赛。作为国家赛和省赛的无锡地区预选赛,本次大赛取得了良好的办赛成效。大赛聚焦电子信息、互联网、先进制造、新材料、生物医药、新能源及节能环保等六大专业领域,有效报名项目达426个,约占全省的10%;经过多环节激烈比拼,一批优秀项目脱颖而出,大赛共评出智伴机器人、Anylink物联网智能运维平台、高精度地图等36个获奖项目。无锡市推荐晋级第六届江苏科技创业大赛行业赛的30个项目,共获得2个二等奖、7个三等奖;晋级第七届中国创新创业大赛的19个项目中,2家企业斩获三等奖、15家企业被评为优秀企业。大赛同步推出"独角兽企业成长计划",全力打造"创业生态圈"。获奖企业可得到科技计划项目、信保基金等的优先支持,赛事合作银行与60家参赛企业共达成融资意向近1亿元。以赛引才举措促成一批优质项目落地,大赛6个国内获奖团队中已有3个于2018年年底完成工商注册落户无锡,另有一批团队正在洽谈对接中。

(吕华伟)

徐州市

Xuzhou City

【概　况】　2018年,在江苏省科技厅的指导帮助下,徐州市科技工作围绕建设区域性产业科技创新中心,提升城市创新驱动力和产业集聚力,着力优化一个中心布局、突出新旧两个产业方向,规划建设"一城一谷一院一区"四大优质载体,完善科技政策支持、产业提升、双创平台、协同创新、技术转移转化、科技金融扶持、知识产权战略等7个工作体系,持续完善区域产业科技创新生态系统,加快推动以科技创新为核心的全面创新,全市创新创业环境明显改善,区域创新能力显著增强,主要创新指标居淮海经济区首位。2018年,徐州市先后获批建设国家创新型城市和国家知识产权示范市。

【科技管理】　研究制定了《关于实施创新驱动发展战略深入推进区域性产业科技创新中心建设的工作意见》《关于深化科技体制改革推动高质量发展的实施意见》等一系列指导性文件,设立政策兑现落实机构,编制《科技创新政策服务指南》,分层分类推动国家、省、市科技政策精准落地。建立科技统计监测体系,设计搭建"徐州科技大数据"平台,牵头成立"淮海经济区科技创新发展研究战略联盟"。深化科技计划管理改革,制定实施立项规程、操作细则,探索引入第三方管理科技项目,在全省率先探索开展异地同行项目专业评价,完善科技计划全程"留痕"管理制度,2018年市级计划项目立项264项，全市争取国家、省资金2.9亿元，比2017年增长4000万元。

【科技成果和技术转移】 出台《市政府关于加快推进技术转移体系建设促进科技成果转化的实施意见》的实施细则，开展科技成果转化中试基地、第三方检验检测认证平台和科技成果转化示范企业评审认定工作。健全完善技术转移转化支持政策，完善技术转移体系架构，拓宽技术转移通道，推进科技成果落地转化。获国家科技进步奖7项，徐州重型等4家企业获批省科技成果转化专项资金项目，全市获批省科技进步奖29项，为2017年的3倍。畅通技术转移转化渠道，持续完善淮海经济区技术产权交易中心"线上+线下"综合转化功能，打造区域权威、资源丰富、功能完善、优势互补、线上与线下相结合的"产学研金介"互动对接交易平台，2018年完成登记技术合同895项，合同成交额达7.3亿元，获批省股权交易中心新四板挂牌推荐商资质。完成市级科技进步奖评审和表彰工作，共受理254项，表彰徐州市科学技术奖109项，其中一等奖8项，二等奖37项，三等奖64项；表彰徐州市企业技术创新奖5家；授予徐州市协同创新奖3人。

【高新技术产业】 强化高新技术企业招引培育，举办徐州（北京）科技招商暨"一城一谷"专题招商推介会、徐州（深圳）高新技术企业推介会等系列招商活动，累计意向签约项目55项、意向签约金额348亿元，其中82%的签约项目符合徐州市四大新兴产业布局需求。全年共组织申报高新技术企业399家，年内新增高新技术企业286家、同比增长108.76%，净增169家、同比增长213%，年申报量、认定量、通过率均创历史新高。加快高新技术产业发展，截至12月，高新技术行业列统企业572家，高新技术产业产值占规模以上工业产值比重为35%左右。

【创新平台与载体】 加快众创空间、孵化器等科技创业平台建设，全市新获批省级众创空间35家、新增数位居全省第2位，新获批省级科技企业孵化器15家、新增数位居全省第1位，新获批省级科技企业加速器5家、新增及总数均位居全省第1位，在科技创业载体建设上迈入全省第二梯队。加快企业创新平台建设，全市新获批国家级企业技术中心1家，新建省级企业工程技术研究中心12家、省级工程研究中心10家、省级企业技术中心7家，省级以上科技创新平台达到232家，居全省第7位，全市大中型工业企业和规模以上高新技术企业研发机构建有率达91.92%，居全省第3位。加快"一城一谷一区一院"建设，进一步明确功能定位，重点推动徐州市产业技术研究院打造技术先进、设施完备、成果转化能力强、体制机制灵活的新型研发机构。注重双创环境建设，重点开展"创响徐州"品牌活动，举办首届"淮海经济区科技创新创业大赛"和"省创新创业大赛新材料行业赛"。

【产学研合作】 加强与大院大所合作对接，推动市政府与清华大学签署全面合作协议，举办徐州（上海）大院大所对接合作恳谈会，105个项目成功对接，33个重点校企、校地建设项目现场签约。创新产学研合作机制，全市获批省"科技副总"264位，占全省获批人数的26%，获批"科技副总"数位列全省第一；获批省产学研合作项目68项，居全省第1位；全市校企联盟总数达到1850个，居全省第1位。与高校院所共建研发机构数19个，开展产学研专项活动293次，参与企业数3102个，签约项目数479个。

【科技合作与交流】 积极开展国际合作，先后在德国和美国举办两场名校创新创业大赛，引进国外先进科技成果在徐州市转移转化6项，建设中美、中德、中英、中法跨境孵化器4家。先后成功举办"第二届中加国际技术转移对接会""2018徐州中乌国际技术转移对接会""俄罗斯院士徐州（高新区）行暨俄罗斯高新项目推介会"。2018年12月3日，徐州市与白俄罗斯国立技术大学达成共建国际技术转移中心协议。

【农村科技】 2018年9月20日,科技部在徐州市举办全国星创天地工作推进会,全国32个省、市、自治区及新疆建设兵团的科技主管部门负责人、部分农业科技优秀企业代表参会,北京、江苏、安徽等地的6家星创天地代表在会议上做了典型发言,交流星创天地工作经验做法。截至2018年年底,徐州市已累计建成国家级"星创天地"12家、省级"星创天地"18家,基本实现了服务县域特色产业全覆盖,累计培育农业产业创业企业100余家,创客400余人,带动3万余户农民增收致富。按照"1家分店+N家便利店"的一体化建设要求,全面推进科技超市建设管理"扩量提质",已建成20家分店、49家便利店,覆盖近60个乡镇。徐州国家农业科技园区累计建立企业研发机构47个,研究开发农业科技成果306项、科技成果转化率达到90%,2018年通过了科技部组织的专家组验收。

【科技金融】 加快省科技企业融资路演服务中心淮海分中心建设,推动布局建设科技保险公司、融资租赁公司、小额贷款公司等一批科技金融服务机构。积极探索科技金融业务模式创新,设立2000万元市风险补偿专项资金,引导银行向科技型中小企业发放优惠贷款,先后完成127笔"苏科贷"科技贷款备案,发放贷款规模3.17亿元,推荐16家符合条件的科技型企业进行"资金池"贷款,申请贷款金额8400万元,加快推进"徐知贷",完成知识产权质押融资贷款7900万元。搭建科技金融互动平台,联合南京银行举办"发现徐州"科技金融对接等活动,推动科研人员、科技型企业、金融投资机构有效对接。

【知识产权】 深入实施知识产权高质量发展战略,加强知识产权创造、运用、保护、管理和服务,徐州经济技术开发区通过国家知识产权试点园区验收,徐州泉山经济开发区、邳州高新技术产业开发区通过省级知识产权试点园区验收,丰县和邳州市成功获批申报江苏省知识产权强省建设区域示范。扎实推进专利创造高质量发展,围绕新医药、新材料、工程机械、节能环保等领域组建5家市级高价值专利培育示范中心,推动各类产业园区向知识产权密集型园区转变。积极推进知识产权强企行动,全年组织4批共200家企业完成贯标创建工作,总数创历史新高,完成专利清零企业59家。加快培育知识产权密集型企业,全市获批国家知识产权示范优势企业19家。2018年,全市专利授权量11247件,其中企业专利授权量6344件。11247件专利授权量中发明专利授权量2097件,其中企业发明专利授权量1167件。万人有效发明专利拥有量达8.86件。2018年5月,徐州市被省政府表彰为实施知识产权战略成效明显的市。

"俄罗斯院士徐州(高新区)行暨俄罗斯高新项目推介会"在徐州高新区成功举行

常州市

Changzhou City

【概 况】 2018年,常州市深入实施创新驱动发展战略,全面推进常州苏南国家自主创新示范区建设,2018年,研发经费支出占地区生产总值的2.81%;新认定高新技术企业280家,累计1444家;新增企业研发机构237家,累计1658家,其中新增省级以上企业研发机构65家,累计768家;科技进步贡献率63.8%;万人发明专利拥有量32.76件;高新技术产业产值占规模以上工业产值比重的47.3%。

【科技管理】 落实省科技改革30条政策、市创新29条政策，共出台15项配套实施细则；落实科技税收政策，全市科技税收实际减免33.7亿元，同比增长16.49%。制定实施科技计划管理实施方案，继续将创新创业大赛与科技计划项目并轨，增加项目的透明度与显示度，加大对科技服务业的支持，并将"市29条"创新政策与科技计划体系相融合。做好2017年度市科技专项资金的使用绩效评价工作，同时积极探索子计划绩效评估工作，以2014年度立项的市科技成果转化培育项目为试点，分析专项资金的投入与产出情况。制定市区联动推进科技创新工作的22项举措和局机关进一步提升科技管理工作水平的110项举措。组织7期"科技创新讲坛"，授予10名同志优秀讲师称号，讲坛活动入选市委组织部年度干部教育工作巡礼。

【科技成果】 3个项目荣获国家科学技术进步奖二等奖；19个项目荣获江苏省科学技术进步奖，其中一等奖1个、二等奖6个、三等奖12个。

常州大学参与的"特种表面冲击强化抗应力腐蚀与疲劳技术及应用"项目获国家科学技术进步奖二等奖。该项目主要针对石化、化工、电力等领域关键装备的抗应力腐蚀和疲劳失效难题，发明了基于玻璃、超声、激光的3种表面冲击强化抗应力腐蚀和疲劳方法，构建了冲击工艺—微观结构—强化效果协同评价体系，实现了表面冲击强化后构件应力腐蚀和疲劳寿命的科学预测。该项目成果应用于扬子石化、泸天化、江苏通宇等多家大型企业的大乙烯、大化肥关键装备及MVR离心压缩机涡轮、输气管道等核心设备，极大提高了设备抗应力腐蚀和抗疲劳性能，保障其安全稳定长周期运行，取得了重大的经济效益和社会效益。

常州市英中电气有限公司参与的"超、特高压变压器／电抗器出线装置关键技术及工程应用"项目获得国家科学技术进步奖二等奖。该项目专门攻克特高压出线装置的材料及设计难题，2012年就获得了国家电网的认可并投入使用，提升了我国在超、特高压设备制造领域的技术水平。目前，项目成果已在7回特高压工程和28回超高压工程中应用，相关成果也大量应用于国内高铁建设工程项目，取得了显著的经济效益和社会效益。

常州亚美柯机械设备有限公司参与的"多熟制地区水稻机插栽培关键技术创新及应用"项目获得国家科学技术进步奖二等奖。该项目中的水稻机插栽培关键设备由常州亚美柯机械设备有限公司研发生产。该技术成果通过农机农艺融合、良种良法结合，开展了一系列技术创新攻关，实现水稻机械化精量播种、精准移栽、绿色环保、高产高效的发展目标，改变了我国水稻传统机械化条件下育秧素质弱、苗龄小、栽插质量不高、产量低的现状，满足了"育秧绿色、低耗、壮苗、齐整，栽插浅、匀、直、稳"的农艺条件。水稻钵苗种植机械成套设备的技术应用，填补了我国水稻栽培机械应用的空白，技术达到国际领先水平，是我国水稻机械化增龄壮育秧和精准插秧，实现优质高产栽培模式的首创。

2018年度常州市获江苏省科技进步奖项目情况

序号	项目名称	完成单位	完成人	获奖等级
1	胃肠道免疫微环境调控研究与肿瘤精准诊疗策略的建立	常州市第一人民医院 苏州大学	蒋敬庭 邢伟 胡文蔚 郑晓 陈陆俊 王雪峰 吴晨 陈杰 邓海峰 王琦 卢斌峰	一等奖
2	低成本高效高可靠晶体硅双玻组件研发及产业化	天合光能股份有限公司	高纪凡 张映斌 徐建美 张舒 沈慧 黄宏伟 杨泽民 孙权 束云华 杨阳	二等奖

续表

序号	项目名称	完成单位	完成人	获奖等级
3	碳/碳、碳/玻多层织造及其复合材料低成本、高效率制备与应用技术开发	常州市宏发纵横新材料科技股份有限公司 常州市新创智能科技有限公司 常州市第八纺织机械有限公司 北京航空航天大学	谈昆伦 季小强 刘时海 段跃新 谈 源 陈香伟 韦 俊 张 军 谢 波 许经纬 刘勇俊	二等奖
4	数字化全成形经编装备及智能生产管理系统	常州市武进五洋纺织机械有限公司 东华大学 常州机电职业技术学院	王敏其 陈南梁 王云良 顾卫杰 王 水 施 皓 高 燕 蒋金华 王菡珠 程 凌	二等奖
5	含油污泥干化关键技术、成套装备及产业化	常州大学 江苏金陵干燥科技有限公司 江苏金陵环保设备有限公司	刘雪东 刘文明 诸士春 查晓峰 刘 麟 邹 旻 查文辉 孟祥雷 周晓阳	二等奖
6	低成本长寿命橡胶材料的研究及应用技术	南京理工大学 南京工程学院 南京金三力橡塑有限公司 常州朗博密封科技股份有限公司	贾红兵 王经逸 徐海潮 张旭敏 康延功 程亚南 华 青 尹 清 杭祖圣	二等奖
7	废旧轮胎连续绿色生产环保高品质再生胶的关键技术研发及应用	徐州工业职业技术学院 常州大学 南通回力橡胶有限公司 南京绿金人橡塑高科有限公司	王艳秋 陶国良 祝木伟 朱信明 丛后罗 鲍桂楠 周 洪 翁国文 任冬云 聂恒凯 徐云慧	二等奖
8	光通信网智能保护与连接装备	常州太平通讯科技有限公司 东南大学	王立军 任献忠 石新根 朱 敏 樊鹤红 王静媛 吴锦辉 石俊伟 王乃峰 陆文艳 王绪章	三等奖
9	液压多路换向阀关键技术及应用	江苏恒立液压科技有限公司 常州大学 常州轻工职业技术学院	汪立平 刘红光 邱永宁 王 斌 庄 晔 胡 静 孙 斐 张国良 陈 展 潘红波	三等奖
10	金属锻冲压成形智能制造系统关键技术与集成应用	常州先进制造技术研究所	赵江海 章小建 吴晶华 方世辉 冯宝林 胡晓娟 花加丽	三等奖
11	汽车高精密微型壳体件拉深级进模技术及应用	常州工利精机科技有限公司 江苏雷利电机股份有限公司 南京航空航天大学 常州机电职业技术学院	黄文波 周 伟 赵殿合 丁维超 陈文亮 鲍益东 张 波 吕长松 赵保林 付春飞 高水木	三等奖
12	高等级板材轧制用整体感应淬火大型锻钢支承辊的研制与产业化	宝钢轧辊科技有限责任公司 宝山钢铁股份有限公司	陈 伟 吴 琼 王文明 谢 晶 罗 昌 胡现龙 王进义 张大伟 段洪波 孙文忠	三等奖
13	高端磁性元器件智能测试设备	常州同惠电子股份有限公司	赵浩华 高志齐 刘 瑜 王恒斌 王志平 孙伯乐 吴 强 许海平 陈娟瑜	三等奖
14	海洋工程钻井平台用耐泥浆电缆的研发与产业化	常州船用电缆有限责任公司	高 骏 隋明辉 秦宏涛 杨西迎 魏述花 乜福君 刘彤彤 彭建锋 刘朋宇	三等奖

续表

序号	项目名称	完成单位	完成人	获奖等级
15	一类新药枸橼酸西地那非片	江苏亚邦爱普森药业有限公司 常州亚邦制药有限公司 盐城工学院	陈再新 王勇军 夏正君 杨绪跃 马绍明 王思清 凌 岗 陶 锋 葛育红 陈 松 朱 峰	三等奖
16	高渗透率有源配电网知识自动化调控技术及其成套装备	国网江苏省电力有限公司 华南理工大学 南京工程学院 威凡智能电气高科技有限公司 苏州华天国科电力科技有限公司 天合光能股份有限公司	余 涛 袁晓冬 方 鑫 张孝顺 葛 乐 柳 丹 徐晓春 薛恒怀 李正佳 瞿凯平 孙大军	三等奖
17	直流输电工程换流变压器绝缘故障预防关键技术及应用	国网江苏省电力有限公司 常州西电变压器有限责任公司 重庆大学 中国电力科学研究院有限公司	蔚 超 陶风波 陆云才 王建明 李建生 张春燕 付 慧 魏 旭 杨小平 吴 鹏 廖才波	三等奖
18	高性能大马力农用动力关键技术及应用	江苏大学 常柴股份有限公司 江苏常发农业装备股份有限公司 辽阳新风科技有限公司	尹必峰 贾和坤 董 非 朱 镇 韩江义 夏长高 徐 毅 修永海 臧广辉 王伟峰	三等奖
19	电站检修平台关键技术研发及应用	江苏能建机电实业集团有限公司 东南大学 河海大学常州校区 江苏省特种设备安全监督检验研究院泰州分院 国电泰州发电有限公司	郭余庆 王 军 杨 可 张伟刚 许飞云 许 尧 王读根 施吉祥 王家文 胡建中 孙曙光	三等奖

【高新技术产业】 结合新十大产业链建设，围绕区域性、行业性重大技术需求，切实把发展提升一批高水平平台载体作为突破重点，使之成为创新驱动发展的新力量、引领新兴产业培育的新支撑、推动产业转型升级的新引擎。光伏智慧能源、机器人及智能装备等4家基地被认定为科技成果产业化基地，中简科技、爱尔威2家企业被认定为潜在独角兽企业，53家企业被认定为瞪羚企业，列苏南五市第二。武进国家高新区排名跃升至全国第45位；常州国家高新区继续稳居前30位；中关村科技园正式获批省级高新区。

【创新平台与载体】 2018年，59家创新载体列入苏南自创区优秀创新载体并受表彰。5个载体平台被列为新增省市共建重大项目。常州科教城连续5年荣膺中国最佳创业园区第二名。新增市级以上企业研发机构237家，累计1658家，其中省级以上65家，累计768家，大中型工业企业和规模以上高企研发机构有效建有率达81.6%。出台《常州市支持新型研发机构建设实施细则（试行）》，年内新引建重大公共研发创新平台3家、新型研发机构4家。另外，天合光能联合华为、阿里、牛津大学等共建新能源物联网产业创新中心，常州高端装备与智能制造产业创新中心项目落户武进国家高新区。

2018年，新增市级众创空间13家、市级科技企业孵化器10家、加速器10家；三晶等9家科技企业孵化器被评为优秀（A类），总数位列全省第三。目前，全市拥有各级科技创业平台257家（国家级31家，省级100家，市级126家）。

【科技经费与项目】 2018年，结合国家、省战略性新兴产业布局，指导创新型企业在机器人及智能装备、互联网＋、人工智能等若干重要领域超前部署产业前瞻性技术攻关，组织企业申报部、省级科技计划项目771项，预计立项超320项，争取资金超4.1亿元；编制市科技计划项目申报指南，组织企业申报项目679项，立项419项，下达经费1.215亿元。通过进一步完善重大科技项目协同推进机制帮助企业解决困难和问题，全年共征集15家企业各类需求40项，解决企业科技政策咨询8项、融资需求4项、人才需求20项、工商注册需求1项；82个项目共引进合作团队人数324名，完成年度计划的116.97%；申请专利404件，完成年度计划的119.17%。

【产学研合作】 举办第十三届"5·18"展洽会等各类产学研对接活动127场，共达成合作项目1200项，其中重大项目107项。积极推进省技术产权交易市场地方分中心建设，强化技术产权交易市场链接服务功能。研究制定《在常高校院所与地方产业创新驱动融合发展三年行动计划》。承办首届中国互联网知识产权大会，发布"营造知识产权生态共享智能互联经济——2018首届中国互联网知识产权大会常州宣言"。新华社刊发文章《新华聚焦：中等城市创新的"常州样本"》，对常州"科技长征"持续招才引智、精准滴灌激活大众创新、转型升级培育"四新经济"等特色工作经验做法进行专题报道。

【科技惠民】 2018年，组织实施市级以上社会发展重点项目16项，配合推进生态文明建设和"两减六治三提升"专项行动。面向人口健康、资源环境、公共安全、社会管理等群众关注的民生领域，引导高校院所、医疗机构、企事业单位等实施相关技术的集成应用、综合示范及成果转化，推动科技惠民事业的发展。其中，市一院的"聚焦多靶点或者多疗法联用破解恶性实体瘤异质性的科学问题，有效抑制肿瘤复发的免疫细胞治疗新技术"被科技部列入2018年国家重点研发计划。

【农村科技】 2018年，推进农业科技园区建设，指导申报金坛国家级农业科技园区，组织11家企业申报省级农业科技型企业，获批国家级星创天地1家、省级科技服务超市分店3家、便利店5家；推进农业产学研工作，召开全市性农业产学研会议，开展"请进来"专题对接活动8场、主题沙龙5场、科技培训20场，培训农户1500多人次。农业科技进步贡献率达到66.7%，位列全省第三。

【科技合作与交流】 2018年，面向创新能力强的国家和地区，举办国际科技合作活动8场，通过项目引导、技术引进、联合攻关、研发机构建设等方式引进国外先进技术超120项，新拓展国际合作伙伴3家。全市设立海外研发机构总数达59家。中以常州创新园已集聚以色列及中以合作企业81家。国家副主席王岐山视察中以常州创新园，提出"要以全球视野谋划和推动创新，坚持融入全球科技创新网络，加强对外创新交流"。中以创新合作联委会第四次会议上，中以常州创新园作为唯一的地方重点合作项目列入新一轮《中以合作共建计划》。

【科技人才】 2018年，实施"龙城英才计划"即市领军型创新人才引进培育计划，支持创新人才项目30项、团队1项；常州星宇车灯股份有限公司斯泰潘院士团队、16名创新人才、9名企业创新类博士入选省"双创计划"。1个基地、4名人才进入科技部科技创新创业人才计划入选公示。天合光能股份有限公司的陈奕峰、常州乔尔塑料有限公司的肖和平、江苏维尔利环保科技股份有限公司的李月中入选第三批"国家重大人才工程"，常州选送入选累计达 7 人。举办龙城英才政策推介暨智能装备驱动技术领军人才对接会、先进碳材料产业领军人才对接会，中天钢铁研究院、江苏日盈电子股份有限公司、常州强力电子新材料股份有限公司等 3 家龙头骨干企业分别与北京科技大学、上海理工大学庄松林院士团队、南京大学签订人才技术合作协议。开展科技镇长团服务，赴重庆大学、重庆理工等高校开展江苏省第十一批科技镇长团人选推荐对接，与市委组织部联合举办科技镇长团科技及人才政策培训班。举办科技企业家大讲堂四期、创新创业企业总裁研修班五期，累计培训科技企业家 410 名，入选省科技企业家 118 名，确定市科技企业家 183 名。

【科技服务】 积极探索科技服务机构登记备案制，制定实施《常州市科技服务机构备案办法（试行）》和《常州市备案科技服务机构绩效奖补管理办法（试行）》，围绕八大科技服务业态的独立企事业法人机构、民办非企业单位，或者合伙制机构开展备案工作，2018 年全市已备案科技服务机构超 300 家。制定市产业技术创新联盟管理办法及实施细则，推进组建先进碳材料产业技术创新战略联盟、智能微电机产业技术创新战略联盟。制定出台《常州市大型科学仪器设备共享服务中小微企业补助实施细则（试行）》，对使用省内相关仪器设备开展新技术、新产品、新工艺的研究开发等科技创新活动发生的检验检测费用进行补贴。

【科技金融】 2018 年，市本级"苏科贷Ⅰ"累计放贷 358 笔，贷款总额 9.117 亿元，支持科技型中小企业 176 家，其中 18 家进入上市培育企业库，9 家已上市（挂牌）。全市建有"苏科贷"合作站点 8 家，业务合作银行 8 家，累计服务企业数 371 家，贷款 690 笔，贷款总量 21.6 亿元。

【知识产权】 2018 年，全年专利申请量达 41858 件，发明专利授权量达 2759 件，专利申请量、授权量增长均超 23%。制定实施《企业知识产权工作指引》，推进《企业知识产权管理规范》贯标，新增贯标备案企业 113 家，累计 898 家，通过认证企业 26 家，累计 396 家。成立市知识产权行政执法支队，实施知识产权执法维权"护航""雷霆"专项行动，全年处理知识产权案件 1019 件，增长 21.3%，其中：专利侵权纠纷案件 342 件，查处涉嫌假冒专利行为案件 677 件。制定《企业境外参展知识产权指引》首批市级标准，支持企业"走出去"，参与国际经济竞争。

【科技活动】 中英智慧医疗跨境科技创新论坛在常召开。3 月 14 日，2018 中英智慧医疗跨境科技创新论坛（常州场）在中以常州创新园以色列中心举办。活动由市科技局与牛津大学科技创新公司共同主办。活动展示了 OBD 牛津大脑诊断技术、Orthox 牛津软骨修复技术、OE 牛津新型脑血管支架、Lein 无创血糖检测仪这 4 项英国创新医疗技术，涉及阿尔茨海默症、骨关节炎、动脉瘤、无创血糖检测等领域。中英科技创新计划是由英国高等教育基金委员会及英国商业创新和技能部合作的项目，目的是促进中英科技合作及知识转移，总投资达 500 万英镑。自 2010 年起，中英科技创新计划同时管理"中英全球合作伙伴"项目，在 50 个参加该项目的机构中，目前已有 46 个机构与中国企业对接成功，其中 29 家机构已经获得经济收益。

2018 首届中国互联网知识产权大会。5 月 15 日，由中国知识产权研究会和国家知识产权局知识产权发展研究中心联合主办的 2018 首届中国互联网知识产权大会在常州举行。会议邀请了一批国内外知识产权领域的机构、组织、高校院所专家教授和阿里、华为、腾讯、百度、奇虎等国内知名企业高管 300 多人共同参加，围绕"智能互联创新与知识产权技术供给"和"智能互联创新与知识产权法律保障"的主题，共议智能制造与互联网+的知识产权技术供给和制度供给的建设和发展趋势。会上发布了首届中国互联网知识产权大会《常州宣言》。

会上，常州科教城管委会、大连理工江苏

研究院有限公司和知识产权出版社有限公司，就共建江苏省知识产权服务业集聚区签约；江苏佰腾科技有限公司和中国知识产权研究会就共建中国专利产品平台签约。

第十三届中国常州先进制造技术成果展示洽谈会举行。5月18日，第十三届中国常州先进制造技术成果展示洽谈会在常州科教城开幕。本届"5·18"展洽会的主题是：智力、智造、智慧、创新、创业、创优。重点强化科技同经济、创新成果同产业、创新项目同现实生产力、研发人员创新劳动同其利益收入等4个对接，组织2018首届中国互联网知识产权大会、2018年创响中国常州站暨武进高新区机器人产业峰会、2018地面无人系统大会等各类专题活动125场，以及签约揭牌、开工投产、对接交流等系列活动，进一步为常州经济转型和高质量发展集聚新动能。

第十三届中国常州先进制造技术成果展示洽谈会开幕式

2018石墨烯前沿技术高峰论坛。5月19日，由江南石墨烯研究院、新华社中国经济信息社江苏中心主办的2018石墨烯前沿技术高峰论坛举行。常州先导石墨烯高端制造装备协同创新促进中心揭牌。论坛旨在进一步展望石墨烯产业前景，交流探讨石墨烯产业前沿技术的重点突破方向，推动石墨烯技术创新，引领石墨烯产业健康有序发展。中国工程院院士欧阳平凯等专家教授做专题报告。目前，常州已集聚各类石墨烯企业超过130家，在石墨烯粉体和薄膜两大基础性原材料上率先完成布局，并在触摸屏、传感器、加热散热、健康医疗、复合材料、储能等领域实现了初步应用及产业化。论坛期间还发布了《新华（常州）全球石墨烯指数报告（2017）》和《2017—2018中国石墨烯发展年度报告》。

中以创新合作联委会第四次会议召开。当地时间10月24日下午，中以创新合作联合委员会第四次会议在以色列耶路撒冷召开，国家副主席王岐山与以色列总理内塔尼亚胡共同主持。作为会议邀请的唯一地方代表，市委书记汪泉率常州市代表团参会并签署合作协议，推进中以常州创新园共建。中以双方共签订8项合作协议。其中，王岐山与内塔尼亚胡共同签署《中以创新合作行动计划（2018—2021）》，明确将继续支持中以常州创新园建设，为以色列创新型企业进入中国市场提供便利。汪泉与以色列经济部部长艾里·科恩签署《中国江苏省常州市人民政府与以色列创新署关于进一步深化落实中国以色列常州创新园共建计划的联合声明》，将进一步支持以色列企业来常创新创业。

苏州市
Suzhou City

【概　况】　2018年，苏州市科技工作在市委市政府的正确领导下，深入学习习近平新时代中国特色社会主义思想和党的十九大精神，认真落实省、市决策部署，大力实施"科技创新三年行动计划"，加快打造有利于出创新成果、有利于创新成果产业化的体制机制，科技创新各项工作取得了良好成效。全市财政性科技投入152亿元，占一般公共预算支出的7.8%，全年研究与试验发展经费支出占地区生产总值的比重达2.78%，高新技术产业产值占规模以上工业总产值的比重达47.7%，万人有效发明专利拥有量达53件，科技创新综合实力连续10年位居全省第一。昆山、张家港、常熟入选全国首批创新型县（市）建设名单，入选数量在

全国城市中排名第一。

【科技管理】 加大科技政策落实力度。2018年，全市落实重点科技创新政策减免企业所得税约138.79亿元，同比增长21.27%。其中，企业研发费加计扣除政策落实企业6566家，加计扣除额达195.22亿元；2204家高新技术企业和38家技术先进型服务企业享受企业所得税15%优惠税率，分别减免企业所得税89.42亿元、5687.37万元。

推进科技体制机制改革。苏州市出台《关于进一步优化科研管理释放创新活力提升自主创新能力的若干措施》，持续深化科技领域"放管服"改革，赋予项目承担单位更大的科研项目管理自主权，积极鼓励社会力量设立科学技术奖励，切实为各类创新主体减负担、增便利。苏州市启动建设苏州市产业技术研究院，以体制机制改革为突破口，加速推进创新资源集聚、关键技术研发和科技成果转化。

【科技成果】 2018年，苏州市获省级以上科技奖励49项，其中国家科学技术进步奖一等奖1项、二等奖3项（均为参与完成），江苏省科学技术奖一等奖11项（主持完成6项）、二等奖10项（主持完成7项）、三等奖24项（主持完成19项）。苏州旭创科技有限公司获江苏省企业技术创新奖。

2018年度苏州市获国家科学技术奖情况

序号	项目名称	主要完成单位	主要完成人	奖种
1	地质工程分布式光纤监测关键技术及其应用	南京大学 中国电子科技集团公司第四十一研究所 苏州南智传感科技有限公司 中国矿业大学 中国地质调查局南京地质调查中心 山东大学 中铁隧道局集团有限公司	施斌 张丹 闫继送 魏广庆 张巍 朱鸿鹄 张志辉 朴春德 王静 姜月华 尹龙 顾凯 王宝军 唐朝生 袁明	科学技术进步奖一等奖
2	国产非晶带材在电力系统中的应用开发及工程化	北京科锐配电自动化股份有限公司 北京中机联供非晶科技股份有限公司 安泰科技股份有限公司 中兆培基（北京）电气有限公司 吴江变压器有限公司 明珠电气股份有限公司	周少雄 申威 张广强 张卫国 胡其勇 刘国栋 沈向东 蔡定国 曲学东 李宗臻	科学技术进步奖二等奖
3	国家工频高电压全系列基础标准装置关键技术与工程应用	国网江苏省电力有限公司 中国电力科学研究院有限公司 国家高电压计量站 华中科技大学 国网电力科学研究院有限公司 苏州华电电气股份有限公司 武汉磐电科技股份有限公司	黄奇峰 雷民 周峰 杨世海 何俊佳 章述汉 王乐仁 卢树峰 徐敏锐 姜春阳	科学技术进步奖二等奖
4	基于共用架构的汽车智能驾驶辅助系统关键技术及产业化	清华大学 苏州智华汽车电子有限公司 广州汽车集团股份有限公司 厦门金龙联合汽车工业有限公司	李克强 罗禹贡 李升波 王建阳 杨殿阁 邓博 席忠民 陈卫强 成波 许庆	科学技术进步奖二等奖

2018年度苏州市获江苏省科学技术奖情况

序号	项目名称	主要完成单位	主要完成人	奖种
1	高可靠海洋光纤光缆关键技术与成套装备	江苏亨通光纤科技有限公司 江苏亨通海洋光网系统有限公司 江苏亨通光电股份有限公司 东南大学 苏州大学	陈伟 许人东 孙小菌 沈纲祥 张功会 肖华 王林 郝常吉 袁健 孙贵林 胡涛平	一等奖
2	转底炉高效处理钢铁流程含铁、锌尘泥资源关键技术集成与示范	江苏沙钢集团有限公司 江苏省冶金设计院有限公司 江苏省沙钢钢铁研究院有限公司 神雾科技集团股份有限公司	刘俭 吴道洪 施一新 王汝芳 杜屏 谢善清 毛瑞 殷惠民 王飞 李生忠 茅沈栋	一等奖
3	高性能分离膜材料设计、制备与应用研究	中国科学院苏州纳米技术与纳米仿生研究所	靳健 朱玉长 高守建 张丰 王正宫 张文彬	一等奖
4	高效有机光电材料设计及界面调控	苏州大学 香港城市大学	唐建新 张晓宏 李振声 崔超华 郑才俊 李艳青 陈敬德 刘小可 周雷 欧清东 李永舫	一等奖
5	面向柔性光电子的微纳制造关键技术与应用	苏州苏大维格光电科技股份有限公司 苏州大学 浙江大学	陈林森 方宗豹 周小红 叶燕 乔文 刘艳花 魏国军 朱昊枢 朱鸣 张瑾	一等奖
6	移植相关性出凝血疾病及其关键机制研究	苏州大学附属第一医院 苏州大学	韩悦 赵益明 王兆钺 傅建新 戚嘉乾 张翔 唐雅琼 周莉莉 王虹 吴德沛 阮长耿	一等奖
7	医药脂质纳米材料及其产业化关键技术	东南大学 苏州东南药业股份有限公司 苏州纳康生物科技有限公司 正大天晴药业集团股份有限公司 江苏东南纳米材料有限公司	顾宁 吉民 夏强 蔡进 杨芳 李锐 熊飞 王祥建 徐静 张勇 刘海东	一等奖
8	电动汽车新型动力系统关键技术及应用	中国矿业大学 南京理工大学 江苏智航新能源有限公司 南京理工自动化研究院有限公司 南京金龙客车制造有限公司 苏州汇川技术有限公司 淮北思尔德电机有限责任公司 浙江特种电机股份有限公司 江苏建康责任有限公司	陈昊 彭富明 吴丽军 徐志浩 黄福良 杨睿诚 徐爱民 吕仲维 张越 宋祥 李勃	一等奖
9	特种电梯关键技术及应用	中国矿业大学 东南电梯股份有限公司	朱真才 曹国华 秦健聪 沈刚 马依萍 周公博 彭玉兴 杨建荣 杜海军 汤裕 卢昊	一等奖

续表

序号	项目名称	主要完成单位	主要完成人	奖种
10	胃肠道免疫微环境调控研究与肿瘤精准诊疗策略的建立	常州市第一人民医院 苏州大学	蒋敬庭 邢　伟 胡文蔚 郑　晓 陈陆俊 王雪峰 吴　晨 陈　杰 邓海峰 王　琦 卢斌峰	一等奖
11	神经内镜微创手术关键技术的创新与推广应用	无锡市第二人民医院 北京市神经外科研究所 苏州大学附属第二医院	鲁晓杰 张亚卓 王　清 兰　青 桂松柏 李储忠 李江安 苗增利 季卫阳 李　兵 陈开来	一等奖
12	多模态医学影像处理与分析及其在疾病诊断中的应用	苏州大学 汕头大学·香港中文大学联合汕头国际眼科中心 中国科学院苏州生物医学工程技术研究所 苏州比格威医疗科技有限公司	陈新建 陈浩宇 郑　健 朱伟芳 石　霏 向德辉	二等奖
13	新型内嵌式（i-TP）触控液晶显示面板的研发与产业化	昆山龙腾光电有限公司	李宏明 钟德镇 邱峰青 龚立伟 李　彬 刘春凤 苏子芳 黄　霞 谢颖颖	二等奖
14	中小功率光伏逆变电源系统关键技术及应用	苏州市职业大学 江苏固德威电源科技股份有限公司 苏州大学 上海交通大学	汪义旺 黄　敏 方　刚 卢进军 杨　勇 刘　滔 徐　南 张　波 唐厚君 曹丰文	二等奖
15	重大防护工程用超高强抗大变形热轧钢筋核心技术及应用	江苏沙钢集团有限公司	麻　晗 张晓兵 陈焕德 朱海涛 卢立华 张　宇 陈　彬 王正兴	二等奖
16	儿童脓毒症早期预警诊疗体系的建立及相关固有免疫靶点研究	苏州大学附属儿童医院 中国人民解放军总医院第一附属医院 中国科学院上海生命科学研究院	汪　健 姚泳明 张雁云 陈旭勤 周慧婷 黄　洁 许云云 陈正荣 赵　赫 王　谦 曹　戍	二等奖
17	基于胃癌免疫的基础与临床研究	苏州大学附属第一医院 苏州大学 上海交通大学附属瑞金医院	陈卫昌 汪维鹏 李　锐 陈礼文 葛　彦 陈永井 刘海燕 苏丽萍 梁含思 石通国 张学光	二等奖
18	帕金森病非运动症状及机制研究	苏州大学附属第二医院 苏州大学	刘春风 王光辉 毛成洁 胡丽芳 王　芬 杨亚萍 罗蔚锋 沈　赟	二等奖
19	工业排放高温烟气除尘滤袋关键制备技术及应用	江苏东方滤袋股份有限公司 东华大学 江苏宇达环保科技股份有限公司 上海灵氟隆新材料科技有限公司 苏州金泉新材料股份有限公司 盐城工学院 太原理工大学 上海灵氟隆膜技术有限公司	张旭东 吕海波 王春霞 张蕊萍 樊海彬 陈迎妹 王小强 陈银青 靳向煜 陶建平 孙　祥	二等奖

续表

序号	项目名称	主要完成单位	主要完成人	奖种
20	水稻新型育秧基质创制及其机插栽培关键技术集成用	淮阴工学院 扬州大学 全国农业技术推广服务中心 南京农业大学 淮安柴米河农业科技发展有限公司 太仓绿丰农业资源开发有限公司 连云港恒奥达肥料科技有限公司 兴化市新土源基质肥料有限公司	张国良 王强盛 管永祥 戴其根 万克江 李世峰 张亚洁 沈文忠 王其传 陈 伟 夏应平	二等奖
21	病毒性肝炎防控新策略及其应用	江苏省疾病预防控制中心 北京大学 南京医科大学 泰兴疾病预防控制中心 丹阳市疾病预防控制中心 张家港市疾病预防控制中心	翟祥军 张雪峰 朱凤才 李 杰 朱立国 马红霞 庄 辉 汪 华 范 敏 王志坚 王群刚	二等奖
22	新型高强度低反射触摸显示屏的研发与产业化	苏州欧菲光科技有限公司	姬晓峰 方 莹 李建军 赵厚芳	三等奖
23	面向风光发电系统应用的高性能低压断路器关键技术研究及产业化	常熟开关制造有限公司（原常熟开关厂）	管瑞良 俞晓峰 王炯华 周敏琛 殷建强 刘洪武 张洵初 孙伟锋 顾建青	三等奖
24	纳米黑硅技术研发及其产业化	苏州大学 苏州旦能光伏科技有限公司 苏州晶牧光材料科技有限公司	苏晓东 辛 煜 沈明荣 方 亮	三等奖
25	纤维原液着色纳米颜料分散体的研发及产业化	苏州世名科技股份有限公司 江南大学 常熟世名化工科技有限公司	吕仕铭 付少海 杜长森 梅成国 梁 栋 张丽平 周 华 伍金平 卢圣国 胡艺民	三等奖
26	百万千瓦高效发电机组用干法高透气性少胶云母带	苏州巨峰电气绝缘系统股份有限公司	徐伟红 王 文 夏 宇 周 成 张 犇 陆 春 温雪平	三等奖
27	聚丙烯腈长丝及导电纤维产业化关键技术	常熟市翔鹰特纤有限公司 东华大学	陶文祥 陈 烨 王华平 徐 洁 郭宗镭	三等奖
28	全位置智能精密焊接工艺技术装备	昆山华恒焊接股份有限公司	常红坡 方正明 肖劲兵 宋友民 钟光紫 程艳花 朱志毅 纪世磊 潘克坚	三等奖
29	轻量化纤维复合结构车用内饰材料柔性制备关键技术及装备	江苏迎阳无纺机械有限公司 南通大学 南通新绿叶非织造布有限公司	范立元 张 瑜 李素英 宋家奇 付译鋆 王洪云 殷俊良 徐 林 王建刚 许利中	三等奖
30	面向深海作业的海洋船舶折臂式起重机关键技术研究及产业化	润邦卡哥特科工业有限公司 南京理工大学	彭光玉 戴 炼 陈 刚 朱 云 侯俊涛 曹 锐 万里波 肖 义 张登峰 邱 骏 王 育	三等奖

续表

序号	项目名称	主要完成单位	主要完成人	奖种
31	海陆大功率能源装备用高参量巨型环状衔接件受控成形关键技术及产业化	张家港海锅新能源装备股份有限公司 南京工程学院 江苏永钢集团	陈一凡 巨 佳 盛雪华 张刘瑜 朱帅帅 李华冠 戴玉明 吕学鹏 强新发	三等奖
32	银行金库现金全自动流水线和智能管理系统研发及示范应用	昆山古鳌电子机械有限公司	陈崇军 王建会 徐新华 柯和宝 朱瑞乐 孟习柱 郑巨轮 苏 军	三等奖
33	壁式空调全流程数字化成套生产线	博众精工科技股份有限公司	杨愉强 徐小武 吴小平 吕文昌 时伟生	三等奖
34	分布式智慧电梯控制系统关键技术与应用	苏州大学 昆山通祐电梯有限公司	陈小平 王 琰 胡剑凌 檀 永 龚 勇 石 琦 倪锦根 黄 鹤 孙 伟	三等奖
35	现代城市综合体复杂钢结构设计建造关键技术研究与应用	中亿丰建设集团股份有限公司 中衡设计集团股份有限公司 东南大学 苏州科技大学 浙江东南网架股份有限公司 江苏沪宁钢机股份有限公司	张 谨 李国建 舒赣平 毛小勇 官长义 谈丽华 周观根 王国佐 徐 纲 杨律磊 李宗京	三等奖
36	心室重构的病理机制和干预措施	苏州大学附属第二医院 南京医科大学附属逸夫医院	周 祥 鲁 翔 徐卫亭 陈建昌	三等奖
37	川奇病血管并发症的预测及相关的分子机制	苏州大学附属儿童医院 浙江大学医学院附属儿童医院 深圳市儿童医院	吕海涛 龚方戚 徐明国 丁粤粤 徐秋琴 钱光辉 唐佳孕 黎 璇 孙 凌 钱为国 周万平	三等奖
38	创伤性脑、脊髓损伤的基础与临床研究	苏州大学附属第一医院 无锡市第三人民医院	惠国桢 陆 华 吴思荣 李向东 陈 革 吴卫江 蒋云召 卢 奕 吴智远 郭礼和	三等奖
39	电离辐射所致海马依赖性认知功能障碍的机制研究	苏州大学附属第二医院 苏州大学	田 野 张力元 徐兴顺 王 琛 杨红英 谢 红 龚胜军 赵合庆	三等奖
40	恶性肿瘤中 LncRNA 与 mircoRNA 作用机制研究	苏州大学 中国医学科学院皮肤病研究所 广州医科大学	周翊峰 蒋明军 吕嘉春 郑 健 邓杰琼 李 巍 李 芳 李 娜 武宏春	三等奖
41	面向空天通信的信道建模和参数估计技术研究和应用	南京航空航天大学 南京妙恒电子科技有限公司 苏州博伽丘信息科技有限公司	张小飞 朱秋明 陈小敏 徐大专 王成华 许 玲 冯高鹏 仲伟志	三等奖

续表

序号	项目名称	主要完成单位	主要完成人	奖种
42	高渗透率有源配电网知识自动化调控技术及其成套设备	国网江苏省电力有限公司 华南理工大学 南京工程学院 威凡智能电气高科技有限公司 苏州华天国科电力科技有限公司 天合光能股份有限公司	余涛 袁晓冬 方鑫 张孝顺 葛乐 柳丹 徐晓春 薛恒怀 李正佳 翟凯平 孙大军	三等奖
43	葡萄品种资源的收集、利用及早熟葡萄新品种的培育	南京农业大学 江苏省农业科学院 张家港市神园葡萄科技有限公司 江苏省农业技术推广总站 江苏农林职业技术学院 徐州市林业技术推广服务中心 盐城市仰徐现代农业科技有限公司 淮阴工学院 宜兴市颖丰生态农业有限公司	房经贵 吴伟民 徐卫东 陆爱华 解振强 朱守卫 顾克余 王纪忠 张涛 上官凌飞 王西成	三等奖
44	纳米技术在肿瘤生物标记物的精准分选、增效治疗的应用及其作用机制	江苏省苏北人民医院 扬州大学 苏州大学	任传利 沈明 杨平 杨占军 奚菊群 韩崇旭 王大新 陈慧 符德元 李娟 李国才	三等奖
45	创面修复微环境调控的关键技术与应用	无锡市第三人民医院 苏州大学 江南大学 无锡贝迪生物工程股份有限公司 江苏省人民医院	吕国忠 吕强 陈敬华 任伟业 胡寅 赵朋 邓超 杨敏烈 储国平	三等奖

【高新技术产业】 2018年，全市高新技术产业实现产值1.57万亿元，张家港市锂电特色产业基地、张家港精密机械及零部件特色产业基地、苏州高新区医疗器械特色产业基地、昆山高端装备制造特色产业基地、昆山可再生能源特色产业基地等5家完成国家火炬特色产业基地年度复核答辩工作，昆山小核酸创新型产业集群顺利通过了国家火炬中心验收。江苏省人工智能产业技术创新战略联盟成立，全市省级以上产业创新联盟增至11家。

苏州市大力推进高新技术企业培育认定工作，4150家企业通过科技部科技型中小企业评价，位居全省第一；累计1665家企业进入省高企培育库培育，1901家企业进入市高企培育库培育。2018年，全市新增高新技术企业952家，累计达5416家；新增省级民营科技企业1868家，累计达15552家，均为全省第一。全市拥有省级以上重点实验室23家、企业院士工作站55家、公共服务平台60家、工程技术研究中心733家。全市大中型工业企业和规模以上高新技术企业研发机构建有率达94.6%、有效建有率达90.87%，继续保持高位稳定增长，位列全省第一。

【创新平台与载体】 苏州引进建设中科院微电子所苏州研究院、南京大学苏州创新研究院等一批重大载体，苏州大学获建全省首个省部共建国家重点实验室——省部共建放射医学与辐射防护国家重点实验室，苏州大学附属第一医院获批国家临床医学研究中心，牛津大学首个海外研究院——牛津大学高等研究院（苏州）——落户苏州，全市与国内外大院大所签约共建载体平台累计超130家。江苏省产业技术研究院新组建的18个专业性研究所,有11个在苏州。

【科技经费与项目】 2018年,苏州市科技局组织实施市级科技创新专项资金项目的申报、评审、立项工作,共立项3223项,涉及经费7.3亿元。向上争取省级以上科技项目2030项,获得经费支持12.42亿元,其中,获得国家项目413项,获得经费5.1亿元,获得省级项目1617项,获得经费7.32亿元。南大光电"先进光刻胶产品开发与产业化"获国家重大科技专项立项;全市共32个项目获批省重点研发工业类项目,立项数占全省20%,获得省经费支持4204万元;37个项目获省科技成果转化专项资金项目立项,占全省30%,继续名列第一,获省科技成果转化专项资金资助2.28亿元,占全省27.2%,带动项目新增投入22.77亿元。

【产学研合作】 2018年,苏州与24家高校、科研院所开展了全面合作,共建科技创新载体26家,建成各类产学研联合体162家,实施产学研合作项目1139项,全市获省产学研合作项目立项28项,国际合作项目立项13项。

2018年,科技镇长团共走访企业3907家次,邀请2953人次专家开展人才科技对接,促成产学研合作项目317项,协助引进领军人才130人次。帮助基层培训人才5718人次,推动新建各类研发平台147个、孵化器26个。聚焦产业选派专业团队,新选派第11批75人。

【科技惠民】 制定实施"提升新药与医疗器械临床试验能力实施方案",加快破解苏州市新药临床试验资源相对不足的问题。2018年,组织实施市级民生科技计划项目,共立项188项,立项资金2047.5万元。其中,民生科技示范工程和关键技术研究项目共立项84项,立项资金1530万元;医疗卫生应用基础研究项目共立项104项,立项资金517.5万元。

【农村科技】 加强农业科技项目支持。2018年,组织实施市级农业科技计划项目,立项101项,立项资金1284万元。积极组织苏州市有关单位和企业申报省级现代农业重点研发专项和农村科技服务超市奖补资金,共争取省级立项12项,争取资金508万元。2018年,苏州市新增省级农业星创天地7家,累计拥有国家级农业星创天地8家,省级农业星创天地16家。

【科技合作与交流】 苏州市紧抓长三角一体化发展历史机遇,主动对接上海科创中心建设,积极参与G60科创走廊建设,全年组织国际国内科技交流活动40多场,服务企业超过5000家。

9月13日,国家技术转移苏南中心举办"2018长三角科技服务业发展论坛",联手长三角区域合作办公室、江苏省科技厅、上海张江综合性国家科学中心、浙江科技大市场、安徽省科技研究开发中心等单位构建区域服务协同创新体系,并发布《长三角科技服务业协同创新联合倡议书》。苏州市与上海市联合发布实施《上海苏州科技资源开放共享与协同发展行动计划》,推动两地研发资源平台协同、政策互通、资源扩充,双方共建的科技资源开放共享与协同发展服务平台将整合上海研发公共服务平台全部资源,预计新增1700余家服务机构、2万余台套仪器设备,同时还将首次新增与仪器设备使用相关的延伸服务,如产品检测方案制定、检测数据分析等,服务苏沪两地企业创新发展。

6月12—15日,由苏州市人民政府主办,苏州市科技局承办的"2018中国苏州跨国技术转移大会"在苏州独墅湖世尊酒店会议中心召开,大会邀请了9个APEC经济体、70多位国际代表、700多名代表参会,围绕苏州市新兴产业发展需求,在信息与数字化未来、装备制造与智能生产、生物医药与大健康3个领域,引入中美创新创业大赛与APEC技术转移重点项目45个,通过组织项目路演、投资合作对接,实现近百次对接。

【科技人才】 2018年，全市新增"国家重大人才工程"入选者13人，累计达250人，其中创业类人才131人，继续位居全国大中城市首位；新增省"双创"人才91人，连续12年位列全省前列；新增姑苏领军人才（团队）194个，同比增长32.9%，创历年新高，累计1206人。

深入实施姑苏科技创业天使计划，加快集聚全球优秀科技创业团队，积极为创业团队、天使投资、创投资金搭建有效对接平台，提高创业成功率，做大人才蓄水池。2018年，新立项支持271个项目，增长近16%，其中种子期企业类235个，创业团队类（未落户项目）36个，累计已支持919个，帮助初创企业获得社会天使投资近3亿元。

【科技服务】 苏州市推进科技服务业特色基地建设，发挥苏州工业园区、苏州高新区国家级科技服务业区域试点、苏州自主创新广场省级科技服务业示范区和科技金融小镇特色基地等科技服务业集聚发展效应，推动其逐步成为区域经济提质增效升级的重要支撑力量。11月12日，在苏州召开的全省科技服务业特色基地（示范区）建设工作推进会上，苏州自主创新广场的"政府引导、市场主导"运营机制获得充分肯定。研发资源共享服务平台入网检测机构511家，入网仪器10698台套，原值100亿元，专家1011人，全年服务企业6177次，服务各类需求6557项。

【科技金融】 苏州市科技局修订出台《关于加强科技金融结合促进科技型企业发展的若干意见》，加强科技信贷、天使投资、科技保险、融资租赁、平台建设等方面的创新融合。全市科技信贷风险补偿资金11.2亿元，全年"科贷通"为1296家科技型中小企业解决银行贷款75.2亿元。深入开展天使投资阶段参股项目，累计批准参股设立21家子基金，募资总额29.2亿元。通过科技金融后补助累计为1972家企业科技贷款贴息15695.1万元，累计给予602家企业科技保险费补贴1776.9万元，风险保障924.9亿元。

（龚 俐）

南通市
Nantong City

【概 况】 2018年，南通市全社会研发经费占地区生产总值的2.68%，超过全省平均水平0.04个百分点；科技进步贡献率63.5%；全市高新技术产业产值占规模工业比重达49.8%，投资增幅34.9%；高新技术企业数1308家。南通市获得国家技术发明奖二等奖1项、国家科学技术进步一等奖1项、国家科学技术进步奖二等奖3项，获奖数创历史新高；全市专利申请量52799件，位列全省第四，其中发明专利申请量9837件，PCT专利申请量1069件，同比增长8.2%；专利授权量24578件，发明专利授权量2240件；全市有效发明专利19941件，万人发明专利拥有量27.3件，比2017年提高3.5件。

2018年，南通市科技局被表彰为2017年度全省科技管理工作先进集体，南通市知识产权局被表彰为2017年度江苏省知识产权工作成绩突出单位。南通国家高新技术产业开发区被省政府表彰为实施创新驱动发展战略，推进自主创新和发展高新技术产业成效明显的高新区，全国排名升至第46位。江苏省海安高新技术产业开发区、江苏省南通市北高新技术产业开发区、江苏省如皋高新技术产业开发区等3家高新区正式"去筹转正"。全市8个县（市）区全部通过国家知识产权强县工程试点验收，全省唯一、全国领先；全市省级以上经济开发区、高新区实现知识产权园区试点示范全覆盖。南通国家农业科技园区在国家级农业园区考核中排名全国第一。

2018年南通市全社会研发投入及占GDP比重情况一览

地区	2018年	
	全社会研发投入/亿元	R&D投入占GDP比重
全市	224.54	2.68%
海安市	25.73	2.68%
如皋市	29.15	2.65%
如东县	24.59	2.62%
海门市	32.92	2.66%
启东市	28.58	2.65%
市区	83.57	2.72%
通州区	33.98	2.68%
崇川区	21.75	2.69%
港闸区	10.76	2.63%
开发区	15.43	2.66%

注：数据为市科技局、统计局监测数据。

【科研载体建设】 2018年，南通市新增省级企业工程技术研究中心18家、企业院士工作站6家、企业研究生工作站13家、市级科技公共服务平台1家、企业工程技术研究中心83家，累计分别有376家、48家、219家、112家、1119家。顺应新时期创新创业发展的新趋势，多举措推动创客空间、孵化器、加速器、产业园相衔接配套，全力打造创新创业生态体系。全市累计建有科技企业孵化器52家，其中国家级14家、省级31家。年内新增省级科技企业孵化器5家。目前，全市科技企业孵化器场地总面积达219.7万平方米，入孵企业2216家。2017年度省科技企业孵化器绩效评价结果显示，南通市参评孵化器40家全部合格（其中A类7家）。

2018年南通市新增省级企业工程技术研究中心一览

序号	名称	依托单位	所在地区
1	江苏省高强度球铁材料工程技术研究中心	江苏万力机械股份有限公司	海安市
2	江苏省骆氏NVH减震降噪工程技术研究中心	江苏骆氏减震件有限公司	海安市
3	江苏省科星环保型金属加工液工程技术研究中心	南通科星化工有限公司	海安市
4	江苏省特种车辆装备（三一帕尔菲格）工程技术研究中心	三一帕尔菲格特种车辆装备有限公司	如东县
5	江苏省特种光纤（江东科技）工程技术研究中心	江东科技有限公司	如东县
6	江苏省功能性营养素工程技术研究中心	南通励成生物工程有限公司	开发区
7	江苏省蓝岛海洋工程承载基础装备工程技术研究中心	南通蓝岛海洋工程有限公司	启东市

续表

序号	名称	依托单位	所在地区
8	江苏省被动式建筑工程技术研究中心	江苏南通三建集团股份有限公司	海门市
9	江苏省思源赫兹互感器工程技术研究中心	江苏思源赫兹互感器有限公司	如皋市
10	江苏省汽车换挡系统关键零部件工程技术研究中心	江苏易实精密科技股份有限公司	崇川区
11	江苏和和高分子材料工程技术研究中心	江苏和和新材料股份有限公司	启东市
12	江苏省材料改性（亚振家居）工程技术研究中心	亚振家居股份有限公司	如东县
13	多功能防腐纳米胶乳研发工程技术中心	南通瑞普埃尔生物工程有限公司	港闸区
14	江苏省数控机床精密部件工程技术研究中心	江苏思维福特机械科技股份有限公司	通州区
15	江苏省新型建筑减震产品工程技术研究中心	南通蓝科减震科技有限公司	开发区
16	江苏省（德尔福）新能源汽车连接器系统工程技术研究中心	德尔福连接器系统（南通）有限公司	通州区
17	江苏省高难废水零排放及资源化工程技术研究中心	江苏京源环保股份有限公司	崇川区
18	江苏省明德塑胶新型地垫工程技术研究中心	江苏明德玩具股份有限公司	如皋市

2018年南通市新增省级企业研究生工作站一览

序号	承担单位	合作高校	所在地区
1	南通医疗器械有限公司	南通大学	通州区
2	南通江潮纺织科技有限公司	南通大学	通州区
3	南通华耐特石墨设备有限公司	江苏理工学院	通州区
4	江苏鸿鹄电子科技有限公司	南通大学	崇川区
5	安客诚全球信息服务（南通）有限公司	南通大学	崇川区
6	江苏中天华宇智能科技有限公司	南通大学	开发区
7	南通神马线业有限公司	南通大学	如皋市
8	中天电力光缆有限公司	南通大学	如东县
9	南通瑶华纤维有限公司	江苏理工学院	如东县
10	江苏通光电子线缆股份有限公司	南京理工大学	海门市
11	南通市久正人体工程学股份有限公司	南京理工大学	启东市
12	南通蓝岛海洋工程有限公司	南通大学	启东市
13	江苏江海润液设备有限公司	南通大学	启东市

【科技人才】 2018年，全市人才工作以深化人才发展体制机制改革为动力，以创新人才金融政策"突破年"、推动全面接轨上海"深化年"、开展全球招才引智"海外年"和优化人才发展环境"服务年"为重点，深入实施省"双创"计划、市"江海英才"计划等重大人才工程，深入贯彻落实省"人才26条""人才10条"，在市"人才8条"基础上，进一步加大政策创

新力度，研究制定人才金融、人才安居、人才激励3个配套政策，着力破解人才融资难题，降低人才生活成本，激发人才活力。全年新增57名省"双创"人才、6个省"双创"团队，其中，双创人才数位列全省第二，双创团队数位列全省第一，直接获省级财政1.35亿元资助。2018年，全省进入省高投二轮融资考察的20个重点人才项目中，南通市占据6个，与苏州并列全省第一。2018年6月，石磊等10名2017年度南通市"科技兴市功臣"受市委、市政府表彰。

2017年南通市"科技兴市功臣"名录

序号	姓名	单位职务
1	石磊	通富微电子股份有限公司总裁
2	刘建成	招商局重工（江苏）有限公司技术中心总经理
3	姜守进	江苏铁锚玻璃股份有限公司技术总监
4	王建中	南通海星电子股份有限公司副总裁
5	陈竹	江苏天楹环保能源成套设备有限公司总经理
6	孙智江	海迪科（南通）光电科技有限公司董事长
7	薛建林	中天科技海缆有限公司总经理
8	郁正涛	江苏神通阀门股份有限公司副总裁
9	戴立新	上海振华重工集团（南通）传动机械有限公司总经理
10	管怀进	南通大学附属医院眼科中心主任

【沪通科技合作】 2018年，《沪通科技创新全面战略合作协议》正式签订，南通成为国内唯一与上海签订科技合作协议的城市，签订4项科技合作子协议，成立沪通跨江协同创新领导小组，实现合作由松散的"意向性"向严谨务实的"契约化"递进，沪通科技合作进入常态化、制度化的新阶段，成为长三角区域合作的试点示范。出台沪通科技合作专项政策，推动以中央创新区为核心，两地科技创新资源对接网、重大科技联合攻关网、科技园区协同共建网、科技创新合作交流网为重点的"一核四网"建设。新增创新资源合作和服务平台34家，率先实现"创新券"通用通兑，创新资源共享共用量增幅突破40%。新建沪通合作园区3家，总数达15家，基本实现县市区全覆盖。连续举办年度科技合作推进大会。首次在沪举办军民科技融合发展大会，也成为"2018第五届军民两用技术促进大会"论坛唯一主办城市，南通市60%的规模以上制造业企业与上海80%高校院所协同创新，上海高校院所全年与市内企业开展产学研合作114项，增长40%，合同金额2.7亿元。

【创业创新】 2018年，南通市大众创业万众创新工作打开新局面，以线上"创新南通"平台整合创新资源，实现创新创业精准导航；以线下特色众创空间建设，高效承载创新创业活动；创新推出"通创荟梦想秀"电视节目，搭建展现自身价值、实现梦想的舞台。对创新创业载体举办的以创新创业为主题的活动给予经费补助，对创新创业载体培育科技企业给予绩效奖励，科技创业大赛取得历史最好成绩。加速形成了服务种子期、初创期、成长期等围绕创业企业发展的全孵化链条。"双创"载体成为培育"四新经济"不可或缺的"创富源"和"就业源"。

科创中心。2018年，中央创新区科创中心产业规划研究和空间布局规划形成，中央创新区紫琅湖公园、中央森林公园等基本设施建设基本完工,科创中心(一期)、医学综合体(一期)工程、南通大剧院、南通美术馆、创新中小学校等重大项目全面开工建设,已有32家科研机构、企业研发中心、科技型企业等单位签约或过渡入驻。组建了南通高等研究院,并进入实质运行阶段,已有3家中科院研究所签约入驻。

"创新南通"平台。2018年,"创新南通"平台推送上海交通大学、复旦大学等7家高校科技成果近400项、新增80多名双创专家、发布80多家孵化器、众创空间等双创载体信息、推送国家、省、市最近创新创业政策30多条,点击量增加30多万次;微信公众号累计发布政策、宣传、成果、奖励、活动等信息193条,先后有2800多个创新创业项目通过平台报名参加各类活动,关注人数超过3000人,有效保持了线上创新创业活动热度。

通创荟梦想秀。2018年,与南通电视台合作,将小范围的项目融资、路演等环节搬上电视荧屏推出"通创荟梦想秀",这是科技创新型项目和投资方的一场相亲盛会。通过VCR展示、项目路演、项目初判、融资阐述、项目终判、意向对接等环节,在全市范围内寻找具有增长潜力的或有意落户南通的创新创业项目。"通创荟梦想秀"集聚了南通科技创新创业导师团、创新创业投资机构联盟100多名创业导师和投资人,以资金、技术、空间、人脉、资源等方面的支持,为创新创业者搭建一个展现自身价值、实现梦想的舞台,打造南通本土的"创业英雄汇"。"通创荟梦想秀"全年播出20期,共60个项目登台,其中34个项目获得融资意向,总额达2.7亿元。帮助3个项目获得孵化空间,促成3个上海创业项目落户南通。

科技创业大赛。2018年,科技创业大赛取得历史最好成绩。427个创业项目报名参加江苏省科技创业大赛,同比增长43%,参与项目创历史新高,报名数在全省排名第五,23个项目参加省大赛行业赛,其中江苏华存电子科技有限公司获得初创企业组一等奖,唐丹、吴志力、薛澄团队获得团队组二等奖,易俐特自动化技术股份有限公司获得成长企业组三等奖。其中江苏华存电子科技有限公司,是南通市第一家高阶存储产品主控设计公司,在11月21日,正式发布国内首颗自研嵌入式40纳米工规级存储芯片HC5001,填补国内空白。卓远晶体、求润纳米等6个项目推荐参加国家大赛,其中易俐特自动化技术股份有限公司、江苏卓远晶体科技有限公司、江苏猎阵生物科技有限公司、江苏华存电子科技有限公司4家企业获得优秀奖,获得中央财政资金支持。

众创空间。2018年,南通市持续推进众创空间建设,给予市区众创空间和入驻众创空间的初创企业及创业团队补助、资助,鼓励大众创业万众创新。全市累计建成众创空间55家,当年新增11家。其中,国家级9家,省级26家。加快发展专业化众创空间(社区)。南通智慧技术众创社区和南通高新区数字产业众创社区建设通过省厅年度工作评估,南通市如东生命健康众创社区、海门药物创制众创社区、如皋开源软件与服务外包众创社区被列入第二批省众创社区备案试点。

2018年南通市国家级、省级众创空间建设一览

序 号	众创空间名称	所在地区	类 别
1	江海圆梦谷	南通高新区	国家级
2	星火社区	通州湾示范区	国家级
3	青创E站	崇川区	国家级
4	晶e空间	港闸区	国家级

续表

序号	众创空间名称	所在地区	类别
5	文创坊	开发区	国家级
6	创源创新实验室	崇川区	国家级
7	中南谷众创社区	崇川区	国家级
8	创新公园·南通	崇川区	国家级
9	橙子公社	港闸区	国家级
10	中国创纺e站	通州区	省级
11	E创空间	崇川区	省级
12	海安功能新材料产业众创空间	海安市	省级
13	YLAB五洲创意港	崇川区	省级
14	集创空间	港闸区	省级
15	523文化创意众创空间	海安市	省级
16	玲珑湾创客中心	海门市	省级
17	扶海创客	如东县	省级
18	梦想之家	如皋市	省级
19	大生众创空间	崇川区	省级
20	天安SPACE	港闸区	省级
21	创新江海众创空间	港闸区	省级
22	双创营	开发区	省级
23	蓝谷创客中心（如东生命健康众创空间）	如东县	省级
24	新店镇体育产业创客驿站	如东县	省级
25	海安梦工厂（创客4.0梦工厂）	海安市	省级
26	蜗壳道场·皋起点众创空间	如皋市	省级
27	集客空间（集客空间·南通）	通州湾示范区	省级
28	南通科院"支点"创业中心	崇川区	省级
29	创芯SPACE	港闸区	省级
30	芯谷·橙子空间	港闸区	省级
31	创融荟	港闸区	省级
32	海安淘金创谷	海安市	省级
33	如商汇	如皋市	省级
34	新课堂（Think Tank）	崇川区	省级
35	江海创客汇	南通高新区	省级

【高新技术产业】 2018年，南通市高新技术产业持续稳定增长，自主创新能力显著提升。高新技术产业持续高位运行。全市高新技术产业产值占规模工业比重49.8%，高新技术产业投资增幅34.9%。传统产业转型升级，全年争取省以上项目207项、资金24217.1亿元，其中5个项目获省重大科技成果转化项目支持，获省科技资助4400万元。完善"企业创新有投入、政府税收就减免"的普惠性激励机制，落实高新技术企业所得税优惠、企业研发费用加计扣除税收优惠等科技税收政策优惠额24.3亿元。

高新技术企业。2018年，南通市新认定高新技术企业634家，高新技术企业累计1308家。省技术先进型服务企业8家，省创新型领军企业13家。新增省级民营科技企业580家。南通市共有14个企业和机构获2017年度中国民营科技发展贡献奖，获奖数占全省的20.6%，居全省第三位。其中，江苏金呢工程织物股份有限公司等3家企业获该奖项中科技进步奖，江苏思源赫兹互感器有限公司等3家企业获钟南山科技创新奖，通富微电子股份有限公司等4家企业获优秀民营企业奖，南通百川新材料有限公司等3家企业获国家火炬特色产业基地优秀民营科技企业奖，如皋经济技术开发区管委会获国家火炬特色产业基地管理服务奖。

智能装备产业。2018年，全市智能装备产业产值增幅达17.1%，位列全市第二，高于规模以上工业产值增幅3.4个百分点。全年新开工重大项目197项，总投入资金416亿元，为产业扩张提供了强劲支撑。南通振康承担的国家"863"计划"工业机器人减速器研发生产及应用示范"项目通过专家组验收并获评优秀；跃通数控获国家重点研发计划支持；力威机械获国家重大专项支持。南通中集罐式储运设备制造有限公司入选全国制造业单项冠军示范企业，行业排名全国第一；南通振康RV减速器出货量位列世界第三、国内第一。南通超达装备股份有限公司位列中国汽车零部件冲压模具重点骨干企业第九，宇迪光学的仪器制造入选2018最具创新力仪器仪表行业排行榜第19位，江苏如通石油机械股份有限公司位列石油石化装备制造前20强。成功举办2018中国传感技术及智能制造产业高峰论坛、南通新一代信息技术产业科技创新大会、南通智能装备产业科技创新洽谈会等重大活动，提升了产业发展竞争力和影响力。全年智能装备新增12家省级工程技术研究中心（企业技术中心），3家省级企业院士工作站，4家企业成功上市，新认定智能装备高新技术企业259家，进一步夯实了智能装备产业创新发展基础。

2018年南通新一代信息技术产业科技创新大会

2018年南通市高新技术产业发展情况

地 区	高新技术产业产值占规模以上工业总产值的比重
全 市	49.8%
海门市	56.22%
通州区	53.75%
海安市	54.95%

续表

地区	高新技术产业产值占规模以上工业总产值的比重
启东市	53.80%
如皋市	45.94%
如东县	43.61%
开发区	38.37%
港闸区	44.50%
崇川区	61.06%

注：数据来源于市统计局。

2018年南通市高新技术企业和民营科技企业情况

单位：家

序号	地区	高新技术企业		民营科技企业
		新认定数	总数	
	全市	634	1308	12988
1	通州区	102	199	1660
2	海安市	107	193	2046
3	如皋市	76	172	1705
4	海门市	70	155	1193
5	开发区	65	139	264
6	如东县	64	138	2130
7	启东市	61	121	1501
8	港闸区	59	110	1377
9	崇川区	30	81	1112

注：按高新技术企业总数排序。

【农业和社会事业科技】 2018年，南通市本级农业科技和社会事业科技经费共支出2029万元。其中：市级基础科学研究项目共160项，扶持资金538万元；社会民生科技项目共117项，扶持资金1171万元；临床医学中心项目共4项，扶持资金320万元。强化科技创新对农业和社会事业发展的支撑作用，全年获省级以上农业和社会事业科技项目立项138项，获扶持资金6090.5万元，再创新高。其中，获国家自然科学基金立项80项，获扶持资金3404.5万元；获省基础研究计划（自然科学基金）立项30项，获扶持资金639万元（资金数超2017年95%）；获省政策引导类计划（农业科技社会化服务奖补资金）项目立项6项，获扶持资金57万元；获省农业科技支撑计划项目立项13项，获扶持资金1280万元（资金数超2017年266%）；获省社会发展科技支撑立项9项，获扶持资金710万元（资金数超2017年10%）。

国家农业科技园区。2018年，南通国家农业科技园区顺利通过科技部验收，并在全国通过验收的48家国家农业科技园区中取得了第一名的佳绩。园区承担国家、省、市级科技项目103项；申请专利66项，授权39项；制定各类标准32项,出版著作2部,发表学术论文57篇。建成田王苗木年亿株苗(球)生产能力的组培中心1个,花木产业研发服务平台7个,国家级如皋花木盆景星创天地、江苏省如皋花木产业产学研协同创新基地、扬州大学(如皋)花木产业研究院各1个,培育50亩以上连片花木盆景提档基地221个。培育或壮大农业高新技术企业55家,园区苗木基地面积达到27.2万亩,总产值125亿元,以花卉和盆景为两翼,花卉基地发展到2.1万亩,总产值达21亿元,盆景基地发展到1.4万亩,总产值达18亿元,带动农民就业83236人,种植户年均增收11456元。园区海水养殖产业带动养殖户905户,发展生态养殖面积6.15万亩,带动养殖企业16家,发展工厂化养殖面积45.5万平方米,渔民年人均收入增长15.8%。创建3年来,南通市充分发挥了园区的引领示范作用,取得了显著成效。

科技下乡活动。2018年,南通市组织送科技下乡(进社区)活动64场次,其中由市科技局牵头组织的市县联动送科技下乡重点活动8次,发放各类技术资料15万余份,组织参加活动科技特派员519人次,举办各类培训91场,培训约21000人次,提供科技信息2100余条,媒体报道8次。截至2018年年底,全市有省级农村科技服务超市分店10家、便利店21家,其中优秀店有6家。国家级"星创天地"累计7家。

【科技计划项目】 省以上科技项目申报立项。2018年,南通市围绕船舶海工、高端纺织、电子信息三大支柱产业,智能装备、新材料、新能源和新能源汽车三大新兴产业,以及符合产业发展导向、有利于发挥南通自身优势的产业,延伸产业链,突破关键核心技术,全年争取国家、省科技计划项目150项,其中国家重点研发计划2项,国家自然科学基金项目80项,省重点研发计划项目28项,省自然科学基金项目30项,省科技成果转化专项资金项目5项,省创新能力建设计划5项。全年争取省以上科技资金24217.1万元,其中省级19407.6万元。

科技政策扶持。2018年,南通市按照"集中资金、聚焦重点,政策普惠、引导创新,绩效考核、奖优汰劣"的原则,突出聚焦重点、突出政策引导、突出绩效考核,出台《关于推进市区产业转型升级的若干政策意见》和相关实施细则,最大力度吸引科技创新资源,最大强度提供企业创新资源"磁力场",加强了社会民生领域创新投入,理顺了财政科技资金支出方向,实现了对筹备期、初创期、发展期和壮大期企业的科技创新政策支持全覆盖。

2018年南通市获国家科技计划项目一览

序号	项目名称	项目类别	承担单位
1	全海深地质绞车系统研制	国家重点研发计划	南通力威机械有限公司
2	全海深水密接插件产品化技术研究及示范应用	国家重点研发计划	江苏中天科技股份有限公司
3	编织复合材料温度诱致损伤演化机制的多尺度耦合协同分析	国家自然科学基金	南通大学
4	超声冲击细晶表面提升β型钛合金微动疲劳性能的实验研究	国家自然科学基金	南通大学
5	过渡金属催化醇氢转移反应实现氮杂芳环直接烷基化的研究	国家自然科学基金	南通大学
6	基于有机Pt(II)配位的两亲性金属大环/笼的超分子自组装研究	国家自然科学基金	南通大学

续表

序号	项目名称	项目类别	承担单位
7	纤维素生物质颗粒的刺激－响应性及其作为可控释放功能材料的研究	国家自然科学基金	南通大学
8	基于DNA组装技术比色检测肝癌标志物外泌体的新方法研究	国家自然科学基金	南通大学
9	细菌电分析化学	国家自然科学基金	南通大学
10	基于自噬－溶酶体通路的土丁桂中潜在抗阿尔茨海默症树脂糖苷类成分的发现及其作用机制研究	国家自然科学基金	南通大学
11	癌蛋白TBC1D3与β-肌动蛋白"对话"促进乳腺癌细胞迁移的分子机制	国家自然科学基金	南通大学
12	MLF调控急性髓细胞白血病相关融合蛋白AML1-ETO稳定性的作用机制	国家自然科学基金	南通大学
13	神经移植物材料表面弹性和拓扑结构对神经再生的影响规律及机制研究	国家自然科学基金	南通大学
14	酪蛋白激酶1ε在阿尔茨海默病TDP-43病理与tau病理关联中的作用及机制	国家自然科学基金	南通大学
15	基于骨髓神经嵴细胞的组织工程神经修复周围神经缺损及其机制研究	国家自然科学基金	南通大学
16	卵泡抑素在背根神经节中调节神经病理性疼痛的机制	国家自然科学基金	南通大学
17	温度敏感型信号轴HSF1/SOCS3调控自发性脊髓再生的机制研究	国家自然科学基金	南通大学
18	非酒精性脂肪性肝病恶性转化中CD44异常激活及其分子调控机制	国家自然科学基金	南通大学
19	星型胶质细胞分泌的Hevin蛋白在神经病理性疼痛中的作用机制研究	国家自然科学基金	南通大学
20	miRNA介导的基因激活机制研究	国家自然科学基金	南通大学
21	中国脆弱生态区草地地上生物量时空变化特征及其对气候变化的响应研究	国家自然科学基金	南通大学
22	MIS5阶段华北石笋记录的千年－亚千年尺度季风变化及驱动机制研究	国家自然科学基金	南通大学
23	钙长石复相陶瓷的脱氮除磷功能化构筑及其调控机制	国家自然科学基金	南通大学
24	新型多元素掺杂中空多孔纳米碳纤维的制备及肿瘤增效治疗机制研究	国家自然科学基金	南通大学
25	松油烯-4-醇酯质体/CS-PEO纳米纤维的控释机理及抗菌机制研究	国家自然科学基金	南通大学
26	多扰动激励下深部矿井提升钢丝绳动载荷失稳机理及半主动控制研究	国家自然科学基金	南通大学
27	电动汽车用新型多相永磁电驱重构型车载充电系统研究	国家自然科学基金	南通大学
28	大跨隔震结构非线性随机地震响应分析与性态设计方法研究	国家自然科学基金	南通大学
29	面向大规模风电消纳的电、热储能协同规划	国家自然科学基金	南通大学
30	高分辨率SAR相干斑不完全发展的机理、模型及其抑制	国家自然科学基金	南通大学

续表

序号	项目名称	项目类别	承担单位
31	基于稀疏网络编码的低时延D2D无线通信研究	国家自然科学基金	南通大学
32	基于中国剩余定理的物联网差异性节点协同通信方法研究	国家自然科学基金	南通大学
33	高速高灵敏AlN压电MEMS红外探测器及其封装技术研究	国家自然科学基金	南通大学
34	基于认知无线网络的应急通信技术研究	国家自然科学基金	南通大学
35	面向车载多源异质信息的自适应增强融合协同图像重建方法	国家自然科学基金	南通大学
36	深紫外type-II量子阱的能带工程及与表面等离激元耦合的研究	国家自然科学基金	南通大学
37	新型乳源肽DAHMP1介导的胰岛细胞功能改善在T1DM治疗中的作用机制研究	国家自然科学基金	南通大学
38	肠道菌群稳态对阿尔兹海默症模型鼠认知和突触功能的调节机制研究	国家自然科学基金	南通大学
39	miR-92a/Runx1t1/Hes5轴向调控海马神经再生研究	国家自然科学基金	南通大学
40	人乳寡糖单体DSLNT对新生儿坏死性小肠结肠炎防治的应用基础研究	国家自然科学基金	南通大学
41	无精症中染色体脆性位点的定位及其对减数分裂作用机制研究	国家自然科学基金	南通大学
42	Reg3β/N2-HMGB1调控巨噬细胞再编程参与心肌炎症损伤修复的机制研究	国家自然科学基金	南通大学
43	MSCs释放的外泌体通过MiR-20a调节Treg细胞参与SLE的机制研究	国家自然科学基金	南通大学
44	基于高度取向超细纤维的肌腱组织微环境的综合仿生构建研究	国家自然科学基金	南通大学
45	糖皮质激素调节内耳内淋巴液平衡的分子机制及其在抗运动病中的作用	国家自然科学基金	南通大学
46	环状RNA81653/Lp-PLA2通路在脓毒症多器官功能衰竭中的作用机制研究	国家自然科学基金	南通大学
47	COPB2与NUPR1互相"对话"在去势抵抗前列腺癌进展中的作用机制研究	国家自然科学基金	南通大学
48	雄激素通过诱导间充质干细胞产生包裹miR-146a的外泌体抑制前列腺癌恶性进展的机制研究	国家自然科学基金	南通大学
49	KIAA1199的表达调控及其促进卵巢癌干细胞性和转移的机制研究	国家自然科学基金	南通大学
50	CCL28招募成纤维细胞通过IL-11/IL-11R/STAT3通路参与肺腺癌耐药的分子机制研究	国家自然科学基金	南通大学
51	基于GPU并行计算的复杂疾病基因互作关联分析新方法研究	国家自然科学基金	南通大学
52	塞内加尔美登木降糖活性物质基础及作用机制研究	国家自然科学基金	南通大学
53	利用肿瘤微环境逐级响应型siRNA层释系统双重阻断基于CXCR4/CXCL12信号轴的肿瘤转移	国家自然科学基金	南通大学

续表

序 号	项目名称	项目类别	承担单位
54	川芎嗪通过 Sestrin2 调控自噬介导的肝细胞程序性坏死防治酒精性肝病的机制研究	国家自然科学基金	南通大学
55	Aquaporins 调控血管新生过程中管腔形成的机制研究	国家自然科学基金	南通大学
56	调节肠道菌群生成不同浓度硫化氢影响 GLP-1 分泌及宿主糖代谢的机制研究	国家自然科学基金	南通大学
57	遗传性耳聋新致病基因 THOC1 的听觉功能及致聋机制研究	国家自然科学基金	南通大学
58	蛋白 O-GlcNAc 糖基化在高血糖加重脑缺血损伤中的作用及机制研究	国家自然科学基金	南通大学
59	GAS5 抑制促 DRG 神经元轴突再生的作用及机制	国家自然科学基金	南通大学
60	精子特异性 KSper 钾通道在男性不育中的作用与机制	国家自然科学基金	南通大学
61	血清外泌体 miRNA-766-3p 促进巨噬细胞异常活化参与狼疮性肾炎发生发展的机制研究	国家自然科学基金	南通大学
62	HDAC4-MYOG 抑制对失神经肌萎缩的保护作用及机制	国家自然科学基金	南通大学
63	TREM-2 在日本血吸虫病巨噬细胞 M2 型极化中的作用及机制研究	国家自然科学基金	南通大学
64	FEZF1-AS1 作为胃癌新型诊断标志物及其经由 Sirt1/TSC2/mTOR 介导的自噬调控网络在胃癌进程中的机制研究	国家自然科学基金	南通大学
65	低能近红外响应水凝胶技术调控免疫因子时序给药在肌腱粘连中的应用研究	国家自然科学基金	南通大学
66	动态四维 CT 应用于负荷下腕关节不稳定的生物力学研究	国家自然科学基金	南通大学
67	SMPDL3A 激活介导鞘磷脂生成减少参与肝癌发生发展的机制研究	国家自然科学基金	南通大学
68	特异性 tau 单克隆抗体 77G 阻断 tau 病理及其传播的分子机制研究	国家自然科学基金	南通大学
69	Sirt1 调控 tau 蛋白 O-GlcNAc 糖基化在阿尔茨海默 tau 病理性改变中的新机制	国家自然科学基金	南通大学
70	RIPK3 介导的 CaMKⅡδ 可变剪接对糖尿病心肌病心肌坏死性凋亡的调控作用	国家自然科学基金	南通大学
71	AIBP 介导的胆固醇代谢在淋巴水肿和淋巴管生成中的作用及机制研究	国家自然科学基金	南通大学
72	促肝纤维化发生最强因子 TGFβ1 影响肝纤维化发生的新机制—TGFβ1 调控肝星状细胞中组蛋白密码重要阅读者 BrD4 表达的机制及 BrD4 在 TGFβ1 调控肝星状细胞激活及肝纤维化发生中的功能意义	国家自然科学基金	南通大学
73	肾小管上皮细胞固有修复受体抑制缺血再灌注损伤、促进修复及介导细胞靶向治疗的作用及机制	国家自然科学基金	南通大学
74	环状 RNAcirc-MRE11A 通过 ATM/p53/p21 通路介导晶状体上皮细胞衰老在年龄相关性白内障发病中的作用机制	国家自然科学基金	南通大学
75	神经营养因子受体 p75 调控 OTUB1 的磷酸化对脑出血后神经元存活的影响及机制研究	国家自然科学基金	南通大学

续表

序号	项目名称	项目类别	承担单位
76	EZH2基因通过多重表观调控Semaphorin3D激活施万细胞的功能促进周围神经再生的机制研究	国家自然科学基金	南通大学
77	下丘脑SIK1-CRTC1通路在抑郁症病理过程中的作用及机制研究	国家自然科学基金	南通大学
78	面向信息交互的中国临床标准药物知识库构建与评测研究	国家自然科学基金	南通大学
79	高原低氧下饥饿素对机体铁代谢的影响及其机制	国家自然科学基金	南通大学
80	环状RNA hsa_circ_0005785作为新的肝癌生物标志物及其作用机制研究	国家自然科学基金	南通大学
81	外泌体传递circBIRC6调控GRIN2D影响自噬介导胃癌恶性表型的机制研究	国家自然科学基金	南通大学
82	PPARγ2-PTEN信号轴调制人前列腺癌变细胞程序性坏死（necroptosis）的分子机制及其化学预防应用	国家自然科学基金	南通大学

【科技成果管理】 2018年，南通市的中天科技股份有限公司参与完成的"高性能铝合金架空导线材料与应用"项目获2018年度国家技术发明奖二等奖；江苏劲桩基础工程有限公司参与完成的"复合地基理论、关键技术及工程应用"项目获2018年度国家科学技术进步一等奖，另有3个项目获国家科学技术进步二等奖。二等奖以上获奖数创历史新高，5家获奖单位均为南通市民营科技型企业。组织实施重大科技成果转化项目29项，其中省重大科技成果转化资金项目18项、市重大科技成果转化项目11项。新增省重大科技成果转化资金项目5项，获省科技经费4400万元，在3年实施期间，5个项目将新增投入4.1亿元，累计新增销售收入11.25亿元、利润2.3亿元、缴税0.8亿元。

国家科学技术奖。中天科技集团与上海交通大学材料学院合作的"高性能铝合金架空导线材料与应用"项目获2018年度国家技术发明奖二等奖，该项目历经20余年，突破了制约高性能铝合金导线材料的关键技术，研制了高导耐热、高强抗疲劳、特高压节能导线等新型特种导线材料及制备技术，建立了全流程工艺控制体系，形成了自主核心技术，三大类19种新型导线通过了权威部门组织的新产品鉴定，满足了国家电网建设的需要。

获得2018年度国家科学技术进步一等奖的江苏劲桩基础工程有限公司，历经10多年攻关，研发出拥有40多项发明专利的劲性复合桩技术。该项目与传统桩基施工工艺相比，具有环保、节本、高效等优势，公司率先在全国实现该项技术的产业化，先后在江苏省沿海开发重点工程刘埠外闸、中天润园房产等桩基工程中得到运用，取得工期短、降本30%以上、工程优质等成效。

南通市广益机电有限责任公司参与完成的"林业病虫害防治高效施药关键技术与装备创制及产业化"、江苏中洋集团股份有限公司参与完成的"长江口重要渔业资源养护技术创新与应用"、江苏京海禽业集团有限公司参与完成的"优质肉鸡新品种京海黄鸡培育及其产业化"等3个项目，获2018年度国家科学技术进步二等奖。

【产学研合作】 2018年，按照"3+3+N"产业领域进行分类，梳理全市汇编企业技术需求536项，实施产学研合作项目618项，合同金额28278万元，其中实际发生金额大于5万元的项目有592项、金额总计15882万元。受理产学研合作备案项目182项，备案合同总额

10289.8万元，对其中符合要求的56项，补助经费1076.8万元。全年全市开展重大产学研活动50场，政府部门、园区与高校院所共建研发载体和工作机构44个，组织开展了"2018沪通科技合作推进会""2018第五届军民两用技术促进大会暨长三角区域合作军民融合发展论坛""2018南通智能装备产业技术合作洽谈会""南通·武汉高校院所产学研合作对接会""2018南通—广州地区高校院所产学研合作对接会"等产学研活动。全年全市新入选省"科技副总"34人，累计有193人。市科技局与上海交通大学、电子科技大学等3所高校签订了技术转移中心南通分中心建设协议；与国家技术转移东部中心签订协议，启动建设国家技术转移东部中心南通分中心。

【科研院所】 2018年，31家产业创新平台实际投资7.13亿元，其中地方政府投资6.21亿元，有研发办公场所面积25.52万平方米，研发设备12808万元，专职研发和管理人员331人，兼职人员435人。开展科技合作项目167项，合作经费8957万元；服务企业966家，服务收入5136万元；获得科技计划立项17项，经费2041万元；累计申请发明专利753件、实用新型专利130件，累计获得授权发明专利201件、实用新型专利86件；孵化科技型企业7家。中国科学院上海技术物理研究所启东光电遥感中心获省新型研发机构奖补180万元支持。

【企业研发机构】 2018年，全市新增省级企业工程技术研究中心18家、企业院士工作站6家、企业研究生工作站13家、市级企业技术创新中心2家、企业工程技术研究中心83家、院士工作站1家。全市有3家省企业重点实验室获得绩效后补助，补助经费220万元，11家省级企业院士工作站获绩效评估后补助经费共计390万元。组织实施大中型企业研发机构全覆盖工程，全市大中型工业企业和规模以上高新技术企业研发机构有效建有率达87.02%。

【国际科技合作】 2018中国海门"东洲英才"创业周暨"呵护母亲河，还我长江绿"环保科技产学研对接洽谈会在海门市举行。2018年，国际燃料电池汽车大会永久会址落户如皋基地。美国能源部燃料电池办公室、德国国家氢和燃料电池技术组织、欧盟燃料电池及氢能促进局、氢能理事会的负责人和高级代表等国际重要的氢能燃料电池政府组织首次齐聚如皋经济技术开发区国际科技合作基地并发表演讲、参加访谈。鼓励有实力的企业走出去，中国天楹与比利时公司合作研究城市生活垃圾焚烧处理关键技术，并在加拿大建设研发中心；江苏亚威在柬埔寨菩萨省投资488万美元，新成立新亿力电力设备有限公司。中国天楹股份有限公司、南通斯密特森光电科技有限公司、龙能科技如皋市有限公司、江苏联发环保新能源有限公司4个国际科技合作项目获得省科技厅立项支持，获经费支持340万元。

【知识产权】 2018年，南通市政府加快推进《南通市"十三五"知识产权发展规划》《南通市加快建设知识产权强市工作方案（2017—2020年）》有效实施，切实推动全市知识产权强市建设工作补齐短板，出亮点、出特色。目前，全市已有国家知识产权强县工程示范县7个，数量为全国第一。启东市、港闸区获批江苏知识产权强省示范市。如皋高新区获批省知识产权示范园区，南通市北高新区获批省知识产权试点示范园区。

知识产权创造。2018年，根据国家、省有关专利申请政策自查整改要求，调整优化专利资助奖励政策，将资助奖励重点向发明专利、PCT专利、专利大户等倾斜；将万人发明专利拥有量、PCT专利申请量等指标纳入市委"四个全面"综合考核，引导县（市、区）进一步优化专利创造结构。2018年，全市专利申请量52799件，位列全省第四，其中发明专利申请量9837件；PCT专利申请量1069件，同比增长8.2%；全市专利授权量24578件，同比增长28.97%，其中发明专利授权量2240件；全市有效发明专利19941件，位列全省第四,万人发明专利拥有量27.30件,同比增长14.66%,继续保持苏中、苏北第一。全市企业专利申请量和授权量占比分别为81.05%、85.78%,企业专利创造主体地位进一步凸显;全市10件专利荣获第二十届中国专利优秀奖,高质量专利不断涌现。

2018年南通市各县(市、区)专利申请、授权量、万人发明专利拥有量一览

县(市、区)	专利申请		专利授权		万人发明专利拥有量
	总 数	发明专利	总 数	发明专利	
海安县	8243	2039	4552	487	35.27
如皋市	6776	1380	3707	249	22.62
如东县	3349	589	1032	127	15.16
海门市	4804	766	2965	274	28.51
启东市	3926	593	1906	109	24.78
通州区	8286	898	3585	171	30.00
崇川区	7740	1938	2655	510	30.50
港闸区	6759	734	2756	113	34.47
南通开发区	2633	830	1243	193	62.31
其 他	283	70	177	7	2.64
全 市	52799	9837	24578	2240	27.30

2018年南通市获中国专利优秀奖一览

序号	专利号	专利名称	专利权人
1	CN200610096477.X	一种从废水中回收环氧氯丙烷的工艺	南通星辰合成材料有限公司
2	CN201410065038.7	一种自升式钻井平台悬臂梁轨道的制作方法	招商局重工(深圳)有限公司 招商局重工(江苏)有限公司
3	CN201010534388.5	芯片封装方法	南通富士通微电子股份有限公司
4	CN201310403535.9	数控矫圆机的矫圆工艺	南通超力卷板机制造有限公司
5	CN201310099004.5	具有光亮表面的奥氏体不锈钢带的制作方法	江苏甬金金属科技有限公司
6	CN201210328725.4	一种带有热利用平衡处理器的热泵热水机	江苏天舒电器有限公司
7	CN201510125361.3	一种暗纹东方鲀群体—家系—分子综合遗传育种的方法	江苏中洋集团股份有限公司
8	CN201210245346.9	散货集装箱	南通中集特种运输设备制造有限公司 中国国际海运集装箱(集团)股份有限公司
9	CN201410488255.7	一种光纤拉丝炉	中天科技光纤有限公司
10	CN201410068128.1	一种门套边框安装位置组合加工工艺	南通跃通数控设备有限公司

知识产权服务。2018年，南通市崇川区印发《省级知识产权服务业集聚区建设实施方案》，深入推进南通高新区江苏省专利审查员实践基地建设。加强知识产权服务机构备案管理，及时掌握知识产权服务机构从业状况，健全中介机构信用档案制度，引导知识产权服务业健康快速发展，全市已备案服务机构38家，全市累计备案服务机构48家。全省率先开展市级知识产权服务机构星级评定工作，下达3家四星级、4家三星级专利服务奖励资金40万元。加大知识产权服务品牌机构培育引进力度。引进南京申云等高端服务机构3家。建成南通市知识产权地理信息系统，将在64个国家级知识产权示范城市推广运用。

知识产权保护。2018年，南通市共开展上下级、跨部门联合执法检查13次，出动执法人员250多人次，检查商品12万多件。全市共办理专利案件967件，同比增长17.5%，其中专利侵权纠纷311件，同比增长22.9%。中国南通（家纺）知识产权快速维权中心与阿里巴巴合作建立网络知识产权侵权案件处理委托机制，全年受理外观设计专利申请3102件，授权3101件，授权率达到99.9%。中国叠石桥国际家纺城获认定为第三批国家级知识产权保护规范化市场。南通市知识产权维权援助中心及3个分中心、工作站累计接听12330电话咨询1878次，同比增长16.1%，受理举报投诉案件74件，全部移交执法机关，立案率100%。南通市在国家专利行政执法考核中位列全国地级市第七、全省第二，在国家知识产权维权援助举报投诉绩效考核中位列全省第四。

【知识产权运用】 2018年，根据企业发展阶段和知识产权基础，分类指导、逐级培育知识产权优势企业。培育专利消零企业705家、专利强企试点企业656家，示范企业165家；新增贯标备案企业191家，绩效评价合格企业65家，国标认证企业30家；全市获评国家知识产权示范企业10家，国家知识产权优势企业27家，获评数位居全省前列。全市获批省高价值专利培育项目1项，企业知识产权战略推进计划重点项目3项、一般项目6项，获资助780万元，企业知识产权战略实施能力不断提高。抓住全省中小企业知识产权工作会议及专利质押融资政银对接会议在南通市召开契机，深入实施国家知识产权投融资试点，充分发挥知识产权在企业转型升级、创造利润、提高效益等方面的作用。调查汇总了500多家企业知识产权质押融资需求，举办2场知识产权质押融资对接活动，全年完成专利权质押贷款75笔、质押专利127件、质押贷款总额2.365亿元。

【科技服务业】 2018年，全市各类科技服务机构营业总收入达到466亿元，位列全省第五；规模以上科技服务机构总数达到883家，位列全省第三；从业人员达到52632人，位列全省第五。全年认定新开工亿元以上数据应用和科技研发型项目49个。小咖秀和商客通项目被市项目办认定为10亿元特色服务业项目。全年认定市区科技研发型培育企业161家。瑞海软件等8家企业被省科技厅认定为2018年度技术先进型服务企业。其中，瑞海软件等2家企业为首次认定；帝人等6家企业为复审认定。指导建设省技术产权交易市场南通分中心；完成技术合同认定登记1123份，合同成交总金额48.52亿元，同比增长40.23%。南通大学技术转移中心继续入选江苏省科技服务业"百强"机构，南通大学高江宁、石健两位同志入选江苏省科技服务"百优"人才。南通市检验检测认证产业园（检验检测认证）项目进入省第三批科技服务业特色基地现场考察阶段。落实《沪通创新券跨区域使用试点合作协议》，出台《沪通科技合作大仪券使用管理办法（试行）》（通科条〔2018〕145号）。

科技金融服务。2018年，南通市进一步提升企业科技创新融资能力，推进科技与金融的紧密结合，为科技型中小企业的快速发展创造了良好的环境。全市科技金融服务体系不断完善，科技金融机构达18家，市区科技型中小企业库入库企业共836家，"苏科贷"备选企业库中已入库企业共1865家。科技金融服务产品不断创新，形成了"苏科贷""通科贷"等一系列金融产品。科技金融业务不断增长，全市拥有的地方科技成果风险补偿资金池规模达9332万元，科技贷款额达30.959亿元，全年市区财政支出费率补贴1826.46万元，其中苏科贷放贷规模11.198亿元，同比增长45.8%，放贷规模与增幅均列全省第二位，惠及企业316家，同比增长40.5%，实现了服务企业数和放贷量双提升，有效缓解了科技型中小企业融资难、融资贵的问题。市级科技担保公司服务在保企业110家，在保余额4.22亿元；科技创投完成1亿元的投资规模，在投企业18家，增值服务价值1.12亿元。

（汪兵兵）

连云港市
Lianyungang City

【科技创新】 2018年以来，全市科技创新工作紧密围绕市委、市政府"高质发展、后发先至"的主题主线，大力实施创新驱动发展战略，深化科技体制机制改革，落实配套政策鼓励科技创新，全市创新活力明显增强，重大成果日益显现，科技创新工作取得了良好成效。2018年，全市高新技术产业产值占规模以上工业比重的43%。全社会R&D投入占比达1.92%，万人发明专利拥有量达6.2件。国家农业科技园区通过验收，中科院大科学装置可研报告通过发展改革委审批，2人获得第二届江苏省十佳专利发明人奖。

全市科技创新情况。强化科技创新顶层设计，打通科技成果转移转化通道。召开全市科技创新大会，出台《关于深化科技体制机制改革推动高质量发展若干政策》《关于促进科技与产业融合加快科技成果转化的实施方案》，进一步贯彻落实省"科技创新40条"和"科技改革30条"政策。推进科研领域简政放权，助推科技与产业深度融合和全市高质量发展。制定完善考核体系，出台《2018年县区科技创新工作考核办法》，层层压实责任，进一步加大对科技创新工作的考核力度，引导县区政府加大科技投入。2018年，全市60家企业获得"苏科贷"科技贷款2.27亿元，为科技企业落实科技减免税16.26亿元，同比增长20%。

强化科技企业培育，构建创新发展新动能。围绕连云港市企业培育三大行动计划，制定实施《2018年高企培育实施方案》，对249家存量高企和200家科技型中小企业开展拉网式"点对点"精准辅导培育。目前，有241家企业通过国家科技型中小企业认定，161家企业申报国家高新技术企业认定，净增37家高新技术企业。引导企业与高校院所共建研发机构，获批省级企业工程技术研究中心4个、省级院士工作站5个；康缘药业以小组第一的成绩获评国家优秀企业重点实验室，恒瑞医药获评省级优秀重点实验室。2018年以来，全市新增市级众创空间8家、省级众创空间2家、省级孵化器1家、省级加速器1家，市高新区获批省级"苗圃—孵化器—加速器"科技创业孵化链条试点。

强化创新成果保护，推进知识产权强市建设。制定《2018年全市知识产权执法维权"护航"、"雷霆"专项行动方案》，开展知识产权"双进双清"行动，累计为380家无专利企业开展了专利清零。万人有效发明专利拥有量达6.2件。恒瑞医药、豪森药业2人获得第二届江苏省专利发明人奖；赣榆区获批创建2018年度知识产权强省建设示范区域。2018年以来，716研究所获批省级高价值专利培育示范中心建设，全市总数达5家，位列全省第三；联合中行建立500家中小企业专利权质押融资企业数据库，新增专利权质押贷款6000万元。

强化政产学研合作，集聚创新创业人才。坚持"走出去"和"引进来"并重，连云港市与清华大学签订全面合作框架协议，成功举办了"2018年江苏省跨国技术转移中心连云港科技项目对接会"和连云港市创新创业大赛。支持行业骨干企业与美国、欧盟、以色列等科技发达国家和地区的高校院所及企业开展国际科技合作，恒瑞医药、康缘药业、中复连众等公司在海外设立了研发机构；建成国家级国际科技合作基地2个，建成省级产学研联合创新载体9个，发展"校企联盟"1110个。全市集聚"国家重大人才工程"专家29名，省"双创人才"102名、"双创团队"4个。2018年，新选派68名高层次科技人员赴企业担任科技副总。

结合巡察整改，全面落实从严治党主体责任。2018年6月，市委巡察整改督查组对连云港市科技局党组进行了巡察整改"回头看"，市科技局党组高度重视，结合巡察整改制定《关于进一步加强连云港市科技管理系统全面从严治党工作的意见》，完善《市科技局承担科技计划项目资金使用管理办法》《市科技局廉政风险防控工作手册》，着力做到工作推进到哪里、制度就覆盖到哪里，问题出现在哪里、制度就完善到哪里，进一步营造风清气正的科技发展环境。制定了《市科技局选拔任用干部暂行办法》《市科技局机关借用人员管理暂行办法》，坚决纠正干部在位不为，树立全力抓发展、有担当有作为的良好导向，进一步落实省委鼓励激励、容错纠错、能上能下"三项机制"。相继制定了《中共连云港市科技局党组会议事规则》《2018年市科技局党的建设工作要点》《2018年市科技局党组理论学习中心组专题学习计划》《2018年度书记抓党建工作责任清单》等制度，进一步加强和规范党内政治生活，严肃党的政治纪律和政治规矩。

存在的问题。在看到成绩的同时，也清醒地认识到，连云港市科技创新工作在许多方面还面临诸多困难与挑战，整体水平与苏中、苏南城市还有一定差距。

产业板块有"高峰"没"高原"现象突出。在新医药、新材料、新能源、高端装备制造等"三新一高"领域，虽然有一批如四大药业、中复神鹰、中复连众、国电、日出东方、天明装备等创新型领军企业和细分领域"单打冠军"企业，但产业整体规模小，高新技术企业数量少，上下游产业链短，没有形成企业"抱团"、集聚发展形态。

高层次人才、科技金融等关键支撑要素仍然缺乏。人才是创新战略资源，是创新活动的主体。与发达地区相比，连云港市引才、留才的竞争能力较弱，高层次人才仍然短缺，中小企业也难以招到高技能人才。此外，受制于优质创业项目少、创业人才少等原因，全市创业投资、天使投资机构少、市场不活，社会化多元投入创新创业的机制尚不成熟。

科技型企业群体规模小。广大中小企业创新意识淡薄，全市专利授权总量中企业专利授权量占比低，有专利企业新增数量少，直接导致新增国家高新技术企业数量少。

2019年主要指标安排和推进举措。下一步，全市科技创新工作将全面落实省、市科技创新大会精神，从科研项目管理简政放权、政策驱动创新创业活力迸发、营造宽容失败容错纠错的创新创业氛围，以提升产业核心竞争力为方向，拓展实施3项行动计划，推动产业向中高端攀升，为全市转型创新发展提供新动力。力争全市高新技术产业投资增幅不低于全省平均增幅，高新技术产业产值占规模以上工业产值比重达40%，新增高新技术企业30家，全社会R&D投入占GDP比重达到2%，万人发明专利拥有量达到7.2件。落实科技贷款2亿元以上，滚动实施重点研发、成果转化项目30项以上，全市技术合同登记额超过10亿元。

加快创新载体建设，引领产业提升核心竞争力。一是推动企业高水平研发机构建设。对接科技部争取建立新医药和新材料国家技术创新中心，支持大中型工业企业和规模以上高新技术企业普遍建立工程（技术）研究中

连云港市召开2018年度科技创新大会

心、重点实验室等研发机构,力争建有率达到90%以上;引导有条件的中小企业立足实际依托高校院所共建研发机构,推动高层次科技人才向企业集聚。二是延伸重大创新载体产业链。持续推进中科院能动中心"高效低碳燃气轮机试验装置"建设进度,放大科学装置的品牌效应,以平台为中心加强项目与人才招引,延伸大科学装置创新链、产业链效应,为打造地标产业提供技术支持。支持市开发区建设生命健康产业公共服务平台和新材料研究院,打造新医药和纤维材料产业科技创新中心;支持市高新区建设中船重工创新产业园,打造智能制造产业科技创新中心;支持东海县建设硅材料产业科技创新中心。三是推进科技园区提档升级。推进市高新区、市开发区建立各有侧重、协作顺畅的区域创新合作机制,改造提升已有传统产业,发展壮大新兴产业,打造全市产业科技创新的策源地。支持高新区建设"创业苗圃—孵化器—加速器"产业孵化链、众创社区和科技服务业集聚区。支持海州、赣榆、灌云等有条件的县区创建省级高新区,成熟一个启动创建一个。高水平建设国家农业科技园区,全力争创国家农高区。

完善科技企业培育3项机制,着力增强自主创新能力。一是落实科技政策激励研发投入机制。重点针对省"科技创新40条""科技改革30条""知识产权18条"和连云港市体制机制改革"29条"政策及人才新政,加大政策宣贯力度,严格落实高新技术企业、加计扣除等重点科技政策。同时,推进淮海工学院、716研究所、中蓝连海等本地科研院所进行科技成果使用、处置和收益权科研体制改革,发挥政府科技政策对创新的正向激励作用。二是高新技术企业精准培育机制。建立"2+2"高新技术企业培育库,实施科技型企业"小升高"培育行动,组织在连科研院所及"科技镇长团""科技副总"等人才,为现有高新技术企业和200家滚动培育的高新技术企业后备军进行问诊把脉。2019年,争取获批国家级高新技术企业30家以上。三是知识产权保障机制。以创建国家知识产权示范城市为目标,大力推进专利创造、运用与保护。开展专利"双进双清"行动,组织服务机构进企"点对点"服务,逐步实现规模以上工业企业专利清零和国家高新技术企业发明专利清零。

建立科技服务3项平台,集聚创新创业资源。一是搭建本土科技人才服务平台。充分用好本地淮海工学院、716所、中蓝连海等人才资源,在微·博双创计划实施基础上,着力架起高校、科研机构与企业合作的桥梁,推进本地成果本地转化、本地人才本地使用,引导一批本地科研院所人才团队对接服务中小企业,发挥科技人才技术创新优势,补充中小微企业人才缺乏劣势,实现互促发展。二是搭建技术供需双方信息交流平台。建设江苏省技术产权交易市场连云港分中心,实施"科技成果转移转化促进行动",开展以企业需求为导向的技术转移服务,促进技术创新能力向企业转移,为企业的科技创新需求找到解决方案,为高校院所的科研成果铺好产业化路径。继续推进市级开放实验室对外进行仪器资源共享服务。三是搭建普惠科技金融平台。举办科技创业大赛、银企对接会、项目路演推介会等活动,吸引、集聚市内外科技金融机构,帮助中小企业对接金融资本;拓展实施"苏科贷"、专利质押融资等科技金融产品。

持续提升,巩固扩大巡察整改成果。一是强化组织领导。切实履行全面从严治党主体责任,严格落实全面从严治党要求,认真落实领导干部"一岗双责"制度。会同派驻纪检监察组每年召开专题会议,研究部署党风廉政建设和反腐败工作。将纪律和规矩挺在前面,严格执纪监督问责,做到零容忍的态度不变、严厉惩处的尺度不松,认真落实市委八条禁令,对不收敛、不知止,规避组织监督、顶风违纪的行为,发现一起查处一起,绝不姑息。二是落实责任机制。每年局党组书记分别与党组成员签订党风廉政建设责任书;党组成员根据职责分工,与分管处室签订党风廉政建设责任书。强化干部日常管理监督,坚持抓早抓小,发现问题严肃查处。三是规范项目资金管理。严格执行《市科技计划项目资金使用管理办法》《市科技局廉政风险防控工作手册》《关于进一步加强连云港市科技管理系统全面从严治党工作的意见》等制度规定，坚决做到工作推进到哪里、制度就覆盖到哪里，问题出现在哪里、制度就完善到哪里，真正让干部心有所畏、言有所戒、行有所止，着力营造风清气正的科技发展氛围。

今后，我们将认真贯彻落实省市决策部署，坚定信心、开拓进取、深化改革、攻坚克难，积极探索具有连云港特色的科技创新之路，努力提升全市科技创新水平，为连云港市高质发展后发先至做出新的更大的贡献。

【产学研合作】 2018年，产学研合作处立足全市产业升级和企业技术创新的需要，以集聚成果、人才、平台等创新要素为抓手，重点围绕升高企、产专利、增投入3个主攻方向，遵循"整合、高效、精准、务实"工作理念，紧盯省厅和市政府层面重点量化目标，高效扎实开展相关工作。摸排重点技术需求300项，发布高校技术成果500项；对接国内高校院所20家，走访重点实验室20个；新增校企联盟42家（总数达到1150家），新选派65名高层次科技人员赴企业担任科技副总，开展各类产学研活动20多场。

产学研活动对接工作开展情况。深入开展产学研对接活动情况。2018年，组织和参加了形式多样的产学研对接活动：1月10日，连云区与淮海工学院举行校地合作签约仪式，双方达成科技、人才及教育合作10项。2月7—8日，市科技局党组书记、副局长赵厚峰带领市农科院、康缘药业等单位及企业赴中科院昆明分院、中科院昆明植物所、中科院昆明动物所、云南农业大学开展产学研对接交流活动，走访重点实验室5个，达成合作意向2项。4月12日，赴赣榆区参加赣榆区—江南大学产学研对接会，并邀请江南大学专家走访8家当地企业。4月26日，市科技局带领海州区、赣榆区企业赴南京航空航天大学开展产学研对接活动，达成合作意向4项。5月29日，市科技局带领5家装备制造企业赴职业技术学院开展产学研对接活动，现场达成合作意向5项。5月18日，市科技局赴东北林业大学开展对接交流活动。5月26日，参加首届连云港（赣榆）科技人才节启动仪式暨"智汇海州湾"科技人才赣榆行产学研对接会。组团参加2018中国（昆山）品牌产品进口交易会。7月，市科技局赴清华大学洽谈教育机器人年度任务计划，并走访中科院国家纳米中心。8月，兰州大学专家到连云港市开展产学研对接相关活动；参加宿迁市智能制造技术成果专题洽谈会。9月，市科技局赴兰州参加第三届科技成果博览会系列活动；参加2018年科技领军人才服务地方经验交流和工作对接活动；参加常州市机器人及人工智能领域成果专题洽谈会暨第四届武进国家高新区海智对接交流会。10月，参加省产学研专场对接洽谈会暨丹阳市航空材料及智能制造技术成果专题洽谈会；参加全国对俄科技合作基地联盟第十一次会议；参加省产学研专场对接洽谈会"AI智能，爱制造"昆山市智能制造技术成果专题洽谈会。11月，组织相关科研院所参加首届中国国际（上海）进口博览会；组织20多家企业参加"中国·江苏第六届国际产学研合作论坛暨跨国技术转移大会"。12月，参加江苏省产学研专场对接洽谈会—镇江市先进制造业科技成果洽谈会；组织有关单位参加"第二届中以创新创业大赛决赛（常州站）暨中以高科技企业对接会"。

连云港市与清华大学签订全面合作框架协议。5月4日下午，连云港市与清华大学签订全面合作框架协议。清华大学副校长、中国工程院院士尤政，市委书记项雪龙，市委副书记、代市长方伟，市领导王东升、徐家保出席仪式。大会签约4个项目，分别为：连云港市政府与清华大学签订全面合作框架协议、赣榆区政府与清华大学签订清华大学—连云港市教育机器人与机器人教育联合研究中心协议、赣榆经济开发区与北京清科华教科技有限公司签订教育机器人研发及产业化基地项目合作协议、连云港市人社局与北京得意音通技术有限责任公司签订声纹识别认证项目合作协议。签约仪式上，尤政与项雪龙为"清华大学—连云港市教育机器人与机器人教育联合研究中心"揭牌。双方领导表示要进一步健全长效合作机制，推动双方在战略咨询、人才交流、协同创新、产学研及重大项目等多个方面开展深层次合作。清华大学将发挥科技、人才及信息优势，为连云港的发展做出贡献。

完成市政府交办的第二届中国（连云港）国际医药技术大会相关工作。提供连云港市相关科技创新政策材料，报送《关于加快推进区域性产业科技创新中心和创新型城市建设的实施意见》相关政策材料。负责全市医药企业技术、人才、项目需求的征集和汇总，梳理汇总出企业需求清单，梳理2018年以来，全市医药企业和医院拟与海外专家开展技术合作情况及在谈、引进的海外医药技术人才情况并归类汇总。发布征集企业人才、技术需求通知，调研43家医药企业，征集技术需求71项，人才需求53项、拟与海外合作需求8项。参与项目的专家组，对海外专家报名项目进行甄别、筛选；负责做好海内外专家项目成果与连云港市药企需求的对接签约工作。筛选海内外专家项目294项，将筛选好的海内外专家项目发往各县区企业对接，第一批企业选择对接项目30项，第二批企业选择对接项目20项，成功对接签约3个项目：豪森药业与上海医药工业研究院就HS-10197工艺技术项目、康缘药业与罗彻斯特大学就URMC-099项目意向合作书、正大天晴药业与上海医药工业研究院就伊洛前列素的研究开发项目在大会签约。邀请国内外知名专家参会。专程赴上海、南京、北京，拜访科技部、省科技厅相关领导，走访了多家高校科研单位，宣传推进医药大会，邀请相关领导、专家来连云港市参加大会活动。成功邀请了中国工程院院士、江苏省科协副主席、中国药科大学教授王广基，科技部中国生物技术发展中心化学药与医疗器械处处长华玉涛，美国强生集团亚太创新中心资深总监夏明德，江苏恒瑞医药集团全球研发总裁张连山，深圳市高特佳投资集团有限公司副总经理毛慧鹏，江苏股权交易中心总经理葛浩，英国曼彻斯特大学、上海医药工业研究院、深圳大学等20多名相关专家参加大会。

牵头举办政产学研用协同创新高端对话活动。市科技局专门成立了以局长为组长、分管领导为副组长、产学研合作处成员为工作人员的工作小组，牵头开展政产学研用协同创新高端对话筹备工作，经与相关专家、企业、单位对接商议，形成了《第二届中国（连云港）国际医药技术大会政产学研用协同创新高端对话活动方案》；调研连云港市医药企业并召开医药企业座谈会，征集企业技术需求和创新难题，经多轮对接、商议，确定参加政产学研用协同创新高端对话活动的领导和专家，多次主动与受邀嘉宾对接主旨演讲方向及内容，征集当前新医药发展中存在的问题，形成高端对话议题30多条；完成政产学研用协同创新高端对话参会嘉宾接待服务、会场布置、会务安排等工作，起草市领导主持、讲话稿，完成大会发言录音及整理等工作。

产学研平台载体建设情况。2018年，3家高校研究院积极与连云港市企业对接，调研企业200多家，搜集人才、技术项目等需求100余项，为80余家企业提供技术咨询、环保咨询、检验检测、高新技术企业申报、专利申报、人才引进等服务，开展各类产学研活动20余场。

3月，南京大学连云港高新技术研究院、南京理工大学连云港研究院通过专业会计事务所财务审计，申报2018年度省创新能力建设计划新型研发机构奖补项目3项，南理工研究院获批奖补资金140万元。4月26日，南京理工大学连云港研究院与江苏久泰电池科技有限公司成立新能源应用技术研发中心。5月，市科技局协调解决中科院能源动力研究中心法人变更相关事项，变更申请报告已经上报省科技厅盖章备案。5月，市科技局带领省跨国技术转移中心赴核电公司洽谈推进签订"中俄技术转移中心"建设协议工作，目前合作双方的中心建设协议已经定稿。7月，赴泰州、淮安调研两市高校研究院建设情况，完成调研报告。11月，召开南京大学连云港高新技术研究院理事会会议，研究解决了耐雀公司产权划拨相关事宜。

调研市开发区高新技术企业申报培育工作

情况。4月，3次走访15家企业，有13家达到或基本达到高新技术企业申报要求；5月走访5家企业，其中4家达到申报要求；7月走访3家企业，都达到了高新技术企业申报要求。从走访的情况来看，新申报和复审的企业都有专业的科技服务机构协助撰写。主要存在的问题是企业负责项目和财务的人员相互沟通不够，部分企业产学研工作开展程度不够，主营产品在高新技术企业目录归集难以界定等问题。

科技副总工作开展情况。1月，完成市级科技副总中期检查及绩效统计工作。50名市级科技副总共为企业解决关键技术难题106个，为企业引进新的合作项目26个，帮助企业建立研发机构35个、申报科技项目48项、申请专利96项、引进人才52名，为企业开展培训讲座156次、培训科技人员523名，帮助企业建立规章制度116项，制定战略规划38项。

邀请省厅领导来连开展2018省科技副总项目申报宣讲活动，共向省厅推荐上报42名科技副总，最终40位人才获批省科技副总。

完成2014—2017年度省科技副总绩效统计工作，98名省级科技副总为企业解决关键技术难题276个，为企业引进新的合作项目67个，帮助企业建立研发机构93个、申报科技项目144项、申请专利224项、引进人才133名，为企业开展培训讲座404次、培训科技人员2190名，帮助企业建立规章制度281项，制定战略规划114项。

完成2018年连云港市"花果山英才计划"科技副总材料受理工作，共51名人才申报，经资格审查，49人达到申报要求，目前已经完成申报单位及人才的现场考察工作，共推荐43名市级科技副总并上报市人才办。

国际科技合作情况。1月18日，连云港市科技局会同江苏省跨国技术转移中心联合举办了"2018年江苏省跨国技术转移中心连云港科技项目对接会"。省跨国技术转移中心副主任王世春、市科技局产学研合作处、七一六研究所、部分县区科技局和相关企业负责人等30余人参加会议。省跨国技术转移中心与连云港市新医药、医疗器械、节能环保等领域20多家企业对接洽谈，现场达成合作意向8项。

3月，完成2018年度省政策引导类计划（国际科技合作）项目申报工作，共向省厅推荐上报4项国际科技合作项目。

5月，市科技局带领省跨国技术转移中心赴核电公司洽谈签订"中俄技术转移中心"建设协议工作，相关建设协议内容已经基本确定。

11月，组织连云港市企业参加第六届国际产学研合作论坛暨跨国技术转移大会，发动45家企业网上注册对接，组织20多家企业赴南京参加大会各项活动，达成合作意向5项。

2018年其他重点工作。完成2018年度省政策引导类计划（国际科技合作）项目（申报4项）、2018年度省创新能力建设计划新型研发机构奖补项目申报工作（申报3项），其中南理工研究院获得省厅140万元经费补贴。完成2018年江苏省产学研合作项目申报工作（申报15项，获批14项）。

完成全市技术需求汇编工作，并印制成册。

完成省产学研协同创新基地和产学研载体工作总结上报工作。完成2016年、2017年立项省国际科技合作项目中期检查工作；完成省重大创新载体、产学研前瞻性项目中期检查工作。

完成市政府关于连云港市参加2018第十三届中国西安国际科学技术产业博览会的参会意见；完成连云港市与国内高校院所开展合作情况及督促各区和功能板块开展相关工作的情况汇报工作。

完成水科院东海所赣榆海洋资源综合利用研究院载体项目验收工作。

协助完成2018连云港新材料技术转移大会各项工作，牵头完成2018连云港新材料技术转移大会——产学研对接专场各项工作。

【科技成果】 广泛宣传发动，全力做好省重大成果转化项目组织。重点抓好项目储备、申报培训、跟踪辅导等重点环节。围绕新材料、装备制造、电子信息等重点领域，按好中选优的原则，共组织申报11项（其中，国家高新区2项、海州区1项、开发区3项、徐圩新区1项、赣榆区1项、东海县2项、灌南1项），项目总投入5.67亿元，申请省经费1.13亿元。经过形式审查、网络评审、现场考察等立项程序，江苏华海诚科新材料股份有限公司获800万元省成果转化专项资金立项支持。

周密部署安排，精心做好各级科技奖申报评审表彰。一抓国奖申报。做好国奖申报跟踪服务，"银杏二萜内酯强效应组合物的发明及制备关键技术与应用"等两个项目入围国家技术发明奖，填补了连云港市这一奖项的空白，另两个项目分别入围国家科技进步一、二等奖，入围项目数创历史最好成绩。二抓省奖推优。通过广泛发动和重点辅导，反复修改完善，有些项目前后修改多达9次，最终提名省科学技术奖四子类共34项，有18个项目入围2018年度省科学技术奖，总数接近过去3年的总和。三抓市奖评审。评选出2017年度市科学技术特别奖2项，市突出贡献奖2名，市科技进步奖70项，印制奖励证书628份。四抓表彰奖励。全力做好全市科技创新大会的奖励名册编印、证书绶带制作、领奖人员排序、获奖参会人员通知等；颁发科技奖励资金199万元，向市政府请示给获得国家科技进步一等奖的中复神鹰配套奖励资金30万元；做好获省奖的单位及人员证书和奖金颁发等工作。

强力督查推进，认真做好在研省市项目跟踪管理服务。一是加强项目管理，2018年已清理省项目7项，目前连云港市在研省市项目26项（省级11项、市级15项）。顺利通过省厅中期检查，获省拨经费500万元，获拨款数列苏北第一。4个中期检查项目申请专利数、获专利授权数、完成销售收入、到位资金均远超合同指标。二是转化实施一批重大成果。据最新统计数据显示，在研和验收未满2年的省成果转化22个项目期内共申请专利354件，其中发明专利166件；获得授权专利246件，其中发明专利94件；累计实现销售收入50.79亿元，利润5.43亿元，税收2.76亿元。三是顺利完成中复碳芯、杰瑞电子、福东正佑、兆昱新材料承担的省成果转化项目验收。4个项目累计完成新增投资3.42亿元，实现销售收入11.82亿元，利润1.29亿元，税收4517万元。四是积极配合省市财政部门对天明装备、福东正佑、兆昱新材料承担的省成果转化项目专项资金检查、整改报告审核报送工作及市项目资金绩效评价。通过零距离服务，主动做好与企业的沟通，走访50余家企业了解项目实施进展及拟申报项目情况，确保项目顺利实施。五是建立省成果转化项目动态储备库。入库项目26项，项目总投入26.75亿元，逐一摸排，为2019年申报项目做前期准备。六是完成中复神鹰、正大天晴、恒瑞医药、豪森药业、康缘药业和黄海勘探省成果转化项目验收结题材料审核报送工作。

注重协同配合，深入推进科技专项基金运转。2017年下半年以来，市政府将财政科技资金"拨改投"，成立现代服务业基金（含科技专项4000万元），基金支持对象从重点产业布局中的成长型中小企业中筛选，经科技部门比选推荐，基金管理部门对资金进行1∶1配比、开展尽职调查、反复研究后确定。2018年已投16个项目共计6620万元，带动社会资本作用彰显，对支持产业"高质发展"起到了支撑和示范作用。市科技局组织召开专题会，邀请金控集团人员对尽职调查程序、基金投资流程等做专题介绍。基金投入的多方式给予企业较大弹性空间，投资期限相对长，有利于降低融资成本，契合企业发展需求，基金运作实现了部门间协同，为企业发展提供了更多助力。

严格政策把握，尽心做好科技政策起草。2018年下半年以来，遵照领导安排，起草调研了《加快建设连云港市技术转移体系的实施方案》，召开征求意见会，形成送审稿，连同《〈加快建设连云港市技术转移体系的实施方案〉起草说明》、反馈意见说明、政策解读上报市政府。9月承担《关于推进科技与产业融合加快科技成果转化的实施方案》起草工作，目前已经市政府同意，于10月8日印发。

2018年度连云港市获国家科学技术奖项目情况

序号	项目名称	主要完成单位	奖励等级	单位排序	颁奖级别
1	银杏二萜内酯强效应组合物的发明及制备关键技术与应用	中国药科大学 江苏康缘药业股份有限公司 南京医科大学 齐齐哈尔大学	发明二等奖	2	国家
2	生物法制备二十二碳六烯酸油脂关键技术及应用	淮海工学院	发明二等奖	2	国家
3	农林剩余物功能人造板低碳制造关键技术与产业化	连云港保丽森实业有限公司	科技进步二等奖	4	国家

2018年度连云港市获江苏省科学技术奖项目情况

序号	项目名称	主要完成单位	奖励等级	本市单位排序
1	医药脂质纳米材料及其产业化关键技术	东南大学 苏州东南药业股份有限公司 苏州纳康生物科技有限公司 正大天晴药业集团股份有限公司 江苏东南纳米材料有限公司	一等奖	4
2	煤源有害物质的环境地球化学约束	中国矿业大学 淮海工学院	一等奖	2
3	大型风力机设计关键技术研究及应用	南京航空航天大学 连云港中复连众复合材料集团有限公司 江苏金风科技有限公司 无锡风电设计研究院有限公司	一等奖	2
4	临床常用中药饮片多维质量控制体系的构建与产业化应用研究	南京海昌中药集团有限公司 淮海工学院 浙江中医药大学 江苏卫生健康职业学院 杭州海善制药设备股份有限公司	二等奖	2
5	水稻新型育秧基质创制及其机插栽培关键技术集成应用	淮阴工学院 扬州大学 全国农业技术推广服务中心 南京农业大学 淮安柴米河农业科技发展有限公司 太仓绿丰农业资源开发有限公司 连云港恒奥达肥料科技有限公司 兴化市新土源基质肥料有限公司	二等奖	7
6	问题特性感知的知识驱动智能集成优化理论及应用	中国矿业大学 江苏师范大学 聊城大学 淮海工学院	二等奖	4
7	低温漂高精度旋转变压器－数字转换集成电路关键技术研发及产业化	连云港杰瑞电子有限公司	三等奖	1

续表

序号	项目名称	主要完成单位	奖励等级	本市单位排序
8	大型风电叶片全尺度结构测试技术及装备的创制与应用	连云港中复连众复合材料集团有限公司 山东理工大学	三等奖	1
9	智能化20饼氨纶纺丝成套设备研发与应用	江苏天明机械集团有限公司	三等奖	1
10	智能电网建设用增容节能型碳纤维复合材料芯导线的研发及产业化应用	中复碳芯电缆科技有限公司 中国电力科学研究院有限公司 淮海工学院	三等奖	1、3
11	田湾核电站1、2号机组长周期换料技术	江苏核电有限公司 中核建中核燃料元件有限公司	三等奖	1
12	稀土废料资源化回收利用的集成技术和装置	江苏广晟健发再生资源股份有限公司 连云港市兆昱新材料实业有限公司 广东省稀土产业集团有限公司	三等奖	1、2
13	优质多样化洋葱系列新品种选育及应用	连云港市农业科学院 南京农业大学 徐州市蔬菜技术指导站 山东省农业技术推广总站 河南省经济作物推广站 淮海工学院 连云港海湾现代农业发展有限公司 江苏嘉穗生物科技有限公司 丰县帅帅农产品专业合作社	三等奖	1、6、7
14	百合种质创新、新品种选育及种球快繁技术集成应用	南京林业大学 连云港市农业科学院	三等奖	2
15	复杂环境下兆瓦级风力发电机组关键技术研究与产业化	国电联合动力技术(连云港)有限公司 国电联合动力技术有限公司 南京工程学院 南京高速齿轮制造有限公司	三等奖	1
16	一种高效氨纶原液过滤装置	连云港杜钟新奥神氨纶有限公司	工人创新项目	
17		江苏恒瑞医药有限公司	企业技术创新奖	

注：2018年度连云港市共有18个项目入围省科学技术奖。科学技术一、二、三等奖15项，其中主持完成项目8个，参与完成项目7个，完成项目的单位有19个，其中参与完成单位11个；工人创新项目1项；企业技术创新奖1项；科学技术突出贡献奖1项。

【知识产权】 深入实施知识产权强企行动。推行企业知识产权标准化管理。加强对知识产权贯标工作的统筹管理，激励企业参与贯标，提升企业贯标质量。新增贯标备案企业72家，9家企业通过省绩效评价，16家企业提交省级贯标绩效评价材料，2家提交国家认证，等待现场审核。推进企业实施知识产权战略。新增省知识产权战略推进计划重点项目1项，一般项目1项，获批省级资金130万元，全省第7位，苏北第2位。指导省、市战推项目承担企业制定和实施知识产权战略规划，提升知识产权战略运用能力。培育知识产权示范企业和优势企业。推进"企业知识产权能力提升工程"，对企业开展分类培育。中复连众、鹰游纺机等2家企业被认定为国家知识产权示范企业，远洋流体等5家企业被认定为国家知识产权优势企业。全市培育认定4家市级示范企业和16家优势企业。开展企业专利清零行动。启动"双进双清"工作,推动知识产权服务机构进园区、进企业,帮助企业开展专利挖掘和专利布局。已为205家无专利企业(其中规模以上企业50家)提交了专利申请材料,为50家高新技术企业开展了发明专利清零工作,累计申请专利总数486件,其中发明专利132件、实用新型专利354件。目前,32家无专利企业已获得授权专利68件。推进国家专利质押融资试点工作。采取多种措施推进知识产权质押融资工作,改善企业融资条件,支持企业创新发展。举办银企对接会及培训会4场,进行政策宣讲和业务培训,承办江苏省知识产权金融工作交流会,参与的企业和金融机构近300家;新增专利权质押贷款4笔,合计贷款金额3990万元,较2017年度增加33%,居苏北首位。推荐企业申报各种奖项。第十九届中国专利奖评选中,连云港市"2-萘酚生产废水综合治理与资源化利用工艺"等4项专利获得中国专利优秀奖,"甲磺酸伊马替尼的晶型及其制备方法"等2项专利获得江苏省专利奖优秀奖。

提高全社会知识产权意识。开展知识产权宣传。认真组织"4·26"知识产权宣传周活动,多种形式开展媒体宣传,如开设报纸专版、发送公益短信、推送微信公众号等。制定全市活动方案,开展了18项主题宣传活动,统筹协调近20家单位参与活动,全市8个县区都分别举办了广场咨询活动和政策宣讲活动,通过进企业、进校园、进社区等形式,提升知识产权的社会知晓度。举办知识产权服务走进高校活动,邀请南京苏高专利商标事务所专家进行授课。来自淮工、师专等高校的老师、科研处管理人员40余人参加培训。举办省"知识产权18条"宣讲会,邀请省专利信息服务中心副主任王亚利进行授课,市知识产权联席会议成员单位、各县区科技局及园区、乡镇(街道)的分管领导、工作人员120余人参加会议。举办全市知识产权工作培训会,邀请南通市政协经济科技委员会主任沈卫坚进行授课,县区科技局局长、知识产权工作分管局长与业务处室负责人参加培训。举办"PCT申请专题培训班"和"走出去企业海关知识产权报备"两个培训班为全市50多家涉外企业人员进行培训。推进知识产权人才培养。实施知识产权实务人才分类培训计划。对企业知识产权工作者开展知识产权工程师培训,培训人员76名;对医药领域企业知识产权负责人开展知识产权总监培训,培训人员90名;对开展知识产权贯标的企业开展贯标业务培训,55人获知识产权贯标内审员证书。在连云港市首次举办专利代理人考前培训视频班,来自企业事业单位和服务机构的20余人参加了培训。推进知识产权职称评审工作,向省局推荐知识产权高级职称1人,中级职称3人。知识产权高端人才不断涌现,获评省知识产权领军人才5人,骨干人才14人。获批省中小学知识产权教育试点学校2家。

淮安市

Huai'an City

【概况】 2018年,淮安市科技系统以习近平新时代中国特色社会主义思想和党的十九大精神为统领,紧紧围绕省委、省政府高质量发展的实践要求,坚持抓重点、补短板、创特色,深入实施创新驱动发展战略,科技综合实力显著增强,自主创新能力明显提升。在"国家知识产权示范企业""全国生产力促进奖""省级农业产业技术创新战略联盟""省级重大科技示范项目"等方面获得"首次突破";科技"四位一体"精准助力"阳光扶贫"专项行动、产业技术协同创新联盟"淮安模式"等活动取得一定成效。淮安市科技局获淮安市软环境效能建设优胜单位,"科技助企"服务品牌进入淮安市"十佳"。全年高新技术产业产值占规模以上工业总产值的22.4%,增幅22.16%,全省第一,新获认定国家级高新技术企业135家;获国家科学技术奖1项、省科技进步奖3项,获批省级各类科技计划项目66个,争取扶持经费3701万元;市级各类科技计划项目立项93个,安排经费2591万元。全年立项专利申请量17227件,万人有效发明专利拥有量4.44件。

【科技管理】 重点科技项目招标首次开展。3月16日,淮安市科技局选择"低品位凹土及其伴生矿综合利用关键技术开发"研究单位项目顺利完成开标、评标。共4家高校院所和科技型企业参与投标,经开标、评标,中科院广州能源所盱眙研究中心中标。这是淮安市首次采取公开招标方式,面向全国征集重点科研项目研究单位。

出台《关于深化科技体制机制改革推动高质量发展的实施意见》。12月7日,淮安市委、市政府出台《关于深化科技体制机制改革推动高质量发展的实施意见》。该意见包括改革科研管理机制、扩大科研院所高等学校科研自主权、推进科技与产业融合发展、支持企事业单位聚才用才、营造激励创新创业的浓厚氛围等5个方面20条政策。

科技奖励。2018年,淮安市科技局依据《加快国家创新型城市创建的若干政策》《淮安市聚力产业科技创新建设国家创新型城市若干政策措施》等文件规定,对国家地方联合工程研究中心、国家级星创天地等重大科技创新成果进行奖励兑现,兑现市级财政奖励2840万元。

【科技成果】 2018年,淮安市获省科技成果转化专项资金立项1项,获省资助经费800万元;市级成果转化项目立项6项,安排财政经费600万元。全市获国家科学技术奖1项、省科学技术奖3项,其中"中药资源产业化过程循环利用模式与适宜技术体系创建及其推广应用"项目获国家科技进步奖二等奖,"水稻新型育秧基质创制及其机插栽培关键技术集成应用"项目获省科学技术奖二等奖,"低品位凹土矿资源的协同增效利用技术及产业化"和"葡萄品种资源的收集、利用及早熟葡萄新品种的培育"2个项目获省科学技术奖三等奖。

【高新技术产业】 2018年,淮安市以高新技术企业培育工作为主线,继续加大高新技术产业和产品群培育,高新技术产业保持较快增长。全年高新技术产业产值占规模以上工业总产值的22.4%,增幅22.16%,全省第一。完成203家国家高新技术企业申报,获认定135家,同比增长114.3%。

组织召开高新技术企业申报推进会,科技政策辅导队深入县区和企业进行面对面宣传和发动,发放《创业创新政策一本通》近800册,多次到企业一线进行面对面服务指导,激励企业创新,调动企业申报积极性。

【创新平台与载体】 2018年,淮安市加快科技创新载体建设,落实《淮安市企业研发机构"十百千"行动计划实施方案》,市科技局会同市财政局联合制定出台《淮安市大型科研仪器设施共享服务管理和经费使用办法》,启动建设淮安市大型科研仪器设施共享服务平台。获批国家地方联合工程研究中心1个、获批省级众创空间1个;全市新建省级企业工程技术研究中心6家、市级企业工程技术研究中心60家,累计建成市级以上企业"两站三中心"1074家;新建3家市级重点实验室,全市累计建设48家市级重点实验室;全年科技服务业收入225亿元,从业12160人。

淮安市大型科研仪器共享服务平台正式运行。7月31日,淮安市大型科研仪器共享服务平台正式上线试运行。该平台具备仪器资源一站式检索功能,包括预约使用、接单处理、咨询服务、申请补贴等服务内容,还具备信息发布与智能索引功能、定制化服务。

淮安市技术产权交易市场启动运营。12月8日,淮安市技术产权交易市场(江苏省技术产权交易市场淮安分中心)正式运营,该市场位于淮安智慧谷,总建筑面积约5000平方米,分线上服务平台、线下服务中心和技术转移生态体系3部分,涵盖高新技术成果展示区、技术产权交易服务区、科技服务机构集聚区等3个实体片区,提供成果展示、技术查询、技术评估、合同登记、项目路演、沟通洽谈等多个线下服务。

《淮安市大型科研仪器设施共享服务管理和经费使用办法》出台。12月17日，《淮安市大型科研仪器设施共享服务管理和经费使用办法》出台，该办法旨在推进淮安市大型科学仪器设备资源的共享共用，引导科技型中小企业使用现有科技资源开展研发创新，降低科技型中小企业创新研发成本。该办法主要包括总则、组织机构及职责、仪器设施入网与管理、补贴资金使用与申请、责任、附则等6章24条。

新建科技创新平台。2018年，淮阴工学院盐矿资源深度利用技术国家地方联合工程研究中心获批国家地方联合工程研究中心，淮安合伙人众创空间获批省级众创空间，新成立6家市级众创空间，分别是淮安信息职业技术学院互联网众创园、江苏食药科创园、淮安青创C空间、淮安八戒创意产业园、中国洪泽湖数字经济产业园——数字空间、涟水颐高众创空间。

【科技经费与项目】 2018年，淮安市获批省级各类科技计划项目66个，争取扶持经费3701万元；市级各类科技计划项目立项93个，安排经费2591万元。

获批省级重大科技示范项目1个。由淮安市白马湖投资发展有限公司牵头承担的"大数据融合技术在白马湖保护性开发中的应用与示范"项目，获批省级重大科技示范项目，为淮安市近10年来首次，也是淮安市江淮生态经济区建设获批的第一个省级重大科技应用和示范项目。

【产学研合作】 2018年，淮安市认真贯彻落实创新驱动战略，深入推进产学研协同创新，全年新增省"科技副总"65名，新成立规模畜禽、生物技术及新医药2个产业技术协同创新联盟。

新建产业技术协同创新联盟。7月13日，淮安市规模畜禽产业技术协同创新联盟成立，首批成员单位80多家，牵头单位为南京农业大学淮安研究院；9月13日，淮安市生物技术及新医药产业技术协同创新联盟成立，首批成员单位20多家，牵头单位为中科院生物物理研究所淮安研究中心。

淮安市人民政府与沈阳航空航天大学举行校地战略合作签约仪式。12月19日下午，淮安市人民政府与沈阳航空航天大学举行校地战略合作签约仪式。淮安市领导蔡丽新、唐道伦、顾坤，沈阳航空航天大学校长孙小平出席签约仪式。

【农村科技】 2018年，淮安市农业科技创新工作围绕建设"农业强市"目标，深入实施创新驱动发展战略，不断加强科技资源集聚，有力支撑现代农业发展。围绕既定培育的农业科技特色产业，全年向上争取富民强县项目21项、科技帮扶项目9项。

省"三区"科技人员"企业创新创业能力提升"培训班在淮举办。4月25—27日，淮安市科技局举办2018年度省"三区"科技人员"企业创新创业能力提升"培训班。全市科技超市各分店店长、"三区"科技人员、特色小镇筹建单位负责人等40多人参加培训。

科技"四位一体"精准助力"阳光扶贫"专项行动启动。6月2日，淮安市科技局实施的科技"四位一体"精准助力"阳光扶贫"专项行动在淮安智慧谷启动。该专项行动投入210万元，从驻淮高校、科研院所中选聘14名牵头科技特派员，组建14个科技帮扶团队，定向帮扶涟水县、淮阴区等13个经济薄弱村（社区）。

新建2家国家级星创天地。清江浦区柴米河现代农业星创天地、洪泽区互联网特色农业星创天地获科技部认定，目前，淮安市累计有6家国家级星创天地。

【科技人才】 2018年，淮安市加强科技人才培育和引进，全面落实"淮上英才计划"，全年引进"淮上英才计划"创新创业团队11个、领军人才68人。获批省"双创团队"1家、省双创博士13人、省"科技副总"65人。

【科技金融】 2018年,淮安市为56家科技型企业提供1.292亿元"苏科贷"支持,累计为245家科技型企业提供苏科贷6.063亿元;抓好《淮安市科技贷款贴息资金管理暂行办法》落实,全市20家企业申请贴息。

【知识产权】 2018年,淮安市知识产权局认真贯彻落实《关于加快建设知识产权强省的意见》和全省知识产权工作会议精神,以创建国家知识产权示范城市为主要目标,按照《市委市政府关于加快建设知识产权强市的意见》要求,不断提高知识产权创造、运用、保护、管理和服务能力。全市专利申请量117227件,专利授权量8689件,同比增长18.52%,其中发明专利申请4746件,发明授权407件;PCT申请50件;万人有效发明专利4.44件,同比增长11%。

江苏省企业知识产权战略推进计划重点项目示范现场会在淮安举办。9月5日,淮安市举办江苏省企业知识产权战略推进计划重点项目示范现场会。此次会议由江苏省知识产权局主办,淮安市知识产权局和江苏天士力帝益药业有限公司联合承办。

淮安市举办知识产权质押融资"一站通"政银企对接会。9月20日,淮安市举办知识产权质押融资"一站通"政银企对接会。市知识产权局探索开展知识产权质押融资,与中国银行、"我的麦田"等机构合作,帮助12家企业获得5000万元信贷授信。

知识产权服务。实施企业知识产权战略推进计划项目,2018年,全市组织7家企业申报知识产权战略推进计划项目,淮安凯悦科技开发有限公司获批一般项目。开展企业知识产权贯标工作,全年共组织4批省企业知识产权管理标准化创建工作,合计71家企业完成省企业知识产权管理标准化创建工作。推动企业按知识产权管理体系模块持续运行和改革,委托省发明协会在全市开展绩效评价工作,2家企业获评贯标先进单位,6家企业获批贯标合格单位。组织企业开展《企业知识产权管理规范》(GB/T 29490-2013)国家标准体系认证,3家企业通过认证。江苏天士力帝益药业有限公司获批为2018年度江苏省高价值专利培育计划实施单位,获得项目专项资金300万元,这是淮安首次获批该项目。

知识产权培训。4月24日,由淮安市科技局主办、淮安市科文知识产权事务所协办的淮安市2018年度知识产权宣传周专题培训班在淮安市大学科技园举行。来自各县区、园区知识产权主管部门,各驻淮高校院所和专利代理机构的人员120余人参加培训。10月28日,由江苏省知识产权局主办,淮安市知识产权局、南京理工大学、淮阴师范学院联合举办的2018年度江苏省知识产权工程师培训淮安班结业。

知识产权宣传。4月26日,淮安市知识产权局、市法院、市文广新局、市工商局等单位在体育馆广场举行知识产权宣传周广场咨询活动。活动主题为"崇尚创新精神,尊重知识产权",采取张贴宣传标语、发放宣传资料、现场咨询等方式,宣传专利、商标、版权等知识,活动现场发放宣传资料1000余份,开展业务咨询200余人次。

知识产权保护。11月26日,淮安市司法局、市知识产权局共建的知识产权法律援助工作站设立。该工作站服务对象包括高新技术企业和科技型中小企业等创新型主体。深入开展"护航""雷霆"专项行动,严厉打击专利侵权假冒行为。2018年,共立案受理1起专利侵权纠纷,办结1件,调处电商领域专利侵权纠纷案件63件;开展市县区专利联合执法检查10次,出动执法人员35人次,检查商业场所43处,检查商品1560件,查处假冒专利案件420件。

【科技活动】 国家火炬特色产业基地评价工作座谈会在淮召开。5月11日,科技部火炬中心在淮召开国家火炬特色产业基地评价工作座谈会。科技部火炬中心副主任段俊虎出席座谈会并讲话,省科技厅副厅长蒋洪、市政府副市长顾坤莅临会议并致辞,市科技局局长孙志标汇报淮安市火炬基地建设情况。省内18家国家火炬特色产业基地代表等40余人参加会议。

"创享淮安·青年领航"首届淮安市大学生创新创业文化节启动。6月21日，由淮安市科技局、淮安市科教办、爱涛文化集团主办，市工商联、市各大中专院校协办的"创享淮安·青年领航"首届淮安市大学生创新创业文化节在淮安大剧院开幕。本次文化节由创新创业梦想汇、科技创业大赛、专利创新创业大赛、才艺大赛四大竞赛单元组成，均面向淮安当地大学生，竞赛周期分别从4个月至10个月不等。

苏北科技专项调研座谈会在淮召开。8月30日下午，2018年度苏北科技专项调研座谈会在淮召开。江苏省科技厅调研员顾俊，淮安市科技局党组书记、局长孙志标，苏北五市科技局分管负责人，部分县区科技局主要负责人参加会议。

全市科技创新工作会议召开。10月29日，淮安市委、市政府召开全市科技创新工作会议，对淮安市深入实施创新驱动战略、深化科技体制改革、深度推动科技创新，加快建设国家创新型城市进行再动员再部署。市委书记姚晓东，市委副书记、市长蔡丽新，市领导王维凯、戚寿余、李森、顾坤、邱华康等参加会议。市委副书记戚寿余、副市长顾坤为淮安市技术产权交易市场揭牌，市科技局、市人才办、盱眙县、淮阴师范学院、敏安电动汽车等5家单位做交流发言。

举办第三届企业科技创新大赛暨第八届大学生科技创业大赛。11月23日，淮安市第三届企业科技创新大赛暨第八届大学生科技创业大赛总决赛在淮安智慧谷举行。大赛主题为"聚力创新、繁荣淮安"，设企业组、引进研发机构及在淮创业团队组、大学生组3个参赛组别，由淮安市科技局、淮安经济技术开发区科教产业发展办公室主办。大赛历时4个月，淮安市参赛的各科技企业（团队）有60多家，各高校大学生申报项目70余项，参赛项目涉及新一代信息技术、盐化凹土新材料、新能源汽车及零部件、食品等不同行业和领域。经组委会评审，江苏德鲁克生物科技有限公司的基于纳米纤维膜防霾纱窗项目获企业组一等奖；淮安中科晶上智能网联研究院有限公司的智能车辆远程安全控制芯片研发与产业化项目获引进研发机构及在淮创业团队组一等奖；淮阴师范学院明锐光学团队的尖端光学智能检测系统项目获大学生组一等奖。

淮安市第三届企业科技创新大赛暨第八届大学生科技创业大赛总决赛在淮安智慧谷举行

淮安市科技成果转移转化发展论坛举办。12月8日下午，由淮安市政府主办，淮安市科技局承办的淮安市科技成果转移转化发展论坛在智慧谷开讲。科技部政策法规司体制改革与创新体系处处长汤富强，省科技厅副巡视员景茂，中科院原副院长杨柏龄，清华大学国家技术转移中心副主任谭鸿鑫，省技术产权交易市场总经理贾燕琛，广东博士科技有限公司董事长倪浩，淮安市政府副市长顾坤、副秘书长彭少卿出席论坛。

盐城市

Yancheng City

【概　况】　2018年，市委、市政府召开全市科技创新工作会议。结合市情实际，在培育高新技术企业、提升企业自主创新能力、推进产学研合作、加强创新平台载体建设、强化科技人才支撑、促进科技成果转化、激发大众创新创业活力等方面明确目标任务、工作重点和关键措施。全市争取省级以上科技计划项目资金8980万元。落实市创新十条政策，兑现奖励资金8142万元。江苏悦达智慧农业装备科技有限公司"丘陵山区适度规模生产全过程机械化技术开发与产业化"项目获2018年国家重点研发计划"智能农机装备"重点专项，获中央财政无偿资金1466万元。年度新增高新技术企业285家，新增数位列全省第四、苏北苏中第一。编制上海科创成果转化基地建设三年行动方案，盐城市与上海普陀区、浙江嘉兴市签订众创空间合作协议，城南新区与上海可可空间共建可可（盐城）科创中心，盐城市科技局成为上海普陀区武宁创新发展轴理事会成员单位。签约和实施产学研合作项目1141项，全省领先。市县联动，在西安、上海举办产学研对接活动，集中签约一批项目。高新区在全国和全省进位。盐城高新区在全国高新区综合排名第77位、前移9位，并首次进入全省高新区综合排名前20位。盐南高新区、盐城环保高新区、建湖高新区正式获批省级高新区。盐城高新区签约落户中科院计算所盐城高通量创新研究院，盐城环保高新区清华大学国家工程实验室进入省产业研究院体系建设大气环境工程技术研究所。新获批省现代农业科技园数量全省第一。城南新区、盐都、东台、响水各有1家农业园区获批省现代农业科技园。

【科技计划项目】 2018年，盐城市共获得1个国家级科技计划项目，135个省级科技计划项目，共获得国家、省财政资金8980万元。其中农业项目立项79项，共获得省财政资金3418万元，苏北专项立项数位列苏北第一。6个项目获省重点研发计划（产业前瞻和共性关键技术）立项，获得省财政资金290万元。19个项目获省自然科学基金立项，其中青年基金项目13个，每个项目分别获20万元无偿资金；面上项目6个，每个项目分别获10万元无偿资金。市科技局根据《关于推进聚力创新的十条政策意见》及《推进聚力创新十条政策意见实施细则（试行）》，共兑现2017年度聚力创新项目1752项，奖励资金8142万元，政策惠及企事业单位577家。根据《关于实施科技企业家支持计划的意见》（苏组通〔2018〕32号）和《关于做好科技企业家选拔工作的通知》（苏组通〔2018〕33号）精神，申报获批73名省级科技企业家。

【高新技术产业】 高新技术企业。年内新增高新技术企业285家，新增数位列苏北苏中第一，全省第四，高新技术企业总数达898家。新增232家企业进入省高企培育库，获得省高新技术企业培育资金1387万元。

高新区评价进位。全省48个高新区创新驱动发展综合评价中，盐城高新区首次进入全省前20，环保高新区位居苏北省级高新区首位，建湖高新区前进8位，获得省财政奖励资金2080万元。盐南高新技术产业开发区、建湖高新技术产业开发区、盐城环保高新技术产业开发区正式获批省级高新区。

众创空间。年内新增12家省级科技企业孵化器、1家省级科技企业加速器、6家省级众创空间，盐城高新区智能终端众创社区获批省级众创社区。在全省孵化器绩效考核中，1家获得A类，16家获得B类，获省奖补资金276万元。举办创业沙龙、项目路演、导师分享会、创业训练营等科技创业培训辅导活动，每周在"盐城众创"微信公众号发布活动信息，全年发布750多场活动信息。

【科技金融】 2018年，共向332家企业发放"苏科贷"9.28亿元。与市财政局、市经信委联合印发《2018年度全市科技型中小企业库》，2018年，全市有效期内科技型中小企业共1978家。组织科技金融进孵化器活动，摸清孵化器内企业融资需求。

【科技交流与合作】 江苏友和动力机械有限公司与英国利物浦大学合作的"锂电池供电高速大功率电动汽车增程器的合作研发"、江苏怡通控制系统有限公司、乌克兰国立造船大学与盐城工学院合作的"海洋工程装备温度保护器关键生产技术的合作研发"、中芬新能源江苏有限公司与苏兰METENER OY公司合作的"秸秆发酵制沼气及综合利用的合作研究"等3个项目获批省重点国别及机构产业技术合作项目，获265万元资金支持。

2018年，组织企业赴英国、法国、芬兰、荷兰、以色列等国家开展项目对接交流活动；组织企业参加2018中国（昆山）品牌产品进口交易会、2018中韩动漫·网漫洽谈会、2018中韩现代产业技术项目对接交流会、中国—江苏第六届国际产学研合作论坛暨跨国技术转移大会、第二届中以创新创业大赛决赛（常州站）暨中以高科技企业对接会。

2018年，开展与清华、北大等北京方向高校的合作。征集盐城市与北京方向产学研合作意向30多项，引进清华大学长三角研究院的科学家在线团队到盐城进行技术需求精准对接的演示宣讲。联合盐城高新区与清华大学进行深度沟通，形成双方认可的合作协议和研究院建设方案，邀请清华大学副校长尤政院士担任盐城联合研究院的管理委员会主任。

【科技活动】 2018年，采取市领导带队、企业自主对接、科技小分队对接、举办活动集中对接等方式，进一步深化与龙头企业、知名高校院所的产学研合作。

开展西安产学研活动。4月，市科技局收集西安高校院所最新科技成果，向盐城市企业发布。市、县科技部门联动，带领纺织、石油装备、电子信息等产业领域的部分重点企业，赴西安走访高校院所，与专家教授进行面对面交流，并邀请高校派员到盐城市企业走访互动，谈成一批合作项目。6月7—8日，副市长孙轶带队分别在西安交通大学、西安工程大学、西安石油大学、西安科技大学举行了66个项目的集中签约仪式。

组织参加西安科博会。8月10—12日，组织4个省级以上高新区科技部门负责人和部分企业负责人组成的20人代表团，参加第十三届中国西安国际科学技术产业博览会。会前征集盐城市企业研发需求74项，大会统一发布。

组织开展第八届人才峰会上海科技创新资源对接会。推进上海科创成果转化基地建设，加强沟通对接。多渠道梳理盐城籍的上海高校院所专家教授、在上海创业的科技型企业家。11项合作项目参加人才峰会大会签约，44项合作项目参加专场活动签约。

【科技成果转化】 2018年，全市成果转化工作成效明显。建湖县永维阀门钻件有限公司承担的"海上油气井双向自锁式单头螺纹隔水装置研发及产业化"等2个项目获省重大科技成果转化专项资金立项，争取省科技经费1600万元。省技术产权交易市场盐城分中心2018年获全省合同登记增幅第一先进集体称号。全市共有12个项目获省科学技术奖提名，其中由江苏东方滤袋股份有限公司实施的"智能化高效防爆除尘装备关键技术创新与工程应用"获二等奖，江苏中车电机有限公司实施的"2.0MW超低风速直驱永磁发电机"等11个项目获三等奖，为盐城历年数量最多。

【农村科技】 2018年，全市获省农业重点研发计划立项9项660万元。获苏北科技专项（富民强县、科技帮扶）项目立项70项2758万元，立项数、资金数均列苏北五市第1位。共有15家超市分店获省农业科技社会化服务奖补资金122万元，资金数、获奖补超市数列苏北第1位。8家科技超市分店、1家便利店获评优秀。19家企业被认定为省农业科技型企业，25家企业被认定为市级农业科技型企业。新增省级现代农业科技园区4家。获批省级农业产业技术创新联盟2家。

【科技管理】 2018年，全市有1151家企业、团队项目报名参加第五届盐城市科技创业大赛，报名数全省第一。45个项目参加第六届"创业江苏"科技创业大赛，获得三等奖3个，获奖数为全省第5位、苏北第2位。10个项目被省推荐参加第七届中国创新创业大赛，获得优秀奖5个。获得国家财政奖励资金150万元。

扬州市
Yangzhou City

【概　况】 2018年是贯彻落实党的十九大精神的开局之年，是改革开放40周年，也是实施"十三五"规划承上启下的关键一年。扬州市科技系统深入学习贯彻习近平新时代中国特色社会主义思想和习近平总书记在江苏重要讲话指示精神，紧扣高质量发展要求，认真落实市委、市政府各项决策部署，大力推进创新型城市和全国小微双创基地城市示范建设，全市科技创新工作实现了新进展、新突破。深入实施重大科技项目"双百"工程，推进108项产业关键共性技术研发和109项重大科技成果转化，其中14项获批省重大科技成果转化项目、7项获批省产业前瞻与共性关键技术项目，分别位列全省第四和第五。实施现代农业科技创新专项，22个项目列入省农业重点研发计划，立项数蝉联全省第一。高新技术企业净增数增幅排名全省第一，高新技术产业产值占规模以上工业产值比重达46%。大力引进培育研发设计、技术中介、创投融资等领域品牌机构，全市科技服务业总收入达114.41亿元。实施科技企业"小升高"计划，国家高新技术企业净增264家，高新技术企业总数突破1000家，提前两年实现"十三五"目标。200家企业新进入省高新技术企业培育库，居全省第五，累计入库数达475家。全市大中型工业企业及规模以上高新技术企业研发机构建有率达89.2%，亚威省级重点实验室顺利通过验收，新增省级企业技术中心23家、工程技术研究中心15家、工程研究中心11家。大中型工业企业及规模以上高新技术企业研发机构建有率达89.2%。扬州国家高新区获批国家高端装备制造业标准化试点，在全国和全省高新区综合排名分别进位9位和8位，其"双创"升级版项目荣获中小企业发展专项资金5000万元。高邮高新区获批省知识产权试点园区。杭集高新区扎实推进"一区四园"扩容规划，去筹转正为省级高新区。双创载体加快建设，全年新建科技综合体和众创空间面积104万平方米，新引进企业逾600家，累计建成面积达409万平方米，其中投入使用291.3万平方米，使用率超过70%，入驻企业1846家，全年实现销售额75.25亿元，引进本科以上从业人员2万人。借力"6+X"招商，在"走出去"赴广州、北京、上海、深圳、长春、香港及德国、荷兰开展专题推介合作的基础上，开展百家高校院所科技成果展示洽谈会、"联想之星"创业CEO扬州行等多场品牌活动，将高端创新资源"请进来"，扬州市与大院大所的合作进一步深化，清华MEMS产业园、扬州北大科技园、中科院扬州中心等重点项目加快建设。新入选"国家重大人才工程"8人、省"双创计划"领军人才（团队）33人，全年规模以上企业研发投入超120亿元、专利产出超1万件，分别较2017年同比增长10%和82.5%。全年共达成产学研合作项目569项，与高校院所共建研发机构31家，新获批省"科技副总"数高居江苏省第二，累计建成校企联盟数突破1000家，达成技术合同成交额70多亿元。清华智能微系统工业技术研究院、长春光机所半导体激光重点实验室、哈工大（扬州）机器人科创中心、中汽研汽车工程研究院高邮研究分院等科创平台先后揭牌建设，引领传统产业升级和新兴产业发展。技术产权交易市场在各县（市、区）、功能区设立12个区域分中心，培养技术经纪人800人，全年备案技术合同1311项、交易额首超10亿元，荣获全国技术市场金桥奖，并蝉联全省技术市场综合排名第一。产业技术研究院在推进专业研究所建设运营的基础上，引进杭州先临3D打印服务中心，为产业和企业创新提供专业化技术服务。

【新兴科创名城建设】 2018年，扬州提出"打造充满活力的新兴科创名城"的宏伟愿景，并在市委七届七次全会上将之作为"争创城市发展第四次辉煌的主航道"列入新时期扬州须全力办好的"新十件大事"。这一年，扬州新兴科创名城建设坚持高点定位、科技引领、人才支撑和开发融合，各项工作强势开局。一是创新布局渐次展开。出台加快建设新兴科创名城、3大创新板块等政策意见，明确未来3年城市创新发展的目标任务和空间布局。在此基础上突出重点，在城市黄金地块规划新建8个科技产业综合体；设立5亿元专项资金，高点谋划高水平实验室建设发展。二是核心指标稳中有升。全社会研发投入占GDP比重达2.5%；高新技术产业产值占规模以上工业产值的比重提升1个百分点至46%；全市新增发明专利授权1346件，同比增长35.14%，增幅居全省第一。三是企业主体壮大培强。731家企业通过国家科技型中小企业评价；200家企业新进入省高新技术企业培育库，累计入库数达475家；536家企业通过高新技术企业评审，高新技术企业总数突破1000家，提前两年实现"十三五"目标。四是载体建设量质并举。全市新竣工投入使用科技产业综合体65.7万平方米，累计达342.21万平方米；新引进企业1209家，新招引本科以上人才6731人，全市科技综合体入驻企业实现销售收入近170亿元。扬州高新区获批国家高端装备制造业标准化试点，在全国和全省高新区综合排名分别进位9位和8位，其"双创"升级版项目荣获中小企业发展专项资金5000万元。五是科技招商有力推进。促成产学研合作签约488项；引进高校院所和知名企业研创中心42家；备案登记技术合同超1200项，交易额首超10亿元。沈飞协同创新研究院、长春光机所半导体激光产业园等战略性科创项目、"头号工程"取得重大突破，一批重点实验室等科创平台有望落户。

【高新技术产业】 2018年，扬州组织实施开展108项关键共性技术攻关，其中7个项目获批省重点研发计划（产业前瞻与共性关键技术）项目，位列全省第五。全市高新技术产业产值同比增长10.7%。其中，先进制造业同比增长11.1%，占全市规模以上工业产值的比重为29.7%。先进制造业领域中，新型电力装备产业同比增长19.1%，生物医药和新型医疗器械产业同比增长20.6%，汽车及零部件（含新能源汽车）产业同比增长13.8%，高端装备产业同比增长5.9%，海工装备和高技术船舶产业同比增长6.2%，高端纺织服装产业同比增长11.1%；电子信息产业同比增长3.2%。

【重大科技成果转化项目】 围绕汽车、机械、软件和新能源、新光源等8条重点产业链，深入实施重大科技项目"双百"工程，推进108项产业关键共性技术研发和109项重大科技成果转化，其中13项获批省重大科技成果转化资金、7项获批省产业前瞻与共性关键技术项目。

实施现代农业科技创新专项，22个项目列入省农业重点研发计划，立项数继续蝉联全省第一。

2018年度扬州市省重大科技成果转化专项立项项目一览

序号	项目名称	承担单位	属地	产学研合作单位
1	基于柔性传动技术的草地修整作业系统的研发及产业化	扬州维邦园林机械有限公司	高新区	东南大学
2	高效太阳能-空气能耦合智能冷热联供系统研究及产业化	江苏省华扬太阳能有限公司	高新区	东南大学
3	石油钻井废弃泥浆不落地处理成套装备关键技术研发及产业化	扬州市驰城石油机械有限公司	高新区	山东大学
4	双层同步就地热再生养护装备的关键技术研究及产业化	江苏奥新科技有限公司	宝应	重庆交通大学
5	核电与高铁线缆用抗氧化长寿命阻燃耐火材料的研发及产业化	扬州腾飞电缆电器材料有限公司	宝应	西北工业大学

续表

序号	项目名称	承担单位	属地	产学研合作单位
6	高温气冷堆、CAP1400 等核电用高安全电缆与材料研发及产业化	宝胜科技创新股份有限公司	宝应县	中国科学技术大学
7	基于柔性成组技术的兆瓦级储能系统研发及产业化	江苏欧力特能源科技有限公司	高邮	东南大学 南京航空航天大学
8	高性能多层多元复合耐磨减摩镀层活塞环研发及产业化	仪征亚新科双环活塞环有限公司	仪征市	中国科学院兰州化学物理研究所
9	大马力柴油机用大缸径（≥270mm）变壁厚复杂结构气缸套研发及产业化	扬州五亭桥缸套有限公司	邗江区	南京航空航天大学 常州工学院
10	国家 1 类抗艾滋病新药 ACC007 的研发及产业化	江苏艾迪药业有限公司	邗江区	首都医科大学附属北京地坛医院
11	先进陶瓷用 Al-O-N 基高纯超细陶瓷原料粉体的研发及产业化	扬州中天利新材料股份有限公司	邗江区	东华大学 大连海事大学
12	新一代通信硅基射频 LDMOS 功率器件研发及产业化	扬州江新电子有限公司	广陵区	中科院微电子所 南京大学
13	国产自主超融合大数据一体机研发及产业化	扬州万方电子技术有限责任公司	广陵区	无锡江南计算技术研究所
14	光电转换效率 32% 空间太阳能电池外延片、芯片的研发及产业化	扬州乾照光电有限公司	开发区	华北电力大学

【产学研合作】 2018 年，在全年"科教合作新长征"和"科技产业合作远征"计划基础上，研究制定"6+X"招商活动计划，突出科技产业综合体和实验室招商，积极开展多层次、多形式的招商活动。先后成功举办了"2018 扬州百家高校院所科技成果展示洽谈会""2018 扬州市科技产业综合体建设及运营推介会""2018 中国·瘦西湖创客活动周""2018 香港创业青年内地行""科普微视频大赛颁奖典礼""科技创新·人才集聚·产业合作"（广州）恳谈会等 10 多次大型活动。全市累计组织 1600 余家企业与大院大所开展产学研对接，共促成产学研合作项目 569 项，引进高校院所研创中心 42 家，2018 年省双创计划科技副总项目中有 120 名博士成功申报并立项。

境外合作大事记

4 月 23 日，市委常委、常务副市长陈扬率队拜访香港生产力促进局，促进两地科技合作，推动香港城市大学在扬成果转化、建设产业技术研究院。

6 月 7 日，市科技局赴香港、台湾拜访高校、企业，洽谈合作。

7 月 2 日，市科技局拜访中以创新园，推进与中以创新园的模式合作项目，已达成初步合作意向。

7 月 19 日，市科技局拜会以色列驻沪总领事馆，就技术合作项目与以色列达成初步合作意向。

8 月 2 日，江苏省国际科技合作协会邀请中德智能制造研究院和弗朗恩霍夫 IPK 研究所专家来扬举行中德智能制造合作对接会。

8 月 5 日，市科技局带领扬州企业拜访江苏省国际科技合作协会，就智能制造进行考察合作。

8 月 14—18 日，市科技局拜访 PRK 合伙人律师事务所、捷克国家知识产权局、捷克工业产权局、圣彼得堡大学、圣彼得堡亚太地区合作中心和俄罗斯国立知识产权学院，洽谈引进技术转移转化、产权合作项目、知识产权保护项目合作和知识产权交流项目、人才合作项目事宜。

12月9日，市政府副市长韩骅率队拜访德国大众、南德TUV、亚普欧洲工程中心、德国舒勒股份公司、通快TRUMPF集团、摩拉生物等，签署扩大合作范围和规模意向协议，推进摩拉医学检测项目落户开发区等。

12月14日，市政府副市长韩骅率队拜访荷兰北布拉邦省经济发展署、埃因霍温高科技园区，巩固和加深双方在技术应用等科技领域的合作关系。

境内合作大事记

1月9日，市科技局赴北京理工大学洽谈实验室建设。

1月15日，市委常委、常务副市长陈扬率队赴北京开展"2018现代服务业、科技和金融拜访和招商"活动。

1月31日至2月1日，市科技局组织相关企业赴中科院沈阳自动化所、沈阳化工研究院、中科院金属研究所拜访调研，洽谈实验室建设事宜。

3月27—29日，市科技局赴北京对接2018年扬州市百家院所科技成果展示洽谈会活动事项，先后到航天五院、航天智慧、机械科学研究总院、科技部机关服务局等重点参展部门进行邀客和对接科洽会参展事项。

4月17日，"2018扬州百家高校院所科技成果展示洽谈会"开幕式于市科技广场高新技术展示交易中心正式举行。

5月16—22日，"2018中国·瘦西湖创客周"成功举办。

7月20日，市科技局召开新型研发机构座谈会。

7月31日，市科技局召开液态金属实验室对接交流会。

8月22日，市科技局赴上海拜访纳米技术及应用国家工程研究中心。

8月24日，市委常委、常务副市长陈扬带领科技局、经信委等部门负责人赴京拜访中科院自动化所。

9月1日，市委常委、常务副市长陈扬带领政府办、科技局、财政局赴广陵新城考察东南大学扬州研究院和科技园，并与东南大学副校长黄大卫、东大科技园和科研院负责人座谈交流。

9月27—29日，市科技局赴广州参加"2018中国机器人产业创新峰会暨中国（广州）国际机器人、智能装备及制造技术展览会"。

10月11日，市科技局赴长春拜访中科院长春光机所和应化所，就深化两地合作、在扬建高水平实验室等事宜进行座谈交流。

10月12日，市政府副市长韩骅率扬州市政府代表团先后拜访中科院长春应化所和光机所。

10月15—16日，市科技局赴广州拜访中山大学光电材料与技术国家重点实验室、清华珠三角研究院和中科院广州分院。

10月19日，市委常委、常务副市长陈扬率领扬州考察团赴广州开展"科技创新·人才集聚·产业合作"拜访恳谈，深入高校院所，深化扬州市与广州的科技、人才和产业合作。

11月13—16日，市人大常委会副主任朱妍率市人大常委会教科文卫工委、市科技局和部分县（市、区）人大常委会教科文卫工委相关负责同志赴广州、深圳学习考察科技创新工作。

11月26日，市政府与中科院举行科技合作座谈会，双方就进一步深化院市合作，聚力创新发展，推动扬州经济高质量发展进行了深入交流。

11月28日，市政府代市长夏心旻会见了深圳力合星空投资孵化有限公司总经理常晓磊，并见证市科技局与力合星空签订战略合作协议。

【科技创新园区和载体建设】 一方面，聚力区域创新布局优化，统筹推进创新板块建设和高新园区发展。软件与互联网产业板块加快在"三河六岸"黄金地块布局建设科技产业综合体；高端制造板块16个重点项目扎实推进；农业和食品加工业板块基础设施建设提速，扬州大学科教示范园生态智慧牧场项目建成启用。三大创新板块内软件与互联网产业、高端装备制造产业产值增速超过10%。全市3家高新区实现高新技术产业产值近600亿元，新增高新技术企业 128 家；扬州高新区进位至全省第 12 位、全国第 90 位，获批财政部中小企业发展专项资金 2500 万元；高邮高新区高新技术企业数量增长迅猛，累计数达 106 家；杭集高新区"一区四园"发展机制成效明显，哈工大机器人科创研究院项目列入省重大项目投资计划。

另一方面，全面推进创新创业载体建设，科技综合体运营发展质态加快提升。将科技综合体建设作为扬州推进科技创新发展的主抓手、主载体和主阵地，召开科技产业综合体发展现场推进会，成功举办 2018 扬州市科技产业综合体建设及运营推介会，出台科技综合体运营发展考核办法，提升科技综合体运营质态。2018 年，全市共新增 6 个科技产业综合体，累计达 34 个；新开工建设 133.38 万平方米，新建成 84.91 万平方米。新增入驻企业 1209 家，累计入驻企业 3109 家；入驻企业实现开票销售 169.91 亿元，实现入库税收 7.11 亿元。加快布局"苗圃—孵化器—加速器"科技创业孵化全链条，高邮高新区获批省级众创社区，全年新增省级孵化器 8 家、众创空间 14 家，省级以上孵化器和众创空间累计数分别达 25 家和 48 家。

扬州市国家特色产业基地情况

序号	基地名称
1	国家火炬计划邗江数控金属板材加工设备特色产业基地
2	国家火炬计划扬州汽车及零部件产业基地
3	国家火炬计划扬州绿色新能源产业基地
4	扬州国家半导体照明高新技术产业化基地
5	国家火炬计划扬州智能电网特色产业基地
6	国家火炬计划江都建材机械装备特色产业基地
7	国家火炬邗江硫资源利用装备特色产业基地
8	国家火炬高邮特种电缆特色产业基地
9	国家火炬扬州高邮智能健康装备特色产业基地
10	国家火炬扬州高邮智慧照明特色产业基地

扬州市省级科技产业园情况

序号	园区名称	属地
1	江苏省宝应输变电设备科技产业园	宝应
2	江苏省高邮绿色照明科技产业园	高邮
3	江苏省高邮特种电缆科技产业园	高邮
4	江苏省高邮智能健康装备科技产业园	高邮
5	江苏省仪征汽车及零部件科技产业园	仪征
6	江苏省江都建材装备科技产业园	江都
7	江苏省江都汽车及零部件科技产业园	江都
8	江苏省扬州邗江数控装备科技产业园	邗江

续表

序 号	园区名称	属 地
9	江苏省扬州环保科技产业园	邗江
10	江苏省邗江新能源汽车及车控电子科技产业园	邗江
11	江苏省扬州生物医药科技产业园	邗江
12	江苏省邗江文化科技产业园	邗江
13	江苏省扬州广陵液压装备科技产业园	广陵
14	江苏省扬州健康医疗科技产业园	广陵
15	江苏省扬州光电科技产业园	经开区

扬州市省级以上科技企业孵化器情况

序 号	孵化器名称	级 别	地 区	地 址
1	宝应县高新技术创业中心	省级	宝应	扬州市宝应县宝源路31号
2	高邮市科技创业中心	国家级	高邮	扬州市高邮经济开发区洞庭湖路1号
3	江苏红旗光电科技创业园	省级	高邮	扬州市高邮市菱塘工业集中区
4	扬州广陵高新技术创业服务中心	国家级	广陵	扬州市广陵区广陵新城信息大道1号江苏信息服务产业基地（扬州）内
5	江苏扬州广陵经济开发区高新技术创业服务中心	国家级	广陵	扬州市广陵经济开发区创业路20号
6	扬州市广陵区曲江高层次人才创业服务中心	省级	广陵	扬州市广陵区创业路20号科创园C3幢
7	扬州市邗江区高新技术创业服务中心	国家级	邗江	扬州市开发西路217号
8	扬州市维扬区高新技术创业服务中心	省级	邗江	扬州市平山路123号
9	扬州环保科技创业园	省级	邗江	扬州市邗江区杨庙镇赵庄村
10	扬州邗江经济开发区智谷创业园	省级	邗江（高新区）	扬州市扬州高新区祥云路
11	扬州大学大学科技园	国家级	邗江（高新区）	扬州市开发西路217号
12	扬州金荣科技创业园	省级	邗江（高新区）	扬州市吉安南路158号
13	扬州市江都区高新技术创业服务中心	省级	江都	扬州市江都区大桥镇工业园区
14	扬州（江都）软件园	省级	江都	扬州市江都区沿江开发区白沙中路1号科技大厦
15	扬州高新技术创业服务中心	国家级	经开区	扬州市邗江中路119号/扬子江中路186号
16	西安交通大学扬州科技创业园	省级	经开区	扬州市吴州东路198号
17	仪征市科技创业园	国家级	仪征	扬州市仪征经济开发区闽泰大道9号

续表

序号	孵化器名称	级别	地区	地址
18	高邮城南经济新区科技企业孵化器	省级	高邮	扬州市高邮城南经济新区外环路
19	国泰科技创业中心	省级	邗江	扬州市文昌西路440号，国泰综合办
20	扬州酷立方创业园	省级	邗江	扬州市邗江区华城科技广场2幢3楼
21	扬州通安科技创业园	省级	邗江	扬州市邗江区槐泗镇新甘泉东路58号
22	扬州菁英汇工业设计孵化器	省级	江都	扬州市江都区仙女镇正谊村汤庄组1幢
23	扬州万方科创孵化器	省级	生态科技新城	扬州市生态科技新城泰安镇自在岛花海路8号
24	江苏两岸双创科技孵化器	省级	生态科技新城	扬州市杭集镇龙王路4号1
25	扬州软件园马场创业街	省级	生态科技新城	扬州市万福路88号

【民生科技】 加快农业新技术、新品种研发。推进农业品种科技创新、农业技术集成与示范，22个项目获得省级重点研发（现代农业）立项，获批项目数和资金数位居全省第一。围绕优良品种选育，"耐迟播优质多抗弱筋小麦新品种""高产粳稻优质抗病分子设计育种技术研究及新材料创制"等10项涉及种质创新项目获批，既涉及水稻、小麦的主要粮食品种，又涉及玉米、蜂、西瓜等经济作物；围绕产业技术融合创新，"智能化测控多温区分段对流天然气直燃饲料干燥装备研发""H7N9亚型禽流感防控净化技术"等涉及农产品加工、现代农业装备、农业物联网等5项关键共性技术获批；围绕绿色生态发展，"藕虾种养模式下荷藕绿色营养运筹关键技术研究""设施茄果蔬菜全程绿色调控关键技术研发"等7项项目获批，将开展化肥农药减施、农业资源循环利用等集成技术创新和示范。

强化农业科技服务。农业科技服务体系不断完善，全市新增3家国家"星创天地"，7家省级"星创天地"，均列全省第二；新增8家省级农业科技服务超市，位列全省第一。全市实现农村科技服务超市"1家分店+2家便利店"县（市、区）全覆盖，农业科技进步贡献率达66.9%。深入开展"送科技下乡、促农民增收"活动，依托24家农村科技服务超市分店和便利店，围绕本地产业开展品种推广、技术培训和专家咨询等各类科技服务，2018年累计组织培训活动230场次，培训人数达14139人次；接受咨询服务18139次；发布科技信息4942条，共辐射带动农户19550户。

加强社会发展及基础科学研究。围绕医疗卫生、环境保护、智慧城市、公共安全等民生领域，全市共有7个项目获省重点研发计划（社会发展）项目立项。加大对基础研发活动的激励，扬州市共有80个项目获省自然科学基金项目立项，其中省杰出青年基金项目1项，优秀青年基金项目2项，青年基金项目57项，面上项目20项。

强化国家农科园建设。2018年，全年投入近4.3亿元，目前双金大道二期基础、绿化、亮化等相关工程、9条道路提档升级改造工程、长10千米管径400毫米自来水主管道铺设工程、长15千米污水管网铺设工程、花卉产业基地田间配套工程、长4千米油田高压杆线迁移已全部竣工。总投资0.6亿元的高邮萌宠多肉花卉项目已建成投产；总投资2.8亿元的扬州大学科教示范园生态智慧牧场项目已正式启用；总投资1.2亿元的科技综合服务中心项目、总投资1.1亿元的省级现代农业示范园花卉产业项目按工程时序紧张施工；总投资0.5亿元的北京市花木有限公司智能温室育苗中心项目、总投资1.2亿元的光明生猪种猪繁育基地项目正办理开工前相关手续，近期将开工建设。成功组织开展了"2018聚才创新、智汇高邮"农科区科技人才专场对接活动，推动丰庆公司与张洪程院士建立院士工作站、飞扬公司与扬大何小弟教授建立研究生工作站、萌宠公司与南京农业大学开展多肉新品种研发合作、巧妹子公司与山西农大李步高教授签订人才引进项目、与畜禽育种国家工程实验室共建"猪育种研发推广中心"项目。成功申报省级"星创天地"——高邮特色花卉苗木"星创天地"，江苏省科普教育基地，积极帮助丰庆公司申报国家级高新技术企业。

【科学技术奖励】 国家科学技术奖。2018年，扬州有2个项目获得国家科学技术进步奖（均为二等奖），分别是扬州大学张洪程院士带领的团队完成的"多熟制地区水稻机插栽培关键技术创新及应用"及扬州大学王金玉、顾云飞等完成的"优质肉鸡新品种京海黄鸡培育及其产业化"项目。

2018年度扬州市获得国家科学技术奖励项目清单

序号	获奖项目名称	获奖单位	获奖等级
1	多熟制地区水稻机插栽培关键技术创新及应用	扬州大学	国家科学技术进步奖二等奖
2	优质肉鸡新品种京海黄鸡培育及其产业化	扬州大学	国家科学技术进步奖二等奖

江苏省科学技术奖。全市共有25个项目获2018年度江苏省科学技术奖，其中一等奖3项、二等奖6项、三等奖15项、工人创新项目1项。其中，获得一等奖的为扬州大学"我国主要蛋鸭遗传资源评价与创新利用"、"复杂环境下远程巡检机器人关键技术及应用"和江苏省苏北人民医院"骨关节炎的基础与临床研究"项目。

此外，扬州大学兽医学院与美国堪萨斯州立大学兽医研究学院菲利普·罗斯·哈德维基教授合作，获得了省国际科学技术合作奖1项。

2018年度扬州市获得江苏省科学技术奖励项目清单

序号	获奖项目名称	扬州获奖单位	获奖等级
1	我国主要蛋鸭遗传资源评价与创新利用	扬州大学	一等奖
2	复杂环境下远程巡检机器人关键技术及应用	扬州大学	一等奖
3	骨关节炎的基础与临床研究	江苏省苏北人民医院	一等奖
4	高安全性长寿命锂离子电池及系统研发与产业化	江苏华富储能新技术股份有限公司	二等奖
5	远洋LNG-柴油双燃料化学品运输船设计建造关键技术	中航鼎衡造船有限公司	二等奖
6	年产6万吨智能化水产饲料关键技术装备的研发及产业化	江苏牧羊控股有限公司 江苏丰尚智能科技有限公司 扬州大学 江苏牧羊集团有限公司	二等奖
7	水稻高吸水复合型种衣剂的创制及其应用	江苏里下河地区农业科学研究所 江苏省农业技术推广总站 扬州绿源生物化工有限公司	二等奖

续表

序号	获奖项目名称	扬州获奖单位	获奖等级
8	地方特色蛋鸡育种及产业化	江苏省家禽科学研究所 扬州翔龙禽业发展有限公司	二等奖
9	水稻新型育秧基质创制及其机插栽培关键技术集成应用	扬州大学	二等奖
10	新型背光柔性线路板在键盘中的产业化	江苏传艺科技股份有限公司	三等奖
11	第三代及以上核电站用堆内外电缆及关键材料研发与产业化	宝胜科技创新股份有限公司	三等奖
12	下一代核电核级阀门驱动装置研发	扬州电力设备修造厂有限公司	三等奖
13	节能环保型塑料燃油系统关键技术研究与应用	亚普汽车部件股份有限公司	三等奖
14	基于异构化反应技术的柔性印刷电路板用关键材料－电子级均四甲苯新工艺的开发及产业化	江苏华伦化工有限公司	三等奖
15	生物可降解高分子共混及符合材料的流变学及结构设计	扬州大学	三等奖
16	绿色功能材料聚醚胺固化剂连续制备技术的研发与产业化	扬州晨化新材料股份有限公司	三等奖
17	高效混凝土管立式径向挤压制管装备研究与产业化	江苏华光双顺机械制造有限公司	三等奖
18	大型智能化高效压滤装备关键技术及产业化	扬州大学	三等奖
19	市政废水达中水回用关键技术与成套设备研发与产业化	江苏天雨环保集团有限公司 江苏天雨环保集团市政工程有限公司	三等奖
20	麦草畏清洁化工艺研发与产业化	江苏扬农化工股份有限公司 江苏优士化学有限公司	三等奖
21	水稻遗传群体创建和产量相关性状分子基础解析	扬州大学	三等奖
22	植物源氨糖绿色制造关键技术及产业应用	扬州日兴生物科技股份有限公司	三等奖
23	鸡传染性法氏囊病防控技术集成与创新研究	扬州大学	三等奖
24	纳米技术在肿瘤生物标记物的精准分选、增效治疗的应用及其作用机制	江苏省苏北人民医院 扬州大学	三等奖
25	涤纶短纤维卷绕网络器压丝生头技术	中国石化仪征化纤有限责任公司 中国石化仪征化纤有限责任公司短纤部四装置	工人创新项目

【知识产权工作】 积极推进知识产权强市建设。积极争创国家知识产权示范城市，认真落实《扬州市政府关于加快推进知识产权强市建设的若干政策措施》，10项政策资金近2000万元用于专利资助奖励和知识产权项目。在全市开展知识产权工作调研，5月份赴全市6个县（市、区）开展知识产权工作调研，实地考察知识产权优势企业。积极争创省知识产权区域试点示范，高邮市成功获批知识产权强省区域示范，获省资金支持40万元，全市累计有3个区、市列入该示范项目。杭集高新区成功获批省知识产权试点园区，广陵区沙口小学、宝应县小官庄镇中心初中成功获批江苏省知识产权教育试点学校，获省资金支持10万元，全

市累计有 4 所学校列入该试点项目。

坚持专利创造量质并举。组织发放专利资助奖励资金，落实 2017 年度授权发明专利、实用新型专利市级资助奖励资金近 1000 万元。强化目标考核，在对各地党（工）委书记考核和经济社会发展综合考评中，增加"发明专利授权量"指标。加强专利创造工作督查，建立全市专利产出数据监测体系。组织申报省知识产权运用和创造专项资金，全市 170 项国内授权发明专利和 19 项向国（境）外申请及授权专利项目成功获批省专利资助资金共 120 万元。扬州大学等单位 3 项专利（均为第十九届中国专利奖优秀奖）获得省奖励资金共 60 万元。2018 年，全市完成专利申请量 41222 件，专利授权量 22804 件；其中，发明专利申请量 8915 件，发明专利授权量 1346 件，万人发明专利拥有量 12.51 件。各项指标均创历史新高，同比增幅在全省均居前五位，其中发明专利授权量增幅位居全省第一。

实施知识产权强企。积极培育知识产权优势企业，制定印发了《全市知识产权优势企业培育方案》，扬农化工股份、扬力集团获批 2018 年国家知识产权示范企业荣誉称号，扬州立德粉末等 4 家企业获批国家知识产权优势企业荣誉称号。大力推进小微企业专利创造工作，委托江苏省专利信息中心对全市 9 万多家小微企业开展专利创造情况调查，截至 2018 年年底，扬州市小微企业拥有有效专利数 23000 件，较示范创建前的 2015 年年底增长近 90%。举办高新技术企业发明专利"清零"培训班，全市 450 家企业参加培训。制定了《2018 年度扬州市级企业知识产权管理标准化工作方案》，全年申报贯标创建备案企业 208 家。召开企业知识产权管理标准化示范绩效先进评审会，推荐先进企业参加省级绩效评价优秀企业评审，其中，江苏瑞京科技发展有限公司等 4 家企业获批省级企业知识产权管理优秀企业，获奖励资金合计 80 万元。扬州惠通化工等 5 家企业获批省级企业知识产权战略推进计划，共获经费支持 150 万元。全市遴选 11 家企业，投入 110 万元实施市级知识产权战略推进计划。与中国银行扬州分行开展知识产权"一站通"活动，积极推进企业开展知识产权质押融资，缓解企业创新资金困难，全市有 50 家企业与中行现场对接，现有 30 家企业与中行达成专利质押融资协议，12 家企业获知识产权质押贷款金额 3000 万元。

强化知识产权保护。开展省、市、县（市、区）联合行政执法行动，集中力量帮助企业维权，深入开展打击侵犯知识产权和制售假冒伪劣商品专项行动，特别针对商贸流通领域进行假冒专利执法突击行动，累计出动人员 58 人次，检查产品 1180 件、商品 4620 件，协作检查商业场所 33 家；查处涉嫌假冒专利案件 411 件，知识产权纠纷案件 70 件。建立信息共享机制，提高执法人员业务能力。建立全市专利行政执法群、微信群，实现线上信息共享、线下效率提升。邀请省级专家来扬授课，针对全市执法工作重点难点问题进行深入业务培训和交流。积极引导全市已授牌的国家、省、市"正版正货"示范街区践行"正版正货"承诺，街区以企业抱团的形式加强知识产权保护。2018 年，扬州市 486 非遗集聚区新获批省级"正版正货"示范承诺街区，获批省级项目经费 30 万元；高邮灯具协会获省级"正版正货"示范行业，获省级经费支持 28 万元；高邮电商网获批省级知识产权电商平台保护项目，获省级经费支持 30 万元。

提高社会知识产权意识。组织开展知识产权宣传周活动、知识产权进校园活动，成立了 150 人的"扬州市知识产权维权援助志愿者大队"。举办江苏省知识产权工程师培训（扬州）班，举办专利代理人资格考试考前培训班。2018 年，扬州市有近 10 人通过国家专利代理人资格考试。

提升知识产权服务水平。召开全市专利中介服务机构座谈会，深入研讨专利创造工作情况。建设扬州市知识产权公共服务中心，组织赴上海等地招才引智，引进知识产权高端服务机构，将提供知识产权价值评估、转让交易、抵押融资、托管登记等一站式服务。初步建成扬州市专利数据库，并已通过专家验收，将逐步面向社会提供相关服务。

【公共科技服务平台建设】 扬州市技术产权交易市场2018年荣获全国技术市场领域最高奖——金桥奖，在省科技厅实施的2018年度全省14家地方分中心17项绩效指标考核中，综合得分蝉联第一，连续第三年荣获市委市政府工作创新奖。围绕企业技术需求端和科技成果供给端双管齐下，先后举办中国创新挑战赛、百家高校院所科洽会等各类技术转移对接活动近40场，累计解决企业需求470多项，促成产学研合同155项，合同额达2亿元。特别是中国创新挑战赛的举办取得了圆满成功，58个项目达成意向合作，合同金额达8290万元。科技日报、人民日报、中共江苏省委新闻网、交汇点等媒体均予以重点报道。围绕政策环境提升和工作体系建设双轮驱动，在全省率先出台技术转移奖励办法，创新科技计划立项机制，以赛代评，获得江苏省政府分管省长批示。全市布局建设12家分中心，设立江苏科技镇长团扬州总部，形成超千人技术经纪人队伍，注册技术转移机构和技术经纪人数量均位居全省第一。全市技术合同备案1311项，交易额首次突破10亿元，达11.31亿元。同比增长20.7%。

扬州市产业技术研究院持续推进与清华大学等共建的7家专业研究院（所）的能力提升建设，3D打印创新服务中心正式建成开展服务，全年为全市520家企业提供技术研发、成果转化、公共服务等，咨询和解决技术难题140项，转化科技成果20项，达成各类技术开发和服务合同金额6800多万元。按照"一院一园一基金"，持续推进与清华大学合作的江苏智能微系统工业技术研究院建设，已正式挂牌成立，清华大学副校长、中国工程院院士尤政，市委书记谢正义为江苏智能微系统工业技术研究院揭牌。江苏智能微系统工业技术研究院将结合清华大学优质学科资源，以长三角区域智能微系统产业的整合和梳理为基础，以公共研发平台为核心，引导产业集聚，形成吸附效应，提升创新能力，成为国内智能微系统产业核心技术领域的重要板块。

（刘 薇 钱文娟）

镇江市
Zhenjiang City

【概　况】 2018年，全市实现高新技术产业产值2025亿元，同比增长4.1%，占全市规模以上工业总产值的47.5%。专利申请总量29635件，发明专利申请量为12466件；授权量为15348件，发明专利授权2790件；万人发明专利拥有量达35.7件，位居全省第四。全社会研发经费支出占国民生产总值的2.54%，每万人劳动力中研发人员数达162人，科技进步贡献率达63%。

【科技管理】 2018年，镇江市科技工作以深化科技体制改革为动力，以贯彻落实全省科技创新大会精神，推进高质量发展为契机，围绕产业链，部署创新链，配套资金链，全面推进24个科技创新重点项目实施，推进产业强市，全年实现投资8.2亿元，完成年度计划的103%。加快研发普惠制政策落地，出台《镇江市科技创新券实施管理办法（试行）》，对企业向科研院所购买技术服务给予普惠性补贴，对市区内初次认定的高新技术企业、省高新技术企业培育库初次入库企业、新认定省级以上研发机构、省孵化器绩效评价为A、B类的省级以上孵化器、新认定的省级孵化器、新认定的国家级孵化器、新认定的省级众创社区、省大仪平台设备使用进行奖补。2018年，企业申领科技创新券面值3025万元，兑现1020万元。

【科技成果】 2018年，镇江市"大飞机复合材料结构件（后机身前段和垂尾）研发及产业化"等6个项目获批江苏省重大科技成果转化专项资金项目，计划总投资3.5亿元、实现销售6.2亿元、利税8900万元、申请专利50件，获得省级财政专项资助4400万元。加强科技奖励申报工作，镇江市全年共获国家科学技术进步二等奖4项；获省科学技术奖27项，其中江苏省科学技术一等奖2项、江苏省科学技术奖二等奖9项、江苏省科学技术三等奖16项。同时，积极鼓励人才创新，年内获得省级以上科技人才计划资助25项，1610万元。全年共签订技术合同1588项，成交总金额21.35亿元。其中技术开发合同840项，合同成交金额17.6亿元，技术转让合同130项，合同成交金额8410万元，技术咨询合同132项，合同成交金额1.29亿元，技术服务合同486项，合同成交金额1.63亿元。全市通过技术市场认定登记实现减免税的技术合同496项，合同成交总额2.9亿元，技术交易额2.78亿元，合计减免各类税收约1700万元。

2018年镇江市获国家科学技术奖项目一览

序号	奖励名称	项目名称	完成单位	完成人员
1	科学技术进步奖二等奖	磷酸铁锂动力电池制造及其应用过程关键技术	江苏乐能电池股份有限公司	丁建民
2	科学技术进步奖二等奖	高速铁路弓网系统运营安全保障成套技术与装备	江苏新绿能科技有限公司	吴积钦 刘志刚
3	科学技术进步奖二等奖	农林剩余物功能人造板低碳制造关键技术与产业化	大亚人造板集团有限公司	陈秀兰
4	科学技术进步奖二等奖	中药资源产业化过程循环利用模式与适宜技术体系创建及其推广应用	江苏天晟药业股份有限公司	季浩

2018年镇江市获江苏省科学技术奖项目一览

序号	奖励名称	项目名称	完成单位	完成人
1	科学技术奖一等奖	缓释智能递药系统的关键技术及其应用	扬子江药业集团有限公司 中国药科大学 江苏大学	尹莉芳 董志奎 顾孝红 徐希明 胡涛 杨磊 徐浩宇 李浩冬 吕慧敏 金霞 江芳
2	科学技术奖一等奖	高端化工离心泵关键技术研究及工程应用	江苏大学 江苏双达泵阀集团有限公司 上海凯泉泵业（集团）有限公司 江苏海狮泵业制造有限公司 江苏亚梅泵业集团有限公司	袁寿其 王秀礼 付强 宋浩杰 朱荣生 严建华 肖功槐 项伟 朱巧君 孙宏祥
3	科学技术奖二等奖	磁悬浮飞轮系统关键技术及其应用	南京工程学院 中国人民解放军战略支援部队航天工程大学 江苏大学 北京石油化工学院 中国人民解放军陆军研究院炮兵防空兵研究所	孙玉坤 任元 朱志莹 刘强 袁野 陈晓岑 张新华 周云红 杨泽斌
4	科学技术奖二等奖	千吨级深海油气开采平台井口智能成套装备设计与制造技术	南通大学 江苏如通石油机械股份有限公司 江苏大学 南通蓝岛海洋工程有限公司 南通理工学院 江苏韩通船舶重工有限公司	吴国庆 符永宏 周井玲 吴树谦 许波兵 曹彩红 何云华 朱军 顾海 张华 张旭东

续表

序号	奖励名称	项目名称	完成单位	完成人
5	科学技术奖二等奖	远洋LNG-柴油双燃料化学品运输船设计建造关键技术	中航鼎衡造船有限公司 江苏科技大学	王东 芮晓松 杨兴林 冯国增 朱刚 方云虎 陈翔 胡以怀 印军 姜宏波 张亮
6	科学技术奖二等奖	大型船舶与海洋结构物锚泊系统关键技术及应用	江苏科技大学 正茂集团有限责任公司 江苏亚星锚链股份有限公司 武汉船用机械有限责任公司 舟山市质量技术监督检测研究院 江苏扬远船舶设备铸造有限公司 上海雄程海洋工程股份有限公司	唐文献 苏世杰 朱林放 张卫新 刘志强 高卓 李存军 张毅 庄宏 孙泽 徐兵
7	科学技术奖二等奖	工程结构细节疲劳件激光冲击与复合强化关键技术及应用	江苏大学 中国航空工业集团公司成都飞机设计研究所 安徽工业大学 成都飞机工业（集团）有限责任公司 江苏鼎盛重工有限公司 江苏亿阀股份有限公司	姜银方 黄建云 张兴权 戴峰泽 华程 姜文帆 何水辉 陈红云 万全红 张杰
8	科学技术奖二等奖	环境污染治理中绿色高效化学技术的设计构建及应用	江苏大学	施伟东 李华明 朱文帅 潘建明 王赟 范伟强 韩娟 闫永胜
9	科学技术奖二等奖	车用柴油机氮氧化物和颗粒物后处理关键技术及应用	南京工程学院 凯龙高科技股份有限公司 南京依维柯汽车有限公司 凯龙蓝烽新材料科技有限公司 江苏卡威汽车工业集团股份有限公司	赵振东 臧志成 邹小俊 朱磊 倪建华 谭文轶 赵闯 宋伟 朱增赞 孙敏 王玉国
10	科学技术奖二等奖	2型糖尿病的发病机理及药物干预探索	江苏大学附属医院 上海市内分泌代谢病研究所 南京中医药大学	袁国跃 陈名道 杨颖 尚文斌 安晓飞 贾珏 王东 杨玲 邓玉杰 胡浩 钱唯韵
11	科学技术奖二等奖	病毒性肝炎防控新策略及其应用	江苏省疾病预防控制中心 北京大学 南京医科大学 泰兴疾病预防控制中心 丹阳市疾病预防控制中心 张家港市疾病预防控制中心	翟祥军 张雪峰 朱凤才 李杰 朱立国 马红霞 庄辉 汪华 范敏 王志坚 王群刚
12	科学技术奖三等奖	基于国产芯片安全支付技术的金融IC卡研发及产业化	恒宝股份有限公司	祝景国 陆道如 张建祥 曹炜 方树平 李勇 孔素红 梅海鹏 孙稳稳 曹志新 钟迎九
13	科学技术奖三等奖	音视频内容分析及其在行为监控与展现中的应用	江苏大学 江苏名通信息科技有限公司 电子科技大学	毛启容 成科扬 饶云波 詹永照 曾兰玲 陈潇君 王新宇 杨洋 沈项军 苟建平 秦谦

续表

序号	奖励名称	项目名称	完成单位	完成人
14	科学技术奖三等奖	货运集配电子商务系统关键技术研究及集成应用	惠龙易通国际物流股份有限公司 江苏大学 东南大学	施文进 宋余庆 刘 哲 郁培昌 朱 轶 刘 毅 倪巍伟 施 俊
15	科学技术奖三等奖	高渗透率有源配电网知识自动化调控技术及其成套装备	国网江苏省电力有限公司 华南理工大学 南京工程学院 威凡智能电气高科技有限公司 苏州华天国科电力科技有限公司 天合光能股份有限公司	余 涛 袁晓冬 方 鑫 张孝顺 葛 乐 柳 丹 徐晓春 薛恒怀 李正佳 瞿凯平 孙大军
16	科学技术奖三等奖	基于智能双向变流器的复合储能系统关键技术研究与应用	江苏峰谷源储能技术研究院有限公司 南京工程学院	司红磊 陈 强 熊宇迪 李青海 蒋振强 陈 杰 章宁琳
17	科学技术奖三等奖	节能环保型塑料燃油系统关键技术研究与应用	亚普汽车部件股份有限公司 江苏大学	姜 林 何 仁 刘 亮 苏卫东 高德俊 翁益明 张恩慧
18	科学技术奖三等奖	航空级碳纤维预浸料研发与产业化建设	江苏恒神股份有限公司	王怡敏 李国明 燕春云 周 强 单瑞俊 黄登亮 孙永锋 姜晨宁 张 睿 杨 强 梁群群
19	科学技术奖三等奖	偏苯三酸三辛酯新型催化剂与新工艺的开发及产业化	江苏正丹化学工业股份有限公司	曹正国 荆晓平 任 伟 王 福 王立俊
20	科学技术奖三等奖	载重汽车底盘悬架关键零部件轻量化制造技术与应用	江苏汤臣汽车零部件有限公司 江苏大学	吴华锋 朱劲松 毛永锋 陈 刚 刘金华 方国兴 李 强 朱亮亮 刘小江 周 鑫
21	科学技术奖三等奖	高精度薄壁发动机缸体智能铸造关键技术与应用	华东泰克西汽车铸造有限公司 大连理工大学	李佑杰 周秉文 亚 斌 张文海 孟令刚 孟富银 文 勇 陈 荣 王卓为
22	科学技术奖三等奖	基于镍钛基形状记忆合金元件的超低温阀门关键技术及产业化	江苏亿阀股份有限公司 哈尔滨工程大学	江树勇 钱玉峰 张艳秋 佟运祥 钱存根 赵亚楠 李 莉 张春芳 张庆荣
23	科学技术奖三等奖	高性能大马力农用动力关键技术及应用	江苏大学 常柴股份有限公司 江苏常发农业装备股份有限公司 辽阳新风科技有限公司	尹必峰 贾和坤 董 非 朱 镇 韩江义 夏长高 徐 毅 修永海 臧广辉 王伟峰
24	科学技术奖三等奖	船舶舱室声学设计评估关键技术	中国船舶重工集团公司第七〇二研究所 江苏大学 上海交通大学 中国船级社	吴文伟 刘厚林 孙玉东 李泽成 严 斌 黄伟稀 何 涛 杨德庆 周亚军 马 骏 陈小平
25	科学技术奖三等奖	中重型车辆盘式制动器关键技术研发及产业化	江苏恒力制动器制造有限公司 江苏科技大学	徐旗钊 朱永梅 张 建 周 丹 郑继飞 谭雪龙 陈 赟 朱一平 胡正林 李应声 徐 宇

续表

序号	奖励名称	项目名称	完成单位	完成人
26	科学技术奖三等奖	自身免疫性甲状腺疾病发病新机制及干预策略研究	江苏大学附属人民医院	王胜军 田洁 柳迎昭 彭辉勇 许化溪 朱晨露 陈艳红 陈娟 崔大伟
27	科学技术奖三等奖	葡萄品种资源的收集、利用及早熟葡萄新品种的培育	南京农业大学 江苏省农业科学院 张家港市神园葡萄科技有限公司 江苏省农业技术推广总站 江苏农林职业技术学院 徐州市林业技术推广服务中心 盐城市仰徐现代农业科技有限公司 淮阴工学院 宜兴市颖丰生态农业有限公司	房经贵 吴伟民 徐卫东 陆爱华 解振强 朱守卫 顾克余 王纪忠 张涛 上官凌飞 王西成

【高新技术产业】 2018年，全市高新技术产业产值同比增长4.1%，占全市规模以上工业总产值的47.5%。其中，民营企业实现高新技术产业产值增长5.3%，占全市高新技术产业产值的67.6%；外商及港澳台企业实现高新技术产业产值增长3.3%，占全市高新技术产业产值的27.2%；国有及国有控股企业实现高新技术产业产值增长0.7%，占全市高新技术产业产值的5.2%。2018年，全市高新技术产业实现主营业务收入同比增长3.7%，占全市规模以上工业主营业务收入的46.6%；实现利税增长6.1%，占全市规模工业利税的45.7%。分行业看，2018年全市智能装备制造业同比增长2.7%，占全市高新技术产业产值的比重为28.7%，比上年提高0.3个百分点；新材料制造业增长6.9%，占全市高新技术产业产值的比重为38.9%，比上年提高0.1个百分点；航空航天制造业增长4.2%，占全市高新技术产业产值的比重为0.8%，比上年下降2.7个百分点；电子计算机及办公设备制造业增长8.4%，占全市高新技术产业产值的比重为1.2%，比上年提高0.3个百分点；电子及通信设备制造业增长1.4%，占全市高新技术产业产值的比重为7.8%，比上年提高0.6个百分点；医药制造业增长8.5%，占全市高新技术产业产值的比重为4.0%，比上年提高0.7个百分点；仪器仪表制造业增长6.2%，占全市高新技术产业产值的比重为15.3%，比上年提高0.5个百分点；新能源制造业增长0.2%，占全市高新技术产业产值的比重为3.4%，比上半年下降0.5个百分点。

培育企业集群。2018年，镇江市338家企业被认定为国家高新技术企业，总数达752家；121家企业进入省高新技术企业培育库，648家企业备案为国家科技型中小企业；83家企业新增为省民营科技企业，总数达1687家；江苏金斯瑞生物科技有限公司成为全市第二家国家技术先进性服务企业。

发展高新技术产业。2018年，9个船舶海工装备、新能源汽车、轨道交通、新材料等领域项目获得省产业前瞻与共性关键技术项目立项支持。29个前期引导、15个后资助产业研发项目获得市产业前瞻与共性关键技术项目立项支持。

推动科技政策落实。2018年，镇江市科技部门强化高新技术企业政策落实，与市国税、地税局针对高新技术企业享税情况进行统计分析，召开座谈会听取企业享税过程中遇到的各种问题。2018年落实高新技术企业所得税减免优惠275家，减免税额9.19亿元；722家企业享受加计扣除政策，抵扣应纳税所得额23.65亿元。

【创新平台与载体】 加快镇江苏南国家自主创新示范区建设。镇江高新区获2018年苏南国家自主创新示范区建设专项资金高新区奖励补助资金2100万元。推动镇江高新区、扬中高新区、丹阳高新区围绕船舶与海洋工程配套、智能电气、医疗器械及视觉健康等产业编制开发区产业发展规划。镇江高新区在科技部火炬中心2017年国家高新区评价中排名第72位，进位2位。在2018年省科技厅《全省高新技术产业开发区创新驱动发展综合评价情况的通报》中，镇江、扬中、丹阳高新区分别排名江苏省高新区第16位、第13位和第24位，分别前进9位、8位和5位，其中扬中高新区在江苏省级高新区中位列第一。扬中高新区升级国家高新区请示由省政府上报国务院，扬中智慧电气产业化基地通过国家级高新技术产业化基地评审。扬中高新区、丹阳高新区分别获2018年全省高新区奖励资金1000万元、540万元。惠龙易通、江苏恒神2家企业成为苏南自创区独角兽企业，航天海鹰、怀特驱动等8家企业成为苏南自创区瞪羚企业。镇江高新区船舶海工科技成果产业化基地和丹阳高新区高性能材料科技成果产业化基地成为首批启动建设的苏南科技产业化基地。

加快研发机构建设。2018年，镇江市对江苏省高温合金工程技术研究中心等45家省级工程技术研究中心和大全集团有限公司院士工作站等16家省级企业院士工作站开展绩效评估。新建江苏省钛及钛合金新材料工程技术研究中心、江苏省航空复合材料工程技术研究中心等10家省级企业工程技术研究中心，全市省级工程技术研究中心达184家。加快提升研发机构创新能力建设水平，2018年新建镇江市先进感知材料与器件等高技术研究重点实验室7家。

大力发展科技服务业。镇江市围绕船舶海工、重大装备、新能源、新材料等产业，推进服务机构向高新区积聚，镇江高新区连续2年获省科技服务骨干机构能力提升项目立项支持，获得2018年科技服务骨干机构能力提升专项资金450万元，扬中高新区成功获批第三批筹建的江苏省科技服务业特色基地（研发设计服务）。推动重大科研基础设施和大型科研仪器等科技资源开放共享，引导中小企业使用公共科技资源开展研发创新，提高科学仪器设备使用效率，通过科技创新券对2017年度省大仪平台中小企业用户给予市级配套补贴资金8.74万元。

2018年度镇江市新增省级工程技术研究中心

序号	名称	承担单位
1	江苏省光电子微组装工程技术研究中心	江苏奥雷光电有限公司
2	江苏省飞机内装饰工程技术研究中心	菲舍尔航空部件（镇江）有限公司
3	江苏省航空复合材料工程技术研究中心	航天海鹰（镇江）特种材料有限公司
4	江苏省高性能耐磨有色金属材料及应用工程技术研究中心	镇江汇通金属成型有限公司
5	江苏省航天、车辆用纳米改性轻质防火材料工程技术研究中心	江苏美龙航空部件有限公司
6	江苏省特种纸工程技术研究中心	镇江大东纸业有限公司
7	江苏省特种碳材料工程技术研发中心	江苏苏润高碳材股份有限公司
8	江苏省汽车轻量化饰件工程技术研究中心	江苏新泉汽车饰件股份有限公司
9	江苏省树脂光学工程技术研究中心	江苏明月光电科技有限公司
10	江苏省钛及钛合金新材料工程技术研究中心	江苏天工科技股份有限公司

【大众创业、万众创新】 2018年，句容宝华软件信息技术众创社区、扬中智慧电气众创社区、丹阳高性能合金材料众创社区、镇江京口软件及游戏动漫众创社区等4家众创集聚区域

成为第二批省众创社区。新增江苏芳满庭科技企业孵化器、扬中高新技术创新创业服务中心、扬中新城科技企业孵化器、丹阳总部经济科技孵化器等4家省科技企业孵化器。新增生态众创空间、句容创客邦等2家省众创空间。全市约166个企业（团队）参加第五届"创业江苏"科技创业大赛。

【科技经费与项目】 2018年，镇江市科技部门围绕科技创新重点工作，获国家级、省级各类科技计划立项超300项，获上级科技拨款超3亿元，新立项的省级项目两大主导产业和三大战略性新兴产业领域占60%以上。全年下达市级科技计划项目226项，资助金额9550万元。

江苏大学和江苏科技大学两所高校共获国家自然基金项目立项212项，获总经费8462.2万元。镇江市获省级青年科技人才专项立项82项，立项经费共计1808万元，其中省杰出青年基金项目3项，经费共300万元；省优秀青年基金项目3项，经费共150万元；省青年基金项目60项，经费共1198万元；面上项目16项，经费共160万元。

为深入推进临床科研成果的转化和应用、示范和推广，打造覆盖基层医疗机构的紧密协同研究网络和普及推广网络，2018年，镇江市在全省率先设立市级临床医学研究中心项目，单个项目经费总投入900万元，其中市级财政支持经费达300万元。

【产学研合作】 2018年，继续举办第三届宁镇扬一体化（镇江）科技合作月活动。6月1日举办"百家企业进高校——江苏大学行"活动，镇江市100家高新技术企业负责人与江苏大学27位专家教授进行了对接交流，近50个项目达成合作意向；6月14日举办"镇江企业扬州大学行"活动，组织42家科技型企业与扬州大学专家教授洽谈对接，镇江新区与扬州大学签订了全面合作协议。活动期间，镇江新区、扬中市等辖市区与中电14所、东南大学、南京工业大学、南京邮电大学等大学、科研院所开展对接洽谈。

7月2—4日，镇江市围绕新材料和高端装备两大主导产业，组织相关单位和企业分别赴华中科技大学、武汉理工大学、中南大学和长沙理工大学等4所高校开展科技招商活动，宣传推介镇江市低碳产业技术研究院、镇江市技术交易所，组织企业和高校专家开展一对一对接交流，共有43位专家教授、42家企业参与对接交流，达成合作意向22项。

10月20日，江苏省产学研专场对接洽谈会暨丹阳市新材料及智能制造高峰论坛在丹阳举行，来自中国工程院的12名院士及100多位国内外院校专家学者、知名企业负责人等聚焦新材料、智能制造等领域，围绕人才和项目进行交流对接。

12月7日，"2018年省产学研专场对接洽谈会暨镇江市先进制造业专题对接会"在镇江高新区成功举办。清华大学、中科院理化所、中科院力学研究所、中国工程物理研究院等国内40余所高校院所的专家，省内120余家企业、中介机构共300余名代表参加了会议。

【科技合作与交流】 9月20—27日，镇江市科技局组织江苏科技大学镇江海洋装备研究院、江苏鼎胜新能源材料股份有限公司等单位参加了在挪威举办的江苏—挪威高新技术产业交流会、在德国举办的江苏德国开放创新合作论坛及江苏—德国企业对接会，访问了亚琛工业大学IKA汽车研究所、卡尔斯鲁厄理工学院、史太白技术转移中心等科研和技术转移机构，与挪威康士伯、亚琛工业大学的汽车研究所等单位进行深入的交流与对接。

11月8日，镇江市30余家科技型企业、国际合作平台、新型研发机构、科学技术转移服务公司等单位参加中国·江苏第六届国际产学研合作论坛暨跨国技术转移大会，中—乌（江苏）船舶与海洋工程跨国技术转移中心、中瑞国际技术转移中心、江苏大学"一带一路"国际人才学院等邀请乌克兰、瑞士和巴基斯坦等国外官员及专家15人参加了会议交流，江苏鼎胜新能源材料股份有限公司、江苏鱼跃医疗设备股份有限公司等5家企业与瑞典、乌克兰、俄罗斯、加拿大、美国、韩国等7个国家科研院所或企业现场对接洽谈8个项目合作。

【农村科技】 2018年6月10日，在镇江市召开了第二届国际食醋科技与健康论坛暨中国食醋产业技术创新战略联盟年会。本次会议以"食醋——健康与创新"为主题，由中国食品科学技术学会、恒顺醋业股份有限公司、江南大学、加利福尼亚大学戴维斯发酵食品和饮料研究中心共同主办。科技部农村科技司巡视员王喆、江苏省科技厅副厅长段雄、中国食品科学技术学会理事长孟素荷出席会议并致辞，庞国芳、张偲、陈坚3位中国工程院院士，与美国、意大利等国内外食醋领域20余位知名专家学者，30多家研究院校和50多家食醋企业共同为食醋产业转型升级的破局之道出谋划策。

加快推进国家农业科技园区核心区建设。核心区重点加快"一核一带三园"建设，"一核"是现代农业产业科技创新中心；"一带"为东部干线农业科技创新示范带；"三园"为丘陵现代农业示范园、农业科技成果展示园、现代高新农业科技园。园区已正式进场开工科创中心、智能温室大棚等项目，积极推进华阳科技试验集优展示园、农业电商园与农产品精深加工园建设。同时，依托园区积极谋划"镇江国家农业高新技术产业示范区"创建工作，镇江市成立创建镇江国家农业高新技术产业示范区领导小组，并向省科技厅上报了创建意向和初步创建方案。

组织申报省、市两级农业科技计划项目73项，34个项目获立项。其中，省级重点研发计划（现代农业）项目立项11项，总经费820万元；3家省级农村科技服务超市分店全部获得农业科技社会化服务奖补资金，共计38万元；市级重点研发计划（现代农业）项目立项23项，总经费380万元。

【科技人才】 2018年，镇江市加大科技人才招引及培养工作，组织申报国家级人才计划10人和省"双创计划"个人54人、团队4个，入选国家级科技创新人才2人、增补"169"人才183人，其中学术技术带头人25人、科技骨干158人；增补"333"人才第一层次培养对象1人、第二层次9人、第三层次127人。在推进"金山英才"计划方面，人才、技术的行业带动作用凸显，通过对五大类845个申报项目的评审，共入选人才125人，其中，入选顶尖人才计划4人，每人给予1000万元资助。同时，打破地域限制，借助科技镇长团优势资源，通过其牵线搭桥，加深与高校院所合作交流，吸引158名高层次人才来镇江创新创业。

【科技金融】 2018年，镇江市完善修订科技金融4个政策文件，推动解决科技金融中存在的困难和问题。推进"苏科贷""镇科通"等科技金融项目日常管理服务工作，协调支持实体企业发展，通过各类科技金融产品引导银行金融机构发放科技贷款177笔，帮助科技企业融资5.1亿元解决融资难、融资贵的问题。全市累计发放"苏科贷"1099笔，36.1亿元；"镇科通"149笔，5亿元；"镇保贷"81笔，1.7亿元。"镇科贷"申请备案29笔，5.7亿元。在全省64个"苏科贷"合作地区"苏科贷"工作情况绩效评估中，镇江市被评为优秀。组织申报省科技企业上市培育计划，8家企业成功入库培育。

【知识产权】 2018年，镇江市以推进国家知识产权强市创建市为核心，以推进更高标准建设国家知识产权示范市为抓手，不断推进提升专利质量，优化专利结构，促进全市知识产权高质量发展。围绕产业强市，突出二大主导产业和三大战略性新兴产业，大力推进产业专利导航，全市在智能电气、高性能合金材料、新能源、航天航空等产业集群开展了专利导航分析研究。推进高价值专利培育工作，共获得第二十届中国专利奖10个项目，其中专利金奖2个、优秀奖8个。强化企业知识产权管理体系建设，新增国家知识产权示范企业2家、优势企业10家。2018年，全市专利申请总量达29365件，专利授权总量为15348件，万人发明专利拥有量超过35件，位居全省第四，执法案件943件（含电商案子），完成全年830件任务的114%，知识产权工作呈现结构好、质量好、效果好的三好局面。

5月，江苏省财政厅、江苏省知识产权局联合发文，确定江苏仅一联合制造有限公司、江苏鱼跃医疗设备股份有限公司、恒宝股份有限公司等3家企业获批"省企业知识产权推进计划项目"立项支持，获得230万元省级财政经费支持。这些项目的立项和组织实施，有利于提升全市企业实施知识产权战略的能力和水平，为打造国家知识产权示范、优秀企业提供支撑。同时，确定江苏和成显示科技有限公司承担的大尺寸高世代TFT-LCD用混合液晶材料高价值专利培育示范中心获批"省高价值专利培育计划项目"立项支持，获得400万元省级财政经费支持。该项目的实施进一步推动企业加大对关键领域关键技术的研发力度，产出一批高价值核心专利，江苏和成显示科技有限公司在项目实施期内，成功获得第二十届中国专利奖金奖一项。

5月24—25日，镇江市举办2018年度企业知识产权贯标内审员培训班。邀请了江苏省知识产权局、江苏大学国家知识产权培训（江苏）基地、中规（北京）认证有限公司等单位的知识产权贯标管理专家授课，内容涵盖企业知识产权管理体系建设、知识产权标准与其他标准的融合、知识产权管理体系审核实施、企业知识产权管理体系内审、管理评审及认证要求等实务内容，在师资安排上充分体现权威性、专业性，在课程设置上将理论基础和实战操作相结合。通过培训，进一步引导企业加强知识产权管理机构和人员队伍建设，推动企业加强研发、采购、生产及销售等环节的知识产权管理体系建设意识，实现资源的优化配置，提升企业知识产权创造、运用、保护和管理能力，助力企业运用知识产权提升市场竞争力。培训结束后，通过结业考试的学员获得了由江苏大学国家知识产权培训（江苏）基地颁发的内审员培训合格证书。

6月20日，镇江市召开扬中市油坊镇开展光伏新能源产业知识产权特色小镇建设启动仪式，以该镇光伏产业创新发展为重点，通过小镇知识产权发展的生态体系建设，构建服务产业发展、促进创新驱动的知识产权生态环境，形成知识产权保护力度大、专利导航产业创新发展、企业知识产权战略运用效果好、知识产权服务体系优，能够支撑全镇经济创新发展的知识产权特色小镇，夯实产业强市的基础。

7月17日，国家知识产权局公布2018年度国家知识产权示范企业和优势企业评审结果，镇江市江苏恒顺醋业股份公司等12家企业分别获批国家知识产权示范企业、优势企业。截至2018年年底，全市累计入选国家级知识产权示范企业5家、优势企业17家。

9月28日，"知识产权走基层 服务经济万里行"活动在镇江丹阳举办，本次活动的主题为"培育知识产权密集型产业，助力区域经济高质量发展"，国家知识产权局保护协调司巡视员毛金生，江苏省知识产权局局长支苏平，镇江市副市长、丹阳市委书记陈可可出席启动仪式，江苏省知识产权局副局长施蔚主持了大会，全市160多家企业的200余名代表参加了活动。活动中，江苏省专利信息中心、知识产权出版社有限责任公司、镇江市知识产权局、中国专利技术开发公司等多家单位进行了战略合作协议签约，现场举行了国家专利局南京专利代办处第三工作站揭牌仪式，发布了丹阳知识产权密集型产业发展报告。国家知识产权局保护协调司、江苏省工商联、丹阳市市长等嘉宾出席了知识产权与经济高质量发展高层论坛。同时，还开展了企业"走出去"与知识产权风险防控演讲、"知识产权与经济高质量发展"高层论坛、地理标志保护与发展论坛、知识产权分析评议讲座、高价值专利培育闭门会、专利巡回审查、军民融合服务对接指南发布等多项活动。

11月16日，镇江市召开知识产权质押融资"一站通"——专利质押融资银企对接会。会上，中国银行镇江分行、兴业银行镇江分行发布专利质押融资专属产品，并分别与镇江市4家企业就知识产权质押融资的授信额度进行签约。镇江市进一步发挥知识产权质押融资示范市作用，成立了镇江市科技金融服务中心，开通了知识产权专利质押备案绿色通道，进一步提升知识产权金融服务质量。本次银企对接会由镇江市知识产权局、镇江市金融办、镇江市财政局主办，镇江市生产力促进中心、中国银行镇江分行、兴业银行镇江分行承办，共有110家企业参加此次对接会。

11月29日，镇江市举办专利导航与高价值专利培育研讨会。会议旨在进一步提高全市知识产权质量效益，推动知识产权与创新链、产业链、价值链有效融合，全面支撑国家知识产权强市创建工作。会上，国家专利导航试点工程（江苏）研究基地的专家介绍了专利导航与高价值专利培育的成功经验，与会代表就自己关心的问题展开热烈的讨论。

12月28日，镇江市成立国家知识产权示范优势企业（镇江）沙龙，39家来自全市的国家知识产权示范企业、优势企业及知识产权优势培育企业参与了本次活动。沙龙建立起以示范企业为核心的沙龙主席团，采取轮值主席制度，主要开展知识产权工作和学术交流、系列知识产权实务培训、培养企业知识产权人才等活动。沙龙建立了每月培训和交流一次的工作制席，相互学习、交流和参访，进一步探索知识产权强企业建设的方法和路径。第一次沙龙活动以高价值专利培育和优秀专利分析培训为主题，邀请国家专利导航试点工程（江苏）研究基地的专家，就高价值专利培育和优秀专利分析开展培训。通过本次培训，进一步提升了企业实施知识产权战略宏观意识，提高发明专利申请质量和授权率，使创新成果获得更加有效地保护，进而推动镇江市产业创新和知识产权布局能力及产业竞争力的整体提升。

镇江市围绕知识产权培训—创造—运用—转化—托管服务链条推进建设，"线上"依托镇江市知识产权公共服务平台集聚市内外近80家知识产权服务机构，"线下"共集聚江苏畅远、南京苏高、江苏汇智等知名知识产权实体服务机构40余家，为镇江市企业开展"一站式"服务。以夯实服务基础、整合服务资源、挖掘服务市场、培养高端人才为目标，力争做到3个"集聚"：集聚知识产权服务机构、集聚知识产权服务专业人才、集聚知识产权优势品牌，进一步加大知识产权服务业集聚发展区建设力度。

镇江市对镇江市知识产权战略推进计划提档升级，本年度共设立各类知识产权项目15项，共安排支持经费330万元，全面提升企业实施知识产权战略、专利布局和专利信息利用的能力，在夯实企业知识产权基础能力建设的基础上，新设立知识产权战略推进计划提升项目，旨在进一步引导企业开展专利微导航，进行专利研发和专利布局，大力突破关键核心技术，推动企业成为创新需求、知识产权保护、技术开发和成果应用的主体。

以质量优先、分级资助的理念开展专利资助工作，2018年共分级资助授权发明专利和授权实用新型专利3201项，资助金额达428.54万元，进一步明确资助高质量专利的鲜明导向，激发企业对关键技术的突破。

2018年度镇江市获省级以上科技项目立项情况

单位：万元

序号	项目类别	项目名称	单位名称	拨款经费
1	高价值专利培育计划	大尺寸高世代TFT-LCD用混合液晶材料高价值专利培育示范中心	江苏和成显示科技有限公司	400
2	江苏省企业知识产权战略推进计划	江苏省企业知识产权战略推进计划	江苏仅一联合制造有限公司	100
3	江苏省企业知识产权战略推进计划	江苏省企业知识产权战略推进计划	江苏鱼跃医疗设备股份有限公司	100

续表

序号	项目类别	项目名称	单位名称	拨款经费
4	江苏省企业知识产权战略推进计划	江苏省企业知识产权战略推进计划	恒宝股份有限公司	30
5	软科学研究项目	江苏船舶与海洋工程装备产业知识产权与产业发展互促机制研究	江苏科技大学	5
6	省"正版正货"示范创建街区	省"正版正货"示范创建街区	扬中通达商城	30
7	省"正版正货"示范创建街区	省"正版正货"示范创建街区	扬中月星家居广场	30
8	省"正版正货"示范创建街区	省"正版正货"示范创建街区	上海红星美凯龙品牌管理有限公司镇江分公司	30
9	省"正版正货"示范创建街区	省"正版正货"示范创建街区	句容天一商城	30
10	省级电子商务平台	省级电子商务平台	江苏同一网路科技有限公司	30
11	省级电子商务平台	省级电子商务平台	大航控股集团有限公司	30
12	省级知识产权保护专项	省级知识产权保护专项	镇江市金山包装厂	50
13	省级中小学知识产权教育试点项目	省级中小学知识产权教育试点项目	扬中市新坝中学	5
14	省级中小学知识产权教育试点项目	省级中小学知识产权教育试点项目	句容市崇明小学	5
15	专利预警分析	外骨骼机器人	镇江高等专科学校	26
16	专利预警分析	新型航空材料	镇江中智知识产权有限公司	26

泰州市

Taizhou City

【概况】 2018年,泰州市坚持问题导向,着眼地区科技创新的瓶颈制约,紧贴"1+5+1"现代产业发展,从创新源头入手,开启了"新时代科技新长征"活动,打出了一系列创新驱动发展"组合拳",形成了推进全市科技创新的工作机制、政策体系、活动方案,着力集聚"人才第一资源"、激活"创新第一动力",破解创新与产业之间的"隔河相望之感",开启了具有泰州特色的科技创新之路。全市实现高新技术产业产值3244.99亿元,同比增长11.79%,占规模工业总产值的比重达44.22%。发明专利授权量1267件,同比增长34.22%;万人发明专利拥有量13.47件。全社会研发投入占GDP比重预计达2.53%。全年共获批省级以上科技项目258项,上争资金1.57亿元。医药高新区获批建设国家创新型特色园区,市农业开发区获得国家农业科技园区授牌。

【科技管理】 从企业需求侧出发,在原有"科技创新40条"和"人才26条"政策的基础上，围绕深入推进科技创新、鼓励企业聚才用才、鼓励事业单位集聚高层次人才、全面建设创新创业友好环境4个方面，出台了《关于进一步鼓励企事业单位聚才用才推进科技创新引领高质量发展的若干政策》，进一步优化泰州市创新创业环境，激发企业创新创业活力。

出台《泰州市市级科技计划项目评审工作实施办法》，规范项目评审、立项等流程。进一步优化网上项目管理平台功能，对超龄、失联、不参加评审的专家进行动态淘汰，全年共调整淘汰专家450余人，新增60余人的财务专家库。全年网上受理申报项目525个，通过内容审核459个，网上评审391个，会议评审68个，立项264个，落实各项奖补和项目资金1.3亿余元。市区共发放创新券3.04亿元，全年组织3次兑现，为377家（次）企业兑现科技创新券5446.93万元，撬动企业投入20多亿元，发挥了政府科技专项资金的杠杆作用，放大了科技专项资金的引导效应。

【科技成果】 2018年，全市共有13家企业参与完成的项目获得省科学技术奖，其中省科技进步奖一等奖4项、省科技进步奖二等奖4项、省科技进步奖三等奖4项、省企业技术创新奖1家。

【高新技术产业】 出台《泰州市创新型企业培育实施细则（暂行）》，明确设立市创新型企业培育专项资金，形成创新型企业梯次培育发展格局。大力推进科技型中小企业评价入库工作，全市共有915家科技型中小企业在国家评价系统中注册，其中726家通过科技型中小企业评价。大力开展高新技术企业"小升高"行动，189家企业入选省高新技术企业培育库，并获批扶持资金1126万元。484家企业申报国家高新技术企业，同比增长34.4%，378家获批，创历史新高。

【创新平台与载体】 启动实施泰州市推进企业研发机构三年（2018—2020年）行动计划。全市新建省级工程技术研究中心14家，市级工程技术研究中心48家，市级企业重点实验室4家。8家省级工程技术研究中心参加省绩效考评，获得"优秀"等次，13家省级工程技术研究中心通过验收。目前，全市678家大中型工业企业和规模以上高新技术企业研发机构建有率达92.6%，有效建有率为84.7%，分别排在全省第2位、第3位。

围绕"一产业一高端研发平台"的建设目标，制定了《泰州市2018年重大研发载体建设考核实施细则》。目前，投入运营及在建的有中科院大连化物所–中国医药城生物医药创新研究院、中国农业大学（兴化）健康食品产业研究院、中科院自动化所泰州智能制造研究院等12家重大创新载体；拟建的有上海大学新材料（姜堰）产业研究院、哈工大泰州应用技术研究院等6家重大创新载体。

推动众创空间、孵化器提档升级，沃客众创空间等2家众创空间被备案为省级众创空间，泰州国科创业服务中心等7家孵化器被认定为省级孵化器，泰兴高新技术产业开发区科技企业加速器被认定为省级科技企业加速器。12家省级以上孵化器在省孵化器绩效评价工作中被评为良好，获得省科技型创业企业孵育计划资金351万元。泰州市高新技术创业服务中心等3家国家级孵化器通过免税审核。开展市级众创空间认定工作，常州大学怀德学院骥江创客街区等14家众创空间被认定为市级众创空间。泰兴高新区节能环保众创社区顺利通过2017—2018年度考核，泰州医药高新区生物医药众创社区、泰州海陵智慧动力众创社区等2家众创社区成功获批第二批省众创社区备案试点。

【科技经费与项目】 全年共获批省级以上科技项目258项，上争资金1.57亿元，其中，省重大成果转化2项，获批资金1600万元；省科技创新团队1项，资金扶持300万元；省科技支撑计划项目24项，获批资金2380万元；省创业孵育计划3项，获批资金410万元；省战略性新兴产业发展专项资金项目1项，获批资金1000万元。

【产学研合作】 组建"技术专家巡诊团",采取线上与线下结合、定期与"活期"结合、市级与区(市)级结合的方式,针对企业在研发、生产中的创新需求,邀请高校院所专家对企业进行技术发展咨询、院企合作对接、技术难题破解、项目指南释疑、无形资产评估、科技人才引进等各类服务,打通服务发展的科技动力"最后一公里",让一批创新活跃度较高的中小企业在家门口挂上"专家号"。2018年,全年巡诊企业360家,帮助企业解决技术难题410项。

为突破泰州科教力量薄弱、创新资源要素缺乏等瓶颈制约,通过"走出去"与"请进来"相结合,开展"新时代科技新长征"活动,走出一条具有泰州特色的科技创新引领产业高质量发展之路。2018年,组织开展"成都企业院校行""中国泰州(西安)科技人才推介会""大健康产业上海推介会""上海(泰州)城市推介会""新时代科技新长征北京站"等活动,与中科院系统研究所、复旦大学、同济大学、四川大学、西安交通大学等50多家重点高校院所开展科技交流对接,招引高层次人才与泰州市企业开展技术合作,引进转化一批新技术、新成果。全年组织重大活动30场以上,签订科技合作项目350项。

【科技惠民】 通过科技政策引导和项目资金支持,重点针对医疗卫生、生态文明和公共安全领域的创新需求,推进了一批民生科技成果的转化与应用示范。2018年,"等离子射频手术系统的研发"等9个项目获省重点研发计划(社会发展)支持,资金量列全省第三;组织实施"基于多传感器融合的老年人健康远程监护系统研究""精准医疗产业集聚发展科技示范项目"等市级科技支撑(社会发展)项目39项,促进先进适用技术在全市民生领域的研发、转化、应用和示范。

【农村科技】 充分发挥科技创新优势,着力推动新品种新技术示范推广,为农业提质、增效提供有力支撑。泰州国家农业科技园区正式获得国家农业科技园区授牌。新建省级现代农业科技园2家,省级农业产业技术创新战略联盟2家,获批数列全省第二。备案国家级"星创天地"2家、省级"星创天地"7家,实现国家级、省级"星创天地"市(区)全覆盖。新建农村科技服务超市6家,现有的45家超市获省农业科技社会化服务奖补资金115万元,占全省奖补总资金的13.5%,获批资金量列全省第三。2018年,全市示范推广新品种新技术341项,组织培训活动287场次,培训20100人次,接待咨询21076人次,发布信息3955条,辐射带动农户23150户。

【科技人才】 出台《关于进一步鼓励企事业单位聚才用才推进科技创新引领高质量发展的若干政策》,开展科技创新暨人才政策宣传,推进科技人才政策的落实。组织各市(区)科技部门申报省"双创计划"项目,2018年全市获批省科技副总项目31项,获批省双创团队1个,获批省双创博士1人。组织申报省科技企业家,2018年获批省科技企业家79名。

【科技服务】 2018年,全市科技服务业总收入192亿元,比上年增长12.6%。

中国医药城的省医药研发服务业特色基地内10家企业获拨省科技专项经费450万元,用于服务能力提升建设,特色基地内累计20家医药研发服务类企业获得建设支持,2018年区域研发服务企业总收入超过3亿元。

依托各类科技园区、高新技术产业基地等,按照服务专业化、经营产业化的发展方向,重点建设了一批面向中小企业的检验检测平台,2018年,新建4家市级科技公共服务平台。截至2018年年底,泰州市建有各类省、市级检验检测类科技公共服务平台12家。有19家企业获得省、市大型仪器设备共享使用费用补贴共124.9万元。

"泰科易"平台升级为"泰州市科技创新综合服务平台",构建了技术转移、政策智配、企业监测、统计分析等六大核心模块,实现了技术转移全流程服务、知识产权全链条服务、企业创新全要素支撑的"三全"体系。2018年，全市技术输出项目156项，总金额27.92亿元，较2017年增长15.58%；技术引进项目349项，较2017年增长110.2%，交易金额3.09亿元，较2017年增长108.7%。2018年，泰州市技术市场工作获"中国技术市场金桥奖"、"中国产学研合作促进奖"和"江苏省技术市场先进集体奖"。

【科技金融】 深入推进"苏科贷"工作，将"利用'苏科贷'风险补偿资金发放的科技贷款数"纳入科技创新工作考核指标体系，推动各市（区）设立"苏科贷"风险补偿资金，开展科技信贷工作，缓解轻资产的科技型中小微企业融资难和融资贵的难题。全市"苏科贷"风险补偿资金规模达到4900万元。截至2018年年底，面向年销售5000万元以下的科技中小企业，市本级累计发放贷款181笔，发放基准利率贷款达到5.41亿元。

【知识产权】 2018年，泰州市专利申请量35045件，其中发明专利申请量10381件；专利授权量15555件，同比增长57.93%，其中发明专利授权量1267件，同比增长34.22%；万人发明专利拥有量13.47件，列全省第7位。

鼓励专利创造。出台《泰州市科技创新工作考核办法（试行）》，规定发明专利授权量、知识产权密集型企业数等为各市（区）科技创新工作主要考核指标。强化知识产权工作整体部署，指导园区、企业、产业联盟建立完善的知识产权工作体系，引导创新资源向园区、企业、产业集聚，推动创新主体与专利代理机构开展深度合作。

突出创新主体。全市培育国家知识产权示范企业5家、国家知识产权优势企业近20家。2018年，全市企业专利授权量8783件，同比增长63.04%，其中企业发明专利授权量1076件，同比增长39.38%。实施知识产权强企行动计划，逐步实现规模以上工业企业尤其是高新企业发明专利申请全覆盖。实施高价值专利培育计划，围绕泰州市生物医药与高性能医疗器械、高技术船舶与海工装备、节能与新能源三大战略性主导产业发展，组建集企业、科研院所、知识产权服务机构三位一体的高价值专利培育示范中心5家。以知识产权服务联盟为抓手，实现知识产权专家、专利代理人与企业"一对一""点对点"服务，组织泰州市发明专利"深耕"队走进园区、企业、高校开展系列服务活动。

加强专利执法。制定《泰州市2018年知识产权执法维权"护航""雷霆"专项行动方案》，开展跨部门、跨区域知识产权联合执法检查，2018年，累计检查各类商品12300余件，发现涉嫌假冒专利及专利标识标注不规范商品920多件，假冒案件立案676件，侵权案件立案78件。增设中国（泰州）知识产权维权援助中心泰兴经济开发区工作站、泰州市新能源产业园区工作站。目前，已在各市（区）设立维权援助分中心3个、工作站4个。开展省、市"正版正货"承诺推进计划，泰州红星美凯龙国际家居生活广场获批省级"正版正货"示范街区、23家单位获批省级"正版正货"承诺企业；获批省级专利预警项目承担单位1家（持续项目）。

探索服务新渠道。探索建设市知识产权运营平台，依托专利运营平台建设，力争形成"平台+机构+资本+产业+人才"五位一体的知识产权运营服务体系。加快建设知识产权服务业集聚区，依托国家专利战略推进与服务（泰州）中心，培育集聚一批专业化、规模化、品牌化的知识产权高端服务机构。持续加大对知识产权中介服务机构的支持引导力度，鼓励服务机构拓展企业上市、并购、重组、清算、投融资等商业活动中的知识产权法律服务，并积极开展PCT专利申请代理、知识产权国际维权等高端服务。持续加强"两个平台"建设，推动"中国泰州专利信息综合服务平台"和"中美知识产权服务平台"改造升级，通过搭建产业专利数据库、专家库、集群管理工作平台，开展产业专利导航和专利预警分析，确定产业科技创新发展定位，推进战略性新兴产业加快形成知识产权密集型产业。

【科技活动】 1月18日，泰州市科技局举办泰州市科技型中小企业培训班暨"创新泰州"微信公众号启动仪式，市科技局工作人员、各市（区）科技局有关人员、各乡镇科技助理、科技型中小企业技术负责人近600人参加。

2月1日，泰州市科技局举办大走访大落实走进新能源科技产业园区专场宣讲会。

3月1日，泰州市科技局科技政策宣讲团赴医药高新区开展"科技政策进企业，创新服务到基层"活动，近120家企业参加活动。

3月8日，泰州市科技创新载体平台建设督查推进会召开，市政府副市长张小兵、副秘书长刘剑波、市科技局局长丁志强及各市（区）分管领导参会。现场察看吉林大学汽车传动研究院、扬子江药业集团龙凤堂有限公司研发机构、济川药业集团有限公司药物研究院、南京理工大学泰兴研究院等载体，各市（区）汇报载体建设平台建设情况。

4月10日，泰州市人民政府与南京农业大学合作共建签约仪式举行，省人大常委会副主任、市委书记曲福田，南京农业大学校长周光宏，市长史立军等出席活动。曲福田、周光宏为南京农业大学国家肉品质量安全控制工程技术研究中心泰州分中心、南京农业大学泰州研究院揭牌。

4月15日，泰州市人民政府与哈尔滨工业大学战略合作签约仪式举行，市委副书记、市长史立军，哈尔滨工业大学副校长郭斌，市委常委、组织部部长张国梁，副市长张小兵等出席。

4月18日，泰州市知识产权工作联席会议在市科技局召开，市法院、检察院、发改委、经信委、教育局、科技局、公安局、司法局、文广新局、农委、商务局等部门负责人出席会议。市科技局局长丁志强解读《2018年江苏省知识产权强省建设工作计划》和市委市政府"1+4"创新政策有关知识产权工作的文件。

4月25日，教育部科技发展中心、高港区人民政府共同举办"智汇高港·携手创新——2018年中国高校科技成果交易会高港专场"对接活动。

4月26日，江苏省高新技术创业服务中心、江苏省经纪人协会、市科技局联合举办的江苏省技术经纪人泰州培训班开班。

4月26日，泰州市知识产权局联合多部门举办以"倡导创新文化 尊重知识产权"为主题的"4·26"知识产权广场宣传活动。

5月28—30日，泰州市科技局组织"泰州产业合作成都院校行"活动，市委常委、组织部部长张国梁带领相关部门负责人赴中科院成都生物研究所、电子科技大学、四川大学和西南自动化研究所考察交流。参加此次活动的泰州市企业涉及电子信息、新能源、新材料等领域，活动累计实现洽谈意向项目48个，其中22个科技合作项目达成初步协议。

6月5日，泰州市科技局赴无锡开展"思想解放再出发，对标找差新跨越"专题学习调研，局党组班子成员和各处（室）、事业单位负责人参加活动，与无锡市科技局各处（室）、事业单位负责人就具体工作进行对口交流。

6月6日，泰州市科技系统"双过半"工作督查推进会召开，市科技局领导班子全体成员、局机关各处（室）、事业单位负责人、各市（区）科技局局长、办公室主任参加会议。市科技局局长丁志强对前一阶段工作进行系统点评。

6月7日，泰州市科技局赴绍兴市调研学习，局各处（室）、事业单位负责人参加活动。通过听取介绍、实地参观、集中座谈等形式与绍兴市科技局深度对接交流。

6月8—11日，泰州市科技局联合组织、经信、人社等部门相关处（室）负责人赴兴化市、泰兴市开展"产业人才大调研"活动。

7月24日，泰州市科技局开展2018年"技术专家巡诊团"活动，召开江苏省智能装备产业联盟（泰州）企业交流座谈会，专家们分组走进高港区、姜堰区、高新区，开展"技术专家巡诊团"活动，为企业发展把脉问诊。

7月25日，2018年泰州市技术专家巡诊海陵专场举行，来自中科院南京分院、中科院科技促进发展局、中科院北京自动化所等科研院所的11名专家参会。

7月26日，泰州市高新技术企业培育工作推进会召开，会议解读了高新技术企业认定条件及相关政策，并通报各市（区）高新技术企业工作情况。

8月16日，泰州市召开重大创新载体建设督查推进会。副市长张小兵、市政府副秘书长刘剑波、市科技局局长丁志强等出席会议，丁志强通报各市（区）重大创新载体建设情况。与会人员还分别走进兴化市和姜堰区督查现场。

8月17日，泰州市召开挂钩服务节能与新能源产业工作座谈会。市委常委、组织部部长曹卫东，市委组织部副部长、市人才办主任于顺华，市科技局、发改委、经信委、商务局负责人，姜堰经济开发区、泰兴高新技术产业开发区、泰州市新能源产业园负责人参加会议。曹卫东就如何落实市委市政府《关于市领导和市级机关部门挂钩服务重点产业、重要园区、重大项目的工作意见》发言，市科技局局长丁志强汇报全市节能与新能源产业发展总体情况。

9月17日，2018年"智创泰州"科技创新创业大赛决赛举行，自5月启动报名以来，历时4个月，经历前期筛选、初赛、复赛等环节，18个项目进入决赛。安德信科技PVD涂层技术产业化团队、江苏金森海默生物技术有限公司、江苏长泰药业有限公司分获创业团队组、初创企业组和成长企业组第一名。

9月20日，吉林大学泰州汽车动力传动研究院科技成果发布会在高港举行。

9月28日，中国泰州（西安）科技与人才合作对接会召开，市委常委、组织部部长曹卫东，市科技局局长丁志强，西安交通大学副校长张汉荣，西安高校院所相关负责同志、高端人才代表、在西安工作的泰州籍乡贤和企业家代表，各市（区）、园区负责人、重点企业负责人等共300人参加对接会。曹卫东带领相关部门、企业负责人赴西安交通大学和西安理工大学开展科技交流活动。此次中国泰州（西安）科技与人才合作对接会一共签约了17个合作项目，设立了11个"招才引智工作站"。

10月17日，泰州市科技局在新能源产业园区召开全市科技条件工作座谈会。各市（区）科技局新型研发机构建设分管负责人、相关处室负责人出席会议。会议通报了全市新型研发机构建设工作进展情况，并对《泰州市重大研发载体建设管理办法》《泰州市科技创新工作考核办法（试行）》中载体考核等文件进行解读。

11月9日，泰州市科技创新暨人才工作会议召开，授予江苏亚星锚链股份有限公司等10家企业"泰州市创新型领军企业"称号，授予王江波等10人"泰州市创新创业杰出人才"称号，市委书记韩立明出席并讲话，市委副书记、市长史立军主持，市委常委、常务副市长杨杰宣读表彰决定；会议印发了《关于进一步鼓励企事业单位聚才用才推进科技创新引领高质量发展的若干政策》和"新时代科技新长征"活动实施方案，市委常委、组织部部长曹卫东做文件说明；会上，中科院自动化研究所副所长杨一平、副市长陈明冠共同为中科院自动化研究所泰州智能制造研究院揭牌。

泰州市召开科技创新暨人才工作会议

11月19日，在上海举办的泰州城市推荐会上，泰州市科技局签约了2个产学研合作项目，与复旦大学泰州健康科学研究院共建"复旦大学科技成果转移转化（泰州）中心"，与同济大学科技成果转移转化中心共建"同济大学科技成果转移转化（泰州）中心"。

11月24日，泰州市科技局、市科协、北京能源与环境学会共同举办第二届中国能源与环境中青年科学家创新创业论坛。

12月12日，"新时代科技新长征"走进首都北京，副市长陈明冠、市人民政府副秘书长刘剑波、市科技局局长丁志强率领20多家骨干企业负责人来到中科院电工所,开展对接洽谈活动,中科院电工所党委书记张福宽出席。泰州市企业共洽谈项目30多个,其中16个科技合作项目达成初步协议。

12月26日,泰州市科技局、海陵区科技局、市光伏产业技术创新战略联盟共同举办泰州市光伏技术创新战略联盟成立大会暨创新发展高峰论坛。

宿迁市

Suqian City

【概　况】 2018年,在市委、市政府的坚强领导下,宿迁市科技局紧紧围绕高质量发展要求,全面贯彻落实党的十九大精神和习近平总书记关于科技创新的新要求和新部署,系统谋划,狠抓落实,有力推动了全市科技创新工作的开展。预计全社会研发投入占GDP比重达1.65%,科技进步贡献率达53.7%,高新技术产业产值占规模以上工业增加值比重达26.5%,国家高新技术企业达到251家,万人发明专利拥有量达到2.5件,宿迁市成功获批建设国家农业科技园区。

【科技管理】 深入推进市级科研项目和资金管理改革,落实市级项目管理暂行办法和项目相关主体责任信用管理办法,发布市级科研、知识产权领域信用"红黑名单",严格按照红黑等级下达项目资金。进一步规范项目评审、创新券兑现、专利奖评审规则,加大专家咨询在决策中的分量,形成了专家评审、局长办公会决策、社会公示、纪检监察部门全程参与监督的一整套的规范程序。围绕加快推进创新型城市建设,充分发挥科技创新在供给侧结构性改革和经济转型升级中的关键作用,出台了《中共宿迁市委 宿迁市人民政府关于推进科技创新引领高质量发展的若干政策》("科技创新40条"),从大力培育创新主体、加强创新创业载体建设、推动科技成果转移转化、推动产才深度融合、推进科技金融深入融合、深化科技创新"放管服"改革、营造激励创新宽容失败的浓厚氛围等7个方面明确支持重点、奖励方式、额度。

【高新技术产业】 全市高新技术产业产值同比增长7.71%,增幅居全省第9位,居苏北五市第2位,占全省比重为1.27%。扎实推进科技型企业培育工作,全市国家科技型中小企业入库企业达374家,国家高新技术企业总数达251家,较2017年净增35家。全年共落实科技政策减免税3.51亿元,同比增长44.4%,其中高新技术企业减免税1.85亿元,同比增长19.4%;研发经费加计扣除减免税1.66亿元,同比增长88.6%。围绕共性关键技术研发,组织实施市级以上产业前瞻与共性关键技术项目30项。

【创新平台与载体】 不断加强企业研发机构建设的分类指导和创新管理,制定出台《宿迁市规上工业企业研发机构建设三年(2018—2020)行动计划》,全年新确认市级研发机构350家,新增省级工程技术研究中心7家、院士工作站1家,全市规模以上工业企业研发机构建有率达42.9%。江苏意杨科技企业孵化器等4家企业孵化器获批省级科技企业孵化器,苏宿园区"梦工厂"获批省级众创空间,全市企业孵化器和众创空间分别达到15家、8家。共推荐6家星创天地申报省级星创天地,其中2家被省科技厅推荐为国家级星创天地。目前,全市累计获批国家级、省级星创天地分别为6家、8家。进一步推进科技服务平台建设,提升服务能力。加强产业技术研究院管理创新,开展市区财政投入建设的研究院绩效评价工作,下达奖补经费106.3万元。指导建设中煦研究院、智能家电检测与创新平台、玻璃功能化及应用等研究院,筹建新型研发机构10家。

【科技经费与项目】 市科技局管理科技经费达5000万元,全市科技系统管理经费超1亿元。全市获得省级以上科技计划项资金及奖励补助资金6583.4万元,其中省级科技计划项目

111项、省拨款4615万元，省级奖励补助资金1968.4万元。组织实施市级科技成果转化、创新能力建设计划、重点研发计划（产业前瞻与共性关键技术、现代农业、社会发展）等5类项目73个，下达资金2792万元，其中80%以上项目资金支持地方重点产业。不断解决科技型中小企业创业融资难问题，"苏科贷"业务实现全市全覆盖，2018年累计向108家企业放贷3.103亿元，同比增长49%，向135家企业发放2018年度科技创新券2290万元。

【产学研合作】 全年共举办各类产学研活动20场，563家企业与217位专家洽谈，达成合作意向119项，成效显著。其中，6月28日在上海举行"2018年宿迁对接上海产业科技创新项目合作与人才招引洽谈会"，邀请了中国工程院院士、上海交通大学丁文江教授等21名专家、长三角30名客商参会，全市39家企业现场参与对接，共签订了合作协议18项，总投资近10亿元。8月30日承办了江苏省产学研专场对接洽谈会——宿迁市智能制造技术成果专题洽谈会，重点围绕机电装备、智能家电、激光制造3个产业146家企业，与西安交通大学、中国电器科学研究院、华中科技大学等13所的37名专家对接，达成合作意向12项。10月26日在西安举办了宿迁（西安）人才科技恳谈会，重点组织现代农业、机电装备（智能家电、激光制造）、新材料等产业企业52家，先后对接西安交通大学、西北工业大学、兰州大学、西北农林科技大学、中科院西安光机所等11家高校院所，6个项目现场进行签约，达成合作意向12项。

【农村科技】 加快引领宿迁现代农业产业高质量发展，江苏宿迁国家农业科技园区以全国第2名的成绩，获批科技部第八批现代农业科技园建设。宿豫区、泗洪县获批省现代农业科技园区，省级农业科技园区实现了县（区）全覆盖。实施苏北科技专项项目58项，争取项目资金2046万元。聚焦现代农业，实施市级农业科技计划项目12项，投入资金285万元。

新增省级农业科技型企业8家，总数达47家。新增国家级农业产业化龙头企业1家，省级农业产业化龙头企业9家，数量分别达到5家和55家。建成省级以上星创天地13家，其中国家级星创天地8家，省农村科技服务超市分店、便利店35家。

【科技人才】 大力实施"千名领军人才集聚计划""千名拔尖人才培养工程""名校优生工程""工匠培育工程"，集聚培育更多优秀人才。合力搭建人才载体平台，调动各类用人主体的积极性，开展"人才科技恳谈会""人才招引进校园"等活动，吸纳集聚更多创业创新人才。不断提升企业研发水平，引导企业柔性引进科研人才，从全国高校院所引进49名在校博士、青年教授到企业兼任技术副总或副总工程师。

【科技服务】 深入实施宿迁市科技系统创新型企业培育"百人千企"服务行动。组织全市科技系统100余名党员干部深入挂钩联系企业开展"送政策、摸需求、解难题"活动，进行"一对一"政策辅导。制定《宿迁市高新技术企业培育资金管理办法（试行）》及《宿迁市高新技术企业培育实施细则（试行）》，进一步强化政策引导力度，充分发挥财政资金杠杆作用。成功举办第二届宿迁科技创新创业大赛暨第六届"创业江苏"科技创业大赛（宿迁赛区）比赛，有6家企业入围第七届中国创新创业大赛，入围企业数创历史新高。最终宿迁市科技局获得大赛优秀组织奖，1个创业团队获得大赛优秀团队奖，14家企业获得大赛优秀企业奖，2家企业获得国家赛优秀奖。

【知识产权】 京东集团知识产权保护与服务中心在宿揭牌成立，标志着全省首个电商企业牵头建立的涵盖知识产权申请、保护、运营等全流程的服务平台在宿迁正式成立。2018年，全市申请专利15531件，同比增长39.59%，授权专利8488件，同比增长94.32%，同比增幅分别居全省第一和第二；其中企业申请专利

12982件,企业授权专利7314件,企业专利申请和授权量分别居苏北的第三和第二,PCT专利申请量、有效发明专利拥有量同比增幅也均居全省前列。对170家零专利企业进行了"清零"、推动了86家科技型中小企业专利倍增、引导了85家高新技术企业提升知识产权管理水平和指导了12家创新型领军企业实施知识产权战略,新增贯标备案企业90家,累计达到460家。扎实开展"护航""闪电"行动,检查各类流通企业300余家,立案查处假冒专利案件300余件,调处侵权纠纷50余件。

国家高新区
National New & High-tech Industrial Development Zones

南京国家高新技术产业开发区
Nanjing National New & High-tech Industrial Development Zone

【概　况】　2018年，南京国家高新技术产业开发区（江北新区）[以下简称"南京高新区（江北新区）"]实现地区生产总值1471.05亿元，按可比价格计算，比2017年同期增长13.1%，高于全市5.1个百分点；一般公共预算收入172.6亿元，同比增长25.7%；全社会固定资产投资增长18%；规模以上工业总产值达3285.9亿元，同比增长23.1%。

【高新技术产业发展及产业化】　聚焦"两城一中心"（芯片之城、基因之城、新金融中心）建设，全年实施重大产业项目155个，累计完成投资442亿元，高新技术产业投资增长18%，微创医学、强新科技等50多个重点项目建成投产，集成电路、生命健康等战略性新兴产业均实现30%以上的快速增长。2018年，新培育高新技术企业238家，累计拥有高新技术企业500家，总量增幅83.1%；实现规模以上高新技术产业产值1827.92亿元，同比增长22.8%。

【科技成果】　5家企业获得省重大科技成果转化项目立项支持；获省级以上科技奖项8项，其中国家科技技术进步奖二等奖3项，省科学技术奖二等奖3项，三等奖2项。园区获批建设集成电路产业、生物医药产业两大苏南科技成果产业化基地，实现技术合同交易额61.2亿元。

【科技创新平台】　与北京大学、清华大学、中科院、南京大学、东南大学、省产业技术研究院等开展深度合作，签约共建新型研发机构40家，其中22家获南京市备案，累计孵化和引进企业197家。北京大学分子医学转化研究院、下一代互联网国家工程中心南京创新中心等一批高端创新平台加快建设，集聚省产业技术研究院专业院所达6家。

【科技合作】　加强与创新关键国家和重点地区合作，先后与英国剑桥大学共建剑桥大学—南京科技创新中心，与南京大学、英国伦敦国王学院共建南京大学—伦敦国王学院联合医学研究院，与美国加州大学伯克利分校共建伯克利—南京研究中心，研究制定了《江北新区海外创新中心建设指引》，加强海外创新中心布局和建设，通过硅谷创新中心、牛津创新中心、剑桥创新中心，积极引进国际高端人才、创新资源、产业项目及金融资源。

【科技人才】　全年引进"国家重大人才工程"

中国细胞谷项目启动仪式

入选者19人，省"双创计划"29人；入选"创业南京"高层次创业人才47人，引进中青年拔尖人才14人，"345"海外高层次人才引进计划15人；集聚科技顶尖专家11人，培育创新型企业家25人。

【科技金融】 全面推动扬子江新金融集聚区中心区建设，扬子江新金融示范区预计2019年1月正式开园。大力发展PE、VC等新金融业态，已落户各类新金融机构超过100家，集聚各类金融资本达2000亿元规模。"苏科贷"、"宁科贷"等科技金融产品发挥积极作用，辖区内科技企业全年投融资金额超过27亿元。

【知识产权】 设立知识产权综合服务窗口，开展集专利、商标、版权相关业务一站式服务。建立知识产权法律服务中心，推动知识产权法庭、仲裁院、维权援助中心等载体建设，中国（南京）知识产权保护中心揭牌正式运营，构建形成知识产权调解、仲裁、诉讼、行政保护、快速确权维权于一体的知识产权保护工作体系。全年园区专利申请量首破万件，实现PCT专利申请量149件，万人有效发明专利拥有量72件。

【科技服务】 强化自主创新服务中心一站式服务功能，构建线上、线下相结合的"一网一厅"科技服务模式，月均服务园区企业及人才500家次，全年完成相关创新政策兑现近8000万元，600余家企业享受高新技术企业税收减免和企业研发费用税前加计扣除等科技创新税收减免9.22亿元。"互联网+金融+知识产权"服务创新成效初显，设立3亿元授信额度，帮助企业实现知识产权质押融资8000余万元。

【科技活动】 成功举办第三届清华校友三创大赛（江苏赛区）、2018年度"创业金陵"南京科技创新创业大赛暨第六届"创业江苏"科技创业大赛（南京赛区）、第十届中国研究生电子设计竞赛总决赛、第六届江苏省科技创业大赛总决赛等重大活动，以及政策速递、项目路演、科技讲堂、企业家训练营、投融资对接等各类科技创新活动200余场，积极营造良好的创新创业氛围。

苏州国家高新技术产业开发区
Suzhou National New & High-tech Industrial Development Zone

【概　况】 2018年，苏州国家高新技术产业开发区（以下简称"苏州高新区"）科技创新工作聚焦"两聚一高"战略部署，全面展开"两高两新"创新实践，以深入推进苏南国家自主创新示范区建设为工作核心，进一步引进、整合高端创新资源，壮大、发展创新型企业群体，完善创新创业支撑体系，充分发挥科技创新在全面创新中的核心作用，全年科技工作取得良好成效，为高新区实现高质量发展，高水平打造创新引领发展示范区提供坚强科技支撑。

【科技政策】 优化完善科技政策体系。修订科技领军人才、高企、众创空间和研发机构4项政策，出台高新区独角兽、瞪羚企业培育实施意见。获批各级各类科技项目近700项，其中获批省成果转化项目9项，为历年最多，入选全省首批苏南国家自创区高端医疗科技成果产业化基地。积极落实企业研发费用加计扣除等重点科技政策，落实加计扣除企业644家、同比增长62.6%，加计扣除额24亿元，减免企业所得税6亿元，均列全市第三；落实国家高新技术企业税收减免企业217家，减免企业所得13亿元。全社会研发投入占地区生产总值比重达到3.52%，继续位列苏州市第一。

【科技载体】 强化创新创业孵化体系建设，建有15家省级以上科技企业孵化器（其中国家级6家），新增省、市众创空间16家，其中省级众创空间7家，位列全市第一；苏州留学人员创业园入选国家首批中国留学人员创业园孵化基地。院校合作取得新进展，南京大学苏州创新研究院等17个院校合作项目签约落户。建设期满项目发展良好，中科院苏州医工所的"超分辨光学显微镜"通过国家验收，部分成果实现销售；浙大苏研院"超高速数码喷印设备关键技术研发及应用"项目获国家技术发明奖二等奖；建设期内项目按合同约定加快推进，清华苏州环境创新研究院人员规模150人，引进17个科研团队，注册10家企业，成立5个专业研究中心，新增姑苏领军人才2人。

【科技人才】 强化科技人才引育。全年新增各级各类科技领军人才254项，其中市级以上科技领军人才53项，同比增长47%（"国家重大人才工程"入选者4项）、科技部创新人才推进计划5项、省"双创人才"8项、团队2项、市姑苏人才34项；省创新团队位列全市第一（与工业园区并列），姑苏领军人才立项数位列全市第二，创历年新高。获批国家级博士后科研工作站8家，入选人社部中国留学人员回国创业启动支持计划1人、获评省友谊奖1人、省有突出贡献中青年专家1人、省博士后工作站2家（区域站增设分站待批复），获批市魅力科技人物1人、市海鸥计划40人、姑苏重点产业紧缺人才计划581人，立项区产业紧缺人才计划401人。目前，高新区已累计集聚各类科技领军人才超过1000人次。

【科技企业】 领军企业队伍不断扩大。入选省独角兽潜在企业3家，瞪羚企业34家，市独角兽培育企业4家，累计拥有国家、省、市三级瞪羚企业92家。全区共引进孵化企业1579家，其中产业化项目505家；引进科技服务业企业162家，其中新增市级备案科技服务业企业19家；新增国家高新技术企业120家，同比增长50%，获批省民营科技企业315家，同比增长35.8%，均创历史新高，省、市高企培育库入库企业160家；新增产学研合作项目431项，获批研发机构110家，其中省级以上25家；大中型和规上高企研发机构建有率97.26%、有效建有率94.75%，列苏州市第二。

【科技服务】 完善知识产权服务体系，集聚区累计引进服务机构超过90家；江苏国际知识产权运营交易中心网上平台发展会员企业超过1000家，发布知识产权转让信息3619项；审协江苏中心现有工作人员1600多名，其中92%为硕士研究生以上学历。2018年，完成17.2万件发明专利审查标准件，超过全国总量的20%，取得审查费收入超过5.3亿元；第六届中蒙俄知识产权研讨会在高新区成功举办。完善科技金融服务体系，实施区域天使投资引导资金政策，推出重大科技成果转化专项金融服务"科技成果转化贷"，新增省市科技贷款超过12亿元。完善科技政务服务体系，出台《苏州高新区加快科技服务业发展实施方案（2018—2020）》，基本建成苏南国家自创区创新创业一体化服务平台，举办"科技人才创新培训班"等各类培训讲座、科技咨询及科普活动120余次，服务企业超过5000家次。

【知识产权】 知识产权强区建设不断深化。莱克电气、东菱振动等5家企业获批国家知识产权示范企业，阿特斯阳光电力等6家企业近两年入选市企业知识产权登峰行动计划。全年发明专利申请8626件，列全市第一，专利授权8097件，其中发明专利授权1549件，占专利授权的19.13%、列全市第二；PCT专利申请208件，为历年最多，全区近90%的专利申请都来自企业；万人有效发明专利拥有量111.8件、列全市第二，是全市平均数的2.1倍、全省的4.2倍。

【科技活动】 1月22日，苏州高新区召开人才科技工作一季度会议。副市长、高新区党工委书记徐美健强调，人才科技工作是推进"两高两新"的重要抓手，要加快全区创新人才工作任务指标的分解，加速创新资源集聚，为推进"两高两新"提供坚实的人才支撑。区领导吴新明、宋长宝、朱奚红、张国畅、陈明、华建男、徐萍、陶冠红、虞美华、王莉、钮跃鸣、黄锋、施国华出席会议。

2月8日下午，高新区举行"智汇苏高新"

高层次人才迎新春联谊会。区内各级各类领军人才，大院大所、人才协会、板块载体的代表共聚一堂，畅叙情谊。区领导吴新明、张国畅、陶冠红、王莉出席活动。

3月19日，高新区召开科技创新大会。副市长、高新区党工委书记徐美健强调，创新驱动发展战略是高新区发展的核心战略，科技创新是全面创新的核心，全区上下要聚焦这个"核心的核心"用功发力，加快新旧发展动能转换，为走在高质量发展最前沿提供强大动力。高新区党工委副书记、区长吴新明主持会议。区四套班子全体领导出席会议。

4月25日，高新区科技镇长团"回家"活动暨第六批科技镇长团项目成果签约仪式成功举行，21个科技人才合作项目集中落地签约，助推地方产业转型升级。高新区党工委副书记、区长吴新明，区领导张国畅、陶冠红、王莉出席活动。

5月24日，苏州高新区在院地、校地合作方面强势发力，分4批集中签包括南京大学苏州创新研究院在内的共16个重大科技创新项目，为进一步建立起高效的产学研用协同创新机制，加快科技成果转移转化，推动苏州高新区、苏州市高质量发展提供强大的支撑。至此，高新区牵手"大院大所"超过百家。省委常委、市委书记周乃翔，市委常委、常务副市长王翔，市委常委、秘书长黄爱军，省产业技术研究院执行院长刘庆出席签约仪式。副市长、高新区党工委书记徐美健主持签约仪式。

5月25日，苏州高新区与伯明翰大学、东南大学共同签署谅解备忘录，标志着三方共建的生物医学工程联合研究院正式落户高新区。副市长、高新区党工委书记徐美健出席并见证签约仪式。高新区党工委副书记、区长吴新明与伯明翰大学常务副校长蒂姆·琼斯、东南大学副校长吴刚进行项目签约。

6月6日，副省长马秋林一行调研指导高新区解放思想大讨论工作。副市长、高新区党工委书记徐美健，市政府副秘书长卢渊，区领导陶冠红、施国华陪同调研。

7月24日，东南大学苏州医疗器械研究院第一届理事会第二次会议召开。自2017年以来，研究院已启动4个研发中心和工程转化平台建设，获批区科技领军人才10人，姑苏创新创业领军人才2人，孵化引进企业8家，入选江苏省重大新型研发机构和苏州市新型研发机构。东南大学副校长吴刚，高新区党工委副书记、区长吴新明，区领导陶冠红等参加会议。

8月22日，高新区召开创新型领军企业培育工作推进大会。副市长、高新区党工委书记徐美健出席并讲话，高新区党工委副书记、区长吴新明主持会议。市科技局局长张东驰及区领导潘跃飞、袁永生、王蔼先等出席会议。

9月6日，为进一步交流院所与企业发展情况，深入探讨大健康产业发展前景，高新区召开全区大健康产业方向大院大所及重点科技企业座谈会。会议集聚大院大所及产业相关科技企业共12家单位代表，为高新区大健康产业出谋划策。高新区党工委副书记、区长吴新明，区领导张国畅、陈明、陶冠红、周晓梅出席会议。

9月27日，高新区举行省"科技改革30条"政策宣讲暨高新区政策解读会，对《关于深化科技体制机制改革推动高质量发展若干政策》（简称"科技改革30条"）和部分区级科技政策进行宣讲与解读。区内大中型工业企业和高新技术企业等企事业单位负责人、各板块科技分管领导及科技助理等近500人参加会议。

10月18日，以"新形势下知识产权保护的强化"为主题的第六届中蒙俄知识产权研讨会在苏州高新区举行。中蒙俄三国产业界和学术界代表近百人参加会议。中国国家知识产权局局长申长雨、蒙古国知识产权局局长埃尔德内苏伦·埃尔德内巴特、俄罗斯联邦知识产权局副局长米哈尔·扎莫迪克出席会议开幕式并致辞，江苏省副省长马秋林，苏州市副市长陆春云，高新区党工委书记、区长吴新明，区领导陶冠红参加相关活动。

10月20日，中国科学院苏州生物医学工程技术研究所建所十周年暨生物医学工程技术研讨会在高新区举行。全国政协教科卫体委副主任曹健林，中国科学院院士、中国科学技术大学副校长杜江峰、江苏省科技厅副巡视员景茂、中科院南京分院院长杨桂山、苏州市副市长陆春云、苏州高新区党工委书记、区长吴新明、区领导陈明、陶冠红等出席活动。

11月9日，由江苏省科学技术厅、苏州高新区主办的第六届江苏跨国技术转移大会医疗器械分会暨2018苏州国际医疗器械产业发展高峰论坛在高新区举办。20余家企业与国内外相关机构进行"一对一"对接活动，签署合作协议6项，达成超过30项合作意向。省科技厅副厅长夏冰、副市长陆春云、中国科学院院士王恩多、中国工程院院士周寿桓、区领导陈明、陶冠红出席大会。

11月12日，江苏省科技服务业"百强"机构和"百优"人才发布活动在苏州高新区举行，来自全省科技服务机构的200多人参加活动。其中，高新区共获评4家"百强"机构和1位"百优"人才。省科技厅副巡视员景茂、省科技创新服务联盟理事长赵志强、区领导陶冠红等出席活动。

12月6日，江苏省医疗器械产业技术创新中心（以下简称"创新中心"）2018年度常任理事会和执行委员会会议召开。会上透露，目前，创新中心累计集聚医疗器械产业企业207家。其中，高新技术企业42家，上市企业7家，新三板挂牌企业4家，规上企业40多家，从业人员7900余人。江苏省科技厅副巡视员景茂、区领导陈明、陶冠红出席会议。

无锡国家高新技术产业开发区

Wuxi National New & High-tech Industrial Development Zone

【概况】 2018年，无锡国家高新技术产业开发区（以下简称"无锡高新区"）按照国家推进创新型县（市、区）建设的部署要求，以习近平新时代中国特色社会主义思想为指导，深入贯彻落实党的十九大精神，坚持稳中求进工作总基调，自觉践行新发展理念，以实现高质量发展为导向，聚力高效益科技创新和高质量产业发展，着力推动质量、效率、动力"三大变革"，创新型园区建设工作取得了一定的成效。

围绕"四个走在前列"的发展定位，无锡高新区坚持创新驱动为核心、产业强区为主导的产业发展思路，以全面落实苏南国家自主创新示范区和国家传感网创新示范区两大国家战略为契机，大力构建产业科技创新体系，塑造高质量发展的新样板，既培育科技创新"高原"，又促成科技创新"高峰"，全力营造更具吸附力的创新创业"生态圈"，在全国高新区综合评价中位次提升4位至第30名，保持高新区核心竞争优势。2018年，地区生产总值1750亿元，增速达到8.1%；研发经费支出占GDP的比重为3.6%；高新技术产业产值2790亿元，占规上工业总产值的比重为65%；万人发明专利拥有量可望达到125件。新兴产业发展迅速，以物联网产业为代表的新一代信息技术产业均实现两位数以上的增长。

【工作推进】 创新主体加速汇聚，不断夯实创新基础。积极实施"龙头培育工程""人才凤栖工程"等六大工程，开展主题化、差异化招商，大力招引高质量创新项目，着力培育科技小巨人和独角兽企业。2018年，新增科技企业605家，累计认定科技企业1100家；全区高新技术企业达到437家，创历史新高，省高企培育入库企业122家；14家企业入选市2018年度高成长创新型企业50强，新三板挂牌科技企业累计达到77家；3人入围第三批"国家重大人才工程"科技创业领军人才，2人入选2017年科技部创新人才推进计划，5人获推荐申报2018年度科技部创新人才推进计划；18家区科技小巨人企业脱颖而出，入选市首批独角兽企业培育入库企业1家，入选苏南自创区潜在独角兽榜单企业2家，入选苏南自创区瞪羚企业榜单26家。

创新载体加速建设，持续强化服务及辐射能力。新增3家省级众创空间、2个省级孵化器、认定市级以上研发机构20家。无锡软件园成为国家级科技孵化器绩效考核全市唯一获评优秀的孵化器。苏南自创区一站式科技服务中心、江苏物联网产权交易中心正式运营；江苏省物联网研究发展中心体制机制调整到位，成功组建无锡物联网创新中心有限公司并获批省物联网创新中心；江苏省物联网产业技术创新中心首批微系统技术协同创新平台等3个公共技术平台项目经过专家论证；无锡医疗物联网产品评测中心、国体智体检测（江苏）有限公司等重点支撑平台启动。

创新型产业集群加速成长，着力提升产业发展质态。启动国内首个"城市云脑计划"，发布白皮书《城市云脑计划实践篇（2018）》。深入实施"产业唤醒计划"，新引进智能制造系统解决方案集成商4家，全面落实智能制造行动计划，目前省级智能示范车间26家，市级智能示范车间25家。加快推进新一代信息技术产业行动计划，成功引进超50亿元的海尔物联生态网、超30亿元的特康科技、物联网领域领军企业阿里物联网、信息安全领域上市企业启明星辰及药明偶联、亿利集团等一批龙头生态型总部基地项目，为产业生态的优化打下坚实基础。

研发服务能力加速提升，有效增强区域竞争力。规上高新技术企业实现研发机构全覆盖。成功引进全球知名的PNP创新加速器，接轨全球创新生态系统；推进省产研院与无锡市合作共建的首个专业研究所深度感知技术研究院落户；同步电子、中微高科、中微腾芯3家企业被认定为省发改工程研究中心；同步电子、中科光电2家企业获批企业技术中心。通过国家知识产权示范园区复核，制定并印发高新区国家知识产权示范园区新三年工作规划，1—10月，全区新增专利申请9872件，其中发明专利申请3418件，新增专利授权5924件，其中发明专利授权1252件，新增PCT专利申请141件，万人发明专利拥有量达到124.95件。物博会期间，高新区企业发布创新成果17项，7个项目入围"物联网新技术新产品新应用"成果奖。

创新创业环境加速优化，进一步激发创新活力。积极落实推广示范区政策，加快衔接国家部委关于苏南自主创新示范区享受政策的具体配套文件落地，及时向科技企业传达和发布。出台区科技创新创业新政策，全面落实省"40条政策"、条例精神和创新政策先行先试，政策体系不断完善。不断完善中小科技企业创新型银团、投贷联动、创新引导基金等新型科技金融体系，推荐184个科技项目获得风险补偿贷款5.467亿元。成功举办全区科技创新和人才发展大会，组建苏南一站式服务中心，整合全区科技服务体系，理顺工作体制机制。结合各创新创业载体建设发展特点，恢复专业载体专业招商和专业服务的功能，加快推行载体绩效管理，新的科技创新服务体系初步构建。成功承办物博会系列活动，举办了全国首届高新区科技马拉松赛事、全国创新型科技园区座谈会，展示了无锡高新区的良好形象。

常州国家高新技术产业开发区

Changzhou National New & High-tech Industrial Development Zone

【概况】 常州国家高新技术产业开发区（以下简称"常州高新区"）紧紧围绕"苏南国家自主创新示范区建设及高新区争先进位"工作主线，在巩固创新主体、优化创新载体、集聚创新要素等方面下功夫、求突破，科技创新工作取得了一定成绩。2018年，科技综合实力显著提升，全区高新技术产业产值达1689.7亿元，占规模以上工业总产值比重为63.1%。在国家高新区年度评价中综合排名居第28位，在全国168家高新区中继续稳居前30位。

【高新技术发展及产业化】 大力培育一批在国家、省有影响力的重大科技项目，组织实施省级以上科技项目147项，争取省级以上经费1.69亿元，其中，国家级5项，争取经费2962万元。全年认定苏南国家自主创新示范区潜在独角兽企业2家、瞪羚企业34家，净增高新技术企业 79 家，高新技术企业累计数达 438 家。全年认定国家知识产权示范企业 2 家，优势企业 2 家。科技减免税总额达 10.11 亿元。

【科技成果】 认定国家级博士后工作站 1 家、省级工程技术研究中心 7 家、省级企业重点实验室 1 家、省级院士工作站 2 家、省级博士后工作站 1 家、省级工程中心 3 家、省级企业技术中心 3 家、省级研究生工作站 3 家，全区规上高企研发机构覆盖率提升至 85.31%。强化研发机构绩效管理，天合光能等 11 家企业在省级各类研发机构绩效评估中被认定为优良以上（其中 10 家优秀）。全社会 R&D 投入占地区生产总值比重为 2.91%。

【科技创新平台】 成功引进"中科院自动化所常州智能机器人研究所""中德节能环保创新中心"，促成常州高新区与江苏省产业技术研究院、安泰创明共建"江苏省产业技术研究院先进能源材料与应用技术研究所"，实现江苏省产业技术研究院在常州高新区布局零的突破，成为省产研院首家与央企上市公司合作共建的专业研究所。研究出台创新载体管理办法，完善绩效激励机制，做好全区载体平台的综合服务工作。全年新增省级众创空间备案 1 家，新认定省级孵化器 4 家、省级加速器 1 家。智能传感众创社区成功获批第二批备案试点江苏省众创社区。建立了分级分类服务（培育）机制，加强载体间互动交流，提升全区创业载体的孵化、管理能力，在科技部火炬中心国家级科技企业孵化器 2017 年度考核评价中，三晶孵化器获评常州市唯一优秀 A 类，B 类 3 家；在省科技厅省级以上孵化器 2017 年度考核评价中获评 A 类 4 家，居各辖市区第一，获评 B 类 5 家。

【科技合作】 全年组织产学研及国际科技合作活动近 30 场，签订产学研合作协议百余项。"5·18"期间，常州高新区首次承担展品展示任务，主会场签约项目共 11 个，项目总金额超 80 亿元，创历史新高。中简科技、天合光能先后举办"碳纤维及复合材料产业发展高峰论坛暨军民融合国家战略实践研讨会""能源物联网学习研讨会"等高端创新活动，助推区域战略主导产业高质量发展。重大创新载体加速与本地产业融合，主动策划、积极对接、有效承载了各类技术和人才洽谈活动，推动了一批重大项目生根落地。爱尔威孵化器举办"中国科学院自动化研究所常州智能机器人研究所揭牌仪式"，通过与中科院自动化所的全方位合作，进一步提升全区智能制造研发能力；维尔利举行"中德节能环保技术创新中心项目签约与入驻仪式"，积极与德国先进技术成果对接，建立技术创新平台，寻求新一轮技术突破。

【科技金融】 积极拓展科技金融服务，全年备案贷款总额 30005 万元；其中省"苏科贷"、贷款保证保险立项 66 项，备案贷款总额 19920 万元。积极举办科技人才和孵化器专场等融资路演活动 12 场，融资额达 10085 万元。

【科技人才】 人才引育成果丰硕，入选"国家重大人才工程"专家 1 人、省"双创团队" 1 个、省"双创人才" 12 人、省双创博士 8 人，省 333 人才新增 29 人，成功创建科技部创新人才培养示范基地、江苏省"双创"示范基地。

【科技服务】 有效发挥高科技企业协会沟通桥梁作用，组织开展企业家交流培训活动 4 次。深入开展科技服务平台建设，与区内科技金融、知识产权等服务机构进行深入合作，4 家机构

中国科学院自动化研究所常州智能机器人研究所

入驻一站式服务平台,打造科技服务业新业态,强化科技服务品牌建设。

【知识产权】 全区申请专利11551件,其中发明专利申请4369件;授权专利6114件,其中发明专利授权727件;万人发明专利拥有量56.65件,位列全市第一。2018年,常州高新区获批国家审查员实践基地。引进"国家知识产权局专利局专利审查协作江苏中心"资源为区内企业提供知识产权分析评议、产业专利导航、专利分析预警等精准化服务,发布碳纤维及复合新材料产业专利分析报告。

【科技活动】 落实好省"科技创新40条"、省"科技改革30条""常州科技创新29条"及《苏南国家自主创新示范区条例》《江苏省开发区条例》等上级政策。落实好高新技术企业所得税优惠、研发费用加计抵扣等科技税收政策,减免税总额达10.11亿元。高质量完成2017年度火炬统计、苏南自创区建设专项资金高新区奖补资金申报等工作,获奖补资金2750万元,与南京高新区、苏州高新区并列第二。江苏省"碳纤维及复合材料科技成果产业化基地"和"光伏智慧能源科技成果产业化基地"成功获批。

苏州工业园区

Suzhou Industrial Park

【概 况】 苏州工业园区隶属江苏省苏州市,1994年2月经国务院批准设立,同年5月实施启动,行政区划面积278平方千米,其中,中新合作区80平方千米,是中国和新加坡两国政府间的重要合作项目,被誉为"中国改革开放的重要窗口"和"国际合作的成功范例"。苏州工业园区率先开展开放创新综合试验,成为全国首个开展开放创新综合试验的区域。

2018年,苏州工业园区共实现地区生产总值2570亿元,公共财政预算收入350亿元,进出口总额1035.7亿美元,社会消费品零售总额493.7亿元,城镇居民人均可支配收入超7.1万元。在商务部公布的国家级经开区综合考评中,苏州工业园区连续3年(2016年、2017年、2018年)位列第一,并跻身建设世界一流高科技产业园区行列,入选江苏改革开放40周年先进集体。2018年,苏州工业园区发展呈现以下特点。

新兴产业取得新成效。2018年,苏州工业园区生物医药、纳米技术应用、人工智能三大新兴产业分别实现产值800亿元、650亿元、250亿元,同比增长30%左右,新增信达生物、同程艺龙两家科技上市企业。

改革创新激发新活力。积极开展开放创新综合试验,构建开放型经济新体制综合试点试验通过评估验收,11项改革经验在全国复制推广。中新联合协调理事会第十九次会议成功召开,赋予苏州工业园区9项新的先行先试政策功能,双方围绕"一带一路"、科技创新、金融创新等签署一批合作协议,中新合作内涵不断丰富。"放管服"改革纵深推进,"一窗受理、并行办理"、外资企业"一口办理"、电力报装"网上确认、串改并"等模式推行实施。

城市环境展现新面貌。全面落实中央环保督察"回头看"问题整改,落实省市打好污染防治攻坚战各项部署,深入推进"263"专项行动,固体废物大排查、"散乱污"企业整治成效显著,苏州工业园区是全市唯一完成能源消费总量和强度"双控"序时任务的板块。强力推进动迁"百日攻坚"行动,民房、企业、商业(店面)动迁取得突破性进展,完成动迁回购签约率近80%。出台《进一步加强存量工业用地管理促进企业转型升级的实施意见》,引导存量工业用地有序流转,有效促进建设用地二次开发,提升存量工业用地产出效益。

民生福祉实现新提升。海归人才子女学校新校区等11个教育项目竣工投用,新增学位1.6万余个,校外培训机构专项治理成效明显。文明城市创建持续推进,网络信息管理得到加强。中新社会治理合作试点新三年计划扎实推进,社会综合治理联动机制创新探索,区级、街道

（社工委）、社区三级相关机构设立实现全覆盖，智慧社区和"全科社工"模式获评江苏政务服务改革创新成果奖，苏州纳米城和同程网络科技股份有限公司分别获"全国模范劳动关系和谐工业园区"和"全国模范劳动关系和谐企业"称号。加强风险管控，互联网金融风险专项整治长效推进，政府债务风险防范效果显著，扫黑除恶专项行动深入开展，社会保持和谐稳定。

【高新技术发展及产业化】 2018年，苏州工业园区生物医药、纳米技术应用、人工智能三大新兴产业分别实现产值800亿元、650亿元、250亿元，同比增长30%左右，占规模以上工业总产值的59.1%。2018年新增信达生物、同程艺龙两家科技上市企业。

截至2018年年底，苏州工业园区累计集聚1200多家生物医药企业，生物医药产业竞争力在全国高新区中排名第一；累计集聚纳米技术应用企业近600家，苏州工业园区获批全省首批纳米技术科技成果产业化基地；累计集聚人工智能相关企业600家，形成估值上千亿的产业集群，全面覆盖工业、通信、信息技术、交通、教育、医疗、金融和生活消费等领域。

信达生物港交所上市。10月31日，苏州工业园区生物医药领军企业信达生物正式在港交所主板挂牌上市。信达生物由海外归国专家俞德超博士于2011年创建，致力于开发、生产和销售用于治疗肿瘤等重大疾病的单克隆抗体新药，是目前中国生物制药领域最具影响力的企业之一。同时，由信达生物和礼来制药共同开发的创新肿瘤药物达伯舒（重组全人源抗PD-1单克隆抗体，化学通用名：信迪利单抗注射液）正式获得国家药品监督管理局的批准。

同程艺龙港交所上市。11月26日，同程艺龙港交所上市，同程旅游集团在苏州工业园区的大力扶持下，经过10多年的创业发展，积累了强大的规模效应和品牌知名度。同程旅游集团总交易额超过1000亿元，服务人次超过5亿。同程旅游集团着眼全产业链与消费升级，不断投资孵化新的业务板块，正围绕用户口碑、品质服务和管理效率三大目标，快速搭建面向未来的新旅游生态平台，未来期望孵化更多的成熟板块独立进入资本市场。

百济神州港交所上市。8月8日，港交所迎来首家第二上市生物科技公司——百济神州-B（06160.HK），苏州工业园区已9家生物科技公司在香港递表，未来香港有望成为中国创新型生物医药公司最主要的市场。百济神州是2015年苏州工业园区重大领军企业，时隔3年，它交出一份漂亮的成绩单，成为国内首个美、港两地双重上市生科股。该企业专注开发及商业化癌症治疗的创新型分子靶向药及肿瘤免疫治疗药物。

园区与中国科学院计算技术研究所签约共建中国科学院计算技术研究所苏州智能计算产业技术研究院。9月17日，苏州工业园区管委会和中国科学院计算技术研究所在现代大厦签署共建合作协议，在人工智能产业园共建"中国科学院计算技术研究所苏州智能计算产业技术研究院"。此苏州研究院重点围绕人工智能技术领域开展技术研发、平台建设、项目孵化、项目投资、人才引进、成果转化及产业化等工作。同时通过整合中科院和地方资源形成合力，促进重大产出，助推苏州工业园区产业创新能力的发展、产业生态的完善。

园区与中国科学院自动化研究所签约共建中国科学院自动化研究所苏州研究院。1月23日，中国科学院自动化研究所与苏州工业园区管委会在现代大厦签署共建合作协议，在人工智能产业园共建"中国科学院自动化研究所苏州研究院"。中国科学院自动化研究所苏州研究院将根据苏州市、苏州工业园区的产业部署和实际需求，重点围绕人工智能、大数据和智能制造等领域，充分发挥乙方中国科学院自动化研究所科研、教育和产业化的作用，实现科技与企业、市场、资本的有机融合，营造产业生态环境，促进创新成果转移转化。

园区与中国科学院生物物理研究所签署共建中国科学院生物物理研究所苏州生物医药转化工程中心的战略协议。5月25日，苏州工业园区管委会和中国科学院生物物理研究所在现代大厦签订战略合作协议，共建"中国科学院生物物理研究所苏州生物医药转化工程中心"，中国科学院生物物理研究所苏州生物医药转化工程中心将利用中科院生物物理所蛋白大分子基础研究领域的积累及人才、仪器装备方面的优势，完成先导产物的验证、优化、成药性评价及临床前评估，及将在新药研发的各个阶段、以各种方式实现与所内、外技术团队及相关企业的合作，促进原创性科研成果的转化。

园区与中国科学院微电子研究所签约共建中科院微电子研究所苏州产业技术研究院。5月25日，中国科学院微电子研究所与苏州工业园区管委会在现代大厦签署共建合作协议，在苏州纳米城共建"中科院微电子研究所苏州产业技术研究院"。中科院微电子研究所苏州产业技术研究院将根据苏州市、苏州工业园区的产业部署和实际需求，开展微电子技术应用领域的研究和公共技术服务，核心技术产业化和平台级产品开发，积聚高端人才，重点建设面向5G通信、下一代陆地光通信、卫星光通信、海洋光通信、智能制造、物联网、人工智能等应用领域的高端核心芯片、电路、模块和微系统，同时开展科技成果转化与孵化，推动区域产业转型与升级。

2018全球人工智能产品应用博览会在苏州国际博览中心举办。5月10—12日，2018全球人工智能产品应用博览会在苏州国际博览中心举办。本届博览会致力打造全球人工智能科技成果发布平台、产业聚集平台和投融资对接平台，以此促进全球人工智能资源互联互通，推动人工智能产业规模化发展，提升苏州人工智能产业的国际影响力。

冷泉港新十年协议签约。9月17日，冷泉港亚洲与苏州工业园区签署新十年合作协议，在现有冷泉港亚洲会议中心的基础上，新建亚洲学术中心。冷泉港实验室被称为世界生命科学的圣地与分子生物学摇篮，至今已诞生8位诺贝尔奖得主。未来10年，冷泉港亚洲学术中心将围绕生命科学领域最前沿的课题，组织最顶尖的科学家，举行小型、封闭式的学术研讨会，为苏州工业园区众多大院大所的专家和学者提供跨学科、跨领域的培训，加强冷泉港和苏州工业园区在亚太地区的创新引领地位。

博世集团全球最大研发基地落户苏州工业园区。9月6日，全球领先的技术与服务供应商博世宣布，位于苏州工业园区的博世汽车部件（苏州）有限公司新研发中心正式投入使用。江苏省委副书记、省长吴政隆会见博世集团董事会主席沃尔克马尔·邓纳尔，并调研博世苏州公司、参观新研发中心。德国博世集团是世界500强、全球第一大汽车技术供应商。

第三届"医药创新与投资大会"在园区举办。9月18日，由中国医药创新促进会会同中国医疗器械行业协会、中国医院协会、香港交易所共同主办的第三届"医药创新与投资大会"在苏州国际博览中心盛大召开。大会开幕式紧紧围绕全球医药创新发展趋势、中国医药创新发展路径及投资环境对我国医药创新发展的影响展开了高层次交流和对话。在开幕式前晚举办的"独墅湖杯"医药创新品牌评选颁奖典礼中，苏州工业园区科技领军人才亚盛医药董事长杨大俊博士荣获"最具影响力药物研发领军人物奖"。

和记黄埔医药呋喹替尼胶囊在中国获批。11月27日，由和记黄埔苏州生产基地生产的第一批呋喹替尼胶囊（爱优特®）开始运送到首批获得处方的患者手中。呋喹替尼胶囊（爱优特®）于2018年9月获得国家药品监督管理局（NMPA）批准，是我国首个真正意义上的国产抗结直肠癌药物。该药适用于既往接受一、二线治疗的转移性结直肠癌（mCRC）患者。

上海交大苏州人工智能研究院终身学习中心揭牌。12月11日，上海交通大学苏州人工智能研究院终身学习中心揭牌仪式暨金鸡湖公开课第20期在独墅湖畔成功举办。上海交通大学苏州人工智能研究院依托上海交通大学雄厚的科研力量、教育资源和广泛的国际国内联系及影响力，打造全生态人工智能综合配套公共服务平台及聚合国内外产、学、研优质资源的教育平台。

首届全国生物磁学与磁性纳米材料学术会

议在园区开幕。6月4日，首届全国生物磁学与磁性纳米材料学术会议开幕。来自全国各地的纳米磁学专家共聚苏州工业园区，分享前沿研究成果，把脉技术创新方向，进一步推动纳米材料在生物医学与健康领域的应用和发展。

苏州纳微科技股份有限公司获得CCTV-2《经济半小时》"关注医药创新"专栏特别报道。7月23日，江苏省医健产业联盟成员单位——苏州纳微科技股份有限公司作为创新企业代表获得CCTV-2《经济半小时》"关注医药创新"专栏的特别报道。苏州工业园区科技领军企业纳微科技是一家集研究、生产、经营纳微米球材料及相关技术服务于一体的企业，专注于纳米微球的技术研究，在同行业中家喻户晓。

2018"独墅湖杯"医药创新品牌评选活动顺利落幕。9月17日，中国医药创新促进会与苏州工业园区、人民网联合主办的2018"独墅湖杯"医药创新品牌评选活动颁奖典礼在苏州艺术文化中心大剧院隆重举行。中国药促会于2015年、2016年成功举办了两届医药创新品牌评选活动，以医药创新活动对临床治疗、社会及经济等领域做出的突出贡献为评选的主要评价指标，得到社会各界的高度认可。为了继续贯彻落实国家创新驱动发展战略和品牌建设相关文件指导精神，扩大中国医药创新品牌评选活动影响力，打造更加权威、公正并具有广泛国际影响力的新型医药创新品牌评选活动，中国药促会与苏州工业园区经充分协商签订合作协议，决定在苏州工业园区共同设立"中国药促会（苏州）医药创新基金会"，并共同主办医药创新品牌评选活动。

国内首款自动体外除颤器（AED）正式落地苏州工业园区。9月21日，久心医疗科技（苏州）有限公司自主研发的国内首款自动体外除颤器（AED）正式落地苏州生物医药产业园（BioBAY），成为国内首个正式获批的适合普通民众使用的国产AED，填补了国产领域这一空白。同时BioBAY也成为国内首个布点AED产品的科技苏州工业园区。

江苏省人工智能产业技术创新战略联盟成立。10月16日，江苏省人工智能产业技术创新战略联盟成立大会在苏州工业园区隆重召开。联盟致力于链接产学研各方资源，共同推动江苏省人工智能产业快速健康发展，将围绕产业发展和技术创新发挥强有力的作用。

KIT中德人工智能创新工场落户苏州工业园区。11月8日，德国卡尔斯鲁厄理工学院（KIT）中国研究院中德人工智能创新工场在苏州工业园区独墅湖科教创新区揭牌。该创新工场作为中德工业4.0技术展示创新中心的延伸，融合多项行业领先的人工智能技术及解决方案，全力打造激发创新思维的平台以满足国内制造业高质量产业竞争需求。

赛诺菲亚太首个全球研究院落户苏州工业园区。11月20日，全球领先的医药健康企业赛诺菲公司正式在苏州工业园区落户，成为赛诺菲亚洲首个全球研究院。这也是继法国、美国和德国之后的第四个全球研究院。研究院聚焦肿瘤、免疫类疾病、代谢性疾病等重大疾病领域的前沿性生物研究，加速将创新的科研成果转化为切实改善患者健康的药物。

苏州工业园区发布《纳米技术产业发展与人才分布研究》报告。1月18日，苏州工业园区组团参加第三届江苏人才发展专家峰会。苏州工业园区管委会发布了《纳米技术产业发展与人才分布研究》。由江苏人才发展战略研究院、泰州医药城、无锡高新区等地区和单位发布的其他"人才地图"中，苏州工业园区在智能制造产业、物联网产业、生物医药产业、纳米技术产业中的发展与人才分布均位居全省前列。

【科技成果】 2018年，苏州工业园区完善科研机构科技成果转化制度建设，修订发布《关于促进苏州工业园区科技成果转化的实施细则》（苏园科〔2018〕40号），进一步引导科研机构优质科技成果落地转化，着力促进科技成果向经济转化。

苏州工业园区生物医药产业全年新增一类新药临床试验批件25个品种，其中生物一类新药18个、占全国20%以上。苏州工业园区新增医疗器械注册证150张，医疗器械生产许可证40张，涌现出一批国际前沿的医疗器械创新产品。信达生物在香港挂牌上市（全球规模最大的未盈利生物科技企业IPO项目），基石药业、亚盛药业已递交香港上市申请。在纳米技术应用产业，苏州工业园区引进中电集团第十三研究所、汉天下微电子、氮化镓产业研究院等纳米领域一批重大项目，以大项目带动产业大发展。在人工智能产业，同程艺龙在香港挂牌上市（港股OTA第一股），42家人工智能企业全年累计获得融资额超63亿元。思必驰"DUI开放平台"获2018中国人工智能优秀奖，清睿教育入选国家规划布局内重点软件企业名单。

旭创荣获江苏省企业技术创新奖。11月13日，江苏省科学技术厅公示了2018年度江苏省企业技术创新奖综合评审结果，苏州旭创科技有限公司荣获江苏省企业技术创新奖。

苏大维格荣获江苏省科学技术一等奖。12月19日，江苏省科学技术厅公示了2018年度江苏省科学技术奖综合评议结果，苏州苏大维格科技集团股份有限公司荣获江苏省科学技术一等奖。

纳米所荣获江苏省科学技术一等奖。12月19日，江苏省科学技术厅公示了2018年度江苏省科学技术奖综合评议结果，中国科学院苏州纳米技术与纳米仿生研究所（简称"纳米所"）荣获江苏省科学技术一等奖。

新国大苏研院项目"蓝珀医疗"获全国十大创新科技产品奖。9月2日，2018南京软博会组委会揭晓了"2018全国十大科技创新产品"，苏州蓝珀医疗科技股份有限公司推出的"互联网+全球顶级高精度光纤传感技术的非接触式智能养老监护系统"获奖，该系统应用新加坡高灵敏光纤传感技术监测生命数据，一旦生命体征异常，它可立即报警，第一时间通知医护人员或家属施救。

苏州纳米城绿碳环保-C4X团队成功入围NRG COSIA碳X大奖赛全球十强。4月9日，来自苏州纳米城的创新团队绿碳环保-C4X成功入围NRG COSIA碳X大奖赛全球十强，也是唯一的一支来自中国的创新团队，该团队参加了在全球未来能源峰会上举办的颁奖礼。绿碳环保-C4X团队聚焦二氧化碳捕获及转化技术，主要成员来自苏州纳米城的2家机构，分别是江苏—安大略纳米技术创新中心的宋维宁博士和中科院兰州化学物理研究所苏州研究院李跃辉博士。

苏州纳芯微电子股份有限公司荣获"五大中国创新IC设计公司"奖项。3月30日，由AspenCore旗下《电子工程专辑》、《电子技术设计》和《国际电子商情》联合举办的2018年度中国IC设计成就奖颁奖典礼在上海隆重举行，苏州纳芯微电子股份有限公司荣获"五大中国创新IC设计公司"奖项。

【科技创新平台】 2018年，苏州工业园区修订发布了《苏州工业园区科技平台开放共享实施细则》（苏园科〔2018〕59号），政策明确了公共服务平台的规划布局和建设、运行管理、扶持政策及监管措施。苏州工业园区现已初步构建了以三大新兴产业为服务核心的平台体系，整体运行趋势良好，有效提升了苏州工业园区创新创业的环境和氛围，增强了苏州工业园区新兴产业的核心竞争力。

苏州工业园区集聚科技创新型企业5000多家，国家高新技术企业首次超过千家，达1046家。累计建成各类科技载体超600万平方米、公共技术服务平台30多个、国家级创新基地20多个。积极开展招校引研，重点瞄准大院大所名校，引进中科院苏州纳米所、中科院电子所苏州研究院、中国医学科学院系统医学研究所等重大科研院所13家，牛津大学苏州先进研究中心、微软苏州研发中心等新型研发机构近500家。

集中资源，对接产业需求。苏州工业园区密切对接纳米技术应用、生物医药、人工智能三大新兴产业发展的共性服务需求，重点扶持这些领域的平台项目，基本覆盖了创新研发、技术服务、工程化和产业支撑等关键环节需求。

加强监督，做好平台管理工作。根据2018年出台的公共服务平台新政策及财政专项资金绩效评价结果，苏州工业园区科技部门进一步强化平台整体规划、专家论证等程序。为规范平台管理，对各平台业务类型进行梳理，明确平台政策支持范围，优化各平台年度绩效考核指标。

开放共享，提升服务能力。随着产业发展和企业壮大，对产品进入中试阶段的共性需求逐渐显现，因此苏州工业园区进一步聚焦产业需求，延伸平台功能，支持建设中试平台。近3年，苏州工业园区科技平台服务业务覆盖面、服务收入保持年均20%左右的增长，服务范围和质量持续提升，可持续发展能力逐渐增强。

中科院苏州纳米所与空客（北京）工程技术中心联合成立"航空纳米材料联合实验室"。8月31日，中科院苏州纳米所与空客（北京）工程技术中心在苏州工业园区签署合作协议，并成立"航空纳米材料联合实验室"。

苏州工业园区医学检验实验室公共平台开业。1月23日，苏州工业园区医学检验实验室公共平台举行开业仪式，该公共平台占地4000余平方米，配备了国际一流的检验分析设备，是江苏省规模最大、检验能力最强的第三方医学检验公共服务平台。

集成微系统封装平台揭牌仪式在苏州工业园区举行。5月11日，由江苏省纳米技术产业创新中心与中科院苏州纳米所纳米加工平台共建的集成微系统封装平台揭牌仪式在苏州国际博览中心举行。集成微系统封装平台是纳米加工平台面向重点产业需求的工程化项目，由江苏省纳米技术产业创新中心牵头组织，中科院苏州纳米所具体承担，在中科院、省产研院和苏州工业园区等多方支持下完成建设，已建成超净室面积1300平方米，包括百级、千级近10个超净实验室，已采购各类8寸晶圆微纳加工、封装和测量设备60多台/套，总投资近亿元。平台面向新型智能传感器和半导体器件领域开展研发和工程化技术研究，已具备了压电MEMS器件、高精度惯性MEMS器件、光学器件、硅基III-V族器件等相关工艺能力并投入对外公共服务。

自旋电子联合实验室成立。9月14日，纳米加工平台与意大利墨西拿大学自旋电子联合实验室成立仪式在意大利墨西拿大学举行，合作旨在通过中方的实验和意方的理论相结合，共同致力于自旋电子器件研究。

2018年纳米真空互联实验站用户第二次讨论会顺利召开。10月28—29日，2018年纳米真空互联实验站用户第二次讨论会在中科院苏州纳米所召开，来自20多所高校及科研院所，共35位专家和代表参加了此次会议。会议介绍了Nano-X的建设进展、科研项目研究现状、平台运行等情况、半导体与超导支线建设的内容及科研进展情况，为下一步如何用好这个装置提出了更高的要求。

中科院苏州纳米所与斯坦得企业集团合作成立"先进电子材料联合实验室"。11月26日，中科院苏州纳米所与斯坦得企业集团合作成立的"先进电子材料联合实验室"举行揭牌仪式，中科院苏州纳米所技术转移中心主任王斌与斯坦得企业集团董事长束学习代表双方为联合实验室揭牌。联合实验室的合作领域主要是印制电路板（PCB）全产业所涉及的电子材料及工艺，旨在以搭建产学研新平台、快速捕获市场需求、促进技术成果快速转化为出发点，推动PCB产业的技术进步，实现研发端与生产端的无缝搭接。

南洋高科技创新中心落户苏州工业园区。12月11日，南洋高科技创新中心在苏州工业园区揭牌成立。南洋高科技创新中心缘于QS世界大学排名第11位的新加坡南洋理工大学（简称"NTU"），服务于NTU师生和校友的创新创业项目在国内的落地、校企间国际技术转移与产学研合作项目的对接、NTU学生在国内企业的实习等工作，并为进一步推动NTU与苏州工业园区的全面合作打下基础。

苏州纳米城晋升"国家级科技企业孵化器"。1月4日，科技部官网发布《关于公布2016年度国家级科技企业孵化器的通知》，苏州纳米城正式晋升"国家级科技企业孵化器"，苏州工业园区纳米技术产业进一步得到科技部认可。

天际创新（培东）中心暨技术创新平台建设通过专家组专题论证。2月20日，纳米创新中心组织专家对天际创新（培东）中心暨技术创新平台进行专题论证，会议邀请中科院理化所江雷院士、元禾控股总裁刘澄伟和南大光电副总裁许从应等组成的专家组，从技术、产业、投资等多角度，对天际创新（培东）中心及技术创新平台建设的重要性和必要性、管理机制、目标任务、设备硬件需求进行论证。专家提出应注重知识产权转移和利益分配，强化工艺研发，加强技术创新平台有效利用的原则优化设备选型。经论证，专家组一致通过并建议加快推进建设。

再鼎生物与GE医疗共建生物大分子药物中试生产示范基地。3月30日，再鼎医药与GE医疗签订战略合作协议，共同宣布建设国际领先的生物大分子药物中试生产示范基地。再鼎医药将引进GE医疗的FlexFactory™灵活工厂，在苏州生物医药产业园建设符合GMP标准的生产基地，基地内将设立"再鼎医药·GE生物制药大分子开发和生产工艺设备示范车间"。

纳米真空互联实验站第一次设备推介会在中科院苏州纳米所召开。9月5日，纳米真空互联实验站第一次设备推介会在纳米所召开。会议由中科院苏州纳米所研究员崔义和副研究员张鉴主持，他们分别从Nano-X整体介绍、B201真空管道示范线设备、A224近常压XPS/STM/MBE系统、上善园互联设备等方面介绍了目前真空互联实验站的设备、应用领域及现在开展的科研实验。

【科技合作】 2018年，苏州工业园区科技部门深化国际科技和产业合作，引进、培育优秀科技项目，积极推进区域协同创新，充分调动大学、院所、企业积极性，加快国际科技合作中心建设，持续提升苏州工业园区科技创新的国际影响力。

国际合作项目申报和验收。2018年，苏州工业园区加快离岸创新创业基地建设，大力推进创新阵地前移，从源头汇聚更多国际优质创新资源。苏州工业园区与新加坡科技研究局和新加坡企业发展局签约合作，其中，苏州工业园区和新加坡科技研究局互设离岸创新创业机构，新加坡科技研究局企业合作中心已在苏州工业园区挂牌成立。苏州工业园区成立常青藤离岸创新产业研究院，负责离岸创新创业项目的招商引进和项目服务。

会议、活动和交流。举办各类国际、国内对接活动，组织苏州工业园区企业院校及科技镇长团参加部省市科技条线组织的产学研对接活动，并完成国际、国内相关接待工作。其中，4月共同承办江苏省科技镇长团10周年大会并组织苏州工业园区往届7批镇长团全体领导参会建言；5月联合承办科技部火炬中心香港青年内地行活动，接待了共约150名香港青年来访参观座谈交流；5月参加中美创之星大赛初赛；6月协办中美创之星大赛生物领域决赛；6月组织苏州工业园区企业参加苏州跨国技术转移大会；11月组织苏州工业园区企业参加江苏省跨国技术转移大会；11月主办2018年"创之星"中美创新创业大赛生物医药与医疗器械领域决赛第二场及年度总决赛。

苏州工业园区与中科院自动化所签约共建中科院自动化研究所苏州研究院。7月6日，苏州大院大所合作对接会暨合作项目签约仪式召开，中国科学院自动化研究所（简称"中科院自动化所"）与苏州工业园区签订了共建中国科学院自动化研究所苏州研究院的战略合作意向协议。中科院自动化所苏州研究院将重点围绕人工智能、大数据和智能制造等领域，瞄准高性能嵌入式视觉计算开发系统、在线实时三维重建系统、面向大数据的通用机器学习与智能分析系统等产业方向，结合苏州的产业特点，充分发挥中科院自动化所科研、教育和产业化的作用，实现科技与企业、市场、资本的有机融合，营造产业生态环境，促进创新成果转移转化，服务社会和经济。

苏州工业园区常青藤离岸创新产业研究院揭牌。7月11日，2018苏州国际离岸创新创业高峰论坛在苏州工业园区举行。150多位来自海内外离岸创新创业机构的代表、投资人及企业高层管理者等参加，共同研究探讨新时代下的离岸创新创业工作。苏州离岸创新创业基地的市场化运营主体——"苏州工业园区常青藤离岸创新产业研究院"同时揭牌。离岸创新创业是近年来由中国科协率先倡导并积极探索和实践的一项创新举措，旨在把创新触角伸向海外，在全球智力比较密集地区，设立离岸的研发中心和创新创业基地，进一步吸引和撬动海外更多的创新资源，做到汇聚全球创新资源为我所用。

第四届中新国际科技交流与创新大会成功举办。6月20日，第四届中新国际科技交流与创新大会拉开帷幕，赛诺菲、辉瑞、中芯国际等200多家知名企业和众多投资机构面对面交流，来自新加坡等地的100多个科技项目集体亮相。此次大会针对国际科技领域的热点议题和高端技术，围绕人工智能、大健康和绿色智慧城市3个科技主题，设有主题演讲、高校科技创新论坛、项目路演、项目成果展示、投资人对接会。

2018年香港创业青年内地行活动在苏州工业园区举办。5月9—12日，2018年第一批香港创业青年内地行活动在苏州工业园区成功举办。来自香港特别行政区的150余名创业青年分四组访问大连、扬州、威海、烟台四地高新区后，了解了苏州工业园区的科技产业发展现状及创新创业政策，并与苏州工业园区科技公司、创业者代表、著名投资人等进行深入交流。活动旨在加强香港和内地青年创业者之间的沟通交流，帮助香港青年了解祖国内地发展建设的大好形势，拓展香港青年创新创业的空间，促进香港与内地经济的融合发展。

西安交通大学智能感知与高端制造论坛暨校企对接交流会在苏州举行。4月13日，西安交通大学苏州研究院与苏州独墅湖科教发展有限公司联合举办西安交通大学智能感知与高端制造论坛暨校企对接交流会，汇聚国内外智能制造研究专家、智能制造企业及创业者，共同推动智能制造技术发展和产业转型升级。

2018低维碳纳米材料制备及应用技术交流会在苏州工业园区开幕。4月24日，由江苏省纳米技术产业创新中心、中科院苏州纳米所和中国粉体网联合主办的2018低维碳纳米材料制备及应用技术交流会在苏州工业园区开幕。来自全国各地的行业翘楚、学界精英齐聚一堂，共同探讨低维碳纳米材料现阶段发展中所面临的机遇和挑战，分享最新研究成果，进而推动其产业化进程。

【**科技金融**】 2018年，苏州工业园区科技部门围绕产业链部署创新链，围绕创新链部署资金链，进一步完善科技金融服务体系，政府资源、金融资本、产业资本，共推科技创新的新局面初步形成，为苏州工业园区科技创新创业企业的发展壮大奠定了良好的基础。

完善科技金融产品体系。科技金融产品累计设立2.5亿风险补偿资金池，建立了省、市、区三级联动的苏科贷、科技贷、园科贷创新产品，稳步推进"扎根贷"，创新推出"知识贷"产品，实现金融创新产品覆盖企业全生命周期。2018年，"扎根贷"完成202家入库企业筛选，支持企业38家，完成授信17.3亿元。

深化科技金融平台建设。利用苏州工业园区科技金融平台实现企业融资需求与机构融资供给的高效对接，2018年各项创新产品累计授信达35.93亿元，支持企业479家。

做好创业投资引导。2018年，领军创投新增立项14个，累计在投项目共74个，出资额达到2.56亿元；引导基金完成参股决策项目10个，总规模约60亿元，参股国发苏创基金，基金规模4.19亿元，实现财政资金吸引社会资本放大约8.7倍；产业基金完成9个项目的投资决策，拟出资金额达6.6亿元。

元禾华创集成电路产业投资基金成立。9月8日，元禾华创集成电路产业投资基金成立仪式在位于苏州工业园区的东沙湖基金小镇举行。作为元禾控股专注于集成电路产业领域投资的平台，该基金首期规模40亿元。元禾华创集成电路产业投资基金持续为苏州工业园区挖掘培育更多拥有核心技术的自主知识产权企业，进一步推动区域产业结构的调整和经济的转型升级。该产业基金围绕集成电路产业领域开展投资，助推整个产业的高速发展。

"知识贷"点亮苏州工业园区知识产权融资新气象。7月30日，为解科技型中小企业资金链的燃眉之急，苏州工业园区推出了知识产权质押贷款产品——"知识贷"，吸引了苏州工业园区政府领导、金融机构、科技企业等齐聚一堂，共同见证这一创新产品的正式发布。苏州工业园区充分发挥金融机构和科技企业双集聚优势，突出科技金融特色，不断完善科技金融政策、服务和产品体系，为科技企业提供全方位的金融支持。

八爪鱼在线旅游完成C轮6亿元融资。4月8日，八爪鱼在线旅游宣布完成C轮6亿元战略性的融资，引进了新股东蚂蚁金服和建银国际，参与八爪鱼新战略S2B的具体实施。八爪鱼主营业务为旅游同业交易，是国内短线、国内长线、出境旅游、自由行、游轮旅游等全线旅游产品的在线同业分销平台和服务商。八爪鱼已在10个城市设立分公司，覆盖40多个旅游出发地城市。

思必驰完成5亿元D轮融资。6月26日，思必驰完成D轮5亿元融资，由元禾控股、中民投资本领投。思必驰是国内领先的人工智能语音企业，也是苏州工业园区科技领军企业，总部位于苏州工业园区，并在北京、深圳、上海等地设立研发院和分公司。思必驰持续投入源头技术创新，拥有自主知识产权的语音识别、语音合成、声纹识别、自然语言理解与处理、智能对话等全链路自然语言交互技术，并在苏州工业园区的支持下，联合上海交通大学成立了人工智能研究院，保障前瞻性与基础性人工智能技术研究及人才培养。

基石药业拿下国内生物医药领域B轮最大单笔融资2.6亿美元。5月9日，基石药业宣布完成2.6亿美元（约16.5亿元）B轮融资，成为迄今为止中国生物医药领域B轮最大单笔融资。基石药业是一家创立于2016年的创新生物制药企业，公司已打造出一条包含10余款在研产品的丰富产品线，其中4款已先后在海内外启动临床试验。

桐力光电获近亿元A轮投资。3月20日，桐力光电拿到以台湾富士康集团公司业成光电（苹果核心供应商）、深圳航盛汽车电子（车载中控仪表tier one供应商）、台湾友达光电（液晶显示主力供应商）等几家行业龙头企业领投、国家队基金公司跟投的近亿元A轮投资，目前桐力股改已经完毕，IPO的进程也顺利展开。

纳微科技完成近亿元融资。11月13日，纳微科技完成近亿元融资，由华兴医疗产业基金独家投资。通过本轮融资，纳微科技将全面提升为客户提供从手性化合物、天然产物、抗生素、多肽、胰岛素、到疫苗、抗体、融合蛋白等下游分离纯化工艺开发的全流程解决方案能力。

海光芯创完成B+轮融资。3月26日，海光芯创宣布完成B+轮融资，本轮融资金额近4000万元，由邦盛继续领投。此次融资完成，海光芯创将添置部分100G光模块生产及测试设备，并完成100G CWDM4光模块产品的批量化转产。

天演药业完成C轮5000万美元融资。3月27日，天演药业宣布正式完成5000万美元（约3.2亿元）C轮融资。天演药业关注如何解决已有靶点尚未响应的患者群体，满足现有肿瘤免疫产品在临床上未能解决的需求。

慧工云完成千万级A轮融资。11月2日，离散制造行业数字化转型平台慧工云宣布完成千万级A轮融资，本轮融资由苏州工业园区领军创投领投，融资将用于核心产品的持续研发和工业解决方案生态体系的建设。慧工云团队驻扎在工厂，基于真实的客户痛点和场景打造出了贯穿设计、供应到生产和服务的IN工业·制造运营平台，并帮助盛隆电气将平均订单交付周期缩短了将近32%，在成本、质量、库存等核心指标上都实现了大幅度的优化。

苏桥生物医药首轮融资3800万美元。1月2日，苏桥生物医药宣布完成3800万美元的首轮融资，本轮融资由康桥资本和苏州生物医药产业园领投,健桥资本和前海母基金联合投资。苏桥医药是一家提供一站式服务的生物药物生产外包公司，可以为生物药品研发公司提供从细胞株建立、工艺开发、测试方法、GMP生产到国内外申报的全套服务，补全了苏州工业园区产业生态圈中抗体药产业链的重要一环。

2018中国金融科技创新领袖峰会暨第三

届苏南股权路演中心聚合大会成功召开。11月26日，2018中国金融科技创新领袖峰会暨第三届苏南股权路演中心聚合大会在苏州金鸡湖会议中心成功召开，峰会以"新金融·新科技·新发展"为主题，现场分别进行了苏州工业园区科技金融服务明星银行颁奖、苏州工业园区创业投资引导基金优秀合作伙伴颁奖、2018科技金融年度贡献奖颁奖、《2018—2019中国金融科技白皮书》发布等重要活动。

【科技人才】 2018年，苏州工业园区认真贯彻落实中央和省市关于人才工作的决策部署，坚持以创新引领转型升级，深入实施"人才优先发展"战略，集聚了一大批海内外优秀创新创业人才，形成了人才促发展、发展兴人才的生动局面。

深入实施科技领军人才工程。2018年，科技领军人才工程全年新增立项196个，累计近1500个。科技领军人才工程实施12年来，已有1159个项目完成注册，落户率达80.2%，累计注册资金总额超150亿元，已有聚灿光电、麦迪科技、南大光电、旭创科技、信达生物等5家领军企业在境内外上市，并有19家领军企业新三板挂牌。

积极申报上级人才计划。2018年，全年组织发动国家重点人才计划申报企业39家，江苏省"双创计划"申报企业55家，姑苏创新创业领军人才计划申报企业146家，完成上级人才申报项目的形式审查、材料辅导、面试辅导、现场走访等相关工作。2018年，新增入选国家重点人才计划6人，省"双创人才"26人，省"双创团队"2个，"姑苏创新创业领军人才"41人，姑苏重大创新团队1个。

2018年年底，苏州工业园区累计149人入选国家重点人才计划，208人入选江苏省"双创人才"，15个团队入选江苏省"双创团队"，301人入选"姑苏创新创业领军人才"，5个团队入选"姑苏重大创新团队"。入选上级科技人才数持续保持全国开发区和省市第一。

苏州工业园区科技领军人才亚盛医药董事长杨大俊荣获"最具影响力药物研发领军人物奖"。9月17日，由中国药促会、苏州工业园区、人民网共同举办的2018"独墅湖杯"医药创新品牌评选颁奖典礼在金鸡湖畔盛大举行。苏州工业园区科技领军人才亚盛医药董事长杨大俊博士荣获"最具影响力药物研发领军人物奖"。

苏州工业园区670人入选2018年姑苏重点产业紧缺人才计划。12月13日，苏州工业园区176家单位的670人入选2018年姑苏重点产业紧缺人才计划，总计资助金额达5382万元，位列苏州市第一。此次苏州工业园区入选的670人主要分布在纳米技术、人工智能、生物技术和医疗器械、节能环保、软件和服务外包、高端装备制造等重点产业领域，多为所在企业的核心技术骨干，对企业自主创新能力的提升及区域产业转型升级提供了重要的人才支撑。

苏州工业园区3家企业人才入选江苏省互联网十大新锐人物。4月3日，由江苏省经济和信息化委员会主办的"江苏省2017年度互联网十大新锐人物与创新力产品"在南京揭晓，苏州3位新锐人物的入选者均来自苏州工业园区。其中通付盾蓝海孵化器江苏通付盾科技有限公司创始人汪德嘉、云帆移动医疗孵化企业天聚地合（苏州）数据股份有限公司CEO左磊入选榜单，飞鸟村孵化项目极课大数据CEO李可佳荣获"突出表现奖"。

信达生物与美国Incyte达成战略合作和独家开发协议。12月19日，苏州工业园区科技领军企业信达生与美国Incyte公司在金鸡湖酒店隆重举行签约仪式。签约双方宣布：达成战略合作和独家授权许可协议，推进pemigatinib（FGFR1/2/3抑制剂）、itacitinib（JAK1抑制剂）及parsaclisib（PI3Kδ抑制剂）的单药或联合治疗在中国内地（大陆）及香港、澳门和台湾地区的临床开发与商业化。

2018年苏州工业园区创新发展大会暨金鸡湖人才表彰大会顺利召开。12月20日，2018年苏州工业园区创新发展大会暨金鸡湖人才表彰大会在现代大厦顺利召开。苏州工业园区坚持打造新兴产业集群，大力集聚全球高端人才，推动产业与人才深度融合，努力为各类人才创新创业提供广阔舞台。围绕加快打造全国领先的生物医药产业高地、抢占人工智能产业的先发优势、建设国际一流的纳米技术应用产业集聚地，瞄准海内外一流专家团队，吸引集聚了一大批高端创新人才。

【科技服务】 2018年，苏州工业园区创新服务体系建设实现新提升。

科技企业服务工作。苏州工业园区继续加大省级重大项目的争取力度，组织辅导晶方、南大光电申报国家重大专项获得立项，获得支持资金超过3亿元。苏州工业园区连续第七年与省科技厅在江苏省重大科技成果转化专项资金中联合组织招标项目，聚焦纳米科技关键技术的研发与产业化，以工业化规模生产为目标，支持培育一批科技含量高、市场前景好、产业带动性强的纳米技术项目，持续增强纳米科技的引领作用，2018年共有10家企业获得江苏省重大科技成果转化项目立项支持。

双创服务工作。苏州工业园区坚持"大众创业、万众创新"，以科技创新为核心推进全面创新与改革，鼓励众创空间专业化发展，不断激发创新创业活力，营造良好的创新创业环境，积极构建创新创业新生态，稳步推进各项工作，取得了良好的进展。苏州工业园区重点鼓励与新兴产业相结合，建设专业化众创空间，推动众创空间深度发展。截至2018年年底，苏州工业园区累计有国家级众创空间19家，省级众创空间46家，市级众创空间36家，区级众创空间76家，各类创新要素加速流动、融合互动。

区域信息化服务工作。苏州工业园区坚持顶层设计为指引，继续深入推进全区信息化、两化融合、信息安全等工作，持续健全和完善政府信息化项目代建管理制度，优化苏州工业园区政府信息化项目资金管理流程，发布出台《苏州工业园区公共数据和一网通办管理办法》。2018年共计受理办公室、组织部等部门新项目建设需求14个，苏州工业园区组织协调推进智慧交通二期、智慧教育三期等52个项目实施深化，其中新批复立项11个，推动充电基础设施公共服务平台等7个项目完成验收，苏州工业园区"互联网+政务服务"、城市管理、社会治理、民生服务水平不断提升。

苏州工业园区众创空间新政出台。3月初，《苏州工业园区关于加快建设世界一流高科技产业园区的科创扶持办法》发布，从鼓励科技创新创业、推动新兴产业发展、优化科技金融体系等方面推出"一揽子新政"，助力苏州工业园区提升自主创新能力，优化科技体制机制，加快建设世界一流高科技产业园区。根据此次的新政，《关于进一步发展众创空间推动大众创新创业的实施办法》出台，重点鼓励与苏州工业园区人工智能等新兴产业相结合，建设专业化众创空间。同时，政策加大鼓励众创空间培育孵化优秀创新创业项目，探索众创空间激励模式，引导众创空间可持续发展。

苏州大学天宫获评"省级双创示范基地"称号。6月14日，省发展改革委公布了江苏省第二批双创示范基地名单，来自苏州工业园区的苏大天宫作为高校和科研院所类位列其中，打造苏州大学双创示范基地。苏大天宫作为苏州工业园区本土打造的品牌众创空间，依托苏州大学雄厚的科技、人才优势及优良的设备条件，专注于科技创业孵化+投资、"产学研"转化、科技园运营，累计孵化服务创业团队和创业企业300多个，孵化培养了一批符合苏州工业园区产业发展方向的高新技术企业。

第四届荣耀金鸡湖年度盛典暨2017年苏州工业园区人工智能产业年会成功举办。1月13日，2017年苏州工业园区人工智能产业年会在苏州广电现代传媒大厦千人演播厅成功举办，大会汇聚400余家苏州工业园区创新型企业，千余名大咖云集现场，共商苏州工业园区人工智能产业未来的发展趋势。当天，第四届荣耀金鸡湖年度盛典同期举办，作为苏州工业园区创新创业领域的"奥斯卡式"表彰大会，"荣耀金鸡湖年度盛典"已经连续举办了4年，辐射高层次人才超万计。此次活动颁发年度优秀众创空间、年度优秀众创项目、年度优秀众创导师等8类奖项，共57家机构与个人获得荣誉。

苏大天宫孵化项目"杉数科技"获新一轮

4000万元融资。2月22日,"杉数科技"宣布获得新一轮约4000万元融资,本轮融资由高达投资领投,将门创投、联想创投跟投,资金将用于产品研发、推广及团队建设。"杉数科技"2017年荣获苏州工业园区科技领军企业称号,是苏大天宫孵化的重点项目。公司定位于人工智能领域,依托世界领先的深层次数据优化算法和复杂决策模型的求解能力,致力于为企业在海量数据环境下的复杂问题提供解决方案。

第三届清华校友三创大赛(苏锡常赛区)在苏州工业园区成功举办。3月17日,第三届清华校友三创大赛(苏锡常赛区)初赛在苏州工业园区启迪时尚科技城成功举办。清华校友三创大赛(苏锡常赛区)初赛参赛项目共计41个,成长组16个、种子组13个、天使组12个,聘请了近300位创业导师和评委、80家投资机构、上百名天使投资人、20多个地方招商招才机构,最终评选出一等奖3项、二等奖16项及鼓励奖2项。苏锡常赛区初赛获得一等奖、二等奖的项目将晋级,并于3月21日至4月10日在杭州参加三创大赛长三角复赛。本次大赛为有创意创新精神、有创业创造能力的校友,提供展示和推广的机会和平台,从而培育发展新动能,为苏州工业园区的双创工作添加助力。

跨界孵化项目"VR创客大师"获得联合国创新基金投资。4月5日,联合国儿童基金会宣布了全球6项开源技术获得了联合国儿童基金会创新基金的投资,来自跨界创新孵化器的项目"VR创客大师"成为唯一入选的中国项目,其他项目分别来自印度、墨西哥、阿根廷、菲律宾和智利。"VR创客大师"这款产品属于简单易用的VR内容创作工具,能够发挥孩子们的创造力,自由地设计、创作VR内容。产品的素材库提供完全免费的VR全景图片、VR视频、3D模型、音效、音乐等内容。

江苏省副省长马秋林视察"金鸡湖创业长廊"。4月11日,江苏省副省长马秋林率省有关部门同志来苏调研创新型苏州工业园区建设情况,以蒲公英众创空间为对象考察了苏州工业园区"金鸡湖创业长廊"创业孵化情况,深入了解苏州工业园区在推动创新核心区建设、构筑重大创新平台、加快科技与产业融合发展、打造特色战略产业、培育创新型企业、引育高端领军人才等方面的工作成效。调研中,马秋林充分肯定了苏州工业园区双创工作所取得的成绩,并希望不断完善创新体系、探索创新模式、集聚创新要素、加强创新协作、加快建设一流创新型园区。

蒲公英孵化项目"工品汇"完成2亿元B+轮融资。5月8日,MRO供应链平台"工品汇"宣布完成2亿元B+轮融资,本轮融资由京东、雄牛资本领投,老股东云启资本、普华资本与微光创投跟投。本轮融资将主要用于加强"工品汇"的供应链建设和研发投入。"工品汇"是顺融资本天使投资蒲公英孵化的创业项目,已先后获得顺融资本、合力资本、睿恒资本、微光创投、云启资本和普华资本等多家机构5轮投资和支持。作为一家专注于工业用品供应链的电商公司,"工品汇"通过打造MRO供应链平台,链接品牌商和客户,为客户赋能,从产品、价格、物流、服务、数据等方面切入,帮助终端用户和零售商提升采购效率,降低成本。

苏州工业园区11家众创空间通过2018年苏州市级众创空间备案。5月16日,苏州市科技局公布了2018年苏州市众创空间名单,苏州市共计41家众创空间入选。其中,方正智谷、桥德离岸、同程众创、INSPACE、北京大学创业训练营·苏州创业中心、N度空间、绿创空间、腾讯众创空间(苏州)、京东·创博会10:10众创空间、中国电信(苏州)众创空间、苏州启迪众创工社共11家众创空间通过市级众创空间备案。截至2018年,苏州工业园区共计有36家"市级众创空间"。

新国大苏研院孵化项目"智慧芽"完成3800万美元D轮融资。6月14日,苏州工业园区科技领军企业"智慧芽"宣布完成3800万美元D轮融资,本次融资由红杉资本领投,顺为资本及Qualgro跟投。截至2018年年底,"智慧芽"累计融资金额已超1亿美元,成为全球研发情报与知识产权管理SaaS行业领跑者。"智慧芽"致力于通过大数据和机器学习、计算机视觉、自然语言处理（NLP）等人工智能技术，为各行各业的科技企业、高校、研究院，以及政府的产业、知识产权和科技主管部门提供创新研发和知识产权全生命周期解决方案。

欧朗特色"极客下午茶"对接中法科技交流。6月16日，由苏州工业园区欧朗物联硬创空间主办的"欧朗极客下午茶：走近欧盟"科技交流活动成功举办。法国昂热市副市长Jean-Pierre Bernheim带队出席了这场高规格的中法科技交流会。法国昂热市是物联网工业园的所在地，在电子工业方面有非常好的发展优势，教育与科研机构也很完善。此次来访，Jean-Pierre Bernheim一方面希望中法科技创新型企业能够在双方政府的支持下有更多的交流与合作；另一方面希望昂热市与苏州市在物联网创新科技领域有实质性的突破与进展。到场的嘉宾与法国政府和法国科创之间进行了多方面深层次的沟通与交流，共同探讨了中国企业进入法国市场乃至欧洲市场的潜在机遇与可行的合作模式。

金鸡湖创业长廊孵化项目"嘉图软件"完成1亿元B轮融资。6月20日，金鸡湖创业长廊孵化项目"嘉图软件"宣布完成近1亿元B轮融资，本次融资由蚂蚁金服领投，将用于扩展团队、进一步扩大市场和产品研发等。打开支付宝首页的芝麻信用，它的"借还"类目中便包含图书，这是由嘉图提供的服务。只要借书人的芝麻信用大于600分，就能实现免押金、免办卡借阅，系统还会自动分发一张基于芝麻信用认证的带有二维码的电子借阅证。除了借书服务之外，嘉图还在支付宝的借书生活号中上线了个人书房的功能。用户可以轻松扫描书背后的国际标准书号，将图书上传至自己的个人书房，便于书籍管理。

"i创杯"互联网创新创业大赛巡回路演苏州国际科技园专场成功启动。7月12日，第四届"i创杯"互联网创新创业大赛巡回路演苏州国际科技园专场成功启动。参加此次路演的项目共计100个，经过激烈的角逐，长廊优秀项目"新一代商业大数据挖掘和个性化推荐平台——蜻报"斩获第一，该项目全网采集与企业经营发展相关的海量信息，依托领先的大数据与人工智能技术，帮助用户从过载的信息汪洋中获取及时、精准、优质的商业信息，以迅捷的数据处理速度与智能的信息处理能力帮助用户达到降本增效的目标。

新国大苏研院孵化项目"斯澳生物科技"完成1亿元A轮融资。7月17日，新国大苏研院在孵企业斯澳生物科技（苏州）有限公司宣布成功完成A轮1亿元人民币融资，本轮融资由经纬中国领投，夏鼎资本跟投。斯澳生物科技是一家动物保健和疫苗企业，自成立以来，公司始终专注于开发、生产新型基因工程疫苗、创新性检测试剂盒，已在兽用和水产疫苗方面取得一些成绩。斯澳生物科技的本次融资将主要用于推动产品研发与生产线建设，同时吸引并培养优秀医药人才，让高品质的兽用基因工程疫苗尽快惠及中国养殖业，加速中国兽用疫苗产业的腾飞。

同程众创空间孵化项目"AIBUY"完成1.5亿元A轮融资。7月23日，同程众创空间孵化项目"新零售智能化解决方案提供商晴雨智能（AIBUY）"宣布完成1.5亿元A轮融资。本轮融资由分众传媒、同程旅游、玖富集团及多家知名投资机构联合投资。AIBUY打造休闲爆品，满足的是消费刚需，从而创造出远超其他零售业态的超高坪效。

6家众创空间通过省级众创空间备案。9月30日，江苏省科学技术厅公布了2018年江苏省级众创空间名单，其中，苏州工业园区创业邦DEMO SPACE、京东·创博会10：10众创空间、方正·智谷众创空间、同程众创、思客入众创空间、SiliconX.AI人工智能众创空间共6家空间入选省级众创空间备案。截至2018年，苏州工业园区共计46家"省级众创空间"。

【知识产权】 2018年，苏州工业园区科技部门以建设国家专利导航纳米技术产业发展实验区、知识产权投融资试点、探索知识产权运营服务体系模式、推动区内企业开展海外专利布局和提升知识产权创造质量为工作重点，取得了较好成效。

知识产权创造质量持续提升。积极引导企业开展海外专利布局，进一步提升企业知识产权创造质量。2018年，苏州工业园区PCT专利申请381件，占全市的21%，万人有效发明专利拥有量148.34件，发明专利授权2043件。软件著作权登记量达5772件，占全市登记总量的31.5%，全面涵盖游戏、动漫、移动互联网、创意设计等新兴产业。此外，苏州工业园区共4件专利获批江苏省百件优质发明专利，占全市的44%；390件专利获批省级高质量发明专利资助，占全市的38%；230件国外专利获批省级境外专利资助，占全市的60%，其中3件获得江苏省产业化奖励20万元，占全市的100%。苏州工业园区PCT专利申请量、万人有效发明专利拥有量、发明专利授权量继续保持苏州第一。7件专利获得中国专利奖优秀奖。

专利导航产业发展实验区建设成效显著。苏州工业园区积极筹备并迎接国家知识产权局的考核验收工作。通过开展国家专利导航产业发展实验区建设工作，苏州工业园区纳米产业链中氮化镓、MEMS等关键领域均有核心专利布局，并建立起专利分析与产业运行决策深度融合、持续互动的产业发展决策机制，有效推动优势产业的全面健康发展。苏州工业园区顺利完成光纤制造工艺及设备、集成电路封装测试两个领域的专利预警分析项目并召开成果发布会。通过专利预警项目，了解企业知识产权工作现状及风险，分析知识产权诉讼背后激烈的技术和市场竞争现状，为企业制定自身的发展策略提供了重要的参考。苏州工业园区成功举办"第二届桑田岛产业知识产权圆桌峰会"和"第六届专利导航产业发展国际高峰论坛"，进一步扩大专利导航产业发展的影响力。

稳步推进国家知识产权投融资综合试点工作。国家知识产权投融资综合试点各项工作全面推进。积极推动知识产权质押融资工作开展，企业发展服务中心成功举办了针对入驻银行的专利质押贷款专题培训，苏州工业园区银行共实现知识产权质押贷款近亿元。探索企业知识产权质押贷款新路径，联合三大产业公司、金融机构，深入开展知识产权金融服务工作调研，在苏州工业园区风险补偿资金政策的基础上推出知识产权质押贷款创新产品"知识贷"，将质押贷款风险补偿机制和奖励相结合，调动资方积极性。出台知识产权质押贷款政策，将审核通过的科技小额贷款公司知识产权质押贷款纳入风险补偿和贷款贴息范围。

推动企业积极申报各级知识产权项目。积极争取和推荐企业申报上级知识产权项目共计6个类别，共47项。其中，专利类项目：推荐国家级项目1个类别（中国专利奖）11个项目，获评8个；省级项目2个类别5个项目（苏试试验获批省战推重点项目）；市级项目1个类别3个项目。在苏州市支持力度最大的知识产权行动登峰项目共10个获评名额中，苏州工业园区占2个名额（宝时得、飞依诺）。版权类项目：推荐苏州市级2个类别14个项目。企业"贯标"工作：全年新增8家企业申请省"贯标"绩效评价。

知识产权培训工作务实有效。苏州工业园区联合苏州市知识产权局共同举办苏州工业园区产业知识产权运营与保护研讨会，围绕苏州工业园区三大产业发展趋势，共同探讨新时代知识产权运营和保护工作的思路。针对中小学生，组织开展知识产权进校园活动，苏州工业园区工业技术学校获评为知识产权教育国家级试点学校，苏州工业园区星海小学获评为知识产权教育省级试点学校。积极开展知识产权战略推进计划人才培育项目，推动独墅湖图书馆（国家中小微培训基地）、各大功能区、三大产业公司及重点企业积极开展知识产权人才培训，打造人才队伍，提升知识产权保护和运用意识。苏州工业园区鼓励企业参加江苏省专利代理人考试、法务人员能力提升培训班、知识产权工程师能力提升培训班等培训项目，全面提升企业知识产权方面的工作意识和人才储备。

知识产权服务工作深入开展。2018年，苏州工业园区知识产权窗口共受理省级国内高价值专利资助618件，共计171.2万元，省级国外专利（PCT）资助受理232件，共计701.1万元；苏州市级国外专利（PCT）资助受理

296件，共计408.6万元；苏州工业园区本级知识产权政策兑现涉及1956笔各类资助，累计金额2982万元，资助企业数量910家。其中，发明专利申请资助735万元、国内专利授权奖励1018万元、国外专利授权补贴580万元、知识产权各类项目355万元、其他294万元。通过知识产权工作群、服务热线等解答各类知识产权咨询6000余件次。

苏州知识产权保护中心项目落户苏州工业园区。12月20日，市委副书记、市长李亚平，市委常委、组织部部长陆新，市委常委、苏州工业园区党工委书记吴庆文为苏州知识产权保护中心举行了揭牌仪式。2018年10月，国家知识产权局调研组一行在详细考察了苏州各区情况后，最终国家知识产权局批复苏州知识产权保护中心落户苏州工业园区。苏州知识产权保护中西将结合新材料和生物制品制造产业发展实际，规范工作流程和程序，建立健全知识产权快速协同保护各项工作制度，促进苏州市产业结构调整和经济转型升级。

光纤制造工艺及设备专利预警分析成果发布会顺利召开。7月23日，江苏省战略性新兴产业——光纤制造工艺及设备专利预警分析成果发布会在苏州顺利召开，苏州光电缆业商会、江苏亨通光导新材料有限公司及50多家企业代表出席了本次发布会。江苏省知识产权局副巡视员黄志臻出席发布会并发表致辞，他表示，加强知识产权保护，是完善产权保护制度最重要的内容，也是提高中国经济竞争力最大的激励。从贸易战的情况来看，专利预警工作将是企业提升竞争力的重要战略。

第二届桑田岛产业知识产权圆桌峰会顺利举行。7月23日，第二届桑田岛产业知识产权圆桌峰会暨江苏省战略性新兴产业（集成电路封装测试领域）专利预警分析报告发布会顺利举行。江苏省知识产权局副巡视员黄志臻表示，集成电路行业不仅是江苏省战略新兴产业，同样也是国家战略性产业。而江苏省作为东部的发达省份，集聚着大量的集成电路设计、制造和封装企业，其中封装测试产业是集成电路产业的重要一环。有必要通过专利分析的角度摸清集成电路封装测试产业的技术发展情况，以帮助我国集成电路企业更好地发展。

科教创新区召开专利与高企政策宣导会。8月8日，独墅湖科教创新区专利与高企政策宣导会顺利举行，近50家企业到现场学习。关于知识产权政策，苏州工业园区科技和信息化局陆桂发从发明专利的申请与授权补贴、国外专利授权补贴、国内外注册商标补贴、知识产权质押融资补贴等多个方面向现场企业做了较为系统的介绍，梳理了实际申报过程中的操作细则，并和企业进行了交流。企业也咨询有关专利授权及知识产权服务机构奖励等相关内容。

苏州市知识产权局调研苏州工业园区晶方半导体。8月23日，苏州市知识产权局副调研员胡叶龙、智慧芽及苏州工业园区科技和信息化局知识产权处一行共6人对苏州晶方半导体科技股份有限公司（简称"晶方半导体"）进行调研，和晶方半导体相关负责人、内部专家进行了深入交流。晶方半导体是一家致力于开发与创新新技术，为客户提供可靠、小型化、高性能和高性价比的半导体封装量产服务商。晶方半导体的CMOS影像传感器晶圆级封装技术使高性能、小型化的手机相机模块成为可能。调研组对晶方半导体近年来在半导体封装领域取得的成绩和影响力表示赞赏。在了解了企业基本发展情况后，双方就知识产权布局、产业链角度、企业发展趋势进行了务实的探讨和交流。

国家专利复审委员会调研苏州生物医药企业。9月14日，国家知识产权局专利复审委员会化学申诉一处处长任晓兰一行到苏州工业园区调研，并与苏州市及周边地区相关制药企业、科研院所代表召开药物晶型专利保护问题座谈会。座谈会上，化学申诉一处处长任晓兰表示希望能够在医药保护和专利申请，特别是复审和无效方面听取企业代表的意见和建议。

第六届专利导航产业发展高峰论坛暨专利导航纳米技术应用产业发展五周年成果展隆重举办。10月25日，第六届专利导航产业发展高峰论坛暨专利导航纳米技术应用产业发展五周年成果展在苏州金鸡湖国际中心隆重举办。论坛上，10位演讲嘉宾就专利侵权诉讼、专利导航、专利运营、企业知识产权风险等主题进行了精彩分享。150余名来自纳米等技术领域的知识产权密集型企业的企业代表，以及司法机关、院校、服务机构等各行业的知识产权专家学者参加了论坛。在开幕式致辞中，江苏省知识产权局副调研员朱一华表示，苏州工业园区积极开展专利导航纳米技术应用产业实验区建设工作，历经5年，取得了可喜的成果和骄人的成绩，希望苏州工业园区把专利导航的成功模式和经验在全省推广。

【科技活动】 2018年，苏州工业园区科技部门积极组织各类创新创业活动，推动苏州工业园区创新发展。极力打造金鸡湖路演中心，创办苏州工业园区创业论坛，"领军秀""领军产业沙龙"等论坛主题活动，有效提升了苏州工业园区创新创业氛围。举办各类沙龙活动200多场，仅通过"领军秀"这一平台，已帮助近企业融资超10亿元。以智博会、医药创投会、医疗器械会、纳博会及金鸡湖双百人才表彰大会等产业盛会为契机，促进宣传推广苏州工业园区新兴产业发展，积极弘扬苏州工业园区创新经验。

161个重点项目在苏州工业园区集中签约开工开业。8月10日，161个重点项目在苏州工业园区集中签约开工开业，累计总投资超600亿元，预计项目投产后总产值将超过1000亿元，新增税收将超过100亿元。苏州工业园区此次集中签约开工开业的项目投资规模大、产业结构优、科技含量高、预期效益好，聚焦生物医药、人工智能、纳米技术应用等战略性新兴产业领域。

第八届中国医疗器械高峰论坛成功举办。9月8日，由苏州生物医药产业园牵手中国医疗器械行业协会举办第八届中国医疗器械高峰论坛（Device China 2018），会议主题是"聚产业创新之力，论国械发展之道"，关注医疗器械行业的创新与突破。本届会议华丽升级，特举办"2018中国医疗器械创新创业大赛"及"2018中国国际医疗器械创新展"创新周活动并引入MEDICA等元素。

2018"创之星"中美创新创业大赛决赛在苏州工业园区举行。11月7日，2018"创之星"中美创新创业大赛年度总决赛在苏州工业园区举行。来自生物医药与医疗器械、智能制造、新能源、新材料等七大热门技术领域的21个项目同台比拼，多家投资基金、投资公司、金融机构负责人现场进行项目对接。活动旨在广泛聚集和精选中美优质创新资源，引导和汇聚一批美国创新创业项目在我国转化落地，务实推动美国优质项目与苏州和全国的优势产业创新资源有效对接，推动国际技术转移合作实现多方共赢。

2018 AIIA人工智能开发者大会在苏州国际博览中心盛大召开。10月15—16日，2018 AIIA人工智能开发者大会在苏州国际博览中心盛大召开。此论坛邀请国内优秀的AI产品开发者代表共同探索人工智能技术在产品端的应用，以实现技术的产品化、规模化。此外，另设有精彩绝伦的圆桌论坛，嘉宾们围绕"AI技术的差异化创新"、"当前正在突破的一些技术难关"、"技术与产品功能需求的差距"及"进入人工智能领域的工程师将面临哪些挑战和机遇"等话题展开讨论。

高企政策申报宣讲会顺利举行。8月15日，国家高新技术企业政策宣讲会在苏州工业园区现代大厦举行。来自苏州工业园区科技和信息化局、企业发展服务中心、科招中心的负责人齐聚一堂，认真聆听高企政策介绍。此次宣讲会旨在宣传贯彻高新技术企业优惠政策，使各招商载体了解掌握高企的申报条件和流程，以便接下来的工作。

国家高新技术企业申报动员大会顺利召开。12月20日，为了确保2019年高企工作早准备、起好步、开好局，2019年国家高新技术企业申报动员大会（第二场）正式召开。本次动员大会主要针对区内拟进行2019年国家高新技术企业申报的新企业，特邀江苏省政策专家和财税专家进行权威解读，近400家企业代表参加了此次大会。

2018江苏—深圳集成电路企业创新技术与渠道资源对接峰会召开。7月25日，由苏州市集成电路行业协会联合华强电子网共同举办的2018江苏—深圳集成电路企业创新技术与渠道资源对接峰会在苏州西交利物浦国际会议中心成功举行，此次峰会邀请了苏州市经信委相关领导及部分行业专家出席，同时包括广东华冠半导体有限公司、深圳市飞捷士科技有限公司在内的近100家集成电路企业的高层代表参加。此次峰会活动通过苏州市集成电路行业协会及华强电子网牵头，旨在为长三角和珠三角地区集成电路行业分销商、代理商、方案商及原厂厂商等搭建一个交流与合作的平台，加强两地企业交流对话和深度走访、互通有无，整合各自资源优势，帮助企业更快、更好地抓住上升机遇，获得更大的企业效益。

第三届全国表面物理化学青年论坛及Nano-X能源与催化用户讨论会顺利召开。8月4—7日，由中科院苏州纳米所研究员崔义和苏州大学教授李青共同主办的第三届全国表面物理化学青年论坛于苏州金陵观园国际酒店顺利召开。会议吸引了近60人的专家学者参加。该论坛组织了一批青年科学家围绕有共同研究兴趣的若干子课题进行报告阐述和讨论，参会人员均为国内各大高校及研究所的青年科学家，讨论内容围绕表面物理化学相关的最新研究进展，多数为即将发表和未发表的结果，受到相关研究人员的重视和好评。

泰州国家医药高新技术产业开发区

Taizhou National Medical New & High-tech Industrial Development Zone

【概　况】　泰州国家医药高新技术产业开发区（以下简称"泰州医药高新区"），坐落于长江三角洲的滨江工贸新城，是当今中国第一家国家级医药高新区，总体规划面积116平方千米，下辖泰州医药园区、泰州经济开发区、泰州综合保税区、泰州高等教育园区、泰州市周山河街区、泰州数据产业园区和泰州滨江工业园区等7个功能园区，以及野徐镇和寺巷、明珠、凤凰、沿江4个街道办事处。核心区域由科研开发区、生产制造区、会展交易区、康健医疗区、综合配套区五大功能区组成。在产业定位上，泰州医药园区重点发展生物技术及新医药产业；泰州经济开发区重点发展光电、智能电网产业；滨江工业园重点发展石油化工、新材料产业；数据产业园重点发展软件、服务外包产业。近年来，泰州医药高新区立足"中国第一、世界有名"，以建成全省生物技术与新医药产业核心区、综合改革试验区、转型升级先导区、产城一体示范区为目标，不断优化创新生态环境，加快构建以企业为主体、市场为导向、政产学研金相结合的科技创新体系，取得了较好的成效。

【科技创新】　2018年度，高新区全社会R&D经费支出5.48亿元，占GDP比重达到2.34%；高新技术产业产值占规上工业总产值比重为38.4%；2018年，落实研发费用加计扣除等各项税收优惠政策，全年优惠总额达到2.39亿元，同比增长13%；全年兑现科技创新券1764.458万元，同比增长52.3%；全年下发研究开发专项奖励资金772.17万元，惠及36家科技型企业；新入库科技企业培育库企业96家，新认定民营科技型企业30家，新认定市级后备高新技术企业21家，新认定市级高新技术企业22家，新入库省高新技术企业培育库企业17家，新认定国家高新技术企业25家，国家高新技术企业数量达到70家；江苏晨泰医药科技有限公司获批成为苏中苏北地区唯一的省级潜在独角兽企业；江苏康为世纪生物科技有限公司等5家企业获批省瞪羚企业；江苏硕世生物科技股份有限公司、江苏默乐生物科技股份有限公司2家企业获批2018年度江苏省"最具发展潜力科技人才创业企业"；2018年，高新区获批国家创新型特色园区；获批省级众创社区1家，获批省级众创空间2家、市级众创空间3家；获批省级企业孵化器3家；全年上争省级及以上科技项目33项，上争资金4789.1万元；全年实施高质量的产学研合作项目84项，新增产学研联合体10家，新增校企联盟10家，科易网成交合作项目38项，成交金额5259.14万元；新建市级产业技术创新战略联盟1家，新建市级科技公共服务平台1家。

【知识产权】 2018年，高新区全区专利申请量2460件（其中发明专利716件），同比增长54.72%，专利授权1215件（其中发明专利授权103件），同比增长106.98%；万人发明专利拥有量达到23.61件；PCT申请24件，名列全市第一。5家企业通过省知识产权管理标准化贯标备案，1家企业完成省知识产权局贯标验收；1家企业获批市级企业知识产权战略推进计划项目。

【科技人才】 2018年，全区新增50名领军型人才、174名紧缺型人才入选"113人才计划"，资助金额1.23亿元；新增省"双创计划"人才22人、国家级高端专家10人。截至2018年年底，高新区拥有国家最高科学技术奖获得者1名，两院院士8名，国家级高端专家55名，国家杰出青年基金获得者7名，教育部"长江学者"5名，江苏省"双创人才"114名，"113高层次人才"805人。

【重大研发载体】 2018年，中科院大连化物所-中国医药城生物医药创新研究院，正在开展精准中药与健康研究所、产业孵化园建设，致力打造全球一流的中药研究平台；与四川大学共建的中国医药城药物评价中心，具有中美、中欧双边申报经验，已面向国内外新药研发机构和企业开展实验动物安全评价服务，成为全国知名的药物安全评价研究公共服务平台；全球首家国际遗传工程中心——中国区域研究中心正式落户，重点聚焦疫苗、重组蛋白、单克隆抗体、核酸、病毒载体等领域的创新研发，致力推动产业合作和技术转移；与北京大学药学院、中国医学科学院、东南大学、中国药科大学等12家全国知名高校院所合作，共建高端研发载体。

【公共服务平台】 截至2018年年底，高新区建成21个特色鲜明的技术公共服务平台，可提供药物筛选、药学研究、制剂研究、中试放大、药效药代研究、安全性评价、CDMO等"全链式"技术服务，致力为海内外创业者提供"拎包入住"的创新创业环境，让企业家以最小的投资、最短的时间，获得最快的回报。

【重大成果】 截至2018年年底，高新区已落户1000多家知名医药企业，包括阿斯利康、赛洛菲、武田药业、勃林格殷格翰等12家全球知名跨国企业，1900多项"国际一流、国内领先"的医药创新成果落地申报。其中，落户药品研发生产企业142家，35家药企取得生产许可证，20家药企50条生产线通过GMP认证投产；入驻医疗器械生产企业360多家，各类医疗器械产品品种1400多个，95家医疗器械企业取得生产许可证，累计取得医疗器械注册证或备案证899张；在研和申报的国家一类新药达到80个，其中34个取得临床批件，7个国家一类新药先后投产；近5年生物制品申报量占全省1/3；迈博太科、亿腾药业、江苏迈度跻身全国药品研发综合实力百强榜。

昆山国家高新技术产业开发区
Kunshan National New & High-tech Industrial Development Zone

【概　况】 昆山国家高新技术产业开发区（以下简称"昆山高新区"）规划面积118平方千米，在全国千强镇之首——玉山镇的基础上发展起来，前身是1994年经国家科委批准的昆山国家级星火技术密集区；2006年，经省政府批准、发展改革委核准，成为省级开发区；2010年9月，经国务院批准，升级成为全国首家县级市国家高新技术产业开发区，批准面积7.86平方千米。先后被列为国家科技服务体系建设试点园区、国家知识产权示范园区、国家海外高层次人才创新创业基地、国家创新人才培养示范基地。2014年11月，入围苏南国家自主创新示范区核心区阵营。2018年，完成地区生产总值942.7亿元，增长7.5%；一般公共预算收入111.2亿元，增长12%。进出口总额78.48亿美元，同比增长4.2%，其中出口49.15亿美元，同比增长7%；实际到账外资20551万美元，同比增长4.2%。

【苏南国家自主创新示范区】 2018年，昆山高新区在国家高新区评价中居第47位；在全省高新技术产业开发区创新驱动发展综合排名第8位。成功获批建设国家创新型特色园区，承办全国高新区主任培训班。制定实施苏南国家自主创新示范区三年提升工程，获批苏南奖补资金2100万元，出台高新区苏南奖补资金使用办法，发放苏南奖补资金4040万元，联合省科技厅、省生产力促进中心举办苏南国家自主创新示范区条例宣讲会2场，昆山高新区精密装备制造科技成果产业化基地入选首批启动建设的苏南科技成果产业化基地。同时获批江苏省科技服务骨干机构能力提升项目。

【高新技术发展及产业化】 规划建设阳澄湖科技园、新城北产业园、吴淞江产业园"三大板块"，重点发展机器人及智能制造、小核酸及生物医药、新一代电子信息技术三大高新技术产业。建设项目报建量超168万平方米，引进总投资310亿元的功率射频半导体产业创新基地项目，中科新蕴等一批科技型项目签约落地。昆山维信诺科技有限公司等24家企业获评苏南国家自主创新示范区瞪羚企业，苏州泽璟生物制药有限公司获评准独角兽企业称号；完成服务业增加值同比增长10.3%，制定《昆山高新区高新技术企业培育三年行动计划》，认定高新技术企业181家，高新技术和新兴产业产值分别占规上工业产值比重达63.9%和60.1%。

【科技成果】 科技经费年均增长15%，占财政支出比重超10%，社会研发投入占地区生产总值比重提升到3.3%。全力推进科技成果的转移转化，累计获得省成果转化项目32家，获得省级资金支持超2.3亿元，当年获批省成果转化项目1个。结合高新区机器人及精密装备制造产业，重点落实与省科技厅的"一区一战略"产业联合招标，累计获得成果转化联合招标项目企业达17家，共计获得省地资金近1.5亿元的支持；当年3家企业获批联合招标。沈自所（昆山）智能装备研究院高效运作；机器人及智能制造产业集聚了德国库卡等一批机器人及智能制造相关企业超200家，产值达369亿元。

【科技创新平台】 围绕产业链部署创新链，依托大院大所、龙头企业、行业联盟建设科技创新平台。新增省级小核酸生物医药产业园创业服务中心，两岸青创园获评国家级众创空间，皓创空间获评省级众创空间。与中关村海淀科技园合作共建"海淀中创昆山科技园"。工研院加入科技部对俄科技合作基地联盟，成立昆山工研院上海技术合作中心、上海全国高校技术市场昆山工作站，设立国家技术转移东部中心昆山分中心、蒙纳士大学（昆山）产业创新中心。高效运作中科院微电子所昆山分所、沈阳自动化研究所（昆山）智能装备研究院、昆山杜克大学计算图像技术研究中心、江苏—乌克兰装备制造国际创新院、昆山—白俄罗斯技术成果国际转移中心、蒙纳士艺术与建筑设计（昆山）中心、清华启迪科技园、南大创新研究院、浙大创新中心、西电创新研究院、湖南大学机器人视觉感知与控制技术国家工程实验室苏南中心。新增苏州级以上工程技术研究中心27家、省级企业院士、研究生工作站6个。

【科技合作】 组织上海、广州、苏州等高校举行大院大所产学研校企对接活动26场，成功对接开展产学研合作100项，认定国际科技合作项目4项、产业协同技术创新专项2个、新型研发机构7个。落实清华昆山周活动，排摸技术需求100个，引进大院大所重大科技成果转化项目1个，实现规上企业产学研覆盖率36.98%。白渔潭生态园、玉叶智慧蔬果产业园通过苏州级现代农业园区认定，"优来谷成"

农业科创中心通过省级"星创天地"认定。

【科技金融】 对接落实昆山市"一中心、两基金"建设，启用"江苏省科技企业融资路演服务中心昆山分中心"，推广苏科贷、科贷通、昆科贷、小微贷等惠企金融产品，与苏州银行、宁波银行等银行合作，举办12期科技金融沙龙。落实昆科贷4亿元，完成技术服务交易额3.94亿元，科技服务业收入12.7亿元。新增挂牌"新三板"企业2家。

【科技人才】 大力实施"人才生根"战略，阎锡蕴院士团队获昆山首批"头雁人才"团队，获得1亿元的项目资助；入选2017年科技部创新人才推进计划2人、2018年科技部创新人才推进计划2人；入选江苏省双创人才3人；入选江苏省双创博士6人；入选姑苏领军人才8人；获得姑苏天使计划13人；入围2018年省科技企业家12名。新增国家博士后科研工作分站2个。

【科技服务】 深入推进"放管服"改革，成立行政审批局，制定《昆山高新区"证照分离"改革试点事中事后监管方案》，推进相对集中行政许可权改革工作，实现一窗受理、一网办理、内部流转、并联审批，制定《昆山高新区窗口政务服务标准化建设实施方案》和《昆山高新区重大项目"跟踪特色服务"实施办法》，审批速度提升33%，"12345"平台工单受理满意率达99.82%。建立法律顾问参与规范性文件制定审查制度。制定《关于进一步加强政务督查工作的通知》，加强干部队伍管理、培训、提升等工作，组织"高新讲坛"专题培训10场。推动工会组织规范化建设，新建基层工会26家。召开3次高新区科技创新联席会议，切实解决了才科创企业的问题。

【知识产权】 做好"4·26世界知识产权日"宣传周主题活动，开展专利检索与预警等相关特色培训，全年完成专利申请8561件（发明专利申请2340件），专利授权5709件（发明专利授权798件）；PCT专利申请107件；万人专利拥有量超62件。维信诺以多种柔性OLED创新应用获评2018年美国国际周及SID年会展"最佳展示奖"，并率先推出中国首款量产Notch AMOLED全面屏；南京大学昆山创新研究院"燃料电池膜电极及催化剂载体材料"项目荣获第46届日内瓦国际发明展金奖；江苏天瑞仪器股份有限公司的电感耦合等离子体发射光谱仪等2个项目获2018年度苏州市高价值专利培育计划项目，坂崎雕刻等7家企业成功备案成省绩效评价。成立机器人及智能装备产业知识产权联盟，启动机器人及智能装备产业专利导航，开展规上企业清零行动，提高规上企业发明专利覆盖率。

【科技活动】 举办2018阳澄湖创新论坛、纳米生物学学科发展战略研讨会、江苏（昆山高新区）—韩国机器人产业对接洽谈会、中德低碳发展论坛，承办央视《创业英雄汇》、江苏省"最具发展潜力科技人才创业企业"评选昆山分会场活动。举办"中韩智能科技创新研讨会"，开展人才企业专项服务月活动，赴北京举办清华—昆山科技周活动，举办推进昆山产业科创中心建设大会，两院院士共计22人齐聚昆山，共同为产业发展献计献策。深化"一带一路"发展战略，举办白俄罗斯国立技术大学昆山高新区国际人才科技合作专场活动；主动融入上海，组织开展"科学仪器共享—上海行"系列活动，举办融入上海合作发展推介会，参加第三届中国创新挑战赛（上海）暨首届长三角国际创新挑战赛。

江阴国家高新技术产业开发区
Jiangyin National New & High-tech Industrial Development Zone

【概　况】 江阴国家高新技术产业开发区（简称"江阴高新区"）前身为江阴经济开发区，成立于1992年。2002年，省委、省政府赋予国家级经济开发区的经济审批权和行政级别；2010年，省政府批准更名为江苏省江阴高新技术产业开发区；2011年，经国务院批复同意升格为国家高新区；2014年，经国务院批准列入苏南国家自主创新示范区（简称"苏南自创区"）建设行列；2017年，被省委、省政府确定为苏南自创区核心区。园区管辖面积80平方千米，常住人口约18万人。2018年，江阴高新区以苏南国家自主创新示范区核心区建设为主线，着力做好稳增长、优规划、攻项目、抓创新、促民生等工作，加快打造产业层次高、转型动能新、改革开放水平高、生态建设成效新、民生福祉高、园区形象新"三高三新"的高新产业集聚区、创新驱动示范区、美丽和谐幸福区。全年完成地区生产总值928.24亿元，比上年增长9%，其中服务业增加值428.35亿元，增长10%；规模以上工业产值1505.75亿元，增长20.8%；一般公共预算收入58.19亿元，增长13.6%；全社会固定资产投资233.97亿元，其中工业投入76.57亿元。完成进出口总额105.05亿美元，增长37.7%，其中出口61.62亿美元，增长31%；到位注册外资5.84亿美元。同年，江阴高新区在无锡市高质量发展考核中荣获"综合考核优秀开发区"称号。

【苏南国家自主创新示范区核心区建设】 2018年，制定出台《江阴市深入推进苏南国家自主创新示范区建设三年行动计划（2018—2020年）》《江阴高新区科技创新三年行动计划（2018—2020年）》《江阴高新区战略性新兴产业发展三年行动计划（2018—2020年）》《江阴高新区产业提升三年行动计划（2018—2020年）》，进一步明确了建设目标、工作重点、推进要求。贯彻落实省"科技创新40条"等创新政策，制定出台《关于聚力创新加快推进苏南国家自主创新示范区核心区建设若干政策措施的实施细则》，在项目建设、研发投入、创新平台、人才引育、成果转化等方面给予大力支持。先后与美国麻省理工学院、斯坦福大学、杜克大学、哈佛大学、中科院、上海交大、东南大学等100多个国内外知名高校和科研院所建立合作关系，建成中德国际技术转移中心、中瑞生物医药创新中心、中美智能制造技术创新中心等跨国技术转移机构3家；与中科院中国高新区研究中心、长城企业战略研究所、中关村科技服务业创新联盟和江苏省生产力促进中心等高端创新服务机构合作，开展集成创新服务中心、"双创"服务广场等平台建设；举办创新创业大赛，组织科技金融路演、人才项目路演37场，建成启用苏南自创区创新创业一体化平台，招聘专业工作人员5人，线上线下共引进12大类160余家科技服务机构，实现省级平台互联互通，为企业技术创新和人才创业提供一站式、全天候、不打折服务。目前，江阴高新区已拥有高新技术企业135家，科技型中小企业131家，省瞪羚企业6家，紫米电子获评无锡唯一一家省独角兽企业，培育入库无锡市雏鹰企业10家、瞪羚企业16家、准独角兽企业3家，拥有国家级科技企业孵化器3家、国家级科技企业加速器1家、其他各类省级载体平台20多个，各类创新创业载体面积达150万平方米。推进创新平台国际化，设立6家诺贝尔奖研究院，建成中德、中瑞、中美3个跨国技术转移中心，与PNP共建硅谷创新中心，加快融入全球创新网络，吸收全球创新资源。建成特钢新材料、集成电路封测、现代中药配方颗粒和物联网等国家特色产业基地4个，建成国家集成电路封装测试、江苏省高性能金属线材制品等产业技术创新战略联盟2家和特钢新材料、光电通信材料等产业技术研究院2家。拥有各类人才达3万多人，引进诺奖得主6人、两院院士19人、"国家重大人才工程"专家24人、省双创人才41人、省双创团队6个，海内外高层次创新创业人才500余人。同年，国家火炬江阴物联网特色产业基地、国家火炬江阴高新区特钢新材料及其制品特色产业基地通过复审，获得江苏省财政厅、科技厅苏南国家自主创新示范区建设奖励补助专项资金2100万元，获批建设首个设在县（区）的省技术产权交易市场江阴地方分中心，获评苏南特钢新材料科技成果产业化基地和江苏省金属材料众创社区。紫米电子获批无锡唯一一家省级独角兽企业，6家企业获批省级瞪羚企业，长电科技、兴澄特钢、法尔胜3家企业入围"2017江苏省创新型企业100强"。

【科技创新创业】 2018年，江阴高新区继续实施创新驱动战略，狠抓创新政策优化、创新主体培育、创新集群打造、双创环境营造，加快构建以市场为导向、企业为主体、产学研深度融合为支撑的产业科技创新体系，全年实现高新技术产值618.2亿元，占规模以上工业产值的62.3%；完成研发经费投入51.6亿元，占GDP（地区生产总值）比重达5.6%，大中型企业研发机构覆盖率达100%。江阴金属新材料创新研究院、法尔胜企业联合创新中心、国澄军民融合装备技术研究院启动建设；引进高层次人才97人，其中诺奖得主1人、"国家重大人才工程"入选者1人、省"双创人才"5人，新增海外留学人才15人、专业技术人才1504人，培养高技能人才620人，高新区科技人才服务平台成立运营。组织申报省、市各级科技计划项目69项，其中江国家"重大新药创制"科技重大专项2个、省成果转化项目2项、省国际科技合作项目1项。万人有效发明专利拥有量71件，兴澄特钢荣获中国质量奖提名奖和"国家知识产权示范企业"称号，法尔胜获批全省首个国家技术标准创新基地和省知识产权战略推进项目，斯菲尔电气荣获"国家知识产权示范企业"称号，黄山船舶获得国家标准创新贡献奖，长电科技获评省高价值专利培育项目。2月，会同江阴市科技和人才工作领导小组共同启动以"智汇江阴、创业高新"为主题的2018年中国江阴（高新区）创新创业大赛，征集海内外项目52项。5月，苏南国家自主创新示范区江阴高新区一体化双创服务平台启用，与省生产力促进中心签订共建江阴集成创新中心协议，导入技联在线、金册网等省科技服务平台，审核上线服务机构170家，服务企业468家次；6月，召开高新区科协第一次代表大会，高新区科技工作者之家、生物医药产业企业科协联盟成立；11月，承办江苏省跨国技术转移大会江阴分会，达成意向合作项目4项。年内组织创新型企业赴武汉、西安等地开展产业对接活动，赴深圳参加高交会，赴华为、大疆、华大基因等企业考察学习，落实重点产学研合作项目24项。全年启动实施高新区创新型产业集群培育和科技型中小企业技术创新专项资金950万元、项目25项，带动企业增加研发投入近亿元；为中小企业提供创业投资、科技贷款、科技保险等对接融资近2亿元，减免科技税收7.9亿元，增长36%；设立1000万元人才创新创业项目启动扶持资金和产业化奖励资金，落实兑付各级各类人才资金2600余万元；高新区财政人才投入资金5400多万元，占一般公共预算支出的2.2%。

【招商引项】 2018年，江阴高新区牢固树立"一切为了项目、一切服务项目"的理念，全力招引符合产业发展规划、具有高新特色的龙头型基地型旗舰型项目、补链强链拓链项目、战略性新兴产业，全年新增协议注册外资10.57亿美元，实现到位注册外资5.84亿美元，连续两年到账外资超5亿美元。签约超亿元项目33项，总投资610亿元，其中工业项目22项，服务业项目11项；外资项目10项，内资项目23项。引进境内总投资150亿元以上项目1项，协议注册外资5亿美元以上项目1项，协议注册外资3亿美元以上项目1项，协议注册外资3000万美元或境内总投资10亿元以上项目5项。转变"拣到篮子都是菜"的观念，实施项目准入评审制度，根据《江阴高新区管委会关于进一步加强重点产业项目推进建设工作的意见》等一系列文件，完成准入评审项目27项，其中通过江阴市优质评审项目5项。充分发挥项目建设协调会、重点项目推进会、土地载体安排研究会"三个机制"作用，推进在建项目34项，总投资530亿元；在批待建项目10项，总投资258亿元。贝卡尔特太阳能硅片切割材料及应用项目、法尔胜光通信年产5000万千米光纤等16个项目顺利开工，总投资301亿元；中信泰富特钢集团总部、星科金朋半导体封装测试、长电科技高密度混合集成电路封装、斯菲尔电气智能电网输配电设备、新树工程塑料 EPS 扩能等 14 个项目竣工投产，总投资 69 亿元；普莱医药生物创新药生产基地、中芯长电二期 JA2 厂房等项目正在加快建设。5 月，江阴高新区签约联动天翼新能源动力电池及系统项目，总投资 200 亿元，为江阴近年来单体投资规模最大的制造业旗舰型项目，并实现当年注册、当年开工，预计全面达产后年销售收入达 500 亿元。9 月，江阴外国语学校过渡校区投入使用。12 月，盈智城住宅及商办地块由深圳星河控股公司摘牌，占地面积 29.53 公顷，总投资 120 亿元，土地出让金达 35 亿元，为江阴历史上单体投资规模最大的服务业项目之一，主要建设高端住宅、品牌酒店、人才公寓、购物中心、商务办公及幼儿园、邻里中心等高品质创业基地，建筑面积超 80 万平方米；与江阴启新纺织有限公司签约合作，将启新纺织存量土地和厂房改造提升为用地面积 330 亩、建筑面积超 20 万平方米的智能制造产业园，10 余个产业项目入驻。

【主导产业发展】 2018 年，江阴高新区坚持产业强区战略，加快构建以特钢新材料及制品为主导，微电子集成电路、机械智能制造、现代中药和生物医药为特色，新能源汽车及关键零部件为战略布局的"1+3+1"先进制造业产业体系和以工业服务、科技服务、商务服务、商贸服务、城市服务为主要方向的现代服务业产业体系，拥有年开票销售 10 亿元以上企业 30 家，其中超百亿元企业 8 家、超 50 亿元企业 4 家、超 10 亿元企业 18 家；入库税金超亿元企业 13 家，其中超 10 亿元企业 1 家。2 家企业入选中国 500 强，3 家企业入选中国制造业企业 500 强，3 家企业入选中国民营企业 500 强，1 家企业入选中国上市公司 500 强。先进制造业方面：特钢新材料及制品产业形成以兴澄特钢制品为龙头，法尔胜高端线材制品、贝卡尔特钢帘线制品为核心的主导产业集群，全年实现开票销售收入 582.72 亿元，占规模以上工业开票销售收入的 55.6%，成为高新区乃至江阴市的支柱型产业，被列入国家重点扶持特色产业集群培育试点，获批特钢及金属制品产业省级新型工业化示范基地，特钢新材料及金属制品产业省级特色创新示范园区完成申报。中信泰富特钢成为无锡市第二家营业收入超千亿企业；微电子集成电路产业依托长电科技、中芯长电等龙头企业，初步形成集成电路设计、芯片制造、封装及测试产业链，全年完成开票销售收入 217.52 亿元，比上年增长 15.4%，占规模以上工业开票销售收入的 20.8%，成为高新区特色产业之一，获批国家集成电路封测高新技术产业化基地。总投资 17.5 亿元的高密度集成电路及模块封装项目和总投资 5 亿元的新顺微电子的半导体芯片项目建成投产；机械智能制造产业获批省级智能车间 5 个、无锡市智能车间 2 个，全年实现开票销售收入 46.17 亿元，增长 9.1%，成为高新区支撑型产业。新树工程 15 万吨 EPS 智能化扩建项目、星科金朋智能化仓储等 7 个项目竣工投入使用，泰迪服饰智能化流水线、申利实业智能化仓储、天江药业二期等 8 个项目加快建设；现代中药和生物医药产业形成以天江药业为龙头，百桥生物医药孵化器、生物医药加速器为依托的现代生物医药产业集群，全年实现开票销售收入 39.03 亿元，增长 43.1%，培育出抗菌肽、海洋蛋白、血型诊断等创新生物制药企业。总投资 1 亿美元的天江药业技改扩能项目、总投资 7419 万美元的普莱医药 PL-5 创新新药项目加快推进；新能源汽车及关键零部件产业尚处于成长期，是高新区战略布局产业，总投资 200 亿元的联动天翼新能源动力电池及系统项目 9 月 27 日开工建设。同年，高新区完成工业投入 80.6 亿元，电子信息、智能装备、生物医药、新材料等高新产业和技改投入占工业投入的 71.9% 以上；技改项目投入 54.6 亿元，占工业投入的比重为 67.7%。新批工业企业技改项目 58 项，总投资 41 亿元，其中超亿元技改项目 10 项，法尔胜光通信的光纤项目、兴澄特钢的小烧结系统升级改造项目进展顺利；竣工投产技改项目 52 项。现代服务业方面：全年实现商业开票 1783.3 亿元，增长 38.8%；应征税金 16.8 亿元，增长 13.3%；服务业增加值 211 亿元，增长

11.1%，服务业增加值占GDP比重为33.9%；限上批零252亿元，增长23.3%；限上社零11亿元，增长33.6%；规上营收33.6亿元，增长25.7%。开票销售超百亿元企业4家、超10亿元企业19家、超亿元企业81家；入库税金超亿元企业3家、超5000万元企业6家、超1000万元企业21家。景澄市场引进企业41家，完成开票销售81.7亿元，增长27.7%；华西村商品合约交易中心围绕石油化工、钢铁、纺织品原料等贸易领域，开发上线大宗商品电子商务平台，打通期货现货线上线下交易渠道。年内深化《关于进一步鼓励扶持服务业加快发展的实施意见》，出台服务业专项资金实施细则，兑付集团公司、平台载体、重点企业地方财政贡献奖励3.76亿元，电商专项奖励190.24万元，新增外贸进出口奖励和国家级行业协会省级总部服务平台补助210.06万元。用好用足上级各类扶持政策，助推企业争取重点项目、老字号、税收贡献等市级专项资金272.73万元，国家级、省级、市级服务外包专项资金292.28万元。用好中小企业转贷、信贷风险补偿等专项资金池，助推4家企业申请贷款1000万元。出台金融创新园、天安电商产业园"一个管理办法、两个考核细则"的制度体系，推动重点楼宇载体健康有序发展，金融创新园新增天奕、圣龙特奥、容海保险等8家入驻企业，初元视像科技、博润教育等11家虚拟注册企业；天安电商产业园新增延利汽车、易乐购、传澄网络等5家入驻企业。

【集成改革】 2018年，江阴高新区按照市委、市政府决策部署，成立集成改革工作领导小组，并对应七大改革领域成立7个专项改革工作领导小组，制定下发《江阴高新区2018年度集成改革重点工作责任分解》，建立实施领导负责制、例会推进制、督促检查制、考核挂钩制等4项制度，全面完成市集成改革任务15项。完成集统一规划建设、统一经济发展、统一财政管理、统一组织人事管理、统一社会管理、统一行政审批、统一综合执法、统一考核管理、统一纪检监察"九个统一"的区街合一管理体制改革，实行安监、环保职能整合及创业园、财政和投资公司一体化管理；社会事业局、行政审批局、综合执法局和政务服务中心、管理服务指挥中心"三局两中心"挂牌运行，形成"1个中心（政务服务中心）+12个便民服务站"相融合的政务服务体系；全面承接江阴市政府首批赋予的行政审批事项163项和行政执法事项792项，积极对接无锡市政府行政审批事项187项，稳步推进建设项目环境影响评价改革试点工作，行政审批日均办结超200件，实现"一枚印章管审批、一支队伍管执法、一张网格管治理"；在江阴率先开展"证照分离"改革试点，成效处于无锡领先。确立"像经营企业一样经营园区"理念，出台国资平台整合方案，与民企合作设立房地产开发公司、建筑公司，对外投资项目7项，投资额超5亿元；先后与省高投及毅达资本成立规模30亿元的产业发展基金，与无锡金投成立规模5000万元的天使种子基金，与中昂基金成立规模30亿元的股权投资基金，与中普金融成立规模1亿元的中小企业转贷基金，与东方资产成立不良资产处置基金。设立规模1.5亿元的科技型中小企业信贷风险补偿专项资金池，累计转贷额超21亿元，服务企业185家；成立对外投资监管领导小组，强化风险防控，确保国有资产保值增值。

徐州国家高新技术产业开发区
Xuzhou National New & High-tech Industrial Development Zone

【概况】 2018年，徐州国家高新技术产业开发区（以下简称"徐州高新区"）坚持创新驱动为先导，积极推动国家创新型特色园区创建工作，坚持以企业为主体、以产业为主导，完善平台支撑，强化人才推动，优化科技创新生态环境，不断提升产业科技创新水平。2018年，徐州高新区R&D投入强度6.79%，高新技术产业产值占规上工业产值的比重为52.6%。

【高新技术产业发展】 申报国家高新技术企业39家，获批33家；开展2018年高企年报统计工作；开展2018年国家科技型中小企业评价入库申报工作，获批56家；江苏省精创电器股份有限公司成功获批江苏省创新型领军企业，华源节水有限公司成功获批农业科技型企业。申报省科技项目16项，市科技项目31项，获批13项，获批项目资金共计1345万元；完成江苏省科技成果转化项目年度检查工作。举办2018年"徐高新杯"科技创新创业大赛，其中，3家企业在徐州市创新创业大赛获奖。

【国家创新型特色园区建设】 就创建创新型特色园区相关问题多次与科技部火炬中心进行了深入沟通与交流，获火炬中心支持。2018年12月，科技部火炬中心组织专家到徐州高新区进行论证，专家组对《徐州国家高新区创新型特色园区建设方案》给予了高度评价和认可，一致同意推荐徐州高新区建设国家创新型特色园区。

【海外科技创新资源】 首创"海外合伙人+跨境孵化加速平台"模式。充分发挥IUIA淮海国际创新中心拥有丰富海外创新资源的优势，加大工作力度，成功引进了20多个海外合伙人，包括著名大学与研发机构的院士和首席科学家、著名孵化器创业导师、创投基金负责人等，通过"海外合伙人+国内合作人+创业大使+创业大赛+创业营"的跨境孵化加速新模式引入跨境项目资源。依托海外合作人在徐州高新区注册成立跨境孵化加速公司，并在4个国家建立了跨境孵化加速中心，分别是：徐州高新区(德国)跨境孵化器、徐州高新区(美国)跨境孵化器、徐州高新区(英国)跨境孵化器和徐州高新区(法国)跨境孵化器。

同时，推动IUIA淮海国际创新中心与中国矿业大学、江苏师范大学两所高校签署了合作协议，通过资助奖学金的模式让高校优秀学子为海外项目在徐州落地过程提供服务，探索了企业及高校合作新模式，实现了高校、海外项目、创新孵化器多方共赢。有效地促进了相关产业项目及人才的落地，为高新区引进海外项目的落地实践探索出一条新路子。

举办国际名校创新创业大赛。先后在德国和美国举办名校创新创业大赛。在德国，大赛吸引了德国亚琛工业大学、海德堡大学、达姆工学院、法兰克福大学、法兰克福科技大本营、亚琛数字港等著名大学和孵化器项目参加，首批7家获奖项目落户徐州，创业项目注册实现"一网通办、当天领证"，德国项目注册当天即拿到营业执照。在美国，大赛在加州伯克利大学举办，来自硅谷地区的12个高科技初创企业脱颖而出，最终选出5个获奖公司和5个优秀公司。以上获奖公司计划于2018年11月下旬在徐州参加中美创业营活动，并启动公司落地注册等工作。

推动国际技术转移中心成立。与加拿大滑铁卢大学和中乌等离子技术研究院进行积极对接洽谈，先后成立中加国际技术转移中心和中乌国际技术转移中心。

【研发机构】 积极开展企业研发机构的培育工作。获批国家级区域性博士后科研工作站1家（含3家企业分站），省级企业工程技术研究中心2家，省级企业院士工作站1家。组织5家企业申报省级企业研究生工作站，6家企业申报徐州市工程技术研究中心。组织协鑫、财发2家企业参加江苏省重点企业研发机构评估申报，其中协鑫被评为省优秀工程技术研究中心。共引进新型研发机构6家。

【科技创新载体平台】 大力引进高端科技创新优势资源，加快推进科技创新平台载体建设。先后赴南开大学、中国计量大学、东南大学、武汉大学、中国科学院半导体研究所、清华大学合肥公共安全研究院考察，深度交流合作，推动科技创新平台载体的建设工作。与中国计量大学合作共建"中国计量大学徐州产业计量与检测创新中心"，与中国科学院半导体研究所达成合作共建智能健康科技联合实验室意向。目前，徐州高新区已建有6家高校创新中心。2018年，获批省级平台载体3家，其中2家科技企业孵化器，1家众创空间。完成2017年度科技企业孵化器考核和江苏省科技企业孵化器绩效评价自评报告。完成徐州市对高新区省级科技企业孵化器和省级众创空间的绩效评价工作。

【科技人才】 组织企业申报省、市、高新区高层次创新创业人才引进资助计划。资助高层次创业人才（A类）14个，高层次创新人才（B类）10个，企业创新团队（D类）2个。累计支出人才扶持资金2700万元。获批省"双创团队"1人，申报省"双创博士"4人；申报市"双创计划"4人；申报铜山区"双创计划"12人。积极引进高层次人才来高新区创新创业。2018年，徐州高新区共引进A、B类高层次人才16名，其中发达国家及我国两院院士5名（中国工程院院士吴孟超、潘君骅，加拿大皇家科学院院士王家璜，David Wizart，俄罗斯科学院院士谢尔盖·尼古拉耶维奇）、"国家重大人才工程"专家8名（王守国、孙云权、马晓光、赵喆、孙永健、李湘盈、冯宇雄、孙浩）、"杰青"1名（江华）、二级教授2名（程武山、何忠义）。

【科技创新谷】 突出新型研发机构引进，构筑创新高地。推动各类研究院所等创新平台20个落户徐州市产业技术研究院。建成科技政策、科技人才、科技信息、科技金融、成果转化、物业基础、创新创业和技术转移八大平台，创投机构2个，建成奎图海创、软通乐业空间、淮海创新中心专业孵化器3个，国际转移中心5个。

以活力激发为重点，多层次组织开展主题活动。围绕高新区产业发展的总目标和创新、创业、孵化、研发的功能定位，以活动推动产业技术研究院内各载体的升级建设工作，积极探索完善徐州高新区创新创业孵化体系、服务体系活力激发的有效途径，释放科技创新谷的创新孵化能力。2018年，共举办各类活动19次。其中，举办"赢在徐州"创新大赛11场；园区红泥夜话沙龙活动4场；同时举办金融、法律、企业管理、安全消防等多场主题讲座。

【科技创新政策】 立足科技经费、项目资金、产业融资等人才发展要素，完善人才政策支持体系，在全市率先出台了人才新政。先后研究制订了《徐州市铜山区（徐州高新区）开展高层次人才政策改革试点实施方案》及实施细则、《徐州高新区支持和鼓励高层次人才创新创业专项资金管理暂行办法》、《徐州高新区知识产权发展专项资金管理暂行办法》等政策，并对《徐州高新区关于推动科技创新支持现代产业发展若干政策的实施意见》中的科技创新政策内容进行了多次修订完善。

【知识产权】 鼓励专利申报。开展各级专利奖励资助政策兑现工作，获批江苏省知识产权创造与运用（专利资助）专项资金20.2万元；徐州市专利相关奖励等徐州市知识产权项目资金121.3万元。组织企业开展知识产权管理标准化创建工作，2018年新增24家企业创建备案，共有89家企业顺利通过江苏省知识产权管理标准化创建工作备案。组织2家企业申报江苏省企业知识产权战略推进计划项目；1家企业参与江苏省专利发明人奖评选活动；4家企业申报徐州市知识产权战略推进计划项目；2家企业申报徐州市高价值专利培育计划项目；5家企业申报国家知识产权优势企业；6家企业申报徐州市专利领航企业、小巨人企业；3家企业申报江苏省民营科技企业；9家企业申报徐州市专利优秀奖项目；4家企业申报徐州市专利金奖项目；3家企业申报徐州市专利发明人项目；组织开展知识产权政策解读培训会。

武进国家高新技术产业开发区

Wujin National New & High-tech Industrial Development Zone

【概　况】 2018年，武进国家高新技术产业开发区（以下简称"武进高新区"）认真贯彻习近平新时代中国特色社会主义思想和党的十九大精神，积极对照江苏省委"六个高质量"、常州市委"种好幸福树，建好明星城"和武进区委5个3年行动计划的部署要求，全面开展"五大年"活动，大力推进"六大工程"，深入解放思想，狠抓改革创新，高质量发展取得良好开局，在157家国家级高新区中排名连续3年实现进位，列全国第45位，在全国县区国家级高新区中继续保持第一。

【苏南国家自主创新示范区】 全年完成苏南自创区独角兽企业、重大创新载体项目推荐、科技部打造特色载体推动中小企业创新创业升级园区申报等工作，争取苏南自创区奖补资金2100万元。

编制并成功发布全国首个县区国家级高新区创新指数《武进高新区创新指数（2018）》，立足创新驱动力、产业成长力、开放竞争力、持续发展力、区域带动力，构建了园区创新发展的动态评价体系，通过纵向监测，发现园区创新发展的动态变化；通过横向对标，明确园区的优势和不足，借鉴先进园区的发展经验，实现争先进位。

【高新技术产业】 聚焦壮大高端装备、电子和智能信息、节能环保、新型交通四大主导产业，全力打造机器人、智电汽车两张产业名片，其中，机器人规上企业全年开票销售同比增长89.5%，集聚了全省近70%的机器人产能。园区研发投入占GDP的比重达4.64%，完成高新技术产业产值606亿元，占规上工业比重达65.5%。

【科技成果】 成功获批江苏省机器人及智能装备科技成果产业化基地。28家企业进入江苏省高新技术企业培育库，认定高新技术企业76家，保有量达165家。国茂减速机、回天新材料等15家企业获评苏南国家自主创新示范区瞪羚企业。新誉轨交"城市轨道交通全自动无人驾驶系统的研发及产业化"等3个项目获得江苏省科技成果专项资金300万元资金支持；今创风挡、明及电气、河马井等3家企业获常州市科技成果转化培育140万元资金支持；柳工、南方等9家企业获批常州市科技成果转化培育指导性项目；河马井"基于热流道阀式浇注的塑料检查井高紧密注塑成型关键技术及应用"项目获江苏省科学技术奖二等奖；恒立液压、五洋纺机成功通过江苏省科学技术奖专业答辩。

【科技创新平台】 固立高端数控精密制造创新中心、中汽研（常州）汽车工程研究院、南德新能源汽车动力电池检测实验室、南德西南交大轨道交通技术检测中心等重点科技平台进区落户。中汽研（常州）汽车工程研究院有限公司通过江苏省龙头骨干企业独立研发机构建设项目立项，获支持金额1000万元。龙城精锻、南方轴承获批国家级博士后科研工作站，阿里巴巴创新中心、纺织云获批省级众创空间。

【科技合作】 常州市"5·18"展洽会期间，组织首届中国互联网知识产权大会、2018年创响中国常州站启动仪式暨武进高新区机器人产业峰会、武进国家高新区创新指数发布会等6场专题活动。打造武高新"5·18"展馆，展列了园区29家企业的60多个高新技术产品，创新展示了园区产学研合作成果和深厚的技术底蕴。全力打造机器人产业名片，成功举办中国机器人TOP10峰会、中国焊接机器人发展论坛等系列活动，邀请沈阳新松、江苏汇博等知名企业及中国工程院谭建荣院士、德国汉堡科学院张建伟院士等产业大咖走进园区，促进机器人企业协同发展。有效对接国内外高端人才和先进技术，组织"机器人及人工智能领域成果专题洽谈会暨第四届武进国家高新区海智对接交流会""百名专家进企业""高技术服务业助推创新型产业集群高质量发展——机器人及智能装备专场对接活动""汇国际智造之脑，解企业智造之困"主题沙龙等专题活动，全年签订产学研合作意向30项，正式实施15项。大恒环保、东缘环境等4家企业获得常州市产学研合作补助经费51万元资金支持。

【科技金融】 打造"武南创智汇"和江苏省科技企业融资路演服务中心高新区分中心等金

融平台，全年组织路演活动20场，20余家企业获股权、债券融资，科技贷款累计放款29家，共9044万元。与以太资本等机构合作设立了全市第一支市场化参股人才基金，与100余家风创投机构建立了合作关系，创投基金规模近百亿元，创新创业的金融资本生态圈初步形成。

【科技人才】 出台"金梧桐计划"2.0版本，入选江苏省"双创计划"12个，其中2名外籍高技能类人才为常州市仅有，双创入选数占常州市的30%、武进区的60%。"龙城英才"C类项目落户27个。全年招引"985""211"高校毕业生超1000名，累计拥有"国家重大人才工程"入选者72名，江苏省"双创计划"人才93名。

【知识产权】 以全省验收总分第一的成绩，顺利通过国家知识产权试点园区验收和江苏省知识产权示范园区考核复评，万人发明专利拥有量达84.4件，新誉集团、钱璟康复获批国家知识产权示范企业，恒立液压、龙城精锻、品正光电、五洋纺机4家企业获批国家知识产权优势企业。成功举办2018首届中国互联网知识产权大会，国家知识产权局原局长田力普应邀出席会议，大会成功发布《常州宣言》。

【科技活动】 2018年4月20日，"高技术服务业助推创新型产业集群高质量发展"——机器人及智能装备专场对接活动举行，园区多家科技服务骨干机构和100多名机器人及智能装备企业代表进行了对接交流。会上，常州华数锦明智能装备技术研究院有限公司与智能制造跨企业培训中心现场签署了人才委托培养合作协议。

2018年5月15日，2018首届中国互联网知识产权大会举行。市、区领导丁纯、徐光辉、戴士福、石旭涌参加。会议围绕"智能互联创新与知识产权技术供给"和"智能互联创新与知识产权法律保障"两个方面，搭建互联互通的全国交流平台，大会还达成相关共识并发布《常州宣言》。

2018年5月16日，2018"创响中国"常州站启动仪式暨武进国家高新区机器人产业峰会举行。中国工程院谭建荣院士、德国汉堡科学院张建伟院士，市、区领导曹佳中、戴士福、陆秋明，高新区领导祝正庆出席活动。2018年的"创响中国"常州站重点开展创新创业政策宣传、人才对接、专题培训、新兴产业技术对接交流等8项创新创业特色活动。活动现场，江苏省生产力促进中心机器人产业战略合作、卡邦电气自动化机器人、康耐视视觉检测、博人文化娱乐机器人等项目分别进行了签约。

2018年5月25日，《武进高新区创新指数（2018）》正式发布，这是国内首个反应县区国家级高新区创新发展的指数，区委常委、组织部部长华飞，高新区领导祝正庆、李磊出席活动。发布会上，武进高新区与江苏省生产力促进中心签署了"武进国家高新区企业创新能力提升行动"合作协议，嘉美之光智慧照明、豪吉博电器新能源汽车驱动系统、大观医疗检测、智慧以太投资玻色子基金等4个项目集中签约落户。

2018年6月21日，2018"引凤工程"第三届创新创业赛举行。区委常委、统战部部长杨国成，高新区领导祝正庆参加活动。15个创新创业项目在活动中进行了路演展示，会上，武进高新区被正式授牌"引凤工程创新创业基地"。

2018年7月25日，2018中国机器人TOP10峰会举行。会上发布了"2018中国机器人TOP10峰会（常州）共识"。

2018年7月26日，2018中国焊接机器人发展论坛举行。市、区领导梁一波、石旭涌、徐治国，高新区领导李磊参加活动。论坛共设主论坛、金属焊接分论坛、精密电子焊接分论坛3个部分，内容涵盖焊接机器人产业发展的国家政策、产业环境分析、行业发展趋势、用户需求、技术前沿及最新研究成果等。

2018年9月26日，江苏省产学研专场对接洽谈会——常州市机器人及人工智能领域成果专题洽谈会暨第四届武进国家高新区海智对接交流会举行。市、区领导梁一波、戴士福，高新区领导祝正庆、李磊参加活动。洽谈会期间，来自挪威工程院、加拿大工程院等海外机构的专家教授分别进行了《高端设备和制造的认知维护》《高速抓放机器人的研发》等主旨演讲。

2018年9月27日，2018第二届中国（常州）声学产业创新创业人才峰会举行。南京大学声学所所长、江苏省声学学会理事长刘晓峻，高新区领导李磊参加活动。论坛上，来自全国各地的声学专家进行了《电声器件行业现状及未来发展趋势》《热点电视节目幕后的音频技术应用》《冠心病的超声诊断》等专题演讲和主题沙龙。

2018年10月30日，武进高新区科技创新大会召开。江苏省科技厅副厅长蒋洪，区领导戴士福、石旭涌、徐治国，高新区领导祝正庆、杨鑫才、李磊、孙洋出席会议。省科技厅副厅长蒋洪发表讲话并作了题为《深化科技体制机制改革、推动高质量发展》的讲座，会议还对国家知识产权示范、优势企业，江苏省"百强创新型企业"，苏南国家自主创新示范区瞪羚企业及江苏省"双创计划"人才、"金梧桐计划"人才等进行了表彰奖励。

南通国家高新技术产业开发区
Nantong National New & High-tech Industrial Development Zone

【概　况】 2018年以来，南通国家高新技术产业开发区（以下简称"南通高新区"）以习近平新时代中国特色社会主义思想为指导，全面贯彻党的十九大、中央经济工作会议和省市区委全会精神，坚持稳中求进工作总基调，围绕高质量发展新要求，较好地完成全年目标任务。南通高新区在全国国家高新区排名中前移2名，列第46名，处于新升级国家高新区第一方阵。5月被江苏省通报表彰为"实施创新驱动发展战略、推进自主创新和发展高新技术产业成效明显的高新区"。通过"国家知识产权试点园区"验收，被人力资源社会保障部评为国家级专家服务基地，为南通地区第一家。

【产业发展】 加快"一主一新"特色产业发展。狠抓重大项目招引，主攻重大龙头项目、精选亿元产业项目、重视科技人才项目，不断提升招商引资的精准度和有效性。进一步加强落户项目的审核把关，制订了高新区产业项目落地综合评价意见，严格执行项目"五关"审核流程，从源头把控项目的高质量。总投资10亿元的晶与光电、总投资10亿元的晶品科技、总投资8亿元的吴通电子、总投资1亿美元的及成电子等一批重大项目签约落户，全年共签约亿元以上产业项目26项，总投资规模114亿元。注重以资本为纽带，成立了总规模30亿元的产业母基金；积极与各类基金、资本和科创平台合作，推进了鸿涛光电等一批与基金合作的项目落地。同时，跟踪洽谈重大战略性产业项目，9.5平方千米的集成电路产业园正在抓紧编制规划。

项目建设取得新成绩。紧紧围绕市、区项目考核目标任务，落实责任、优质服务、高效推进，博鼎机械、旭浩数码、四方节能、嘉朗机械等重大项目开工建设，江海储能、深南电路等在建重大项目进展顺利。全年新开工工业项目27项，总投资超90亿元，投资完成额超20亿元；完成竣工项目20项。在南通市国家级开发园区项目考核中迈向中上游，取得了2个第二、2个第三的成绩。

总公司实体化运作有序推进。建立健全了公司内部运作和管理机制，启动了对外投资和合作业务；总公司获批AA+信用级别平台，大力拓展直接债务类融资，切实保障了开发建设资金需求。

被人力资源社会保障部认定为国家级专家服务基地。国家人力资源和社会保障部办公厅《关于确定2018年专家服务基层工作项目和基地的通知》（人社厅函〔2018〕117号）公布全国第四批20家国家级专家服务基地，南通高新区榜上有名，成为江苏省第三家、南通市第一家国家级专家服务基地。专家服务基地是联系各类专家为园区、企业提供智力服务的一种组织形式，是推进产业优化升级的重要支撑和提升企业核心竞争力的重要力量。

江海圆梦谷获批省级创业孵化基地。2018年12月，全省65家创业示范基地被评定为省级创业示范基地，创业孵化示范基地"江海圆梦谷"成功上榜。江海圆梦谷为国家级众创空间、国家级科技企业孵化器，自2014年6月开园以来，一直致力于为企业孵化提供产学研合作、信息咨询、培训、融资、人力资源、科技项目申报等服务，目前在孵企业近40家。

科技新城获批省服务外包示范基地。2018年12月，江苏省商务厅发文认定南通高新区科技新城为"江苏省服务外包示范区"。2018年，省商务厅组织开展了适量增补升级服务外包示范区相关工作，经专家组评审和现场考核，南通高新区科技新城在众多新申请单位中，以第一名的身份入围。

举办南通高新区人工智能及芯片产业专题招商会。6月8日下午，南通高新区人工智能及芯片产业专题招商会在江海智汇园举行。6个项目进行了现场签约，涉及芯片制造、智慧城市、VR系统等领域。近年来，南通高新区围绕"一主一新"产业，先后落户了以深南电路、丽智电子为龙头的上下游企业20余家，芯片设计、制造、测试、封装及线路板等产业链已蓄势而起，产值突破百亿元。活动还邀请了同济大学电子与信息工程学院副院长、"国家重大人才工程"专家吴俊，华中科技大学数字制造装备与技术国家重点实验室教授、博士生导师、"国家重大人才工程"专家吴豪解读产业现状，分享产业趋势。

启动环境提升工程。在区委、区政府的组织下启动了城市环境提升工程，涉及拆迁地块17个，主要范围为新世纪大道以西、通吕运河以北、银河路以南、竖石河以东区域，占地面积约1322亩，总建筑面积约84.5万平方米。当年，华盛、港军等厂房签约拆除。

宜家精密部件（中国）有限公司开工——服务整个亚太区市场。9月27日上午，宜家精密部件（中国）有限公司举行开工奠基仪式，正式启动工程建设。宜家精密部件（中国）有限公司总投资8500万美元，注册资金3000万美元，拟用地110亩，其中一期用地90亩，建成后将逐步吸纳员工600余人。宜家精密部件隶属于宜家工业，是宜家集团一个重要的组成部分。宜家集团1943年创立于瑞典，是全球最大的家居用品零售商，已在全球11个国家建立了40余家工厂。2012年，宜家全亚洲首家生产制造工厂宜家工业落户南通高新区，一年内完成基建、设备安装和竣工投产，创造了宜家工业投资建设的新速度。

江苏华存发布国内自研第一颗嵌入式40纳米工规级存储芯片。11月21日上午，由南通高新区和江苏华存电子科技有限公司主办的"2018中国存储芯片自主研发技术交流峰会"在南京成功举办。会上，江苏华存发布了国内自研第一颗嵌入式40纳米工规级存储芯片HC5001及应用存储解决方案。近年来，随着智能手机、智慧电视、可穿戴设备、机器人等电子设备的发展，嵌入式存储eMMC装置应运而生。存储容量高、稳定性强、占用空间小的存储装置市场需求旺盛。江苏华存发布的这款主控芯片，成功完成了国产率为零的突破，真正意义上实现了嵌入式存储的国产国造，创下了移动存储"中国芯"的一个里程碑。江苏华存于2017年9月落户南通高新区，成为江苏省内第一家高阶存储控制芯片设计公司，目前公司已申请143项存储控制芯片专利，完成国家集成电路布图设计专有权申请。

镇江国家高新技术产业开发区

Zhenjiang National New & High-tech Industrial Development Zone

【概　况】　镇江国家高新技术产业开发区（以下简称"镇江高新区"）成立于2006年4月，2014年10月经国务院批准升格为国家高新区，同时跻身苏南国家自主创新示范区板块，是镇江唯一的国家级高新区，也是离主城区最近的国家级开发区，是建设苏南国家自主创新示范区所依托的9个国家高新之一，统筹管理镇江苏南国家自主创新示范区"一区十四园"。随着镇江经济社会发展，作为镇江"一体两翼"城市发展战略的重要"西翼"，将成为镇江"城市发展的新空间，特色产业的承载地，创新驱动的主引擎"，在全国国家高新区中列第72位（2017年口径）。全年（"一区十四园"口径，下同）实现地区生产总值739.07亿元，其中第二产业增加值394.56亿元、第三产业增加值335.75亿元；固定资产总投资612.13亿元；财政总收入76.37亿元，一般公共预算收入59.06亿元；实际利用外资额22.06亿元，进出口总额234.96亿元。

【高新技术发展及产业化】 近年来，镇江高新区按照国家高新区"四位一体"建设要求和苏南国家自主创新示范区建设"三区一高地"的战略定位，立足"高"、突出"新"，坚持特色发展、差异竞争的理念，并按照"一区一战略"产业定位，做大做强特种船舶与海工配套装备主导产业，同时，大力发展新一代信息技术、数字创意、现代物流、高技术服务等战略性新兴产业，形成了"1+4"产业发展格局，目前，已集聚中船动力、镇江船厂、江苏柳工、中能建、惠龙易通、挪威康士伯、睿泰数字产业园等一批国内外知名企业。中集智慧物流装备产业园、美的装配式建筑及智能家居产业园、丽恒微电子存储及集成电路等一批优质项目签约落地。形成了中挪海工园、睿泰数字产业园、半导体产业园等多家特色"园中园"。2018年，镇江高新区完成高新技术产业投资额125亿元；高新技术产业产值683.15亿元，占规模以上工业总产值的59.87%。

【科技成果】 2018年，组织高新区本级及辖区企业申报各级科技创新项目80余项，获立项（认定）数、新增立项金额再创新高，新增立项金额突破8000万元。其中：获国家"双创升级打造特色载体"项目立项，3年安排5000万元奖补资金，获省苏南自创区建设专项奖补资金2100万元，同时获批省船舶与海工科技成果产业化基地、省知识产权示范园区等资质，创建创新型特色园区已顺利通过科技部专家评审。协同"一区十四园"企业，再次获省科技服务骨干机构能力提升项目立项支持，2018年获450万元资助；中船动力、恒顺生物、中智海工等3家企业获省科技项目立项，镇江船厂获工业和信息化部首台（套）重大技术装备保险奖补750万元，睿泰数字产业园获省战略新兴产业立项，获省级资金700万元，惠龙易通被科技部火炬中心评估为"独角兽"企业，估值15.4亿美元，列第62位。江苏芳满庭科技企业孵化器获批省级科技企业孵化器，新增孵化面积1.4万平方米。高新技术企业实现营业收入648.32亿元，占规模以上工业企业营业总收入的58.13%；实现净利润46.32亿元，占高新区企业净利润的63.11%。

【科技创新平台】 镇江高新区加快推进国家创新型特色园区创建，大力集聚创新资源。一是加强新型研发机构建设，黑科院镇江智能制造创新研究院、中澳（镇江）人工智能研究院正式签约落户，并按照"两委员会两法人"的运作模式进行运转，推动与哈尔滨工业大学共建镇江高端装备研究院，支持、引导江科大海装院、南师大创新发展研究院提升运营质效，与黑龙江大学签订全面战略合作协议，推动东北亚科技人才中心运作。二是加快孵化载体建设，与省高创中心签订战略合作协议，在科技服务、孵化器运营方面加强合作，市场化运作国家高创中心、五洲创客中心等孵化器、众创空间，不断提升运营质效，目前，镇江高新区拥有省级以上科技企业孵化器、加速器、众创空间20余家，孵化总面积达60.94万平方米，在孵企业842家。三是加快建设镇江最大创新综合体——团山睿谷项目。团山睿谷项目总用地14.44公顷，总投资26.18亿元，总建筑面积约45万平方米，重点建设总部经济区、创新研发区、企业孵化区、综合配套服务区等六大功能板块，着力集聚和建设一批研发机构、检验检测机构、科技金融、创业孵化和加速器等平台载体。目前已经开工建设，预计2020年年底竣工。

【科技合作】 镇江高新区不断推动国际合作进程，加快集聚国际高端创新资源，学习先进国家在科技创新、成果转化、产业发展等方面的优秀经验。一是围绕高新区主导产业，赴美国旧金山开展科技项目招引活动，先后拜访了瀚海硅谷生命科学园、瀚海硅谷科技园、美国Action Spot等一批国际知名孵化器企业，对接了OLED设备项目、芯片模块项目、微胶囊新材料项目、VR运动装置和云端安全监管服务项目等一批高端设备制造项目，为高新区在新一代信息技术和高端设备制造等产业招引方向拓宽了项目信息。二是大力开展产学研对接活动，赴瑞士日内瓦弗里堡大学和英国帝国理工机械工程学院开展产学研对接活动，与德国舒勒集团、黑龙江省科学院自动化研究所就关于智能轻量化制造技术项目签署了战略合作协议。三是积极与俄罗斯军事科学院对接跨国技术转移、建立国际经贸联盟、共建国际高技术创新研究院，建立外籍院士工作站，共建外籍院士联盟，军民融合，科技招商等事宜。

【科技金融】 镇江高新区不断创新科技金融举措，助力经济发展，科技金融红利惠及镇江苏南国家自主创新示范区"一区十四园"企业。一是推动金融生态示范区创建。在坚持安全底线前提下，创新信用融资模式，高新区全资设立的高新发展集团公司获银行授信14.3亿元，到位近10亿元，谈成全市首笔纯信用项目贷款。二是不断完善运作模式。深化"管委会+公司"的模式，推动"投融资"改革，依托高新发展集团市场化运作，不断加快园区开发、载体运营、招商引才、产业投资和资本运作步伐，高新发展集团先后新增控股二级子公司2家，全资三级子公司1家，参股三级子公司2家，公司合并资产总额较年初增长172%。高水平运作产业基金，通过完整链条的创投基金、并购与定增基金、跟投基金等，撬动投资杠杆，招引企业入驻，管理基金规模达5亿元。三是开展融资路演。依托江苏省科技企业融资路演服务中心镇江分中心，举办9场面向科技型中心企业、高层次人才创办企业的科技金融路演活动，参与企业75家。承办2018年度江苏省"最具成长性高科技企业"镇江地区路演活动，2场科技金融进孵化器专场活动，全市105家企业参与，达成初步合作意向25个，融资意向金额2.5亿元。

【科技人才】 镇江高新区始终把人才引进摆在全区工作的突出位置。一是积极落实政策。深化苏南国家自主创新示范区（镇江高新区）"一区十四园"协同管理联席会议制度，积极推动各分园同等享受苏南国家自主创新示范区"6+4"政策、省"科技创新40条""科技改革30条""人才26条"，市"聚力创新6条""科技改革20条"等政策红利，制订出台《关于打造"三高四新"创新发展高地的政策意见（试行）》及《镇江高新区"团山英才"计划》，进一步推动人才"引进来"，充分发挥"金山英才"计划政策效应，累计引进"国家重大人才工程"入选者34人、江苏省"双创计划"108人，启动实施"团山英才"计划，围绕集成电路、半导体、先进制造、新材料、船舶与海工配套、新一代信息技术、数字经济、现代物流等产业方向招引20名高层次人才，并给予最高100万元资助。二是大力推进创新创业。与省产业技术研究院新材料产业科技服务中心共同举办了"镇江高新区杯"先进制造业创新创业大赛，共征集参赛项目119个，历经南京、深圳分站赛、镇江高新区总决赛，共决出22个获奖项目，10个获奖项目签署意向落户协议，并获得最高100万元资助，大赛获奖的中国药科大学谢唯佳教授团队同时入围市"金山英才"计划，并获得200万元的重点资助。

【科技服务】 2018年，高新区积极集聚创新资源，扎实推进双创服务，不断放大自创区政策红利。一是加强校企产学研合作。镇江高新区联合江苏省科技厅共同举办"2018年江苏省产学研专场对接洽谈会——镇江市先进制造业科技成果专题对接会",共组织全国80余名带着成果与技术的大院大所专家教授,与全省150余家先进制造业企业现场对接,并达成50余项合作意向。二是大力开展融资路演活动。依托江苏省科技企业融资路演服务中心镇江分中心,举办9场面向科技型中心企业、高层次人才创办企业的科技金融路演活动,参与企业75家。承办2018年度江苏省"最具成长性高科技企业"镇江地区路演活动,2场科技金融进孵化器专场活动,全市105家企业参与,达成初步合作意向25个,融资意向金额2.5亿元。三是加快平台载体建设。加快建设镇江最大创新综合体——团山睿谷项目,着力集聚和建设一批研发机构、检验检测机构、科技金融、创业孵化器和加速器等平台载体,加快金牛山片区中央商务区、云创领地数字创意集聚区等重点片区开发建设,打造阳光教育K12学校、金牛山城市公园,实现组团集聚、功能互补、特色发展。

【知识产权】 2018年,镇江高新区以建设省知识产权示范园区为抓手,围绕战略性新兴产业和先进制造业集群,开展产业专利导航和专利预警分析,提升专利运用能力和成果转移转化水平,完善知识产权维权援助工作体系,坚决依法严厉打击侵犯知识产权的行为,保护好企业家和科研人员的创新权益。系统集成各方面资源,以高新技术企业、科技型企业为主体,提高企业知识产权水平,通过开展业务培训等方式,提升企业研发人员知识产权素质,培养企业在技术研发之初和研发全过程中高度重视运用专利信息。依托江苏汇智知识产权平台,对高新区企业开展专利培育、专利运营、知识产权导航、专利布局等全方位、全生命周期辅导。持续放大"三江论坛""中国船舶与海洋工程产业知识产权联盟"等主题论坛活动影响力,在全区范围内营造浓厚的知识产权保护氛围。通过购买服务的方式,提高知识产权执法服务水平和能力,优化完善知识产权信息化系统。

【科技活动】 2018年1月22日,镇江高新区党工委副书记、管委会主任严竹波带队赴美国旧金山开展项目招引活动,先后拜访了瀚海硅谷生命科学园、瀚海硅谷科技园、美国Action Spot等一批国际知名孵化器企业,对接了OLED设备项目、芯片模块项目、微胶囊新材料项目、VR运动装置和云端安全监管服务项目等一批高端设备制造项目,为高新区在新一代信息技术和高端设备制造等产业招引方向拓宽了项目信息。

2月9日,成功举办2018年首场项目申报部署解读会。全区拟申报省科技(知识产权)、市"金山英才"计划项目负责人、部分科技型企业负责人及科技主管部门业务骨干共80余人参会学习。

3月30日,2018"镇江高新区杯"先进制造业创新创业大赛组委会召开新闻发布会,宣布大赛于5—6月在深圳高新区、南京高新区、镇江高新区等地举行。大赛旨在更好地把握世界先进制造业的历史性机遇,深入实施创新驱动发展战略,聚集和整合创新创业要素,吸引海内外优秀团队及企业到镇江高新区创新创业,引导更广泛的社会力量支持中小微企业创新发展。

3月31日,江苏省科技企业融资路演服务中心镇江分中心2018年首场融资路演活动成功举办,来自苏南国家自主创新示范区(镇江高新区)"一区十四园"内的7家科技型企业参与了此次路演。

4月25日,为强化全区企业知识产权保护理念,积极推进以"尊重知识、崇尚创新、诚信守法"为核心的知识产权文化建设,镇江高新区联合辖区知识产权服务机构,组织开展了世界知识产权日系列活动,进一步浓厚了知识产权保护的良好氛围。

5月31日,2018年度江苏省"最具发展潜力人才创业企业"镇江地区评选活动在江苏省科技企业融资路演服务中心镇江分中心拉开序幕,来自苏南国家自主创新示范区(镇江高新区)"一区十四园"内的12家科技型企业负责人带着热情与诚意竞相展示企业风采,活动现场达成融资意向1.8亿元。

5月19日,2018年"镇江高新区杯"先进制造业创新创业大赛南京分站赛在江苏省产业技术研究院技术交易市场成功举办。

5月24日，2018年"镇江高新区杯"先进制造业创新创业大赛国内第2场分站赛在深圳南山软件产业基地布里斯班国际创意孵化中心成功举办。

5月26日，落户镇江高新区的华东地区单体规模最大的IT人才培训基地——镇江软通极客人才学院举行开业仪式，正式投入运营。

6月7日，2018年"镇江高新区杯"先进制造业创新创业大赛决赛暨颁奖仪式在镇江举行。镇江高新区在颁奖仪式上与"超亲水自清洁建筑涂层材料项目""氧化钒正极材料全固态锂离子电池项目"等10余个获奖项目签署意向落户协议，成功招揽到多个先进制造业优质创业项目。

6月8日，镇江高新区、江苏理工学院、江苏科技大学联合澳大利亚联邦科学与工业研究组织就合作共建"中澳（镇江）人工智能研究院"举行签约仪式。

6月29日，镇江高新区与黑龙江省科学院签署共建镇江智能制造创新研究院合作协议。

8月29日，俄罗斯军事科学院格里什耶夫·伊戈尔院士率队赴高新区就跨国技术转移、建立国际经贸联盟等事宜进行合作对接，双方就下一步共建国际高技术创新研究院，建立外籍院士工作站，共建外籍院士联盟，军民融合，科技招商等事宜进行对接。

8月29日上午，镇江高新区与江苏省高新技术创业服务中心举行战略合作协议签约仪式。双方签约将提升高新区科技创新载体运营服务专业化水平，吸引科技成果、人才团队、产业项目在镇江高新区落地生根，积极推动镇江高新区双创事业更好更快发展。

9月27日，2018年度江苏省"最具成长性高科技企业"镇江地区评选活动在江苏省科技企业融资路演服务中心镇江分中心拉开序幕，来自苏南国家自主创新示范区（镇江高新区）"一区十四园"内的15家科技型企业负责人带着热情与诚意竞相展示企业风采。

9月28日，召开2018年省产学研对接洽谈会技术发布会，辖区重点骨干企业、高新技术企业、技术转移机构负责人共60余人做专题部署。

9月29日，召开由国家知识产权局专利审查协作中心和江苏省知识产权信息中心的专业审查员及中船动力、镇江船厂等20余家重点骨干企业知识产权业务负责人参加的座谈会。

10月8日，镇江高新区召开智能制造研究院建设工作对接会，与黑龙江省科学院自动化研究所就研究院下一步建设进行了沟通交流。

10月22日，举办2018国际低碳（镇江）大会镇江高新区分会，来自国内知名院校和科研机构的著名专家学者、金融及中介机构代表、区内企业家代表及高新区党工委、管委会全体领导班子成员参加活动。高新区与中集车辆集团、美国能特电子有限公司、台湾撷发科技、江苏中澳科技发展有限公司签订合作协议。

10月25—31日，市委常委、镇江高新区党工委书记詹立风率队赴瑞士日内瓦弗里堡大学和英国帝国理工机械工程学院开展产学研对接活动，与德国舒勒集团、黑龙江省科学院自动化研究所就关于智能轻量化制造技术项目签署了战略合作协议。

12月7日，成功举办"2018年省产学研专场对接洽谈会——镇江市先进制造业专题对接会"。清华大学等国内40余所高校院所的专家，省内9个设区市的120余家企业、中介机构，以及省科技厅、省生产力促进中心、省技术产权交易市场、有关设区市及县（市、区）科技局的管理人员、镇江市科技镇长团成员等共计300余名代表参加了会议。

连云港国家高新技术产业开发区

Lianyungang National New & High-tech Industrial Development Zone

【概　况】　连云港国家高新技术产业开发区

（以下简称"连云港高新区"）1997年由江苏省政府批复设立，2015年2月经国务院批准升格为国家级高新区，同年9月正式挂牌成立。同年市委、市政府下发《关于支持连云港高新技术产业开发区加快发展的意见》（连发〔2015〕43号），明确高新区党工委、管委会作为市委、市政府派出机构，赋予市级经济社会管理权限。采取"一区五园"的发展模式，"一区"即核心区，"五园"即5个产业辐射园，分别为新医药产业园、新材料产业园、清洁能源创新产业园、装备制造产业园和节能环保科技园。高新区总面积120平方千米，其中核心区面积80平方千米，总人口约15万人（其中高校约7.5万人），管辖花果山街道、南城街道、郁洲街道和云台农场，共22个村（社区）。

2018年，园区实现生产总值256.3亿元，同比增长6.1%；营业收入574.9亿元，同比增长16.1%；工业总产值660.3亿元，同比增长16.6%；进出口总额46.2亿元，同比增长9.7%；高新技术产业产值占规模以上工业产值的比重达94.7%。

【高新技术发展及产业化】 2018年，连云港高新区围绕"121"产业发展方向，实施重点项目34个，固定资产投资增长37.3%，高新技术产业投资增长22.4%。新增国家备案科技型中小企业31家，经国家备案的高新技术企业59家；拥有营收超2亿元企业23家，其中超30亿元企业4家、较上年增长1家；上市及新三板挂牌企业14家。获批省软件与信息服务产业园、省军民结合（船海装备）产业示范基地。

【重要科技成果】 2018年，江苏康缘药业股份有限公司参与的"银杏二萜内酯强效应组合物的发明及制备关键技术与应用"和淮海工学院药学院高嵩博士参与的"生物法制备二十二碳六烯酸油脂关键技术及应用"2项成果获得国家技术发明奖二等奖。正大天晴药业集团8项创新药列入国家科技重大专项，获得中国化学制药行业峰会12项大奖。淮海工学院的"煤源有害物质的环境地球化学约束"项目成果获得2018年度省科学技术一等奖。园区企业共获批新药创制国家科技重大专项项目23项，国拨资金约1.5亿元。

淮海工学院高嵩博士参与的"生物法制备二十二碳六烯酸油脂关键技术及应用"项目获得国家技术发明奖二等奖

【科技创新平台】 2018年，新增国家级研发机构1家（抗肿瘤靶向药物国家地方联合工程研究中心）；新合作引进国家级工程技术研究中心1个，获批建设省级院士工作站1个、市级工程技术研究中心3个，骨干企业设立境外研发机构3家，蛋白质定向进化研究平台、基因检测实验室、移动机器人重点实验室等一批平台建成运行。制定出台《连云港高新区关于推进科技与产业融合发展的若干政策》，全面落实省"科技改革30条""科技创新40条"等政策，园区体制机制创新和各项改革创新的措施进一步完善。

【科技合作】 2018年，连云港高新区围绕"创新核心区"建设，对接中科院、河北工业大学等大院大所和重点高校，引进建设中科院科技服务网络江苏中心连云港中心、国家技术创新方法与实施工具工程技术研究中心连云港创新方法推广应用基地等。引进国家知识产权局专利局专利审查协作江苏中心、中高知识产权运营交易平台、北京智慧财富等专业机构，建设省专利审查员实践基地，完善技术转移和成果转化体系等。利用市医药技术大会平台，对接发布海内外医药技术成果156项。通过举办中国创新挑战赛（连云港），征集发布企业技术需求91项，对接技术解决方案80余项。2018年，全区认定登记技术合同交易额7597万元，同比增长220.1%。

【科技人才】 2018年，创业环境和人才引进机制不断优化，从业人员期末数约5.5万人，同比增长10.3%；研究生学历4533人，同比增长21.5%；海外留学归国人员221人，较上年增长130.2%。深化与区内高校院所、医疗机构合作，推动高层次人才"落户在院校，创业在园区"，引进设立院士工作站6个，新获批省"双创人才"计划4人、市"双创人才"计划14人。园区累计集聚国家、省级计划人才174人，本科以上科技人员23305人。

【科技服务】 双创服务能力不断提升，累计建设国家级孵化载体3个、省级孵化载体6个，新增市级众创空间2个，新获批列入省级科技创业孵化链条、产业特色小镇建设试点，被认定为江苏省大众创业万众创新示范基地。引进中孵高科产业孵化（北京）有限公司，建成专业化众创空间、创业咖啡、联合办公系统、智能硬件平台、双创云服务平台，中关村亦庄汇龙森科技园离岸孵化基地挂牌运行。科技服务体系不断健全，累计集聚科技服务类企业、机构100多家，2018年获批省级科技服务业特色基地。

【知识产权】 2018年，新增欧美日专利授权26件，同比增长8.3%；新增授权发明专利259件，同比增长14.6%；拥有有效发明专利1599件，同比增长18.4%。716所"船舶及海工装备制造智能化车间高价值专利培育示范中心"获批省高价值专利培育计划，中复连众获批省企业知识产权战略推进计划重点项目。杰瑞电子"低温漂旋转变压器信号——数字转换器"获中国专利优秀奖，1家企业专利获省专利优秀奖，5家企业专利获首届市专利奖金奖和优秀奖。

【科技活动】 2018年，组织开展各类创新创业活动20余场次，获批承办了中国创新挑战赛（连云港）、第六届"创业江苏"科技创业大赛生物医药行业赛等部、省重要赛事活动。区内高校院所、服务机构定期举办各类创新创业活动，有效激发了高新区创新创业动能，形成了浓厚的创新创业氛围。

盐城国家高新技术产业开发区
Yancheng National New & High-tech Industrial Development Zone

【概　况】 2018年，盐城国家高新技术产业开发区（以下简称"盐城高新区"）实现地区生产总值263.3亿元，一般公共预算收入21.65亿元；园区在全国169家国家高新区中综合排名第77位，土地集约节约利用水平在全国520个国家级开发区中居第64位，在全省领先；全市重点开发园区考核位居第一。

【高新技术发展及产业化】 5月16日，盐城高新区举行智能终端产业项目集中开竣工活动暨招商推介会，分别开工、竣工、签约智能终端产业项目各10个，既有强链项目，也有补链项目，又有研发创新类项目。新开工的永创通讯电子、国臻科技、中科新能源等10个项目总投资达65亿元，全部投产达效后，年可新增销售额120亿元；新竣工的东山精密电子、维信柔性线路板、企想科技等10个项目总投资达150亿元，全部投产达效后，可新增销售额260亿元；新签约的明匠智能系统、斯尔特微电子、芯茂科技等10个项目总投资达20亿元，全部投产达效后，可新增销售额50亿元。这些项目的开工建设、投产达效和签约落户，为打造"十大品牌、百家企业、千亿销售"智能终端产业集群、构筑华东地区最具规模的产业基地奠定了坚实的基础。

【高新技术企业】 2018年,新认定峰汇智联、盐芯微电子、莱廷绍电子等26家国家高新技术企业,总数达到100家。

3月28日,长城战略咨询公司发布的国家高新区"瞪羚企业"名单中,位于盐城高新区的江苏吉能达环境能源科技有限公司榜上有名,成为全市唯一上榜的高新技术企业。截至2018年年底,盐城高新区共培育赛博宇华、万沙电子、赛隆环保等"瞪羚企业"5家。

【创新平台与载体】 清华大学智能研究院、中科院创新研究院等一批创新载体相继落户,与信通院南方分院合作共建的5G商用智能终端研发中心加快推进,国家智能终端产品质检中心正在积极申报之中。

7月2日,在省发展改革委公布的第二批省级特色小镇创建名单中,盐城高新区智能终端小镇榜上有名。盐城高新区把加快智能化转型作为推动高质量发展的突破口,主动对接"互联网+"行动计划,抢抓珠三角、长三角智能终端产业抱团转移机遇,通过专业招商、活动招商、区域招商、以商引商等招商方式,抢招智能终端上下游补链项目和关键配套项目,初步构建起从核心部件到品牌整机、从硬件生产到软件研发的全产业链。

12月6日,在省科技厅公布的第二批江苏省众创社区备案试点名单中,盐城高新区智能终端众创社区榜上有名。省众创社区是在一定范围内高效组合人才、技术、资本等创新创业要素,通过集成专业化众创空间、科技企业孵化器和科技服务机构,实现创业、产业、文化和社区4项功能有机融合的新型"双创"空间平台,是江苏省聚力创新的重要举措、富民惠民的重要抓手和高水平全面建成小康社会的有力支撑。

【科技人才】 举办深圳招才引智推介会、首届"智创未来 慧聚终端"精英人才交流会等活动,引进"国家重大人才工程"专家4人,领军人才52人。累计引进院士团队5个、"国家重大人才工程"专家21人,集聚省"双创团队"1个、省"双创人才"14人、省"博士集聚计划"项目8个,市"515"领军人才17人。

【科技金融】 注重科技金融融合发展,充分发挥"1+3"产业基金、风投基金杠杆作用,加强与毅达资本、江宁创投、国信资本深度合作,撬动更多社会资本参与产业培育、基础建设、人才引培,积极为科技型企业提供金融服务和支持,盐高新集团通过AA+评级。

1月22日,盐城高新区与兴业银行举行战略合作签约仪式。根据合作协议,兴业银行将在盐城高新区成立支行,并在产融结合、投贷联动、综合金融服务等方面展开全面、深度的战略合作,助力盐城高新区实体经济和总部经济高质量发展。同年12月8日,兴业银行盐城高新区支行正式开业,开业当天新增储蓄存款9700万元。

【国际合作】 怡通和乌克兰造船大学合作,获批省国际合作项目,恒力与德国威玛合作成立合资公司,华盛电气与德国SGB开展技术合作。依托江苏省盐城留学人员创业园,设立省华侨华人创新创业服务中心,创建"海外人才工作站",德国慕尼黑"中国盐都海外(慕尼黑)人才工作站""中国盐都海外(柏林)人才工作站"成功授牌,海外人才何海龙、杨晓丽、苏畅、陈杭、贾捷、陈宇翔等6人分别获创业大赛一、二、三等奖,再次掀起高新区海外创新创业的新高潮。园区已集聚美国李尔、韩国可隆、日本住友等世界500强企业7家、外资企业34家。

【科技活动】 成功举办2018盐城5G商用智能终端会议。会上,盐城市政府和中科院签订了高通量计算创新研究院项目;中科睿芯、燕东微电子、群晖科技等一批重大产业链项目签约落户盐城高新区。

成功举办盐城首届创业沙拉活动,来自全国各地的创业者共计50余人参加了本次活动,美创科技、麦克马克创新教育分别获得本届创业沙拉优秀奖、创新奖等。

常熟国家高新技术产业开发区
Changshu National New & High-tech Industrial Development Zone

【概　况】　2018年，常熟国家高新技术产业开发区（以下简称"常熟高新区"）以习近平新时代中国特色社会主义思想和习近平总书记视察江苏时重要讲话精神为指导，深入实施创新驱动发展战略，围绕建设"科技创新核心区"的目标，以提高经济增长质量和效益为中心，全力创建创新型特色园区，经济社会实现平稳健康持续发展。全年完成地区生产总值392.12亿元，同比增长5.85%；高新技术产业产值683.5亿元，同比增长7.86%。成功创建国家创新型特色园区、科技部创新人才培养示范基地、全省首批苏南科技成果产业化基地、江苏省留学归国人员创新创业示范基地、省级生产性服务业集聚示范区、江苏省华侨华人创新创业服务中心等称号。在科技部火炬中心公布的全国国家高新区综合排名中，常熟高新区由上一轮的第87位跃升至第78位，成为全国争先进位步伐最快的国家高新区之一；在全省高新区创新驱动发展综合评价中，由第16位上升至第10位。

【高新技术发展及产业化】　瞄准世界品牌的新能源汽车整车及零部件企业，向产业链高端突破，科力美电芯、三菱汽车驱动电机、法雷奥西门子车用逆变器、马勒新能源驱动电机等一大批优质项目先后落户。以规上工业企业、领军人才企业、科技型中小企业等为重点服务对象，分层次培育科技型企业，形成具有产业特色的创新型企业集群。加快培育海力达、英华特、生益科技等一批具有行业竞争力的高新技术企业，2018年累计拥有高新技术企业137家，同比增长13.22%。

【科技成果】　围绕汽车"四化"（智能化、绿色化、轻量化、网联化）技术创新，通过实施各类科技计划项目，形成具有自主知识产权的产业关键核心技术，产出一批前瞻性、标志性的科技创新成果。2018年，共申报省级科技计划项目21项。围绕智能制造、汽车"四化"、新材料等先导产业，与常熟市科技局首次联合组织实施科技计划（工业）项目，正力蔚来、海德新材料等4家企业获得立项。

【科技创新平台】　江苏省产业技术研究院先进金属材料及应用技术研究所已注册6家高科技孵化企业，6家准备注册中。其中，单晶叶片项目作为航空发动机的核心部件，若顺利产业化将打破航空发动机涡轮叶片欧美企业的垄断地位。北京大学分子工程苏南研究院已注册12家高科技孵化企业，包括黄春辉院士的"高效、稳定的稀土配合物发光材料及其应用项目"、刘志博教授的"分子影像与核药物中心项目"等，其中"分子影像与核药物中心项目"将搭建起我国第一个立足基础研究的PET分子影像平台，填补国内空白，切实推动我国精准医疗事业的发展。江苏省产业技术研究院智能液晶技术研究所引入社会资本实现股权多元化，以溢价增资的方式融资2250万元，平台运行公司估值飙升。

【科技合作】　搭建国际交流平台，依托菱创智能和苏州慧领两个国际技术转移机构，推进国际技术转移。菱创智能的"常熟绿色智能制造技术创新中心建设与国际技术转移服务"项目获省政策引导类计划（国际科技合作）立项。苏州慧领举办2018中英（常熟）创新项目跨境视频路演，吸引了来自英国的牛津大学、曼彻斯特大学等多所名牌高校和知名研究机构参加路演。液晶所举办中国常熟首届智能液晶技术国际论坛，液晶显示技术原始发明人、欧洲科学院院士Martin Schadt等5名欧美院士出席，国内外液晶领域的院士、知名科学家和企业家共同探讨液晶技术和产业发展未来。引进加通全球创新中心、马勒研发中心，鼓励外资企业的国外研发机构向常熟转移。

【科技金融】 合理运用资本运作，撬动高端人才和产业的集聚。完成总规模3亿元的高新区科技创新引导基金设立方案；接触并洽谈尚兆资本、钛资本、磐尚资本等在内的20多家基金管理团队；引进江苏香柏创业投资基金管理有限公司、苏州泰缘股权投资基金管理有限公司、江苏香柏创业投资合伙企业（有限合伙）、协立液晶所创新基金等在内的创投机构4家，科技金融产业园基金总规模有望突破65亿元。扩大科技信贷规模，聚焦科技型中小微企业创新发展过程中的融资瓶颈，加快推进"信保贷""科贷通""集合信贷""人才贷"实施进度，菱创智能、爱略机器人、朗宽电子、统联科技等30家企业共计获得近亿元信贷支持。

【科技人才】 高端领军人才队伍不断壮大，新获批省级及以上人才项目6人、姑苏人才11人、常熟市领军人才19人。在美国设立硅谷、波士顿科技创新中心，围绕汽车"四化"、智能制造、新一代信息技术、人工智能、大数据、新材料等领域，推进常熟和硅谷、波士顿之间在科技人才和产业创新方面的交流和合作。

【科技服务】 与省生产力促进中心签订新一轮合作协议，围绕高新区建设与服务、高层次人才服务等八大科技服务领域进一步开展合作。2018年，苏南国家自主创新示范区一体化创新服务平台建设现场会在常熟一站式服务中心召开。目前，该中心累计引进科技类服务机构12家，累计举办"创管家"培训17期，服务企业超1000家次；签订各类科技服务合同超50项。

【知识产权】 深化国家知识产权试点园区建设内涵，推进新获批的江苏省高新区专利审查员实践基地，联合审协江苏中心服务园区产业发展，为区内宇量电池、忠明祥和等一批汽车"四化"领域的企业及相关产品开展专利预警分析，一方面解决了知识产权专业人才紧缺的难题，另一方面为培育知识产权密集型产业奠定了扎实的基础。深化常熟市知识产权服务广场建设内涵，充分释放已入驻的中国专利技术开发公司、北京大成（苏州）律师事务所、中规（北京）认证有限公司苏州分公司、苏州奥凯知识产权服务有限公司、江苏国际知识产权运营交易中心有限公司等高端知识产权服务机构的品牌效应，发挥知识产权全产业链服务体系的作用。

【科技活动】 2018年1月8—9日，中国常熟首届智能液晶技术国际论坛在常熟高新区召开。多位专家、学者、企业家围绕液晶关键技术和应用方向，聚焦科技创新前沿动态，畅谈液晶技术研发和产业方向。

2018年4月11日，江苏省副省长马秋林调研常熟高新区建设发展情况，实地了解了企业在新能源汽车研发、节能环保技术创新、机器换人、智能制造、创新平台体制机制创新等方面的做法。

2018年5月3日，常熟（北京）创新中心启动仪式在位于北京五道口的清华同方科技广场举行。该中心累计引进项目12个，其中通过飞地落户常熟的项目6个，累计孵化和落地项目总估值超40亿元。

2018年6月13日，2018年苏南国家自主创新示范区一体化创新服务平台建设现场会在常熟高新区召开。苏南五市自创区领导小组办公室负责人、科技局相关处室负责人及一站式服务中心负责人、苏南省级以上高新区管委会分管领导共计70余人参加会议。

2018年7月19日，常熟高新区建设创新型特色园区工作交流会召开。科技部火炬中心、省科技厅、苏州市科技局领导出席。

2018年8月29日，常熟国家大学科技园获批省级生产性服务业集聚示范区。

2018年9月26日，常熟国家大学科技园获批江苏省留学回国人员创新创业示范基地。

2018年9月29日，常熟高新区获批科技部创新人才培养示范基地。

2018年10月8日，江苏省苏南国家自创区建设工作领导小组办公室公布首批苏南科技成果产业化基地名单，常熟高新区组织申报的汽车关键核心部件科技成果产业化基地成功入围。

2018年10月30日，常熟国家大学科技园获批华侨华人创新创业服务中心。

2018年11月16—18日，第十届"中国智能车未来挑战赛"在常熟高新区举行。本届比赛由国家自然科学基金委员会主办，常熟市人民政府承办，中国（常熟）智能车综合技术研发与测试中心、中国人工智能产业发展联盟、西安交通大学视觉信息处理与应用国家工程实验室和公安部道路交通集成优化与安全分析技术国家工程实验室协办，并得到了工业和信息化部、中国信息通讯研究院、公安部无锡交通管理所等单位的指导和支持。

2018年12月13日，常熟高新区与江苏省生产力促进中心在共建"苏南国家自主创新示范区常熟一站式服务中心"的基础上，进一步深化全面合作，签订了新一轮合作协议。

2018年12月24日，科技部印发《关于同意昆山等4家国家高新技术产业开发区创新型特色园区建设方案的批复》，同意常熟国家高新技术产业开发区的创新型特色园区建设方案，并开展创新型特色园区建设工作。

扬州国家高新技术产业开发区

Yangzhou National New & High-tech Industrial Development Zone

【概　况】　2018年，扬州国家高新技术产业开发区（以下简称"扬州高新区"）实现规模以上工业企业营业收入667.53亿元，实现税收收入50.29亿元，完成进出口总额96.91亿元，实现固定资产投资238.16亿元，其中高新技术产业投资额157.19亿元，新增各类企业800多家，完成公共财政预算收入35.02亿元，实际利用外资金额15.21亿元。获批"中国产学研合作创新示范基地""国家高端装备制造业标准化试点""国家资源循环利用基地""国家绿色园区""江苏省第二批双创示范基地"等荣誉称号，获得了财政部2018年中小企业发展专项资金5000万元。

【高新技术发展及产业化】　2018年，扬州高新区完成高新技术产业产值442.87亿元，占规模工业产值的比重达66.34%；规模以上企业R&D经费投入13.48亿元。新获批国家高新技术企业48家，后备高企12家，完成技术合同备案3.12亿元，100多家企业被认定为国家科技型中小企业。

【科技项目】　2018年，扬州高新区完成各类省级科技计划项目申报31项，其中江苏艾迪药业有限公司、扬州中天利新材料股份有限公司、扬州五亭桥缸套有限公司3家企业项目入围省成果转化面上项目；江苏省华扬太阳能有限公司、扬州市驰城石油机械有限公司、扬州维邦园林机械有限公司3家企业项目入围省成果转化省地联合招标项目；扬州硒瑞恩生物医药科技有限公司、扬州良德抗体生物科技有限公司2家企业项目入围省自然科学基金项目；扬州峰明光电新材料有限公司和江苏联能电子技术有限公司2家企业项目入围省重点研发计划项目。

【科技创新平台】　2018年，新建扬州人力资源产业园、数控机床研究院实验室、诺明哲天医学检验实验室、邗江生物医药检测实验室、联亚药大分子蛋白质药物实验室等创新平台。扬州酷立方创业园、扬州通安孵化器、扬州国泰创业创新示范中心获批省级科技企业孵化器；扬州软通众创空间、扬州扬子津青年街众创空间获批省级众创空间；扬州清扬智能装备科技园获批省级科技企业加速器，以邗江高新技术创业服务中心为主体的孵化链条获批省级科技孵化链条。

【科技合作】　2018年，扬州高新区围绕科技创新体系建设，继续与江苏省生产力促进中心达成战略合作协议；围绕生物医药产业，与南京大学合作共建南京大学技术转移中心扬州分中心。

【科技金融】 2018年，扬州高新区与江苏省信用再担保集团有限公司签订战略合作协议，设立风险补偿专项基金，基金规模5000万元，推出"定向保""招商保""高新保易融"3款产品，为优质中小微企业提供便捷的融资担保服务；成立扬州高新区智能制造、生物健康、微电子3支产业基金，壮大园区特色产业。

【科技人才】 2018年，扬州高新区建成扬州高新区人力资源产业园并不断提升功能，为不同企业吸纳不同层次人才提供便利；新自主申报"国家重大人才工程"入选者3人，新获批省"双创"团队1个，"双创"人才9人。

【知识产权】 2018年，扬州高新区完成申请专利4521件，其中发明专利申请1435件，专利授权2410件，其中发明专利授权340件，企业贯标认证13家，扬力集团股份有限公司获批国家知识产权示范企业。

【科技活动】 2018年，扬州高新区成功举办了中国·扬州生物医药论坛、科技部港澳台办安排的香港创业青年内地行、江苏省科技创业大赛先进制造行业赛、南创汇扬州生物医药产业发展研讨会等重大创新活动。组织企业参加了江苏省第六届跨国技术转移大会、十基百点国家重点实验室行动、双高交流洽谈会、瘦西湖创客周、中国扬州国际英才创新创业合作洽谈会、江苏省创业大赛等活动。

【科技服务】 2018年，扬州高新区建成青年公寓人才社区，占地约9公顷，建筑面积17.3万平方米，拥有20幢2022套公寓，为来园区创新创业的人员提供不同需求的住宿选择；由园区出资与业内知名科技服务中介机构合作，购买科技服务，针对不同企业的成长阶段，量体裁衣，免费为企业提供科技服务方案，全年为园区内3家平台的50多家企业提供科技服务。

淮安国家高新技术产业开发区
Huai' an National New & High-tech Industrial Development Zone

【概况】 淮安国家高新技术产业开发区（以下简称"淮安高新区"）原为淮阴经济技术开发区，于2001年5月开始建设，2006年4月被省政府批准为省级开发区，2012年11月获批更名为江苏省淮安高新技术产业开发区，2017年2月13日正式获批升格为国家级高新技术产业开发区。淮安高新区总规划面积达到72平方千米，"九通一平"面积33.4平方千米，累计进驻企业1741家，国家级高新技术企业42家，外资企业91家。2018年实现地区生产总值133.36亿元，同比增长10.79%；实现高新区营业收入456.87亿元，同比增长9.5%，实现净利润27.75亿元，同比增长9.22%；工业入库税金12.51亿元，同比增长55.93%；完成规模以上工业固定资产投资124.98亿元，其中高新技术产业投资81.25亿元，占规模以上工业固定资产投资额的65.01%，外资到账2亿元，同比增长33%，开工注册外资实际到账1.1亿美元，制造业和生产性服务业外资到账7989.2万美元。

【高新技术发展及产业化】 淮安高新区按照"项目集群、产业集聚"发展思路，重点围绕半导体信息、智能装备制造、新能源汽车及零部件等"3+X"主导产业体系，立足平台优势，集中配置创新资源、拉长产业链条、集聚高端人才、引进精尖项目，不断提升三大主导产业的区域辐射力和行业影响力，成功引进了一批产业特色鲜明、集聚效应突出、规模优势明显的高新技术项目。淮安高新区持续优化服务环境，新签约总投资120亿元的中邦生物医药产业园。

在电子信息产业方面，围绕建立半导体产业的 IC 设计、原料供应、设备提供、生产制造、封装测试、应用推广等各个环节的全产业链条，深入推进"建链、补链、强链"三大工程。投资超百亿元的德淮半导体、时代芯存相变存储器 2 家企业，已经处于试生产阶段，预计 2019 年将实现全面量产。半导体产业链上下游项目茂丞科技、多乐节能、亦立科技、元源光电、尚研电子等落户投产，推进半导体产业"芯城"建设，产城紧密融合的"智芯"小镇工作按进度顺利推进，电子信息产业即将成为淮安高新区支柱性产业集群。

在高端装备制造产业方面，拥有一条全球最先进工业 4.0 示范流水线的淮安中德智能制造创新暨产业合作服务平台已投入运营，淮安高新区与中德智能制造创新合作，加速国际化进程，菲戈勒斯、明匠智能制造等项目成功落户。

在新能源汽车及零部件产业方面，新签约思迅新能源汽车等项目，超百亿元的骏盛新能源电池已开工建设，其自主研发的新能源概念车已面世，建成投产了迈尔汽配、胜克机电等汽车零部件项目。规划建设占地 7700 亩的新能源汽车及零部件产业园，全力打造新能源汽车及零部件产业链。

【科技创新平台】 2018 年，批复的淮安合伙人众创空间（省级）总建筑面积达 4000 多平方米，规划发展科技创新、电子商务、专业技术服务等。淮安高新区辖区内拥有国家级众创空间 1 家，省级众创空间 1 家，国家级博士后工作站 1 家，省级院士工作站 1 家，省级博士后科研工作站 2 家，省级工程中心 7 家，省级企业技术中心 5 家，省级重点实验室 2 家，时代芯存被列为国家级工程技术研究中心培育点。运营了依托中科院物联网研究中心打造的中德物联网传感器孵化园；支持和建设了总建筑面积 100 万平方米的江淮科技园、淮安科创园、宁淮产业园、园兴总部经济园、中业慧谷创意产业园等五大创新创业"园中园"。

【科技合作】 2018 年，淮安高新区与兰州大学、淮阴工学院、德国先进工业技术研究院等高校院所签署合作协议，就技改实验、创新加速、技术交流、学术沟通、科技转移、人才引进等方面达成合作。辖区内的德淮半导体建立省级工程技术研究中心，纽泰格建立省级企业技术研究中心。

2018 年，淮安高新区大力实施"百博进百企"活动，鼓励企业和高校、科研院所共建工程技术中心和研发中心，建立"龙头企业 + 高等院校 + 政府平台"模式，形成资金保障稳定、市场渠道畅通、技术优势和人才储备明显的发展格局。辖区内校企共建研发中心共 20 余家，充分利用高校院所的科研资源，达成企业与高校共同开展课题研究、承担国家科研项目。德淮半导体有限公司与东南大学签订关于科技成果转化项目"三维堆栈式 CIS 芯片良率提升"的产学研合作协议；八杯水电器与淮阴工学院签订关于"抗 RO 膜结晶型富钠 - 强吸附性凹土净水滤芯的研发"的产学研合作协议；万邦香料与上海交通大学、南开大学元素有机化学研究所签订"香料合成和香精配方的分析开发工作"的产学研合作协议；迈尔汽车与淮阴工学院签订产学研合作协议，并聘请科技副总，迈尔汽车与江苏财经职业技术学院签订"基于智能化专用设备的汽车发动机悬置支架的研发"的产学研合作协议。

【科技金融】 2018 年，淮安高新区拥有 3 家企业作为投融资平台；科技小贷公司 6 家、担保公司 3 家、科技融资租赁公司 2 家，拥有 8 家创业投资机构，建立了总规模 50 亿元的产业基金、5 亿元的创新基金、授信规模 10 亿元的政银担平台，以及科技小贷公司和融资租赁公司"五个维度"的金融服务体系，重点撬动社会资本投资种子期、初创期中小微科技型企业，为科技创新型企业提供最优质、最便捷、最高效的金融服务，缓解融资难、融资贵问题。淮安高新区全年支持企业技术创新资金超 1.30 亿元、支持创业风险投资资金 4.78 亿元，对科技型企业贷款贴息达 638 万元。

【科技人才】 大力实施科技领军人才战略，2018年，淮安高新区园区中拥有院士3名、"国家重大人才工程"入选者15名、省级以上人才计划人才39人、"科技企业家"6人、创业团队1个，新入选省双创博士1人、省科技副总4人，拥有海外留学归国人员43人，博士79人，硕士624人。

【科技服务】 2018年，淮安高新区知识产权试点园区验收通过，省级科技孵化器中业慧谷软件创意园，专注软件及服务外包、文化创意、企业办公，已累计入驻企业近百家。2018年，淮安高新区拥有人才服务机构2家，知识产权服务机构3家，创业风险投资机构8家，省级及以上资质产品检验检测机构1家。

【知识产权】 2018年，淮安高新区积极推进知识产权强区战略，推动省级知识产权试点园区建设工作。全年累计申请专利4083件，其中发明专利964件。当年新增专利授权1741件，其中发明专利授权63件。

【科技活动】 2018年1月18日上午，淮安纳维科创项目落户淮安高新区并举行签约仪式。原中国科协党组书记、全国工商联原副主席王治国，原工业和信息化部副司长、中国高科技产业化研究会特聘副理事长、中国电源工业协会名誉理事长季恒宽，中央军委科技委电能源专家组组长曹林等嘉宾、专家出席签约仪式。

2018年3月6日上午，淮安高新技术产业开发区与德国先进工业科技研究院（IAIT）联合举办仪式，启动运营中德智能制造领域首个智能制造创新暨产业合作服务平台，为中德两国开展"工业4.0"合作再添新枝。

2018年5月10日上午，淮安高新区装备制造行业协会和电子信息行业协会正式成立，促进高新区经济持续繁荣和健康发展。

2018年6月6日，淮安高新区与西安交通大学苏州研究院签订产学研合作协议，促进淮安高新区提质升效。

2018年6月22日，淮安高新区省级知识产权试点园区验收合格，并积极准备开展申报国家级知识产权试点园区工作。

2018年7月30日，淮阴区举行2018年第二批工业重点项目集中开工仪式。此次参与集中开工项目13个，包括半导体信息类项目3个，智能装备制造类项目3个，新能源汽车及零部件类项目2个，以新技术、新材料为代表的"X"产业项目5个，总投资177.3亿元，进一步凸显"3+X"主导产业的集聚效应。

2018年8月9日，"2018淮安国际半导体产业论坛"开幕。市委书记姚晓东出席论坛并为"淮安时代国际半导体论坛管理中心"揭牌。

"2018淮安国际半导体产业论坛"开幕

2018年9月11日上午，副省长马秋林来淮安高新区部分企业开展调研，了解企业生产经营情况，对企业发展提出具体要求。

2018年11月3日上午，以"芯时代、新使命，芯高地、新机遇"为主题的2018淮台半导体产业合作恳谈会顺利召开，与会各方人员就淮台两地关于半导体产业的合作与未来开展深入交流，并见证22个半导体产业链项目成功签约。

宿迁国家高新技术产业开发区

Suqian National New & High-tech Industrial Development Zone

【概况】 宿迁国家高新技术产业开发区（以下简称"宿迁高新区"）位于京杭大运河东畔、宿迁中心城市东南部，始建于2001年，规划面积50平方千米，已建成30平方千米。2006年5月经省政府批准为省级经济开发区，2012年11月更名为省级高新区，2017年2月被国务院批准为国家高新区。园区成立以来，先后获批为国家薄膜材料特色产业基地、省级新材料科技产业园、省级光伏新材料特色产业园、省循环经济产业园、新型工业化（新材料产业）示范基地等。

2018年，宿迁高新区实现地区生产总值131.95亿元，同比增长20.54%；全口径出口总额40.41亿元，同比增长32.76%；实际利用外资金额5.56亿元，同比增长88.72%。入库税收24.07亿元，财政收入25.07亿元，支出10.83亿元，科技财政支出8652.9万元。高新技术产业产值占规上工业总产值的57.8%；列统企业科技活动费用合计7.53亿元，占主营业务收入的2.4%，共争取市级以上各类科技项目资金2352.63万元。

【重点举措及成效】 坚持绿色生态，把准高质量发展脉搏。2018年，宿迁高新区坚持以"生态优先、绿色发展"为方向指引，以"对标找差、争先进位"为工作主线，聚力发展、抓推进，聚焦主导产业升级、创新能力提高、营商环境优化、基础设施完善等重点工作，园区发展呈现出了平稳、有进、见新、向好的态势。宿迁高新区以聚力打造苏北自主创新战略高地、新兴产业核心载体、转型升级重要引擎、创新驱动先行区域为发展定位，按"一区三园"的方式组建，由高新区技术核心区、国家电子商务示范基地——宿迁电子商务产业园、宿迁唯一承接化工项目的工业园区——宿迁生态化工科技产业园、江苏省南北合作共建第一家工业园区——张家港宿豫工业园组成，辐射带动面积100平方千米。

强化产业支撑，筑牢发展根基。根据宿迁市委、市政府2014年9月印发的《关于推进产业集聚发展促进工业转型升级的意见》（宿发〔2014〕15号），宿迁高新区按照"规划先行、规划引领"原则，确立了宿迁高新区以装备制造、食品饮料、新材料为主导产业。在装备制造产业发展方面，园区拥有关联企业51家，其中规模以上企业16家，主要分为3个领域，即以龙净环保、楚霸体育、宙际杰智能科技等为代表的专用装备，以北斗星通、波尔高压电源、苏源杰瑞电表等为代表的智能高端装备，以沃华科技、华展科技等为代表的广告装备。在食品饮料产业发展方面，园区现有关联企业17家，其中规模以上企业10家；拥有国家级农业龙头企业2家（龙嫂食品、玖久丝绸），省级农业龙头企业5家。主要分为2个领域，即以龙嫂米线、罐头食品等为代表的方便食品，以正大食品、益客食品、春绿粮油等为代表的粮油肉食。在新材料产业发展方面，园区现有关联企业60家，其中规模以上企业27家，主要分为3个领域，即以南钢金鑫轧钢、博迁新材料、惠然实业、长江润发薄板镀层等为代表的高性能金属新材料，以秀强股份、中玻电子玻璃等为代表的无机非金属材料，以景宏新材料、逸达新材料、三元轮胎等为代表的先进高分子材料。

坚持分类施策，培育一流科技创新型企业。园区2018年完成国家科技型中小企业备案67家，32家企业获得高企认定，净增长12家，园区高新技术企业总数已达到55家，2家企业获批江苏省科技型瞪羚企业。2018年，园区内宿迁绿金人橡塑机械有限公司获得"江苏省重点研发计划（产业前瞻与共性关键技术）项目"；宿迁高新区获批省级创新服务能力提升项目，获经费支持450万元；宿迁高新区获批江苏省知识产权示范园区。园区2018年高新技术产业产值达82.11亿元。

拔高企业创新主体地位，支持研发平台建

设。以规上企业、高新技术企业、高成长型企业实现"一企一院校、一企一平台"为目标,支持有条件的企业联合高校院所建设企业研发机构,提升企业自主创新能力。2018年,高新区获批省级以上研发机构7家,目前,园区拥有省级以上研发机构75家。

强化科技综合体建设,激发创新活力。高质量建设电商产业园。园区面积达1.8平方千米,已形成呼叫客服、电商运营、仓储物流和物联网智能制造、互联网金融"3+2"产业体系;引进京东、当当、途牛等电商行业巨头。2018年,电商产业园启动建设筑梦小镇,初步完成海绵建设、景观、平桥及附属施工;南京外国语学校仙林宿迁分校落户电商产业园,基本完成主体封顶;京东智慧城、智慧云谷一期、智慧物流全国运营调度中心、电商第一街等一批创新项目正稳步推进,将打造成全球首个智慧物流行业示范、测试基地。同时,先后创成"省新一轮服务业综合改革试点区域""电商筑梦小镇""2018年全国最美特色小镇50强""优秀物流园区""江苏省地理信息产业园"。目前,共创成省级以上品牌17个。高质量建设省级科技产业园。按照专业化、高端化、特色化发展思路,重点推进宿迁新材料科技城、北斗电子信息产业园建设,推动主导产业集聚集群集约发展。一是提升宿迁新材料科技城运行质效。2018年,新材料科技城和高校院所、行业协会联手合作,共建技术创新研发平台,建有江苏赛立克玻璃功能化及应用研究院、江苏春水信息科技有限公司,同时引进科技服务机构共12家。初步形成了在隔热隔音材料、环保材料、无机非金属材料等领域从事关键核心技术研发的创新平台。二是加快北斗电子信息产业园建设推进。北斗电子信息产业园是全市中心城区重点打造的八大先进特色产业园之一,为省级科技产业园,重点发展北斗智能终端与位置服务、集成电路、智能物联等产业。产业园核心区占地20.25万平方米,规划建筑面积15.44万平方米,目前已建成8.32万平方米,入驻项目4个,拟入驻企业7家。

坚持产学研协同发展,推动各类创新资源集聚。2018年,宿迁高新区持续加强与省硅酸盐学会、省生产力促进中心、省创新协会等省级机构合作,推进科技成果转移转化和各类创新资源集聚。先后开展产学研对接活动13次,重点举办了"智汇宿豫、创赢未来"专家高新区行活动,现场签订人才战略合作项目4个;主办了江苏省赛力克玻璃功能化与应用研究院揭牌仪式,现场达成合作意向5个;依托南航研究院,引进人才3人;参加市委市政府主办的宿迁(西安)、宿迁(北京)科技恳谈会,签订产学研合作项目4个。

"2018宿迁(西安)人才科技恳谈会"
合作专家发言

突出项目引领,激发人才创新创业活力。2018年,新引进国家级重点人才工程专家4人,自主申报国家级重点人才工程专家创业类1人,入选省"双创人才"5人、南钢金鑫轧钢获批全市唯一一个省"双创团队"、省"科技副总"15人、省"333工程"培养对象13人。

目前,宿迁高新区自主申报入选"国家重大人才工程"1人(全市唯一),先后引进两院院士、外籍院士、"国家重大人才工程"专家19人,入选省"双创计划"75人次、省"333工程"培养对象41人次,入选市"领军人才"84人。

加强国际合作,推动企业技术交流。宿迁高新区积极鼓励企业与国外机构开展技术合作,先后组织易鼎电力与美国的 CTC GLOBAL CORPORATION 合作研发"碳纤维复合芯导线用金具锚固技术的技术引进",获江苏省国际合作项目经费支持 70 万元；景宏新材料与德国瓦尔塔电池有限公司 PETG 就热收缩聚酯膜研发和销售开展合作；波尔高压公司长期与英国 Genvolt 公司开展技术合作；另外,玖久丝绸引进韩国国立庆北大学染整工学系博士崔永珠教授、鸿大化工引进英国 Reading Univ 高级研究员张学全博士等。

增强金融服务科技能力,释放创新创业创造动能。推动银企对接。一是帮助企业申报"苏科贷"。2018 年,组织企业共获批"苏科贷"资金 6000 万元。二是开展"投贷联动"活动。联合南京银行等开展"投贷联动"活动。通过"小股权+大债权"的模式,依申请向符合条件的企业提供单户投资比例不高于 5% 的股权投资。目前已和奇纳新材料、益和宠物等进行对接洽谈。三是鼓励企业进行专利权质押信用贷款。联合金融机构对园区内具有良好的知识产权基础和信誉的企业进行评估,让一批科技型企业的无形资产得到有效和充分的利用。落实贴息资金。贯彻落实《宿豫区中小微企业银行借款贴息专项资金实施办法》,已向科技型中小企业兑现 2018 年度贴息资金 196 万元。推进基金小镇建设。利用电商名企集聚示范带动效应,推进基金小镇建设,加快发展互联网金融产业。2018 年以来已有京东金融、千山资本、久友资本等投资机构落户。

健全制度体系,放大政策效应。出台《宿迁高新区 2018 年招商引资工作考核奖惩办法》,将招才引智纳入招商引资考核,实现招商与招才"双轨并行"。出台《宿迁高新区高层次创新创业人才奖励办法（试行）》《宿迁高新区关于加快创新驱动发展若干政策（试行）》,重点鼓励企业引进高层次人才。

强化知识产权服务,助力企业创新发展。一是知识产权托管服务先行先试。宿迁高新区在全市率先开展企业知识产权托管服务。对中小微企业、非高新技术企业、未承担过省级及以上科技项目,且未通过《企业知识产权管理规范》的企业开展知识产权托管服务。目前,高新区已有 4 家服务机构对近 20 家企业开展知识产权托管服务,有效提升了企业知识产权意识,规范了企业知识产权管理。二是开展创新型企业知识产权分类培育。将高新区企业根据创新基础、拥有专利等情况按照 A、B、C、D 4 类进行排查分类,并制定企业知识产权分类培育目标。计划 3 年内,对 20 家入库培育的零专利企业实现专利"清零",20 家科技型中小企业实现专利"倍增",培育知识产权优势企业 10 家,知识产权示范企业 5 家。高新区 2018 年完成专利申请 2497 件,增幅 19.47%,专利授权 1451 件,增幅 200.61%,其中发明专利申请 805 件,增幅 16.84%,发明专利授权 47 件,增幅 11.9%,申请 PCT 专利 4 件。2018 年成功获批省知识产权示范园区。

科技统计资料

Statistical Data of Science & Technology

2018年江苏省高新技术产业主要统计数据

2018 Statistics Bulletin of Principal Data for High & New Technology Industries of Jiangsu Province

江苏省科学技术厅　江苏省统计局

【概　况】　为深入实施创新驱动发展战略，引导各地大力发展高新技术产业，加快推动供给侧结构性改革，促进产业结构调整和优化升级，江苏省科技厅和省统计局对全省高新技术产业季度运行情况进行动态跟踪分析，及时提供决策依据。2018年1—12月，全省高新技术产业同比增长11.0%，出口交货值同比增长12.7%。

【分行业发展状况】　全省高新技术产业中，航空航天制造业工业总产值同比增长17.75%，占高新技术产业总产值的0.36%；电子计算机及办公设备制造业工业总产值同比增长5.38%，占4.13%；电子及通信设备制造业工业总产值同比增长13.48%，占23.21%；医药制造业工业总产值同比增长12.27%，占7.26%；仪器仪表制造业工业总产值同比增长12.53%，占5.46%；智能装备制造业工业总产值同比增长13.22%，占29.81%；新材料制造业工业总产值同比增长8.77%，占24.78%；新能源制造业工业总产值同比增长-1.34%，占4.99%。

【分区域发展状况】　全省高新技术产业主要分布在苏南及沿江地区，苏南五市高新技术产业产值同比增长10.80%，占全省的64.09%；苏中三市高新技术产业产值同比增长14.26%，占全省的24.15%；苏北五市高新技术产业产值同比增长5.12%，占全省的11.76%。

2018年江苏省高新技术产业分区域发展情况

地　区	增　幅	占全省比重
南京市	19.15%	9.99%
无锡市	12.61%	12.86%
徐州市	5.29%	3.15%
常州市	11.25%	9.70%
苏州市	7.93%	27.94%
南通市	16.91%	12.58%
连云港市	-6.75%	1.82%
淮安市	22.16%	1.64%

续表

地 区	增 幅	占全省比重
盐城市	4.25%	3.89%
扬州市	10.70%	5.60%
镇江市	4.89%	3.60%
泰州市	12.26%	5.97%
宿迁市	7.71%	1.27%

（江苏省科学技术厅高新技术发展及产业化处）

2018年江苏省科学研究与技术开发机构统计年报

2018 Statistics on Science & Technology and R&D Organizations of Jiangsu Province

【概　况】　2018年，江苏省地域范围内，共有872家科学研究与技术开发机构。其中，中央部门属科学研究与技术开发机构54家；省级部门属科学研究与技术开发机构85家；市县属科学研究与技术开发机构327家；其他科研机构306家；有R&D活动的其他单位92家；社会科学与人文科学机构共有8家。

在2018年科研机构统计中，全省共有872家科学研究与技术开发机构纳入统计，具体情况如下：54家中央部门属科学研究与技术开发机构（未转制19家，已转制35家），其中包括14家军工部属院所，也纳入本次统计范围；85家省级部门属科学研究与技术开发机构（未转制59家，已转制26家）；327家市县属科学研究与技术开发机构；306家其他科研机构，92家有R&D活动的其他单位；8家社会科学与人文科学机构。

在2018年科研机构统计中，有403家新型研发机构，主要是指地方政府和科教资源合办的，具有独立法人资格，具备创新、创业与服务等职能特征的研发机构，这类研发机构一般无编制、无行政级别、无事业费。

本年报的第一部分将围绕2018年国家科研机构统计的872家机构的统计数据展开分析，第二及第三部分将分别围绕中央部门属和省级部门属的统计数据展开分析，市县属和有R&D活动的单位统计情况在第四部分讨论，社会科学与人文科学机构在第五部分分析，新型研发机构在第六部分展开分析。

【全省科学研究与技术开发机构科技活动情况】　总体情况　研发队伍情况。2018年，全省872家科学研究与技术开发机构共有从业人员94067人，其中科技活动人员65169人、R&D人员53267人，占从业人员的比重分别为69.28%及56.63%。

创新活动情况。2018年，全省科学研究与技术开发机构共承担课题12706项，课题经费支出90.10亿元；课题投入28732人年；当年新增各类计划项目5611项，计划项目总经费为59.96亿元；当年承担横向课题7137项，获横向课题经费29.45亿元。

科技产出成果情况。2018年，全省科学研究与技术开发机构共发表论文12527篇，其中，国外发表4002篇；出版科技著作294种。申请专利9988件，其中发明专利6673件；专利授权数4170件，其中发明专利2210件；机构共拥有有效发明专利数18746项。当年获省级以上奖励有669项；当年技术服务量为1947845次，技术服务收入114.07亿元；当年转化科技成果2028项，科技成果转化收入

83.21亿元；当年科技合同数159780项，技术合同金额120.78亿元。

按地域情况 机构地域分布情况。2018年，全省共有科学研究与技术开发机构872家，其中，苏南572家，苏中139家，苏北161家。南京、苏州、无锡、泰州及常州机构数全省位列前5位，分别为220家、168家、82家、59家及57家。

人员地域分布情况。2018年，苏南、苏中及苏北科学研究与技术开发机构从业人员分别为81695人、4283人及8089人，科技活动人员数分别为56828人、2865人及5476人，R&D人员数分别为29574人、1222人及2225人，科技活动人员占从业人员的比重分别为69.56%、66.89%和67.70%，R&D人员占从业人员的比重分别为36.20%、28.53%及27.51%。

从总量上看，从业人员数最多的5市分别为南京（52697人）、无锡（11789人）、苏州（11189人）、常州（4145人）及连云港（3936人）；科技活动人员数最多的5市分别为南京（36681人）、苏州（8718人）、无锡（8190人）、连云港（2764人）及常州（1949人）；R&D人员最多的5市分别为南京（29978人）、无锡（7414人）、苏州（6604人）、连云港（2342人）及常州（2048人）。

从相对量上看，科技活动人员占从业人员比重靠前的5市分别为宿迁（89.77%）、苏州（77.92%）、连云港（70.22%）、南通（69.75%）及南京（69.61%）。R&D人员占从业人员的比重最高的5市分别为宿迁（98.86%）、无锡（62.89%）、扬州（60.08%）、连云港（59.50%）及苏州（59.02%）。

课题地域分布情况。从承担课题的数目上看，2018年，苏南、苏中及苏北分别承担11259项、571项及876项课题，其中R&D课题数分别为9353项、388项及628项；苏南、苏中及苏北当年新增各类计划项目分别为4898项、263项及450项；苏南、苏中及苏北当年承担横向课题数分别为6785项、142项及210项。承担课题最多的5个市分别为南京（8225项）、苏州（1905项）、无锡（653项）、扬州（305项）及常州（300项）；承担R&D课题最多的5个市分别为南京（6557项）、苏州（1831项）、无锡（580项）、常州（265项）及盐城（217项）；当年新增各类计划项目最多的5个市分别为南京（3550项）、苏州（657项）、无锡（526项）、盐城（140项）及扬州（136项）；当年承担横向课题数最多的5个市分别为南京（3713项）、苏州（1381项）、无锡（1119项）、常州（388项）及镇江（184项）。

从经费上看，2018年，苏南、苏中及苏北课题经费支出内部合计分别为83.80亿元、1.96亿元及4.35亿元，其中R&D课题经费内部支出分别为69.74亿元、1.51亿元及3.45亿元；苏南、苏中及苏北当年计划项目总经费分别为56.58亿元、0.98亿元及2.40亿元；苏南、苏中及苏北当年获得横向课题经费分别为27.90亿元、0.36亿元及1.19亿元。课题经费支出内部合计最多的5个市分别为南京（62.57亿元）、苏州（12.87亿元）、常州（3.87亿元）、无锡（3.78亿元）及徐州（1.73亿元）；R&D课题经费内部支出最多的5个市分别为南京（49.41亿元）、苏州（12.48亿元）、常州（3.75亿元）、无锡（3.55亿元）及徐州（1.66亿元）；当年计划项目总经费最多的5个市分别为南京（38.17亿元）、苏州（7.77亿元）、常州（5.94亿元）、无锡（3.63亿元）及镇江（1.08亿元）；当年获得横向课题经费最多的5个市分别为苏州（12.81亿元）、南京（11.86亿元）、无锡（2.20亿元）、常州（0.85亿元）及徐州（0.78亿元）。

从人员上看，2018年，苏南、苏中及苏北课题投入人员分别为25278人年、1135人年及2321人年；苏南、苏中及苏北R&D课题人员投入分别为18628人年、799人年及1684人年。课题投入人员最多的5个市分别为南京（15814人年）、苏州（4571人年）、无锡（2283人年）、常州（1800人年）及镇江（810人年）；R&D课题人员投入最多的5个市分别为南京（11821人年）、苏州（3548人年）、无锡（1546人年）、常州（1220人年）及镇江（493人年）。

科技产出地域分布情况。2018年，苏南、苏中及苏北分别发表科技论文11314篇、511篇及702篇；出版科技著作分别为266种、15种及13种；专利申请受理数分别为8450件、781件及757件；专利授权数分别为3632件、209件及329件；当年获得省级以上奖励分别为596项、18项及55项；当年制定标准分别为487项、46项及57项；当年技术服务量分别为1924423次、15328次及8094次，技术服务收入分别为108.30亿元、1.23亿元及4.54亿元；当年技术成果转化数分别为1793项、79项及156项；当年科技对外签订合同数分别为157417项、735项及1628项，合同金额分别为110.71亿元、1.48亿元及8.59亿元；机构拥有种类科技平台数分别为848个、66个及148个。其中，全省发表论文前5位的城市分别是南京（8251篇）、苏州（1741篇）、无锡（702篇）、扬州（285篇）及镇江（278篇）；出版科技著作前5位的城市分别是南京（226本）、苏州（32本）、泰州（11本）、无锡（7本）、连云港（7本）及南通（4本）；专利申请数前5位的城市分别是南京（4329件）、苏州（2038件）、无锡（1172件）、常州（545件）及南通（429件）；专利授权数前5位的城市分别是南京（1752件）、苏州（897件）、无锡（505件）、常州（351件）及连云港（110件）；当年获得省级以上奖励前5位的城市分别是南京（366个）、苏州（136个）、无锡（53个）、镇江（20个）、常州（19个）及连云港（19个）；当年制定标准前5位的城市分别为南京（224个）、苏州（103个）、无锡（91个）、常州（57个）及扬州（24个）。

总体来说，从全省区域上看，南京市无论从机构数目、人员配备上，还是在科技活动支持、科技成果产出等方面在全省都是遥遥领先，同时表现突出的还有苏州市、无锡市及常州市，据全省领先地位。

按领域情况 2018年，全省科研机构分布在17个行业，其中科学研究和技术服务业（386家）、制造业（203家）、农林牧渔业（102家）三大行业科研机构分布最多。

农林牧渔业科研机构情况。2018年，农林牧渔业中从业人员有5466人，R&D人员有2889人；发表科技论文2465篇，专利申请受理数为1247件，专利授权数为677件，获省级以上奖励65项；承担横向课题317项，获横向课题经费5428.1万元；技术服务量8477次，技术服务收入1.45亿元；转化科技成果222项，科技成果转化收入0.95亿元；新增各类计划项目1559项，项目总经费3.59亿元。

制造业科研机构情况。2018年，制造业中从业人员有44766人，R&D人员有26384人；发表科技论文1252篇，专利申请受理数3952件，专利授权数1373件，获省级以上奖励121项；承担横向课题1186项，获横向课题经费2.99亿元；技术服务量41465次，技术服务收入13.33亿元；转化科技成果350项；新增各类计划项目1068项，项目总经费9.76亿元。

科学研究技术服务业科研机构情况。2018年，科学研究技术服务业中从业人员有24417人，R&D人员有14153人；发表科技论文5065篇，专利申请受理数3400件，专利授权数为1412件，获省级以上奖励383项；承担横向课题2826项，获横向课题经费7.58亿元；技术服务量680776次；科技成果转化数874项；新增各类计划项目1350项，项目总经费27.42亿元。

按隶属关系 中央部门属科研机构情况。2018年，国家机构调查中，全省共有54家部属院所（未转制19家，转制35家），其中苏南51家、苏中1家、苏北2家。19家部属未转制机构均地处苏南；35家部属转制机构中，苏南32家、苏中1家及苏北2家。在本年度国家机构调查中，江苏省54家中央部门属科学研究与技术开发机构，共拥有从业人员42311人；发表论文4699篇，申请专利3911项，专利授权数1630项，机构总共拥有有效发明专利数8359项，当年获省级以上奖励有165项；承担横向课题2952项，获横向课题经费17.85亿元；当年技术服务量6262次；转化科技成果443项，科技成果转化收入49.00亿元；新增各类计划项目2368项，计划项目总经费22.13亿元。

江苏省省级政府部门属科研机构情况。2018年，国家机构调查中，江苏省共有85家省属院所（未转制59家，转制26家），其中，苏南68家、苏中4家、苏北13家；59家省属未转制机构中，苏南44家，苏中4家，苏北11家；26家省属转制机构中，苏南24家，苏北2家。在本年度国家机构调查中，江苏省共有85家省级政府部门属科学研究与技术开发机构（未转制机构59家，已转制机构26家）上报数据，共拥有从业人员20463人，其中科技活动人员13453人；发表论文5050篇，出版科技著作109种，申请专利1460项，专利授权数798项，机构总共拥有有效发明专利数3591项，当年获省级以上奖励有122项；承担横向课题1194项；技术服务量1530131次，技术服务收入48.89亿元；转化科技成果674项，科技成果转化收入23.99亿元；新增各类计划项目2137项，计划项目总经费18.11亿元。

市县属科研机构情况。2018年，国家机构调查中，全省共有市县属科学研究与开发机构327家上报数据，共拥有从业人员10546人，其中科技活动人员7385人，R&D人员有4503人；发表论文1178篇，其中国外发表324篇，出版科技著作20种，申请专利1921项，其中发明专利1377项，专利授权数712项，其中发明专利397项，机构总共拥有有效发明专利数3343项；当年获省级以上奖励有95项；承担横向课题1352项，获横向课题经费3.15亿元；技术服务量237104次，技术服务收入17.79亿元；转化科技成果228项，科技成果转化收入1.94亿元；新增各类计划项目419项，项目总经费6.47亿元。

社会科学与人文科学机构情况。2018年，国家机构调查中，全省共有8家社会科学与人文科学机构上报数据，共拥有从业人员389人，其中科技活动人员364人，大学本科及以上学历342人，R&D人员有54人；经费收入总额为2.04亿元，科技经费筹集额为2.01亿元，其中政府拨款2.00亿元；经费支出总额2.13亿元，科技经费支出1.71亿元，其中R&D经费内部支出0.23亿元；发表论文163篇，出版科技著作34种，当年获省级以上奖励11项；承担横向课题86项，获横向课题经费610.3万元；新增各类计划项目17项，计划项目总经费240.3万元。

【全省中央部门属科学研究与技术开发机构】 2018年，全省共有54家部属院所（未转制19家，转制35家），其中苏南51家、苏中1家、苏北2家。19家部属未转制机构均地处苏南；35家部属转制机构中，苏南32家、苏中1家及苏北2家。在本年度国家机构调查中，全省共有54家中央部门属科学研究与技术开发机构（未转制19家；已转制35家，其中军工院所14家）参加统计。

中央部门属未转制科研机构总体情况　全省2018年上报数据的部属未转制科研机构共19家。全省部属未转制科研机构拥有从业人员5704人，R&D人员5963人；经费支出总额43.32亿元，R&D经费内部支出27.79亿元，经费收入总额51.46亿元（其中政府资金26.05亿元）；发表科技论文3891篇，专利申请受理数1253件，专利授权数为702件，当年获省级以上奖励为63项；承担横向课题2051项，获横向课题经费7.12亿元；技术服务量2645次，技术服务收入6.11亿元；转化科技成果242项，科技成果转化收入2.22亿元；新增各类计划项目1491项，项目总经费18.44亿元；孵化企业总数82家。

从户均值上看，2018年，全省部属未转制科研机构拥有从业人员300人，R&D人员313人；经费支出总额2.28亿元，R&D经费内部支出1.46亿元，经费收入总额2.71亿元（其中政府资金1.37亿元）；发表科技论文204.79篇，专利申请受理数65.95件，专利授权数36.95件，当年获省级以上奖励3.32项；承担横向课题107.95项，获横向课题经费0.37亿元；技术服务量139.21次，技术服务收入0.32亿元；转化科技成果12.74项，科技成果转化收入0.12亿元；新增各类计划项目78.47项，项目总经费0.97亿元；孵化企业总数4.32家。

中央部门属转制科研机构总体情况　2018

年，全省上报数据的部属转制科研机构共35家。全省部属转制科研机构拥有从业人员36607人，R&D人员22394人；发表科技论文808篇，专利申请受理数2658件，专利授权数为928件，当年获省级以上奖励为102项；承担横向课题901项，获横向课题经费10.73亿元；技术服务量3617次；新增各类计划项目877项，项目总经费3.68亿元；孵化企业总数2000家。

从户均值上看，2018年，全省部属转制科研机构拥有从业人员1045.91人，R&D人员639.83人；发表科技论文23.09篇，专利申请受理数75.94件，专利授权数26.51件，当年获省级以上奖励2.91项；承担横向课题25.74项，获横向课题经费0.31亿元；技术服务量103.34次；新增各类计划项目25.06项，项目总经费0.11亿元；孵化企业总数57.14家。

历年情况

（1）中央部门属未转制科研机构历年情况

2018年部属未转制机构有19家，与2017年相比，没有变化。

人员情况。与2017年相比，2018年部属未转制科研机构从业人员增加8.61%；R&D人员数增加6.03%；R&D人员占从业人员数的比重比上年降低4.28个百分点。

从2014—2018年连续发展的5年看，随着部属未转制机构科研力量的不断增强，机构中R&D人员及R&D人员占从业人员的比重稳步提升。2018年，部属未转制机构从业人员数5704人，与2014年相比增加4.41%；R&D人员数5963人，约为2014年的1.12倍；R&D人员占从业人员的比重由2014年的97.09%提升至104.54%，共提升了7.45个百分点。

经费情况。与2017年相比，2018年部属未转制科研机构经费收入及支出、R&D经费内部支出额及政府资金均有所增长。2018年部属未转制科研机构经费收入总额51.47亿元，同比增长7.84%；其中政府资金经费支出总额26.05亿元，同比增加1.20%；经费支出总额43.32亿元，同比增长7.25%；R&D经费内部支出额27.79亿元，同比增加9.71%。

从2014—2018年连续发展的5年看，部属未转制科研机构经费投入支出总体呈现上升趋势，2018年经费收入总额、政府资金、经费支出总额及R&D经费内部支出分别为2014年的1.32倍、1.12倍、1.26倍及1.24倍。

课题及产出情况。2018年，部属未转制科研机构共承担课题5247项，课题经费内部支出23.82亿元，课题数同比增长3.06%，课题经费增长19.04%。

2018年，部属未转制科研机构共发表论文3891篇，比上年减少2.31%；专利申请受理数1253件，比上年增加18.21%；专利授权数702件，比上年增长0.86%。以上三项指标值分别为是2014年的1.07倍、1.35倍及1.37倍。当年制定标准54项；当年技术服务量2645次，技术服务收入6.11亿元；当年技术成果转化数242项，技术成果转化收入2.22亿元；当年科技对外签订合同数1858项，合同金额11.77亿元；机构拥有种类科技平台数40个，平台当年获省级以上奖励18项。

（2）中央部门属转制科研机构历年情况

2018年部属转制机构有35家纳入统计，比2017年减少2家，分别是南京工业大学电光源材料研究所（其上级主管变更为南京工业大学）和中国农业科学院南京农业大学中国农业遗产研究室（已合并入南京农业大学院系）。

2018年部属转制科研机构从业人员36607人、R&D人员数22394人；R&D人员占从业人员数的比重为61.17%。

2018年，部属转制科研机构共承担课题290项，课题经费内部支出5.15亿元，与2017年相比，课题项目数量下降了19.67%，经费支出增长了8.65%。

2018年，部属转制科研机构共发表论文808篇、专利申请受理数2658件、专利授权数928件，同比2017年，分别下降8.29%、上升41.76%及下降22.21%。当年制定标准98项；技术服务量3617次；技术成果转化数201项；机构拥有种类科技平台数为80个，平台当年获省级以上奖励5项。

总体来看，部属转制机构R&D人员占比有所回升，专利申请有小幅增长。

【全省省属科学研究与技术开发机构】 2018年,全省共有85家省属院所(未转制59家,已转制26家),其中,苏南68家、苏中4家、苏北13家;59家省属未转制机构中,苏南44家,苏中4家,苏北11家;26家省属转制机构中,苏南24家,苏北2家。在本年度国家机构调查中,全省共有85家省级政府部门属科学研究与技术开发机构(未转制机构59家,已转制机构26家)参加统计。

省属未转制科研机构总体情况。2018年,全省上报数据的省属未转制科研机构共59家。全省省属未转制科研机构拥有从业人员15515人,R&D人员8210人;经费支出总额为110.89亿元,R&D经费内部支出为29.89亿元,经费收入总额为114.65亿元(其中政府资金为30.33亿元);发表科技论文4600篇,专利申请受理数1096件,专利授权数566件,当年获省级以上奖励113项;承担横向课题1065项,获横向课题经费2.76亿元;技术服务量1525728次,技术服务收入12.72亿元;转化科技成果402项,科技成果转化收入1.21亿元;新增各类计划项目1987项,项目总经费15.08亿元;当年孵化企业数91家,孵化企业当年收入15.45亿元。

从户均值上看,2018年,全省省属未转制科研机构拥有从业人员262.97人,R&D人员139.15人,经费支出总额1.88亿元,R&D经费内部支出0.51亿元,经费收入总额1.94亿元(其中政府资金0.51亿元);发表论文77.97篇,专利申请受理数18.58件,专利授权数9.59件,当年获省级以上奖励1.92项;承担横向课题18.05项,获横向课题经费467.80万元;技术服务量25859.80次,技术服务收入0.22亿元;转化科技成果6.81项,科技成果转化收入205.08万元;新增各类计划项目33.68项,项目总经费0.26亿元;当年孵化企业数1.54家,孵化企业当年收入0.26亿元。

省属转制科研机构总体情况。2018年,全省上报数据的省属转制科研机构共26家。全省省属转制科研机构拥有从业人员4948人,R&D人员1831人;发表科技论文450篇,专利申请受理数为364件,专利授权数为232件,当年获省级以上奖励9项,承担横向课题129项,获横向课题经费0.59亿元;技术服务量4403次,技术服务收入36.16亿元;转化科技成果272项,科技成果转化收入22.78亿元;新增各类计划项目150项,项目总经费3.02亿元;当年孵化企业数7家,孵化企业当年收入2.02亿元。

从户均值上看,2018年,全省省属转制科研机构拥有从业人员190.31人,R&D人员70.42人;发表科技论文17.31篇,专利申请受理数14件,专利授权数8.92件,当年获省级以上奖励0.35项;承担横向课题4.96项,获横向课题经费226.65万元;技术服务量169.35次,技术服务收入1.39亿元;新增各类计划项目5.77项,项目总经费0.12亿元。

历年情况

(1)省属未转制科研机构历年情况

2018年,省属未转制机构共有58家。同比2017年,新增2家(苏州相城产业技术研究院和北京航空航天大学苏州创新研究院)。

人员情况。与2017年相比,2018年,省属未转制机构从业人员15515人、R&D人员8210人,比上年分别上升7.10%和1.40%;R&D人员占从业人员的比重为52.92%,与上年相比下降2.98个百分点。

从2014—2018年连续发展的5年看,省属未转制机构人员投入总体呈增长态势,2016年出现了小幅度的下跌波动。2018年从业人员数及R&D人员数分别是2014年的1.48倍、1.73倍;R&D人员占从业人员的比重由2014年的45.22%增加至2018年的52.92%,上升了7.69个百分点。

经费情况。与2017年相比,2018年,省属未转制科研机构经费收入总额、政府资金、经费支出总额及R&D经费内部支出均呈增长趋势。其中,经费收入总额达114.65亿元,同比上年增长8.20%;政府资金30.33亿元,同比上年增长13.05%;经费支出总额达110.88亿元,同比上年增加11.29%;R&D经费支出总额达 29.89 亿元,同比上年增长 15.99%。

从 2014—2018 年连续发展的 5 年看,省属未转制机构经费投入及支出均呈现增长趋势。2018 年,经费收入总额、政府资金、经费支出总额及 R&D 经费支出分别为 2014 年的 2.01 倍、1.46 倍、2.04 倍及 1.98 倍。

课题及产出情况。2018 年,省属未转制科研机构共承担课题 3908 项,课题经费内部支出 32.92 亿元,同比 2017 年,分别增长了 4.10% 和 17.07%。

2018 年,省属未转制科研机构共发表论文 4600 篇、专利申请受理数 1096 件、专利授权数 566 件,同比 2017 年,发表论文下降 0.93%,专利申请受理数增长 11.04%,专利授权数增长 0.18%,三项指标分别是 2014 年的 1.22 倍、1.21 倍、1.25 倍。技术服务量 1525728 次,技术服务收入 12.72 亿元;转化科技成果 402 项,科技成果转化收入 1.21 亿元;当年科技对外签订合同数为 6877 项;合同金额 7.59 亿元;机构拥有种类科技平台数为 202 个,平台当年获省级以上奖励 9 项。

(2)省属转制科研机构历年情况

2018 年,省属已转制机构共有 26 家,与 2017 年相比,没有变化。

人员情况。与 2017 年相比,2018 年省属转制科研机构从业人员 4948 人,R&D 人员数 1831 人,与上年相比从业人员下降了 0.38%,R&D 人员数增长了 1.16%。

从 2014—2018 年连续发展的 5 年看,2018 年省属转制科研机构从业人员数和 R&D 人员数均有所增长,分别是 2014 年的 1.08 倍及 0.96 倍,R&D 人员占从业人员的比重则有所下降,由 2014 年的 41.44% 下降至 2018 年的 37.00%,下降了 4.44 个百分点。

课题及产出情况。2018 年,省属转制科研机构共发表论文 450 篇,较 2017 年下降 16.97%;专利申请受理数为 364 件,专利授权数为 232 件,与 2017 年相比分别下降 9.90% 及 7.94%;课题数为 286 个,与 2017 年相比上升 3.25%;课题经费支出为 3.96 亿元,与 2017 年相比下降 9.56%。当年制定标准 52 项;当年技术服务量 4403 次,技术服务收入 36.16 亿元;当年技术成果转换数 272 项,科技成果转化收入 22.78 亿元;当年科技对外签订合同数 3188 项,合同金额 26.13 亿元;机构拥有种类科技平台数 29 个,平台当年获省级以上奖励 5 项。

总体来看,省属转制机构总体发展相对平稳,课题数、各类计划项目、技术服务量均稳步增长,承担横向课题、专利申请、转化科技成果数及对外签订的合同数有小幅度下降。

【全省其他各类科学研究与技术开发机构】 总体情况 2018 年,除部属和省属以外,全省参加统计的其他各类机构共有 725 家。拥有从业人员 30904 人,R&D 人员 14815 人;发表科技论文 2615 篇,专利申请受理数 4617 件,专利授权数 1742 件,当年获省级以上奖励为 371 项;承担横向课题 2905 项,获横向课题经费 8.19 亿元;技术服务量 411439 次,技术服务收入 45.64 亿元;技术成果转化数 911 项,成果转化收入 10.21 亿元;签订技术合同 145189 项,合同成交额 54.78 亿元;新增各类计划项目为 1089 项,项目总经费为 19.71 亿元。

按机构类型情况 市县属科技机构情况。2018 年,全省参加统计的市县属科技机构共 327 家,拥有从业人员 10546 人,R&D 活动人员 4503 人;发表科技论文 1178 篇,申请专利 1921 件,授权专利 712 件,当年获省级以上奖励为 95 项;承担横向课题 1352 项,获横向课题经费 3.15 亿元;技术服务量 237104 次,技术服务收入 17.79 亿元;技术成果转化数 228 项,成果转化收入 1.94 亿元;签订技术合同 47075 项,合同成交额 21.97 亿元;新增各类计划项目 419 项,项目总经费 6.47 亿元。

其他科学研究与技术开发机构情况。2018 年,全省参加统计的其他科学研究与技术开发机构共有 306 家,拥有从业人员 12607 人,R&D 人员 8566 人;发表科技论文 723 篇,专利申请受理数为 2540 件,专利授权数为 911 件,当年获省级以上奖励为 105 项,承担横向课题1539项，获横向课题经费5.01亿元；技术服务量为69019次，技术服务收入17.01亿元；技术成果转化数636项，成果转化收入4.20亿元；签订技术合同39637项，合同成交额19.05亿元；新增各类计划项目590项，项目总经费12.96亿元。

有R&D活动的其他单位情况。2018年，全省参加统计的有R&D活动的其他单位共有92家，拥有从业人员7751人，R&D人员1746人；发表科技论文714篇，专利申请受理数156件，专利授权数119件，当年获省级以上奖励171项；承担横向课题14项，获横向课题经费288.8万元；技术服务量105316次，技术服务收入10.85亿元；技术成果转化数47项，成果转化收入4.08亿元；签订技术合同58477项，合同成交额13.76亿元；新增各类计划项目80项，项目总经费0.27亿元。

【全省社会科学与人文科学机构】 2018年，全省社会科学与人文科学机构有R&D活动的单位共有8家。拥有从业人员389人，R&D人员54人，经费支出总额为2.13亿元，R&D经费内部支出为0.23亿元，发表科技论文163篇，当年新增各类计划项目为17项，总经费为240.3万元；当年承担横向课题86项，获经费610.3万元。

【全省新型研发机构】 新型研发机构是指地方政府和科教资源合办的研发机构，具有独立法人资格，具备创新、创业与服务等职能特征，这类研发机构一般无编制、无行政级别、无事业费。

2018年，全省列统新型研发机构403家，拥有从业人员15120人，R&D人员11013人；发表科技论文1107篇，专利申请受理数为4172件，专利授权数为1445件，当年获省级以上奖励149项；承担横向课题2937项，获横向课题经费7.54亿元；技术服务量59236次，技术服务收入18.28亿元；技术成果转化数882项，成果转化收入4.01亿元；签订技术合同21505项，合同金额29.16亿元；新增各类计划项目849项，项目总经费17.56亿元；当年孵化企业数1105家，孵化企业当年收入93.30亿元。

从户均值上看，2018年全省新型研发机构拥有从业人员37.52人，R&D人员27.33人；发表科技论文2.75篇，专利申请受理数10.35件，专利授权数3.59件，当年获省级以上奖励0.37项；承担横向课题7.29项，获横向课题经费187.02万元；技术服务量146.99次，技术服务收入453.67万元；技术成果转化数2.19项，成果转化收入99.55万元；签订技术合同53.36项，合同金额723.68万元；新增各类计划项目2.11项，项目总经费435.64万元；当年孵化企业数2.74家，孵化企业当年收入0.23亿元。

2018年，403家新型研发机构中，省属5家，拥有从业人员587人，R&D人员561人；发表科技论文27篇，专利申请受理数44件，专利授权数21件；当年承担横向课题134项，获横向课题经费0.48亿元；技术服务量494次，技术服务收入0.25亿元；技术成果转化数113项，成果转化收入0.13亿元；签订技术合同134项，合同金额0.77亿元；新增各类计划项目9项，项目总经费0.51亿元；当年孵化企业数71家，孵化企业当年收入13.63亿元。

2018年，403家新型研发机构中，市县属146家，拥有从业人员4651人，R&D人员3065人；发表科技论文439篇，专利申请受理数1728件，专利授权数580件，当年获省级以上奖励55项；承担横向课题1283项，获横向课题经费2.85亿元；技术服务量10642次，技术服务收入9.02亿元；技术成果转化数158项，成果转化收入1.89亿元；签订技术合同2081项，合同金额17.96亿元；新增各类计划项目261项，项目总经费5.75亿元；当年孵化企业数270家，孵化企业当年收入32.03亿元。

从户均值上看，146家市县属新型研发机构拥有从业人员31.86人，R&D人员20.99人；发表科技论文2.99篇，专利申请受理数11.84件，专利授权数3.95件，当年获省级以上奖励0.37项；承担横向课题8.73项，获横向课题经费193.61万元；技术服务量72.39次，技术服务收入613.46万元；技术成果转化数1.07项，成果转化收入128.07万元；签订技术合同14.16项，合同金额0.12亿元；新增各类计划项目1.78项，项目总经费391.01万元；当年孵化企业数1.84家，孵化企业当年收入0.22亿元。

2018年，403家新型研发机构中，其他科研机构252家，拥有从业人员9882人，R&D人员7387人；发表科技论文641篇，专利申请受理数2400件，专利授权数844件，当年获省级以上奖励93项；承担横向课题1520项，获收入4.21亿元；技术服务量48100次，技术服务收入9.02亿元；技术成果转化数611项，成果转化收入2.00亿元；签订技术合同19290项，合同金额10.43亿元；新增各类计划项目579项，项目总经费11.30亿元；当年孵化企业数764家，孵化企业当年收入47.61亿元。

从户均值上看，252家其他科研机构拥有从业人员39.21人，R&D人员29.31人；发表科技论文2.54篇，专利申请受理数9.52件，专利授权数3.35件，获省级以上奖励0.37项；承担横向课题6.03项，获横向课题经费166.99万元；技术服务量190.87次，技术服务收入357.84万元；技术成果转化数2.42项，成果转化收入79.51万元；签订技术合同76.55项，合同金额413.92万元；新增各类计划项目2.30项，项目总经费448.30万元；当年孵化企业数3.03家，孵化企业当年收入0.19亿元。

2018年，全省新型研发机构分布在13个行业中，其中科学研究和技术服务业（218家）、制造业（92家）及信息传输、软件和信息技术服务业（44家）三大行业科研机构分布最多。

2018年，全省列统新型研发机构403家，其中，苏南258家，苏中65家，苏北80家。机构数全省位列前5位的是苏州（98家）、南京（78家）、无锡（39家）、常州（28家）及盐城（25家）。

2018年，苏南、苏中、苏北全省新型研发机构从业人员分别为11962人、1319人及1839人，R&D人员数分别为9194人、733人及1086人，R&D人员占从业人员的比重分别为76.86%、55.57%及59.05%。

从业人员数最多的五市分别为苏州（4762人）、南京（3246人）、无锡（2177人）、常州（1261人）及盐城（649人）；R&D人员最多的五市分别为苏州（3268人）、南京（2848人）、无锡（1420人）、常州（1135人）及镇江（523人）。

2018年，苏南、苏中及苏北分别发表科技论文767篇、94篇及246篇；出版科技著作14种、0种及6种；专利申请受理数3149件、577件及446件；专利授权数1129件、126件及190件；当年获得省级以上奖励121次、9次及19次；制定标准107项、3项及19项；技术服务量40504次、13027次及5705次，技术服务收入15.57亿元、1.14亿元及1.57亿元；技术成果转换数分别为774项、32项及76项；科技对外签订合同数分别为20433项、621项及451项，合同金额分别为26.66亿元、0.75亿元及1.76亿元；机构拥有种类科技平台数分别为432个、26个及123个。其中，全省发表论文前5位的城市是苏州（495篇）、连云港（90篇）、南京（81篇）、常州（79篇）及淮安（63篇）；出版科技著作前5位的城市是苏州（11种）、连云港（5种）、南京（2种）、无锡（1种）及徐州（1种）；专利申请数最多的5个市分别是苏州（1289件）、南京（748件）、无锡（539件）、南通（389件）及常州（353件）；专利授权数前5位的城市是苏州（485件）、无锡（245件）、常州（208件）、南京（146件）及南通（69件）；当年获得省级以上奖励前5位的城市分别是苏州（44个）、南京（39个）、无锡（17个）、常州（13个）及盐城（12个）；当年制定标准前5位的城市分别为苏州（32个）、常州（27个）、无锡（24个）、南京（19个）及盐城（6个）。

全部科研机构基本情况

指标名称	单位	合计	部属 未转制	部属 转制	省属 未转制	省属 转制	市县属	社会科学领域的研究与开发机构	其他科研机构	有R&D活动的其他单位	新型研发机构
机构数	个	872	19	35	59	26	327	8	306	92	403
从业人员	人	94067	5704	36607	15515	4948	10546	389	12607	7751	15120
#科技活动人员	人	65169	5012	23421	10503	2950	7385	364	9129	6405	11051
#大学本科及以上学历	人	50081	4428	14092	9543	2690	6106	342	7653	5227	9819
生产经营活动人员	人	3246	97	5	529	1469	1208		852	555	1281
其他人员	人	12335	595	2054	4481	1831	1539	25	1538	634	1695
#R&D人员	人	53267	5963	22394	8210		4503	54	8566	1746	11013
外聘科研流动学者（编制在其他单位）	人	4654	868	35	121	7	1088		2481	54	3352
招收的非本单位编制的在读研究生	人	4804	1676	156	979	9	914		1062	8	1955
经费内部支出总额	万元	2199490	433245		1108806.9		212191	21341.9	136323.3	264840.9	218181.2
#科技经费支出	万元	1296274	332086.8		484506.8		140538.5	17061.7	91823.8	209923.2	132945.6
生产经营支出	万元	128504.3	4772.4		12714.5		47317.1		34815.9	28679.6	52853.9
其他支出	万元	774712.2	96385.8		611586		24335.4	4280.2	9683.6	26238.1	32381.7
R&D经费内部支出	万元	955987.5	277897.1	54503.7	298888.7	51387.1	90057.7	2328.9	136039.5	44884.8	184731.2
当年孵化企业数	个	1427	23	235	91	7	284		765	22	1105
孵化企业总数	个	5630	82	2000	240	37	1388		1796	87	3268
孵化企业当年收入	万元	1050119	74660	500	154502	20189.6	323309.6		476415.8	542	932987.8

续表

指标名称	单位	合计	部属 未转制	部属 转制	省属 未转制	省属 转制	市县属	社会科学领域的研究与开发机构	其他科研机构	有R&D活动的其他单位	新型研发机构
经费收入总额	万元	2390152	514675.6		1146541.1		254167.5	20382.7	144105	287133.6	241679.3
#科技活动收入	万元	1415251	434141.7		420401.6		169163.6	20127.6	109328.6	241920.9	170437.7
#政府资金	万元	944341.3	260531.7		303344.3		120360.9	19964	70732.1	151616.3	115309.3
生产经营收入	万元	140784.7	4360.4		25815.4		58150.4		29679.2	21754.6	43506.7
其他收入	万元	834116	76173.5		700324.1		26853.5	255.1	5097.2	23458.1	27734.9
发表科技论文	篇	12527	3891	808	4600	450	1178	163	723	714	1107
#国外发表	篇	4002	2192	103	950	22	324	5	390	16	609
出版科技著作	种	294	81	14	109		20	34	27	9	20
专利申请受理数	件	9988	1253	2658	1096	364	1921		2540	156	4172
#发明专利	件	6673	932	1860	766	142	1377		1516	80	2794
专利授权数	件	4170	702	928	566	232	712		911	119	1445
#发明专利	件	2210	392	632	278	94	397		377	40	725
有效发明专利总数	件	18746	2990	5369	2369	1222	3343		3267	186	6263
当年获省级以上奖励	项	669	63	102	113	9	95	11	105	171	149
当年引进高层次人才	人	1094	66	16	53	39	225	7	614	74	788
当年制定标准	项	590	54	98	125	52	94		97	70	129
当年技术服务量	次	1947845	2645	3617	1525728	4403	237104	13	69019	105316	59236
当年技术服务收入	万元	1140732	61106.3	134363.3	127231.8	361617.7	177901.4		170057.4	108453.7	182827
当年科技成果转化数	项	2028	242	201	402	272	228		636	47	882
当年科技成果转化收入	万元	832073.4	22190.7	467840	12150.6	227756.9	19389.3		41954.2	40791.7	40117.3

续表

	指标名称	单位	合计	部属 未转制	部属 转制	省属 未转制	省属 转制	市县属	社会科学领域的研究与开发机构	其他科研机构	有R&D活动的其他单位	新型研发机构
产出	当年科技对外签订技术合同数	项	159780	1858	1968	6877	3188	47075		39637	58477	21505
	当年合同金额	万元	12077770	117660.7	205076	75935.9	261329.2	219664.5		190537.8	137565.6	291644.3
	机构拥有种类科技平合数	个	1062	40	80	202	29	377		317	17	581
	平合当年获得省级以上奖励	项	412	18	5	9	5	42		313	20	346
	平合当年获得收入	万元	276980.9	46545.5	134433.1	12297.5	1987.2	62065.6		135761.5	4890.5	132662.6
课题	课题数	项	12706	5247	290	3908	286	1215	90	1322	348	2007
	课题经费支出内部合计	万元	901046.4	238154.6	51491.8	329243.2	43373.6	79028.7	2004	113972.1	43778.5	149791.5
	课题投入人员	人年	28732	4406	1670	8495	1621	4400	40	6788	1313	9334
	# R&D 人员	人年	21110	3445	1158	6808	1053	3206	39	4602	800	6541
	R&D 课题数	项	10369	4304	265	3056	238	975	90	1142	299	1709
	R&D 课题经费内部支出	万元	746952.1	198592.9	49308.5	244335.5	39600.7	70627.2	2004	104885.8	37597.6	137965.4
	当年新增各类计划项目	项	5611	1491	877	1987	150	419	17	590	80	849
	# 承担国家和省部级计划项目	项	2841	888	597	974	24	131	12	182	33	268
	当年计划项目总经费	万元	599634.9	184436.7	36836.4	150823	30228.9	64698	240.3	129646.2	2725.4	175563.3
	# 承担国家和省部级项目总经费	万元	306741	118243	8625.7	132036.1	6146	16543.8	236	23556	1354.4	39164.9
	当年承担横向课题数	项	7137	2051	901	1065	129	1352	86	1539	14	2937
	当年获得横向课题经费	万元	294517.7	71196.8	107262.9	27609.1	5892.8	31514.2	610.3	50142.8	288.8	75367.9

全省科技机构按地域分布基本情况

	指标名称	单位	南京	无锡	徐州	常州	苏州	南通	连云港	淮安	盐城	扬州	镇江	泰州	宿迁
	机构数	个	220	82	43	57	168	45	34	24	48	35	45	59	12
	从业人员	人	52697	11789	2179	4145	11189	1147	3936	625	1173	2420	1875	716	176
	#科技活动人员	人	36681	8190	1377	1949	8718	800	2764	404	773	1612	1290	453	158
	#大学本科及以上学历	人	28282	5769	1011	1714	7474	656	1572	360	642	994	1109	361	137
	生产经营活动人员	人	897	229	229	178	718	117	38	86	153	145	342	108	6
	其他人员	人	7129	938	438	1742	1092	177	132	135	199	97	134	114	8
投入	#R&D人员	人	29978	7414	861	2048	6604	498	2342	181	555	1454	918	240	174
	经费内部支出总额	万元	1638587	148463	30116	26361.5	208297	23732.4	11496.3	13874	21152	30487.6	37173.7	7188.5	2561.5
	#科技经费支出	万元	936057	66466.3	13251.6	21481.3	160352.7	17486	10079.5	10989	15854	16134.8	21478.3	4125.4	2518.3
	生产经营支出	万元	48205.9	8095.3	10416.9	2964.8	26352.4	3069.3	1026.1	2303	1439.2	8752.1	14093.9	1752.2	33.2
	其他支出	万元	654324.3	73901	6447.5	1915.4	21591.9	3177.1	390.7	582.2	3859	5600.7	1601.5	1310.9	10
	R&D经费内部支出	万元	623077.4	58129.6	18912.7	50890.7	138272.1	8606.7	5316.5	2838.2	13047	7125.1	11101.7	13695.2	4974.3
	当年孵化企业数	个	462	124	17	427	295	31	1	28	11	1	18	1	11
	孵化企业总数	个	815	814	76	2520	1083	87	3	44	66		78	1	43
	孵化企业当年收入	万元	242473.6	410071	25360	112636	230156.4	2896.7	250.4	2708.5	18812		3782.7	200	771.5
产出	经费收入总额	万元	1772583	177045	29671.8	28089.1	218739.5	24560	11887	14468	23112	27081.8	49147.9	8523.7	5243.1
	#科技活动收入	万元	956129.6	121334	14957.5	25325	181802.3	19598.4	9856	13322	14900	18592.4	27673.9	6590.5	5170.6
	#政府资金	万元	646239.3	62649.2	12176.2	13386.2	125387.1	13991.1	7707.2	8366.2	12631	13601.9	19070	4891.8	4244.2
	生产经营收入	万元	58682.2	11648.1	13489.9	1635.6	14641.8	2920.3	339.3	952.8	7242.4	6596	20914.7	1704.6	17
	其他收入	万元	757770.9	44063.7	1224.4	1128.5	22295.4	2041.3	1691.7	193.1	970.2	1893.4	559.3	228.6	55.5

续表

指标名称	单位	南京	无锡	徐州	常州	苏州	南通	连云港	淮安	盐城	扬州	镇江	泰州	宿迁
发表科技论文	篇	8251	702	228	271	1741	163	199	129	146	285	278	63	71
#国外发表	篇	2477	204	25	41	975	29	37	43	17	39	68	23	24
出版科技著作	种	226	7	3	1	32	4	7	2	1			11	
专利申请受理数	件	4329	1172	227	545	2038	429	274	74	182	261	271	91	95
#发明专利	件	2657	930	131	351	1389	274	209	66	145	219	177	69	56
专利授权数	件	1752	505	108	351	897	92	110	30	81	75	77	42	50
#发明专利	件	881	340	65	156	444	70	61	20	42	47	44	21	19
有效发明专利总数	件	7418	3296	408	1932	3129	360	788	241	309	470	240	117	38
当年获省级以上奖励	项	366	53	14	19	136	12	19	5	17	6	20		2
当年引进高层次人才	人	242	88	34	131	308	31	34	11	62	6	41	93	13
当年制定标准	项	224	91	16	57	103	15	13	15	13	24	10	7	2
当年技术服务量	次	1749279	60603	493	49156	49872	1153	5050	1705	846	2675	12570	11500	2943
当年技术服务收入	万元	633984.2	61803.9	4796.5	81837.4	279959.8	5624.5	26839.5	2490.3	11259	4353.3	24983.7	2337.5	462.1
当年技术成果转化数	项	927	267	27	131	361	45	89	25	15	26	74	8	33
当年技术成果转化收入	万元	425062.4	18948	2323.4	2928	93746	4330	262086	2312.2	13753	4591.1	1632.2	21	340.5
当年科技对外签订技术合同数	项	76295	2005	462	42103	29360	214	603	54	509	99	7545	422	109
当年合同金额	万元	559435.4	68304.2	11118.4	142306	314261.1	7318.6	62790.7	2294	9713.9	4482.5	22137	2952.2	655.6
机构拥有种类科技平合数	个	338	92	30	90	281	34	48	12	58	20	24	12	23
平合当年获得省级以上奖励	项	69	270	4	17	26	2	13	1	9			1	
平合当年获得收入	万元	73040.6	27518.3	558	26360.8	124296.5	288.6	2761.4	1225.9	18338	946	412.2	772.5	462.6

续表

	指标名称	单位	南京	无锡	徐州	常州	苏州	南通	连云港	淮安	盐城	扬州	镇江	泰州	宿迁
课题	课题数	项	8225	653	119	300	1905	232	178	186	286	305	176	34	107
	课题经费支出内部合计	万元	625650.4	37764.5	17344.8	38736.2	128697.1	9667.5	5682.8	5073.7	13686	6808.6	7102.4	3125.2	1707.4
	课题投入人员	人年	15814	2283	718	1800	4571	396	419	493	534	453	810	286	157
	#其中R&D人员	人年	11821	1546	420	1220	3548	298	318	431	401	299	493	202	114
	R&D课题数	项	6557	580	100	265	1831	159	152	78	217	203	120	26	81
	R&D课题经费内部支出	万元	494089.9	35549.8	16646.8	37506.3	124834.5	6504.5	4834.3	2308.6	9368.5	5567.4	5433	3015.2	1293.4
	当年新增各类计划项目	项	3550	526	54	96	657	106	104	98	140	136	69	21	54
	#承担国家和省部级计划项目	项	1836	183	30	50	363	46	65	59	78	68	38	5	20
	当年计划项目总经费	万元	381679.9	36308.9	9597.6	59382.8	77696.1	4811.1	4020.7	2313.5	6797.7	4548.3	10775.2	453.1	1250
	#承担国家和省部级项目总经费	万元	230958.8	11190.8	1740.6	8955	34365.6	4132	1293.6	622	2406.5	3209.4	6845.7	176	845
	当年承担横向课题数	项	3713	1119	24	388	1381	94	59	35	52	16	184	32	40
	当年获得横向课题经费	万元	118579.6	21999.1	7806	8503.9	128053.3	2301.4	1598.5	1450.6	841.9	168.6	1817.6	1149.4	247.8

科研机构服务的行业领域分布情况——农、林、牧、渔业

指标名称	单位	合计	部属 未转制	部属 转制	省属 未转制	省属 转制	市县属	其他科研机构	有R&D活动的其他单位	新型研发机构
机构数	个	102	2	2	18	1	42	10	27	14
从业人员	人	5466	273	370	3304	152	925	131	311	263
#科技活动人员	人	4151	237	349	2553	52	646	75	239	114
#大学本科及以上学历	人	3406	198	313	2226	36	395	65	173	91
生产经营活动人员	人	482		5	338		85	43	11	61
其他人员	人	793	36	16	411	85	173	12	60	85
#R&D人员	人	2889	217	343	1896	62	255	81	35	97
外聘的流动学者(编制在其他单位)	人	124	5	11	41		33	19	15	50
招收的非本单位编制的在读研究生	人	461	5	156	232		64	4		68
投入 经费内部支出总额	万元	246924.2	17597.5	22740.7	172761.7		16727.4	8247.8	8849.1	7205.9
#科技经费支出	万元	197857.3	7913.7	20332.8	146683.4		13817.4	2402	6708	1296
生产经营支出	万元	12939	231	204.8	5085.9		1290.3	5646.2	480.8	5879.7
其他支出	万元	36127.9	9452.8	2203.1	20992.4		1619.7	199.6	1660.3	30.2
R&D经费内部支出	万元	123699.4	8312.6	19420.1	86471	1268	5723.9	1756.5	747.3	1644.7
当年孵化企业数	个	26					14	10	2	
孵化企业总数	个	74					45	25	4	
产出 孵化企业当年收入	万元	2340					380	1580	380	1960
经费收入总额	万元	246177.3	17883.9	23146.1	166593.2		16191.6	13103.6	9258.9	12470.8

续表

农、林、牧、渔业

指标名称	单位	合计	部属		省属		市县属	其他科研机构	有R&D活动的其他单位	新型研发机构
			未转制	转制	未转制	转制				
#科技活动收入	万元	220434.1	17046.4	20166.9	156366.6		14800.4	3512.3	8541.5	2726.8
#政府资金	万元	176535.4	14471.2	17792	119468.2		13788.6	2524.8	8490.6	2577.2
生产经营收入	万元	13870.2	231.5	1024.7	2470.2		309.8	9591.3	242.7	9742.8
其他收入	万元	11873	606	1954.5	7756.4		1081.4		474.7	1.2
发表科技论文	篇	2465	243	288	1710	8	173	18	25	51
#国外发表	篇	672	96	90	472		12	2		11
出版科技著作	种	41	2	7	28		2		2	1
专利申请受理数	件	1247	104	333	753	1	43	13		25
#发明专利	件	934	77	228	599		22	7		18
专利授权数	件	677	43	242	363	1	25	2	1	11
#发明专利	件	299	16	56	212	1	14			5
有效发明专利总数	件	2757	427	566	1655	23	81	5		42
当年获省级以上奖励	项	65	8	10	34	1	10		2	
当年引进高层次人才	人	42	4	4	28		4	3	3	5
当年制定标准	项	129	9	9	80	1	15	2		3
当年技术服务量	次	8477	59	112	3338		2168	1642	1158	1525
当年技术服务收入	万元	14482.8	562	109	8915.2		215	4676.6	5	4442
当年科技成果转化数	项	222	21	32	151		8	7	3	9
当年科技成果转化收入	万元	9529.8	201	743.8	8399		114	72		77

续表

指标名称		单位	合计	部属		省属		农、林、牧、渔业		其他科研机构	有R&D活动的其他单位	新型研发机构
				未转制	转制	未转制	转制	市县属				
产出	当年科技对外签订技术合同数	项	2881	28	66	313		39				2030
	当年合同金额	万元	17960	164.2	1297.6	10988.3		794		4715.9		4456.8
	机构拥有科技类科技平台数	个	183	1	7	143	1	28		1	2	12
	平台当年获省级以上奖励	项	5			3		2				
	平台当年获得收入	万元	2125	70	50	1820.9		143.5			40.6	93.5
课题	课题数	项	2487	172	92	2090	3	94		13	23	23
	课题经费支出内部合计	万元	143982	4746.7	18458.8	110151.2	1163.3	6295.6		1424	1742.4	997.1
	课题投入人员	人年	3534	194	386	2367	54	405		57	73	91
	#R&D人员	人年	2760	161	264	1953	52	246		39	45	63
	R&D课题数	项	1714	151	78	1410	2	55		10	8	18
	R&D课题经费支出内部支出	万元	96273.1	3633.3	17203.9	67849.5	874.9	4648.3		1366	697.3	925.9
	当年新增各类计划项目	项	1559	156	120	1212		48		12	11	22
	#承担国家和省部级计划项目	项	928	68	84	756		17		1	2	1
	当年计划项目总经费	万元	35913.1	1200	2610.3	28372.8	1600.1	1820.3		113	196.6	181.5
	#承担国家和省部级项目总经费	万元	25236.5	800	2465.3	20799.6		1158.6		2	11	1.6
	当年承担横向课题数	项	317	60	71	156		15		14	1	17
	当年获得横向课题经费	万元	5428.1	1850	1402.1	1927.7		188.7		54.6	5	78.7

科研机构服务的行业领域分布情况——采矿业

	指标名称	单位	合计	部属	部属转制	市县属	其他科研机构	采矿业 其他科研机构	有R&D活动的其他单位	新型研发机构
投入	机构数	个	9	3		3			3	2
	从业人员	人	574	482		92				92
	#科技活动人员	人	386	344		42				42
	#大学本科及以上学历	人	346	307		39				39
	生产经营活动人员	人								
	其他人员	人	107	64		43				43
	#R&D人员	人	169	158		11				11
	外聘的流动学者（编制在其他单位）	人	3	3						3
	招收的非本单位编制的在读研究生	人	5	5						5
	经费内部支出总额	万元	66.1			66.1				66.1
	#科技经费支出	万元	66.1			66.1				66.1
	生产经营支出	万元								
	其他支出	万元								
	R&D经费内部支出	万元	2617.3	2457.3		160				160
	当年孵化企业数	个								
产出	孵化企业总数	个								
	孵化企业当年收入	万元								
	经费收入总额	万元	83.3			83.3				83.3

续表

指标名称	单位	合计	部属转制	采矿业 市县属	其他科研机构	有R&D活动的其他单位	新型研发机构
#科技活动收入	万元	83.3		83.3			
#政府资金	万元						
生产经营收入	万元						
其他收入	万元						
发表科技论文	篇	60	56	4			
#国外发表	篇						
出版科技著作	种						
产出 专利申请受理数	件	85	61	24			
#发明专利	件	61	44	17			
专利授权数	件	38	22	16			
#发明专利	件	31	15	16			
有效发明专利总数	件	217	198	19			
当年获省级以上奖励	项	2	1	1			
当年引进高层次人才	人	21	8	13			
当年制定标准	项	6	6				
当年技术服务量	次	820	813	7			
当年技术服务收入	万元	27459	27359	100			
当年科技成果转化数	项	10	7	3			
当年科技成果转化收入	万元	9849.6	9499.6	350			

续表

采矿业

	指标名称	单位	合计	部属 转制	市县属	其他科研机构	有R&D活动的其他单位	新型研发机构
产出	当年科技对外签订技术合同数	项	477	477				
	当年合同金额	万元	58886.6	58886.6				
	机构拥有种类科技平台数	个	11	10	1			1
	平台当年获得省级以上奖励	项	1	1				
	平台当年获得收入	万元	1198.6	1198.6				
	课题数	项	35	32	3			3
	课题经费支出内部合计	万元	2515.1	2355.1	160			160
	课题投入人员	人年	132	122	10			10
	#R&D人员	人年	113	103	10			10
课题	R&D课题数	项	34	31	3			3
	R&D课题经费内部支出	万元	2333.2	2173.2	160			160
	当年新增各类计划项目	项	15	12	3			3
	#承担国家和省部级计划项目	项	2	2				
	当年计划项目总经费	万元	2912.4	2612.4	300			300
	#承担国家和省部级项目总经费	万元	172	172				
	当年承担横向课题数	项	9	9				
	当年获得横向课题经费	万元	189.6	189.6				

科研机构服务的行业领域分布情况——制造业

	指标名称	单位	合计	制造业							
				部属		省属		市县属	其他科研机构	有R&D活动的其他单位	新型研发机构
				未转制	转制	未转制	转制				
	机构数	个	203	2	24	3	17	67	83	7	92
	从业人员	人	44766	527	33917	271	1847	1988	2712	3504	3017
	#科技活动人员	人	29264	517	21415	262	939	1003	1857	3271	2059
	#大学本科及以上学历	人	18438	498	12217	212	823	752	1491	2445	1808
	生产经营活动人员	人	420			4		365	51		191
	其他人员	人	3614	10	1730	5	667	509	529	164	489
	#R&D人员	人	26384	654	21483	73	792	823	2000	559	2263
	外聘的流动学者（编制在其他单位）	人	651	45	21	7	7	100	466	5	553
	招收的非本单位编制的在读研究生	人	398	136		42	8	71	141		185
投入	经费内部支出总额	万元	187163.3	25710.4		10018		21432.7	21947	108055.2	31379.9
	#科技经费支出	万元	165971	24156.9		9703.6		7292.6	20058.2	104759.7	22437.3
	生产经营支出	万元	13239.2	95.9		74		11894.3	1175		8239.6
	其他支出	万元	7953.1	1457.6		240.4		2245.8	713.8	3295.5	703
	R&D经费内部支出	万元	152353	18596.3	28624.4	1081.7	22775.1	30812.2	38112.3	12351	56421.6
	当年孵化企业总数	个	415	21	235		7	23	129		141
	孵化企业总数	个	2539	55	2000		37	83	364		415
产出	孵化企业当年收入	万元	162220.3	2160	500		20189.6	6758.2	132612.5		138870.7
	经费收入总额	万元	194060.5	23556.8		13267.4		20922.6	25358.2	110955.5	34865.8

续表

指标名称	单位	合计	制造业 部属 未转制	制造业 部属 转制	制造业 省属 未转制	制造业 省属 转制	制造业 市县属	其他科研机构	有R&D活动的其他单位	新型研发机构
#科技活动收入	万元	176497.7	22522.7		13194.5		7138.3	24317	109325.2	26852.8
#政府资金	万元	129220.7	18055		5472.4		4457.6	16745.4	84490.3	17893
生产经营收入	万元	11464.9			72.9		11128.3	263.7		7180
其他收入	万元	6097.9	1034.1				2656	777.5	1630.3	833
发表科技论文	篇	1252	390	199	137	77	148	80	221	127
#国外发表	篇	320	221	2	36	4	18	36	3	37
出版科技著作	种	12			5		5	2		2
专利申请受理数	件	3952	345	2073	5	258	527	665	79	1128
#发明专利	件	2602	257	1429		97	387	390	42	758
专利授权数	件	1373	161	564		120	183	287	58	424
#发明专利	件	878	110	509		67	82	97	13	165
有效发明专利总数	件	7601	675	4137		812	859	1058	60	1806
当年获省级以上奖励	项	121	3	84		3	6	18	7	21
当年引进高层次人才	人	219	19	6		7	32	155		186
当年制定标准	项	138	4	48	4	28	9	23	22	27
当年技术服务量	次	41465	60	1805	17624	2293	1856	6964	10863	8408
当年技术服务收入	万元	133306.3	84.2	13293.1	7439.7	17046	62131.7	24125	9186.6	86172.9
当年技术成果转化数	项	350	39	139		8	45	119		150

续表

	指标名称	单位	合计	部属 未转制	部属 转制	省属 未转制	省属 转制	制造业 市县属	其他科研机构	有R&D活动的其他单位	新型研发机构
产出	当年科技成果转化收入	万元	455794.4	1420.7	446657.7		2112.2	1742	3861.7	0.1	5316.1
	当年科技对外签订技术合同数	项	18903	164	379	26	242	811	6428	10853	7233
	当年合同金额	万元	222002.4	1936.5	39353.1	689.5	5469.5	133991.6	31434.2	9128	165294.6
	机构拥有种类科技平台数	个	156	15	48		5	36	47		70
	平台当年获得省级以上奖励	项	13		3				10		10
	平台当年获得收入	万元	36336.5	6238.6	11728.4		1436.2	7874.4	9058.9		16883.3
	课题数	项	1191	512	108	5	129	173	251	13	292
	课题经费支出内部合计	万元	137442	18462.1	26055.1	1062.7	24270	23209.1	35025.3	9357.7	45448.2
	课题投入人员	人年	4874	520	972	48	749	732	1546	308	1801
	# R&D 人员	人年	3481	452	606	22	655	578	1071	97	1396
	R&D 课题数	项	1068	492	106	5	86	146	220	13	255
课题	R&D 课题经费内部支出	万元	130142.8	17556	25970	1062.7	21151.5	22887.5	32157.4	9357.7	42719.7
	当年新增各类计划项目	项	1068	172	715	25		28	121	7	144
	# 承担国家和省部级计划项目	项	659	110	496	2		10	33	8	42
	当年计划项目总经费	万元	97634.5	18286.8	8883.3		1980.1	21052.3	47175.4	256.6	61166.2
	# 承担国家和省部级项目总经费	万元	28793.2	15670.4	1905.9		20	4084.1	6856.2	256.6	10933.3
	当年承担横向课题数	项	1186	25	15		115	765	266		1018
	当年获得横向课题经费	万元	29872.4	1630	759.5		5281.9	7248.3	14952.7		14369

科研机构服务的行业领域分布情况——电力、热力、燃气及水生产和供应业

电力、热力、燃气及水生产和供应业

指标名称	单位	合计	部属转制	省属未转制	市县属	其他科研机构	新型研发机构
机构数	个	8	3	1	2	2	1
从业人员	人	1586	1402	43	12	129	43
#科技活动人员	人	1123	999	36	12	76	36
#大学本科及以上学历	人	1059	969	27	7	56	27
生产经营活动人员	人	3				3	
其他人员	人	217	190	7		20	7
#R&D人员	人	398	264	58		76	58
外聘的流动学者（编制在其他单位）	人						
招收的非本单位编制的在读研究生	人	22		22			22
投入 经费内部支出总额	万元	541.6		384.1	152	5.5	384.1
#科技经费支出	万元	475.5		321	152	2.5	321
生产经营支出	万元	2.9				2.9	
其他支出	万元	63.2		63.1		0.1	63.1
R&D经费内部支出	万元	3674.8	3124.7	281		269.1	281
当年孵化企业总数	个						
孵化企业当年收入	个						
产出 经费收入总额	万元	8706.9		361.6	8341.3	4	361.6

续表

电力、热力、燃气及水生产和供应业

指标名称	单位	合计	部属 转制	部属 未转制	省属 未转制	市县属	其他科研机构	新型研发机构
#科技活动收入	万元	8481			142.9	8338.1		142.9
#政府资金	万元	8481			142.9	8338.1		142.9
生产经营收入	万元	4					4	
其他收入	万元	221.9			218.7	3.2		218.7
发表科技论文	篇	208	185		23			23
#国外发表	篇	15	5		10			10
出版科技著作	种	1	1					
专利申请受理数	件	136	126		5		5	5
#发明专利	件	109	103		3		3	3
专利授权数	件	78	69		8		1	8
#发明专利	件	33	28		4		1	4
有效发明专利总数	件	437	370		51		16	51
当年获省级以上奖励	项	3	3					
当年引进高层次人才	人							
当年制定标准	项	27	27					
当年技术服务量	次	875	806		19		50	19
当年技术服务收入	万元	93204.8	92957.1				247.7	
当年技术成果转化数	项	21	19				2	
当年科技成果转化收入	万元	12390.3	10738.9				1651.4	

续表

	指标名称	单位	合计	电力、热力、燃气及水生产和供应业				
				部属		省属	市县属	其他科研机构	新型研发机构
				转制	未转制	未转制			
产出	当年科技对外签订技术合同数	项	1189	806				383	
	当年合同金额	万元	111840.6	104911.7				6928.9	
	机构拥有种类科技平台数	个	6	4	2				2
	平台当年获得省级以上奖励	项							
	平台当年获得收入	万元	100		100				
	课题数	项	58	50	5			3	5
课题	课题经费支出内部合计	万元	3936	3385.9	281			269.1	281
	课题投入人员	人年	176	84	42			50	42
	# R&D 人员	人年	151	84	17			50	17
	R&D 课题数	项	51	43	5			3	5
	R&D 课题经费内部支出	万元	3674.7	3124.6	281			269.1	281
	当年游揽各类计划项目	项	29	28	1				1
	#承担国家和省部级计划项目	项	16	15	1				1
	当年计划项目总经费	万元	22780.4	22730.4				50	
	#承担国家和省部级项目总经费	万元	4132.5	4082.5				50	
	当年承担横向课题数	项	806	806					
	当年获得横向课题经费	万元	104911.7	104911.7					

科研机构服务的行业领域分布情况——建筑业

	指标名称	单位	合计	省属 转制	建筑业 市县属	其他科研机构	有R&D活动的其他单位	新型研发机构
	机构数	个	12	1	7	2	2	1
	从业人员	人	1427	467	715	193	52	6
	#科技活动人员	人	882	367	305	158	52	4
	#大学本科及以上学历	人	793	344	289	133	27	4
	生产经营活动人员	人	26		26			
	其他人员	人	378	53	318	7		
	#R&D人员	人	471	325	76	70		
投入	外聘的流动学者（编制在其他单位）	人	6			6		6
	招收的非本单位编制的在读研究生	人	5			5		5
	经费内部支出总额	万元	12413		11429		984	
	#科技经费支出	万元	7743.4		6759.4		984	
	生产经营支出	万元	2687.1		2687.1			
	其他支出	万元	1982.5		1982.5			
	R&D经费内部支出	万元	5672.6	3988.6	1464	220		
	当年孵化企业总数	个	2		2			
产出	孵化企业当年总数	个	4		4			
	孵化企业当年收入	万元	2474.8		2474.8			
	经费收入总额	万元	14259.9		13028.6		1231.3	

续表

建筑业

指标名称	单位	合 计	省 属 转 制	市县属	其他科研机构	有R&D活动的其他单位	新型研发机构
#科技活动收入	万元	1334.1		102.8		1231.3	
#政府资金	万元	102.8		102.8			
生产经营收入	万元	11167.7		11167.7			
其他收入	万元	1758.1		1758.1			
发表科技论文	篇	367	292	66	9		
#国外发表	篇	12	12				
出版科技著作	种						
专利申请受理数	件	34	10	19	5		
#发明专利	件	17	3	13	1		
专利授权数	件	37	8	24	5		
#发明专利	件	10	1	8	1		
有效发明专利总数	件	299	238	60	1		
当年获省级以上奖励	项	3	2	1			2
当年引进高层次人才	人	14			14		
当年制定标准	项	2		2			5
当年技术服务量	次	2935	201	2595	139		5
当年技术服务收入	万元	46164.3	18929.8	27017.8	216.7		
当年技术成果转化数	项	6			6		
当年科技成果转化收入	万元	250.2			250.2		

续表

指标名称	单位	合计	省属合计	省属转制	市县属	建筑业其他科研机构	有R&D活动的其他单位	新型研发机构
当年科技对外签订技术合同数	项	424			414	10		10
当年合同金额	万元	9631.9			9581.9	50		50
机构拥有种种科技平台数	个	4			4			
平台当年获得省级以上奖励	项	5	4		1			
平台当年获得收入	万元	50			50			
课题数	项	56	40		10	6		
课题经费支出内部合计	万元	4081.8	2354.8		1507	220		
课题经费投入人员	人年	314	198		72	44		
#R&D人员	人年	198	111		51	36		
R&D课题数	项	54	39		9	6		
R&D课题经费内部支出	万元	3982.8	2298.8		1464	220		
当年新增各类计划项目	项	15	10		4	1		
#承担国家和省部级计划项目	项	3	1		2			
当年计划项目总经费	万元	2494.6	1284.6		47	1163		
#承担国家和省部级项目总经费	万元	2	2					
当年承担横向课题数	项							
当年获得横向课题经费	万元							

科研机构服务的行业领域分布情况——交通运输、仓储和邮政业

	指标名称	单位	合计	部属 未转制	省属 未转制	省属 转制	市县属	其他科研机构	有R&D活动的其他单位	新型研发机构
投入	机构数	个	5	1	1		1	1	1	1
	从业人员	人	2265	381		1866		18	18	18
	#科技活动人员	人	1758	369		1377		12	12	12
	#大学本科及以上学历	人	1666	354		1302		10	10	10
	生产经营活动人员	人								
	其他人员	人	340	12		326		2	2	2
	#R&D人员	人	857	368		475		14	14	14
	外聘的流动学者（编制在其他单位）	人								
	招收的非本单位编制的在读研究生	人	2					2	2	2
	经费内部支出总额	万元	42679.1	42679.1						
	#科技经费支出	万元	9966.2	9966.2						
	生产经营支出	万元								
	其他支出	万元	32712.9	32712.9						
	R&D经费内部支出	万元	26419.2	6369.2		19719.7		330.3	330.3	330.3
	当年孵化企业数	个	4					4	4	4
	孵化企业总数	个	4					4	4	4
产出	经费收入总额	万元	47314.5	47314.5						

续表

交通运输、仓储和邮政业

指标名称	单位	合计	部属 未转制	省属 未转制	省属 转制	市县属	其他科研机构	有R&D活动的其他单位	新型研发机构
#科技活动收入	万元	40353.8	40353.8						
#政府资金	万元	3728.8	3728.8						
生产经营收入	万元								
其他收入	万元	6960.7	6960.7						
发表科技论文	篇	76	19		54		3		3
#国外发表	篇	4			4				
出版科技著作	种	1	1						
专利申请受理数	件	143	52		81		10		10
#发明专利	件	80	42		32		6		6
专利授权数	件	113	19		94				
#发明专利	件	32	13		19				
有效发明专利总数	件	281	148		127		6		6
当年获省级以上奖励	项	4	3		1				
当年引进高层次人才	人	31			31				
当年制定标准	项	44	20		22		2		2
当年技术服务量	次	1661			1658		3		3
当年技术服务收入	万元	288772.2			288596.3		175.9		175.9
当年技术成果转化数	项	224			221		3		3
当年科技成果转化收入	万元	214584			214584				

续表

交通运输、仓储和邮政业

	指标名称	单位	合计	部属 未转制	省属 转制	市县属	其他科研机构	有R&D活动的其他单位	新型研发机构
产出	当年科技对外签订技术合同数	项	30			3144	8	8	8
	当年合同金额	万元	62676.4		214584.2		419.9	419.9	419.9
	机构拥有种类科技平台数	个	21		21				
	平台当年获得省级以上奖励	项	1		1				
	平台当年获得收入	万元	100		100				
	课题数	项	125	16	106		3	3	3
	课题经费支出内部合计	万元	14598.2	1531	12822.6		244.6	244.6	244.6
	课题投入人员	人年	710	233	466		11	11	11
	# R&D人员	人年	281	65	205		11	11	11
	R&D课题数	项	121	16	103		2	2	2
课题	R&D课题经费内部支出	万元	14208.6	1531	12512.6		165	165	165
	当年新增各类计划项目	项	106		106				
	# 承担国家和省部级计划项目	项	20		20				
	当年计划项目总经费	万元	20378.1		20378.1				
	# 承担国家和省部级项目总经费	万元	1150		1150				
	当年承担横向课题数	项	14		14				
	当年获得横向课题经费	万元	610.9		610.9				

科研机构服务的行业领域分布情况——信息传输、软件和信息技术服务业

指标名称	单位	合计	信息传输、软件和信息技术服务业				有R&D活动的其他单位	新型研发机构
			省属		市县属	其他科研机构		
			未转制	转制				
机构数	个	54	1	3	12	36	2	44
从业人员	人	2708	385	511	437	1366	9	2061
#科技活动人员	人	1815	318	149	379	960	9	1540
#大学本科及以上学历	人	1671	290	128	351	893	9	1445
生产经营活动人员	人	108	52		5	51		108
其他人员	人	505	15	322	32	136		173
#R&D人员	人	1646	373	136	386	745	6	1334
外聘的流动学者（编制在其他单位）	人	364	29		60	275		328
招收的非本单位编制的在读研究生	人	139	26	1	45	67		98
投入 经费内部支出总额	万元	27210	6715.5		13088.2	7336.5	69.8	16178.1
#科技经费支出	万元	24627.3	6192.9		12752.4	5612.2	69.8	13748.7
生产经营支出	万元	2395.7	418		291	1686.7		2285.4
其他支出	万元	187	104.6		44.8	37.6		144
R&D经费内部支出	万元	23155.1	6180.9	2449.9	5969.2	8488.3	66.8	17185.6
当年孵化企业数	个	240	55		23	162		240
孵化企业总数	个	372	55		65	252		372
产出 孵化企业当年收入	万元	45392	12563.7		1654	31174.3	223	45392
经费收入总额	万元	28586.1	7974.7		16163.6	4224.8		13442

续表

信息传输、软件和信息技术服务业

指标名称	单位	合计	省属未转制	省属转制	市县属	其他科研机构	有R&D活动的其他单位	新型研发机构
#科技活动收入	万元	19381.3	6201.2		10860.5	2096.6	223	9251.7
#政府资金	万元	17731.3	5287.5		10316.3	1904.5	223	7695.7
生产经营收入	万元	8574.1	1456.5		5029.1	2088.5		3815
其他收入	万元	630.7	317		274	39.7		375.3
发表科技论文	篇	64	4	12	32	16		27
#国外发表	篇	26	1	2	22	1		2
出版科技著作	种							
专利申请受理总数	件	379	4	4	118	247	6	372
#发明专利	件	251	4	4	94	149		244
专利授权数	件	66	2	2	27	35		64
#发明专利	件	37	2	2	20	13		35
有效发明专利总数	件	437	30	15	149	242	1	422
当年获省级以上奖励	项	19	1	1	7	8	2	17
当年引进高层次人才	人	69	2	1	21	44	1	52
当年制定标准	项	30		1	2	27		29
当年技术服务量	次	8174	350	198	2220	5396	10	5776
当年技术服务收入	万元	52538.5	2139	35747.5	7783.8	6848.2	20	14206.5
当年科技成果转化数	项	103	24	6	5	68		97
当年科技成果转化收入	万元	12936.1	855.6	11000	210	870.5		1936.1

续表

| | 指标名称 | 单位 | 合计 | 信息传输、软件和信息技术服务业 | | | 其他科研机构 | 有R&D活动的其他单位 | 新型研发机构 |
| | | | | 省属 | | 市县属 | | | |
				未转制	转制				
产出	当年科技对外签订技术合同数	项	1472	45	455	597	372	3	574
	当年合同金额	万元	64947.2	4700	39900	10338.3	9993.9	15	22484.5
	机构拥有种类科技平台数	个	45	2		15	28		43
	平台当年获得省级以上奖励	项	4			3	1		3
	平台当年获得收入	万元	11663	6721		1047.5	3894.5		11661.2
课题	课题数	项	191	13	6	52	119	1	160
	课题经费支出内部合计	万元	21094.1	5835.8	2449.9	4745.2	7996.5	66.7	15124.6
	课题投入人员	人年	1381	327	136	296	617	5	1107
	# R&D人员	人年	704	52	16	203	428	5	588
	R&D课题数	项	163	13	6	46	97	1	138
	R&D课题经费内部支出	万元	20500.7	5835.8	2449.9	4479.6	7668.7	66.7	14796.8
	当年新增各类计划项目	项	95	5	8	9	73		84
	# 承担国家和省部级计划项目	项	17	3		5	9		14
	当年计划项目总经费	万元	39412.1	4582		2522.2	32307.9		37193.9
	# 承担国家和省部级项目总经费	万元	7884.2	3600		2248.7	2035.5		5666
	当年承担横向课题数	项	138	45		40	53		113
	当年获得横向课题经费	万元	7191.7	2139		2811	2241.7		4791.7

科研机构服务的行业领域分布情况——科学研究和技术服务业

	指标名称	单位	合计	科学研究和技术服务业							有R&D活动的其他单位	新型研发机构
				部属		省属		市县属	社会科学领域的研究与开发机构	其他科研机构		
				未转制	转制	未转制	转制					
	机构数	个	386	11	3	23	3	152	3	148	43	218
投入	从业人员	人	24417	2816	436	4223	105	5473	246	7463	3655	8761
	#科技活动人员	人	18666	2563	314	2901	66	4398	236	5527	2661	6613
	#大学本科及以上学历	人	16113	2265	286	2590	57	3722	227	4552	2414	5794
	生产经营活动人员	人	1978	32		135		597		692	522	901
	其他	人	2981	221	54	1187	16	342	10	766	385	783
	#R&D人员	人	14153	3673	146	1493	41	2596	20	5080	1104	6580
	外聘的流动学者（编制在其他单位）	人	3150	737	3	22		828		1544	16	2180
	招收的非本单位编制的在读研究生	人	3235	1252		492		684		802	5	1504
	经费内部支出总额	万元	881844.4	223232.9		288361		129010.2	13381.7	875563.7	140294.9	150744.5
	#科技经费支出	万元	625438.3	211998.5		163140.9		88211.1	10619.6	54880.8	96586.9	85260.3
	生产经营支出	万元	81343.2	677.5		7136.6		24784.8		26244.1	22500.2	36112.1
	其他支出	万元	175062.9	10556.9		118083.5		16013.8	2762.1	6438.8	21207.8	29372.1
	R&D经费内部支出	万元	409121.2	185481.4	877.2	70078.4	1185.8	38763.2	736	80722.3	31276.9	98922.3
	当年孵化企业数	个	657	2		36		218		401		633
	孵化企业总数	个	2413	14		184		1156		1059		2280
产出	经费收入总额	万元	744764.4			141846.9		296993.5		305924		726591
	经费收入总额	万元	1005018	269399.3		318341.9		158961.8	12259.4	89152.6	156902.6	167827.2

续表

指标名称	单位	合计	部属 未转制	部属 转制	省属 未转制	省属 转制	科学研究和技术服务业 市县属	社会科学领域的研究与开发机构	其他科研机构	有R&D活动的其他单位	新型研发机构
#科技活动收入	万元	747023.5	259764.6		170061.4		115290.3	12222.3	68423	121261.9	119978.5
#政府资金	万元	486052.6	181375.9		123415.1		72395.3	12222.3	39228.6	57435.4	76706.1
生产经营收入	万元	78288.6	522		21815.8		23795.1		16786.4	15369.3	21878.8
其他收入	万元	179705.5	9112.7		126464.7		19876.4	37.1	3943.2	20271.4	25969.9
发表科技论文	篇	5065	2475	80	1004	7	509	126	411	453	670
#国外发表	篇	2368	1750	6	152		214	5	229	12	414
出版科技著作	种	128	49	6	12		11	34	10	6	11
专利申请受理数	件	3400	609	65	153	10	1041		1470	52	2374
#发明专利	件	2277	462	56	93	5	756		877	28	1584
专利授权数	件	1412	334	31	75	7	392		528	45	837
#发明专利	件	743	206	24	25	4	239		228	17	446
有效发明专利总数	件	5824	1322	98	379	7	2081		1832	105	3752
当年获省级以上奖励	项	383	15	4	59	1	66	10	72	156	101
当年引进高层次人才	人	610	20	2	17		130	6	365	70	475
当年制定标准	项	195	9	8	40		62		43	33	64
当年技术服务量	次	680776	1380	81	303921	53	227708		54652	92981	42854
当年技术服务收入	万元	394598.7	17785.9	645.1	79817.9	1298.1	71668.3		130543.9	92839.5	66665.3
当年技术成果转化数	项	874	135	4	102	37	153		402	41	577
当年科技成果转化收入	万元	98476.3	18317.4	200	1296.5	60.7	3160.1		34740	40701.6	18116.5

续表

			科学研究和技术服务业								
指标名称	单位	合计	部属		省属		市县属	社会科学领域的研究与开发机构	其他科研机构	有R&D活动的其他单位	新型研发机构
			未转制	转制	未转制	转制					
产出 当年科技对外签订技术合同数	项	129238	388	240	6114	47	45102		29872	47475	11447
当年合同金额	万元	382777.3	20057.4	627	54878.1	1375.5	51329.1		132468.6	122041.6	82935.3
机构拥有的各种科技平台数	个	545	11	11	19	2	271		220	11	416
平台当年获得省级以上奖励	项	358	2	1	1		34		300	20	329
平台当年获得收入	万元	176394.5	16493.6	356.1	2850.8	451	32822.1		118571	4849.9	79659.4
课题数	项	4746	2331	8	488	2	727	69	819	302	1370
课题经费支出内部合计	万元	366076.5	145192.8	1236.9	88432	313	34673.8	634.8	63352.6	32240.7	78482.4
课题投入人员	人年	11549	2297	106	1610	18	2505	14	4106	895	5760
#R&D人员	人年	8386	1946	101	1194	14	1826	14	2657	634	4024
R&D课题数	项	4304	2238	7	409	2	590	69	720	269	1164
课题 R&D课题经费内部支出	万元	302683.1	129428.8	836.8	56291.4	313	30316	634.8	57727.3	27134.9	70121.6
当年新增各类计划项目	项	1350	430	2	205	1	280	11	361	60	565
#承担国家和省部级计划项目	项	734	382		98	1	89	11	130	23	198
当年计划项目总经费	万元	274152.6	82608.3	4986	98985		36962.6	230	48328.5	2052.2	75020.3
#承担国家和省部级项目总经费	万元	202221.9	77406.4	4974	95806		8180.8	230	14537.9	1086.8	21708
当年承担横向课题数	项	2826	316		786		498	80	1133	13	1686
当年获得横向课题经费	万元	75830.8	9234		22712.7		10737.1	600	32263.2	283.8	44973.3

科研机构服务的行业领域分布情况——水利、环境和公共设施管理业

	指标名称	单位	合计	部属未转制	省属未转制	水利、环境和公共设施管理业 市县属	其他科研机构	有R&D活动的其他单位	新型研发机构
投入	机构数	个	45	2	4	21	16	2	22
	从业人员	人	2683	1249	388	590	410	46	646
	#科技活动人员	人	2162	1103	355	358	320	26	467
	#大学本科及以上学历	人	1929	922	343	326	312	26	445
	生产经营活动人员	人	220	63		127	12	18	20
	其他人员	人	207	83	33	55	34	2	75
	#R&D人员	人	1767	913	233	218	383	20	505
	外聘的流动学者（编制在其他单位）	人	275	80		28	154	13	179
	招收的非本单位编制的在读研究生	人	267	185	16	25	41		66
	经费内部支出总额	万元	132284.7	82843.6	25388.8	12960.1	5020.9	6071.3	5770.7
	#科技经费支出	万元	105970.2	69496.8	24846.5	6255.1	4934.8	437	5408.4
	生产经营支出	万元	14757.3	2776.5		6310.3	60.9	5609.6	337.1
	其他支出	万元	11557.2	10570.3	542.3	394.7	25.2	24.7	25.2
	R&D经费内部支出	万元	80327.7	54471.1	16359.2	5233.1	4082.3	182	7041.9
	当年孵化企业数	个	51	13	1	2	49		51
	孵化企业总数	个	84			17	53		70
产出	孵化企业当年收入	万元	90237.9	72500	91.4	14921.5	2725		17646.5
	经费收入总额	万元	156046.6	101339.9	26393.6	13512.2	7055.3	7745.6	7061

续表

水利、环境和公共设施管理业

指标名称	单位	合计	部属 未转制	省属 未转制	市县属	其他科研机构	有R&D活动的其他单位	新型研发机构
#科技活动收入	万元	123764.9	84274.4	25668.2	6001.1	6961.2	860	7022.1
#政府资金	万元	53293.1	32856.2	7360.9	5897.1	6318.9	860	6335.4
生产经营收入	万元	14890.1	2248.7		6404.7	94.1	6142.6	38.9
其他收入	万元	17391.6	14816.8	725.4	1106.4		743	
发表科技论文	篇	836	615	153	43	10	15	22
#国外发表	篇	98	75	15	5	2	1	2
出版科技著作	种	42	30	9		2	1	
专利申请受理数	件	390	142	52	127	69		183
#发明专利	件	244	93	29	83	39		118
专利授权数	件	214	144	23	41	6		44
#发明专利	件	72	46	7	16	3		19
有效发明专利总数	件	581	408	68	83	22		89
当年获省级以上奖励	项	52	34	9	3	2	4	4
当年引进高层次人才	人	71	22		19	30		49
当年制定标准	项	17	12	1	4			4
当年技术服务量	次	2863	1146	731	539	172	275	627
当年技术服务收入	万元	66617.2	42674.2	6935.7	7710.3	3154.4	6142.6	9715.9
当年科技成果转化数	项	211	47	121	14	29		43
当年科技成果转化收入	万元	17752.6	2251.6	1179.4	13813.2	508.4		14321.6

续表

水利、环境和公共设施管理业

	指标名称	单位	合计	部属未转制	省属未转制	市县属	其他科研机构	有R&D活动的其他单位	新型研发机构
产出	当年科技对外签订技术合同数	项	1880	1278	227	105	126	144	195
	当年合同金额	万元	123006.2	95502.6	3276.5	13438.7	4457.4	6331	15748.3
	机构拥有种类科技平台数	个	64	12	8	21	20	3	36
	平台当年得省级以上奖励	项	21	16	1	2	2		4
	平台当年获得收入	万元	48108.5	23743.3		20128.1	4237.1		24365.2
	课题数	项	2520	2159	162	118	76	5	111
	课题经费支出内部合计	万元	96756	64276.4	21780.4	6718.2	3795	186	6857.5
	课题投入人员	人年	1939	1059	311	280	273	16	398
	#R&D人员	人年	1518	763	273	229	241	12	339
课题	R&D课题数	项	1596	1350	102	88	52	4	84
	R&D课题经费内部支出	万元	65281.9	42498.2	14008.4	4952	3667.3	156	6599.3
	当年新增各类计划项目	项	827	718	49	40	18	2	25
	#承担国家和省部级计划项目	项	359	320	28	4	7		11
	当年计划项目总经费	万元	91806.5	81421.6	8003.4	1656.9	504.6	220	1480.9
	#承担国家和省部级项目总经费	万元	30862.8	24066.2	6002.5	721.6	72.5		794.1
	当年承担横向课题数	项	1777	1647	35	23	72		95
	当年获得横向课题经费	万元	69796	58452.8	598.3	10116.2	628.7		10744.9

科研机构服务的行业领域分布情况——教育

	指标名称	单位	合计	省属未转制	市县属	社会科学领域的研究与开发机构	其他科研机构	新型研发机构
	机构数	个	11	1	4	2	3	5
	从业人员	人	497	222	54	69	152	191
	#科技活动人员	人	417	191	47	62	117	151
	#大学本科及以上学历	人	368	148	41	62	117	146
	生产经营活动人员	人	2	2				
	其他人员	人	74	31	5	7	31	36
	#R&D人员	人	248	86	45		117	151
	外聘的流动学者（编制在其他单位）	人	53		36	17		53
投入	招收的非本单位编制的在读研究生	人						
	经费内部支出总额	万元	24326.9	12454.3	2246.2	4274.6	5351.8	6451.9
	#科技经费支出	万元	19828	11431.4	1872.6	3207.3	3316.7	4407.8
	生产经营支出	万元	59.3		59.3			
	其他支出	万元	4439.6	1022.9	314.3	1067.3	2035.1	2044.1
	R&D经费内部支出	万元	8194.3	4849	1286.9		2058.4	2743.8
	当年孵化企业数	个	5				5	5
	孵化企业总数	个	5				5	5
产出	经费收入总额	万元	23456.7	12301.5	2276.4	4334.2	4544.6	5567.6

续表

指标名称	单位	合计	省属 未转制	教育 市县属	教育 社会科学领域的研究与开发机构	其他科研机构	新型研发机构
#科技活动收入	万元	12149.1	2537	2094.3	4161.2	3356.6	4379.6
#政府资金	万元	10685.5	2537	630.7	4161.2	3356.6	3959
生产经营收入	万元	1033.3		182.1		851.2	851.2
其他收入	万元	10274.3	9764.5		173	336.8	336.8
发表科技论文	篇	206	26	18		162	180
#国外发表	篇	133		18		115	133
出版科技著作	种	5	2			3	3
专利申请受理数	件	49		1		48	49
#发明专利	件	45	1	1		44	45
专利授权数	件	41	1			40	40
#发明专利	件	35	1			34	34
有效发明专利总数	件	73				72	72
当年获省级以上奖励	项	5	1		1	4	4
当年引进高层次人才	人	7		3		3	6
当年制定标准	项						
当年技术服务量	次	12		11		1	12
当年技术服务收入	万元	1343.5		1274.5		69	1343.5
当年科技成果转化数	项						
当年科技成果转化收入	万元						

续表

指标名称	单位	合计	省属未转制	教育 市县属	社会科学领域的研究与开发机构	其他科研机构	新型研发机构
产出							
当年科技对外签订技术合同数	项	8				3	8
当年合同金额	万元	254.9		185.9		69	254.9
机构拥有种类科技平台数	个	1				1	1
平台当年获得省级以上奖励	项						
平台当年获得收入	万元						
课题数	项	53	10	11		32	40
课题经费支出内部合计	万元	7885.2	5087.6	1152.6		1645	2196.1
课题投入人员	人年	211	85	41		85	116
# R&D 人员	人年	139	44	26		69	92
R&D 课题数	项	51	8	11		32	40
课题							
R&D 课题经费内部支出	万元	6927.6	4130	1152.6		1645	2196.1
当年新增各类计划项目	项	15	8	4		3	6
#承担国家部级计划项目	项	4	2	1		1	2
当年计划项目总经费	万元	414	133.5	276.7		3.8	220.5
#承担国家和省部级项目总经费	万元	210.8	118.9	90		1.9	61.9
当年承担横向课题数	项	8		7		1	8
当年获得横向课题经费	万元	410.3		408.4		1.9	410.3

科研机构服务的行业领域分布情况——卫生和社会工作

	指标名称	单位	合计	部属 未转制	省属 未转制	市县属	其他科研机构	有R&D活动的其他单位
	机构数	个	21	1	7	10	3	1
	从业人员	人	7311	458	6634	218	1	
	#科技活动人员	人	4234	223	3842	169		
	#大学本科及以上学历	人	4018	191	3665	162		
	生产经营活动人员	人	3	2		1		
	其他人员	人	3074	233	2792	48	1	
	#R&D人员	人	4175	138	3953	84		
投入	外聘的流动学者（编制在其他单位）	人	19	1	18			
	招收的非本单位编制的在读研究生	人	259	98	141	20		
	经费内部支出总额	万元	634676.6	41181.5	589740.1	3743.6	11.4	
	#科技经费支出	万元	131429	8554.7	120305.1	2569.2		
	生产经营支出	万元	991.6	991.5			0.1	
	其他支出	万元	502256	31635.3	469435	1174.4	11.3	
	R&D经费内部支出	万元	116872	4666.5	111705.5	500		
	当年孵化企业数	个						
产出	孵化企业总数	个						
	经费收入当年收入	万元						
	经费收入总额	万元	657770.8	55181.2	598883.4	3697.6	8.6	

续表

指标名称	单位	合计	卫生和社会工作				有R&D活动的其他单位
			部属	省属	市县属	其他科研机构	
			未转制	未转制			
#科技活动收入	万元	57494.5	10179.8	43840.1	3466	8.6	
#政府资金	万元	50964.1	10044.6	37453.6	3465.9		
生产经营收入	万元	1491.8	1358.2	133.6			
其他收入	万元	598784.5	43643.2	555043.3	98		
发表科技论文	篇	1880	149	1534	183	14	
国外发表	篇	354	50	264	35	5	
出版科技著作	种	63		52	2	9	
专利申请受理数	件	152	1	124	20	7	
#发明专利	件	42	1	38	3		
专利授权数	件	105	1	94	3	7	
#发明专利	件	29	1	27	1		
有效发明专利总数	件	215	10	185	10	10	
当年获省级以上奖励	项	8		7	1		
当年引进高层次人才	人	10	1	6	3		
当年制定标准	项						
当年技术服务量	次	1199742		1199742			
当年技术服务收入	万元	21938.3		21938.3			
当年技术成果转化数	项	4		4			
当年科技成果转化收入	万元	420.1		420.1			

续表

	指标名称	单位	合计	部属 未转制	省属 未转制	市县属	其他科研机构	有R&D活动的其他单位
产出	当年科技对外签订技术合同数	项	151		149	2		
	当年合同金额	万元	1362.5		1357.5	5		
	机构拥有种类科技平台数	个	23	1	22			
	平台当年获得省级以上奖励	项	3		3			
	平台当年获得收入	万元	904.8		904.8			
课题	课题数	项	1210	57	1129	24		
	课题经费支出内部合计	万元	99122.1	3945.6	94730.5	446		
	课题投入人员	人年	3817	104	3660	53		
	#R&D人员	人年	3330	58	3239	33		
	R&D课题数	项	1179	57	1098	24		
	R&D课题经费内部支出	万元	97386.3	3945.6	92994.7	446		
	当年新增各类计划项目	项	521	15	503	3		
	#承担国家和省部级计划项目	项	96	8	85	3		
	当年计划项目总经费	万元	11206.3	920	10226.3	60		
	#承担国家和省部级项目总经费	万元	5619.1	300	5259.1	60		
	当年承担横向课题数	项	50	3	43	4		
	当年获得横向课题经费	万元	265.9	30	231.4	4.5		

科研机构服务的行业领域分布情况——文化、体育和娱乐业

	指标名称	单位	合计	省属 未转制	市县属	社会科学领域的研究与开发机构	新型研发机构
	机构数	个	7	1	3	3	1
	从业人员	人	133	45	14	74	6
	#科技活动人员	人	119	45	8	66	2
	#大学本科及以上学历	人	102	42	7	53	2
	生产经营活动人员	人					
	其他人员	人	12		4	8	2
	# R&D 人员	人	79	45		34	
投	外聘的流动学者（编制在其他单位）	人	4	4			
入	招收的非本单位编制的在读研究生	人	8	8			
	经费内部支出总额	万元	6985.3	2983.8	315.9	3685.6	
	#科技经费支出	万元	5429.7	1882	312.9	3234.8	
	生产经营支出	万元					
	其他支出	万元	1555.6	1101.8	3	450.8	
	R&D 经费内部支出	万元	3474.9	1882		1592.9	
	当年孵化企业总数	个	2		2		
	孵化企业总数	个	18		18		
产	孵化企业当年收入	万元	127.6		127.6		127.6
出	经费收入总额	万元	6331.9	2423.8	119	3789.1	

续表

	指标名称	单位	合计	省属 未转制	文化、体育和娱乐业 市县属	社会科学领域的研究与开发机构	新型研发机构
产出	#科技活动收入	万元	6252.8	2389.7	119	3744.1	
	#政府资金	万元	5906.2	2206.7	119	3580.5	
	生产经营收入	万元					
	其他收入	万元	79.1	34.1		45	
	发表科技论文	篇	46	9		37	
	#国外发表	篇					
	出版科技著作	种	1	1			
	专利申请受理数	件	1		1		1
	#发明专利	件	1		1		1
	专利授权数	件	1		1		1
	#发明专利	件	1		1		1
	有效发明专利总数	件	3	2			
	当年获省级以上奖励	项				1	
	当年引进高层次人才	人					
	当年制定标准	项					
	当年技术服务量	次	16	3		13	
	当年技术服务收入	万元	46	46			
	当年科技成果转化数	项					
	当年科技成果转化收入	万元					

续表

续表

指标名称	单位	文化、体育和娱乐业			社会科学领域的研究与开发机构	新型研发机构
		合计	省属 未转制	市县属		
产出　当年科技对外签订技术合同数	项	3	3			
当年合同金额	万元	46	46			
机构拥有各种科技平台数	个	1	1			
平台当年获得省级以上奖励	项	1	1			
平台当年获得收入	万元					
课题　课题数	项	27	6		21	
课题经费支出内部合计	万元	3251.2	1882		1369.2	
课题投入人员	人年	71	45		26	
# R&D 人员	人年	39	14		25	
R&D 课题数	项	27	6		21	
R&D 课题经费内部支出	万元	3251.2	1882		1369.2	
当年新增各类计划项目	项	11	5		6	
# 承担国家和省部级计划项目	项	3	2		1	
当年计划项目总经费	万元	530.3	520		10.3	
# 承担国家和省部级项目总经费	万元	456	450		6	
当年承担横向课题数	项	6			6	
当年获得横向课题经费	万元	10.3			10.3	

科研机构服务的行业领域分布情况——其他行业汇总

指标名称	单位	金融业 市县属	房地产业 有R&D活动的其他单位	租赁和商务服务业 其他科研机构	租赁和商务服务业 新型研发机构	居民服务、修理和其他服务业 市县属	公共管理、社会保障和社会组织 市县属	公共管理、社会保障和社会组织 有R&D活动的其他单位
机构数	个	1	1	2	1	1	1	3
从业人员	人	25	139	32	16	3		35
#科技活动人员	人	15	119	27	11	3		28
#大学本科及以上学历	人	12	109	24	8	3		24
生产经营活动人员	人							4
其他人员	人	10	20					3
#R&D人员	人	9						22
外聘的流动学者（编制在其他单位）	人							5
招收的非本单位编制的在读研究生	人							3
投入								
经费内部支出总额	万元	985.6		838.7		34		516.6
#科技经费支出	万元	448.2		616.6		29		377.8
生产经营支出	万元							
其他支出	万元	537.4		222.1		5		49.8
R&D经费内部支出	万元	145.2						260.8
当年孵化企业数	个			5	5			20
孵化企业总数	个			34	34			83
产出								
孵化企业当年收入	万元			2400	2400			162
经费收入总额	万元	864.5		653.3		5		816.7

续表

指标名称	单位	金融业 市县属	房地产业 有R&D活动的其他单位	租赁和商务服务业 其他科研机构	租赁和商务服务业 新型研发机构	居民服务、修理和其他服务业 市县属	公共管理、社会保障和社会组织 市县属	公共管理、社会保障和社会组织 有R&D活动的其他单位
科技活动收入	万元	864.5		653.3		5		478
#政府资金	万元	864.5		653.3		5		117
生产经营收入	万元							
其他收入	万元							338.7
发表科技论文	篇		2					
#国外发表	篇							
出版科技著作	种							
专利申请受理数	件			1	1			19
#发明专利	件							10
专利授权数	件							15
#发明专利	件							10
有效发明专利总数	件			3	3			20
当年获省级以上奖励	项			1	1			
当年引进高层次人才	人							2
当年制定标准	项							
当年技术服务量	次							29
当年技术服务收入	万元							260
当年技术成果转化数	项							3

续表

	指标名称	单位	金融业 市县属	房地产业 有R&D活动的其他单位	租赁和商务服务业 其他科研机构	租赁和商务服务业 新型研发机构	居民服务、修理和其他服务业 市县属	公共管理、社会保障和社会组织 市县属	公共管理、社会保障和社会组织 有R&D活动的其他单位
产出	当年科技成果转化收入	万元							90
	当年科技对外签订技术合同数	项							2
	当年合同金额	万元							50
	机构拥有科技平台数	个					1		
	平台当年获得省级以上奖励	项							
	平台当年获得收入	万元							1
	课题数	项	3						4
	课题经费支出内部合计	万元	121.2						185
	课题投入人员	人年	8						17
	#R&D人员	人年	4						7
课题	R&D课题数	项	3						4
	R&D课题经费内部支出	万元	121.2						185
	当年新增各类计划项目	项							
	#承担国家和省部级计划项目	项							
	当年计划项目总经费	万元							
	#承担国家和省部级项目总经费	万元							
	当年承担横向课题数	项							
	当年获得横向课题经费	万元							

省级以上政府部门属未转制机构情况

	指标名称	单位	合计	部属	省属
	机构数	个	77	19	59
	从业人员	人	21162	5704	15515
	#科技活动人员	人	15458	5012	10503
	#大学本科及以上学历	人	13915	4428	9543
	生产经营活动人员	人	626	97	529
	其他人员	人	5076	595	4481
	#R&D人员	人	14116	5963	8210
投入	外聘的流动学者（编制在其他单位）	人	983	868	121
	招收的非本单位编制的在读研究生	人	2654	1676	979
	经费内部支出总额	万元	1541092	433245	1108806.9
	#科技经费支出	万元	815633.7	332086.8	484506.8
	生产经营支出	万元	17486.9	4772.4	12714.5
	其他支出	万元	707971.8	96385.8	611586
	R&D经费内部支出	万元	575825.9	277897.1	298888.7
	当年孵化企业总数	个	114	23	91
	孵化企业总数	个	322	82	240
产出	孵化企业当年收入	万元	229162	74660	154502
	经费收入总额	万元	1655214	514675.6	1146541.1
	#科技活动收入	万元	848540.8	434141.7	420401.6

续表

指标名称	单位	合计	部属	省属
#政府资金	万元	557876	260531.7	303344.3
生产经营收入	万元	30175.8	4360.4	25815.4
其他收入	万元	776497.6	76173.5	700324.1
发表科技论文	篇	8491	3891	4600
#国外发表	篇	3142	2192	950
出版科技著作	种	190	81	109
专利申请受理数	件	2337	1253	1096
#发明专利	件	1687	932	766
专利授权数	件	1268	702	566
#发明专利	件	670	392	278
有效发明专利总数	件	5359	2990	2369
当年获省级以上奖励	项	176	63	113
当年引进高层次人才	人	119	66	53
当年制定标准	项	179	54	125
当年技术服务量	次	1528373	2645	1525728
当年技术服务收入	万元	188338.1	61106.3	127231.8
当年技术成果转化数	项	644	242	402
当年科技成果转化收入	万元	34341.3	22190.7	12150.6
当年科技对外签订技术合同数	项	8735	1858	6877
当年合同金额	万元	193596.6	117660.7	75935.9

续表

	指标名称	单 位	合 计	部 属	省 属
产出	机构拥有种和类科技平台数	个	242	40	202
	平台当年获得省级以上奖励	项	27	18	9
	平台当年获得收入	万元	58843	46545.5	12297.5
课题	课题数	项	9155	5247	3908
	课题经费支出内部合计	万元	567397.8	238154.6	329243.2
	课题投入人员	人年	12901	4406	8495
	# R&D 人员	人年	10253	3445	6808
	R&D 课题题数	项	7360	4304	3056
	R&D 课题经费内部支出	万元	442928.4	198592.9	244335.5
	当年新增各类计划项目	项	3478	1491	1987
	# 承担国家和省部级计划项目	项	1862	888	974
	当年计划项目总经费	万元	335259.7	184436.7	150823
	# 承担国家和省部级项目总经费	万元	250279.1	118243	132036.1
	当年承担横向课题数	项	3116	2051	1065
	当年获得横向课题经费	万元	98805.9	71196.8	27609.1

省级以上政府部门属未转制机构历年情况（2014—2018年）

	指标名称	单位	部属					省属				
			2014年	2015年	2016年	2017年	2018年	2014年	2015年	2016年	2017年	2018年
	机构数	个	19	19	19	19	19	51	57	57	57	59
投入	从业人员	人	5463	5029	5216	5252	5704	10501	10784	10729	14486	15515
	# R&D人员	人	5804	5148	5551	5715	5963	4749	5218	5098	8097	8210
	经费内部支出总额	万元	344584.1	350011.8	401888.9	403973.3	433245	543948.5	553677.7	606968.5	996253.5	1108806.9
	R&D经费内部支出	万元	224123.5	200587.1	222636.2	253342.3	277897.1	150582.5	151989.2	142741	257698.2	298888.7
	机构办经济实体个数	个	28	37	46	32		58		26	66	
	经济实体实现收入	万元	54514.0	51936.2	107969.8	106635.2		113022.8	35324.0	23302.3	34568.7	
产出	经费收入总额	万元	388465.6	397354.7	451819.3	477349.7	514675.6	570890.2	595046.5	693059	1059641	1146541.1
	# 政府资金	万元	232129.3	228121.6	250318.5	257443.4	260531.7	208048.2	188350.1	275531.2	268266.9	303344.3
	发表科技论文	篇	3650	3446	3646	3983	3891	3779	3528	3944	4643	4600
	专利申请受理数	件	928	1004	930	1060	1253	899	842	892	987	1096
	专利授权数	件	514	597	611	696	702	454	552	533	565	566
课题	课题数	项	3908	4086	4634	5091	5247	3075	3240	3100	3754	3908
	课题经费支出内部合计	万元	194540.7	187406.0	189361.2	200075.3	238154.6	179860.7	166309.5	146296.1	281182.8	329243.2

省级以上政府部门属转制机构情况

	指标名称	单位	合计	部属	省属
	机构数	个	61	35	26
	从业人员	人	41555	36607	4948
	#科技活动人员	人	26371	23421	2950
	#大学本科及以上学历	人	16782	14092	2690
	生产经营活动人员	人	5	5	
	其他人员	人	3523	2054	1469
	#R&D人员	人	24225	22394	1831
	外聘的流动学者（编制在其他单位）	人	42	35	7
	招收的非本单位在读研究生	人	165	156	9
投入	经费内部支出总额	万元			
	#科技经费支出	万元			
	生产经营支出	万元			
	其他支出	万元			
	R&D经费内部支出	万元	105890.8	54503.7	51387.1
	当年孵化企业数	个	242	235	7
	孵化企业总数	个	2037	2000	37
产出	孵化企业当年收入	万元	20689.6	500	20189.6
	经费收入总额	万元			
	#科技活动收入	万元			

续表

指标名称	单 位	合 计	部 属	省 属
#政府资金	万元			
生产经营收入	万元			
其他收入	万元			
发表科技论文	篇	1258	808	450
#国外发表	篇	125	103	22
出版科技著作	种	14	14	
专利申请受理数	件	1102	738	364
#发明专利	件	2002	1860	142
专利授权数	件	721	489	232
#发明专利	件	726	632	94
有效发明专利总数	件	6591	5369	1222
当年获省级以上奖励	项	111	102	9
当年引进高层次人才	人	55	16	39
当年制定标准	项	150	98	52
当年技术服务量	次	8020	3617	4403
当年技术服务收入	万元	495981	134363.3	361617.7
当年科技成果转化数	项	473	201	272
当年科技成果转化收入	万元	695596.9	467840	227756.9
当年科技对外签订技术合同数	项	2734	1968	3188
当年合同金额	万元	314077.5	205076	261329.2

续表

	指标名称	单位	合计	部属	省属
产出	机构拥有种类科技平台数	个	109	80	29
	平台当年获得省级以上奖励	项	10	5	5
	平台当年获得收入	万元	15420.3	13433.1	1987.2
	课题数	项	576	290	286
	课题经费支出内部合计	万元	94865.4	51491.8	43373.6
	课题投入人员	人年	3291	1670	1621
	# R&D 人员	人年	2211	1158	1053
课题	R&D 课题数	项	503	265	238
	R&D 课题经费内部支出	万元	88909.2	49308.5	39600.7
	当年新增各类计划项目	项	1027	877	150
	# 承担国家和省部级计划项目	项	621	597	24
	当年计划项目总经费	万元	67065.3	36836.4	30228.9
	# 承担国家和省部级项目总经费	万元	14771.7	8625.7	6146
	当年承担横向课题数	项	1030	901	129
	当年获得横向课题经费	万元	113155.7	107262.9	5892.8

省级以上政府部门属转制机构历年情况（2014—2018年）

	指标名称	单位	部属					省属				
			2014年	2015年	2016年	2017年	2018年	2014年	2015年	2016年	2017年	2018年
投入	机构数	个	22	23	23	37	35	24	26	26	26	26
	从业人员	人	6885	7126	6343	42577	36607	4587	4932	4869	4967	4948
	#R&D人员	人	2514	2910	3163	21940	22394	1901	1617	1606	1810	1831
	R&D经费内部支出	万元	91864.4	92796.4	55519.1	54321.4	54503.7	679661	377715	35323.4	59875.8	51387.1
	机构办经济实体个数	个	23	24	21	81		12	11	11	4	
产出	发表科技论文	篇	633	707	788	881	808	579	487	481	542	450
	专利申请受理数	件	761	872	734	1875	738	343	351	357	404	364
	专利授权数	件	453	458	604	1193	489	172	231	229	252	232
课题	课题数	项	479	432	332	361	290	354	244	261	277	286
	课题经费支出内部合计	万元	94199.5	84659.7	51636.4	47400.9	51491.8	38872.6	37583.7	36527.3	43819.6	43373.6

注：有单位既属于新型研发机构又是省属、市县属或其他研究与开发机构，所以合计时去除重复单位。

（江苏省科学技术厅科技机构与条件处）

2018年江苏省规模以上工业企业研发活动统计

2018 Statistics on Science & Technology Activities of Jiangsu Industrial Enterprises above the Designated Size

党的十九大报告提出，要深化科技体制改革，建立以企业为主体、市场为导向、产学研深度融合的技术创新体系，加强对中小企业创新的支持，促进科技成果转化。2018年，全省全面贯彻落实党的十九大精神，加强创新型省份建设，加大对企业尤其是制造业企业研发投入。2018年全省规上企业（以下简称企业）研发经费投入超过2000亿元，研发人员超过60万人，有效发明专利超过17万件，企业研发投入强度达到1.57%，企业科技创新能力不断提高，为江苏经济转型升级和高质量发展提供了新动能。

【创新条件持续改善　科技投入加大】 科技政策密集出台，激发企业创新活力。近年来，省委、省政府高度重视科技创新工作，把落实和完善科技创新政策作为"一把手"工程来抓，先后出台了《江苏省"十三五"科技创新规划》《关于实施创新驱动战略推进科技创新工程加快建设创新型省份的意见》等政策文件，特别是近两年来，又先后出台了"科技创新40条""富民33条""人才26条""知识产权18条""科技改革30条"等一系列鼓励和支持科技创新的政策文件，全省形成了涉及人才引进培养使用、企业财政税收研发减免、促进创新型省份建设等优惠政策，营造了良好的创新创业生态环境，企业创新积极性极大提高。

企业研发机构建设有效推进，研发机构持续增多。在省委、省政府相关政策的激励下，全省大中型企业、高新技术企业普遍设立研发机构。2018年，全省规上企业中有研发机构的企业2.03万家，比上年增长4.0%；企业建有各类研发机构2.25万个，比上年增长2.1%。企业办研发机构人员59.99万人，机构经费支出1842.06亿元，研发机构仪器和设备原价1786.46亿元。企业研发机构条件的改善，为企业创新活动提供了坚实的基础保障。有9个行业建有研发机构超过1000个，其中，电气机械和器材制造业2637个，通用设备制造业2479个，专用设备制造业2041个，这3个行业研发机构总数均超过2000个。

研发队伍继续壮大，人员素质进一步提高。研发人员的数量和素质决定着企业创新活动的质量。2018年，全省规上企业R&D人员62.34万人，比上年增长5.8%，折合全时当量45.6万人年，与上年基本持平，R&D人员占从业人员的比重为6.67%，比上年提高0.88个百分点；全省企业研发机构人员59.99万人，其中，硕士学历人员5.17万人，博士学历人员0.93万人，全省研发机构硕士以上学历人员占从业人员比重达10.0%。分区域看，苏南地区企业研发人员41.02万人，占全省研发人员65.8%；企业研发机构人员40.94万人，占全省机构人员总数68.2%。研发机构硕士以上学历人员3.95万人，占研发机构硕士以上学历人员总数的66.0%。

R&D经费稳定增长，投入行业趋于集中。研发经费投入占GDP比重是国际通用的衡量地区研发水平的关键指标。2018年，全省企业R&D经费内部支出2024.52亿元，比上年增长10.4%，高于全省GDP增幅（名义）2.6个百分点，占企业主营业务收入的比重为1.57%，比上年提高0.34个百分点。从行业分组看，全省有8个行业R&D经费投入超过100亿元，8个行业的R&D经费投入达1360.88亿元，占全省企业R&D经费的67.2%。其中，电气机械和器材制造业、计算机通信和其他电子设备制造业、化学原料和化学制品制造业的R&D经费投入位列前3位，分别为301.01亿元、156.6亿元、255.09亿元和165.93亿元，三大行业R&D经费投入722.04亿元，占全省规模以上企业R&D经费支出的35.7%，超过全部企业R&D经费的1/3。

税收优惠政策充分享受，科技政策成效明显。企业研发费用加计扣除减免税及高新技术企业享受减免税，是政府相关部门为落实有关政策、加快企业自主创新能力建设而制定的两项科技税收优惠政策。2018年，全省规模以上企业享受研发费用加计扣除减免税的企业达到7300多家，比上年增长38.9%，企业享受研发费用加计扣除减免税136.71亿元，比上年增长40.6%；企业享受高新技术企业减免税200.52亿元，比上年增长3.7%。企业研发费用加计扣除减免税、高新技术企业享受减免税的增速均高于研发经费内部支出的增速，各地落实政府相关优惠政策方面取得了明显的成效，企业享受优惠政策更加充分，有力推动了全省创新活动能力的提高。

内资企业创新意识增强，已成为科技创新主力军。内资企业是由我国投资者投资举办的企业，是国民经济发展的重要支撑，内资企业科技创新能力直接关系到我国科技创新的水平。2018年，全省共有内资企业3.71万家，其中，开展研发活动的企业有1.57万家，占全部有研发活动企业总数的80.0%，比上年提高2.8个百分点。全省内资企业拥有研发机构的企业1.61万家，占拥有研发机构的企业总数的79.3%，比上年提高了2.3个百分点。2018年全省内资企业R&D人员43.86万人，占全部R&D人员总数的70.4%；投入R&D经费1422.14亿元，占全部R&D人员总数的70.2%。数据表明，内资企业创新意识增强，已成为江苏科技创新主力军。

【科技产出大幅增加　创新成果更加丰硕】 企业专利申请数快速增长。全省企业不断加强知识产权运用和保护，专利申请量质并举，知识产权运用能力有所提升，企业市场竞争的主动权有所增强。2018年，全省规模以上企业共申请专利16.51万件，其中发明专利5.59万件，分别比上年增长32.1%和22.4%，发明专利申请占申请专利的比重为33.9%；大型企业发明专利申请占申请专利比重最高，全年共申请专利2.86万件，其中发明专利1.40万件，发明专利申请占申请专利的比重为48.9%，比上年提高了3.1个百分点。

企业万人拥有有效发明专利大幅提高。专利申请和拥有量是衡量一个地区创新实力的重要指标，有效发明专利更能代表创新的水平。2018年，全省企业拥有有效发明专利数17.61万件，比上年增长25.5%，平均每家企业拥有3.81件，比上年提高0.72件，企业每万人拥有有效发明专利189件，比上年提高52件。其中，大型企业拥有有效发明专利数4.05万件，占全部企业拥有有效发明专利数的23.0%，平均每家企业拥有有效发明专利38.69件，远高于企业平均水平。

企业拥有注册商标数增长明显。品牌是企业进入市场、占领市场的武器，未来国际市场竞争的主要形式将是品牌的竞争，品牌战略的优劣将成为企业在市场竞争中出奇制胜的法宝。2018年，全省企业拥有注册商标7.24万件，比上年增长22.5%，平均每家企业拥有1.57件，比上年增加了0.27件。大型企业拥有注册商标2.36万件，占全部企业注册商标的32.6%，平均每家企业拥有22.53件，比上年增加了2.41件。

企业新产品开发力度继续加大。新产品开发是形成竞争优势的一个主要因素，如何缩短新产品开发周期，是成功推出新产品的关键，江苏企业新产品开发力度不断加大。2018年，全省规上企业新产品开发8.09万项，比上年增长16.2%；投入新产品开发费用2468.09亿元，比上年增长14.8%；新产品产值达到2.88万亿元，新产品销售收入2.84万亿元。新产品销售额占全部规上企业销售额的22.1%，比上年提高了2.9个百分点；新产品出口交货值占全部规上企业出口交货值的27.6%，比上年提高了2.4个百分点；全省规上工业企业新产品产值率达22.7%，比上年提高3.0个百分点。

"江苏创造"多项成果举世瞩目。中国在全球领跑的219项技术中，有33项在江苏，占全国的15.1%。"蛟龙号"载人深潜器是我国首台自主设计、自主集成研制的作业型深海载人潜水器，实现7000米最大工作深度；世界首台10亿亿次超级计算机"神威·太湖之光"，连续7次进入世界超级计算机排名前三甲；中国未来网络试验设施项目是我国首个通信与信息领域的国家重大科技基础设施项目。苏州工业园区成为全球微纳制造领域八大研发中心之一；世界光伏企业前 10 强中有 4 个在江苏，天合光能在高效光伏组件领域连续多次打破世界纪录，光电转换效率达 23.5%。

【主要问题】 生产加工型企业较多，近六成无 R&D 活动。2018 年，全省未开展 R&D 活动的企业有 2.66 万家，占全部规模以上企业的 57.5%，仍有近六成的规上企业没有开展 R&D 活动。全省建有研发机构的 2.03 万家规上企业中，有一些企业当年没有开展科研项目，有 4205 家建有机构的企业当年没有 R&D 经费支出。内资企业中没有 R&D 活动的占 57.6%，其中，接近 80% 的私营合伙企业、私营独资企业没有 R&D 活动；港、澳、台商投资企业没有 R&D 活动的占 53.6%；外商投资企业中独资企业没有 R&D 活动的占 59.0%。数据反映出大部分企业仍以生产加工型活动为主，对开展自主创新活动、实现技术储备的危机感不强，创新意识仍有待提高。

政府资金比重偏低，影响企业的创新能力提升。2018 年，全省规上企业 R&D 经费内部支出中政府资金 26.18 亿元，仅比上年增长 0.9%，远低于企业 R&D 经费内部支出增速。企业来自政府部门的研发活动资金为 24.49 亿元，比上年减少 5.54 亿元，下降 18.4%。从企业规模看，大中型企业 R&D 经费内部支出中政府资金、来自政府部门的研发资金均出现负增长，大型企业 R&D 经费内部支出中政府资金比上年下降 1.1%，来自政府部门的研发资金比上年下降 25.7%；中型企业 R&D 经费内部支出中政府资金比上年下降 5.0%，来自政府部门的研发资金比上年下降 24.5%。政府资金的减少，使企业在培育长远竞争力方面，又得不到有力的利益引导，会直接影响企业研发投入的积极性，进一步影响企业的创新能力提升。

研发机构人员减少，企业高学历人才流失。2018 年，全省企业研发机构拥有各类人员 59.99 万人，比上年下降 0.2%；企业研发机构中硕士以上学历人员 5.99 万人，比上年下降 6.5%；研发机构从业人员中硕士以上学历人员占比为 10.0%，比上年下降 0.7 个百分点。企业研发机构中，博士学历人才比上年减少 1100 多人，比上年下降 11.8%；硕士学历人才比上年减少 3000 多人，比上年下降 5.6%。企业研发机构科技人员减少，高学历人才的外流应该引起关注，特别是在目前全国各地通过争抢人才以打通产业结构调整和城市竞争力上升通道的大背景下，吸引和集聚人才面临更大挑战。

企业利润空间受到挤压，创新积极性受挫。近年来，随着用工、原材料、房租等成本大幅上涨，企业经营成本不断攀升，加之产品差异化小，企业为保住自己的市场份额，不敢随成本上升而相应提升产品价格，利润空间受到挤压。2018 年全省工业企业共有 5900 多家出现亏损，亏损面达 12.7%；全省企业利润比上年下降 9.5%，微型企业利润比上年增长，其他类型企业利润均负增长，其中，大型企业下降 0.9%，中型企业下降 16.9%，小型企业下降 13.7%。企业成本过高，效益下滑已成为企业创新最主要的阻碍，影响企业创新积极性的提高。

促进企业科技创新对策与建议。企业是技术创新活动的生力军，其创新活动的普及和活跃程度对提升全省整体创新实力具有举足轻重的影响。江苏的科技实力要继续走在全国前列，必须大力加强企业的自主创新能力，加快科技进步，以推进经济结构的调整和增长方式的转变。

①完善科技人才的引进激励政策，着力构筑创新人才高地。人才是第一资源，是企业创新活动的源泉。要突出科技人才培养，加强科技创新基地、科技平台和科技人才队伍建设，鼓励高端人才到江苏创新创业；加强科技创新团队、双创人才、企业博士等人才计划实施，实行科技计划和人才计划联动配套。进一步加强企业研究生工作站、博士后工作站等载体建设，集聚海内外高端人才和创新团队；企业要进一步贯彻落实技术要素参与收益分配的政策，完善人才激励机制，努力创造人尽其才、才尽其用的良好环境，以充分调动研发人员的积极性和创造性。

②加大宣传监督力度，保证科技创新政策的有效实施。近年来，省委省政府密集出台了"创新40条""富民33条""人才26条""知识产权18条"等一批重要政策文件。但通过调研发现，企业对政策了解不够深入，部分政策还没有完全落实到位。企业研发加计扣除税收减免政策，需要进一步完善政策设计，统一相关政策研发费用界定标准，进一步细化费用归集要求，切实减轻企业申报工作负担；要加强政策宣传，多渠道、全方位宣传解读方针政策，促使企业充分了解并用足用好各项优惠政策；要优化纳税服务，制作指导手册，指定专人对接企业辅导，大力提升纳税服务水平，做到应免尽免、应减则减；进一步提高税收政策执行效果，确保政策惠企见效，政策红利释放。

③开拓多元化融资渠道，增加政府资金投入。从国外一些创新型国家政府科技投入的经验中可以看出，企业是创新的主体，企业的研发投入在国家研发投入中所占比例已超过了政府的科技投入，但创新型国家一直在采取措施保障政府的科技投入并使其保持着稳定的增长，多数国家政府科技投入的增速均高于GDP的增速，有些国家政府研发投入强度（政府研发投入占GDP的比率）达到1%。2018年，江苏省公共财政科技支出507.31亿元，占GDP的比重为0.5%，远低于国外发达国家水平。今后不但要逐步加大政府资金投入，还要确保政府引导性资金的稳定增长，并带动社会多元化资金投入的大幅度增长，建立适应科技创新需求的社会融资体系，确保企业主体性资金投入的持续增长；要提升企业创新能力，进一步完善政府配套资金政策。

④降低运行成本，切实减轻企业负担。当今市场竞争日趋激烈，创新成本过高也是严重制约企业创新发展的主要因素之一。要持续深化供给侧结构性改革，全面摸清、梳理涉企收费的项目、标准和时限，找准运行成本高、融资成本贵、收费负担重等问题，公开涉企的收费项目，建立企业收费清单制度，清理取消与行政职权和垄断挂钩的不合理中介服务项目；要加强行政审批中介服务收费监管，坚持"法无授权不可为"；要把中小企业减负纳入地方政府政绩考核范围，把结构性减税纳入目标任务，建立监督机制，对仍然超范围、超标准、超时限向企业伸手的部门从严查处，让国家的减负政策落到实处。

⑤鼓励企业转型升级，提升产品技术含量。推进高新技术企业所得税优惠、研发费用税前加计扣除等政策落实，完善固定资产加速折旧政策，加速淘汰旧设备、更新设备，促进新旧设备更新换代；鼓励技术密集型企业要带头推广共性适用的新技术、新工艺和新标准，对产业链中的关键领域、薄弱环节和共性问题等进行整体技术改造，带动上下游产业链条的集聚发展；鼓励劳动密集型企业优先购置先进适用设备，加快运用过程控制、资源计划、生产运行系统等信息技术，推动智能化改造，应用新型智能化制造技术，不断提高劳动生产率；鼓励资本密集型企业要按照国内外先进标准对现有产品进行改造提升，扩大生产规模，提高产品技术含量和附加值，提升效益。

（江苏省统计局）

2018年江苏省高校科技活动统计

2018 Statistics on Scientific & Technological Activities of Universities in Jiangsu Province

2018年，江苏省参加教育部科技统计年报的高等学校（含独立学院）及附属医院共有151家，其中高等学校149家，附属医院2家。全省高校科技活动主要指标如下。

【科技人力资源情况】 全省高校拥有科技人力资源73921人（科学家和工程师73055人），其中教师52654人（教授9393人、副教授18427人、讲师21675人、助教2882人、其他277人），其他技术职务系列人员21267人（具有高级技术职务人员5043人、中级10331人、初级5027人、其他500人、辅助人员366人）。

【科技活动经费情况】 全省高校通过各种渠道共获得科技经费206.04亿元（其中R&D经费139.71亿元），比上年增加23.47亿元，增长12.86%。其中科研事业费7.61亿元，主管部门专项费42.72亿元，发展改革委、科技部专项费20.62亿元，国家自然科学基金项目费21.99亿元，国务院其他部门专项费5.84亿元，省（市、区）专项费10.56亿元，企事业单位委托经费77.99亿元。当年支出经费共计190.36亿元，转拨给外单位经费14.70亿元，内部支出经费175.66亿元。

【科技活动机构情况】 全省高校共拥有上级主管部门批准的科技活动机构868个（其中R&D机构810个，比上年增长11.42%）。机构中从业人员26241人，培养研究生53482人。机构当年共承担课题29900项，内部支出132.90亿元。固定资产原值256.65亿元，其中仪器设备217.36亿元。

【科技项目情况】 全省高校共承担科技项目57125项，比上年增长12.23%。共投入科技人员26207.4人年，投入经费146.33亿元，支出经费117.29亿元，参与课题的研究生共93376人。

按照性质分：基础研究项目19682项，应用研究项目15774项，试验与发展项目5972项，R&D成果应用项目10351项，其他科技服务项目5346项。

按照学科分：自然科学项目11202项，工程与技术项目34711项，医药科学项目6907项，农业科学项目4305项。

按照来源分："973"计划102项，投入经费0.51亿元；国家科技支撑计划71项，投入经费0.39亿元；"863"计划39项，投入经费0.16亿元；科技重大专项215项，投入经费2.68亿元；国家重点研发计划1510项，投入经费15.50亿元；国家自然科学基金项目12696项，投入经费22.44亿元；主管部门科技项目3006项，投入经费9.73亿元；国家部委其他科技项目1431项，投入经费7.27亿元；省（市、区）科技项目5359项，投入经费10.47亿元；企事业单位委托科技项目25122项，投入经费70.48亿元。

【技术转让与知识产权情况】 全省高校共实现技术转让2535项（其中专利出售1633项，其他知识产权出售147项），合同金额5.58亿元，当年实际收入3.68亿元。向国有企业转让345项，向外资企业转让27项，向民营企业转让2042项，向其他单位转让121项。

全省高校共申请专利46399件，比上年增长19.46%，其中申请国际专利899件、发明专利30000件、实用新型13618件、外观设计2781件；授权专利24368件，比上年增长14.10%，其中授权国际专利311件、发明专利11775件、实用新型11208件、外观设计1385件；发明专利申请量和授权量分别比上年增长24.78%和3.97%。截至2018年年底，全省高校专利拥有数88572件，比上年增加12351件，增长16.20%；发明专利拥有数49242件，比上年增加6292件，增长14.65%。

【科技专著与论文情况】 全省高校出版科技著作379部，大专院校教科书721部，编著211部。发表学术论文101418篇，比上年增长9.12%；其中SCIE收录论文34522篇，EI收录19875篇，ISTP收录4150篇。

【国家级项目验收与成果获奖情况】 全省高校共有264项国家级项目通过验收，其中"973"计划39项、国家科技支撑计划11项、"863"计划8项、国家自然科学基金重点项目59项、军工项目147项。

全省16所高校获2018年度国家科学技术奖（通用项目）29项（其中主持完成20项），占全国高校通用项目获奖总数的15.3%，获奖数量位居全国省（市、区）第二。其中，获自然科学奖5项、技术发明奖通用项目6项、科学技术进步奖通用项目18项，分别占全国高校获奖数的16%、15%、15%。解放军陆军工程大学钱七虎院士荣获2018年度国家最高科学技术奖，这是江苏高校连续两年有科学家荣获国家最高科学技术奖。

全省27所高校获2018年度教育部高等学校科学研究优秀成果奖（科学技术）75项（其中主持完成65项），占全国高校获奖总数的24.35%，获奖数量位居全国省（市、区）第二。其中，获自然科学奖26项、技术发明奖13项、科技进步奖36项，分别占获奖数的19.7%、24.07%、29.51%。

全省44所高校获2018年度省科学技术奖184项（其中主持完成109项），占获奖项目总数的66.67%。其中，获一等奖38项、二等奖55项、三等奖91项，分别占获奖总数的84.44%、69.62%、59.87%。

【科技交流情况】 全省高校合作研究共派遣4682人次，接受5136人；主办国际学术会议210场次，出席国际学术会议15165人次，交流论文12106篇，特邀报告2969篇。

（江苏省教育厅）

2018年江苏省咨询业统计简报

2018 Statistics on Consultative Services of Jiangsu Province

江苏省科技咨询协会对全省219家信誉咨询企业和咨询研究机构（以下简称咨询单位）进行了2018年度经营状况的统计工作，现将统计结果简报如下。

【咨询单位】 在219家咨询单位中，企业176家，占80.3%；其他（含事业单位）43家，占19.7%。

按经济性质分，在219家咨询单位中，国有经济性质的咨询单位共24家，非国有经济性质的咨询单位195家，占89%（上年为84.8%），其中，有限责任公司、股份制有限公司、集体企业等124家，私营企业50家，外商投资企业1家，其他20家。

【咨询从业人员】 219家咨询单位2018年年末职工总数51253人，其中从事咨询业务的人员总数38046人（上年为35194人），占职工总数的74%；具有大专以上学历人员总数36219人（上年为33457人），占职工总数的71%。在从事咨询业务的人员中，具有高级、中级职称的人员22546人，占职工总数的43%，其中获得博士学位的有1168人，获得硕士学位的有8357人。

【咨询业务】 2018年，219家咨询单位承担咨询项目的合同总金额229.56亿元。其中：政策咨询7.21亿元，占3.1%；技术咨询33.08亿元，占14.4%；管理咨询15.55亿元，占6.77%；工程咨询170.34亿元，占74.2%；其他咨询3.36亿元，占1.47%。

共承担各类咨询项目166992项。其中：政策咨询11538项，占7%；技术咨询69488项，占41%；管理咨询9641项，占6%；工程咨询58028项，占35%；其他咨询18297项，占11%。

按项目来源分：政府部门委托28850项，占17%；国内客户委托118200项，占71%；涉外咨询14171项，占9%；其他5771项，占3%。

【经济效益】 2018年，219家咨询单位经营总收入为410.91亿元，其中，咨询收入188.08亿元。

2018年，219家会员单位向国家缴纳税金20.95亿元。

【经营规模】 2018年，在219家咨询单位中，咨询收入在亿元以上的有27家（上年为20家）；5000万～1亿元的有21家（上年为20家）；1000万～5000万元的有85家（上年为84家）。

平均每个咨询单位拥有咨询从业人员173人；年平均完成咨询项目762项；平均每个咨询单位年咨询收入8588万元；平均每个咨询项目合同完成后获得的咨询收入为10万元。

【社会效益】 2018年，在219家咨询单位完成的全部咨询项目中，有部分项目给客户带来直接经济效益，其中，有49088项完成后为委托方节省或核减投资额202.14亿元，而完成上述项目后委托方支付的咨询费用合计8.58亿元，咨询投入回报率为1∶23；有19682项完成后为企业直接增加效益或降低成本的当年净值为43.99亿元，而完成上述项目后委托方支付的咨询费用合计1.92亿元，咨询投入回报率为1∶22。

（江苏省科技咨询协会）

2018年江苏省科学技术协会统计
2018 Statistics of Jiangsu Association for Science & Technology

2018年江苏省省级协会统计

组织建设

指标名称	单位	2018年实际	2017年对照
机构数	个	1	1
驻会领导班子人数	人	4	4
兼职副主席人数	人	14	15
代表大会人数	人	738	738
委员会委员人数	人	200	202
常务委员会委员人数	人	56	58
专门委员会/专门工作委员会	个	9	9
机关从业人员	人	68	65
其中：女性从业人员	人	18	17
本级财政经费收入	万元	13510	12613
直属单位	个	8	12
直属单位从业人员	人	174	174
其中：女性从业人员	人	81	84
举办干部教育培训班次	期	5	1
干部教育培训人数	人	346	260
学会数（学会、协会、研究会）	个	146	146
团体会员数	个	0	0
个人会员数	个	0	0
学会联合体	个	1	1

续表

指标名称	单 位	2018 年实际	2017 年对照
园区科协	个	0	0
其中：高新技术开发区	个	0	0
技术经济开发区	个	0	0
企业科协	个	0	0
个人会员	人	0	0
高等院校科协	个	20	66
个人会员	人	35804	735
团体会员	个	0	0
高校科协联盟	个	1	0
其中：民政部门注册	个	1	0
街道科协（社区科协）	个	0	0
个人会员	人	0	0
乡镇科协	个	0	0
个人会员	人	0	0
农技协	个	1	1
其中：民政部门注册	个	1	1
个人会员	人	864	778
科普专职人员	人	7	7
科普兼职人员	人	4	4
注册科普志愿者	人	2558	541

为科技工作者服务

指标名称	单 位	2018 年实际	2017 年对照
向省部级（含）以上科技奖项、人才计划（工程）举荐人才数	人次	6	58
向省部级（含）以上科技奖项推荐项目数	项	18	6
科技专家信息库数	个	8	7
举荐院士人数	人	0	9
所设科技奖项数	个	1	2
其中：全国学会设奖数	个	0	0
省级科协设奖数	个	1	2
省级学会设奖数	个	0	0
表彰奖励科技工作者	人次	20	135

续表

指标名称	单位	2018年实际	2017年对照
其中：女性科技工作者	人次	4	24
40岁以下科技工作者	人次	19	66
科学道德与学风建设宣讲活动	场次	3	2
宣讲活动受众人数	人次	44400	1500
参加科学道德与学风建设宣讲专家数	人次	24	3
继续教育（培训）班	场次	4	4
继续教育（培训）人次	人次	434	578
通过媒体宣传科技工作者人次	人次	377	7013
其中：中央媒体宣传科技工作者	人次	117	0
省级媒体宣传科技工作者	人次	210	2004
其中：电视宣传科技工作者	人次	35	337
纸质媒体宣传科技工作者	人次	296	1621
网络与新媒体宣传科技工作者	人次	365	2955

服务创新驱动发展

指标名称	单位	2018年实际	2017年对照
建设产业协同创新共同体	个	0	6
签订创新驱动助力工程项目合同	个	0	7
参与创新驱动助力工程的科技工作者	人次	0	0
建立学会服务（工作）站	个	0	198
建设双创服务平台/中心	个	2	37
开展推进大众创业万众创新活动	项	30	7
其中：举办双创竞赛、论坛、展览等	场次	9	1
开展双创咨询、教育、培训等	场次	16	1
开展双创投融资、成果转化等	项	5	5
技术标准研制数量	个	0	1
团体标准研制数量	个	0	17
开展"讲、比"活动企业数	个	0	0
其中：国有企业	个	0	0
参与"讲、比"活动的科技人员	人次	0	0
"讲、比"活动中被采纳合理化建议	条	0	0
专家工作站（服务中心）	个	64	1486

续表

指标名称	单 位	2018年实际	2017年对照
其中：经济技术开发区	个	25	395
高新开发区	个	32	572
专家进站（中心）人数	人次	500	17232
专家服务团队	个	8	647
参加服务团队专家人数	人次	90	2116
技术创新方法培训班	场次	0	4
开展精准扶贫项目	项	1	2
精准扶贫覆盖人数	人	35150	28400

学术交流活动

指标名称	单 位	合 计		高端前沿学术会议	综合交叉学术会议	学术服务会议
		2018年实际	2017年对照			
国内学术会议	次	9	10	0	1	1
其中：学术年会	次	1	1	0	1	0
参加人数	人次	3860	1776	0	2500	220
其中：企业科技工作者	人次	1570	733	0	600	160
交流论文	篇	89	22	0	89	0
境内国际学术会议	次	3	4	1	0	2
参加人数	人次	4600	1750	500	0	4100
其中：企业科技工作者	人次	350	880	350	0	0
境外专家学者	人次	309	350	120	0	189
交流论文	篇	0	0	0	0	0
港澳台地区学术会议	次	0	1	0	0	0
参加人数	人次	0	280	0	0	0
其中：企业科技工作者	人次	0	130	0	0	0
交流论文	篇	0	54	0	0	0

科技期刊

指标名称	单 位	2018年实际	2017年对照
主办科技期刊	种	5	7
其中：中文学术期刊	种	0	0

续表

指标名称	单 位	2018年实际	2017年对照
科普期刊	种	5	7
技术期刊	种	0	0
英文学术期刊	种	0	0
实行开放存取的期刊	种	0	0
科技期刊总印数	册	3988900	3667561
其中：中文学术期刊	册	0	1800
科普期刊	册	3988900	3667561
技术期刊	册	0	0
英文学术期刊	册	0	0
科技期刊发表论文数	篇	0	1800
其中：英文期刊发表论文数	篇	0	0

科技开放与交流

指标名称	单 位	2018年实际	2017年对照
加入国际民间科技组织	个	3	3
任职专家	位	0	3
其中：高级别任职专家	位	0	3
一般级别任职专家	位	0	0
参加国际科学计划	项	0	0
参加国外科技活动人数	人次	61	129
参加港澳台地区科技活动人数	人次	1032	164
接待国外专家学者	人次	791	5579
接待港澳台地区专家学者	人次	144	252
双边合作交流项目	个	0	4
海外人才离岸创新创业基地	个	11	3
海智计划工作基地	个	68	78

科学技术普及活动

指标名称	单 位	合 计	
		2018年实际	2017年对照
举办科普宣讲活动	次	210	369

续表

指标名称	单 位	合 计	
		2018年实际	2017年对照
其中：院士科普报告会	次	15	23
举办专题展览	次	7	7
流动科技馆巡展	次	33	58
开展科技咨询	次	0	3
宣讲活动受众人数	人次	462174	1856849
其中：流动科技馆巡展受众人数	人次	300000	1702499
播放科技广播、影视节目	分钟	9751	20
其中：电台电视台播放科技节目	分钟	0	0
举办实用技术培训	次	13	8
实用技术培训人数	人次	1827	1772
推广新技术、新品种	项	4	4
参加活动科技人员总数	人次	18317	66015
其中：专家人数	人次	711	452
参加活动的学会、协会、研究会	个次	572	488
覆盖村	个	75	99
覆盖社区	个	191	746

青少年科技教育

指标名称	单 位	2018年实际	2017年对照
举办青少年科普宣讲活动	次	59	94
其中：专家报告	次	37	43
受众人数	人次	28968	35000
举办青少年科技竞赛	项	10	10
参加人数	人次	2375656	2293540
获奖人数	人次	46697	45050
青少年参加国际及港澳台科技交流活动	次	2	4
参加人数	人次	109	2306
举办青少年科学营	次	1	1
参加人数	人次	1254	1100
编印青少年科技教育资料	种	1	1

续表

指标名称	单 位	2018年实际	2017年对照
总印数	册	15000	15000
举办青少年科技教育活动和培训	次	16	22
培训人数	人次	3633	4861
中学生英才计划培养学生	人	38	32

科普基础设施建设

指标名称	单 位	2018年实际	2017年对照
科技馆	个	0	0
其中：建筑面积8000平方米以上	个	0	0
实行免费开放的科技馆	个	0	0
建筑面积	平方米	0	0
展厅面积	平方米	0	0
科技馆全年参观人数	人次	0	0
其中：少儿参观人数	人次	0	0
农村中学科技馆	个	0	0
流动科技馆	个	0	33
科普活动站（中心、室）	个	0	0
全年参加活动（培训）人数	人次	0	0
科普画廊建筑面积（宣传栏、科技宣传橱窗）	平方米	0	0
科普画廊展示面积	平方米	0	0
科普大篷车数	辆	0	0
其中：省级	辆	0	0
地（市）级	辆	0	0
县（市）级	辆	0	0
科普大篷车下乡次数	次	0	0
受益人数	人次	0	0
科普大篷车行驶里程	公里	0	0
全国科普教育基地	个	0	0
全年参观人数	人次	0	0
省级科普教育基地	个	0	0
全年参观人数	人次	0	0
农村科普示范基地	个	0	0

续表

指标名称	单 位	2018 年实际	2017 年对照
科普示范县（市、区）	个	76	0
科普示范街道（乡镇）	个	0	0
科普示范社区（村）	个	0	0
科普示范户	个	0	0
科普中国 e 站	个	0	2184
其中：乡村 e 站	个	0	29
社区 e 站	个	0	1734
校园 e 站	个	0	421
基层科普行动计划奖补资金	元	5400000	5400000
其中：中央财政	元	0	0
省级财政	元	5400000	5400000
市（地）级财政	元	0	0
县级财政	元	0	0
基层科普行动计划奖补的先进单位和个人	个 / 人	138	110
其中：农村专业技术协会	个	9	9
农村科普示范基地	个	51	40
农村科普带头人	人	0	0
少数民族科普工作队	个	0	0

科技传播

指标名称	单 位	2018 年实际	2017 年对照
编著科技图书种数	种	0	3
科技图书总印数	册	0	6000
主办科技报纸种数	种	1	1
报纸总印数	份	5426022	6205000
制作科普挂图种数	种	6	2
挂图总印数	张	15900	4000
制作科技广播、影视节目套数	套	3	3
制作节目播放时间	分钟	1182	2263
制作科技光盘种数	种	3	45
制作科技光盘张数	张	4900	25560
制作科普动漫作品套数	套	1	1

续表

指标名称	单 位	2018年实际	2017年对照
制作科普动漫播放时间	分钟	4800	54
主办科技网站	个	3	4
浏览人数	人次	479100	1380083
出品科普游戏	种	0	0
开设科教栏目的电视台	个	1	0
开设科教栏目的广播电台	个	0	0
主办科普网站	个	3	4
浏览人数	人次	373824	4123000
主办科普APP	个	3	3
下载安装数	次	60000	110000
主办科普手机报	个	0	0
订阅数	个	0	0
主办科普微信公共号	个	7	8
关注数	个	266300	172802
主办科普微博	个	2	8
粉丝数	个	80122	125119

科技创新智库建设

指标名称	单 位	2018年实际	2017年对照
实体研究机构数	个	1	1
实体研究机构人员数	人	2	15
建立科技工作者状况调查站点	个	60	30
其中：国家级站点	个	30	0
省级站点	个	30	30
开展研究项目	个	5	8
研究经费总额	万元	60	60
参与研究人数	人	57	5
举办决策咨询活动	次	1	3
参加活动专家数	人次	45	30
科技评估	项	7	3
组织参与立法咨询	次	2	0
组织政协科协界委员协商或调研活动	次	0	0

续表

指标名称	单 位	2018 年实际	2017 年对照
提供决策咨询报告	篇	1	16
其中：获上级领导的批示	条	2	14
反映科技工作者建议	篇	11	367
其中：获上级领导的批示	条	7	88
答复人大政协代表（委员）提案	件	0	0
发布智库品牌报告	个	3	0
组织政策解读活动	次	0	0
发布政策解读文章	篇	4	0

2018 年江苏省副省级地市科协统计

组织建设

指标名称	单 位	2018 年实际	2017 年对照
机构数	个	1	1
驻会领导班子人数	人	7	6
兼职副主席人数	人	8	8
代表大会人数	人	626	626
委员会委员人数	人	190	190
常务委员会委员人数	人	53	50
专门委员会/专门工作委员会	个	0	0
机关从业人员	人	37	36
其中：女性从业人员	人	11	11
本级财政经费收入	万元	3603	3288
直属单位	个	2	2
直属单位从业人员	人	118	125
其中：女性从业人员	人	80	85
举办干部教育培训班次	期	4	3
干部教育培训人数	人	184	332
学会数（学会、协会、研究会）	个	85	83
团体会员数	个	0	0

续表

指标名称	单 位	2018年实际	2017年对照
个人会员数	个	0	0
学会联合体	个	4	1
园区科协	个	30	27
其中：高新技术开发区	个	1	1
技术经济开发区	个	7	7
企业科协	个	231	180
个人会员	人	24555	20995
高等院校科协	个	4	3
个人会员	人	1000	750
团体会员	个	0	0
高校科协联盟	个	0	0
其中：民政部门注册	个	0	0
街道科协（社区科协）	个	0	0
个人会员	人	0	0
乡镇科协	个	0	0
个人会员	人	0	0
农技协	个	1	0
其中：民政部门注册	个	1	0
个人会员	人	1	0
科普专职人员	人	109	114
科普兼职人员	人	70	11
注册科普志愿者	人	302	302

为科技工作者服务

指标名称	单 位	2018年实际	2017年对照
向省部级（含）以上科技奖项、人才计划（工程）举荐人才数	人次	14	19
向省部级（含）以上科技奖项推荐项目数	项	0	0

续表

指标名称	单 位	2018年实际	2017年对照
科技专家信息库数	个	1	1
举荐院士人数	人	0	0
所设科技奖项数	个	0	0
其中：全国学会设奖数	个	0	0
省级科协设奖数	个	0	0
省级学会设奖数	个	0	0
表彰奖励科技工作者	人次	105	102
其中：女性科技工作者	人次	49	33
40岁以下科技工作者	人次	42	24
科学道德与学风建设宣讲活动	场次	0	0
宣讲活动受众人数	人次	0	0
参加科学道德与学风建设宣讲专家数	人次	0	0
继续教育（培训）班	场次	1	0
继续教育（培训）人次	人次	43	0
通过媒体宣传科技工作者人次	人次	91	38
其中：中央媒体宣传科技工作者	人次	1	0
省级媒体宣传科技工作者	人次	23	5
其中：电视宣传科技工作者	人次	0	3
纸质媒体宣传科技工作者	人次	33	6
网络与新媒体宣传科技工作者	人次	86	17

服务创新驱动发展

指标名称	单 位	2018年实际	2017年对照
建设产业协同创新共同体	个	0	0
签订创新驱动助力工程项目合同	个	1	1
参与创新驱动助力工程的科技工作者	人次	702	1483
建立学会服务（工作）站	个	5	5
建设双创服务平台/中心	个	1	1

续表

指标名称	单　位	2018年实际	2017年对照
开展推进大众创业万众创新活动	项	4	3
其中：举办双创竞赛、论坛、展览等	场次	2	1
开展双创咨询、教育、培训等	场次	3	2
开展双创投融资、成果转化等	项	0	0
技术标准研制数量	个	0	0
团体标准研制数量	个	0	0
开展"讲、比"活动企业数	个	105	123
其中：国有企业	个	23	20
参与"讲、比"活动的科技人员	人次	19000	21000
"讲、比"活动中被采纳合理化建议	条	1860	1960
专家工作站（服务中心）	个	17	17
其中：经济技术开发区	个	3	3
高新开发区	个	2	2
专家进站（中心）人数	人次	30	30
专家服务团队	个	2	2
参加服务团队专家人数	人次	320	335
技术创新方法培训班	场次	0	0
开展精准扶贫项目	项	2	2
精准扶贫覆盖人数	人	119	118

学术交流活动

指标名称	单　位	合　计		高端前沿学术会议	综合交叉学术会议	学术服务会议
		2018年实际	2017年对照			
国内学术会议	次	6	5	0	1	0
其中：学术年会	次	2	5	0	1	0
参加人数	人次	11200	10790	0	10050	0
其中：企业科技工作者	人次	4910	4390	0	4500	0
交流论文	篇	640	610	0	640	0

续表

指标名称	单 位	合 计		高端前沿学术会议	综合交叉学术会议	学术服务会议
		2018年实际	2017年对照			
境内国际学术会议	次	0		0	0	0
参加人数	人次	0		0	0	0
其中：企业科技工作者	人次	0		0	0	0
境外专家学者	人次	0		0	0	0
交流论文	篇	0		0	0	0
港澳台地区学术会议	次	0		0	0	0
参加人数	人次	0		0	0	0
其中：企业科技工作者	人次	0		0	0	0
交流论文	篇	0		0	0	0

科技期刊

指标名称	单 位	2018年实际	2017年对照
主办科技期刊	种	1	1
其中：中文学术期刊	种	0	0
科普期刊	种	1	1
技术期刊	种	0	0
英文学术期刊	种	0	0
实行开放存取的期刊	种	0	0
科技期刊总印数	册	28000	22000
其中：中文学术期刊	册	0	
科普期刊	册	28000	22000
技术期刊	册	0	
英文学术期刊	册	0	
科技期刊发表论文数	篇	8	10
其中：英文期刊发表论文数	篇	0	

科技开放与交流

指标名称	单 位	2018年实际	2017年对照
加入国际民间科技组织	个	0	0
任职专家	位	0	0
其中：高级别任职专家	位	0	0
一般级别任职专家	位	0	0
参加国际科学计划	项	0	0
参加国外科技活动人数	人次	0	0
参加港澳台地区科技活动人数	人次	63	71
接待国外专家学者	人次	6	78
接待港澳台地区专家学者	人次	2	6
双边合作交流项目	个	0	0
海外人才离岸创新创业基地	个	0	0
海智计划工作基地	个	1	1

科学技术普及活动

指标名称	单 位	合 计	
		2018年实际	2017年对照
举办科普宣讲活动	次	61	184
其中：院士科普报告会	次	1	1
举办专题展览	次	11	43
流动科技馆巡展	次	31	37
开展科技咨询	次	13	57
宣讲活动受众人数	人次	199968	204791
其中：流动科技馆巡展受众人数	人次	27100	100705
播放科技广播、影视节目	分钟	40	50
其中：电台电视台播放科技节目	分钟	0	0
举办实用技术培训	次	6	5
实用技术培训人数	人次	42562	42297

续表

指标名称	单 位	合 计	
		2018年实际	2017年对照
推广新技术、新品种	项	186	185
参加活动科技人员总数	人次	49236	18128
其中：专家人数	人次	13010	5796
参加活动的学会、协会、研究会	个次	381	372
覆盖村	个	151	152
覆盖社区	个	982	984

青少年科技教育

指标名称	单 位	2018年实际	2017年对照
举办青少年科普宣讲活动	次	39	56
其中：专家报告	次	38	56
受众人数	人次	16757	40861
举办青少年科技竞赛	项	9	9
参加人数	人次	184760	195500
获奖人数	人次	4622	3855
青少年参加国际及港澳台科技交流活动	次	1	1
参加人数	人次	37	49
举办青少年科学营	次	3	5
参加人数	人次	285	79
编印青少年科技教育资料	种	2	2
总印数	册	2050	2050
举办青少年科技教育活动和培训	次	6	3
培训人数	人次	578	324
中学生英才计划培养学生	人	0	2

科普基础设施建设

指标名称	单 位	2018年实际	2017年对照
科技馆	个	1	1
其中：建筑面积8000平方米以上	个	1	1
实行免费开放的科技馆	个	1	1
建筑面积	平方米	30000	30000
展厅面积	平方米	23000	22000
科技馆全年参观人数	人次	694135	589383
其中：少儿参观人数	人次	342392	282836
农村中学科技馆	个	0	0
流动科技馆	个	0	0
科普活动站（中心、室）	个	1	1
全年参加活动（培训）人数	人次	35	35
科普画廊建筑面积（宣传栏、科技宣传橱窗）	平方米	70	2
科普画廊展示面积	平方米	80	100
科普大篷车数	辆	1	1
其中：省级	辆	0	0
地（市）级	辆	1	1
县（市）级	辆	0	0
科普大篷车下乡次数	次	40	29
受益人数	人次	43000	70000
科普大篷车行驶里程	公里	2000	2100
全国科普教育基地	个	1	1
全年参观人数	人次	694135	589383
省级科普教育基地	个	11	11
全年参观人数	人次	804135	699383
农村科普示范基地	个	0	0
科普示范县（市、区）	个	0	2
科普示范街道（乡镇）	个	0	0
科普示范社区（村）	个	0	0

续表

指标名称	单　位	2018年实际	2017年对照
科普示范户	个	0	0
科普中国e站	个	7	6
其中：乡村e站	个	3	2
社区e站	个	2	2
校园e站	个	2	2
基层科普行动计划奖补资金	元	0	1040000
其中：中央财政	元	0	0
省级财政	元	0	1020000
市（地）级财政	元	0	0
县级财政	元	0	20000
基层科普行动计划奖补的先进单位和个人	个/人	0	11
其中：农村专业技术协会	个	0	1
农村科普示范基地	个	0	1
农村科普带头人	人	0	0
少数民族科普工作队	个	0	0

科技传播

指标名称	单　位	2018年实际	2017年对照
编著科技图书种数	种	3	6
科技图书总印数	册	11600	12806
主办科技报纸种数	种	0	0
报纸总印数	份	0	0
制作科普挂图种数	种	53	47
挂图总印数	张	16775	17070
制作科技广播、影视节目套数	套	2	2
制作节目播放时间	分钟	120	120
制作科技光盘种数	种	1	87
制作科技光盘张数	张	560	655

续表

指标名称	单 位	2018年实际	2017年对照
制作科普动漫作品套数	套	50	50
制作科普动漫播放时间	分钟	5840	5840
主办科技网站	个	4	4
浏览人数	人次	719321	1173517
出品科普游戏	种	1231	
开设科教栏目的电视台	个	1	1
开设科教栏目的广播电台	个	0	
主办科普网站	个	2	2
浏览人数	人次	62831	48071
主办科普APP	个	1	1
下载安装数	次	600	600
主办科普手机报	个	0	
订阅数	个	0	
主办科普微信公共号	个	3	2
关注数	个	77630	1730
主办科普微博	个	3	1
粉丝数	个	8990	3010

科技创新智库建设

指标名称	单 位	2018年实际	2017年对照
实体研究机构数	个	1	0
实体研究机构人员数	人	3	0
建立科技工作者状况调查站点	个	0	0
其中：国家级站点	个	0	0
省级站点	个	0	0
开展研究项目	个	0	0
研究经费总额	万元	0	0
参与研究人数	人	0	0

续表

指标名称	单　位	2018年实际	2017年对照
举办决策咨询活动	次	0	0
参加活动专家数	人次	0	0
科技评估	项	3	0
组织参与立法咨询	次	0	0
组织政协科协界委员协商或调研活动	次	0	0
提供决策咨询报告	篇	12	9
其中：获上级领导的批示	条	0	0
反映科技工作者建议	篇	10	10
其中：获上级领导的批示	条	4	5
答复人大政协代表（委员）提案	件	1	2
发布智库品牌报告	个	0	0
组织政策解读活动	次	0	0
发布政策解读文章	篇	0	0

2018年江苏省地级科协统计

组织建设

指标名称	单　位	2018年实际	2017年对照
机构数	个	12	11
驻会领导班子人数	人	55	48
兼职副主席人数	人	83	71
代表大会人数	人	4514	3715
委员会委员人数	人	1218	1090
常务委员会委员人数	人	499	446
专门委员会／专门工作委员会	个	14	4
机关从业人员	人	204	178
其中：女性从业人员	人	55	46
本级财政经费收入	万元	6692983	9349

续表

指标名称	单　位	2018年实际	2017年对照
直属单位	个	17	18
直属单位从业人员	人	135	137
其中：女性从业人员	人	69	71
举办干部教育培训班次	期	23	19
干部教育培训人数	人	2091	2274
学会数（学会、协会、研究会）	个	685	683
团体会员数	个	0	0
个人会员数	个	0	0
学会联合体	个	2	1
园区科协	个	32	21
其中：高新技术开发区	个	8	6
技术经济开发区	个	22	14
企业科协	个	492	459
个人会员	人	154921	146168
高等院校科协	个	76	64
个人会员	人	100625	98144
团体会员	个	1168	1291
高校科协联盟	个	1	1
其中：民政部门注册	个	1	1
街道科协（社区科协）	个	58	0
个人会员	人	1539	0
乡镇科协	个	26	0
个人会员	人	4017	0
农技协	个	400	8
其中：民政部门注册	个	26	8
个人会员	人	25556	22512
科普专职人员	人	356	301
科普兼职人员	人	50557	32291
注册科普志愿者	人	40101	201266

为科技工作者服务

指标名称	单 位	2018年实际	2017年对照
向省部级（含）以上科技奖项、人才计划（工程）举荐人才数	人次	52	87
向省部级（含）以上科技奖项推荐项目数	项	3	38
科技专家信息库数	个	9	4
举荐院士人数	人	0	2
所设科技奖项数	个	5	4
其中：全国学会设奖数	个	2	2
省级科协设奖数	个	0	0
省级学会设奖数	个	0	0
表彰奖励科技工作者	人次	1188	705
其中：女性科技工作者	人次	159	262
40岁以下科技工作者	人次	249	282
科学道德与学风建设宣讲活动	场次	5	2
宣讲活动受众人数	人次	12950	1550
参加科学道德与学风建设宣讲专家数	人次	214	42
继续教育（培训）班	场次	141	139
继续教育（培训）人次	人次	16237	16359
通过媒体宣传科技工作者人次	人次	1176	963
其中：中央媒体宣传科技工作者	人次	7	0
省级媒体宣传科技工作者	人次	180	154
其中：电视宣传科技工作者	人次	207	124
纸质媒体宣传科技工作者	人次	604	529
网络与新媒体宣传科技工作者	人次	741	624

服务创新驱动发展

指标名称	单 位	2018年实际	2017年对照
建设产业协同创新共同体	个	59	59
签订创新驱动助力工程项目合同	个	61	76

续表

指标名称	单 位	2018年实际	2017年对照
参与创新驱动助力工程的科技工作者	人次	306	272
建立学会服务（工作）站	个	110	88
建设双创服务平台/中心	个	64	58
开展推进大众创业万众创新活动	项	162	95
其中：举办双创竞赛、论坛、展览等	场次	79	49
开展双创咨询、教育、培训等	场次	111	30
开展双创投融资、成果转化等	项	34	16
技术标准研制数量	个	2	1
团体标准研制数量	个	0	0
开展"讲、比"活动企业数	个	335	751
其中：国有企业	个	52	89
参与"讲、比"活动的科技人员	人次	40467	54138
"讲、比"活动中被采纳合理化建议	条	1580	2830
专家工作站（服务中心）	个	74	161
其中：经济技术开发区	个	2	10
高新开发区	个	0	4
专家进站（中心）人数	人次	404	465
专家服务团队	个	86	106
参加服务团队专家人数	人次	819	862
技术创新方法培训班	场次	7	8
开展精准扶贫项目	项	46	44
精准扶贫覆盖人数	人	30474	18446

学术交流活动

指标名称	单 位	合 计		高端前沿学术会议	综合交叉学术会议	学术服务会议
		2018年实际	2017年对照			
国内学术会议	次	148	142	42	19	64
其中：学术年会	次	45	35	11	9	11

续表

指标名称	单位	合计		高端前沿学术会议	综合交叉学术会议	学术服务会议
		2018年实际	2017年对照			
参加人数	人次	61400	67513	15275	6482	33846
其中：企业科技工作者	人次	17692	15515	5350	2571	9717
交流论文	篇	1862	1886	746	360	751
境内国际学术会议	次	16	30	12	1	0
参加人数	人次	6894	7769	3034	300	0
其中：企业科技工作者	人次	1907	1017	651	56	0
境外专家学者	人次	230	264	188	2	0
交流论文	篇	201	197	201	0	0
港澳台地区学术会议	次	0	1	0	0	0
参加人数	人次	0	240	0	0	0
其中：企业科技工作者	人次	0	56	0	0	0
交流论文	篇	0	8	0	0	0

科技期刊

指标名称	单位	2018年实际	2017年对照
主办科技期刊	种	9	8
其中：中文学术期刊	种	1	2
科普期刊	种	6	4
技术期刊	种	1	1
英文学术期刊	种	0	0
实行开放存取的期刊	种	2	1
科技期刊总印数	册	76011	66011
其中：中文学术期刊	册	0	6000
科普期刊	册	76010	60010
技术期刊	册	1	1
英文学术期刊	册	0	0
科技期刊发表论文数	篇	20	80
其中：英文期刊发表论文数	篇	0	0

科技开放与交流

指标名称	单　位	2018年实际	2017年对照
加入国际民间科技组织	个	1	2
任职专家	位	2	2
其中：高级别任职专家	位	0	0
一般级别任职专家	位	2	2
参加国际科学计划	项	0	2
参加国外科技活动人数	人次	28	28
参加港澳台地区科技活动人数	人次	9	8
接待国外专家学者	人次	344	421
接待港澳台地区专家学者	人次	68	225
双边合作交流项目	个	40	54
海外人才离岸创新创业基地	个	0	2
海智计划工作基地	个	10	13

科学技术普及活动

指标名称	单　位	2018年实际	2017年对照
举办科普宣讲活动	次	459	628
其中：院士科普报告会	次	24	30
举办专题展览	次	106	105
流动科技馆巡展	次	102	104
开展科技咨询	次	184	216
宣讲活动受众人数	人次	1075730	963746
其中：流动科技馆巡展受众人数	人次	135186	114105
播放科技广播、影视节目	分钟	132747	165507
其中：电台电视台播放科技节目	分钟	117975	125565
举办实用技术培训	次	335	333
实用技术培训人数	人次	93624	93046
推广新技术、新品种	项	126	127
参加活动科技人员总数	人次	86726	85547

续表

指标名称	单 位	2018年实际	2017年对照
其中：专家人数	人次	1427	3212
参加活动的学会、协会、研究会	个次	706	885
覆盖村	个	3198	3910
覆盖社区	个	2583	1973

青少年科技教育

指标名称	单 位	2018年实际	2017年对照
举办青少年科普宣讲活动	次	118	122
其中：专家报告	次	65	68
受众人数	人次	253341	218806
举办青少年科技竞赛	项	73	76
参加人数	人次	70922581	29867030
获奖人数	人次	51979	47845
青少年参加国际及港澳台科技交流活动	次	0	1
参加人数	人次	0	2
举办青少年科学营	次	9	11
参加人数	人次	501	871
编印青少年科技教育资料	种	10	13
总印数	册	68200	100700
举办青少年科技教育活动和培训	次	62	36
培训人数	人次	30391	73893
中学生英才计划培养学生	人	18	16

科普基础设施建设

指标名称	单 位	2018年实际	2017年对照
科技馆	个	4	9
其中：建筑面积8000平方米以上	个	4	5
实行免费开放的科技馆	个	4	9

续表

指标名称	单　位	2018年实际	2017年对照
建筑面积	平方米	77900	251900
展厅面积	平方米	30600	62660
科技馆全年参观人数	人次	1345754	2411783
其中：少儿参观人数	人次	522888	1492900
农村中学科技馆	个	0	3
流动科技馆	个	4	16
科普活动站（中心、室）	个	453	429
全年参加活动（培训）人数	人次	2849974	2828340
科普画廊建筑面积（宣传栏、科技宣传橱窗）	平方米	34809	32414
科普画廊展示面积	平方米	34809	32731
科普大篷车数	辆	3	6
其中：省级	辆	0	0
地（市）级	辆	2	1
县（市）级	辆	0	0
科普大篷车下乡次数	次	149	231
受益人数	人次	92000	122150
科普大篷车行驶里程	公里	13000	44100
全国科普教育基地	个	25	24
全年参观人数	人次	1038200	563418
省级科普教育基地	个	132	85
全年参观人数	人次	2673494	1572434
农村科普示范基地	个	195	160
科普示范县（市、区）	个	0	30
科普示范街道（乡镇）	个	69	94
科普示范社区（村）	个	428	442
科普示范户	个	202	203
科普中国e站	个	965	1422
其中：乡村e站	个	208	21
社区e站	个	612	1256

续表

指标名称	单 位	2018年实际	2017年对照
校园e站	个	145	145
基层科普行动计划奖补资金	元	510097	3000000
其中：中央财政	元	0	0
省级财政	元	80	1820000
市（地）级财政	元	510017	1180000
县级财政	元	0	0
基层科普行动计划奖补的先进单位和个人	个/人	81	118
其中：农村专业技术协会	个	27	9
农村科普示范基地	个	15	20
农村科普带头人	人	33	35
少数民族科普工作队	个	0	0

科技传播

指标名称	单 位	2018年实际	2017年对照
编著科技图书种数	种	15	14
科技图书总印数	册	531000	540600
主办科技报纸种数	种	0	
报纸总印数	份	0	
制作科普挂图种数	种	17	17
挂图总印数	张	50000	52000
制作科技广播、影视节目套数	套	37	35
制作节目播放时间	分钟	30620	51920
制作科技光盘种数	种	17	17
制作科技光盘张数	张	10035	10532
制作科普动漫作品套数	套	9	8
制作科普动漫播放时间	分钟	30711	30701
主办科技网站	个	8	8
浏览人数	人次	3729285	1056933

续表

指标名称	单 位	2018年实际	2017年对照
出品科普游戏	种	1231	
开设科教栏目的电视台	个	6	8
开设科教栏目的广播电台	个	1	
主办科普网站	个	8	8
浏览人数	人次	4909462	3691931
主办科普APP	个	1	3
下载安装数	次	2000	37420
主办科普手机报	个	1	1
订阅数	个	1100000	1100000
主办科普微信公共号	个	11	11
关注数	个	759236	76136
主办科普微博	个	2	2
粉丝数	个	18263	18722

科技创新智库建设

指标名称	单 位	2018年实际	2017年对照
实体研究机构数	个	1	1
实体研究机构人员数	人	25	25
建立科技工作者状况调查站点	个	57	60
其中：国家级站点	个	3	6
省级站点	个	5	3
开展研究项目	个	47	29
研究经费总额	万元	6	5
参与研究人数	人	141	130
举办决策咨询活动	次	19	15
参加活动专家数	人次	119	198
科技评估	项	3	3
组织参与立法咨询	次	0	0

续表

指标名称	单　位	2018年实际	2017年对照
组织政协科协界委员协商或调研活动	次	9	10
提供决策咨询报告	篇	189	135
其中：获上级领导的批示	条	38	17
反映科技工作者建议	篇	195	224
其中：获上级领导的批示	条	24	48
答复人大政协代表（委员）提案	件	22	18
发布智库品牌报告	个	3	0
组织政策解读活动	次	2	2
发布政策解读文章	篇	2	2

2018年江苏省县级科协统计

组织建设

指标名称	单　位	2018年实际	2017年对照
机构数	个	97	96
驻会领导班子人数	人	220	214
兼职副主席人数	人	303	232
代表大会人数	人	13836	13160
委员会委员人数	人	3595	3395
常务委员会委员人数	人	1451	1357
专门委员会/专门工作委员会	个	25	33
机关从业人员	人	690	670
其中：女性从业人员	人	212	188
本级财政经费收入	万元	24499	23247
直属单位	个	40	36
直属单位从业人员	人	197	165
其中：女性从业人员	人	85	70
举办干部教育培训班次	期	100	101
干部教育培训人数	人	8020	7471
学会数（学会、协会、研究会）	个	1390	1340

续表

指标名称	单位	2018年实际	2017年对照
团体会员数	个	0	0
个人会员数	个	0	0
学会联合体	个	12	34
园区科协	个	175	158
其中：高新技术开发区	个	46	39
技术经济开发区	个	70	68
企业科协	个	3123	2982
个人会员	人	168841	162867
高等院校科协	个	11	11
个人会员	人	2666	3044
团体会员	个	70	376
高校科协联盟	个	1	1
其中：民政部门注册	个	0	0
街道科协（社区科协）	个	1904	1548
个人会员	人	63219	47902
乡镇科协	个	703	771
个人会员	人	66174	67200
农技协	个	2659	2849
其中：民政部门注册	个	1169	1325
个人会员	人	437357	472738
科普专职人员	人	5541	5366
科普兼职人员	人	55012	45169
注册科普志愿者	人	430426	403912

为科技工作者服务

指标名称	单位	2018年实际	2017年对照
向省部级（含）以上科技奖项、人才计划（工程）举荐人才数	人次	34	60
向省部级（含）以上科技奖项推荐项目数	项	36	46
科技专家信息库数	个	21	23

续表

指标名称	单　位	2018年实际	2017年对照
举荐院士人数	人	1	5
所设科技奖项数	个	7	6
其中：全国学会设奖数	个	0	0
省级科协设奖数	个	1	0
省级学会设奖数	个	0	0
表彰奖励科技工作者	人次	2147	2734
其中：女性科技工作者	人次	593	657
40岁以下科技工作者	人次	1042	1161
科学道德与学风建设宣讲活动	场次	25	20
宣讲活动受众人数	人次	42905	12931
参加科学道德与学风建设宣讲专家数	人次	113	122
继续教育（培训）班	场次	18	19
继续教育（培训）人次	人次	17710	17010
通过媒体宣传科技工作者人次	人次	1341	1673
其中：中央媒体宣传科技工作者	人次	14	15
省级媒体宣传科技工作者	人次	104	140
其中：电视宣传科技工作者	人次	455	389
纸质媒体宣传科技工作者	人次	475	373
网络与新媒体宣传科技工作者	人次	464	518

服务创新驱动发展

指标名称	单　位	2018年实际	2017年对照
建设产业协同创新共同体	个	32	23
签订创新驱动助力工程项目合同	个	135	23
参与创新驱动助力工程的科技工作者	人次	1497	4290
建立学会服务（工作）站	个	29	76
建设双创服务平台/中心	个	24	26
开展推进大众创业万众创新活动	项	174	124

续表

指标名称	单 位	2018年实际	2017年对照
其中：举办双创竞赛、论坛、展览等	场次	29	37
开展双创咨询、教育、培训等	场次	136	71
开展双创投融资、成果转化等	项	14	15
技术标准研制数量	个	1	5
团体标准研制数量	个	0	1
开展"讲、比"活动企业数	个	2016	2405
其中：国有企业	个	104	109
参与"讲、比"活动的科技人员	人次	62311	74252
"讲、比"活动中被采纳合理化建议	条	3879	4850
专家工作站（服务中心）	个	271	281
其中：经济技术开发区	个	133	137
高新开发区	个	60	65
专家进站（中心）人数	人次	1372	1186
专家服务团队	个	174	200
参加服务团队专家人数	人次	7031	7435
技术创新方法培训班	场次	43	63
开展精准扶贫项目	项	29	34
精准扶贫覆盖人数	人	68148	66697

学术交流活动

| 指标名称 | 单 位 | 合 计 | | 高端前沿学术会议 | 综合交叉学术会议 | 学术服务会议 |
		2018年实际	2017年对照			
国内学术会议	次	240	229	42	29	34
其中：学术年会	次	38	37	9	4	8
参加人数	人次	74102	35012	41130	5996	7785
其中：企业科技工作者	人次	18510	15706	2626	1788	5983
交流论文	篇	2474	1201	1665	1329	443
境内国际学术会议	次	13	16	5	2	1

续表

指标名称	单 位	合 计		高端前沿学术会议	综合交叉学术会议	学术服务会议
		2018年实际	2017年对照			
参加人数	人次	2447	1958	1200	400	300
其中：企业科技工作者	人次	1114	647	590	280	200
境外专家学者	人次	266	337	131	23	13
交流论文	篇	130	85	96	30	30
港澳台地区学术会议	次	0	3	0	0	0
参加人数	人次	0	35948	0	0	0
其中：企业科技工作者	人次	0	174	0	0	0
交流论文	篇	0	39	0	0	0

科技期刊

指标名称	单 位	2018年实际	2017年对照
主办科技期刊	种	5	10
其中：中文学术期刊	种	3	1
科普期刊	种	5	7
技术期刊	种	2	3
英文学术期刊	种	0	0
实行开放存取的期刊	种	1	1
科技期刊总印数	册	297500	38160
其中：中文学术期刊	册	0	0
科普期刊	册	297000	36962
技术期刊	册	45000	4002
英文学术期刊	册	0	0
科技期刊发表论文数	篇	0	380
其中：英文期刊发表论文数	篇	0	0

科技开放与交流

指标名称	单 位	2018年实际	2017年对照
加入国际民间科技组织	个	2	6
任职专家	位	2	2
其中：高级别任职专家	位	0	0
一般级别任职专家	位	2	2
参加国际科学计划	项	0	3
参加国外科技活动人数	人次	168	134
参加港澳台地区科技活动人数	人次	6	16
接待国外专家学者	人次	1602	2089
接待港澳台地区专家学者	人次	109	75
双边合作交流项目	个	2	42
海外人才离岸创新创业基地	个	9	9
海智计划工作基地	个	56	52

科学技术普及活动

指标名称	单 位	合 计	
		2018年实际	2017年对照
举办科普宣讲活动	次	3329	4112
其中：院士科普报告会	次	62	86
举办专题展览	次	689	859
流动科技馆巡展	次	355	450
开展科技咨询	次	1596	2235
宣讲活动受众人数	人次	5740515	5689561
其中：流动科技馆巡展受众人数	人次	389059	566395
播放科技广播、影视节目	分钟	234481	263664
其中：电台电视台播放科技节目	分钟	148928	145493
举办实用技术培训	次	1085	1430
实用技术培训人数	人次	396786	400092

续表

指标名称	单 位	合 计	
		2018年实际	2017年对照
推广新技术、新品种	项	331	397
参加活动科技人员总数	人次	111941	254412
其中：专家人数	人次	18215	16257
参加活动的学会、协会、研究会	个次	3549	3490
覆盖村	个	9116	8818
覆盖社区	个	5221	5582

青少年科技教育

指标名称	单 位	2018年实际	2017年对照
举办青少年科普宣讲活动	次	541	593
其中：专家报告	次	206	284
受众人数	人次	660198	563723
举办青少年科技竞赛	项	224	305
参加人数	人次	988476	863902
获奖人数	人次	56520	34582
青少年参加国际及港澳台科技交流活动	次	4	11
参加人数	人次	422	6911
举办青少年科学营	次	47	77
参加人数	人次	14022	13734
编印青少年科技教育资料	种	20	28
总印数	册	154400	154830
举办青少年科技教育活动和培训	次	350	326
培训人数	人次	311577	174678
中学生英才计划培养学生	人	577	585

科普基础设施建设

指标名称	单 位	2018年实际	2017年对照
科技馆	个	6	53
其中：建筑面积8000平方米以上	个	3	6
实行免费开放的科技馆	个	6	43
建筑面积	平方米	32891	513464
展厅面积	平方米	16112	174944
科技馆全年参观人数	人次	560281	7017901
其中：少儿参观人数	人次	406606	4196581
农村中学科技馆	个	0	25
流动科技馆	个	29	29
科普活动站（中心、室）	个	3175	3279
全年参加活动（培训）人数	人次	3230797	2947960
科普画廊建筑面积（宣传栏、科技宣传橱窗）	平方米	147094	162034
科普画廊展示面积	平方米	208770	223127
科普大篷车数	辆	18	19
其中：省级	辆	1	0
地（市）级	辆	0	0
县（市）级	辆	5	7
科普大篷车下乡次数	次	629	697
受益人数	人次	248360	236260
科普大篷车行驶里程	公里	167100	138022
全国科普教育基地	个	65	71
全年参观人数	人次	11438665	5063151
省级科普教育基地	个	363	328
全年参观人数	人次	20429615	9585971
农村科普示范基地	个	382	340
科普示范县（市、区）	个	0	27
科普示范街道（乡镇）	个	294	291
科普示范社区（村）	个	1527	1517

续表

指标名称	单 位	2018年实际	2017年对照
科普示范户	个	11121	10110
科普中国e站	个	4714	2236
其中：乡村e站	个	1392	455
社区e站	个	2894	1524
校园e站	个	428	257
基层科普行动计划奖补资金	元	523000	6862055
其中：中央财政	元	0	1000000
省级财政	元	0	3656052
市（地）级财政	元	95000	257002
县级财政	元	428000	1949001
基层科普行动计划奖补的先进单位和个人	个/人	20	164
其中：农村专业技术协会	个	3	19
农村科普示范基地	个	12	62
农村科普带头人	人	3	21
少数民族科普工作队	个	0	0

科技传播

指标名称	单 位	2018年实际	2017年对照
编著科技图书种数	种	15	63
科技图书总印数	册	144200	79800
主办科技报纸种数	种	1	3
报纸总印数	份	6000	136000
制作科普挂图种数	种	58	93
挂图总印数	张	52494	59577
制作科技广播、影视节目套数	套	43	48
制作节目播放时间	分钟	14064	24355
制作科技光盘种数	种	0	5
制作科技光盘张数	张	0	1100

续表

指标名称	单 位	2018年实际	2017年对照
制作科普动漫作品套数	套	3	5
制作科普动漫播放时间	分钟	18	68
主办科技网站	个	28	29
浏览人数	人次	1514081	1468412
出品科普游戏	种	4924	1
开设科教栏目的电视台	个	21	22
开设科教栏目的广播电台	个	10	17
主办科普网站	个	20	24
浏览人数	人次	928857	1152194
主办科普APP	个	1	2
下载安装数	次	300	48102
主办科普手机报	个	2	4
订阅数	个	12000	102689
主办科普微信公共号	个	41	34
关注数	个	379885	368232
主办科普微博	个	8	9
粉丝数	个	8854	3042

科技创新智库建设

指标名称	单 位	2018年实际	2017年对照
实体研究机构数	个	2	1
实体研究机构人员数	人	92	5
建立科技工作者状况调查站点	个	52	54
其中：国家级站点	个	3	3
省级站点	个	8	12
开展研究项目	个	11	1
研究经费总额	万元	1205	2
参与研究人数	人	212	5

续表

指标名称	单 位	2018年实际	2017年对照
举办决策咨询活动	次	20	27
参加活动专家数	人次	192	428
科技评估	项	4	4
组织参与立法咨询	次	2	2
组织政协科协界委员协商或调研活动	次	39	40
提供决策咨询报告	篇	64	71
其中：获上级领导的批示	条	36	22
反映科技工作者建议	篇	566	681
其中：获上级领导的批示	条	87	103
答复人大政协代表（委员）提案	件	18	34
发布智库品牌报告	个	45	3
组织政策解读活动	次	6	16
发布政策解读文章	篇	4	11

2018年江苏省省级学会、协会、研究会统计

组织建设

指标名称	单 位	2018年实际	2017年对照
理事会理事	人	9945	9735
其中：常务理事	人	3349	3420
女性理事	人	1712	1568
中青年科技工作者	人	3787	4558
专门工作委员会	个	569	537
所属分科学会	个	828	717
学会个人会员	人	445951	431093
其中：女性会员	人	176075	189448
高级（资深）会员	人	153071	151774
学生会员	人	50610	43074

续表

指标名称	单 位	2018年实际	2017年对照
外籍会员	人	48	50
港、澳、台会员	人	53	55
交纳会费会员	人	230132	223113
党员会员	人	96000	104940
赞助会员	人	976	1370
学会从业人员	人	1372	4725
其中：女性从业人员	人	680	2714
社会聘用人员	人	264	1493
学会团体会员	个	9129	8958
学会办事机构党组织	个	79	101
科普专职人员	人	1690	2487
其中：中级职称以上或者大学本科以上学历人员	人	1432	970
科普兼职人员	人	31743	64693
其中：中级职称以上或者大学本科以上学历人员	人	28614	56874
注册科普志愿者	人	24766	23460

为科技工作者服务

指标名称	单 位	2018年实际	2017年对照
向省部级（含）以上科技奖项、人才计划（工程）举荐人才数	人次	234	293
向省部级（含）以上科技奖项推荐项目数	项	145	186
科技专家信息库数	个	211	220
举荐院士人数	人	4	32
所设科技奖项数	个	127	122
其中：全国学会设奖数	个	4	2
省级科协设奖数	个	4	5
省级学会设奖数	个	118	115
表彰奖励科技工作者	人次	3168	4575

续表

指标名称	单 位	2018年实际	2017年对照
其中：女性科技工作者	人次	1014	1392
40岁以下科技工作者	人次	1709	1917
科学道德与学风建设宣讲活动	场次	104	152
宣讲活动受众人数	人次	14862	79115
参加科学道德与学风建设宣讲专家数	人次	1540	1388
继续教育（培训）班	场次	159	203
继续教育（培训）人次	人次	27472	33669
通过媒体宣传科技工作者人次	人次	4525	4013
其中：中央媒体宣传科技工作者	人次	39	0
省级媒体宣传科技工作者	人次	1205	153
其中：电视宣传科技工作者	人次	143	40
纸质媒体宣传科技工作者	人次	825	1231
网络与新媒体宣传科技工作者	人次	2583	2350

服务创新驱动发展

指标名称	单 位	2018年实际	2017年对照
建设产业协同创新共同体	个	31	52
签订创新驱动助力工程项目合同	个	75	43
参与创新驱动助力工程的科技工作者	人次	1658	755
建立学会服务（工作）站	个	126	159
建设双创服务平台/中心	个	51	74
开展推进大众创业万众创新活动	项	175	185
其中：举办双创竞赛、论坛、展览等	场次	81	66
开展双创咨询、教育、培训等	场次	89	82
开展双创投融资、成果转化等	项	41	33
技术标准研制数量	个	50	65
团体标准研制数量	个	52	52
开展"讲、比"活动企业数	个	292	91
其中：国有企业	个	33	3

续表

指标名称	单位	2018年实际	2017年对照
参与"讲、比"活动的科技人员	人次	3091	798
"讲、比"活动中被采纳合理化建议	条	59	33
专家工作站（服务中心）	个	114	122
其中：经济技术开发区	个	27	44
高新开发区	个	22	31
专家进站（中心）人数	人次	799	790
专家服务团队	个	185	181
参加服务团队专家人数	人次	3951	2829
技术创新方法培训班	场次	51	82
开展精准扶贫项目	项	21	29
精准扶贫覆盖人数	人	8003	10820

学术交流活动

指标名称	单位	合计		高端前沿学术会议	综合交叉学术会议	学术服务会议
		2018年实际	2017年对照			
国内学术会议	次	907	786	499	289	158
其中：学术年会	次	281	212	151	113	43
参加人数	人次	200672	164815	124277	59133	29213
其中：企业科技工作者	人次	35460	35472	14187	17603	7260
交流论文	篇	50420	48068	38561	10570	4014
境内国际学术会议	次	82	122	51	27	7
参加人数	人次	27308	31115	11945	12841	1649
其中：企业科技工作者	人次	7520	7740	3731	2475	460
境外专家学者	人次	1932	2624	1136	775	96
交流论文	篇	3761	6538	1983	1803	204
港澳台地区学术会议	次	30	37	19	7	6
参加人数	人次	5018	4093	4233	761	540
其中：企业科技工作者	人次	1864	1102	1579	147	90
交流论文	篇	1800	944	1635	174	154

科技期刊

指标名称	单 位	2018年实际	2017年对照
主办科技期刊	种	59	64
其中：中文学术期刊	种	43	38
科普期刊	种	15	16
技术期刊	种	23	35
英文学术期刊	种	2	1
实行开放存取的期刊	种	28	22
科技期刊总印数	册	840419	638621
其中：中文学术期刊	册	626069	359942
科普期刊	册	86100	104675
技术期刊	册	288902	288040
英文学术期刊	册	200	0
科技期刊发表论文数	篇	6821	12258
其中：英文期刊发表论文数	篇	19	0

科技开放与交流

指标名称	单 位	2018年实际	2017年对照
加入国际民间科技组织	个	19	40
任职专家	位	24	89
其中：高级别任职专家	位	7	47
一般级别任职专家	位	17	42
参加国际科学计划	项	5	23
参加国外科技活动人数	人次	1069	888
参加港澳台地区科技活动人数	人次	583	876
接待国外专家学者	人次	1774	1553
接待港澳台地区专家学者	人次	346	398
双边合作交流项目	个	14	28
海外人才离岸创新创业基地	个	4	20
海智计划工作基地	个	5	21

科学技术普及活动

指标名称	单位	合计	
		2018年实际	2017年对照
举办科普宣讲活动	次	565	655
其中：院士科普报告会	次	29	34
举办专题展览	次	122	161
流动科技馆巡展	次	50	19
开展科技咨询	次	260	340
宣讲活动受众人数	人次	1274077	1081844
其中：流动科技馆巡展受众人数	人次	101088	31111
播放科技广播、影视节目	分钟	3215	4545
其中：电台电视台播放科技节目	分钟	824	1305
举办实用技术培训	次	145	252
实用技术培训人数	人次	22939	30978
推广新技术、新品种	项	34	120
参加活动科技人员总数	人次	118296	110835
其中：专家人数	人次	24972	11051
参加活动的学会、协会、研究会	个次	2032	1485
覆盖村	个	4768	3355
覆盖社区	个	5397	4087

青少年科技教育

指标名称	单位	2018年实际	2017年对照
举办青少年科普宣讲活动	次	181	135
其中：专家报告	次	117	113
受众人数	人次	109177	66656
举办青少年科技竞赛	项	43	38
参加人数	人次	271124	130967
获奖人数	人次	46374	32706

续表

指标名称	单 位	2018年实际	2017年对照
青少年参加国际及港澳台科技交流活动	次	9	12
参加人数	人次	922	298
举办青少年科学营	次	17	12
参加人数	人次	2828	2524
编印青少年科技教育资料	种	46	27
总印数	册	141176	205341
举办青少年科技教育活动和培训	次	59	40
培训人数	人次	11399	12000
中学生英才计划培养学生	人	231	41

科技传播

指标名称	单 位	2018年实际	2017年对照
编著科技图书种数	种	47	57
科技图书总印数	册	180790	189255
主办科技报纸种数	种	3	2
报纸总印数	份	11500	301
制作科普挂图种数	种	70	77
挂图总印数	张	74051	129186
制作科技广播、影视节目套数	套	26	33
制作节目播放时间	分钟	4352	743
制作科技光盘种数	种	8	43
制作科技光盘张数	张	4634	9158
制作科普动漫作品套数	套	289	17
制作科普动漫播放时间	分钟	2159	86
主办科技网站	个	60	64
浏览人数	人次	17322488	15254911
出品科普游戏	种	1	1
开设科教栏目的电视台	个	2	7

续表

指标名称	单位	2018年实际	2017年对照
开设科教栏目的广播电台	个	2	8
主办科普网站	个	40	34
浏览人数	人次	14881866	13920422
主办科普APP	个	1	3
下载安装数	次	5000	50101
主办科普手机报	个	1	3
订阅数	个	6351	14501
主办科普微信公共号	个	55	49
关注数	个	466951	337948
主办科普微博	个	4	8
粉丝数	个	4550	22974

科技创新智库建设

指标名称	单位	2018年实际	2017年对照
实体研究机构数	个	13	18
实体研究机构人员数	人	460	2331
建立科技工作者状况调查站点	个	5	19
其中：国家级站点	个	0	0
省级站点	个	3	4
开展研究项目	个	96	49
研究经费总额	万元	642	481
参与研究人数	人	325	225
举办决策咨询活动	次	53	71
参加活动专家数	人次	990	780
科技评估	项	104	82
组织参与立法咨询	次	14	13
组织政协科协界委员协商或调研活动	次	5	17
提供决策咨询报告	篇	67	88

续表

指标名称	单　位	2018年实际	2017年对照
其中：获上级领导的批示	条	30	49
反映科技工作者建议	篇	111	125
其中：获上级领导的批示	条	35	38
答复人大政协代表（委员）提案	件	4	1
发布智库品牌报告	个	6	20
组织政策解读活动	次	12	23
发布政策解读文章	篇	22	22

（江苏省科学技术协会　杨　非）

重要科技文件

Important Science & Technology Files

国务院

关于全面加强基础科学研究的若干意见

国发〔2018〕4号
2018年1月19日

各省、自治区、直辖市人民政府，国务院各部委、各直属机构：

强大的基础科学研究是建设世界科技强国的基石。当前，新一轮科技革命和产业变革蓬勃兴起，科学探索加速演进，学科交叉融合更加紧密，一些基本科学问题孕育重大突破。世界主要发达国家普遍强化基础研究战略部署，全球科技竞争不断向基础研究前移。经过多年发展，我国基础科学研究取得长足进步，整体水平显著提高，国际影响力日益提升，支撑引领经济社会发展的作用不断增强。但与建设世界科技强国的要求相比，我国基础科学研究短板依然突出，数学等基础学科仍是最薄弱的环节，重大原创性成果缺乏，基础研究投入不足、结构不合理，顶尖人才和团队匮乏，评价激励制度亟待完善，企业重视不够，全社会支持基础研究的环境需要进一步优化。为进一步加强基础科学研究，大幅提升原始创新能力，夯实建设创新型国家和世界科技强国的基础，现提出以下意见。

一、总体要求

（一）指导思想。

全面贯彻党的十九大精神，以习近平新时代中国特色社会主义思想为指导，贯彻创新、协调、绿色、开放、共享的新发展理念，按照党中央、国务院决策部署，深入实施科教兴国战略、创新驱动发展战略，充分发挥科学技术作为第一生产力的作用，充分发挥创新作为引领发展第一动力的作用，瞄准世界科技前沿，强化基础研究，深化科技体制改革，促进基础研究与应用研究融通创新发展，着力实现前瞻性基础研究、引领性原创成果重大突破，全面提升创新能力，全面推进创新型国家和世界科技强国建设，为加快建设社会主义现代化强国、实现中华民族伟大复兴的中国梦提供强大支撑。

（二）基本原则。

遵循科学规律，坚持分类指导。尊重科学研究灵感瞬间性、方式随意性、路径不确定性的特点，营造有利于创新的环境和文化，鼓励科学家自由畅想、大胆假设、认真求证。推动自由探索和目标导向有机结合，自由探索类基础研究聚焦探索未知的科学问题，勇攀科学高峰；目标导向类基础研究紧密结合经济社会发展需求，加强战略领域前瞻部署。

突出原始创新，促进融通发展。把提升原始创新能力摆在更加突出位置，坚定创新自信，勇于挑战最前沿的科学问题，提出更多原创理论，做出更多原创发现。强化科教融合、军民融合和产学研深度融合，坚持需求牵引，促进基础研究、应用研究与产业化对接融通，推动不同行业和领域创新要素有效对接。

创新体制机制，增强创新活力。突出以人为导向，深化科研项目和经费管理改革，营造宽松科研环境，使科研人员潜心、长期从事基础研究。完善分类评价机制，调动科学家、科研院所、高校、企业等方面的积极性创造性。创新政府管理方式，引导企业加强基础研究，提升市场竞争力。

加强协同创新，扩大开放合作。适应大科学、大数据、互联网时代新要求，积极探索科研活动协同合作、众包众筹等新方式，破解科学难题、共享创新成果。坚持全球视野，创新人才培养机制，多方引才引智。主动融入全球创新网络，加强创新能力开放合作，打造国际合作新平台，共同应对全球关注的重大科学挑战。

强化稳定支持，优化投入结构。加大中央财政对基础研究的稳定支持力度，构建基础研究多元化投入机制，引导鼓励地方、企业和社会力量增加基础研究投入。建立稳定支持和竞争性支持相协调的投入机制，推动科学研究、人才培养与基地建设全面发展。

（三）发展目标。

到2020年，我国基础科学研究整体水平和国际影响力显著提升，在若干重要领域跻身世界先进行列，在科学前沿重要方向取得一批重大原创性科学成果，解决一批面向国家战略需求的前瞻性重大科学问题，支撑引领创新驱动发展的源头供给能力显著增强，为全面建成小康社会、进入创新型国家行列提供有力支撑。

到2035年，我国基础科学研究整体水平和国际影响力大幅跃升，在更多重要领域引领全球发展，产出一批对世界科技发展和人类文明进步有重要影响的原创性科学成果，为基本实现社会主义现代化、跻身创新型国家前列奠定坚实基础。

到本世纪中叶，把我国建设成为世界主要科学中心和创新高地，涌现出一批重大原创性科学成果和国际顶尖水平的科学大师，为建成富强民主文明和谐美丽的社会主义现代化强国和世界科技强国提供强大的科学支撑。

二、完善基础研究布局

（四）强化基础研究系统部署。坚持从教育抓起，潜心加强基础科学研究，对数学、物理等重点基础学科给予更多倾斜。完善学科布局，推动基础学科与应用学科均衡协调发展，鼓励开展跨学科研究，促进自然科学、人文社会科学等不同学科之间的交叉融合。加强基础前沿科学研究，围绕宇宙演化、物质结构、生命起源、脑与认知等开展探索，加强对量子科学、脑科学、合成生物学、空间科学、深海科学等重大科学问题的超前部署。加强应用基础研究，围绕经济社会发展和国家安全的重大需求，突出关键共性技术、前沿引领技术、现代工程技术、颠覆性技术创新，在农业、材料、能源、网络信息、制造与工程等领域和行业集中力量攻克一批重大科学问题。围绕改善民生和促进可持续发展的迫切需求，进一步加强资源环境、人口健康、新型城镇化、公共安全等领域基础科学研究。聚焦未来可能产生变革性技术的基础科学领域，强化重大原创性研究和前沿交叉研究。

（五）优化国家科技计划基础研究支持体系。发挥国家自然科学基金支持源头创新的重要作用，更加聚焦基础学科和前沿探索，支持人才和团队建设。加强国家科技重大专项与国家其他重大项目和重大工程的衔接，推动基础研究成果共享，发挥好基础研究的基石作用。拓展实施国家重大科技项目，加快实施量子通信与量子计算机、脑科学与类脑研究等"科技创新2030—重大项目"，推动对其他重大基础前沿和战略必争领域的前瞻部署。加快实施国家重点研发计划，聚焦国家重大战略任务，进一步加强基础研究前瞻部署，从基础前沿、重大关键共性技术到应用示范进行全链条创新设计、一体化组织实施。健全技术创新引导专项（基金）运行机制，引导地方、企业和社会力量加大对基础研究的支持。优化基地和人才专项布局，加快基础研究创新基地建设和能力提升，促进科技资源开放共享。

（六）优化基础研究区域布局。聚焦国家区域发展战略，创新引领率先实现东部地区优化发展，推动中西部地区走差异化和跨越式发展道路，构建各具特色的区域基础研究发展格局。支持北京、上海建设具有全球影响力的科技创新中心，推动粤港澳大湾区打造国际科技创新中心。加强北京怀柔、上海张江、安徽合肥等综合性国家科学中心建设，打造原始创新高地。充分发挥国家自主创新示范区、国家高新区作用，突出已有优势，强化东北和中西部地区基础研究布局，构建跨区域创新网络。

（七）推进国家重大科技基础设施建设。聚焦能源、生命、地球系统与环境、材料、粒子物理和核物理、空间天文、工程技术等领域，依托高校、科研院所等布局建设一批国家重大科技基础设施。鼓励和引导地方、社会力量投资建设重大科技基础设施，加快缓解设施供给不足问题。支持各类创新主体依托重大科技基础设施开展科学前沿问题研究，加快提升科学发现和原始创新能力，支撑重大科技突破。

三、建设高水平研究基地

（八）布局建设国家实验室。聚焦国家目标和战略需求，在有望引领未来发展的战略制高点，统筹部署和建设突破型、引领型、平台型一体的国家实验室，给任务、给机制、给条件、给支持，激发其创新活力。选择最优秀的团队和最有优势的创新单元，整合全国创新资源，聚集国内外一流人才，探索建立符合大科学时代科研规律的科学研究组织形式。建立国家实验室稳定支持机制，开展具有重大引领作用的跨学科、大协同的创新攻关，打造体现国家意志、具有世界一流水平、引领发展的重要战略科技力量。

（九）加强基础研究创新基地建设。优化国家重点实验室布局，在前沿、新兴、交叉、边缘等学科以及布局薄弱学科，依托高校、科研院所和骨干企业等部署建设一批国家重点实验室和国防科技重点实验室，推进学科交叉国家研究中心建设。加强转制科研院所创新能力建设，引导有条件的转制科研院所更多聚焦科学前沿和应用基础研究，打造引领行业发展的原始创新高地。加强企业国家重点实验室建设，支持企业与高校、科研院所等共建研发机构和联合实验室，加强面向行业共性问题的应用基础研究。推进军民共建、省部共建和港澳国家重点实验室建设。加强国家野外科学观测研究站建设，提升野外观测研究示范能力。强化对科技创新基地的定期评估考核和调整，坚持能进能出，提升持续创新活力。

四、壮大基础研究人才队伍

（十）培养造就具有国际水平的战略科技人才和科技领军人才。把握国际发展机遇，围绕国家重大需求，创新人才培养、引进、使用机制，更大力度推进实施国家"重大人才工程"等高层次人才引进和培养计划，多方引才引智，广聚天下英才。在我国优势科研领域设立一批科学家工作室，培养一批具有前瞻性和国际眼光的战略科学家群体。建立健全人才流动机制，鼓励人才在高校、科研院所和企业之间合理流动。

（十一）加强中青年和后备科技人才培养。建立国际通行的访问学者制度，完善博士后制度，吸引国内外优秀青年博士在国内从事博士后研究。鼓励科研院所与高校加强协同创新和人才联合培养，加强基础研究后备科技人才队伍建设，支持具有发展潜力的中青年科学家开展探索性、原创性研究。

（十二）稳定高水平实验技术人才队伍。建立健全符合实验技术人才及其岗位特点的评价体系和激励机制，提高实验技术人才的地位和待遇。加大实验技术人才、专职工程技术人才和开放服务人才培养力度，优化科研队伍结构。加强实验技术人员培训，提升技术能力和水平。

（十三）建设高水平创新团队。发挥国家重大科技基础设施、国家重点实验室等研究基地的集聚作用，稳定支持一批优秀创新团队持续从事基础科学研究。聚焦科学前沿，支持高水平研究型大学和科研院所选择优势基础学科建设国家青年英才培养基地，组建跨学科、综合交叉的科研团队，加强协同合作。

五、提高基础研究国际化水平

（十四）组织实施国际大科学计划和大科学工程。继续参与他国发起或多国发起的国际大科学计划和大科学工程，积极承担任务，深度参与运行管理，积累管理经验。立足我国现有基础条件，综合考虑潜在风险，编制我国牵头组织国际大科学计划和大科学工程规划，重点在我国相关优势特色领域选择具有合作潜力的若干项目进行培育，力争发起组织新的国际大科学计划和大科学工程。主动参与国际大科学计划和大科学工程相关规则的起草制定。

（十五）深化基础研究国际合作。加大国家科技计划开放力度，支持海外专家牵头或参与国家科技计划项目，吸引国际高端人才来华开展联合研究，加快提升我国基础科学研究水平和原始创新能力。落实"一带一路"科技创新行动计划，全面提升科技创新合作层次和水平，打造"一带一路"协同创新共同体。深化政府间科技合作，分类制定国别战略，建立国际创新合作平台，联合开展科学前沿问题研究。

六、优化基础研究发展机制和环境

（十六）加强基础研究顶层设计和统筹协调。加强统筹规划，集中资源要素，瞄准世界科技发展前沿，突出原始创新。在国家科技计划（专项、基金等）管理部际联席会议机制下，成立基础研究战略咨询委员会，研判基础研究发展趋势，开展基础研究战略咨询，提出我国基础研究重大需求和工作部署建议。强化中央和地方、中央部门间协调，推进军民基础研究融合发展。结合国际一流科研机构、世界一流大学和一流学科建设，推进基础研究科教融合。

（十七）建立基础研究多元化投入机制。加大中央财政对基础研究的支持力度，完善对高校、科研院所、科学家的长期稳定支持机制。采取政府引导、税收杠杆等方式，落实研发费用加计扣除等政策，探索共建新型研发机构、联合资助、慈善捐赠等措施，激励企业和社会力量加大基础研究投入。探索实施中央和地方共同出资、共同组织国家重大基础研究任务的新机制。地方政府要结合本地区经济社会发展需要，加大对基础研究的支持力度。

（十八）进一步深化科研项目和经费管理改革。完善符合基础研究规律的项目组织、申报、评审与决策机制，遴选基础研究项目时更多注重对研究方向、人才团队及其创新能力的考察。简化基础研究项目任务书和预算书，落实法人单位和科研人员的经费使用自主权，使科研人员有充足时间心无旁骛地开展科学研究，让经费为人的创造性活动服务。探索直接委托国家科技创新基地承担国家科研任务的机制。

（十九）推动基础研究与应用研究融通。在重视原创性、颠覆性发明创造的基础上，大力推进智能制造、信息技术、现代农业、资源环境等重点领域应用技术创新，通过应用研究衔接原始创新与产业化。创新体制机制，推动基础研究、应用研究与产业化对接融通，促进科研院所、高校、企业、创客等各类创新主体协作融通，把国家重大科技项目等打造成为融通创新的重要载体。充分发挥企业特别是转制科研院所在产学研深度融合中的作用，推动基础研究和应用研究工程化，吸引国内外资金、技术，提升产业竞争力。适应互联网时代创新活动开源开放的新趋势，创新基础研究组织形式，探索开展基础研究众包众筹，举办多种形式的创新挑战赛，加强知识产权保护，建立集群思、汇众智、解难题的众创空间。

（二十）促进科技资源开放共享。加强国家科技资源共享服务平台建设和科学数据管理，统筹国家科技创新基地规划布局，推进国家科学数据中心、国家种质资源库、人类遗传资源和实验材料库（馆）建设，促进国防科技资源开放共享。面向重要基础科学问题和重大战略需求，加强基础性、公益性的自然本底数据、种质、标本等科技基础条件资源收集。完善国家科技报告制度，推动更多国家重大科技基础设施、科学数据和仪器设备向各类创新主体开放。强化新购大型科研仪器查重评议，建立健全科研设施与仪器开放共享管理机制和后补助机制。发挥创新券在促进科研设施与仪器开放共享方面的作用，强化法人单位开放共享的主体责任和义务。

（二十一）建立完善符合基础研究特点和规律的评价机制。开展基础研究差别化评价试点，针对不同高校、科研院所实行分类评价，制定相应标准和程序，完善以创新质量和学术贡献为核心的评价机制。自由探索类基础研究主要评价研究的原创性和学术贡献，探索长周期评价和国际同行评价；目标导向类基础研究主要评价解决重大科学问题的效能，加强过程评估，建立长效监管机制，提高创新效率。支持高校与科研院所自主布局基础研究，扩大高校与科研院所学术自主权和个人科研选题选择权。健全完善科技奖励等激励机制，提升科研人员荣誉感；建立鼓励创新、宽容失败的容错机制，鼓励科研人员大胆探索、挑战未知。

（二十二）加强科研诚信建设。坚持科学监督与诚信教育相结合，教育引导科研人员坚守学术诚信、恪守学术道德、完善学术人格、维护学术尊严。指导高校、科研院所等建立完善学术管理制度，对科研人员学术成长轨迹和学术水平进行跟踪评价，对重要学术成果发表加强审核和学术把关。抓紧制定对科研不端行为"零容忍"、树立正确科研评价导向的规定，加大对科研造假行为的打击力度，夯实我国科研诚信基础。

（二十三）推动科学普及，弘扬科学精神和创新文化。充分发挥基础研究对传播科学思想、弘扬科学精神和创新文化的重要作用，鼓励科学家面向社会公众普及科学知识。推动国家重点实验室等创新基地面向社会开展多种形式的科普活动。

江苏省人民政府

关于深入推进大众创业万众创新发展的实施意见

苏政发〔2018〕112号
2018年8月24日

各市、县（市、区）人民政府，省各委办厅局，省各直属单位：

为深入贯彻党的十九大报告中提出的"鼓励更多社会主体投身创新创业"精神和2018年《政府工作报告》关于"打造'双创'升级版"的工作部署，落实《国务院关于强化实施创新驱动发展战略进一步推进大众创业万众创新深入发展的意见》（国发〔2017〕37号）有关要求，进一步优化双创生态环境，加快发展新经济、培育发展新动能、构筑双创新引擎，充分发挥双创在新旧动能转换过程中的战略支撑作用，着力推动新时代江苏经济社会高质量发展，不断开拓大众创业万众创新工作新局面。现结合我省实际，提出以下意见。

以习近平新时代中国特色社会主义思想和党的十九大精神为指导，认真落实习近平总书记对江苏工作的重要指示精神，以供给侧结构性改革为主线，推动经济发展质量变革、效率变革、动力变革，坚持创新、协调、绿色、开放、共享的发展理念，进一步拓展双创的深度和广度，提升双创的科技内涵，增强双创的发展实效，优化双创的发展环境，加强双创的实施保障，形成线上线下结合、产学研用协同、大中小企业融合的双创格局，多措并举推进江苏经济由高速增长阶段转向高质量发展阶段。到2020年，基本形成"要素集聚、载体多元、服务专业、活动持续、资源共享"的大众创业万众创新的生态体系。鼓励更多社会主体投身创新创业，实现创新带动创业，创业促进创新的良性循环，全省新增注册企业年均增速保持在13%左右，年均带动就业约100万人次以上；发展创业投资，全省创业投资备案企业管理资本规模超1500亿元，鼓励投向更多早中期、初创期企业，破解双创企业融资难题；建设一批高水平的双创示范基地，形成30个左右可复制可推广的双创模式和典型经验；创建一批双创支撑平台，健全双创服务体系，推动各类要素向双创集聚；举办各类双创活动，推动双创理念更加深入人心。

一、扩大试点示范效应，进一步加强双创深度

（一）推进国家级和省级双创示范基地建设。充分发挥现有国家和省级双创示范基地示范和辐射作用，推进认定一批省级双创示范基地，积极争取国家级双创示范基地。通过试点示范完善双创政策环境，推动双创政策落地，扶持双创支撑平台，构建双创发展生态，调动双创主体积极性，发挥双创集众智汇众力的乘数效应，形成双创成功经验并向全省推广。到2020年，打造100个覆盖全省各地，包括区域、高校和科研院所、创新型企业等主体类型的省级双创示范基地。（责任部门：省发展改革委、省教育厅、省经济和信息化委）

（二）推动小型微型企业双创基地发展。培育一批国家、省和市级小微企业"双创"基地，推动小微企业"双创"基地向智慧化、平台化、生态化方向发展，通过示范基地的辐射带动作用，提升小微企业"双创"基地建设和运营水平，不断提高双创服务能力，为各类双创主体健康发展提供有效支撑。到2020年，创建300个省级小微企业双创示范基地。（责任部门：省经济和信息化委、省科技厅、省发展改革委）

（三）鼓励开展离岸双创基地合作。鼓励与世界知名高校、科研院所、龙头企业及科技社团等开展合作，共同设立离岸双创基地，探索海外高端人才引进新机制，建立与世界接轨的柔性人才引进机制，深度融入全球产业链、创新链、价值链，打造立足区域、服务全球的海外创新资源的集聚平台，实现更高水平"引进来"，更加有效"走出去"。到2020年，创建50个省级离岸双创基地。（责任部门：省商务厅、省发展改革委、省科技厅、省教育厅、省科协）

（四）打造一批众创社区和专业化众创空间。在全省重点培育和打造一批"创新资源富集、创业服务完善、产业特色鲜明、人居环境适宜、管理体制科学"的众创社区，引导众创空间向专业化、精细化方向升级，支持龙头骨干企业、高校、科研院所围绕优势细分领域建设平台型众创空间，打造最具活力和竞争力的双创生态系统。到2020年，创建100个省级众创社区。（责任部门：省科技厅、省经济和信息化委、省教育厅）

（五）加快创业示范基地建设。坚持就业优先战略，促进以创业带动就业，争取新增一批国家级创业孵化示范基地，加快认定一批省级创业孵化示范基地、省级大学生创业示范园和省级创业培训实训示范基地，试点推动老旧商业设施、仓储设施、闲置楼宇、过剩商业地产转为创业孵化基地，进一步加快构建主体多元化、类型多样化、产业集群化的创业载体新格局，提升我省创业载体建设整体水平。（责任部门：省人力资源社会保障厅、省发展改革委、省经济和信息化委、省教育厅、省科技厅）

（六）制定省级双创平台认定和考核标准。推进现有各类省级双创平台交流与合作，形成双创推进合力。省有关部门分工负责制定省级双创平台认定标准体系，规范省级双创平台认定工作。对已认定的双创平台实施定期评价，对于不合格的双创平台第一年提出警告，连续两年不合格者予以摘牌。通过定期评价，优胜劣汰，持续提升省级双创平台的服务质量。（责任部门：省发展改革委、省经济和信息化委、省教育厅、省科技厅、省人力资源社会保障厅、省农委）

二、激发多元主体活力，进一步拓宽双创广度

（七）强化创新示范企业培育。充分发挥大企业在资金、技术、人才、市场等方面的优势，带动中小企业双创，着力培育形成一批具有国际先进技术水平和国际竞争力的创新型企业。推动认定省级战略性新兴产业创新示范企业，实施"专精特新"企业培育计划，培育一批"专精特新"产品、科技小巨人企业和制造业单项冠军示范（培育）企业。实施重点骨干企业"双创"平台示范工程，打造龙头企业、中小企业协同共生的双创新格局。（责任部门：省发展改革委、省经济和信息化委、省科技厅）

（八）推进农村青年返乡创业基地建设。鼓励农村青年返乡创业，重点整合建设一批农村青年返乡创业基地，打造具有江苏区域特色的创业集群。把返乡下乡人员双创纳入双创相关政策支持范围，允许返乡下乡人员依法使用集体建设用地开展双创，返乡农民工可在创业地参加各项社会保险，鼓励有条件的地方将返乡农民工纳入住房公积金缴存范围，按规定将其子女纳入城镇（城乡）居民基本医疗保险参保范围。（责任部门：省农委、省人力资源社会保障厅、省国土资源厅、省住房城乡建设厅、省卫生计生委）

（九）深化高等院校双创教育改革。整合双创教育课程资源，建立双创教育课程资源共享平台，推行在线开放课程和跨校学习的认证、学分认定制度，鼓励双创教育专家、知名企业家进课堂，推动高水平双创讲座、高品位双创活动进课程。鼓励建立弹性学制，支持在校学生保留学籍休学创业。将双创教育纳入教师专业技术职务评聘标准和绩效考核指标体系，支持教师以对外转让、合作转化、作价入股、自主创业等形式将科技成果产业化，鼓励教师带领学生双创。（责任部门：省教育厅、省人力资源社会保障厅）

（十）开展江苏大学生创业培育计划。依托省内高校设立的大学科技园、软件园、产业园、创业园（街）等，支持建设一批大学生双创示范基地。举办"创青春"大学生创业大赛、江苏青年双创大赛等各类双创活动，支持奖励一批大学生优秀创业项目。鼓励地方设立大学生双创天使投资基金，对符合产业政策和发展方向的大学生创业项目提供股权融资支持。（责任部门：省教育厅、团省委、省人力资源社会保障厅、省科技厅、省金融办）

（十一）鼓励科研院所专业技术人员双创。在履行所承担的公益性研发服务职能的前提下，进一步扩大科研院所自主权，强化激励导向，支持科研院所符合条件的专业技术人员携带科技成果以在职创业、离岗创业等形式开展双创活动，切实解决离岗创业人员的人事关系、基本待遇、职称评聘、考核管理等问题，提高科研院所成果转化效率。（责任部门：省科技厅、省教育厅、省人力资源社会保障厅）

（十二）引进高层次人才来我省创业。灵活制定引才引智政策，采取不改变人才的户籍、人事关系等方式，解决关键领域高素质人才稀缺等问题。加大对海内外高层次人才或团队来我省创业的政策支持力度，简化事业单位引进高层次和急需紧缺人才招录程序。深入实施"双创计划""凤还巢计划"和留学人员回国双创启动支持计划，对拥有先进技术和自主知识产权的人才或团队到我省实施成果转化的项目，在同等条件下给予倾斜支持。对回国领军人才、高端人才创办的科技型中小企业，在同等条件下给予优先支持。（责任部门：省人才办、省人力资源社会保障厅、省科技厅、省财政厅、省教育厅）

（十三）加强外国人才制度保障。完善外国高端人才居住证制度。推动外国人签证审批权限下放至县级公安机关，放宽来苏外国高端人才永久居留证办理条件，对列入省"双创人才"的外国高端人才，其本人及其外籍配偶和未满18周岁外籍子女，可申请办理永久居留手续，拥有永久居留身份证，享受与中国公民同等待遇。简化外国高层次人才办理在华工作许可和居留证件程序，开展安居保障、子女入学和医疗保健等服务"一卡通"试点。允许外国留学生凭高校毕业证书、创业计划申请加注"创业"

的私人事务类居留许可。依法申请注册企业的外国人，可凭创办企业注册证明等材料向有关部门申请工作许可和工作类居留许可。（责任部门：省公安厅、省人才办、省教育厅、省人力资源社会保障厅、省卫生计生委、省住房城乡建设厅）

三、加快成果转移转化，进一步提升双创科技内涵

（十四）加快重大科技成果转化应用。围绕我省战略性新兴产业重点领域，以需求为导向发布一批符合产业导向、带动作用大的科技成果包。发挥财政资金引导作用和科技中介机构成果筛选、市场化评估、融资服务、成果推介等作用，鼓励企业探索新的商业模式和科技成果产业化路径。（责任部门：省科技厅、省经济和信息化委、省发展改革委）

（十五）加强基础研究和应用技术研究有机衔接。发挥高校和科研院所基础研究创新源头作用，进一步加强关键共性技术、前沿引领技术、现代工程技术、颠覆性技术创新。深入实施江苏高校协同创新计划，支持建设一批国家级、省级和校级协同创新中心。组织高校和科研院所不定期发布科技成果目录，建立面向企业的技术服务网络，推动科技成果与产业、企业需求有效对接。鼓励和支持省内高校和科研院所普遍建立技术转移中心，创建国家技术转移机构。支持建立中科院科技服务网络江苏中心，推动中科院科技成果在江苏的转移转化。（责任部门：省教育厅、省科技厅、省发展改革委）

四、融合实体经济发展，进一步增强双创发展实效

（十六）加快产业创新中心建设。充分发挥江苏实体经济发达和科教人才资源集聚优势，探索形成示范引领全国的产业创新发展模式，结合江苏的产业特点，遴选江苏在全球具有影响力的优势产业，由领军型企业牵头，联合行业上下游企业、金融机构、知名高校和科研院所，整合创新资源，形成创新网络，创建一批国家产业创新中心，培育一批省级产业创新中心，构建创新活力强劲与产业繁荣发展共融共生的新型产创载体。到2020年，创建20个省级产业创新中心。（责任部门：省发展改革委、省经济和信息化委、省科技厅）

（十七）实施制造业创新中心建设工程。着力培育一批省级制造业创新中心，争创一批国家级制造业创新中心，通过汇聚创新资源，建立共享机制，发挥溢出效应，打通技术开发到转移扩散到首次商业化应用的创新链条，进一步完善以企业为主体、市场为导向、产学研相结合的制造业创新体系，形成制造业创新驱动、大中小企业协同发展的新格局，切实提高制造业创新能力，推动我省制造业由大变强。（责任部门：省经济和信息化委、省发展改革委、省科技厅）

（十八）开展"互联网+"行动。全面落实《省政府关于加快推进"互联网+"行动的实施意见》，在制造业、普惠金融、现代农业、电子商务、现代物流、智慧能源、绿色生态和政务服务等领域，加快打造"互联网+"融合发展新模式，鼓励发展基于互联网的新技术、新产品、新服务和新业态创新，增强各行业竞争力。实施"互联网+小微企业"行动计划，推动小微企业利用互联网技术和资源提升创新力和生产力。（责任部门：省发展改革委、省经济和信息化委、省科技厅）

（十九）深入推进智能制造。推进大中型企业深化信息技术综合集成应用，鼓励工业企业综合应用虚拟设计制造、智能测控、精益管理以及集成协同等技术提升智能制造能力。着力培育先进机器人、3D打印机等新型智能装备，提高重大成套设备及生产线系统集成水平。推进智能制造车间改造和智能工厂建设，创建一批智能制造示范试验区和两化融合智慧园区，形成智能制造和双创融合发展的新局面。（责任部门：省经济和信息化委、省发展改革委、省科技厅）

（二十）培育"共享经济"新业态。落实

我省《关于促进共享经济发展的实施意见》，以支持双创为核心，按照鼓励创新、包容审慎的原则，大力发展生产能力共享、生活服务共享、现代农业共享、交通物流共享、医疗健康共享和金融保险共享等领域，支持各类共享经济平台建设，研究制定"共享经济"发展统计指标体系，科学、准确、及时反映经济结构优化升级的新进展。（责任部门：省发展改革委、省经济和信息化委、省科技厅、省统计局）

（二十一）推动"数字经济"和实体经济深度融合。研究出台我省《关于促进数字经济发展的实施意见》，充分发挥信息技术在资源合理配置和高效利用中的重要作用，鼓励数字经济领域双创，推动数字经济和实体经济深度融合，加快传统产业数字化、智能化，拓展经济发展新空间。（责任部门：省发展改革委、省经济和信息化委、省科技厅）

（二十二）推进供应链创新与应用。落实《国务院办公厅关于积极推进供应链创新与应用的指导意见》，推进供应链与互联网、物联网深度融合，创新发展供应链新理念、新技术、新模式，高效整合各类资源和要素，提升产业集成和协同水平，打造大数据支撑、网络化共享、智能化协作的智慧供应链体系，推进供给侧结构性改革，进一步提升我省经济竞争力。（责任部门：省商务厅、省发展改革委、省经济和信息化委）

（二十三）推进军民融合发展。以《江苏省经济建设和国防建设融合发展的实施意见》出台为契机，进一步打通"军转民"和"民参军"渠道，加强"军工＋"体系建设，在高端制造、节能环保、空天海洋等领域，推动建立一批军民结合、产学研一体的产业协同创新平台，打造一批军民融合创新示范区，形成军民融合发展新优势。（责任部门：省发展改革委、省经济和信息化委）

五、加强双创服务，进一步优化双创发展环境

（二十四）支持创业投资引导基金发展。积极争取国家新兴产业创业投资引导基金、国家中小企业发展基金、国家科技成果转化引导基金等在江苏设立一批创业投资子基金。鼓励江苏省政府投资基金，江苏省新兴产业创业投资引导基金等设立创业投资子基金。全面落实创业投资企业和天使投资个人有关税收试点政策，引导社会资本参与创业投资。省天使投资风险补偿资金对符合条件的天使投资机构按规定给予一定的风险投资损失补偿。依法依规豁免国有创业投资机构和国有创业投资引导基金国有股转持义务。（责任部门：省发展改革委、省经济和信息化委、省科技厅、省财政厅、省国资委、省税务局）

（二十五）鼓励创新金融服务方式。支持金融机构为创业企业创新活动提供股权和债权相结合的融资服务方式，以"小股权、大债权"方式，为企业提供金融服务。在有效防控风险的前提下，合理赋予大型银行县级支行信贷业务权限。支持地方性法人银行增设从事普惠金融服务的小微支行，支持地方性商业银行向县域及以下增设网点、延伸服务。引导江苏银行等地方性商业银行开展先行先试，改造小微企业信贷流程和信用评价模型，提高信贷审批效率，降低信贷审批门槛，破解轻资产的创业企业贷款难问题。（责任部门：省金融办、江苏银监局、省发展改革委、省经济和信息化委、省科技厅、人民银行南京分行）

（二十六）拓宽创业企业直接融资渠道。支持符合条件的科技型企业在中小板、创业板、新三板上市或挂牌。稳步扩大双创公司债券试点规模，鼓励双创企业利用短期融资券、专利质押、商标质押等方式融资。利用好区域性股权交易市场，充分发挥江苏股权交易中心"科创板"和"专精特新板"作用，为已完成股份制改造的双创企业提供区域性融资平台。鼓励保险公司为科技型中小企业知识产权融资提供保险服务，对符合条件的由地方各级人民政府提供风险补偿。支持政府性融资担保机构为科技型中小企业发债提供担保。鼓励地方各级人民政府建立政银担、政银保等不同类型的风险补偿机制。（责任部门：省金融办、省发展改

革委、省经济和信息化委、省科技厅、省财政厅、江苏银监局、江苏证监局、江苏保监局）

（二十七）优化财政资金支持双创方式方法。探索在战略性新兴产业相关领域率先建立利用财政资金项目的创新成果限时转化制度，财政资金支持形成的创新成果，除涉及国防、国家安全、国家利益、重大社会公共利益外，在合理期限内未能转化的，可依法依规强制许可实施转化。改革财政资金、国有资本参与创业投资的投入管理标准和规则，建立完善与其特点相适应的绩效评价体系。（责任部门：省发展改革委、省科技厅、省财政厅、省国资委）

（二十八）强化知识产权公共服务供给。构建省、市、县三级知识产权公共服务网络，免费开放专利、商标、版权、集成电路布图设计、植物新品种、地理标志等基础信息。在南京江北新区、苏南国家自主创新示范区、徐州高新区试点建立知识产权综合法律服务平台。建立完善知识产权运用和快速协同保护体系，加快推进快速保护由单一产业领域向多领域扩展。健全完善创新券的管理制度和运行机制，试点发放知识产权服务券，通过政府购买方式，支持知识产权服务机构为中小微企业、双创团队、众创空间提供知识产权服务。（责任部门：省知识产权局、省科技厅、省新闻出版广电局）

（二十九）推动创新资源开放共享。落实《省政府关于重大科研基础设施和大型科研仪器向社会开放的实施意见》，鼓励科学仪器设备集中约束管理，财政资金购置的50万元以上的仪器设备接入国家网络管理平台并对社会开放，提高设备使用效率，充分释放服务潜能，为双创提供有效支撑。（责任部门：省科技厅、省教育厅、省财政厅）

六、推进体制机制创新，进一步加强实施保障

（三十）强化双创组织领导。进一步完善由省发展改革委牵头，省经济和信息化委、教育厅、科技厅、财政厅、人力资源社会保障厅等单位参与的省级双创联席会议制度，明确双创联席会议成员单位职责分工，加强对双创工作的指导、监督和评估。各地要认真落实省政府工作部署，成立工作推进机构，形成上下联动的工作格局。（责任部门：省发展改革委、省经济和信息化委、省教育厅、省科技厅、省财政厅、省人力资源社会保障厅等）

（三十一）精准有效推进"放管服"。试行市场准入负面清单制度，市场准入负面清单以外的行业、领域、业务等，各类市场主体皆可依法平等进入，对有利于双创活动的互联网教育等行业适当放宽准入条件。全面推行行政审批标准化，逐步实现同一事项同等条件无差别办理。支持科技类社会组织有序承接政府转移职能，不断增加公共服务产品的有效供给。（责任部门：省编办、省发展改革委、省经济和信息化委、省教育厅、省科技厅、省财政厅、省人力资源社会保障厅、省商务厅、省工商局、省政务办等）

（三十二）加快推进不见面审批改革。加快推进《关于全省推进不见面审批（服务）改革实施方案》在各领域各地区的落地，以"网上办、集中批、联合审、区域评、代办制、不见面"为指南，加快将我省打造成为审批事项最少、办事效率最高、双创活力最强地区之一，推动实现政府治理体系和治理能力的现代化。（责任部门：省编办、省发展改革委、省经济和信息化委、省教育厅、省科技厅、省财政厅、省人力资源社会保障厅、省商务厅、省工商局、省政务办等）

（三十三）深化商事制度改革。加快推动信息采集、记载公示、管理备查类的一般经营项目涉企证照事项，以及企业登记信息能够满足政府部门管理需要的涉企证照事项，进一步整合至营业执照，实现更大范围的"多证合一"。加快推广企业集群注册、自助办照、名称自主申报、手机工商通等新业务系统，进一步提高全程电子化登记比例。进一步提升工商登记效能，尽快实现具备条件的企业名称预先核准和设立登记合并办理，加快涉企事务网上办理，全面推进落实"3550"工作要求。（责任部门：省工商局、省国土资源厅、省住房城乡建设厅、

省税务局、省食品药品监管局、省质监局等）

（三十四）打造双创江苏品牌。办好全国"双创活动周"、"创响江苏活动月"、中国（江苏）国际双创大会、"创业江苏"科技创业大赛、中国江苏中小企业双创大赛、"i创杯"江苏省互联网双创大赛、江苏省"互联网+"大学生双创大赛训练营等赛事和活动，加大对双创的宣传力度，加强舆论引导，大力营造鼓励创新、宽容失败的良好环境。（责任部门：省发展改革委、省经济和信息化委、省教育厅、省科技厅、省人力资源社会保障厅等）

江苏省人民政府办公厅
关于印发江苏省深化科技奖励制度改革方案的通知

苏政办发〔2018〕29号
2018年3月28日

各市、县（市、区）人民政府，省各委办厅局，省各直属单位：
《江苏省深化科技奖励制度改革方案》已经省委、省政府同意，现印发给你们，请认真贯彻落实。

江苏省深化科技奖励制度改革方案

为进一步完善我省科技奖励制度，高质量推进创新型省份建设，根据《国务院办公厅印发关于深化科技奖励制度改革方案的通知》（国办函〔2017〕55号）以及《国家科学技术奖励工作办公室印发〈国家科学技术奖提名制实施办法（试行）〉的通知》（国科奖字〔2017〕43号）精神，结合我省实际，制定本方案。

一、总体要求

以习近平新时代中国特色社会主义思想为指导，深入贯彻落实党的十九大精神，牢固树立并积极践行新发展理念，围绕推进实施创新驱动发展战略，改革完善科技奖励制度，优化公开公平公正的评奖机制，构建既符合科技发展规律又适应我国国情和江苏特点的科技奖励体系，大力弘扬求真务实、勇于创新、追求卓越的科学精神，营造促进大众创业、万众创新的浓厚氛围，形成全社会积极支持、科技人员踊跃参与创新创业的良好环境，为提升创新型省份建设水平、推进"强富美高"新江苏建设增添强大动力和活力。

二、基本原则

——坚持聚力创新。围绕全省经济社会建设特别是创新驱动发展全局，改进完善科技奖励工作，更好调动广大科技人员积极性创造性，形成推动科技发展的激励机制和强大合力，为建设科技强省、推进供给侧结构性改革和高质量发展服务。

——激励自主创新。以激励自主创新为出发点和落脚点，奖励实现技术突破的原创性成果、带动产业升级的应用性成果、国内外同行公认的科学发现，以及显著改善民生和促进社会发展的科技成果，奖励高水平科技创新人才，增强科技人员的荣誉感使命感，激发创新内生动力。

——突出应用导向。以加速科技成果转化和产业化、促进创新驱动发展为目标，以推动企业技术进步、产业技术创新和社会发展创新为重点，鼓励科技人员面向科技前沿、面向经济主战场、面向重大需求，求真务实、潜心研究，勇攀科技高峰。

——坚持公平公正。把公平公正作为科技奖励工作的基本要求，增强提名、评审的学术性和专业性，明晰政府部门和评审专家的职责分工，评奖过程公开透明，鼓励学术共同体发挥监督作用，进一步提高科技奖励的公信力和权威性。

三、重点任务

（一）改革完善我省科技奖励制度

进一步拓宽项目来源、优化评审方式、突出公平公正，坚持公开提名，实现控制数量与提高质量并进，推进信用管理与公开监督并行。

1. 实行提名制。根据国家科学技术奖提名制改革精神，改革现行的由行政部门下达推荐指标、科技人员申请报奖、推荐单位筛选推荐方式，实行由专家学者、组织机构、相关部门提名制度，进一步简化提名程序。省科学技术奖提名者包括专家学者、组织机构和相关部门。

提名者条件。参照国家科学技术奖规则，提名者应具备相应的资格条件。提名专家学者包括国家最高科学技术奖获奖人，江苏省科学技术突出贡献奖获奖人，中国科学院院士，中国工程院院士，2010年（含）以后的江苏省科学技术一等奖第一完成人，2000年（含）以后的国家自然科学奖、技术发明奖和科学技术进步奖第一完成人。提名专家年龄不超过70岁，院士年龄不超过75岁，国家最高科学技术奖获奖人和江苏省科学技术突出贡献奖获奖人年龄不受限制。基于保障项目质量原则，提名专家仅能提名本人所从事学科或专业领域的项目。国家最高科学技术奖获奖人和江苏省科学技术突出贡献奖获奖人可以每年度独立提名1项，其他提名专家学者每年度可以3人联合提名1项。院士每年度可以独立提名1项完成人仅为1人或第一完成人40岁（含）以下的项目。基于评审回避原则，提名专家学者不能作为当年度省科学技术奖项目完成人，且应回避提名项目所在的专业评审组评审工作。提名组织机构是指经省科技厅认定的具有提名资格的省级专业学会、全省性行业协会（联合会）等，鼓励提名机构在本学科、本行业范围内提名优秀项目参与省科学技术奖竞争。提名部门包括各设区市人民政府、省政府有关组成部门和直属机构、中国科学院南京分院、省产业技术研究院，以及经省科技厅认定的具有提名资格的其他部门。

提名者权利和义务。提名者承担推荐、答辩、异议答复等责任，并对相关材料的真实性和准确性负责。在实际操作中，由专家学者提名的项目，在答辩评审环节提名专家学者应参与答辩。由组织机构或部门提名的项目，应有提名机构相关负责人参与答辩，或委托相关人员代为参与答辩。

对提名者的管理。基于被提名项目在省科学技术奖评审中表现出的水平和真实性，建立对提名专家学者、提名机构的信用管理和动态调整机制，对未能尽责的提名者的相关行为记入信用档案，视具体情况对提名者进行相应调整和追责，逐步形成专家学者、组织机构和相关部门提名互为补充、互相促进的符合我省实际的提名制度。

2. 进一步完善科学的评审制度。依据国家科技奖励改革精神和《江苏省人民政府关于修改〈江苏省科学技术奖励办法〉的决定》（省政府令第112号），按照省科技奖励总数与江苏科技人员数量、科技创新实力相匹配的原则，省科学技术奖每年奖励项目总数不超过300项。其中，一等奖项目不超过项目总数的15%，二等奖项目不超过项目总数的30%。

改进完善奖励评审流程和规则。参照国家奖励评审方法，依据《江苏省科学技术奖励办法》，省科学技术奖评审包括形式审查、专业组初评和省科学技术奖评审委员会综合评审，其中专业组初评包括网络评审和专业答辩评审，评审流程实行逐级淘汰制。突出原始创新和企业创新主体地位，在同等条件下优先推荐重大原创性和应用型科技成果。扩大科学技术奖励范围，鼓励留学回国人员、港澳台同胞和海外华人华侨等科技人员在我省期间独立或合作形成的科技创新成果参与省科学技术奖竞争。

3. 明晰专家评审委员会和政府部门的职责。专业评审委员会负责对相应专业组项目进行独立的科技评审。充实省科学技术奖专业评审专家库，并基于评审专家在评审中表现出的专业水平和客观公正性，构建评审专家信用管理和动态调整机制。

省科学技术奖综合评审委员会根据专业组初评结果和省科技厅提供的异议核实、处理情况，召开评审会议，进行综合评审，提出获奖人选和奖励等级的建议，对综合评审结果负责。

省科技厅负责制定评审规则、标准和程序，履行对评审活动的组织、服务和监督职能。

4. 增强奖励活动的公开透明度。以公开为常态、不公开为例外，向全社会公开省科技奖励政策、评审制度、评审流程和指标数量。对省科学技术奖候选项目及其提名者实行申报前、形式审查后、专业组初评和综合评审结果四轮公示制度，接受社会各界特别是科技界监督。

完善评审行为准则与督查办法。明确提名者、被提名者、评审专家、政府部门等各奖励活动主体应遵守的评审纪律，省科技厅负责对评审全过程进行监督。建立评价责任和信誉制度，实行诚信承诺机制，为各奖励活动主体建立科技奖励诚信档案，纳入科研信用体系。完善异议处理制度，公开异议举报渠道，规范异议处理流程。

严惩学术不端。根据基础类和应用类项目特点，分类确定被提名的科技成果实践检验年限要求，杜绝中间成果评奖，同一成果不得重复报奖。对重复报奖、拼凑"包装"、请托游说评委、跑奖要奖等行为实行一票否决。对剽窃、侵夺他人发现、发明和科学技术成果，或以其他不正当手段骗取省科学技术奖的，撤销奖励并追回奖金。对违反学术道德、评审不公、行为失信的专家，取消评委资格。对违规的责任人和单位，记入科技奖励诚信档案，视情节轻重予以公开通报、暂停或取消参与省科技奖励资格等处理；对违纪违法行为，严格依纪依法处理。

5. 强化奖励的荣誉性。禁止以营利为目的使用省科学技术奖名义进行营销、宣传等活动。对违规广告行为，一经发现，依法依规予以处理。

合理运用奖励结果。有关部门和评价机构要树立正确的价值导向，坚持物质利益和精神激励相结合、突出精神激励的原则，建立科学合理的省科学技术奖奖金标准，增强获奖科技人员的荣誉感和使命感。

强化宣传引导。坚持正确的舆论导向，大力宣传科技拔尖人才、优秀成果、杰出团队，弘扬崇尚科学、实事求是、鼓励创新、开放协作的良好社会风尚，激发广大科技工作者的创新热情。

（二）促进全省科学技术奖励体系规范发展

1. 清理规范现行设奖。根据国家科技奖励制度改革方案，省人民政府可设立一项省级科学技术奖，省人民政府所属部门、省级以下各级人民政府及其所属部门，其他列入公务员法实施范围的机关以及参照公务员法管理的机关（单位），不得设立由财政出资的科学技术奖。省有关部门、单位及各级人民政府应根据国家科技奖励改革精神，进行自查和专项清理。2017年度已经启动的省有关部门、单位和各级人民政府设立的科学技术奖工作照常进行。自2018年度起，除省科学技术奖以外，由财政出资的科学技术奖全部停止，确保全省科学技术奖的设立工作符合国家科技奖励制度改革方案要求。

2. 鼓励社会力量设奖。鼓励支持省内学术团体、专业学会、行业协会、企业、基金会及个人等各种社会力量在遵守国家法规、维护国家安全的前提下，设立定位准确、学科或行业特色鲜明的科技奖项，对我省不断涌现出的大量科技创新成果给予应有的客观评价。鼓励民间资金支持科技奖励活动，在奖励活动中不得向评审对象收取任何费用。探索建立信息公开、行业自律、政府指导、第三方评价、社会监督、合作竞争的社会科技奖励发展新模式。通过加强监督管理、积极指导协助，引导社会力量规范社会科技奖励的运行管理，促进我省社会力量设奖健康发展。提高社会科技奖励整体水平,支持具有社会公信力和行业认可度的高水平社会力量设奖,加快培育在全国具有较大影响力的知名奖励。

四、组织实施

在《国家科学技术奖励条例》修订发布后,结合我省实际情况,由省科技厅根据立法程序适时提出《江苏省科学技术奖励办法》修订草案,从法规层面贯彻落实科技奖励制度改革精神。

根据《科技部关于进一步鼓励和规范社会力量设立科学技术奖的指导意见》(国科发奖〔2017〕196号)精神,由省科技厅研究制定指导性意见,鼓励支持社会力量科技奖励健康发展。

由省科技厅会同省委宣传部等部门,加强省科学技术奖励宣传报道和舆论引导工作,增强全省广大科技人员的荣誉感、责任感和使命感,踊跃投身提高自主创新能力、建设创新型省份的生动实践。

江苏省人民政府办公厅
关于印发创新型省份建设工作实施方案的通知

苏政办发〔2018〕36号
2018年4月10日

各市、县(市、区)人民政府,省各委办厅局,省各直属单位:

《创新型省份建设工作实施方案》已经省人民政府同意,现印发给你们,请认真贯彻落实。

创新型省份建设工作实施方案

为深入贯彻落实党的十九大精神,积极践行新发展理念,大力实施创新驱动发展战略,全面提升创新型省份建设水平,根据《科技部关于印发建设创新型省份工作指引的通知》(国科发创〔2016〕111号),结合我省实际,制定本实施方案。

一、总体要求

以习近平新时代中国特色社会主义思想为指导,以贯彻党的十九大精神为动力,按照习近平总书记对江苏工作的重要指示要求,落实省第十三次党代会、省委十三届三次全会决策部署,坚持把创新作为引领高质量发展的第一动力,坚持"企业是主体、产业是方向、人才是支撑、环境是保障"的工作思路,聚焦经济社会发展重大需求,大力实施"一深化、四提升"专项行动,更加注重创新资源整合利用,更加注重原始创新和集成创新,更加注重科技与产业深度融合,系统化推进创新型省份建设,全面提升江苏在国家创新体系中的地位和创新对江苏发展的支撑能力,为打造现代化经济体系、推动高质量发展走在全国前列提供强大动能。

二、建设目标

到2020年,高水平建成创新型省份,形

成一批国内外有影响的创新型领军企业，若干重点产业进入全球价值链中高端，基本实现发展动力转换和创新驱动发展，对建设现代化经济体系和高质量发展形成有力支撑。

——科技综合实力显著提升。全社会研发经费支出占地区生产总值比重达2.7%，科技进步贡献率提高到63%。万人发明专利拥有量达30件，公民具备基本科学素质的比例超过14%。

——自主创新能力明显增强。以企业为主体、市场为导向、产学研深度融合的技术创新体系加快完善，原创性标志性重大科技攻关实现突破，高新技术企业超过1.4万家，高新技术产业产值占规模以上工业产值比重达43%。

——创新创业生态持续优化。省级以上科技企业孵化器、加速器、众创空间超过1300个，每年扶持成功自主创业15万人以上，知识产权创造、保护和运用机制更加健全，大众创业、万众创新蔚然成风。

——科技创新体系协同高效。适应创新驱动发展要求的体制机制更加完善，省级以上制造业创新中心达20家，省级以上企业重点实验室达70家，省级以上工程技术研究中心超过3200家，技术产权交易年成交额突破800亿元。

三、重点任务

（一）全面深化科技体制机制创新。

1.构建新型产业技术研发机制。推进省产业技术研究院改革发展，深化"一所两制、合同科研、项目经理、股权激励"等改革举措，更大力度集聚全球创新资源，更高水平建设专业研究所，探索构建市场化导向、公益性职能、企业化运作的运行机制，加速产业重大原创性成果产出。（责任部门：省科技厅、省产业技术研究院）

2.加快省技术产权交易市场建设。发挥市场配置创新资源决定性作用，打造以技术信息发布、技术交易、技术转让、知识产权服务、风险投资、股权投资服务为主要内容的综合性技术市场，加快完善全省技术产权交易服务体系。推进省技术产权交易市场与江苏国际知识产权运营交易中心资源整合和信息共享，促进知识产权成果转移转化。（责任部门：省科技厅、省发展改革委、省经济和信息化委、省教育厅、省知识产权局）

3.完善科技成果转移转化机制。下放科研院所和高等院校科技成果的使用权、处置权和收益权，提高科技人员科技成果转化收益。探索开展知识产权权益分配改革试点。完善科技成果项目库和信息发布系统，推进科技成果资源开放共享。（责任部门：省科技厅、省发展改革委、省经济和信息化委、省教育厅、省知识产权局）

4.推进科技"放管服"改革。以市场为导向完善科技投入机制，推进项目评审、人才评价、机构评估改革，成立科技项目管理专业化机构，扩大项目经理制试点范围，完善因素法分配机制，建立健全创新调查和科技报告制度，激发科技人员创新创造积极性。（责任部门：省科技厅、省发展改革委、省经济和信息化委、省教育厅、省财政厅，各设区市人民政府）

5.深入推进区域创新改革试点。深化南京国家科技体制综合改革试点，推进苏州工业园区开放创新综合试验。推广常熟市、海安县科技创新体制综合改革试点经验，激发基层科技创新工作动力活力。（责任部门：省科技厅，各设区市人民政府）

（二）着力提升产业科技创新能力。

1.建设重大产业科技创新载体。支持有条件的地方建设综合性科学中心，支持高校和科研院所建设国家重大科技基础设施、国家实验室和科技创新中心。支持骨干企业牵头创建国家级制造业创新中心。实施科技基础设施建设行动计划，加快推进国家超级计算无锡中心、未来网络实验设施、纳米真空互联实验站、高效低碳燃气轮机试验装置等建设。（责任部门：省科技厅、省教育厅、省发展改革委、省经济和信息化委，各设区市人民政府）

2.加强产业关键核心技术突破。积极参与国家重大科技专项，在基础科学和前沿技术领域打造江苏发展的核心竞争力。实施前瞻性产业技术创新专项，重点在新一代信息技术、智能绿色制造技术、安全清洁高效的现代能源技术、资源高效利用和生态环保技术、智慧城市和城市大脑深化应用技术、支撑商业模式创新的现代服务技术以及引领产业变革的颠覆性技术方面集中突破，引领产业转型升级。（责任部门：省科技厅、省发展改革委、省经济和信息化委、省教育厅）

3. 建设现代产业技术创新体系。实施重大科技成果转化专项和战略性新兴产业专项，培育形成纳米科技、石墨烯、高性能碳纤维、5G移动通信、量子通信及未来网络、工业机器人及智能制造等全球有影响、附加值高的产业创新集群。实施企业制造装备升级计划和企业互联网化提升计划，显著提升工业企业创新力。实施现代农业科技支撑行动计划，提高农业现代化水平。实施科技惠民行动计划，有效支撑社会发展和生态文明建设。（责任部门：省科技厅、省发展改革委、省经济和信息化委、省农委，各设区市人民政府）

（三）着力提升企业自主创新能力。

1. 培育具有国际竞争力的创新型企业。实施创新型企业培育行动计划，加快培育本土创新型领军企业，支持其融入全球研发创新网络。深入实施科技企业上市培育计划，为高成长性科技企业上市开辟绿色通道。实施高新技术企业培育"小升高"计划，健全"创业孵化、创新支撑、融资服务"的科技型中小企业培育体系，加快培育专精特新小巨人企业。（责任部门：省科技厅、省发展改革委、省经济和信息化委、省金融办，各设区市人民政府）

2. 加快企业研发机构建设。深入实施企业研发机构建设"百企示范、千企试点、万企行动"计划，支持企业承担国家重点实验室、国家技术创新中心、国家制造业创新中心等平台建设任务，可在省级相关专项中给予不超过3000万元的支持。推进大中型企业和规模以上高新技术企业研发机构建设，支持企业加大研发投入、集聚研发人才、完善研发条件。（责任部门：省科技厅、省发展改革委、省经济和信息化委、省财政厅，各设区市人民政府）

3. 推进产学研协同创新。实施产学研协同创新行动计划和高校协同创新计划，支持骨干企业与科研机构、高等院校组建技术研发平台和产业技术创新战略联盟，在重点领域建设省级以上协同创新中心。发挥院士创新引领作用，提升企业院士工作站建设水平，支持院士在高校建立工作站。推进"企业创新岗（科技副总）"工作，引导更多创新资源服务企业技术创新。（责任部门：省科技厅、省教育厅、省发展改革委、省经济和信息化委，中科院南京分院，各设区市人民政府）

4. 推动企业创新政策落实。完善支持企业创新的普惠性政策，健全覆盖企业初创、成长、发展等不同阶段的政策支持体系。全面落实国家降低制造业增值税税负、小微企业和高新技术企业所得税优惠、企业研发费用税前加计扣除、固定资产加速折旧等税收优惠政策。（责任部门：省国税局、省地税局、省财政厅、省科技厅，各设区市人民政府）

（四）着力提升区域创新发展整体水平。

1. 加快苏南国家自主创新示范区建设。落实《苏南国家自主创新示范区条例》，大力集聚创新资源要素，加快推进"五城九区多园"创新一体化布局和"一区一战略产业"特色发展。加快建设国家科技成果转移转化示范区，在深化科技体制改革、建设新型研发机构等方面积极先行先试。（责任部门：省科技厅、省教育厅、省商务厅、省发展改革委、省经济和信息化委、省人力资源社会保障厅、省国土资源厅、省知识产权局，苏南五市人民政府）

2. 统筹推进苏中、苏北创新发展。引导苏中、苏北地区健全科技投入、科技创新社会化服务、创新成果分配等机制，加快特色产业转型升级，构筑创新发展新优势。推进创新型城市、创新型县（市、区）和创新型乡镇建设试点，提升苏南苏北共建园区建设水平，构建各具特色、优势互补、协同高效的区域创新体系。（责任部门：省科技厅、省发展改革委、省经济和信息化委、省教育厅、省商务厅、省人力资源社会保障厅，各设区市人民政府）

3. 提升创新型园区发展水平。优化全省高新区建设布局，加强创新核心区建设，推动高新区转型升级、创新发展、争先进位。创新高新区发展体制机制，完善高新区综合评价和主要指标定期通报制度。统筹推进大学科技园、科技产业园、科技创业园、知识产权试点示范园区等各类园区建设，加速集聚高端创新资源。贯彻实施《江苏省开发区条例》，完善创新型园区动态管理机制。（责任部门：省科技厅、省商务厅、省统计局、省知识产权局）

（五）着力提升创新平台集聚能力。

1. 加强创新国际化平台建设。对接国家"一带一路"战略部署，深化与创新型国家和地区的产业研发合作，构建完善面向全球的产业创新合作伙伴关系网络。鼓励开发区和有实力的企业在发达国家建设境外园区（研发基地），加强全球创新布局。鼓励高校、科研机构加强对外人才交流与科研合作，共建国际联合研究中心或实验室。（责任部门：省科技厅、省教育厅、省商务厅、省经济和信息化委）

2. 加强创新创业平台建设。实施"创业江苏"行动，推动众创、众包、众扶、众筹等支撑平台快速发展，加快建设创业、产业、文化和社区等功能有机融合的众创社区。对符合土地利用总体规划和产业规划的孵化器新建及扩建项目，在土地利用计划指标中优先安排建设用地。创建国家小型微型企业创业创新示范基地，发展技术转移转化、检验检测、科技咨询、知识产权服务等科技服务业，优化创新创业孵化链条和服务体系。（责任部门：省发展改革委、省科技厅、省经济和信息化委、省国土资源厅、省知识产权局、省教育厅，各设区市人民政府）

3. 加强科技金融平台建设。深入推进国家科技与金融结合试点省建设，健全科技金融风险分担机制。发挥省天使投资风险补偿资金以及各地"科技贷款资金池"作用，优化"苏科贷"工作流程，实施省科技保险风险补偿专项资金。鼓励各类社会资本兴办科技小额贷款公司，支持各类金融机构发展科技金融专营（特色）机构，大力发展知识产权质押融资，形成覆盖产业科技创新全过程的科技投融资体系。（责任部门：省科技厅、省金融办、省财政厅、省知识产权局、江苏银监局、江苏保监局）

4. 加强人才集聚平台建设。实施顶尖人才顶级支持计划，对引进世界一流的顶尖人才团队，简化程序、一事一议、特事特办，最高给予1亿元项目资助。鼓励高校根据需要适时调整学科专业，着力培养富有创新精神、敢于承担风险的创新型人才。完善省自然科学基金资助机制，培养更多优秀青年科研骨干。（责任部门：省委组织部、省人力资源社会保障厅、省科技厅、省财政厅、省教育厅，各设区市人民政府）

5. 加快建设引领型知识产权强省。强化知识产权创造、保护、运用，着力培育高价值知识产权、知识产权密集型企业和知识产权密集型产业。加大知识产权保护力度，建设一批产业知识产权保护中心，构建知识产权大保护格局。（责任部门：省知识产权局、省版权局、省科技厅、省发展改革委、省经济和信息化委、省工商局）

四、保障措施

（一）加强统筹组织。发挥省科技创新工作领导小组作用，加强系统谋划和统筹协调，把创新摆在发展全局的核心位置。各地各有关部门要按照职责分工，制定具体实施计划，抓好工作统筹推进，确保各项任务不折不扣落实到位。

（二）加大投入力度。增加财政科技投入，集中财力支持创新，强化科技领域各类专项资金的整合集成与统筹使用。高质量落实科技创新40条等政策，加强部门之间、政策之间衔接配合，形成工作合力和叠加效应。

（三）强化考核评价。完善科技进步统计监测体系，对创新环境、科技投入、科技产出、科技促进可持续发展等进行系统评价，定期公布评价结果并纳入地方党政领导干部考核范围，在全省形成支持创新的鲜明导向。

（四）营造浓厚氛围。倡导创新文化，强

化舆论引导，开展"创响江苏"系列活动，大力营造勇于探索、鼓励创新、宽容失败的社会氛围，着力提升全民科学素质和创新意识，努力形成更加优良的创新创业生态。

江苏省人民政府办公厅

印发关于促进科技与产业融合加快科技成果转化实施方案的通知

苏政办发〔2018〕61号
2018年8月24日

各市、县（市、区）人民政府，省各委办厅局，省各直属单位：

《关于促进科技与产业融合加快科技成果转化的实施方案》已经省委、省政府同意，现印发给你们，请认真贯彻落实。

关于推进科技与产业融合加快科技成果转化的实施方案

为全面落实高质量发展要求，推进科技与产业融合，加快科技成果转化和产业化，充分发挥科技创新对制造强省建设的支撑引领作用，制定本实施方案。

一、总体要求

以习近平新时代中国特色社会主义思想为指导，全面贯彻党的十九大精神，牢固树立并自觉践行新发展理念，深入实施创新驱动发展战略，聚焦我省重点培育的先进制造业集群，坚持围绕产业链部署创新链，加强创新资源开放集聚和优化配置，强化以企业为主体的产学研协同创新，建立符合科技创新规律和市场经济规律的科技成果转移转化体系，推进科技与经济紧密结合、创新成果与产业发展紧密对接，为构建自主可控的现代产业体系、提升创新型省份建设水平、推动高质量发展走在全国前列提供有力支撑。

二、工作目标

2018—2020年，围绕重点培育的先进制造业集群，建设20个以上重大产业技术创新平台，统筹实施前瞻性产业技术创新专项、重大科技成果转化专项，组织实施300个重大项目，形成10个具有较强竞争力的创新型产业集群，形成一批创新要素富集的产业园区。到2020年，培育各类技术转移机构100家以上，全省技术市场合同成交额达1000亿元，创业投资管理资金规模达2500亿元，年实施产学研合作项目30000项以上。全省科技成果转移转化制度环境更加优化，产业创新能力大幅度提升，形成以企业技术创新需求为导向、以市场化交易平台为载体、以专业化服务机构为支撑的科技成果转移转化新格局，为促进江苏制造业转型升级、创新发展提供强劲动力。

三、重点任务

（一）围绕产业链部署创新链，培育创新型产业集群。

1. 建设产业技术创新平台。主动对接国家战略需求，积极争取国家创新资源，支持有条件的地方建设综合性科学中心，加快未来网络实验设施、高效低碳燃气轮机试验装置、国家超级计算（无锡）中心等国家重大科研平台建设，提升对产业创新发展的支撑能力。重点围绕新一代信息技术、前沿材料、新能源等领域，培育建设国家实验室、国家重大科技基础设施和科技创新中心。围绕重点培育的先进制造业集群，优化科技力量布局，整合现有创新平台，统筹建设智能电网、光伏、工程机械等22个重点创新平台。充分发挥创新平台对科技资源的高效集聚作用，促进应用基础研究、前沿高技术研究与产业关键技术攻关的紧密衔接。（责任部门和单位：省科技厅、省发展改革委、省经济和信息化委、省教育厅、省质监局、中科院南京分院）

2. 提升产业集群创新能力。针对产业集群的技术短板和创新需求，对标国际国内先进水平，聚焦重点、选准路径，集中力量推进重大技术突破。实施前瞻性产业技术创新专项，围绕纳米技术、物联网、未来网络、人工智能等前瞻性产业，突出前沿引领技术、关键共性技术创新，努力抢占事关长远和全局的产业科技战略制高点，掌握一批具有自主知识产权的重大原创成果。实施重大科技成果转化专项，围绕高端装备、前沿材料、生物医药、节能环保等产业集群，集成推进一批创新水平高、产业带动性强、具有自主知识产权的成果产业化，培育一批重大自主创新战略产品。实施省级战略性新兴产业资金项目，围绕新一代信息技术、战略性基础材料、先进智能制造等产业领域，培育全省新兴支柱产业，增强全省战略性新兴产业创新水平。（责任部门：省科技厅、省发展改革委、省经济和信息化委）

3. 打造产业创新集聚区。把省级以上高新区作为产业创新主阵地，引导高端资源优先向高新区集聚、高端项目优先在高新区落户、高端人才优先在高新区创业，打造支撑和引领高质量发展的产业科技创新高地。把省级以上经济技术开发区作为产业发展主阵地，加快转型升级步伐，打造特色创新集群。聚焦苏南国家自主创新示范区和扬子江城市群建设，优化区域创新布局，强化科技资源整合、开放共享和协同攻关，到2020年，在高端软件、未来网络、物联网、纳米技术、机器人、石墨烯等前沿和新兴产业实现多项重大技术突破。落实"1+3"重点功能区战略，统筹推进沿海经济带、江淮生态经济区、徐州淮海经济区中心城市产业创新发展，在工程机械、新医药、新材料、现代农业等产业聚焦发力，培育创新发展增长极，在全省形成开放融合、协同发展的产业创新体系。（责任部门：省科技厅、省发展改革委、省经济和信息化委、省农委、省商务厅）

4. 深化省产业技术研究院改革发展。按照"把研发作为产业、把技术作为商品"的理念，加快打造研发产业，营造适宜研发产业发展的良好生态，为产业转型升级和高质量发展持续提供技术支撑。围绕产业创新需求，继续布局一批专业研究所，实施一批重大原创性技术攻关项目，联合地方打造若干研发产业园区。支持引进海外创新成果二次开发、引进海外顶级研发公司，加大新型研发机构建设支持力度，增强产业技术供给能力。加快培育一批行业龙头企业，与细分行业龙头企业建立联合创新中心，探索原创性技术引进新机制，培育未来行业龙头企业。（责任部门和单位：省产业技术研究院、省科技厅）

（二）对接大院大所原创成果，推动产学研协同创新。

1. 加强与国内外创新资源的开放合作。深化与中国科学院、中国工程院、清华大学、北京大学等大院大所和高校战略合作，推动国家科技重大专项、重点研发计划产出的创新成果在我省转移转化，积极开展中科院科技服务网络行动计划江苏试点。深化与创新能力强的国家和地区长期合作，构建产业创新全球合作伙伴关系网络，实施与重点国家地区产业研发合作计划，打造国际创新资源集聚区，加快建设苏州纳米技术国际创新园、中以常州创新园等国际创新合作园区。建设企业海外研发基地和海外科技人才离岸创新创业基地，鼓励跨国公司在我省设立高水平研发机构。（责任部门和单位：省科技厅、省教育厅、省商务厅、省卫生计生委、省科协、中科院南京分院）

2.突出企业在产学研协同创新中的主体地位。充分发挥企业创新主体作用，鼓励企业联合高校、科研院所建设高水平企业技术中心、工程技术研究中心。依托创新型领军企业和行业龙头企业，建设企业国家重点实验室，增强高端化和国际化发展能力。加大高新技术企业培育扶持力度，支持企业增强自主研发能力，将企业研发费用加计扣除比例提高到75%的政策由科技型中小企业扩大至所有企业。发挥高校和科研院所创新源头作用，深入实施江苏高校协同创新计划，支持建设一批国家级、省级和校级协同创新中心。推动企业、科研院所和知识产权服务机构联合组建高价值专利培育示范中心，在主要技术领域培育一批创新水平高、市场竞争力强的高价值专利。支持高校、科研院所主动将先进适用技术引入企业研发机构进行熟化、工程化，深入推进企业院士工作站、企业研究生工作站等建设。贯彻国家《"十三五"技术标准科技创新规划》，聚焦先进制造业集群，着力提升技术标准研制能力。（责任部门和单位：省科技厅、省教育厅、省经济和信息化委、省发展改革委、省卫生计生委、省质监局、省知识产权局、省科协）

3.打造科技成果转移转化活动品牌。持续提升中国江苏产学研合作成果展示洽谈会、中国江苏国际产学研合作论坛暨跨国技术转移大会品牌影响力。办好世界物联网博览会、世界智能制造大会、中国国际纳米技术产业博览会等重点活动。发挥苏南国家科技成果转移转化示范区引领带动作用，加快建设覆盖苏南五市和省级以上高新区的自创区一体化创新服务平台，组织开展系列对接服务活动。鼓励全省各县（市、区）搭建产学研合作信息服务平台，自主探索符合当地实际、有助于特色产业创新发展的科技成果转移转化模式，支持各地举办富有产业特色的产学研洽谈活动。（责任部门：省科技厅、省经济和信息化委、省教育厅）

（三）加强科技需求侧供给侧对接，完善成果转化服务体系。

1.优化全省技术转移工作机制。加快省技术产权交易市场建设，加快提升高端创新成果集聚、供给侧需求侧对接和全链条一站式服务能力，实现线上技术产权交易、大数据分析等专业化服务。在完善功能基础上探索市场化运营机制，着力在技术转移、成果转化、股份转让、融资服务等方面创新提升，完善全省技术转移转化交易服务体系。建立科技成果项目库，及时动态发布符合产业升级方向的科技成果包。健全省、市、县三级技术转移工作网络，构建全省技术转移信息服务"一张网"。加强高校技术转移体系建设，支持省内高校和科研院所普遍建立技术转移中心，建设国家技术转移示范机构，提升市场化运营能力，形成专业化技术经纪人队伍。建设一批国际技术转移服务中介机构，鼓励与国际知名技术转移机构开展高层次合作。（责任部门：省科技厅、省教育厅）

2.提升知识产权保护和运营服务水平。围绕战略性新兴产业和先进制造业集群，开展产业专利导航和专利预警分析，加快提升专利运用能力和成果转移转化水平。开展重大经济科技活动知识产权评议，建立评议报告发布制度，积极推送相关成果。推进国家知识产权局专利审查协作江苏中心、江苏国际知识产权运营交易中心建设，建设产业知识产权保护中心，加快建设一批技术先进、功能完备、服务优质的知识产权公共服务平台。加强知识产权金融模式创新和产品创新，大力推进知识产权质押融资和专利保险，为科技成果转移转化提供高效便利的知识产权金融服务。构建多元化立体保护网络，完善知识产权维权援助工作体系，对企业涉外知识产权维权给予重点支持。开展知识产权护航行动，完善海外知识产权信息服务平台，探索建立知识产权国际纠纷仲裁中心，为海外科技成果来苏转移转化提供专业化知识产权服务。实施中小企业知识产权战略推进工

程，提升中小企业知识产权创造、运用、管理和保护能力。（责任部门：省知识产权局、省科技厅、省经济和信息化委）

3. 强化科技成果转移转化政策服务。扩大高校、科研院所科研自主权，下放科技成果使用权、处置权和收益权。加快推进高校、科研院所与发明人对知识产权分割确权和共同申请制度试点。提高科研人员科技成果转化收益，完善职务科技成果转化的奖励、报酬制度。（责任部门：省科技厅、省教育厅、省财政厅、省人力资源社会保障厅、省法制办、省知识产权局）

（四）更大力度引才聚才用才，优化科技与经济融合环境。

1. 发挥人才在科技与产业融合中的关键作用。面向全球引进和培养产业领军人才，通过团队引进、核心人才带动引进、高新技术项目开发引进等方式，以及国家和省、市人才计划支持，为制造强省建设提供高端人才支撑。对在促进科技成果转化、产业技术创新过程中做出重要贡献的科技人员授予省科学技术奖。围绕先进制造业集群发展需求，弘扬工匠精神，实施急需紧缺高技能领军人才引进培养计划和产业技能大师培育计划，形成高技能人才高地。鼓励科技人员在企业、高校、科研院所之间流动兼职，深入推进科技副总和产业教授选拔和培养工作。继续发挥科技镇长团在促进科技成果向基层转移转化中的带动作用，促进科教资源与县域经济高效对接。加强科学普及工作，提高全民科学素质。（责任部门和单位：省委组织部、省人力资源社会保障厅、省科技厅、省科协）

2. 突出科技创业在科技成果转化中的带动作用。围绕我省重点部署的产业创新链，完善天使投资、创业投资、风险投资、产业基金全程资金链。发挥天使投资风险补偿资金作用，扩大创业投资管理资金规模。探索股权投资与信贷投放相结合的模式，为科技成果转移转化提供组合金融服务。引导"苏科贷"合作银行支持科技型中小微企业开展科技成果转化，加快建设科技金融专营机构。深入实施"创业江苏"行动计划，鼓励以企业为主体投资建设一批专业服务水平高、辐射带动作用强的众创空间。整合技术、资本、市场等资源，建设一批高水平省级双创示范基地，争创国家双创示范基地。（责任部门：省科技厅、省财政厅、省发展改革委、省金融办）

3. 推进先行先试和机制模式创新。鼓励有条件的地方在科技体制改革方面先行先试。支持南京深化科技体制综合改革试点，加快建设具有全球影响力的创新名城。支持苏州工业园区开放创新综合实验，探索建立开放型经济新体制，推动产业结构迈向中高端，提升在全球价值链中的地位，更好地培育参与国际经济技术合作与竞争新优势。充分发挥常熟、海安县域科技创新体制综合改革试点的示范带动作用，引导各县（市、区）聚焦优势领域，差别化地确立创新发展目标，探索各具特色的县域创新驱动发展新模式。（责任部门：省科技厅）

四、保障措施

（一）加强组织领导，统筹协调推进。

在省政府领导下，省发展改革、经济和信息化、科技、教育、财政等部门根据职能和任务分工，建立协调联动机制，定期召开联席会议，强化重点任务落实，形成推进科技与产业深度融合的强大合力。各设区市人民政府要将推进科技与产业融合摆上重要位置，结合本地区实际提出切实有效措施，加大资金投入、政策支持和条件保障力度。

（二）抓好政策落实，激发主体活力。

全面落实中央和省委、省政府关于鼓励科技创新创业的政策措施，充分激励企业、高校院所以及科研人员在推进科技与产业融合中积极发挥作用。修订《江苏省促进科技成果转化条例》，规范和激励科技成果转化活动。推进科技领域"放管服"改革，建立完善以信任为前提的科研管理机制，赋予科研人员更大的人财物支配权，充分释放创新创业活力、调动科研人员积极性。

（三）做好舆论宣传，营造良好氛围。

积极宣传在推进科技与产业融合发展中涌现出的科学大师、创新型企业家、能工巧匠及其创新事迹，加大对科技成果转移转化中典型案例的宣传力度，营造有利于推进科技与产业深度融合、加快科技成果转化的浓厚氛围。

江苏省科学技术厅　江苏省财政厅

关于组织申报2018年度省创新能力建设计划暨中央引导地方科技发展专项资金项目的通知

苏科计发〔2018〕23号

2018年1月24日

各设区市、县（市）科技局（科委）、财政局，国家和省级高新区管委会，省有关部门，各有关单位：

为深入贯彻党的十九大和省委十三届三次全会精神，全面落实高质量发展要求和"两聚一高"战略部署，加快推进产业科技创新中心和高水平创新型省份建设，根据省"十三五"科技创新规划部署和《中央引导地方科技发展专项资金管理办法》，2018年度省创新能力建设计划与中央引导地方科技发展专项资金项目将结合省政府科技创新"四十条政策"、省科技创新重点专项和行动计划，紧紧围绕积极争创综合性国家科学中心、建设国家重大科技基础设施等重点工作，提升科技创新平台载体的能力和水平，努力突破引领性原创成果，进一步夯实全省自主创新的物质技术基础，为创新驱动发展提供有力支撑。现将有关事项通知如下：

一、支持重点和实施方式

（一）科学与工程研究类科技创新基地

1.重大科研设施预研筹建

根据我省科技经济发展的需求，围绕国家重大战略部署，聚焦综合性国家科学中心创建，重点支持有关部门、地方依托高等院校和科研院所等开展有望纳入国家重大科技基础设施和国家实验室等重大科研设施的筹备调研、预研建设等基础性工作。

实施方式：采用择优组织方式，整合相关科技力量，提出可行性方案，经专家论证，择优支持，成熟一个，启动一个。

2.省重点实验室建设

（1）学科重点实验室建设

突出前沿科学和民生领域，加强原始创新，重点依托省内高校、科研院所等优势科教单位，布局建设3个左右省级重点实验室。优先支持由国际国内院士等一流创新团队申请组建的重点实验室。

重点支持领域：大数据、先进功能材料、作物基因组学及育种

申报条件：申报单位应为我省科教单位（含具有独立法人资格的新型研发机构），拥有该领域核心技术基础、高水平的领军人才和团队。实验室新增投入（不含转移资产）不低于2000万元，研发场所独立集中，建筑面积不少于1500平方米。新建实验室的固定人员须与现有国家和省级重点实验室人员不重复。每个重点实验室建设期省拨经费资助不超过400万元。

实施方式：在宁部省属高校申报学科重点实验室建设项目由高校审核推荐，其他单位申报由设区市科技局（委）审核推荐。

（2）企业重点实验室建设

以增强行业骨干企业自主创新能力为目标，重点在新兴产业领域新建5家左右企业重点实验室，引导骨干企业加强高端人才引进培育，完善研发体系，开展应用基础研究和重大战略性目标产品研发，抢占产业技术制高点。优先支持建有院士工作站的企业申报的企业重点实验室。

重点支持领域：人工智能、互联网、新能源汽车关键零部件、高性能纤维复合材料、电子信息材料、智能成套装备

申报条件：申报企业应为所申报领域的行业龙头骨干高新技术企业，建有企业研发机构，近三年企业研发机构主导的省级以上相关应用基础研究、关键技术攻关项目2项以上，拥有本领域2项以上核心技术发明专利，企业主营业务收入原则上应在10亿元以上（人工智能等领域企业可放宽至3亿元）；实验室建设新增投入（不含转移资产）不低于3000万元。建设期间不安排省拨经费，建设期满验收合格后给予不超过400万元的省拨经费后补助。

实施方式：由各设区市科技局（委）审核推荐，各市每个领域推荐不超过1项。

（二）资源共享与科技服务类科技创新基地

1. 科技公共服务平台建设

瞄准新兴产业、优势产业创新和中小企业发展需求，重点围绕一区一战略产业，具备特色明显、产业集聚、要素集中的高新区和各类科技园区，突出技术性、开放性、公共性，建设3家左右重大科技公共服务平台。

重点支持领域：智能制造、人工智能、新型功能材料

申报条件：申报单位为具有较强研发服务能力和运营能力的骨干科技服务机构、独立法人的新型研发机构等；平台建设总投入不低于5000万元，省拨经费资助不超过1000万元。

实施方式：由各设区市科技局（委）审查推荐，各市每个领域推荐不超过1项。

2. 科技服务骨干机构能力提升

重点支持符合条件的科技服务业特色基地（示范区）、省产学研产业协同创新基地组织引导市场化运行的科技服务骨干机构引进人才、集聚资源、升级资质、创新模式、创制科技服务标准，提升区域整体服务能力。

申报条件：以省级科技服务业特色基地（示范区）、国家科技服务业区域试点、省产学研产业协同创新基地等为主体组织申报，遴选本基地（示范区）内不低于10家创新创业骨干服务机构（2017年已获资助的机构，2018年不再资助），以带动本区域科技服务能力的提升。遴选的骨干机构应为独立法人，在服务绩效、常规业务建设、标准创制、人才等资源集聚方面取得显著成效。每个基地（示范区）省拨经费资助不超过500万元，用于服务机构的专业服务能力提升。

实施方式：由各设区市科技局（委）审查推荐。

（三）创新服务机构建设与奖补

1. 新型研发机构建设

落实省政府科技创新"四十条政策"第35条，重点支持由诺奖获得者等国际著名科研机构团队设立，以及由国内知名高校院所和地方共建，以院士、"国家重大人才工程"人选专家及其团队为核心，研发领域符合国家重大科技部署和我省发展需求，有望培育承担国家实验室、重大科技基础设施和重大科技专项等战略任务的新型研发机构。

申报条件：申请的新型研发机构须在省政府科技创新"四十条政策"发布（2016年8月16日）之后在我省注册，以技术研发服务、技术转移孵化等为主导业务，投资规模较大，并已实质性运行。与国内科教单位共建的，应为有望培育承担国家实验室、重大科技基础设施和重大科技专项的专业性、公益性、开放性机构。省资助经费将依据机构的建设规模、引入核心技术和核心研发团队的创新水平等，择优给予分期分档支持，最高不超过1亿元。

实施方式：由设区市科技局（委）审核推荐。

2. 新型研发机构奖补落实省政府科技创新"四十条政策"第26条，重点支持具备独立法人条件的新型研发机构开展研发创新活动，对其上年度非财政经费支持的研发经费支出额

度给予不超过20%（最高不超过1000万元）的奖励。已享受其他各级财政研发费用补助的机构原则上不重复奖补。

申报条件：申请的新型研发机构应具有独立法人，参加国家科学研究和技术服务业科技活动单位统计调查；以研发服务为核心功能，不直接从事市场化的产品生产和销售；机构年营业收入不少于300万元，其中研发等科技服务收入占营业收入的比重不低于60%，为单一关联单位（有股权关系）的服务收入占营业收入的比重不超过30%。相关数据等以在省科技厅备案的省重点科技计划项目经费审计中介机构出具的《新型研发机构研发经费专项审计报告》为准。

实施方式：由新型研发机构自愿申请、各设区市科技局（委）审核汇总上报。

3.龙头骨干企业（跨国公司）独立研发机构建设

落实省政府科技创新"四十条政策"第35条，重点支持中央直属企业、国内行业龙头企业、知名跨国公司在苏注册设立独立法人资格、符合江苏产业发展方向的研发机构和研发总部，引入核心技术并配置核心研发团队。

申报条件：申请单位须为省政府科技创新"四十条政策"发布（2016年8月16日）之后新引进并在我省注册的龙头骨干企业（跨国公司）独立研发机构；依据引入核心技术和核心研发团队的创新水平、研发机构投入规模等，择优给予分期分档支持，最高不超过3000万元。

实施方式：由设区市科技局（委）审核推荐。

4.技术转移机构补助

落实省政府科技创新"四十条政策"第17条和国家技术转移体系建设要求，完善全省技术转移体系。对创办独立法人技术转移机构，以及高校技术转移中心、地方科技成果转化中心等技术转移机构、技术经纪人等从事技术转移工作，依据技术转移合同登记绩效等情况给予奖补，具体要求另行通知。

5.省属公益类科研院所自主科研经费

落实省政府科技创新"四十条政策"第6条"推动建立以绩效为导向的财政支持制度"，重点支持省属公益类科研院所面向我省经济社会发展与民生服务需求，围绕公益研究和公益服务职责，引进国内外高端资源和人才团队，拓展公益研究业务，提升公益服务能力，建设国内一流科研院所。

实施方式：参照《中央级科研事业单位绩效评价暂行办法》，以3年为周期，由公益院所提出2018—2020年的自主科研及公益服务任务、绩效目标及效果等，经主管部门审核上报，省科技厅会省财政厅依据科研任务规模、投入人力资源、研发投入规模及预计绩效等，每年给予不超过300万元自主科研经费的分档支持。

二、申报要求

1.基层项目主管部门在组织项目申报时要认真落实中央八项规定精神，严格执行全省科技管理系统"六项承诺"和"八个严禁"规定，把党风廉政建设和科技计划项目组织工作同部署、同落实、同考核，切实加强关键环节和重点岗位的廉政风险防控，积极主动做好项目申报的各项服务工作，进一步提高服务质量和办事效率。

2.设区市科技局（科委）要加强对所辖县区的统筹，加大重大项目组织力度，对重大科研设施、重点实验室、新型研发机构、科技公共服务平台、龙头骨干企业（跨国公司）独立研发机构建设和科技服务骨干机构能力提升等项目，须与省科技厅会商后再由项目单位正式报送申报材料。无锡市滨湖区由于存在科技失信行为，2018年度省创新能力建设计划和中央引导地方科技发展专项资金项目申报总数不超过1项。

3.项目申报单位要如实填写申报材料，对材料真实性负责，并出具信用承诺。项目申报书经项目负责人和参与人员签字确认后方可报送；项目预算应合理真实，承诺的自筹资金必须足额到位，禁止企业以其他政府资助资金作为自筹资金来源。同一单位以及关联单位不得将内容相同或相近的研发项目同时申报不同省科技计划。重复申报的，将取消评审资格。

4.有不良信用记录的单位和个人，不得申报本年度计划项目。在项目申报和立项过程中相关责任主体有弄虚作假、冒名顶替、侵犯他人知识产权等不良信用行为的，一经查实，将记入信用档案，并按《江苏省科技计划项目相关责任主体信用管理办法（试行）》做出相应处理。

5.项目申报的相关单位和有关人员要认真落实省科技厅《关于进一步加强省科技计划项目申报审核工作的通知》（苏科计函〔2017〕7号）和《关于严格执行省科技计划项目管理相关规定的通知》（苏科计函〔2017〕479号）要求，项目负责人应如实填写项目申报材料，严禁项目申报时剽窃他人科研成果、侵犯他人知识产权、伪造材料骗取申报资格等科研不端行为。项目申报单位要切实强化法人主体责任，进一步加强项目申报材料的审核把关，对申报材料的真实性和合法性负主体责任，严禁虚报项目、虚假出资、虚构事实及联合中介机构包装项目等弄虚作假行为。基层项目主管部门要切实强化审核责任，对申报材料内容进行严格把关，严禁审核走过场、流于形式。对于违反要求弄虚作假的，将按照相关规定严肃处理。

6.2018年将支持两院院士在企业、高校院所交叉建立工作站，并对已建成验收运行的省企业重点实验室、省科技公共服务平台进行运行绩效评估，有关具体事项将另行通知。

7.2018年度中央引导地方科技发展专项资金与省创新能力建设计划项目统筹申报、评审。省科技厅、省财政厅将根据中央引导地方科技发展专项资金定位要求和2018年经费额度，从申报项目和参加年度绩效评估项目中择优遴选符合条件的项目列入《江苏省中央引导地方科技发展专项资金三年滚动规划（2018—2020年）》和《2018年江苏省中央引导地方科技发展专项资金实施方案》中，报科技部、财政部审定后，由中央引导地方科技发展专项资金给予支持。

三、其他事项

1.申报材料统一用A4纸打印，按封面、项目信息表、项目申报书、相关附件顺序装订成册，重大科研设施、重点实验室建设、新型研发机构建设、科技公共服务平台建设、科技服务骨干机构能力提升、龙头骨干企业（跨国公司）独立研发机构建设项目申报材料一式七份，其他项目一式五份（纸质封面，平装订）。除另附材料外，申报材料纸质版须与网上系统提交最终版一致。

2.各项目主管部门应对申报项目进行筛选审核，汇总推荐，并将汇总表（纸质一式两份）、申报项目审核意见表随同项目正式申报材料统一报送省科技计划项目受理服务中心，地址：南京市成贤街118号（省技术产权交易市场）。

3.申报材料需同时在江苏省科技计划管理信息系统进行网上报送（网址：http：//210.73.128.81）。本通知及有关表格请在省科技厅网站查询和下载。项目相关佐证材料统一由项目主管部门审核并填写《项目附件审核表》，不再在网上填报上传。项目申报材料经主管部门网上确认提交后，一律不予退回重报。本年度获立项项目将在省科技厅网站（网址：http：//kxjst.jiangsu.gov.cn）进行公示，未立项项目不再另行通知。

4.项目申报受理截止时间为2018年3月15日，逾期不予受理。需另行通知的项目申报截止时间以通知为准。

联系人：

省科技计划项目受理服务中心，李岱（025-85485966）、张颖（025-85485920）。省科技厅条件处：张洪钢、凌家俭、尤琛辉、张传晖 025-57715340、86637560、83350801、57712955（可传真）

附件：1.江苏省学科重点实验室建设申报书（略）

2.江苏省企业重点实验室建设申报书（略）

3.江苏省科技公共服务平台建设申报书（略）

4. 江苏省科技服务骨干机构能力提升项目申报书（略）

5. 新型研发机构建设申报书（略）

6. 新型研发机构奖补申请表（略）

7. 龙头骨干企业（跨国公司）独立研发机构建设申报书（略）

8. 江苏省省属公益类科研院所绩效目标任务书（略）

江苏省科学技术厅　江苏省国税局　江苏省地税局

关于转发《科技部　国家税务总局关于做好科技型中小企业评价工作有关事项的通知》的通知

苏科高发〔2018〕144号
2018年5月18日

各设区市、县（市）科技局（科委）、国家税务局、地方税务局，苏州工业园区国家税务局、地方税务局，张家港保税区国家税务局、地方税务局，省国家税务局直属税务分局、省地方税务局直属税务局：

为加强科技型中小企业评价组织工作，确保提高科技型中小企业研究开发费用税前加计扣除比例优惠政策落实到位，日前，科技部、国家税务总局印发了《关于做好科技型中小企业评价工作有关事项的通知》（国科发火〔2018〕11号）（以下简称《通知》），现转发给你们，请遵照执行。根据科技部火炬中心近期召开的全国科技型中小企业评价工作推进会议有关工作部署，就做好2018年我省科技型中小企业评价工作有关要求通知如下：

1. 各评价工作机构要按照《通知》和《江苏省科技型中小企业评价实施细则（试行）》（苏科政发〔2018〕75号）有关要求，加强评价工作组织实施，推动辖区内科技型中小企业积极开展评价工作，重点加强符合条件的高新技术企业以及省级以上科技企业孵化器、众创空间等科技创业载体内符合条件的企业参与注册和自我评价。

2. 各评价工作机构要组织好企业注册信息、自评信息的形式审查工作。需要在2017年度汇算清缴中享受提高科技型中小企业税前研发费用加计扣除比例政策的企业，须在5月28日（含）前提交企业注册信息，评价工作机构须在5月29日（含）前完成形式审查；完成注册的企业须在5月31日（含）前提交企业自评信息（补正自评信息的按补正提交日期），评价工作机构须在6月6日（含）前完成自评信息的形式审查并提交，省高新技术创业服务中心在6月30日前完成入库公告。

3. 省高新技术创业服务中心按企业成立日期和提交自评信息日期，在科技型中小企业入库登记编号（以下简称登记编号）上进行标识。入库年度之前成立且5月31日（含）前提交自评信息的，其登记编号第11位（左数，以下相同）为0；入库年度之前成立但6月1日（含）以后提交自评信息的，其登记编号第11位为A；入库年度当年成立的，其登记编号第11位为B。入库登记编码第11位为0的企业，可在2017年度汇算清缴中享受提高科技型中小企业税前研发费用加计扣除比例政策。

4. 各市、县科技部门应及时将本地区科技型中小企业入库登记信息（包括企业名称、统一社会信用代码、注册地、入库登记编号、入库日期等）发送给同级税务部门。

5. 各级税务部门要与科技部门密切配合，及时掌握企业参与评价工作进展，摸清符合科技型中小企业评价标准的纳税人基数和分布情况，通过各种方式为企业提供政策辅导，帮助取得登记编号的企业及时享受政策，切实加大提高科技型中小企业研究开发费用税前加计扣除比例优惠政策落实力度。

6. 汇算清缴工作结束后，各市、县税务部门应及时将实际享受提高科技型中小企业研究开发费用税前加计扣除比例政策的企业信息（包括企业名称、统一社会信用代码、入库登记编号、研发扣除额）与同级科技管理部门进行共享。

附件：
科技部　国家税务总局关于做好科技型中小企业评价工作有关事项的通知

附件：

科技部　国家税务总局关于做好科技型中小企业评价工作有关事项的通知

国科发火〔2018〕11号
2018年4月27日

各省、自治区、直辖市和计划单列市科技厅（委、局）、国家税务局、地方税务局，新疆生产建设兵团科技局：

为做好科技型中小企业评价工作，确保提高科技型中小企业研究开发费用税前加计扣除比例优惠政策落实到位，根据《财政部 税务总局 科技部关于提高科技型中小企业研究开发费用税前加计扣除比例的通知》（财税〔2017〕34号）、《科技部 财政部 国家税务总局关于印发〈科技型中小企业评价办法〉的通知》（国科发政〔2017〕115号）、《科技部 财政部 国家税务总局关于进一步做好企业研发费用加计扣除政策落实工作的通知》（国科发政〔2017〕211号）以及《国家税务总局 科技部关于加强企业研发费用税前加计扣除政策贯彻落实工作的通知》（税总发〔2017〕106号），现就有关事项通知如下。

一、各省级科技管理部门要组织好企业注册信息、自评信息的形式审查及科技型中小企业入库公示、公告工作，省级科技管理部门6月30日前应完成5月31日前提交自评信息（补正自评信息的按补正提交日期）的科技型中小企业入库公告，保障符合条件的企业及时入库并享受优惠政策。

二、各省级科技管理部门应按企业成立日期和提交自评信息日期，在科技型中小企业入库登记编号（以下简称登记编号）上进行标识。入库年度之前成立且5月31日前提交自评信息的，其登记编号第11位（左数，以下相同）为0；入库年度之前成立但6月1日（含）以后提交自评信息的，其登记编号第11位为A；入库年度当年成立的，其登记编号第11位为B。入库登记编号第11位为0的企业，可在上年度汇算清缴中享受提高科技型中小企业税前研发费用加计扣除比例政策。

三、省级科技管理部门应及时将科技型中小企业入库登记信息（包括企业名称、统一社会信用代码、注册地、入库登记编号、入库日期等）发送给省级税务部门。

四、各级税务部门要与科技部门密切配合，及时掌握企业参与评价工作进展，摸清符合科技型中小企业评价标准的纳税人基数和分布情况，通过各种方式为企业提供政策辅导，帮助取得登记编号企业及时享受政策，切实加大提高科技型中小企业研究开发费用税前加计扣除比例政策落实力度。

五、汇算清缴工作结束后，省级税务部门应及时将实际享受提高科技型中小企业研究开发费用税前加计扣除比例政策的企业信息（包括名称、统一社会信用代码、入库登记编号、研发加计扣除额等）与省级科技管理部门进行共享。

科技部　国家税务总局

江苏省科学技术厅

关于印发《省科技厅贯彻落实〈创新型省份建设工作实施方案〉重点任务责任分工方案》的通知

苏科政发〔2018〕156号
2018年6月1日

厅各有关处室，各有关单位：

根据《创新型省份建设工作实施方案》，我们研究制定了《省科技厅贯彻落实贯彻落实〈创新型省份建设工作实施方案〉重点任务责任分工方案》，现印发给你们。请各责任处室和单位按照任务分工和进度要求抓紧落实，制定工作计划，明确具体措施，加强督促检查，保质保量完成各项改革任务。

省科技厅贯彻落实《创新型省份建设工作实施方案》重点任务责任分工方案

（一）全面深化科技体制机制创新。

1. 构建新型产业技术研发机制。推进省产业技术研究院改革发展，深化"一所两制、合同科研、项目经理、股权激励"等改革举措，更大力度集聚全球创新资源，更高水平建设专业研究所，探索构建市场化导向、公益性职能、企业化运作的运行机制，加速产业重大原创性成果产出。（责任部门：条件处、省产业技术研究院）

2. 加快省技术产权交易市场建设。发挥市场配置创新资源决定性作用，打造以技术信息发布、技术交易、技术转让、知识产权服务、风险投资、股权投资服务为主要内容的综合性技术市场，加快完善全省技术产权交易服务体系。推进省技术产权交易市场与江苏国际知识产权运营交易中心资源整合和信息共享，促进知识产权成果转移转化。（责任部门：条件处、省技术产权交易市场、省知识产权局）

3. 完善科技成果转移转化机制。下放科研院所和高等院校科技成果的使用权、处置权和收益权，提高科技人员科技成果转化收益。探索开展知识产权权益分配改革试点。完善科技成果项目库和信息发布系统，推进科技成果资源开放共享。（责任部门：法规处、成果处、省知识产权局）

4. 推进科技"放管服"改革。以市场为导向完善科技投入机制，推进项目评审、人才评价、机构评估改革，成立科技项目管理专业化机构，扩大项目经理制试点范围，完善因素法分配机制，建立健全创新调查和科技报告制度，激发科技人员创新创造积极性。（责任部门：计划处、法规处）

5. 深入推进区域创新改革试点。深化南京国家科技体制综合改革试点，推进苏州工业园区开放创新综合试验。推广常熟市、海安县科技创新体制综合改革试点经验，激发基层科技创新工作动力活力。（责任部门：法规处、区域处）

（二）着力提升产业科技创新能力。

1. 建设重大产业科技创新载体。支持有条件的地方建设综合性科学中心，支持高校和科研院所建设国家重大科技基础设施、国家实验室和科技创新中心。支持骨干企业牵头创建国家级制造业创新中心。实施科技基础设施建设行动计划，加快推进国家超级计算无锡中心、未来网络实验设施、纳米真空互联实验站、高效低碳燃气轮机试验装置等建设。（责任部门：条件处）

2. 加强产业关键核心技术突破。积极参与国家重大科技专项，在基础科学和前沿技术领域打造江苏发展的核心竞争力。实施前瞻性产业技术创新专项，重点在新一代信息技术、智能绿色制造技术、安全清洁高效的现代能源技术、资源高效利用和生态环保技术、智慧城市和城市大脑深化应用技术、支撑商业模式创新的现代服务技术以及引领产业变革的颠覆性技术方面集中突破，引领产业转型升级。（责任部门：高新处、成果处、社发处）

3.建设现代产业技术创新体系。实施重大科技成果转化专项和战略性新兴产业专项，培育形成纳米科技、石墨烯、高性能碳纤维、5G移动通信、量子通信及未来网络、工业机器人及智能制造等全球有影响、附加值高的产业创新集群。实施企业制造装备升级计划和企业互联网化提升计划，显著提升工业企业创新力。实施现代农业科技支撑行动计划，提高农业现代化水平。实施科技惠民行动计划，有效支撑社会发展和生态文明建设。（责任部门：成果处、高新处、农村处）

（三）着力提升企业自主创新能力。

1.培育具有国际竞争力的创新型企业。实施创新型企业培育行动计划，加快培育本土创新型领军企业，支持其融入全球研发创新网络。深入实施科技企业上市培育计划，为高成长性科技企业上市开辟绿色通道。实施高新技术企业培育"小升高"计划，健全"创业孵化、创新支撑、融资服务"的科技型中小企业培育体系，加快培育专精特新小巨人企业。（责任部门：高新处）

2.加快企业研发机构建设。深入实施企业研发机构建设"百企示范、千企试点、万企行动"计划，支持企业承担国家重点实验室、国家技术创新中心、国家制造业创新中心等平台建设任务，可在省级相关专项中给予不超过3000万元的支持。推进大中型企业和规模以上高新技术企业研发机构建设，支持企业加大研发投入、集聚研发人才、完善研发条件。（责任部门：条件处）

3.推进产学研协同创新。实施产学研协同创新行动计划和高校协同创新计划，支持骨干企业与科研机构、高等院校组建技术研发平台和产业技术创新战略联盟，在重点领域建设省级以上协同创新中心。发挥院士创新引领作用，提升企业院士工作站建设水平，支持院士在高校建立工作站。推进"企业创新岗（科技副总）"工作,引导更多创新资源服务企业技术创新。（责任部门：条件处、高新处）

4.推动企业创新政策落实。完善支持企业创新的普惠性政策，健全覆盖企业初创、成长、发展等不同阶段的政策支持体系。全面落实国家降低制造业增值税税负、小微企业和高新技术企业所得税优惠、企业研发费用税前加计扣除、固定资产加速折旧等税收优惠政策。（责任部门：法规处）

（四）着力提升区域创新发展整体水平。

1.加快苏南国家自主创新示范区建设。落实《苏南国家自主创新示范区条例》，大力集聚创新资源要素，加快推进"五城九区多园"创新一体化布局和"一区一战略产业"特色发展。加快建设国家科技成果转移转化示范区，在深化科技体制改革、建设新型研发机构等方面积极先行先试。（责任部门：区域处、成果处、法规处、条件处）

2.统筹推进苏中、苏北创新发展。引导苏中、苏北地区健全科技投入、科技创新社会化服务、创新成果分配等机制,加快特色产业转型升级，构筑创新发展新优势。推进创新型城市、创新型县（市、区）和创新型乡镇建设试点，提升苏南苏北共建园区建设水平，构建各具特色、优势互补、协同高效的区域创新体系。（责任部门：计划处、区域处、高新处、农村处）

3.提升创新型园区发展水平。优化全省高新区建设布局，加强创新核心区建设，推动高新区转型升级、创新发展、争先进位。创新高新区发展体制机制，完善高新区综合评价和主要指标定期通报制度。统筹推进大学科技园、科技产业园、科技创业园、知识产权试点示范园区等各类园区建设，加速集聚高端创新资源。贯彻实施《江苏省开发区条例》，完善创新型园区动态管理机制。（责任部门：区域处、高新处）

（五）着力提升创新平台集聚能力。

1. 加强创新国际化平台建设。对接国家"一带一路"战略部署，深化与创新型国家和地区的产业研发合作，构建完善面向全球的产业创新合作伙伴关系网络。鼓励开发区和有实力的企业在发达国家建设境外园区（研发基地），加强全球创新布局。鼓励高校、科研机构加强对外人才交流与科研合作，共建国际联合研究中心或实验室。（责任部门：国合处、条件处）

2. 加强创新创业平台建设。实施"创业江苏"行动，推动众创、众包、众扶、众筹等支撑平台快速发展，加快建设创业、产业、文化和社区等功能有机融合的众创社区。对符合土地利用总体规划和产业规划的孵化器新建及扩建项目，在土地利用计划指标中优先安排建设用地。创建国家小型微型企业创业创新示范基地，发展技术转移转化、检验检测、科技咨询、知识产权服务等科技服务业，优化创新创业孵化链条和服务体系。（责任部门：高新处、条件处）

3. 加强科技金融平台建设。深入推进国家科技与金融结合试点省建设，健全科技金融风险分担机制。发挥省天使投资风险补偿资金以及各地"科技贷款资金池"作用，优化"苏科贷"工作流程，实施省科技保险风险补偿专项资金。鼓励各类社会资本兴办科技小额贷款公司，支持各类金融机构发展科技金融专营（特色）机构，大力发展知识产权质押融资，形成覆盖产业科技创新全过程的科技投融资体系。（责任部门：高新处、省知识产权局）

4. 加强人才集聚平台建设。实施顶尖人才顶级支持计划，对引进世界一流的顶尖人才团队，简化程序、一事一议、特事特办，最高给予1亿元项目资助。鼓励高校根据需要适时调整学科专业，着力培养富有创新精神、敢于承担风险的创新型人才。完善省自然科学基金资助机制，培养更多优秀青年科研骨干。（责任部门：法规处、社发处）

5. 加快建设引领型知识产权强省。强化知识产权创造、保护、运用，着力培育高价值知识产权、知识产权密集型企业和知识产权密集型产业。加大知识产权保护力度，建设一批产业知识产权保护中心，构建知识产权大保护格局。（责任部门：省知识产权局）

江苏省科学技术厅

关于印发《江苏省科技金融进孵化器行动方案》的通知

苏科高发〔2018〕239号

2018年8月29日

各设区市科技局（科委），各有关单位：

为深入贯彻落实党的十九大以及省委十三届三次、四次全会精神，按照全省科学技术奖励大会暨科技创新工作会议要求，聚焦高质量发展走在全国前列，全面推进双创工作，引导投融资机构加强对科技企业孵化器内科技创业企业的支持，健全科技企业孵化器投融资服务功能，提升孵育孵化能力，促进科技创业企业加快发展，培育经济发展新动能，省科技厅研究制定了《江苏省科技金融进孵化器行动方案》，现印发给你们，请结合实际认真贯彻执行。

附件：江苏省科技金融进孵化器行动方案

附件：

江苏省科技金融进孵化器行动方案

为深入贯彻落实党的十九大以及省委十三届三次、四次全会精神，按照全省科学技术奖励大会暨科技创新工作会议要求，聚焦高质量发展走在全国前列，集聚资源、集成政策，健全科技企业孵化器（以下简称"孵化器"）投融资服务功能，提升孵化器孵育孵化能力，更好地促进科技创业企业健康发展，培育经济发展新动能，特制定本行动方案。

一、总体思路

以苏南国家自主创新示范区为重点，通过"三走进、二平台、双提升"活动，推动"苏科贷"、"苏科投"和"苏科保"走进孵化器、众创空间等科技创业载体，充分发挥科技金融服务平台和苏南科技企业股权路演中心作用，进一步创新科技金融产品和服务，推动人才、技术、资本有效对接，提升科技金融服务水平，提升孵化器孵育孵化能力，进一步改善科技创业企业融资环境，加快培育新技术、新业态、新产业、新模式。

二、主要目标

到2020年，全省参与科技金融服务的投融资机构超100家，对接孵化器超300家，服务科技创业企业超10000家，支持科技创业企业融资超100亿元，实现科技金融服务在绩效评价优秀的孵化器及省级以上高新区双覆盖，初步形成投融资机构与孵化器良性互动，"苏科贷"、"苏科投"和"苏科保"协同支持孵化器的投融资服务体系。

三、重点任务

1."苏科贷"走进孵化器，提升孵化器科技信贷服务能力。修订完善"苏科贷"实施细则，加强"苏科贷"政策向孵化器内科技创业企业的倾斜支持，引导银行加大对孵化器内科技创业企业信贷支持力度。省、地联动，每周深入一家孵化器，宣讲"苏科贷"支持政策，面对面辅导科技创业企业申报"苏科贷"，拓宽"苏科贷"在孵化器中的覆盖面，扩大科技创业企业贷款数量，进一步推动全省"苏科贷"规模持续增长。联合省科技金融服务中心、银行定期在孵化器举办银企对接活动，科技信贷、人才信贷等产品推介会，面对面了解、落实科技创业企业各类融资需求。鼓励银行加强科技支行建设，充分发挥科技支行专业化服务能力，根据孵化器特点丰富科技信贷特色产品，探索与孵化器合作通过集中授信等方式，为科技创业企业提供专项融资服务。

2."苏科投"走进孵化器，提升孵化器投资服务能力。深入实施省天使投资风险补偿工作，发挥省天使投资联盟作用，面向天使投资机构、民营资本等开展"苏科投"政策解读，组织开展"苏科投"10强机构、50强高成长性企业评选，不断提升"苏科投"政策影响力。加强"苏科投"、"苏科贷"业务协同，联合省孵化器协会，针对全省孵化器内高成长性科技创业企业探索"投贷联动"。对接"创业江苏"科技创业大赛，推动"苏科投"已入库机构针对孵化器内优秀大赛项目予以优先跟进。加强天使投资相关政策宣传与推广，面向孵化器科技金融从业人员、基层科技服务一线工作人员，开展天使投资服务能力提升培训。依托省科技金融合作创新示范区、省科技金融服务中心、省天使投资联盟，面向孵化器内科技创业企业开展形式多样的天使投资活动，提供项目诊断、路演、撮合等对接服务。

3."苏科保"走进孵化器，提升孵化器科技保险服务能力。修订完善"苏科保"实施细则，根据不同的科技保险险种建立差别化的风险分担体系，加大科技型企业产品质量保证保险、产品责任保险支持力度，引导保险机构为科技创业企业提供科技保险服务。以苏南自创区省级以上孵化器为重点，省地政府、保险机构联动，深入孵化器宣讲科技保险支持政策和产品，面对面为科技创业企业提供投保方案，鼓励科技创业企业利用科技保险分散企业科技创新过程中的风险。推动保险机构设立科技保险支公司，完善科技保险产品体系，不断提升服务能力，建立一支专业化的科技保险服务团队，为科技创业企业提供更有针对性、专业化的科技保险服务。

4. 发挥科技金融服务平台作用，提高企业融资对接效率。充分利用现有省科技金融信息服务平台、苏南自创区一体化科技投融资服务平台、"创业江苏"（网上综合服务平台）、"好创网"（创新创业政策信息网站）及各种微信公众号等线上服务平台，定期发布"苏科贷"、"苏科投"和"苏科保"等科技金融政策信息，推动银行、创投、保险以及科技金融中介服务等各类金融资源与孵化器内科技创业企业线上高效对接，为"苏科贷"、"苏科投"和"苏科保"走进孵化器提供线上资源集聚与整合支持。充分发挥省级科技金融服务中心等线下服务平台作用，集聚各类中介机构和科技资源、金融资源，为孵化器内科技创业企业提供信息发布、融资对接等多样化科技金融服务。通过线上线下，以点带面多方位优化创业金融服务环境，为孵化器内企业搭建有效的融资对接平台。

5. 发挥苏南科技企业股权路演中心作用，拓宽企业融资渠道。充分利用苏南科技企业股权路演中心，聚焦孵化器内科技创业企业"现金流、产品、运营"三大核心需求，汇集资本、市场、信息、技术、人才等多方资源，以项目路演为特色，为孵化器内科技创业企业提供项目展示、投融资对接、融资辅导和技术交易等服务。通过不断深化和延伸服务内涵，探索建立集融资对接、产业发展、运营提升于一体的独具特色的科技企业服务体系,打造服务苏南、辐射全省的综合性服务平台，在全省范围内营造浓厚的创新创业氛围。

6. 发挥地方科技金融优势，协同改善企业融资环境。充分利用地方科技金融工作基础，推动地方科技金融产品与服务共同深入孵化器，省地协同改善孵化器内科技创业企业融资环境。发挥"科贷通"、"宁科贷"、"锡科贷"等地方科技信贷产品特色和优势，与"苏科贷"形成差别化支持模式，缓解孵化器内科技创业企业融资难题。鼓励地方开展科技保险，探索建立地方科技保险工作模式，支持苏州进一步完善科技保险"苏州模式"，扩大科技保险在孵化器中的覆盖面。鼓励地方设立天使投资基金（资金），进一步发挥苏州、南京、徐州、南通等地天使投资引导资金作用，通过奖励补贴、风险补偿、阶段参股、跟进投资、投资保障等多种扶持形式，与省天使投资风险补偿资金协同，加大对辖区孵化器内科技创业企业和创业项目的支持，拓宽企业融资渠道。

四、保障措施

1. 健全工作机制。省科技厅负责指导，省生产力促进中心、省高新技术创业服务中心具体组织实施，根据本行动方案，制定工作推进计划，细化目标任务，落实相关责任，统筹协调科技金融、孵化器、科技型中小企业评价等相关业务工作，确保各项任务和目标保质保量地完成。

2. 加强省地联动。各设区市科技部门负责牵头配合省生产力促进中心、省高新技术创业服务中心组织开展本地区科技金融进科技企业孵化器行动，对辖区内孵化器科技金融需求进行摸底排查，根据全省统一计划安排，分批、分期推荐参与对接行动的孵化器和科技创业企业，并发挥地方科技金融的优势和工作基础，协同做好本地区科技金融活动，确保科技金融进孵化器行动各项任务有序开展。

3. 加大宣传推广。通过各类网站、微信公众号等线上平台，加大行动计划的宣传推广，提高孵化器对行动的了解。系统梳理包括"苏科贷"、"苏科投"和"苏科保"在内的国家和省有关支持创业发展的各项科技金融政策措施，编制科技金融宣传手册，有针对性地为科技创业载体和科技创业企业提供政策指导。

4.做好统计总结。定期对各地推进情况进行统计，及时掌握科技金融政策落实情况，适时对各地区科技金融进孵化器行动情况进行通报，并且根据推进情况，总结推进过程中出现的新情况、新问题，及时提出改进措施。

大事记

Major Events

2018年江苏省科技创新工作大事记

1月

4日 科技部公布了第二批国家专业化众创空间示范名单，其中包括江苏省生物医药、新材料、健康食品、激光技术、医疗器械产业领域的5家专业化众创空间，新获批数量及总数均位居全国第一。

△ 科技部火炬中心公布2017年度新认定国家级科技企业孵化器名单，江苏省17家孵化器获批，全省国家级孵化器总数达175家，继续保持全国第一。

5日 省委、省政府召开的省科协所属学会承接政府转移职能工作座谈会在南京举行。省委常委、宣传部部长王燕文，副省长蓝绍敏出席会议并讲话。

8日 2017年度国家科学技术奖励大会在北京人民大会堂举行，南京理工大学的王泽山院士荣获国家最高科学技术奖，中共中央总书记、国家主席、中央军委主席习近平亲自给王泽山院士颁发奖励证书。这是江苏科技人员首次获得国家最高科学技术奖。江苏共有54个项目获国家科技奖，获奖总数继续保持全国省份第一位。

16日 省知识产权局在南京理工大学知识产权学院召开全省知识产权培训工作研讨会。

19日 省科技厅在南京主持召开全省重点实验室建设工作座谈会。

31日 2018年全省知识产权局局长会议在南京召开。省科技厅厅长王秦出席会议并讲话。

2月

1日 全省科技局长会议在南京召开，会议传达了全国科技工作会议精神。省科技厅厅长王秦作工作报告。

2日 省科技厅副厅长段雄会见来访的挪威驻上海总领事尹克婷女士一行。会谈双方就加强江苏与挪威的创新合作进行了深入交流，一致同意共同推动双方企业、高校院所等实体间的务实合作。

22日 科技部发布《关于对中央引导地方科技发展专项资金绩效考核结果优秀地区的公示》，对2017年中央引导地方科技发展专项资金绩效考核结果为优秀的北京、江苏、深圳、河北、江西5个地区进行公示。江苏省此次成功蝉联，在国家目前已组织的两次年度绩效考核中均获得优秀。

3月

14日 澳大利亚悉尼大学副校长Duncan Ivison教授一行拜访省科技厅，与国际合作处及省跨国技术转移中心的代表就开展创新合作进行深入交流。

21日 省政府与中国科学技术协会签署全面战略合作协议。省委书记娄勤俭、省长吴政隆会见中国科协党组书记、常务副主席、书记处第一书记怀进鹏一行，吴政隆、怀进鹏分别代表省政府和中国科协签署全面战略合作协议。

26日 据发展改革委等六部委联合发布的《中国开发区审核公告目录》（2018年版）显示，江苏省纳入《中国开发区审核公告目录》（2018年版）的高新区共39家，其中国家高新区 18 家，省级高新区 21 家，国家和省级高新区数量均居全国第一。

4月

4日 省长吴政隆调研部分中央驻苏科研院所，指出发挥特色优势，服务地方经济，争当推动高质量发展走在前列"最强大脑"。

12日 省推进"一带一路"建设工作领导小组会议召开，审议并通过《江苏省2018年参与"一带一路"建设工作要点》。省长吴政隆主持会议并讲话，强调发挥"一带一路"交汇点优势，以高水平开放推动高质量发展。

19日 由国家火炬中心、三省一市科技厅（科委）共同主办的"共享 融合 共建成果转化高地"长三角创新合作发展论坛在第6届中国（上海）国际技术进出口交易会的"技术转移专区"顺利举行，这标志着长三角技术转移体系一体化建设正式启动。

△ 挪威科技大学（中国）创新研究中心签约仪式在南京举行，挪威科技大学在中国唯一的创新中心落户南京市江宁高新区。

20日 省委常委、省纪委书记、省监委主任蒋卓庆赴省产业技术研究院专题调研科研经费规范管理使用工作。省科技厅厅长王秦、驻省科技厅纪检监察组组长张姬雯等参加调研。

24日 省全民科学素质工作领导小组会议在南京召开，副省长马秋林出席会议并讲话。

25日 科技部、发展改革委联合发布《关于支持新一批城市开展创新型城市建设的函》（国科函创〔2018〕59号），支持全国17个城市开展国家创新型城市建设，江苏省徐州市位列其中。

5月

5日 全国创新型科技园区工作座谈会在无锡高新区召开。科技部火炬中心主任张志宏，省科技厅副厅长蒋洪参加座谈会。

10日 2018全球人工智能产品应用博览会在苏州工业园区开幕。

△ 第6届"创业江苏"科技创业大赛暨第7届中国创新创业大赛江苏赛区正式启动。

△ 国际遗传工程与生物技术中心（International Centre for Genetic Engineering and Biotechnology，ICGEB）在意大利里雅斯特举行第24届全体成员国理事会，会议重点讨论了ICGEB-CMC中国医药城区域研究中心建设方案，建设方案获得全票通过，这标志着ICGEB全球首家区域研究中心正式落户泰州医药高新区（中国医药城）。

11日 省委书记娄勤俭与出席第2届全球未来网络发展峰会的部分专家学者和嘉宾座谈。

18日 第13届中国常州先进制造技术成果展示洽谈会开幕，副省长马秋林出席会议并讲话。

6月

7—8日 副省长马秋林分别来到南京理工大学和南京大学，看望慰问中国工程院院士王泽山教授、中国科学院院士祝世宁教授。

14—15日 全国基础研究工作会议在南京召开，科技部副部长黄卫出席会议并讲话，副省长马秋林到会致辞。

25日 省委书记娄勤俭会见出席南京新型研发机构创新发展峰会的嘉宾并进行座谈。

27日 2018年"科技人玉"江苏高校产学研合作对接会在南京举办。

7月

3日 第三期"紫金创新沙龙"在南京召开，本期沙龙主题为"产业变革与中国式创新"。

11日 副省长马秋林一行来到省科技厅专题调研2018年上半年全省科技创新工作进展情况。省科技厅厅长王秦等厅领导和相关处室负责同志参加了调研座谈会。

17日 江苏省第六批"科技副总"正式上岗，来自全国176家高校院所的1018名专家教授变身成为江苏企业的"科技副总"。

19日 省科技厅副厅长段雄会见来访的以色列驻沪总领事普若璞博士一行。双方就进一步深化江苏与以色列的创新合作进行了坦诚交流，一致同意将采取积极措施，共同推动江苏与以色列的科技合作迈上新台阶。

30日 省政协召开十二届八次主席会议，围绕"深化科技体制机制改革、激发创新活力"进行协商讨论。省政协主席黄莉新主持并讲话。副省长费高云代表省政府到会通报情况并听取意见。会议审议并原则通过了《江苏省政协参与2018年度长三角地区政协"构建区域创新共同体、推动长三角科技创新圈建设"联合调研方案》。

8月

7—8日 省委书记娄勤俭就"提升科技创新能力、加快建设自主可控的产业体系"到部分科研院所调研。调研期间，省委书记娄勤俭分别与相关负责人和专家进行座谈。

14日 2018年"挑战杯——彩虹人生"全国职业学校创新创效创业大赛决赛在南京江宁体育中心开幕，副省长陈星莺、团中央书记处书记李柯勇出席大赛并讲话。

27日 全省科技镇长团十周年总结暨第11批到任工作会议在南京召开。省委常委、组织部部长郭文奇出席会议并讲话，副省长马秋林出席会议。

28日 全省科学技术奖励大会暨科技创新工作会议在南京举行。省委书记娄勤俭在讲话中强调，认真落实习近平总书记科技创新重要论述，推动新时代江苏科技创新走在全国前列。省长吴政隆主持会议并讲话，省政协主席黄莉新出席会议。大会上，省委书记娄勤俭向2017年度国家最高科学技术奖获得者、南京理工大学王泽山院士颁发省配套奖励证书。吴政隆向2017年度国家科技进步一等奖获得者、中复神鹰碳纤维有限责任公司董事长张国良颁发了省配套奖励证书。2017年度省科学技术奖励获奖代表和第2届江苏省专利发明人奖获得者登台领奖。娄勤俭、吴政隆共同为未来网络国家重大科技基础设施、高效低碳燃气轮机国家重大科技基础设施、网络通信与安全紫金山实验室揭牌。会议宣读了《省政府关于2017年度江苏省科学技术奖励的决定》《省政府关于授予第二届江苏省专利发明人奖的决定》。

31日 第14届中国（南京）国际软件产品和信息服务交易博览会开幕。省委书记娄勤俭、省长吴政隆出席开幕式，并与工业和信息化部党组成员、总工程师张峰共同为软博会启动开幕。

9月

10日 副省长马秋林主持召开省科技成果转化专项资金管理协调小组会议，审议2018年度省科技成果转化专项资金项目，研究部署下一阶段工作任务。

13日 省科技厅副厅长夏冰在南京会见由大韩贸易投资振兴公社本部长朴汉真率领的韩国代表团一行，双方正式签署科技创新合作备忘录。

14日 省科技厅在南京召开《关于深化科技体制机制改革推动高质量发展若干政策》政策专题培训会议。

15日 由工业和信息化部、科技部、江苏省政府共同主办的2018世界物联网博览会在无锡开幕，2018世界物联网无锡峰会同日举行。省委书记娄勤俭出席会议，工业和信息化部部长苗圩、省长吴政隆、科技部党组成员陆明在峰会上讲话，中国科协副主席孟庆海出席会议。省委常委、无锡市委书记李小敏在峰会上致辞。

16日 第9届中国（泰州）国际医药博览会开幕。同日省政府、科技部、国家卫生健康委、国家药品监管局、国家中医药管理局共同推进泰州医药高新区建设联席会议第七次会议在泰州召开，副省长马秋林及国家四部委有关负责同志出席会议。

20日 第7届中国创新创业大赛新能源及节能环保行业总决赛在重庆落下帷幕，苏州英磁新能源科技有限公司获得初创企业组一等奖，南京博兰得电子科技有限公司获得成长企业组二等奖，赛腾机电科技（常州）有限公司获得初创企业组三等奖，盐城交大能源有限公司获得成长企业组全国十二强。此外，江苏共有8家企业获得"优秀企业"称号。

26日 "2018年江苏省产学研专场对接洽谈会——常州市机器人及人工智能领域成果专题洽谈会暨第4届武进国家高新区海智对接交流会"在常州市武进国家高新区成功举办。

10月

9日 2018年全国大众创业、万众创新活动周主会场在成都启动，同日江苏分会场启动仪式在南京雨花台区举行。省委常委、常务副省长樊金龙出席启动仪式。

12日 由江苏省政府、工业和信息化部、中国工程院、中国科协共同主办的2018世界智能制造大会在南京开幕。省长吴政隆出席开幕式并讲话，工业和信息化部副部长辛国斌、中国工程院副院长钟志华、中国科协副主席孟庆海分别致辞，省委常委、南京市委书记张敬华在开幕式上致辞。副省长马秋林、南京市市长蓝绍敏、省政府秘书长陈建刚、部分中国工程院院士、智能制造领先企业和权威机构代表、智能领域专家学者等参加开幕式。

14日 "苏高新杯"第5届"创青春"中国青年创新创业大赛总决赛在苏州举行。

15日 第7届中国创新创业大赛先进制造行业总决赛在河南洛阳落下帷幕，苏州艾利特机器人有限公司获得初创企业组一等奖，江苏影速光电技术有限公司获得成长企业组二等奖，无锡臻致精工科技有限公司获得初创企业组三等奖。此外，江苏共有12家企业获得"优秀企业"称号。

16日 苏南国家自主创新示范区创新载体评估结果发布会在南京召开。省苏南自创区建设工作领导小组办公室、省苏南自创区建设促进服务中心发布了《苏南国家自主创新示范区瞪羚企业发展报告2018》《江苏省高新区独角兽企业和瞪羚企业发展报告2018》，并对部分创新载体代表授牌。

19日 省政府与国家知识产权局在南京召开2018—2019年知识产权合作会商会议。省长吴政隆、国家知识产权局局长申长雨出席会议并讲话。国家知识产权局副局长贺化介绍了2018—2019年合作会商工作要点。会议结束后，吴政隆会见了出席第3届紫金知识产权国际峰会的部分嘉宾。省委常委、南京市委书记张敬华，省政府秘书长陈建刚等参加活动。

29日 "2018年江苏省产学研专场对接洽谈会——'AI智能，爱制造'昆山市智能制造技术成果专题洽谈会"在昆山阳澄湖科技园成功举办。

30日 由中国工程院和江苏省政府共建的中国工程科技发展战略江苏研究院在南京成立。省委书记娄勤俭、省长吴政隆，中国工程院院长李晓红、主席团名誉主席周济出席江苏研究院成立大会并共同为研究院揭牌。

11月

5日 剑桥大学—南京科技创新中心项目启动仪式在南京高新区举行，这标志着剑桥大学—南京科技创新中心正式启动运行。

6日 由工业和信息化部、江苏省政府主办的2018智能科技与产业国际合作论坛太仓分论坛在太仓举行，分论坛以"中德智造·共赢未来"为主题，围绕智能科技创新与产业变革进行主旨演讲和高峰对话。副省长马秋林出席活动。

△ 由工业和信息化部、江苏省政府主办的2018智能科技与产业国际合作论坛昆山分论坛在昆山举行，分论坛围绕"智能科技"主题，聚焦智能科技发展趋势。副省长郭元强出席活动。

8日 由科技部和江苏省政府共同主办的中国·江苏第6届国际产学研合作论坛暨跨国技术转移大会在南京开幕，本届大会以"开放创新、合作共赢"为主题，副省长费高云出席大会并致辞。同日，为响应"一带一路"合作倡议，促进江苏与相关国家科技创新合作，大会举办了"一带一路"创新合作与技术转移专题交流会。交流会上启动了江苏"一带一路"

创新合作与技术转移线上服务平台。

23日 第7届中国创新创业大赛新材料行业总决赛在宁波落下帷幕，无锡变格新材料科技有限公司获得成长企业组三等奖。此外，江苏共有8家企业获得"优秀企业"称号，优秀率占全国优秀总数的11%。

30日 第7届中国创新创业大赛电子信息行业总决赛在深圳落下帷幕，南京凯瑞得信息科技有限公司、常州天正工业发展股份有限公司分别获得成长企业组二等奖和三等奖。

12月

11日 科技部最新公示的国家级星创天地名单中，江苏省有24家获备案公示，至此，全省共建有国家级星创天地108家，居全国首位。

14日 科技部发文公布首批国家创新型县（市）建设名单，确定52个县（市）为首批国家创新型县（市），江苏省昆山、江阴、张家港、常熟、海安5个县级市在列，与浙江省并列第一。

18日 省科技厅正式发布2018年江苏省企业院士工作站评估结果，31家被评为"优秀"等次，56家被评为"良好"等次，133家被评为"合格"等次。

21—22日 省科技厅组织412名来自全省科技部门、企事业单位相关负责人组成江苏代表团，参加由教育部、科技部等六部委在广州共同主办的2018中国海外人才交流大会暨第20届中国留学人员广州科技交流会。

索 引
Index

说 明

一、本索引依照国家标准《索引编制规则（总则）》GB/T22466—2008的相关规则进行编制。

二、本索引分为主题索引和表格索引。凡文字、表格、名录中具有独立检索意义的内容主题，均可通过本索引进行检索。

三、主题索引按标引词首字的汉语拼音字母顺序排列（同音按声调），首字相同时，按第二个字的音序排列，依次类推。若以数字或字母开头时，排在最前面。表格索引按表格所在页码的顺序排列。索引名称后的数字表示内容所在的页码，数字后的拉丁字母（a、b）分别表示所在页码的左、右栏。

四、"特载""重要科技文件""大事记"不列入索引范围。

主题索引

字 符

"211" 128a，543a
"3+3+N" 460b
"3+X" 556b
"3·23"世界气象日 401a
"333工程" 34b，39a，51b，52，399b
"4·26知识产权周" 363a
"6+4"政策 547b
"6+X" 482a
"863"计划 48b，264b，629a
"876培训计划" 337b
"973"计划 629a
"985" 128a，543a
"百博进百企" 557b
"拨投结合" 313b
"城市云脑计划" 514a
"创管家" 554a
"创新2020" 38b
"创新南通" 452a
"创新人才集聚" 314b
"创业江苏" 116b，419a，479b
"创业中国" 122b
"服务三农" 361b
"富民33条" 625a，628a
"工匠培育工程" 507b
"共担共补" 418a
"共和国的脊梁——科学大师名校宣传工程" 348b
"共抓大保护" 384b
"国家智能商用车质量监督检验中心（筹）" 365a
"国家重大人才工程" 39a，51b，136a，361a
"互联网+产学研"平台 361b
"互联网+小微企业"行动 358a

"淮上英才计划" 475b
"技术研发+专业孵化+专业基金"三位一体 313b
"建链、补链、强链" 557a
"江苏省十大青年科技之星" 306b
"杰青" 228a,361a
"九通一平" 556b
"科技创新40条" 301a,464a,625a
"科技改革30条" 58a,132a,311a,360a,625a
"科技长征" 438a
"科技资源园区行" 340a
"科教强卫工程" 382b
"科普云" 345b
"两城一中心" 509a
"两高两新" 510b
"两个确保" 384b
"两减六治三提升" 438a
"两聚一高" 347b,510b
"两落地一融合" 314b,405a
"六大人才高峰" 59a,301a,375b
"六大要素" 412a
"六个高质量" 541b
"六个重点帮扶片区" 241a
"龙城英才计划" 438b
"龙头培育工程" 513b
"梦工厂" 506b
"苗圃—孵化器—加速器" 116b,314b,464b
"农技耘"APP 375a
"青苗班" 300b
"全科社工" 517a
"人才10条" 450b
"人才26条" 301a,625a
"人才凤栖工程" 513b
"三局两中心" 539b
"三农" 29a
"三区一高地" 23a,314b,546a
"神威·太湖之光" 67a,626b
"食醋——健康与创新" 497a
"试验田" 313a

"树标杆、学标杆、超标杆"活动 357b
"双进双清" 464b,472a
"四+一" 346b
"四大高地" 365a
"四个全覆盖" 406a
"四位一体" 473a,546a
"四新经济" 451b
"苏米" 396b
"泰科易"平台 502b
"团队绝对控股" 313a
"无锡创新创业院所行" 428a
"武南创智汇" 542b
"小升高" 25a,466a,480a,501a
"新一代国家交通控制网试点工程" 365a
"星创天地" 416a,434a
"研发众包"系统 314a
"一产业一高端研发平台" 501b
"一城一谷" 433a
"一城一谷一院一区" 432b
"一村一名农技员" 375a
"一带一路" 124a,238a,314a
"一核一带三园" 497a
"一平台、一中心、一体系" 313b
"一企一院校、一企一平台" 560a
"一区三核多特" 426a
"一区十四园" 546a
"一区五园" 550a
"一区一平台" 29b
"一区一市两县" 314b
"一区一战略" 534b
"一区一战略产业" 135b,245b
"一区一主导产业" 29b
"一区一主题" 29b
"一三五"规划 36a
"一深化四提升" 126b
"一体两翼" 546a
"一网两微三站四端" 418b
"一网通办" 301a
"一园区一产业一导航" 326a
"一站通·全省行"活动 329b
"一中心一基金一网络" 117a

"一主一新" 544b
"优来谷成" 534b
"优青" 31b，39a
"正版正货" 332a
"知识产权18条" 466a，625a
"知识产权服务万里行" 340a
"知识产权高校行" 363a
"知识贷" 523b
"智慧水利" 374a
"种子基金" 31b
"专精特新板" 358a
"专利分析师俱乐部" 340a
《2018年度江苏省文化科研课题申报指南》 381b
《2018年度省交通运输标准化工作要点》 366a
《2018年度江苏省国土资源科技项目指南》 363a
《常州市支持新型研发机构建设实施细则（试行）》 437b
《常州宣言》 439b
《成品住房装修技术标准》 364a
《关于贯彻落实乡村振兴战略的实施意见》 29a
《关于加强科技创新推动交通运输产业高质量发展的意见》 365b
《关于进一步深化省级科研经费和项目管理改革的试点方案》 313a
《江苏省交通运输科技创新发展战略纲要》 365b
《江苏省省级科研事业单位绩效评价办法（试行）》 32a
《江苏省水利科技项目管理办法》 371a
《江苏省卫生健康科技创新与成果转移转化行动计划（2018—2020年）》 382a
《江苏省乡村振兴战略实施规划（2018—2020年）》 29a
《江苏省新一代人工智能产业发展实施意见》 357b
《江苏省智慧社区建设技术导则》 364b
《江苏省专利促进条例》 330b
《科技创新三年行动计划（2018—2020年）》 314b
《轻质内隔墙构造图集》 364a
《无锡市创新型企业倍增计划（2018—2022年）》 424a
《住宅阳台》 364a
《住宅智能信报箱建设标准》 364a
《装配式混凝土建筑施工安全技术规程》 364a
2017年度火炬统计工作先进单位 28
2018年度全国科学技术机构年度统计调查 32b
A224近常压XPS/STM/MBE系统 522a
A2LA认证 97b
AAALAC认证 97b
B201真空管道示范线设备 522a
BIM技术推广应用 364b
CNAS认证 97b
DUI开放平台 520a
EI 45b
GLP认证 97b
GMP认证 533b
ISO认证 97b
R&D 33a
SCI 34b，45b
TQM教育 357b
VIS视觉识别系统 111b
VR技术 327a

B

百城千校万村行动 345a
版权 65b，327b
北京大学 124b
标准 36a，304a
标准化试点 397b，480a
博士后工作站 57b，306a

C

财政科技经费 26b

财政科技资金 312b
测绘科技 402b
产学研合作 624b
产业创新链条 25a
产业链 28a
产业前瞻与共性关键技术 133
长三角农业科技成果交易服务平台 30b
超分辨光学显微镜 511a
超算中心 67a
城市发展战略 546a
充电桩建设 415b
创新成果 626a
创新创业人才 115b，152a
创新环境 420b
创新链 28a
创新领军人才 39a，227a
创新券 451a
创新人才 227a，301a
创新条件 625a
创新团队 34b，51b，227a
创新型省份 23a，625a
创新型试点县（市） 23b
创新型特色产业集群 26a
创新医疗器械产品 31b，136b
创新载体 23b，121a
创业板 25b
创业孵化 116b，122b

D

大工匠工作室 300b
大视场巡天望远镜 40a
大型构件多机器人智能磨抛加工 425b
大学科技园 414a
大院大所合作对接会 522b
等离子射频手术系统 502a
邓逸民 301b
瞪羚企业 350b，411a
地球模拟器 67b
地震动参数 398a
地震应急演练 398b

第29届江苏省青少年科技创新大赛 349a
第六届三江知识产权国际论坛 343a
第七届江苏省青年科学家年会（江苏科技论坛） 351b
电磁仿真 67b
电力电子变压器 402a
电力科技 401b
电商产业园 560a
动植物新品种 65a，305a
独角兽企业 350b，413a
断层探测 397b
多元化融资渠道 628a

E

恩瑞克·德里奥利 298b
二十二碳六烯酸油脂 550a

F

发明专利 26b，28a，54a，135a
防震减灾 397a
放射医学与辐射防护 446b
飞机发动机 67b
菲利普·罗斯·哈德维基 298a
风险补偿资金池 464a，523b
孵化链条 122b
孵化器 26b，122a
辐射 261b
辐射带动 128a

G

干细胞临床研究 236a
高被引科学家 51b
高端数控精密制造 542b
高级职称 34b，51b
高技能人才培训基地 300b
高技能人才专项公共实训基地 300b
高价值专利 117a，325a
高价值专利培育计划 325a

高通量计算创新研究院 552b
高温合金 24a，232b
高校科研工作 360a
高校协同创新联盟 360b
高校知识产权创造运用与管理 362a
高校专利产出 362b
高效低碳燃气轮机试验装置 68a，466a
高新技术产业 24a，25b
高新区 25b
高性能混凝土 364b
高裕弟 306b
格拉汉姆·安东尼·希尔兹 299a
工程技术研究中心 57b，63a
工程院院士 303a
工程中心 63a
公安物联网大数据 136b
公共服务平台 92a
公民科学素养大赛 346b
公益院所 32a
功能材料设计原理与应用 412b
固定人员 51a，59a
固定资产 26b
固体废物 388b
广播电视科技 389a
规模以上工业 26b，132b
轨道交通 542a
国地联合 57b，138a
国际技术转移服务机构 137a
国际科技合作 123b
国际联合实验室 55a
国家创新人才推进计划 301b
国家创新型试点城市 23b
国家非人灵长类实验动物种子中心苏州分中心 96a
国家高新技术产业化基地 28b
国家火炬特色产业基地 28b
国家技术创新示范企业 357a
国家杰出青年科学基金 51b
国家科技奖励大会 248b
国家遗传工程小鼠资源库 95b
国家知识产权品牌服务机构"苏北行" 340a

国家重点研发计划 52b
国土资源科技 363a
国土资源科普 363b

H

海绵型道路 366a
海外科技创新资源 540a
航空航天 24a，249a
何梁何利基金 52
核心期刊 62a
横向课题 33a，563b
化学药制剂 24b
淮海经济区科技创新发展研究战略联盟 432b
环境保护 384a
环境质量 386a

J

基层农技推广 375a
激光 115b
集成电路 65b，230b
集成电路封测 536b
集成电路设计版权 65b，305a
集群管理 503b
集中式饮用水 386b
技能大师工作室 300b
技术创新服务平台 92a，97a
技术创新引导专项 52b
技术服务 33a，55a
技术经纪人 118b，130b
技术经理 109b，314a
技术转让 360a，629b
技术转移大会 124a
技术转移机构 116b
家养动物 94a
检验检测认证 117b，121b
减轻企业负担 628a
建设科技 364a
江苏高校协同创新计划 360b
江苏科技论坛 347b

江苏省产业技术研究院 315a
江苏省大型科学仪器设备共享服务平台 92a
江苏省工程技术文献信息中心 93a
江苏省国土资源卫星应用技术中心 363b
江苏省技术产权交易市场 109a，413a
江苏省科学技术奖 265b
江苏省农业种质资源保护与利用平台 94a
江苏省青年科技奖 306b
江苏省有突出贡献中青年专家 34b
江苏省知识产权公共服务平台 94b
江苏省重大疾病生物资源样本库 96b
江苏省综合交通运输学会（协会） 349a
奖补资金 110a，137a
交通运输科技 365a
结转项目 133b
金鸡湖创业长廊 527a
决策咨询 404a

K

科贷通 448a
科技"服务三农" 361b
科技保险 123b，413a
科技部创新人才推进计划 4174a
科技产出 563b，626a
科技产业园 24a，218a
科技超市 137a
科技成果 132a，242b
科技创新板 111a
科技创新谷 541a
科技创新核心区 553a
科技创新能力 625a
科技创新政策 242b
科技创业 98a
科技创业大赛 122b
科技促进可持续发展 132b
科技孵化器 26b
科技扶贫 30a，376b
科技服务 35b，92a
科技服务超市 30a，233b
科技服务骨干机构 118a

科技副总 58a，110b，306a，433b
科技公共服务平台 92a
科技基础设施 66b，244b
科技金融 117a，123b
科技进步贡献率 132b
科技进步环境 132a
科技企业 25a
科技人才 242b
科技人员 30a，130b，360a
科技入户 375a
科技税收优惠政策 311b
科技投入 240b，313a，625a
科技团体活动 346a
科技下乡 456a
科技项目 32a，227a，360a
科技小贷公司 117a
科技信贷 123a
科技型中小企业 25b
科技镇长团 110b
科技政策 312a
科技重大专项 52b
科技咨询 98a，117b
科技资源共享平台 92b，98
科普e站 345a
科普传播 298a
科普服务 302b
科普讲座 298b
科普教育基地 298b
科普体验 332a
科普宣传周 298b
科普展览 299a
科普志愿者 298b
科学技术奖励 227b
科学普及 298a
科学仪器研发 113b
科学院院士 303a
科研机构 32a，75a，77a
颗嵌入式40纳米工规级存储芯片 545b
空中核爆炸荷载模拟试验 248b
库（圃） 92b
跨国技术转移 496b

跨国技术转移大会 314a

L

历史经典产业 300b
粮食科技 396a
粮食流通改革 396a
两微一端 400a
两院院士 27b，302b
林木 94a
林业科技 376b
林业信息化 378a
临床医学中心 431b
留学人员创业园 300b，300b
流动人员 51a
六大水利 370a
龙头骨干企业独立研发机构 542b
罗年柱 298b
绿色储粮 396b
绿色高效 29a
绿色增效 29a

M

马瑜婷 306b
民营科技企业 411b

N

纳米材料 24a，230b
纳米真空互联实验站 68b
南通高等研究院 452a
能源勘探 67b
农村创业 416a
农村科技服务 30a，233b，240b
农药证书 305a
农业产业 29a
农业创新载体 29b
农业科技 374b
农业科技园区 137b，233b，448b
农作物 29a，94a

Q

企业创新岗 306a
企业孵化器 116b，122a
企业工程研究中心 66a
企业加速器 122b
企业研发平台 57b
企业研究生工作站 306a
企业研究中心 125a
企业院士工作站 302b
企业重点实验室 58b，85
气象科技 399a
气象科普 401a
汽车"四化" 553b
汽车设计 67b
前沿领域 24a
前瞻性技术 230b
前瞻性研究 339b
钱七虎 248a
强企行动 322a
强省建设区域示范强县工程 317b
侵权纠纷 95a
清华大学 124b
区域创新体系 117a
全国科技活动周 306a
全国科普日 346a
全国质量奖 357b
全民科学素质行动 300a
全社会研发投入 132b

R

燃烧室试验平台 68b
人才流失 627a
人工智能 24a，135b
人口健康 31a
人社部 511a
融媒体 391a，400a
融资服务 111a，234b
软件著作权 65b，98a，305a
软科学研究 137b，242b

S

商标 111b，117b
社会开放课题 304a
深海空间站 67b
深化高校科技体制机制改革 360a
生物安全 375b
生物磁学与磁性纳米材料 518b
生物技术 24b
生物医药 24a，24b，97a
生物医药论坛 556a
生殖健康 278a
省部共建协同创新中心 360b
省创新团队 34b，51b
省级财政奖励 311b
省技术市场 109a，480b
石墨烯 230b，243a
实验动物 92b，96a，112a
市场化参股人才基金 543a
市场监管 391b
市场竞争秩序 392a
首保 117a
首贷 117a
首投 117a
兽药证书 54b，304a
数字医疗 113b
双创博士 301b
双创计划 59a，301b
双创人才 52，301b
水产 94a
水利科技 370a
水利信息化 374a
水利云 374b
水网 372b
四位一体科普资源 346b
苏北科技专项 137a
苏北特色产业 30a
苏科保 123a
苏科贷 117a，123a，314a
苏科投 117a，123a
苏南国家自主创新示范区 23a，135b，242b
苏州工业园区 26a，516a

T

太湖（马山）生命与健康论坛 349b
太湖治理 384b
特色产业基地 28a
天气气候 67b，399b
天使投资 117a，123a，418a
土壤污染防治 31a，237a

W

外观专利 334a
网络通信与安全 412a
卫生科技 382a
未来网络 66b
文化科技 380b
无线数字化工程 390b

X

现代农业 136a
乡土人才技能工作室 300b
项目经理 315b
项目路演 351a
肖敏 298a
校企联盟 117a
新材料 24a，97a，232a
新产品 62a，357b
新产业 357a
新技术 62a，235b，357a
新能源 58b
新能源汽车 138a，231b，415b
新能源汽车动力系统 412b
新能源制造业 562b
新三板 25b
新上项目 133b
新型研发机构 35a，137b
新型职业农民 375a
新兴科创名城 480a

新药临床研究 65a
新药研发 67b
新业态 357a
新医药 24b
信息化建设 345a，366b
信息支撑平台 413a
修订科技计划管理办法 312b

Y

研发经费 625a
研究生工作站 57b，62b，306a
研究与技术开发机构 75，77，563a
研究院 58b，315a
医疗器械 31b，237b
医学研究伦理 383a
依法行政 311b
仪器设备 56a，65a，92b
仪器仪表 562b
仪器重大专项 113b
因素法 30a
银杏二萜内酯强效应组合物 550a
隐患排查 35a，391b
应急广播 390b
优惠力度 311b
优良品种 29a，233a
于敦德 306b
渔业科技 375a
院省合作 124b
院士工作站 46a，57b，62b，245a，302b

Z

在孵企业数 26b，116b
战略性新兴产业 230b，300a
浙江大学 124b
政策红利 424a，628a
知识产权 28b，94b，117a，317a
知识产权强市 317a
知识产权强县工程 317a
知识产权示范城市 317a
知识产权试点园区 317b
知识产权优势示范企业 323a
知识产权质押融资 329a
质量标杆 357b
质押融资 117b，329b
智慧城市建设 251b，364a
智慧广电 389b
智慧建筑 417a
智库建设 349a
智能车辆远程安全控制芯片 477b
智能机器人 24a，135b，515b
智能交通 231b，365b
智能农机装备 478a
智能终端产业园 351b
智能装备 24a，244a
中国科学院 124b
中国科学院国家天文台南京天文光学技术研究所 44b
中国科学院南京地理与湖泊研究所 42b
中国科学院南京地质古生物研究所 40b
中国科学院南京分院 36a
中国科学院南京天文仪器有限公司 46a
中国科学院南京土壤研究所 41b
中国科学院苏州纳米技术与纳米仿生研究所 47a
中国科学院苏州生物医学工程技术研究所 48a
中国科学院紫金山天文台 38b
中国青年科技奖 306b
中国青年女科学家奖 306b
中国医药研发产品线最佳工业企业20强 24b
中小板 25b
中小企业创新 122b，358a
中小企业技术服务平台 358b
中小企业知识产权战略推进工程 358b
中药特色技术 383b
中医药科技 383a
中医药学术传承 384a
中银科创通 111b
种质资源 92b，94b
众创空间 122a，413b
重大技术攻关 357a

重大研发载体 533a
重点领域技术 124a
重点实验室 49b，80
主板 25b
主题沙龙 438b，542b
驻苏中央部门属科学技术研究与开发机构 32a
著作权 44a，65b，361a
专精特新小巨人企业培育计划 358a
专利 26b，399a
专利案件 331b，334a
专利代理机构 117b，340b，342a
专利代理人 117b，337a，340b
专利导航计划 326a
专利奖 324a

专利预警 326b
专利质押贷款 429b
专项资金项目 137b，222，242b，244b
转基因生物 375b
装备制造 28b，50b，63b
装配式建筑 364b
咨询业务 630b
资金链 28a，137b
资源集聚 315b
资源与保护 377a
自创区 23b
自立课题 54b，304a
自然科学基金 30b，31b，135a
最后一公里 312b

表格索引

2018年江苏省高新技术产业开发区名录 26
江苏省国家创新型园区名单 27
2017年度江苏省高新技术产业开发区创新驱动发展综合评价结果前10名 28
2017年度火炬统计工作先进单位 28
江苏省部属科研机构按地区分布情况 32
江苏省省属科研机构按地区分布情况 33
2018年度江苏省省属公益院所获江苏省科学技术奖获奖名单 34
江苏省新型研发机构按地区分布情况 35
国家级重点实验室地域分布情况 49
江苏省省级及以上重点实验室按技术领域分布情况 50
2018年江苏省省级及以上重点实验室人才建设情况 51
2018年江苏省省级及以上重点实验室获得何梁何利奖情况 52
2018年江苏省省级及以上重点实验室获国家杰出青年科学基金资助者名单 52
2018年江苏省省级及以上重点实验室获国家科技奖励情况 53
2017年度绩效评估结果为优秀和良好的江苏省省级重点实验室（2018年度持续资助） 55
江苏省省级及以上企业重点实验室（企业研究院）按技术领域分布情况 58
江苏省省级及以上企业重点实验室（企业研究院）按地区分布情况 59
2018年江苏省省级及以上企业重点实验室（企业研究院）承担科技项目情况 60
2018年江苏省省级及以上企业重点实验室（企业研究院）获国家科技奖励情况 60
2018年江苏省省级及以上企业重点实验室（企业研究院）获省科技奖励情况 60
江苏省在海外建有研发机构的省级及以上企业重点实验室（企业研究院）情况 62
江苏省省级及以上工程技术研究中心按领域分布情况 63
2018年度江苏省省级及以上工程技术研究中心人才队伍情况 65
2018年度工程技术研究中心获政府支持计划情况 65
江苏省各市、县（市、区、园区）科技局（委） 71
江苏省科学研究与技术开发机构名录（部属科研机构） 75
江苏省科学研究与技术开发机构名录（省属科研机构） 77
江苏省重点实验室名录 80
江苏省企业重点实验室（企业研究院）名录 85
江苏省工程技术研究中心名录（国家级） 87
江苏省企业技术中心名录（国家级） 88
江苏省科技资源共享平台资助情况 92
2018年江苏省大型科学仪器设备共享服务平台入网仪器按地域分布情况 93
江苏省科技公共服务平台名录 98
江苏省国家重大科学仪器设备开发专项立项情况 114
2018年度江苏省各区域科技服务业总体情况 116
江苏省科技服务业集聚区名录 119
江苏省协同创新基地按地区分布情况 128
江苏省省级高校院所技术转移中心名录 129
江苏省省级高校院所技术转移中心按地区分布情况 130
2018年江苏省科技计划执行情况及2019年结转项目统计 133
2018年度江苏省各设区市承担省科技计划项目 134
2018年度江苏省各设区市新上省科技计划项目经费拨款汇总 134
2018年度江苏省基础研究计划项目 138
2018年度江苏省重点研发计划项目 198
2018年度江苏省政策引导类计划项目 215
2018年度江苏省创新能力建设计划项目 221

2018年度江苏省科技成果转化专项资金
　项目 222
江苏省获2018年度国家自然科学奖名单 249
江苏省获2018年度国家技术发明奖名单 250
江苏省获2018年度国家科学技术进步奖
　名单 252
2018年度江苏省科学技术奖一等奖名单 265
2018年度江苏省科学技术奖二等奖名单 279
2018年度江苏省科学技术奖三等奖名单 286
2018年度江苏省企业技术创新奖名单 297
2018年度江苏省国际科学技术合作奖名单 297
江苏省企业院士工作站按领域分布情况 302
2018年江苏省企业院士工作站获国家科技奖励
　情况 304
2018年江苏省企业院士工作站获江苏省科技奖
　励情况 304
江苏省国家知识产权试点示范城市、强市（设
　区市） 317
江苏省国家知识产权试点示范城市［县
　（市、区）］ 318
江苏省国家知识产权强县工程实施单位 318
江苏知识产权强省建设区域示范单位 319
江苏省国家级知识产权试点示范园区 320
2018年度江苏省企业知识产权管理标准化工作
　统计 322
江苏省设区市企业知识产权战略推进计划项目
　数量统计 323
江苏省国家知识产权示范企业、优势企业数量
　统计 323
2018年中国专利奖获奖情况统计 324
江苏省高价值专利培育示范中心汇总 325
江苏省战略性新兴产业专利预警分析项目 327
2015—2017年江苏省知识产权密集型产业部
　分统计数据 328
2018年江苏省各设区市专利实施许可合同备案
　流向数据统计表 329
2018年江苏省各设区市专利质押融资情况
　统计 330
2018年江苏省专利行政执法情况统计 331
2018年度江苏省"正版正货"示范行业
　名单 332

2018年度江苏省各设区市"正版正货"承诺企
　业统计 332
江苏省入选国家知识产权保护规范化市场
　名单 332
江苏省入选国家知识产权保护规范化培育市场
　名单 333
江苏省国家级、省级知识产权培训基地 335
江苏省国家级、省级知识产权研究中心、
　研究院 336
知识产权学院 337
2018年江苏省承担的知识产权软科学研究
　项目 338
2011—2018年江苏省重大科技成果转化项目
　知识产权审查工作情况 340
2011—2018年江苏省承担国家知识产权局重
　大经济科技活动知识产权评议试点项目 340
江苏省专利代理机构贯标试点单位 341
江苏省星级专利代理机构 342
全国知识产权服务品牌机构情况 342
2018年江苏省省级学会名录 352
2018年省级以上企业技术创新载体地区分布
　情况 359
2018年度江苏省交通运输科技获奖一览 368
2018年江苏省新颁布地方标准目录 392
2018年度南京市获国家自然科学奖二等奖情况
　一览 406
2018年度南京市获国家技术发明奖（通用项目）
　二等奖情况一览 407
2018年度南京市获国家科学技术进步奖（通用
　项目）情况一览 407
2018年度南京市获江苏省科学技术奖一等奖情
　况一览 409
无锡市获国家科学技术奖情况 424
2018年度常州市获江苏省科技进步奖项目
　情况 435
2018年度苏州市获国家科学技术奖情况 441
2018年度苏州市获江苏省科学技术奖情况 442
2018年南通市全社会研发投入及占GDP比重
　情况一览 449
2018年南通市新增省级企业工程技术研究中心
　一览 449

2018年南通市新增省级企业研究生工作站
　　一览 450
2017年南通市"科技兴市功臣"名录（排名不
　　分先后）451
2018年南通市国家级、省级众创空间建设
　　一览 452
2018年南通市高新技术产业发展情况 454
2018年南通市高新技术企业和民营科技企业
　　情况 455
2018年南通市获国家科技计划项目一览 456
2018年南通市各县（市、区）专利申请、授权
　　量、万人发明专利拥有量一览 462
2018年南通市获中国专利优秀奖一览 462
2018年度连云港市获国家科学技术奖项目
　　情况 471
2018年度连云港市获江苏省科学技术奖项目
　　情况 471
2018年度扬州市省重大科技成果转化专项立项
　　项目一览 481
扬州市国家特色产业基地情况 484
扬州市省级科技产业园情况 484
扬州市省级以上科技企业孵化器情况 485
2018年度扬州市获得国家科学技术奖励项目
　　清单 487
2018年度扬州市获得江苏省科学技术奖励项目
　　清单 487
2018年镇江市获国家科学技术奖项目一览 491
2018年镇江市获江苏省科学技术奖项目
　　一览 491
2018年度镇江市新增省级工程技术研究
　　中心 495
2018年度镇江市获省级以上科技项目立项
　　情况 499
2018年江苏省高新技术产业分区域发展
　　情况 562
全部科研机构基本情况 572
全省科技机构按地域分布基本情况 575
科研机构服务的行业领域分布情况
　　——农、林、牧、渔业 578

科研机构服务的行业领域分布情况
　　——采矿业 581
科研机构服务的行业领域分布情况
　　——制造业 584
科研机构服务的行业领域分布情况
　　——电力、热力、燃气及水生产和
　　供应业 587
科研机构服务的行业领域分布情况
　　——建筑业 590
科研机构服务的行业领域分布情况
　　——交通运输、仓储和邮政业 593
科研机构服务的行业领域分布情况
　　——信息传输、软件和信息技术服务业 596
科研机构服务的行业领域分布情况
　　——科学研究技术服务业 599
科研机构服务的行业领域分布情况
　　——水利、环境和公共设施管理业 602
科研机构服务的行业领域分布情况
　　——教育 605
科研机构服务的行业领域分布情况
　　——卫生和社会工作 608
科研机构服务的行业领域分布情况
　　——文化、体育和娱乐业 611
科研机构服务的行业领域分布情况
　　——其他行业汇总 614
省级以上政府部门属未转制机构情况 617
省级以上政府部门属未转制机构历年情况
　　（2014—2018年）620
省级以上政府部门属转制机构情况 621
省级以上政府部门属转制机构历年情况
　　（2014—2018年）624
2018年江苏省省级协会统计 631
2018年江苏省副省级地市科协统计 640
2018年江苏省地级科协统计 650
2018年江苏省县级科协统计 660
2018年江苏省省级学会、协会、研究会
　　统计 670

《江苏科技年鉴2019》通讯员及协助提供资料人员名单

(按姓氏笔画为序)

丁馥虹	王盛	王慧	王薇	王繁	王舒心
王霞云	邓陈文怡	叶静	司马力	毕冬梅	吕华伟
朱雷	朱广宇	朱开南	朱咏梅	朱振荣	朱哲保
朱静宇	刘君	刘薇	刘姝含	安钰兰	孙欣沛
麦鸿坤	李革	李亮	李卫明	杨非	杨波
杨潇澜	肖安云	吴洁	吴三毛	汪兵兵	沈慧峰
宋海冰	张晖	张锦	张传晖	张胜亚	张逍越
陈娟	陈方圆	陈铭明	武影	范军	林晓芬
郑淇元	宗帅	孟庆强	荆琳	姜玥宏	姜耀宇
贾良文	顾霏雨	徐华	徐罡	徐士军	徐婷婷
席鹏	黄剑	龚俐	常龙尉	崔亚文	章凤翎
葛苗苗	董朝岚	谢扬	虞昕琦	管鑫	薛文星